Mathematische Leitfäden

Herausgegeben von Prof. Dr. Dr. h. c. mult. G. Köthe,
Prof. Dr. K.-D. Bierstedt, Universität-Gesamthochschule Paderborn,
und Prof. Dr. G. Trautmann, Universität Kaiserslautern

Algebraische Topologie

Eine Einführung

Von Prof. Dr. rer. nat. Ralph Stöcker
und Prof. Dr. rer. nat. Heiner Zieschang
Universität Bochum

2., überarbeitete und erweiterte Auflage
Mit zahlreichen Bildern, Beispielen und Übungsaufgaben

T0225826

B. G. Teubner Stuttgart 1994

Prof. Dr. rer. nat. Ralph Stöcker

Geboren 1941 in Freiburg (Breisgau), Studium in Frankfurt 1960–64, Promotion 1968 in Frankfurt, Habilitation 1974 in Bochum, seither apl. Professor für Mathematik an der Ruhr-Universität Bochum, längere Aufenthalte in Bangkok.

Prof. Dr. rer. nat. Heiner Zieschang

Geboren 1936 in Kiel, Studium 1956–61 in Göttingen und Hamburg, Promotion 1961 in Göttingen, 1963/64 und 1967/68 Moskau, dazwischen Frankfurt, Habilitation 1965 in Frankfurt, seit 1968 ord. Professor für Mathematik an der Ruhr-Universität Bochum, längere Aufenthalte in Ann Arbor, Madison, Minneapolis, Moskau, Paris, Santa Barbara, Toulouse.

Die Deutsche Bibliothek – CIP-Einheitsaufnahme

Stöcker, Ralph:
Algebraische Topologie: eine Einführung; mit zahlreichen Beispielen und Übungsaufgaben / von Ralph Stöcker und Heiner Zieschang. – 2., überarb. und erw. Aufl. – Stuttgart: Teubner, 1994
(Mathematische Leitfäden)
ISBN-13: 978-3-519-12226-5   e-ISBN-13: 978-3-322-86785-8
DOI: 10.1007/978-3-322-86785-8
NE: Zieschang, Heiner:

© B. G. Teubner Stuttgart 1994

Vorwort

Dieser Text ist eine Einführung in die Algebraische Topologie. Ausgehend von geometrisch-topologischen Problemen und aufbauend auf einer Fülle von Anschauungsmaterial, das in Kapitel 1 bereitgestellt wird, werden algebraische Methoden zur Lösung der topologischen Probleme entwickelt. Im Mittelpunkt steht aber immer die topologische Fragestellung; auf eine Vertiefung und Verallgemeinerung der algebraischen Begriffe um ihrer selbst willen haben wir verzichtet. Mit den zentralen Begriffen *Homotopie* und *Homologie* werden tiefliegende Eigenschaften topologischer Räume beschrieben. Um das möglichst einfach deutlich zu machen, haben wir die Sätze nicht immer in ihrer vollen Allgemeinheit bewiesen. Ein Beispiel mehr war uns oft lieber als eine Voraussetzung weniger.

Dieses Buch ist daher kein Nachschlage-Werk. Viele interessante Gebiete der algebraischen Topologie werden nicht behandelt. Wir hoffen jedoch, daß dieser Text denjenigen einen Zugang zur Algebraischen Topologie ermöglicht, die dieses Gebiet zum ersten Mal kennenlernen, und daß sie nach dem Studium dieses Buches weiterführende Standardwerke lesen können. Wir wünschen uns aber auch, daß dieses Buch denen als Arbeitsunterlage helfen kann, die Ideen und Methoden der Algebraischen Topologie in anderen Gebieten der Mathematik verwenden wollen.

Die Vorkenntnisse, die wir voraussetzen, werden fast alle in den Grundvorlesungen über Analysis und Lineare Algebra vermittelt (wobei die Bedeutung des Ausdrucks „fast alle" natürlich von der Stoffauswahl in diesen Vorlesungen abhängt). Konkreter: Wir nehmen an, daß Sie mit den Grundbegriffen der mengentheoretischen Topologie und mit den Grundbegriffen der Gruppentheorie vertraut sind (topologischer Raum, stetige Abbildung, kompakt, zusammenhängend, ... , Gruppe, Homomorphismus, Normalteiler, ...). Studierenden ab dem 4. Semester sollte es möglich sein, sich in diesen Text einzulesen.

Wir bedanken uns bei allen sehr herzlich, die uns geholfen haben. Die gute Zusammenarbeit mit den Verantwortlichen des Teubner-Verlags hat unsere Arbeit sehr erleichtert. Wir freuen uns über die schönen Skizzen, die im Teubner-Verlag angefertigt wurden. Herr Dr. P. Spuhler vom Teubner-Verlag hat uns während der langen Zeit der Fertigstellung zuverlässig unterstützt; ihm gilt unser besonderer Dank. Viele Studenten der Ruhr-Universität haben uns bei der Fertigstellung des Manuskripts geholfen, insbesondere beim Lesen der Korrekturen: A. Ahuja, B. Beckmann-Gisa, U. Bleckmann, F. Fels, E. Göcke, M. Hellmund, C. Kaiser, K. Lange, R. Schiemann, J. Stienen, J. Tipp und A. Zastrow; ihnen allen und denen, die nicht genannt sein wollen, danken wir sehr. Und dann ist natürlich Frau

Marlene Schwarz zu nennen: Sie hat den gesamten Text einschließlich aller Symbole und Diagramme unter Verwendung des Systems TEX gesetzt, hat wieder und wieder Makros neu definiert und ergänzt (Makros und Makros innerhalb von Makros sowie Trick-Makros sind vom Benutzer definierte Steuerbefehle an das TEX-Programm) und hat dem Text mit großem Engagement das vorliegende erfreuliche Bild gegeben; ihr gilt unser ganz besonders herzlicher Dank.

Bochum, Januar 1988   R. Stöcker, H. Zieschang

Vorwort zur 2. Auflage

Unsere Einführung in die algebraische Topologie ist zu unserer Freude gut aufgenommen worden, so daß nach kurzer Zeit eine neue Auflage möglich ist. Neben einer Reihe von Verbesserungen zahlreicher Schreib- und einiger mathematischer Fehler, für deren Auffinden wir den Lesern dankbar sind, ist dieser Auflage ein Abschnitt zur Homotopietheorie zugefügt worden. Darin werden die höheren Homotopiegruppen eingeführt, die grundlegenden Eigenschaften bewiesen und appetitanregende Anwendungen auf Faserungen und Hindernistheorie gegeben.
Sehr herzlich möchten wir uns bei A. Jäger, B. Karasch und K. Kroll bedanken, die uns bei der Erstellung der Druckvorlage eine große Last abnahmen, dabei aber immer wieder neue Fehler fanden und beseitigten.

Bochum, September 1994

Hinweis zum Lesen

Beispiel 1: Der Ausdruck 15.1.9 bedeutet Kapitel 15, Abschnitt 1, Aussage 9.

Beispiel 2: Der Ausdruck 3.1.A2 bedeutet Kapitel 3, Abschnitt 1, Aufgabe 2.

Das Ende eines Beweises wird durch □ signalisiert. □ direkt nach einem Satz bedeutet, daß der Satz nicht bewiesen wird. Im Anhang werden ergänzend einige Bezeichnungen erklärt.

Inhaltsverzeichnis

VI

X

Bezeichnungen

Hier ist eine Liste von Bezeichnungen, die wir ohne Erläuterung benutzt haben:

x oder $\{x\}$:   die einelementige Menge, die aus x besteht,

$X \backslash A$:   Mengendifferenz,

$\to$:   Funktionspfeil ($X \xrightarrow{f} Y$ ist eine Funktion von X nach Y),

$\mapsto$:   Elementpfeil ($x \mapsto y$ unter f, wobei $x \in X$ und $y \in Y$),

$\hookrightarrow$:   Inklusionspfeil (Für $X \subset Y$ ist $X \hookrightarrow Y$ die Funktion $x \mapsto x$. Wenn noch $A \subset X$ und $B \subset Y$ und $A \subset B$, so ist $(X, A) \hookrightarrow (Y, B)$ ebenfalls die Inklusion $x \mapsto x$.)

$\mathring{A}$, $\dot{A}$, $\bar{A}$:   Inneres, Rand, Abschluß von A im Raum X (Ausnahme: 1.1.19),

$X \times Y$ und $\prod X_i$:   kartesisches Produkt,

pr_i: Projektion des kartesischen Produkts auf den i-ten Faktor,

$f_1 \times f_2 \colon X_1 \times X_2 \to Y_1 \times Y_2$:   Funktion $(x_1, x_2) \mapsto (f_1(x_1), f_2(x_2))$ mit $f_i \colon X_i \to Y_i$,

$(\varphi_1, \varphi_2) \colon X \to Y_1 \times Y_2$:   Funktion $x \mapsto (\varphi_1(x), \varphi_2(x))$, wobei $\varphi_i \colon X \to Y_i$

$f|A$:   Für $f \colon X \to Y$ und $A \subset X$ und $B \subset Y$ und $f(A) \subset B$ ist

entweder: $f|A \colon A \to Y$ die eingeschränkte Funktion $a \mapsto f(a)$,

oder: $f|A \colon A \to B$ die durch f definierte Funktion $a \mapsto f(a)$,

$gf = g \circ f \colon X \to Z$:   Komposition der Funktionen $X \xrightarrow{f} Y$ und $Y \xrightarrow{g} Z$,

$e^t = \exp t$:   Exponentialfunktion (meistens ist jedoch e eine Zelle).

I Geometrisch-Topologische Vorbereitungen

1 Beispiele für Räume, Abbildungen und topologische Probleme

Die algebraische Topologie ist ein Teilgebiet der Topologie; der Zusatz *algebraisch* bedeutet, daß algebraische Hilfsmittel benutzt werden, um topologische Probleme zu lösen. Wer algebraische Topologie lernen will, muß daher eine Vorstellung von der Topologie haben, von der Vielfalt der konkreten Beispiele und Probleme, die sich hinter den Grundbegriffen *topologischer Raum* und *stetige Abbildung* verbergen. Viele Studenten begegnen der Topologie zuerst auf dem abstrakten Niveau der mengentheoretischen Topologie; sie lernen dort, daß folgenkompakt und kompakt nicht dasselbe ist und verwenden viel Scharfsinn, Räume zu konstruieren, die normal, aber nicht vollständig regulär sind. Um all das geht es hier überhaupt nicht. Alle Räume, die wir betrachten, sind geometrisch einfache Teilräume euklidischer Räume, oder sie sind aus solchen einfachen Teilräumen in bestimmter Weise zusammengesetzt; in der Regel haben sie alle topologischen Eigenschaften, die man in der mengentheoretischen Topologie kennenlernt. Und es geht nicht etwa um die Frage, wann ein Lindelöf-Raum parakompakt ist [Boto, 10.9], sondern um ganz andere Probleme, von denen wir im folgenden einen Eindruck geben.

1.1 Das Homöomorphieproblem

Wie üblich ist $\mathbb{R}$ bzw. $\mathbb{C}$ der Körper der reellen bzw. komplexen Zahlen. Für eine ganze Zahl $n \geq 1$ ist $\mathbb{R}^n$ der n-dimensionale euklidische Raum. Die Punkte des $\mathbb{R}^n$ sind die geordneten n-Tupel $x = (x_1, \ldots, x_n)$ reeller Zahlen. Mit den Verknüpfungen

$$x + y = (x_1 + y_1, \ldots, x_n + y_n), \ rx = (rx_1, \ldots, rx_n) \ (x, y \in \mathbb{R}^n, \ r \in \mathbb{R})$$

ist $\mathbb{R}^n$ ein reeller Vektorraum. Durch $|x| = \sqrt{x_1^2 + \ldots + x_n^2}$ wird eine Norm auf $\mathbb{R}^n$ definiert, und zu ihr gehört die euklidische Metrik $d(x, y) = |x - y|$. Diese Metrik induziert auf $\mathbb{R}^n$ die Standardtopologie: eine Menge $U \subset \mathbb{R}^n$ ist offen, wenn zu jedem $x \in U$ ein $\varepsilon > 0$ existiert mit $\{y \mid |x - y| < \varepsilon\} \subset U$. Wenn wir von $\mathbb{R}^n$ als topologischen Raum sprechen, ist immer diese Topologie gemeint. Teilmengen des $\mathbb{R}^n$ tragen, wenn nichts anderes gesagt ist, die Relativtopologie.

1.1.1 Verabredungen Unter $\mathbb{R}^0$ wird der Punkt $0 \in \mathbb{R}$ verstanden. Durch die Bezeichnung $((x_1, \ldots, x_m), (y_1, \ldots, y_n)) = (x_1, \ldots, x_m, y_1, \ldots, y_n)$ identifizieren wir $\mathbb{R}^m \times \mathbb{R}^n$ mit $\mathbb{R}^{m+n}$. Dabei geht die Produkttopologie auf $\mathbb{R}^m \times \mathbb{R}^n$ in die Topologie von $\mathbb{R}^{m+n}$ über. Wir identifizieren $\mathbb{R}^n$ mit dem Teilraum $\mathbb{R}^n \times 0 \subset \mathbb{R}^{n+1}$, indem wir $(x_1, \ldots, x_n) = (x_1, \ldots, x_n, 0)$ setzen; es ist also $\mathbb{R}^n \subset \mathbb{R}^{n+1}$. Wir identifizieren $\mathbb{R}^2$ mit $\mathbb{C}$ durch $(x, y) = x + iy$, wobei i die imaginäre Einheit ist.

Wir führen jetzt einige wichtige Teilräume der euklidischen Räume ein.

1.1.2 Definition Für $n \geq 0$ setzen wir:

$D^n = \{x \in \mathbb{R}^n \mid |x| \leq 1\}$: $\quad$ *n-dimensionaler Einheitsball,*
$S^{n-1} = \{x \in \mathbb{R}^n \mid |x| = 1\}$: $\quad$ *(n − 1)-dimensionale Einheitssphäre,*
$\mathring{D}^n = \{x \in \mathbb{R}^n \mid |x| < 1\}$: $\quad$ *n-dimensionale Einheitszelle,*
$I^n = \{x \in \mathbb{R}^n \mid 0 \leq x_i \leq 1\}$: $\quad$ *n-dimensionaler Einheitswürfel,*
$\mathring{I}^n = \{x \in I^n \mid \text{ein } x_i \text{ ist } 0 \text{ oder } 1\}$: $\quad$ *Rand von I^n im $\mathbb{R}^n$,*
$I = I^1 = [0, 1]$: $\quad$ *Einheitsintervall.*

Ein topologischer Raum heißt *n-Ball* bzw. *(n − 1)-Sphäre* bzw. *n-Zelle*, wenn er zu D^n bzw. S^{n-1} bzw. $\mathring{D}^n$ homöomorph ist.

Bälle und Sphären sind kompakt und, mit Ausnahme von S^0, wegzusammenhängend; eine 0-Sphäre besteht aus zwei isolierten Punkten. $\mathring{D}^n$ bzw. S^{n-1} ist das Innere bzw. der Rand von D^n in $\mathbb{R}^n$. Wegen $\mathbb{R}^0 = 0$ sind 0-Bälle und 0-Zellen Punkte, ferner ist $S^{-1} = \emptyset$. Es ist $D^1 = [-1, 1]$ und $\mathring{D}^1 = (-1, 1)$. Im $\mathbb{R}^2$ ist D^2 bzw. $\mathring{D}^2$ die abgeschlossene bzw. offene Kreisscheibe mit Mittelpunkt 0 und Radius 1. Entsprechend ist D^3 bzw. $\mathring{D}^3$ die abgeschlossene bzw. offene Vollkugel im $\mathbb{R}^3$ mit Mittelpunkt 0 und Radius 1. Statt 1-Sphäre oder 2-Zelle sagt man auch oft *Kreislinie* bzw. *offene Kreisscheibe*.

Das Hauptproblem der Topologie ist das *Homöomorphieproblem*: Gegeben seien zwei topologische Räume X und Y; man entscheide, ob X und Y homöomorph sind (Bezeichnung dafür: $X \approx Y$). Es ist klar, wie dieses Problem anzugreifen ist. Um $X \approx Y$ zu beweisen, muß man einen Homöomorphismus $f \colon X \to Y$ konstruieren. Will man $X \not\approx Y$ zeigen, so muß man eine topologische Eigenschaft von X angeben, die Y nicht hat. Wenn man weder eine solche topologische Eigenschaft noch einen Homöomorphismus findet, bleibt das Problem offen.

1.1.3 Beispiel Es sei $f \colon \mathbb{R}^n \to \mathbb{R}^n$ eine bijektive affine Abbildung, also

$$f(x_1, \ldots, x_n) = \left(\sum a_{i1} x_i + a_1, \ldots, \sum a_{in} x_i + a_n \right)$$

wobei (a_{ij}) eine reguläre (n, n)-Matrix über $\mathbb{R}$ ist. Dann sind für $X \subset \mathbb{R}^n$ die Räume X und $f(X)$ homöomorph. Wenn man also einen Teilraum des $\mathbb{R}^n$ verschiebt, dreht, spiegelt, streckt, staucht, schert usw., erhält man einen homöomorphen Teilraum. Insbesondere ist der abgeschlossene Ball $\{y \in \mathbb{R}^n \mid |x - y| \leq r\}$ um $x \in \mathbb{R}^n$ vom Radius $r > 0$ homöomorph zu D^n.

1.1.4 Beispiel Die Funktion $f \colon \overset{\circ}{D}{}^1 \to \mathbb{R}$, $f(x) = x(1 - |x|)^{-1}$, ist ein Homöomorphismus, wie man sofort an ihrem Graph erkennt. Sie dehnt das offene Intervall auf $\mathbb{R}$ aus. Durch Konstruktion ähnlicher Funktionen sieht man, daß jedes Intervall in $\mathbb{R}$ zu I oder $[0, 1)$ oder $\mathbb{R}$ homöomorph ist.

1.1.5 Beispiel Einen Homöomorphismus $f \colon \overset{\circ}{D}{}^n \to \mathbb{R}^n$ erhält man, indem man jeden Durchmesser von $\overset{\circ}{D}{}^n$ wie im vorigen Beispiel auf die Gerade durch diesen Durchmesser abbildet, also $f(x) = x(1 - |x|)^{-1}$, wobei $x \in \overset{\circ}{D}{}^n$. Die Umkehrfunktion $f^{-1} \colon \mathbb{R}^n \to \overset{\circ}{D}{}^n$ ist $f^{-1}(y) = y(1 + |y|)^{-1}$, wobei $y \in \mathbb{R}^n$. Hieraus folgt:

1.1.6 Satz *Der $\mathbb{R}^n$ ist eine n-Zelle. Wegen $\mathbb{R}^m \times \mathbb{R}^n = \mathbb{R}^{m+n}$ ist daher das topologische Produkt einer m-Zelle und einer n-Zelle eine $(m + n)$-Zelle.*   □

Viele Beispiele für Homöomorphismen ergeben sich durch Projektionen. Projiziert man den Rand eines Würfels im $\mathbb{R}^3$ vom Mittelpunkt aus auf die umschriebene Sphäre, so erhält man einen Homöomorphismus zwischen Würfelrand und Sphäre. Der im ersten Quadranten des $\mathbb{R}^2$ liegende Ast der Hyperbel $xy = 1$ ist homöomorph zur offenen Strecke von $(1, 0)$ nach $(0, 1)$, wie man durch Projektion vom Nullpunkt aus sieht. Mit solchen Konstruktionen erhält man auch den folgenden Satz 1.1.8.

1.1.7 Definitionen
(a) Eine Teilmenge $W \subset \mathbb{R}^n$ heißt *konvex*, wenn sie mit je zwei Punkten $x, y \in W$ auch die Punkte $(1 - t)x + ty$ der Verbindungsstrecke enthält, $0 \leq t \leq 1$.

(b) Ein *Raumpaar* (X, A) besteht aus einem topologischen Raum X und einem Teilraum $A \subset X$. Eine *stetige Abbildung* $f \colon (X, A) \to (Y, B)$ *von Raumpaaren* ist eine stetige Abbildung $f \colon X \to Y$ mit $f(A) \subset B$. Wenn f ein Homöomorphismus von X auf Y ist und $f(A) = B$ gilt, so heißt f ein *Homöomorphismus von Paaren*, und wir schreiben $f \colon (X, A) \approx (Y, B)$.

1.1.8 Satz *Sei $X \subset \mathbb{R}^n$ eine kompakte, konvexe Teilmenge, deren Inneres $\overset{\circ}{X}$ im $\mathbb{R}^n$ nicht leer ist. Dann gibt es einen Homöomorphismus $f \colon (X, \dot{X}) \to (D^n, S^{n-1})$ von Paaren, wobei $\dot{X}$ der Rand von X im $\mathbb{R}^n$ ist. Insbesondere ist X ein n-Ball und $\dot{X}$ eine $(n - 1)$-Sphäre.*

Beweis Sei $x_0 \in \overset{\circ}{X}$ ein fester Punkt. Für $x \in \dot{X}$ ist x der einzige Randpunkt von X, der auf der in x_0 beginnenden Halbgeraden durch x liegt; andernfalls wäre X nicht konvex oder x_0 nicht innerer Punkt von X. Daher wird eine Abbildung $\dot{X} \to S^{n-1}$ durch $x \mapsto (x - x_0)(|x - x_0|)^{-1}$ definiert, die bijektiv und stetig, also ein Homöomorphismus ist (weil $\dot{X}$ kompakt ist). Durch radiale Fortsetzung erhält man einen Homöomorphismus von Paaren

$$f\colon (X, \dot{X}) \to (D^n, S^{n-1}), \quad f((1-t)x_0 + tx) = t\frac{x - x_0}{|x - x_0|}.$$

$\square$

1.1.9 Beispiel Der Würfel $I^n \subset \mathbb{R}^n$ ist eine kompakte, konvexe Teilmenge mit nicht leerem Inneren. Also ist $(I^n, \dot{I}^n) \approx (D^n, S^{n-1})$. Insbesondere ist I^n ein n-Ball und $\dot{I}^n$ eine $(n-1)$-Sphäre.

1.1.10 Beispiel Das Produkt $D^p \times D^q \subset \mathbb{R}^{p+q}$ ist eine kompakte, konvexe Teilmenge mit nichtleerem Inneren und Rand $D^p \times S^{q-1} \cup S^{p-1} \times D^q$, vgl. 1.1.A1. Also ergibt sich $(D^p \times D^q, D^p \times S^{q-1} \cup S^{p-1} \times D^q) \approx (D^{p+q}, S^{p+q-1})$. Insbesondere ist $D^p \times D^q$ ein $(p+q)$-Ball und $D^p \times S^{q-1} \cup S^{p-1} \times D^q$ eine $(p+q-1)$-Sphäre (man zeichne Skizzen für $p+q \le 3$). Ein expliziter Homöomorphismus f zwischen diesen Paaren ist gegeben durch $f(0,0) = 0$ und für $(x,y) \ne (0,0)$:

$$f(x,y) = \begin{cases} \frac{|y|}{(|x|^2+|y|^2)^{1/2}}(x,y) & \text{für } |x| \le |y|, \\ \frac{|x|}{(|x|^2+|y|^2)^{1/2}}(x,y) & \text{für } |y| \le |x|. \end{cases}$$

Dabei ist $x \in D^p$ und $y \in D^q$. Aus diesem Beispiel folgt:

1.1.11 Satz *Das topologische Produkt eines m-Balls und eines n-Balls ist ein $(m+n)$-Ball.*

$\square$

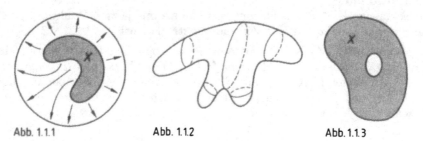

Abb. 1.1.1   Abb. 1.1.2   Abb. 1.1.3

1.1.12 Beispiel Es ist klar, daß 1.1.8 falsch wird, wenn man eine der Voraussetzungen „kompakt, konvex oder $\dot{X} \ne \emptyset$" wegläßt. Die Beweisidee von 1.1.8, die Menge X durch Projektion in D^n zu verbiegen, läßt sich jedoch manchmal auch bei nicht konvexen Mengen wie in Abb. 1.1.1 anwenden; die Projektionsstrahlen sind hierbei keine Geraden mehr. Ebenso sieht man, daß die in Abb. 1.1.2 skizzierte Teilmenge des $\mathbb{R}^3$ (einschließlich Innerem) ein 3-Ball ist. Dagegen versagt diese Methode bei der Menge X in Abb. 1.1.3, die kein 2-Ball ist (nach Abschnitt 2.2 können Sie das beweisen).

1.1.13 Beispiel Wir konstruieren einige Homöomorphismen im Zusammenhang mit S^n. Die *nördliche* bzw. *südliche Hemisphäre von S^n* ist

$$D^n_+ = \{x \in S^n \mid x_{n+1} \geq 0\} \text{ bzw. } D^n_- = \{x \in S^n \mid x_{n+1} \leq 0\}.$$

Es ist $D^n_+ \cup D^n_- = S^n$ und $D^n_+ \cap D^n_- = S^{n-1}$ ist der *Äquator von S^n* (beachte 1.1.1). Die Punkte $P_\pm = (0, \ldots, 0, \pm 1) \in S^n$ heißen *Nord-* bzw. *Südpol von S^n*. Durch Orthogonalprojektion erhält man Homöomorphismen

$$p_\pm \colon D^n \to D^n_\pm \, , \; p_\pm(x_1, \ldots, x_n) = (x_1, \ldots, x_n, \pm \sqrt{1 - (x_1^2 + \ldots + x_n^2)} \,).$$

Die beiden Hemisphären von S^n sind also n-Bälle. Die *stereographische Projektion* $p\colon S^n \backslash P_+ \to \mathbb{R}^n$ ist der wie folgt definierte Homöomorphismus: für $x \in S^n \backslash P_+$ ist $p(x)$ der Schnittpunkt der Geraden durch P_+ und x mit der Hyperebene $\mathbb{R}^n \subset \mathbb{R}^{n+1}$. Man rechnet für $x \in S^n \backslash P_+$ und $y \in \mathbb{R}^n$ folgendes nach:

$$p(x) = \left(\frac{x_1}{1 - x_{n+1}}, \ldots, \frac{x_n}{1 - x_{n+1}} \right), p^{-1}(y) = \left(\frac{2y_1}{|y|^2 + 1}, \ldots, \frac{2y_n}{|y|^2 + 1}, \frac{|y|^2 - 1}{|y|^2 + 1} \right).$$

Zu jedem Punkt $x_0 \in S^n$ gibt es einen Homöomorphismus $S^n \to S^n$, der $x_0 \mapsto P_+$ abbildet (z.B. eine Drehung). Daher ist $S^n \backslash x_0 \approx S^n \backslash P_+ \approx \mathbb{R}^n$, also:

1.1.14 Satz *Für jeden Punkt $x_0 \in S^n$ ist $S^n \backslash x_0$ eine n-Zelle.*   □

1.1.15 Beispiele Oft kann man Homöomorphismen konstruieren, indem man die Räume in geeignete Teilräume zerlegt. Wir geben einige Beispiele.

(a) $\mathbb{R}^n \backslash 0$ besteht aus den Halbgeraden $\{\gamma x \mid \gamma > 0\}$ mit $x \in S^{n-1}$. Daraus erhält man $S^{n-1} \times (0, \infty) \approx \mathbb{R}^n \backslash 0$ durch $(x, \gamma) \mapsto \gamma x$. Wegen $(0, \infty) \approx \mathbb{R}$ ergibt sich $S^{n-1} \times \mathbb{R} \approx \mathbb{R}^n \backslash 0$, etwa durch $(x, t) \mapsto e^t x$.

(b) $D^n \backslash 0$ besteht aus den Halbstrecken $\{\gamma x \mid 0 < \gamma \leq 1\}$ mit $x \in S^{n-1}$. Daraus folgt $S^{n-1} \times (0, 1] \approx D^n \backslash 0$. Für $0 < r < 1$ ist $(0, 1] \approx (r, 1]$. Deshalb ist $D^n \backslash 0$ homöomorph zu $\{y \in D^n \mid r < |y| \leq 1\}$ durch $\gamma x \mapsto ((1 - \gamma)r + \gamma)x$. Man kann also wie in Abb. 1.1.4 „Löcher aufblasen". Genauso ist $S^n \backslash P_+ \approx \overset{\circ}{D}{}^n_-$.

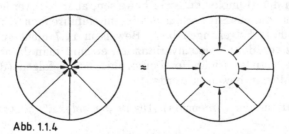

Abb. 1.1.4

(c) $D^n\backslash P_+$ besteht aus den Halbstrecken $\{(1-t)x + tP_+ \mid 0 \le t < 1\}$ mit $x \in S^{n-1}\backslash P_+$. Daher ist $(S^{n-1}\backslash P_+) \times [0,1) \approx D^n\backslash P_+$ durch $(x,t) \mapsto (1-t)x+tP_+$. Weil die Umkehrung der stereographischen Projektion $p^{-1}\colon \mathbb{R}^{n-1} \to S^{n-1}\backslash P_+$ ein Homöomorphismus ist, erhält man durch $(y,t) \mapsto (1-t)p^{-1}(y) + tP_+$ eine Homöomorphie $\mathbb{R}^{n-1} \times [0,1) \approx D^n\backslash P_+$. Weil schließlich $[0,1) \approx [0,\infty)$ ist, ergibt sich ein Homöomorphismus zwischen $D^n\backslash P_+$ und dem euklidischen Halbraum $\mathbb{R}^n_+ = \mathbb{R}^{n-1} \times [0,\infty)$, vgl. Abb. 1.1.5.

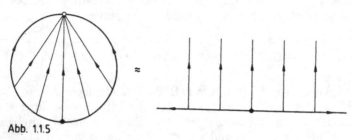

Abb. 1.1.5

Nach diesen Beispielen für Homöomorphie suchen wir Beispiele für Nicht-Homöomorphie. S^n und $\mathbb{R}^n$ sind nicht homöomorph; für $n = 0$ ist das trivial, und für $n > 0$ folgt es daraus, daß S^n kompakt ist und $\mathbb{R}^n$ nicht. Ebenso sind D^n und $\mathbb{R}^n$ für $n > 0$ nicht homöomorph. Damit ist aber schon Schluß. Die naheliegenden Homöomorphieprobleme

$$D^n \overset{?}{\approx} S^n, \quad S^m \times S^n \overset{?}{\approx} S^{m+n}, \quad \mathbb{R}^m \overset{?}{\approx} \mathbb{R}^n, \quad D^m \overset{?}{\approx} D^n, \quad S^m \overset{?}{\approx} S^n$$

können wir mit solchen einfachen Schlüssen nicht lösen (in Abschnitt 11 wird die Lösung trivial sein). Wir müssen topologische Eigenschaften finden, mit denen man diese und andere Räume unterscheiden kann, und es ist gerade einer der Hauptinhalte der algebraischen Topologie, solche Eigenschaften zu beschreiben. Ein Beispiel dazu ist der folgende tiefliegende Satz:

1.1.16 Satz (Invarianz des Gebietes) *Es seien $X, Y \subset \mathbb{R}^n$ zueinander homöomorphe Teilräume des $\mathbb{R}^n$ und X sei offen im $\mathbb{R}^n$. Dann ist Y offen im $\mathbb{R}^n$.*

Man beachte, daß nur die Existenz eines Homöomorphismus $f\colon X \to Y$ vorausgesetzt ist, nicht etwa die Existenz eines Homöomorphismus $f\colon \mathbb{R}^n \to \mathbb{R}^n$ mit $f(X) = Y$; sonst wäre die Aussage trivial. Der Satz sagt aus, daß „Offen-Sein-im-$\mathbb{R}^n$" eine topologische Invariante der Teilräume des $\mathbb{R}^n$ ist. Wir werden 1.1.16 erst in 11.7 mit Mitteln der Homologietheorie beweisen, aber wir werden einige wichtige Folgerungen aus diesem Satz schon in diesem einführenden Kapitel benutzen (natürlich werden diese Folgerungen beim Beweis in 11.7 nicht gebraucht). Wie bedeutend der Satz von der Gebietsinvarianz ist, erkennt man daran, daß aus ihm wichtige und nicht triviale „Nicht-Homöomorphie-Sätze" folgen (die wir in 11.2 noch mit anderen Mitteln beweisen werden):

1.1.17 Satz (Invarianz der Dimension) *Aus $m \neq n$ folgt $\mathbb{R}^m \not\approx \mathbb{R}^n$ und $S^m \not\approx S^n$ und $D^m \not\approx D^n$.*

Beweis Für $m < n$ ist $\mathbb{R}^m \subset \mathbb{R}^n$ nicht offen in $\mathbb{R}^n$, aber $\mathbb{R}^n \subset \mathbb{R}^n$ ist offen in $\mathbb{R}^n$. Nach 1.1.16 sind daher $\mathbb{R}^m$ und $\mathbb{R}^n$ nicht homöomorph. Aus $S^m \approx S^n$ und 1.1.14 folgt $\mathbb{R}^m \approx \mathbb{R}^n$, also $m = n$ nach schon Bewiesenem. Sei $m < n$ und sei $f\colon D^m \to D^n$ ein Homöomorphismus; dann ist $\mathring{D}^n \subset \mathbb{R}^n$ homöomorph zu $f^{-1}(\mathring{D}^n) \subset D^m \subset \mathbb{R}^m \subset \mathbb{R}^n$, was wieder 1.1.16 widerspricht.   □

1.1.18 Satz (Invarianz des Randes) *Jeder Homöomorphismus* $f\colon D^n \to D^n$ *bildet* S^{n-1} *auf* S^{n-1} *ab.*

Beweis Sei $x \in S^{n-1}$ und $z = f(x) \in \mathring{D}^n$. Für kleines $\varepsilon > 0$ ist $U = \{y \in \mathbb{R}^n \mid |y - z| < \varepsilon\}$ eine in D^n liegende offene Teilmenge des $\mathbb{R}^n$. Das Urbild $f^{-1}(U) \subset \mathbb{R}^n$ ist homöomorph zu U, aber wegen $f^{-1}(U) \subset D^n$ und $f^{-1}(U) \cap S^{n-1} \neq \emptyset$ nicht offen im $\mathbb{R}^n$. Das widerspricht 1.1.16.   □

Mit diesem Satz kann man definieren, was der Rand eines Balles ist:

1.1.19 Definition Sei A ein n-Ball und $f\colon D^n \to A$ ein Homöomorphismus. Dann heißt die $(n-1)$-Sphäre $\dot{A} = f(S^{n-1})$ der *Rand von A*; man erhält einen Homöomorphismus von Paaren $f\colon (D^n, S^{n-1}) \to (A, \dot{A})$. Ist $g\colon D^n \to A$ auch ein Homöomorphismus, so ist $g^{-1}f(S^{n-1}) = S^{n-1}$ nach 1.1.18, also $f(S^{n-1}) = g(S^{n-1})$; daher ist die Definition von $\dot{A}$ unabhängig von der Wahl von f.

1.1.20 Beispiel Sei X ein topologischer Raum. Für $x_0 \in X$ sei $Z(x_0)$ die Anzahl der Zusammenhangskomponenten von $X \backslash x_0$. Ist $f\colon X \to Y$ ein Homöomorphismus und $f(x_0) = y_0$, so wird $X \backslash x_0$ unter f homöomorph auf $Y \backslash y_0$ abgebildet, und daher ist $Z(x_0) = Z(y_0)$. Damit erhält man ein Homöomorphiekriterium. Z.B. ist $S^1 \not\approx I$, weil $Z(x) = 1$ ist für alle $x \in S^1$, während für $\frac{1}{2} \in I$ gilt $Z(\frac{1}{2}) = 2$. Mit solchen Argumenten kann man als Übung zum Homöomorphiebegriff die Buchstaben des Alphabets (aufgefaßt als Teilräume des $\mathbb{R}^2$)

A,B,C,D,E,F,G,H,I,J,K,L,M,N,O,P,Q,R,S,T,U,V,W,X,Y,Z

nach Homöomorphie klassifizieren. Z.B. ist Q $\not\approx$ H, weil es in H zwei Punkte x mit $Z(x) = 3$ gibt, in Q nur einen.

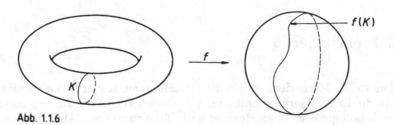

Abb. 1.1.6

1.1.21 Beispiel Das topologische Produkt $S^1 \times S^1$ heißt *Torus* oder *Torusfläche*. $S^1 \times S^1$ ist homöomorph zu der Rotationsfläche im $\mathbb{R}^3$, die durch Rotation des

Kreises $(x_1 - 2)^2 + x_3^2 = 1$ in der x_1, x_3-Ebene um die x_3-Achse entsteht, vgl. Abb. 1.1.6. Wir zeigen, daß es keinen Homöomorphismus $f \colon S^1 \times S^1 \to S^2$ gibt. Auf dem Torus gibt es Kreislinien, etwa $K = 1 \times S^1$, die den Torus nicht zerlegen, d.h. $S^1 \times S^1 \backslash K$ ist zusammenhängend. Wäre f ein Homöomorphismus, so wäre $f(K) \subset S^2$ wie in Abb. 1.1.6 eine Kreislinie, die S^2 nicht zerlegt. Das widerspricht dem bekannten Jordanschen Kurvensatz (vgl. 11.7.7): Jede Kreislinie in S^2 zerlegt S^2 in zwei Zusammenhangskomponenten. Wenn man also diesen Satz als bewiesen voraussetzt, folgt die Nicht-Homöomorphie von Torus und Sphäre.

Den beiden vorigen Beispielen liegt dieselbe Idee zugrunde: man betrachtet höhere Zusammenhangseigenschaften topologischer Räume, indem man untersucht, ob ein Raum durch Punkte oder Kreislinien zerlegt wird oder nicht. Diese Idee wird später in der Homologietheorie präzisiert werden.

Aufgaben

1.1.A1 Beweisen Sie folgende Aussagen:
(a) Sind X, Y topologische Räume mit Teilräumen $A \subset X$, $B \subset Y$, so hat $A \times B$ in $X \times Y$ den Rand $\bar{A} \times \mathring{B} \cup \mathring{A} \times \bar{B}$.
(b) Ist $A \subset \mathbb{R}^m$ bzw. $B \subset \mathbb{R}^n$ konvex, so auch $A \times B \subset \mathbb{R}^{m+n}$.

1.1.A2 Die *konvexe Hülle von* $A \subset \mathbb{R}^n$ ist der Durchschnitt aller konvexen Teilmengen des $\mathbb{R}^n$, die A enthalten. Zeigen Sie: Die konvexe Hülle von endlich vielen Punkten $x_0, \ldots, x_q \in \mathbb{R}^n$ besteht aus allen Punkten $\sum_{i=0}^q \lambda_i x_i$ mit $\sum_{i=0}^q \lambda_i = 1$ und $\lambda_0, \ldots, \lambda_q \geq 0$.

1.1.A3 Sei R die in 1.1.21 genannte Rotationsfläche. Zeigen Sie:
(a) R hat die Gleichung $(\sqrt{x^2 + y^2} - 2)^2 + z^2 = 1$.
(b) Durch $(x, y) \mapsto ((2+y_1)x_1, (2+y_1)x_2, y_2)$ wird ein Homöomorphismus von $S^1 \times S^1$ auf R definiert; dabei sind $x = (x_1, x_2)$ und $y = (y_1, y_2)$ Punkte von S^1.
(c) Nimmt man zu R das „Innere" im $\mathbb{R}^3$ hinzu, so erhält man einen *Volltorus* $V \subset \mathbb{R}^3$. Die Zuordnung aus (b) liefert einen Homöomorphismus von $S^1 \times D^2$ auf V; dabei ist jetzt $x \in S^1$ und $y \in D^2$.

1.1.A4 Zu $x, y \in \mathring{D}^n$ gibt es einen Homöomorphismus $f \colon D^n \to D^n$ mit $f(x) = y$.

1.2 Identifizieren

Unter den vielen Methoden, topologische Räume zu konstruieren, ist für uns die wichtigste die Identifizierungsmethode. Wir stellen zuerst die aus der mengentheoretischen Topologie bekannten Begriffe und Sätze zusammen. Die Beweise sind alle sehr leicht (außer dem von 1.2.13, siehe [Dold, V.2.13] oder [Schubert, I.7.9 Satz 5]); es ist einfacher, sie sich selbst zu überlegen, statt z.B. in [Boto] oder [Schubert] zu suchen.

1.2.1 Definition Sei X ein topologischer Raum und sei $R \subset X \times X$ eine Äquivalenzrelation auf der Menge X. Statt $(x, y) \in R$ schreiben wir meistens $x \sim_R y$ oder $x \sim y$. Die Äquivalenzklasse von $x \in X$ wird mit $\langle x \rangle = \langle x \rangle_R = \{y \in X \mid y \sim x\}$ und die Menge der Äquivalenzklassen mit $X/R = \{\langle x \rangle \mid x \in X\}$ bezeichnet. Die durch $p(x) = \langle x \rangle$ definierte Funktion $p \colon X \to X/R$ heißt die *Projektion* von X auf X/R. Die feinste Topologie auf X/R, bezüglich der p stetig ist, heißt die *Quotiententopologie* auf X/R, und die Menge X/R, versehen mit dieser Topologie, heißt *Quotientenraum* oder *Faktorraum* von X nach R. Für eine Menge $A \subset X$ setzen wir $A^* = p^{-1}p(A) = \{x \in X \mid x \sim a \text{ für ein } a \in A\}$.

1.2.2 Satz *Eine Menge $B \subset X/R$ im Quotientenraum ist genau dann offen (abgeschlossen), wenn ihr Urbild $p^{-1}(B) \subset X$ es ist. Die Projektion $p \colon X \to X/R$ ist stetig und surjektiv; sie ist genau dann offen (abgeschlossen), wenn für jede offene (abgeschlossene) Menge $A \subset X$ die Menge $A^* \subset X$ offen (abgeschlossen) ist.* □

Man benutzt folgende Sprechweisen: Der Raum X/R entsteht aus X durch Identifizieren äquivalenter Punkte. Oder: X/R entsteht aus X, indem man *je zwei Punkte $x, y \in X$ mit $x \sim y$ miteinander verklebt*. Die Äquivalenzrelation R wird meistens dadurch beschrieben, daß ein erzeugendes System von Relationen angegeben wird. Sprechen wir z.B. von der durch $0 \sim 1$ und $1 \sim 2$ gegebenen Äquivalenzrelation auf $\mathbb{R}$, so ist damit gemeint, daß auch $1 \sim 0$, $2 \sim 1$, $0 \sim 2$, $2 \sim 0$ und $x \sim x$ für alle $x \in \mathbb{R}$ gilt, und daß x nicht äquivalent ist zu y für alle übrigen Paare $(x, y) \in \mathbb{R}^2$. In diesem Sinn sind alle folgenden Beispiele zu verstehen.

1.2.3 Beispiele
(a) Sei R die Äquivalenzrelation $0 \sim 1$ auf I. Dann besteht I/R aus den Punkten $\langle 0 \rangle = \langle 1 \rangle$ und $\langle t \rangle$ mit $0 < t < 1$. Zeigen Sie, daß durch $f(\langle t \rangle) = \exp 2\pi i t$ eindeutig eine Funktion $f \colon I/R \to S^1$ definiert wird und daß f ein Homöomorphismus ist! Durch Verkleben der Endpunkte von I entsteht also eine Kreislinie. Beachten Sie in Abb. 1.2.1, wie sich Umgebungen der Punkte $0, 1 \in I$ zu einer Umgebung des Punktes $f(\langle 0 \rangle) = f(\langle 1 \rangle) \in S^1$ zusammensetzen.

(b) Auf I^2 sei R' die Äquivalenzrelation $(s, 0) \sim (s, 1)$ für $0 \le s \le 1$. Jetzt erhält man durch $\langle s, t \rangle \mapsto (s, \exp 2\pi i t)$ einen Homöomorphismus $I^2/R' \to S^1 \times I$. Der Zylinder $S^1 \times I$ entsteht aus dem Quadrat durch Verkleben von Ober- und Unterkante, vgl. Abb. 1.2.1.

(c) Auf I^2 sei S die Äquivalenzrelation $(s, 0) \sim (s, 1)$ und $(0, t) \sim (1, t)$ für alle $s, t \in I$. Jetzt wird Ober- mit Unterkante und linke mit rechter Kante verklebt. $\langle s, t \rangle \mapsto (\exp 2\pi i s, \exp 2\pi i t)$ ist ein Homöomorphismus von I^2/S auf den Torus $S^1 \times S^1$, vgl. Abb. 1.2.2.

1.2.4 Satz *Sei $f \colon X \to Y$ eine stetige Abbildung, die verträglich ist mit gegebenen Äquivalenzrelationen R bzw. S auf X bzw. Y (das bedeutet: aus $x \sim_R x'$ folgt $f(x) \sim_S f(x')$). Dann wird durch $\bar{f}(\langle x \rangle_R) = \langle f(x) \rangle_S$ eine stetige Abbildung $\bar{f} \colon X/R \to Y/S$ definiert; sie heißt die durch f definierte oder die von f induzierte*

Abbildung. Wenn f ein Homöomorphismus und $f^{-1}\colon Y \to X$ *ebenfalls mit den Relationen verträglich ist, so ist* $\bar{f}\colon X/R \to Y/S$ *ein Homöomorphismus.*   □

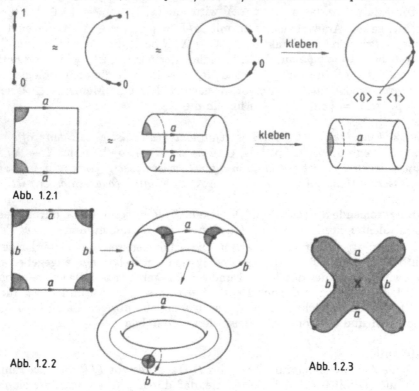

Abb. 1.2.1

Abb. 1.2.2   Abb. 1.2.3

Die letzte Aussage ist ein ständig benutztes Kriterium für die Homöomorphie von Quotientenräumen. Z.B. ist das Quadrat in Abb. 1.2.2 zu der Menge X in Abb. 1.2.3 homöomorph; identifiziert man daher in X gegenüberliegende Randbögen wie die Skizze andeutet, so entsteht ebenfalls ein Torus. Nimmt man in Satz 1.2.4 als Relation auf Y die Gleichheit, so erhält man folgendes:

1.2.5 Satz *Sei* $f\colon X \to Y$ *stetig und mit der Äquivalenzrelation* R *auf* X *verträglich (das bedeutet: aus* $x \sim_R x'$ *folgt* $f(x) = f(x')$*). Dann wird durch* $\bar{f}(\langle x \rangle_R) = f(x)$ *eine stetige Abbildung* $\bar{f}\colon X/R \to Y$ *definiert.*   □

Für $z \in X/R$ ist $p^{-1}(z) \subset X$ eine Äquivalenzklasse in X, besteht also i.a. aus vielen Punkten. Daß $f\colon X \to Y$ mit R verträglich ist, bedeutet, daß die Menge $fp^{-1}(z)$ in Y aus genau einem Punkt besteht, und dieser ist dann $\bar{f}(z)$. Daher kann man 1.2.5 auch so formulieren:

1.2.6 Satz *Ist* $f\colon X \to Y$ *stetig und* fp^{-1} *eindeutig, so ist* $fp^{-1}\colon X/R \to Y$ *stetig.*   □

Beim Übergang von X zu X/R werden auch die Teilräume von X verändert. Jede Diagonale im Quadrat I^2 wird in (c) von 1.2.3 zu einer Kreislinie identifiziert, während sie in (b) homöomorph in den Quotientenraum abgebildet wird. Allgemein gilt folgendes:

1.2.7 Satz *Ist für $A \subset X$ die Menge $A^* = p^{-1}p(A) \subset X$ offen oder abgeschlossen, so entsteht der Teilraum $p(A) \subset X/R$, indem man äquivalente Punkte von A^* identifiziert. Mit anderen Worten: Die Teilraumtopologie auf $p(A)$ stimmt überein mit der Quotiententopologie auf A^*/R.* □

1.2.8 Beispiel Sei $A \subset X$ eine offene oder abgeschlossene Menge, so daß jeder Punkt von A unter der Relation R nur zu sich selbst äquivalent ist. Dann ist $A = A^* = A^*/R$ und es folgt, daß $p|A \colon A \to X/R$ eine Einbettung ist. Z.B. wird in 1.2.3 (c) das offene Quadrat $\mathring{I}^2$ homöomorph in den Torus abgebildet.

1.2.9 Definition Sei $f \colon X \to Y$ eine stetige, surjektive Abbildung. Sei $R(f)$ folgende Äquivalenzrelation auf X: $x \sim x'$, wenn $f(x) = f(x')$. Die Abbildung f heißt eine *identifizierende Abbildung*, wenn eine der folgenden äquivalenten Bedingungen gilt:

(a) $\bar{f} \colon X/R(f) \to Y$ ist ein Homöomorphismus.

(b) Genau dann ist $A \subset Y$ offen (abgeschlossen), wenn $f^{-1}(A) \subset X$ es ist.

(c) Eine Abbildung $g \colon Y \to Z$, wobei Z ein beliebiger Raum ist, ist genau dann stetig, wenn $gf \colon X \to Z$ es ist.

Die Topologie auf Y ist dann durch f und die Topologie auf X eindeutig bestimmt; sie heißt die *Identifizierungstopologie* bezüglich f.

Die Projektion p in 1.2.1 ist identifizierend; jede identifizierende Abbildung unterscheidet sich von einer solchen Projektion nur um einen Homöomorphismus.

1.2.10 Satz

(a) *Jede stetige, surjektive und offene (abgeschlossene) Abbildung ist identifizierend. Jede stetige, surjektive Abbildung eines kompakten Raumes auf einen Hausdorffraum ist abgeschlossen und daher identifizierend.*

(b) *Sei $f \colon X \to Y$ identifizierend und $g \colon Y \to Z$ stetig und surjektiv. Genau dann ist gf identifizierend, wenn g es ist.* □

1.2.11 Satz *Sei $p \colon X \to Y$ identifizierend und $f \colon X \to Z$ stetig. Wenn fp^{-1} eindeutig ist, ist $fp^{-1} \colon Y \to Z$ stetig (vgl. 1.2.6).* □

1.2.12 Satz *Sei $f \colon X \to Y$ identifizierend. Sei $B \subset Y$ offen oder abgeschlossen und $A = f^{-1}(B) \subset X$. Dann ist $f|A \colon A \to B$ identifizierend (vgl. 1.2.7).* □

Eine folgenreiche Tatsache, die zu weitreichenden Untersuchungen in der mengentheoretischen Topologie geführt hat, ist, daß Produkt- und Quotiententopologie nicht miteinander verträglich sind. Sind X, Y Räume mit Äquivalenzrelationen R bzw. S, so hat man auf $X \times Y$ die Äquivalenzrelation $R \times S$: $(x, y) \sim (x', y')$, wenn $x \sim_R x'$ und $y \sim_S y'$. Die Abbildung $X \times Y/R \times S \rightarrow X/R \times Y/S$, $\langle x, y \rangle \mapsto (\langle x \rangle, \langle y \rangle)$ ist bijektiv und stetig, aber i.a. kein Homöomorphismus. Ein wichtiges Resultat ist jedoch folgendes, wobei durch id_Y die Identitätsabbildung von Y bezeichnet wird:

1.2.13 Satz *Ist f: $X \rightarrow X'$ identifizierend und Y lokalkompakt, so ist die Abbildung $f \times \mathrm{id}_Y$: $X \times Y \rightarrow X' \times Y$ identifizierend.*   □

1.2.14 Korollar *Die obige Abbildung $X \times Y/R \times S \rightarrow X/R \times Y/S$ ist dann ein Homöomorphismus, wenn X und Y/S (oder X/R und Y) lokalkompakt sind.*   □

1.3 Beispiele zum Identifizieren

Wir stellen einige Standardkonstruktionen von Quotientenräumen vor.

1.3.1 Definition und Satz
(a) *Sei $A \subset X$ ein abgeschlossener Teilraum. Zwei Punkte von X heißen äquivalent, wenn sie gleich sind oder beide in A liegen. X/A ist der Quotientenraum von X nach dieser Äquivalenzrelation. Die gemeinsame Äquivalenzklasse der Punkte von A wird mit $\langle A \rangle \in X/A$ bezeichnet. Für die Projektion p: $X \rightarrow X/A$ gilt $p(A) = \langle A \rangle$. Man sagt, X/A entsteht aus X durch Identifizieren von A zu einem Punkt. Wenn wir von X/A reden, setzen wir immer voraus, daß A in X abgeschlossen ist (damit 1.3.3 gilt).*

(b) *Eine stetige Abbildung f: $(X, A) \rightarrow (Y, B)$ von Raumpaaren induziert nach 1.2.4 eine stetige Abbildung $\bar{f}$: $X/A \rightarrow Y/B$. Ist f ein Homöomorphismus von Paaren, so ist $\bar{f}$ ein Homöomorphismus.*   □

1.3.2 Definition Eine stetige Abbildung von Raumpaaren f: $(X, A) \rightarrow (Y, B)$ heißt ein *relativer Homöomorphismus*, wenn $X \backslash A$ unter f homöomorph auf $Y \backslash B$ abgebildet wird. Aus 1.2.7 folgt:

1.3.3 Satz *Die Projektion p: $(X, A) \rightarrow (X/A, \langle A \rangle)$ ist ein relativer Homöomorphismus.*   □

1.3.4 Beispiele Ist $A = \emptyset$ oder $A = \{\text{Punkt}\}$, so ist $X/A = X$. Aus 1.2.3 (a) folgt, daß $I/\dot{I} \approx S^1$ ist. Wenn X kompakt ist, ist X/A wegen 1.3.3 die Einpunkt-kompaktifizierung von $X \backslash A$ (vgl. [Boto, 8.20]). Z.B. ist D^n/S^{n-1} für $n > 0$ die Einpunktkompaktifizierung von $\mathring{D}^n \approx \mathbb{R}^n$, ist also homöomorph zu S^n. Dieses Beispiel ist besonders wichtig, und wir untersuchen es genauer.

1.3.5 Beispiel Wir definieren eine Abbildung $\lambda_n\colon D^n \to S^n$ durch

$$\lambda_n(tx) = (\;\cos \pi(1-t), x_1 \sin \pi(1-t), \dots, x_n \sin \pi(1-t)\;);$$

dabei ist $x \in S^{n-1}$ und $0 \le t \le 1$. Man überzeuge sich, daß λ_n eine stetige Abbildung ist mit $\lambda_n(S^{n-1}) = e_0 = (1,0,\dots,0) \in S^n$, und daß $\mathring{D}^n$ unter λ_n homöomorph auf $S^n \backslash e_0$ abgebildet wird. Also ist $\lambda_n\colon (D^n, S^{n-1}) \to (S^n, e_0)$ ein relativer Homöomorphismus. Die induzierte Abbildung $\bar\lambda_n\colon D^n/S^{n-1} \to S^n$ ist ein Homöomorphismus (sie ist stetig und bijektiv, und D^n/S^{n-1} ist kompakt).

1.3.6 Beispiel Ist X ein Raum, so ist $X \times I$ der *Zylinder über* X. Die Teilräume $X \times 0$ und $X \times 1$ (*Boden* und *Dach* des Zylinders) sind abgeschlossen in $X \times I$. Der Quotientenraum $CX = X \times I/X \times 1$ heißt der *Kegel über* X *mit Spitze* $\langle X \times 1\rangle$. Er besteht aus den Punkten $\langle x,t\rangle$ mit $x \in X$ und $t \in I$, wobei $\langle x,1\rangle = \langle x',1\rangle$ ist für alle $x,x' \in X$. Aus 1.2.7 folgt, daß $x \mapsto \langle x,0\rangle$ eine Einbettung $X \to CX$ ist; X ist als *Boden im Kegel* enthalten. Ein Beispiel: CS^n ist homöomorph zu D^{n+1} durch $\langle x,t\rangle \mapsto (1-t)x$.

1.3.7 Definition Gegeben seien topologische Räume X_j ($j \in J =$ Indexmenge) und in jedem dieser Räume ein fester Punkt $x_j^0 \in X_j$; wir setzen voraus, daß x_j^0 abgeschlossen ist in X_j (was z.B. gilt, wenn X_j hausdorffsch ist). In der topologischen Summe $\sum X_j$ ist dann $A = \{x_j^0 \mid j \in J\}$ ein abgeschlossener Teilraum. Der Quotientenraum $\vee X_j = \sum X_j/A$ heißt die *Einpunktvereinigung der Räume* X_j *bezüglich der Punkte* x_j^0. Wir setzen $x^0 = \langle A\rangle \in \vee X_j$. Ist $p\colon \Sigma X_j \to \vee X_j$ die Projektion, so ist $p(x_j^0) = x^0$ für alle $j \in J$. Im Fall, daß $J = \{1,\dots,n\}$ eine endliche Indexmenge ist, schreiben wir $X_1 \vee \dots \vee X_n$ statt $\vee X_j$.

Aus 1.2.2 folgt, daß p eine abgeschlossene Abbildung ist, und daraus ergibt sich folgender Satz, der den Namen „Einpunktvereinigung" rechtfertigt:

1.3.8 Satz *Die Einschränkung* $p|X_j\colon X_j \to \vee X_j$ *ist eine Einbettung; sie heißt die Standardeinbettung von* X_j *nach* $\vee X_j$. *Der Raum* $\vee X_j$ *ist die Vereinigung der zu* X_j *homöomorphen Teilräume* $p(X_j)$ *und für* $i \ne j$ *ist* $p(X_i) \cap p(X_j) = x^0$. $\qquad\square$

Aus 1.2.4 erhält man den folgenden Satz, den wir der Deutlichkeit halber nur für endliche Indexmengen formulieren:

1.3.9 Satz
(a) *Stetige Abbildungen* $f_j\colon X_j \to X_j'$ *mit* $f_j(x_j^0) = x_j'^0$ *induzieren eine stetige Abbildung* $f_1 \vee \dots \vee f_n\colon X_1 \vee \dots \vee X_n \to X_1' \vee \dots \vee X_n'$ *durch* $\langle x_j\rangle \mapsto \langle f_j(x_j)\rangle$.
(b) *Stetige Abbildungen* $g_j\colon X_j \to Y$ *mit* $g_i(x_i^0) = g_j(x_j^0)$ *induzieren eine stetige Abbildung* $(g_1,\dots,g_n)\colon X_1 \vee \dots \vee X_n \to Y$ *durch* $\langle x_j\rangle \mapsto g_j(x_j)$. $\qquad\square$

14   1 Beispiele für Räume, Abbildungen und topologische Probleme

Endliche Einpunktvereinigungen lassen sich auch auf andere Weise beschreiben. Es sei $i_j\colon X_j \to X_1 \times \ldots \times X_n$ die Abbildung $x_j \mapsto (x_1^0, \ldots, x_{j-1}^0, x_j, x_{j+1}^0, \ldots, x_n^0)$. Das Bild von i_j ist die j-te *Koordinatenachse*

$$T_j = x_1^0 \times \ldots \times x_{j-1}^0 \times X_j \times x_{j+1}^0 \times \ldots \times x_n^0$$

im topologischen Produkt. Wie der folgende Satz zeigt, kann man $X_1 \vee \ldots \vee X_n$ auch als Vereinigung dieser Koordinatenachsen definieren (was wir gelegentlich auch tun werden).

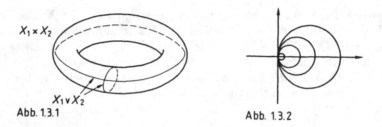

Abb. 1.3.1   Abb. 1.3.2

1.3.10 Satz *Die Abbildung* $(i_1, \ldots, i_n)\colon X_1 \vee \ldots \vee X_n \to X_1 \times \ldots \times X_n$ *bildet den Raum* $X_1 \vee \ldots \vee X_n$ *homöomorph auf die Vereinigung* $T = T_1 \cup \ldots \cup T_n$ *der Koordinatenachsen ab (vgl. Abb. 1.3.1).*   □

1.3.11 Beispiel Bei unendlicher Indexmenge ist 1.3.10 i.a. falsch; man muß auf die Topologie am Punkt x_0 achten! Als Beispiel betrachten wir die Einpunktvereinigung $X = S_1^1 \vee S_2^1 \vee \ldots$ von unendlich vielen Kreislinien $S_j^1 = S^1$, wobei $x_j^0 = 1$ ist. Die Umgebungen von x^0 in X sind von der Form $U_1 \cup U_2 \cup \ldots$, wobei U_j ein Kreisbogen um 1 in S_j^1 ist; insbesondere besitzt x^0 weder eine kompakte Umgebung noch eine abzählbare Umgebungsbasis. Folglich ist X weder lokalkompakt noch metrisierbar. Dagegen ist $S_1^1 \times S_2^1 \times \ldots$ ein kompakter metrischer Raum, also ist X nicht in $S_1^1 \times S_2^1 \times \ldots$ einbettbar. Sei Y die in Abb. 1.3.2 skizzierte Vereinigung der Kreise $(x - 1/n)^2 + y^2 = 1/n^2$ mit $n \geq 1$, versehen mit der Relativtopologie des $\mathbb{R}^2$. Dann ist X nicht zu Y homöomorph; jede Umgebung von $(0,0)$ in Y enthält alle Kreislinien bis auf endlich viele.

Eine wichtige Konstruktion von Quotientenräumen ist das Verkleben von Räumen; es enthält die vorigen Beispiele als Spezialfälle.

1.3.12 Definition Gegeben sei $X \supset A \xrightarrow{f} Y$, wobei A ein abgeschlossener Teilraum von X und f eine stetige Abbildung ist. Auf der topologischen Summe $X + Y$ sei R die von $a \sim f(a)$ für alle $a \in A$ erzeugte Äquivalenzrelation. Der Quotientenraum $Y \cup_f X = (X + Y)/R$ besteht aus den Punkten $\langle x \rangle$ und $\langle y \rangle$ mit $\langle a \rangle = \langle f(a) \rangle$ für alle $a \in A$. Er entsteht also, indem man jeden Punkt von A mit seinem Bild unter f identifiziert. Sprechweise (Abb. 1.3.3): $Y \cup_f X$ *entsteht aus* Y, *indem man mit der*

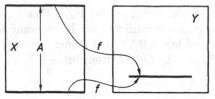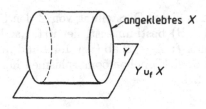

Abb. 1.3.3

Klebeabbildung f den Raum X an Y klebt. Unter der Relation R werden Punkte a, a' mit $f(a) = f(a')$ identifiziert. Verschiedene Punkte von Y werden jedoch nicht miteinander identifiziert. Mit 1.2.7 folgt:

1.3.13 Satz *Ist p: $X + Y \to Y \cup_f X$ die Projektion, so ist $p|Y$: $Y \to Y \cup_f X$ eine Einbettung. Bezeichnet man also für $y \in Y$ den Punkt $p(y) = \langle y \rangle$ wieder mit y, so ist Y als abgeschlossener Teilraum in $Y \cup_f X$ eingebettet.*   □

1.3.14 Satz *Die Projektion $p|X$: $X \to Y \cup_f X$ bildet $X \backslash A$ auf $(Y \cup_f X) \backslash Y$ homöomorph ab, d.h. $p|X$: $(X, A) \to (Y \cup_f X, Y)$ ist ein relativer Homöomorphismus.*   □

Der Raum $Y \cup_f X$ besteht also aus zwei Teilen: der eine ist zu $X \backslash A$ homöomorph, der andere zu Y. Wie $Y \cup_f X$ an der Grenze dieser beiden Teile aussieht, hängt von der Klebeabbildung ab. — Aus 1.2.6 erhält man das folgende wichtige Kriterium zur Konstruktion stetiger Abbildungen auf $Y \cup_f X$:

1.3.15 Satz *Gegeben seien $X \supset A \xrightarrow{f} Y$ und stetige Abbildungen φ: $X \to Z$ und ψ: $Y \to Z$ mit $\varphi|A = \psi \circ f$. Sei $\varphi + \psi$: $X + Y \to Z$ die Abbildung, die auf X mit φ und auf Y mit ψ übereinstimmt. Dann ist $(\varphi + \psi) \circ p^{-1}$: $Y \cup_f X \to Z$ wohldefiniert und stetig.*   □

1.3.16 Beispiele Im Fall $X \supset A \xrightarrow{f} Y = \{\text{Punkt}\}$ ist $Y \cup_f X = X/A$. — Im Fall $X \supset \{x_0\} \xrightarrow{g} Y$ ist $Y \cup_g X \approx X \vee Y$. — Ist $X \supset A \xrightarrow{h} Y$ und $h(A)$ ein Punkt, so ist $Y \cup_h X \approx (X/A) \vee Y$.

Man kann jetzt zahlreiche Fragen stellen, z.B. wie sich $Y \cup_f X$ ändert, wenn man (X, A) oder Y durch eine homöomorphe Kopie ersetzt, was mit Teilräumen von X beim Verkleben geschieht usw. Wir überlassen das dem Leser und betrachten nur noch die folgende Situation, die öfters auftritt.

1.3.17 Beispiel Es seien $A \subset X$ und $B \subset Y$ abgeschlossene Teilräume und f: $A \to B$ ein Homöomorphismus. Dann können wir X und Y mit dem Homöomorphismus f zu einem Raum Z verkleben: mit der Bezeichnung von 1.3.12 ist $Z = Y \cup_{jf} X$, wobei j: $B \hookrightarrow Y$ die Inklusion ist (wir schreiben dafür auch einfach $Z = Y \cup_f X$). Aus 1.2.7 und 1.3.13 folgt, daß X und Y in Z eingebettet sind und daß $Z = X \cup Y$ und $X \cap Y \approx A \approx B$ ist.

Wer aus dieser Darstellung von Z den Schluß zieht, daß Z durch die Paare (X, A) und (Y, B) bestimmt ist, der irrt: i.a. hängt Z wesentlich vom Klebehomöomorphismus $f\colon A \to B$ ab (vgl. 1.4.9 und insbesondere 1.9.3)! Das folgende Kriterium, wann zwei Klebehomöomorphismen homöomorphe Quotientenräume liefern, folgt aus 1.2.4:

1.3.18 Satz *Seien* $X \supset A \xrightarrow{f} B \subset Y$ *und* $X' \supset A' \xrightarrow{f'} B' \subset Y'$ *gegeben. Wenn es Homöomorphismen* $F\colon (X, A) \to (X', A')$ *und* $G\colon (Y, B) \to (Y', B')$ *dieser Raumpaare mit* $(G|B) \circ f = f' \circ (F|A)$ *gibt, so sind die Räume* $Y \cup_f X$ *und* $Y' \cup_{f'} X'$ *homöomorph.*   □

1.3.19 Beispiele
(a) Ist $Z = X \cup Y$ Vereinigung abgeschlossener Teilräume X und Y mit $X \cap Y = A$, so kann man X und Y mit $\mathrm{id}_A\colon A \to A$ verkleben; der entstehende Raum ist homöomorph Z. Verklebt man X und Y mit einem Homöomorphismus $f\colon A \to A$, der sich zu einem Homöomorphismus $X \to X$ oder $Y \to Y$ fortsetzen läßt, so ist ebenfalls $Y \cup_f X \approx Z$.

(b) Jeden Homöomorphismus $f\colon S^{n-1} \to S^{n-1}$ kann man radial zu einem Homöomorphismus $F\colon D^n \to D^n$ fortsetzen durch $F(tx) = tf(x)$ für $x \in S^{n-1}$ und $t \in I$. Daher folgt: Verklebt man zwei Kopien von D^n mit einem Homöomorphismus $f\colon S^{n-1} \to S^{n-1}$ der Ränder, so entsteht S^n.

(c) Sei $g\colon X \to X$ ein Homöomorphismus. Wir betrachten

$$X \times [-1, 0] \supset X \times 0 \xrightarrow{f} X \times 0 \xrightarrow{j} X \times [0, 1], \quad f(x, 0) = (g(x), 0).$$

Durch $F(x, t) = (g(x), t)$ wird der Homöomorphismus f auf $X \times [-1, 0]$ fortgesetzt. Aus 1.3.18 folgt daher $(X \times [0, 1]) \cup_f (X \times [-1, 0]) \approx X \times [-1, 1]$: Wenn man zwei Zylinder verklebt, entsteht wieder einer.

Aufgaben

1.3.A1 Beweisen Sie 1.3.10.

1.3.A2 $(S^1 \times S^1)/(S^1 \vee S^1)$ ist homöomorph zu S^2.

1.3.A3 $\mathbb{R}^n / D^n$ ist homöomorph zu $\mathbb{R}^n$; $\mathbb{R}^n / \mathring{D}^n$ ist nicht hausdorffsch.

1.3.A4 Eine stetige Abbildung $f\colon X \to Y$ induziert durch $(Cf)(\langle x, t \rangle) = \langle f(x), t \rangle$ eine stetige Abbildung $Cf\colon CX \to CY$.

1.3.A5 Der Raum $EX = CX/X$ heißt die *Einhängung* von X. Zeigen Sie:
(a) $f\colon X \to Y$ induziert $Ef\colon EX \to EY$.
(b) $ED^n \approx D^{n+1}$ und $ES^n \approx S^{n+1}$.

1.4 Flächen

1.4.1 Definition Ein topologischer Raum F heißt eine *Fläche*, wenn jeder Punkt von F eine zu D^2 homöomorphe Umgebung besitzt; darüber hinaus setzen wir immer voraus, daß F hausdorffsch ist und die Topologie von F eine abzählbare Basis besitzt (vgl. 1.4.A7 und 1.8.2). Sei $A \approx D^2$ eine Umgebung von $x \in F$ und sei $f\colon A \to D^2$ ein Homöomorphismus. Je nachdem, ob $f(x) \in S^1$ oder $f(x) \in \mathring{D}^2$ ist, heißt x ein *Randpunkt* oder ein *innerer Punkt* von F (Abb. 1.4.1); mit dem Satz von der Invarianz des Gebiets zeigt man, daß diese Definition von der Wahl von A und f unabhängig ist. Die Menge der Randpunkte bzw. der inneren Punkte von F wird mit ∂F bzw. $\mathring{F}$ bezeichnet; es folgt $F = \mathring{F} \cup \partial F$ und $\mathring{F} \cap \partial F = \emptyset$. Wenn $\partial F = \emptyset$ ist, heißt F *unberandete Fläche*. Eine unberandete kompakte Fläche heißt *geschlossen*.

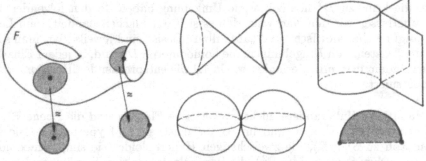

Abb. 1.4.1   Abb. 1.4.2

Warnung: Diese Begriffe „Inneres" und „Rand" haben nichts zu tun mit den genauso bezeichneten Begriffen, die man in der mengentheoretischen Topologie lernt! Ist A ein Teilraum des Raumes X, so ist erklärt, was ein innerer Punkt von A in X bzw. ein Randpunkt von A in X ist, und die Menge dieser Punkte ist das Innere $\mathring{A}$ bzw. der Rand $\dot{A}$ von A in X. Hier ist der Zusatz „in X" wichtig; was Inneres und Rand von A sind, hängt vom umgebenden Raum X ab. In 1.4.1 dagegen hat man nur die Fläche F, keinen umgebenden Raum; ob ein Punkt innerer Punkt oder Randpunkt ist, hängt von der topologischen Gestalt der Fläche in der Nähe des Punktes ab. Natürlich kann diese gleiche Bezeichnung verschiedener Begriffe zu Mißverständnissen führen (für F wie in Abb. 1.4.1 ist ∂F eine Kreislinie; als Teilraum des $\mathbb{R}^3$ betrachtet besteht F jedoch aus lauter Randpunkten); man muß eben aufpassen. — Wie in 1.1.18 beweist man:

1.4.2 Satz *Ein Homöomorphismus $F \to F'$ von Flächen bildet ∂F homöomorph auf $\partial F'$ ab.*   □

Die lokale Gestalt der Fläche bei einem Randpunkt kann man noch genauer beschreiben: In der Nähe von $z \in \partial F$ sieht das Tripel $z \in \partial F \subset F$ topologisch so aus wie $(0,0) \in D^1 \times 0 \subset D^1 \times I$; insbesondere liegt z im Inneren eines ganz aus Randpunkten bestehenden Randbogens:

1.4.3 Satz *Zu jedem Randpunkt z von F gibt es eine Umgebung W von z in F und einen Homöomorphismus $h\colon D^1 \times I \to W$ mit $h(0,0) = z$ und $h(D^1 \times 0) = W \cap \partial F$.*

Beweis   Sei $f\colon A \to D^2$ mit $f(z) \in S^1$ wie in 1.4.1 und U eine offene Umgebung von z in F mit $z \in U \subset A$. Aus dem Satz über die Invarianz des Gebietes erhalten wir $f(U \cap \partial F) = f(U) \cap S^1$. In der offenen Umgebung $f(U)$ von $f(z)$ in D^2 findet man mit dem in 1.1.15 (c) konstruierten Homöomorphismus leicht eine Rechteckumgebung der verlangten Art; diese transportiert man mit f^{-1} nach F und erhält W. □

Die in Abb. 1.4.2 skizzierten Teilmengen des $\mathbb{R}^3$ sind keine Flächen; hier gibt es Punkte, die keine zu D^2 homöomorphe Umgebung haben. In den folgenden Beispielen überlassen wir den Nachweis, daß es sich um Flächen handelt, dem Leser. Die Bedingung „hausdorffsch" und „abzählbare Basis" sind jeweils klar; man sollte jedoch die Existenz von Umgebungen, die homöomorph D^2 sind, in jedem Einzelfall beweisen, indem man mit Methoden wie in 1.1 die entsprechenden Homöomorphismen konstruiert.

1.4.4 Beispiele   Unberandete, nicht geschlossene Flächen sind die Ebene $\mathbb{R}^2$, der unendliche Zylinder $S^1 \times \mathbb{R}$, und im $\mathbb{R}^3$ die einschaligen Hyperboloide (sie sind homöomorph zu $S^1 \times \mathbb{R}$), die zweischaligen Hyperboloide (sie sind homöomorph zur topologischen Summe $\mathbb{R}^2 + \mathbb{R}^2$), die Paraboloide (sie sind homöomorph zu $\mathbb{R}^2$) oder die in Abb. 1.4.3 und 1.4.4 skizzierten Flächen. Entfernt man in einer unberandeten Fläche endlich viele Punkte (oder unendlich viele, die sich nicht häufen), so erhält man eine unberandete Fläche. Es sei P die Vereinigung aller achsenparallelen Geraden im $\mathbb{R}^3$ mit ganzzahligem Abstand zu den Achsen, und $F \subset \mathbb{R}^3$ sei die Menge aller Punkte, die von P den Abstand $1/4$ haben; dann ist F eine unberandete Fläche.

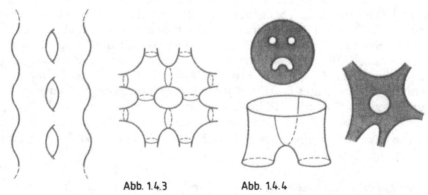

Abb. 1.4.3   Abb. 1.4.4

1.4.5 Beispiele D^2 ist eine Fläche mit Rand S^1. Die Halbebene $\mathbb{R} \times [0, \infty)$ ist eine Fläche mit Rand $\mathbb{R}$. Der Zylinder $S^1 \times I$ ist eine Fläche, dessen Rand aus zwei Kreislinien besteht. Weitere Flächen mit Rand sind in Abb. 1.4.4 skizziert. Entfernt man $n \geq 1$ Punkte in $S^1 \times 1$, so entsteht aus $S^1 \times I$ eine Fläche, deren Rand aus $S^1 \times 0$ und aus n Kopien von $\mathbb{R}$ besteht; im Fall $n = 5$ ist sie eine der Flächen in Abb. 1.4.4 (!).

1.4.6 Beispiel Das interessanteste Beispiel einer Fläche mit Rand ist das folgende: Auf I^2 sei R die Äquivalenzrelation $(s, 0) \sim (1 - s, 1)$. Der Quotientenraum $M = I^2/R$ — und jeder dazu homöomorphe Raum — heißt ein *Möbiusband*. Wie in 1.2.3 (b) werden unter R Ober- und Unterkante des Quadrats identifiziert, jetzt aber gegensinnig, vgl. Abb. 1.4.5. Es ist klar, daß M eine Fläche und $\partial M \approx S^1$ ist; hieraus folgt mit 1.4.2, daß Möbiusband und Zylinder nicht homöomorph sind. M besteht aus den Punkten $\langle s, t \rangle$ mit $s, t \in I$ und $\langle s, 0 \rangle = \langle 1 - s, 1 \rangle$. Wir definieren $f \colon M \to \mathbb{R}^3$ durch $f(\langle s, t \rangle) = (x_1, x_2, x_3)$, wobei

$$x_1 = 2\cos 2\pi t + (2s - 1)\cos \pi t \cdot \cos 2\pi t$$

$$x_2 = 2\sin 2\pi t + (2s - 1)\cos \pi t \cdot \sin 2\pi t$$

$$x_3 = (2s - 1)\sin \pi t.$$

Diese Abbildung ist eine Einbettung, d.h. M ist in der Tat zu der in Abb. 1.4.5 skizzierten Teilmenge des $\mathbb{R}^3$ homöomorph! Diese Teilmenge entsteht dadurch, daß der Mittelpunkt einer Strecke der Länge 2 auf dem Kreis $(x - 2)^2 + y^2 = 4$, $z = 0$ verschoben wird und sich die Strecke gleichzeitig um ihren Mittelpunkt um den Winkel π dreht. — Wir machen am Möbiusband einen Begriff anschaulich klar, der im folgenden benutzt wird, den wir aber erst in 11.3 präzisieren werden. Auf einer Fläche F betrachten wir ein Achsenkreuz mit den Koordinatenachsen 1 und 2 und verschieben es auf der Fläche, bis es wieder in die Ausgangslage zurückkommt. Wenn es danach, bei beliebigem Verschiebungsweg, wie vorher aussieht, heißt F *orientierbar*. Wenn es dagegen einen Verschiebungsweg gibt, bei dem es sich in sein Spiegelbild verwandelt, heißt F *nicht-orientierbar*. Man mache sich an Abb. 1.4.6 klar, daß der Torus in diesem anschaulichen Sinn orientierbar ist, das Möbiusband dagegen nicht.

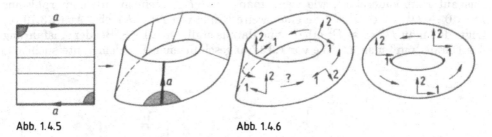

Abb. 1.4.5   Abb. 1.4.6

Bevor wir die wichtigsten Beispiele für Flächen betrachten, die geschlossenen, geben wir Methoden zur Konstruktion von Flächen an. Zunächst kann man in eine Fläche „Löcher schneiden":

1.4.7 Satz *Sei F eine Fläche und seien $f_1, \ldots, f_k\colon D^2 \to F$ disjunkte Einbettungen, also $f_i(D^2) \cap f_j(D^2) = \emptyset$ für $i \neq j$. Wir setzen*

$$\mathring{D}_i = \{f_i(x) \mid 0 \leq |x| < \tfrac{1}{2}\}, \ S_i = \{f_i(x) \mid |x| = \tfrac{1}{2}\} \approx S^1.$$

Dann ist $F^* = F\backslash(\mathring{D}_1 \cup \ldots \cup \mathring{D}_k)$ eine Fläche mit Rand $\partial F^* = \partial F \cup S_1 \cup \ldots \cup S_k$. □

Seien F und F' Flächen und sei $R \subset F$ bzw. $R' \subset F'$ eine Zusammenhangskomponente von ∂F bzw. $\partial F'$. Sei ferner $g\colon R \to R'$ ein Homöomorphismus. Wir fassen g auch als Abbildung $F \supset R \xrightarrow{g} F'$ auf und können daher wie in 1.3.12 den Raum $F' \cup_g F$ bilden. Sei $p\colon F + F' \to F' \cup_g F$ die Projektion.

1.4.8 Satz *Mit diesen Bezeichnungen gilt: Der Raum $X = F' \cup_g F$ ist eine Fläche. Die Abbildungen $p|F$ und $p|F'$ sind abgeschlossene Einbettungen, und es ist*

$$X = p(F) \cup p(F') \text{ und } p(F) \cap p(F') = p(R) = p(R').$$

Der Rand von X ist $\partial X = p(\partial F\backslash R) \cup p(\partial F'\backslash R')$.

Die Fläche X entsteht wie in Abb. 1.4.7 aus F und F' durch Verkleben der Randkomponenten R und R'. Sie besteht aus einer Kopie von F und aus einer von F', die sich in den verklebten Rändern schneiden. Man kann zwei Flächen auch längs mehrerer Randkomponenten verkleben.

Beweisskizze zu 1.4.8. Sei W eine Umgebung von $z \in R$ und W' eine Umgebung von $z' = g(z) \in R'$ in F'. Der Hauptschritt des Beweises ist folgender: man zeige, daß W und W' in X zu einer Umgebung $A \approx D^2$ von $x = \langle z \rangle = \langle z' \rangle \in X$ verklebt werden, so daß x im Inneren von A liegt. Man wählt $W \approx D^1 \times I$ und $W' \approx D^1 \times I$ als Reckteckumgebungen wie in 1.4.3, die man so konstruiert, daß $g(W \cap R) = W' \cap R'$ ist. Klebt man W mit $g|W \cap R$ an W', so erhält man dasselbe (bis auf Homöomorphie), wie wenn man $D^1 \times I$ mit einem Homöomorphismus $D^1 \times 0 \to D^1 \times 0 \subset D^1 \times I$ an eine zweite Kopie von $D^1 \times I$ klebt. Aus 1.3.19 (c) folgt, daß man $D^1 \times I \approx D^2$ erhält, und daraus ergibt sich 1.4.8. Bei der Ausführung der Details muß man u.a. die vor 1.3.17 angeschnittenen Probleme untersuchen. □

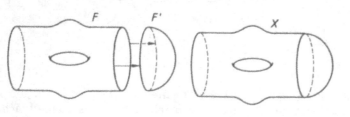

Abb. 1.4.7

Abb. 1.4.8

1.4.9 Beispiel Ist $g\colon S^1 \to S^1$ ein Homöomorphismus, so bezeichnet $S^1 \times I/g$ den Quotientenraum des Zylinders $S^1 \times I$, der durch Identifizieren von $(x,0)$ mit $(g(x),1)$ entsteht. Aus 1.4.8 folgt, daß $S^1 \times I/g$ eine Fläche ist: sie entsteht aus den beiden Zylindern $S^1 \times [0,1/2]$ und $S^1 \times [1/2,1]$, indem man die Randkomponenten $S^1 \times 1/2$ identisch und $S^1 \times 0$ mit $S^1 \times 1$ wie oben verklebt. Im Fall $g = \mathrm{id}$ ist $S^1 \times I/\mathrm{id} \approx S^1 \times S^1$ durch $\langle x,t\rangle \mapsto (x,\exp 2\pi it)$. Sei $s\colon S^1 \to S^1$ die Abbildung $s(x) = \bar{x}$ (konjugiert komplexe Zahl). Sei $A \subset S^1 \times I$ der in Abb. 1.4.8 skizzierte Streifen und sei $p\colon S^1 \times I \to S^1 \times I/s$ die Projektion. Aus 1.2.7 folgt, daß $p(A)$ ein Möbiusband in $S^1 \times I/s$ ist. Es ist plausibel (und nach 11.4 leicht zu beweisen), daß ein Torus kein Möbiusband enthalten kann. Daher ist $S^1 \times I/s$ nicht homöomorph zum Torus $S^1 \times I/\mathrm{id}$. Dieses Beispiel (die *Kleinsche Flasche*, vgl. Abb. 1.4.14) zeigt, daß die Fläche $F' \cup_g F$ in 1.4.8 i.a. nicht nur von F, R und F', R', sondern auch vom Klebehomöomorphismus g abhängt.

1.4.10 Beispiel Wir schneiden in eine Fläche F zwei Löcher wie in 1.4.7 und erhalten eine Fläche F^* mit $\partial F^* = \partial F \cup S_1 \cup S_2$. Wir verkleben F^* mit $S^1 \times I$ wie in 1.4.8 über Homöomorphismen $S^1 \times 0 \to S_1$ und $S^1 \times 1 \to S_2$. Die resultierende Fläche F^+ entsteht aus F durch *Ankleben eines Henkels*, vgl. Abb. 1.4.9. Wie in 1.4.9 ist F^+ nicht durch F bestimmt, sondern hängt von der Art des Verklebens ab. Man kann an eine Fläche F natürlich mehrere Henkel (wenn F nicht kompakt ist, sogar unendlich viele) kleben.

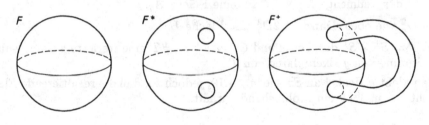

Abb. 1.4.9

1.4.11 Beispiel Wir schneiden in zwei Flächen F und F' wie in 1.4.7 je ein Loch und verkleben F^* mit F'^* wie in 1.4.8 über einen Homöomorphismus der Lochränder. Die resultierende Fläche $F \# F'$ heißt eine *zusammenhängende Summe* von F und F'. Der unbestimmte Artikel soll darauf hinweisen, daß es analog zu 1.4.9 denkbar ist, daß $F \# F'$ nicht nur von F und F' abhängt, sondern auch von der Art des Verklebens. (Das ist jedoch nicht so: $F \# F'$ ist durch F und F' bis auf Homöomorphie eindeutig bestimmt. Im Fall geschlossener Flächen folgt das aus dem Klassifikationssatz 1.9.1.)

1.4.12 Beispiel Sei F eine Fläche mit Rand $\partial F \neq \emptyset$. Das Produkt $F \times S^0$ besteht aus den Kopien $F \times (-1)$ und $F \times 1$ von F. Wir identifizieren in $F \times S^0$ für jeden Punkt $x \in \partial F$ die Punkte $(x,-1)$ und $(x,1)$. Der Quotientenraum ist analog zu

1.4.8 eine unberandete Fläche; sie heißt die *Verdopplung* von F und wird mit $2F$ bezeichnet. Z.B. ist $2D^2 \approx S^2$ und $2(S^1 \times I) \approx S^1 \times S^1$.

Man mache sich klar, daß man mit diesen Konstruktionen eine ungeheure Vielfalt von Flächen konstruieren kann. Wir vervollständigen unsere Beispielserie, indem wir zum Schluß dieses Abschnitts die geschlossenen Flächen betrachten. Als Beispiele kennen wir bisher die Sphäre S^2, den Torus $S^1 \times S^1$ und die Fläche $S^1 \times I/s$ aus 1.4.9. Es gibt jedoch noch mehr.

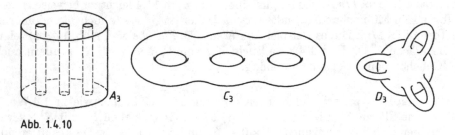

Abb. 1.4.10

1.4.13 Bemerkung Sei $g \geq 1$ eine ganze Zahl. Wir geben verschiedene Methoden an, eine Fläche zu konstruieren.

(a) Sei $D_g^2 \subset \mathbb{R}^2$ eine Kreisscheibe mit g disjunkten Löchern wie in 1.4.7. Dann ist der Rand der Teilmenge $D_g^2 \times I \subset \mathbb{R}^3$ eine Fläche A_g.

(b) Sei D_g^2 wie eben. Dann ist $2D_g^2$ eine Fläche B_g.

(c) Sei $T = S^1 \times S^1$ der Torus und $C_g = T \# \dots \# T$ eine iterierte zusammenhängende Summe von g Exemplaren von T.

(d) Man klebt g Henkel an S^2 wie in 1.4.10, jedoch so, daß die resultierende Fläche D_g nicht wie in 1.4.9 ein Möbiusband enthält.

Man kann beweisen, daß diese Flächen bis auf Homöomorphie durch g eindeutig bestimmt sind (also unabhängig von den anderen Daten der Konstruktion) und daß $A_g \approx B_g \approx C_g \approx D_g$ ist (vgl. Abb. 1.4.10 im Fall $g = 3$). Wir geben im folgenden eine andere Definition dieser Flächen. Sie hat den Nachteil, daß sie geometrisch unanschaulicher ist, aber den Vorteil, daß man mit ihr besser rechnen kann.

1.4.14 Definition und Satz *Für $g \geq 1$ sei $E_{4g} \subset \mathbb{R}^2$ das reguläre $4g$-Eck mit den Ecken $z_n = \exp(2\pi i n/4g)$, wobei $n = 1, \dots, 4g$. Dann ist E_{4g} eine kompakte konvexe Teilmenge des $\mathbb{R}^2$. Wir erzeugen eine Äquivalenzrelation R auf E_{4g}, indem wir die folgenden Randpunkte von E_{4g} als äquivalent erklären (dabei ist $0 \leq t \leq 1$ und $j = 1, \dots, g$; ferner ist $z_{4g+1} = z_1$ zu setzen):*

$$(1 - t)z_{4j-3} + tz_{4j-2} \sim (1 - t)z_{4j} + tz_{4j-1}$$
$$(1 - t)z_{4j-2} + tz_{4j-1} \sim (1 - t)z_{4j+1} + tz_{4j}$$

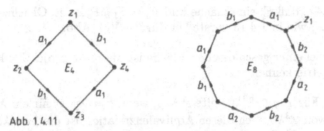

Abb. 1.4.11

Der Quotientenraum $F_g = E_{4g}/R$ ist eine geschlossene Fläche. Diese (und jede dazu homöomorphe) Fläche heißt eine geschlossene orientierbare Fläche vom Geschlecht g. Unter einer geschlossenen orientierbaren Fläche F_0 vom Geschlecht 0 versteht man einfach eine 2-Sphäre.

Die Relation R identifiziert paarweise die Randstrecken von E_{4g} miteinander. Wir verabreden folgendes: Zwei Randstrecken, die miteinander identifiziert werden, bezeichnen wir mit dem gleichen Symbol. Außerdem fassen wir die Randstrecken als gerichtete Strecken auf, wobei die Richtung so zu wählen ist, daß Anfangs- mit Anfangspunkt und End- mit Endpunkt identifiziert wird (vgl. Abb. 1.4.11).

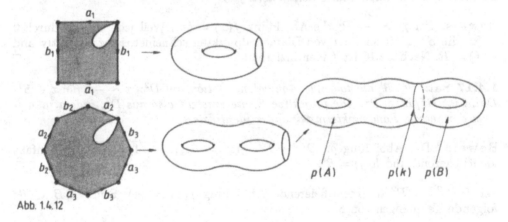

Abb. 1.4.12

Jetzt ist besser zu sehen, was in 1.4.14 geschieht: F_g entsteht aus E_{4g}, indem man gleichbezeichnete Randstrecken in Pfeilrichtung identifiziert. Man erkennt, daß F_1 ein Torus ist. Für $g \geq 1$ untersuchen wir F_g durch Induktion nach g. Sei $p\colon E_{4g} \to F_g$ die Projektion. Die Strecke k von z_1 nach z_5 zerlegt E_{4g} in Teile A, B mit $A \cap B = k$. Wegen $p(z_1) = p(z_5)$ und 1.2.7 ist $p(k) \subset F_g$ eine Kreislinie. Identifiziert man in A bzw. in B zunächst nur die Punkte z_1 und z_5, so erhält man offenbar ein Quadrat bzw. ein $(4g - 4)$-Eck, in dem eine offene Kreisscheibe fehlt (deren Rand das Bild von k ist). Führt man jetzt die übrigen Identifikationen aus, so sieht man, daß $p(A)$ ein gelochter Torus und $p(B)$ eine gelochte Fläche F_{g-1} ist (wir nehmen induktiv an, daß F_{g-1} eine Fläche ist). Wegen $F_g = p(A) \cup p(B)$ und $p(A) \cap p(B) = p(k)$ entsteht F_g aus diesen Flächen durch Verkleben der Lochränder.

Daher folgt aus 1.4.8, daß F_g eine Fläche und $F_g \approx F_1 \# F_{g-1}$ ist. Gleichzeitig sehen wir, daß wir uns F_g wie in 1.4.13 vorstellen dürfen. Vgl. Abb. 1.4.12.

Das nächste Beispiel einer geschlossenen Fläche ist die reelle projektive Ebene, die Sie aus der Geometrie kennen.

1.4.15 Beispiel Für $x, y \in \mathbb{R}^3 \setminus 0$ gelte $x \sim y$, wenn $x = \lambda y$ ist für ein $\lambda \in \mathbb{R}$. Der Quotientenraum von $\mathbb{R}^3 \setminus 0$ nach dieser Äquivalenzrelation ist die *projektive Ebene* P^2. Die Punkte von P^2 sind die $\langle x \rangle = \langle x_1, x_2, x_3 \rangle$ mit $x \neq 0$, und $\langle x \rangle = \langle y \rangle$ gilt genau dann, wenn $x = \lambda y$ ist für ein $\lambda \in \mathbb{R}$. Man kann $\langle x \rangle$ als die Gerade durch 0 und x im $\mathbb{R}^3$ auffassen (genauer: diese Gerade ohne 0); also besteht P^2 aus allen Geraden durch 0 in $\mathbb{R}^3$. Die Topologie ist klar: Eine Umgebung der Geraden $\langle x \rangle$ besteht aus allen Geraden durch 0, die einen Doppelkegel mit Mittellinie $\langle x \rangle$ bilden. Weil ein Querschnitt des Kegels zu D^2 homöomorph ist, ist P^2 eine unberandete Fläche. Die Kompaktheit folgt aus dem nächsten Satz.

1.4.16 Satz *Sei R die Äquivalenzrelation $x \sim -x$ auf S^2. Dann ist S^2/R zu P^2 homöomorph. Die projektive Ebene entsteht also aus S^2, indem man je zwei Diametralpunkte miteinander identifiziert.*

Beweis Sei $f\colon S^2 \to P^2$ die Abbildung $f(x) = \langle x \rangle$. Weil jede Gerade durch 0 in $\mathbb{R}^3$ die S^2 in einem Paar von Diametralpunkten schneidet, ist f surjektiv und $R(f) = R$. Nach 1.2.10 ist f identifizierend. □

1.4.17 Satz *Sei R' die folgende Äquivalenzrelation auf D^2: $x \sim -x$ für $x \in S^1$. Dann ist $D^2/R' \approx P^2$. Die projektive Ebene entsteht also aus D^2, indem man je zwei diametrale Randpunkte miteinander identifiziert.*

Beweis Die Abbildung $g\colon D^2 \to P^2$, $g(x) = \langle x_1, x_2, \sqrt{1 - |x|^2} \rangle$ ist ebenfalls identifizierend und $R(g) = R'$. □

Sei $f\colon S^2 \to P^2$ die identifizierende Abbildung $f(x) = \langle x \rangle$. Seien $A, B \subset S^2$ folgende Teilmengen von S^2:

$$A = \{x \in S^2 \mid x_2 \leq 0 \text{ und } |x_3| \leq \frac{1}{2}\}, \ B = \{x \in S^2 \mid x_3 \geq \frac{1}{2}\}.$$

B wird unter f homöomorph abgebildet, daher ist $D = f(B)$ eine Kreisscheibe in P^2. Die Menge A ist homöomorph zu I^2 unter einem Homöomorphismus, der die Relation $x \sim -x$ in die Relation $(s, 0) \sim (1 - s, 1)$ aus 1.4.6 überführt. Daher ist $M = f(A)$ nach 1.2.4 und 1.4.6 ein Möbiusband. Weil offenbar $P^2 = D \cup M$ und $D \cap M = f(\partial B)$ ist, haben wir gezeigt:

1.4.18 Satz *Die projektive Ebene P^2 ist die Vereinigung $P^2 = M \cup D$ eines Möbiusbandes M und einer Kreisscheibe D, deren Durchschnitt $M \cap D = \partial M = \partial D$ der gemeinsame Rand von M und D ist.* □

Diese Darstellung macht es plausibel, daß man P^2 nicht in den $\mathbb{R}^3$ einbetten kann. Dasselbe gilt für die folgenden Flächen und das ist auch der Grund, warum diese Flächen zunächst unanschaulicher sind als die vorigen Beispiele.

1.4.19 Bemerkung Für eine Zahl $g \geq 1$ konstruieren wir folgende Flächen.

(a) Die zusammenhängende Summe $P^2 \# \ldots \# P^2$ von g Kopien von P^2.

(b) Wir schneiden in S^2 g Löcher und kleben in jedes Loch eine Kopie des Möbiusbandes M (über einen Homöomorphismus $\partial M \to$ Lochrand).

Man kann zeigen, daß diese Flächen durch g eindeutig bestimmt und zueinander homöomorph sind. (Insbesondere gilt im Fall $g = 1$: Für jeden Homöomorphismus $f\colon S^1 \to \partial M \subset M =$ Möbiusband ist $M \cup_f D^2$ eine projektive Ebene.) Wir geben im folgenden eine andere Definition dieser Flächen, die zu 1.4.14 analog ist:

1.4.20 Definition und Satz *Für $g \geq 2$ sei $E_{2g} \subset \mathbb{R}^2$ analog zu 1.4.14 das reguläre 2g-Eck mit den Ecken $z_1, \ldots z_{2g}$. Wir erzeugen eine Äquivalenzrelation R' auf E_{2g}, indem wir folgende Randpunkte von E_{2g} als äquivalent erklären (dabei ist $0 \leq t \leq 1$, $j = 1, \ldots, g$ und $z_{2g+1} = z_1$ zu setzen):*

$$(1-t)z_{2j-1} + tz_{2j} \sim (1-t)z_{2j} + tz_{2j+1}.$$

Der Quotientenraum $N_g = E_{2g}/R'$ ist eine geschlossene Fläche. Diese (und jede dazu homöomorphe) Fläche heißt eine geschlossene nicht-orientierbare Fläche vom Geschlecht g. *Unter einer geschlossenen nicht-orientierbaren Fläche N_1 vom Geschlecht 1 versteht man eine zu P^2 homöomorphe Fläche.*

Mit Vereinbarungen wie nach 1.4.14 entsteht N_g aus E_{2g}, indem man gleichbezeichnete Strecken identifiziert (Abb. 1.4.13 für $g = 2, 3$). Überlegungen wie dort zeigen, daß $N_g \approx N_{g-1} \# N_1$ ist. Daraus folgt, daß N_g die in 1.4.19 erwähnte Fläche ist. Die Fläche N_2 hat noch einen besonderen Namen: Es ist die *Kleinsche Flasche*. Wir überlassen dem Leser den Nachweis, daß N_2 homöomorph zur Fläche $S^2 \times I/s$ in 1.4.9 ist, benutzen dies aber, um eine Vorstellung von N_2 zu geben. Die Klebevorschrift in $S^2 \times I/s$ ist in Abb. 1.4.14 skizziert; man mache sich anschaulich klar, daß man diesen Klebeprozeß nicht wie in Abb. 1.2.2 im $\mathbb{R}^3$ realisieren kann. Wir stellen uns den Zylinder aus einem Material vor, das sich selbst durchdringen kann und verbiegen ihn mit einer Selbstdurchdringung bis die beiden Randkreislinien so nebeneinander liegen, daß wir sie verkleben können (Abb. 1.1.14). Das Resultat ist ein Modell der Kleinschen Flasche, die mit einer Selbstdurchdringung im $\mathbb{R}^3$ liegt.

1.4.21 Bemerkung Die Bezeichnungen „orientierbare bzw. nicht-orientierbare Fläche" sind bis auf weiteres nur Namen, mit denen wir die Flächen F_g bzw. N_h unterscheiden. Erst in 11.3 werden wir die Orientierbarkeit präzise definieren; dann wird sich in 11.3.7 (a) ergeben, daß die „orientierbaren" Flächen orientierbar und die „nicht-orientierbaren" nicht orientierbar sind.

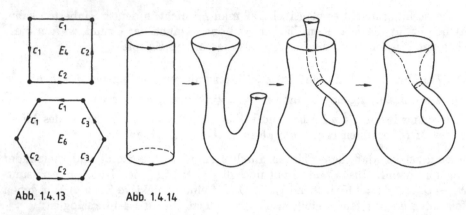

Abb. 1.4.13   Abb. 1.4.14

Aufgaben

1.4.A1 Konstruieren Sie eine Fläche, deren Rand aus einer vorgegebenen (endlichen oder unendlichen Anzahl) von Kopien von $\mathbb{R}$ und S^1 besteht.

1.4.A2 Identifiziert man den Rand eines Möbiusbandes zu einem Punkt, so erhält man die projektive Ebene.

1.4.A3 Die Verdopplung des Möbiusbandes ist eine Kleinsche Flasche.

1.4.A4 Sei $f \colon S^2 \to \mathbb{R}^4$ die Abbildung $(x_1, x_2, x_3) \mapsto (x_1^2 - x_2^2, x_1 x_2, x_1 x_3, x_2 x_3)$. Zeigen Sie, daß der Bildraum $f(S^2) \subset \mathbb{R}^4$ homöomorph zur projektiven Ebene ist.

1.4.A5 Es seien $A, B \subset S^1$ zwei disjunkte Kreisbögen, die beide zu I homöomorph sind. Identifiziert man in der topologischen Summe $I^2 + D^2$ die Strecke $I \times 0$ mit A und die Strecke $I \times 1$ mit B (jeweils mit einem festen Homöomorphismus), so erhält man einen Raum X, der „aus D^2 durch Ankleben eines Streifens" entsteht. Zeigen Sie, daß X entweder ein *Ring* (d.h. homöomorph zu $S^1 \times I$) oder ein Möbiusband ist.

1.4.A6 Welche Flächen mit Rand erhält man, indem man an D^2 zwei Streifen klebt?

1.4.A7 Identifiziert man in $\mathbb{R}^2 \times S^0$ für alle $x \neq 0$ den Punkt $(x, -1)$ mit dem Punkt $(x, 1)$, so entsteht ein Raum X, der nicht hausdorffsch ist, in dem aber jeder Punkt eine zu D^2 homöomorphe Umgebung besitzt.

1.5 Mannigfaltigkeiten

Ersetzt man in 1.4.1 die Dimensionszahl 2 durch eine beliebige Dimension, so erhält man den Begriff der Mannigfaltigkeit.

1.5.1 Definition Ein topologischer Raum heißt eine *n-dimensionale topologische Mannigfaltigkeit* (kurz: *n-Mannigfaltigkeit*), wenn jeder Punkt von M eine zu D^n

homöomorphe Umgebung besitzt; darüber hinaus setzen wir immer voraus, daß M hausdorffsch ist und daß die Topologie von M eine abzählbare Basis besitzt.

Wie bei Flächen definiert man den Rand ∂M und das Innere $\overset{\circ}{M}$ von M, also auch die Begriffe unberandet und geschlossen. Auch die folgenden Sätze beweist man wie bei Flächen; denn alle diese Aussagen folgten in 1.4 aus dem Satz von der Invarianz des Gebiets, und dieser gilt in allen Dimensionen.

1.5.2 Satz *Ein Homöomorphismus $M \to N$ von Mannigfaltigkeiten bildet ∂M homöomorph auf ∂N ab.*   □

1.5.3 Satz *Zu jedem Randpunkt z einer n-Mannigfaltigkeit M ($n > 0$) gibt es eine Umgebung W von z in M und einen Homöomorphismus $h\colon D^{n-1} \times I \to W$ mit $h(0,0) = z$ und $h(D^{n-1} \times 0) = W \cap \partial M$.*   □

1.5.4 Korollar *Ist $\partial M \neq \emptyset$, so ist ∂M eine unberandete $(n-1)$-Mannigfaltigkeit.*   □

1.5.5 Satz *Sei M eine n-Mannigfaltigkeit und seien $f_1, \ldots, f_k\colon D^n \to M$ disjunkte Einbettungen, also $f_i(D^n) \cap f_j(D^n) = \emptyset$ für $i \neq j$. Wir setzen*

$$\overset{\circ}{D}_i = \{f_i(x) \mid 0 \le |x| < \frac{1}{2}\}, \ S_i = \{f_i(x) \mid |x_i| = \frac{1}{2}\} \approx S^{n-1}.$$

Dann ist $M^* = M \backslash (\overset{\circ}{D}_1 \cup \ldots \cup \overset{\circ}{D}_k)$ eine n-Mannigfaltigkeit, und der Rand von M^* ist $\partial M^* = \partial M \cup S_1 \cup \ldots \cup S_k$.   □

1.5.6 Satz *Seien M und M' n-Mannigfaltigkeiten und sei R bzw. R' eine Zusammenhangskomponente von ∂M bzw. $\partial M'$. Ist $g\colon R \to R' \subset M'$ ein Homöomorphismus, so ist $M' \cup_g M$ eine n-Mannigfaltigkeit, und es gelten die analogen Aussagen wie in 1.4.8.*   □

Aus 1.1.10 erhält man:

1.5.7 Satz *Ist M bzw. N eine m- bzw. n-Mannigfaltigkeit, so ist $M \times N$ eine $(m+n)$-Mannigfaltigkeit mit Rand $\partial(M \times N) = M \times \partial N \cup \partial M \times N$.*   □

1.5.8 Beispiele
(a) Eine 0-Mannigfaltigkeit ist wegen $D^0 = \{\text{Punkt}\}$ dasselbe wie ein diskreter Raum aus endlich oder abzählbar vielen Punkten. Jede zusammenhängende 1-Mannigfaltigkeit ist zu $\mathbb{R}, S^1, I$ oder $[0, \infty)$ homöomorph, vgl. 1.5.A2. Die 2-Mannigfaltigkeiten sind die Flächen. Das Produkt einer der Flächen in 1.4 mit $\mathbb{R}, S^1, I$ oder $[0, \infty)$ bzw. das Produkt von zwei Flächen aus 1.4 ist eine 3- bzw. 4-Mannigfaltigkeit. Es sei D_g^2 wie in 1.4.13 (a) eine Kreisscheibe mit $g \ge 0$ disjunkten Löchern; jeder zu $D_g^2 \times I$ homöomorphe Raum V_g heißt ein *Henkelkörper* oder *Vollbrezel vom*

Geschlecht g; für $g = 1$ heißt er ein *Volltorus*. V_g ist eine 3-Mannigfaltigkeit, deren Rand die Fläche F_g ist. Der Henkelkörper V_3 ist in Abb. 1.4.10 skizziert, wobei jetzt jedoch das „Innere" der dortigen Flächen (als Teilräume des $\mathbb{R}^3$ betrachtet) hinzuzunehmen ist.

(b) Die Sphäre S^n ist eine geschlossene, der $\mathbb{R}^n$ eine unberandete, nicht geschlossene Mannigfaltigkeit. Der Halbraum $\mathbb{R}^{n-1} \times [0, \infty)$ und der Ball D^n sind n-Mannigfaltigkeiten mit Rand $\mathbb{R}^{n-1}$ bzw. S^{n-1}.

(c) Wie in 1.4.10 kann man an eine n-Mannigfaltigkeit M den *Henkel* $S^{n-1} \times I$ kleben; denn nach 1.5.7 ist $\partial(S^{n-1} \times I) = S^{n-1} \times 0 \cup S^{n-1} \times 1$.

(d) Sind M_1, M_2 n-Mannigfaltigkeiten, so wird wie in 1.4.11 erklärt, was eine zusammenhängende Summe $M_1 \# M_2$ ist. Der in 1.4.11 erwähnte Satz, daß die Summe eindeutig bestimmt ist, ist in Dimension > 2 falsch. Hier hängt $M_1 \# M_2$ wesentlich von der Art des Verklebens ab, vgl. 15.4.

(e) Ist M eine n-Mannigfaltigkeit mit $\partial M \neq \emptyset$, so ist wie in 1.4.12 die Verdopplung $2M$ eine unberandete n-Mannigfaltigkeit. Z.B. ist $2D^n \approx S^n$. Durch Mixen und Iterieren dieser Konstruktionen kann man sich beliebig viele Beispiele für Mannigfaltigkeiten bilden. Wir betrachten einige konkrete Fälle.

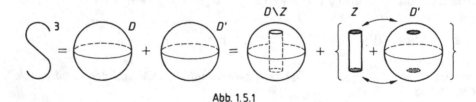

Abb. 1.5.1

1.5.9 Beispiel Die Teilräume $D^2 \times S^1$ und $S^1 \times D^2$ von $D^2 \times D^2$ sind Volltori, deren Durchschnitt ihr gemeinsamer Rand $S^1 \times S^1$ ist. Aus 1.1.10 folgt $D^2 \times S^1 \cup S^1 \times D^2 \approx S^3$, d.h. die 3-Sphäre S^3 ist Vereinigung zweier Volltori. Man kann das auch wie folgt einsehen. S^3 entsteht wie in Abb. 1.5.1 aus zwei 3-Bällen D und D', indem man deren Randsphären über einen Homöomorphismus verklebt, vgl. 1.3.19 (b). Wir entfernen aus D wie in Abb. 1.5.1 das Innere Z eines zu $D^2 \times I$ homöomorphen Zylinders; der resultierende Raum $V = D \backslash Z \subset S^3$ ist ein Volltorus. Der zweite Volltorus $V' \subset S^3$ ergibt sich, indem man den Abschluß des aus D entfernten Zylinders zu D' hinzunimmt: $V' = D' \cup \bar{Z}$ entsteht durch Verkleben von Z und D' wie in Abb. 1.5.1 und ist ein Volltorus. Also ist $S^3 = D \cup D' = V \cup V'$ in zwei Volltori V und V' mit gemeinsamem Rand $V \cap V' = \partial V = \partial V'$ zerlegt.

1.5.10 Beispiel Die Abbildung $f\colon S^1 \times S^1 \to S^1 \times S^1$, $f(z, w) \mapsto (z^a w^b, z^c w^d)$, wobei a, b, c, d ganze Zahlen sind mit $ad - bc = \pm 1$, ist ein Homöomorphismus. Um eine Vorstellung von f zu bekommen, betrachten wir die Kurve $k(t) = (\exp 2\pi it, 1)$ auf dem Torus, die den Kreis $S^1 \times 1$ parametrisiert. Sie wird unter f auf die Kurve $fk(t) = (\exp 2\pi iat, \exp 2\pi ict)$ abgebildet, die $|a|$ mal in Richtung $S^1 \times 1$ und $|c|$ mal in Richtung $1 \times S^1$ um den Torus läuft (Abb. 1.5.2 im Fall $a = 2$, $c = 3$). Verklebt man die Volltori $D^2 \times S^1$ und $S^1 \times D^2$ längs ihrer Ränder unter f, so entsteht eine geschlossene 3-Mannigfaltigkeit $M = M\left(\begin{smallmatrix} a & b \\ c & d \end{smallmatrix}\right)$. Wie die Sphäre S^3, so ist auch M Vereinigung zweier Volltori, jedoch ist M i.a. nicht zu S^3 homöomorph (vgl. 1.9.3). Im Unterschied zu 1.3.19 (b) hängt also eine Mannigfaltigkeit, die durch Verkleben zweier Volltori entsteht, wesentlich von der Art des Verklebens ab.

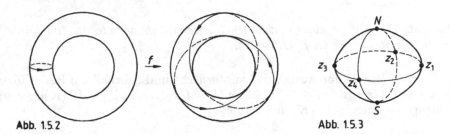

Abb. 1.5.2   **Abb. 1.5.3**

1.5.11 Beispiel In Verallgemeinerung dieses Beispiels verkleben wir die Ränder zweier Henkelkörper V und V' vom gleichen Geschlecht mit einem Homöomorphismus $f\colon \partial V \to \partial V' \subset V'$. Nach 1.5.6 entsteht eine geschlossene 3-Mannigfaltigkeit $M = V' \cup_f V$. Man nennt das Tripel (V, V', f) eine *Heegaard-Zerlegung von M*.

Auch die Konstruktionen in 1.4.14 und 1.4.20 kann man in höhere Dimensionen übertragen, wobei man viel mehr Möglichkeiten hat als im zweidimensionalen Fall. Wir beschränken uns auf das folgende Beispiel.

1.5.12 Beispiel Wir betrachten wie in Abb. 1.5.3 einen linsenförmigen 3-Ball $B \subset \mathbb{R}^3$, dessen Äquator durch $p \geq 2$ Punkte $z_1, \dots z_p$ in p gleich lange Bögen zerlegt ist. Durch Projektion von den Polen N und S wird ∂B in $2p$ kongruente Segmente zerlegt. Wir identifizieren das Segment z_i, z_{i+1}, N kongruent mit dem Segment z_{i+q}, z_{i+q+1}, S; dabei ist q eine feste zu p teilerfremde Zahl mit $1 \leq q < p$, und die Indizes sind modulo p zu betrachten. Der entstehende Quotientenraum ist eine geschlossene 3-dimensionale Mannigfaltigkeit (Beweis!), der sog. *Linsenraum* $L(p, q)$.

Natürlich ist es schwierig, eine geometrische Vorstellung von diesen 3-Mannigfaltigkeiten zu bekommen (wir kennen ja noch gar keine Methoden, um geometrisch-topologische Eigenschaften solcher Räume zu beschreiben). Wir werden später, wenn wir mehr Methoden entwickelt haben, auf diese Beispiele zurückgreifen. — Das vorläufig letzte Beispiel sind die höherdimensionalen projektiven Räume.

1.5.13 Definition Im folgenden ist K der Körper $\mathbb{R}$ der reellen Zahlen oder der Körper $\mathbb{C}$ der komplexen Zahlen oder der Schiefkörper $\mathbb{H}$ der Quaternionen. Ferner sei $d = 1, 2$ oder 4, je nachdem, ob $K = \mathbb{R}, \mathbb{C}$ oder $\mathbb{H}$ ist. Als Punktmenge ist $K = \mathbb{R}^d$, daher ist K ein topologischer Raum. Dann ist der K-Vektorraum $K^{n+1} = K \times \dots \times K$ ($n + 1$ Faktoren, $n \geq 0$) ebenfalls ein topologischer Raum (den man mit $\mathbb{R}^{d(n+1)}$ identifizieren kann). Zwei Punkte $x, y \in K^{n+1} \backslash 0$ heißen äquivalent, wenn $x = \lambda y$ ist für ein $\lambda \in K$. Der Quotientenraum $P^n(K) = (K^{n+1} \backslash 0)/ \sim$ heißt der n-dimensionale projektive Raum über K (das Wort „Dimension" bedeutet hier „Dimension über K"; die topologische Dimension ist dn, wie wir gleich sehen). — $P^0(K)$ ist ein Punkt. $P^2(\mathbb{R}) = P^2$ ist die projektive Ebene aus 1.4.15 (die man daher auch die reelle projektive Ebene nennt); wir schreiben analog P^n statt $P^n(\mathbb{R})$.

1.5.14 Satz $P^n(K)$ *ist eine geschlossene, zusammenhängende dn-dimensionale Mannigfaltigkeit. Ferner ist $P^1(K) \approx S^d$.*

Beweis Den Beweis der Aussagen „hausdorffsch" und „abzählbare Basis" überlassen wir dem Leser. Für $1 \le i \le n+1$ sei $U_i = \{\langle x_1, \ldots, x_{n+1} \rangle \in P^n(K) | x_i \ne 0\}$; diese Menge ist offen in $P^n(K)$ und vermöge

$$h_i \colon \mathbb{R}^{dn} = K^n \to U_i, \quad (y_1, \ldots, y_n) \mapsto \langle y_1, \ldots, y_{i-1}, 1, y_i, \ldots, y_n \rangle$$

$$h_i^{-1} \colon U_i \to \mathbb{R}^{dn} = K^n, \quad \langle x_1, \ldots, x_{n+1} \rangle \mapsto (\ldots, x_{i-1} x_i^{-1}, x_{i+1} x_i^{-1}, \ldots)$$

zum $\mathbb{R}^{dn}$ homöomorph. Daraus und aus $P^n(K) = U_1 \cup \ldots \cup U_{n+1}$ folgt, daß $P^n(K)$ eine unberandete Mannigfaltigkeit ist. Die Sphäre $S^{d(n+1)-1}$ ist in $K^{n+1} = \mathbb{R}^{d(n+1)}$ enthalten als Menge der Punkte $(x_1, \ldots, x_{n+1})$ mit $|x_1|^2 + \ldots + |x_{n+1}|^2 = 1$. Die Abbildung

$$p \colon S^{d(n+1)-1} \to P^n(K), \quad (x_1, \ldots, x_{n+1}) \mapsto \langle x_1, \ldots, x_{n+1} \rangle$$

ist stetig (als Einschränkung der Projektion $K^{n+1} \backslash 0 \to P^n(K)$) und surjektiv (ein Urbild von $\langle x \rangle$ ist $(\lambda x_1, \ldots, \lambda x_{n+1})$, wobei $\lambda = (|x_1|^2 + \ldots + |x_{n+1}|^2)^{-1/2}$. Daher ist $P^n(K)$ ein stetiges Bild dieser Sphäre, also kompakt und zusammenhängend. Im Fall $n = 1$ ist das Komplement von $U_1 \approx \mathbb{R}^d$ der Punkt $\langle 0, 1 \rangle$. Daher ist $P^1(K)$ eine Einpunktkompaktifizierung von $\mathbb{R}^d$, somit zu S^d homöomorph. □

1.5.15 Definition Ist M eine n-Mannigfaltigkeit, so besitzt jeder Punkt $x \in M$ bzw. $x \in \partial M$ eine offene Umgebung U in M, die zu $\mathbb{R}^n$ bzw. zum Halbraum $\mathbb{R}^n_+ = \mathbb{R}^{n-1} \times [0, \infty)$ homöomorph ist (im Fall $x \in \partial M$ folgt das aus 1.5.3). Ist $f \colon \mathbb{R}^n \to U$ bzw. $f \colon \mathbb{R}^n_+ \to U$ ein Homöomorphismus, so heißt das Paar (f, U) ein *lokales Koordinatensystem* oder eine *Karte* auf M; man kann in einer solchen Karte die Punkte $f(y_1, \ldots, y_n) \in U$ eindeutig durch ihre *Koordinaten* $y_1, \ldots, y_n$ beschreiben. Ein System von Karten, das die n-Mannigfaltigkeit überdeckt, heißt ein *Atlas* auf M.

1.5.16 Beispiele Auf S^n findet man durch stereographische Projektion vom Nordpol und vom Südpol einen aus zwei Karten bestehenden Atlas. Die Karten (h_i, U_i) im Beweis von 1.5.14 bilden einen Atlas aus $n + 1$ Karten auf $P^n(K)$.

1.5.17 Definition Sind (f, U) und (g, V) zwei Karten auf M mit $U \cap V \neq \emptyset$, so heißt die Funktion $g^{-1}f\colon f^{-1}(U \cap V) \to g^{-1}(U \cap V) \subset \mathbb{R}^n$ *Kartenwechsel* oder *Koordinatentransformation*. Sie beschreibt den Zusammenhang zwischen den verschiedenen Koordinaten in $U \cap V$. Die Menge $f^{-1}(U \cap V)$ ist offen in $\mathbb{R}^n$ (oder $\mathbb{R}^n_+$). Wenn sämtliche partiellen Ableitungen beliebiger Ordnung der Funktion $g^{-1}f$ in $f^{-1}(U \cap V)$ existieren und stetig sind, heißen die Karten (f, U) und (g, V) *differenzierbar verträglich*. Ein Atlas auf M, in dem je zwei Karten differenzierbar verträglich sind, heißt ein *differenzierbarer Atlas* auf M. Eine Mannigfaltigkeit, auf der ein differenzierbarer Atlas gegeben ist, heißt eine *differenzierbare Mannigfaltigkeit*.

1.5.18 Beispiele Es ist nicht schwer nachzurechnen, daß die Atlanten in 1.5.16 differenzierbar sind. Also sind S^n und $P^n(K)$ mit diesen Atlanten differenzierbare Mannigfaltigkeiten. Mit einiger Mühe kann man auf allen Flächen und Mannigfaltigkeiten, die uns bisher begegnet sind, differenzierbare Atlanten finden. Viel erstaunlicher ist es, daß es Mannigfaltigkeiten gibt (sogar schon in der Dimension 4, wie man seit kurzem weiß), die keine differenzierbaren Atlanten besitzen.

Warum differenzierbare Mannigfaltigkeiten ein besonderes Interesse verdienen, können wir hier nicht näher ausführen und verweisen dazu auf Bücher über Differentialtopologie ([Bröcker-Jänich], [Hirsch]).

Aufgaben

1.5.A1 Ist M eine geschlossene n-Mannigfaltigkeit, so ist $2(M \times I) \approx M \times S^1$.

1.5.A2 Jede zusammenhängende 1-Mannigfaltigkeit ist homöomorph zu $\mathbb{R}$, S^1, I oder $[0, \infty)$. (Wenn Sie keine Idee haben: [Fuks-Rohlin, Chapt. 3, §1, 15].)

1.5.A3 Die Punkte von D^3 kann man als Paare (z, t) mit $|z|^2 + t^2 \leq 1$, $z \in \mathbb{C}$, $t \in \mathbb{R}$, schreiben. Zeigen Sie: identifiziert man jeden Punkt $(z, t) \in D^2_+$ mit dem Punkt $(\exp(2\pi i q/p)z, -t) \in D^2_-$, so entsteht der Linsenraum $L(p, q)$ aus 1.5.12.

1.5.A4 Der Linsenraum $L(2, 1)$ ist zu $P^3(\mathbb{R})$ homöomorph.

1.5.A5 Aus $q \equiv \pm q' \bmod p$ oder $qq' \equiv \pm 1 \bmod p$ folgt $L(p, q) \approx L(p, q')$.

1.5.A6 Sei $f\colon P^1(\mathbb{C}) \to S^2$ folgende Abbildung: Für $x = \langle z_1, z_2 \rangle \in P^1(\mathbb{C})$ und $z_2 = 0$ ist $f(x) \in S^2$ der Nordpol von S^2; andernfalls ist $f(x) \in S^2$ das Urbild der komplexen Zahl z_1/z_2 unter der stereographischen Projektion. Zeigen Sie, daß f ein Homöomorphismus ist.

1.6 Ankleben von Zellen

Wir betrachten noch einmal das Verkleben von Räumen aus 1.3.12 in einem wichtigen Spezialfall:

1.6.1 Definition Ist $f: S^{n-1} \to X$ eine stetige Abbildung ($n \geq 1$), so können wir wie in 1.3.12 den Raum $X \cup_f D^n$ bilden. Wir führen folgende Bezeichnungen ein:

$p: D^n + X \to X \cup_f D^n$ Projektion auf Quotientenraum,

$e^n = p(\mathring{D}^n) \subset X \cup_f D^n$ eine n-Zelle (nach 1.3.14),

$i = p|X: X \hookrightarrow X \cup_f D^n$ die Inklusion (nach 1.3.13).

Dann ist $X \cup_f D^n$ Vereinigung von X und e^n, und wir schreiben in Zukunft $X \cup e^n$ statt $X \cup_f D^n$. Sprechweise: $X \cup e^n$ *entsteht aus X durch Ankleben der Zelle e^n mit Klebeabbildung* $f: S^{n-1} \to X$. Um die Klebeabbildung hervorzuheben, schreiben wir auch $X \cup_f e^n$ oder $X \cup e^n_f$ statt $X \cup e^n$. Der Raum $X \cup e^n$ besteht nach 1.3.13 aus den Punkten $x \in X$ und $\langle z \rangle = p(z) \in e^n$, wobei $z \in D^n$, und für $z \in S^{n-1}$ gilt $\langle z \rangle = f(z)$, vgl. Abb. 1.6.1. Im Fall $n = 0$ definieren wir: *eine 0-Zelle an X kleben* bedeutet, einen isolierten Punkt hinzuzunehmen, d.h. $X \cup e^0$ ist die topologische Summe von X und der 0-Zelle e^0.

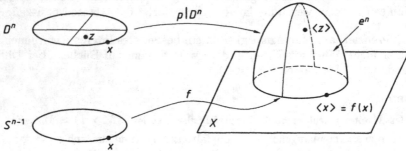

Abb. 1.6.1

Nach 1.3.13 ist X ein abgeschlossener Teilraum von $X \cup e^n$ und nach 1.3.14 ist $p|D^n: (D^n, S^{n-1}) \to (X \cup e^n, X)$ ein relativer Homöomorphismus. Es ist leicht zu sehen, daß mit X auch $X \cup e^n$ hausdorffsch ist. Umgekehrt gilt:

1.6.2 Satz *Sei X ein abgeschlossener Teilraum des Hausdorffraumes Z, und es gebe einen relativen Homöomorphismus $F: (D^n, S^{n-1}) \to (Z, X)$. Dann entsteht Z aus X durch Ankleben einer n-Zelle mit Klebeabbildung $f = F|S^{n-1}: S^{n-1} \to X$. Genauer: Ist $j: X \hookrightarrow Z$ und $p: D^n + X \to X \cup e^n$, so ist $(F+j) \circ p^{-1}: X \cup e^n \to Z$ ein Homöomorphismus.*

Beweis   Nach 1.3.15 ist $g = (F + j) \circ p^{-1}$ wohldefiniert und stetig. Auf X ist g die Identität, und e^n wird unter g homöomorph auf $Z \backslash X$ abgebildet; daher ist g bijektiv. Weil j und F abgeschlossene Abbildungen sind (letztere, weil D^n kompakt und Z hausdorffsch ist), ist g auch abgeschlossen, also ein Homöomorphismus.   □

1.6.3 Satz *Ist $f: S^{n-1} \to X$ stetig und surjektiv, so ist $p|D^n: D^n \to X \cup e^n$ eine identifizierende Abbildung. Also entsteht $X \cup e^n$ aus D^n, indem man je zwei Punkte $y, z \in S^{n-1}$ mit $f(y) = f(z)$ miteinander identifiziert.*   □

1.6.4 Beispiele
(a) Im Fall $f\colon S^{n-1} \to X = \{\text{Punkt}\}$ ist $X \cup e^n \approx D^n/S^{n-1} \approx S^n$.
(b) Ist $f\colon S^{n-1} \to X$ konstant, so ist $X \cup e^n \approx X \vee (D^n/S^{n-1}) \approx X \vee S^n$.
(c) Ist $f = $ id$\colon S^{n-1} \to S^{n-1}$, so ist $S^{n-1} \cup e^n \approx D^n$ nach 1.6.3.
(d) Ist $f\colon S^{n-1} \hookrightarrow D^n$ die Inklusion, so ist $D^n \cup_f e^n \approx S^n$.

1.6.5 Definition Wir betrachten die projektiven Räume $P^n(K)$ aus 1.5.13. Wie in 1.1.1 identifizieren wir $K^n = K^n \times 0 \subset K^{n+1}$ und erhalten dadurch Einbettungen

$$P^0(K) \subset P^1(K) \subset \ldots \subset P^{n-1}(K) \subset P^n(K) \subset \ldots$$

wobei $P^{n-1}(K)$ aus allen Punkten $\langle x_1, \ldots, x_n \rangle = \langle x_1, \ldots, x_n, 0 \rangle \in P^n(K)$ besteht. Wie in 1.5.13 ist $K = \mathbb{R}^d$ mit $d = 1, 2$ oder 4. Für $x_i \in K$ ist $|x_i|$ die euklidische Norm auf K und für $x = (x_1, \ldots, x_n) \in K^n$ ist $|x| = (|x_1|^2 + \ldots + |x_n|^2)^{1/2}$ die euklidische Norm auf $\mathbb{R}^{dn} = K^n$. Die Menge aller $x \in K^n$ mit $|x| \le 1$ bzw. $|x| = 1$ ist der Ball D^{dn} bzw. die Sphäre S^{dn-1}. Wir definieren

$$F\colon D^{dn} \to P^n(K), \quad F(x) = \langle x_1, \ldots, x_n, 1 - |x| \rangle \quad \text{für } |x| \le 1,$$

$$p\colon S^{dn-1} \to P^{n-1}(K), \quad p(x) = \langle x_1, \ldots, x_n \rangle \quad \text{für } |x| = 1.$$

Analog zu 1.4.16 und 1.4.17 enthält man daraus verschiedene Beschreibungen der projektiven Räume:

1.6.6 Satz *Die Abbildung $p\colon S^{dn-1} \to P^{n-1}(K)$ ist identifizierend, und genau dann gilt $p(x) = p(y)$, wenn $x = \lambda y$ ist für ein $\lambda \in K$ mit $|\lambda| = 1$. Also entsteht $P^{n-1}(K)$ aus S^{dn-1}, indem man solche Punkte x, y miteinander identifiziert.* $\quad\square$

1.6.7 Satz *Die Abbildung $F\colon (D^{dn}, S^{dn-1}) \to (P^n(K), P^{n\,1}(K))$ ist ein relativer Homöomorphismus mit $F|S^{dn-1} = p$. Daher gilt:*

(a) $P^n(K)$ entsteht aus D^{dn}, indem man je zwei Punkte $x, y \in S^{dn-1}$ identifiziert, für die $x = \lambda y$ ist für ein $\lambda \in K$ mit $|\lambda| = 1$.

(b) $P^n(K)$ entsteht aus $P^{n-1}(K)$ durch Ankleben einer dn-Zelle mit Klebeabbildung $p\colon S^{dn-1} \to P^{n-1}(K)$.

Beweis Die Aussage $F|S^{dn-1} = p$ ist klar. Die Menge $U_{n+1} = P^n(K) \backslash P^{n-1}(K)$ ist uns schon im Beweis von 1.5.14 begegnet. Ist $h_{n+1}^{-1}\colon U_{n+1} \to \mathbb{R}^{dn} = K^n$ der dort angegebene Homöomorphismus, so ist

$$h_{n+1}^{-1} \circ F\colon D^{dn} \backslash S^{dn-1} \to \mathbb{R}^{dn}, \quad x \mapsto \left(\frac{x_1}{1 - |x|}, \ldots, \frac{x_n}{1 - |x|} \right)$$

wie in 1.1.5 ein Homöomorphismus. Daher ist F ein relativer Homöomorphismus; der Rest folgt aus 1.6.2 und 1.6.3. $\quad\square$

1.6.8 Beispiel Klebt man an $P^0(K) = e^0 = \{\text{Punkt}\}$ eine d-Zelle, so entsteht $P^1(K)$ — woraus sich wieder $P^1(K) \approx S^d$ ergibt. Klebt man an $P^1(K)$ geeignet eine $2d$-Zelle, so entsteht $P^2(K)$ usw. Wir beschreiben diesen Sachverhalt durch folgende Gleichungen (wobei wir jetzt die Fälle $K = \mathbb{R}, \mathbb{C}$ oder $\mathbb{H}$ unterscheiden):

$$P^n(\mathbb{R}) = e^0 \cup e^1 \cup e^2 \cup \ldots \cup e^n,$$

$$P^n(\mathbb{C}) = e^0 \cup e^2 \cup e^4 \cup \ldots \cup e^{2n},$$

$$P^n(\mathbb{H}) = e^0 \cup e^4 \cup e^8 \cup \ldots \cup e^{4n}.$$

Die projektiven Räume sind also Vereinigungen von Zellen; wir werden später sehen, wie nützlich diese Darstellung ist, um topologische Eigenschaften dieser Räume zu beschreiben.

1.6.9 Definition Im Produktraum $S^1 \times \ldots \times S^1$ ($r \geq 1$ Faktoren) ist die j-te Koordinatenachse $T_j = S_j^1$ eine Kreislinie (vgl. 1.3.10; Basispunkt in S^1 ist die komplexe Zahl 1), und $S_1^1 \vee \ldots \vee S_r^1 = T_1 \cup \ldots \cup T_r$ ist die Einpunktvereinigung von r Kreislinien. Für $j = 1, \ldots, r$ und $n \in \mathbb{Z}$ sei $i_j^n \colon S^1 \to S_1^1 \vee \ldots \vee S_r^1$ die Abbildung $i_j^n(z) = (1, \ldots, 1, z^n, 1, \ldots, 1)$, wobei z^n an j-ter Stelle steht (dabei ist $z \in S^1 \subset \mathbb{C}$ und z^n die n-te Potenz der komplexen Zahl z). Insbesondere ist $i_j^1 = i_j$ die Inklusion. Für festes $m \geq 1$ und $1 \leq k \leq m$ setzen wir

$$B_k = \{\exp \frac{2\pi i t}{m} \mid k-1 \leq t \leq k\}, \quad f_k \colon B_k \to S^1, \quad \exp(\frac{2\pi i t}{m}) \mapsto \exp(2\pi i(t-k+1)).$$

B_k ist ein Kreisbogen der Länge $2\pi/m$ und f_k wickelt diesen Bogen um S^1. Wir bezeichnen für beliebige Zahlen $1 \leq j_1, \ldots, j_m \leq r$ und $n_1, \ldots, n_m \in \mathbb{Z}$ mit

$$i_{j_1}^{n_1} \cdot i_{j_2}^{n_2} \cdot \ldots \cdot i_{j_m}^{n_m} \colon S^1 \to S_1^1 \vee \ldots \vee S_r^1$$

diejenige Abbildung, die auf B_k mit $i_{j_k}^{n_k} \circ f_k$ übereinstimmt ($k = 1, \ldots, m$).

Diese Abbildung ist leicht zu verstehen: Wenn der Punkt $x \in S^1$, beginnend bei $1 \in S^1$, die Kreislinie S^1 durchläuft, so durchläuft sein Bildpunkt zuerst $|n_1|$-mal $S_{j_1}^1$, dann $|n_2|$-mal $S_{j_2}^1$ usw., und zwar in gleicher oder entgegengesetzter Richtung wie x, je nachdem, ob n_k positiv oder negativ ist. Mit jeder dieser Abbildungen kann man an $S_1^1 \vee \ldots \vee S_r^1$ eine 2-Zelle kleben und erhält dadurch beliebig viele Beispiele zu 1.6.1; wir untersuchen einige davon.

1.6.10 Beispiel Sei $r = 1$ und $g_n = i_1^n \colon S^1 \to S_1^1 = S^1$, also $g_n(z) = z^n$. Klebt man an S^1 mit g_n eine 2-Zelle, so entsteht ein Raum $S^1 \cup_n e^2$. Es gilt

$$S^1 \cup_0 e^2 \approx S^1 \vee S^2, \quad S^1 \cup_1 e^2 \approx D^2, \quad S^2 \cup_k e^2 \approx S^1 \cup_{-k} e^2.$$

Nach 1.6.3 erhält man $S^1 \cup_n e^2$ auch dadurch, daß man in D^2 je zwei Punkte $x, y \in S^1 \subset D^2$ mit $x^n = y^n$ identifiziert. Für $n = 2$ bedeutet das, daß Diametralpunkte auf S^1 identifiziert werden, und daher ist $S^1 \cup_2 e^2 \approx P^2$ nach 1.4.17. Dieses Beispiel läßt sich wie folgt verallgemeinern.

1.6.11 Satz *Klebt man für $g \geq 1$ mit der Abbildung*

$$i_1 \cdot i_2 \cdot i_1^{-1} \cdot i_2^{-1} \cdot \ldots \cdot i_{2g-1} \cdot i_{2g} \cdot i_{2g-1}^{-1} \cdot i_{2g}^{-1} \colon S^1 \to S_1^1 \vee \ldots \vee S_{2g}^1 \text{ bzw.}$$

$$i_1^2 \cdot i_2^2 \cdot \ldots \cdot i_g^2 \colon S^1 \to S_1^1 \vee \ldots \vee S_g^1$$

eine 2-Zelle an, so erhält man die Fläche F_g bzw. die Fläche N_g (vgl. Abb. 1.6.2).

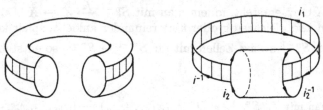

Abb. 1.6.2

Beweis Wir beweisen nur die erste Aussage. Sei $f \colon S^1 \to S_1^1 \vee \ldots \vee S_{2g}^1$ die angegebene Abbildung und $X_g = S_1^1 \vee \ldots \vee S_{2g}^1 \cup_f e^2$. Nach 1.6.3 ist $X_g \approx D^2/R'$, wobei R' folgende Äquivalenzrelation auf D^2 ist: für $x, y \in S^1 \subset D^2$ ist $x \sim y$, wenn $f(x) = f(y)$. Aus der Definition von f liest man folgendes ab: S^1 ist in $4g$ Bögen $B_1, \ldots, B_{4g}$ eingeteilt und R' identifiziert B_1 mit B_3, B_2 mit B_4 usw., und zwar jeweils gegensinnig. Andererseits ist $F_g = E_{4g}/R$ wie in 1.4.14. Der Homöomorphismus $E_{4g} \to D^2$, $tx \mapsto tx/|x|$ mit $x \in \partial E_{4g}$, $0 \leq t \leq 1$ und sein Inverses sind mit den Relationen R und R' verträglich; aus 1.2.4 folgt daher $F_g \approx D^2/R'$. $\qquad\square$

Die Einpunktvereinigung $S_1^1 \vee \ldots \vee S_{2g}^1$ kann man also so in F_g einbetten, daß das Komplement eine 2-Zelle ist. Man sagt, daß man F_g durch $2g$ Kreislinien zu einer 2-Zelle „aufschneiden" kann. Dasselbe geht bei N_g schon mit g Kreislinien.

Man kann an einen Raum gleichzeitig mehrere, sogar unendlich viele Zellen kleben:

1.6.12 Definition Seien $f_j \colon S^{n-1} \to X$ stetige Abbildungen ($j \in J =$ Indexmenge). Wir geben J die diskrete Topologie und betrachten folgende Räume und Abbildungen:

$$D^n \times J \supset S^{n-1} \times J \xrightarrow{f} X, \quad f(z,j) = f_j(z),$$

$$p \colon X + (D^n \times J) \to X \cup_f (D^n \times J) = Y.$$

Wir sagen, daß Y aus X *durch Ankleben der Zellen* $e_j^n = p(\mathring{D}^n \times j)$ *mit den Klebeabbildungen* f_j entsteht und schreiben $Y = X \cup \bigcup_j e_j^n$. Die Bemerkungen aus 1.6.1 übertragen sich sinngemäß.

1.6.13 Beispiele

(a) Im Fall $f_j\colon S^{n-1} \to X = \{$Punkt$\}$ ist $X \cup \bigcup_j e_j^n \approx \vee_j S_j^n$. Zum Beweis ist zu zeigen: $D^n \times J / S^{n-1} \times J \approx \vee_j S_j^n$. Weil $S^n \times J$ die topologische Summe der Sphären $S^n \times j$ ist, ist $\vee_j S_j^n \approx S^n \times J / e_0 \times J$. Ist λ_n wie in 1.3.5, so ist $g = \lambda_n \times \mathrm{id}\colon (D^n \times J,\, S^{n-1} \times J) \to (S^n \times J,\, e_0 \times J)$ ein relativer Homöomorphismus. Die induzierte Abbildung $\bar{g}\colon D^n \times J / S^{n-1} \times J \to S^n \times J / e_0 \times J$ ist stetig, bijektiv und identifizierend (weil g es nach 1.2.13 ist und wegen 1.2.10 (b)), also ein Homöomorphismus.

(b) Seien $f_1, f_2\colon S^{n-1} \to X$ gegeben. Dann ist $X \cup e_1^n \cup e_2^n$ homöomorph zu dem Raum, der aus $X \cup e_1^n$ entsteht, indem man mit $S^{n-1} \xrightarrow{f_2} X \hookrightarrow X \cup e_1^n$, eine Zelle anklebt. Ob man also gleichzeitig oder hintereinander anklebt, spielt keine Rolle.

(c) Klebt man an S^{n-1} zwei n-Zellen mit id: $S^{n-1} \to S^{n-1}$, so entsteht S^n.

Aufgaben

1.6.A1 Klebt man mit $f\colon S^{n-1} \to D^{n-1}, (x_1, \ldots, x_n) \mapsto (x_1, \ldots, x_{n-1})$, eine Zelle an D^{n-1}, so entsteht S^n.

1.6.A2 Konstruieren Sie explizit eine Abbildung $f\colon S^2 \to S^2 \vee S^1$, so daß $(S^2 \vee S^1) \cup_f e^3$ homöomorph ist zu $S^2 \times S^1$.

1.6.A3 Sei $f\colon S^1 \to S^1 \cup D^1$ folgende Abbildung: $f(\exp 2\pi i t)$ ist $\exp 4\pi i t$ für $0 \leq t \leq 1/4$ und $8t - 3$ für $1/4 \leq t \leq 1/2$ und $\exp \pi i (2 - 4t)$ für $1/2 \leq t \leq 3/4$ und $8t - 7$ für $3/4 \leq t \leq 1$. Zeigen Sie, daß $(S^1 \cup D^1) \cup_f e^2$ ein Möbiusband ist.

1.7 Topologische Gruppen, Gruppenoperationen und Orbiträume

1.7.1 Definition Ist G sowohl eine Gruppe als auch ein topologischer Raum, so heißt G eine *topologische Gruppe*, wenn die Funktionen $G \times G \to G$, $(x, y) \mapsto xy$, und $G \to G$, $x \mapsto x^{-1}$, stetig sind (dabei hat $G \times G$ die Produkttopologie; bei additiv geschriebener Gruppe ist xy bzw. x^{-1} durch $x + y$ bzw. $-x$ zu ersetzen). Zwei topologische Gruppen G und H sind *isomorph*, wenn es eine Abbildung $f\colon G \to H$ gibt, die sowohl ein Gruppenisomorphismus als auch ein Homöomorphismus ist.

Jede Gruppe G ist eine topologische Gruppe, wenn man die Menge G mit der diskreten Topologie versieht. Sind G und H topologische Gruppen, so ist $G \times H$ mit koordinatenweiser Verknüpfung und Produkttopologie eine topologische Gruppe. Der $\mathbb{R}^n$ ist mit der Vektoraddition und die Sphäre S^1 bzw. S^3 mit der Multiplikation von komplexen Zahlen bzw. Quaternionen eine topologische Gruppe (die Topologie ist jeweils die Standardtopologie). Wichtige Beispiele sind die Matrizengruppen, die man aus der linearen Algebra kennt.

1.7.2 Beispiele Topologische Gruppen sind:

$GL(n, \mathbb{R})$ = Menge der invertierbaren reellen (n, n)-Matrizen,

$O(n)$ = Menge der orthogonalen (n, n)-Matrizen,

$SO(n)$ = Menge der orthogonalen (n, n)-Matrizen mit Determinante 1.

Die Verknüpfung ist die Matrizenmultiplikation, und die Topologie ist die Teilraumtopologie im $\mathbb{R}^{n^2}$ (man kann jede (n, n)-Matrix als Punkt im $\mathbb{R}^{n^2}$ auffassen). Ersetzt man $\mathbb{R}$ durch $\mathbb{C}$, so erhält man die folgenden topologischen Gruppen:

$GL(n, \mathbb{C})$ = Menge der invertierbaren komplexen (n, n)-Matrizen,

$U(n)$ = Menge der unitären (n, n)-Matrizen,

$SU(n)$ = Menge der unitären (n, n)-Matrizen mit Determinante 1.

$GL(n, \mathbb{R})$ bzw. $GL(n, \mathbb{C})$ ist als offener Teilraum von $\mathbb{R}^{n^2}$ bzw. von $\mathbb{C}^{n^2} = \mathbb{R}^{2n^2}$ eine unberandete, nicht kompakte Mannigfaltigkeit der Dimension n^2 bzw. $2n^2$. Es ist $SO(n) \times S^0 \approx O(n)$ und $SU(n) \times S^1 \approx U(n)$; einen Homöomorphismus erhält man, indem man dem Paar (A, z) die Matrix zuordnet, die aus der Matrix A durch Multiplikation der ersten Zeile mit z entsteht. (Vorsicht: diese Zuordnung ist kein Isomorphismus topologischer Gruppen!) $SO(n)$ und $SU(n)$ sind wegzusammenhängend. Also ist auch $U(n)$ wegzusammenhängend, während $O(n)$ aus zwei Wegekomponenten besteht, die beide zu $SO(n)$ homöomorph sind. $SO(n)$ bzw. $SU(n)$ sind geschlossene Mannigfaltigkeiten der Dimension $n(n-1)/2$ bzw. $n^2 - 1$. Für kleine Werte von n gelten die Beziehungen

$$SO(1) = SU(1) = \{\text{Punkt}\}, \quad SO(2) \cong U(1) \cong S^1, \quad SU(2) \cong S^3$$

(als topologische Gruppen). Die 3-dimensionale Mannigfaltigkeit $SO(3)$ ist zum projektiven Raum P^3 homöomorph (6.1.A6).

1.7.3 Definition Es sei G eine topologische Gruppe und X ein topologischer Raum. Eine *Operation von G auf X* ist eine stetige Funktion

$G \times X \to X$, Schreibweise $(g, x) \mapsto gx$,

so daß für alle $g, g' \in G$ und $x \in X$ die folgenden Bedingungen gelten:

$g(g'x) = (gg')x$ und $1x = x$.

Man sagt auch, daß G (bezüglich der gegebenen Funktion $G \times X \to X$) *auf X operiert*. Für $x \in X$ heißt die Teilmenge $Gx = \{gx \mid g \in G\} \subset X$ der *Orbit von x*.

Zwei Punkte $x, x' \in X$ heißen *G-äquivalent*, wenn $Gx = Gx'$ ist, d.h. wenn es ein $g \in G$ mit $x = gx'$ gibt. Der Quotientenraum von X nach dieser Äquivalenzrelation heißt der *Orbitraum* und wird mit X/G bezeichnet; seine Punkte sind die Orbits Gx mit $x \in X$, die wir wegen 1.2.1 auch mit $\langle x \rangle = Gx$ bezeichnen ($x \in X$).

Für festes $g \in G$ ist die Abbildung $X \to X$, $x \mapsto gx$, ein Homöomorphismus (mit Inversem $x \mapsto g^{-1}x$). Daß G auf X operiert, bedeutet also folgendes: Jedem $g \in G$ ist ein Homöomorphismus von X zugeordnet; dem Produkt zweier Gruppenelemente entspricht die Komposition der Homöomorphismen, und dem neutralen Element $1 \in G$ entspricht die Identität $\mathrm{id}_X \colon X \to X$. Wenn G die diskrete Topologie hat, ist die Stetigkeit von $G \times X \to X$ äquivalent dazu, daß die Abbildung $X \to X$, $x \mapsto gx$, für alle $g \in G$ stetig ist.

1.7.4 Beispiele

(a) Die Gruppe S^1 operiert auf dem Raum $\mathbb{C}$ durch $S^1 \times \mathbb{C} \to \mathbb{C}$, $(\lambda, z) \mapsto \lambda z$ (Multiplikation komplexer Zahlen). Der Orbit $\langle z \rangle$ von $0 \neq z \in \mathbb{C}$ ist der Kreis um 0 vom Radius $|z|$; der Orbit des Nullpunkts ist $\langle 0 \rangle = 0$. Der Orbitraum $\mathbb{C}/S^1$ ist homöomorph zu $[0, \infty)$.

(b) Sei $G = \{1, a^{\pm 1}, a^{\pm 2}, \dots\}$ die von einem Element a erzeugte unendliche zyklische Gruppe. G operiert auf $\mathbb{R}^2$ durch $G \times \mathbb{R}^2 \to \mathbb{R}^2$, $(a^n, (x_1, x_2)) \mapsto (x_1 + n, x_2)$. Der Orbit von $x = (x_1, x_2)$ besteht aus allen Punkten $(x_1 + n, x_2)$ mit $n \in \mathbb{Z}$; er ist ein diskreter Teilraum von $\mathbb{R}^2$. Der Orbitraum $\mathbb{R}^2/G$ ist homöomorph zu $S^1 \times \mathbb{R}$; ein Homöomorphismus ist durch $\langle x \rangle \mapsto (\exp 2\pi i x_1, x_2)$ gegeben.

(c) Die zweielementige Gruppe $S^0 = \{-1, 1\}$ operiert auf S^n durch $S^0 \times S^n \to S^n$, $(\varepsilon, x) \mapsto \varepsilon x$; der Orbitraum ist $P^n(\mathbb{R})$. Analog dazu kann man 1.6.6 jetzt so interpretieren, daß S^1 bzw. S^3 auf S^{2n-1} bzw. S^{4n-1} operiert; der Orbitraum ist $P^{n-1}(\mathbb{C})$ bzw. $P^{n-1}(\mathbb{H})$.

Was nützt es, wenn man weiß, daß eine Gruppe G auf einem Raum X operiert? Zunächst gar nichts, weil die Operation $G \times X \to X$ trivial sein kann (d.h. $gx = x$ stets; dann ist $Gx = x$ und $X/G = X$). Wenn wir jedoch diesen Fall ausschließen, so kann die Information, daß G auf X operiert, nützlich sein zur Untersuchung von X: man versucht, aus der topologischen Gestalt der Orbits und des Orbitraums Folgerungen für die Topologie von X zu ziehen. Aus der Existenz der Operation folgt, daß X gewisse *Symmetrien* hat. Wenn z.B. der Teilraum $X \subset \mathbb{R}^3$ spiegelsymmetrisch zu einer Ebene oder rotationssymmetrisch zu einer Geraden liegt, so operiert S^0 bzw. S^1 auf X (durch Spiegelung an der Ebene bzw. Drehungen um die Gerade). — Im folgenden benutzen wir den Begriff der Operation, um neue Beispiele für Mannigfaltigkeiten zu geben.

1.7.5 Definition G *operiert frei* (genauer: *fixpunktfrei*) auf X, wenn $gx \neq x$ ist für alle $x \in X$ und alle $g \in G$ mit $g \neq 1$; das bedeutet, daß für $1 \neq g \in G$ der Homöomorphismus $X \to X$, $x \mapsto gx$, keinen Fixpunkt hat.

1.7.6 Satz *G sei eine diskrete endliche Gruppe, die frei auf der n-dimensionalen* *geschlossenen Mannigfaltigkeit M operiert; dann ist der Orbitraum M/G ebenfalls eine n-dimensionale, geschlossene Mannigfaltigkeit.*

Beweis Sind $g_1 = 1, g_2, \ldots, g_k$ die Elemente von G, so besteht für $x \in M$ der Orbit $\langle x \rangle \in M/G$ aus den Punkten $x, g_2x, \ldots, g_kx$. Nach Voraussetzung hat x eine zu D^n homöomorphe Umgebung A mit $x \in \mathring{A}$. Wählt man A klein genug, so ist $A \cap g_iA = \emptyset$ für $i = 2, \ldots, k$. Dann wird A unter der identifizierenden Abbildung $M \to M/G$ homöomorph auf eine Umgebung B von $\langle x \rangle$ abgebildet, und es ist $\langle x \rangle \in \mathring{B}$ und $B \approx D^n$. Also hat M/G die lokale Eigenschaft einer unberandeten Mannigfaltigkeit. Wir überlassen dem Leser den Nachweis, daß M/G kompakt (insbesondere hausdorffsch) ist und daß die Topologie von M/G eine abzählbare Basis hat. $\square$

1.7.7 Beispiel Wir fassen die Sphäre S^{2k-1} als Menge aller $(z_1, \ldots, z_k) \in \mathbb{C}^k$ mit $|z_1|^2 + \ldots + |z_k|^2 = 1$ auf $(k \geq 2)$. Seien $p \geq 2$ und $1 \leq q_1, \ldots, q_k < p$ ganze Zahlen, wobei die q_i teilerfremd zu p sind. Sei $E_p = \{z \in \mathbb{C} \mid z^p = 1\} \subset \mathbb{C}$ die Gruppe der p-ten Einheitswurzeln (eine zyklische Gruppe der Ordnung p, erzeugt von $\exp 2\pi i/p$). Sie operiert fixpunktfrei auf S^{2k-1} durch $z \cdot (z_1, \ldots, z_k) = (z^{q_1}z_1, \ldots, z^{q_k}z_k)$. Der Orbitraum $L_{2k-1}(p; q_1, \ldots, q_k) = S^{2k-1}/E_p$ ist eine geschlossene Mannigfaltigkeit der Dimension $2k - 1$; er heißt der $(2k - 1)$-*dimensionale Linsenraum vom Typ* $(p; q_1, \ldots, q_k)$.

Aufgaben

1.7.A1 $\mathbb{Z}$ operiert auf $\mathbb{R}$ durch $(n, x) \mapsto x + n$ und $\mathbb{R}/\mathbb{Z} \approx S^1$.

1.7.A2 $\mathbb{Z}$ operiert auf $\mathbb{R}^2$ durch $(n, (x_1, x_2)) \mapsto (x_1 + n, x_2)$ und $\mathbb{R}^2/\mathbb{Z} \approx S^1 \times \mathbb{R}$.

1.7.A3 $\mathbb{Z}$ operiert auf $\mathbb{R}^2$ durch $(n, (x_1, x_2)) \mapsto (x_1 + n, (-1)^n x_2)$, und $\mathbb{R}^2/\mathbb{Z}$ ist homöomorph zu $M \backslash \partial M$, wobei M ein Möbiusband ist.

1.7.A4 $\mathbb{Z}^2$ operiert auf $\mathbb{R}^2$ durch $((m, n), (x_1, x_2)) \mapsto (x_1 + m, x_2 + n)$, und $\mathbb{R}^2/\mathbb{Z}^2$ ist ein Torus.

1.7.A5 Sei G die Gruppe von Homöomorphismen des $\mathbb{R}^2$, die von den Homöomorphismen $(x_1, x_2) \mapsto (x_1 + 1, x_2)$ und $(x_1, x_2) \mapsto (-x_1, x_2 + 1)$ erzeugt wird. Zeigen Sie, daß $\mathbb{R}^2/G$ eine Kleinsche Flasche ist.

1.7.A6 Durch Rotation des Kreises $(x - 3)^2 + z^2 = 1$ um die z-Achse entsteht im $\mathbb{R}^3$ ein Torus T, auf dem die zweielementige Gruppe $S^0 = \{-1, 1\}$ in verschiedener Weise operieren kann. Zeigen Sie:
(a) Bei der Operation $(-1) \cdot (x, y, z) = (x, -y, -z)$ ist T/S^0 eine 2-Sphäre.
(b) Bei der Operation $(-1) \cdot (x, y, z) = (-x, -y, z)$ ist T/S^0 ein Torus.
(c) Bei der Operation $(-1) \cdot (x, y, z) = (-x, -y, -z)$ ist T/S^0 eine Kleinsche Flasche.

1.7.A7 Es ist $L_3(p; q, 1) \approx L(p, q)$ und $L_{2k-1}(2; 1, \ldots, 1) \approx P^{2k-1}(\mathbb{R})$.

1.8 Schwache Topologie

Bei der Konstruktion topologischer Räume wird man gelegentlich mit folgendem Problem konfrontiert: Gegeben ist eine Menge X, die Vereinigung von Teilmengen $A_j \subset X$ ist, und jede dieser Teilmengen A_j ist ein topologischer Raum. Kann man dann auf der Menge X in natürlicher Weise eine Topologie definieren? Für unsere Zwecke genügt es, den folgenden Spezialfall zu betrachten:

1.8.1 Definition und Satz *Sei X eine Menge (kein Raum!) und sei $\{A_j \mid j \in J\}$ eine Familie von Teilmengen von X, so daß folgendes gilt:*

(i)   *Für jedes $j \in J$ ist A_j ein topologischer Raum.*

(ii)   *Für $i, j \in J$ induzieren A_i und A_j die gleiche Topologie auf $A_i \cap A_j$, und $A_i \cap A_j$ ist ein abgeschlossener Teilraum von A_i und A_j.*

(iii)   *Es ist $X = \cup_j A_j$.*

Dann erhält man wie folgt eine Topologie auf X: eine Menge $A \subset X$ ist abgeschlossen in X, wenn $A \cap A_j$ abgeschlossen ist in A_j für alle $j \in J$. Diese Topologie heißt die schwache Topologie auf X bezüglich $\{A_j \mid j \in J\}$. Es gelten die folgenden Aussagen:

(a) Die Relativtopologie von A_j in X ist die gegebene Topologie auf A_j, und A_j ist ein abgeschlossener Teilraum von X.

(b) Sei $\sum A_j$ die topologische Summe der A_j und sei $p: \sum A_j \to X$ die Abbildung, die auf A_j mit der Inklusion $A_j \hookrightarrow X$ übereinstimmt; dann ist p identifizierend. Die schwache Topologie ist also ein Spezialfall der Quotiententopologie; daraus folgt:

(c) Eine Menge $U \subset X$ ist genau dann offen in X, wenn $U \cap A_j$ offen ist in A_j für alle $j \in J$.

(d) Eine Abbildung $f: X \to Y$ ist genau dann stetig (Y ein beliebiger Raum), wenn $f|A_j$ stetig ist für alle $j \in J$.   □

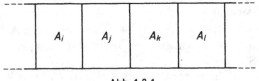

Abb. 1.8.1

1.8.2 Beispiel Die Menge X sei Vereinigung von überabzählbar vielen Quadraten A_j, die wie in Abb. 1.8.1 nebeneinander liegen (die Abbildung vermittelt deshalb eine falsche Vorstellung, weil X nicht in den $\mathbb{R}^2$ paßt; X ist viel länger als eine reelle Gerade). Wir versehen X mit der schwachen Topologie bezüglich dieser Quadrate (die jeweils die Standardtopologie haben). Jedes abzählbare Teilstück von X sieht topologisch so aus wie der Streifen $\mathbb{R} \times I$. Jeder Punkt von X hat wie bei einer Fläche eine zu D^2 homöomorphe Umgebung, insbesondere ist X lokalkompakt. Global hat X jedoch ganz andere Eigenschaften: die Topologie besitzt keine abzählbare Basis, es gibt in X keine abzählbare dichte Teilmenge. (Vergleichen Sie hierzu 1.8.A1.)

1.8.3 Satz *Sei $\{A_j \mid j \in J\}$ eine abgeschlossene, lokal-endliche Überdeckung des Raumes X* (lokal-endlich *heißt: jeder Punkt von X besitzt eine Umgebung, die nur endlich viele A_j trifft). Dann stimmt die Topologie auf X überein mit der schwachen Topologie bezüglich $\{A_j \mid j \in J\}$.*   □

1.8.4 Beispiel Ist der Raum $X = A_1 \cup \ldots \cup A_n$ Vereinigung von endlich vielen abgeschlossenen Mengen, so hat er die schwache Topologie bezüglich $A_1, \ldots, A_n$. Daher ist eine Abbildung $f \colon X \to Y$ genau dann stetig, wenn $f|A_i$ stetig ist für $i = 1, \ldots, n$: ein einfaches und wohlbekanntes Stetigkeitskriterium.

Eine ganz andere Situation als in 1.8.2 liegt in folgendem Beispiel vor, das häufig auftritt.

1.8.5 Definition Es sei $A_1 \subset A_2 \subset \ldots$ eine aufsteigende Folge topologischer Räume, wobei jeder ein abgeschlossener Teilraum des folgenden ist. Dann ist die Vereinigung $A = \bigcup_{n=1}^{\infty} A_n$, versehen mit der schwachen Topologie bezüglich $\{A_n \mid n \geq 1\}$, ein topologischer Raum. Es heißt A der *Limes der A_n*, und wir schreiben $A = \lim_n A_n$. In der Folge $A_1 \subset A_2 \subset \ldots \subset A_n \subset A_{n+1} \subset \ldots \subset A = \lim_n A_n$ ist jedes A_n ein abgeschlossener Teilraum von A.

1.8.6 Beispiel Nach 1.1.1 bilden die euklidischen Räume eine aufsteigende Folge $\mathbb{R}^0 \subset \mathbb{R}^1 \subset \ldots$, und daher ist $\mathbb{R}^{\infty} = \lim_n \mathbb{R}^n$ definiert. Die Punkte von $\mathbb{R}^{\infty}$ sind die reellen Zahlenfolgen $(x_1, x_2, \ldots)$, die ab einer Stelle konstant gleich Null sind. Sei $x = (x_1, \ldots, x_k, 0, 0, \ldots) \in \mathbb{R}^k \subset \mathbb{R}^{\infty}$ ein fester Punkt und sei U eine offene Umgebung von x in $\mathbb{R}^{\infty}$. Für $n \geq k$ ist $U \cap \mathbb{R}^n$ eine Umgebung von x in $\mathbb{R}^n$. Daher gibt es ein $\varepsilon_n > 0$ mit $U_n(x, \varepsilon_n) = \{y \in \mathbb{R}^n \mid |y - x| < \varepsilon_n\} \subset U \cap \mathbb{R}^n$. Es folgt $V = U_k(x, \varepsilon_k) \cup U_{k+1}(x, \varepsilon_{k+1}) \cup \ldots \subset U$. Umgekehrt ist diese Menge V für jedes Folge $\varepsilon_k, \varepsilon_{k+1}, \ldots$ positiver Zahlen eine Umgebung von x, und die sämtlichen V bilden eine Umgebungsbasis von x. Daraus folgt, daß x keine abzählbare Umgebungsbasis besitzt. $\mathbb{R}^{\infty}$ ist nicht metrisierbar. Weil $\bar{V}$ nicht kompakt ist, ist $\mathbb{R}^{\infty}$ nicht lokalkompakt. Der Leser mag sich fragen, warum es nicht vernünftiger ist, $\bigcup_n \mathbb{R}^n$ als metrischen Raum mit der euklidischen Metrik $|x - y| = (\sum_n (y_n - x_n)^2)^{1/2}$ zu betrachten. Eine Umgebungsbasis von $x \in \mathbb{R}^k \subset \bigcup_n \mathbb{R}^n$ bilden die Mengen $U(x, \varepsilon) = \{y \mid |y - x| < \varepsilon\} = U_k(x, \varepsilon) \cup U_{k+1}(x, \varepsilon) \cup \ldots$. Daher ist die schwache Topologie feiner als die von der Metrik induzierte Topologie. Welche Topologie vernünftiger ist, hängt von der Zielsetzung ab. Wenn wir wollen, daß 1.8.1 (d) gilt (d.h. $f \colon \mathbb{R}^{\infty} \to Y$ ist stetig, wenn alle $f|\mathbb{R}^n$ es sind), dann ist die schwache Topologie die stärkere. Die Funktion $f \colon \bigcup_n \mathbb{R}^n \to \mathbb{R}$, $f(x) = x_1 + x_2 + x_3 + \ldots$ ist nämlich unstetig bezüglich der euklidischen Metrik, obwohl $f|\mathbb{R}^n$ stetig ist für alle $n \geq 1$.

1.8.7 Beispiele In den folgenden Beispielen mache man sich die Topologie der Limesräume analog zu 1.8.6 klar.

(a) Aus den Sphären $S^0 \subset S^1 \subset \ldots$ erhält man die unendlich-dimensionale Sphäre $S^\infty = \lim_n S^n$. Sie ist der Teilraum aller $x \in \mathbb{R}^\infty$ mit $\sum_n x_n^2 = 1$.

(b) Aus der Folge der projektiven Räume in 1.6.5 entsteht der unendlich-dimensionale projektive Raum $P^\infty(K) = \lim_n P^n(K)$. Im Fall $K = \mathbb{R}$ entsteht $P^\infty(\mathbb{R})$, indem man jeden Punkt $x \in S^\infty$ mit seinem Diametralpunkt $-x \in S^\infty$ identifiziert.

(c) Die Gruppe $O(n)$ kann man als Untergruppe von $O(n + 1)$ auffassen, indem man jede Matrix $A \in O(n)$ mit der Matrix

$$\begin{pmatrix} & & & 0 \\ & A & & \vdots \\ & & & 0 \\ 0 & \ldots & 0 & 1 \end{pmatrix} \in O(n+1)$$

identifiziert. Auf diese Weise ist $O(n) \subset O(n + 1)$ eine Untergruppe und ein abgeschlossener Teilraum (also eine *topologische Untergruppe*). Der Limesraum $O = \lim_n O(n)$ heißt die *unendlich-dimensionale orthogonale Gruppe*. Er ist eine topologische Gruppe, wobei wie folgt multipliziert wird: Zu $A, B \in O$ gibt es ein n mit $A, B \in O(n)$, und daher ist $AB \in O(n) \subset O$ definiert.

(d) Analog definiert man die folgenden unendlich-dimensionalen topologischen Gruppen: $SO = \lim_n SO(n)$, $U = \lim_n U(n)$, $SU = \lim_n SU(n)$.

Aufgaben

1.8.A1 Machen Sie sich wie folgt die Details von 1.8.2 klar: Es gibt eine überabzählbare, linear geordnete Menge J ohne größtes und kleinstes Element mit den Eigenschaften:
(a) Für $i < j$ in J ist die Menge $\{k \in J \mid i < k < j\}$ endlich oder abzählbar.
(b) Für $i \in J$ hat die Menge $\{k \in J \mid i < k\}$ ein kleinstes Element; dieses wird mit $i + 1$ bezeichnet.
Die Menge X aus 1.8.2 entsteht aus $I^2 \times J$ durch Identifizieren der Punkte $(1, t, j)$ und $(0, t, j + 1)$, wobei $t \in I$ und $j \in J$ ist.

1.8.A2 Sei $x_n \in \cup_n \mathbb{R}^n$ der Punkt, dessen erste n Koordinaten alle gleich $1/n$ sind und dessen übrige Koordinaten alle Null sind. Untersuchen Sie die Folge $x_1, x_2, x_3, \ldots$ in $\cup_n \mathbb{R}^n$ und in $\mathbb{R}^\infty$ auf Konvergenz, und beweisen Sie die Aussage am Ende von 1.8.6.

1.9 Das Homöomorphieproblem: Fortsetzung

Nachdem wir einige Begriffe und Beispiele aus der Topologie vorgestellt haben, können wir die Überlegungen aus 1.1 etwas präziser fassen. Das Homöomorphieproblem lautet wie folgt: Gegeben sei eine „interessante und angreifbare" Klasse topologischer Räume; das Problem ist, diese Räume nach Homöomorphie zu klassifizieren. „Interessant" bedeutet, daß diese Räume in der Topologie, in anderen Bereichen der Mathematik oder in außermathematischen Anwendungen relevant sein sollten, und „angreifbar", daß es eine Chance geben muß, dieses Homöomorphieproblem zu lösen (z.B. ist es ebenso uninteressant wie hoffnungslos, Räume der Form $S^1 \cup_f e^2$ mit $f \colon S^1 \to S^1$ nach Homöomorphie zu klassifizieren). Interesse beanspruchen dürfen die Mannigfaltigkeiten, die in vielen Teilen der Mathematik und ihrer Anwendungen eine wichtige Rolle spielen. Bleiben wir bei diesen und betrachten wir einen ersten Homöomorphieklassifikationssatz:

1.9.1 Satz *Jede zusammenhängende geschlossene Fläche F ist zu einer der Flächen $F_0, F_1, F_2, \ldots, N_1, N_2, \ldots$ homöomorph; je zwei dieser Flächen sind nicht homöomorph.* □

Die erste Aussage gehört in die geometrische Topologie, vgl. etwa [Seifert-Threlfall], [Stillwell], [Massey 1], [Moise], [ZVC]: man muß mit geometrisch-topologischen Methoden einen Homöomorphismus zwischen F und einer der genannten Flächen konstruieren. Die zweite Aussage beweist man mit Algebraischer Topologie, in der die topologischen Invarianten definiert werden, mit denen man die Flächen unterscheiden kann (vgl. 5.7 und 9.9). Die Geschichte von Satz 1.9.1 geht weit ins letzte Jahrhundert zurück. Riemann (1851) zeigte, daß die Flächen F_g, allgemeiner die unberandeten orientierbaren Flächen, die „richtigen Flächen" sind, auf denen man Funktionentheorie treiben kann. Möbius (1863) stellte F_g wie in 1.4.13 (d) als Sphäre mit g Henkeln dar, Klein (1876) klärte den Begriff der nicht-orientierbaren Fläche und Dyck (1888) untersuchte deren Homöomorphieklassifikation, die aber erst durch Dehn, Heegaard (1907) und schließlich durch den Satz von Rado (1923) vollständig wurde (vgl. 3.1.9 (c)).

Eine Dimension höher, bei 3-Mannigfaltigkeiten, ist man von einer Lösung des Homöomorphieproblems noch weit entfernt, obwohl es dazu umfangreiche und tiefliegende Untersuchungen gibt (und für alle Dimensionen $n > 3$ kann man sogar beweisen (Markov 1958), daß es keinen Algorithmus zur Homöomorphieklassifikation aller n-Mannigfaltigkeiten gibt). Der erste Begriff, den es zu klären gilt, ist die Orientierbarkeit. Wenn man in einer 3-Mannigfaltigkeit M ein Achsenkreuz mit den Achsen $1, 2, 3$ so verschieben kann, daß nach Rückkehr zum Ausgangspunkt die Achsen $1, 2$ unverändert sind, daß aber die Achse 3 in die entgegengesetzte Richtung zeigt wie vorher, wenn man also ein Objekt in M durch „Verschieben in sein Spiegelbild verwandeln kann", so heißt M *nicht-orientierbar* (vgl. 11.4). Die beschränkte räumliche Anschauung, die der uns umgebende Raum von hier bis zum Mond oder zur Sonne vermittelt, macht die Vorstellung schwer, daß es so etwas überhaupt gibt. Hier ist ein Beispiel: das topologische Produkt eines Möbiusbandes mit einer Kreislinie ist eine 3-Mannigfaltigkeit mit einem Torus als Rand, und deren Verdopplung ist eine geschlossene, nicht-orientierbare 3-Mannigfaltigkeit.

1.9.2 Satz *Jede geschlossene orientierbare 3-Mannigfaltigkeit M besitzt eine Heegaard-Zerlegung wie in 1.5.11, entsteht also aus zwei Henkelkörpern V und V' vom*

Geschlecht $g \geq 0$ durch Verkleben der Ränder ∂V und $\partial V'$ mit einem Homöomorphismus $f\colon \partial V \to \partial V'$.   □

Dieser Satz, der auf Dyck (1884) und Heegaard (1898) zurückgeht, macht mit einem Schlag klar, wie wichtig die Technik des Verklebens ist. Das Homöomorphieproblem für die genannten Mannigfaltigkeiten ist zurückgeführt auf die Untersuchung von Homöomorphismen von Flächen und die Frage, wann zwei Räume der Form $V' \cup_f V$ homöomorph sind.

1.9.3 Beispiel Sei $M = M\left(\begin{smallmatrix} a & c \\ b & d \end{smallmatrix}\right) = \left(S^1 \times D^2\right) \cup_f \left(D^2 \times S^1\right)$ wie in 1.5.10. Ist $\alpha, \beta, \gamma, \delta \in \{-1, 1\}$ und $m, n \in \mathbb{Z}$, so gilt für die Zahlen

$$a' = \alpha\gamma a, b' = \beta\gamma b - m\alpha\beta\gamma a, c' = n\alpha a + \alpha\delta c, d' = n\beta b + \beta\delta d - mn\alpha\beta a - m\alpha\beta\delta c$$

die Gleichung $a'd' - b'c' = \alpha\beta\gamma\delta(ad - bc) = \pm 1$; daher ist auch $M' = M\left(\begin{smallmatrix} a' & c' \\ b' & d' \end{smallmatrix}\right)$ definiert. Für $\varepsilon = \pm 1$ sei $h_\varepsilon \colon D^2 \to D^2$ die Abbildung $h_1(z) = z$ bzw. $h_{-1}(z) = \bar{z}$. Die Abbildungen $F\colon D^2 \times S^1 \to D^2 \times S^1$, $F(z, w) = (h_\alpha(z)w^m, w^\beta)$, und $G\colon S^1 \times D^2 \to S^1 \times D^2$, $G(z, w) = (z^\gamma, z^n h_\delta(w))$, sind Homöomorphismen, und es ist $(G|S^1 \times S^1) \circ f = f' \circ (F|S^1 \times S^1)$, wobei f' die zu M' gehörende Klebeabbildung ist. Folglich ist $M \approx M'$ nach 3.1.18. Wir betrachten Spezialfälle. Im Fall $a = 0$ ist $b, c \in \{-1, 1\}$ und mit $\alpha = c$, $\beta = b$, $\gamma = \delta = 1$, $m = 0$, $n = -bd$ wird $a' = d' = 0$, $b' = c' = 1$, also $M \approx M\left(\begin{smallmatrix} 0 & 1 \\ 1 & 0 \end{smallmatrix}\right) \approx S^2 \times S^1$. Ist $a < 0$, so setzen wir $\alpha = -1$, $\beta = \gamma = \delta = 1$, $m = n = 0$ und erreichen $a' > 0$; also können wir gleich $a > 0$ annehmen. Ist $ad - bc = -1$, so setzen wir $\alpha = \beta = \gamma = 1$, $\delta = -1$, $m = n = 0$ und erhalten $a' = a > 0$ und $a'd' - b'c' = 1$; also dürfen wir $a > 0$ und $ad - bc = 1$ voraussetzen. Ist auch $a\tilde{d} = b\tilde{c} = 1$, so ist $\tilde{c} = c + na$, $\tilde{d} = d + na$ für ein $n \in \mathbb{Z}$. Nimmt man oben dieses n und $\alpha = \beta = \gamma = 1$, $m = 0$, so folgt $M \approx M\left(\begin{smallmatrix} a & \tilde{c} \\ b & \tilde{d} \end{smallmatrix}\right)$. Folglich ist M durch die Zahlen a und b bis auf Homöomorphie bestimmt, und wir schreiben daher $M(a, b)$ statt $M\left(\begin{smallmatrix} a & c \\ b & d \end{smallmatrix}\right)$. Setzt man $\alpha = \beta = \gamma = \delta = 0$, $n = 0$, so ergibt sich $M(a, b) \approx M(a, b - ma)$ für alle $m \in \mathbb{Z}$. Für $a = 1$ folgt mit $m = b$ die Homöomorphie $M(1, b) \approx M(1, 0) \approx M\left(\begin{smallmatrix} 1 & 0 \\ 0 & 1 \end{smallmatrix}\right) \approx S^3$. Für $a > 1$ kann man b modulo a reduzieren und $1 \leq b < a$ erreichen. Resultat: Jede der Mannigfaltigkeiten aus 1.5.10 ist homöomorph zu S^3, $S^2 \times S^1$ oder $M(a, b)$, wobei a und b teilerfremd sind und $1 \leq b < a$ ist.

1.9.4 Satz *Diese Mannigfaltigkeit $M(a, b)$ ist zum Linsenraum $L(a, b)$ homöomorph.*   □

Der Beweis ist ein schönes Beispiel zum Identifizieren [Stillwell, 8.3.4]. Man bohrt aus der Linse in Abb. 1.5.3 einen senkrechten Zylinder aus, dessen Mittelachse die Strecke von S nach N ist. Im Quotientenraum ist dieser Zylinder und sein Komplement ein Volltorus, und man zeigt, daß diese genauso verklebt sind wie die beiden Volltori zu $M(a, b)$.

1.9.5 Satz *Die Linsenräume $L(p, q)$ und $L(p', q')$ sind genau dann homöomorph, wenn $p = p'$ ist und wenn $q \equiv \pm q' \bmod p$ oder $qq' \equiv \pm 1 \bmod p$ gilt.*   □

Daß die Bedingung hinreichend ist, folgt aus einfachen geometrischen Konstruktionen, vgl. 1.5.A5. Um ihre Notwendigkeit zu beweisen, braucht man Invarianten, um die Räume zu unterscheiden. Die Invarianten, die wir in diesem Buch entwickeln, sind die Fundamentalgruppen, die Homologiegruppen, die Schnitt- und Verschlingungszahlen und die Cohomologieringe. Aber all das genügt nicht zur Homöomorphieklassifikation der Linsenräume; man braucht schärfere Methoden, die zum Beweis von 1.9.5 von Reidemeister (1935) entwickelt wurden und deren Beschreibung den Rahmen dieses Buches sprengt. — Die Homöomorphieklassifikation der 3-Mannigfaltigkeiten, für die 1.9.5 ein Musterbeispiel ist, wurde nach Vorarbeiten von Listing (1847), Betti (1871), Dyck (1884) von Poincaré in den Jahren 1892–1904 systematisch in Angriff genommen: die Geburtsjahre der Algebraischen Topologie. Daß die Fundamentalgruppe zur Homöomorphieklassifikation nicht ausreicht, zeigen die von Tietze (1908) entdeckten Linsenräume (wie allerdings erst Alexander 1919 beweisen konnte). Ungeklärt ist aber immer noch, ob die sog. Poincarésche Vermutung richtig ist, daß jede einfach-zusammenhängende geschlossene 3-Mannigfaltigkeit zur Sphäre S^3 homöomorph ist.

Eine Verallgemeinerung des Homöomorphieproblems ist das Einbettungsproblem: Gegeben sind topologische Räume X und Y; man entscheide, ob man X in Y einbetten kann, d.h. ob X zu einem Teilraum von Y homöomorph ist. Z.B. kann man S^1 nicht in $\mathbb{R}$ einbetten (wohl aber in $\mathbb{R}^n$ für $n > 1$), die projektive Ebene nicht in $\mathbb{R}^3$ (wohl aber in $\mathbb{R}^4$, vgl. 3.1.22), und jede n-Mannigfaltigkeit kann man in den $\mathbb{R}^{2n+1}$ einbetten, vgl. [Hurewicz-Wallmann, chapter V]. Wenn $X \subset Y$ ein Teilraum ist, will man wissen, „wie X in Y drin liegt“. Wird z.B. Y von X in verschiedene Wegekomponenten zerlegt? Die Mittellinie des Möbiusbandes ist eine Kreislinie, die das Möbiusband nicht zerlegt; jede Kreislinie im $\mathbb{R}^2$ zerlegt $\mathbb{R}^2$ (Jordanscher Kurvensatz, 11.7.6 (b)), aber keine Kreislinie im $\mathbb{R}^3$ zerlegt den $\mathbb{R}^3$ (vgl. 11.7.6 (a)). Schließlich ist die Frage interessant, wie viele Einbettungen $X \to Y$ es gibt:

1.9.6 Definition Zwei Einbettungen $f, g\colon X \to Y$ heißen *topologisch äquivalent*, wenn es einen Homöomorphismus $h\colon Y \to Y$ mit $g = h \circ f$ gibt.

Je zwei Einbettungen $f, g\colon S^1 \to \mathbb{R}^2$ sind nach dem Satz von Schönflies äquivalent (vgl. 11.7.8 (d)), aber im Fall $f, g\colon S^1 \to \mathbb{R}^3$ wird die Situation interessanter.

1.9.7 Definition Ist $f\colon S^1 \to \mathbb{R}^3$ eine Einbettung, so heißt $K = f(S^1) \subset \mathbb{R}^3$ ein *Knoten* (im $\mathbb{R}^3$). Zwei Knoten $K, K' \subset \mathbb{R}^3$ sind *äquivalent*, wenn es einen Homöomorphismus $f\colon \mathbb{R}^3 \to \mathbb{R}^3$ mit $K' = f(K)$ gibt.

Z.B. ist $K_0 = \{x \in \mathbb{R}^3 \mid x_1^2 + x_2^2 = 1,\ x_3 = 0\} \subset \mathbb{R}^3$ ein Knoten; man nennt ihn (und jeden dazu äquivalenten) den *trivialen Knoten*. Wenn man eine Schnur beliebig kompliziert verknotet und dann die Enden zusammenklebt, hat man ein homöomorphes Bild von S^1 im $\mathbb{R}^3$, also einen Knoten. Die Kurve auf dem rechten Torus in Abb. 1.5.2 ist, als Teilmenge des $\mathbb{R}^3$ betrachtet, ein Knoten, die sog. „Kleeblattschlinge“. Es scheint anschaulich klar, daß sie kein trivialer Knoten ist, aber wie kann man das beweisen? Wenn die Knoten $K, K' \subset \mathbb{R}^3$ äquivalent sind, müssen ihre „Außenräume" $\mathbb{R}^3 \setminus K$ und $\mathbb{R}^3 \setminus K'$ homöomorph sein, und dies sind zwei 3-dimensionale (nicht kompakte) Mannigfaltigkeiten. Also werden wir wieder auf das Homöomorphieproblem geführt. Gleichzeitig ergibt sich eine riesige Serie neuer Beispiele für 3-Mannigfaltigkeiten: man nimmt einen Knoten $K \subset \mathbb{R}^3 \subset S^3$ (wobei $\mathbb{R}^3 = S^3 \setminus$ Nordpol) und entfernt aus S^3 eine kleine schlauchförmige offene Umgebung von K. Übrig bleibt eine kompakte 3-Mannigfaltigkeit, deren Rand ein Torus ist. Für die Knotentheorie, in der man u.a. versucht, alle Knoten im $\mathbb{R}^3$ nach Äquivalenz zu klassifizieren, ist folglich die Homöomorphieklassifikation solcher 3-Mannigfaltigkeiten ein wichtiges Problem.

Unsere Einführung wäre unvollständig ohne eine Erwähnung der höheren Dimensionen. Die meisten Fragestellungen kann man verallgemeinern, wie wir schon in 1.5 gesehen haben, und die Methoden der Algebraischen Topologie, die wir vorstellen werden, können mit Erfolg auf Räume beliebiger Dimension angewandt werden. Es ist jedoch an dieser Stelle nicht sinnvoll, dafür genauso ausführliche Beispiele zu geben wie oben; denn da der uns umgebende Raum nur eine kleine Dimension hat, können wir uns nicht auf die geometrische Anschauung berufen. Z.B. ist es anschaulich klar, was zwei „verschlungene Kreislinien" im $\mathbb{R}^3$ sind; ob aber eine 2-Sphäre mit einer 3-Sphäre, die beide im $\mathbb{R}^6$ liegen, verschlungen sein kann, entzieht sich unserer Vorstellung (sie kann: 11.7.10). Wir müssen erst Hilfsmittel, Methoden und parallel dazu die „höherdimensionale Anschauung" entwickeln, und damit wollen wir jetzt endlich anfangen.

Aufgaben

1.9.A1 Machen Sie sich Satz 1.9.1 an folgenden Aussagen klar (Hinweis: die nach 1.9.1 genannte Literatur):

(a) Eine geschlossene Fläche ist durch ihren Orientierbarkeitstyp und ihr Geschlecht bis auf Homöomorphie eindeutig bestimmt.

(b) Verdoppelt man die kompakten Flächen in Abb. 1.4.4, so erhält man geschlossene orientierbare Flächen vom Geschlecht 2 bzw. 3.

(c) Schneidet man in einen Torus ein Loch und klebt man an den Lochrand ein Möbiusband, so entsteht die Fläche N_3. Mit anderen Worten: Es ist $(S^1 \times S^1) \# P^2 \approx N_3$.

(d) Es ist $F_g \# N_h \approx N_{2g+h}$ für $g \geq 0$ und $h \geq 1$.

1.9.A2 Man kann Satz 1.9.1 für kompakte Flächen mit Rand wie folgt verallgemeinern (Hinweis: die nach 1.9.1 genannte Literatur):

(a) Ist F eine kompakte Fläche mit $\partial F \neq \emptyset$, so ist ∂F die topologische Summe von endlich vielen Kreislinien $S_1^1, \ldots, S_k^1$.

(b) Klebt man an jede dieser Kreislinien eine Kreisscheibe D_i^2 mit einem Homöomorphismus $\partial D_i^2 \to S_i^1$, so erhält man eine geschlossene Fläche $\hat{F}$, die durch F bis auf Homöomorphie eindeutig bestimmt ist. (Daher kann man definieren, was Geschlecht und Orientierbarkeitstyp von F ist: es ist dasselbe wie bei $\hat{F}$.)

(c) Kompakte Flächen werden bis auf Homöomorphie klassifiziert durch Geschlecht, Orientierbarkeitstyp und Anzahl der Randkomponenten.

2 Homotopie

Homotopie ist einer der wichtigsten Grundbegriffe der Topologie. Die Grundzüge der Homotopietheorie, die in diesem Paragraphen dargestellt werden, sind für das Verständnis aller folgenden Abschnitte unerläßlich.

2.1 Homotope Abbildungen

2.1.1 Definition Es seien X und Y topologische Räume. Eine *Homotopie* von X nach Y ist eine Schar $h_t\colon X \to Y$ von Abbildungen, wobei der Parameter t das Einheitsintervall $I = [0,1]$ durchläuft, so daß folgende Bedingung erfüllt ist: die Funktion $H\colon X \times I \to Y$, $H(x,t) = h_t(x)$, ist stetig (dabei hat $X \times I$ die Produkttopologie). Zwei stetige Abbildungen $f, g\colon X \to Y$ heißen *homotop*, Bezeichnung $f \simeq g\colon X \to Y$, wenn es eine Homotopie $h_t\colon X \to Y$ mit $h_0 = f$ und $h_1 = g$ gibt. Die Schar h_t oder die zugehörige Abbildung H heißt dann eine *Homotopie von f nach g*; wir schreiben dafür $h_t\colon f \simeq g$ oder $H\colon f \simeq g$.

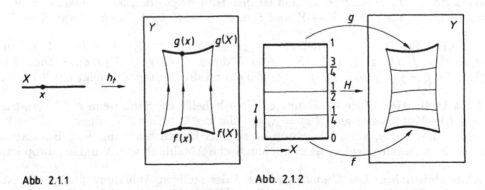

Abb. 2.1.1   Abb. 2.1.2

Man hat sich das ganz anschaulich vorzustellen: In der Zeit von $t = 0$ bis $t = 1$ wird wie in Abb. 2.1.1 die Abbildung f stetig in die Abbildung g deformiert. Für jeden Punkt $x \in X$ wird der Punkt $f(x)$ längs des Weges $t \mapsto h_t(x)$ in Y in den Punkt

$g(x)$ bewegt, und wegen der Stetigkeit von H bewegen sich die Bilder benachbarter Punkte auf benachbarten Wegen.

Genau dann ist $f \simeq g\colon X \to Y$, wenn es wie in Abb. 2.1.2 eine stetige Abbildung $H\colon X \times I \to Y$ vom Zylinder $X \times I$ über X nach Y gibt, die den Zylinderboden $X \times 0$ wie f und das Zylinderdach $X \times 1$ wie g abbildet: $H(x,0) = f(x)$ und $H(x,1) = g(x)$ für alle $x \in X$. Aus der Stetigkeit von H folgt, daß für festes $t \in I$ die Abbildung $X \to Y$, $x \mapsto H(x,t)$ und für festes $x \in X$ die Abbildung $I \to Y$, $t \mapsto H(x,t)$ stetig ist.

Um zu beweisen, daß zwei Abbildungen $f, g\colon X \to Y$ homotop sind, muß man eine Homotopie $h_t\colon X \to Y$ zwischen ihnen angeben. Dazu muß man die Räume X, Y und die Abbildungen f, g geometrisch möglichst gründlich verstehen und dann h_t explizit konstruieren (was bisweilen komplizierte Techniken erfordert). Will man zeigen, daß f und g nicht homotop sind, so muß man beweisen, daß es keine Homotopie von f nach g gibt. Dieser Nachweis ist i.a. schwierig, und ein erstes Beispiel für nicht-homotope Abbildungen folgt erst im nächsten Abschnitt. Es ist gerade eines der Hauptanliegen der Algebraischen Topologie, Methoden zu entwickeln, mit denen man nicht-homotope Abbildungen entdecken kann.

2.1.2 Satz *Die Homotopierelation ist eine Äquivalenzrelation in der Menge der stetigen Abbildungen $X \to Y$.*

Beweis   Es ist $f \simeq f\colon X \to Y$ durch die Homotopie $H\colon X \times I \to Y$, die durch $H(x,t) = f(x)$ gegeben ist. Sei $f \simeq g\colon X \to Y$ mit Homotopie H; dann ist $H'(x,t) = H(x, 1-t)$ eine Homotopie $H'\colon g \simeq f$. Ist $H_1\colon f \simeq g$ und $H_2\colon g \simeq h$, so erhält man eine Homotopie $H''\colon f \simeq h$ durch $H''(x,t) = H_1(x, 2t)$ für $0 \le t \le 1/2$ und $H''(x,t) = H_2(x, 2t - 1)$ für $1/2 \le t \le 1$. (Wegen $H_1(x,1) = g(x) = H_2(x,0)$ ist H'' eindeutig definiert; warum sind H', H'' stetig?)   □

2.1.3 Satz *Die Homotopierelation ist mit der Komposition von Abbildungen verträglich, d.h. aus $f \simeq g\colon X \to Y$ und $f' \simeq g'\colon Y \to Z$ folgt $f' \circ f \simeq g' \circ g\colon X \to Z$.*

Beweis   Sei $H\colon f \simeq g$ und $H'\colon f' \simeq g'$. Definiere $H_1\colon X \times I \to Z$ durch $H_1(x,t) = f'H(x,t)$ und $H_2\colon X \times I \to Z$ durch $H_2(x,t) = H'(g(x),t)$. Dann ist $H_1\colon f' \circ f \simeq f' \circ g$ und $H_2\colon f' \circ g \simeq g' \circ g$, und die Behauptung folgt aus 2.1.2   □

2.1.4 Definition Eine Abbildung $c\colon X \to Y$ heißt *konstant*, wenn $c(X) = y_0$ ein Punkt in Y ist, wenn also $c(x) = y_0$ für alle $x \in X$. Eine Abbildung $f\colon X \to Y$ heißt *nullhomotop*, wenn f homotop ist zu einer konstanten Abbildung. Ein Raum X heißt *zusammenziehbar*, wenn die identische Abbildung von X nullhomotop ist.

2.1.5 Definition Die *Homotopieklasse* f der stetigen Abbildung $f\colon X \to Y$ ist $[f] = \{g\colon X \to Y \mid g \simeq f\}$. Mit $[X, Y] = \{[f] \mid f\colon X \to Y \text{ stetig}\}$ wird die Menge der Homotopieklassen stetiger Abbildungen $X \to Y$ bezeichnet. Wenn Y wegzusammenhängend ist, sind je zwei nullhomotope Abbildungen $X \to Y$ homotop; dann bezeichnet $0 \in [X, Y]$ die Homotopieklasse der nullhomotopen Abbildungen.

Die eben formulierte Behauptung beweist man so: Zu konstanten Abbildungen $c, c'\colon X \to Y$ gibt es einen Weg $w\colon I \to Y$ mit $w(0) = c(X)$ und $w(1) = c'(X)$. Dann ist $H\colon X \times I \to Y$, $H(x, t) = w(t)$, eine Homotopie von c nach c'. Somit sind je zwei konstante und daher je zwei nullhomotope Abbildungen $X \to Y$ homotop.

2.1.6 Beispiele

(a) Je zwei Abbildungen $f, g\colon X \to \mathbb{R}^n$ sind homotop (X beliebig). Eine Homotopie wird durch $h_t(x) = (1 - t)f(x) + tg(x)$ gegeben (Deformation längs der Verbindungsstrecken von $f(x)$ nach $g(x)$). Also ist $[X, \mathbb{R}^n] = 0$ für jeden Raum X.

(b) Jede Abbildung $f\colon \mathbb{R}^n \to Y$ ist nullhomotop. Eine Homotopie ist gegeben durch $h_t(x) = f((1 - t)x)$ (Deformation längs der Bilder der Strecken von x nach 0). Also ist $[\mathbb{R}^n, Y] = 0$ für jeden wegzusammenhängenden Raum Y.

(c) Ist P ein einpunktiger Raum und Y beliebig, so gibt es eine Bijektion zwischen $[P, Y]$ und der Menge der Wegekomponenten von Y; denn eine Homotopie von P nach Y ist dasselbe wie ein Weg in Y.

(d) Die Komposition einer nullhomotopen Abbildung mit einer beliebigen Abbildung ist eine nullhomotope Abbildung (das folgt aus 2.1.3).

(e) Ein Raum X ist genau dann zusammenziehbar, wenn es einen Punkt $x_0 \in X$ und eine Homotopie $h_t\colon X \to X$ gibt mit $h_0(x) = x$ und $h_1(x) = x_0$ für alle $x \in X$. Wie in Abb. 2.1.3 wird also in der Zeit von $t = 0$ bis $t = 1$ jeder Punkt $x \in X$ längs des Weges $t \mapsto h_t(x)$ in den festen Punkt x_0 bewegt. (Zur Frage, ob man sich vorstellen darf, daß der Punkt x_0 während dieser Deformation festbleibt, vgl. 2.4.4 und 2.4.5 (j).) Zusammenziehbare Räume sind wegzusammenhängend, also zusammenhängend. Zusammenziehbarkeit ist eine topologische Invariante: Mit X ist jeder dazu homöomorphe Raum zusammenziehbar. Daß $\mathbb{R}^n$ bzw. D^n zusammenziehbar ist, zeigt die Homotopie $h_t(x) = (1 - t)x$. *Daher sind alle Zellen und alle Bälle zusammenziehbar.*

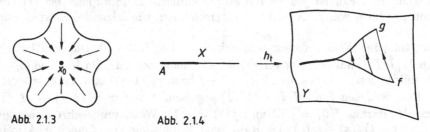

Abb. 2.1.3   Abb. 2.1.4

(f) Ist Y zusammenziehbar, so ist $[X, Y] = 0$ für jeden Raum X; für $f\colon X \to Y$ gilt nämlich $f = \mathrm{id}_Y \circ f \simeq$ konstant $\circ f =$ konstant.

(g) Analog $[X, Y] = 0$, falls X zusammenziehbar und Y wegzusammenhängend ist.

(h) Ein Teilraum $A \subset \mathbb{R}^n$ heißt *sternförmig*, wenn es einen Punkt $a_0 \in A$ gibt, so daß für jeden Punkt $a \in A$ die Strecke von a nach a_0 in A liegt. Die Homotopie $h_t(a) = (1 - t)a + ta_0$ zeigt, daß *sternförmige (insbesondere konvexe) Teilräume des $\mathbb{R}^n$ zusammenziehbar sind.*

(i) *Jede stetige, nicht surjektive Abbildung $f\colon X \to S^n$ ist nullhomotop* (X beliebig). Wir geben zwei Beweise für diese Aussage. Sei $y_0 \in S^n \backslash f(X)$ fest.

Erster Beweis: f ist die Komposition von $X \to S^n \backslash y_0$, $x \mapsto f(x)$, und $S^n \backslash y_0 \hookrightarrow S^n$. Weil die n-Zelle $S^n \backslash y_0$ zusammenziehbar ist, ist somit f nullhomotop.

Zweiter Beweis: Die Strecke von $f(x)$ nach $-y_0$ im $\mathbb{R}^{n+1}$ enthält nicht den Punkt $0 \in \mathbb{R}^{n+1}$ (sonst wäre $y_0 = f(x) \in f(X)$). Daher ist $h_t(x) = s_t(x)/|s_t(x)|$ mit $s_t(x) = (1-t)f(x) - ty_0$ definiert, und $h_t\colon X \to S^n$ ist eine Homotopie von f in die konstante Abbildung nach $-y_0$.

In den Anwendungen des Homotopiebegriffs spielen Homotopien mit Nebenbedingungen eine große Rolle; die wichtigsten Nebenbedingungen werden im folgenden eingeführt.

2.1.7 Definition Es seien $f, g\colon X \to Y$ stetige Abbildungen, die auf dem Teilraum $A \subset X$ übereinstimmen, also $f(a) = g(a)$ für alle $a \in A$. Dann heißen f und g *homotop relativ* A, Bezeichnung $f \simeq g\colon X \to Y$ rel A, wenn es eine Homotopie $h_t\colon X \to Y$ von f nach g gibt mit $h_t(a) = f(a) = g(a)$ für alle $a \in A$. Die Punkte $f(a) = g(a)$ werden also während der Homotopie nicht bewegt, die Homotopie ist auf A *stationär* (vgl. Abb. 2.1.4). Wie in 2.1.2 folgt, daß Homotopie relativ A eine Äquivalenzrelation ist.

2.1.8 Definition Eine *Homotopie* $h_t\colon (X, A) \to (Y, B)$ *von Raumpaaren* ist eine Homotopie $h_t\colon X \to Y$ mit $h_t(A) \subset B$ für alle $t \in I$. Wenn $f = h_0$ und $g = h_1$ ist, heißen f und g *homotop als Abbildungen von Raumpaaren*; wir schreiben dafür $f \simeq g\colon (X, A) \to (Y, B)$. Wie in 2.1.2 ist das eine Äquivalenzrelation. Für $f\colon (X, A) \to (Y, B)$ bezeichnen wir mit $[f] = \{g \mid g \simeq f\colon (X, A) \to (Y, B)\}$ die Homotopieklasse von f; ferner ist $[X, A; Y, B] = \{[f] \mid f\colon (X, A) \to (Y, B)\}$ die Menge dieser Homotopieklassen. Im Fall $A = B = \emptyset$ erhalten wir wieder 2.1.5; im allgemeinen Fall ist jedoch die eben definierte Homotopieklasse $[f]$ von der Homotopieklasse von $f\colon X \to Y$ zu unterscheiden, wie folgendes Beispiel zeigt.

2.1.9 Beispiel Weil I zusammenziehbar ist, ist $[I, I] = 0$. Dagegen besteht die Menge $[I, \dot{I}; I, \dot{I}]$ aus den vier verschiedenen Elementen $[\mathrm{id}_I]$, $[v]$, $[c_0]$ und $[c_1]$, wobei die Abbildungen v, c_0, c_1 durch $v(t) = 1 - t$ bzw. $c_0(t) = 0$ bzw. $c_1(t) = 1$ definiert sind. Beweis: Seien $f, g\colon (I, \dot{I}) \to (I, \dot{I})$ gegeben. Aus $f \simeq g\colon (I, \dot{I}) \to (I, \dot{I})$ folgt $f|\dot{I} \simeq g|\dot{I}$, daraus $f(0) = g(0)$ und $f(1) = g(1)$. Wenn umgekehrt dieses gilt, ist $h_t(s) = (1 - t)f(s) + tg(s)$ eine Raumpaar-Homotopie von f nach g. Also ist die Raumpaar-Homotopieklasse $[f]$ durch das Wertepaar $(f(0), f(1))$ bestimmt, woraus die Behauptung folgt.

Ein wichtiger Spezialfall von 2.1.8 ist der, daß die Teilräume A und B aus nur einem Punkt bestehen.

2.1.10 Definition Ein Raumpaar (X, x_0), wobei $x_0 \in X$ ein Punkt ist, heißt ein *Raum mit Basispunkt*. Eine Abbildung $f\colon (X, x_0) \to (Y, y_0)$ bzw. eine Homotopie

h_t: $(X, x_0) \to (Y, y_0)$ heißt *Basispunkt-erhaltend*. Wie in 2.1.8 ist die Homotopie-klasse $[f] \in [X, x_0; Y, y_0]$ definiert. Für f, g: $(X, x_0) \to (Y, y_0)$ sind die Aussagen $f \simeq g$: $(X, x_0) \to (Y, y_0)$ und $f \simeq g$: $X \to Y$ rel x_0 äquivalent.

In 1.2 und 1.3 haben wir gezeigt, wie man stetige Funktionen auf Quotientenräumen konstruiert. Es ist eine wichtige Tatsache, daß man diese Konstruktionen auf Homotopien erweitern kann.

2.1.11 Satz *Sei p: $X \to Y$ eine identifizierende Abbildung und sei k_t: $Y \to Z$ eine Schar von Abbildungen, so daß $k_t \circ p$: $X \to Z$ eine Homotopie ist. Dann ist k_t eine Homotopie.*

B e w e i s   Zu zeigen ist, daß die Funktion K: $Y \times I \to Z$, $K(y, t) = k_t(y)$, stetig ist. Nach Voraussetzung ist $K \circ (p \times \mathrm{id}_I)$: $X \times I \to Z$ stetig. Weil I lokalkompakt ist, ist $p \times \mathrm{id}_I$ nach 1.2.13 identifizierend, also K stetig (vgl. 1.2.9 (c)).   □

Wir heben die folgenden, leicht zu beweisenden Folgerungen von 2.1.11 hervor, die für die Konstruktion von Homotopien wichtig sind.

2.1.12 Folgerungen
(a) Sei p: $X \to Y$ eine identifizierende Abbildung und sei h_t: $X \to Z$ eine Homotopie, so daß $h_t p^{-1}$ eindeutig ist; dann ist $h_t p^{-1}$: $Y \to Z$ eine Homotopie.

(b) Sei h_t: $X \to Y$ eine Homotopie, die verträglich ist mit gegebenen Äquivalenz-relationen R auf X bzw. S auf Y (das bedeutet: aus $x \sim_R x'$ folgt $h_t(x) \sim_S h_t(x')$ für alle $t \in I$, vgl. 1.2.4). Dann wird durch $\bar{h}_t(\langle x \rangle_R) = \langle h_t(x) \rangle_S$ eine Homotopie $\bar{h}_t$: $X/R \to Y/S$ definiert; sie heißt die *von h_t induzierte Homotopie*.

(c) Sei $X \supset A \overset{f}{\to} Y$ wie in 1.3.15 und seien φ_t: $X \to Z$ und ψ_t: $Y \to Z$ Homotopien mit $\varphi_t | A = \psi_t \circ f$ für $t \in I$. Dann ist $(\varphi_t + \psi_t) \circ p^{-1}$: $Y \cup_f X \to Z$ eine Homotopie.

(d) Eine Homotopie h_t: $(X, A) \to (Y, B)$ induziert eine Homotopie $\bar{h}_t$: $X/A \to Y/B$ mit $\bar{h}_t(\langle A \rangle) = \langle B \rangle$ für alle $t \in I$, vgl. 1.3.1.

(e) Schließlich erweitern wir 1.3.9 von Abbildungen auf Homotopien. Homotopien f_t^j: $(X_j, x_j^0) \to (X_j', x_j'^0)$ bzw. g_t^j: $(X_j, x_j^0) \to (Y, y_0)$ induzieren Homotopien

$$f_t^1 \vee \ldots \vee f_t^n: \quad X_1 \vee \ldots \vee X_n \to X_1' \vee \ldots \vee X_n' \quad \text{bzw.}$$

$$(g_t^1, \ldots, g_t^n): \quad X_1 \vee \ldots \vee X_n \to Y.$$

In beiden Fällen bewegt die induzierte Homotopie jeden Summanden der Einpunkt-vereinigung wie die dort vorgegebene Homotopie; die Nebenbedingungen garantie-ren, daß es am Basispunkt zusammenpaßt.

2.1.13 Beispiele
(a) Sei h_t: $X \times I \to X \times I$ die Homotopie $h_t(x, s) = (x, (1-t)s + t)$. Für alle $t \in I$ ist $h_t(X \times 1) = X \times 1$. Daher induziert h_t eine Homotopie $\bar{h}_t$: $CX \to CX$ des in

1.3.6 definierten Kegels $CX = X \times I/X \times 1$. Aus $\bar{h}_0 = \text{id}$ und $\bar{h}_1(CX) = \langle X \times 1 \rangle$ folgt, daß *der Kegel CX zusammenziehbar ist.*

(b) Die Homotopie $h_t \colon D^n \to D^n$, die den n-Ball zusammenzieht, also $h_t(x) = tx$, bildet nicht $S^{n-1} \to S^{n-1}$ ab, induziert also keine Homotopie von D^n/S^{n-1}. Aus der Zusammenziehbarkeit von D^n folgt also nicht die von $D^n/S^{n-1} \approx S^n$; in der Tat ist S^n nicht zusammenziehbar, wie wir später sehen werden.

Aufgaben

2.1.A1 Seien $f, g \colon X \to S^n$ stetige Abbildungen mit $f(x) \neq -g(x)$ für alle $x \in S^n$. Zeigen Sie, daß f und g homotop sind.

2.1.A2 $X \times Y$ ist genau dann zusammenziehbar, wenn X und Y es sind.

2.1.A3 Zwei Homöomorphismen $f, g \colon X \to Y$ heißen *isotop*, wenn es eine Homotopie $h_t \colon X \to Y$ von f nach g gibt, so daß h_t ein Homöomorphismus ist für alle $t \in I$; zeigen Sie, daß jede Drehung $f \colon S^1 \to S^1$ isotop zu id_{S^1} ist.

2.1.A4 Allgemeiner: Jede orthogonale Abbildung $f \colon \mathbb{R}^n \to \mathbb{R}^n$ mit Determinante 1 ist isotop zur Identität von $\mathbb{R}^n$.

2.1.A5 Sei $f \colon D^n \to D^n$ ein Homöomorphismus mit $f|S^{n-1} = \text{id}_{S^{n-1}}$ und $f(0) = 0$; dann ist f isotop zu id_{D^n} (eine Isotopie $h_t \colon D^n \to D^n$ ist gegeben durch $h_t(x) = tf(x/t)$ für $t \neq 0$ und $h_0(x) = x$; verifizieren Sie das).

2.1.A6 Für $f, g \colon X \to S^1$ sei $f \cdot g \colon X \to S^1$ definiert durch $(f \cdot g)(x) = f(x) \cdot g(x)$, wobei hier die Multiplikation komplexer Zahlen gemeint ist. Zeigen Sie, daß $[X, S^1]$ mit der Verknüpfung $[f][g] = [f \cdot g]$ eine abelsche Gruppe ist.

2.1.A7 Die Diagonalabbildung $d \colon X \to X \times X$ ist definiert durch $d(x) = (x, x)$. Zeigen Sie, daß d genau dann nullhomotop ist, wenn X zusammenziehbar ist.

2.2 Ein erstes Beispiel zur Homotopie: Abbildungen zwischen Kreislinien

Als erstes nicht-triviales Beispiel zur Homotopie bestimmen wir die Menge $[S^1, S^1]$. Dabei setzen wir einige einfache Eigenschaften der komplexen Exponentialfunktion $\exp \colon \mathbb{C} \to \mathbb{C}$, $\exp z = e^z = \sum_{n=0}^{\infty} z^n/n!$ als bekannt voraus. Wir geben zuerst eine Methode an, um Abbildungen $S^1 \to S^1$ zu konstruieren.

2.2.1 Definition Im folgenden ist $p \colon I \to S^1$ die identifizierende Abbildung $p(t) = \exp 2\pi i t$. Sei $\varphi \colon I \to \mathbb{R}$ eine stetige Funktion mit $\varphi(0) = 0$ und $n = \varphi(1) \in \mathbb{Z}$. Die folgende Funktion $\hat{\varphi}$ ist eindeutig definiert und daher nach 1.2.11 stetig:

$$\hat{\varphi} = p \circ \varphi \circ p^{-1} \colon S^1 \to S^1, \text{ also } \hat{\varphi}(\exp 2\pi i t) = \exp 2\pi i \varphi(t).$$

Man mache sich $\hat{\varphi}$ geometrisch klar. Sei zunächst $n > 0$ und φ monoton steigend. Wenn $z = \exp 2\pi i t$ einmal um S^1 läuft, d.h. t von 0 bis 1 wächst, durchläuft $\varphi(t)$ die Intervalle $[0,1], [1,2], \ldots, [n-1,n]$, und $\hat{\varphi}(z)$ läuft n mal um S^1. Wenn $n < 0$ und φ monoton fallend ist, bewegt sich $\hat{\varphi}(z)$ auch $|n|$ mal um S^1, aber in entgegengesetzter Richtung wie z. Wenn φ nicht monoton ist, bewegt sich $\hat{\varphi}(z)$ mal in der einen, mal in der anderen Richtung, läuft aber insgesamt $|n|$ mal um S^1. Wir zeigen, daß jede stetige Abbildung $S^1 \to S^1$ bis auf einen konstanten Faktor mit einer solchen Abbildung $\hat{\varphi}$ übereinstimmt.

2.2.2 Lemma *Zu jeder stetigen Abbildung $f: S^1 \to S^1$ gibt es genau eine stetige Abbildung $\varphi: (I,0) \to (\mathbb{R},0)$ mit $f(z) = f(1) \cdot \hat{\varphi}(z)$ für alle $z \in S^1$ (der Punkt bezeichnet die Multiplikation komplexer Zahlen).*

B e w e i s   Eindeutigkeit: Sind $\varphi, \psi: I \to \mathbb{R}$ solche Funktionen, so ist $\hat{\varphi}(z) = \hat{\psi}(z)$, also $\exp 2\pi i \varphi(t) = \exp 2\pi i \psi(t)$. Daher ist $\varphi(t) - \psi(t) \in \mathbb{Z}$ für alle $t \in I$, d.h. die stetige Funktion $t \mapsto \varphi(t) - \psi(t)$ nimmt nur ganzzahlige Werte an, ist also konstant. Aus $\varphi(0) = \psi(0) = 0$ folgt somit $\varphi = \psi$.

Existenz: Wir müssen bei gegebenem f die Funktion φ so bestimmen, daß $\varphi(0) = 0$ und $f(\exp 2\pi i t) = f(1) \cdot \exp 2\pi i \varphi(t)$ gilt. Es sei log der *Hauptzweig* der komplexen Logarithmusfunktion: für $z = r \exp i\alpha \in \mathbb{C}$ mit $r > 0$ und $-\pi < \alpha < \pi$ ist $\log z = \ln r + i\alpha$. Wir definieren $h: I \to S^1$ durch $h(t) = f(1)^{-1} \cdot f(\exp 2\pi i t)$. Weil h gleichmäßig stetig ist, gibt es eine Zerlegung $0 = t_0 < \ldots < t_k = 1$ von I mit

$$|h(t) - h(t_j)| < 2 \text{ für } t \in [t_j, t_{j+1}] \text{ und } j = 0, \ldots, k-1.$$

Es folgt $h(t) \neq -h(t_j)$, also $h(t) \cdot h(t_j)^{-1} \neq -1$. Daher ist $\log(h(t) \cdot h(t_j)^{-1})$ definiert. Jetzt können wir die gesuchte Funktion $\varphi: I \to \mathbb{R}$ explizit angeben: für $t_j \leq t \leq t_{j+1}$ sei

$$\varphi(t) = \frac{1}{2\pi i}\Big(\log \frac{h(t_1)}{h(t_0)} + \ldots + \log \frac{h(t_j)}{h(t_{j-1})} + \log \frac{h(t)}{h(t_j)}\Big).$$

Es ist klar, daß φ eine wohldefinierte, stetige und reellwertige Funktion ist. Aus den Formeln $\exp(u+v) = \exp(u)\exp(v)$ und $\exp(\log z) = z$ folgt

$$\exp 2\pi i \varphi(t) = h(t) \cdot h(t_0)^{-1} = h(t) = f(1)^{-1} \cdot f(\exp 2\pi i t).$$

$\square$

2.2.3 Definition Sei $f: S^1 \to S^1$ eine stetige Abbildung. Sei $\varphi: I \to \mathbb{R}$ die nach 2.2.2 eindeutig bestimmte Funktion mit $f(z) = f(1) \cdot \hat{\varphi}(z)$ für alle $z \in S^1$. Dann ist insbesondere $\exp 2\pi i \varphi(1) = 1$, d.h. $\varphi(1)$ ist eine ganze Zahl. Diese ganze Zahl heißt der *(Abbildungs-)Grad von f* und wird mit Grad f bezeichnet.

Die geometrische Interpretation ergibt sich aus der Diskussion in 2.2.1: Grad f gibt an, wie oft und in welcher Richtung $f(z)$ um S^1 läuft, wenn z einmal um S^1

läuft; dabei stelle man sich vor, daß sich Bewegungen von $f(z)$ in entgegengesetzter Richtung aufheben.

Der folgende Satz ist unser erstes Beispiel zur Algebraischen Topologie: gewisse geometrisch-topologische Objekte (hier: Homotopieklassen stetiger Abbildungen) werden durch algebraische Größen (hier: ganze Zahlen) beschrieben.

2.2.4 Satz

(a) *Für* $n \in \mathbb{Z}$ *hat die Abbildung* $g_n\colon S^1 \to S^1$, $g_n(z) = z^n$, *den Grad* n.

(b) *Zwei Abbildungen* $f, g\colon S^1 \to S^1$ *sind genau dann homotop, wenn sie den gleichen Grad haben.*
Folgerung: $[f] \mapsto$ Grad f *ergibt eine bijektive Funktion* Grad: $[S^1, S^1] \to \mathbb{Z}$.

Beweis (a) Ist $\varphi_n\colon I \to \mathbb{R}$ die Funktion $\varphi_n(t) = nt$, so ist $\varphi_n(0) = 0$ und $g_n(z) = g_n(1) \cdot \hat{\varphi}_n(z)$; daher ist Grad $g_n = \varphi_n(1) = n$.

(b) Seien $\varphi, \psi\colon I \to \mathbb{R}$ die gemäß 2.2.2 zu f, g gehörenden Abbildungen. Wir nehmen zuerst Grad $f = $ Grad g an, also $\varphi(1) = \psi(1)$. Dann ist

$$\varphi_s\colon I \to \mathbb{R}, \quad \varphi_s(t) = (1 - s)\varphi(t) + s\psi(t)$$

eine Homotopie von φ nach ψ mit $\varphi_s(0) = 0$ und $\varphi_s(1) \in \mathbb{Z}$ für alle $s \in I$. Aus 2.1.12 (a) folgt, daß $p \circ \varphi_s \circ p^{-1}\colon S^1 \to S^1$ eine Homotopie von $\hat{\varphi}$ nach $\hat{\psi}$ ist. Weil sich f und $\hat{\varphi}$ nur um eine Drehung von S^1 unterscheiden und Drehungen zur Identität homotop sind, ist $f \simeq \hat{\varphi}$; analog ist $g \simeq \hat{\psi}$ und somit $f \simeq g$.

Gelte umgekehrt $f \simeq g$, und sei $f_s\colon S^1 \to S^1$ eine Homotopie mit $f_0 = f$ und $f_1 = g$. Für jedes $s \in I$ gehört zu f_s nach 2.2.2 eine stetige Funktion $\varphi_s\colon I \to \mathbb{R}$ mit $\varphi_s(0) = 0$, $\varphi_s(1) \in \mathbb{Z}$ und $f_s(z) = f_s(1) \cdot \hat{\varphi}_s(z)$. Wir zeigen, daß diese Abbildungsschar eine Homotopie ist; wenn man also die Konstruktion 2.2.2 simultan auf alle Abbildungen einer Homotopie anwendet, erhält man wieder eine Homotopie. Dazu betrachten wir noch einmal den Existenzbeweis von 2.2.2. Wir definieren $h_s\colon I \to S^1$ durch $h_s(t) = f_s(1)^{-1} \cdot f_s(\exp 2\pi i t)$. Weil die Funktion $I^2 \to S^1$, $(s, t) \mapsto h_s(t)$, gleichmäßig stetig ist, kann man die Zerlegung von I im Beweis von 2.2.2 so wählen, daß

$$|h_s(t) - h_s(t_j)| < 2 \text{ für } s \in I, \ t \in [t_j, t_{j+1}] \text{ und } j = 0, \ldots, k - 1.$$

Jetzt argumentiert man wie vorher; insbesondere kann man $\varphi_s(t)$ durch die analoge Formel wie $\varphi(t)$ explizit angeben (man ersetze h durch h_s). Aus dieser Formel folgt, daß die durch $(s, t) \mapsto \varphi_s(t)$ gegebene Funktion $I^2 \to \mathbb{R}$ stetig ist, d.h. φ_s ist eine Homotopie. Insbesondere ist die Funktion $s \mapsto \varphi_s(1)$ stetig, wegen $\varphi_s(1) \in \mathbb{Z}$ also konstant. Es folgt Grad $f = \varphi(1) = \varphi_0(1) = \varphi_1(1) = \psi(1) = $ Grad g. $\qquad\square$

2.2.5 Beispiele

(a) Die Identität von S^1 hat den Grad 1; denn $\mathrm{id}_{S^1} = g_1$. Jede nullhomotope Abbildung g: $S^1 \to S^1$ hat den Grad 0; denn $g \simeq g_0$. Die Spiegelung v: $S^1 \to S^1$ an der reellen Achse hat den Grad -1; denn $v = g_{-1}$.

(b) Für f, g: $S^1 \to S^1$ ist $\mathrm{Grad}(f \circ g) = (\mathrm{Grad}\ f)(\mathrm{Grad}\ g)$; denn ist $\mathrm{Grad}\ f = m$ und $\mathrm{Grad}\ g = n$, so $f \simeq g_m$ und $g \simeq g_n$, also $f \circ g \simeq g_m \circ g_n = g_{mn}$.

(c) *Ein Homöomorphismus f: $S^1 \to S^1$ hat den Grad ± 1*; aus $f \circ f^{-1} = \mathrm{id}_{S^1}$ folgt nämlich $(\mathrm{Grad}\ f)(\mathrm{Grad}\ f^{-1}) = 1$.

(d) Die Inklusion i: $S^1 \to \mathbb{C}^* = \mathbb{C}\backslash 0$ ist nicht nullhomotop; denn sonst wäre $r \circ i = \mathrm{id}_{S^1}$ nullhomotop, wobei r: $\mathbb{C}^* \to S^1$ die Abbildung $r(z) = z/|z|$ ist. Dies ist ein einfaches, aber typisches Beispiel zur Homotopie: man kann $S^1 \subset \mathbb{C}^*$ nicht auf einen Punkt deformieren, weil $\mathbb{C}^*$ im Nullpunkt ein Loch hat und S^1 dieses Loch umschließt. Allgemeiner: wenn es nicht nullhomotope Abbildungen $S^1 \to X$ (oder $S^n \to X$ für $n \geq 1$) gibt, so ist der Raum X in gewissem Sinn geometrisch kompliziert, er hat Löcher oder Ähnliches. Man kann geradezu die Menge $[S^1, X]$ (oder $[S^n, X]$ für $n \geq 1$) als ein Maß für die geometrische Kompliziertheit von X ansehen. Diese Vorstellung wird später mit der Untersuchung der Fundamentalgruppe präzisiert werden.

(e) Ein weiteres Beispiel dieser Art: Die Inklusionen i, j: $S^1 \to S^1 \times S^1$, definiert durch $i(z) = (z, 1)$ bzw. $j(z) = (1, z)$, sind nicht homotop (Abb. 2.2.1); denn sonst wäre $\mathrm{id}_{S^1} = \mathrm{pr}_1 \circ i \simeq \mathrm{pr}_1 \circ j = \mathrm{const}$.

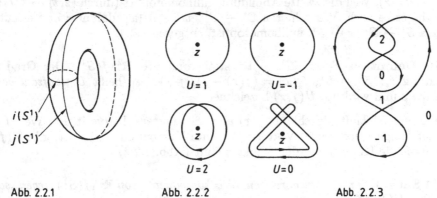

Abb. 2.2.1   Abb. 2.2.2   Abb. 2.2.3

Die vollständige Lösung des Homotopieproblems für Abbildungen $S^1 \to S^1$ hat viele interessante Konsequenzen, von denen wir einige angeben.

2.2.6 Satz *Die Kreislinie S^1 ist nicht zusammenziehbar.* $\square$

2.2.7 Satz *Es gibt keine stetige Abbildung r: $D^2 \to S^1$ mit $r(x) = x$ für alle $x \in S^1$.*

Beweis   Wenn r existiert, ist $h_t(x) = r(tx)$ eine Homotopie h_t: $S^1 \to S^1$ mit $h_0 = \mathrm{const}$ und $h_1 = \mathrm{id}_{S^1}$, entgegen 2.2.6. $\square$

2.2.8 Satz *Jede stetige Abbildung* $f: D^2 \to D^2$ *hat einen Fixpunkt (Brouwers Fixpunktsatz für D^2).*

Beweis   Ist $f(x) \neq x$ für alle $x \in D^2$, so kann man für jedes $x \in D^2$ den Halbstrahl im $\mathbb{R}^2$ von $f(x)$ nach x betrachten. Er schneidet S^1 in einem Punkt $r(x)$. Das liefert eine stetige Abbildung $r: D^2 \to S^1$ mit $r(x) = x$ für alle $x \in S^1$, entgegen 2.2.7. $\square$

2.2.9 Satz (Fundamentalsatz der Algebra). *Jedes Polynom* $f(z) = a_0 + a_1 z + \ldots + a_{n-1}z^{n-1} + z^n$ *mit $n > 0$ und $a_0, \ldots, a_{n-1} \in \mathbb{C}$ hat eine Nullstelle in $\mathbb{C}$.*

Beweis   Andernfalls ist $z \mapsto f(z)$ eine stetige Abbildung $f: \mathbb{C} \to \mathbb{C}^* = \mathbb{C}\backslash 0$. Für $s = |a_0| + \ldots + |a_{n-1}| + 1$ und $z \in S^1$ ist

$$|f(sz) - s^n z^n| \leq |a_0| + s|a_1| + \ldots + s^{n-1}|a_{n-1}| \quad \text{(Dreiecksungleichung)}$$
$$\leq s^{n-1}(|a_0| + \ldots + |a_{n-1}|) \qquad \text{(da } s \geq 1)$$
$$< s^n = |s^n z^n| \qquad \text{(da } s > |a_0| + \ldots + |a_{n-1}|).$$

Also liegt $f(sz)$ im Inneren des Kreises um $s^n z^n$ vom Radius $|s^n z^n|$, und die Strecke von $f(sz)$ nach $s^n z^n$ trifft daher nicht den Nullpunkt. Folglich ergibt $h_t(z) = (1-t)f(sz) + ts^n z^n$ eine Homotopie $S^1 \to \mathbb{C}^*$ zwischen den Abbildungen $z \mapsto s^n z^n$ und $z \mapsto f(sz)$. Weil die zweite Abbildung nullhomotop ist (durch $(z,t) \mapsto f(tsz)$), ist es die erste auch. Wir schalten $\mathbb{C}^* \to S^1$, $w \mapsto w/|w|$, dahinter und erhalten, daß $g_n: S^1 \to S^1$, $z \mapsto z^n$, nullhomotop ist, entgegen 2.2.4. $\square$

2.2.10 Definition Sei $f: S^1 \to \mathbb{R}^2$ stetig und $z \in \mathbb{R}^2\backslash f(S^1)$. Der Grad der Abbildung $f_z: S^1 \to S^1$, $f_z(x) = (f(x) - z)/|f(x) - z|$, heißt *Umlaufzahl von f bezüglich z* und wird mit $U(f,z)$ bezeichnet.

Wenn x um S^1 läuft, durchläuft $f(x)$ eine geschlossene Kurve in $\mathbb{R}^2$. Weil $f_z(x)$ der (auf Länge 1 normierte) Vektor von z zum Kurvenpunkt $f(x)$ ist, gibt $U(f,z)$ an, wie oft die Kurve f um den Punkt z läuft (Abb. 2.2.2).

2.2.11 Satz *Wenn z, z' in derselben Wegekomponente von $\mathbb{R}^2\backslash f(S^1)$ liegen, so ist $U(f,z) = U(f,z')$.*

Beweis   Ist $w: I \to \mathbb{R}^2\backslash f(S^1)$ ein Weg von z nach z', so erhält man eine Homotopie von f_z nach $f_{z'}$ durch $(x,t) \mapsto (f(x) - w(t))/|f(x) - w(t)|$. $\square$

In Abb. 2.2.3 ist in jeder Wegekomponente von $\mathbb{R}^2\backslash f(S^1)$ die zugehörige Umlaufzahl eingetragen.

2.2.12 Satz *Für jede stetige Funktion $f: S^1 \to \mathbb{R}^2$ enthält $\mathbb{R}^2\backslash f(S^1)$ genau eine unbeschränkte Wegekomponente; wenn z in dieser liegt, ist $U(f,z) = 0$.*

Beweis Klar ist, daß es eine unbeschränkte Wegekomponente V gibt. Sei $r > 0$ so groß, daß $f(S^1) \subset D = \{z \in \mathbb{R}^2 \mid |z| \leq r\}$ gilt. Weil $\mathbb{R}^2 \setminus D$ wegzusammenhängend ist und V trifft, ist $\mathbb{R}^2 \setminus D \subset V$. Daher ist V die einzige unbeschränkte Wegekomponente (jede andere enthält auch $\mathbb{R}^2 \setminus D$, trifft also V). Für $z \in V$ und $z' \in \mathbb{R}^2 \setminus D$ ist $U(f, z) = U(f, z')$ nach 2.2.11. Weil $(x, t) \mapsto (tf(x) - z')/|tf(x) - z'|$ eine Homotopie von einer konstanten Abbildung nach $f_{z'}$ ist, ist $U(f, z') = 0$. $\qquad \square$

Der *Jordansche Kurvensatz* besagt, daß für jede Einbettung $f\colon S^1 \to \mathbb{R}^2$ die Menge $\mathbb{R}^2 \setminus f(S^1)$ aus genau zwei Wegekomponenten besteht (siehe 11.7.6); eine von beiden ist nach 2.2.12 unbeschränkt (das *Äußere* der Kurve f), die andere beschränkt (das *Innere* von f). Man kann zeigen, daß $U(f, z) = \pm 1$ ist für z im Inneren von f.

2.2.13 Satz von Borsuk und Ulam *Zu jeder stetigen Abbildung $f\colon S^2 \to \mathbb{R}^2$ gibt es einen Punkt $x \in S^2$ mit $f(x) = f(-x)$. Insbesondere kann man S^2 nicht in $\mathbb{R}^2$ einbetten.*

Ordnet man jedem Punkt der Erdoberfläche das Zahlenpaar (Temperatur, Luftdruck) an diesem Punkt zu (zu einer festen Zeit), so erhält man eine Funktion $S^2 \to \mathbb{R}^2$, und es folgt, daß es immer ein Antipodenpaar auf der Erde gibt mit gleicher Temperatur und gleichem Luftdruck.

Beweis Wir nehmen entgegen der Aussage an, daß $f(x) \neq f(-x)$ ist für alle $x \in S^2$. Dann können wir folgende Abbildungen definieren:

$$f_1\colon S^2 \to S^1, \qquad f_1(x) = \frac{f(x) - f(-x)}{|f(x) - f(-x)|},$$

$$f_2\colon D^2 \to S^1, \qquad f_2(x_1, x_2) = f_1(x_1, x_2, \sqrt{1 - x_1^2 - x_2^2}),$$

Sei $g = f_2|S^1\colon S^1 \to S^1$. Der Widerspruch ergibt sich aus folgenden beiden Aussagen: (a) g ist nullhomotop. (b) Grad g ist ungerade.

Zu (a): Für $h_t\colon S^1 \to S^1$, $h_t(z) = f_2(tz)$, gilt $h_0 = \text{const}$ und $h_1 = g$.

Zu (b): Aus $f_1(-x) = -f_1(x)$ folgt $g(-z) = -g(z)$ für $z \in S^1$. Sei $\varphi\colon I \to \mathbb{R}$ wie in 2.2.3 die Funktion mit $g(\exp 2\pi i t) = g(1) \exp 2\pi i \varphi(t)$, $\varphi(0) = 0$, $\varphi(1) = \text{Grad } g$. Für $0 \leq t \leq \frac{1}{2}$ ist $g(\exp 2\pi i(t + \frac{1}{2})) = g(-\exp 2\pi i t) = -g(\exp 2\pi i t)$, also auch $\exp 2\pi i \varphi(t + \frac{1}{2}) = -\exp 2\pi i \varphi(t) = \exp 2\pi i(\varphi(t) + \frac{1}{2})$. Es folgt $\varphi(t + \frac{1}{2}) = \varphi(t) + \frac{1}{2} + k$ für eine ganze Zahl k, die aus Stetigkeitsgründen nicht von t abhängt. Für $t = 0$ folgt $\varphi(\frac{1}{2}) = \frac{1}{2} + k$ und daher für $t = \frac{1}{2}$, daß Grad $g = \varphi(1) = 1 + 2k$ ist. $\qquad \square$

Als letzte Anwendung beweisen wir den *Schinkenbrötchensatz* (das *Ham-Sandwich-Theorem*). Für $a = (a_1, a_2, a_3) \in S^2$ und $d \in \mathbb{R}$ sei $E(a, d)$ im $\mathbb{R}^3$ die Ebene $a_1 x_1 + a_2 x_2 + a_3 x_3 = d$, und $E^+(a, d)$ bzw. $E^-(a, d)$ seien die Halbräume des $\mathbb{R}^3$, die durch $a_1 x_1 + a_2 x_2 + a_3 x_3 \geq d$ bzw. $a_1 x_1 + a_2 x_2 + a_3 x_3 \leq d$ definiert werden. Gegeben seien Teilmengen $A_1, A_2, A_3 \subset \mathbb{R}^3$, so daß folgendes gilt:

(i) Die folgenden Funktionen $f_j^\pm\colon S^2 \times \mathbb{R} \to \mathbb{R}$ sind definiert und stetig: $f_j^\pm(a,d)$ ist das Volumen von $A_j \cap E^\pm(a,d)$ $(j = 1,2,3)$.

(ii) Zu $a \in S^2$ gibt es genau ein $d_a \in \mathbb{R}$ mit $f_1^+(a,d_a) = f_1^-(a,d_a)$, und die durch $a \mapsto d_a$ definierte Funktion $S^2 \to \mathbb{R}$ ist stetig.

Die zweite Voraussetzung betrifft nur A_1: In jeder Schar paralleler Ebenen gibt es genau eine, die A_1 in zwei Teile gleichen Volumens teilt.

2.2.14 Satz *Unter diesen Voraussetzungen gibt es eine Ebene im $\mathbb{R}^3$, die A_1 und A_2 und A_3 in je zwei Teilmengen gleichen Volumens zerlegt.*

Ist A_1 bzw. A_2 bzw. A_3 der Brot- bzw. Butter- bzw. Schinkenanteil eines Schinkenbrötchens, so kann man folglich mit einem geraden Messerschnitt Brötchen, Butter und Schinken in je zwei gleiche Teile zerschneiden.

B e w e i s   Sei $f\colon S^2 \to \mathbb{R}^2$ die Funktion $f(a) = (f_2^+(a,d_a), f_3^+(a,d_a))$. Nach (i) und (ii) ist sie stetig. Daher gibt es nach 2.2.13 ein $b \in S^2$ mit $f(-b) = f(b)$. Für dieses b und $j = 2,3$ ist $f_j^+(b,d_b) = f_j^+(-b,d_{-b}) = f_j^+(-b,-d_b) = f_j^-(b,d_b)$. Die vorletzte Gleichung gilt, weil stets $d_{-a} = -d_a$ ist; denn die zu a und $-a$ gehörenden Ebenen sind parallel. Die letzte Gleichung gilt, weil $E^+(-a,-d) = E^-(a,d)$. Weil auch $f_1^+(b,d_b) = f_1^-(b,d_b)$ ist, ist $E(b,d_b)$ die gesuchte Ebene. $\square$

Aufgaben

2.2.A1 Nach 2.1.A6 ist $[S^1, S^1]$ eine Gruppe. Zeigen Sie, daß die Funktion Grad in 2.2.4 ein Gruppenisomorphismus ist.

2.2.A2 Sei $f\colon D^2 \to \mathbb{R}^2$ eine stetige Abbildung mit $f(-x) = -f(x)$ für alle $x \in S^1$. Folgern Sie aus 2.2.13, daß es ein $x \in D^2$ mit $f(x) = 0$ gibt.

2.2.A3 Die in der vorigen Aufgabe erwähnte Folgerung des Borsuk-Ulam-Satzes ist in der Analysis wichtig, da sie die Existenz von Lösungen gewisser Gleichungssysteme impliziert. Zeigen Sie als Beispiel dazu, daß folgendes Gleichungssystem eine Lösung hat:
$x \cos y = x^2 + y^2 - 1$, $y \cos x = \sin 2\pi(x^2 + y^2)$.

2.2.A4 Die ∞-dimensionale Sphäre S^∞ aus 1.8.7 (a) ist homotopie-theoretisch viel einfacher als S^1: sie ist nämlich zusammenziehbar. Beweisen Sie das wie folgt:
(a) Durch $(x_1, x_2, x_3, \ldots) \mapsto ((1-t)x_1, tx_1 + (1-t)x_2, tx_2 + (1-t)x_3, \ldots)/N$ wird eine Abbildungsschar $h_t\colon S^\infty \to S^\infty$ definiert; dabei ist der Nenner N die Norm des im Zähler stehenden Punktes. Zeigen Sie, daß h_t wohldefiniert und eine Homotopie ist. Es ist $h_0 = \mathrm{id}_{S^\infty}$ und $h_1(S^\infty) \subset A = \{x \in S^\infty | x_1 = 0\}$.
(b) Durch $(0, x_2, x_3, \ldots) \mapsto (t, (1-t)x_2, (1-t)x_3, \ldots)/N$ wird eine Homotopie $A \to S^\infty$ definiert, die für $t = 0$ die Inklusion und für $t = 1$ eine konstante Abbildung ist.

2.3 Fortsetzung von Abbildungen und Homotopien

Viele Probleme der Topologie sind Spezialfälle des Fortsetzungsproblems: gegeben sind ein Raumpaar $A \subset X$ und eine stetige Abbildung $f\colon A \to Y$; gibt es eine *Fortsetzung von f auf X*, d.i. eine stetige Abbildung $F\colon X \to Y$ mit $F|A = f$? Im folgenden Diagramm sind also die Abbildungen $i\colon A \hookrightarrow X$ und $f\colon A \to Y$ gegeben und F ist so gesucht, daß $f = F \circ i$ gilt:

$$
\begin{array}{ccc}
X & & \\
{\scriptstyle i}\uparrow & \searrow^{F} & \\
A & \xrightarrow{\;f\;} & Y\,.
\end{array}
$$

Z.B. sind zwei Abbildungen $f_0, f_1\colon X \to Y$ genau dann homotop, wenn die Abbildung $X \times 0 \cup X \times 1 \to Y$, $(x,0) \mapsto f_0(x)$ und $(x,1) \mapsto f_1(x)$, auf den Zylinder $X \times I$ fortsetzbar ist; das Homotopieproblem ist also ein Spezialfall des Fortsetzungsproblems. Daher ist es klar, daß man nicht einen Satz folgender Art erwarten kann: $f\colon A \to Y$ *ist genau dann auf X fortsetzbar, wenn* .... Man kann nur versuchen, Kriterien und Hilfsmittel zu finden, um ein konkretes Fortsetzungsproblem zu lösen.

2.3.1 Definition $A \subset X$ heißt *Retrakt* von X, wenn es eine *Retraktion* $r\colon X \to A$ gibt, d.i. eine stetige Abbildung mit $r(a) = a$ für alle $a \in A$.

Nach 2.2.7 ist S^1 nicht Retrakt von D^2. Klar ist: X ist Retrakt von X; jeder Punkt in X ist Retrakt von X; ist B Retrakt von A und A Retrakt von X, so ist B Retrakt von X. Der Teilraum X ist Retrakt der Einpunktvereinigung $X \vee Y$. Für $y_0 \in Y$ ist $X \times y_0$ Retrakt von $X \times Y$. Retrakte von Hausdorffräumen sind abgeschlossene Teilräume (wegen $A = \{x \in X \mid r(x) = x\}$ und [Boto, 6.21]).

2.3.2 Satz *Gegeben sei $X \supset A \xrightarrow{f} Y$, wobei A abgeschlossen ist in X. Genau dann ist f auf X fortsetzbar, wenn Y Retrakt von $Y \cup_f X$ ist.*

Beweis   Sei $p\colon X + Y \to Y \cup_f X$ die Projektion. Wenn $F\colon X \to Y$ eine Fortsetzung von f ist, so ist $(F + \mathrm{id}_Y) \circ p^{-1}\colon Y \cup_f X \to Y$ eine Retraktion, und wenn r eine solche ist, so ist $F = r \circ (p|X)$ eine Fortsetzung von f. $\qquad\square$

2.3.3 Satz *Eine stetige Abbildung $f\colon S^n \to Y$ ist genau dann nullhomotop, wenn f auf D^{n+1} fortsetzbar ist, wenn also Y Retrakt von $Y \cup_f e^{n+1}$ ist.*

Beweis   Ist $F\colon D^{n+1} \to Y$ eine Fortsetzung von f, so ist $h_t(x) = F(tx)$ eine Homotopie $h_t\colon S^n \to Y$ mit $h_0 = \mathrm{const}$ und $h_1 = f$. Sei umgekehrt $H\colon S^n \times I \to Y$

eine Homotopie mit $H(S^n \times 0) = y_0 \in Y$ und $H(x,1) = f(x)$. Weil die Abbildung $p \colon S^n \times I \to D^{n+1}$, $p(x,t) = tx$, identifizierend ist, ist $F = H \circ p^{-1}$ stetig, und es gilt $F|S^n = f$. □

Die Lösbarkeit des eingangs erwähnten Fortsetzungsproblems ist in vielen Fällen nur von der Homotopieklasse der fortzusetzenden Abbildung abhängig, d.h. wenn in $X \supset A \xrightarrow{f \simeq g} Y$ die Abbildung f auf X fortsetzbar ist, so auch g.

2.3.4 Definition Das Raumpaar (X, A) hat die *allgemeine Homotopieerweiterungseigenschaft* (kurz: AHE), wenn A abgeschlossen ist in X und wenn zu jedem Raum Y, zu jeder Homotopie $f_t \colon A \to Y$ und zu jeder stetigen Abbildung $F \colon X \to Y$ mit $F|A = f_0$ eine Homotopie $F_t \colon X \to Y$ existiert mit $F_0 = F$ und $F_t|A = f_t$ für alle $t \in I$.

Das bedeutet: wenn man von einer Homotopie $f_t \colon A \to Y$ den Anfangsterm $f_0 \colon A \to Y$ auf X fortsetzen kann, so kann man die ganze Homotopie auf X fortsetzen. Wir werden in 4.3.1 eine große Klasse von Raumpaaren angeben, die die AHE haben, und beschränken uns daher jetzt auf folgende Aussagen.

2.3.5 Satz *Genau dann hat (X, A) die AHE, wenn $W = X \times 0 \cup A \times I$ Retrakt von $X \times I$ ist.*

Beweis (X, A) habe die AHE. Dann gibt es zu $f_t \colon A \to W$, $a \mapsto (a,t)$, und $F \colon X \to W$, $x \mapsto (x,0)$, eine Homotopie $F_t \colon X \to W$ mit $F_0 = F$ und $F_t|A = f_t$; durch $(x,t) \mapsto F_t(x)$ erhält man eine Retraktion $r \colon X \times I \to W$. Umgekehrt: Die Daten f_t und F in 2.3.4 bestimmen eine Abbildung $g \colon W \to Y$ durch $(x,0) \mapsto F(x)$ und $(a,t) \mapsto f_t(a)$, die auf den abgeschlossenen Teilräumen $X \times 0$ und $A \times I$ von W und daher auf ganz W stetig ist. Ist $r \colon X \times I \to W$ eine Retraktion, so ist $F_t(x) = gr(x,t)$ die gesuchte Homotopie. □

Man beachte folgendes: Wenn X hausdorffsch ist, kann man die Annahme „A abgeschlossen in X" in 2.3.4 weglassen; sie folgt aus der Existenz von F_t. Der erste Teil des Beweises benutzt diese Annahme nicht, und als Retrakt des Hausdorffraumes $X \times I$ ist W abgeschlossen, also $A \times 0 = W \cap (X \times 0)$ abgeschlossen in $X \times 0$.

2.3.6 Beispiele
(a) Das Paar (D^n, S^{n-1}) hat die AHE, weil $D^n \times 0 \cup S^{n-1} \times I$ Retrakt von $D^n \times I$ ist; zum Beweis projiziere man $D^n \times I \subset \mathbb{R}^{n+1}$ vom Punkt $(0, \ldots, 0, 2) \in \mathbb{R}^{n+1}$ aus auf $D^n \times 0 \cup S^{n-1} \times I$ (vgl. 2.3.A3).

(b) Sei $X \supset A \xrightarrow{f} Y$ gegeben, wobei (X, A) die AHE hat; dann hat $(Y \cup_f X, Y)$ die AHE (zum Beweis benutze man 2.1.12 (c)).

(c) Aus (a) und (b) folgt: Wenn X aus A durch Ankleben von n-Zellen entsteht, so hat (X, A) die AHE.

In den praktischen Anwendungen benutzt man die AHE eines Raumpaares (X, A) entweder, um die Fortsetzbarkeit einer Abbildung $A \to Y$ zu beweisen, oder um eine gegebene Abbildung $X \to Y$ so homotop abzuändern, daß sie auf A eine einfache Gestalt hat.

2.3.7 Beispiele Das Raumpaar (X, A) habe die AHE.

(a) Ist $f \simeq g$: $A \to Y$ und f auf X fortsetzbar, so ist auch g auf X fortsetzbar. Insbesondere: jede nullhomotope Abbildung g: $A \to Y$ ist auf X fortsetzbar.

(b) Ist für F: $X \to Y$ die Abbildung $F|A$ nullhomotop, so gibt es eine zu F homotope Abbildung, die auf A konstant ist. Insbesondere gilt das, wenn A zusammenziehbar ist, für jede Abbildung F: $X \to Y$.

(c) Gegeben sind Räume mit Basispunkt (X, x_0) und (Y, y_0) und eine stetige Abbildung f: $X \to Y$. Wir setzen voraus, daß das Paar (X, x_0) die AHE hat und Y wegzusammenhängend ist. Sei w: $I \to Y$ ein Weg mit $w(0) = f(x_0)$ und $w(1) = y_0$. Dann ist f_t: $x_0 \to Y$, $f_t(x_0) = w(t)$, eine Homotopie, und f ist eine Fortsetzung von f_0 auf X. Folglich gibt es eine Homotopie F_t: $X \to Y$ mit $F_0 = f$ und $F_t|x_0 = f_t$. Die Abbildung $g = F_1$: $X \to Y$ ist homotop zu f, und es gilt $g(x_0) = y_0$. *Man kann also jede Abbildung f: $X \to Y$ in eine Basispunkt-erhaltende Abbildung g: $(X, x_0) \to (Y, y_0)$ deformieren.*

(d) Nach 2.3.6 (c) hat für $x_0 \in S^n$ das Paar (S^n, x_0) die AHE. Daher gilt die vorige Aussage insbesondere für Abbildungen $S^n \to Y$.

Wir zitieren einen Satz aus der mengentheoretischen Topologie, den wir in 2.4 benutzen werden [tom Dieck-Kamps-Puppe, Satz 3.20].

2.3.8 Satz *Wenn (X, A) die AHE hat, so auch $(X \times I, X \times 0 \cup X \times 1 \cup A \times I)$.* $\square$

Aufgaben

2.3.A1 Genau dann ist X zusammenziehbar, wenn X Retrakt von CX ist.

2.3.A2 Wendet man auf die Spaltenvektoren einer Matrix $A \in GL(n, \mathbb{R})$ das Schmidtsche Orthogonalisierungsverfahren an, so erhält man eine Matrix $A' \in O(n)$. Zeigen Sie, daß durch $A \mapsto A'$ eine Retraktion $GL(n, \mathbb{R}) \to O(n)$ definiert wird. Zeigen Sie analog, daß $U(n)$ Retrakt von $GL(n, \mathbb{C})$ ist.

2.3.A3 Sei r: $D^n \times I \to D^n \times 0 \cup S^{n-1} \times I$ die folgende Abbildung: für $|x| \geq 1 - t/2$ ist $r(x, t) = (x/|x|, 2 - (2 - t)/|x|)$, und für $|x| \leq 1 - t/2$ ist $r(x, t) = (2x/(2 - t), 0)$. Zeigen Sie, daß r eine Retraktion ist.

2.4 Homotopietyp

Eine stetige Abbildung f: $X \to Y$ ist ein Homöomorphismus, wenn es eine stetige Abbildung g: $Y \to X$ gibt mit $gf = \mathrm{id}_X$ und $fg = \mathrm{id}_Y$. Ersetzt man in dieser Aussage die Gleichheitsrelation durch die Homotopierelation, so erhält man folgenden wichtigen Begriff:

2.4.1 Definition Eine stetige Abbildung $f\colon X \to Y$ heißt eine *Homotopieäqui-valenz*, Bezeichnung $f\colon X \overset{\simeq}{\to} Y$ oder $f\colon X \simeq Y$, wenn es eine stetige Abbildung $g\colon Y \to X$ gibt mit $gf \simeq \mathrm{id}_X$ und $fg \simeq \mathrm{id}_Y$; jede solche Abbildung g heißt ein *Homotopie-Inverses* von f. Zwei Räume X und Y sind vom *gleichen Homotopietyp*, Bezeichnung $X \simeq Y$, wenn es eine Homotopieäquivalenz $f\colon X \to Y$ gibt.

Homöomorphismen sind Homotopieäquivalenzen; homöomorphe Räume sind daher vom gleichen Homotopietyp. Jede zu einer Homotopieäquivalenz homotope Abbildung ist selbst eine. Die Komposition zweier Homotopieäquivalenzen ist wieder eine. Je zwei Homotopie-Inverse einer Homotopieäquivalenz sind homotop. Ist g Homotopie-Inverses von f, so ist g eine Homotopieäquivalenz mit Homotopie-Inversem f. Vom-gleichen-Homotopietyp-Sein ist eine Äquivalenzrelation.

Wir führen noch eine relative Version von 2.4.1 ein, überlassen es aber dem Leser, zu untersuchen, welche der folgenden Aussagen sich auf den relativen Fall übertragen.

2.4.2 Definition Eine stetige Abbildung $f\colon (X, A) \to (Y, B)$ heißt eine *Homoto-pieäquivalenz von Paaren*, wenn es eine stetige Abbildung $g\colon (Y, B) \to (X, A)$ gibt mit $gf \simeq \mathrm{id}_X\colon (X, A) \to (X, A)$ und $fg \simeq \mathrm{id}_Y\colon (Y, B) \to (Y, B)$; wir benutzen die analogen Bezeichnungen und Sprechweisen wie in 2.4.1. (Aus $f\colon (X, A) \overset{\simeq}{\longrightarrow} (Y, B)$ folgt $f\colon X \overset{\simeq}{\longrightarrow} Y$ und $f|A\colon A \overset{\simeq}{\longrightarrow} B$; die Umkehrung ist falsch, vgl. 2.4.A12.)

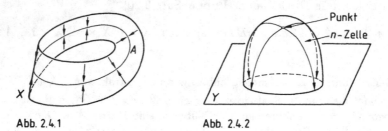

Abb. 2.4.1   Abb. 2.4.2

2.4.3 Definition $A \subset X$ heißt *Deformationsretrakt von X*, wenn es eine Homo-topie $h_t\colon X \to X$ gibt mit $h_0 = \mathrm{id}_X$, $h_1(X) = A$ und $h_1(a) = a$ für alle $a \in A$; gilt darüber hinaus noch $h_t(a) = a$ für alle $a \in A$ und $t \in I$, so heißt A ein *strenger Deformationsretrakt* von X.

Die Abbildung $r\colon X \to A$, $r(x) = h_1(x)$, ist eine Retraktion, und jeder Punkt $x \in X$ wird wie in Abb. 2.4.1 längs des Weges $t \mapsto h_t(x)$ nach $r(x)$ deformiert (im strengen Fall werden die Punkte von A nicht bewegt). Sei $i\colon A \hookrightarrow X$ die Inklusion. Dann ist $r \circ i = \mathrm{id}_A$ und die Existenz von h_t ist äquivalent zu $i \circ r \simeq \mathrm{id}_X$ (rel A). Also ist i eine Homotopieäquivalenz mit Homotopie-Inversem r. Allgemein gilt:

2.4.4 Satz *Wenn (X, A) die AHE hat, sind folgende Aussagen äquivalent:*

(a) *Die Inklusion $i\colon A \hookrightarrow X$ ist eine Homotopieäquivalenz.*

(b) *A ist Deformationsretrakt von X.*

(c) *A ist strenger Deformationsretrakt von X.*

Beweis (a) $\Rightarrow$ (b): Sei $g\colon X \to A$ ein Homotopie-Inverses von i. Weil $g \circ i\colon A \to A$ auf X fortsetzbar ist (durch g) und $g \circ i \simeq \mathrm{id}_A$ gilt, ist id_A auf X fortsetzbar. Daher gibt es eine Retraktion $r\colon X \to A$. Sei $f_t\colon \mathrm{id}_X \simeq i \circ g\colon X \to X$. Definiere $h_t\colon X \to X$ durch $h_t(x) = f_{2t}(x)$ für $t \leq 1/2$ und $h_t(x) = r f_{2-2t}(x)$ für $t \geq 1/2$. Diese Homotopie zeigt, daß A Deformationsretrakt von X ist.

(b) $\Rightarrow$ (c): Sei $r\colon X \to A$ eine Retraktion, also ein Homotopieinverses von i. Sei $W = X \times 0 \cup X \times 1 \cup A \times I$ und sei $f\colon W \to X$ die Abbildung $(x,0) \mapsto x$, $(x,1) \mapsto r(x)$ und $(a,t) \mapsto a$. Zu zeigen ist, daß f auf $X \times I$ fortsetzbar ist. Nach 2.3.8 hat $(X \times I, W)$ die AHE. Daher genügt es, eine zu f homotope Abbildung zu finden, die auf $X \times I$ fortsetzbar ist. Sei $h_t\colon \mathrm{id}_X \simeq ir\colon X \to X$. Wir definieren $g_t\colon W \to X$ durch $(x,0) \mapsto x$, $(x,1) \mapsto h_t r(x)$, $(a,s) \mapsto h_{st}(a)$. Dann ist $g_0 = f$, und $(x,s) \mapsto h_s(x)$ ist eine Fortsetzung von g_1 auf $X \times I$. $\qquad\square$

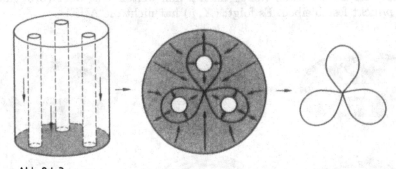

Abb. 2.4.3

2.4.5 Beispiele

(a) X hat genau dann den Homotopietyp eines Punktes, wenn X zusammenziehbar ist.

(b) $X \times 0$ und $X \times 1$ sind strenge Deformationsretrakte von $X \times I$ (Deformation längs der Mantellinien). Nach 2.1.13 (a) ist folglich die Spitze $\langle X \times 1 \rangle$ des Kegels $CX = (X \times I)/(X \times 1)$ strenger Deformationsretrakt von CX.

(c) Ist y_0 strenger Deformationsretrakt von Y, so gilt dasselbe für $X \times y_0 \subset X \times Y$ und $X \subset X \vee Y$.

(d) S^{n-1} ist strenger Deformationsretrakt sowohl von $D^n \backslash 0$ als auch von $\mathbb{R}^n \backslash 0$ (radiale Deformation $h_t(x) = (1-t)x + tx/|x|$), allgemeiner von $D^n \backslash x_0$ für jeden Punkt $x_0 \in \overset{\circ}{D}{}^n$.

(e) Sind $B \subset A$ und $A \subset X$ strenge Deformationsretrakte, so gilt dasselbe für $B \subset X$ (Homotopien zusammensetzen!).

(f) Ist $T \subset \mathbb{R}^n$ ein k-dimensionaler affiner Teilraum, so enthält das Komplement $\mathbb{R}^n \backslash T$ eine $(n-k-1)$-Sphäre als strengen Deformationsretrakt. Es genügt, dies für $T = \mathbb{R}^k \times 0$ zu beweisen. Es ist $\mathbb{R}^n \backslash T = (\mathbb{R}^k \times \mathbb{R}^{n-k}) \backslash (\mathbb{R}^k \times 0) = \mathbb{R}^k \times (\mathbb{R}^{n-k} \backslash 0)$ und dies enthält $0 \times S^{n-k-1}$ als strengen Deformationsretrakt.

(g) Die folgenden Räume enthalten eine Kreislinie als strengen Deformationsretrakt: Der Volltorus, die Zylinder $S^1 \times I$ und $S^1 \times \mathbb{R}$, die in zwei Punkten gelochte S^2, das Komplement einer Geraden im $\mathbb{R}^3$, das Möbiusband, die in einem Punkt gelochte projektive Ebene.

(h) Der Henkelkörper V_g vom Geschlecht g enthält $S_1^1 \vee \ldots \vee S_g^1$ als strengen Deformationsretrakt (Abb. 2.4.3).

(i) $S^1 \times 1$ ist nicht Deformationsretrakt von $S^1 \times S^1$; denn andernfalls erhält man aus einer entsprechenden Homotopie $h_t\colon S^1 \times S^1 \to S^1 \times S^1$ eine Homotopie $S^1 \to S^1$, $x \mapsto \mathrm{pr}_2 h_t(x)$, die S^1 zusammenzieht, entgegen 2.2.6.

(j) Sei $X \subset \mathbb{R}^2$ die Vereinigung der Strecken $I \times 0$, $0 \times I$ und $1/n \times I$ mit $n \geq 1$. Dann ist der Punkt $p = (0,1)$ Deformationsretrakt von X: deformiere den „Kamm" X erst auf $I \times 0$, dann $I \times 0$ auf $(0,0)$ und schließlich $(0,0)$ längs $0 \times I$ nach p. Aber p ist nicht strenger Deformationsretrakt von X: die nahe bei p gelegenen Punkte müssen bei jeder Deformation von X nach p den weiten Weg über $(0,0)$ machen, also kann p nicht fest bleiben. Es folgt: (X,p) hat nicht die AHE.

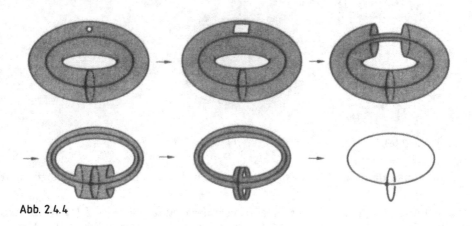

Abb. 2.4.4

2.4.6 Satz *In $X \supset A \xrightarrow{f} Y$ sei A ein abgeschlossener strenger Deformationsretrakt von X. Dann ist Y strenger Deformationsretrakt von $Y \cup_f X$.*

2.4.7 Korollar *Der Raum Z entstehe aus Y durch Ankleben von n-Zellen. In jeder dieser n-Zellen wähle man einen Punkt und P sei die Vereinigung dieser Punkte. Dann ist Y strenger Deformationsretrakt von $Z \backslash P$ (radiale Deformation in jeder Zelle wie in Abb. 2.4.2).*

Beweis Sei $h_t\colon X \to X$ rel A eine Homotopie mit $h_0 = \mathrm{id}_X$ und $h_1(X) = A$. Dann ist die Homotopie $h_t + \mathrm{id}_Y\colon X + Y \to X + Y$ mit der Äquivalenzrelation $a \sim f(a)$ verträglich, induziert also nach 2.1.12 (b) eine Homotopie $\bar{h}_t\colon Y \cup_f X \to Y \cup_f X$ mit den verlangten Eigenschaften. Das Korollar folgt mit 2.4.5 (d). □

2.4.8 Beispiel Entfernt man aus der Fläche F_g bzw. N_g einen Punkt, so enthält wegen 1.6.11 der Restraum den Teil $S_1^1 \vee \ldots \vee S_k^1$ mit $k = 2g$ bzw. $k = g$ als strengen Deformationsretrakt (Abb. 2.4.4 im Fall F_1).

Das vorläufig letzte Beispiel ist folgende überraschende Verschärfung von 2.3.5:

2.4.9 Satz *Wenn (X, A) die AHE hat, so ist $W = X \times 0 \cup A \times I$ strenger Deformationsretrakt von $X \times I$.*

B e w e i s   Nach 2.3.5 gibt es eine Retraktion $r \colon X \times I \to W$. Die Homotopie

$$h_t \colon X \times I \to X \times I,\ h_t(x, s) = (\ \mathrm{pr}_1 r(x, st)\ ,\ (1 - t)s + t\mathrm{pr}_2 r(x, s)\ )$$

hat die verlangten Eigenschaften. $\qquad\qquad\qquad\square$

Die Beispiele zeigen, was man sich unter Deformationsretrakten vorzustellen hat. Um eine Vorstellung von Begriff Homotopietyp zu erhalten, führen wir eine Konstruktion ein, die auch für andere Zwecke nützlich ist.

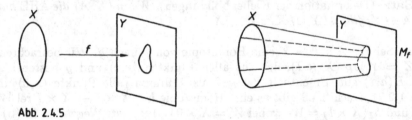

Abb. 2.4.5

2.4.10 Definition und Satz *Der Abbildungszylinder M_f einer stetigen Abbildung $f \colon X \to Y$ entsteht, indem man den Zylinder $X \times I$ mit der Abbildung $X \times 1 \to Y$, $(x, 1) \mapsto f(x)$, an Y klebt (jeder Punkt $x \in X$ wird wie in Abb. 2.4.5 mit $f(x) \in Y$ durch eine Strecke verbunden). Die Punkte von M_f sind die $\langle x, t \rangle$ mit $x \in X$ und $t \in I$ und die $y \in Y$, und es ist $\langle x, 1 \rangle = f(x)$. Nach 1.2.7 ist $i \colon X \to M_f$, $x \mapsto \langle x, 0 \rangle$ eine abgeschlossene Einbettung (wir schreiben daher $\langle x, 0 \rangle = x$). Die Abbildung $r \colon M_f \to Y$, $\langle x, t \rangle \mapsto f(x)$ und $y \mapsto y$, ist eine Retraktion. Durch Deformation längs der Mantellinien,*

$$h_s \colon M_f \to M_f,\ h_s(\langle x, t \rangle) = \langle x, t(1 - s) + s \rangle \text{ und } h_s(y) = y,$$

folgt, daß Y strenger Deformationsretrakt von M_f ist. Die Inklusion $Y \hookrightarrow M_f$ und die Retraktion r sind zueinander inverse Homotopieäquivalenzen. Schließlich gilt $f = r \circ i \colon X \xrightarrow{i} M_f \xrightarrow{r} Y$. $\qquad\square$

2.4.11 Satz *Genau dann ist $f \colon X \to Y$ eine Homotopieäquivalenz, wenn X strenger Deformationsretrakt von M_f ist.*

2.4.12 Korollar *Genau dann ist $X \simeq Y$, wenn ein Raum Z existiert, der X und Y als strenge Deformationsretrakte enthält.*

Beweis Es ist $f = r \circ i$, wobei r eine Homotopieäquivalenz ist. Daher ist f genau dann eine Homotopieäquivalenz, wenn i eine ist, und es genügt nach 2.4.4 zu zeigen, daß (M_f, X) die AHE hat, d.h. nach 2.3.5, daß es eine Retraktion $\rho \colon M_f \times I \to (M_f \times 0) \cup (X \times I)$ gibt. Eine solche ist:

$$\rho(y,t) = (y,0) \text{ für } y \in Y, \ \rho(\langle x,s \rangle, t) = \begin{cases} (\langle x, \frac{2s-t}{2-t} \rangle, 0) & \text{für } x \in X, t \leq 2s \\ (x, t - 2s) & \text{für } x \in X, t \geq 2s. \end{cases}$$

□

Zwei Räume sind also vom gleichen Homotopietyp, wenn sie durch „Verdicken" (Ersetzen eines Raumes durch einen größeren, von dem er Deformationsretrakt ist) und durch den umgekehrten Prozeß, das Zusammenziehen auf einen Deformationsretrakt, auseinander hervorgehen. Wir beweisen zwei weitere Deformationssätze, die diese Vorstellung unterstützen.

2.4.13 Satz (Deformation der Klebeabbildungen). *Wenn (X, A) die AHE hat und $f \simeq g \colon A \to Y$ gilt, ist $Y \cup_f X \simeq Y \cup_g X$.*

Beweis Sei $H \colon A \times I \to Y$ eine Homotopie von f nach g. Wir betrachten den Raum $Z = Y \cup_H (X \times I)$, der aus allen Punkten $\langle x, t \rangle$ und y besteht, wobei $\langle a, t \rangle = H(a, t)$ gilt. Er enthält $Y \cup_f X$ als Teilraum (alle Punkte $\langle x, 0 \rangle$ und y; benutze 1.2.7). Nach 2.4.9 gibt es eine Homotopie $h_s \colon X \times I \to X \times I$ rel W mit $h_0 = \mathrm{id}$ und $h_1(X \times I) = W$, wobei $W = X \times 0 \cup A \times I$ ist. Wegen 2.1.12 (b) wird durch $\bar{h}_s(\langle x, t \rangle) = \langle h_s(x, t) \rangle$ und $\bar{h}_s(y) = y$ eine Homotopie $\bar{h}_s \colon Z \to Z$ definiert. Sie zeigt, daß $Y \cup_f X$ strenger Deformationsretrakt von Z ist (Abb. 2.4.6). Analog ist $Y \cup_g X$ strenger Deformationsretrakt von Z.

□

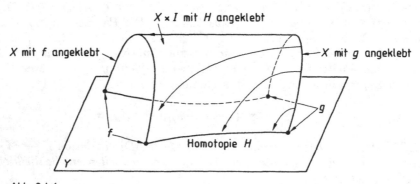

X × I mit H angeklebt

X mit f angeklebt

X mit g angeklebt

g

f

Homotopie H

Y

Abb. 2.4.6

Zusatz. Der Beweis zeigt, daß es sogar zueinander inverse Homotopieäquivalenzen $F \colon Y \cup_f X \rightleftarrows Y \cup_g X \colon G$ gibt, so daß $GF \simeq \mathrm{id}$ und $FG \simeq \mathrm{id}$ jeweils relativ Y gilt.

2.4.14 Beispiel Identifiziert man die Seiten eines Dreiecks wie in Abb. 2.4.7, so entsteht ein Raum D, der als *Narrenkappe (Dunce hat)* bekannt ist. Die ersten beiden Schritte der Identifikation sind in der Abbildung skizziert. Identifiziert man rechts die mit a bezeichneten Kreislinien, so verschwindet der Rand, und es scheint, daß D nicht zusammenziehbar ist. Sei $f = i_1 \cdot i_1 \cdot i_1^{-1} \colon S^1 \to S^1$ wie in 1.6.9. Aus 1.6.3 folgt $D \approx S^1 \cup_f e^2$. Wegen Grad $f = 1$ ist $f \simeq \mathrm{id}$, also ist D doch zusammenziehbar: $D \approx S^1 \cup_f e^2 \simeq S^1 \cup_{\mathrm{id}} e^2 = D^2$.

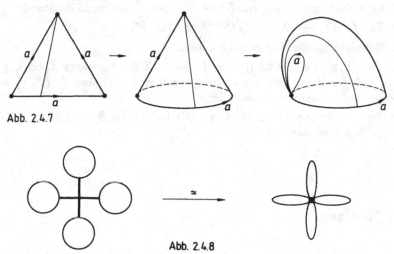

Abb. 2.4.7

Abb. 2.4.8

2.4.15 Satz (Zusammenziehen von Teilräumen). *Wenn A ein zusammenziehbarer Raum ist und (X, A) die AHE hat, ist die identifizierende Abbildung $p\colon X \to X/A$ eine Homotopieäquivalenz (Abb. 2.4.8).*

B e w e i s   Sei $h_t \colon A \to A$ eine Homotopie mit $h_0 = \mathrm{id}$ und $h_1 = \mathrm{const.}$ Ferner sei $f_t = i h_t \colon A \to X$, wobei $i \colon A \hookrightarrow X$. Weil (X, A) die AHE hat, gibt es eine Homotopie $F_t \colon X \to X$ mit $F_0 = \mathrm{id}$ und $F_t | A = i h_t$. Weil $F_1(A)$ ein Punkt ist, induziert F_1 eine Abbildung $q \colon X/A \to X$. Nach Definition ist $q \circ p = F_1 \simeq \mathrm{id}$. Wegen $F_t(A) \subset A$ induziert F_t eine Homotopie $F_t' \colon X/A \to X/A$ und für diese ist $F_0' = \mathrm{id}$ und $F_1' = p \circ q$. Also ist q ein Homotopie-Inverses von p. $\qquad\square$

Aufgaben

2.4.A1 Wenn $X \simeq Y$ und X zusammenhängend, wegzusammenhängend, kompakt, hausdorffsch, ... ist, gilt dasselbe dann für Y?

2.4.A2 Aus $X_i \simeq Y_i$ folgt $X_1 \times X_2 \simeq Y_1 \times Y_2$.

2.4.A3 Entfernt man aus dem Torus zwei Punkte, so hat der Restraum den Homotopietyp von $S^1 \vee S^1 \vee S^1$.

2.4.A4 Entfernt man aus $\mathbb{R}^3$ die Kreislinie $x_1^2 + x_2^2 = 1$, $x_3 = 0$, so hat der Restraum den Homotopietyp von $S^1 \vee S^2$.

2.4.A5 Entfernt man aus S^3 die Kreislinie $x_1^2 + x_2^2 = 1$, $x_3 = x_4 = 0$, so hat der Restraum den Homotopietyp von S^1.

2.4.A6 Aus $X \simeq X'$, $Y \simeq Y'$ folgt $[X, Y] \cong [X', Y']$.

2.4.A7 Die Menge $\mathcal{E}(X) = \{[f] | f \colon X \overset{\simeq}{\to} X\}$ ist mit der Verknüpfung $[f][g] = [f \circ g]$ eine Gruppe.

2.4.A8 $\mathcal{E}(S^1)$ ist eine zyklische Gruppe der Ordnung 2.

2.4.A9 Der Abbildungszylinder von $S^1 \to S^1$, $z \mapsto z^2$, ist ein Möbiusband.

2.4.A10 Für $f \colon S^{n-1} \to X$ ist $M_f / S^{n-1} \approx X \cup_f e^n$.

2.4.A11 Beweisen Sie die Details von 2.4.5 (j).

2.4.A12 Sei (X, p) wie in 2.4.5 (j) und $f \colon X \to X$ die konstante Abbildung nach p. Zeigen Sie, daß f und $f|p$ Homotopieäquivalenzen sind, daß aber $f \colon (X, p) \to (X, p)$ keine Homotopieäquivalenz von Paaren ist.

2.4.A13 Verschärfen Sie 2.3.A2 wie folgt: $O(n) \subset GL(n, \mathbb{R})$ und $U(n) \subset GL(n, \mathbb{C})$ sind strenge Deformationsretrakte.

2.5 Notizen

Fast alle topologischen Invarianten, die in der Algebraischen Topologie entwickelt werden (und insbesondere alle, die wir in diesem Buch vorstellen), sind nicht nur Invarianten des Homöomorphietyps, sondern sogar des Homotopietyps, d.h. sie stimmen für Räume vom gleichen Homotopietyp überein. Das ist der Grund, warum der Homotopiebegriff eine so wichtige Rolle spielt. Historisch entstanden bei funktionentheoretischen und topologischen Untersuchungen von Flächen in der Mitte des 19. Jahrhunderts (das Wort „Homotopie" wurde 1907 von Dehn und Heegaard eingeführt), hat sich die Homotopietheorie parallel zur Algebraischen Topologie zu einem Gebiet entwickelt, von dem wir in diesem Buch kaum mehr als die grundlegenden Begriffe bringen können (man vergleiche das 744-Seiten-Buch „Elements of Homotopy Theory" [Whitehead]).

Diese grundlegenden Begriffe der Homotopietheorie (homotope Abbildungen, Räume vom gleichen Homotopietyp) sind leicht zu definieren, aber die geometrisch-topologischen und algebraischen Implikationen dieser Begriffe sind nur allmählich zu erahnen. Zwei Beispiele sollen das andeuten.

Die Definition der Menge $[X, Y]$ in 2.1.5 ist eine Trivialität. Aber wenn man hier für Y gewisse „in der Natur vorkommende" Modellräume einsetzt, so beschreibt diese Menge wichtige Eigenschaften von X. Je nach Wahl von Y beschreibt uns die Menge $[X, Y]$, wie viele Faserräume oder Vektorraumbündel es über X gibt, oder (wenn X eine Mannigfaltigkeit ist) wie viele differenzierbare Atlanten es auf

X gibt (vgl. 1.5.17), und andere Dinge. Mit diesen Bemerkungen können Sie nicht viel anfangen — aber Sie sollten auch nur erfahren, was sich hinter dem simplen $[X, Y]$ verbergen kann.

Das zweite Beispiel betrifft den Homotopietyp. Sind zwei geschlossene Flächen, die den gleichen Homotopietyp haben, homöomorph? Wir hoffen, daß Ihre Anschauung nach dem Studium von 1.4 und 2.4 diese Frage bejaht (und sie hat dann recht, wie aus 1.9.1 und 5.7.2 folgt). Sind allgemeiner zwei geschlossene n-Mannigfaltigkeiten, die den gleichen Homotopietyp haben, homöomorph? Ihre Anschauung ist nicht unvernünftig, wenn sie auch das bejaht (schließlich war diese Frage einige Jahre ein offenes topologisches Problem), aber es ist falsch. Der Homotopietyp ist etwas Komplizierteres, als es unsere Bemerkungen vor 2.4.13 suggerieren. Übrigens sind es wieder die Linsenräume, die ein Beispiel geben: Die geschlossenen 3-Mannigfaltigkeiten $L(7, 1)$ und $L(7, 2)$ sind zwar vom gleichen Homotopietyp [Cohen, §29], aber nach 1.9.5 nicht homöomorph.

3 Simplizialkomplexe und Polyeder

Der allgemeine Begriff des topologischen Raumes ist zu umfassend, um eine für alle Räume gültige und inhaltsreiche Theorie entwickeln zu können. Wenn man konkrete topologische Probleme lösen will, beschränkt man sich daher auf spezielle Räume. Eine wichtige Klasse von Räumen bilden die Polyeder, die wir in diesem Abschnitt behandeln.

3.1 Grundbegriffe und Beispiele

Polyeder sind Räume, die aus einfachen Bausteinen — den Simplexen — aufgebaut sind. Wir betrachten zuerst diese Simplexe.

3.1.1 Bemerkung Der von $q+1$ Punkten $x_0, \ldots, x_q \in \mathbb{R}^n$ aufgespannte affine Teilraum T des $\mathbb{R}^n$ besteht aus den Punkten $x = x_0 + \sum_{i=1}^q \lambda_i(x_i - x_0)$ mit $\lambda_1, \ldots, \lambda_q \in \mathbb{R}$ (Abb. 3.1.1). Setzt man $\lambda_0 = 1 - \sum_{i=1}^q \lambda_i$, so erhält man die symmetrische Darstellung $T = \{x \in \mathbb{R}^n \mid x = \sum_{i=0}^q \lambda_i x_i$ mit $\lambda_0, \ldots, \lambda_q \in \mathbb{R}$ und $\sum_{i=0}^q \lambda_i = 1\}$.

Aus der linearen Algebra ist bekannt, daß folgende Aussagen äquivalent sind:

(a) Die Dimension von T ist q.

(b) Es gibt keinen affinen Teilraum $S \subset T$ mit $x_0, \ldots, x_q \in S$ und $S \neq T$.

(c) Die Vektoren $x_1 - x_0, \ldots, x_q - x_0$ sind linear unabhängig.

(d) Aus $\sum_{i=0}^q \lambda_i x_i = \sum_{i=0}^q \lambda_i' x_i$ und $\sum_{i=0}^q \lambda_i = \sum_{i=0}^q \lambda_i' = 1$ folgt $\lambda_i = \lambda_i'$ für $i = 0, \ldots, q$.

Wenn (a)–(d) gelten, heißen $x_0, \ldots, x_q \in \mathbb{R}^n$ *Punkte in allgemeiner Lage*, und die Zahlen $\lambda_0, \ldots, \lambda_q$ heißen die *baryzentrischen Koordinaten* von $x = \sum \lambda_i x_i$ bezüglich $x_0, \ldots, x_q$.

3.1.2 Definition Seien $x_0, \ldots, x_q \in \mathbb{R}^n$ Punkte in allgemeiner Lage. Die Punktmenge

$$\sigma = \sigma_q = \{x \in \mathbb{R}^n \mid x = \sum_{i=0}^q \lambda_i x_i \text{ mit } \sum_{i=0}^q \lambda_i = 1, \ \lambda_0, \ldots, \lambda_q > 0\} \subset \mathbb{R}^n$$

heißt das (offene) *Simplex mit den Ecken* $x_0, \ldots, x_q$ oder das von $x_0, \ldots, x_q$ *auf-gespannte Simplex.* Wir schreiben $\sigma = (x_0 \ldots x_q)$. Die Zahl q heißt die *Dimension von* σ, Bezeichnung: $q = \dim \sigma$, und σ heißt ein *q-dimensionales Simplex* oder ein *q-Simplex.* Die Punktmenge

$$\bar\sigma = \bar\sigma_q = \{x \in \mathbb{R}^n \mid x = \sum_{i=0}^{q} \lambda_i x_i \text{ mit } \sum_{i=0}^{q} \lambda_i = 1 \text{ und } \lambda_0, \ldots, \lambda_q \geq 0\} \subset \mathbb{R}^n$$

heißt das *abgeschlossene q-Simplex* mit den Ecken $x_0, \ldots, x_q$ (Abb. **3.1.1**; das Wort *Simplex* ohne Zusatz bezeichnet stets das offene Simplex!). Die Punktmenge $\dot\sigma = \dot\sigma_q = \bar\sigma_q \backslash \sigma_q$ heißt der *Rand von* σ bzw. $\bar\sigma$.

Ein 0-Simplex σ_0 ist ein Punkt; es ist $\sigma_0 = \bar\sigma_0 = x_0$ und $\dot\sigma_0 = \emptyset$. Ein 1-Simplex σ_1 ist eine Strecke ohne Endpunkte; $\dot\sigma_1$ besteht aus den Endpunkten. Ein 2-Simplex σ_2 ist ein Dreieck ohne Seiten; $\dot\sigma_2$ ist die Vereinigung der Seiten. Ein 3-Simplex σ_3 ist ein Tetraeder ohne Seitenflächen; $\dot\sigma_3$ ist die Vereinigung der Seitenflächen (Abb. 3.1.2).

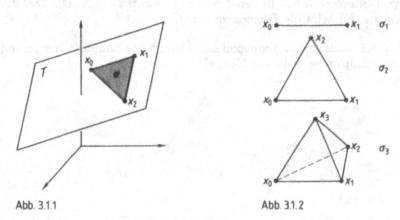

Abb. 3.1.1   Abb. 3.1.2

Für ein q-Simplex $\sigma \subset \mathbb{R}^n$ ist $\bar\sigma$ die abgeschlossene Hülle von σ im $\mathbb{R}^n$, also ist $\bar\sigma$ eine abgeschlossene Teilmenge des $\mathbb{R}^n$. Dagegen ist das (offene) Simplex $\sigma \subset \mathbb{R}^n$ natürlich keine offene Teilmenge des $\mathbb{R}^n$, außer im Fall $n = q$. Sei $T \subset \mathbb{R}^n$ der affine Teilraum, der von den Ecken von σ aufgespannt wird. Dann ist $\bar\sigma \subset T$ eine kompakte, konvexe Teilmenge, deren Inneres in T gleich σ und deren Rand in T gleich $\dot\sigma$ ist. Weil T als affiner Raum zum $\mathbb{R}^q$ isomorph ist, kann man 1.1.8 anwenden und erhält:

3.1.3 Satz *Ist σ ein q-Simplex, so ist $(\bar\sigma, \dot\sigma) \approx (D^q, S^{q-1})$. Insbesondere ist $\bar\sigma$ ein q-Ball, σ eine q-Zelle und $\dot\sigma$ eine $(q-1)$-Sphäre.* $\square$

Die Ecken eines Simplex $\sigma \subset \mathbb{R}^n$ sind durch σ eindeutig bestimmt (sie sind die *Extremalpunkte* von $\bar\sigma$, vgl. 3.1.A2). Daher ist folgende Definition sinnvoll.

3.1.4 Definition Es seien σ, $\tau \subset \mathbb{R}^n$ Simplexe. τ heißt *Seite von σ*, Bezeichnung: $\tau \leq \sigma$, wenn die Ecken von τ auch Ecken von σ sind. Wenn $\tau \leq \sigma$ und $\tau \neq \sigma$ ist, heißt τ *eigentliche Seite von σ*; wir schreiben: $\tau < \sigma$.

3.1.5 Bemerkungen

(a) Hat σ die Ecken $x_0, \ldots, x_q$, so hat jedes Seitensimplex von σ eine Teilmenge von $\{x_0, \ldots, x_q\}$ als Ecken. Die Anzahl der p-dimensionalen Seitensimplexe von σ ist $\binom{q+1}{p+1}$.

(b) Aus $\sigma' \leq \sigma$ und $\sigma'' \leq \sigma'$ folgt $\sigma'' \leq \sigma$.

(c) Der Rand $\dot{\sigma}$ ist die disjunkte Vereinigung aller eigentlichen Seiten von σ.

3.1.6 Definition Ein *Simplizialkomplex K* (im $\mathbb{R}^n$) ist eine endliche Menge von Simplexen im $\mathbb{R}^n$ mit folgenden Eigenschaften:

(i) Aus $\sigma \in K$ und $\tau < \sigma$ folgt $\tau \in K$.

(ii) Aus σ, $\tau \in K$ und $\sigma \neq \tau$ folgt $\sigma \cap \tau = \emptyset$.

Die 0- bzw. 1-Simplexe von K heißen *Ecken* bzw. *Kanten* von K. Die Zahl $\dim K = \max\{\dim \sigma | \sigma \in K\}$ heißt die *Dimension* von K.

Die in Abb. 3.1.3 skizzierten Simplexmengen sind keine Simplizialkomplexe (in (c) gehört das 0-Simplex x_0 nicht zur Menge).

 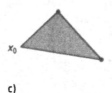

a)　　　　　　　　b)　　　　　　　　c)

Abb. 3.1.3

3.1.7 Definition Sei K ein Simplizialkomplex (im $\mathbb{R}^n$). Die Teilmenge $|K| = \bigcup_{\sigma \in K} \sigma \subset \mathbb{R}^n$, zusammen mit der Relativtopologie des $\mathbb{R}^n$, heißt der dem *Simplizialkomplex K zugrundeliegende topologische Raum*. Ein topologischer Raum X heißt ein *triangulierbarer Raum* oder ein *Polyeder*, wenn es einen Simplizialkomplex K gibt, so daß $|K|$ homöomorph ist zu X. Jeder solche Simplizialkomplex heißt eine *Triangulation von X*.

3.1.8 Bemerkungen

(a) Für jedes $\sigma \in K$ ist $\bar{\sigma} \subset |K|$, wie aus 3.1.6 (i) und 3.1.5 (c) folgt. Daher ist $|K| = \bigcup_{\sigma \in K} \bar{\sigma}$, und für σ, $\tau \in K$ ist $\bar{\sigma} \cap \bar{\tau}$ entweder leer oder ein gemeinsames abgeschlossenes Seitensimplex. Die Bausteine, aus denen Polyeder zusammengesetzt sind, sind also homöomorphe Bilder abgeschlossener Simplexe.

(b) In welchem $\mathbb{R}^n$ die Simplexe von K liegen, ist für die Topologie von $|K|$ unwesentlich.

(c) Jedes Polyeder ist homöomorph zu einer kompakten Teilmenge eines $\mathbb{R}^n$, also ein kompakter, metrisierbarer Raum.

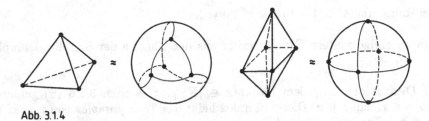

Abb. 3.1.4

3.1.9 Beispiele

(a) Die Ecken, Kanten und Dreiecke eines Tetraeders oder eines Oktaeders bilden einen 2-dimensionalen Simplizialkomplex, dessen zugrundeliegender Raum zu S^2 homöomorph ist (Abb. 3.1.4). Daher ist S^2 ein Polyeder. Somit kann ein triangulierbarer Raum verschiedene Triangulationen besitzen.

(b) In Abb. 3.1.5 sind Triangulationen des Kreiszylinders, des Möbiusbandes und des Torus angegeben.

(c) Nach dem Satz von Rado (1923) ist jede kompakte Fläche triangulierbar, siehe [Moise, Kap. 8] oder [ZVC, 7.5.1]. Eine Triangulation der projektiven Ebene werden wir in 3.1.22 angeben.

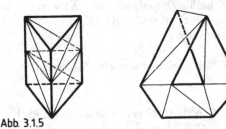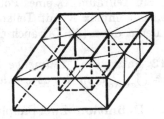

Abb. 3.1.5

(d) Nach dem Satz von Moise (1952) ist jede kompakte, 3-dimensionale Mannigfaltigkeit triangulierbar, siehe [Moise, Kap. 35].

(e) Nach dem Satz von Cairns (1935) ist jede kompakte, differenzierbare Mannigfaltigkeit beliebiger Dimension triangulierbar, siehe [Munkres, Chapter II]. Insbesondere sind also die reellen und komplexen projektiven Räume triangulierbar. Ob jede kompakte topologische Mannigfaltigkeit der Dimension > 3 triangulierbar ist, ist ein schwieriges, noch offenes Problem, zu dem es umfangreiche Untersuchungen gibt.

(f) Die Menge $K(\sigma_q)$ aller Seiten eines q-Simplex ist ein q-dimensionaler Simplizialkomplex mit $|K(\sigma_q)| = \bar{\sigma}_q \approx D^q$. Daher sind alle Bälle triangulierbar.

(g) Die Menge $K(\dot\sigma_q)$ aller eigentlichen Seiten eines q-Simplex ist ein $(q-1)$-dimensionaler Simplizialkomplex mit $|K(\dot\sigma_q)| = \dot\sigma_q \approx S^{q-1}$. Daher sind alle Sphären triangulierbar.

(h) Der Raum aus Abb. 1.3.2 ist kein Polyeder.

Wir führen einige weitere Grundbegriffe aus der Theorie der Simplizialkomplexe ein.

3.1.10 Definition Zu jedem Punkt $x \in |K|$ gibt es nach 3.1.6 (ii) genau ein Simplex $\sigma \in K$ mit $x \in \sigma$. Dieses Simplex heißt das *Trägersimplex von x in K* und wird mit $\sigma = \mathrm{Tr}_K(x)$ bezeichnet.

3.1.11 Satz *Jeder Punkt $x \in |K|$ hat eine eindeutige Darstellung der Form*

$$x = \sum_{i=0}^{q} \lambda_i x_i \ \text{mit } x_0, \ldots, x_q \in K, \ \lambda_0 + \ldots + \lambda_q = 1 \ \text{und } \lambda_0, \ldots, \lambda_q > 0.$$

Wenn x diese Darstellung hat, sind $x_0, \ldots, x_q$ die Ecken von $\mathrm{Tr}_K(x)$. Hat umgekehrt $x \in \mathbb{R}^n$ eine solche Darstellung und spannen die Ecken $x_0, \ldots, x_q \in K$ ein in K liegendes Simplex auf, so liegt x in $|K|$. $\square$

3.1.12 Definition Eine Teilmenge $K_0 \subset K$ heißt *Teilkomplex* von K, wenn K_0 selbst ein Simplizialkomplex ist, wenn also aus $\sigma \in K_0$ und $\tau < \sigma$ stets $\tau \in K_0$ folgt. Ein Teilraum X_0 eines Polyeders X heißt *Teilpolyeder* von X, wenn es einen Simplizialkomplex K mit Teilkomplex K_0 gibt, so daß $(|K|, |K_0|) \approx (X, X_0)$ ist. Man nennt dann (X, X_0) auch ein *Polyederpaar*.

3.1.13 Satz *Eine Teilmenge $K_0 \subset K$ ist genau dann ein Teilkomplex, wenn $|K_0| = \bigcup_{\sigma \in K_0} \sigma$ in $|K|$ abgeschlossen ist.* $\square$

3.1.14 Definition Zwei Simplexe σ, $\tau \in K$ heißen *verbindbar*, wenn es Kanten $\sigma^1, \ldots, \sigma^n$ in K gibt mit $\bar\sigma \cap \bar\sigma^1 \neq \emptyset$, $\bar\sigma^i \cap \bar\sigma^{i+1} \neq \emptyset$ für $i = 1, \ldots, n-1$ und $\bar\sigma^n \cap \bar\tau \neq \emptyset$. Das ist eine Äquivalenzrelation. Die Äquivalenzklassen heißen die *Komponenten* von K. Wenn je zwei Simplexe von K verbindbar sind, heißt K *zusammenhängend*. (Die Menge aller in Abb. 3.1.5 gezeichneten Simplexe ist ein nicht zusammenhängender Simplizialkomplex.)

3.1.15 Satz *Die Komponenten $K_1, \ldots, K_r$ von K sind Teilkomplexe von K, und $|K_1|, \ldots, |K_r|$ sind die Wegekomponenten von $|K|$. Die Aussagen „K ist zusammenhängend", „$|K|$ ist zusammenhängend" und „$|K|$ ist wegzusammenhängend" sind äquivalent.* $\square$

Die strukturerhaltenden Abbildungen zwischen Simplizialkomplexen sind die simplizialen Abbildungen:

3.1.16 Definition Eine Funktion $\varphi\colon K \to L$ zwischen Simplizialkomplexen heißt *simpliziale Abbildung*, wenn gilt:

(i) φ bildet Ecken von K in Ecken von L ab.

(ii) Sind $x_0, \ldots, x_q \in K$ die Ecken von $\sigma \in K$, so ist $\varphi(\sigma) \in L$ das Simplex, das von den verschiedenen der Ecken $\varphi(x_0), \ldots, \varphi(x_q) \in L$ aufgespannt wird.

3.1.17 Satz
(a) *Eine simpliziale Abbildung $\varphi\colon K \to L$ ist eindeutig bestimmt durch die Bilder der Ecken von K.*

(b) *Aus $\sigma \leq \tau$ in K folgt $\varphi(\sigma) \leq \varphi(\tau)$ in L.*

(c) *Für alle $\sigma \in K$ ist $\dim \varphi(\sigma) \leq \dim \sigma$.* □

3.1.18 Satz und Definition *Eine simpliziale Abbildung $\varphi\colon K \to L$ induziert eine stetige Abbildung $|\varphi|\colon |K| \to |L|$ durch*

$$|\varphi|(\sum_{i=0}^{q} \lambda_i x_i) = \sum_{i=0}^{q} \lambda_i \varphi(x_i), \ (x_0, \ldots, x_q \in K; \ \sum_{i=0}^{q} \lambda_i = 1; \ \lambda_0, \ldots, \lambda_q > 0).$$

Beweis Nach 3.1.11 kann man jeden Punkt $x \in |K|$ eindeutig in der angegebenen Form schreiben. Wenn die Simplexe von L alle im $\mathbb{R}^n$ liegen, ist folglich $|\varphi|(x) \in \mathbb{R}^n$ für alle $x \in |K|$ eindeutig definiert. Zu zeigen ist:

(a) Für alle $x \in |K|$ ist $|\varphi|(x) \in |L|$.

(b) $|\varphi|$ ist stetig.

Zu (a): Die Ecken $x_0, \ldots, x_q$ von $\sigma = \mathrm{Tr}_K(x)$ seien so numeriert, daß $\varphi(x_0), \ldots, \varphi(x_r)$ die Ecken von $\varphi(\sigma)$ sind, wobei $0 \leq r \leq q$ ist. Für $0 \leq j \leq r$ sei $\mu_j = \sum_i \lambda_i$, summiert über alle i mit $\varphi(x_i) = \varphi(x_j)$. Dann ist $|\varphi|(x) = \sum_{j=0}^{r} \mu_j \varphi(x_j)$ mit $\mu_0 + \ldots + \mu_r = 1$ und $\mu_0, \ldots, \mu_r > 0$, und nach 3.1.11 liegt dieser Punkt in $|L|$.

Zu (b): Für $\sigma \in K$ mit Ecken $x_0, \ldots, x_q$ sei $f_\sigma\colon \bar{\sigma} \to |L|$ durch

$$f_\sigma(\sum_{i=0}^{q} \lambda_i x_i) = \sum_{i=0}^{q} \lambda_i \varphi(x_i), \ (\lambda_0 + \ldots + \lambda_q = 1, \ \lambda_0, \ldots, \lambda_q \geq 0)$$

definiert. f_σ ist stetig und $|\varphi|$ stimmt auf $\bar{\sigma}$ mit f_σ überein. Daher ist $|\varphi|$ auf jedem abgeschlossenen Simplex von $|K|$ stetig. Aus 1.8.4 folgt die Stetigkeit von $|\varphi|$. □

3.1.19 Bemerkungen
(a) Im Vergleich zu beliebigen stetigen Abbildungen sind simpliziale Abbildungen starr und unbeweglich. Sie sind durch endlich viele Werte bestimmt. Ist m bzw. n

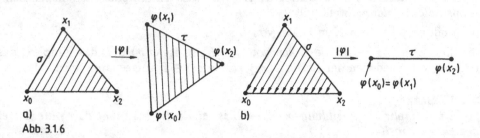

Abb. 3.1.6

die Anzahl der Ecken von K bzw. L, so gibt es höchstens n^m simpliziale Abbildungen von K nach L.

(b) Sei $\varphi\colon K \to L$ simplizial und $\sigma \in K$ mit $\tau = \varphi(\sigma) \in L$. Dann wird $\bar{\sigma}$ unter $|\varphi|$ auf $\bar{\tau}$ abgebildet. Im Fall $\dim \tau = \dim \sigma$ ist $|\varphi|\colon \bar{\sigma} \to \bar{\tau}$ wie in Abb. 3.1.6 (a) die Einschränkung einer bijektiven, affinen Abbildung. Im Fall $\dim \tau < \dim \sigma$ ist $|\varphi|\colon \bar{\sigma} \to \bar{\tau}$ wie in Abb. 3.1.6 (b) eine affine Abbildung, die $\bar{\sigma}$ auf $\bar{\tau}$ „zusammendrückt". Der Fall $\dim \tau > \dim \sigma$ ist nach 3.1.17 nicht möglich. Insbesondere sind stetige Abbildungen der Form $|\varphi|\colon |K| \to |L|$ nie dimensionserhöhend.

3.1.20 Definition Eine bijektive simpliziale Abbildung $\varphi\colon K \to L$ heißt ein *Isomorphismus*; wenn ein solcher existiert, nennt man K und L *isomorph*.

3.1.21 Satz

(a) *Ist $\varphi\colon K \to L$ bijektiv und simplizial, so ist $\varphi^{-1}\colon L \to K$ simplizial.*

(b) *Für einen Isomorphismus $\varphi\colon K \to L$ ist $|\varphi|\colon |K| \to |L|$ ein Homöomorphismus.*

$\square$

Wir wissen aus 3.1.9, daß kompakte Flächen, 3-Mannigfaltigkeiten etc. triangulierbar sind. I.a. ist es jedoch schwierig, Triangulationen explizit anzugeben, insbesondere Triangulationen mit möglichst wenig Simplexen. Als Beispiel behandeln wir diese Aufgabe für die reelle projektive Ebene P^2.

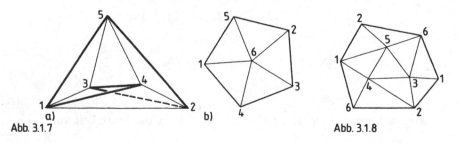

Abb. 3.1.7   **Abb. 3.1.8**

3.1.22 Beispiel L sei der in Abb. 3.1.7 (a) skizzierte Simplizialkomplex im $\mathbb{R}^3$, der aus fünf Ecken, zehn Kanten und aus den fünf Dreiecken 123, 124, 135, 245 und 345 besteht. Der Teilkomplex $L_0 \subset L$ bestehe aus den fünf Ecken und den Kanten 15, 52, 23, 34 und 41. Offenbar ist $|L|$ ein Möbiusband und $|L_0|$ ist sein Rand. Wir wählen einen Punkt $S \in \mathbb{R}^4 \setminus \mathbb{R}^3$ und betrachten den Kegel über L_0 mit Spitze S, vgl. 3.1.A8. Dieser Kegel besitzt eine Triangulation L_1, die isomorph ist zu dem Simplizialkomplex in Abb. 3.1.7 (b), wobei die Spitze S dem Punkt 6 entspricht. Die Komplexe L und L_1 im $\mathbb{R}^4$ haben genau den Teilkomplex L_0 gemeinsam. Wir setzen $K = L \cup L_1$. Dann ist K ein Simplizialkomplex im $\mathbb{R}^4$ mit sechs Ecken, 15 Kanten und 10 Dreiecken. Aus 1.4.18 folgt, daß $|K|$ zur projektiven Ebene homöomorph ist. Wie die zehn Dreiecke zusammengefügt sind, macht Abb. 3.1.8 klar; gleichbezeichnete Kanten sind hier zu identifizieren. Es gibt keine Triangulation von P^2 mit weniger als zehn Dreiecken, vgl. 11.2.A5. (Eine analoge minimale Triangulation der komplexen projektiven Ebene ist erst kürzlich mit Hilfe von Computern gefunden worden, vgl. The Mathematical Intelligencer, Vol. 5, Nr. 3, 1984.)

Aufgaben

3.1.A1 Welche baryzentrischen Koordinaten hat der Punkt $(x, y) \in \mathbb{R}^2$ bezüglich der Punkte x_0, x_1, x_2 im Fall $x_0 = (0,0), x_1 = (1,0), x_2 = (0,1)$ bzw. $x_0 = (1,1), x_1 = (2,2), x_2 = (0,3)$?

3.1.A2 Die Ecken von σ sind die Extremalpunkte von $\bar{\sigma}$, d.h. die Punkte von $\bar{\sigma}$, die nicht Mittelpunkt einer in $\bar{\sigma}$ liegenden Strecke sind.

3.1.A3 σ und $\bar{\sigma}$ sind konvex, und $\bar{\sigma}$ ist die konvexe Hülle von σ.

3.1.A4 Sei $\sigma = (x_0 \ldots x_q)$ und $\tau = (x_1 \ldots x_q)$. Dann ist σ bzw. $\bar{\sigma}$ die Vereinigung der offenen bzw. abgeschlossenen Strecken zwischen x_0 und den Punkten von τ bzw. $\bar{\tau}$, und $\bar{\sigma}$ ist homöomorph zum Kegel $C(\bar{\tau})$.

3.1.A5 Der Durchmesser $d(\sigma) = \sup\{|x - y| \mid x, y \in \sigma\}$ ist die Länge der längsten Kante ($= 1$-dimensionales Seitensimplex) von σ.

3.1.A6 Der Raum $X = \{x \in \mathbb{R}^n \mid |x_1| + \ldots + |x_n| = 1\} \subset \mathbb{R}^n$ ist eine $(n-1)$-Sphäre, die durch einen im $\mathbb{R}^n$ liegenden Simplizialkomplex trianguliert werden kann.

3.1.A7 Sei $e_i \in \mathbb{R}^n$ der i-te Einheitspunkt (i-te Koordinate $= 1$, andere $= 0$). Ist $(i_1, \ldots, i_n)$ eine Permutation von $(1, \ldots, n)$, so spannen die $n + 1$ Punkte $0, e_{i_1}, e_{i_1} + e_{i_2}, \ldots, e_{i_1} + \ldots + e_{i_n}$ des $\mathbb{R}^n$ ein n-Simplex auf, und die Menge dieser n-Simplexe zusammen mit allen Seitensimplexen ist ein Simplizialkomplex K mit $|K| = I^n$.

3.1.A8 Sei K ein Simplizialkomplex im $\mathbb{R}^n$ und $p \in \mathbb{R}^{n+1} \setminus \mathbb{R}^n$. Der *Kegel* $C(K, p)$ über K mit Spitze p besteht aus dem 0-Simplex p, den Simplexen von K und den Simplexen $(px_0 \ldots x_q)$ mit $(x_0 \ldots x_q) \in K$. Die *Einhängung* von K ist der „Doppelkegel" $EK = C(K, p) \cup C(K, -p)$. Zeigen Sie, daß $C(K, p)$ und EK Simplizialkomplexe sind mit $|C(K, p)| \approx C|K|$ und $|EK| \approx E|K|$.

3.1.A9 Das topologische Produkt zweier abgeschlossener Simplexe ist ein Polyeder; das topologische Produkt zweier Polyeder ist ein Polyeder.

3.1.A10 Sei E eine endliche Menge und S eine Menge nichtleerer Teilmengen von E mit:

(a) Die einelementigen Teilmengen von E gehören zu S.

(b) Jede nichtleere Teilmenge einer Menge von S gehört zu S.

Dann heißt das Paar (E, S) ein *simpliziales Schema*. Zeigen Sie, daß jeder Simplizialkomplex K wie folgt ein simpliziales Schema $(E(K), S(K))$ bestimmt: $E(K)$ ist die Menge der Ecken von K, und eine Teilmenge $T \subset E(K)$ gehört genau dann zu $S(K)$, wenn die Ecken in T ein Simplex von K aufspannen.

3.1.A11 Sei (E, S) mit $E = \{e_1, \ldots, e_m\}$ ein simpliziales Schema. Seien $x_1, \ldots, x_m$ Punkte in allgemeiner Lage in einem euklidischen Raum. Sei K die Menge aller Simplexe der Form $(x_{i_0} \ldots x_{i_q})$ mit $\{e_{i_0}, \ldots, e_{i_q}\} \in S$. Zeigen Sie, daß K ein Simplizialkomplex ist. K heißt eine *geometrische Realisierung* von (E, S).

3.1.A12 Die Abbildung 3.1.8 definiert ein simpliziales Schema, dessen geometrische Realisierung eine Triangulation der projektiven Ebene ist.

3.1.A13 Sei K ein n-dimensionaler Simplizialkomplex und sei α_q für $0 \leq q \leq n$ die Anzahl seiner q-Simplexe. Die Zahl $\chi(K) = \alpha_0 - \alpha_1 + \alpha_2 - \ldots + (-1)^n \alpha_n$ heißt die *Euler-Charakteristik von* K. Zeigen Sie:

(a) Für jede Triangulation K von S^1 ist $\chi(K) = 0$.

(b) Für jeden Kegel $L = C(K, p)$ wie in 3.1.A8 ist $\chi(L) = 1$.

(c) Für die Einhängung EK in 3.1.A8 ist $\chi(EK) = 2 - \chi(K)$.

(d) Ist σ ein $(n + 1)$-Simplex, so ist $\chi(K(\dot{\sigma})) = 1 + (-1)^n$.

(e) Ist K die Menge aller Seitensimplexe der Dimension $\leq q$ eines n-Simplex, so ist $\chi(K) = 1 + (-1)^q \binom{n}{q+1}$.

3.2 Unterteilung und simpliziale Approximation

Oft ist es zweckmäßig, einen triangulierbaren Raum in *kleine Simplexe* zu zerlegen. Wir präzisieren, was das heißt, und beweisen, daß es immer möglich ist.

3.2.1 Definition Der *Schwerpunkt* $\hat{\sigma}$ des q-Simplex σ ist der Punkt mit den baryzentrischen Koordinaten $\lambda_0 = \ldots = \lambda_q = 1/(q + 1)$.

Für ein 0-Simplex ist $\hat{\sigma}_0 = \sigma_0$. Der Schwerpunkt von σ_1 ist der Mittelpunkt der Strecke σ_1. Der Schwerpunkt von σ_2 ist der Schnittpunkt der Seitenhalbierenden des Dreiecks σ_2. Verbindet man in einem Tetraeder σ_3 jede Ecke mit dem Schwerpunkt des gegenüberliegenden Dreiecks, so schneiden sich diese vier Strecken im Schwerpunkt $\hat{\sigma}_3$ von σ_3.

3.2.2 Satz und Definition *Zu jedem Simplizialkomplex K gibt es einen Simplizialkomplex K', die sogenannte Normalunterteilung oder baryzentrische Unterteilung von K, mit den folgenden Eigenschaften:*

(a) *Die Ecken von K' sind die Schwerpunkte $\hat{\sigma}$ der Simplexe $\sigma \in K$.*

(b) *Die Ecken* $\hat{\sigma}^0, \ldots, \hat{\sigma}^q$ *von* K' *spannen genau dann ein zu* K' *gehörendes* q-*Simplex auf, wenn für die zugehörigen Simplexe* $\sigma^0, \ldots, \sigma^q \in K$ *bei geeigneter Numerierung* $\sigma^0 < \sigma^1 < \ldots < \sigma^q$ *ist.*

(c) *Es ist* $|K'| = |K|$; *ferner haben* K' *und* K *die gleiche Dimension* m.

(d) *Für jedes Simplex* $\sigma' \in K'$ *ist* $d(\sigma') \leq \frac{m}{m+1} \max\{d(\sigma)|\sigma \in K\}$.

Erläuterung und Beweis In Abb. 3.2.1 ist $K = K(\sigma_2)$. Man mache sich für jede Simplexfolge von K gemäß (b) das zugehörige Simplex von K' klar. In (d) ist $d(\sigma')$ bzw. $d(\sigma)$ der Durchmesser dieser Simplexe, vgl. 3.1.A5. Beim Beweis von 3.2.2, der in 4 Schritte zerfällt, gehen wir wie folgt vor: Wir zeigen, daß durch (a) und (b) tatsächlich ein Simplizialkomplex K' definiert wird, und beweisen dann, daß K' die Eigenschaften (c) und (d) hat.

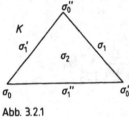

Simplex zu $\sigma_0'' < \sigma_1 < \sigma_2$

Simplex zu $\sigma_1 < \sigma_2$

Abb. 3.2.1

1. Schritt: Zu zeigen ist, daß für $\sigma^0 < \ldots < \sigma^q$ die Schwerpunkte $\hat{\sigma}^0, \ldots, \hat{\sigma}^q$ in allgemeiner Lage sind (sonst spannen sie kein q-Simplex auf). Diese Schwerpunkte liegen alle in $\bar{\sigma}^q$. Schreibt man ihre baryzentrischen Koordinaten bezüglich der Ecken von σ^q auf, so ergibt sich daraus mit 3.1.1 (c) die allgemeine Lage dieser Punkte; denn an $\hat{\sigma}^{i+1}$ ist mindestens eine Ecke beteiligt, die nicht zu $\hat{\sigma}^i$ beiträgt. Ist ferner $\sigma^0 < \ldots < \sigma^q$ und hat $\sigma' \in K'$ die Ecken $\hat{\sigma}^0, \ldots, \hat{\sigma}^q$, so ist $\sigma' \subset \sigma^q$.

2. Schritt: Für $\sigma \in K$ ist $\{\sigma' \in K'|\sigma' \subset \sigma\}$ eine disjunkte Zerlegung von σ. Beweis durch Induktion nach $q = \dim \sigma$: Der Fall $q = 0$ ist trivial. Es sei σ ein q-Simplex ($q > 0$), und es gelte die Aussage für alle r-Simplexe mit $r < q$. Jeder von $\hat{\sigma}$ verschiedene Punkt $x \in \sigma$ liegt auf genau einer Strecke von $\hat{\sigma}$ zu einem Punkt $y \in \dot{\sigma}$ (Beweis?). Nach 3.1.5 (c) und Induktionsannahme gibt es genau ein $\tau' \in K'$ mit $y \in \tau'$. Sind $\hat{\tau}^0, \ldots, \hat{\tau}^r$ die Ecken von τ', so ist bei geeigneter Numerierung $\tau^0 < \ldots < \tau^r < \sigma$, und das Simplex $\sigma' \in K'$ mit Ecken $\hat{\tau}^0, \ldots, \hat{\tau}^r$, $\hat{\sigma}$ ist das einzige Simplex von K', das x enthält.

3. Schritt: Aus dem 1. Schritt folgt, daß durch (a) und (b) in 3.2.2 eindeutig eine Menge K' von Simplexen im $\mathbb{R}^n$ definiert wird (wenn alle Simplexe von K im $\mathbb{R}^n$ liegen). Klar ist, daß K' die Bedingung (i) von 3.1.6 erfüllt. Aus dem 2. Schritt folgt, daß auch (ii) gilt und daß $|K'| = |K|$ ist. Die Aussage $\dim K' = \dim K$ ist klar nach Konstruktion von K'.

4. Schritt: Für jedes Simplex σ gilt $d(\sigma) = \max\{|x-y| \,|\, x, y$ sind Ecken von $\sigma\}$, vgl. 3.1.A5. Seien $\sigma \in K$, $\sigma' \in K'$ Simplexe mit $\sigma' \subset \sigma$ und $q = \dim \sigma$. Sind $x' \neq y'$ Ecken von σ', so sind x' und y' die Schwerpunkte gewisser Seiten $\sigma^1 < \sigma^2$ von σ. Bei geeigneter Numerierung $x_0, \ldots, x_q$ der Ecken von σ ist

$$x' = \frac{1}{r+1}(x_0 + \ldots + x_r) \text{ und } y' = \frac{1}{s+1}(x_0 + \ldots + x_s)$$

mit $0 \leq r < s \leq q$. Es folgt

$$|x' - y'| = |\frac{x_0 - y' + \ldots + x_r - y'}{r+1}| \leq \frac{1}{r+1}\sum_{i=0}^{r}|x_i - y'| \leq \max_{0 \leq i \leq r}|x_i - y'|.$$

Für jedes i mit $0 \leq i \leq r$ ist

$$|x_i - y'| = |\frac{1}{s+1}(x_i - x_0 + \ldots + x_i - x_s)| \leq \frac{1}{s+1}\sum_{j=0}^{s}|x_i - x_j|$$

$$\leq \frac{s}{s+1}\max_{0 \leq j \leq s}|x_i - x_j|.$$

Die letzte Ungleichung ist richtig, weil für $j = i$ der Summand $|x_i - x_j|$ verschwindet. Aus beiden Ungleichungen ergibt sich

$$|x' - y'| \leq \frac{s}{s+1}\max\{|x_i - x_j| \,|\, 0 \leq i \leq r,\ 0 \leq j \leq s\}$$

$$\leq \frac{s}{s+1}\,d(\sigma) \leq \frac{m}{m+1}\max\{d(\sigma) \,|\, \sigma \in K\},$$

letzteres wegen $s \leq q \leq m = \dim K$. Die Zahl rechts ist daher für jedes $\sigma' \in K'$ eine obere Schranke für $d(\sigma')$, womit auch (d) bewiesen ist. $\square$

Das Bilden der Normalunterteilung kann man iterieren (Abb. 3.2.2). Die Simplexe werden bei hinreichend oft wiederholter Normalunterteilung beliebig klein:

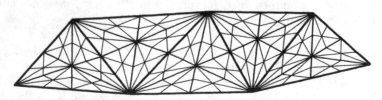

Abb. 3.2.2

3.2.3 Satz und Definition *Zu jedem Simplizialkomplex K und jeder Zahl $\varepsilon > 0$ gibt es eine natürliche Zahl q, so daß alle Simplexe der q-ten Normalunterteilung $K^{(q)}$ von K einen Durchmesser $< \varepsilon$ haben; dabei ist $K^{(q)}$ induktiv durch $K^{(1)} = K'$ und $K^{(q)} = (K^{(q-1)})'$ für $q > 1$ definiert.*

Beweis Sei $M(K) = \max\{d(\sigma)|\sigma \in K\}$. Aus (d) von 3.2.2 folgt durch Induktion nach q, daß $M(K^{(q)}) \leq (\frac{m}{m+1})^q M(K)$ ist, wobei $m = \dim K = \dim K^{(q)}$ ist. Aus $\lim_{q \to \infty}(\frac{m}{m+1})^q = 0$ folgt 3.2.3. $\square$

Als erste Anwendung dieses Satzes vergleichen wir die Menge der simplizialen Abbildungen $\varphi\colon K \to L$ mit der Menge der stetigen Abbildungen $f\colon |K| \to |L|$.

3.2.4 Definition Gegeben seien Simplizialkomplexe K und L und eine stetige Abbildung $f\colon |K| \to |L|$. Eine simpliziale Abbildung $\varphi\colon K \to L$ heißt *simpliziale Approximation von f*, wenn für alle $x \in |K|$ der Punkt $|\varphi|(x) \in |L|$ im abgeschlossenen Trägersimplex von $f(x)$ liegt, also $|\varphi|(x) \in \overline{\mathrm{Tr}}_L f(x)$.

Weil dieses abgeschlossene Trägersimplex konvex ist, enthält es mit $f(x)$ und $|\varphi|(x)$ auch die Punkte $h_t(x) = (1-t)f(x)+t|\varphi|(x)$ der Verbindungsstrecke. Es folgt, daß $h_t\colon |K| \to |L|$ eine Homotopie von f nach $|\varphi|$ ist:

3.2.5 Satz *Ist $\varphi\colon K \to L$ eine simpliziale Approximation von $f\colon |K| \to |L|$, so ist $|\varphi| \simeq f\colon |K| \to |L|$.* $\square$

3.2.6 Beispiel Sei $K = K(\dot\sigma_2)$ und $X = |K|$. Wegen $X \approx S^1$ und 2.2.4 kennt man bis auf Homotopie alle stetigen Abbildungen $f\colon X \to X$. Ist $\varphi\colon K \to K$ simplizial, so hat $|\varphi|\colon X \to X$ den Grad 0, 1 oder -1. Es gibt also für diese Triangulation K von X nicht zu jeder stetigen Abbildung $f\colon X \to X$ eine simpliziale Approximation $\varphi\colon K \to K$.

Der folgende Satz ist einer der grundlegenden Sätze der Homotopietheorie. Wenn man von Abbildungen zwischen Polyedern Eigenschaften untersucht, die sich bei homotopen Deformationen nicht ändern, so genügt es nach diesem Satz, simpliziale Abbildungen zu betrachten.

3.2.7 Satz (Existenz der simplizialen Approximation) *Zu jeder stetigen Abbildung $f\colon |K| \to |L|$ und zu jeder hinreichend großen Zahl q gibt es eine simpliziale Approximation $\varphi\colon K^{(q)} \to L$ von f.*

Beachten Sie, daß wegen $|K^{(q)}| = |K|$ die Aussage sinnvoll ist. Zum Beweis von 3.2.7 führen wir einen neuen Begriff ein.

3.2.8 Definition Für eine Ecke $p \in K$ heißt $\mathrm{St}_K(p) = \{x \in |K| \mid p \leq \mathrm{Tr}_K(x)\}$ der *Eckenstern* von p in K. Er ist eine Teilmenge von $|K|$.

3.2.9 Hilfssatz

(a) *Die Eckensterne von K bilden eine offene Überdeckung von $|K|$.*

(b) *Ist $\mathcal{U}$ eine offene Überdeckung von $|K|$, so ist die Überdeckung von $|K|$ durch die Eckensterne von $K^{(q)}$ für alle hinreichend großen q feiner als $\mathcal{U}$ (d.h. jeder Eckenstern von $K^{(q)}$ ist in einem $U \in \mathcal{U}$ enthalten).*

Beweis (a) Es ist $\mathrm{St}_K(p) = |K| \backslash |L|$, wobei $L \subset K$ der Teilkomplex ist, der aus allen Simplexen besteht, die p nicht als Ecke haben. Wegen 3.1.13 ist $\mathrm{St}_K(p)$ offen in $|K|$. Klar ist, daß jeder Punkt von $|K|$ in einem Eckenstern liegt.

(b) Nach dem Lebesgueschen Lemma [Schubert, I.7.4] gibt es eine Zahl $\lambda > 0$, so daß jede Menge $A \subset |K|$ mit Durchmesser $d(A) < \lambda$ ganz in einem $U \in \mathcal{U}$ liegt. Nach 3.2.3 haben für hinreichend großes q alle Simplexe von $K^{(q)}$ einen Durchmesser $< \lambda/2$, also alle Eckensterne von $K^{(q)}$ einen Durchmesser $< \lambda$.   □

Beweis von 3.2.7. Weil f stetig ist, ist $\mathcal{U} = \{f^{-1}(\mathrm{St}_L(y)) | y \in L \text{ Ecke}\}$ nach 3.2.9 (a) eine offene Überdeckung von $|K|$. Wir setzen $M = K^{(q)}$, wobei q so groß ist, daß die Überdeckung $\{\mathrm{St}_M(x) | x \in M \text{ Ecke }\}$ feiner ist als $\mathcal{U}$. Dann können wir zu jeder Ecke $x \in M$ eine feste Ecke $x' \in L$ so wählen, daß $\mathrm{St}_M(x) \subset f^{-1}(\mathrm{St}_L(x'))$ und daher $f(\mathrm{St}_M(x)) \subset \mathrm{St}_L(x')$ gilt. Es genügt zu zeigen:

(a) *Die Zuordnung $x \mapsto x'$ definiert eine simpliziale Abbildung $\varphi \colon M \to L$.*

(b) *φ ist eine simpliziale Approximation von f.*

Zu (a): $\sigma \in M$ sei ein Simplex mit den Ecken $x_0, \ldots, x_r$. Für $x \in \sigma$ ist dann $x \in \cap \mathrm{St}_M(x_i)$, also $f(x) \in f(\cap \mathrm{St}_M(x_i)) \subset \cap f(\mathrm{St}_M(x_i)) \subset \cap \mathrm{St}_L(x_i')$, d.h. es ist $f(x) \in \mathrm{St}_L(x_i')$ für $i = 0, \ldots, r$. Daher sind $x_0', \ldots, x_r'$ Ecken des Trägersimplex $\mathrm{Tr}_L f(x)$, und die verschiedenen von ihnen spannen ein Simplex σ' in L auf. Durch $\varphi(\sigma) = \sigma'$ wird somit eine simpliziale Abbildung $\varphi \colon M \to L$ definiert. — Zu (b): Sei $x \in |K| = |M|$ und $\sigma = \mathrm{Tr}_M(x)$. Dann ist, wie eben gezeigt, $\varphi(\sigma) \leq \mathrm{Tr}_L(f(x))$. Daher gilt $|\varphi|(x) \in \overline{\mathrm{Tr}_L(f(x))}$.   □

3.2.10 Beispiel Hier ist eine erste einfache Anwendung der simplizialen Approximation: Sind X, Y Polyeder, so ist die Menge $[X, Y]$ endlich oder abzählbar, wie aus 3.2.7 und 3.1.19 (a) folgt. Natürlich muß $[X, Y]$ nicht endlich sein (vgl. 2.2.4).

3.2.11 Beispiel Das folgende Beispiel einer simplizialen Abbildung wird uns später noch nützlich sein. Es sei K' die Normalunterteilung des Simplizialkomplexes K. Wir ordnen jeder Ecke $\hat{\sigma}$ von K' eine beliebige, aber fest gewählte Ecke $\chi(\hat{\sigma})$ des Simplex σ von K zu. Ist $\sigma' = (\hat{\sigma}^0 \ldots \hat{\sigma}^q)$ ein Simplex von K', wobei $\sigma^0 < \ldots < \sigma^q$ ist, so sind $\chi(\hat{\sigma}^0), \ldots, \chi(\hat{\sigma}^q)$ Ecken von σ^q, und daher spannen die verschiedenen dieser Ecken ein Seitensimplex von σ^q (also ein Simplex von K) auf. Folglich liefert die Zuordnung $\hat{\sigma} \mapsto \chi(\hat{\sigma})$ eine simpliziale Abbildung $\chi \colon K' \to K$. Sie hat folgende Eigenschaften:

(a) *Es ist $\chi(\sigma') \leq \sigma^q$, wobei $\hat{\sigma}^q$ die „letzte Ecke" von σ' ist. Daraus folgt, daß χ eine simpliziale Approximation der Identität ist, also $|\chi| \simeq \mathrm{id} \colon |K'| \to |K|$.*

(b) *Ist $\sigma \in K$ ein q-Simplex, so wird von den q-Simplexen von K', die in σ liegen, genau eines unter χ auf σ abgebildet; die anderen werden auf echte Seiten von σ abgebildet.*

Beweis durch Induktion nach q: Der Fall $q = 0$ ist trivial. Sei σ ein q-Simplex mit $q > 0$ und sei $x = \chi(\hat{\sigma})$. Sei τ das $(q-1)$-Seitensimplex von σ, das x gegenüberliegt. Es gibt genau ein $(q-1)$-Simplex $\tau' = (\hat{\tau}^0 \ldots \hat{\tau}^{q-1})$, das in τ liegt, mit $\chi(\tau') = \tau$. Dann ist $\sigma' = (\hat{\tau}^0 \ldots \hat{\tau}^{q-1}\hat{\sigma})$ das einzige q-Simplex, das in σ liegt, mit $\chi(\sigma') = \sigma$.

Aufgaben

3.2.A1 Ist $K_0 \subset K$ ein Teilkomplex, so ist $K_0' \subset K'$ ein Teilkomplex.

3.2.A2 Für Ecken $x_0, \ldots, x_q \in K$ ist $\operatorname{St}_K(x_0) \cap \ldots \cap \operatorname{St}_K(x_q)$ genau dann nicht leer, wenn diese Ecken ein Simplex von K aufspannen.

3.2.A3 Ein Teilkomplex K_0 von K heißt *voll*, wenn er jedes Simplex von K enthält, dessen Ecken in K_0 liegen. Zeigen Sie, daß K_0' voller Teilkomplex von K' ist.

3.2.A4 Sei $\sigma = (x_0 x_1 x_2)$ und $K = K(\dot{\sigma})$. Sei $\varphi \colon S^1 \to |K|$ ein Homöomorphismus mit $\varphi(1) = x_0, \varphi(i) = x_1, \varphi(-1) = x_2$. Konstruieren Sie eine simpliziale Approximation der Abbildung $f = \varphi \circ g_n \circ \varphi^{-1} \colon |K| \to |K|$, wobei g_n wie in 2.2.4 ist.

3.3 Freimachen durch Deformationen

In diesem Abschnitt beweisen wir mit den simplizialen Methoden einige grundlegende Sätze der Homotopietheorie.

3.3.1 Satz *Für $r < n$ ist jede stetige Abbildung $f \colon S^r \to S^n$ nullhomotop.*

Wenn f nicht surjektiv ist, ist f nullhomotop nach 2.1.6 (i). Jedoch gibt es, in Analogie zur Peano-Kurve, für $r \geq 1$ stetige surjektive Abbildungen $f \colon S^r \to S^n$, vgl. [Dugundji, IV.4]. Man braucht daher eine Methode, mit der man f in eine nicht surjektive Abbildung homotop deformieren kann. Eine solche Methode (es gibt noch andere) ist die simpliziale Approximation.

Beweis von 3.3.1. Sei $K = K(\dot{\sigma}_{r+1})$ bzw. $L = K(\dot{\sigma}_{n+1})$ und seien $h \colon |K| \to S^r$ bzw. $k \colon |L| \to S^n$ Homöomorphismen. Zu $k^{-1} \circ f \circ h \colon |K| \to |L|$ gibt es eine simpliziale Approximation $\varphi \colon K^{(q)} \to L$. Wegen $\dim K^{(q)} = \dim K = r < n = \dim L$ ist φ und somit $|\varphi|$ nicht surjektiv. Dann ist auch $k \circ |\varphi| \circ h^{-1} \colon S^r \to S^n$ nicht surjektiv, also nullhomotop, so daß auch $|\varphi|$ und wegen $|\varphi| \simeq k^{-1} \circ f \circ h$ auch f nullhomotop ist. $\qquad\square$

Allgemeiner erhält man mit dieser Argumentation:

3.3.2 Satz *Ist K ein Simplizialkomplex mit* $\dim K < n$, *so ist jede stetige Abbildung $f\colon |K| \to S^n$ nullhomotop.*   □

Man kann also stetige Abbildungen so homotop deformieren, daß sie danach nicht mehr dimensionserhöhend sind. Dieser Sachverhalt wird auch durch die beiden folgenden Aussagen beschrieben, vgl. die Abb. 3.3.1 und 3.3.2.

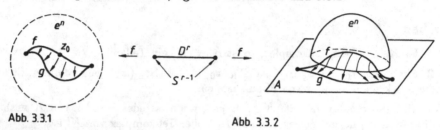

Abb. 3.3.1   **Abb. 3.3.2**

3.3.3 Satz (Freimachen eines Punktes) *Sei e^n eine n-Zelle und $z_0 \in e^n$.*

(a) *Zu jeder stetigen Abbildung $f\colon (D^r, S^{r-1}) \to (e^n, e^n \backslash z_0)$ mit $r < n$ gibt es eine Abbildung $g \simeq f\colon (D^r, S^{r-1}) \to (e^n, e^n \backslash z_0)$ rel S^{r-1} mit $g(D^r) \subset e^n \backslash z_0$.*

(b) *Sei K ein Simplizialkomplex mit Teilkomplex L, so daß $\dim \sigma < n$ gilt für alle $\sigma \in K \backslash L$. Dann gibt es zu jeder stetigen Abbildung $f\colon (|K|, |L|) \to (e^n, e^n \backslash z_0)$ eine Abbildung $g \simeq f\colon (|K|, |L|) \to (e^n, e^n \backslash z_0)$ rel $|L|$ mit $g(|K|) \subset e^n \backslash z_0$.*

Beweis von (a). Die durch f definierte Abbildung $f_1\colon S^{r-1} \to e^n \backslash z_0$ ist wegen $e^n \backslash z_0 \simeq S^{n-1}$ (vgl. 2.4.5 (d)) und 3.3.1 nullhomotop, setzt sich also nach 2.3.3 zu $g\colon D^r \to e^n \backslash z_0$ fort. Sei $h\colon D^r \times \dot{I} \cup S^{r-1} \times I \to e^n$ durch $(x,0) \mapsto f(x)$ bzw. $(x,1) \mapsto g(x)$ bzw. $(y,t) \mapsto f(y) = g(y)$ definiert, wobei $x \in D^r$, $y \in S^{r-1}$ und $t \in I$. Weil e^n zusammenziehbar ist, ist h nullhomotop, also ebenfalls nach 2.3.3 zu $H\colon D^r \times I \to e^n$ fortsetzbar (beachten Sie, daß die Paare $(D^r \times I, D^r \times \dot{I} \cup S^{r-1} \times I)$ und (D^{r+1}, S^r) homöomorph sind). H ist eine Homotopie von f nach g relativ S^{r-1}.

Beweis von (b) durch Induktion nach der Zahl der Zellen in $K \backslash L$. Der Fall $K = L$ ist trivial. Sei $K \neq L$ und sei $\sigma \in K \backslash L$ ein Simplex größter Dimension. $M = K \backslash \sigma$ ist ein Simplizialkomplex mit $L \subset M$. Nach Induktionsannahme gibt es eine Homotopie $h_t\colon |M| \to e^n$ mit $h_0 = f||M|$ und $h_1(|M|) \subset e^n \backslash z_0$ sowie $h_t||L| = f||L|$. Es ist $|K| = |M| \cup \bar{\sigma}$ und $\dot{\sigma} = |M| \cap \bar{\sigma}$. Weil das Paar $(\bar{\sigma}, \dot{\sigma})$ nach 2.3.6 (a) die AHE hat, kann man die Homotopie $h_t|\dot{\sigma}$, für die $h_0|\dot{\sigma} = f|\dot{\sigma}$ gilt, fortsetzen und erhält $h'_t\colon \bar{\sigma} \to e^n$ mit $h'_0 = f|\bar{\sigma}$ und $h'_t|\dot{\sigma} = h_t|\dot{\sigma}$. Die Homotopien h_t und h'_t setzen sich zu einer Homotopie $f_t\colon |K| \to e^n$ zusammen mit $f_0 = f$ und $f_1(|M|) \subset e^n \backslash z_0$ sowie $f_t||L| = f||L|$. Nach (a) gibt es zu $f_1|\bar{\sigma}\colon (\bar{\sigma}, \dot{\sigma}) \to (e^n, e^n \backslash z_0)$ eine relativ $\dot{\sigma}$ homotope Abbildung $g_1\colon \bar{\sigma} \to e^n$ mit $g_1(\bar{\sigma}) \subset e^n \backslash z_0$. Sei $g\colon |K| \to X$ die Abbildung, die auf $\bar{\sigma}$ bzw. $|M|$ mit g_1 bzw. f_1 übereinstimmt. Dann ist $g(|K|) \subset e^n \backslash z_0$ und $g \simeq f_1$ rel $|M|$, also auch $g \simeq f$ rel $|L|$.   □

3.3.4 Satz (Freimachen einer Zelle) *Der Raum X entstehe aus dem Raum A durch Ankleben einer n-Zelle, und es sei $r < n$. Dann gibt es zu jeder stetigen Abbildung $f\colon (D^r, S^{r-1}) \to (X, A)$ eine Abbildung $g \simeq f\colon (D^r, S^{r-1}) \to (X, A)$ rel S^{r-1} mit $g(D^r) \subset A$.*

Beweis $X \backslash A = e^n$ ist eine n-Zelle; sei $z_0 \in e^n$. Die offenen Mengen e^n und $X \backslash z_0$ überdecken X. Wir ersetzen (D^r, S^{r-1}) durch ein homöomorphes Paar $(|K|, |L|)$ mit $\dim K = r$ und betrachten also $f\colon (|K|, |L|) \to (X, A)$. Wegen 3.2.9 (b) können wir annehmen, daß für $\sigma \in K$ stets $\bar\sigma \subset f^{-1}(e^n)$ oder $\bar\sigma \subset f^{-1}(X \backslash z_0)$ ist (da diese beiden offenen Mengen $|K|$ überdecken). Dann sind $K_0 = \{\sigma \in K \,|\, f(\bar\sigma) \subset X \backslash z_0\}$ und $K_1 = \{\sigma \in K \,|\, f(\bar\sigma) \subset e^n\}$ Teilkomplexe von K mit $K_0 \cup K_1 = K$ und $L \subset K_0$. Zu der durch f definierten Abbildung $f_1\colon (|K_1|, |K_1 \cap K_0|) \to (e^n, e^n \backslash z_0)$ gibt es nach 3.3.3 (b) ein $g_1\colon |K_1| \to e^n$ mit $g_1 \simeq f_1$ rel $|K_1 \cap K_0|$ und $g_1(|K_1|) \subset e^n \backslash z_0$. Sei $g_2\colon |K| \to X$ die Abbildung, die auf $|K_1|$ mit g_1 und auf $|K_0|$ mit f übereinstimmt. Dann ist $g_2 \simeq f$ rel $|L|$ und $g_2(|K|) \subset X \backslash z_0$. Nach 2.4.7 ist A strenger Deformationsretrakt von $X \backslash z_0$. Sei $r\colon X \backslash z_0 \to A$ eine Retraktion. Für $g = r \circ g_2$ gilt $g \simeq f$ rel $|L|$ und $g(|K|) \subset A$. $\qquad\square$

Aufgaben

3.3.A1 Für $n \neq 1$ ist $S^1 \not\simeq S^n$.

3.3.A2 Für $n \neq 2$ ist $\mathbb{R}^2 \not\approx \mathbb{R}^n$.

3.3.A3 Ein Raum X heißt *n-zusammenhängend*, wenn für $q \leq n$ jede stetige Abbildung $f\colon S^q \to X$ nullhomotop ist. Zeigen Sie:
(a) S^n ist $(n-1)$-zusammenhängend; S^∞ ist n-zusammenhängend für alle n.
(b) $P^n(\mathbb{C})$ ist 1-zusammenhängend, $P^n(\mathbb{H})$ ist 3-zusammenhängend.
(c) Der n-fache Zusammenhang ist eine Invariante des Homotopietyps.

3.4 Notizen

Die Theorie der Simplizialkomplexe und Polyeder, also die sog. *kombinatorische Topologie*, hat eine lange Geschichte. 1- und 2-dimensionale Simplizialkomplexe wurden schon von Euler untersucht (Königsberger Brückenproblem, Graphentheorie, Eulerscher Polyedersatz). Verallgemeinerungen in höhere Dimensionen hat Listing (um 1850) untersucht, der als erster das Wort *Topologie* benutzte. Durch die Arbeiten von Poincaré, Alexander und Veblen (ca. 1900–1930) wurden die Grundlagen der Theorie vervollständigt. Die Idee der kombinatorischen Topologie ist es, durch Untersuchung der Anzahl der Simplexe eines Simplizialkomplexes K und der Art, wie die Simplexe zusammengefügt sind, Aussagen über die Topologie des zugrundeliegenden Polyeders $|K|$ zu gewinnen (vgl. Kap. 7).

Simplizialkomplexe können in verschiedenen Richtungen verallgemeinert werden. Um nicht kompakte Räume zu triangulieren, braucht man unendliche Simplizialkomplexe, die unendlich viele Simplexe besitzen. Verschiedenartige Verallgemeinerungen (z.B. Nerven von Überdeckungen, Semisimplizialkomplexe u.a.) ermöglichen es, kombinatorische Methoden mit Erfolg auf beliebige topologische Räume anzuwenden. Eine wichtige Verallgemeinerung sind die *CW-Komplexe* oder *CW-Räume*, die wir im nächsten Abschnitt behandeln.

4 CW-Räume

Für viele topologische Untersuchungen sind Polyeder zu speziell und kompliziert und beliebige topologische Räume zu allgemein. Wir führen daher eine weitere Klasse von Räumen ein, die CW-Räume (auch: CW-Komplexe, Zellenkomplexe). Da dieses Thema eigentlich in die mengentheoretische Topologie gehört, werden wir nicht alle Sätze beweisen, sondern gelegentlich auf die Literatur verweisen.

4.1 Definitionen und grundlegende Eigenschaften

Die (offenen) Simplexe eines triangulierten Polyeders X bilden eine Zellzerlegung von X: Jedes Simplex ist eine Zelle, und X ist die disjunkte Vereinigung dieser Zellen. Wir verallgemeinern dies wie folgt:

4.1.1 Definition Ein in *Zellen zerlegter Raum* ist ein Raum X zusammen mit einer Menge $\mathcal{Z}$ von Teilräumen von X, so daß gilt: Jedes Element $e \in \mathcal{Z}$ ist eine Zelle, und X ist die disjunkte Vereinigung dieser Zellen. Das *n-dimensionale Gerüst von X* ist der Teilraum $X^n = \bigcup \{e \in \mathcal{Z} \mid \dim(e) \leq n\}$; man erhält eine Folge

$$\emptyset = X^{-1} \subset X^0 \subset X^1 \subset \ldots \subset X^{n-1} \subset X^n \subset \ldots \subset X$$

von Teilräumen mit $\bigcup X^n = X$. Für jede Zelle e ist $\bar{e} \subset X$ die abgeschlossene Hülle von e in X; die Differenz $\dot{e} = \bar{e} \setminus e$ heißt der *Rand von e*.

Damit erhält der Begriff „Rand" eine dritte Bedeutung (vgl. die Warnung nach 1.4.1). Zur Definition von X^n beachte man, daß die Dimension $\dim(e)$ der Zelle e nach 1.1.17 eindeutig bestimmt ist. Wir werden im folgenden das Symbol $\mathcal{Z}$ nicht mehr erwähnen (außer im nächsten Satz). Die Aussage „X ist ein in Zellen zerlegter Raum" beinhaltet, daß auf X eine feste Zellzerlegung gegeben ist; wenn wir von den Zellen $e \subset X$ sprechen, meinen wir die $e \in \mathcal{Z}$.

4.1.2 Definition und Satz *Sei $e \subset X$ eine n-Zelle. Eine stetige Abbildung $F \colon D^n \to X$ heißt* charakteristische Abbildung von e, *wenn $F(S^{n-1}) \subset X^{n-1}$ gilt und wenn $\mathring{D}^n$ unter F homöomorph auf e abgebildet wird. Die Einschränkung*

$F|S^{n-1}$: $S^{n-1} \to X^{n-1}$ heißt (wegen 4.2.1) eine Klebeabbildung von e. Wenn X hausdorffsch ist, gilt $\bar{e} = F(D^n) \subset X^{n-1} \cup e$ und $\dot{e} = F(S^{n-1}) \subset X^{n-1}$; insbesondere sind $\bar{e}$ und $\dot{e}$ kompakt, F: $D^n \to \bar{e}$ ist identifizierend, und die Abbildung von Paaren F: $(D^n, S^{n-1}) \to (\bar{e}, \dot{e})$ ist ein relativer Homöomorphismus.

Beweis Aus der Stetigkeit von F folgt $F(D^n) \subset \bar{e}$. Weil $F(D^n)$ kompakt, also abgeschlossen ist im Hausdorffraum X, folgt aus $e \subset F(D^n)$ auch $\bar{e} \subset F(D^n)$. Somit ist $F(D^n) = \bar{e}$, ausführlich $F(\mathring{D}^n \cup S^{n-1}) = e \cup \dot{e}$. Wegen $F(\mathring{D}^n) = e$ folgt $\dot{e} \subset F(S^{n-1})$. Wegen $F(S^{n-1}) \subset X^{n-1}$ und $e \cap X^{n-1} = \emptyset$ ist auch $F(S^{n-1}) \subset \dot{e}$. □

4.1.3 Definition Ein *CW-Raum* ist ein in Zellen zerlegter Hausdorffraum X, so daß jede Zelle eine charakteristische Abbildung besitzt und folgende Bedingungen gelten:

Bedingung (C): Für jede Zelle $e \subset X$ trifft $\bar{e}$ nur endlich viele Zellen.

Bedingung (W): Ist $A \subset X$ ein Teilraum, so daß $A \cap \bar{e}$ abgeschlossen ist in $\bar{e}$ für alle Zellen e von X, so ist A abgeschlossen in X.

Der CW-Raum X heißt:

  n-dimensional (dim $X = n$), wenn $X = X^n$ und $\neq X^{n-1}$ ist;

  ∞-*dimensional* (dim $X = \infty$), wenn $X \neq X^n$ für alle n;

  endlicher CW-Raum, wenn die Anzahl seiner Zellen endlich ist;

  unendlicher CW-Raum, wenn er unendlich viele Zellen besitzt.

Der Buchstabe C steht für *Closure-finite (Hüllen-endlich)*, der Buchstabe W für *Weak Topology*: Bedingung (W) besagt gerade, daß X die schwache Topologie bezüglich des Systems $\{\bar{e} \mid e$ Zelle von $X\}$ hat.

4.1.4 Beispiele

(a) Bei endlicher Zellenzahl sind die Bedingungen (C) und (W) stets erfüllt, d.h. jeder in endlich viele Zellen zerlegte Hausdorff-Raum, bei dem jede Zelle eine charakteristische Abbildung besitzt, ist ein CW-Raum.

(b) Ist K ein Simplizialkomplex, so ist $|K|$ ein endlicher CW-Raum; die Zellen sind die Simplexe $\sigma \in K$, und jeder Homöomorphismus $D^n \to \bar{\sigma}$ ist eine charakteristische Abbildung für das n-Simplex σ.

(c) Die Oberfläche eines Würfels oder Dodekaeders etc. ist ein CW-Raum mit den Ecken als 0-Zellen, den offenen Kanten als 1-Zellen und den offenen Quadraten bzw. Fünfecken als 2-Zellen. Der erste Unterschied zu Simplizialkomplexen ist also, daß die Zellen eines CW-Raumes keine geometrischen Simplexe sein müssen.

(d) Ist $e^0 \in S^n$ ein beliebiger Punkt (eine 0-Zelle), so ist $e^n = S^n \backslash e^0$ eine n-Zelle und $S^n = e^0 \cup e^n$ ist mit diesen beiden Zellen ein CW-Raum; jeder relative Homöomorphismus $(D^n, S^{n-1}) \to (S^n, e^0)$ ist eine charakteristische Abbildung für e^n. Dies zeigt zwei weitere Unterschiede zu Simplizialkomplexen: für eine n-Zelle muß $\bar{e}$ kein n-Ball und $\dot{e}$ keine $(n-1)$-Sphäre sein, und es muß nicht zu jeder

Zahl $k < \dim X$ Zellen der Dimension k geben (jedoch enthält jeder nichtleere CW-Raum mindestens eine 0-Zelle, wie aus der Existenz der charakteristischen Abbildungen folgt).

(e) Allgemeiner ist eine Einpunktvereinigung $S^{n_1} \vee \ldots \vee S^{n_k}$ von Sphären ein CW-Raum; der gemeinsame Punkt x_0 der Sphären ist eine 0-Zelle, und die $S^{n_i} \backslash x_0$ sind die übrigen Zellen.

(f) Den Raum $S^1 \vee S^2$ kann man auch wie folgt zu einem CW-Raum machen: man wählt eine von $x_0 = S^1 \cap S^2$ verschiedene 0-Zelle $e^0 \in S^1$ und nimmt die Zellen $e^1 = S^1 \backslash e^0$ und $e^2 = S^2 \backslash x_0$ dazu. Das zeigt einen weiteren Unterschied zu Simplizialkomplexen: Rand $\dot{e}$ und Abschluß $\bar{e}$ müssen nicht Vereinigung von Zellen sein.

(g) Die geschlossenen Flächen F_g bzw. N_g sind nach 1.6.11 CW-Räume mit einer 0-Zelle, $2g$ bzw. g 1-Zellen und einer 2-Zelle, deren Rand das ganze 1-Gerüst ist.

(h) Die projektiven Räume in 1.6.8 sind mit den dort angegebenen Zellzerlegungen CW-Räume; die charakteristischen Abbildungen der Zellen sind in 1.6.7 angegeben. Z.B. ist $P^n(\mathbb{R}) = e^0 \cup e^1 \cup \ldots \cup e^n$ und der Rand von e^n ist $\dot{e}^n = P^{n-1}(\mathbb{R})$.

Die obigen Beispiele für CW-Räume sind alle Polyeder, aber es ist sehr viel komplizierter, sie zu triangulieren als sie in Zellen zu zerlegen. Z.B. ist ein Torus ein CW-Raum mit 4 Zellen; um ihn zu triangulieren, braucht man mindestens 42 Simplexe (vgl. 11.2.A4).

4.1.5 Definition Sei X ein CW-Raum und sei $X_0 \subset X$ ein Teilraum, der Vereinigung von Zellen von X ist. X_0 heißt ein *CW-Teilraum* von X, und das Paar (X, X_0) heißt ein *CW-Paar*, wenn eine der folgenden äquivalenten Bedingungen gilt:

(a) X_0 ist mit den in X_0 liegenden Zellen von X selbst ein CW-Raum.

(b) X_0 ist abgeschlossen in X.

(c) Für jede Zelle $e \subset X_0$ ist $\bar{e} \subset X_0$ (wobei $\bar{e}$ der Abschluß von e in X ist).

Die Äquivalenz dieser Bedingungen ist bei endlichen CW-Räumen klar; bei unendlicher Zellenzahl ist der Beweis schwieriger ([Jänich, §4] oder [Schubert, III.3.2]).

4.1.6 Folgerungen Durchschnitte und Vereinigungen von CW-Teilräumen sind CW-Teilräume (wegen (b) bzw. (c)). Die Gerüste sind CW-Teilräume (wegen (c) und 4.1.2); allgemeiner ist, wenn e_i^n n-Zellen von X sind, auch $X^{n-1} \cup \bigcup e_i^n$ ein CW-Teilraum. Aus demselben Grund sind die Zusammenhangskomponenten von X CW-Teilräume und X ist deren topologische Summe (jede einzelne ist als Komplement der übrigen offen). Weil dasselbe für die Wegekomponenten gilt, stimmen diese mit den Zusammenhangskomponenten überein (das folgt auch aus 4.3.4).

Ein weiterer Unterschied zwischen CW-Räumen und triangulierten Polyedern ist, daß wir jetzt auch unendlich viele Zellen zulassen. Dabei sind natürlich die Bedingungen (C) und (W) entscheidend. Zunächst folgt, daß „sich die Zellen nicht häufen können":

4.1.7 Satz *Ein Teilraum $P \subset X$, der jede Zelle von X in höchstens einem Punkt trifft, hat die diskrete Topologie.*

Beweis Jede Teilmenge $Q \subset P$ trifft jede Zelle $e \subset X$ in höchstens einem Punkt. Wegen Bedingung (C) besteht daher $Q \cap \bar{e}$ aus nur endlich vielen Punkten, ist also abgeschlossen in $\bar{e}$. Folglich ist Q wegen Bedingung (W) in X abgeschlossen. Weil somit jede Teilmenge von P abgeschlossen ist in X, ist P diskret.   □

4.1.8 Beispiele
(a) Der Raum in Abb. 1.3.2 ist mit der naheliegenden Zellzerlegung (eine 0-Zelle, unendlich viele 1-Zellen) kein CW-Raum. Die 1-Zellen häufen sich bei der 0-Zelle; Bedingung (W) ist verletzt.

(b) Die 0-dimensionalen CW-Räume sind die diskreten Räume.

(c) Die reelle Gerade $\mathbb{R}$ ist mit den ganzen Zahlen als 0-Zellen und den Intervallen dazwischen als 1-Zellen ein CW-Raum; (W) folgt aus 1.8.3. Der $\mathbb{R}^n$ ist ein CW-Raum, dessen Zellen die Produkte dieser 0- und 1-Zellen sind.

Den folgenden wichtigen Satz benutzt man häufig bei der Untersuchung unendlicher CW-Räume (Kompaktheitsargument bei CW-Räumen):

4.1.9 Satz *Jede kompakte Teilmenge $A \subset X$ ist in einem endlichen CW-Teilraum enthalten. Insbesondere ist ein CW-Raum genau dann kompakt, wenn er aus endlich vielen Zellen besteht.*

Beweis Für jede Zelle e, die A trifft, wählen wir einen Punkt in $A \cap e$. Die Menge dieser Punkte ist nach 4.1.7 diskret, also endlich (weil sie in A liegt). Daher trifft A nur endlich viele Zellen. Weil jede Zelle in einem endlichen CW-Teilraum von X liegt (Beweis durch Induktion nach der Dimension der Zelle, mit Bedingung (C) und 4.1.2), gilt dasselbe für A.   □

4.1.10 Korollar *Ein CW-Raum X ist genau dann lokalkompakt, wenn er lokal-endlich ist, d.h. wenn jeder Punkt $x \in X$ eine Umgebung U besitzt, die nur endlich viele Zellen trifft.*   □

Der folgende Satz (der aus 1.8.1 und 2.1.11 folgt) liefert eine wichtige Methode, um stetige Abbildungen und Homotopien auf CW-Räumen zu konstruieren:

4.1.11 Satz *Sei $f\colon X \to Y$ bzw. $f_t\colon X \to Y$ eine Abbildung bzw. eine Abbildungsschar von dem CW-Raum X in den beliebigen Raum Y. Dann sind äquivalent:*
(a) *f ist stetig bzw. f_t ist eine Homotopie.*
(b) *Für alle Zellen $e \subset X$ ist $f|\bar{e}$ stetig bzw. $f_t|\bar{e}$ eine Homotopie.*
(c) *Für alle $n \geq 0$ ist $f|X^n$ stetig bzw. $f_t|X^n$ eine Homotopie.*   □

Aufgaben

4.1.A1 Geben Sie eine CW-Zellzerlegung mit möglichst wenig Zellen an für folgende Räume: D^n, $S^1 \times I$, das Möbiusband, die Fläche D_g^2 aus 1.4.13 (a), den Raum $S^1 \cup_n e^2$ aus 1.6.10.

4.1.A2 Konstruieren Sie CW-Zellzerlegungen für die Flächen in Abb. 1.4.3 und 1.4.4.

4.1.A3 Konstruieren Sie eine CW-Zellzerlegung von S^n, so daß $S^{n-1} \subset S^n$ ein CW-Teilraum ist.

4.1.A4 Sei $p \geq 2$ eine ganze Zahl. Zeigen Sie, daß die folgenden Zellen eine CW-Zellzerlegung von D^3 bilden: die 0-Zellen $e_1^0, \ldots, e_p^0$ sind die p-ten Einheitswurzeln auf $S^1 \subset S^2 = \partial D^3$; die 1-Zellen $e_1^1, \ldots, e_p^1$ sind die offenen Kreisbögen auf S^1, in die S^1 durch die p-ten Einheitswurzeln zerlegt wird; die 2-Zellen sind die offenen Hemisphären $\mathring{D}_+^2$, $\mathring{D}_-^2$ in S^2; und schließlich ist $\mathring{D}^3$ die einzige 3-Zelle.

4.1.A5 Der Linsenraum $L(p,q)$ ist ein Quotientenraum von D^3; sei $f\colon D^3 \to L(p,q)$ die identifizierende Abbildung (vgl. 1.5.A3 oder 1.5.12). Zeigen Sie, daß die Zellzerlegung von D^3 in der vorigen Aufgaben wie folgt eine CW-Zellzerlegung von $L(p,q)$ induziert:
(a) Es ist $e^0 = f(e_1^0) = \ldots = f(e_p^0)$ eine 0-Zelle.
(b) Es ist $e^1 = f(e_1^1) = \ldots = f(e_p^1)$ eine 1-Zelle, f bildet e_i^1 homöomorph auf e^1 ab.
(c) Es ist $e^2 = f(\mathring{D}_+^2) = f(\mathring{D}_-^2)$ eine 2-Zelle, und f bildet $\mathring{D}_\pm^2$ homöomorph auf e^2 ab.
(d) Es ist $e^3 = f(\mathring{D}^3)$ eine 3-Zelle, und f bildet $\mathring{D}^3$ homöomorph auf e^3 ab.
(e) $L(p,q) = e^0 \cup e^1 \cup e^2 \cup e^3$ ist ein CW-Raum.
(f) Das 2-dimensionale Gerüst von $L(p,q)$ ist das Bild von D_+^2 unter f und es ist homöomorph zu dem Raum $S^1 \cup_p e^2$ aus 1.6.10.

4.2 Konstruktion von CW-Räumen

4.2.1 Satz
(a) *Jeder CW-Raum hat die schwache Topologie bezüglich der Gerüste $\{X^n | n \geq 0\}$, d.h. es ist $X = \lim_n X^n$.*

(b) *Sei (X, A) ein CW-Paar und sei für jede n-Zelle in $X \backslash A$ eine feste Klebeabbildung $f_j\colon S^{n-1} \to X^{n-1}$ gewählt ($j \in J_n =$ Indexmenge). Dann entsteht $A \cup X^n$ aus $A \cup X^{n-1}$, indem man mit diesen Abbildungen n-Zellen an $A \cup X^{n-1}$ klebt.*

Beweis (a) folgt unmittelbar aus der Bedingung (W).

(b) Es seien e_j die n-Zellen in $X \backslash A$ und F_j sei eine charakteristische Abbildung von e_j mit $F_j|S^{n-1} = f_j$. Wir betrachten folgende Räume und Abbildungen:

$$f\colon S^{n-1} \times J_n \to A \cup X^{n-1}, \quad f(x,j) = f_j(x),$$

$$F\colon D^n \times J_n \to A \cup X^n, \quad F(z,j) = F_j(z),$$

$$p\colon (A \cup X^{n-1}) + (D^n \times J_n) \to (A \cup X^{n-1}) \cup_f (D^n \times J_n) = Y_n,$$

$$h = (i+F) \circ p^{-1}\colon Y_n \to A \cup X^n \text{ mit } i\colon A \cup X^{n-1} \hookrightarrow A \cup X^n.$$

Dabei hat J_n die diskrete Topologie und p ist die identifizierende Abbildung (vgl. 1.6.12). h ist stetig nach 1.3.15 und offenbar bijektiv. Sei $e \subset A \cup X^n$ eine Zelle. Ist $e \subset A \cup X^{n-1}$, so ist $h^{-1}|\bar{e}$ die Identität; ist $e = e_j$, so ist $h^{-1}|\bar{e} = p \circ F_j^{-1}$ stetig, weil F_j identifizierend ist. Also ist $h^{-1}|\bar{e}$ stetig für alle Zellen e; aus Bedingung (W) folgt die Stetigkeit von h^{-1}, vgl. 4.1.11. Daher ist h ein Homöomorphismus und (b) bewiesen. $\qquad\qquad\square$

Im Fall $A = \emptyset$ folgt aus diesem Satz, daß man jeden CW-Raum X durch folgende Konstruktion erhält: man beginnt mit X^0 (ein diskreter Raum), erhält daraus X^1 durch Ankleben von 1-Zellen, daraus X^2 durch Ankleben von 2-Zellen usw.; dann ist X der Limesraum der Folge $X^0 \subset X^1 \subset X^2 \subset \dots$. Umgekehrt liefert eine solche Konstruktion immer einen CW-Raum:

4.2.2 Satz *Sei $X^0 \subset X^1 \subset X^2 \subset \dots$ eine Folge topologischer Räume, so daß X^0 diskret ist und X^n aus X^{n-1} durch Ankleben von n-Zellen entsteht ($n \geq 1$). Dann ist $X = \lim_n X^n$ mit den 0-Zellen aus X^0 und den n-Zellen aus $X^n\backslash X^{n-1}$ ($n \geq 1$) ein CW-Raum.*

Beweis Wir nehmen zunächst an, daß X hausdorffsch ist. Klar ist, daß X in Zellen zerlegt ist und jede Zelle eine charakteristische Abbildung besitzt (die Einschränkung der identifizierenden Abbildung beim Zellenankleben). Durch Induktion nach n folgt leicht, daß jedes X^n ein CW-Raum ist. Dann gelten die Bedingungen (C) und (W) auch für X, letztere, weil X nach Voraussetzung die schwache Topologie bezüglich der X^n hat. Zu zeigen bleibt, daß X hausdorffsch ist. Das ist eine nicht-triviale Aufgabe aus der mengentheoretischen Topologie, für deren Lösung wir folgende Hinweise geben: Zu $x \neq y \in X$ gibt es ein $n \geq 0$ und offene Mengen $U_n, V_n \subset X^n$, die x und y trennen. U_n wird zu einer in X^{n+1} offenen Menge U_{n+1} vergrößert, indem man in jeder $(n+1)$-Zelle e mit $U_n \cap \dot{e} \neq \emptyset$ die Punkte der Form $F(\lambda z)$ mit $\frac{1}{2} < \lambda \leq 1$ und $F(z) \in U_n \cap \dot{e}$ hinzunimmt ($F = $ charakteristische Abbildung von e); analog wird V_{n+1} gebildet. Man iteriert und erhält in $U = U_n \cup U_{n+1} \cup \dots$ und $V = V_n \cup V_{n+1} \cup \dots$ in X offene Mengen, die x und y trennen. $\qquad\qquad\square$

4.2.3 Beispiele

(a) Alle Räume, die wir in 1.6 durch sukzessives Zellen-Ankleben konstruiert haben, sind CW-Räume. Die ∞-dimensionalen projektiven Räume in 1.8.7 (b) sind CW-Räume der Form $P^\infty(\mathbb{R}) = e^0 \cup e^1 \cup e^2 \cup \dots$, $P^\infty(\mathbb{C}) = e^0 \cup e^2 \cup e^4 \cup \dots$ sowie

$P^\infty(\mathbb{H}) = e^0 \cup e^4 \cup e^8 \cup \ldots$. Die Sphäre S^n kann man als CW-Raum der Form $S^n = e^0_+ \cup e^0_- \cup e^1_+ \cup e^1_- \cup \ldots \cup e^n_+ \cup e^n_-$ darstellen, wobei $e^k_\pm = \mathring{D}^k_\pm$ die offenen Hemisphären von $S^k \subset S^n$ sind. Dann ist $S^{n-1} \subset S^n$ ein CW-Teilraum, und die Sphäre $S^\infty = \lim_n S^n$ aus 1.8.7 (a) ist ein CW-Raum.

(b) Ein CW-Raum, der außer einer 0-Zelle e^0 nur Zellen einer Dimension $n > 0$ hat, entsteht aus e^0 durch Ankleben von n-Zellen und ist daher nach 1.6.13 (a) eine Einpunktvereinigung von n-Sphären.

Gegeben sei $X \supset A \overset{f}{\to} Y$, wobei (X, A) ein CW-Paar und Y ein CW-Raum ist; wir untersuchen, ob $Y \cup_f X$ ein CW-Raum ist. Die einzige Schwierigkeit wird an folgendem Beispiel klar. Wir kleben an S^2 eine 2-Zelle e^2 mit einer stetigen, surjektiven Abbildung $f: S^1 \to S^2$. Der entstehende Raum $S^2 \cup e^2$ ist zwar in Zellen zerlegbar, aber egal wie man S^2 zerlegt, $\mathring{e}^2$ liegt nicht im 1-Gerüst. Man sieht also, daß man an die Klebeabbildung f eine Bedingung stellen muß.

4.2.4 Definition Eine stetige Abbildung $f: X \to Y$ zwischen CW-Räumen heißt *zellulär*, wenn $f(X^n) \subset Y^n$ gilt für alle $n \geq 0$.

Damit wird ausgeschlossen, daß f wie im obigen Beispiel dimensionserhöhend ist. Ist $\varphi: K \to L$ eine simpliziale Abbildung, so ist $|\varphi|: |K| \to |L|$ zellulär. Dieses Beispiel ist sehr speziell; beliebige zelluläre Abbildungen bilden nicht notwendig Zellen auf Zellen ab.

4.2.5 Satz *Gegeben sei $X \supset A \overset{f}{\to} Y$, wobei (X, A) ein CW-Paar, Y ein CW-Raum und $f: A \to Y$ eine zelluläre Abbildung ist. Sei $p: X + Y \to Y \cup_f X$ die identifizierende Abbildung. Dann ist $Y \cup_f X$ ein CW-Raum mit den Zellen $p(e)$ und e', wobei e bzw. e' die Zellen von $X \backslash A$ bzw. Y durchläuft; ferner ist $Y \subset Y \cup_f X$ ein CW-Teilraum.*

Beweis Weil f zellulär ist, ist $f_n = f|A^n: A^n \to Y^n$ und daher $Z_n = Y^n \cup_{f_n} X^n$ definiert. Wir überlassen es dem Leser, zu zeigen:

(1) Es ist $Z_n = p(X^n + Y^n) \subset Y \cup_f X$, und Quotienten- und Teilraumtopologie auf Z_n stimmen überein (benutze 1.2.7).

(2) Die Quotiententopologie auf $Y \cup_f X$ ist die schwache Topologie bezüglich der Z_n (benutze (1) und 4.2.1 (a)).

(3) Z_n entsteht aus Z_{n-1} durch Ankleben von n-Zellen (benutze (1) und 4.2.1 (b)).

Weil Z_0 ein diskreter Raum ist, folgt der Satz aus 4.2.2. $\square$

Die folgenden Sätze sind Spezialfälle von 4.2.5 (die sich mit 1.3.16 bzw. 1.3.7 bzw. 4.2.3 (b) ergeben):

4.2.6 Satz *Ist (X, A) ein CW-Paar und $A \neq \emptyset$, so ist X/A ein CW-Raum mit der 0-Zelle $\langle A \rangle \in X/A$ und den Zellen der Form $p(e)$; dabei ist $p: X \to X/A$ die identifizierende Abbildung und e durchläuft die Zellen von $X \backslash A$.* $\square$

4.2.7 Satz *Die Einpunktvereinigung beliebig vieler CW-Räume (gebildet bezüglich 0-Zellen) ist ein CW-Raum.*   □

4.2.8 Satz *Für jeden CW-Raum X und alle $n > 0$ ist X^n/X^{n-1} eine Einpunktvereinigung von so vielen n-Sphären, wie es n-Zellen in X gibt (wenn es keine gibt, ist X^n/X^{n-1} ein Punkt).*   □

Zum Schluß untersuchen wir topologische Produkte von CW-Räumen. Die schon nach 1.2.12 erwähnte Unverträglichkeit von Produkt- und Quotiententopologie führt auch hier zu Schwierigkeiten: das topologische Produkt von CW-Räumen ist nicht immer ein CW-Raum. Es gilt jedoch der folgende Satz, bei dem (a)–(d) trivial sind und (e) aus 1.2.13 folgt:

4.2.9 Satz *Es seien X bzw. Y CW-Räume mit den Zellen $e \subset X$ bzw. $d \subset Y$. Dann bilden die Zellen $e \times d \subset X \times Y$ eine Zellzerlegung von $X \times Y$, für die gilt:*

(a) *Es ist $(X \times Y)^n = X^0 \times Y^n \cup X^1 \times Y^{n-1} \cup \ldots \cup X^n \times Y^0$.*

(b) *Es ist $\overline{e \times d} = \bar{e} \times \bar{d}$ und $(e \times d)^{\cdot} = \dot{e} \times \bar{d} \cup \bar{e} \times \dot{d}$.*

(c) *Die Zellen $e \times d$ erfüllen die Bedingung (C).*

(d) *Ist $F\colon D^m \to X$ bzw. $G\colon D^n \to Y$ eine charakteristische Abbildung von e bzw. d, so ist $(F \times G) \circ h\colon D^{m+n} \to X \times Y$ eine für $e \times d$; dabei ist $h\colon D^{m+n} \to D^m \times D^n$ ein beliebiger Homöomorphismus.*

(e) *Ist X oder Y lokalkompakt, so ist $X \times Y$ mit den Zellen $e \times d$ ein CW-Raum.*   □

Aufgaben

4.2.A1 Das Sphärenprodukt $S^m \times S^n$ ist ein CW-Raum mit genau vier Zellen. $S^m \vee S^n$ ist ein CW-Teilraum von $S^m \times S^n$, und es ist $S^m \times S^n = S^m \vee S^n \cup e^{m+n}$. Der Quotientenraum $(S^m \times S^n)/(S^m \vee S^n)$ ist zu S^{m+n} homöomorph

4.2.A2 Ist X ein CW-Raum, so auch der Kegel CX und die Einhängung EX.

4.2.A3 Sind X, Y CW-Räume und ist $f\colon X \to Y$ eine zelluläre Abbildung, so ist der Abbildungszylinder von f ein CW-Raum.

4.2.A4 Sind X und Y CW-Räume mit höchstens abzählbar vielen Zellen, so ist $X \times Y$ mit der Produkttopologie und der Zellzerlegung aus 4.2.9 ein CW-Raum. (Hinweis: X bzw. Y ist Vereinigung von abzählbar vielen endlichen CW-Teilräumen.)

4.3 Homotopieeigenschaften von CW-Räumen

CW-Räume sind bei allen homotopietheoretischen Untersuchungen besonders bequem zu handhaben, weil sie einige schöne Homotopieeigenschaften haben.

4.3.1 Satz *Jedes CW-Paar (X, A) hat die AHE. Insbesondere hat jedes Paar (Polyeder, Teilpolyeder) die AHE.*

Beweis Seien $f_t\colon A \to Y$ und $F\colon X \to Y$ wie in 2.3.4 gegeben. Wir konstruieren für $n \geq 0$ Homotopien $F_t^n\colon X^n \cup A \to Y$ mit

$$F_t^n|A = f_t, \quad F_0^n = F|X^n \cup A \text{ und } F_t^n|X^{n-1} \cup A = F_t^{n-1}.$$

Für $n = 0$ ist das trivial. Weil $X^n \cup A$ aus $X^{n-1} \cup A$ durch Ankleben von n-Zellen entsteht, hat dieses Paar nach 2.3.6 (c) die AHE. Wir können daher F_t^{n-1} so zu F_t^n fortsetzen, daß $F_0^n = F|X^n \cup A$ gilt. Damit sind die F_t^n induktiv definiert. Wir definieren $F_t\colon X \to Y$ durch $F_t|X^n \cup A = F_t^n$. Nach 4.1.11 ist F_t eine Homotopie; sie hat die nötigen Eigenschaften: $F_t|A = f_t$ und $F_0 = F$. $\square$

4.3.2 Satz *Zu jedem CW-Teilraum A eines CW-Raumes X gibt es eine offene Umgebung $U = U(A)$ von A in X, von der A strenger Deformationsretrakt ist. Ferner kann man diese Umgebungen so konstruieren, daß $U(A \cap B) = U(A) \cap U(B)$ gilt für je zwei CW-Teilräume A und B von X.*

Beweis erfolgt in fünf Schritten:

Schritt 1: Wir wählen in jeder n-Zelle e von X einen festen Punkt z_e (das „Zentrum" von e) und setzen $\breve{e} = e \backslash z_e$. Nach 2.4.7 gibt es eine Homotopie $h_t^e\colon X^{n-1} \cup \breve{e} \to X^{n-1} \cup \breve{e}$ rel X^{n-1} mit $h_0^e = \mathrm{id}$, so daß $r_e(x) = h_1^e(x)$ eine Retraktion $r_e\colon X^{n-1} \cup \breve{e} \to X^{n-1}$ ist. Weil h_t^e analog zu 2.4.5 (d) als radiale Deformation gewählt werden kann, gilt $r_e \circ h_t^e = r_e$ für alle $t \in I$. Der Raum $X^{n-1} \cup \breve{e}$ besteht aus X^{n-1} und aus den „Deformationsradien" in $\breve{e}$.

Schritt 2: Es sei $U_1 = U_1(A) = A \cup \bigcup r_e^{-1}(A)$, wobei e alle 1-Zellen von $X \backslash A$ durchläuft (wenn es solche nicht gibt, ist $U_1(A) = A$); also ist U_1 die Vereinigung von A und allen in A endenden Deformationsradien, die in einer 1-Zelle e außerhalb A liegen. Aus den Homotopien h_t^e erhalten wir eine Homotopie $h_t^1\colon U_1 \to U_1$ rel A mit $h_0^1 = \mathrm{id}$, so daß $r_1(x) = h_1^1(x)$ eine Retraktion $r_1\colon U_1 \to A$ ist und $r_1 \circ h_t^1 = r_1$ gilt. Zu U_1 nehmen wir alle Deformationsradien hinzu, die in U_1 enden und in einer 2-Zelle $e \subset X \backslash A$ liegen, setzen also $U_2 = U_2(A) = U_1 \cup \bigcup r_e^{-1}(U_1)$, wobei e die 2-Zellen in $X \backslash A$ durchläuft; dann ist U_1 strenger Deformationsretrakt von U_2. Fortsetzung des Verfahrens liefert eine Folge $A \subset U_1 \subset U_2 \subset \ldots$ und Homotopien $h_t^n\colon U_n \to U_n$ rel U_{n-1} mit $h_0^n = \mathrm{id}$ sowie Retraktionen $r_n\colon U_n \to U_{n-1}$ mit $r_n(x) = h_1^n(x)$ und $r_n \circ h_t^n = r_n$ (wobei $U_0 = A$ ist).

Schritt 3: Die Abbildung $s_n = r_1 \circ r_2 \circ \ldots \circ r_n\colon U_n \to A$ ist eine Retraktion. Wir definieren für $n \geq 1$ eine Homotopie $H_n\colon U_n \times I \to U_n$ mit

$$H_n(x, t) = x \text{ für } (x, t) \in U_n \times [0, \frac{1}{n+1}] \cup A \times I \text{ und } H_n(x, 1) = s_n(x)$$

wie folgt. Für $n = 1$ sei $H_1(x,t) = x$ für $t \leq 1/2$ und $= h^1_{2t-1}(x)$ für $t \geq 1/2$. Ist $n \geq 2$ und H_{n-1} schon definiert, so sei

$$H_n(x,t) = \begin{cases} x & 0 \leq t \leq \frac{1}{n+1}, \\ h^n_{n(n+1)t-n}(x) & \frac{1}{n+1} \leq t \leq \frac{1}{n}, \\ H_{n-1}(r_n(x),t) & \frac{1}{n} \leq t \leq 1. \end{cases}$$

Die Homotopie H_n deformiert im Zeitintervall $[\frac{1}{n+1}, \frac{1}{n}]$ den Raum U_n nach U_{n-1}, dann H_{n-1} diesen nach A. Wegen $H_n|(U_{n-1} \times I) = H_{n-1}$ und $s_n|U_{n-1} = s_{n-1}$ können wir definieren: $U = U(A) = \cup_n U_n$ und

$$H: U \times I \to U \text{ durch } H|U_n \times I = H_n \quad \text{sowie} \quad s: U \to A \text{ durch } s|U_n = s_n.$$

Es folgt $H(x,t) = x$ für $(x,t) \in U \times 0 \cup A \times I$ und $H(x,1) = s(x)$.

Schritt 4: Weil $U_n \subset A \cup X^n$ offen ist in $A \cup X^n$ (Induktion), ist $U \cap X^n = U_n \cap X^n$ offen in X^n; daher ist U nach 4.2.1 (a) eine offene Umgebung von A in X. Aus 4.2.1 (a) und 1.2.12 folgt, daß die kanonische Abbildung $p: \sum U_n \to U$ identifizierend ist. Weil $H \circ (p \times \mathrm{id}_I)$ auf $U_n \times I$ mit der stetigen Abbildung H_n übereinstimmt, folgt aus 1.2.13 und 1.2.11 die Stetigkeit von H. Daher ist A strenger Deformationsretrakt der offenen Umgebung U von A.

Schritt 5: Aus der Konstruktion in Schritt 2 folgt $U_n(A \cap B) = U_n(A) \cap U_n(B)$ durch Induktion nach n, daraus $U(A \cap B) = U(A) \cap U(B)$.   □

Setzen wir speziell $A = X^n$, so erhalten wir eine offene Umgebung U von X^n in X, eine Retraktion $s: U \to X^n$ und eine Homotopie $H: U \times I \to U$ wie oben. Weil offenbar $sH(x,t) = s(x)$ gilt, ist jede n-Zelle $e \subset X^n$ auch strenger Deformationsretrakt von $W = s^{-1}(e) \subset U$; ferner ist W offen, da e in X^n offen ist. Weil schließlich jeder Punkt $x \in e$ strenger Deformationsretrakt von e (also auch von W) ist, ergibt sich:

4.3.3 Satz *Jeder Punkt eines CW-Raumes besitzt eine offene Umgebung, von der er strenger Deformationsretrakt ist. Insbesondere sind CW-Räume lokal wegzusammenhängend.*   □

Man kann 4.3.2 kurz so formulieren: Jeder CW-Teilraum A ist ein strenger *Umgebungsdeformationsretrakt* im umgebenden CW-Raum. Wenn man also A zu einer kleinen Umgebung U verdickt, ändert sich der Homotopietyp von A nicht. Diese Aussage ist für das Raumpaar $(\mathbb{R}^2, A)$, wobei A der Raum aus Abb. 1.3.2 ist, falsch: keine Umgebung U von A in $\mathbb{R}^2$ ist homotopieäquivalent zu A.

In 4.2 haben wir zum Verkleben von CW-Räumen zelluläre Abbildungen definiert. Diese Abbildungen spielen in der Homotopietheorie eine wichtige Rolle. Der folgende *Satz von der Existenz der zellulären Approximation* besagt nämlich, daß es bis auf Homotopie nur zelluläre Abbildungen gibt.

4.3.4 Satz und Definition *Zu jeder stetigen Abbildung $f\colon X \to Y$ zwischen CW-Räumen gibt es eine zelluläre Abbildung $g \simeq f\colon X \to Y$. Ist $A \subset X$ ein CW-Teilraum und ist $f|A\colon A \to Y$ zellulär, so kann man g so wählen, daß $g|A = f|A$ und $g \simeq f$ rel A gilt.* Jede solche Abbildung g heißt eine zelluläre Approximation von f (relativ A).

Beweis Wie beim Beweis von 4.3.1 und 4.3.2 gehen wir gerüstweise vor (eine Standardmethode bei CW-Räumen). Wir werden für alle $n \geq -1$ eine Homotopie $h_t^n\colon A \cup X^n \to Y$ rel A konstruieren mit

(a) $h_0^n = f|A \cup X^n$, $\quad h_1^n(e^q) \subset Y^q$ für alle q-Zellen in $X^n \backslash A$.

(b) $h_t^n|A \cup X^{n-1} = h_t^{n-1}$ für $n \geq 0$.

Nach 4.1.11 erhält man eine Homotopie $h_t\colon X \to Y$ rel A durch die Definition $h_t|A \cup X^n = h_t^n$. Für diese ist $h_0 = f$, und $g = h_1$ ist zellulär.

Der Induktionsbeginn ist klar: $h_t^{-1}\colon A \to Y$ ist gleich f für alle t. Sei h_t^{n-1} für festes $n \geq 0$ schon so definiert, daß (a) und (b) gelten. Sei $e \subset X^n \backslash A$ eine feste n-Zelle. Wir werden eine Homotopie $f_t^e\colon \bar{e} \to Y$ konstruieren mit

$$f_0^e = f|\bar{e}, \; f_t^e|\dot{e} = h_t^{n-1}|\dot{e} \text{ und } f_1^e(e) \subset Y^n.$$

Dann kann man $h_t^n\colon A \cup X^n \to Y$ definieren durch $h_t^n|A \cup X^{n-1} = h_t^{n-1}$ und $h_t^n|\bar{e} = f_t^e$ für jede n-Zelle $e \subset X^n \backslash A$, und h_t^n hat die verlangten Eigenschaften. Wir müssen also nur noch f_t^e angeben, dann ist der Satz bewiesen.

Sei $G\colon D^n \to X$ eine charakteristische Abbildung von e. Durch $(x,0) \mapsto fG(x)$ und $(z,t) \mapsto h_t^{n-1}G(z)$ wird eine Abbildung $\varphi\colon D^n \times 0 \cup S^{n-1} \times I \to Y$ definiert. Weil $D^n \times 0 \cup S^{n-1} \times I$ Retrakt von $D^n \times I$ ist, kann man φ zu $\bar{\varphi}\colon D^n \times I \to Y$ fortsetzen. Nach 4.1.9 ist $\bar{\varphi}(D^n \times 1)$ in einem endlichen CW-Teilraum Y_0 von Y enthalten. Es seien $e^{n_1}, \ldots, e^{n_r}$ mit $n < n_1 \leq \ldots \leq n_r$ die Zellen von Y_0, die nicht in Y^n liegen (wenn es solche nicht gibt, sind wir fertig). Dann ist $\bar{\varphi}|D^n \times 1$ eine Abbildung $(D^n \times 1, S^{n-1} \times 1) \to (Y^n \cup e^{n_1} \cup \ldots \cup e^{n_r}, Y^n)$. Jetzt wenden wir r-mal 3.3.4 an. Wegen $n < n_r$ kann man $\bar{\varphi}|D^n \times 1$ relativ $S^{n-1} \times 1$ so deformieren, daß danach das Bild von $D^n \times 1$ nicht e^{n_r} trifft. Die neue Abbildung kann man wegen $n < n_{r-1}$ so deformieren, daß danach das Bild von $D^n \times 1$ nicht $e^{n_{r-1}}$ trifft, usw. Es folgt, daß es eine Abbildung $\varphi_1 \simeq \bar{\varphi}|D^n \times 1$ rel $S^{n-1} \times 1$ gibt mit $\varphi_1(D^n \times 1) \subset Y^n$. Sei $\varphi_1'\colon (D^n \times I)^{\cdot} \to Y$ die Abbildung, die auf $D^n \times 1$ mit φ_1 und auf $D^n \times 0 \cup S^{n-1} \times I$ mit φ übereinstimmt. Dann ist $\varphi_1' \simeq \bar{\varphi}|(D^n \times I)^{\cdot}$, und daher kann man φ_1' zu $\psi\colon D^n \times I \to Y$ fortsetzen (das Paar $(D^n \times I)^{\cdot} \subset D^n \times I$ hat als CW-Paar die AHE). Folglich hat ψ die folgenden Eigenschaften ($x \in D^n$, $z \in S^{n-1}$):

$$\psi(x,0) = fG(x), \; \psi(z,t) = h_t^{n-1}G(z), \; \psi(D^n \times 1) \subset Y^n$$

Die Homotopie f_t^e definieren wir durch $f_t^e|\dot{e} = h_t^{n-1}|\dot{e}$ und $f_t^e(w) = \psi(G^{-1}(w),t)$ für $w \in e$. Wegen $f_t^e G(x) = \psi(x,t)$ und 2.1.11 ist f_t^e eine Homotopie. Sie hat die verlangten Eigenschaften. $\qquad\square$

Satz 4.3.4 ist die allgemeinste Form der schon in 3.3 erwähnten Aussage, daß stetige Abbildungen bis auf Homotopie nicht dimensionserhöhend sind. Beachten Sie, daß Satz 3.3.4 der wesentliche Schritt des Beweises ist, also letztlich der Satz von der Existenz der simplizialen Approximation.

4.3.5 Satz $f \simeq g \colon X \to Y$ *seien zelluläre Abbildungen zwischen CW-Räumen. Dann gibt es eine* zelluläre *Homotopie, d.i. eine Homotopie* $h_t \colon X \to Y$ *von* f *nach* g *mit* $h_t(X^n) \subset Y^{n+1}$ *für alle* $n \geq 0$ *und alle* $t \in I$.

Beweis Sei $F \colon X \times I \to Y$ eine beliebige Homotopie von f nach g. Wegen 4.2.9 ist $X \times I$ ein CW-Raum und F ist auf dem CW-Teilraum $W = X \times 0 \cup X \times 1$ zellulär. Nach 4.3.4 gibt es $H \simeq F$ rel W mit $H((X \times I)^k) \subset Y^k$ für alle $k \geq 0$. Setze $h_t(x) = H(x,t)$. $\qquad\qquad\qquad\qquad\qquad\qquad\qquad\qquad\qquad\quad$ $\square$

Aufgaben

Die Aufgaben A1–A6 sind Anwendungen der zellulären Approximation.

4.3.A1 Ein CW-Raum X ist genau dann wegzusammenhängend, wenn sein 1-Gerüst X^1 es ist.

4.3.A2 Sei X ein CW-Raum und $x_0 \in X$ eine 0-Zelle. Sei Y ein zusammenhängender CW-Raum, der keine 1-Zellen (und folglich genau eine 0-Zelle y_0) enthält. Seien $f, g \colon X \to Y$ Abbildungen mit $f(x_0) = y_0$. Zeigen Sie: aus $f \simeq g$ folgt $f \simeq g$ rel x_0.

4.3.A3 Sei $n \geq 2$ eine ganze Zahl. Zeigen Sie: Ein CW-Raum, der keine Zellen der Dimension q mit $0 < q < n$ enthält, ist $(n-1)$-zusammenhängend.

4.3.A4 Sei X ein CW-Raum. Betrachten Sie S^n als CW-Raum der Form $S^n = e^0 \cup e^n$ und zeigen Sie:
(a) Für dim $X < n$ ist jede zelluläre Abbildung $X \to S^n$ konstant.
(b) Für dim $X < n$ ist jede Abbildung $X \to S^n$ nullhomotop.

4.3.A5 Ist X ein CW-Raum, so gibt es zu jeder Abbildung $f \colon X \to S^n$ eine homotope Abbildung $g \colon X \to S^n$ mit $g|X^{n-1} = $ const.

4.3.A6 Sei $S^n \times \ldots \times S^n$ das Produkt von $k \geq 2$ Sphären der Dimension $n \geq 1$.
(a) $S^n \times \ldots \times S^n$ ist ein CW-Raum, der genau in den Dimensionen $0, n, 2n, \ldots, kn$ Zellen enthält.
(b) Das n-Gerüst von $S^n \times \ldots \times S^n$ ist $S^n \vee \ldots \vee S^n$.
(c) Zu jeder Abbildung $f \colon S^n \to S^n \times \ldots \times S^n$ gibt es eine homotope Abbildung g mit $g(e^0) = x_0$ und $g(S^n) \subset S^n \vee \ldots \vee S^n$ (dabei ist e^0 ein fester Punkt in S^n und x_0 der gemeinsame Punkt der Sphären in der Einpunktvereinigung).
(d) Für $n \geq 2$ gilt: Sind $g_1, g_2 \colon S^n \to S^n \vee \ldots \vee S^n$ Abbildungen mit $g_1(e^0) = g_2(e^0) = x_0$, die in $S^n \times \ldots \times S^n$ homotop sind (d.h. $ig_1 \simeq ig_2$, wobei $i \colon S^n \vee \ldots \vee S^n \hookrightarrow S^n \times \ldots \times S^n$), so sind g_1 und g_2 homotop relativ e^0.

4.3.A7 Bei Polyedern kann man die Umgebungen in Satz 4.3.2 einfacher konstruieren. Seien $K_0 \subset K$ Simplizialkomplexe und $X = |K|$ sowie $A = |K_0|$. Sei $U = U(A)$ die Vereinigung der Eckensterne $\text{St}_{K''}(x)$ aller Ecken $x \in K_0''$, wobei K'' die zweite Normalunterteilung von K ist. U bzw. $\bar{U}$ heißt *offene* bzw. *abgeschlossene reguläre Umgebung*

von A in X. Zeigen Sie:
(a) A ist strenger Deformationsretrakt von U bzw. $\bar{U}$. (Wenn Sie keine Idee haben, studieren Sie den Beweis von 14.8.2.)
(b) Ist $K_1 \subset K$, $B = |K_1|$ und $A \cap B = \emptyset$, so ist $\overline{U(A)} \cap \overline{U(B)} = \emptyset$.

4.4 Notizen

Wir haben schon in der Einleitung zu den Kapiteln 3 und 4 auf die folgenden, sich widersprechenden Ziele bei topologischen Untersuchungen hingewiesen: einerseits sollen die betrachteten Räume allgemein genug sein, um hinreichend viele konkrete Beispiele und Anwendungen zu erfassen, andererseits sollen sie so speziell und einfach sein, daß man mit ihnen umgehen und erfolgversprechende Methoden entwickeln kann. Die von J.H.C. Whitehead 1949 eingeführten CW-Räume („CW-Complexes") stellen einen für die meisten Zwecke ausreichenden Kompromiß dar, und darin liegt ihre Bedeutung. Daß man für CW-Räume erfolgversprechende Methoden entwickeln kann, werden wir in den folgenden Kapiteln zeigen (insbesondere 5.6 und 9.6); daß sie hinreichend allgemein sind, haben vielleicht die bisherigen Beispiele gezeigt. Dennoch gibt es manchmal Schwierigkeiten, wie z.B. in 4.2.9: das topologische Produkt beliebiger CW-Räume muß kein CW-Raum sein, d.h. bezüglich beliebiger Produktbildung sind CW-Räume eben doch nicht allgemein genug. Man kann jedoch jeden topologischen Raum (in einem gewissen Sinn, den wir hier nicht präzisieren) durch einen CW-Raum approximieren [Spanier, 7.8.1], und diese Tatsache kann helfen, solche Schwierigkeiten zu überwinden.

Wir haben schon nach 4.1.1 darauf hingewiesen, daß bei der Definition eines CW-Raumes und seiner Gerüste die Invarianz der Dimension (Satz 1.1.17) vorausgesetzt wird; wenn man diesen Satz nicht hat, kann man nicht von der Dimension $\dim(e)$ einer Zelle e sprechen. Wir werden im nächsten Kapitel CW-Räume und ihre Gerüste ganz entscheidend benutzen, obwohl wir 1.1.17 noch nicht bewiesen haben. Wenn Sie mit diesem Vorgehen nicht einverstanden sind, müssen Sie zuerst die Abschnitte 9.1–9.5 lesen: in 9.5.7 wird die Invarianz der Dimension bewiesen.

II Fundamentalgruppen und Überlagerungen

5   Die Fundamentalgruppe

In diesem Kapitel beginnen wir mit der *Algebraischen Topologie*. Jedem Raum X wird eine Gruppe zugeordnet, die *Fundamentalgruppe* von X. Wir entwickeln Methoden zu ihrer Berechnung und geben verschiedene Anwendungen der Fundamentalgruppe auf topologische Probleme. Wir setzen im folgenden voraus, daß Sie mit den Grundbegriffen der Gruppentheorie vertraut sind (Gruppen, Homomorphismen, Untergruppen, Normalteiler, Restklassen usw.). Weitergehende Begriffe der Gruppentheorie werden erläutert; das Wichtigste über abelsche Gruppen finden Sie in 8.1.

5.1 Allgemeine Eigenschaften der Fundamentalgruppe

5.1.1 Definition X sei ein topologischer Raum. Ein *Weg in X* ist eine stetige Abbildung $w\colon I \to X$. Die Punkte $x_0 = w(0)$ und $x_1 = w(1)$ heißen *Anfangs*- und *Endpunkt von w*. Wir sagen auch: *w ist ein Weg von x_0 nach x_1* oder *w führt von x_0 nach x_1*. Im Fall $x_0 = x_1$ heißt w ein *geschlossener Weg mit Aufpunkt x_0*. Wir sagen: *Ein Weg w in X liegt in einem Teilraum $A \subset X$*, wenn $w(I) \subset A$. Für $x \in X$ ist $c_x\colon I \to X$, $c_x(t) = x$ für alle $t \in I$, ein Weg in X; er heißt der *konstante Weg bei x*.

Abb. 5.1.1

Man hat sich einen Weg wie in Abb. 5.1.1 ganz anschaulich vorzustellen: Wenn der Parameter t von 0 bis 1 läuft, so durchläuft $w(t)$ eine „Kurve" im Raum X vom Anfangspunkt zum Endpunkt. Zwei Wege v, $w\colon I \to X$ sind gleich, wenn $v(t) = w(t)$ für alle $t \in I$ (und nicht etwa, wenn $v(I) = w(I)$ ist!). Es kommt also auf die Abbildung $w\colon I \to X$ an und nicht nur auf die Bildmenge $w(I)$. Daß wir für Wege nur das Einheitsintervall als „Parameterintervall" zulassen, hat nur technische Gründe; aus einer stetigen Abbildung $f\colon [a,b] \to X$ erhält man einen Weg $w\colon I \to X$ durch „Umparametrisieren", d.h. $w(t) = f((1 - t)a + tb)$.

5.1.2 Definition Der zum Weg $w\colon I \to X$ *inverse Weg* $w^{-1}\colon I \to X$ ist definiert durch $w^{-1}(t) = w(1 - t)$; führt w von x_0 nach x_1, so ist w^{-1} ein Weg von x_1 nach x_0. Zwei Wege $v, w\colon I \to X$ heißen *aneinanderfügbar*, wenn $v(1) = w(0)$ ist. Dann sei der *Produktweg* $u = v \cdot w$ von v und w definiert durch $u(t) = v(2t)$ für $0 \le t \le 1/2$ und $u(t) = w(2t - 1)$ für $1/2 \le t \le 1$. Statt $v \cdot w$ schreiben wir auch vw. Ist v ein geschlossener Weg, so ist $v \cdot v$ definiert; diesen Weg bezeichnen wir auch mit v^2.

Wenn t von 0 nach 1 läuft, so durchläuft $(v \cdot w)(t)$ erst den Weg v und dann den Weg w. Das Produkt $v \cdot w$ der Wege v und w ist also nur definiert, wenn $v(1) = w(0)$ ist! Ist w ein Weg von x nach y, so sind die Produktwege $w \cdot w^{-1}$, $w^{-1} \cdot w$, $c_x \cdot w$ und $w \cdot c_y$ definiert; i.a. ist $c_x \cdot w \neq w$ usw. Ebenso ist i.a. $(u \cdot v) \cdot w \neq u \cdot (v \cdot w)$.

5.1.3 Definition Zwei Wege $v, w\colon I \to X$ heißen *homotop* (genauer: *homotop in X relativ der Endpunkte*), wenn sie gleiche Endpunkte $x_0 = v(0) = w(0)$ und $x_1 = v(1) = w(1)$ haben und wenn $v \simeq w$ rel $\dot I$ ist im Sinne von 2.1.7. Also: Es gibt eine Homotopie $u_t\colon I \to X$ mit $u_0 = v$, $u_1 = w$ und $u_t(0) = x_0$, $u_t(1) = x_1$ für alle $t \in I$; wir schreiben $u_t\colon v \simeq w$ rel $\dot I$. Eine äquivalente Definition ist: Es gibt eine stetige Abbildung $H\colon I^2 \to X$ mit $H(s, 0) = v(s)$, $H(s, 1) = w(s)$ und $H(0, t) = x_0$, $H(1, t) = x_1$ für alle s, $t \in I$; wir schreiben $H\colon v \simeq w$ rel $\dot I$. (Vgl. Abb. 5.1.2.) Die Äquivalenzklasse des Weges w bezüglich dieser Relation wird mit $[w]$ bezeichnet; sie heißt die *Homotopieklasse* von w. Ein geschlossener Weg w mit Aufpunkt x heißt *nullhomotop* oder *zusammenziehbar*, wenn $w \simeq c_x$ rel $\dot I$. Die Äquivalenzklasse des konstanten Weges c_x wird mit 1_x oder kurz mit 1 bezeichnet. Ist X wegzusammenhängend und ist jeder geschlossene Weg in X zusammenziehbar, so heißt X *einfach zusammenhängend*.

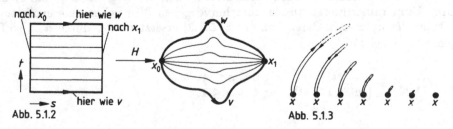

Abb. 5.1.2   Abb. 5.1.3

Weil I zusammenziehbar ist, ist jeder Weg w: $I \to X$ eine nullhomotope Abbildung im Sinne von 2.1.4; die entsprechende Homotopie h_t: $I \to X$, $h_t(s) = w((1-t)s)$, bewegt jedoch den Endpunkt von w, erfüllt also nicht die Bedingungen von 5.1.3.

5.1.4 Definition Für aneinanderfügbare Wege v und w ist das *Produkt der Homotopieklassen* definiert durch $[v][w] = [v \cdot w]$.

Ist v_t: $v \simeq v'$ rel $\dot{I}$ und w_t: $w \simeq w'$ rel $\dot{I}$, so ist $v_t \cdot w_t$: $v \cdot w \simeq v' \cdot w'$ rel $\dot{I}$; daher ist das Produkt der Homotopieklassen eindeutig definiert. Für dieses Produkt gelten einige einfache Rechenregeln. Um sie zu beweisen, zeigen wir zuerst, daß das Umparametrisieren eines Weges die Homotopieklasse nicht ändert:

5.1.5 Hilfssatz *Ist w: $I \to X$ ein Weg und f: $I \to I$ eine stetige Abbildung mit $f(0) = 0$ und $f(1) = 1$, so ist die Komposition $w \circ f$: $I \to X$ ein Weg, der homotop ist zu w relativ der Endpunkte.*

Beweis Für $H(s,t) = w((1-t)f(s) + ts)$ gilt H: $w \circ f \simeq w$ rel $\dot{I}$. $\square$

5.1.6 Lemma
(a) *Es gilt $[u]([v][w]) = ([u][v])[w]$ für Wege u, v, w in X mit $u(1) = v(0)$ und $v(1) = w(0)$.*
(b) *Es gilt $1_x[u] = [u] = [u]1_y$ für jeden Weg u in X von x nach y.*
(c) *Es gilt $[u][u^{-1}] = 1_x$ und $[u^{-1}][u] = 1_y$ für jeden Weg u in X von x nach y.*

Beweis (a) Definieren Sie f: $I \to I$ durch

$$f(t) = \begin{cases} 2t & \text{für } 0 \le t \le 1/4, \\ t + \frac{1}{4} & \text{für } 1/4 \le t \le 1/2, \\ \frac{1}{2}(t+1) & \text{für } 1/2 \le t \le 1 \end{cases}$$

und rechnen Sie nach, daß $(u \cdot (v \cdot w)) \circ f = (u \cdot v) \cdot w$ ist. Aus 5.1.5 folgt $u \cdot (v \cdot w) \simeq (u \cdot v) \cdot w$ rel $\dot{I}$.

(b) Jetzt sei f: $I \to I$ durch $f(t) = 0$ für $0 \le t \le 1/2$ bzw. $f(t) = 2t - 1$ für $1/2 \le t \le 1$ definiert. Dann ist $u \circ f = c_x \cdot u$, und $u \simeq c_x \cdot u$ rel $\dot{I}$ folgt aus 5.1.5.

(c) Hier ist eine andere Methode erforderlich, weil die Wege $u \cdot u^{-1}$ und c_x nicht durch Umparametrisieren auseinander hervorgehen. Wir geben eine explizite Homotopie H: $c_x \simeq u \cdot u^{-1}$ rel $\dot{I}$ an (Abb. 5.1.3; ersetzt man u durch u^{-1}, so folgt $c_y \simeq u^{-1} \cdot u$ rel $\dot{I}$):

$$H(s,t) = \begin{cases} u(2st) & \text{für } 0 \le s \le \frac{1}{2}, \\ u(2t(1-s)) & \text{für } \frac{1}{2} \le s \le 1. \end{cases}$$

$\square$

5.1.7 Satz und Definition *Wie in 2.1.10 sei (X, x_0) ein topologischer Raum mit Basispunkt $x_0 \in X$. Dann ist die Menge*

$$\pi_1(X, x_0) = \{[w] \mid w \colon I \to X \text{ ist geschlossener Weg mit Aufpunkt } x_0\}$$

eine Gruppe bezüglich der Multiplikation $[v][w] = [v \cdot w]$. Sie heißt die Fundamentalgruppe (Wegegruppe, 1. Homotopiegruppe) von X zum Basispunkt x_0. Ihr neutrales Element $1 = 1_{x_0} = [c_{x_0}]$ ist die Homotopieklasse aller nullhomotopen geschlossenen Wege in X mit Aufpunkt x_0. Invers zu $\alpha = [w]$ ist $\alpha^{-1} = [w^{-1}]$. □

Daß die Gruppenaxiome gelten (Assoziativität, Existenz des neutralen Elements und der inversen Elemente) ist nach 5.1.6 klar. Beachten Sie, daß der Produktweg $v \cdot w$ immer definiert ist, wenn v und w geschlossene Wege mit Aufpunkt x_0 sind. Die Bezeichnung $\pi_1(X, x_0)$ ist so zu erklären: Der griechische Buchstabe „π" erinnert an Homotopie, vgl. 5.9; die Zahl 1 unterscheidet die Fundamentalgruppe von den höheren Homotopiegruppen $\pi_n(X, x_0)$. In folgendem Sinn ist die Fundamentalgruppe vom Basispunkt x_0 unabhängig.

5.1.8 Satz und Definition *Ist $u \colon I \to X$ ein Weg von x_0 nach x_1, so ist*

$$u_+ \colon \pi_1(X, x_1) \to \pi_1(X, x_0), \ u_+([w]) = [u] \cdot [w] \cdot [u^{-1}]$$

ein Gruppenisomorphismus. Wenn $x_0, x_1 \in X$ in der gleichen Wegekomponente von X liegen, ist folglich $\pi_1(X, x_0) \cong \pi_1(X, x_1)$. Wenn X wegzusammenhängend ist, gilt dies für alle $x_0, x_1 \in X$; dann schreiben wir, wenn es auf den Basispunkt x_0 nicht ankommt, einfach $\pi_1(X)$ statt $\pi_1(X, x_0)$.

Beweis Aus 5.1.6 folgt, daß u_+ ein Homomorphismus ist und daß der zum inversen Weg u^{-1} gehörende Homomorphismus $(u^{-1})_+ \colon \pi_1(X, x_0) \to \pi_1(X, x_1)$ die Umkehrfunktion von u_+ ist. □

5.1.9 Beispiele
(a) Es ist $\pi_1(\mathbb{R}^n) = 1$ für alle n; denn ist $w \colon I \to \mathbb{R}^n$ ein geschlossener Weg mit Aufpunkt $x_0 \in \mathbb{R}^n$, so ist $H(s, t) = (1 - t)w(s) + tx_0$ eine Homotopie $H \colon w \simeq c_{x_0}$ rel $\dot{I}$. Ebenso zeigt man $\pi_1(A) = 1$ für jede konvexe Teilmenge $A \subset \mathbb{R}^n$. (Die Schreibweise $G = 1$ bedeutet, daß die Gruppe G nur aus dem neutralen Element besteht.)
(b) Es ist $\pi_1(S^n) = 1$ für $n \geq 2$. Das Intervall I ist ein CW-Raum mit zwei 0-Zellen 0 und 1 und einer 1-Zelle. Die Sphäre $S^n = e^0 \cup e^n$ ist ein CW-Raum mit einer 0-Zelle und einer n-Zelle. Ist $w \colon I \to S^n$ ein Weg mit $w(0) = w(1) = e^0$, so ist $w|\dot{I} \colon \dot{I} \to S^n$ zellulär, und nach 4.3.4 gibt es $v \simeq w$ rel $\dot{I}$, so daß $v \colon I \to S^n$ zellulär ist. Wegen $n \geq 2$ folgt $v(I) = e^0$ und somit $[w] = 1$. Mit dem gleichen Argument zeigt man, daß $\pi_1(X) = 1$ ist für jeden CW-Raum X, der keine 1-Zellen besitzt. Einen elementareren Beweis von $\pi_1(S^n) = 1$ für $n \geq 2$ werden wir in 5.3.9 bringen. Beispiele für nichttriviale Fundamentalgruppen folgen im nächsten Abschnitt.

5.1.10 Lemma *Sei $f\colon \dot{I}^2 \to X$ eine stetige Abbildung, und seien für $j = 0, 1$ die Wege $u_j, v_j\colon I \to X$ definiert durch $u_j(s) = f(s, j)$ bzw. $v_j(t) = f(j, t)$. Dann sind folgende Aussagen äquivalent:*

(i)   *f ist zu einer stetigen Abbildung $F\colon I^2 \to X$ fortsetzbar.*

(ii)   *$f\colon \dot{I}^2 \to X$ ist nullhomotop.*

(iii)   *Es ist $u_0 \cdot v_1 \simeq v_0 \cdot u_1$ rel $\dot{I}$.*

Beweis (i) und (ii) sind nach 2.3.3 äquivalent. Sei $h\colon \dot{I}^2 \to \dot{I}^2$ durch

$$h(s, t) = \begin{cases} (2(1 - t)s, 2st) & \text{für } 0 \le s \le \tfrac{1}{2}, \\ (1 + 2t(s - 1), t + (1 - t)(2s - 1)) & \text{für } \tfrac{1}{2} \le s \le 1 \end{cases}$$

definiert. $f \circ h$ bildet $I \times 0$ wie $u_0 \cdot v_1$ und $I \times 1$ wie $v_0 \cdot u_1$ ab und ist auf $0 \times I$ und $1 \times I$ konstant. Daher gilt (iii) genau dann, wenn $f \circ h\colon \dot{I}^2 \to X$ auf I^2 fortsetzbar, d.h. nullhomotop ist. Weil h zur Identität von $\dot{I}^2$ homotop ist (5.1.A1), ist $f \circ h$ genau dann nullhomotop, wenn f es ist. □

Wegen $S^1 \approx I/\dot{I}$ (vgl. 1.3.4) ist ein geschlossener Weg in X dasselbe wie eine stetige Abbildung $S^1 \to X$. Genauer gilt folgendes (benutzen Sie 2.1.12 (d) beim Beweis):

5.1.11 Satz *Ordnet man $\varphi\colon (S^1, 1) \to (X, x_0)$ den Weg $t \mapsto \varphi(\exp 2\pi i t)$ in X zu, so erhält man eine Bijektion $[S^1, 1; X, x_0] \to \pi_1(X, x_0)$.* □

Man kann durch geometrische Konstruktionen in $[S^1, 1;\ X, x_0]$ eine Gruppenstruktur einführen, so daß die Bijektion in 5.1.11 ein Gruppenisomorphismus wird, vgl. 5.1.A4. Das bedeutet, daß man die Fundamentalgruppe entweder wie in 5.1.7 oder als $[S^1, 1; X, x_0]$ definieren kann. Je nachdem, was man gerade untersucht, ist mal die eine und mal die andere Interpretation der Fundamentalgruppe nützlicher. Im folgenden Satz ist es die zweite Form.

5.1.12 Satz *Es sei $V\colon \pi_1(X, x_0) \to [S^1, X]$ die Funktion, die die Basispunkte vergißt, also $[\varphi\colon (S^1, 1) \to (X, x_0)] \mapsto [\varphi\colon S^1 \to X]$. Dann gilt:*

(a) Ist X wegzusammenhängend, so ist V surjektiv.

(b) Für $\alpha, \beta \in \pi_1(X, x_0)$ ist genau dann $V(\alpha) = V(\beta)$, wenn α, β konjugierte Elemente von $\pi_1(X, x_0)$ sind, d.h. $\alpha = \gamma\beta\gamma^{-1}$ für ein $\gamma \in \pi_1(X, x_0)$.

Beweis (a) ist ein Spezialfall von 2.3.7 (c).

(b) Seien α, β von $\varphi, \psi\colon (S^1, 1) \to (X, x_0)$ repräsentiert. Ist $V(\alpha) = V(\beta)$, so gibt es eine Homotopie $h_t\colon S^1 \to X$ mit $h_0 = \varphi$ und $h_1 = \psi$. Sei $F\colon I^2 \to X$ definiert durch $F(s, t) = h_t(\exp 2\pi i s)$. Dann ist $F(s, 0) = \varphi(\exp 2\pi i s)$, $F(s, 1) = \psi(\exp 2\pi i s)$, und $u(t) = F(0, t) = F(1, t)$ repräsentiert ein Element $\gamma \in \pi_1(X, x_0)$, für das nach 5.1.10 die Gleichung $\alpha\gamma = \gamma\beta$, also $\alpha = \gamma\beta\gamma^{-1}$ gilt. Umgekehrt folgt aus dieser Gleichung und 5.1.10 die Existenz einer Funktion $F\colon I^2 \to X$, die auf $\dot{I}^2$ die eben genannten Werte annimmt. Dann wird durch $h_t(\exp 2\pi i s) = F(s,t)$ eine Homotopie $\rho \simeq \psi\colon S^1 \to X$ definiert, d.h. es ist $V(\alpha) = V(\beta)$.   □

5.1.13 Korollar *Für einen wegzusammenhängenden Raum X sind äquivalent:*

(a) *X ist einfach zusammenhängend.*

(b) *$\pi_1(X,x_0) = 1$ für ein (also für alle) $x_0 \in X$.*

(c) *$u \simeq v\colon I \to X$ rel $\dot{I}$ für je zwei Wege mit gleichen Endpunkten.*

(d) *X ist 1-zusammenhängend (vgl. 3.3.A3).*   □

Bisher haben wir die Fundamentalgruppe *eines* topologischen Raumes X untersucht. Jetzt zeigen wir, daß eine stetige Abbildung $f\colon X \to Y$ einen Zusammenhang zwischen den Fundamentalgruppen von X und Y liefert.

5.1.14 Hilfssatz *Sei $f\colon X \to Y$ eine stetige Abbildung. Dann gilt:*

(a) *Ist $u\colon I \to X$ ein Weg in X, so ist $f \circ u\colon I \to Y$ ein Weg in Y.*

(b) *Aus $u \simeq v$ rel $\dot{I}$ in X folgt $f \circ u \simeq f \circ v$ rel $\dot{I}$ in Y.*

(c) *Mit u und v sind auch die Wege $f \circ u$ und $f \circ v$ aneinanderfügbar, und es ist $f \circ (u \cdot v) = (f \circ u) \cdot (f \circ v)$.*   □

5.1.15 Satz und Definition *Ist $f\colon (X,x_0) \to (Y,y_0)$ eine stetige Abbildung, so wird durch $[u] \mapsto [f \circ u]$ ein Homomorphismus von $\pi_1(X,x_0)$ nach $\pi_1(Y,y_0)$ definiert. Er heißt der von f* induzierte Homomorphismus der Fundamentalgruppen *und wird mit $\pi_1(f)$ oder mit $f_\#$ bezeichnet:*

$$\pi_1(f) = f_\#\colon \pi_1(X,x_0) \to \pi_1(Y,y_0), \ f_\#([u]) = [f \circ u] \text{ für } [u] \in \pi_1(X,x_0).$$

□

Man kann π_1 daher als eine Funktion auffassen, die jedem Paar (X,x_0) eine Gruppe $\pi_1(X,x_0)$ und jeder stetigen Abbildung $f\colon (X,x_0) \to (Y,y_0)$ einen Homomorphismus $\pi_1(f) = f_\#$ zuordnet (vgl. 8.4). Diese Funktion hat folgende Eigenschaften:

5.1.16 Satz

(a) *Ist $f = \mathrm{id}_X$ die Identität von X, so ist $f_\#$ die Identität von $\pi_1(X,x_0)$.*

(b) *Sind $f\colon (X,x_0) \to (Y,y_0)$ und $g\colon (Y,y_0) \to (Z,z_0)$ stetige Abbildungen, so ist $g_\# f_\# = (gf)_\#\colon \pi_1(X,x_0) \to \pi_1(Z,z_0)$.*

(c) *Aus $f \simeq g\colon (X,x_0) \to (Y,y_0)$ folgt $f_\# = g_\#\colon \pi_1(X,x_0) \to \pi_1(Y,y_0)$.*   □

Man beachte, daß während der Homotopie in (c) gemäß 2.1.10 das Bild von x_0 immer y_0 ist. Wenn das nicht der Fall ist, gilt:

5.1.17 Satz *Seien $f \simeq g\colon X \to Y$ homotope Abbildungen, und sei $u\colon I \to Y$ der Weg, den das Bild von x_0 bei einer Homotopie $h_t\colon f \simeq g$ durchläuft, also $u(t) = h_t(x_0)$. Dann ist $f_\# = u_+ \circ g_\#$.*

Beweis Sei $\alpha = [w] \in \pi_1(X, x_0)$ und $F \colon I^2 \to Y$, $F(s,t) = h_t(w(s))$. Aus 5.1.10, angewandt auf $F|\dot{I}^2 \colon \dot{I}^2 \to Y$, folgt $(f \circ w) \cdot u \simeq u \cdot (g \circ w)$ rel $\dot{I}$, also $f_\#(\alpha) = [f \circ w] = [u][g \circ w][u^{-1}] = u_+ g_\#(\alpha)$. $\qquad\square$

Die Aussagen von 5.1.16 (b) und 5.1.17 sind einprägsamer, wenn man sie in der *Diagrammsprache* formuliert; sie sagen nämlich aus, daß die folgenden Diagramme kommutativ sind:

$$
\begin{array}{ccc}
\pi_1(X, x_0) & \xrightarrow{\;f_\#\;} & \pi_1(Y, y_0) \\[4pt]
\searrow{\scriptstyle (gf)_\#} & \nearrow{\scriptstyle g_\#} & \\[4pt]
& \pi_1(Z, z_0) &
\end{array}
\qquad\qquad
\begin{array}{ccc}
& & \pi_1(X, x_0) \\[4pt]
\nearrow{\scriptstyle g_\#} & & \searrow{\scriptstyle f_\#} \\[4pt]
\pi_1(Y, g(x_0)) & \xrightarrow[u_+]{\;\cong\;} & \pi_1(Y, f(x_0))
\end{array}
$$

Kommutative Diagramme werden uns noch oft begegnen, und wir nutzen die Gelegenheit, diesen Begriff zu klären. Die folgenden Beispiele werden genügen:

$$
\begin{array}{ccc}
\bullet & \xrightarrow{\;f\;} & \bullet \\
{\scriptstyle h}\searrow & & \swarrow{\scriptstyle g} \\
& \bullet &
\end{array}
\qquad
\begin{array}{ccc}
\bullet & \xrightarrow{\;f\;} & \bullet \\
{\scriptstyle h}\downarrow & & \downarrow{\scriptstyle g} \\
\bullet & \xrightarrow{\;k\;} & \bullet
\end{array}
\qquad
\begin{array}{ccccc}
\bullet & \xrightarrow{\;f\;} & \bullet & \xrightarrow{\;\varphi\;} & \bullet \\
{\scriptstyle h}\downarrow & & \uparrow{\scriptstyle g} & & \uparrow{\scriptstyle \psi} \\
\bullet & \xrightarrow{\;k\;} & \bullet & \xrightarrow{\;\lambda\;} & \bullet
\end{array}
$$

Hier stehen die Punkte für irgendwelche Mengen (Räume, Gruppen, ...) und die Pfeile für Funktionen zwischen diesen Mengen. Das Diagramm links ist kommutativ, wenn $g \circ f = h$ gilt, das in der Mitte, wenn $g \circ f = k \circ h$ gilt, und das rechte ist kommutativ, wenn $f = g \circ k \circ h$ und $\varphi \circ g = \psi \circ \lambda$ gilt. — Zurück zur Fundamentalgruppe:

5.1.18 Satz *Für eine Homotopieäquivalenz $f \colon X \to Y$ ist der induzierte Homomorphismus $f_\# \colon \pi_1(X, x_0) \to \pi_1(Y, f(x_0))$ für alle $x_0 \in X$ ein Isomorphismus; wegzusammenhängende Räume vom gleichen Homotopietyp haben also isomorphe Fundamentalgruppen.*

Beweis Sei $g \colon Y \to X$ homotopie-invers zu f. Aus $gf \simeq \mathrm{id}_X$, $fg \simeq \mathrm{id}_Y$ sowie 5.1.16 und 5.1.17 folgt, daß in

$$
\pi_1(X, x_0) \xrightarrow{\;f_\#\;} \pi_1(Y, f(x_0)) \xrightarrow{\;g_\#\;} \pi_1(X, gf(x_0)) \xrightarrow{\;f_\#\;} \pi_1(Y, fgf(x_0))
$$

die Komposition der beiden linken bzw. der beiden rechten Homomorphismen ein Isomorphismus ist, daher auch der mittlere und folglich der linke. $\qquad\square$

Insbesondere folgt aus 5.1.18, daß die Fundamentalgruppe eine topologische Invariante ist, d.h. homöomorphe wegzusammenhängende Räume haben isomorphe

Fundamentalgruppen. Das liefert uns ein wichtiges Hilfsmittel bei der Lösung von Homöomorphieproblemen: Wenn $\pi_1(X, x_0)$ und $\pi_1(Y, y_0)$ nicht isomorph sind, sind X und Y nicht homöomorph. Voraussetzung für die Anwendbarkeit dieses Kriteriums ist natürlich, daß wir die Fundamentalgruppen berechnen können.

5.1.19 Bemerkung Ist $x_0 \in A \subset X$, so induziert die Inklusion $i\colon A \hookrightarrow X$ einen Homomorphismus $i_\#\colon \pi_1(A, x_0) \to \pi_1(X, x_0)$. Für $\alpha = [w] \in \pi_1(A, x_0)$ ist $i_\#(\alpha) = [i \circ w]$, und $i \circ w$ ist der Weg $(i \circ w)(t) = w(t)$. Die Elemente α und $i_\#(\alpha)$ werden also im wesentlichen vom gleichen Weg repräsentiert, aber bei der Homotopieklasse muß man aufpassen: $\alpha = 0$ heißt, daß w nullhomotop ist in A, während $i_\#(\alpha) = 0$ nur aussagt, daß w nullhomotop ist im großen Raum X. Nach 5.2.2 wird es Ihnen leicht fallen, ein Beispiel anzugeben, wo das zweite eintritt und das erste nicht.

5.1.20 Satz *Für einen Deformationsretrakt $A \subset X$ induziert $i\colon A \hookrightarrow X$ für jedes $x_0 \in A$ einen Isomorphismus $i_\#\colon \pi_1(A, x_0) \overset{\cong}{\to} \pi_1(X, x_0)$.* $\qquad\square$

5.1.21 Satz *Ist X_0 die Wegekomponente von X, die $x_0 \in X$ enthält, so induziert $i\colon X_0 \hookrightarrow X$ einen Isomorphismus $i_\#\colon \pi_1(X_0, x_0) \overset{\cong}{\to} \pi_1(X, x_0)$.* $\qquad\square$

Der Beweis folgt unmittelbar daraus, daß I und I^2 wegzusammenhängend sind. Man kann sich also bei der Untersuchung von $\pi_1(X, x_0)$ auf die Wegekomponente von x_0 beschränken; die Fundamentalgruppe hängt nicht von der topologischen Gestalt der anderen Wegekomponenten von X ab.

Aufgaben

5.1.A1 Zeigen Sie, daß die Abbildung $h\colon \dot{I}^2 \to \dot{I}^2$ im Beweis von 5.1.10 zur Identität von $\dot{I}^2$ homotop ist.

5.1.A2 Es sei $w\colon I \to X$ ein Weg und $0 = t_0 < \ldots < t_n = 1$ eine Zerlegung des Einheitsintervalles. Für $i = 1, \ldots, n$ sei $w_i\colon I \to X$ der Weg $w_i(t) = w((1-t)t_{i-1} + t t_i)$. Zeigen Sie: $[w] = [w_1] \cdot [w_2] \cdot \ldots \cdot [w_n]$.

5.1.A3 Zeigen Sie:
(a) Aus $u \simeq v\colon I \to X$ rel $\dot{I}$ folgt $u_+ = v_+$.
(b) Genau dann ist $u_+ = v_+\colon \pi_1(X, x_1) \to \pi_1(X, x_0)$ für alle Wege u, v in X von x_0 nach x_1, wenn $\pi_1(X, x_0)$ abelsch ist.

5.1.A4 Sei $S^1 \vee S^1 = S^1 \times 1 \cup 1 \times S^1$ und sei $\nu\colon S^1 \to S^1 \vee S^1$ die Abbildung $\nu(z) = (z^2, 1)$ für $z \in D_+^1$ und $\nu(z) = (1, z^2)$ für $z \in D_-^1$. Zeigen Sie:
(a) Es ist $(\mathrm{id}, c) \circ \nu \simeq (c, \mathrm{id}) \circ \nu \simeq \mathrm{id}\colon S^1 \to S^1$ rel 1. Dabei ist $c\colon S^1 \to S^1$ die konstante Abbildung $c(S^1) = 1$ und $\mathrm{id} = \mathrm{id}_{S^1}$.
(b) Es ist $(\mathrm{id}, s) \circ \nu \simeq (s, \mathrm{id}) \circ \nu \simeq c\colon S^1 \to S^1$ rel 1. Dabei ist $s\colon S^1 \to S^1$ die Abbildung $s(z) = z^{-1}$.
(c) Es ist $(\nu \vee \mathrm{id}) \circ \nu \simeq (\mathrm{id} \vee \nu) \circ \nu\colon S^1 \to S^1 \vee S^1 \vee S^1$ rel 1.

5.1.A5 Zeigen Sie mit der vorigen Aufgabe, daß $[S^1, 1; X, x_0]$ mit der Multiplikation $[\varphi][\psi] = [(\varphi, \psi) \circ \nu]$ eine Gruppe ist und daß die Bijektion $[S^1, 1; X, x_0] \to \pi_1(X, x_0)$ aus 5.1.11 ein Gruppenisomorphismus ist.

5.1.A6 Ist X eine topologische Gruppe mit neutralem Element e, so ist $\pi_1(X, e)$ abelsch. (Hinweis: Für $v, w\colon (I, \dot{I}) \to (X, e)$ sei $F\colon I^2 \to X$ die Abbildung $F(s, t) = v(t)w(s)$, wobei rechts das Produkt in X steht. Wenden Sie 5.1.10 an.)

5.1.A7 Die Räume $P^n(\mathbb{C})$ und $P^n(\mathbb{H})$ sind einfach zusammenhängend.

5.2 Die Fundamentalgruppe der Kreislinie

Als Basispunkt in der Kreislinie nehmen wir immer die komplexe Zahl $1 \in S^1$. Die wesentliche Arbeit zur Berechnung von $\pi_1(S^1, 1)$ haben wir schon geleistet, wir müssen nur noch die Ergebnisse sammeln. Nach 5.1.A6 ist $\pi_1(S^1, 1)$ abelsch, weil S^1 eine topologische Gruppe ist. Daher ist die Funktion $V\colon \pi_1(S^1, 1) \to [S^1, S^1]$ in 5.1.12 bijektiv. Aus 2.2.4 kennen wir die bijektive Funktion Grad: $[S^1, S^1] \to \mathbb{Z}$.

5.2.1 Definition Mit $\mu = \text{Grad} \circ V\colon \pi_1(S^1, 1) \to \mathbb{Z}$ bezeichnen wir die Komposition dieser beiden Funktionen. Ist $\alpha = [w] \in \pi_1(S^1, 1)$, so gibt es nach 2.2.1 und 2.2.2 zu $w\colon I \to S^1$ genau eine stetige Funktion $\tilde{w}\colon I \to \mathbb{R}$ mit $\tilde{w}(0) = 0$ und $w(t) = \exp(2\pi i \tilde{w}(t))$. Aus den Definitionen von V und Grad folgt $\mu(\alpha) = \tilde{w}(1) \in \mathbb{Z}$; diese Zahl heißt die *Umlaufzahl von w*. Nach den Bemerkungen vor 2.2.2 gibt sie an, wie oft $w(t)$ um S^1 läuft, wenn t von 0 bis 1 wächst (wobei „sich Bewegungen in entgegengesetzter Richtung aufheben").

5.2.2 Satz *Die Funktion* $\mu\colon \pi_1(S^1, 1) \to \mathbb{Z}$ *ist ein Gruppenisomorphismus.*

Beweis Für $\alpha = [v], \beta = [w] \in \pi_1(S^1, 1)$ sei $f\colon I \to \mathbb{R}$ definiert durch $f(t) = \tilde{v}(2t)$ für $0 \leq t \leq 1/2$ und $f(t) = \tilde{v}(1) + \tilde{w}(2t - 1)$ für $t \geq 1/2$. Wegen $f(0) = 0$ und $\exp 2\pi i f(t) = (v \cdot w)(t)$ ist $f = \tilde{u}$, wobei $u = v \cdot w$ ist. Es folgt $\mu(\alpha\beta) = (\tilde{u})(1) = f(1) = \tilde{v}(1) + \tilde{w}(1) = \mu(\alpha) + \mu(\beta)$. Also ist μ ein Homomorphismus. Klar ist, daß μ bijektiv ist. $\square$

5.2.3 Satz und Definition $\pi_1(S^1, 1)$ *ist eine freie zyklische Gruppe, erzeugt von der Homotopieklasse des Weges* $I \to S^1, t \mapsto \exp 2\pi i t$. *Diese Erzeugende heißt die Standarderzeugende von* $\pi_1(S^1, 1)$. $\square$

5.2.4 Beispiele Aus diesem ersten Beispiel einer nichttrivialen Fundamentalgruppe lassen sich leicht weitere Beispiele ableiten.

(a) $\pi_1(\mathbb{R}^2 \setminus 0, 1) \cong \mathbb{Z}$; der Isomorphismus wird gegeben durch $[w] \mapsto$ Anzahl der Umläufe von w um den Nullpunkt. Weil $S^1 \subset \mathbb{R}^2 \setminus 0$ Deformationsretrakt ist, läßt sich das mit 5.1.20 leicht präzisieren.

(b) Analog ist $\pi_1(K) \cong \mathbb{Z}$, falls K ein Kreisring, Möbiusband oder ein Volltorus ist, indem man jedem Weg die Anzahl seiner Umläufe zuordnet.

(c) Ist $G \subset \mathbb{R}^3$ eine Gerade, so ist auch $\pi_1(\mathbb{R}^3 \setminus G, x_0) \cong \mathbb{Z}$; denn es gibt eine Kreislinie in $\mathbb{R}^3 \setminus G$, die Deformationsretrakt von $\mathbb{R}^3 \setminus G$ ist, vgl. 2.4.5 (f).

Das nächste Beispiel ist der Torus. Zunächst:

5.2.5 Satz *Für topologische Räume* (X, x_0) *und* (Y, y_0) *mit Basispunkt ist die Funktion* $(\mathrm{pr}_{1\#}, \mathrm{pr}_{2\#})$: $\pi_1(X \times Y, (x_0, y_0)) \to \pi_1(X, x_0) \oplus \pi_1(Y, y_0)$ *ein Gruppen-isomorphismus.*

Beweis Wegen 5.1.15 ist sie ein Homomorphismus. Sie ist surjektiv; denn für $\alpha = [u] \in \pi_1(X, x_0)$ und $\beta = [v] \in \pi_1(Y, y_0)$ ist (u, v): $I \to X \times Y$ ein geschlossener Weg mit Aufpunkt (x_0, y_0), dessen Homotopieklasse von $(\mathrm{pr}_{1\#}, \mathrm{pr}_{2\#})$ auf (α, β) abgebildet wird. Injektivität: Ist $\gamma = [w] \in \pi_1(X \times Y, (x_0, y_0))$ und $(\mathrm{pr}_{1\#}\gamma, \mathrm{pr}_{2\#}\gamma) = ([\mathrm{pr}_1 \circ w], [\mathrm{pr}_2 \circ w]) = (1, 1)$, so existieren Homotopien H_1: $\mathrm{pr}_1 \circ w \simeq c_{x_0}$ und H_2: $\mathrm{pr}_2 \circ w \simeq c_{y_0}$, beide rel $\dot{I}$. Dann ist (H_1, H_2): $I \to X \times Y$ eine Homotopie von $(\mathrm{pr}_1 \circ w, \mathrm{pr}_2 \circ w) = w$ nach $c_{(x_0, y_0)}$ relativ $\dot{I}$, also $\gamma = 1$. $\qquad\square$

5.2.6 Beispiel Für den Torus $T^2 = S^1 \times S^1$ mit Basispunkt $z_0 = (1, 1) \in T^2$ ist $\pi_1(T^2, z_0) \cong \mathbb{Z} \oplus \mathbb{Z}$ durch $\alpha \mapsto (\mu\mathrm{pr}_{1\#}(\alpha), \mu\mathrm{pr}_{2\#}(\alpha)) \in \mathbb{Z} \oplus \mathbb{Z}$. Jedem geschlossenen Weg w entspricht also ein „Umlaufzahlenpaar" (m, n). Dabei gibt m bzw. n an, wie oft w in Richtung $S^1 \times 1$ bzw. $1 \times S^1$ um den Torus läuft. Der Weg auf dem rechten Torus in Abb. 1.5.2 hat das Umlaufzahlenpaar $(3, 2)$. Ist $v_1(t) = (e^{2\pi i t}, 1), v_2(t) = (1, e^{2\pi i t})$ und $\alpha_1 = [v_1], \alpha_2 = [v_2]$, so besteht $\pi_1(T^2, z_0)$ aus den Elementen $\alpha_1^m \alpha_2^n$ $(m, n \in \mathbb{Z})$, und diese Darstellung der Elemente ist eindeutig.

5.2.7 Beispiel Durch Induktion folgt: *Ist* $T^n = S^1 \times \ldots \times S^1$ *(n Faktoren) der n-dimensionale Torus, so ist* $\pi_1(T^n) \cong \mathbb{Z}^n$.

5.2.8 Beispiele Jetzt können wir auch Beispiele für induzierte Homomorphismen angeben.

(a) Ist g_n: $S^1 \to S^1$ die Abbildung $z \mapsto z^n$, so ist $g_{n\#}$: $\pi_1(S^1, 1) \to \pi_1(S^1, 1)$ der Homomorphismus $\alpha \mapsto \alpha^n$; das folgt aus 2.2.4 (a).

(b) Sei f: $S^1 \times S^1 \to S^1 \times S^1$ die Abbildung $(z, w) \mapsto (z^a w^b, z^c w^d)$ mit $a, b, c, d \in \mathbb{Z}$. Ist $\alpha_1, \alpha_2 \in \pi_1(S^1 \times S^1, z_0)$ wie in 5.2.6, so gilt:

$$f_\#: \pi_1(S^1 \times S^1, z_0) \to \pi_1(S^1 \times S^1, z_0), \quad f_\#(\alpha_1) = \alpha_1^a \alpha_2^c, \quad f_\#(\alpha_2) = \alpha_1^b \alpha_2^d.$$

Das folgt unmittelbar aus dem vorigen Beispiel und 5.2.5.

Aufgaben

5.2.A1 Beweisen Sie folgende Aussagen:
(a) $[w] \in \pi_1(S^1, 1)$ ist genau dann ein erzeugendes Element dieser Gruppe, wenn der

Weg w die Umlaufzahl ± 1 hat.

(b) Ist $v\colon (I, \dot{I}) \to (S^1, 1)$ ein relativer Homöomorphismus, so hat der Weg v die Umlaufzahl ± 1, und $[v]$ erzeugt $\pi_1(S^1, 1)$.

5.2.A2 Zu jedem Homomorphismus $\varphi\colon \pi_1(S^1 \times S^1, z_0) \to \pi_1(S^1 \times S^1, z_0)$ gibt es eine stetige Abbildung $f\colon (S^1 \times S^1, z_0) \to (S^1 \times S^1, z_0)$ mit $f_\# = \varphi$; wenn φ ein Isomorphismus ist, kann man f als Homöomorphismus wählen.

5.2.A3 Für $n \neq m$ ist $T^n \not\approx T^m$; dabei ist T^n wie in 5.2.7.

5.2.A4 Sei M ein Möbiusband und $f\colon S^1 \to \partial M$ ein Homöomorphismus. Der Weg $w\colon I \to M$, $w(t) = f(\exp 2\pi i t)$, repräsentiert ein Element $\beta \in \pi_1(M, x_0)$, wobei $x_0 = f(1) \in \partial M$. Zeigen Sie, daß $\beta = \alpha^2$ ist für eine geeignete Erzeugende $\alpha \in \pi_1(M, x_0) \cong \mathbb{Z}$. Folgern Sie daraus, daß ∂M nicht Retrakt von M ist.

5.2.A5 Beweisen Sie folgende Aussagen:

(a) Ist $x_0 \in S^1 \subset D^2$, so ist $D^2 \backslash x_0$ einfach zusammenhängend.

(b) Ist $x_0 \in \mathring{D}^2$, so ist $D^2 \backslash x_0$ nicht einfach zusammenhängend.

(c) Jeder Homöomorphismus $f\colon D^2 \to D^2$ bildet S^1 auf S^1 ab.

Bemerkung: Damit ist 1.1.18 im Fall $n = 2$ bewiesen.

5.3 Der Satz von Seifert und van Kampen

Dieser Satz (5.3.11) ist für uns der Ausgangspunkt zur Berechnung von Fundamentalgruppen. Wir behandeln zuerst die notwendigen gruppentheoretischen Begriffe.

5.3.1 Definition Sei G eine Gruppe und sei $E \subset G$ eine Teilmenge. Der Durchschnitt aller Untergruppen bzw. aller Normalteiler von G, die E enthalten, heißt *die von E erzeugte Untergruppe* $\mathcal{U}(E)$ bzw. *der von E erzeugte Normalteiler* $\mathcal{N}(E)$ *in G*. Offenbar besteht $\mathcal{U}(E)$ aus dem neutralen Element und aus allen Elementen der Form $g = x_1^{n_1} \cdot \ldots \cdot x_k^{n_k}$ mit $k \geq 1, x_1, \ldots, x_k \in E$ und $n_1, \ldots, n_k \in \mathbb{Z}$. Wenn $\mathcal{U}(E) = G$ ist, heißt E ein *Erzeugendensystem von G* (oder: *E erzeugt G*); dann hat jedes $g \in G$, $g \neq 1$, eine solche Darstellung. $\mathcal{N}(E)$ besteht aus den obigen Elementen, aus deren Konjugierten und aus den Produkten dieser Konjugierten. Wenn $\mathcal{N}(E) = G$ ist, sagen wir: *E erzeugt G als Normalteiler*.

5.3.2 Beispiele

(a) Die triviale Gruppe $G = 1$ wird von der leeren Menge erzeugt.

(b) Wird G von einem Element $a \in G$ erzeugt, so ist G zyklisch. Zwei Fälle sind möglich. Entweder ist $a^n \neq 1$ für alle $0 \neq n \in \mathbb{Z}$; dann ist G unendlich zyklisch und besteht aus den verschiedenen Potenzen $a^0 = 1, a^{\pm 1}, a^{\pm 2} \ldots$. Oder es ist $a^n = 1$ für ein $n > 0$; wenn n die kleinste positive Zahl mit dieser Eigenschaft ist, so ist G eine zyklische Gruppe der Ordnung n, die aus den verschiedenen Potenzen $a^0 = 1, a, \ldots, a^{n-1}$ besteht. Im ersten Fall ist $G \cong \mathbb{Z}$, im zweiten $G \cong \mathbb{Z}_n$.

(c) Bei additiv geschriebener Gruppe G ist 5.3.1 umzuformulieren: $E \subset G$ erzeugt G, wenn zu $0 \neq g \in G$ Elemente $x_1, \ldots, x_k \in E$ und $n_1, \ldots, n_k \in \mathbb{Z}$ existieren mit $g = n_1 x_1 + \ldots + n_k x_k$.

(d) Das kartesische Produkt $G_1 \times G_2$ zweier Gruppen G_1 und G_2 ist mit koordinatenweiser Verknüpfung eine Gruppe. Für $x_1 \in G_1$ identifizieren wir das Element $(x_1, 1) \in G_1 \times G_2$ mit x_1, also $(x_1, 1) = x_1$; dadurch wird G_1 eine Untergruppe von $G_1 \times G_2$. Ebenso wird G_2 durch die Identifikation $(1, x_2) = x_2$ eine Untergruppe von $G_1 \times G_2$. Aus $(x_1, x_2) = (x_1, 1)(1, x_2) = x_1 x_2$ folgt, daß die Teilmenge $G_1 \cup G_2$ die Gruppe $G_1 \times G_2$ erzeugt. Für $x_1 \in G_1$ und $x_2 \in G_2$ gilt ferner die Vertauschungsregel $x_1 x_2 = x_2 x_1$.

5.3.3 Konstruktion Im folgenden definieren wir ein Analogon zum letzten Beispiel: das freie Produkt $G_1 * G_2$ zweier Gruppen G_1 und G_2. Die Gruppe $G_1 * G_2$ enthält ebenfalls G_1 und G_2 als Untergruppen, und sie wird von $G_1 \cup G_2$ erzeugt; aber die eben erwähnte Vertauschungsregel gilt nicht mehr.

Es sei F die Menge aller endlichen Folgen $(x_1, \ldots, x_n)$, so daß gilt:

(a) Jedes x_j liegt in einer der Gruppen G_i.

(b) Kein x_j ist das neutrale Element einer der Gruppen G_i.

(c) Je zwei aufeinanderfolgende x_j liegen in verschiedenen Gruppen G_i.

Dabei ist $n \geq 0$; zum Wert $n = 0$ gehört die eindeutig bestimmte „leere Folge", die wir mit () bezeichnen. Jedem $g \in G_i$ ordnen wir eine Abbildung $\bar{g} \colon F \to F$ wie folgt zu:

$$\bar{g}(x_1, \ldots, x_n) = \begin{cases} (x_1, \ldots, x_n) & \text{für } g = 1, \\ (g, x_1, \ldots, x_n) & \text{für } g \neq 1 \text{ und } x_1 \notin G_i, \\ (g x_1, x_2, \ldots, x_n) & \text{für } g \neq 1, x_1 \in G_i \text{ und } g x_1 \neq 1, \\ (x_2, \ldots, x_n) & \text{für } g \neq 1, x_1 \in G_i \text{ und } g x_1 = 1. \end{cases}$$

Speziell ist $\bar{g}() = (g)$ für $1 \neq g \in G_i$ und $\bar{g}(x_1) = ()$ für $g x_1 = 1$. Sind $g, h \in G_i$ Elemente mit $\bar{g} = \bar{h} \colon F \to F$, so ist speziell $\bar{g}() = \bar{h}()$, also $g = h$. Daher ist durch die Abbildung $\bar{g} \colon F \to F$ das Element $g \in G_i$ eindeutig bestimmt; wir bezeichnen deshalb Gruppenelement und Abbildung mit demselben Symbol $g = \bar{g} \colon F \to F$.

Eine einfache Fallunterscheidung liefert die Rechenregel $1z = z$ und $(gh)z = g(hz)$ für $z \in F$ und $g, h \in G_i$. Das bedeutet, daß durch 5.3.3 eine Operation der Gruppe G_i auf der Menge F definiert wird. Insbesondere ist für $g \in G_i$ die Abbildung $g \colon F \to F$ eine Permutation (= bijektive Abbildung) der Menge F. Auf diese Weise sind die Gruppen G_i als Untergruppen in die Gruppe $\mathcal{S}(F)$ aller Permutationen von F eingebettet, also $G_1 \subset \mathcal{S}(F)$ und $G_2 \subset \mathcal{S}(F)$.

5.3.4 Satz und Definition *Das freie Produkt $G_1 * G_2$ ist die von der Teilmenge $G_1 \cup G_2 \subset \mathcal{S}(F)$ erzeugte Untergruppe von $\mathcal{S}(F)$. Jedes Element $1 \neq g \in G_1 * G_2$*

hat eine eindeutige Darstellung der Form $g = x_1 \cdot \ldots \cdot x_n$, *wobei* (a), (b) *und* (c) *von 5.3.3 gelten; diese Darstellung heißt die* reduzierte Darstellung *von g*.

Beweis Ist $1 \neq g \in G_1 * G_2$, so ist g eine von der Identität verschiedene Permutation von F, die ein Produkt von Permutationen aus G_1 und G_2 ist. Also ist $g = x_1 \cdot \ldots \cdot x_n$, wobei jedes x_j eine Permutation aus einer der Gruppen G_i ist. Durch Reduzieren erhält man die reduzierte Darstellung: Ist z.B. $x_1 = 1 \in G_i$, so ist $x_1 \colon F \to F$ die Identität, und man kann x_1 weglassen. Ist z.B. $x_1, x_2 \in G_1$, so kann man das Produkt der Permutationen $x_1, x_2 \colon F \to F$ durch die Permutation $y_1 \colon F \to F$ ersetzen, wobei $y_1 = x_1 x_2 \in G_1$. Zu beweisen bleibt die Eindeutigkeit. Seien $x_1 \cdot \ldots \cdot x_n = y_1 \cdot \ldots \cdot y_m$ reduzierte Darstellungen desselben Elements. Die Permutation $x_1 \cdot \ldots \cdot x_n$ bildet die leere Folge () auf die Folge $(x_1, \ldots, x_n)$ ab; ebenso $y_1 \cdot \ldots \cdot y_m() = (y_1, \ldots, y_m)$. Aus der Gleichheit der Permutationen folgt daher $(x_1, \ldots, x_n) = (y_1, \ldots, y_m)$, also $n = m$ und $x_1 = y_1, \ldots, x_n = y_n$. $\qquad\square$

5.3.5 Bemerkungen
(a) G_1 und G_2 sind Untergruppen von $G_1 * G_2$, und $G_1 \cup G_2$ erzeugt $G_1 * G_2$; ferner ist $G_1 \cap G_2 = 1$. Für $1 \neq x_1 \in G_1$ und $1 \neq x_2 \in G_2$ ist $x_1 x_2 \neq x_2 x_1$ nach 5.3.4. Daher ist das freie Produkt von Gruppen $G_1, G_2 \neq 1$ stets nicht abelsch. Ferner ist es immer eine unendliche Gruppe; denn $x_1, x_2, x_1 x_2, x_1 x_2 x_1, \ldots$ sind paarweise verschieden.

(b) Im Fall $G_1 = 1$ ist $G_1 * G_2 = G_2$. Ferner ist $G_1 * G_2 \cong G_2 * G_1$.

(c) Analog kann man das freie Produkt $G_1 * \ldots * G_n$ von endlich vielen und das freie Produkt $\ast_i G_i$ beliebig vieler Gruppen G_i definieren; in 5.3.3 ist ja die Indexmenge nicht festgelegt, und in 5.3.4 ersetze man $G_1 \cup G_2$ durch $\bigcup_i G_i$.

(d) Beim Rechnen in der Gruppe $G_1 * G_2$ kann man vergessen, daß die Elemente Permutationen sind und die Verknüpfung die Hintereinanderschaltung von Permutationen ist. Es genügt zu wissen, daß jedes $g \in G_1 * G_2$ ein „formales Produkt" $g = x_1 \cdot \ldots \cdot x_n$ ist (wobei jedes x_j in G_1 oder G_2 liegt) und daß diese Darstellung nach Reduzieren eindeutig ist. Das Inverse von g ist $g^{-1} = x_n^{-1} \cdot \ldots \cdot x_1^{-1}$, und ist $h = y_1 \cdot \ldots \cdot y_m$, so ist $gh = x_1 \cdot \ldots \cdot x_n \cdot y_1 \cdot \ldots \cdot y_m$, wobei man diese Produkte eventuell reduzieren kann.

(e) Bei der obigen Definition, und auch schon bei 5.3.2 (d), muß man voraussetzen, daß G_1 und G_2 höchstens das triviale Element gemeinsam haben. Wenn das nicht der Fall ist, ersetze man G_2 durch eine isomorphe Gruppe, die zu G_1 disjunkt ist.

5.3.6 Beispiel
Wir betrachten zwei zyklische Gruppen der Ordnung 2, die von a bzw. b erzeugt werden und die wir beide mit $\mathbb{Z}_2$ bezeichnen. $\mathbb{Z}_2 * \mathbb{Z}_2$ besteht aus den Elementen $1, a, ab, aba, abab, \ldots, b, ba, bab, baba, \ldots$, mit denen in naheliegender Weise gerechnet wird, z.B. $aba \cdot abab = aba^2 bab = ab^2 ab = a^2 b = b$. Die Gruppe ist unendlich und nicht abelsch; sie heißt *unendliche Diedergruppe*.

5.3.7 Satz
Zu je zwei Gruppenhomomorphismen $f_1 \colon G_1 \to H$ *und* $f_2 \colon G_2 \to H$ *gibt es genau einen Gruppenhomomorphismus* $f_1 \cdot f_2 \colon G_1 * G_2 \to H$, *der auf der*

Untergruppe G_1 bzw. G_2 mit f_1 bzw. f_2 übereinstimmt. Ist $x_1 \cdot \ldots \cdot x_n \in G_1 * G_2$ in reduzierter Form, so ist

$$(*) \qquad (f_1 \cdot f_2)(x_1 \cdot \ldots \cdot x_n) = f_{i_1}(x_1) \cdot \ldots \cdot f_{i_n}(x_n),$$

wobei $f_{i_k} = f_1$ ist für $x_k \in G_1$ und $f_{i_k} = f_2$ für $x_k \in G_2$. Diese Eigenschaft kennzeichnet $G_1 * G_2$ bis auf Isomorphie (vgl. 5.3.A5).

Beweis Wir definieren $f_1 \cdot f_2$ durch $(f_1 \cdot f_2)(1) = 1$ und die Formel $(*)$; wegen 5.3.4 ist $f_1 \cdot f_2$ eindeutig definiert und hat die verlangten Eigenschaften. Klar ist, daß es nur einen Homomorphismus $G_1 * G_2 \to H$ der verlangten Art gibt. $\square$

Zurück zur Topologie und zur Fundamentalgruppe. Es sei $X = U \cup V$ ein topologischer Raum, der Vereinigung zweier Teilräume U und V mit $U \cap V \neq \emptyset$ ist. Wir wählen einen Basispunkt $x_0 \in U \cap V$ und betrachten folgende Inklusionsabbildungen und die davon induzierten Homomorphismen der Fundamentalgruppen:

$$
\begin{array}{ccc}
U & \xrightarrow{\;i\;} & X \\[4pt]
{\scriptstyle i'}\big\uparrow & & \big\uparrow{\scriptstyle j} \\[4pt]
U \cap V & \xrightarrow{\;j'\;} & V
\end{array}
\qquad , \qquad
\begin{array}{ccc}
\pi_1(U, x_0) & \xrightarrow{\;i_\#\;} & \pi_1(X, x_0) \\[4pt]
{\scriptstyle i'_\#}\big\uparrow & & \big\uparrow{\scriptstyle j_\#} \\[4pt]
\pi_1(U \cap V, x_0) & \xrightarrow{\;j'_\#\;} & \pi_1(V, x_0)
\end{array}
\quad .
$$

5.3.8 Lemma *Sind U und V offen in $X = U \cup V$, und sind U, V und $U \cap V$ wegzusammenhängend, so wird $\pi_1(X, x_0)$ von den Bildern der Homomorphismen $i_\#$ und $j_\#$ erzeugt. Der Homomorphismus $i_\# \cdot j_\#$: $\pi_1(U, x_0) * \pi_1(V, x_0) \to \pi_1(X, x_0)$ ist folglich surjektiv.*

5.3.9 Korollar *Ist X Vereinigung zweier offener, einfach zusammenhängender Teilräume, deren Durchschnitt wegzusammenhängend ist, so ist X einfach zusammenhängend.*

Hieraus folgt wieder, daß S^n für $n \geq 2$ einfach zusammenhängend ist (vgl. (b) von 5.1.9). Als Teilräume wählt man die Komplemente von Nord- und Südpol, die homöomorph zu $\mathbb{R}^n$ und somit einfach zusammenhängend sind. Ihr Durchschnitt ist homöomorph zu $S^{n-1} \times \mathbb{R} \simeq S^{n-1}$, ist also für $n \geq 2$ wegzusammenhängend.

Beweis von 5.3.8. Sei $[w] \in \pi_1(X, x_0)$ beliebig. Sei $0 = t_0 < \ldots < t_k = 1$ eine so feine Zerlegung von I, daß $w([t_{i-1}, t_i])$ ganz in U oder ganz in V liegt ($i = 1, \ldots, k$). Indem man eventuell einige Teilungspunkte t_i wegläßt, erreicht man $w(t_i) \in U \cap V$ für $i = 0, \ldots, k$. Sei $w_i(t) = w((1 - t)t_{i-1} + tt_i)$ der Weg w_i: $I \to X$ und sei v_j: $I \to X$ ein in $U \cap V$ liegender Weg von x_0 nach $w(t_j)$; dabei $i = 1, \ldots, k$ und $j = 1, \ldots, k-1$. Die Wege $w_1 \cdot v_1^{-1}, (v_1 \cdot w_2) \cdot v_2^{-1}, \ldots, (v_{k-2} \cdot w_{k-1}) \cdot v_{k-1}^{-1}, v_{k-1} \cdot w_k$ sind geschlossene Wege mit Aufpunkt x_0, die in U oder V liegen. Sie repräsentieren daher Elemente von $\pi_1(X, x_0)$, die im Bild von $i_\#$ oder im Bild von $j_\#$ liegen. Es ist $[w] = [w_1 \cdot v_1^{-1}][(v_1 \cdot w_2) \cdot v_2^{-1}] \cdot \ldots \cdot [(v_{k-2} \cdot w_{k-1}) \cdot v_{k-1}^{-1}] \cdot [v_{k-1} \cdot w_k]$, nach 5.1.6 und 5.1.A2, also ist $[w]$ Produkt von Elementen aus Bild $i_\#$ und Bild $j_\#$.   □

Aus 5.3.8 folgt, daß $\pi_1(X, x_0) \cong \pi_1(U, x_0) * \pi_1(V, x_0)/\mathrm{Kern}(i_\# \cdot j_\#)$ ist. Unsere nächste Aufgabe ist es, den Kern von $i_\# \cdot j_\#$ zu berechnen. Es sei $\alpha \in \pi_1(U \cap V, x_0)$. Der Homomorphismus $i_\# \cdot j_\#$ bildet $i'_\#(\alpha)$ auf $i_\# i'_\#(\alpha)$ ab und $j'_\#(\alpha)$ auf $j_\# j'_\#(\alpha)$, und wegen $ii' = jj'$ sind diese Elemente gleich. Daher enthält Kern $(i_\# \cdot j_\#)$ alle Elemente der Form $i'_\#(\alpha) \cdot j'_\#(\alpha)^{-1}$ und damit den von diesen Elementen erzeugten Normalteiler von $\pi_1(U, x_0) * \pi_1(V, x_0)$.

5.3.10 Lemma *Unter den Voraussetzungen von 5.3.8 ist der Kern von $i_\# \cdot j_\#$ genau der Normalteiler in $\pi_1(U, x_0) * \pi_1(V, x_0)$, der von den Elementen der Form $i'_\#(\alpha) \cdot j'_\#(\alpha)^{-1}$ mit $\alpha \in \pi_1(U \cap V, x_0)$ erzeugt wird.*

Vor dem Beweis zwei Folgerungen. Zunächst ergibt sich mit 5.3.8:

5.3.11 Satz (Seifert-van Kampen) *Der Raum X sei Vereinigung der offenen Teilräume U und V; es seien U, V sowie $U \cap V$ wegzusammenhängend. Dann ist für $x_0 \in U \cap V$:*

$$\pi_1(X, x_0) \cong \pi_1(U, x_0) * \pi_1(V, x_0)/\mathcal{N}\{i'_\#(\alpha) \cdot j'_\#(\alpha)^{-1} | \alpha \in \pi_1(U \cap V, x_0)\}. \quad □$$

Diese explizite Formel ermöglicht die Berechnung von $\pi_1(X, x_0)$, wenn man die Fundamentalgruppen von U, V und $U \cap V$ und die von den Inklusionen induzierten Homomorphismen kennt.

5.3.12 Korollar *Ist zusätzlich zu den obigen Voraussetzungen V einfach zusammenhängend, so ist $i_\#\colon \pi_1(U, x_0) \to \pi_1(X, x_0)$ surjektiv, und Kern $i_\#$ ist der Normalteiler, der vom Bild von $i'_\#\colon \pi_1(U \cap V, x_0) \to \pi_1(U, x_0)$ erzeugt wird. Ist auch $U \cap V$ einfach zusammenhängend, so ist $i_\#\colon \pi_1(U, x_0) \to \pi_1(X, x_0)$ ein Isomorphismus.*   □

Der Rest dieses Abschnitts dient dem Beweis von Lemma 5.3.10. Wir setzen $G = \pi_1(U, x_0) * \pi_1(V, x_0)$ und bezeichnen mit $N \subset G$ den in 5.3.10 genannten Normalteiler. Ist $w\colon (I, \dot I) \to (X, x_0)$ ein Weg, der in U oder V oder $U \cap V$ liegt, so bezeichnen wir entsprechend mit $[w]_U \in \pi_1(U, x_0)$ bzw. $[w]_V \in \pi_1(V, x_0)$ bzw. $[w]_{U \cap V} \in \pi_1(U \cap V, x_0)$ seine Homotopieklasse. Dann ist auch $[w]_U \in G$ bzw. $[w]_V \in G$, aber natürlich sind diese Elemente (wenn sie beide definiert sind) i.a. verschieden. Wenn w in $U \cap V$ liegt, ist $[w]_U = i'_\#([w]_{U \cap V})$ und $[w]_V = j'_\#([w]_{U \cap V})$, und daher sind die Restklassen $[w]_U \cdot N$ und $[w]_V \cdot N$ gleich. Damit ist bewiesen:

5.3.13 Hilfssatz *Ist w ein geschlossener Weg in $U \cap V$ mit Aufpunkt x_0, so ist $[w]_U \cdot N = [w]_V \cdot N$ in der Faktorgruppe G/N.*   □

Wir betrachten eine Homotopie der Form $H\colon I^2 \to X$ mit $H(s,1) = H(0,t) = H(1,t) = x_0$. Es folgt, daß $w(s) = H(s,0)$ ein nullhomotoper geschlossener Weg in X ist. Wir führen folgende Konstruktionen durch:

(a) Wir zerlegen I^2 wie in Abb. 5.3.1 (a) so in Teilquadrate, daß für jedes Teilquadrat Q gilt $H(Q) \subset U$ oder $H(Q) \subset V$. (Hier benutzen wir, daß U, V offen sind.) So entsteht ein Quadratgitter in I^2, das unter H nach X abgebildet wird.

(b) Für jede Ecke e des Gitters sei $\overrightarrow{H}(e)$ ein Hilfsweg in X von x_0 nach $H(e)$; der dazu inverse Weg wird mit $\overleftarrow{H}(e)$ bezeichnet. Wenn $H(e)$ in U, V oder $U \cap V$ liegt, soll auch der Hilfsweg dort liegen. Wenn $H(e) = x_0$ ist, soll der Hilfsweg der konstante Weg bei x_0 sein. (Hier benutzen wir den Wegzusammenhang von U, V und $U \cap V$.)

(c) Für jede Kante c des Gitters (aufgefaßt als Weg $c\colon I \to I^2$) ist $H \circ c\colon I \to X$ ein Weg von $H(c(0))$ nach $H(c(1))$, der wegen (a) in U oder V liegt. Dann ist $\bar{c} = \overrightarrow{H(c(0))} \cdot (H \circ c) \cdot \overleftarrow{H(c(1))}$ wie in Abb 5.3.1 (b) ein geschlossener Weg, der ebenfalls in U oder V liegt. Daher ist $[\bar{c}]_U \in G$ oder $[\bar{c}]_V \in G$ definiert. Wir bezeichnen mit $\hat{c} \in G/N$ die Restklasse $[\bar{c}]_U \cdot N$ oder $[\bar{c}]_V \cdot N$; wenn beide definiert sind, stimmen sie nach 5.3.13 überein. Schließlich seien $c_1, \ldots, c_n$ wie in Abb. 5.3.1 (a) die unteren Kanten des Quadratgitters und $d_1, \ldots, d_n$ die oberen Kanten.

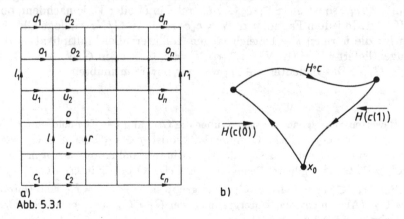

a)
Abb. 5.3.1

b)

5.3.14 Hilfssatz *In G/N gilt die Gleichung $\hat{c}_1 \hat{c}_2 \ldots \hat{c}_n = 1$.*

B e w e i s   Es sei Q ein festes Teilquadrat mit Kanten u, r, l und o wie in Abb. 5.3.1 (a). In Q ist $u \cdot r \simeq l \cdot o$ rel $\dot{I}$, weil Q einfach zusammenhängend ist. Wendet man H an und fügt man die Hilfswege ein, so erhält man $\bar{u} \cdot \bar{r} \simeq \bar{l} \cdot \bar{o}$ rel $\dot{I}$, und zwar in U oder in V, je nachdem, ob $H(Q) \subset U$ oder $H(Q) \subset V$. In jedem Fall folgt $\hat{u}\hat{r} = \hat{l}\hat{o}$ in G/N. Zu jedem Q gehört also eine Gleichung $\hat{o} = \hat{l}^{-1}\hat{u}\hat{r}$.

Jetzt betrachten wir die nebeneinander liegenden schraffierten Teilquadrate in Abb. 5.3.1 (a). Multipliziert man die zugehörigen Gleichungen miteinander, so erhält man

$\hat{u}_1 \hat{u}_2 \cdot \ldots \cdot \hat{u}_n = \hat{o}_1 \hat{o}_2 \cdot \ldots \cdot \hat{o}_n$ in G/N. Die zu den mittleren Kanten des Streifens gehörenden Elemente von G/N heben sich nämlich weg, und für die äußeren Kanten l_1 und r_1 ist $\hat{l}_1 = \hat{r}_1 = 1$, weil die Homotopie dort konstant ist.

Wendet man diese Überlegung nacheinander auf alle waagerechten Streifen des Gitters an, so erhält man $\hat{c}_1 \hat{c}_2 \ldots \hat{c}_n = \hat{d}_1 \hat{d}_2 \ldots \hat{d}_n$. Für die obersten Kanten d_i ist jedoch ebenfalls $\hat{d}_i = 1$, weil die Homotopie auch dort konstant ist. $\qquad\square$

Beweis von 5.3.10. Es sei $z \in G$ ein Element mit $(i_\# \cdot j_\#)(z) = 1$. Wir müssen beweisen, daß $z \in N$ gilt. Wir schreiben $z = \alpha_1 \alpha_2 \ldots \alpha_k \in G$ mit $\alpha_i \in \pi_1(U, x_0)$ oder $\alpha_i \in \pi_1(V, x_0)$, wobei wir nicht verlangen, daß die Darstellung reduziert ist. Es sei w_i ein Weg in U bzw. V, der α_i repräsentiert. Wegen $(i_\# \cdot j_\#)(z) = 1$ ist $[w_1][w_2] \cdot \ldots \cdot [w_k] = 1$ in $\pi_1(X, x_0)$, wobei hier jetzt Homotopieklassen in X stehen. Wir teilen I in k gleich lange Teilintervalle und betrachten den Weg $w \colon I \to X$, der auf dem i-ten Teilintervall mit dem (geeignet umparametrisierten) Weg w_i übereinstimmt. Die letzte Gleichung besagt, daß w nullhomotop ist. Sei $H \colon I^2 \to X$ eine entsprechende Homotopie. Wir zerlegen I^2 wie oben in Teilquadrate, wobei wir noch annehmen: Jedes der k äquidistanten Teilintervalle ist Vereinigung gewisser der Kanten $c_1, \ldots, c_n$ in Abb. 5.3.1 (a). Indem man das Quadratgitter hinreichend fein wählt, kann man das immer erreichen.

Ist das erste Teilintervall, auf dem w den Teilweg w_1 ergibt, die Vereinigung der Kanten $c_1, \ldots, c_{i_1}$, so ist $w_1 \simeq \bar{c}_1 \cdot \bar{c}_2 \cdot \ldots \cdot \bar{c}_{i_1}$ rel $\dot{I}$ in U oder V, je nachdem, ob w_1 in U oder V liegt. In jedem Fall folgt $\alpha_1 N = \hat{c}_1 \hat{c}_2 \ldots \hat{c}_{i_1}$ in G/N. Analoge Gleichungen hat man für die übrigen $k - 1$ gleich langen Teilintervalle. Multiplikation dieser k Gleichungen liefert $zN = (\alpha_1 N) \cdot \ldots \cdot (\alpha_k N) = \hat{c}_1 \cdot \ldots \cdot \hat{c}_n$ in G/N. Aus 5.3.14 folgt $zN = 1$ in G/N. Das bedeutet $z \in N$, was wir beweisen mußten. $\qquad\square$

Aufgaben

5.3.A1 Beweisen Sie folgende Aussagen über die Ordnung der Elemente von $G_1 * G_2$:
(a) Wenn $g \in G_1 * G_2$ endliche Ordnung hat, so ist $g \in G_1$ oder $g \in G_2$ oder g ist konjugiert zu einem Element aus G_1 oder G_2. (Hinweis: Induktion nach n in 5.3.4.)
(b) Für $G_1 \neq 1$, $G_2 \neq 1$ gibt es Elemente unendlicher Ordnung in $G_1 * G_2$.

5.3.A2 Sind $H_1 \subset G_1$ und $H_2 \subset G_2$ Untergruppen, so ist $H_1 * H_2$ eine Untergruppe von $G_1 * G_2$. (Aber nicht alle Untergruppen von $G_1 * G_2$ sind von dieser Form, vgl. nächste Aufgabe, 5.5.A3 und 6.9.5.)

5.3.A3 Die vom Element ab erzeugte Untergruppe der unendlichen Diedergruppe in 5.3.6 hat den Index 2 und ist daher ein Normalteiler.

5.3.A4 Für eine Gruppe G ist die Teilmenge $Z(G) = \{x \in G \mid xg = gx$ für alle $g \in G\}$ ein Normalteiler in G; er heißt das *Zentrum* von G. Zeigen Sie: Im Fall $G_1 \neq 1$ und $G_2 \neq 1$ ist $Z(G_1 * G_2) = 1$.

5.3.A5 Seien $\varphi_1 \colon G_1 \to G$ und $\varphi_2 \colon G_2 \to G$ Gruppenhomomorphismen mit folgender Eigenschaft: Zu jeder Gruppe H und zu je zwei Homomorphismen $f_1 \colon G_1 \to H$ und $f_2 \colon G_2 \to H$ gibt es genau einen Homomorphismus $f \colon G \to H$ mit $f_1 = f \circ \varphi_1$ und $f_2 = f \circ \varphi_2$. Zeigen Sie: Dann ist $G \cong G_1 * G_2$.

5.3.A6 Die Einhängung EX eines wegzusammenhängenden Raumes X ist einfach zusammenhängend. (Hinweis: Stellen Sie EX wie in 5.3.9 dar.)

5.3.A7 Sei M eine zusammenhängende n-Mannigfaltigkeit, wobei $n \geq 3$ ist. $M^* = M \setminus \overset{\circ}{D}_1$ entstehe aus M wie in 1.5.5. Zeigen Sie: $\pi_1(M^*) \cong \pi_1(M)$. (Hinweis: Es ist $M = U \cup V$ wie in 5.3.12 mit $V \approx \overset{\circ}{D}{}^n$, $U \cap V \simeq S^{n-1}$ und $M^* \subset U$ als Deformationsretrakt.)

5.3.A8 Sind M und N zusammenhängende n-Mannigfaltigkeiten, so ist $\pi_1(M \# N) \cong \pi_1(M) * \pi_1(N)$. (Hinweis: vorige Aufgabe.)

5.4 Folgerungen aus dem Seifert-van Kampen-Satz

Wir untersuchen zuerst, wie sich die Fundamentalgruppe eines Raumes durch Zellenankleben ändert.

5.4.1 Satz *Sei $f\colon S^{n-1} \to Y$ eine stetige Abbildung, wobei Y ein wegzusammenhängender Raum mit Basispunkt $y_0 \in Y$ ist, und sei $i\colon Y \to Y \cup_f e^n$ die Inklusion. Dann ist $i_\#\colon \pi_1(Y, y_0) \to \pi_1(Y \cup_f e^n, y_0)$ für $n \geq 3$ ein Isomorphismus.*

Beweis Sei $F\colon (D^n, S^{n-1}) \to (Y \cup_f e^n, Y)$ die Einschränkung der identifizierenden Abbildung, und sei $U = Y \cup_f e^n \setminus F(0)$ und $V = e^n$. Sei $z \in U \cap V$ ein beliebiger Punkt und w ein Weg in U von y_0 nach z. Wir betrachten das folgende Diagramm:

$$
\begin{array}{ccccc}
\pi_1(U \cap V, z) & \xrightarrow{\ i'_\#\ } & \pi_1(U, z) & \xrightarrow{\ i''_\#\ } & \pi_1(Y \cup_f e^n, z) \\[4pt]
& & w_+ \downarrow \cong & & \cong \downarrow w_+ \\[4pt]
& & \pi_1(U, y_0) & & \\
& & \xleftarrow[\cong]{\ i_{1\#}\ } \pi_1(Y, y_0) \xrightarrow{\ i_\#\ } & & \pi_1(Y \cup_f e^n, y_0).
\end{array}
$$

Dabei sind i', i'' und i_1 die entsprechenden Inklusionen. Wegen 2.4.7 und 5.1.20 ist $i_{1\#}$ ein Isomorphismus. Die Zerlegung $Y \cup_f e^n = U \cup V$ erfüllt alle Voraussetzungen von 5.3.11. Ferner ist V und für $n \geq 3$ auch $U \cap V = e^n \setminus F(0) \approx \mathbb{R}^n \setminus 0 \simeq S^{n-1}$ einfach zusammenhängend. Daher ist $i''_\#$ nach 5.3.12 Isomorphismus. Weil in dem Diagramm $i_\# = w_+ \circ i''_\# \circ w_+^{-1} \circ i_{1\#}$ gilt (wie man leicht bestätigt), ist $i_\#$ ein Isomorphismus. $\square$

Im Fall $n = 2$ ist die obige Situation interessanter:

5.4.2 Satz *Sei $f\colon S^1 \to Y$ eine stetige Abbildung, wobei Y ein wegzusammenhängender Raum mit Basispunkt y_0 ist. Sei $w_f\colon I \to Y$ der Weg $w_f(t) = f(\exp 2\pi i t)$*

und $v\colon I \to Y$ *ein beliebiger Weg von* y_0 *nach* $f(1) = w_f(0) = w_f(1)$. *Dann induziert* $i\colon Y \hookrightarrow Y \cup_f e^2$ *einen surjektiven Homomorphismus* $i_{\#}\colon \pi_1(Y, y_0) \to \pi_1(Y \cup_f e^2, y_0)$, *und sein Kern ist der von* $\alpha_f = [v w_f v^{-1}] \in \pi_1(Y, y_0)$ *erzeugte Normalteiler* $\mathcal{N}(\alpha_f)$. *Also ist* $\pi_1(Y \cup_f e^2, y_0) \cong \pi_1(Y, y_0)/\mathcal{N}(\alpha_f)$.

Der Normalteiler $\mathcal{N}(\alpha_f)$ ist von der Wahl von v unabhängig. Bis auf den Hilfsweg v ist α_f die Homotopieklasse des Weges w_f, der „um den Rand der Zelle e^2 läuft". In $Y \cup_f e^2$ gilt $\alpha_f = 1$, weil man den „Rand der Zelle über die Zelle auf einen Punkt deformieren kann" (Abb. 5.4.1). Man sagt, daß durch Ankleben der Zelle e^2 an Y mittels $f\colon S^1 \to Y$ das Element $\alpha_f \in \pi_1(Y, y_0)$ getötet wird.

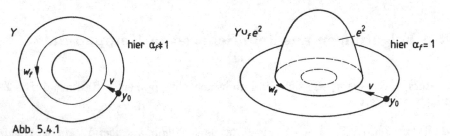

Abb. 5.4.1

Beweis Die Bezeichnungen sind wie im vorigen Beweis, nur ist $n = 2$ zu setzen. Wir wenden wieder 5.3.12 auf $Y \cup_f e^2 = U \cup V$ an. Es ist $i''_{\#}$ und damit auch $i_{\#}$ surjektiv, weil V einfach zusammenhängend ist. Aber jetzt ist $U \cap V \simeq S^1$ nicht einfach zusammenhängend. Sei $u\colon I \to U \cap V$ der Weg $u(t) = F(\frac{1}{2} \exp 2\pi i t)$ und sei $z = u(0) = u(1)$. Weil die Kreislinie $u(I)$ Deformationsretrakt von $U \cap V$ ist, wird $\pi_1(U \cap V, z)$ von $[u]$ erzeugt. Aus 5.3.12 folgt Kern $i''_{\#} = \mathcal{N}(i'_{\#}[u])$. Wie wir gleich zeigen, ist $w_+ i'_{\#}[u] = i_{1\#}(\alpha_f)$ bei geeigneter Wahl des Weges w. Daher ist nach dem Diagramm von 5.4.1 Kern $i_{\#} = \mathcal{N}(\alpha_f)$, und der Satz ist bewiesen. Sei $v_1\colon I \to U$ der Weg $v_1(t) = F(1 - t/2)$ von $f(1)$ nach z. Wenn wir $w = v \cdot v_1$ setzen, ist die noch zu beweisende Gleichung äquivalent zu $v_1 \cdot u \simeq w_f \cdot v_1$ rel $\dot I$ in U. Durch $G(s, t) = F((1 - s/2) \exp 2\pi i t)$ sei $G\colon I^2 \to U$ definiert. Dann ist $G(s, 0) = G(s, 1) = v_1(s)$ und $G(0, t) = w_f(t)$ sowie $G(1, t) = u(t)$. Aus 5.1.10 folgt $v_1 \cdot u \simeq w_f \cdot v_1$ rel $\dot I$ in U. □

5.4.3 Bemerkung Klebt man an Y mehrere 2-Zellen $e_1^2, \dots, e_k^2$ mit Abbildungen $f_1, \dots, f_k\colon S^1 \to Y$ an, so ist

$$\pi_1(Y \cup e_1^2 \cup \dots \cup e_k^2, y_0) \cong \pi_1(Y, y_0)/\mathcal{N}(\alpha_{f_1}, \dots, \alpha_{f_k}),$$

wobei klar ist, wie α_{f_i} zu definieren ist. Das folgt aus 5.4.2 durch Induktion.

5.4.4 Beispiel Für eine ganze Zahl $k \geq 1$ sei $X_k = S^1 \cup e^2$, wobei e^2 mit $f\colon S^1 \to S^1, f(z) = z^k$, angeklebt ist. Basispunkt ist $1 \in S^1 \subset X_k$. Den Hilfsweg v in 5.4.2 wählen wir konstant. Ist $\alpha = [w] \in \pi_1(S^1, 1)$ die Standarderzeugende, $w(t) = \exp(2\pi i t)$, so ist $w_f(t) = \exp(2\pi i k t)$ und daher $\alpha_f = \alpha^k$. Nach 5.4.2 ist somit $\pi_1(X_k, 1) \cong \pi_1(S^1, 1)/\mathcal{N}(\alpha^k)$ eine zyklische Gruppe der Ordnung k. Dieses erste Beispiel eines Elementes endlicher Ordnung in der Fundamentalgruppe kann man geometrisch wie folgt verstehen. Ist $F\colon D^2 \to X_k$ die identifizierende Abbildung, so entsteht X_k nach 1.6.3 aus D^2, indem man S^1 in k Kreisbögen gleicher Länge teilt und diese gleichsinnig identifiziert (vgl. 1.6.10); dabei werden die Teilungspunkte alle zum gleichen Punkt x_0 identifiziert. Jeder Bogen u in Abb. 5.4.2 repräsentiert im Quotientenraum den gleichen geschlossenen Weg, und $[u]$ erzeugt die Fundamentalgruppe. Der Weg v in Abb. 5.4.2 repräsentiert $[u^{-1}]^{k-1}$ und ist homotop zu u. Daher ist $[u^{-1}]^{k-1} = [u]$, also $[u]^k = 1$.

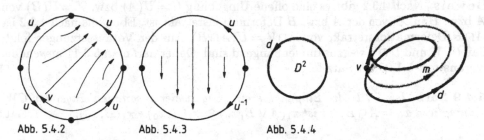

Abb. 5.4.2   Abb. 5.4.3   Abb. 5.4.4

5.4.5 Beispiel Das vorige Beispiel enthält wegen $X_2 \approx P^2$ den Satz: *Die Fundamentalgruppe der projektiven Ebene ist zyklisch von der Ordnung* 2. Man kann das geometrisch auf verschiedene Weise verstehen.

(a) P^2 entsteht aus D^2 durch Identifizieren von Diametralpunkten auf dem Rand S^1, und $[u]$ erzeugt $\pi_1(P^2)$; Abb. 5.4.3 macht $[u] = [u]^{-1}$ klar.

(b) P^2 entsteht aus dem Möbiusband M, indem man an dessen Rand eine Kreisscheibe D^2 klebt. $\pi_1(P^2)$ wird von $[m]$ erzeugt, vgl. Abb. 5.4.4. Auf M ist $m^2 \simeq vdv^{-1}$ rel $\dot{I}$, weil m^2 und d beide zweimal um M laufen (vgl. 5.2.A4). Weil d in D^2 nullhomotop ist, folgt $[m]^2 = 1$.

(c) P^2 entsteht aus S^2 durch Identifizieren von Diametralpunkten. Der Äquatorhalbkreis h ist in P^2 ein geschlossener Weg, und $[h]$ erzeugt $\pi_1(P^2)$. Der ganze Äquator repräsentiert $[h]^2$, und weil er über eine Hemisphäre in einen Punkt deformiert werden kann, ist $[h]^2 = 1$.

5.4.6 Satz *Sei X ein CW-Raum und $x_0 \in X$ eine Ecke. Dann induziert die Inklusion $X^1 \hookrightarrow X$ einen surjektiven Homomorphismus $\pi_1(X^1, x_0) \to \pi_1(X, x_0)$ und $X^2 \hookrightarrow X$ einen Isomorphismus $\pi_1(X^2, x_0) \to \pi_1(X, x_0)$.*

Beweis Ergibt sich entweder aus dem Satz von der Existenz der zellulären Approximation (4.3.4, 4.3.5) oder aus 5.4.1, 5.4.2 unter Verwendung von 4.1.9. □

5.4.7 Beispiel Für $n \geq 3$ ist $P^n = P^2 \cup e^3 \cup \ldots \cup e^n$, also $\pi_1(P^2) \cong \pi_1(P^n)$. Aus 5.4.5 folgt $\pi_1(P^n) = \mathbb{Z}_2$. Ist $w\colon I \to P^n$ der Weg $w(t) = \langle \cos \pi t, \sin \pi t, 0, \ldots, 0\rangle$, so erzeugt $[w]$ die Gruppe $\pi_1(P^n)$.

5.4.8 Satz *Der CW-Raum $X = A \cup B$ sei Vereinigung der zusammenhängenden CW-Teilräume A und B; ferner sei $A \cap B$ nicht leer und zusammenhängend. Dann ist für $x_0 \in A \cap B$*

$$\pi_1(X, x_0) \cong \pi_1(A, x_0) * \pi_1(B, x_0) / \mathcal{N}\{i'_\#(\alpha)j'_\#(\alpha)^{-1} | \alpha \in \pi_1(A \cap B, x_0)\}.$$

Dabei sind i': $A \cap B \hookrightarrow A$ und j': $A \cap B \hookrightarrow B$ die Inklusionen. Der Isomorphismus wird analog zu 5.3.8 von den Inklusionen $A \hookrightarrow X$ und $B \hookrightarrow X$ induziert. Ist insbesondere $A \cap B$ einfach zusammenhängend, so ist $\pi_1(X, x_0) \cong \pi_1(A, x_0) * \pi_1(B, x_0)$.

B e w e i s   Nach 4.3.2 gibt es eine offene Umgebung $U = U(A)$ bzw. $V = U(B)$ von A bzw. B in X, von der A bzw. B Deformationsretrakt ist. Ebenfalls nach 4.3.2 ist $A \cap B$ Deformationsretrakt von $U \cap V = U(A \cap B)$. Aus den Voraussetzungen folgt, daß U, V und $U \cap V$ wegzusammenhängend sind. Daher darf man 5.3.11 anwenden, woraus mit 5.1.20 der Satz folgt.   □

5.4.9 Satz *Ist $A \vee B$ die Einpunktvereinigung zweier zusammenhängender CW-Räume und $x_0 = A \cap B$, so ist $\pi_1(A \vee B, x_0) \cong \pi_1(A, x_0) * \pi_1(B, x_0)$.*   □

Aufgaben

5.4.A1 $\pi_1(S^1 \vee S^1, x_0) = \mathbb{Z} * \mathbb{Z}$ ist das freie Produkt von zwei freien zyklischen Gruppen (die beide mit $\mathbb{Z}$ bezeichnet werden); beweisen Sie das, und veranschaulichen Sie sich die reduzierte Darstellung der Elemente von $\mathbb{Z} * \mathbb{Z}$ durch die Homotopieklassen der geschlossenen Wege in $S^1 \vee S^1$.

5.4.A2 Ist $Y_m = S^1 \vee \ldots \vee S^1$ (m Summanden), so ist $\pi_1(Y_m, x_0) = \mathbb{Z} * \ldots * \mathbb{Z} = F_m$ das freie Produkt von m Kopien von $\mathbb{Z}$; verallgemeinern Sie Ihre Überlegungen zur vorigen Aufgabe auf diesen Fall.

5.4.A3 Sei $Z_m = \mathbb{R}^2 \setminus \{x_1, \ldots, x_m\}$, wobei $x_1, \ldots, x_m \in \mathbb{R}^2$ verschiedene Punkte sind (Z_m ist durch m bis auf Homöomorphie bestimmt). Zeigen Sie:
(a) Z_m enthält einen zu Y_m homöomorphen strengen Deformationsretrakt.
(b) Es ist $\pi_1(Z_m) \cong F_m$.
Dabei sind F_m und Y_m wie in der vorigen Aufgabe. Zeigen Sie weiter, daß Z_m und Z_n für $m \neq n$ nicht homöomorph sind, indem Sie beweisen, daß die Gruppen F_m und F_n für $m \neq n$ nicht isomorph sind. (Wenn Sie keine Idee haben: 5.5.7)

5.4.A4 Berechnen Sie die Fundamentalgruppe von
(a) $S^1 \vee S^2$, $S^1 \times P^2$, $P^2 \vee P^2$, $P^2 \times P^2$.
(b) $\mathbb{R}^3 \setminus K_0$, wobei K_0 die Kreislinie $x_1^2 + x_2^2 = 1$, $x_3 = 0$ ist (vgl. 2.4.A4).
(c) $(S^1 \times S^1) \cup e^2$, wobei die 2-Zelle mit der Abbildung $z \mapsto (z^2, z^3)$ angeklebt ist.

5.4.A5 Die Fundamentalgruppe der Einpunktvereinigung zweier zusammenhängender CW-Räume, die beide nicht einfach zusammenhängend sind, hat ein triviales Zentrum und sie ist nicht abelsch.

5.4.A6 Sei Y die Vereinigung der Kreise $(x-2)^2 + z^2 = 1$ und $(x-4)^2 + z^2 = 1$ in der (x, z)-Ebene im $\mathbb{R}^3$, und $X \subset \mathbb{R}^3$ entstehe aus Y durch Rotation um die z-Achse. Zeigen Sie, daß $\pi_1(Y)$ nicht abelsch ist.

5.5 Freie Gruppen und Graphen

Es sei G eine Gruppe und $E \subset G$ ein Erzeugendensystem von G. Dann hat jedes Element $g \in G$, $g \neq 1$, eine Darstellung der Form $g = x_1^{n_1} \cdot \ldots \cdot x_k^{n_k}$ mit $x_1, \ldots, x_k \in E$ und $n_1, \ldots, n_k \in \mathbb{Z}$. Diese Darstellung ist i.a. nicht eindeutig, da zwischen den Elementen von E gewisse Relationen gelten können. Bei diesen Relationen unterscheiden wir zwischen „allgemeinen" oder „trivialen" und „speziellen" Relationen. Die ersteren folgen aus den Gruppenaxiomen und gelten daher in jeder Gruppe, z.B. $xx^{-1} = x^{-1}x = 1$. Die speziellen Relationen sind diejenigen, die nicht aus den Gruppenaxiomen folgen und nur in bestimmten Gruppen gelten. Z.B. gilt in abelschen Gruppen die spezielle Relation $xy = yx$. In Gruppen der Ordnung n gilt die spezielle Relation $x^n = 1$. Die Gruppe der ganzzahligen $(2,2)$-Matrizen mit Determinante $+1$ wird von den Matrizen $A = \begin{pmatrix} 0 & -1 \\ 1 & 0 \end{pmatrix}$ und $B = \begin{pmatrix} 0 & -1 \\ 1 & 1 \end{pmatrix}$ erzeugt, und es gelten die speziellen Relationen $A^2 B^{-3} = 1$ und $A^4 = 1$. Eine Gruppe, in der keine speziellen Relationen gelten, heißt eine freie Gruppe:

5.5.1 Definition Ein Erzeugendensystem E einer Gruppe G heißt *frei* (oder: E *erzeugt G frei*), wenn gilt: Besteht in G eine Relation

$$x_1^{\varepsilon_1} \cdot \ldots \cdot x_k^{\varepsilon_k} = 1 \text{ mit } x_1, \ldots, x_k \in E \text{ und } \varepsilon_1, \ldots, \varepsilon_k \in \{-1, 1\},$$

so gibt es ein j mit $1 \leq j \leq k-1$ und $x_j = x_{j+1}$ und $\varepsilon_j = -\varepsilon_{j+1}$. Eine Gruppe heißt *freie Gruppe*, wenn sie ein freies Erzeugendensystem besitzt.

In der obigen Relation tritt also ein Term $x_j x_j^{-1}$ oder $x_j^{-1} x_j$ auf. Kürzt man ihn weg, so kann man (wenn $k > 2$ ist) auf die Restgleichung erneut die Bedingung anwenden. Daher besagt 5.5.1 gerade, daß es keine speziellen Relationen gibt.

5.5.2 Satz *Sei F eine freie Gruppe mit freiem Erzeugendensystem E. Dann hat jedes von 1 verschiedene Element $x \in F$ eine eindeutig bestimmte Darstellung der Form $x = x_1^{n_1} \cdot \ldots \cdot x_k^{n_k}$ mit $x_1, \ldots, x_k \in E$, $n_1, \ldots, n_k \in \mathbb{Z} \setminus \{0\}$ und $x_j \neq x_{j+1}$ für $1 \leq j \leq k-1$.*

Beweis Sei auch $x = y_1^{m_1} \cdot \ldots \cdot y_l^{m_l}$ eine solche Darstellung. Dann ergibt sich $x_1^{n_1} \cdot \ldots \cdot x_k^{n_k} y_l^{-m_l} \cdot \ldots \cdot y_1^{-m_1} = 1$. Schreibt man die Potenzen aus, so hat man eine Relation wie in 5.5.1. Aus den Voraussetzungen und 5.5.1 erhält man sukzessive $x_k = y_l$, $n_k = m_l$, $x_{k-1} = y_{l-1}$, $n_{k-1} = m_{l-1}, \ldots$ usw., also auch $k = l$. $\square$

5.5.3 Satz *Sei E ein freies Erzeugendensystem der Gruppe F, und sei H eine beliebige Gruppe. Dann gibt es zu jeder Funktion $\varphi \colon E \to H$ genau einen Homomorphismus $\Phi \colon F \to H$ mit $\Phi|E = \varphi$.*

Das bedeutet: Um einen Homomorphismus $F \to H$ zu bestimmen, genügt es, die Bilder der freien Erzeugenden anzugeben. Das ist analog zu dem wohlbekannten Satz der linearen Algebra, daß eine lineare Abbildung zwischen Vektorräumen durch die Bilder der Elemente einer Basis bestimmt wird.

Beweis Wenn Φ existiert, muß $\Phi(1) = 1$ sein und $\Phi(x) = \varphi(x_1)^{n_1} \cdot \ldots \cdot \varphi(x_k)^{n_k}$ für $x \in F$ wie in 5.5.2; daher ist Φ eindeutig bestimmt. Andererseits wird durch diese Gleichungen ein Homomorphismus der verlangten Art definiert.   □

5.5.4 Beispiele Die triviale Gruppe $G = 1$ ist frei; die leere Menge ist ein freies Erzeugendensystem. — Eine freie Gruppe, die von einem Element a erzeugt wird, ist unendlich zyklisch (daher: „freie zyklische Gruppe"). — Eine freie Gruppe, die von zwei Elementen a und b erzeugt wird, besteht aus den Elementen $1, a, b, ab, ba, \ldots, a^5 b^{-3} aba^{10}, \ldots$ usw. Sie ist nicht abelsch. Vorsicht also: *Freie abelsche Gruppen sind nicht frei,* ausgenommen sind die vorigen Beispiele. „Frei" heißt: frei von allen speziellen Relationen. „Frei abelsch" heißt: frei von allen speziellen Relationen außer den Relationen $xy = yx$ und ihren Konsequenzen.

Um den Zusammenhang zwischen freien und freien abelschen Gruppen zu verstehen, führen wir einen Begriff ein, der auch für andere Zwecke nützlich ist:

5.5.5 Definition Sei G eine Gruppe. Für $x, y \in G$ ist $[x, y] = xyx^{-1}y^{-1} \in G$ der *Kommutator von x und y.* Die von allen Kommutatoren in G erzeugte Untergruppe $[G, G]$ von G heißt *Kommutator(unter)gruppe von G.* Wegen $g[x, y]g^{-1} = [gxg^{-1}, gyg^{-1}]$ ist sie normal in G. Die Faktorgruppe $G^{ab} = G/[G, G]$ ist abelsch; sie heißt die *abelsch gemachte Gruppe G.* Ist G schon abelsch, so ist $[G, G] = 1$ und $G^{ab} = G$.

5.5.6 Satz *Ist F frei, so ist F^{ab} frei abelsch; ist E ein freies Erzeugendensystem von F, so bilden die Restklassen der Elemente von E modulo $[F, F]$ eine Basis von F^{ab}.*

Beweis Für $x \in E$ sei $\bar{x}$ diese Restklasse. Wir schreiben F^{ab} additiv. Es genügt zu zeigen: Aus $x_1, \ldots, x_k \in E$, $n_1, \ldots n_k \in \mathbb{Z}$ und $n_1 \bar{x}_1 + \ldots + n_k \bar{x}_k = 0$ folgt $n_1 = \ldots = n_k = 0$. Sei $e_1, \ldots, e_k \in \mathbb{Z}^k$ die Standardbasis der freien abelschen Gruppe $\mathbb{Z}^k$. Nach 5.5.3 gibt es einen Homomorphismus Φ: $F \to \mathbb{Z}^k$ mit $\Phi(x_i) = e_i$ für $i = 1, \ldots, k$. Wegen $\Phi([F, F]) = 0$ induziert Φ einen Homomorphismus Φ': $F^{ab} \to \mathbb{Z}^k$ mit $\Phi'(\bar{x}_i) = e_i$. Es folgt $n_1 e_1 + \ldots + n_k e_k = 0$, daraus $n_1 = \ldots = n_k = 0$.   □

Jetzt können wir folgenden Klassifikationssatz für freie Gruppen beweisen:

5.5.7 Satz und Definition *Je zwei freie Erzeugendensysteme einer freien Gruppe haben gleiche Mächtigkeit; diese Mächtigkeit heißt der* Rang *der freien Gruppe. Zwei freie Gruppen sind genau dann isomorph, wenn sie gleichen Rang haben. Zu jeder Kardinalzahl α gibt es eine freie Gruppe vom Rang α.*

Beweis Die ersten beiden Aussagen folgen aus 5.5.6 und dem analogen Satz für freie abelsche Gruppen, vgl. 8.1.6. Das freie Produkt von α unendlich zyklischen Gruppen ist, wie aus 5.3.4 folgt, eine freie Gruppe vom Rang α.   □

5.5.8 Satz und Definition *Sei $E \neq \emptyset$ eine Menge. Für $x \in E$ sei F_x die von x erzeugte unendliche zyklische Gruppe, und $\mathcal{F}(E)$ sei das freie Produkt der F_x mit $x \in E$: $\mathcal{F}(E) = \ast_{x \in E} F_x$. Dann ist $\mathcal{F}(E)$ frei mit freiem Erzeugendensystem E. Diese Gruppe $\mathcal{F}(E)$ heißt die von der Menge E frei erzeugte Gruppe.*   □

Der Unterschied zu 5.5.1 besteht darin, daß dort die Gruppe gegeben ist, während sie hier konstruiert wird. Zurück zur Topologie und zur Fundamentalgruppe:

5.5.9 Satz *Es sei $Y = \vee_{j \in J} S_j^1$ die Einpunktvereinigung von Kreislinien mit gemeinsamem Punkt y_0 ($j \in J = $ Indexmenge). Dann ist $\pi_1(Y, y_0)$ eine freie Gruppe, deren Rang die Mächtigkeit von J ist. Es sei $i_j \colon S^1 \to Y$ ein Homöomorphismus zwischen S^1 und S_j^1 mit $i_j(1) = y_0$, und $\alpha_j = i_{j_\#}(\sigma)$, wobei $\sigma \in \pi_1(S^1, 1)$ die Standarderzeugende ist; dann ist $\{\alpha_j \mid j \in J\}$ ein freies Erzeugendensystem für $\pi_1(Y, y_0)$.*

B e w e i s   Die Indexmenge $J = \{1, \ldots, m\}$ sei zunächst endlich. Im Fall $m = 1$ ist der Satz in 5.2.3 enthalten. Im Fall $m > 1$ folgt er aus 5.4.9 durch Induktion. Jetzt nehmen wir an, daß J unendlich ist. Nach 4.2.7 ist Y ein CW-Raum mit der 0-Zelle y_0 und den 1-Zellen $S_j^1 \setminus y_0$. Sei $w \colon I \to Y$ ein geschlossener Weg mit Aufpunkt y_0. Nach 4.1.9 ist $w(I)$ in einem endlichen CW-Teilraum von Y enthalten, also $w(I) \subset S_{j_1}^1 \vee \ldots \vee S_{j_m}^1$ für gewisse $j_1, \ldots, j_m \in J$. Aus dem ersten Teil des Beweises folgt, daß $[w]$ ein Produkt von Potenzen der $\alpha_{j_1}, \ldots, \alpha_{j_m}$ ist. Daher erzeugen die α_j die Gruppe $\pi_1(Y, y_0)$. Analog beweist man die Freiheit: Besteht zwischen gewissen Elementen von $\{\alpha_j \mid j \in J\}$ eine Relation, so gilt für die entsprechende Homotopie $H \colon I^2 \to Y$, daß $H(I^2) \subset S_{j_1}^1 \vee \ldots \vee S_{j_m}^1$ für gewisse $j_1, \ldots, j_m \in J$. Also gilt die Relation schon in $\pi_1(S_{j_1}^1 \vee \ldots \vee S_{j_m}^1, y_0)$, ist also nach dem ersten Teil des Beweises eine triviale Relation wie in 5.5.1.   □

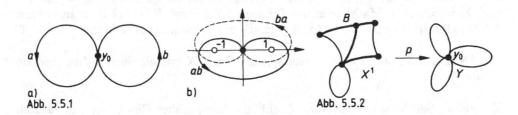

a)
Abb. 5.5.1

b)

Abb. 5.5.2

5.5.10 Beispiele

(a) Die Gruppe $\pi_1(S_1^1 \vee S_2^1, y_0)$ wird frei erzeugt von den Homotopieklassen a und b der in Abb. 5.5.1 (a) mit a bzw. b bezeichneten Wege. Sie enthält also die in 5.5.4 aufgezählten Elemente und ist das einfachste Beispiel einer nicht abelschen Fundamentalgruppe.

(b) Sei $X = \mathbb{R}^2 \setminus \{-1, 1\}$. Wegen $X \simeq S_1^1 \vee S_2^1$ ist $\pi_1(X, 0)$ eine freie Gruppe vom Rang 2, frei erzeugt von den Homotopieklassen a bzw. b. In Abb. 5.5.1 (b) sind die

Wege skizziert, die ab bzw. ba repräsentieren. Weil in X die Punkte $\pm 1 \in \mathbb{R}^2$ fehlen, ist es anschaulich klar, daß $ab \neq ba$ ist (vergessen Sie nicht, daß *der Basispunkt fest bleiben muß!*).

(c) Sei $f: i_{j_1}^{n_1} \cdot i_{j_2}^{n_2} \cdot \ldots \cdot i_{j_m}^{n_m}: S^1 \to S_1^1 \vee \ldots \vee S_r^1 = Y_r$ die Abbildung aus 1.6.9, und seien σ, α_j wie in 5.5.9. Dann ist $f_\#: \pi_1(S^1, 1) \to \pi_1(Y_r, x_0)$ gegeben durch $f_\#(\sigma) = \alpha_{j_1}^{n_1} \alpha_{j_2}^{n_2} \cdot \ldots \cdot \alpha_{j_m}^{n_m}$. Dieses ergibt sich durch Induktion nach $\Sigma |n_i|$ aus 5.1.5.

Mit den obigen Methoden können wir die Fundamentalgruppe jedes 1-dimensionalen CW-Raumes berechnen.

5.5.11 Definition Ein CW-Raum X der Dimension ≤ 1 heißt ein *Graph* oder *Streckenkomplex*. Die 0- bzw. 1-Zellen von X heißen die Ecken bzw. Kanten des Graphen. Ein einfach zusammenhängender Graph heißt ein *Baum*. Ein CW-Teilraum B eines Graphen X heißt ein *aufspannender* oder *maximaler Baum von X*, wenn er ein Baum ist und alle Ecken von X enthält.

Das 1-dimensionale Gerüst jedes CW-Raumes ist ein Graph. Beispiele für Graphen zeigen die Abbildungen 2.2.3, 3.1.4, 5.5.2 und 6.1.4.

5.5.12 Hilfssatz *Jeder Baum B ist zusammenziehbar.*

Beweis Sei B^0 das 0-Gerüst von B und $x_0 \in B^0$ eine feste Ecke. Jede Ecke von B^0 kann man in B durch einen Weg mit x_0 verbinden. Das definiert eine Homotopie $B^0 \to B$, die man wegen 4.3.1 zu einer Homotopie $B \to B$ fortsetzen kann. Daher gibt es eine Abbildung $f: B \to B$ mit $f \simeq \mathrm{id}_B$ und $f(B^0) = x_0$. Sei $e \subset B$ eine 1-Zelle. Ist $h: I \to B$ eine charakteristische Abbildung von e, so ist $[f \circ h] \in \pi_1(B, x_0) = 1$. Daher gibt es eine Homotopie $h_t: (I, \dot{I}) \to (B, x_0)$ mit $h_0 = f \circ h$ und $h_1(I) = x_0$. Definiere $k_t: B^0 \cup e \to B$ durch $k_t(B^0) = x_0$ und $k_t(x) = h_t h^{-1}(x)$ für $x \in e$. Nach 2.1.11 ist k_t eine Homotopie, ferner $k_0 = f | B^0 \cup e$ und $k_1 = $ constant. Macht man das für jede 1-Zelle von B, so erhält man (wegen 4.1.11) eine Homotopie $B \to B$ von $f \simeq \mathrm{id}_B$ zur konstanten Abbildung. $\square$

5.5.13 Hilfssatz *Jeder zusammenhängende Graph X enthält einen aufspannenden Baum.*

Beweis Sei M der Wald von X, d.i. die Menge aller Bäume von X. Durch die Relation „$B \leq B' \iff B \subset B'$" ist M eine geordnete Menge. Jede linear geordnete Teilmenge $\{B_i \mid i \in J\}$ von M besitzt eine obere Schranke, nämlich $\bigcup_i B_i$ (man benutze 4.1.9 zum Beweis, daß dies ein Baum ist). Aus dem Zornschen Lemma folgt, daß der Wald einen maximalen Baum B besitzt. Annahme: Es gibt eine Ecke x in X, die nicht in B liegt. Sei $w: I \to X^1$ ein Weg mit $w(0) = x$ und $w(1) \in B$ (er existiert nach 4.3.A1). Sei b die kleinste Zahl mit $w(b) \in B$, und sei a die größte Zahl $< b$, für die $w(a)$ eine Ecke außerhalb B ist. Dann ist $w([a, b]) = \bar{e}$ der Abschluß einer 1-Zelle e in X, und $B \cup \bar{e}$ ist ein größerer Baum als B, entgegen der Maximalität von B. $\square$

Wir können jetzt die Fundamentalgruppe von Graphen berechnen. Ist X^1 ein zusammenhängender Graph und x_0 eine Ecke, so wählen wir einen maximalen Baum $B \subset X^1$ und ordnen jeder 1-Zelle $e^1 \subset X^1 \setminus B$ wie folgt ein Element $s(e^1) \in \pi_1(X^1, x_0)$ zu: Es sei $w\colon I \to X^1$ eine charakteristische Abbildung von e^1 und $s(e^1) = [u][w][v^{-1}] \in \pi_1(X^1, x_0)$, wobei u und v in B (!) liegende Hilfswege von x_0 nach $w(0)$ bzw. $w(1)$ sind.

5.5.14 Satz $\pi_1(X^1, x_0)$ *ist eine freie Gruppe; sie wird frei erzeugt von den oben konstruierten Elementen* $s(e^1)$, *wobei* e^1 *die 1-Zellen von* $X^1 \setminus B$ *durchläuft.*

Im Fall $B = X^1$ ist dieses Erzeugendensystem leer und $\pi_1(X^1, x_0) = 1$. Man beachte, daß die obigen Erzeugenden von der Wahl von B und von der Wahl der charakteristischen Abbildungen abhängen.

Beweis $Y = X^1/B$ ist ein CW-Raum mit genau einer Ecke $y_0 = \langle B \rangle \in Y$, und weil B zusammenziehbar ist, ist die identifizierende Abbildung $p\colon X^1 \to Y$ nach 2.4.15 eine Homotopieäquivalenz. Dann ist $p_\#\colon \pi_1(X^1, x_0) \to \pi_1(Y, y_0)$ ein Isomorphismus, und es genügt zu zeigen, daß $\pi_1(Y, y_0)$ von den Elementen $p_\#(s(e^1))$ frei erzeugt wird. Das ist richtig nach 5.5.9 (vgl. Abb. 5.5.2). □

5.5.15 Beispiel Die Vereinigung X aller achsenparallelen Geraden im $\mathbb{R}^2$ mit ganzzahligem Abstand zu den Achsen ist ein Graph (Abb. 6.1.3). Die Ecken von X sind die Gitterpunkte, die Kanten sind die Strecken zwischen den Gitterpunkten. Die Vereinigung B aus x-Achse und allen vertikalen Geraden ist ein maximaler Baum B in X. Für $m, n \in \mathbb{Z}$ sei $u_{m,n}$ der Polygonzug in B von $(0,0)$ nach (m, n). Ferner sei $v_{m,n}$ die Strecke von (m, n) nach $(m + 1, n)$. Dann ist $\alpha_{m,n} = [u_{m,n}][v_{m,n}][u_{m+1,n}^{-1}] \in \pi_1(X, 0)$ und $E = \{\alpha_{m,n} \mid m, n \in \mathbb{Z}, m \neq 0\}$ ist ein freies Erzeugendensystem von $\pi_1(X, 0)$.

5.5.16 Satz *Die Fundamentalgruppe eines endlichen zusammenhängenden Graphen X mit α_0 Ecken und α_1 Kanten ist frei vom Rang $1 - \alpha_0 + \alpha_1$.*

Beweis Um α_0 Ecken durch Kanten miteinander zu verbinden, benötigt man $\alpha_0 - 1$ Kanten, und es liegt ein (aufspannender) Baum vor, wenn $\alpha_0 - 1$ Kanten genommen werden. Es bleiben also noch $\alpha_1 - (\alpha_0 - 1) = 1 - \alpha_0 + \alpha_1$ Kanten übrig, die nach 5.5.14 freie Erzeugende von $\pi_1(X, x_0)$ ergeben. □

Wir erwähnen noch eine Folgerung aus 5.5.13, die wir später benutzen werden. Ist X ein zusammenhängender CW-Raum, so gibt es im 1-Gerüst X^1 von X einen aufspannenden Baum B. Weil dieser zusammenziehbar ist, ist die identifizierende Abbildung $X \to X/B$ nach 2.4.15 eine Homotopieäquivalenz. Ferner ist X/B nach 4.2.6 ein CW-Raum, der nur eine 0-Zelle enthält. Also gilt:

5.5.17 Satz *Jeder zusammenhängende CW-Raum hat den Homotopietyp eines CW-Raumes, der genau eine 0-Zelle enthält.* □

Aufgaben

5.5.A1 Sei G eine freie Gruppe vom Rang ≥ 2. Zeigen Sie:
(a) Das Zentrum von G ist trivial.
(b) G enthält außer dem neutralen Element keine Elemente endlicher Ordnung.
(c) Sind $x, y \in G$ Elemente mit $xy = yx$, so gibt es ein Element $z \in G$, so daß x und y Potenzen von z sind.

5.5.A2 Für abelsche Gruppen G_1 und G_2 ist $(G_1 * G_2)^{ab} \cong G_1 \oplus G_2$.

5.5.A3 Sei G eine Gruppe, die mindestens zwei Elemente $g, g_1 \neq 1$ enthält, und sei H eine Gruppe, die mindestens ein Element $h \neq 1$ enthält. Sei $U \subset G * H$ die von $x = ghg^{-1}h^{-1}$ und $x_1 = g_1hg^{-1}h^{-1}$ erzeugte Untergruppe. Zeigen Sie: U ist eine freie Gruppe, frei erzeugt von $\{x, x_1\}$.

5.5.A4 Sei X der Graph, der aus allen Ecken und Kanten eines n-Simplex besteht. Bestimmen Sie einen aufspannenden Baum in X und berechnen Sie $\pi_1(X)$.

5.5.A5 Der Graph X in 5.5.15 enthält einen zu $\mathbb{R}$ homöomorphen aufspannenden Baum.

5.5.A6 Seien X und $u_{m,n}$ wie in 5.5.15. Sei $w_{m,n}$ der geschlossene Polygonzug mit den Ecken (m,n), $(m, n+1)$, $(m+1, n+1)$, $(m+1, n)$ und (m, n). Zeigen Sie, daß die Elemente $\beta_{m,n} = [u_{m,n}][w_{m,n}][u_{m,n}^{-1}]$, $m, n \in \mathbb{Z}$, ebenfalls ein freies Erzeugendensystem von $\pi_1(X, 0)$ bilden.

5.5.A7 Jeder zusammenhängende 1-dimensionale CW-Raum hat den Homotopietyp einer Einpunktvereinigung von Kreislinien oder eines Punktes.

5.6 Gruppenbeschreibungen und CW-Räume

Wir geben ein allgemeines Verfahren zur Berechnung der Fundamentalgruppe von CW-Räumen an. Wieder beginnen wir mit gruppentheoretischen Vorbereitungen.

5.6.1 Definition Sei $S \neq \emptyset$ eine Menge, und sei $R \subset \mathcal{F}(S)$ eine Teilmenge der von S frei erzeugten Gruppe $\mathcal{F}(S)$, vgl. 5.5.8. Dann bezeichnen wir mit $\langle S|R \rangle$ die Faktorgruppe $\langle S|R \rangle = \mathcal{F}(S)/\mathcal{N}(R)$, wobei $\mathcal{N}(R)$ der von R erzeugte Normalteiler in $\mathcal{F}(S)$ ist, vgl. 5.3.1.

Die Gruppe $\mathcal{F}(S)$ besteht aus dem neutralen Element 1 und aus allen Produkten („Worten") $s_1^{n_1} \cdot \ldots \cdot s_k^{n_k}$ mit $s_1, \ldots, s_k \in S$ und $n_1, \ldots, n_k \in \mathbb{Z}$. Die Elemente $r \in R$ sind also solche Worte; um das anzudeuten, schreibt man auch

$$\langle S|R \rangle = \langle s, s', \ldots \mid r(s, s', \ldots), r'(s, s', \ldots), \ldots \rangle.$$

5.6.2 Definition Sei G eine Gruppe. Ein Paar S, R wie in 5.6.1 heißt eine *Beschreibung von G*, wenn G zu $\langle S|R \rangle$ isomorph ist. Genauer spricht man von einer *(kombinatorischen) Beschreibung von G durch Erzeugende und definierende Relationen*; statt Beschreibung sind auch die Termini *Darstellung, Repräsentation, Gruppendatum* gebräuchlich. Wir sagen kurz: *G hat die Beschreibung $\langle S|R \rangle$*.

Es sei $f\colon \langle S|R \rangle \to G$ ein fest gewählter Isomorphismus. Für $x \in \mathcal{F}(S)$ sei $\bar{x} \in G$ das Bild der von x in $\langle S|R \rangle$ repräsentierten Restklasse unter f, also $\bar{x} = f(x \cdot \mathcal{N}(R))$. Dann gilt:

(a) Die Gruppe G besteht aus den Produkten $\bar{s}_1^{n_1} \cdot \ldots \cdot \bar{s}_k^{n_k}$ mit $s_1, \ldots, s_k \in S$ und $n_1, \ldots, n_k \in \mathbb{Z}$, d.h. die Elemente $\bar{s}$ mit $s \in S$ erzeugen G. Man sagt auch kurz, daß *G von S erzeugt wird* (und meint damit die $\bar{s}$ mit $s \in S$).

(b) Liegt $r = s_1^{n_1} \cdot \ldots \cdot s_k^{n_k} \in \mathcal{F}(S)$ in der vorgegebenen Teilmenge R, so gilt in G die Relation $\bar{r} = \bar{s}_1^{n_1} \cdot \ldots \cdot \bar{s}_k^{n_k} = 1$. Daher nennt man die Elemente von R die *Relationen der Beschreibung*. (Der Ausdruck „Relation" ist daher zweideutig. Er bedeutet entweder „Gleichung" oder bezeichnet gewisse Elemente in $\mathcal{F}(S)$.)

(c) Seien umgekehrt $s_1, \ldots, s_e \in S$ und $n_1, \ldots, n_e \in \mathbb{Z}$ so daß in G die Relation

$$(*) \qquad \bar{s}_1^{n_1} \cdot \ldots \cdot \bar{s}_e^{n_e} = 1$$

gilt. Dann ist $s_1^{n_1} \cdot \ldots \cdot s_e^{n_e} \in \mathcal{N}(R)$, und es sind zwei Fälle möglich:

Erster Fall: $s_1^{n_1} \cdot \ldots \cdot s_e^{n_e} = 1$. Diese Relation in der freien Gruppe $\mathcal{F}(S)$ kann nach 5.5.1 nur eine triviale Relation sein, d.h. man kann $s_1^{n_1} \cdot \ldots \cdot s_e^{n_e}$ durch sukzessives Kürzen in 1 überführen. Dasselbe gilt dann für $(*)$.

Zweiter Fall: $1 \neq s_1^{n_1} \cdot \ldots \cdot s_e^{n_e} \in \mathcal{N}(R)$. Dann ist

$$s_1^{n_1} \cdot \ldots \cdot s_e^{n_e} = y_1 r_1^{\varepsilon_1} y_1^{-1} \cdot \ldots \cdot y_k r_k^{\varepsilon_k} y_k^{-1} \text{ mit } r_i \in R, y_i \in \mathcal{F}(S), \varepsilon_i = \pm 1.$$

Nach (b) ist $\bar{r}_i = 1$, also $\bar{y}_i \bar{r}_i^{\varepsilon_i} \bar{y}_i^{-1} = 1$, und $(*)$ entsteht durch Multiplikation dieser k Gleichungen. Damit ist gezeigt: Jede Relation $(*)$ in G folgt aus den in (b) genannten Relationen (und aus den Gruppenaxiomen). Man nennt daher die Relationen $r \in R$ *definierende Relationen* und die Elemente von $\mathcal{N}(R)$ *Folgerelationen*.

5.6.3 Beispiele
(a) Ist $R = \emptyset$, so ist $\mathcal{N}(R) = 1$ und $\langle S|\emptyset \rangle = \mathcal{F}(S)$. Wir schreiben $\langle S|- \rangle = \langle S|\emptyset \rangle$. Z.B. ist $\langle s|- \rangle$ eine Beschreibung von $\mathbb{Z}$ und $\langle s_1, \ldots, s_n|- \rangle$ eine von $\mathbb{Z} * \ldots * \mathbb{Z}$.

(b) Erzeugt R die Gruppe $\mathcal{F}(S)$, so ist $\langle S|R \rangle = 1$ die triviale Gruppe. Also ist etwa $\langle S|S \rangle = 1$ oder $\langle s, s'|ss', s \rangle = 1$.

(c) $\langle a|a^n \rangle$ beschreibt $\mathbb{Z}_n$ ($n \geq 1$ ganz). Nun ist $S = \{a\}$, $\mathcal{F}(S)$ die von a erzeugte freie zyklische Gruppe, und $\mathcal{N}(R) = \mathcal{N}(a^n)$ besteht aus allen Potenzen von a^n.

(d) Jede Gruppe G besitzt eine Beschreibung. Zum Beweis sei E ein nicht leeres Erzeugendensystem von G, und $\mathcal{F}(E)$ sei die von der Menge E frei erzeugte Gruppe. Nach 5.5.3 gibt es einen Homomorphismus $\Phi\colon \mathcal{F}(E) \to G$ mit $\Phi(x) = x$ für $x \in E$.

Sei $R \subset \mathcal{F}(E)$ eine Menge, so daß $\mathcal{N}(R) = \text{Kern}\Phi$ ist (man kann etwa $R = \text{Kern } \Phi$ setzen). Weil Φ surjektiv ist, folgt $G \cong \mathcal{F}(E)/\text{Kern } \Phi = \langle E|R \rangle$.

(e) Zu jedem Paar S, R wie in 5.6.1 gibt es eine Gruppe, die dieses Paar als Beschreibung hat, nämlich $\langle S|R \rangle$. Daher liefert 5.6.1 beliebig viele Beispiele für Gruppen. Z.B. ist der Phantasieausdruck $\langle a, b, c \mid abc^{-1}, a^5 b^{10}, b^{-10} a^{-5} c^{100} \rangle$ eine Gruppe. Sie wird von den Restklassen α, β, γ der a, b, c erzeugt, und es gelten die Relationen $\alpha\beta\gamma^{-1} = 1$, $\alpha^5 \beta^{10} = 1$, $\beta^{-10} \alpha^{-5} \gamma^{100} = 1$, also z.B. auch $(\alpha\beta)^{100} = 1$.

(f) Es ist üblich, die Restklassen der s_j in $G = \langle s_1, \ldots, s_m \mid r_1, \ldots, r_n \rangle$ wieder mit s_j zu bezeichnen, und wir werden das oft tun. Z.B. wird $G = \langle s, t \mid s^2, st^{-1} \rangle$ von Elementen s, t mit $s^2 = 1$, $st^{-1} = 1$ (also $s = t$) erzeugt, d.h. es ist $G \cong \mathbb{Z}_2$, erzeugt von s.

(g) Sei $G = \langle s_1, \ldots, s_m \mid r_1, \ldots, r_n \rangle$, wobei r_j ein Wort der Form $r_j = r_j(s_1, \ldots, s_m)$ ist. Sei H eine beliebige Gruppe mit Elementen $h_1, \ldots, h_m \in H$, so daß in H die Relationen $r_j(h_1, \ldots, h_m) = 1$ für $j = 1, \ldots, n$ gelten. Dann gibt es genau einen Homomorphismus $f \colon G \to H$ mit $f(s_i) = h_i$ für $i = 1, \ldots, m$. Diese einfache Folgerung aus 5.5.3 ist eine wichtige Methode zur Konstruktion von Homomorphismen.

(h) In der freien Gruppe $F = \langle s_1, \ldots, s_m \mid - \rangle$ wird die Kommutatoruntergruppe $[F, F]$ von den Konjugierten der Kommutatoren $s_i s_j s_i^{-1} s_j^{-1}$ $(i \neq j)$ der freien Erzeugenden erzeugt (Beweis!). Daher ist $\langle s_1, \ldots, s_m \mid s_i s_j s_i^{-1} s_j^{-1}, 1 \leq i < j \leq m \rangle$ nach 5.5.6 eine Beschreibung von $\mathbb{Z}^m$.

(i) Allgemeiner gilt: Ist $G = \langle s_1, \ldots, s_m \mid r_1, \ldots, r_n \rangle$, so hat die abelsch gemachte Gruppe die Beschreibung $G^{ab} = \langle s_1, \ldots, s_m \mid r_1, \ldots, r_n, s_i s_j s_i^{-1} s_j^{-1} \ (i \neq j) \rangle$, wie aus (g) und (h) folgt.

(j) Haben die Gruppen G und G' Beschreibungen $\langle S|R \rangle$ bzw. $\langle S'|R' \rangle$ mit $S \cap S' = \emptyset$, so hat $G * G'$ die Beschreibung $\langle S \cup S' \mid R \cup R' \rangle$; dieses folgt aus (g) und 5.3.7.

Die Untersuchung von Gruppen mit Hilfe von Beschreibungen ist der Inhalt der kombinatorischen Gruppentheorie. Ähnlich wie Koordinaten in der Geometrie gibt die Darstellung eines Elementes durch ein Wort in den Erzeugenden die Möglichkeit, es anzugeben; jedoch kann es recht verschiedene Worte geben, die dasselbe Element darstellen. Insbesondere vertritt jede Relation das neutrale Element. Somit entsteht das sogenannte *Wortproblem*, nämlich zu entscheiden, ob zwei Worte dasselbe Gruppenelement repräsentieren oder nicht bzw. ob ein Wort das neutrale Element darstellt, also eine Relation ist. Ein analoges Problem ist das *Transformations-* oder *Konjugationsproblem*, nämlich zu entscheiden, ob zwei Worte zueinander konjugierte Elemente beschreiben. Natürlich entsteht offensichtlich auch das *Isomorphieproblem*: zu entscheiden, ob zwei Beschreibungen isomorphe Gruppen darstellen. Ein wichtiger Satz der mathematischen Logik ist, daß es für keines dieser Probleme eine allgemeine Lösung gibt. Nur für spezielle Beschreibungen gibt es Algorithmen, um das Wort- bzw. Konjugationsproblem für beliebige Worte zu entscheiden. In 5.5.2 haben wir z.B. die Lösung des Wortproblems für eine relationenfreie Beschreibung einer Gruppe, also für freie Erzeugende einer freien Gruppe, bekommen. Für freie Produkte haben wir in 5.3.4 auch so etwas wie eine

Lösung des Wortproblemes erhalten, indem wir es auf ein Problem in den Faktoren zurückgeführt haben. (Diese Lösungsmethode werden wir in 5.7.9 verallgemeinern für freie Produkte mit vereinigten Untergruppen.) Das Isomorphieproblem ist so wenig lösbar, daß man i.a. nicht einmal einer Beschreibung ansehen kann, ob sie die triviale Gruppe beschreibt. Natürlich lassen sich oftmals spezielle Schlüsse durchführen, die zwei durch Beschreibungen definierte Gruppen als nicht isomorph erkennen lassen, z.B. durch Abelsch-Machen, aber dazu muß man Glück haben. Betrachten wir z.B. die beiden folgenden Gruppen:

$$G_1 = \langle s, t \mid s^5(st)^{-2}, t^3(st)^{-2} \rangle \text{ und}$$

$$G_2 = \langle s, t \mid s^3(st)^2, t^5(st)^2 t^{-5} s^{-1}(st)^{-3} \rangle.$$

Beide Gruppen werden beim Abelsch-Machen trivial. Die Gruppe G_1 ist die binäre Ikosaedergruppe, eine nicht abelsche Gruppe mit 120 Elementen [Seifert-Threlfall, §62]; dagegen ist $G_2 = 1$. In diesen Fall nützt Abelsch-Machen nichts. — Zurück zur Topologie:

Es sei X ein zusammenhängender CW-Raum mit Ecke $x_0 \in X$. Wir wählen im 1-Gerüst X^1 von X einen aufspannenden Baum $B \subset X^1$ und konstruieren wie in 5.5.14 zu jeder 1-Zelle $e^1 \subset X^1 \setminus B$ ein Element $s(e^1) \in \pi_1(X^1, x_0)$. Ferner ordnen wir jeder 2-Zelle $e^2 \subset X$ wie folgt ein Element $r(e^2) \in \pi_1(X^1, x_0)$ zu. Wir wählen eine charakteristische Abbildung $F \colon D^2 \to X$ von e^2 und betrachten den durch $u(t) = F(\exp 2\pi i t)$ definierten „Randweg" $u \colon I \to X^1$ der Zelle e^2. Dann sei

$$r(e^2) = [v][u][v^{-1}] \in \pi_1(X^1, x_0),$$

wobei v ein in X^1 liegender Hilfsweg von x_0 nach $F(1) = u(0) = u(1)$ ist.

5.6.4 Satz *Sei X ein CW-Raum mit aufspannendem Baum B. Dann hat die Fundamentalgruppe $\pi_1(X, x_0)$ die Beschreibung $\langle s(e^1), \ldots \mid r(e^2), \ldots \rangle$, wobei e^1 die 1-Zellen von $X^1 \setminus B$ und e^2 alle 2-Zellen von X durchläuft.*

Ist S die Menge der $s(e^1)$, so ist $\pi_1(X^1, x_0) = \mathcal{F}(S)$ nach 5.5.14. Die Menge R der $r(e^2)$ liegt in $\mathcal{F}(S)$, so daß in 5.6.4 eine Beschreibung der Form $\langle S \mid R \rangle$ steht. Ist $X^1 = B$, so ist $S = \emptyset$, $r(e^2) = 1$, und unter $\langle \emptyset | 1 \rangle$ ist die triviale Gruppe zu verstehen. Kurz besagt 5.6.4, daß die 1-Zellen außerhalb eines aufspannenden Baumes die Erzeugenden und die 2-Zellen die definierenden Relationen von $\pi_1(X, x_0)$ liefern. Natürlich hängen diese Erzeugenden und Relationen von den obigen Wahlen ab.

Beweis von 5.6.4. Der von der Inklusion $i \colon X^1 \to X$ induzierte Homomorphismus $i_\# \colon \pi_1(X^1, x_0) \to \pi_1(X, x_0)$ ist nach 5.4.6 surjektiv. Daher genügt es zu zeigen, daß Kern $i_\#$ der von den Elementen $r(e^2)$ erzeugte Normalteiler N ist.

Schritt 1: $N \subset$ Kern $i_\#$: Sei $f \colon I^2 \to D^2$ eine stetige Abbildung mit $f(s, 0) = \exp 2\pi i s$ und $f(s, 1) = f(0, t) = f(1, t) = 1$. Die Homotopie $H \colon I^2 \to X, H(s, t) =$

$Ff(s,t)$, zeigt, daß der Weg u in X nullhomotop ist (F und u wie vor 5.6.4). Daher ist $i_\#(r(e^2)) = [v][v]^{-1} = 1$.

Schritt 2: Kern $i_\# \subset N$: Ist $[w] \in \pi_1(X^1, x_0)$ und $i_\#([w]) = 1$, so trifft die entsprechende (zelluläre!) Homotopie wegen 4.1.9 nur endlich viele 2-Zellen $e_1^2, \ldots, e_n^2$. Aus 5.4.3 folgt, daß $[w]$ in dem von $r(e_1^2), \ldots, r(e_n^2)$ erzeugten Normalteiler liegt, also erst recht in N. □

5.6.5 Beispiele

(a) Wenn X keine 1-Zelle hat, ist $\pi_1(X) = 1$. Wenn X keine 2-Zellen hat, ist $\pi_1(X)$ frei. Wenn X nur endlich viele 1-Zellen hat, ist $\pi_1(X)$ endlich erzeugt, d.h. $\pi_1(X)$ besitzt ein endliches Erzeugendensystem. Wenn X nur endlich viele 1- und 2-Zellen hat, ist $\pi_1(X)$ *endlich präsentierbar*, d.h. besitzt eine Beschreibung mit endlich vielen Erzeugenden und endlich vielen Relationen.

(b) Für $n \geq 1$ sei $Y_n = S_1^1 \vee \ldots \vee S_n^1$ mit Basispunkt x_0. Sei $i_k \colon S^1 \to Y_n$ ein Homöomorphismus zwischen S^1 und S_k^1, der $1 \mapsto x_0$ abbildet. Sei $\alpha_k \in \pi_1(Y_n, x_0)$ repräsentiert vom Weg $t \mapsto i_k(\exp 2\pi it)$. Dann wird $\pi_1(Y_n, x_0)$ frei von $\alpha_1, \ldots, \alpha_n$ erzeugt. Seien $f_1, \ldots, f_m \colon S^1 \to Y_n$ Abbildungen mit $f_j(1) = x_0$, und sei $X = Y_n \cup e_1^2 \cup \ldots \cup e_m^2$, wobei e_j^2 mit f_j angeklebt ist. Ist σ die Standarderzeugende von $\pi_1(S^1, 1)$, so ist $\pi_1(X, x_0) \cong \langle \alpha_1, \ldots, \alpha_n \mid f_{1\#}(\sigma), \ldots, f_{m\#}(\sigma) \rangle$.

(c) Sind in (b) beliebige $r_1, \ldots, r_m \in \pi_1(Y_n, x_0) = \mathcal{F}(\alpha_1, \ldots, \alpha_n)$ gegeben, so kann man f_j so wählen, daß $f_{j\#}(\sigma) = r_j$ ist. Dann ist $\pi_1(X, x_0) \cong \langle \alpha_1, \ldots, \alpha_n \mid r_1, \ldots, r_m \rangle$. Das bedeutet: *Zu jeder endlich präsentierbaren Gruppe G gibt es einen zusammenhängenden endlichen 2-dimensionalen CW-Raum X mit $\pi_1(X) \cong G$.*

(d) Die Bedingung „endlich" kann man weglassen: *Zu jeder Gruppe G gibt es einen zusammenhängenden 2-dimensionalen CW-Raum X mit $\pi_1(X) \cong G$.* Der Beweis ist wie eben, nur muß man die Einpunktvereinigung von eventuell unendlich vielen Kreislinien betrachten und dann eventuell unendlich viele 2-Zellen ankleben.

Nachdem wir die Beschreibung von Gruppen kennen, können wir den Satz von Seifert und van Kampen noch in anderer Weise formulieren, die oft bequemer zu handhaben ist. Der CW-Raum $X = A \cup B$ sei Vereinigung zweier CW-Teilräume A, B, und A, B und $A \cap B$ seien wegzusammenhängend. Sei $x_0 \in A \cap B$ ein fester Basispunkt. Wir nehmen an, daß wir für A und B schon Beschreibungen

$$\pi_1(A, x_0) \cong \langle \alpha_1, \ldots, \alpha_m \mid r_1, \ldots, r_n \rangle, \quad \pi_1(B, x_0) \cong \langle \beta_1, \ldots, \beta_k \mid q_1, \ldots, q_l \rangle$$

kennen. Seien $\gamma_1, \ldots, \gamma_p$ Erzeugende von $\pi_1(A \cap B, x_0)$, und seien $i' \colon A \cap B \hookrightarrow A$ und $j' \colon A \cap B \hookrightarrow B$ die Inklusionen. Wir nehmen ferner an, daß wir die Bilder der γ_j als Worte in den obigen Erzeugenden ausrechnen können: $i'_\#(\gamma_j) = v_j(\alpha_1, \ldots, \alpha_m)$ bzw. $j'_\#(\gamma_j) = w_j(\beta_1, \ldots, \beta_k)$. Aus 5.4.8 und 5.6.3 (j) folgt:

5.6.6 Satz *Dann hat $\pi_1(X, x_0)$ die Beschreibung*

$$\langle \alpha_1, \ldots, \alpha_m, \ \beta_1, \ldots, \beta_k \mid r_1, \ldots, r_n, \ q_1, \ldots, q_l, \ v_1 w_1^{-1}, \ldots, v_p w_p^{-1} \rangle. \qquad □$$

Man nimmt also die Erzeugenden und Relationen von $\pi_1(A, x_0)$ und $\pi_1(B, x_0)$ zusammen und fügt noch die Relationen $v_j(\alpha_1, \ldots \alpha_m) = w_j(\beta_1, \ldots \beta_k)$ hinzu, die vom Durchschnitt herkommen. Der Satz gilt auch bei unendlich vielen Erzeugenden und definierenden Relationen.

Aufgaben

5.6.A1 Beweisen Sie folgende Aussagen:
(a) $\langle x, y \mid xyx^{-1}y^{-1} \rangle \cong \mathbb{Z} \oplus \mathbb{Z}$,
(b) $\langle x, y \mid x^n, xyx^{-1}y^{-1} \rangle \cong \mathbb{Z}_n \oplus \mathbb{Z}$,
(c) $\langle x, y \mid x^m, x^n, xyx^{-1}y^{-1} \rangle \cong \mathbb{Z}_d \oplus \mathbb{Z}$ mit $d = \mathrm{ggT}(m, n)$,
(d) $\langle x, y \mid x^m, y^n \rangle \cong \mathbb{Z}_m * \mathbb{Z}_n$,
(e) $\langle x, y \mid xy^m \rangle \cong \mathbb{Z}$,
(f) $\langle x, y \mid xy^m, xy^n \rangle \cong \mathbb{Z}_d$ mit $d = \mathrm{ggT}(m, n)$,
(g) $\langle x, y \mid x^2 y^3, x^3 y^4 \rangle = 1$.

5.6.A2 Sei $G_{p,q} = \langle x, y \mid x^p y^q \rangle$ mit $p, q \geq 2$. Zeigen Sie:
(a) Das Element $x^p = y^{-q}$ von $G_{p,q}$ liegt im Zentrum von $G_{p,q}$, und die von ihm erzeugte Untergruppe ist ein Normalteiler U in $G_{p,q}$.
(b) Es ist $G_{p,q}/U \cong \mathbb{Z}_p * \mathbb{Z}_q$.
(c) U ist das Zentrum von $G_{p,q}$ (Hinweis: (b) und 5.3.A4).
(d) $G_{p,q}$ ist torsionsfrei (Hinweis: (b) und 5.3.A1).
(e) Aus $2 \leq p \leq q$, $2 \leq r \leq s$ und $G_{p,q} \cong G_{r,s}$ folgt $p = r$, $q = s$ (Hinweis: 5.3.A1, 5.5.A2).

5.6.A3 Für die Gruppe G in 1.7.A5 gilt $G = \langle s, t \mid tst^{-1}s \rangle$, wobei $s, t \colon \mathbb{R}^2 \to \mathbb{R}^2$ die in 1.7.A5 erklärten Homöomorphismen sind.

5.7 Beispiele von Fundamentalgruppen

Mit den bisher entwickelten Methoden werden die Fundamentalgruppen einiger Standardräume berechnet und einige gruppentheoretische Aspekte diskutiert. Für eindimensionale CW-Räume, also für Graphen, kennen wir π_1 nach 5.5: es ist eine freie Gruppe, und ein freies Erzeugendensystem findet man wie in 5.5.14. Wir betrachten als nächstes zweidimensionale CW-Räume, insbesondere Flächen. Aus 1.6.11, 5.6.5 (b) und 5.5.10 (c) folgt:

5.7.1 Satz *Für $g \geq 1$ ist*

$$\pi_1(F_g) \cong \langle \alpha_1, \beta_1, \ldots, \alpha_g, \beta_g \mid \alpha_1 \beta_1 \alpha_1^{-1} \beta_1^{-1} \cdot \ldots \cdot \alpha_g \beta_g \alpha_g^{-1} \beta_g^{-1} \rangle,$$

$$\pi_1(N_g) \cong \langle \alpha_1, \ldots, \alpha_g \mid \alpha_1^2 \alpha_2^2 \cdot \ldots \cdot \alpha_g^2 \rangle.$$

$\square$

Hiermit können wir das Homöomorphieproblem für die Flächen F_g, N_g lösen:

5.7.2 Satz *Je zwei der Flächen* $F_0, F_1, F_2, \ldots, N_1, N_2, \ldots$ *sind von verschiedenem Homotopietyp (insbesondere: nicht homöomorph).*

Beweis Mit 5.6.3 (i) zeigt man, daß die abelsch gemachten Gruppen durch $\pi_1(F_g)^{ab} \cong \mathbb{Z}^{2g}$ bzw. $\pi_1(N_h)^{ab} \cong \mathbb{Z}^{h-1} \oplus \mathbb{Z}_2$ gegeben sind (man setze $\mathbb{Z}^0 = 0$). Weil diese Gruppen für verschiedene Werte von $g, g', h, h' \geq 1$ nicht isomorph sind, sind es die Fundamentalgruppen auch nicht, womit der Satz für $F_1, F_2, \ldots, N_1, N_2, \ldots$ bewiesen ist. Ferner zeigt sich, daß diese Flächen nicht einfach zusammenhängend und somit nicht vom Homotopietyp von $F_0 = S^2$ sind. $\quad\square$

Die Wege auf den Flächen, die die obigen Erzeugenden liefern, kann man geometrisch auf verschiedene Weise beschreiben.

5.7.3 Beispiele

(a) Beschreibt man $N_g = E_{2g}/R'$ wie in 1.4.20, so werden die Kanten von E_{2g} paarweis zu geschlossenen Kurven in N_g identifiziert, deren Homotopieklassen $\alpha_1, \ldots, \alpha_?$ sind. Abb. 1.4.13 macht die Relation in $\pi_1(N_3)$ klar: Der Weg $c_1 \cdot c_1 \cdot c_2 \cdot c_2 \cdot c_3 \cdot c_3$ ist über das Sechseck zusammenziehbar.

(b) Nach 1.4.19 (b) entsteht N_g, indem man g Löcher in S^2 schneidet und in jedes Loch ein Möbiusband klebt. Sei m_i die Mittellinie, r_i die Randlinie des i-ten Bandes, v_i ein Hilfsweg von m_i zu r_i und w_i ein Hilfsweg von r_i zu einem festen Punkt $x_0 \in S^2$. Dann erzeugen die $\alpha_i = [w_i^{-1} v_i^{-1} m_i v_i w_i]$ die Gruppe $\pi_1(N_g)$, und wie in 5.4.5 (b) ist $v_i r_i v_i^{-1} \simeq m_i^2$. Den Weg $w_1^{-1} r_1 w_1 \cdot \ldots \cdot w_g^{-1} r_g w_g$ kann man über S^2 in einen Punkt deformieren. Daher ist $\alpha_1^2 \alpha_2^2 \cdot \ldots \cdot \alpha_g^2 = 1$.

(c) Nach 1.4.19 (a) ist $N_g = P^2 \# \ldots \# P^2$, woraus man $\pi_1(N_g)$ induktiv mit dem Seifert-van Kampen-Satz erhält. Z.B. ist $N_2 = P^2 \# P^2 = M \cup M'$ die Vereinigung zweier Möbiusbänder M und M' mit gemeinsamem Rand $M \cap M' \approx S^1$. Sind m, m' die Mittellinien der Bänder, so wird $\pi_1(M)$ bzw. $\pi_1(M')$ von $\alpha = [m]$ bzw. $\alpha' = [m']$ erzeugt. $\pi_1(M \cap M')$ wird von $\sigma = [r]$ erzeugt, wobei r die gemeinsame Randlinie ist (die Hilfswege lassen wir jetzt weg). Aus $\sigma = \alpha^2$ in $\pi_1(M)$ und $\sigma = \alpha'^2$ in $\pi_1(M')$ folgt $\pi_1(N_2) = \langle \alpha, \alpha' \mid \alpha^{-2}\alpha'^2 \rangle$ nach 5.6.6. Mit $\alpha_1 = \alpha^{-1}$, $\alpha_2 = \alpha'$ ist das 5.7.1.

(d) Stellt man $F_g = E_{4g}/R$ wie in 1.4.14 dar, so werden die Kanten von E_{4g} paarweise zu geschlossenen Wegen in F_g identifiziert, deren Homotopieklassen die α_i, β_i in 5.7.1 sind. Abb. 1.4.11 macht die Relation in den Fällen $g = 1$ und $g = 2$ klar: Der im Gegenuhrzeigersinn durchlaufene Randpolygonzug ist über das 4- bzw. 8-Eck zusammenziehbar.

(e) Stellt man F_g wie in 1.4.13 (c) als zusammenhängende Summe von g Tori dar, so erhält man daraus $\pi_1(F_g)$ mit dem Seifert-van Kampen-Satz. Wir betrachten nur den Fall $g = 2$. Für $T = S^1 \times S^1$ wird $\pi_1(T)$ erzeugt von den Homotopieklassen α, β der Wege $t \mapsto (\exp 2\pi i t, 1)$ bzw. $t \mapsto (1, \exp 2\pi i t)$. Wir entfernen aus T eine offene Kreisscheibe, die diese Wege nicht trifft, auf deren Rand jedoch der Basispunkt liegt. Für den gelochten Torus T_0 ist $\pi_1(T_0) = \langle \alpha, \beta | - \rangle$, und die Randlinie repräsentiert $\rho = \alpha\beta\alpha^{-1}\beta^{-1} \in \pi_1(T_0)$, vgl. Abb. 1.4.12 und 1.6.11 sowie 2.4.8. Ist T' ein zweiter Torus mit entsprechenden α', β', ρ', so ist $F_2 = T \# T' = T_0 \cup T_0'$, und $\pi_1(F_2)$ wird von $\alpha, \beta, \alpha', \beta'$ mit der Relation $(\alpha\beta\alpha^{-1}\beta^{-1})(\alpha'\beta'\alpha'^{-1}\beta'^{-1})^{-1} = 1$ erzeugt, wie aus 5.6.6 folgt.

5.7.4 Beispiel Es sei V ein Henkelkörper vom Geschlecht $g \geq 1$. Dann ist $\partial V \approx F_g$, also $\pi_1(\partial V) = \langle \alpha_j, \beta_j, j = 1, \ldots, g \mid \prod \alpha_j\beta_j\alpha_j^{-1}\beta_j^{-1} \rangle$. Nach 2.4.5 (h) ist $V \simeq S_1^1 \vee \ldots \vee S_g^1$, also ist $\pi_1(V)$ frei vom Rang g. Sei $i \colon \partial V \to V$ die Inklusion. Wir können die Erzeugenden von $\pi_1(\partial V)$ so wählen, daß $i_\#(\alpha_1), \ldots, i_\#(\alpha_g)$ ein freies Erzeugendensystem von $\pi_1(V)$ und $i_\#(\beta_1) = \ldots = i_\#(\beta_g) = 1$ ist. Interpretation: α_j wird von einem Weg repräsentiert, der längs des j-ten Henkels von ∂V läuft („Längskreis") und in V nicht nullhomotop ist; β_j wird von einem „Meridian" repräsentiert, einem Weg um den j-ten Henkel von ∂V, der in V Rand einer Kreisscheibe und deshalb nullhomotop ist. Sei V' ein zweiter Henkelkörper (mit entsprechenden α_j', β_j'), und sei $f \colon \partial V \to \partial V'$ ein Homöomorphismus. Für $f_\# \colon \pi_1(\partial V) \to \pi_1(\partial V')$ gelte

$$(*) \qquad f_\#(\alpha_j) = r_j(\alpha_1', \beta_1', \ldots, \alpha_g', \beta_g'), \;\; f_\#(\beta_j) = q_j(\alpha_1', \beta_1', \ldots, \alpha_g', \beta_g'),$$

wobei r_j, q_j gewisse Worte in den Erzeugenden sind ($j = 1, \ldots, g$). Wir verkleben V und V' wie in 1.5.11 zu einer 3-Mannigfaltigkeit $M = V' \cup_f V$. Nach 1.2.7 werden V, V' und $\partial V \approx \partial V'$ unter der identifizierenden Abbildung $p \colon V + V' \to M$ homöomorph auf Teilräume $W = p(V), W' = p(V')$ und $T = p(\partial V) = p(\partial V')$ abgebildet. Also ist $M = W \cup W'$ die Vereinigung zweier Henkelkörper vom Geschlecht g mit gemeinsamem Rand $T = W \cap W' \approx F_g$. Wir berechnen $\pi_1(M)$ mit dem Satz 5.6.6 (M ist ein CW-Raum mit CW-Teilräumen W, W').

Nach unserer Wahl der Erzeugenden oben ist

$$\pi_1(W) \cong \langle a_1, \ldots, a_g | - \rangle \text{ mit } a_j = (p|V)_\# i_\#(\alpha_j),$$
$$\pi_1(W') \cong \langle a_1', \ldots, a_g' | - \rangle \text{ mit } a_j' = (p|V')_\# i'_\#(\alpha_j').$$

Für $\pi_1(T)$ erhalten wir wegen $T = p(\partial V) = p(\partial V')$ zwei Erzeugendensysteme:

$$E = \{x_1, y_1, \ldots, x_g, y_g\} \text{ mit } x_j = (p|\partial V)_\#(\alpha_j), \; y_j = (p|\partial V)_\#(\beta_j),$$
$$E' = \{x_1', y_1', \ldots, x_g', y_g'\} \text{ mit } x_j' = (p|\partial V')_\#(\alpha_j'), \; y_j' = (p|\partial V')_\#(\beta_j').$$

Wegen $(p|\partial V') \circ f = p|\partial V$ und $(*)$ hängen diese Erzeugenden wie folgt zusammen:

$$x_j = r_j(x_1', y_1', \ldots, x_g', y_g') \text{ und } y_j = q_j(x_1', y_1', \ldots, x_g', y_g').$$

Nach Wahl der Erzeugenden zu Beginn wird unter der Inklusion $T \hookrightarrow W$ das Element $x_j \mapsto a_j$ und $y_j \mapsto 1$ abgebildet, ebenso $x'_j \mapsto a'_j$ und $y'_j \mapsto 1$ unter $T \hookrightarrow W'$. Mit den obigen Gleichungen folgt

$$x_j \mapsto a_j \text{ unter } T \hookrightarrow W, \; x_j \mapsto r_j(a'_1, 1, \ldots, a'_g, 1) \text{ unter } T \hookrightarrow W',$$

$$y_j \mapsto 1 \text{ unter } T \hookrightarrow W, \; y_j \mapsto q_j(a'_1, 1, \ldots, a'_g, 1) \text{ unter } T \hookrightarrow W'.$$

Daraus folgt mit 5.6.6 das folgende Resultat:

$$\pi_1(M) \cong \langle a_1, \ldots, a_g, a'_1, \ldots, a'_g \mid a_j^{-1} r_j(a'_1, 1, \ldots, a'_g, 1), \; q_j(a'_1, 1, \ldots, a'_g, 1) \rangle,$$

wobei j von 1 bis g läuft. Also ist $a_j = r_j(a'_1, 1, \ldots, a'_g, 1)$ in $\pi_1(M)$. Daher lassen sich $a_1, \ldots, a_g$ durch $a'_1, \ldots, a'_g$ ausdrücken, d.h. die a'_j erzeugen $\pi_1(M)$. Wir erhalten (vgl. 5.8.1):

$$\pi_1(M) \cong \langle a'_1, \ldots, a'_g \mid q_j(a'_1, 1, \ldots, a'_g, 1) \text{ für } 1 \leq j \leq g \rangle.$$

Interpretation: $\pi_1(M)$ wird von den Längskreisen a'_j auf $\partial W'$ erzeugt. Wegen der Beziehung $f_\#(\beta_j) = q_j(\alpha'_1, \beta'_1, \ldots, \alpha'_g, \beta'_g)$ gilt die Relation $q_j(a'_1, 1, \ldots, a'_g, 1) = 1$; denn die Meridiane β_j, β'_j (bzw. deren Bilder b_j, b'_j) sind nullhomotop in M.

5.7.5 Beispiel Als Spezialfall betrachten wir die Mannigfaltigkeit $M = M\begin{pmatrix} a & b \\ c & d \end{pmatrix}$ aus 1.5.10 (vgl. auch 1.9.3), die durch Verkleben der Volltori $V = D^2 \times S^1$ und $V' = S^1 \times D^2$ mit $f \colon \partial V \to \partial V', f(z, w) = (z^a w^b, z^c w^d)$, entsteht. In 5.7.4 werden jetzt $\alpha_1, \beta_1, \alpha'_1, \beta'_1$ der Reihe nach von den Wegen $t \mapsto (1, e^{2\pi i t}), (e^{2\pi i t}, 1), (e^{2\pi i t}, 1)$ bzw. $(1, e^{2\pi i t})$ repräsentiert. Wie in 5.2.8 (b) ist $f_\#(\alpha_1) = \alpha_1'^b \beta_1'^d, f_\#(\beta_1) = \alpha_1'^a \beta_1'^c$. Daher ist $\pi_1(M) \cong \langle a'_1 \mid a_1'^a \rangle \cong \mathbb{Z}_{|a|}$ eine zyklische Gruppe der Ordnung $|a|$ bzw. $\cong \mathbb{Z}$ im Fall $a = 0$.

5.7.6 Beispiel Mit 1.9.4 folgt, daß die Fundamentalgruppe des Linsenraumes $L(p, q)$ zyklisch von der Ordnung p ist. Da wir 1.9.4 nicht bewiesen haben, skizzieren wir einen anderen Beweis für diese Aussage (vgl. auch 6.5.7 (b)). In 1.5.12 zerlegen wir den Ball B in die Punkte $z_1, \ldots, z_p$, in die offenen Bögen zwischen ihnen, in die beiden offenen Hemisphären und in $\mathring{B}$; das ist eine CW-Zerlegung von B. Übergang in den Quotientenraum liefert eine CW-Zerlegung $L(p, q) = e^0 \cup e^1 \cup e^2 \cup e^3$, deren 2-Gerüst der CW-Raum X_p aus 5.4.4 ist, vgl. 4.1.A5; es folgt $\pi_1(L(p, q)) \cong \mathbb{Z}_p$. Die Fundamentalgruppe genügt nicht zur Klassifikation der Linsenräume, vgl. 1.9.5.

5.7.7 Bemerkung Wir haben in 1.9.2 erwähnt, daß jede geschlossene orientierbare 3-Mannigfaltigkeit M eine Heegaard-Zerlegung besitzt. Daher haben wir in 5.7.4 die Fundamentalgruppen all dieser Mannigfaltigkeiten berechnet (was im konkreten Fall jedoch keine große Hilfe ist, da man zuerst eine Heegaard-Zerlegung finden muß). Dennoch ist das Resultat von hohem theoretischen Interesse; denn 5.7.4 zeigt, daß $\pi_1(M)$ eine Beschreibung mit gleich vielen Erzeugenden wie Relationen besitzt. Alle Gruppen, die eine solche Darstellung nicht besitzen, können nicht als Fundamentalgruppe einer 3-Mannigfaltigkeit auftreten. Für $n \geq 4$ tritt jedoch jede endlich präsentierbare Gruppe als Fundamentalgruppe einer n-Mannigfaltigkeit auf, vgl. 5.7.A4. Das ist der Grund für die in 1.9 erwähnte Tatsache, daß es keinen Algorithmus zur Homöomorphieklassifikation dieser Mannigfaltigkeiten gibt. Da man bei einer Gruppenbeschreibung algorithmisch i.a. nicht einmal feststellen kann, ob sie die triviale Gruppe darstellt, gibt es entsprechend keinen Algorithmus, mit dem man entscheiden kann, ob eine n-Mannigfaltigkeit einfach zusammenhängend ist oder nicht.

Wir kommen noch einmal auf den Seifert-van Kampen-Satz 5.4.8 zurück. Im freien Produkt $\pi_1(A) * \pi_1(B)$ sind $\pi_1(A)$ und $\pi_1(B)$ als Untergruppen enthalten. Diese Eigenschaft geht in der Faktorgruppe $\pi_1(A) * \pi_1(B)/\mathcal{N}$ von 5.4.8 i.a. verloren (vgl. 5.7.5 als Beispiel). In einem besonders wichtigen Fall bleibt sie jedoch erhalten, nämlich dann, wenn die von den Inklusionen induzierten Homomorphismen $\pi_1(A \cap B) \to \pi_1(A)$ und $\pi_1(A \cap B) \to \pi_1(B)$ injektiv sind. Das entsprechende gruppentheoretische Konzept ist die folgende bedeutsame Verallgemeinerung des freien Produkts.

5.7.8 Definition Es seien G_1, G_2 und U Gruppen und $\varphi_i \colon U \to G_i$, $i = 1, 2$, injektive Homomorphismen. Dann heißt $G = G_1 * G_2/\mathcal{N}\{\varphi_1(u)\varphi_2(u)^{-1}|u \in U\}$ das *freie Produkt der Gruppen* G_1 *und* G_2 *mit den vereinigten Untergruppen* $U_1 = \varphi_1(U)$ *und* $U_2 = \varphi_2(U)$. Wie wir gleich sehen werden, sind G_1 und G_2 Untergruppen von G, und die Gruppen $U_1 \subset G_1$, $U_2 \subset G_2$ werden unter dem Isomorphismus $\varphi = \varphi_2\varphi_1^{-1} \colon U_1 \to U_2$ zu einer Untergruppe A von G identifiziert, so daß $G_1 \cap G_2 = A$ ist. Dann heißt A auch amalgamierte *Untergruppe* oder *Amalgam*, und man schreibt $G = G_1 *_A G_2$. Man sagt auch, daß G das *freie Produkt von* G_1 *und* G_2 *mit Amalgamation* (oder *mit dem Amalgam A*) ist.

5.7.9 Wichtige Eigenschaften von freien Produkten mit Amalgamation
(a) Ist $G_i = \langle S_i|R_i \rangle$, $i = 1, 2$, und E ein Erzeugendensystem von U, so hat G die Beschreibung $G = \langle S_1 \cup S_2 \mid R_1 \cup R_2 \cup \{\varphi_1(e)\varphi_2(e)^{-1} \mid e \in E\} \rangle$.

(b) Man wähle Rechtsrestklassenvertreter von U_1 in G_1 und U_2 in G_2, wobei die Untergruppe U_1 bzw. U_2 durch 1 repräsentiert werde. Dann gilt folgende Lösung des Wortproblems analog der aus 5.3.4: *Jedes Element* $x \in G$ *läßt sich in der Form*

$$(*) \qquad x = a\, g_{11}\, g_{21}\, g_{12}\, g_{22} \ldots g_{1n}\, g_{2n} \text{ mit } a \in U_1,\, g_{ij} \in G_i$$

schreiben, wobei jedes g_{ij} *Restklassenvertreter von* U_i *in* G_i *ist und alle, ausgenommen eventuell* g_{11} *und* g_{2n}, *von 1 verschieden sind. Die Darstellung (*) von x ist eindeutig bestimmt.*

Betrachten wir nämlich ein Wort $x_1 \ldots x_m$ mit $x_j \in G_1 \cup G_2$, so fassen wir zunächst nebeneinanderstehende Elemente aus derselben Gruppe G_i zusammen und erreichen dadurch, daß x_j und x_{j+1} aus verschiedenen Faktoren stammen. Ist $x_j \in U_1(j > 1)$, so ersetzen wir x_j durch $\varphi(x_j)$ und fassen $x_{j-1}\varphi(x_j)$ zusammen; analog für $x_j \in U_2$. Insbesondere ist schließlich kein x_j aus U_1 oder U_2, es sei denn $m = 1$. Falls $x_m \in G_i$, so schreiben wir $x_m = a\bar{x}_m$, wobei $a \in U_i$ und $\bar{x}_m$ der Restklassenvertreter von $U_i x_m$ in G_i ist. Danach behandeln wir $x_{m-1}\varphi(a)$ (falls $x_m \in G_1$, d.h. $a \in U_1$) bzw. $x_{m-1}\varphi^{-1}(a)$ (falls $a \in U_2$) genau so wie eben x_m; usw. Damit erhalten wir für x eine Darstellung der Form (1). Der Beweis der Eindeutigkeit der reduzierten Darstellung eines Elementes in freien Produkten, wie er in 5.3.4 gegeben ist, läßt sich kopieren, und es ergibt sich, daß die Darstellung (1) eindeutig bestimmt ist.

(c) Aus der Lösung des Wortproblems in (b) ergibt sich unmittelbar, daß die Gruppen G_1 und G_2 in G eingebettet sind (indem man jedem $x \in G_i \subset G_1 * G_2$ seine Restklasse in G zuordnet) und daß $G_1 \cap G_2 = A$ gilt wie in 5.7.8.

Der Begriff des freien Produktes mit Amalgam läßt sich unschwer auf beliebig viele Faktoren verallgemeinern zu $G_1 *_A G_2 *_A \ldots *_A G_n$ oder $*_i(G_i, A)$. *Dabei haben je zwei Faktoren denselben Durchschnitt A (!).*

5.7.10 Beispiel Die Gruppe $G = \langle s, t \mid s^3 t^{-2} \rangle$ entsteht aus dem freien Produkt $G_1 * G_2 = \langle s, t \mid - \rangle$ der Gruppen $G_1 = \langle s \mid - \rangle$ und $G_2 = \langle t \mid - \rangle$ wie folgt. Es sei $U = \langle u \mid - \rangle$ und $\varphi_i \colon U \to G_i$ sei $\varphi_1(u) = s^3$ bzw. $\varphi_2(u) = t^2$. Dann ist G das freie Produkt mit den vereinigten Untergruppen $\varphi_1(U)$ und $\varphi_2(U)$. Das Amalgam A ist die von $s^3 = t^2$ erzeugte Untergruppe von G. Die Lösung 5.7.9 (b) des Wortproblems zeigt, daß jedes Element von G eine eindeutige Darstellung der Form $s^{3n}x_1 \cdot \ldots \cdot x_m$ hat, wobei jedes x_i eines der Elemente s, s^2 oder t ist und die übrigen Eigenschaften von 5.7.9 (b) gelten.

Wir geben nun ein topologisches Anwendungsbeispiel für freie Produkte mit Amalgamation.

5.7.11 Torusknoten Dieses Beispiel greift unsere Bemerkungen nach 1.9.7 auf. Es seien $p, q \geq 2$ ganze teilerfremde Zahlen. Dann wird durch $t \mapsto (\exp 2\pi i p t, \exp 2\pi i q t)$ eine einfach geschlossene Kurve auf dem Torus $S^1 \times S^1$ definiert, die diesen p-mal in Richtung $S^1 \times 1$ und q-mal in Richtung $1 \times S^1$ umläuft. Wenn man $S^1 \times S^1$ wie in 1.1.21 als Rotationsfläche R in den $\mathbb{R}^3$ einbettet (vgl. 1.1.A3), so erhält man eine einfach geschlossene Kurve im $\mathbb{R}^3$; sie heißt der *Torusknoten* $\mathbf{t}(p, q)$. Die Abb. 1.5.2 zeigt die Kleeblattschlinge $\mathbf{t}(3, 2)$. Für den trivialen Knoten $K_0 \subset \mathbb{R}^3$, also die Kreislinie $x_1^2 + x_2^2 = 1$, $x_3 = 0$ im $\mathbb{R}^3$, ist $\mathbb{R}^3 \setminus K_0 \simeq S^1 \vee S^2$ nach 2.4.A4 und somit $\pi_1(\mathbb{R}^3 \setminus K_0) \cong \mathbb{Z}$. Wenn wir zeigen, daß die Fundamentalgruppe von $\mathbb{R}^3 \setminus \mathbf{t}(p, q)$ nicht frei zyklisch ist, so ergibt sich, daß $\mathbf{t}(p, q)$ kein trivialer Knoten ist.

Wir fassen S^3 als Ein-Punkt-Kompaktifizierung von $\mathbb{R}^3$ auf, also $\mathbb{R}^3 \subset S^3$. Mit 5.3.12 zeigt man, daß $\pi_1(\mathbb{R}^3 \setminus K) \cong \pi_1(S^3 \setminus K)$ gilt für jeden Knoten $K \subset \mathbb{R}^3$. Es genügt daher, $\pi_1(S^3 \setminus \mathbf{t}(p, q))$ zu untersuchen.

Es sei U eine abgeschlossene ε-Umgebung von $\mathbf{t}(p, q)$ in S^3. Wenn $\varepsilon > 0$ klein genug ist, ist $X = \overline{S^3 \setminus U}$ Deformationsretrakt von $S^3 \setminus \mathbf{t}(p, q)$. Insgesamt ergibt sich, daß $\mathbb{R}^3 \setminus \mathbf{t}(p, q)$ und X isomorphe Fundamentalgruppen haben. Wir berechnen $\pi_1(X)$ mit dem Seifert-van Kampen-Satz.

Es sei $V = S^1 \times D^2$ der Volltorus in $\mathbb{R}^3$, der $S^1 \times S^1 = R$ als Rand hat (vgl. 1.1.A3), und es seien $l = S^1 \times 1$ bzw. $m = 1 \times S^1$ Längskreis bzw. Meridian von V. Diese beiden Kurven (genauer: die Homotopieklassen dieser geeignet parametrisierten Kurven) erzeugen $\pi_1(R)$. Für den Volltorus V ist $\pi_1(V) = \langle l | - \rangle$ und $m = 1$ in $\pi_1(V)$. In S^3 ist $V' = \overline{S^3 \backslash V}$ ebenfalls ein Volltorus; nun aber ist l Meridian und m Längskreis von V', d.h. $\pi_1(V') = \langle m | - \rangle$ und $l = 1$ in $\pi_1(V')$, vgl. 1.5.9. Der Torusknoten $\mathsf{t}(p, q)$ repräsentiert in $\pi_1(R)$ nach 5.2.8 (b) das Element $l^p m^q$; also gilt $\mathsf{t}(p, q) = l^p$ in $\pi_1(V)$ und $\mathsf{t}(p, q) = m^q$ in $\pi_1(V')$.

Wir setzen $A = \overline{V \backslash U}$ und $B = \overline{V' \backslash U}$; dann ist $X = A \cup B$ wie in 5.6.6. Weil A Deformationsretrakt von V ist, ist auch $\pi_1(A) = \langle s | - \rangle$; als Erzeugende kann man den „Parallelkreis" $s = S^1 \times 0$ zu $l = S^1 \times 1$ nehmen; in V sind s und l homotop. Analog ist $\pi_1(B) = \langle t | - \rangle$ für einen in B liegenden Parallelkreis t von m, der in V' zu m homotop ist.

Der Durchschnitt $A \cap B = \overline{R \backslash U}$ ist ein zu $S^1 \times I$ homöomorphes Band, das sich ebenso um den Torus wickelt wie der Torusknoten selbst. Daher ist $\pi_1(A \cap B) = \langle z | - \rangle$, wobei z die Mittellinie $S^1 \times 1/2$ in diesem Band ist, und es gilt $z \mapsto s^p$ unter $\pi_1(A \cap B) \to \pi_1(A)$ bzw. $z \mapsto t^q$ unter $\pi_1(A \cap B) \to \pi_1(B)$. Damit haben wir alles, um 5.6.6 anzuwenden: Es folgt $\pi_1(X) = \langle s, t \mid s^p t^{-q} \rangle$.

Resultat: Die Fundamentalgruppe des Außenraumes $\mathbb{R}^3 \backslash \mathsf{t}(p, q)$ oder $S^3 \backslash \mathsf{t}(p, q)$ hat die Beschreibung $\langle s, t \mid s^p t^{-q} \rangle$. Das ist genau die Gruppe aus 5.6.A2 (setzen Sie dort $x = s$, $y = t^{-1}$); also erhalten wir aus dieser Aufgabe, daß kein Torusknoten trivial ist und daß verschiedene Torusknoten nicht äquivalent sind. Ferner ist $\langle s, t \mid s^p t^{-q} \rangle$ das freie Produkt der Gruppen $\langle s | - \rangle$ und $\langle t | - \rangle$ mit dem von $s^p = t^q$ erzeugten Amalgam. Wir können also wie in 5.7.9 das Wortproblem in dieser Gruppe vollständig lösen.

5.7.12 Konstruktion Als nächstes Beispiel untersuchen wir, wie sich die Fundamentalgruppe durch Ankleben eines Henkels ändert. Es seien $f, g\colon Y \to X$ zelluläre Abbildungen zwischen zusammenhängenden CW-Räumen. Wir kleben den Zylinder $Y \times I$ an X, indem wir $(y, 0)$ mit $f(y)$ und $(y, 1)$ mit $g(y)$ identifizieren für jeden Punkt $y \in Y$. Wir bezeichnen den entstehenden Raum mit $Z = X \cup_{f,g} (Y \times I)$. Sei $p\colon Y \times I \to Z$ die Einschränkung der identifizierenden Abbildung auf $Y \times I$. Wir wählen 0-Zellen $y_0 \in Y$ und $x_0 \in X$ als Basispunkte, ferner Hilfswege $u, v\colon I \to X^1$ von x_0 nach $f(y_0)$ bzw. von x_0 nach $g(y_0)$. Sei $m\colon I \to Y \times I$ die Mantellinie $m(t) = (y_0, t)$. Bei der Berechnung von $\pi_1(Z, x_0)$ wird das „Henkel-Element" $\tau = [u][p \circ m][v]^{-1} \in \pi_1(Z, x_0)$ eine entscheidende Rolle spielen. Sei $i_\#\colon \pi_1(X, x_0) \to \pi_1(Z, x_0)$ von $i\colon X \hookrightarrow Z$ induziert, und sei $\rho\colon \langle \tau | - \rangle \to \pi_1(Z, x_0)$ der Homomorphismus $\rho(\tau) = \tau$. Mit diesen Bezeichnungen gilt:

5.7.13 Satz *Der Homomorphismus* $\mu = i_\# \cdot \rho\colon \pi_1(X, x_0) * \langle \tau | - \rangle \to \pi_1(Z, x_0)$ *ist surjektiv, und sein Kern ist der kleinste Normalteiler* N, *der die Elemente* $\bar{\beta} =$

$u_+ f_\#(\beta) \cdot \tau \cdot v_+ g_\#(\beta)^{-1} \cdot \tau^{-1}$ *mit* $\beta \in \pi_1(Y, y_0)$ *enthält. Erzeugen* $\beta_1, \ldots, \beta_k$ *die Gruppe* $\pi_1(Y, y_0)$, *so ist* N *der kleinste Normalteiler, der die* $\bar{\beta}_1, \ldots, \bar{\beta}_k$ *enthält.*

Beweis Nach 4.2.5 und 4.2.9 ist Z ein CW-Raum, dessen Zellen wir angeben können. Weil die Fundamentalgruppe von den Zellen der Dimension > 2 unabhängig ist, dürfen wir $\dim Y \leq 1$ und $\dim X \leq 2$ annehmen. Ferner können wir wegen 5.5.17 voraussetzen, daß Y und X nur je eine 0-Zelle enthalten; das vereinfacht die Überlegung drastisch, weil man keine Hilfswege mehr braucht. Der Fall $\dim Y = 0$ ist trivial: Dann ist $Z = X \vee S^1$, und der Satz folgt aus 5.4.9. Im Fall $\dim Y = 1$ ist Y eine Einpunktvereinigung von Kreislinien.

Wir nehmen zunächst an, daß Y eine Kreislinie ist, also $Y = y_0 \cup e^1$, wobei e^1 eine 1-Zelle ist. Der Raum Z entsteht aus dem Teilraum $X \cup p(y_0 \times I) = X \vee S^1$ durch Hinzufügen der 2-Zelle $e^2 = p(e^1 \times \mathring{I})$. Nach 5.4.9 können wir $\pi_1(X \vee S^1)$ mit $\pi_1(X) * \langle \tau | - \rangle$ identifizieren, wobei τ einer Erzeugenden von $\pi_1(S^1)$ entspricht. Zu zeigen ist dann, daß der von $j \colon X \vee S^1 \hookrightarrow Z$ induzierte Homomorphismus $j_\# \colon \pi_1(X \vee S^1, x_0) \to \pi_1(Z, x_0)$ surjektiv ist und daß sein Kern der im Satz angegebene Normalteiler ist. Nach 5.4.2 ist $j_\#$ surjektiv, und Kern $j_\#$ ist der von $\alpha_h \in \pi_1(X \vee S^1, x_0)$ erzeugte Normalteiler, wobei $h \colon S^1 \to X \vee S^1$ die Klebeabbildung von e^2 ist (und α_h wie in 5.4.2). Sei $\varphi \colon (I, \mathring{I}) \to (Y, y_0)$ eine charakteristische Abbildung von e^1, also $\gamma = [\varphi] \in \pi_1(Y, y_0)$ eine Erzeugende dieser Gruppe. Dann ist $H = p \circ (\varphi \times \mathrm{id}_I) \colon I^2 \to Z$ eine charakteristische und somit $h = H | \dot{I}^2 \colon \dot{I}^2 \to X \vee S^1$ eine Klebe-Abbildung von e^2. Sie bildet $(s, 0) \mapsto f\varphi(s)$, $(s, 1) \mapsto g\varphi(s)$ und $(0, t)$ sowie $(1, t)$ nach $(p \circ m)(t)$ ab. Daraus folgt mit $\dot{I}^2 \approx S^1$ die Gleichung $\alpha_h = f_\#(\gamma) \tau g_\#(\gamma)^{-1} \tau^{-1}$, und der Satz ist bewiesen. — Wenn $Y = S^1_1 \vee \ldots \vee S^1_k$ ist, enthält Z entsprechende 2-Zellen $e^2_1, \ldots, e^2_k$, und Kern μ ist der von den $f_\#(\gamma_\nu) \tau g_\#(\gamma_\nu) \tau^{-1}$ erzeugte Normalteiler, wobei $\gamma_1, \ldots, \gamma_k \in \pi_1(Y, y_0)$ die den einzelnen Kreislinien entsprechenden Erzeugenden sind. Dieser Normalteiler stimmt überein mit dem im Satz genannten. □

5.7.14 Beispiele
(a) Im Fall $X = Y = \{\text{Punkt}\}$ ist $Z = X \cup_{f,g} (Y \times I) \approx S^1$ und 5.7.13 reduziert sich auf $\pi_1(S^1) \cong \langle \tau | - \rangle$.

(b) Sei $X = Y = S^1$ und $f = \mathrm{id}_{S^1}$; ferner sei $g \colon S^1 \to S^1$ ein Homöomorphismus mit $g(1) = 1$. Dann ist $Z = Y \cup_{f,g} (Y \times I)$ zu der Fläche $S^1 \times I / g$ aus 1.4.9 homöomorph. Ist $\alpha \in \pi_1(S^1, 1)$ die Standarderzeugende, so ist $g_\#(\alpha) = \alpha^\varepsilon$ mit $\varepsilon = \pm 1$, und aus 5.7.13 ergibt sich $\pi_1(Z, 1) = \langle \alpha, \tau \mid \alpha \tau \alpha^{-\varepsilon} \tau^{-1} \rangle$. Im Fall $g = \mathrm{id}_{S^1}$ ist Z ein Torus, $\varepsilon = 1$, und hier steht seine bekannte Fundamentalgruppe. Im Fall $g(z) = \bar{z}$ (konjugiert komplexe Zahl) ist $\varepsilon = -1$ und Z die Kleinsche Flasche, für deren Fundamentalgruppe wir folglich die Darstellung $\langle \alpha, \tau \mid \alpha \tau \alpha \tau^{-1} \rangle$ bekommen.

(c) Sei $X = Y$ und $f = \mathrm{id}_X$ sowie $g = \text{constant}$ in 5.7.12. Dann ist der Normalteiler N in 5.7.13 die Gruppe $\pi_1(X, x_0)$, und es folgt $\pi_1(Z, x_0) \cong \langle \tau | - \rangle$. Durch dieses extreme „Henkelankleben" ist also $\pi_1(X, x_0)$ arg verschandelt worden; nur das Henkelelement bleibt übrig.

(d) Ist Y einfach zusammenhängend, so ist $N = 1$ in 5.7.13 und $\pi_1(Z, x_0) \cong \pi_1(X, x_0) * \mathbb{Z}$. Klebt man also an eine n-Mannigfaltigkeit M mit $n \geq 3$ wie in 1.5.8 (c) einen Henkel $S^{n-1} \times I$, so erhält man eine n-Mannigfaltigkeit M' mit $\pi_1(M') \cong \pi_1(M) * \mathbb{Z}$.

(e) Sei $X = Y$ und $f = \mathrm{id}_X$ in 5.7.12. Dann entsteht $Z = X \cup_{f,g} (Y \times I)$ aus $X \times I$ durch Identifizieren der Punkte $(x, 0)$ und $(g(x), 1)$, und wir schreiben $Z = (X \times I)/g$; das verallgemeinert 1.4.9. Wenn $g(x_0) = x_0$ ist, sind die Hilfswege in 5.7.12 überflüssig, und es folgt $\pi_1((X \times I)/g, x_0) \cong \pi_1(X, x_0) * \langle \tau | - \rangle / N$, wobei N der kleinste Normalteiler ist, der die Elemente $\beta \tau g_\#(\beta)^{-1} \tau^{-1}$ mit $\beta \in \pi_1(X, x_0)$ enthält. Dies ist ein Spezialfall einer wichtigen Konstruktion der kombinatorischen Gruppentheorie:

5.7.15 Definition Seien $\varphi, \psi \colon H \to G$ zwei injektive Gruppenhomomorphismen. Dann heißt die Gruppe $E = G * \langle t, - \rangle / \mathcal{N}(\varphi(h) t \psi(h)^{-1} t^{-1} \mid h \in H)$ die HNN-*Erweiterung* (Higman-Neumann-Neumann) mit *Basis G, stabilem Element t* und *assoziierten Gruppen $\varphi(H)$ und $\psi(H)$*.

Auf dieselbe Weise wie für freie Produkte (mit Amalgam) kann man auch für HNN-Erweiterungen das Wortproblem lösen und zeigen, daß G eine Untergruppe von E ist, daß Elemente endlicher Ordnung von E zu Elementen aus G konjugiert sind u.a.m., vgl. [Lyndon-Schupp, IV.2]. Es folgt:

5.7.16 Satz *Wenn die Homomorphismen $f_\#, g_\# \colon \pi_1(Y) \to \pi_1(X)$ in 5.7.13 injektiv sind und wie dort $Z = X \cup_{f,g} (Y \times I)$ ist, so ist $\pi_1(Z)$ eine HNN-Erweiterung mit Basis $\pi_1(X)$, stabilem Element τ und assoziierten Gruppen $f_\#(\pi_1(Y))$ und $g_\#(\pi_1(Y))$. Insbesondere ist $\pi_1(X)$ eine Untergruppe von $\pi_1(Z)$.* □

5.7.17 Beispiel HNN-Erweiterungen werden auch in der Knotentheorie oftmals benutzt, und wir wenden uns nun einem konkreten Beispiel dieser Theorie zu. Sei T ein Torus mit einem Loch, also mit einer Randkomponente; a und b seien zwei von einem Randpunkt (= Basispunkt) ausgehende Kurven, die T in eine Scheibe zerschneiden. Seien α, β die Homotopieklassen von a, b auf T. Es gibt einen Homöomorphismus $h \colon T \to T$ mit $h_\#(\alpha) = \beta^{-1}$, $h_\#(\beta) = \beta\alpha$, der die Richtung der Randkurve erhält. Identifiziert man in $T \times I$ die Punkte $(x, 0)$ und $(h(x), 1)$ für alle $x \in T$, so erhält man eine 3-Mannigfaltigkeit M, deren Rand ein Torus ist. Aus 5.7.14 (e) folgt $\pi_1(M) = \langle \alpha, \beta, \tau \mid \alpha\tau\beta\tau^{-1}, \ \beta\tau\alpha^{-1}\beta^{-1}\tau^{-1} \rangle$. Setzt man die erste Relation $\alpha^{-1} = \tau\beta\tau^{-1}$ in die zweite ein, so sieht man, daß $\pi_1(M)$ von β und τ erzeugt wird mit einer definierenden Relation $\beta\tau^2\beta\tau^{-1}\beta^{-1}\tau^{-1} = 1$. Aus dieser folgt $s^3 t^{-2} = 1$, wenn wir $s = \beta\tau^2$ und $t = \tau\beta\tau^2$ setzen. Wegen $\tau = ts^{-1}$ und $\beta = s\tau^{-2} = s(ts^{-1})^{-2}$ wird $\pi_1(M)$ auch von s und t erzeugt, und es ergibt sich $\pi_1(M) = \langle s, t \mid s^3 t^{-2} \rangle$. (Diese Berechnungen werden in 5.8 erklärt; sie sind ein gutes Beispiel für die Anwendungen der Tietze-Operationen.) Die Mannigfaltigkeit M besitzt also dieselbe Fundamentalgruppe wie der Außenraum der Kleeblattschlinge t(3,2), vgl. 5.7.11; übrigens ist sie wirklich homöomorph zu diesem Außenraum, siehe etwa [Burde-Zieschang, 5.14, 15].

5.7.18 Flächen in Mannigfaltigkeiten Freie Produkte mit Amalgam und HNN-Erweiterungen haben viele ähnliche Eigenschaften; in den topologischen Anwendungen treten sie oft parallel auf als verschiedene Fälle in einer bestimmten Situation. Wir zeigen das an folgendem Beispiel. Es sei $F \subset M$ eine geschlossene Fläche in einer geschlossenen 3-Mannigfaltigkeit. Wir nehmen an, daß F in M einen „Kragen" hat, d.h. eine zu $F \times I$ homöomorphe Umgebung U, wobei $F = F \times 1/2$ ist (diese Voraussetzung ist z.B. für $P^2 \subset P^3$ nicht erfüllt). Ferner nehmen wir an, daß die Inklusion $F \hookrightarrow M$ einen injektiven Homomorphismus $\pi_1(F) \to \pi_1(M)$ induziert.

Erster Fall: F zerlegt M in zwei Komponenten. Dann ist $M = M_1 \cup M_2$ mit $M_1 \cap M_2 = F$, und aus dem Seifert-van Kampen-Satz und 5.7.8 folgt $\pi_1(M) \cong \pi_1(M_1) *_{\pi_1(F)} \pi_1(M_2)$.

Zweiter Fall: F zerlegt M nicht, d.h. $M \backslash F$ ist zusammenhängend. Dann entsteht M aus $\overline{M \backslash U}$ durch Ankleben des Henkels $F \times I$, und $\pi_1(M)$ ist eine HNN-Erweiterung mit Basis $\pi_1(\overline{M \backslash U})$.

Aufgaben

5.7.A1 Für $g \geq 1$ ist $\pi_1(F_{g+1}) = \langle \alpha_1, \beta_1, \ldots, \alpha_g, \beta_g | - \rangle *_A \langle \alpha_{g+1}, \beta_{g+1} | - \rangle$ ein freies Produkt mit Amalgam. Beschreiben Sie A und führen Sie die Details aus. Folgern Sie daraus, daß $\pi_1(F_{g+1})$ torsionsfrei ist (für $\pi_1(F_1)$ ist das klar). Geben Sie eine analoge Zerlegung für $\pi_1(N_g)$ an, und zeigen Sie, daß $\pi_1(N_g)$ für $g \geq 2$ torsionsfrei ist (für $g = 1$ ist das falsch).

5.7.A2 Die Fläche $F_{g,n}$ entstehe aus F_g, indem man n Löcher in F_g bohrt, vgl. 1.4.7. Zeigen Sie:
(a) $\pi_1(F_{g,n}) = \langle \sigma_1, \ldots, \sigma_n, \alpha_1, \beta_1, \ldots, \alpha_g, \beta_g \mid \sum_{j=1}^n \sigma_j \sum_{k=1}^g (\alpha_k \beta_k \alpha_k^{-1} \beta_k^{-1}) \rangle$, wobei σ_j durch die Randkurven (mit Hilfswegen mit dem Basispunkt verbunden) repräsentiert werden.
(b) Kein σ_j ist echte Potenz eines anderen Elementes, also „keine Randkurve ist Potenz einer anderen Kurve".
(c) Führen Sie das Analoge für die nicht-orientierbaren Flächen N_g durch. Vorsicht: Es gibt eine Ausnahme zu (b).

5.7.A3 Sei M eine geschlossene n-Mannigfaltigkeit und sei $f \colon M \to M$ ein Homöomorphismus. Sei $W(f) = (M \times I)/f$ wie in 5.7.14 (e). Zeigen Sie:
(a) $W(f)$ ist eine geschlossene $(n+1)$-Mannigfaltigkeit. Es ist $W(\text{id}_M) \approx M \times S^1$.
(b) Ist $g \colon M \to M$ ein Homöomorphismus und $f' = gfg^{-1}$, so ist $W(f') \approx W(f)$.
(c) Für eine unimodulare Matrix $T = \left(\begin{smallmatrix} a & b \\ c & d \end{smallmatrix} \right)$ sei $f \colon S^1 \times S^1 \to S^1 \times S^1$ der Homöomorphismus $f(z, w) = (z^a w^b, z^c w^d)$ aus 1.5.10; dann hat die geschlossene 3-Mannigfaltigkeit $W(T) = W(f)$ die Fundamentalgruppe
$\pi_1(W(T)) = \langle \alpha_1, \alpha_2, \tau \mid \alpha_1 \alpha_2 \alpha_1^{-1} \alpha_2^{-1}, \tau \alpha_1 \tau^{-1} \alpha_2^{-c} \alpha_1^{-a}, \tau \alpha_2 \tau^{-1} \alpha_2^{-d} \alpha_1^{-b} \rangle$.
(d) Welche Strategie ergibt sich aus (b) und (c) für die Homöomorphieklassifikation der 3-Mannigfaltigkeiten vom Typ $W(T)$? Beweisen Sie einige Teilergebnisse, insbesondere:
(e) Sind A, B die Matrizen vor 5.5.1, so ist $W(A) \not\approx W(B)$.
(f) $W \left(\begin{smallmatrix} -1 & 0 \\ 0 & 1 \end{smallmatrix} \right)$ ist homöomorph zu $N_2 \times S^1$.

5.7.A4 Diese Aufgabe soll erläutern, wie man n-Mannigfaltigkeiten mit vorgegebener Fundamentalgruppe konstruiert ($n \geq 4$). Machen Sie sich die folgenden Aussagen heuristisch klar:

(a) Die zusammenhängende Summe $M = (S^1 \times S^{n-1}) \# \ldots \# (S^1 \times S^{n-1})$ von k Kopien von $S^1 \times S^{n-1}$ hat für $n \geq 4$ die Gruppe $\pi_1(M) = \langle s_1, \ldots, s_k | - \rangle$.

(b) Zu jedem $r \in \pi_1(M)$ gibt es eine Einbettung $f \colon S^1 \times D^{n-1} \to M$, so daß der Weg $t \mapsto f(\exp 2\pi i t, 0)$ die Homotopieklasse r repräsentiert.

(c) $M_1 = M \setminus f(S^1 \times D^{n-1})$ und M haben isomorphe Fundamentalgruppen.

(d) Verklebt man den Rand von $D^2 \times S^{n-2}$ mit dem von M_1 über den Homöomorphismus $(x, y) \mapsto f(x, y)$, so erhält man eine Mannigfaltigkeit M' mit $\pi_1(M') \cong \langle s_1, \ldots, s_k | r \rangle$.

(e) Durch Iterieren dieser Konstruktion erhält man eine Mannigfaltigkeit mit vorgegebener Gruppe $\langle s_1, \ldots, s_k \mid r_1, \ldots, r_e \rangle$.

5.8 Homotopietypen zweidimensionaler CW-Räume

In 5.6 haben wir Beschreibungen von Gruppen durch Erzeugende und definierende Relationen eingeführt und gesehen, daß sich jede Gruppe so darstellen läßt. Wir geben nun als erstes an, wie verschiedene Beschreibungen einer Gruppe zusammenhängen. Als Anwendung der Fundamentalgruppen und als Beispiel zum Begriff „Homotopietyp" untersuchen wir danach die Homotopietypen endlicher zweidimensionaler CW-Räume.

5.8.1 Definition Wir führen folgende Prozesse zur Änderung einer Gruppenbeschreibung $\langle S \mid R \rangle$ ein:

(a) $\langle S|R \rangle \rightsquigarrow \langle S \cup \{t\} \mid R \cup \{tw(s)^{-1}\} \rangle$, wobei $t \notin S$ und $w(s) \in \mathcal{F}(S)$ ist.

(b) $\langle S|R \rangle \rightsquigarrow \langle S \mid R \cup \{r'\} \rangle$, wobei $r' \in \mathcal{N}(R) \subset \mathcal{F}(S)$ ist.

Diese Prozesse und die dazu inversen heißen *Tietze-Prozesse*.

In (a) wird das Erzeugendensystem S durch Hinzunahme einer neuen Erzeugenden zum System $S' = S \cup \{t\}$ vergrößert und gleichzeitig die Relationenmenge R zu $R' = R \cup \{tw(s)^{-1}\}$. Diese neue Relation dient dazu, die neue Erzeugende durch die alten auszudrücken: In $\mathcal{F}(S')/\mathcal{N}(R')$ ist $t = w(s)$, und daher ist diese Faktorgruppe zu $\mathcal{F}(S)/\mathcal{N}(R)$ isomorph. In (b) wird zu den Relationen eine Folgerelation hinzugenommen; es ist also $\mathcal{N}(R \cup \{r'\}) = \mathcal{N}(R)$. Folglich stellen Beschreibungen, die durch Tietze-Prozesse auseinander hervorgehen, isomorphe Gruppen dar. Von dieser Aussage gilt die Umkehrung:

5.8.2 Satz *Zwei endliche Beschreibungen $\langle S|R \rangle$ und $\langle T|Q \rangle$ stellen genau dann isomorphe Gruppen dar, wenn sie durch eine endliche Folge von Tietze-Prozessen auseinander hervorgehen.*

Beweis   Wir dürfen $S \cap T = \emptyset$ annehmen. Es seien f: $\langle S|R \rangle \to \langle T|Q \rangle$ und g: $\langle T|Q \rangle \to \langle S|R \rangle$ zueinander inverse Isomorphismen. Für $s \in S$ und $t \in T$ wählen wir Worte $w_s \in \mathcal{F}(T)$ und $v_t \in \mathcal{F}(S)$, die $f(s)$ bzw. $g(t)$ repräsentieren. Sei X bzw. Y die Menge der Elemente tv_t^{-1} bzw. sw_s^{-1} in $\mathcal{F}(S \cup T)$. Wir zeigen, daß man $\langle S|R \rangle$ durch endlich viele Tietze-Prozesse in $\langle S \cup T \mid R \cup Q \cup X \cup Y \rangle$ überführen kann; dasselbe geht dann aus Symmetriegründen mit $\langle T|Q \rangle$, womit der Satz bewiesen ist. Zunächst erreichen wir $\langle S|R \rangle \rightsquigarrow \langle S \cup T \mid R \cup X \rangle$ durch endlich viele Prozesse vom Typ (a). Sei $q \in \mathcal{F}(T)$ ein festes Wort. Ersetzt man in q jede Erzeugende durch $v_t \in \mathcal{F}(S)$, so erhält man ein Wort $q_1 \in \mathcal{F}(S)$. Dieses Wort hat folgende Eigenschaften: erstens repräsentiert es in $\langle S|R \rangle$ das Element $g(q)$; zweitens liegt das Wort $qq_1^{-1} \in \mathcal{F}(S \cup T)$ in $\mathcal{N}(X)$. Wählt man $q = w_s$, so ist q_1 wegen $gf = $ id ein Repräsentant von s, also $q_1 s^{-1} \in \mathcal{N}(R)$ und folglich $w_s s^{-1} = qq_1^{-1}q_1 s^{-1} \in \mathcal{N}(R \cup X)$; daher ist $Y \subset \mathcal{N}(R \cup X)$. Wählt man $q \in Q$, so ist $q_1 \in \mathcal{N}(R)$ wegen $f(q) = 1$, also $q = qq_1^{-1}q_1 \in \mathcal{N}(R \cup X)$; daher ist auch $Q \subset \mathcal{N}(R \cup X)$. In $\langle S \cup T \mid R \cup X \rangle$ darf man deshalb die Relationenmenge $Q \cup Y$ dazunehmen: Das sind endlich viele Tietze-Prozesse vom Typ (b). $\square$

Vorsicht! Satz 5.8.2 löst nicht das Isomorphieproblem der kombinatorischen Gruppentheorie; denn beim Beweis haben wir die Existenz eines Isomorphismus vorausgesetzt. Wenn man von zwei Beschreibungen vermutet, daß sie isomorphe Gruppen darstellen, so weiß man noch lange nicht, mit welcher endlichen Folge von Tietze-Prozessen man das beweisen kann — und endliche Folgen gibt es unendlich viele.

5.8.3 Beispiel Wir betrachten $\mathbb{Z}_{pq} = \langle x|x^{pq} \rangle$ mit teilerfremden $p, q \geq 1$. Durch zwei Tietze-Prozesse vom Typ (a) entsteht $\langle x, a, b|x^{pq}, ax^{-p}, bx^{-q} \rangle$. Es gibt $m, n \in \mathbb{Z}$ mit $pm + nq = 1$. Aus $a = x^p, b = x^q$ folgt $ab = ba, a^q = 1, b^p = 1$ und $a^m b^n = x^{pm+nq} = x$ und umgekehrt. Daher darf man $aba^{-1}b^{-1}, a^q, b^p, x(a^m b^n)^{-1}$ als Relationen dazunehmen (drei Tietze-Prozesse vom Typ (b)) und anschließend die Relationen x^{pq}, ax^{-p} und bx^{-q} weglassen (drei Tietze-Prozesse invers zum Typ (b)). Es ergibt sich $\langle x, a, b \mid aba^{-1}b^{-1}, a^q, b^p, x(a^m b^n)^{-1} \rangle$. Hier lassen wir x und $x(a^m b^n)^{-1}$ weg (Tietze-Prozeß invers zum Typ (a)) und erhalten in $\langle a, b \mid aba^{-1}b^{-1}, a^q, b^p \rangle$ eine Beschreibung von $\mathbb{Z}_p \times \mathbb{Z}_q$.

5.8.4 Bemerkung Wenn man 5.8.2 auf nicht endliche Gruppenbeschreibungen erweitern will, muß man in 5.8.1 allgemeinere Prozesse zulassen: In (a) nimmt man gleichzeitig unendlich viele neue Erzeugende und entsprechende Relationen hinzu und in (b) unendlich viele Folgerelationen. Der Beweis von 5.8.2 bleibt unverändert.

Nach diesen gruppentheoretischen Vorbereitungen zurück zur Topologie.

5.8.5 Definition Sei $\langle S|R \rangle = \langle s_1, \ldots, s_m \mid r_1, \ldots, r_n \rangle$ eine endliche Gruppenbeschreibung. Wir definieren einen CW-Raum $X = C\langle S|R \rangle$ wie folgt. Wie in 1.6.9 fassen wir $Y_m = S_1^1 \vee \ldots \vee S_m^1$ als Teilraum von $S^1 \times \ldots \times S^1$ auf und bezeichnen für $k = 1, \ldots, m$ mit i_k: $S^1 \to Y_m$ die Inklusion, die S^1 auf S_k^1 abbildet. Es ist $\pi_1(Y_m, x_0) = \langle s_1, \ldots, s_m|- \rangle$ mit $s_k = i_{k\#}(\sigma)$, wobei $\sigma \in \pi_1(S^1, 1)$

die Standarderzeugende ist. Sei w_j: $(I, \dot{I}) \to (Y_m, x_0)$ ein Weg, der das Element $r_j \in \pi_1(Y_m, x_0)$ repräsentiert, $j = 1, \ldots, n$, und sei f_j: $S^1 \to Y_m$ die Abbildung $f_j(\exp 2\pi i t) = w_j(t)$. Wir setzen $X = C\langle S|R \rangle = Y_m \cup e_1^2 \cup \ldots \cup e_n^2$, wobei die 2-Zelle e_j^2 mit f_j angeklebt ist.

Die einzige Unbestimmtheit bei dieser Konstruktion ist die Wahl des Weges w_j. Wenn man in der Homotopieklasse r_j einen anderen Weg wählt, erhält man eine zu f_j homotope Abbildung und daher nach 2.4.13 einen homotopie-äquivalenten CW-Raum. Folglich ist der Homotopietyp von $X = C\langle S|R \rangle$ eindeutig bestimmt. Da wir nur Aussagen über den Homotopietyp dieses Raumes machen werden, ist die Bezeichnung $C\langle S|R \rangle$ zulässig.

5.8.6 Satz *Jeder endliche zusammenhängende CW-Raum X mit $\dim X \leq 2$ hat den Homotopietyp eines CW-Raumes der Form $C\langle S|R \rangle$ für eine endliche Gruppenbeschreibung $\langle S|R \rangle$.*

Beweis Aus 5.5.17 folgt $X \simeq X' = Y_m \cup e_1'^2 \cup \ldots \cup e_n'^2$ für gewisse $m, n \geq 0$ (dabei ist Y_0 ein Punkt, und für $n = 0$ fehlen die 2-Zellen). Sei zunächst $m, n > 0$. Sei g_j: $S^1 \to Y_m$ eine Klebeabbildung von $e_j'^2$. Nach 2.3.7 (c) gibt es $f_j \simeq g_j$: $S^1 \to Y_m$ mit $f_j(1) = x_0$. Aus 2.4.13 folgt $X' \simeq X'' = Y_m \cup e_1^2 \cup \ldots \cup e_n^2$, wobei hier e_j^2 mit f_j angeklebt ist. Zu dieser Zellzerlegung von X'' gehört nach 5.6.4 eine Gruppenbeschreibung $\langle S|R \rangle$, und es ist $X'' \simeq C\langle S|R \rangle$. Damit ergibt sich $X \simeq C\langle S|R \rangle$. Im Falle $m = n = 0$ ist $X \simeq Y_0 \simeq D^2 \simeq S^1 \cup e^2 \simeq C\langle s|s \rangle$. Im Fall $m = 0, n > 0$ ist $X \simeq S_1^2 \vee \ldots \vee S_n^2 \simeq S^1 \cup e_0^2 \cup e_1^2 \cup \ldots \cup e_n^2 \simeq C\langle s|s, r_1, \ldots, r_n \rangle$, wobei $r_1 = \ldots = r_n = 1$ ist. Und im letzten Fall $m > 0, n = 0$ ist $X \simeq Y_m \simeq C\langle s_1, \ldots, s_n|- \rangle$. $\square$

Wir untersuchen, wie sich der CW-Raum $C\langle S|R \rangle$ ändert, wenn man die Beschreibung durch Tietze-Prozesse abändert.

5.8.7 Lemma *Wenn $\langle S|R \rangle \rightsquigarrow \langle S'|R' \rangle$ ein Tietze-Prozeß vom Typ (a) ist, so haben $X = C\langle S|R \rangle$ und $X' = C\langle S'|R' \rangle$ den gleichen Homotopietyp.*

Beweis Es sei s_{m+1} die neue Erzeugende und $s_{m+1}r^{-1}$ die neue Relation. Es ist $X' = X \vee S_{m+1}^1 \cup e_{n+1}^2$, wobei S_{m+1}^1 der neuen Erzeugenden und e_{n+1}^2 der neuen Relation entspricht. Der Weg w: $(I, \dot{I}) \to (Y_{m+1}, x_0)$, der das Element $s_{m+1}r^{-1} \in \pi_1(Y_{m+1}, x_0)$ repräsentiert, kann als Produktweg von Repräsentanten von s_{m+1} und r^{-1} gewählt werden, und daher gilt: w bildet $(0, \frac{1}{2})$ homöomorph auf $S_{m+1}^1 \backslash x_0$ und $0 \mapsto x_0, \frac{1}{2} \mapsto x_0$ ab, ferner $w(\frac{1}{2}, 1) \subset Y_m$ (man beachte, daß r ein Wort in den $s_1, \ldots, s_m$ ist). Die Klebeabbildung f_{n+1}: $S^1 \to Y_{m+1}$ von e_{n+1}^2, $f_{n+1}(\exp 2\pi i t) = w(t)$, bildet dann den unteren Halbkreis S_-^1 nach Y_m und den offenen oberen Halbkreis homöomorph auf $S_{m+1}^1 \backslash x_0$ ab. Daraus folgt, daß X' aus X entsteht, indem man D^2 mit der Abbildung $f|S_-^1$ an X klebt. Weil $S_-^1 \subset D^2$ strenger Deformationsretrakt ist, gilt nach 2.4.6 dasselbe für $X \subset X'$. $\square$

5.8.8 Lemma *Wenn $\langle S|R \rangle \rightsquigarrow \langle S|R' \rangle$ ein Tietze-Prozeß vom Typ (b) ist und $X = C\langle S|R \rangle$, $X' = C\langle S|R' \rangle$, so ist $X' \simeq X \vee S^2$.*

Beweis Es sei r die neue Relation in R'. Es ist $X' = X \cup e^2_{n+1}$, wobei e^2_{n+1} der neuen Relation entspricht. Sei $i\colon Y_m \hookrightarrow X$ die Inklusion. Für $r \in \pi_1(Y_m, x_0)$ ist $i_{\#}(r) = 1$ in $\pi_1(X, x_0)$, weil r eine Folgerelation von $r_1, \ldots, r_n$ ist. Für die Klebeabbildung $f\colon S^1 \to Y_m$ von e^2_{n+1} ist daher $i \circ f\colon S^1 \to X$ nullhomotop. Aus 2.4.13 und 1.3.16 (b) folgt $X' = X \cup_{if} e^2_{n+1} \simeq X \vee S^2$. $\qquad\square$

Mit der Fundamentalgruppe können wir den Homotopietyp von X und $X \vee S^2$ nicht unterscheiden. Bis auf solche S^2-Summanden ist ein 2-dimensionaler CW-Raum durch seine Fundamentalgruppe jedoch eindeutig bestimmt:

5.8.9 Satz *Sind X und Y endliche, zusammenhängende CW-Räume der Dimension ≤ 2 mit isomorphen Fundamentalgruppen, so gibt es ganze Zahlen $p, q \geq 0$ mit $X \vee S^2_1 \vee \ldots \vee S^2_p \simeq Y \vee S^2_1 \vee \ldots \vee S^2_q$.*

Beweis Nach 5.8.6 ist $X \simeq C\langle S|R \rangle$ und $Y \simeq C\langle T|Q \rangle$ für gewisse endliche Gruppenbeschreibungen. Wegen $\pi_1(X) \cong \langle S|R \rangle$ und $\pi_1(Y) \cong \langle T|Q \rangle$ folgt $\langle S|R \rangle \cong \langle T|Q \rangle$. Nach dem Beweis von 5.8.2 kann man sowohl $\langle S|R \rangle$ als auch $\langle T|Q \rangle$ durch Tietze-Prozesse vom Typ (a) bzw. (b) in dieselbe Gruppenbeschreibung $\langle S_1|R_1 \rangle$ überführen. Aus den beiden Lemmata folgt $X \vee S^2_1 \vee \ldots \vee S^2_p \simeq C\langle S_1|R_1 \rangle \simeq Y \vee S^2_1 \vee \ldots \vee S^2_q$. $\qquad\square$

Es gibt Beispiele für 2-dimensionale CW-Räume X und Y, so daß $X \vee S^2$ und $Y \vee S^2$ den gleichen Homotopietyp haben, aber X und Y von verschiedenem Homotopietyp sind: Wie schon in 2.5 bemerkt, ist der Homotopietyp etwas Komplizierteres als es unsere Bemerkungen vor 2.4.13 suggerieren.

5.9 Notizen

Die Fundamentalgruppe wurde 1904 von Poincaré eingeführt, zuerst bei der Untersuchung der Frage, wie sich mehrdeutige Funktionen, die auf einer Mannigfaltigkeit erklärt sind, beim Fortsetzen längs geschlossener Wege verhalten. Poincaré zeigte, daß die Fundamentalgruppe ein wichtiges Hilfsmittel für die Klassifikation der Mannigfaltigkeiten ist; er konnte damit Räume unterscheiden, die in den anderen bekannten Invarianten übereinstimmen. Kombinatorische Methoden in der Topologie („Flächenkomplexe", Dehn-Heegaard 1907) und die Beschreibung der Fundamentalgruppe durch Erzeugende und definierende Relationen lieferten ein wichtiges Werkzeug für die 2- und 3-dimensionale Topologie und die Knotentheorie, das vor allem von Dehn erfolgreich eingesetzt wurde. Er formulierte um 1910 die Entscheidungsprobleme, die bei den Gruppenbeschreibungen auftreten: das Wort-, Konjugations- und Isomorphieproblem. Auch Tietze wurde durch topologische Untersuchungen von Mannigfaltigkeiten auf das Problem geführt, wann zwei Gruppenbeschreibungen isomorphe Gruppen darstellen.

Hurewicz hat die höheren Homotopiegruppen als Verallgemeinerung der Fundamentalgruppe entwickelt und die seit langem weltweit anerkannte Bezeichnung $\pi_n(X, x_0)$ eingeführt. Unsere Bemerkung in 5.1, daß die Bezeichnung π wegen des Wortes Homotopie gewählt wurde, war eher scherzhaft gemeint; wir wissen es nicht. Vielleicht steht π für Poincaré.

Der enge Zusammenhang zwischen (kombinatorischer) Topologie und (kombinatorischer) Gruppentheorie, der durch die Fundamentalgruppe hergestellt wird, liefert dem Topologen gruppentheoretische und dem Gruppentheoretiker topologische Methoden für seine Arbeit; er wird auch in der heutigen Zeit noch erfolgreich untersucht. Von besonderer Bedeutung sind dabei die Überlagerungen, die wir im folgenden Kapitel untersuchen.

6 Überlagerungen

Überlagerungen sind in der Topologie und in einigen anderen Bereichen der Mathematik ein wichtiges Hilfsmittel. Wir entwickeln in diesem Kapitel die Theorie der Überlagerungen, behandeln ihren engen Zusammenhang mit Fundamentalgruppen und skizzieren einige Anwendungsbeispiele.

6.1 Grundbegriffe und Beispiele

6.1.1 Definition Sei X ein topologischer Raum. Eine *Überlagerung von X* besteht aus einem topologischen Raum $\tilde{X}$ und einer stetigen Abbildung $p\colon \tilde{X} \to X$, so daß es zu jedem $x \in X$ eine offene Umgebung U mit folgenden Eigenschaften gibt:

(a) Das Urbild $p^{-1}(U)$ ist die Vereinigung von offenen paarweise disjunkten Mengen $\tilde{U}_j \subset \tilde{X}$ für $j \in J$, wobei J eine nicht-leere Indexmenge ist.

(b) Für alle $j \in J$ ist die eingeschränkte Abbildung $p|\tilde{U}_j\colon \tilde{U}_j \to U$ ein Homöomorphismus.

Wenn die Räume $\tilde{X}$ und X wegzusammenhängend sind, sprechen wir kurz von einer *wegzusammenhängenden Überlagerung* (nur solche werden uns interessieren).

Die Abbildung p heißt *Überlagerungsabbildung* oder *Projektion*. $\tilde{X}$ heißt der *Totalraum* oder der *Überlagerungsraum*; X heißt der *Basisraum*. Für $x \in X$ heißt das Urbild $p^{-1}(x)$ die *Faser über x*; sie ist nicht leer, d.h. die Abbildung p ist surjektiv. Statt $\tilde{x} \in p^{-1}(x)$ sagen wir auch: der *Punkt $\tilde{x}$ liegt in der Faser über x*, oder *der Punkt $\tilde{x}$ liegt über x*. Eine Umgebung U wie oben heißt eine (bezüglich p) *gleichmäßig überlagerte Umgebung*; die Mengen $\tilde{U}_j$ heißen die *Blätter über U* (vgl. Abb. 6.1.1).

Für je zwei Punkte $x, y \in U$ haben die Fasern $p^{-1}(x)$ und $p^{-1}(y)$ die gleiche Mächtigkeit. Die Menge aller Punkte $x \in X$, für die $p^{-1}(x)$ eine vorgegebene Mächtigkeit hat, ist daher offen in X, und X ist in diese offenen paarweise disjunkten Mengen zerlegt. Es folgt:

6.1.2 Satz *Ist* p: $\tilde{X} \to X$ *eine Überlagerung und* X *zusammenhängend, so sind je zwei Fasern gleichmächtig. Diese Mächtigkeit heißt die* Blätterzahl *der Überlagerung; sie kann endlich oder unendlich sein.* □

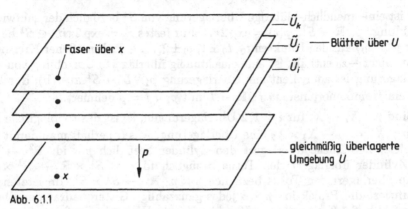

Abb. 6.1.1

Klar sind auch die folgenden Eigenschaften einer Überlagerung p: $\tilde{X} \to X$.

6.1.3 Satz

(a) *Für* $x \in X$ *ist die Faser* $p^{-1}(x)$ *ein diskreter Teilraum von* $\tilde{X}$.

(b) *Wenn der zusammenhängende Teilraum* $\tilde{A} \subset \tilde{X}$ *über einer gleichmäßig überlagerten Umgebung* $U \subset X$ *liegt (d.h.* $p(\tilde{A}) \subset U$*), so gibt es ein Blatt* $\tilde{U}_i$ *über* U *mit* $\tilde{A} \subset \tilde{U}_i$.

(c) *Ist* $x \in V \subset U$ *(und* V *offen) und wird* U *gleichmäßig überlagert, so wird* V *gleichmäßig überlagert.*

(d) *Die gleichmäßig überlagerten Umgebungen in* X *bilden eine Basis für die Topologie auf* X*, und die darüber liegenden Blätter bilden eine Basis für die Topologie auf* $\tilde{X}$.

(e) *Die Projektion* p *ist ein lokaler Homöomorphismus und eine stetige, offene, surjektive und folglich identifizierende Abbildung.* □

6.1.4 Definition Zwei Überlagerungen p: $\tilde{X} \to X$ und p': $\tilde{X}' \to X$ desselben Raumes X heißen *äquivalent,* wenn es einen Homöomorphismus $\tilde{f}$: $\tilde{X} \to \tilde{X}'$ mit $p' \circ \tilde{f} = p$ gibt. Dann bildet $\tilde{f}$ jede Faser der ersten Überlagerung bijektiv auf die Faser der zweiten Überlagerung über demselben Punkt von X ab. Daher heißt $\tilde{f}$ ein *fasertreuer Homöomorphismus,* und die beiden Überlagerungen heißen *fasertreu homöomorph.* Diese Relation ist eine Äquivalenzrelation. Äquivalente Überlagerungen haben gleiche Blätterzahl und sind vom Standpunkt der Überlagerungstheorie als nicht verschieden anzusehen.

6.1.5 Beispiele

(a) Einblättrige Überlagerungen sind dasselbe wie Homöomorphismen und daher für die Überlagerungstheorie uninteressant.

(b) Sei $L \subset \mathbb{R}^3$ die aus den Punkten $z_t = (\cos 2\pi t, \sin 2\pi t, t)$ bestehende Schraubenlinie ($t \in \mathbb{R}$). Die Projektion $p_1 \colon L \to S^1$, $z_t \mapsto (\cos 2\pi t, \sin 2\pi t)$, ist eine unendlich-blättrige Überlagerung (Abb. 6.1.2).

(c) $\mathbb{R}$ ist eine unendlich-blättrige Überlagerung von S^1 bezüglich der „aufwickelnden Abbildung" $p \colon \mathbb{R} \to S^1$, $p(t) = \exp 2\pi i t$. Für festes $z_0 = \exp 2\pi i t_0 \in S^1$ besteht die Faser $p^{-1}(z_0)$ aus den Punkten $t_0, t_0 \pm 1, t_0 \pm 2, \ldots \in \mathbb{R}$. Ein offener Kreisbogen um z_0, der nicht $-z_0$ enthält, ist eine gleichmäßig überlagerte Umgebung von z_0. Diese Überlagerung ist äquivalent zur Überlagerung $p_1 \colon L \to S^1$ aus (b); durch $t \mapsto z_t$ wird ein Homöomorphismus $\tilde{f} \colon \mathbb{R} \to L$ mit $p_1 \circ \tilde{f} = p$ definiert.

(d) Sind $p_i \colon \tilde{X}_i \to X_i$ für $i = 1, 2$ Überlagerungen, so ist das topologische Produkt $p_1 \times p_2 \colon \tilde{X}_1 \times \tilde{X}_2 \to X_1 \times X_2$ eine Überlagerung. Aus (c) erhält man damit folgende Beispiele: Die Ebene überlagert den Zylinder bezüglich $p \times \mathrm{id} \colon \mathbb{R}^2 \to S^1 \times \mathbb{R}$. Der Zylinder überlagert den Torus bezüglich $\mathrm{id} \times p \colon S^1 \times \mathbb{R} \to S^1 \times S^1$. Die Ebene überlagert den Torus bezüglich $p \times p \colon \mathbb{R}^2 \to S^1 \times S^1$. Im letzten Beispiel identifiziert die Projektion $p \times p$ jedes ganzzahlige Gitterquadrat der Ebene zum Torus (Abb. 6.1.3; eine gleichmäßig überlagerte Umgebung auf dem Torus und die darüberliegenden Blätter sind hervorgehoben).

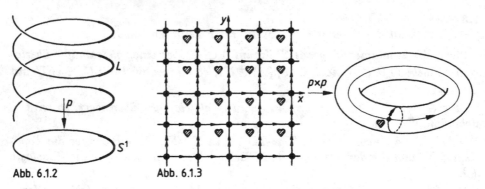

Abb. 6.1.2   Abb. 6.1.3

(e) Ist $p \colon \tilde{X} \to X$ eine Überlagerung und $A \subset X$ ein Teilraum, so ist die eingeschränkte Abbildung $p \mid p^{-1}(A) \colon p^{-1}(A) \to A$ ebenfalls eine Überlagerung; sie heißt die *Einschränkung von p auf A*. Schränkt man z.B. die Überlagerung des Torus durch die Ebene in (d) auf den Teilraum $S^1 \vee S^1 \subset S^1 \times S^1$ ein, so erhält man als Überlagerungsraum von $S^1 \vee S^1$ die Vereinigung aller achsenparallelen Geraden im $\mathbb{R}^2$ mit ganzzahligem Abstand zu den Achsen (Abb. 6.1.3).

(f) Es kann sein, daß ein Raum sich selbst überlagert. Für eine ganze Zahl $n \geq 1$ ist die Abbildung $p_n \colon S^1 \to S^1$, $p_n(z) = z^n$, eine n-blättrige Überlagerung. Die Faser über $z \in S^1$ besteht aus den Punkten $w\zeta^0, w\zeta^1, \ldots, w\zeta^{n-1}$, wobei w ein fester Punkt über z und ζ eine primitive n-te Einheitswurzel ist. Ein offener Kreisbogen mit Mittelpunkt z einer Länge $< 2\pi/n$ ist eine gleichmäßig überlagerte Umgebung von z. Ebenso ist $\mathbb{C} \setminus 0 \to \mathbb{C} \setminus 0$, $z \mapsto z^n$, eine n-blättrige Überlagerung, und das vorige Beispiel ergibt sich daraus durch Einschränken auf den Teilraum $S^1 \subset \mathbb{C}^*$. Allerdings ist die Abbildung $\mathbb{C} \to \mathbb{C}$, $z \mapsto z^n$, keine Überlagerung: der Punkt $0 \in \mathbb{C}$ besitzt keine gleichmäßig überlagerte Umgebung. (Es ist eine sog. *verzweigte Überlagerung*; diese spielen in der Funktionentheorie eine wichtige Rolle, werden jedoch in diesem Buch nicht behandelt.)

(g) Die Abbildung $p\colon S^n \to P^n$, die die Diametralpunkte identifiziert, ist eine 2-blättrige Überlagerung. Ist $V \subset S^n$ eine offene Menge, die kein Antipodenpaar enthält, so ist $U = pV \subset P^n$ eine gleichmäßig überlagerte Umgebung; die Blätter über U sind die Mengen V und $\{x \in S^n \mid -x \in V\}$.

(h) Hier ist ein Beispiel einer dreiblättrigen Überlagerung von $X = S^1 \vee S^1$: Der Überlagerungsraum ist ein Graph, in Abb. 6.1.4 (a) so in den $\mathbb{R}^3$ eingebettet, daß die Überlagerungsabbildung $p\colon \tilde{X} \to X$ die Orthogonalprojektion ist. In Abb. 6.1.4 (b) ist diese Überlagerung noch einmal dargestellt; p ist durch die Angabe bestimmt, daß die Bögen $\tilde{a}_i$ bzw. $\tilde{b}_i$ in Pfeilrichtung „linear" auf die Kreise a bzw. b abgebildet werden.

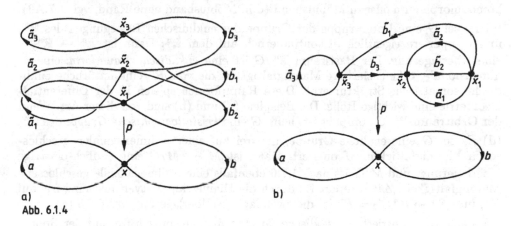

a)   b)

Abb. 6.1.4

Für die nächsten Beispiele brauchen wir einen neuen Begriff:

6.1.6 Definition Sei G eine topologische Gruppe, die auf einem Raum Y operiert (vgl. 1.7.3). G operiert *eigentlich diskontinuierlich auf* Y, wenn zu jedem Punkt $y \in Y$ eine Umgebung V existiert mit $V \cap gV = \emptyset$ für alle $1 \neq g \in G$; dann ist auch $gV \cap g'V = \emptyset$ für alle $g \neq g'$ aus G.

Es folgt $y \neq gy$ für $g \neq 1$, d.h. G operiert insbesondere frei auf Y (vgl. 1.7.5). Ist G eine endliche Gruppe (mit der diskreten Topologie) und Y ein Hausdorffraum, so folgt umgekehrt „eigentlich diskontinuierlich" aus „frei". Die Gruppe $\mathbb{R}$ (Addition) operiert durch $(g, x) \mapsto g + x$ frei, aber nicht eigentlich diskontinuierlich auf dem Raum $\mathbb{R}$.

6.1.7 Satz *Die Gruppe G operiere eigentlich diskontinuierlich auf dem Raum Y. Dann ist die Projektion p: $Y \to Y/G$ von Y auf den Orbitraum Y/G eine Überlagerung, deren Blätterzahl gleich der Mächtigkeit von G ist.*

Beweis Für $y \in Y$ sei V eine offene Umgebung von y mit $gV \cap g'V = \emptyset$ für $g \neq g'$ in G. Dann ist $U = pV \subset Y/G$ eine gleichmäßig überlagerte Umgebung von py in Y/G; die Blätter über U sind die offenen Mengen $gV \subset Y$ mit $g \in G$.   □

6.1.8 Beispiele

(a) Die Gruppe $\mathbb{Z}^n$ operiert durch $(a, x) \mapsto x + a$ eigentlich diskontinuierlich auf dem $\mathbb{R}^n$. Daher ist p: $\mathbb{R}^n \to \mathbb{R}^n/\mathbb{Z}^n$ eine unendlich-blättrige Überlagerung. Es sei f: $\mathbb{R}^n/\mathbb{Z}^n \to S^1 \times \ldots \times S^1$ (n Faktoren) der Homöomorphismus $p(x_1, \ldots, x_n) \mapsto (e^{2\pi i x_1}, \ldots, e^{2\pi i x_n})$. Dann ist $f \circ p$: $\mathbb{R}^n \to S^1 \times \ldots \times S^1$ eine Überlagerung; für $n = 1$ bzw. $n = 2$ ist es die aus (c) bzw. (d) von 6.1.5.

(b) Die Gruppe $\mathbb{Z}$ operiert durch $(n, (x, y)) \mapsto (x + n, (-1)^n y)$ eigentlich diskontinuierlich auf $\mathbb{R}^2$. In der zugehörigen Überlagerung $\mathbb{R}^2 \to \mathbb{R}^2/\mathbb{Z}$ ist der Basisraum homöomorph zum offenen Möbiusband (d.h. Möbiusband ohne Rand, vgl. 1.7.A3).

(c) Es sei G eine Untergruppe der Gruppe der euklidischen Bewegungen des $\mathbb{R}^n$, und G operiere eigentlich diskontinuierlich auf dem $\mathbb{R}^n$. Dann ist $\mathbb{R}^n \to \mathbb{R}^n/G$ eine Überlagerung. Der Basisraum $\mathbb{R}^n/G$ ist eine *euklidische Raumform*: eine n-dimensionale, differenzierbare Mannigfaltigkeit, die vom $\mathbb{R}^n$ eine natürliche euklidisch-geometrische Struktur erbt. Diese Raumformen spielen in der Differential-Geometrie eine wichtige Rolle. Die Beispiele (a) und (b) sind von dieser Art. Wenn der Orbitraum $\mathbb{R}^n/G$ kompakt ist, heißt G eine *kristallographische Gruppe* des $\mathbb{R}^n$.

(d) Es sei G eine endliche Gruppe, die frei auf einer n-dimensionalen geschlossenen Mannigfaltigkeit M operiert. Dann ist $M \to M/G$ eine endlich-blättrige Überlagerung, und M/G ist nach 1.7.6 ebenfalls eine n-dimensionale geschlossene Mannigfaltigkeit. Z.B. operiert $\mathbb{Z}_2$ durch die Diametralpunktvertauschung frei auf S^n, und $S^n \to S^n/\mathbb{Z}_2 = P^n$ ist die zweiblättrige Überlagerung aus 6.1.5 (g).

(e) Nach 1.7.7 operiert die zyklische Gruppe der Ordnung p frei auf der Sphäre $S^{2k-1}, k \geq 2$, und der Orbitraum ist der Linsenraum. Daher erhält man eine p-blättrige Überlagerung $S^{2k-1} \to L_{2k-1}(p; q_1, q_2, \ldots, q_k)$.

Aufgaben

6.1.A1 Die Abbildung $S^1 \times S^1 \to S^1 \times S^1$, $(z, w) \mapsto (z^a w^b, z^c w^d)$, mit $a, b, c, d \in \mathbb{Z}$, ist für $m = ad - bc \neq 0$ eine Überlagerung mit Blätterzahl $|m|$.

6.1.A2 Für die Gruppenoperationen $G \times Y \to Y$ in 1.7.A1–A5 ist $Y \to Y/G$ eine Überlagerung. Für welche der Gruppenoperationen $G \times Y \to Y$ in 1.7.A6 ist $Y \to Y/G$ eine Überlagerung?

6.1.A3 Es gibt eine 2-blättrige Überlagerung Torus → Kleinsche Flasche.

6.1.A4 Im $\mathbb{R}^3$ sei K_n der Kreis $x_1 = n$, $x_2^2 + (x_3 - 1)^2 = 1$. Sei $X \subset \mathbb{R}^3$ der Teilraum $X = \mathbb{R} \cup \bigcup_{n \in \mathbb{Z}} K_n$. Es gibt eine unendlich-blättrige Überlagerung $X \to S^1 \vee S^1$.

6.1.A5 Sei $T \subset \mathbb{R}^3$ ein Torus, der rotationssymmetrisch zur z-Achse liegt. Wir kleben $g \geq 2$ Henkel an T, und zwar so, daß die entstehende Fläche F_{g+1} symmetrisch ist bezüglich der Drehung d: $\mathbb{R}^3 \to \mathbb{R}^3$ um die z-Achse um den Winkel $2\pi/g$. Dann operiert die von d erzeugte zyklische Gruppe G der Ordnung g auf F_{g+1}. Zeigen Sie:
(a) F_{g+1}/G ist homöomorph zu F_2.
(b) Jede orientierbare Fläche vom Geschlecht ≥ 2 überlagert die Brezelfläche.

6.1.A6 $S^3 \subset \mathbb{R}^4 = \mathbb{H}$ ist die Menge aller Quaternionen vom Betrag 1. Wir fassen $\mathbb{R}^3$ als den Teilraum von $\mathbb{R}^4$ auf, der aus allen Quaternionen mit Realteil Null besteht. Zeigen Sie:
(a) Für $x \in S^3$ wird durch $y \mapsto xyx^{-1}$ eine orthogonale Abbildung f_x: $\mathbb{R}^3 \to \mathbb{R}^3$ mit Determinante $+1$ definiert; also erhält man eine Abbildung f: $S^3 \to SO(3)$, $x \mapsto f_x$.
(b) Die Abbildung f: $S^3 \to SO(3)$ ist stetig, surjektiv, und $f(x) = f(x')$ gilt genau dann, wenn $x = \pm x'$ ist.
(c) f: $S^3 \to SO(3)$ ist eine 2-blättrige Überlagerung.
(d) f induziert einen Homöomorphismus $P^3 \to SO(3)$.

6.2 Liften

Die fundamentale Methode, mit der man letztlich alle Probleme der Überlagerungstheorie löst, ist das Liften von Wegen.

6.2.1 Definition Sei p: $\tilde{X} \to X$ eine Überlagerung und w: $I \to X$ ein Weg im Basisraum X. Ein Weg $\tilde{w}$: $I \to \tilde{X}$ im Überlagerungsraum $\tilde{X}$ heißt eine *Liftung von* w, wenn $p \circ \tilde{w} = w$ ist.

Der Weg $\tilde{w}$ projiziert sich also auf den vorgegebenen Weg w im Basisraum, d.h. für alle $t \in I$ ist $p(\tilde{w}(t)) = w(t)$. Z.B. sind in Abb. 6.1.4 die Wege $\tilde{a}_1, \tilde{a}_2, \tilde{a}_3$ Liftungen des Weges a. Dieses Beispiel zeigt schon, daß ein geschlossener Weg in X sowohl geschlossene als auch nicht-geschlossene Liftungen haben kann.

6.2.2 Satz (Hauptlemma der Überlagerungstheorie). *Zu jedem Weg w in X und zu jedem Punkt $\tilde{x}$ über dem Anfangspunkt $w(0)$ von w gibt es genau eine Liftung $\tilde{w}$ von w mit $\tilde{w}(0) = \tilde{x}$. Diese Liftung bezeichnen wir mit $L_p(w, \tilde{x})$: Liftung bezüglich p von w mit Anfangspunkt $\tilde{x}$. Ferner gilt: Homotope Wege liften sich in homotope Wege, d.h. ist $v \simeq w$ rel $\dot{I}$ in X und ist $\tilde{x}$ ein Punkt über $v(0) = w(0)$, so ist $L_p(v, \tilde{x}) \simeq L_p(w, \tilde{x})$ rel $\dot{I}$ in $\tilde{X}$; insbesondere haben die Liftungen $L_p(v, \tilde{x})$ und $L_p(w, \tilde{x})$ denselben Endpunkt.*

Man beachte, daß $L_p(w, \tilde{x})$ ein Weg in $\tilde{X}$, also eine Abbildung $L_p(w, \tilde{x})$: $I \to \tilde{X}$ ist (Abb. 6.2.1).

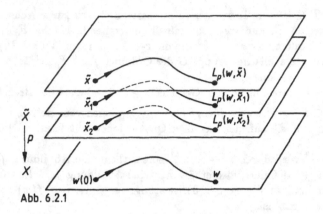

Abb. 6.2.1

6.2.3 Korollar

(a) *Der Weg $L_p(w,\tilde{x})$ in $\tilde{X}$ ist durch die Bedingungen $p \circ L_p(w,\tilde{x}) = w$ und $L_p(w,\tilde{x})(0) = \tilde{x}$ eindeutig bestimmt .*

(b) *Geschlossene nullhomotope Wege liften sich in ebensolche.*

(c) *Die sämtlichen Liftungen von w sind die Wege $L_p(w,\tilde{x})$, wobei $\tilde{x}$ die Faser über $w(0)$ durchläuft. Die Anzahl der Liftungen von w stimmt somit überein mit der Blätterzahl der Überlagerung.*

(d) *Für aneinanderfügbare Wege v, w in X ist $L_p(v \cdot w, \tilde{x}) = L_p(v, \tilde{x}) \cdot L_p(w, \tilde{y})$, wobei $\tilde{y}$ der Endpunkt von $L_p(v, \tilde{x})$ ist. Ferner ist $L_p(w, \tilde{x})^{-1} = L_p(w^{-1}, \tilde{z})$, wobei $\tilde{z}$ der Endpunkt von $L_p(w, \tilde{x})$ ist.* $\qquad\square$

Wir beweisen zuerst die Eindeutigkeitsaussage von 6.2.2. Sie ist im folgenden schärferen Resultat enthalten:

6.2.4 Satz
Es sei p: $\tilde{X} \to X$ eine Überlagerung und Y ein zusammenhängender Raum. Sind $\tilde{f}, \tilde{g}$: $Y \to \tilde{X}$ stetige Abbildungen mit $p \circ \tilde{f} = p \circ \tilde{g}$ und nehmen $\tilde{f}, \tilde{g}$ an einem Punkt von Y den gleichen Wert an, so überall, d.h. es ist $\tilde{f} = \tilde{g}$.

Beweis Für $y \in Y$ sei U eine gleichmäßig überlagerte Umgebung von $p\tilde{f}(y) = p\tilde{g}(y)$, und sei $\tilde{U}_1$ bzw. $\tilde{U}_2$ das Blatt über U, das $\tilde{f}(y)$ bzw. $\tilde{g}(y)$ enthält. Dann ist $W = \tilde{f}^{-1}(\tilde{U}_1) \cap \tilde{g}^{-1}(\tilde{U}_2)$ eine offene Umgebung von y in Y. Im Fall $\tilde{f}(y) = \tilde{g}(y)$ ist $\tilde{U}_1 = \tilde{U}_2$ und daher $\tilde{f}(z) = \tilde{g}(z)$ für alle $z \in W$. Im Fall $\tilde{f}(y) \neq \tilde{g}(y)$ ist $\tilde{U}_1 \cap \tilde{U}_2 = \emptyset$ und daher $\tilde{f}(z) \neq \tilde{g}(z)$ für alle $z \in W$. Also ist sowohl die Menge aller $y \in Y$ mit $\tilde{f}(y) = \tilde{g}(y)$ als auch deren Komplement offen in Y. Aus dem Zusammenhang von Y folgt der Satz. $\qquad\square$

Jetzt beweisen wir die Existenz der Liftung $L_p(w, \tilde{x})$. Zu dem Weg w: $I \to X$ gibt es eine Zerlegung $0 = t_0 < \ldots < t_n = 1$ von I, so daß für $i = 1, \ldots, n$ eine gleichmäßig überlagerte Umgebung $U_i \subset X$ mit $w([t_{i-1}, t_i]) \subset U_i$ existiert. Es sei p_i: $\tilde{U}_i \to U_i$ der Homöomorphismus $p_i = p|\tilde{U}_i$, wobei $\tilde{U}_i$ ein noch zu bestimmendes Blatt über U_i ist, und es sei $\tilde{w}_i$: $[t_{i-1}, t_i] \to \tilde{U}_i$ die Abbildung $\tilde{w}_i(t) = p_i^{-1}(w(t))$.

Wir wählen als $\tilde{U}_1$ das Blatt über U_1, das den vorgegebenen Punkt $\tilde{x}$ über $w(0)$ enthält. Dann wählen wir als $\tilde{U}_2$ das Blatt über U_2, das $\tilde{w}_1(t_1)$ enthält, danach als $\tilde{U}_3$ das Blatt über U_3, das $\tilde{w}_2(t_2)$ enthält usw. Die „stückweisen Liftungen" $\tilde{w}_i$ setzen sich zu einer stetigen Funktion $\tilde{w}\colon I \to \tilde{X}$ zusammen, d.h. $\tilde{w} \mid [t_{i-1}, t_i] = \tilde{w}_i$, und wegen $\tilde{w}(0) = \tilde{x}$ und $p \circ \tilde{w} = w$ ist $\tilde{w} = L_p(w, \tilde{x})$ die gesuchte Liftung von w.

Zu beweisen bleibt von 6.2.2, daß sich homotope Wege in homotope liften. Dazu zeigen wir mit einem Argument wie eben, daß sich Homotopien liften lassen:

6.2.5 Hilfssatz *Ist* $p\colon \tilde{X} \to X$ *eine Überlagerung, so gibt es zu jeder stetigen Abbildung* $H\colon I^2 \to X$ *und jedem Punkt* $\tilde{x}$ *über* $H(0,0)$ *eine stetige Abbildung* $\tilde{H}\colon I^2 \to \tilde{X}$ *mit* $p \circ \tilde{H} = H$ *und* $\tilde{H}(0,0) = \tilde{x}$.

Beweis Es sei $0 = t_0 < \ldots < t_n = 1$ eine so feine Zerlegung von I, daß jedes Quadrat $Q_{ij} = [t_{i-1}, t_i] \times [t_{j-1}, t_j]$ in I^2 unter H in eine gleichmäßig überlagerte Umgebung U_{ij} abgebildet wird. Es sei $p_{ij}\colon \tilde{U}_{ij} \to U_{ij}$ der Homöomorphismus $p_{ij} = p|\tilde{U}_{ij}$, wobei $\tilde{U}_{ij}$ ein noch zu bestimmendes Blatt über U_{ij} ist, und $\tilde{H}_{ij}\colon Q_{ij} \to \tilde{X}$ sei die Abbildung $\tilde{H}_{ij}(s,t) = p_{ij}^{-1}H(s,t)$. Wir zeigen, daß man die Blätter $\tilde{U}_{ij}$ so wählen kann, daß sich die Abbildungen $\tilde{H}_{ij}$ zur gesuchten Abbildung $\tilde{H}\colon I^2 \to X$ zusammensetzen. $\tilde{U}_{11}$ sei das Blatt, das $\tilde{x}$ enthält (diese Wahl impliziert $\tilde{H}(0,0) = \tilde{x}$). Weil $\tilde{H}_{11}(Q_{11} \cap Q_{21})$ zusammenhängend ist und über U_{21} liegt, gibt es ein Blatt $\tilde{U}_{21}$, das diese Menge enthält; wählt man dieses Blatt, so ist $\tilde{H}_{11} = \tilde{H}_{21}$ auf $Q_{11} \cap Q_{21}$. Entsprechend wählt man die $\tilde{U}_{31}, \ldots, \tilde{U}_{n1}$ und erhält damit die gesuchte Funktion $\tilde{H}$ auf dem Streifen $Q_{11} \cup \ldots \cup Q_{n1}$. Beim zweiten Streifen beginnt man analog: $\tilde{U}_{12}$ ist das Blatt, das $\tilde{H}_{11}(Q_{11} \cap Q_{12})$ enthält. Der nächste Schritt enthält eine kleine Schwierigkeit. Soll $\tilde{U}_{22}$ das Blatt sein, das $\tilde{H}_{12}(Q_{12} \cap Q_{22})$ oder $\tilde{H}_{21}(Q_{21} \cap Q_{22})$ enthält? Die Lösung ist einfach: weil beide Blätter den Punkt $\tilde{H}_{12}(t_1, t_1) = \tilde{H}_{21}(t_1, t_1)$ enthalten, sind sie identisch, und wenn man dieses als $\tilde{U}_{22}$ wählt, so ist $\tilde{H}_{12} = \tilde{H}_{22}$ und $\tilde{H}_{21} = \tilde{H}_{22}$ auf dem jeweiligen gemeinsamen Definitionsbereich. Jetzt ist klar, wie das Verfahren fortzusetzen ist. □

Zum Abschluß des Beweises von 6.2.2 betrachten wir homotope Wege v, w in X und eine Homotopie $H\colon I \times I \to X$ von v nach w. Sei $\tilde{x}$ ein Punkt über $v(0) = w(0)$. Wir zeigen, daß die Abbildung $\tilde{H}$ aus 6.2.5 eine Homotopie von $L_p(v, \tilde{x})$ nach $L_p(w, \tilde{x})$ ist. Der Weg $t \mapsto \tilde{H}(0,t)$ liegt ganz in der Faser über $v(0) = w(0)$. Weil diese Faser diskret ist, muß der Weg konstant sein, also ist $\tilde{H}(0,t) = \tilde{x}$ für alle $t \in I$. Ebenso folgt $\tilde{H}(1,t) = \tilde{y}$ für alle $t \in I$ und einen festen Punkt $\tilde{y}$ über $v(1) = w(1)$. Der Weg $s \mapsto \tilde{H}(s,0)$ beginnt bei $\tilde{x}$ und liftet v, ist also $L_p(v, \tilde{x})$. Ebenso ist $s \mapsto \tilde{H}(s,1)$ der Weg $L_p(w, \tilde{x})$. Daher ist $\tilde{H}$ eine Homotopie zwischen diesen Wegen. □

Mit dem damit bewiesenen Hauptlemma der Überlagerungstheorie können wir auch das folgende allgemeine Liftungsproblem lösen. Es sei eine Überlagerung $p\colon \tilde{X} \to X$ und eine stetige Abbildung $f\colon Y \to X$ gegeben:

$$\tilde{X}$$
$$\tilde{f} \nearrow \quad \downarrow p$$
$$Y \xrightarrow{\ f\ } X$$

Liftungsproblem: Gibt es eine stetige Abbildung $\tilde{f}\colon Y \to \tilde{X}$ mit $p \circ \tilde{f} = f$?

6.2.6 Satz (Liftungstheorem) *Y sei wegzusammenhängend und lokal wegzusammenhängend. Ferner seien $y_0 \in Y$, $x_0 \in X$ und $\tilde{x}_0 \in \tilde{X}$ Punkte mit $f(y_0) = x_0$ und $p(\tilde{x}_0) = x_0$. Dann sind folgende Aussagen äquivalent:*

(a) *Es gibt eine stetige Abbildung $\tilde{f}\colon Y \to \tilde{X}$ mit $p \circ \tilde{f} = f$ und $\tilde{f}(y_0) = \tilde{x}_0$.*

(b) $f_{\#}\pi_1(Y, y_0) \subset p_{\#}\pi_1(\tilde{X}, \tilde{x}_0)$.

Beweis Wenn (a) gilt, ist $f_{\#} = p_{\#}\tilde{f}_{\#}$, und daraus folgt (b). Gelte umgekehrt (b). Wir definieren $\tilde{f}\colon Y \to \tilde{X}$ wie folgt: zu $y \in Y$ wählen wir einen Weg w in Y von y_0 nach y und setzen $\tilde{f}(y) = L_p(f \circ w, \tilde{x}_0)(1)$.

Es ist zu zeigen, daß diese Definition unabhängig ist von der Wahl von w. Sei v ein zweiter Weg von y_0 nach y in Y. Wegen (b) gibt es einen geschlossenen Weg $\tilde{u}$ in $\tilde{X}$ mit Anfangspunkt $\tilde{x}_0$, so daß $f_{\#}([v \cdot w^{-1}]) = p_{\#}([\tilde{u}])$ ist. Dann ist $f \circ v \simeq (p \circ \tilde{u}) \cdot (f \circ w)$ rel $\dot{I}$ in X. Aus dem Hauptlemma 6.2.2 folgt $L_p(f \circ v, \tilde{x}_0) \simeq L_p((p \circ \tilde{u}) \cdot (f \circ w), \tilde{x}_0) = \tilde{u} \cdot L_p(f \circ w, \tilde{x}_0)$ rel $\dot{I}$. Insbesondere haben diese Wege gleiche Endpunkte, also $L_p(f \circ v, \tilde{x}_0)(1) = L_p(f \circ w, \tilde{x}_0)(1)$.

Die obige Definition liefert somit eine Funktion $\tilde{f}\colon Y \to \tilde{X}$ mit $p \circ \tilde{f} = f$ und $\tilde{f}(y_0) = \tilde{x}_0$. Die Stetigkeit von $\tilde{f}$ ergibt sich wie folgt aus dem lokalen Wegzusammenhang von Y: Sei $y \in Y$ fest, und sei $\tilde{U}$ das Blatt über einer gleichmäßig überlagerten Umgebung U von $f(y)$, das $\tilde{f}(y)$ enthält. Es gibt eine wegzusammenhängende Umgebung V von y in Y mit $f(V) \subset U$. Sei u ein fester Weg von y_0 nach y. Für $z \in V$ können wir den Weg w von y_0 nach z als $w = u \cdot v$ wählen, wobei v ein Weg von y nach z in V ist. Dann ist der Endpunkt $\tilde{f}(z)$ des Weges $L_p(f \circ w, \tilde{x}_0) = L_p((f \circ u) \cdot (f \circ v), \tilde{x}_0)$ gleich dem Endpunkt des in $\tilde{U}$ liegenden Weges $L_p(f \circ v, \tilde{f}(y))$. Es folgt $\tilde{f}(z) \in \tilde{U}$, also $\tilde{f}(V) \subset \tilde{U}$. Weil jede Umgebung von $\tilde{f}(y)$ eine Umgebung der Form $\tilde{U}$ enthält, ist somit $\tilde{f}$ bei y stetig.   □

Aufgaben

6.2.A1 Sei $p\colon \tilde{X} \to X$ eine Überlagerung, und seien $\tilde{x}_0 \in \tilde{X}$ und $x_0 \in X$ Punkte mit $p(\tilde{x}_0) = x_0$. Sei ferner Y ein einfach zusammenhängender und lokal wegzusammenhängender Raum mit Basispunkt $y_0 \in Y$. Zeigen Sie: Zu jeder stetigen Abbildung $f\colon Y \to X$ mit $f(y_0) = x_0$ gibt es genau eine Liftung $\tilde{f}\colon Y \to \tilde{X}$ mit $\tilde{f}(y_0) = \tilde{x}_0$.

6.2.A2 Die Bezeichnungen sind wie eben. Ferner sei der Überlagerungsraum $\tilde{X}$ von X zusammenziehbar. Zeigen Sie, daß jede stetige Abbildung $f\colon Y \to X$ nullhomotop ist.

6.2.A3 Für $n \geq 2$ ist $[S^n, S^1] = 0$ und $[S^n, S^1 \times S^1] = 0$.

6.2.A4 Für $n \geq 2$ ist $[P^n, S^1] = 0$.

6.2.A5 Zeigen Sie, daß 2.2.2 aus dem Liftungstheorem (angewandt auf die Überlagerung $\mathbb{R} \to S^1$, $t \mapsto \exp 2\pi i t$) folgt.

6.3 Das Liftungsverhalten einer Überlagerung

Die entscheidende Eigenschaft einer Überlagerung $p\colon \tilde{X} \to X$ ist ihr Liftungsverhalten bezüglich der geschlossenen Wege w in X: welche der Liftungen $L_p(w, \tilde{x})$ von w sind ebenfalls geschlossene Wege? Um das zu präzisieren, wählen wir einen Basispunkt $x_0 \in X$; die Punkte über x_0 werden mit $\tilde{x}_0$, $\tilde{x}_0'$, ... bezeichnet.

6.3.1 Satz und Definition *Der von der Projektion $p\colon \tilde{X} \to X$ induzierte Homomorphismus $p_\#\colon \pi_1(\tilde{X}, \tilde{x}_0) \to \pi_1(X, x_0)$ ist injektiv. Die Bildgruppe $p_\# \pi_1(\tilde{X}, \tilde{x}_0) \subset \pi_1(X, x_0)$ besteht aus den Homotopieklassen $[w] \in \pi_1(X, x_0)$, für die die Liftung $L_p(w, \tilde{x}_0)$ ein geschlossener Weg in $\tilde{X}$ ist. Diese Untergruppe $p_\# \pi_1(\tilde{X}, \tilde{x}_0)$ von $\pi_1(X, x_0)$ heißt die* charakterisierende Untergruppe *der Überlagerung $p\colon \tilde{X} \to X$ zum Punkt $\tilde{x}_0$.*

Beweis Aus $p_\#([\tilde{v}]) = p_\#([\tilde{w}])$, also $p \circ \tilde{v} \simeq p \circ \tilde{w}$ rel $\dot{I}$, folgt mit dem Hauptlemma 6.2.2, daß $\tilde{v} \simeq \tilde{w}$ rel $\dot{I}$, also $[\tilde{v}] = [\tilde{w}]$ ist. Daher ist $p_\#$ injektiv. Ist $\tilde{w} = L_p(w, \tilde{x}_0)$ geschlossen, so ist $[w] = p_\#([\tilde{w}])$, d.h. $[w]$ liegt im Bild von $p_\#$. Ist umgekehrt $[w] = p_\#([\tilde{w}])$, also $w \simeq p \circ \tilde{w}$ rel $\dot{I}$, so ist $L_p(w, \tilde{x}_0) \simeq L_p(p \circ \tilde{w}, \tilde{x}_0) = \tilde{w}$ rel $\dot{I}$, also ist $L_p(w, \tilde{x}_0)$ geschlossen (weil $\tilde{w}$ es ist). $\square$

Die charakterisierende Untergruppe $p_\# \pi_1(\tilde{X}, \tilde{x}_0)$ hängt i.a. vom Punkt $\tilde{x}_0$ ab. In Beispiel 6.1.5 (h) enthält $p_\# \pi_1(\tilde{X}, \tilde{x}_3)$ die Homotopieklasse des Weges a, aber $p_\# \pi_1(\tilde{X}, \tilde{x}_1)$ und $p_\# \pi_1(\tilde{X}, \tilde{x}_2)$ enthalten sie nicht. Allgemein gilt:

6.3.2 Satz

(a) *Ist $\tilde{w}$ ein Weg in $\tilde{X}$ von $\tilde{x}_0$ nach $\tilde{x}_0'$ und $\alpha = [p \circ \tilde{w}] \in \pi_1(X, x_0)$, so ist $p_\# \pi_1(\tilde{X}, \tilde{x}_0) = \alpha \cdot p_\# \pi_1(\tilde{X}, \tilde{x}_0') \cdot \alpha^{-1}$. Ist also $\tilde{X}$ wegzusammenhängend, so sind je zwei charakterisierende Untergruppen in $\pi_1(X, x_0)$ konjugiert.*

(b) *Ist $U \subset \pi_1(X, x_0)$ zu einer charakterisierenden Untergruppe $p_\# \pi_1(\tilde{X}, \tilde{x}_0)$ konjugiert, so ist U selbst eine charakterisierende Untergruppe, also $U = p_\# \pi_1(\tilde{X}, \tilde{x}_0')$ für einen Punkt $\tilde{x}_0'$ über x_0.*

Beweis (a) Die Elemente von $\pi_1(\tilde{X}, \tilde{x}_0)$ sind die $[\tilde{w}] \cdot \gamma \cdot [\tilde{w}^{-1}]$, wobei γ die Gruppe $\pi_1(\tilde{X}, \tilde{x}_0')$ durchläuft. Anwenden von $p_\#$ gibt die Behauptung.

(b) Sei $U = \alpha^{-1} \cdot p_\# \pi_1(\tilde{X}, \tilde{x}_0) \cdot \alpha$ für ein $\alpha = [w] \in \pi_1(X, x_0)$. Für $\tilde{w} = L_p(w, \tilde{x}_0)$ und $\tilde{x}_0' = \tilde{w}(1)$ ist dann $U = p_\# \pi_1(\tilde{X}, \tilde{x}_0')$. $\qquad\qquad\square$

Die Relation „Konjugiert-Sein" teilt die sämtlichen Untergruppen von $\pi_1(X, x_0)$ in Äquivalenzklassen ein. Die sämtlichen zu $p \colon \tilde{X} \to X$ gehörenden charakterisierenden Untergruppen bilden nach 6.3.2 eine solche Äquivalenzklasse, also:

6.3.3 Satz und Definition *Es sei* $p \colon \tilde{X} \to X$ *eine wegzusammenhängende Überlagerung. Dann ist* $\mathcal{C}(\tilde{X}, p) = \{p_\# \pi_1(\tilde{X}, \tilde{x}_0) \mid \tilde{x}_0 \in p^{-1}(x_0)\}$ *eine Klasse konjugierter Untergruppen von* $\pi_1(X, x_0)$*; sie heißt die* charakterisierende Konjugationsklasse *der Überlagerung* $p \colon \tilde{X} \to X$. $\qquad\qquad\square$

Wenn man $\mathcal{C}(\tilde{X}, p)$ kennt, übersieht man das Liftungsverhalten der Überlagerung: ein geschlossener Weg in X (mit Anfangspunkt x_0) hat eine geschlossene Liftung, wenn $[w]$ in einer der Gruppen der Klasse $\mathcal{C}(\tilde{X}, p)$ liegt; die Liftung $L_p(w, \tilde{x}_0)$ ist genau dann geschlossen, wenn $[w]$ in $p_\# \pi_1(\tilde{X}, \tilde{x}_0)$ liegt. Wählt man in X einen anderen Basispunkt x_1, so bildet der zu einem Weg w von x_0 nach x_1 gehörende Isomorphismus $w_+ \colon \pi_1(X, x_1) \to \pi_1(X, x_0)$ die entsprechenden Konjugationsklassen aufeinander ab. Daher kennt man (wenn X wegzusammenhängend ist) auch das Liftungsverhalten aller geschlossenen Wege in X.

Wie entscheidend das Liftungsverhalten ist, zeigt der folgende Satz.

6.3.4 Satz (Äquivalenzkriterium) *Zwei wegzusammenhängende Überlagerungen* $p \colon \tilde{X} \to X$ *und* $p' \colon \tilde{X}' \to X$ *des lokal wegzusammenhängenden Raumes* X *sind genau dann äquivalent, wenn sie das gleiche Liftungsverhalten haben, d.h. wenn die charakterisierenden Konjugationsklassen* $\mathcal{C}(\tilde{X}, p)$ *und* $\mathcal{C}(\tilde{X}', p')$ *in* $\pi_1(X, x_0)$ *übereinstimmen.*

Beweis Klar ist, daß $\mathcal{C}(\tilde{X}, p) = \mathcal{C}(\tilde{X}', p')$ notwendig ist für die Äquivalenz. Wir zeigen, daß es auch hinreichend ist. Sei $\tilde{x}_0 \in p^{-1}(x_0)$ fest. Wegen $p_\# \pi_1(\tilde{X}, \tilde{x}_0) \in \mathcal{C}(\tilde{X}', p')$ ist $p_\# \pi_1(\tilde{X}, \tilde{x}_0) = p'_\# \pi_1(\tilde{X}', \tilde{x}_0')$ für ein $\tilde{x}_0' \in p'^{-1}(x_0)$. Nach dem Liftungstheorem 6.2.6 (mit X sind wegen 6.1.3 (e) auch $\tilde{X}$ und $\tilde{X}'$ lokal wegzusammenhängend) können wir die Liftungsprobleme

$$
\begin{array}{ccc}
 & \tilde{X}' & \\
{\scriptstyle \tilde{p}}\nearrow & \Big\downarrow {\scriptstyle p'} & \\
\tilde{X} \xrightarrow{\ p\ } & X &
\end{array}
\qquad \text{und} \qquad
\begin{array}{ccc}
 & \tilde{X} & \\
{\scriptstyle \tilde{p}'}\nearrow & \Big\downarrow {\scriptstyle p} & \\
\tilde{X}' \xrightarrow{\ p'\ } & X &
\end{array}
$$

lösen, wobei $\tilde{p}(\tilde{x}_0) = \tilde{x}_0'$ und $\tilde{p}'(\tilde{x}_0') = \tilde{x}_0$ gilt. Aus 6.2.4 folgt $\tilde{p}' \circ \tilde{p} = \mathrm{id}_{\tilde{X}}$ und $\tilde{p} \circ \tilde{p}' = \mathrm{id}_{\tilde{X}'}$. Daher ist $\tilde{p}$ ein fasertreuer Homöomorphismus mit Inversem $\tilde{p}'$. $\qquad\square$

Wenn die Überlagerung $p\colon \tilde{X} \to X$ durch $C(\tilde{X}, p)$ bestimmt ist, so muß auch ihre Blätterzahl aus $C(\tilde{X}, p)$ berechenbar sein. In der Tat gilt:

6.3.5 Satz *Die Blätterzahl der wegzusammenhängenden Überlagerung* $p\colon \tilde{X} \to X$ *ist der Index der charakterisierenden Untergruppe* $p_\# \pi_1(\tilde{X}, \tilde{x}_0)$ *in der Gruppe* $\pi_1(X, x_0)$; *wegen 6.3.2 ist dieser Index von* $\tilde{x}_0 \in p^{-1}(x_0)$ *unabhängig.*

B e w e i s Es seien $\tilde{x}_0, \tilde{x}_1, \ldots$ sämtliche Punkte über x_0 (ihre Anzahl ist die Blätterzahl), und für $i = 0, 1, \ldots$ sei $\tilde{w}_i$ ein Weg in $\tilde{X}$ von $\tilde{x}_0$ nach $\tilde{x}_i$. Dann ist $\alpha_i = [p \circ \tilde{w}_i] \in \pi_1(X, x_0)$, und die Mengen $p_\# \pi_1(\tilde{X}, \tilde{x}_0)\alpha_0$, $p_\# \pi_1(\tilde{X}, \tilde{x}_0)\alpha_1, \ldots$ in $\pi_1(X_0, x_0)$ sind genau die paarweise verschiedenen Rechtsrestklassen von $p_\# \pi_1(\tilde{X}, \tilde{x}_0)$ in $\pi_1(X, x_0)$. Nach Definition ist deren Anzahl der Index. $\qquad\qquad\square$

Aufgaben

6.3.A1
(a) Für $p_n\colon S^1 \to S^1$ aus 6.1.5 (f) besteht $C(S^1, p_n)$ aus der von σ^n erzeugten Untergruppe von $\pi_1(S^1, 1)$, wobei σ die Standarderzeugende von $\pi_1(S^1, 1)$ ist.
(b) Sei $p\colon \tilde{X} \to X$ die Überlagerung aus 6.1.5 (h). Berechnen Sie $\pi_1(\tilde{X}, x_i)$ für $i = 1, 2, 3$ (vgl. Abb. 6.1.4), indem Sie einen maximalen Baum in $\tilde{X}$ wählen, und bestimmen Sie damit die Konjugationsklasse $C(\tilde{X}, p)$.

6.3.A2 Betrachten Sie die Überlagerung $p\colon X \to S^1 \vee S^1$ aus 6.1.A4. Berechnen Sie $\pi_1(X, 0)$ mit 5.5.14 und bestimmen Sie die Untergruppe $p_\# \pi_1(X, 0)$ in $\pi_1(S^1 \vee S^1, x_0)$.

6.3.A3 Sei $\tilde{X} = \mathbb{R} \times \mathbb{Z} \cup \mathbb{Z} \times \mathbb{R} \subset \mathbb{R}^2$ und $X = S^1 \vee S^1 \subset S^1 \times S^1$. Sei $p\colon \tilde{X} \to X$ die Abbildung $(t, n) \mapsto (\exp 2\pi i t, 1)$ und $(n, t) \mapsto (1, \exp 2\pi i t)$, wobei $t \in \mathbb{R}$ und $n \in \mathbb{Z}$. Zeigen Sie:
(a) $p\colon \tilde{X} \to X$ ist eine unendlich-blättrige Überlagerung (vgl. Abb. 6.1.3).
(b) $\pi_1(\tilde{X}, 0)$ ist eine freie Gruppe von unendlichem Rang (vgl. 5.5.A6).
(c) $p_\# \pi_1(\tilde{X}, 0)$ ist die Kommutatoruntergruppe von $\pi_1(X, x_0) = \langle a, b | - \rangle$.
(d) Diese Kommutatoruntergruppe ist eine freie Gruppe von unendlichem Rang (!). Zu jeder natürlichen Zahl $n \geq 1$ gibt es eine Untergruppe von $\langle a, b | - \rangle$, die eine freie Gruppe vom Rang n ist (!). Vgl. hierzu 6.9.3 (a).

6.4 Die universelle Überlagerung

6.4.1 Definition Eine wegzusammenhängende Überlagerung $p\colon \tilde{X} \to X$ heißt *universell*, wenn eine der folgenden äquivalenten Bedingungen erfüllt ist:
(a) $\tilde{X}$ ist einfach zusammenhängend.

(b) Die Konjugationsklasse $C(\tilde{X}, p)$ besteht aus der Untergruppe $\{1\} \subset \pi_1(X, x_0)$.

(c) Ein geschlossener Weg w in X mit Anfangs- und Endpunkt x_0 liftet sich niemals in einen geschlossenen Weg in $\tilde{X}$ — es sei denn, w ist nullhomotop.

Dabei ist $x_0 \in X$ fest; wenn (b) und (c) für x_0 gelten, so auch für jeden anderen Punkt in X.

Wenn X lokal wegzusammenhängend ist, sind je zwei universelle Überlagerungen von X nach 6.3.4 äquivalent. Wir sprechen daher von der *universellen Überlagerung von* X (wenn sie existiert); ihre Blätterzahl ist nach 6.3.5 die Ordnung der Gruppe $\pi_1(X, x_0)$. Die Bezeichnung „universell" wird in 6.6.2 klar werden.

6.4.2 Beispiele Der universelle Überlagerungsraum von S^1 bzw. $S^1 \times S^1$ ist $\mathbb{R}$ bzw. $\mathbb{R}^2$ (Beispiele 6.1.5 (c), (d)). Für $n \geq 2$ ist S^n nach 5.1.9 (b) einfach zusammenhängend, und daher ist die Überlagerung $S^n \to P^n$ universell (Beispiel 6.1.5 (g)). In den Beispielen 6.1.8 sind die Überlagerungen (a), (b), (c) und (e) universell.

Daß die Überlagerungstheorie in anderen Gebieten der Mathematik so erfolgreich angewandt werden kann, liegt daran, daß die meisten interessanten topologischen Räume eine universelle Überlagerung besitzen.

6.4.3 Definition
(a) X heißt *semi-lokal-einfach-zusammenhängend*, wenn zu jedem $x \in X$ eine Umgebung U existiert, so daß jeder geschlossene Weg in U nullhomotop in X ist.

(b) X heißt *hinreichend zusammenhängend*, wenn X wegzusammenhängend, lokal wegzusammenhängend und semi-lokal-einfach-zusammenhängend ist.

Das Wortungetüm in (a) beschreibt genau den angegebenen Sachverhalt. Die Bezeichnung „hinreichend zusammenhängend" wählen wir, weil die in (b) genannten Zusammenhangseigenschaften hinreichend sind, um für die Überlagerungen über X eine befriedigende Theorie zu erhalten. Wenn ein Raum X eine universelle Überlagerung p: $\tilde{X} \to X$ besitzt, so hat jede bezüglich p gleichmäßig überlagerte Umgebung U in X die Eigenschaft in 6.4.3 (a); insbesondere ist also X semi-lokal-einfach-zusammenhängend. Umgekehrt gilt:

6.4.4 Satz *Jeder hinreichend zusammenhängende Raum X besitzt eine universelle Überlagerung p: $\tilde{X} \to X$.*

Beweis Wir skizzieren zuerst die Beweisidee und nehmen an, daß p: $\tilde{X} \to X$ eine universelle Überlagerung ist. Wir überdecken X durch ein System $\{U_j | j \in J\}$ gleichmäßig überlagerter Umgebungen. Jedes Urbild $p^{-1}(U_j)$ besteht aus so vielen zu U_j homöomorphen Teilen, wie $\pi_1(X, x_0)$ Elemente hat. Kurz: $p^{-1}(U_j)$ ist homöomorph zu $U_j \times \pi_1(X, x_0)$, wobei $\pi_1(X, x_0)$ die diskrete Topologie hat. Es sei T die topologische Summe aller $U_j \times \pi_1(X, x_0)$ mit $j \in J$. Die Homöomorphismen $U_j \times \pi_1(X, x_0) \to p^{-1}(U_j)$ setzen sich zu einer identifizierenden Abbildung $T \to \tilde{X}$

zusammen, d.h. der universelle Überlagerungsraum $\tilde{X}$ entsteht aus der topologischen Summe T der „Blätter" $U_j \times \alpha$ (mit $\alpha \in \pi_1(X, x_0)$ und $j \in J$), indem man diese Blätter geeignet verklebt. Dieses Programm zur Konstruktion von $\tilde{X}$, also zum Beweis von 6.4.4, führen wir im folgenden in vier Schritten durch.

Schritt 1: Wir wählen eine Überdeckung von X durch nichtleere, offene, wegzusammenhängende Teilmengen $U_j \subset X$ (j aus einer geeigneten Indexmenge J), so daß gilt:

(A) *Jeder in U_j liegende geschlossene Weg ist nullhomotop in X.*
Zu jedem $j \in J$ wählen wir ferner einen festen Weg v_j in X, so daß $v_j(0) = x_0$ der Basispunkt in X und $v_j(1) \in U_j$ ist; dabei soll gelten:

(B) *Für jeden Index j mit $x_0 \in U_j$ ist v_j der konstante Weg bei x_0.*
Für $x \in U_i \cap U_j$ sei $g_{ij}(x) = [v_i w_i w_j^{-1} v_j^{-1}] \in \pi_1(X, x_0)$, wobei w_i bzw. w_j ein Weg in U_i bzw. U_j von $v_i(1)$ bzw. $v_j(1)$ nach x ist. Wegen (A) ist $g_{ij}(x)$ unabhängig von der Wahl dieser Wege. Ferner gilt offenbar:

(C) *Für $x \in U_i$ ist $g_{ii}(x) = 1$. Für $x \in U_i \cap U_j$ ist $g_{ij}(x) = g_{ji}(x)^{-1}$. Für $x \in U_i \cap U_j \cap U_k$ ist $g_{ij}(x)g_{jk}(x) = g_{ik}(x)$.*

(D) *Ist $W \subset U_i \cap U_j$ und W wegzusammenhängend, so ist $g_{ij}(y) = g_{ij}(x)$ für alle $x, y \in W$.*

Schritt 2: Im Produktraum $X \times \pi_1(X, x_0) \times J$, wobei $\pi_1(X, x_0)$ und J die diskrete Topologie haben, betrachten wir den Teilraum T aller Tripel (x, α, j) mit $x \in U_j$; er ist die disjunkte Vereinigung der offenen Teilräume $U_j \times \alpha \times j$. Zwei Punkte (x, α, j) und (y, β, i) von T heißen äquivalent, wenn $x = y$ und $\beta = g_{ij}(x)\alpha$ ist; wegen (C) ist das eine Äquivalenzrelation. Sei $\tilde{X}$ der entsprechende Quotientenraum und $s\colon T \to \tilde{X}$ die identifizierende Abbildung.

(E) *Ist $V \subset U_j$ offen in X, so ist $s(V \times \alpha \times j)$ offen in $\tilde{X}$ für alle α.*

Zu zeigen ist, daß $s^{-1}s(V \times \alpha \times j) \cap (U_i \times \beta \times i)$ offen ist in T für alle β und i. Dieser Durchschnitt besteht aus allen Punkten (y, β, i) mit $y \in V \cap U_i$ und $\beta = g_{ij}(y)\alpha$. Ist $W \subset V \cap U_i$ eine wegzusammenhängende Umgebung von y in X, so liegt $W \times \beta \times i$ wegen (D) auch in dem Durchschnitt und somit ist er offen.

Schritt 3: Ist $pr_1\colon T \to X$ die Projektion $(x, \alpha, j) \mapsto x$, so ist $p = pr_1 \circ s^{-1}\colon \tilde{X} \to X$ eindeutig und daher nach 1.2.6 stetig. Wegen (E) ist $\tilde{U}_{j,\alpha} = s(U_j \times \alpha \times j)$ offen in $\tilde{X}$, und wegen $g_{jj}(x) = 1$ ist $\tilde{U}_{j,\alpha} \cap \tilde{U}_{j,\beta} = \emptyset$ für $\alpha \neq \beta$. Ferner ist klar, daß $p^{-1}(U_j)$ die Vereinigung der $\tilde{U}_{j,\alpha}$ mit $\alpha \in \pi_1(X, x_0)$ ist. Für festes j und α ist $q_j\colon U_j \to \tilde{U}_{j,\alpha}, x \mapsto s(x, \alpha, j)$, eine stetige, bijektive und offene Abbildung (letzteres wegen (E)), also ein Homöomorphismus. Weil $p|\tilde{U}_{j,\alpha}\colon \tilde{U}_{j,\alpha} \to U_j$ zu q_j invers ist, ist $p|\tilde{U}_{j,\alpha}$ ein Homöomorphismus, d.h. $p\colon \tilde{X} \to X$ ist eine Überlagerung. Zu zeigen bleibt, daß $\tilde{X}$ wegzusammenhängend und einfach zusammenhängend ist.

Schritt 4: Sei $w\colon (I, \dot{I}) \to (X, x_0)$ ein Weg in X, und sei $s(x_0, \alpha, j)$ ein fester Punkt über x_0 (insbesondere gilt also $x_0 \in U_j$). Wir zeigen gleich:

(F) *Die Liftung von w mit Anfang $s(x_0, \alpha, j)$ hat den Endpunkt $s(x_0, [w]^{-1}\alpha, j)$.*

Daher kann man je zwei Punkte $s(x_0, \alpha, j)$ und $s(x_0, \beta, j)$ durch einen Weg verbinden (man braucht nur $w \in \alpha\beta^{-1}$ zu wählen), und daraus folgt, daß $\tilde{X}$ wegzusammenhängend ist. Ferner hat w genau dann eine geschlossene Liftung, wenn $\alpha = [w]^{-1}\alpha$ ist für ein α (man beachte $g_{jj}(x_0) = 1$), d.h. wenn $[w] = 1$ ist. Also liften sich nur nullhomotope Wege in geschlossene Wege, d.h. $p\colon \tilde{X} \to X$ ist die universelle Überlagerung. Mit (F) ist also Satz 6.4.4 bewiesen.

Beweis von (F): Es gibt $0 = t_0 < \ldots < t_n = 1$ und Mengen $U_1, \ldots, U_n$ in der in Schritt 1 gewählten Überdeckung von X, so daß $U_1 = U_j$ die Menge oben ist, und $w([t_{i-1}, t_i]) \subset U_i$ gilt für $i = 1, \ldots, n$. Sei $x_i = w(t_i)$, und sei $\tilde{w}\colon I \to \tilde{X}$ definiert

$$\tilde{w}(t) = s(w(t), \alpha, 1) \text{ für } t_0 \leq t \leq t_1,$$

$$\tilde{w}(t) = s(w(t), g_{21}(x_1)\alpha, 2) \text{ für } t_1 \leq t \leq t_2,$$

$$\tilde{w}(t) = s(w(t), g_{32}(x_2)g_{21}(x_1)\alpha, 3) \text{ für } t_2 \leq t \leq t_3,$$

$$\vdots$$

$$\tilde{w}(t) = s(w(t), g_{n,n-1}(x_{n-1}) \cdot \ldots \cdot g_{21}(x_1)\alpha, n) \text{ für } t_{n-1} \leq t \leq t_n.$$

Das ist eine stetige Funktion mit $p \circ \tilde{w} = w$ und $\tilde{w}(0) = s(x_0, \alpha, 1)$, d.h. es ist die gesuchte Liftung von w. Aus der Definition der g_{ij} folgt mit (A) und (B), daß $g_{n,n-1}(x_{n-1}) \cdot \ldots \cdot g_{21}(x_1) = [w]^{-1}$ ist. Also ist $\tilde{w}(1) = s(x_0, [w]^{-1}\alpha, n) = s(x_0, [w]^{-1}\alpha, 1)$, letzteres wegen $g_{1n}(x_0) = 1$. Damit ist (F) bewiesen.   □

6.4.5 Beispiele

(a) X sei ein wegzusammenhängender Raum, so daß jeder Punkt von X eine zusammenziehbare Umgebung besitzt. Dann ist X hinreichend zusammenhängend. Insbesondere: *Polyeder, CW-Räume und topologische Mannigfaltigkeiten besitzen einen universellen Überlagerungsraum.*

(b) Der Raum in Abb. 1.3.2 ist nicht hinreichend zusammenhängend und besitzt keine universelle Überlagerung.

(c) Sei F eine von S^2 und P^2 verschiedene geschlossene Fläche. Dann ist $\pi_1(F)$ eine unendliche Gruppe, und daher ist die universelle Überlagerung $p\colon \tilde{F} \to F$ unendlich-blättrig. Der Überlagerungsraum $\tilde{F}$ ist zu $\mathbb{R}^2$ homöomorph, vgl. z.B. [Stillwell, 1.4], [ZVC, 4.1].

(d) Der universelle Überlagerungsraum von $S^1 \vee S^1$ ist ein unendlicher Graph, von dem man eine schöne Skizze in [Stillwell, S. 90] oder an der Wand des Seminarraumes NA 4/24 der Ruhr-Universität Bochum findet.

Aufgaben

6.4.A1 Im Produktraum $D^2 \times \{1, \ldots, n\}$ identifiziere man $(x, i) = (x, j)$ für alle $x \in S^1$ und $1 \leq i, j \leq n$ (dabei hat $\{1, \ldots, n\}$ die diskrete Topologie). Zeigen Sie, daß der entstehende Quotientenraum Y der universelle Überlagerungsraum des Raumes $S^1 \cup_n e^2$ aus 1.6.10 ist. Geben Sie die Überlagerungsabbildung an.

6.4.A2 Wie sehen die universellen Überlagerungsräume folgender Räume aus: $S^1 \times S^2$, $S^1 \vee S^2$, $S^n \vee P^n (n \geq 2)$?

6.4.A3 Es sei $f \colon X \to Y$ eine Homotopieäquivalenz zwischen hinreichend zusammenhängenden Räumen X und Y. Zeigen Sie, daß es eine Abbildung $\tilde{f} \colon \tilde{X} \to \tilde{Y}$ mit $q \circ \tilde{f} = f \circ p$ gibt (wobei $p \colon \tilde{X} \to X$, $q \colon \tilde{Y} \to Y$ die universellen Überlagerungen sind) und daß $\tilde{f}$ eine Homotopieäquivalenz ist.

6.5 Deckbewegungen

6.5.1 Definition Eine *Deckbewegung einer Überlagerung* $p \colon \tilde{X} \to X$ ist ein fasertreuer Homöomorphismus $\tilde{f} \colon \tilde{X} \to \tilde{X}$. Es gilt also $p \circ \tilde{f} = p$, und $\tilde{f}$ bildet jede Faser $p^{-1}(x)$ bijektiv auf sich selbst ab. Die sämtlichen Deckbewegungen bilden bezüglich der Hintereinanderschaltung von Abbildungen eine Gruppe, die *Deckbewegungsgruppe* $\mathcal{D} = \mathcal{D}(\tilde{X}, p)$ *der Überlagerung.*

6.5.2 Beispiele
(a) Bei $p \colon \mathbb{R} \to S^1$, vgl. 6.1.5 (c), sind die Deckbewegungen die ganzzahligen Translationen $\mathbb{R} \to \mathbb{R}$, $x \mapsto x + n$ mit $n \in \mathbb{Z}$, und es ist $\mathcal{D} \cong \mathbb{Z}$.

(b) Bei $p \times p \colon \mathbb{R}^2 \to S^1 \times S^1$, vgl. 6.1.5 (d), sind die Deckbewegungen die Translationen $\mathbb{R}^2 \to \mathbb{R}^2$, $(x, y) \mapsto (x + m, \, y + n)$ mit $m, n \in \mathbb{Z}$, und es ist $\mathcal{D} \cong \mathbb{Z} \oplus \mathbb{Z}$.

(c) Bei $p_n \colon S^1 \to S^1$, vgl. 6.1.5 (f), sind die Deckbewegungen die Drehungen $S^1 \to S^1$ um ein Vielfaches des Winkels $2\pi/n$, und es ist $\mathcal{D} \cong \mathbb{Z}_n$.

(d) Bei $p \colon S^n \to P^n$, vgl. 6.1.5 (g), gibt es nur zwei Deckbewegungen: die Identität $S^n \to S^n$ und die Diametralpunktvertauschung $S^n \to S^n$. Es ist $\mathcal{D} \cong \mathbb{Z}_2$.

(e) In Beispiel 6.1.5 (h) ist $\mathrm{id}_{\tilde{X}}$ die einzige Deckbewegung und somit $\mathcal{D} = \{1\}$.

(f) *Operiert die Gruppe G eigentlich diskontinuierlich auf dem zusammenhängenden Raum Y, so stimmt die Deckbewegungsgruppe $\mathcal{D}$ der Überlagerung $p \colon Y \to Y/G$ aus 6.1.7 mit G überein.* Das folgt so: Jedes $g \in G$ ist eine Deckbewegung $g \colon Y \to Y$. Sei $\tilde{f} \colon Y \to Y$ eine beliebige Deckbewegung. Sei $y \in Y$ fest. Wegen $p(y) = p\tilde{f}(y)$ gibt es ein $g \in G$ mit $g(y) = \tilde{f}(y)$. Die Abbildungen $g, \tilde{f} \colon Y \to Y$ sind dann nach 6.2.4 identisch. Also ist $\tilde{f} = g \in G$.

6.5.3 Satz *Die Deckbewegungsgruppe $\mathcal{D} = \mathcal{D}(\tilde{X}, p)$ einer wegzusammenhängenden Überlagerung $p \colon \tilde{X} \to X$ operiert eigentlich diskontinuierlich auf dem Totalraum $\tilde{X}$. Insbesondere hat eine von der Identität verschiedene Deckbewegung keinen Fixpunkt, und zwei Deckbewegungen, die an einem Punkt übereinstimmen, sind identisch.*

Beweis Für $\tilde{x} \in \tilde{X}$ sei $\tilde{U}$ das Blatt über einer gleichmäßig überlagerten Umgebung U von $p(\tilde{x})$ mit $\tilde{x} \in \tilde{U}$. Es genügt zu zeigen: für $\mathrm{id}_{\tilde{X}} \neq \tilde{f} \in \mathcal{D}$ ist $\tilde{U} \cap \tilde{f}(\tilde{U}) = \emptyset$. Wenn letzteres falsch ist, gibt es $\tilde{y} \in \tilde{U}$ mit $\tilde{f}(\tilde{y}) \in \tilde{U}$. Wegen $p\tilde{f}(\tilde{y}) = p(\tilde{y})$, und weil $p|\tilde{U}$ injektiv ist, folgt $\tilde{f}(\tilde{y}) = \tilde{y}$. Wegen 6.2.4 ist dann aber $\tilde{f} = \mathrm{id}_{\tilde{X}}$.   □

Äquivalente Überlagerungen haben isomorphe Deckbewegungsgruppen. Weil eine Überlagerung $p\colon \tilde{X} \to X$ bis auf Äquivalenz durch ihre charakterisierende Konjugationsklasse $\mathcal{C}(\tilde{X}, p)$ bestimmt ist, muß es möglich sein, $\mathcal{D}(\tilde{X}, p)$ aus $\mathcal{C}(\tilde{X}, p)$ zu berechnen. Dazu brauchen wir:

6.5.4 Definition Sei G eine Gruppe und $U \subset G$ eine Untergruppe. Der *Normalisator* $\mathcal{N}_G(U)$ von U in G ist die Untergruppe von G, die aus allen Elementen $g \in G$ mit $g^{-1}Ug = U$ besteht. Ist $p\colon \tilde{X} \to X$ eine Überlagerung und $\tilde{x}_0 \in \tilde{X}$ ein Punkt über $x_0 \in X$, so bezeichnen wir mit $\mathcal{N}p_{\#}\pi_1(\tilde{X}, \tilde{x}_0)$ den Normalisator der Untergruppe $p_{\#}\pi_1(\tilde{X}, \tilde{x}_0)$ in $\pi_1(X, x_0)$.

Es ist $U \subset \mathcal{N}_G(U)$, und U ist Normalteiler in $\mathcal{N}_G(U)$. Der Normalisator von U ist die größte Untergruppe von G, in der U als Normalteiler enthalten ist. Wenn U selbst Normalteiler in G ist (wenn also z.B. G abelsch ist), ist $\mathcal{N}_G(U) = G$.

6.5.5 Satz *Es sei* $p\colon \tilde{X} \to X$ *eine wegzusammenhängende Überlagerung mit lokal wegzusammenhängendem Basisraum, und es sei* $\tilde{x}_0 \in \tilde{X}$ *ein Punkt über* $x_0 \in X$. *Dann gibt es zu jedem* $\alpha = [w] \in \mathcal{N}p_{\#}\pi_1(\tilde{X}, \tilde{x}_0)$ *genau eine Deckbewegung* $\Gamma(\alpha)\colon \tilde{X} \to \tilde{X}$, *die* $\tilde{x}_0$ *nach* $L_p(w, \tilde{x}_0)(1)$ *abbildet. Die so definierte Funktion* $\Gamma\colon \mathcal{N}p_{\#}\pi_1(\tilde{X}, \tilde{x}_0) \to \mathcal{D}(\tilde{X}, p)$ *ist ein surjektiver Homomorphismus mit Kern* $\Gamma = p_{\#}\pi_1(\tilde{X}, \tilde{x}_0)$, *und sie induziert folglich einen (wieder mit* Γ *bezeichneten) Gruppenisomorphismus* $\Gamma\colon \mathcal{N}p_{\#}\pi_1(\tilde{X}, \tilde{x}_0)/p_{\#}\pi_1(\tilde{X}, \tilde{x}_0) \to \mathcal{D}(\tilde{X}, p)$. *Damit ist die obige Aufgabe gelöst:* $\mathcal{D}(\tilde{X}, p)$ *ist isomorph zur Faktorgruppe* $\mathcal{N}U/U$, *wobei* $U \subset \pi_1(X, x_0)$ *eine zur Klasse* $\mathcal{C}(\tilde{X}, p)$ *gehörende Untergruppe ist.*

Beweis Es sei $\tilde{x}_0' = L_p(w, \tilde{x}_0)(1)$. Weil $\alpha = [w]$ im Normalisator liegt, erhalten wir $p_{\#}\pi_1(\tilde{X}, \tilde{x}_0) = \alpha^{-1}p_{\#}\pi_1(\tilde{X}, \tilde{x}_0)\alpha = p_{\#}\pi_1(\tilde{X}, \tilde{x}_0')$ aus 6.3.2 (a). Daher können wir mit dem Liftungstheorem 6.2.6 das Liftungsproblem

$$
\begin{array}{ccc}
 & & \tilde{X} \\
 & \tilde{f} \nearrow & \downarrow p \\
\tilde{X} & \xrightarrow{\ p\ } & X
\end{array}
$$

mit $\tilde{f}(\tilde{x}_0) = \tilde{x}_0'$ lösen (mit X ist wegen 6.1.3 (e) auch $\tilde{X}$ lokal zusammenhängend). Wie im Beweis von 6.3.4 folgt, daß $\tilde{f}$ ein Homöomorphismus, also eine Deckbewegung ist. Wegen 6.5.3 ist $\tilde{f}$ eindeutig bestimmt, und wegen 6.2.2 hängt $\tilde{f}$ nur von der Homotopieklasse $\alpha = [w]$ ab. Wir schreiben $\tilde{f} = \Gamma(\alpha)$ und haben damit die Funktion Γ definiert. Sei auch $[v] \in \mathcal{N}p_{\#}\pi_1(\tilde{X}, \tilde{x}_0)$ und $\Gamma([v]) = \tilde{g}$. Dann gilt:

$$L_p(v \cdot w, \tilde{x}_0)(1) = (L_p(v, \tilde{x}_0) \cdot L_p(w, \tilde{g}(\tilde{x}_0)))(1) \quad \text{nach 6.2.3 (d)}$$
$$= L_p(w, \tilde{g}(\tilde{x}_0))(1) = \tilde{g}L_p(w, \tilde{x}_0)(1) = \tilde{g}\tilde{f}(\tilde{x}_0).$$

Daher stimmen die Deckbewegungen $\Gamma([v \cdot w]) = \Gamma([v][w])$ und $\tilde{g}\tilde{f} = \Gamma([v])\Gamma([w])$ bei $\tilde{x}_0$ überein, sind also nach 6.5.3 identisch. Folglich ist Γ ein Homomorphismus. Die Aussage über Kern Γ folgt unmittelbar aus 6.3.1 und 6.5.3. Zu zeigen bleibt, daß Γ surjektiv ist. Sei $\tilde{f} \in \mathcal{D}(\tilde{X}, p)$ beliebig. Sei $\tilde{w}$ ein Weg von $\tilde{x}_0$ nach $\tilde{f}(\tilde{x}_0)$, und sei $\alpha = [p \circ \tilde{w}] \in \pi_1(X, x_0)$. Aus 6.3.2 (a) folgt

$$\alpha^{-1}p_{\#}\pi_1(\tilde{X}, \tilde{x}_0)\alpha = p_{\#}\pi_1(\tilde{X}, \tilde{f}(\tilde{x}_0)) = p_{\#}\tilde{f}_{\#}\pi_1(\tilde{X}, \tilde{x}_0) = p_{\#}\pi_1(\tilde{X}, \tilde{x}_0).$$

Daher liegt α im Normalisator von $p_{\#}\pi_1(\tilde{X}, \tilde{x}_0)$, und aus der Definition von Γ und 6.5.3 ergibt sich $\Gamma(\alpha) = \tilde{f}$. $\qquad\qquad\square$

Im Fall der universellen Überlagerung ist 6.5.5 sehr einfach:

6.5.6 Korollar *Es sei p: $\tilde{X} \to X$ die universelle Überlagerung des lokal wegzusammenhängenden Raumes X und $\tilde{x}_0 \in \tilde{X}$ ein Punkt über $x_0 \in X$. Dann gibt es zu jedem $\alpha = [w] \in \pi_1(X, x_0)$ genau eine Deckbewegung $\Gamma(\alpha)$: $\tilde{X} \to \tilde{X}$, die $\tilde{x}_0$ nach $L_p(w, \tilde{x}_0)(1)$ abbildet. Die so definierte Funktion Γ: $\pi_1(X, x_0) \to \mathcal{D}(\tilde{X}, p)$ ist ein Gruppenisomorphismus.* $\qquad\qquad\square$

Daß die Deckbewegungsgruppe der universellen Überlagerung isomorph ist zur Fundamentalgruppe des Basisraumes, kann man bisweilen benutzen, um Fundamentalgruppen zu berechnen.

6.5.7 Beispiele

(a) Aus der universellen Überlagerung $\mathbb{R} \to S^1$ bzw. $S^n \to P^n$ erhält man wieder $\pi_1(S^1) \cong \mathbb{Z}$ bzw. $\pi_1(P^n) \cong \mathbb{Z}_2$ für $n \geq 2$.

(b) Die Gruppe G operiere eigentlich diskontinuierlich auf dem einfach zusammenhängenden Raum Y. Dann ist $Y \to Y/G$ eine universelle Überlagerung, und aus 6.5.2 (f) folgt $\pi_1(Y/G) \cong G$. Für den Linsenraum $L = L_{2k-1}(p; q_1, \ldots, q_r)$ in 6.1.8 (e) ist daher $\pi_1(L) \cong \mathbb{Z}_p$.

Zum Schluß dieses Abschnitts besprechen wir kurz eine wichtige spezielle Klasse von Überlagerungen:

6.5.8 Definition

Eine wegzusammenhängende Überlagerung p: $\tilde{X} \to X$ heißt *regulär*, wenn eine der folgenden äquivalenten Bedingungen erfüllt ist:

(a) Für alle Punkte $\tilde{x}_0, \tilde{x}_0'$ über x_0 ist $p_{\#}\pi_1(\tilde{X}, \tilde{x}_0) = p_{\#}\pi_1(\tilde{X}, \tilde{x}_0')$, d.h. die Konjugationsklasse $\mathcal{C}(\tilde{X}, p)$ besteht aus genau einer Untergruppe von $\pi_1(X, x_0)$.

(b) Für jeden Punkt $\tilde{x}_0$ über x_0 ist $p_\# \pi_1(\tilde{X}, \tilde{x}_0)$ ein Normalteiler in $\pi_1(X, x_0)$.

(c) Wenn ein beliebiger geschlossener Weg in X mit Anfangs- und Endpunkt x_0 eine geschlossene Liftung hat, so sind alle seine Liftungen geschlossen.

Wenn diese Bedingungen für einen Punkt $x_0 \in X$ gelten, so gelten sie für alle Punkte von X. Wenn X lokal wegzusammenhängend ist, sind diese Bedingungen auch zu der folgenden äquivalent:

(d) Zu je zwei Punkten $\tilde{x}_0, \tilde{x}_0'$ über x_0 gibt es eine Deckbewegung $\tilde{f}$ mit $\tilde{f}(\tilde{x}_0) = \tilde{x}_0'$.

Regulär sind: alle universellen Überlagerungen; alle Überlagerungen von X, wenn $\pi_1(X)$ abelsch ist; alle zweiblättrigen Überlagerungen (nach 6.3.5, weil Untergruppen vom Index 2 stets Normalteiler sind). In den Beispielen 6.1.5 ist (h) die einzige nicht-reguläre Überlagerung.

6.5.9 Satz *Wenn in 6.5.5 die Überlagerung regulär ist, erhält man einen Gruppenisomorphismus* Γ: $\pi_1(X, x_0)/p_\# \pi_1(\tilde{X}, \tilde{x}_0) \to \mathcal{D}(\tilde{X}, p)$. □

Aufgaben

6.5.A1 Beweisen Sie die Details in den Beispielen 6.5.2.

6.5.A2 Sei p: $\tilde{X} \to X$ eine n-blättrige Überlagerung, und seien $\tilde{x}_1, \ldots, \tilde{x}_n$ die Punkte über $x_0 \in X$. Zeigen Sie, daß folgende Aussagen äquivalent sind:
(a) Es gibt eine Deckbewegung von $\tilde{X}$ mit $\tilde{x}_1 \mapsto \tilde{x}_2 \mapsto \ldots \mapsto \tilde{x}_n \mapsto \tilde{x}_1$.
(b) $p_\# \pi_1(\tilde{X}, \tilde{x}_0)$ ist Normalteiler in $\pi_1(X, x_0)$ und $\pi_1(X, x_0)/p_\# \pi_1(\tilde{X}, \tilde{x}_0)$ ist zyklisch.

6.6 Klassifikation von Überlagerungen durch Untergruppen der Fundamentalgruppe

Das Klassifikationsproblem für Überlagerungen, also das Problem, zu einem gegebenen Raum X bis auf Äquivalenz alle Überlagerungen p: $\tilde{X} \to X$ zu bestimmen, haben wir mit dem Äquivalenzkriterium 6.3.4 schon zur Hälfte gelöst: es gibt höchstens so viele Überlagerungen von X, wie es in $\pi_1(X, x_0)$ Konjugationsklassen von Untergruppen gibt. Jetzt können wir beweisen, daß es genausoviele Überlagerungen gibt.

6.6.1 Satz *Sei X ein hinreichend zusammenhängender Raum mit Basispunkt x_0. Dann gibt es zu jeder Untergruppe $H \subset \pi_1(X, x_0)$ eine wegzusammenhängende Überlagerung p: $\tilde{X} \to X$ und einen Punkt $\tilde{x}_0$ über x_0 mit $p_\# \pi_1(\tilde{X}, \tilde{x}_0) = H$.*

Beweis Sei q: $\hat{X} \to X$ die universelle Überlagerung (sie existiert nach 6.4.4), und sei $\hat{x}_0 \in q^{-1}(x_0)$. Sei Γ: $\pi_1(X, x_0) \to \mathcal{D}(\hat{X}, q)$ der Isomorphismus aus 6.5.6. Dann ist $G = \Gamma(H) \subset \mathcal{D}(\hat{X}, q)$ eine Untergruppe, also eine Gruppe von Homöomorphismen von $\hat{X}$. Der Orbitraum $\tilde{X} = \hat{X}/G$ ist wegzusammenhängend (weil $\hat{X}$ es ist), und die Abbildung p: $\tilde{X} \to X$, definiert durch $p(\langle \hat{x} \rangle) = q(\hat{x})$, ist stetig. Wir zeigen, daß p eine Überlagerung ist.

Sei s: $\hat{X} \to \tilde{X}$ die Projektion. Für $x \in X$ sei U eine bezüglich q gleichmäßig überlagerte Umgebung von x. Wir nennen zwei Blätter $\hat{U}$ und $\hat{U}'$ über U äquivalent, wenn es ein $g \in G$ mit $\hat{U}' = g\hat{U}$ gibt. Das ist eine Äquivalenzrelation. Wir wählen in jeder Äquivalenzklasse ein festes Blatt aus und erhalten so endlich oder unendlich viele Blätter $\hat{U}_j$ über U. Dann ist $p^{-1}U$ die Vereinigung der offenen, paarweise disjunkten Mengen $s(\hat{U}_j)$, und jede von diesen wird unter p homöomorph abgebildet. Also ist p eine Überlagerung.

Sei $\tilde{x}_0 = s(\hat{x}_0) \in \tilde{X}$. Für $\alpha = [w] \in \pi_1(X, x_0)$ ist der Weg $L_p(w, \tilde{x}_0) = s \circ L_q(w, \hat{x}_0)$ genau dann geschlossen, wenn der Anfangspunkt $\hat{x}_0$ und der Endpunkt $\Gamma(\alpha)(\hat{x}_0)$ von $L_q(w, \hat{x}_0)$ dasselbe Bild unter s haben, d.h. wenn $\Gamma(\alpha)(\hat{x}_0) = g(\hat{x}_0)$ ist für ein $g \in G$. Das bedeutet $\Gamma(\alpha) \in G = \Gamma(H)$, also $\alpha \in H$. Daher ist $p_\# \pi_1(\tilde{X}, \tilde{x}_0) = H$.
$\square$

Die Projektion s: $\hat{X} \to \tilde{X}$ in diesem Beweis ist nach 6.5.3 und 6.1.7 eine Überlagerung. Daher erhalten wir aus 6.6.1 und 6.3.4:

6.6.2 Satz *Die universelle Überlagerung eines hinreichend zusammenhängenden Raumes X überlagert jede wegzusammenhängende Überlagerung von X.* $\square$

Aus dem Äquivalenzkriterium 6.3.4 und 6.6.1 ergibt sich folgende Lösung für das Klassifikationsproblem für Überlagerungen:

6.6.3 Klassifikationssatz für Überlagerungen *X sei ein hinreichend zusammenhängender Raum mit Basispunkt $x_0 \in X$. Ordnet man jeder wegzusammenhängenden Überlagerung p: $\tilde{X} \to X$ ihre charakterisierende Konjugationsklasse $\mathcal{C}(\tilde{X}, p)$ zu, so erhält man eine Bijektion zwischen der Menge der Äquivalenzklassen der wegzusammenhängenden Überlagerungen von X und der Menge der Konjugationsklassen von Untergruppen von $\pi_1(X, x_0)$.* $\square$

6.6.4 Beispiele

(a) Für einfach zusammenhängende Räume X ist die Überlagerungstheorie trivial. Die einzige Überlagerung (bis auf Äquivalenz) ist id_X: $X \to X$.

(b) Es gibt bis auf Äquivalenz genausoviele reguläre Überlagerungen von X wie Normalteiler in $\pi_1(X)$.

(c) Die Untergruppen von $\pi_1(S^1) \cong \mathbb{Z}$ sind die $n\mathbb{Z}$, wobei $n \geq 0$ eine ganze Zahl ist. Die zugehörigen Überlagerungen sind p: $\mathbb{R} \to S^1$ für $n = 0$ und p_n: $S^1 \to S^1$ für $n \geq 1$, vgl. (c) und (f) aus 6.1.5. Andere Überlagerungen von S^1 gibt es nicht.

(d) Ein Raum X mit $\pi_1(X) \cong \mathbb{Z}_2$, wie etwa P^n für $n \geq 2$, besitzt genau zwei Überlagerungen, die universelle und die Identität $X \to X$.

Aufgaben

6.6.A1 Klassifizieren Sie sämtliche Überlagerungen von $S^1 \times S^1$, $S^1 \times S^2$, $S^1 \vee S^2$ und $L(p, q)$ bis auf Äquivalenz.

6.6.A2 Will man mit dem Klassifikationssatz 6.6.3 die Überlagerungen der Brezelfläche bestimmen, so muß man die Untergruppen von $\langle a_1, b_1, a_2, b_2 \mid a_1 b_1 a_1^{-1} b_1^{-1} a_2 b_2 a_2^{-1} b_2^{-1} \rangle$ nach Konjugation klassifizieren. Versuchen sie das für die Untergruppen vom Index 2, und machen Sie sich klar, daß man für Untergruppen von größerem Index auf große kombinatorisch-gruppentheoretische Schwierigkeiten stößt.

6.7 Klassifikation von Überlagerungen durch Darstellungen der Fundamentalgruppe

Das Klassifikationsproblem für Überlagerungen ist durch 6.6.3 nur insofern gelöst, als es auf ein gruppentheoretisches Problem zurückgeführt ist: man muß alle Untergruppen einer gegebenen Gruppe bestimmen und diese in Konjugationsklassen einteilen. Dieses Problem ist, wenn überhaupt, i.a. nicht leicht zu lösen. Wie findet man z.B. die Untergruppen vom Index 3 in der Gruppe $\langle a, b \mid a^2 b^2 \rangle$ und deren Konjugationsklassen (also die 3-blättrigen Überlagerungen der Kleinschen Flasche)? Wir geben jetzt eine zweite Lösung des Klassifikationsproblems für Überlagerungen, die einfacher anzuwenden ist. Dabei beschränken wir uns auf endlich-blättrige Überlagerungen.

6.7.1 Definitionen

(a) $\mathcal{S}_n$ ist die *symmetrische Gruppe der Ordnung* $n!$, also die Gruppe aller Permutationen der Menge $\{1, \ldots, n\}$. Für $\sigma, \tau \in \mathcal{S}_n$ ist das Produkt $\sigma\tau \in \mathcal{S}_n$ die durch $(\sigma\tau)(i) = \sigma(\tau(i))$ definierte Permutation $(1 \leq i \leq n)$.

(b) Sei G eine Gruppe. Ein Homomorphismus $f: G \to \mathcal{S}_n$ heißt *transitiv*, wenn es zu $i, j \in \{1, \ldots, n\}$ ein $g \in G$ gibt mit $f(g)(i) = j$. Zwei Homomorphismen $f, f': G \to \mathcal{S}_n$ heißen *äquivalent*, wenn es ein $\sigma \in \mathcal{S}_n$ gibt mit $f'(g) = \sigma f(g) \sigma^{-1}$ für alle $g \in G$. Die Äquivalenzklasse von f wird mit $\langle f \rangle$ bezeichnet. $\langle G, \mathcal{S}_n \rangle$ ist die Menge aller Klassen $\langle f \rangle$, für die $f: G \to \mathcal{S}_n$ transitiv ist.

(c) Sei $p: \tilde{X} \to X$ eine n-blättrige Überlagerung. Wir wählen eine feste Numerierung $\tilde{x}_1, \ldots, \tilde{x}_n$ der Punkte über $x_0 \in X$. Jedem $\alpha = [w] \in \pi_1(X, x_0)$ ordnen wir eine Permutation $\bar{\alpha} \in \mathcal{S}_n$ wie folgt zu: Für $1 \leq i \leq n$ sei $\bar{\alpha}(i) = j$, falls $L_p(w, \tilde{x}_j)(1) = \tilde{x}_i$ ist. Weil die Liftung von Wegen eindeutig ist, ist $\bar{\alpha}$ eine injektive

Funktion von $\{1, \ldots, n\}$ in sich selbst, also eine Permutation. Aus 6.2.3 (d) folgt, daß die Zuordnung $\alpha \mapsto \bar{\alpha}$ ein Homomorphismus $f\colon \pi_1(X, x_0) \to S_n$ ist. Wenn $\tilde{X}$ wegzusammenhängend ist, ist f transitiv. Die Äquivalenzklasse von f ist von der Numerierung der Punkte über x_0 unabhängig, ist also durch $p\colon \tilde{X} \to X$ eindeutig bestimmt; sie sei mit $\langle f \rangle = S(\tilde{X}, p) \in \langle \pi_1(X, x_0), S_n \rangle$ bezeichnet.

Jeden Homomorphismus $f\colon \pi_1(X, x_0) \to S_n$ aus der Klasse $S(\tilde{X}, p)$ nennt man auch einen *charakterisierenden Homomorphismus* der Überlagerung $p\colon \tilde{X} \to X$.

6.7.2 Klassifikationssatz für n-blättrige Überlagerungen X *sei ein hinreichend zusammenhängender Raum mit Basispunkt* $x_0 \in X$. *Dann gilt:*

(a) *Zwei n-blättrige, wegzusammenhängende Überlagerungen* $p\colon \tilde{X} \to X$, $p'\colon \tilde{X}' \to X$ *sind genau dann äquivalent, wenn* $S(\tilde{X}, p) = S(\tilde{X}', p')$ *ist.*

(b) *Zu jedem Element* $a \in \langle \pi_1(X, x_0), S_n \rangle$ *gibt es eine n-blättrige wegzusammenhängende Überlagerung* $p\colon \tilde{X} \to X$ *mit* $S(\tilde{X}, p) = a$.

Kurz: *Es gibt genausoviele n-blättrige Überlagerungen von X, wie die Menge* $\langle \pi_1(X, x_0), S_n \rangle$ *Elemente hat.*

Beweis (a) Es seien $\tilde{x}_1, \ldots, \tilde{x}_n$ bzw. $\tilde{x}'_1, \ldots \tilde{x}'_n$ die fest numerierten Punkte in $p^{-1}(x_0)$ bzw. $p'^{-1}(x_0)$ und $f, f'\colon \pi_1(X, x_0) \to S_n$ die entsprechenden Homomorphismen. Ist $h\colon \tilde{X} \to \tilde{X}'$ ein fasertreuer Homöomorphismus, so kann man die Numerierung so wählen, daß $h(\tilde{x}_i) = \tilde{x}'_i$ ist für $i = 1, \ldots, n$. Dann ist $f = f'$, also $S(\tilde{X}, p) = S(\tilde{X}', p')$.

Umgekehrt: Ist $S(\tilde{X}, p) = S(\tilde{X}', p')$, so kann man die Numerierung so wählen, daß $f = f'$ ist. Wegen $p_\# \pi_1(\tilde{X}, \tilde{x}_i) = \{\alpha \in \pi_1(X, x_0) \mid f(\alpha)(i) = i\}$, und weil dasselbe für $p', \tilde{x}'_i, f'$ gilt, ist $p_\# \pi_1(\tilde{X}, \tilde{x}_i) = p'_\# \pi_1(\tilde{X}', \tilde{x}'_i)$ für alle i. Aus dem Äquivalenzkriterium 6.3.4 folgt, daß die Überlagerungen äquivalent sind.

(b) Sei $\varphi\colon \pi_1(X, x_0) \to S_n$ ein transitiver Homomorphismus. Dann ist die Menge $H = \{\alpha \in \pi_1(X, x_0) \mid \varphi(\alpha)(1) = 1\}$ eine Untergruppe von $\pi_1(X, x_0)$ vom Index n. Die n Restklassen von H sind die Mengen $\alpha_i H$, wobei $\alpha_i = [w_i] \in \pi_1(X, x_0)$ ein festes Element mit $\varphi(\alpha_i)(1) = i$ ist. Nach 6.6.1 gibt es eine wegzusammenhängende Überlagerung $p\colon \tilde{X} \to X$ und einen Punkt $\tilde{x}_1$ über x_0 mit $H = p_\# \pi_1(\tilde{X}, \tilde{x}_1)$, und nach 6.3.5 ist diese Überlagerung n-blättrig. Wir numerieren die Punkte über x_0 durch die Vorschrift $\tilde{x}_j = L_p(w_j^{-1}, \tilde{x}_1)(1)$. Es ist klar, daß $\tilde{x}_i \neq \tilde{x}_j$ ist für $i \neq j$. Sei $f\colon \pi_1(X, x_0) \to S_n$ der zu dieser Numerierung gehörende charakterisierende Homomorphismus. Dann gelten auch für f die Gleichungen $f(\alpha)(1) = 1$ für $\alpha \in H$ und $f(\alpha_i)(1) = i$ für $i = 1, \ldots, n$. Seien $\beta \in \pi_1(X, x_0)$ und $i \in \{1, \ldots, n\}$ beliebig. Es ist $\beta \alpha_i \in \alpha_j H$ für ein i, daher $f(\beta)(i) = f(\beta \alpha_i)(1) = f(\alpha_j)(1) = j$ und genauso $\varphi(\beta)(i) = \varphi(\beta \alpha_i)(1) = \varphi(\alpha_j)(1) = j$, folglich $f = \varphi$. $\square$

Mit 6.7.2 erhält man einen Algorithmus zur Bestimmung aller n-blättrigen Überlagerungen von X: Man sucht eine Beschreibung $\pi_1(X) = \langle s_1, s_2, \ldots \mid r_1, r_2, \ldots \rangle$.

Dann ordnet man den Erzeugenden x_i beliebige Elemente $f(x_i) \in S_n$ zu (S_n hat nur endlich viele Elemente) und prüft nach, ob in S_n die Gleichungen $f(r_i) = 1$ gelten. Wenn ja, hat man einen Homomorphismus $f \colon \pi_1(X, x_0) \to S_n$. Man prüft nach, ob er transitiv ist. Nachdem man so alle transitiven Homomorphismen $\pi_1(X, x_0) \to S_n$ bestimmt hat, untersucht man, welche davon äquivalent sind. Dann hat man die n-blättrigen Überlagerungen von X bestimmt.

6.7.3 Beispiel Wenn X die Kleinsche Flasche ist, ist $\pi_1(X) = \langle a, b \mid a^2 b^2 \rangle$. Die Gruppe S_3 besteht aus den 6 Elementen 1, $r = (12)$, $s = (13)$, $t = (23)$, $x = (123)$ und $y = (213)$, wobei wir die übliche Zyklenschreibweise benutzen. r, s, t haben Ordnung 2, und x, y haben Ordnung 3. Elemente $f(a)$, $f(b) \in S_3$ mit $f(a)^2 f(b)^2 = 1$ bestimmen einen Homomorphismus $f \colon \pi_1(X) \to S_3$. Im Fall $f(a) = 1$ oder $f(b) = 1$ ist f nicht transitiv. Hat $f(a)$ Ordnung 2, so kann man bis auf Äquivalenz $f(a) = r$ annehmen, weil s, t zu r konjugiert sind. Für $f(b)$ bleibt dann nur s oder t. Hat $f(a)$ Ordnung 3, so ist $f(b) = f(a)^{-1}$. Also ergeben sich folgende transitive Homomorphismen:

$$f_1 \colon a \mapsto r, \ b \mapsto s; \quad f_2 \colon a \mapsto r, \ b \mapsto t; \quad f_3 \colon a \mapsto x, \ b \mapsto y; \quad f_4 \colon a \mapsto y, \ b \mapsto x.$$

Wegen $rsr^{-1} = t$ sind f_1 und f_2, wegen $rxr^{-1} = y$ sind f_3 und f_4 äquivalent. Weil f_1 und f_3 nicht äquivalent sind, gibt es — bis auf Äquivalenz — genau zwei 3-blättrige Überlagerungen der Kleinschen Flasche.

Aufgaben

6.7.A1 Es gibt genau drei 2-blättrige Überlagerungen von $S^1 \vee S^1$; zeichnen Sie wie in Abb. 6.1.4 diese Überlagerungen.

6.7.A2 Es gibt genau vier reguläre und genau drei nicht-reguläre dreiblättrige Überlagerungen von $S^1 \vee S^1$; zeichnen Sie wie in Abb. 6.1.4 diese Überlagerungen.

6.7.A3 Es gibt genau fünfzehn zweiblättrige Überlagerungen der Brezelfläche.

6.8 Liften von Strukturen

In diesem Abschnitt skizzieren wir einige Anwendungen der Überlagerungen in verschiedenen Bereichen der Mathematik. Ausgangspunkt dieser Anwendungen ist die Tatsache, daß man gewisse Strukturen des Basisraumes einer Überlagerung in den Totalraum liften kann.

6.8.1 Satz *Sei $p \colon \tilde{X} \to X$ eine Überlagerung. Dann gilt:*

(a) *Ist X ein CW-Raum, so ist $\tilde{X}$ ein CW-Raum mit* dim $\tilde{X}$ = dim X; *die Zellen von $\tilde{X}$ sind die Wegekomponenten von $p^{-1}(e)$, wobei e die Zellen von X durchläuft. Die Projektion p bildet die Zellen von $\tilde{X}$ homöomorph auf die Zellen von X ab.*

(b) *Ist X eine Riemannsche Fläche, so ist $\tilde{X}$ eine Riemannsche Fläche; die Projektion p: $\tilde{X} \to X$ ist eine holomorphe Abbildung, und die Deckbewegungen sind biholomorphe Funktionen $\tilde{X} \to \tilde{X}$.*

(c) *Ist X eine Riemannsche Mannigfaltigkeit, so ist $\tilde{X}$ eine Riemannsche Mannigfaltigkeit; die Projektion p ist eine lokale Isometrie, und die Deckbewegungen sind Isometrien $\tilde{X} \to \tilde{X}$.*

(d) *Ist X eine Liegruppe, so ist $\tilde{X}$ eine Liegruppe; die Projektion ist ein differenzierbarer Homomorphismus, und die Deckbewegungsgruppe ist ein diskreter Normalteiler von $\tilde{X}$.*

Natürlich können wir diesen Satz hier nicht beweisen, sondern müssen uns zumeist mit einigen Andeutungen begnügen:

(a) Sei $e \subset X$ eine Zelle. Weil e lokal wegzusammenhängend ist, gilt dasselbe für $p^{-1}(e)$. Daher ist $p^{-1}(e)$ die topologische Summe seiner Wegekomponenten, und für jede solche Komponente $\tilde{e}$ ist $p|\tilde{e}$: $\tilde{e} \to e$ eine Überlagerung. Aber e ist einfach zusammenhängend; folglich ist $\tilde{e}$ homöomorph zu e und ist somit eine Zelle. Alle diese Zellen bilden eine Zellzerlegung von $\tilde{X}$, die die Eigenschaften C und W hat. Liftet man eine charakteristische Abbildung von e nach $\tilde{X}$ (was nach dem Liftungstheorem 6.2.6 möglich ist), so erhält man eine charakteristische Abbildung der gelifteten Zelle $\tilde{e}$. (Vervollständigen Sie dieses zu einem Beweis von (a).)

(b) Eine Riemannsche Fläche X ist eine Fläche X zusammen mit einem System f_i: $U_i \to X$ von lokalen Koordinatenfunktionen ($i \in J$ = Indexmenge): f_i ist ein Homöomorphismus eines Gebiets $U_i \subset \mathbb{C}$ auf eine offene Menge $f_i(U_i) \subset X$, diese $f_i(U_i)$ überdecken X, und für alle i, j ist die Funktion $f_j^{-1} f_i$ (die ein gewisses Gebiet in $\mathbb{C}$ nach $\mathbb{C}$ abbildet) holomorph. Man kann annehmen, daß alle U_i einfach-zusammenhängend sind. Dann kann man nach dem Liftungstheorem 6.2.6 Liftungen $\tilde{f}_i$: $U_i \to \tilde{X}$ von f_i finden, und die sämtlichen Liftungen aller f_i bilden ein System von lokalen Koordinatenfunktionen für $\tilde{X}$, mit dem $\tilde{X}$ eine Riemannsche Fläche ist.

(c) Eine Riemann-Mannigfaltigkeit X der Dimension n hat zunächst eine differenzierbare Struktur: man hat lokale Koordinatenfunktionen f_i: $U_i \to X$, wobei jetzt U_i eine offene Menge im $\mathbb{R}^n$ ist, und die Abbildungen $f_j^{-1} \circ f_i$ sind differenzierbar. Wie in (b) liftet man diese Struktur nach $\tilde{X}$. Eine Riemannsche Mannigfaltigkeit hat aber darüber hinaus eine Riemannsche Struktur: auf jedem Tangentialraum an X (der ein n-dimensionaler Vektorraum ist) ist ein Skalarprodukt gegeben. Weil das Differential von p: $\tilde{X} \to X$ ein Vektorraum-Isomorphismus zwischen den Tangentialräumen von $\tilde{X}$ und X ist, erhält man auch ein Skalarprodukt auf den Tangentialräumen von $\tilde{X}$. Also ist auch $\tilde{X}$ eine Riemannsche Mannigfaltigkeit.

(d) Eine Liegruppe X hat zwei Strukturen: erstens die einer differenzierbaren Mannigfaltigkeit, die man wie in (c) nach $\tilde{X}$ liftet. Zweitens ist X eine Gruppe, und Multiplikation $X \times X \to X$, $(x, y) \mapsto xy$, sowie Inversenbildung $X \to X$, $x \mapsto x^{-1}$, sind differenzierbare Funktionen. Sei $f\colon \tilde{X} \times \tilde{X} \to X$ die Abbildung $f(\tilde{x}, \tilde{y}) = p(\tilde{x})p(\tilde{y})$. Mit dem Liftungstheorem 6.2.6 liftet man f zu $\tilde{f}\colon \tilde{X} \times \tilde{X} \to \tilde{X}$ und zeigt, daß $\tilde{X}$ mit der Multiplikation $\tilde{x}\tilde{y} = \tilde{f}(\tilde{x}, \tilde{y})$ eine Liegruppe ist.   □

Interessant wird der vorige Satz, wenn $p\colon \tilde{X} \to X$ die universelle Überlagerung ist. Die einfach zusammenhängenden Objekte in 6.8.1 sind nämlich in gewissen Spezialfällen nach tiefliegenden Sätzen der jeweiligen Theorie gut bekannt. So hat man in der Funktionentheorie folgendes Resultat:

6.8.2 Riemannscher Abbildungssatz   *Jede einfach zusammenhängende Riemannsche Fläche ist biholomorph äquivalent zur komplexen Ebene $\mathbb{C}$, zur Riemannschen Zahlenkugel S^2 oder zur offenen Kreisscheibe $E = \{z \in \mathbb{C} \mid |z| < 1\}$.*

Eine vollständige Riemannsche Mannigfaltigkeit mit konstanter Gaußscher Krümmung $K = 0, 1$ oder -1 nennt man eine *Raumform*. In der Differentialgeometrie hat man den

6.8.3 Satz von Killing, Hopf   *Jede einfach zusammenhängende n-dimensionale Raumform ist für $K = 0$ isometrisch zum euklidischen Raum $\mathbb{R}^n$, für $K = 1$ zum sphärischen Raum S^n und für $K = -1$ zum hyperbolischen Raum H^n.*

Auch die einfach zusammenhängenden Liegruppen kennt man gut, doch wollen wir uns auf die Fälle (b) und (c) von 6.8.1 beschränken.

Jede Riemannsche Fläche X wird also von $\mathbb{C}$, S^2 oder E überlagert und jede n-dimensionale Raumform X von $\mathbb{R}^n$, S^n oder H^n. Wenn $\mathcal{D}$ die Deckbewegungsgruppe dieser Überlagerung ist und $\tilde{X}$ der Totalraum, so findet man X (einschließlich der holomorphen bzw. Riemannschen Struktur) als Orbitraum $\tilde{X}/\mathcal{D}$ wieder. Die Klassifikation der Riemannschen Flächen ist damit auf folgendes Problem zurückgeführt: In der Gruppe aller biholomorphen Funktionen $\mathbb{C} \to \mathbb{C}$ bzw. $S^2 \to S^2$ bzw. $E \to E$ bestimme man alle Untergruppen, die eigentlich diskontinuierlich auf $\mathbb{C}$ bzw. S^2 bzw. E operieren. Entsprechend muß man zur Klassifikation der n-dimensionalen Raumformen in der Gruppe aller Isometrien $\mathbb{R}^n \to \mathbb{R}^n$ bzw. $S^n \to S^n$ bzw. $\mathbb{H}^n \to \mathbb{H}^n$ alle Untergruppen bestimmen, die eigentlich diskontinuierlich auf $\mathbb{R}^n$ bzw. S^n bzw. $\mathbb{H}^n$ operieren.

Beide Fragestellungen führen zu überaus reichhaltigen und interessanten Teilgebieten der Mathematik, auf die wir hier nicht näher eingehen können.

6.9 Anwendungen der Überlagerungen in der Gruppentheorie

Jede Gruppe G kann man nach 5.6.5 (d) als Fundamentalgruppe eines CW-Raumes X realisieren; zu jeder Untergruppe N von G gehört dann nach 6.6.1 eine Überlagerung $\tilde{X}$ von X. Diese beiden Tatsachen sind der Grund, daß man mit topologischen Methoden gruppentheoretische Sätze beweisen kann. Wir bringen einige Beispiele dafür.

6.9.1 Satz *Untergruppen freier Gruppen sind frei.*

Beweis Sei G eine freie Gruppe und $H \subset G$ eine Untergruppe. Sei Y die Einpunktvereinigung von a Kreislinien mit $a = \operatorname{Rang} G \leq \infty$. Nach 5.5.9 können wir $\pi_1(Y, y_0) = G$ setzen. Weil Y als CW-Raum hinreichend zusammenhängend ist, gibt es nach 6.6.1 eine Überlagerung $p\colon \tilde{Y} \to Y$ mit $p_\# \pi_1(\tilde{Y}, \tilde{y}_0) = H$. Nach 6.8.1 ist $\tilde{Y}$ ein Graph, daher ist $\pi_1(\tilde{Y}, \tilde{y}_0)$ nach 5.5.14 eine freie Gruppe. Wegen $H \cong \pi_1(\tilde{Y}, \tilde{y}_0)$ ist auch H frei. $\qquad\square$

Wenn der Rang n von G und der Index k von H in G endlich sind, so hat Y eine 0-Zelle und n 1-Zellen, und die Überlagerung ist nach 6.3.5 k-blättrig. Daher besteht $\tilde{Y}$ nach 6.8.1 aus k 0-Zellen und kn 1-Zellen, und $\pi_1(\tilde{Y}, \tilde{y}_0) \cong H$ hat nach 5.5.16 den Rang $1 - k + kn = k(n-1) + 1$. Damit ist gezeigt:

6.9.2 Satz *Ist G eine freie Gruppe vom Rang n und $H \subset G$ eine Untergruppe vom Index k, so ist H eine freie Gruppe vom Rang $k(n-1) + 1$.* $\qquad\square$

Untervektorräume haben nie eine größere Dimension als der Vektorraum, in dem sie enthalten sind. Untergruppen einer freien abelschen Gruppe A haben nie einen größeren Rang als A. Satz 6.9.2 zeigt die überraschende Tatsache, daß der analoge Sachverhalt bei freien Gruppen falsch ist! Hier hat die kleinere Gruppe H sogar stets einen größeren Rang als die umfassende Gruppe G (außer in den trivialen Fällen $k = 1$ oder $n = 1$). Wir verdeutlichen dieses Phänomen noch an einigen Beispielen.

6.9.3 Beispiele
(a) Sei G die von den Elementen a und b frei erzeugte Gruppe, und sei $k \geq 2$ eine ganze Zahl. Es ist leicht, einen surjektiven Homomorphismus $f\colon G \to \mathbb{Z}_k$ zu konstruieren (man bilde etwa a und b auf das erzeugende Element von $\mathbb{Z}_k$ ab). Der Kern von f ist eine Untergruppe von G vom Rang $k + 1$. Daraus folgt: *Jede freie Gruppe von endlichem Rang ist* (bis auf Isomorphie) *als Untergruppe in der freien Gruppe vom Rang 2 enthalten.*
(b) Sei $p\colon \tilde{X} \to X$ die in Abb. 6.1.4 skizzierte Überlagerung. Dann ist $\pi_1(X, x) = \langle a, b| - \rangle$, und $\pi_1(\tilde{X}, \tilde{x}_1)$ wird frei erzeugt von den Elementen $\tilde{a}_2 \tilde{b}_2$, $\tilde{b}_1 \tilde{b}_3 \tilde{b}_2$, $\tilde{b}_2^{-1} \tilde{a}_1$ und $\tilde{b}_2^{-1} \tilde{b}_3^{-1} \tilde{a}_3 \tilde{b}_3 \tilde{b}_2$ (als maximalen Baum in $\tilde{X}$ haben wir die beiden Kanten $\tilde{b}_2$ und

$\tilde{b}_3$ gewählt). Daher ist $H = p_\# \pi_1(\tilde{X}, \tilde{x}_1)$ eine Untergruppe von $\langle a, b| - \rangle$ vom Index 3, und die Elemente ab, b^3, $b^{-1}a$ und $b^{-2}ab^2$ bilden ein freies Erzeugendensystem für H.

Als weiteres Beispiel zum Thema dieses Abschnitts untersuchen wir, welche Untergruppen es in einem freien Produkt $G * H$ gibt.

6.9.4 Beispiele

(a) Ist $U \subset G$ bzw. $V \subset H$ eine Untergruppe, so ist $U * V$ eine Untergruppe von $G * H$. Daß man so nicht alle Untergruppen von $G * H$ erhält, wissen wir schon lange (5.3.A2, 5.5.A3 und 6.9.3).

(b) Wir betrachten im freien Produkt $\pi_1(S^1 \vee P^2) = \mathbb{Z} * \mathbb{Z}_2 = \langle a, b \mid b^2 \rangle$ die von den Elementen b, aba^{-1} und a^2 erzeugte Untergruppe U. Dann ist U selbst ein freies Produkt, nämlich $U = U_0 * U_1 * F$, wobei U_0 bzw. U_1 bzw. F die von b bzw. aba^{-1} bzw. a^2 erzeugte Untergruppe von $\mathbb{Z} * \mathbb{Z}_2$ ist (also ist $\mathbb{Z}_2 * \mathbb{Z}_2 * \mathbb{Z}$ in $\mathbb{Z} * \mathbb{Z}_2$ als Untergruppe enthalten). Beweis: Der Raum $\tilde{X}$ entstehe aus S^1, indem man an die Punkte $\pm 1 \in S^1$ je eine projektive Ebene mit einem Punkt anklebt. Dann gibt es eine zweiblättrige Überlagerung $\tilde{X} \to S^1 \vee P^2$, deren charakterisierende Untergruppe gleich U ist. Aus $\tilde{X} \simeq S^1 \vee P^2 \vee P^2$ folgt die Aussage über U.

(c) In $\mathbb{Z} * \mathbb{Z}_2$ ist sogar ein unendlich freies Produkt $\mathbb{Z}_2 * \mathbb{Z}_2 * \ldots$ enthalten. Dazu sei $V \subset \mathbb{Z} * \mathbb{Z}_2$ die Untergruppe, die von allen Elementen $a^n b a^{-n}$ mit $n \in \mathbb{Z}$ erzeugt wird. Dann ist $V = \ast_{n \in \mathbb{Z}} V_n$, wobei $V_n = \{1, a^n b a^{-n}\}$ ist: Klebt man nämlich an jede ganze Zahl $n \in \mathbb{R}$ eine projektive Ebene mit einem Punkt an, so ergibt sich eine unendlich-blättrige Überlagerung $\hat{X} \to S^1 \vee P^2$ mit charakterisierender Untergruppe V; man berechnet $\pi_1(\hat{X})$ mit 5.6.4 und erhält daraus die Aussage über V.

Die vorangehenden Beispiele sind Spezialfälle des Satzes von Kurosch:

6.9.5 Satz von Kurosch   *Jede Untergruppe $U \subset G * H$ ist ein freies Produkt der Form $U = F * U_1 * U_2 * \ldots$; dabei ist F eine freie Gruppe (frei erzeugt von gewissen Elementen von $G * H$), und jedes U_i ist in $G * H$ konjugiert zu einer Untergruppe von G oder H.*

Beweis   Es seien X und Y zweidimensionale CW-Räume mit je genau einer 0-Zelle $x_0 \in X$ bzw. $y_0 \in Y$, so daß $\pi_1(X, x_0) = G$ und $\pi_1(Y, y_0) = H$ ist. Der CW-Raum Z entstehe aus X und Y, indem man eine neue 0-Zelle z_0 und zwei neue 1-Zellen e bzw. d hinzunimmt, die x_0 bzw. y_0 mit z_0 verbinden. Wegen $Z \simeq X \vee Y$ können wir $\pi_1(Z, z_0)$ mit $G * H$ identifizieren. Zu U gehört dann eine Überlagerung $p \colon \tilde{Z} \to Z$ mit $U = p_\# \pi_1(\tilde{Z}, \tilde{z}_0)$ für einen Punkt $\tilde{z}_0$ über z_0. Der Überlagerungsraum $\tilde{Z}$ ist ein CW-Raum, dessen Fundamentalgruppe wir nach 5.6.4 berechnen. Dazu seien $\tilde{X}_i$ bzw. $\tilde{Y}_j$ die Wegekomponenten von $p^{-1}(X)$ bzw. $p^{-1}(Y)$ in $\tilde{Z}$. Wir wählen aufspannende Bäume $\tilde{S}_i \subset \tilde{X}_i^1$ und $\tilde{T}_j \subset \tilde{Y}_j^1$ und einen aufspannenden Baum $\tilde{T}$ in $\tilde{Z}^1$, der alle $\tilde{S}_i$ und $\tilde{T}_j$ enthält (die Existenz von $\tilde{T}$ folgt wie in 5.5.13). Nach 5.6.4 hat $\pi_1(\tilde{Z}, \tilde{z}_0)$ die folgende Beschreibung durch Erzeugende und Relationen:

(a) Zu jeder 1-Zelle $\tilde{e}^1$ in $\tilde{X}_i^1 \setminus \tilde{S}_i$ bzw. $\tilde{Y}_j^1 \setminus \tilde{T}_j$ gehört eine Erzeugende $s(\tilde{e}^1)$, und zu jeder 2-Zelle $\tilde{e}^2$ in $\tilde{X}_i$ bzw. $\tilde{Y}_j$ gehört eine Relation $r(\tilde{e}^2)$.

(b) Zu jeder 1-Zelle $\tilde{k}$ in $\tilde{Z}^1 \setminus \tilde{T}$ über $k = e$ bzw. $k = d$ gehört eine Erzeugende $s(\tilde{k})$.

Die Gruppen in (a) sind isomorph zu $\pi_1(\tilde{X}_i)$ bzw. $\pi_1(\tilde{Y}_j)$, wobei der Isomorphismus wie in 5.1.8 von einem in $\tilde{T}$ liegenden Hilfsweg von $\tilde{z}_0$ zum Basispunkt in $\tilde{X}_i$ bzw. $\tilde{Y}_j$ vermittelt wird. Ferner folgt aus der Beschreibung, daß $\pi_1(\tilde{Z}, \tilde{z}_0)$ das freie Produkt der Gruppen in (a) und der freien zyklischen Gruppen in (b) ist. Durch Anwenden von $p_\#$ erhält man die Aussage über $U = p_\# \pi_1(\tilde{Z}, \tilde{z}_0)$.   □

Mit derselben Methode beweist man den analogen Satz für freie Produkte $\ast_{i \in I} G_i$ beliebig vieler Faktoren.

6.9.6 Die Reidemeister-Schreier-Methode

6.9.6 Die Reidemeister-Schreier-Methode Schaut man sich die Bestimmung von Erzeugenden und definierenden Relationen der Fundamentalgruppe eines CW-Raumes genauer an, so erhält man aus einer Beschreibung einer Gruppe G auch Beschreibungen ihrer Untergruppen.

Zu $G = \langle S \mid R \rangle$ betrachten wir den CW-Raum $X = C\langle S|R \rangle$ aus 5.8.5. Sei $U \subset G$ eine Untergruppe, $p \colon \tilde{X} \to X$ die zugehörige Überlagerung, und sei $\tilde{x}_0$ der Basispunkt in $\tilde{X}$. Wir wählen im 1-Gerüst von $\tilde{X}$ einen aufspannenden Baum $\tilde{B}$. Dann gibt es von $\tilde{x}_0$ ausgehend zu jeder 0-Zelle $\tilde{x} \in \tilde{X}$ einen Weg in $\tilde{B}$, der ein reduziertes Wort in den Erzeugenden S ergibt. Dieses repräsentiert die Rechtsrestklasse, die auch $\tilde{x}$ vertritt, und ist durch die Restklasse eindeutig bestimmt. Läßt man in dem Wort den letzten Buchstaben weg, erhält man einen Weg mit den gleichen Eigenschaften, der zu der vorangehenden 0-Zelle läuft und dessen Wort die entsprechende Restklasse repräsentiert. Induktiv erhalten wir, daß die Wahl eines aufspannenden Baumes in $\tilde{X}$ ein Repräsentantensystem von Worten für die Rechtsrestklasse ergibt, in denen jedes Anfangsteilwort auch seine Restklasse repräsentiert. Umgekehrt entspricht jedem Repräsentantensystem von Worten, welche diese sogenannte *Schreier-Bedingung* erfüllt, ein Baum in $\tilde{X}$.

Jetzt finden wir ein Erzeugendensystem für U in $\tilde{X}$ nach 5.6.4 wie folgt: ist $\tilde{\sigma}$ eine nicht in $\tilde{B}$ liegende gerichtete 1-Zelle, so läuft man von $\tilde{x}_0$ im Baum zum Anfangspunkt von $\tilde{\sigma}$, überquert $\tilde{\sigma}$ und läuft in $\tilde{B}$ nach $\tilde{x}_0$ zurück. So bekommen wir Erzeugende für die Fundamentalgruppe von $\tilde{X}$, d.h. von U. Definierende Relationen erhalten wir, indem wir die Ränder der 2-Zellen durchlaufen und notieren, in welcher Reihenfolge und Richtung wir welche 1-Zellen durchlaufen. Somit haben wir:

6.9.7 Satz (Reidemeister-Schreier) *Sei $G = \langle S \mid R \rangle$ und $U \subset G$ eine Untergruppe. Ferner sei W ein System von Worten, welches die Rechtsrestklassen von U in G vertritt und die folgende* Schreier-Bedingung *erfüllt:*

(S)   *1 vertritt U, jedes Anfangsteilwort eines $w \in W$ ist auch in W.*

Dann ist $\tilde{S} = \{ws \cdot \overline{ws}^{-1} \mid w \in W,\ s \in S, ws \neq \overline{ws}\}$ ein Erzeugendensystem von U; dabei bezeichnet $\overline{ws}$ den Restklassenvertreter von ws. Drückt man ferner die Relationen $\{wrw^{-1} \mid r \in R,\ w \in W\}$ durch die Erzeugenden $\tilde{S}$ aus, so erhält man ein System $\tilde{R}$ definierender Relationen für U, es ist also $U = \langle \tilde{S} \mid \tilde{R} \rangle$. $\square$

6.9.8 Beispiel Sei $G = \langle v_1, v_2 \mid v_1^2 v_2^2 \rangle \xrightarrow{\varphi} \mathbb{Z}_2 = \{1, -1\}$, $v_i \mapsto -1$, und sei U der Kern von φ. Dann ist $1, v_2$ ein System von Restklassenvertretern, welches offenbar der Schreier-Bedingung (S) genügt. Erzeugende von Kern φ bekommt man aus

$$x = 1 \cdot v_1 \cdot \bar{v}_1^{-1} = v_1 v_2^{-1},\ \ y = v_2 \cdot v_1 \cdot \overline{v_1 v_2}^{-1} = v_2 \cdot v_1,$$

$$t = 1 \cdot v_2 \overline{v_2}^{-1} = 1,\ \ w = v_2 \cdot v_2 \cdot \overline{v_2^2}^{-1} = v_2^2,$$

indem man die trivialen Ausdrücke wegläßt. Definierende Relationen sind

$$1 \cdot v_1^2 v_2^2 \cdot 1^{-1} = v_1 v_2^{-1} v_2^{+1} v_1 \cdot v_2^2 = xyw,$$

$$v_2 \cdot v_1^2 v_2^2 \cdot v_2^{-1} = v_2 v_1 \cdot v_1 v_2^{-1} \cdot v_2^2 = yxw;$$

also Kern $\varphi = \langle x, y, w \mid xyw, yxw \rangle \cong \langle x, y \mid xyx^{-1}y^{-1} \rangle$. Dieses spiegelt nur die Tatsache wider, daß der Torus die Kleinsche Flasche zweifach überlagert.

6.9.9 Beispiel *Die Kommutatorgruppe der Gruppe der Kleeblattschlinge.* Sei $G = \langle s, t \mid s^2 t^3 \rangle = \langle u, v \mid uv^{-1}uvu^{-2}v \rangle$ mit $u = st$, $v = stst^2$ bzw. $t = u^{-2}v$, $s = uv^{-1}u^2$. Macht man G abelsch, so entsteht $\mathbb{Z}$, und es wird u auf 1 und v auf 0 abgebildet. Ein System von Restklassenvertretern für die Kommutatorgruppe G' bildet also $\{u^i \mid i \in \mathbb{Z}\}$. Deshalb ergeben sich nach 6.9.7 als Erzeugende von G' die Elemente $x_i = u^i v u^{-i}$, $i \in \mathbb{Z}$, und als definierende Relationen:

$$r_j = u^j \cdot uv^{-1}uvu^{-2}v \cdot u^{-j} = u^{j+1}v^{-1}u^{-(j+1)} \cdot u^{j+2}vu^{-(j+2)} \cdot u^j vu^{-j}$$

$$= x_{j+1}^{-1} x_{j+2} x_j,\ j \in \mathbb{Z}.$$

Es läßt sich also x_2 durch ein Wort in x_1, x_0 ersetzen, wobei die Relation r_0 verlorengeht, dann x_3 ebenfalls durch ein Wort in x_1, x_0 unter Verlust von $r_1, \ldots$. So verschwinden alle Erzeugenden $x_2, x_3, x_4, \ldots$ und Relationen $r_0, r_1, r_2, \ldots$. Unter Verwendung von r_{-1} läßt sich x_{-1} durch ein Wort in x_0, x_1 ersetzen, dann x_{-2} unter Opfer von r_{-2} usw. Schließlich bleiben nur die Erzeugenden x_0, x_1, und es ist $G' = \langle x_0, x_1 \mid - \rangle$ eine freie Gruppe vom Rang 2. Diese Tatsache braucht man zum Beweis der am Ende von 5.7 erwähnten Aussage, daß die dort konstruierte Mannigfaltigkeit der Außenraum der Kleeblattschlinge ist [Burde-Zieschang, 5.1].

III Homologietheorie

7 Homologiegruppen von Simplizialkomplexen

Unter den algebraischen Invarianten, die man topologischen Räumen zuordnen kann, sind die Homologiegruppen wegen ihrer leichten Berechenbarkeit und ihren vielfältigen Anwendungen besonders wichtig. Wir folgen der historischen Entwicklung und führen zuerst die geometrisch sehr anschaulichen Homologiegruppen von Simplizialkomplexen ein. Der Leser, der noch wenig Erfahrung im Umgang mit abelschen Gruppen hat, sollte vor diesem Kapitel erst 8.1 lesen.

7.1 Definition der Homologiegruppen

7.1.1 Definition
(a) Die $q+1$ Ecken eines q-Simplex σ_q kann man auf $(q+1)!$ Arten anordnen. Zwei Anordnungen heißen *äquivalent*, wenn sie durch eine gerade Permutation auseinander hervorgehen. Eine *Orientierung von* σ_q ist eine Klasse äquivalenter Eckenanordnungen. Ein *orientiertes Simplex* ist ein Simplex zusammen mit einer festen Orientierung. (Wir bezeichnen Simplexe und orientierte Simplexe mit dem gleichen Symbol σ_q und müssen daher im Folgenden immer hervorheben, welche Bedeutung dieses Symbol hat.)

(b) Ist σ_q ein orientiertes q-Simplex, so schreiben wir $\sigma_q = \langle x_0 \ldots x_q \rangle$, wenn $x_0, \ldots, x_q$ die Ecken von σ_q sind und wenn die Anordnung $x_0, \ldots, x_q$ zur gegebenen Orientierung gehört.

(c) Ein 0-Simplex σ_0 ist ein x eines euklidischen Raumes; es hat genau eine Orientierung, und wir schreiben x statt $\langle x \rangle$. Für $q > 0$ hat ein q-Simplex genau zwei Orientierungen. Ist $\sigma_q = \langle x_0 \ldots x_q \rangle$ ein orientiertes Simplex, so heißt $\sigma_q^{-1} = \langle x_1 x_0 x_2 \ldots x_q \rangle$ das dazu *entgegengesetzt orientierte Simplex*.

Ein orientiertes 1-Simplex ist eine gerichtete Strecke; ein orientiertes 2-Simplex ist ein mit einem Umlaufsinn (Drehsinn) versehenes Dreieck; ein orientiertes 3-Simplex ist ein mit einem Schraubsinn versehenes Tetraeder (Abb. 7.1.1). Der entscheidende

Punkt der ganzen Homologietheorie ist, daß die $(q-1)$-dimensionalen Seitensimplexe eines orientierten q-Simplex in natürlicher Weise orientiert sind:

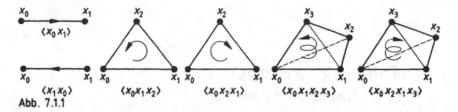

Abb. 7.1.1

7.1.2 Definition Sei $\sigma_{q-1} < \sigma_q$ und $x \in \sigma_q$ die Ecke, die nicht zu σ_{q-1} gehört.
Dann induziert eine Orientierung von σ_q wie folgt eine Orientierung von σ_{q-1}: Wir
wählen eine zur gegebenen Orientierung gehörende Anordnung $x, x_1, \ldots, x_q$ der
Ecken von σ_q, in der x die erste Ecke ist, also $\sigma_q = \langle x x_1 \ldots x_q \rangle$, und definieren die
induzierte Orientierung auf σ_{q-1} durch $\sigma_{q-1} = \langle x_1 \ldots x_q \rangle$.

Eine gerade Permutation von $x, x_1, \ldots, x_q$, bei der x an erster Stelle bleibt, indu-
ziert eine gerade Permutation von $x_1, \ldots, x_q$; daher ist die Definition eindeutig.
Abb. 7.1.2 macht die induzierten Orientierungen auf den Seitensimplexen in den
Fällen $q = 2, 3$ klar.

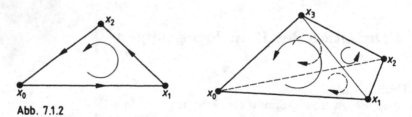

Abb. 7.1.2

7.1.3 Hilfssatz *Ist $\sigma_q = \langle x_0 \ldots x_q \rangle$ ein orientiertes q-Simplex $(q \geq 2)$, so ist das
der Ecke x_i gegenüberliegende $(q-1)$-Seitensimplex σ_{q-1}^i mit der induzierten Orien-
tierung gegeben durch $\langle x_0 \ldots \hat{x}_i \ldots x_q \rangle^{(-1)^i}$. Dabei steht $\langle x_0 \ldots \hat{x}_i \ldots x_q \rangle$ abkürzend
für $\langle x_0 \ldots x_{i-1} x_{i+1} \ldots x_q \rangle$.*

Beweis Bei i Vertauschungen ergibt sich $\sigma_q = \langle x_i x_0 \ldots x_{i-1} x_{i+1} \ldots x_q \rangle^{(-1)^i}$. □

7.1.4 Definition Es sei K ein Simplizialkomplex. Für $q \in \mathbb{Z}$ ist die q-*te Kettengruppe* $C_q(K)$ von K wie folgt definiert:

(a) Für $q < 0$ und $q > \dim K$ ist $C_q(K) = 0$.

(b) $C_0(K)$ ist die freie abelsche Gruppe, die von den Ecken von K erzeugt wird.

(c) Für $0 < q \leq \dim K$ ist $C_q(K)$ die von allen orientierten q-Simplexen von K
frei erzeugte abelsche Gruppe modulo der Relationen $\sigma_q + \sigma_q^{-1} = 0$, wobei σ_q
die orientierten q-Simplexe von K durchläuft. Die Elemente von $C_q(K)$ heißen
q-*dimensionale Ketten* (kurz: q-*Ketten*) von K.

Ist α_q die Anzahl der q-Simplexe von K, so ist $2\alpha_q$ für $q > 0$ die Anzahl der orientierten q-Simplexe von K. Die Relation $\sigma_q + \sigma_q^{-1} = 0$ impliziert, daß entgegengesetzt orientierte Simplexe in der Gruppe $C_q(K)$ zueinander invers sind, also $-\sigma_q = \sigma_q^{-1}$.

7.1.5 Satz *Wir wählen für jedes q-Simplex von K eine feste Orientierung und bezeichnen diese orientierten Simplexe mit $\sigma_q^1, \ldots, \sigma_q^{\alpha_q}$. Dann besitzt jede q-Kette $c \in C_q(K)$ eine eindeutige Darstellung der Form*

$$c = n_1 \sigma_q^1 + \ldots + n_{\alpha_q} \sigma_q^{\alpha_q} \quad \text{mit } n_1, \ldots, n_{\alpha_q} \in \mathbb{Z}.$$

Folglich ist $C_q(K)$ frei abelsch vom Rang α_q mit Basis $\sigma_q^1, \ldots, \sigma_q^{\alpha_q}$. □

Eine q-Kette in K ist also eine formale Linearkombination der orientierten q-Simplexe von K mit ganzzahligen Koeffizienten; eine 0-Kette insbesondere ist eine formale Linearkombination der Ecken von K. Das ist ein algebraisches Konzept, und die Ketten in K haben zunächst keine geometrische Bedeutung.

7.1.6 Definition Es sei $\sigma_q = \langle x_0 \ldots x_q \rangle \in C_q(K)$ ein orientiertes q-Simplex von K. Der *Rand von* σ_q ist die folgende $(q-1)$-Kette von K:

$$\partial \sigma_q = \partial \langle x_0 \ldots x_q \rangle = \begin{cases} \sum_{i=0}^{q} (-1)^i \langle x_0 \ldots \hat{x}_i \ldots x_q \rangle & \text{für } q > 0, \\ 0 & \text{für } q = 0. \end{cases}$$

Der *Rand einer beliebigen Kette* $c = \sum_{i=1}^{\alpha_q} n_i \sigma_q^i \in C_q(K)$ ist definiert durch

$$\partial c = \partial \left(\sum_{i=1}^{\alpha_q} n_i \sigma_q^i \right) = \sum_{i=1}^{\alpha_q} n_i \partial \sigma_q^i \in C_{q-1}(K).$$

Der so definierte Homomorphismus $\partial = \partial_q \colon C_q(K) \to C_{q-1}(K)$ heißt (q-ter) *Randoperator*.

Der Rand eines orientierten 1-Simplex $\sigma_1 = \langle x_0 x_1 \rangle$ ist die 0-Kette $\partial \sigma_1 = x_1 - x_0$ (*Endpunkt minus Anfangspunkt*). Der Rand eines orientierten q-Simplex σ_q ist für $q \geq 2$ nach 7.1.3 die Summe aller $(q-1)$-dimensionalen Seitensimplexe von σ_q, jedes mit der induzierten Orientierung versehen. Mit Hilfe des Randoperators können wir jetzt spezielle Ketten in K beschreiben, denen eine geometrische Bedeutung zukommt.

7.1.7 Definition

(a) Eine q-Kette $c \in C_q(K)$ heißt *geschlossene q-Kette* oder q-*Zyklus*, wenn der Rand $\partial c = 0$ ist. Die Untergruppe $Z_q(K) = \{c \in C_q(K) \mid \partial c = 0\} = $ Kern ∂_q von $C_q(K)$ heißt die q-*te Zyklengruppe von* K.

(b) Eine q-Kette $c \in C_q(K)$ heißt *Randkette* oder *berandende Kette* oder *nullhomologe Kette*, wenn es eine Kette $x \in C_{q+1}(K)$ gibt mit $\partial x = c$. Die Untergruppe

$B_q(K) = \{c \in C_q(K) \mid c \text{ ist nullhomolog}\} = \text{Bild } \partial_{q+1} \text{ von } C_q(K)$ heißt die q-te
Rändergruppe von K (hier steht B für boundary).

(c) Zwei Ketten $c, c' \in C_q(K)$ heißen *homolog*, wenn $c - c'$ berandet. Die *Homologieklasse* $\{c\}$ *der Kette* $c \in C_q(K)$ ist die Menge aller zu c homologen Ketten:

$$\{c\} = \{c' \mid c - c' \in B_q(K)\} = \{c + b \mid b \in B_q(K)\} = c + B_q(K).$$

Wenn wir den Komplex K hervorheben wollen, schreiben wir auch $\{c\} = \{c\}_K$.

7.1.8 Beispiele
(a) Jede 0-Kette ist ein Zyklus, also $Z_0(K) = C_0(K)$.

(b) Jede 1-Kette der Form $c = \langle x_0 x_1 \rangle + \ldots + \langle x_{n-2} x_{n-1} \rangle + \langle x_{n-1} x_0 \rangle$ ist wegen $\partial c = x_1 - x_0 + x_2 - x_1 + \ldots + x_0 - x_{n-1} = 0$ ein Zyklus. Einen 1-Zyklus kann man sich vorstellen als ein System *geschlossener Kantenwege* in K.

(c) Wir betrachten das Tetraeder in Abb. 7.1.2. Die Summe c der vier wie dort orientierten Seitendreiecke ist ein 2-Zyklus. Man bestätigt das sofort durch Nachrechnen, aber die folgende Argumentation ist geometrisch einsichtiger. Die Kante mit den Ecken x_1 und x_3 kommt in ∂c zweimal vor: in $\partial \langle x_0 x_1 x_3 \rangle$ als $\langle x_1 x_3 \rangle$ und in $\partial \langle x_3 x_1 x_2 \rangle$ als $\langle x_3 x_1 \rangle$. Wegen $\langle x_3 x_1 \rangle + \langle x_1 x_3 \rangle = 0$ fällt diese Kante bei der Randbildung weg. Weil dasselbe Argument für die übrigen fünf Kanten gilt, ist $\partial c = 0$. In Verallgemeinerung dieses Beispiels hat man sich einen q-Zyklus als eine Kette $c = n_1 \sigma_q^1 + \ldots + n_{\alpha_q} \sigma_q^{\alpha_q}$ mit folgender Eigenschaft vorzustellen: Wenn ein orientiertes $(q-1)$-Simplex σ_{q-1} im Rand von σ_q^i vorkommt und $n_i \neq 0$ ist, so kommt σ_{q-1} auch noch in einem (oder mehreren) σ_q^j mit $j \neq i$ vor, und die Koeffizienten n_i, n_j sind so, daß σ_{q-1} in $\partial c = n_1 \partial \sigma_q^1 + \ldots + n_{\alpha_q} \partial \sigma_q^{\alpha_q}$ wegfällt. Ein q-Zyklus ist eine Linearkombination „besonders schön zusammengefügter q-Simplexe".

(d) Ist $\dim K = n$, so ist $B_n(K) = 0$, weil nach Definition $C_{n+1}(K) = 0$ ist. In der höchsten Dimension gibt es keine Ränder (außer 0).

(e) Die Kette $\langle x_0 x_1 \rangle + \langle x_1 x_2 \rangle + \langle x_2 x_3 \rangle + \langle x_3 x_0 \rangle$ auf dem Tetraeder in Abb. 7.1.2 ist ein Rand. Dort ist die 2-Kette $\langle x_0 x_1 x_2 \rangle + \langle x_3 x_2 x_1 \rangle + \langle x_3 x_1 x_0 \rangle$ homolog zu $\langle x_0 x_3 x_2 \rangle$.

7.1.9 Satz *Ränder sind Zyklen, d.h. für $q \in \mathbb{Z}$ ist die Rändergruppe $B_q(K)$ eine Untergruppe der Zyklengruppe $Z_q(K)$.*

Beweis Zu zeigen ist $\partial \partial c = 0$ für $c \in C_q(K)$. Weil die orientierten q-Simplexe eine Basis von $C_q(K)$ bilden, genügt es zu zeigen, daß $\partial \partial \sigma_q = 0$ ist für jedes orientierte

q-Simplex σ_q. Für $q \leq 1$ ist das klar. Für $q \geq 2$ und $\sigma_q = \langle x_0 \ldots x_q \rangle$ ist

$$\partial\partial\sigma_q = \partial(\sum_{i=0}^{q}(-1)^i\langle x_0 \ldots \hat{x}_i \ldots x_q\rangle)$$

$$= \sum_{i=0}^{q}(-1)^i\partial\langle x_0 \ldots \hat{x}_i \ldots x_q\rangle$$

$$= \sum_{i=0}^{q}(-1)^i(\sum_{j=0}^{i-1}(-1)^j\langle \ldots \hat{x}_j \ldots \hat{x}_i \ldots\rangle + \sum_{j=i+1}^{q}(-1)^{j-1}\langle \ldots \hat{x}_i \ldots \hat{x}_j \ldots\rangle)$$

$$= \sum_{j<i}(-1)^{i+j}\langle \ldots \hat{x}_j \ldots \hat{x}_i \ldots\rangle + \sum_{j>i}(-1)^{i+j-1}\langle \ldots \hat{x}_i \ldots \hat{x}_j \ldots\rangle.$$

Vertauscht man in der zweiten Summe i und j, so sieht man $\partial\partial\sigma_q = 0$.   □

7.1.10 Definition Die Faktorgruppe $H_q(K) = Z_q(K)/B_q(K)$ heißt die *q-te Homologiegruppe des Simplizialkomplexes K*. Ihre Elemente sind die Homologieklassen $\{z\} = \{z\}_K = z + B_q(K)$, wobei $z \in Z_q(K)$ die q-Zyklen durchläuft. Weil die Kettengruppe $C_q(K)$ endlich erzeugt ist, ist auch $Z_q(K)$ und daher $H_q(K)$ endlich erzeugt; die Bettizahl p_q von $H_q(K)$ heißt die *q-te Bettizahl von K*, und die Torsionskoeffizienten $t_q^1, \ldots, t_q^{r_q}$ von $H_q(K)$ heißen die *q-dimensionalen Torsionskoeffizienten von K*. Es ist also $H_q(K) \cong \mathbb{Z}^{p_q} \oplus \mathbb{Z}_{t_q^1} \oplus \ldots \oplus \mathbb{Z}_{t_q^{r_q}}$ (im Fall $p_q = 0$ bzw. $r_q = 0$ fehlt der entsprechende Anteil).

Genau dann ist $H_q(K) \neq 0$, wenn es einen q-Zyklus in K gibt, der nicht Rand ist. Die Homologie mißt, wieviel *wesentliche* (d.h. nicht berandende) Zyklen es in K gibt und ist damit ein Maß für die *geometrische Kompliziertheit* von K. Kennt man alle Bettizahlen und alle Torsionskoeffizienten von K, so kennt man auch die Homologiegruppen von K als abstrakte Gruppen. Für das geometrische Verständnis der Homologie genügt das nicht: Man muß immer auch die Zyklen in K beschreiben können, welche die von Null verschiedenen Homologieklassen repräsentieren.

Aufgaben

7.1.A1 Eine q-Kette auf K kann man auch definieren als eine Funktion c, die jedem orientierten q-Simplex σ von K eine ganze Zahl zuordnet, so daß $c(\sigma^{-1}) = -c(\sigma)$ gilt. Führen Sie die Details aus (vgl. 8.1.11).

7.1.A2 Beweisen Sie 7.1.5.

7.1.A3 Sei σ ein orientiertes $(q + 1)$- und τ ein orientiertes q-Simplex von K. Die *Inzidenzzahl* $[\sigma : \tau]$ ist definiert als $1, -1$ oder 0, je nachdem ob τ im Rand von σ mit der induzierten Orientierung, der entgegengesetzten oder gar nicht auftritt. Zeigen Sie: $\partial\sigma = \Sigma_\tau[\sigma : \tau] \cdot \tau$.

7.1.A4 Sei α_q bzw. β_q bzw. γ_q der Rang der freien abelschen Gruppe $C_q(K)$ bzw. $B_q(K)$ bzw. $Z_q(K)$. Zeigen Sie: $\alpha_q = \gamma_q + \beta_{q-1}$ (Hinweis: 8.1.7 (b)).

7.1.A5 Ferner gilt $\gamma_q = p_q + \beta_q$, wobei p_q die q-te Bettizahl von K ist.

7.1.A6 Zeigen sie mit den beiden vorigen Aufgaben, daß für die in 3.1.A13 definierte Eulercharakteristik gilt: $\chi(K) = p_0 - p_1 + p_2 - \ldots + (-1)^n p_n$. (Diese wichtige Formel werden wir in 10.6.8 auf andere Weise beweisen.)

7.2 Beispiele zur Homologie

7.2.1 Beispiel Sei K der Simplizialkomplex aus Abb. 7.2.1. Um eine Basis für die Kettengruppen zu erhalten, sind die Simplexe fest orientiert. Die Ketten von K sind:

0-Ketten: $c_0 = a_0 x_0 + a_1 x_1 + a_2 x_2 + a_3 x_3$
1-Ketten: $c_1 = b_1 \sigma_1^1 + b_2 \sigma_1^2 + b_3 \sigma_1^3 + b_4 \sigma_1^4 + b_5 \sigma_1^5$
2-Ketten: $c_2 = m\sigma_2$.

Dabei ist $a_i, b_j, m \in \mathbb{Z}$. Wegen $\partial c_2 = m(\sigma_1^1 + \sigma_1^2 + \sigma_1^3) \neq 0$ für $m \neq 0$ gibt es keine 2-Zyklen (außer 0), also $Z_2(K) = 0$ und daher $H_2(K) = 0$. Wegen

$$\partial c_1 = (b_1 - b_2)x_0 + (-b_1 + b_3 - b_4)x_1 + (b_2 - b_3 + b_5)x_2 + (b_4 - b_5)x_3$$

ist c_1 genau dann ein Zyklus, wenn $b_2 = b_1$, $b_5 = b_4$ und $b_3 = b_1 + b_4$ ist. Die 1-Zyklen sind daher die Ketten $b_1(\sigma_1^1 + \sigma_1^2 + \sigma_1^3) + b_4(\sigma_1^3 + \sigma_1^4 + \sigma_1^5)$, und die 1-Zyklen $z_1 = \sigma_1^1 + \sigma_1^2 + \sigma_1^3$ und $z_1' = \sigma_1^3 + \sigma_1^4 + \sigma_1^5$ bilden eine Basis von $Z_1(K)$. Wegen $c_2 = m\sigma_2$ und $\partial c_2 = mz_1$ ist $B_1(K) = \{mz_1 \mid m \in \mathbb{Z}\}$. Daher ist z_1 nullhomolog; z_1' ist es nicht, also ist $H_1(K) \cong \mathbb{Z}$, erzeugt von $\{z_1'\}$. Zu $H_0(K)$ vergleiche 7.2.4.

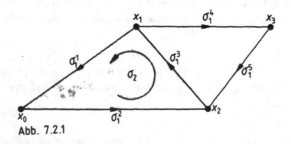

Abb. 7.2.1

Dieses Beispiel macht klar, daß die Homologiegruppen eines Simplizialkomplexes grundsätzlich in endlich vielen Schritten berechenbar sind; das allgemeine Rechenverfahren ist wie in 7.2.1. Allerdings wird, wenn der Simplizialkomplex viele Simplexe enthält, der Rechenaufwand außerordentlich groß, und wir benötigen daher andere Verfahren zur Berechnung der Homologiegruppen.

7.2.2 Satz *Es ist stets $H_q(K) = 0$ für $q < 0$ und $q > n = \dim K$. Weil es keine n-dimensionalen Ränder gibt, ist $H_n(K) = Z_n(K)$. Als Untergruppe von $C_n(K)$ ist $H_n(K)$ eine freie abelsche Gruppe; n-dimensionale Torsionskoeffizienten gibt es also nicht. Die n-te Bettizahl p_n von K ist die Maximalzahl der linear unabhängigen n-Zyklen von K.* $\square$

7.2.3 Satz *Es seien $K_1, \ldots, K_r$ die Komponenten von K, vgl. 3.1.14. Dann ist für alle $q \in \mathbb{Z}$*

$$C_q(K_1) \oplus \ldots \oplus C_q(K_r) \cong C_q(K) \ durch \ (c^1, \ldots, c^r) \mapsto c^1 + \ldots + c^r.$$

Genau dann ist $c^1 + \ldots + c^r$ Zyklus bzw. Rand in K, wenn c^i Zyklus bzw. Rand in K_i ist für $i = 1, \ldots, r$. Folglich ist

$$H_q(K_1) \oplus \ldots \oplus H_q(K_r) \cong H_q(K) \ durch \ (\{c^1\}, \ldots, \{c^r\}) \mapsto \{c^1 + \ldots + c^r\}. \quad \square$$

7.2.4 Satz *Für jeden Simplizialkomplex K ist $H_0(K)$ eine freie abelsche Gruppe, deren Rang p_0 die Anzahl der Komponenten von K ist (insbesondere gibt es keine 0-dimensionalen Torsionskoeffizienten). Wählt man in jeder Komponente von K einen festen Punkt y_i, so bilden die Homologieklassen $\{y_1\}, \ldots, \{y_{p_0}\}$ eine Basis von $H_0(K)$. Speziell gilt: K ist genau dann zusammenhängend, wenn $H_0(K) \cong \mathbb{Z}$ ist. Dann wird $H_0(K)$ erzeugt von $\{y\}$, wobei $y \in K$ irgendeine feste Ecke ist.*

Beweis Wegen 7.2.3 dürfen wir annehmen, daß K zusammenhängend ist. Es seien $x_1, \ldots, x_{\alpha_0}$ die Ecken von K. Wir definieren $\varepsilon \colon C_0(K) \to \mathbb{Z}$ durch $\varepsilon(\sum_i n_i x_i) = \sum_i n_i$. Wir zeigen gleich: Kern $\varepsilon = B_0(K)$. Weil ε ferner surjektiv ist, induziert ε einen (wieder so bezeichneten) Isomorphismus $\varepsilon \colon H_0(K) \to \mathbb{Z}$. Daraus folgt der Satz. Zu beweisen bleibt die Aussage über Kern ε: Weil K zusammenhängend ist, gibt es wie in 3.1.14 einen Kantenweg von x_1 nach x_i, d.h. eine 1-Kette mit Rand $x_i - x_1$. Daher sind $x_1, x_i \in C_0(K)$ homolog, und $c = \sum_i n_i x_i$ ist folglich homolog zu $(\sum_i n_i) x_1 = \varepsilon(c) x_1$. Speziell ist c im Fall $\varepsilon(c) = 0$ nullhomolog. Umgekehrt ist jeder Rand $b \in B_0(K)$ Linearkombination von 0-Ketten der Form $\partial \langle x_i x_j \rangle = x_j - x_i$; aus $\varepsilon(x_j - x_i) = 1 - 1 = 0$ folgt daher $\varepsilon(b) = 0$. $\square$

Wegen 7.2.3 werden wir in den folgenden Beispielen nur noch zusammenhängende Simplizialkomplexe betrachten, und wegen 7.2.4 werden wir $H_0(K)$ nicht mehr erwähnen.

7.2.5 Satz *Sei K ein zusammenhängender 1-dimensionaler Simplizialkomplex mit α_0 Ecken und α_1 Kanten. Dann ist $H_1(K)$ frei abelsch vom Rang $p_1 = 1 + \alpha_1 - \alpha_0$.*

Beweis Der Randoperator $\partial \colon C_1(K) \to C_0(K)$ hat den Kern $Z_1(K) = H_1(K)$ und das Bild $B_0(K)$; daher ist $\alpha_1 = p_1 + \text{Rang } B_0(K)$, vgl. 8.1.7. Aus $\mathbb{Z} \cong H_0(K) = C_0(K)/B_0(K)$ folgt $\alpha_0 = 1 + \text{Rang } B_0(K)$. $\square$

7.2.6 Definition Sei K ein Simplizialkomplex, dessen Simplexe in einem affinen Teilraum $T \subset \mathbb{R}^{n+1}$ liegen, und sei $p \in \mathbb{R}^{n+1} \setminus T$ ein fester Punkt. Für ein Simplex

$\sigma_q \in K$ mit Ecken $x_0, \ldots, x_q$ sei $p * \sigma_q$ das $(q+1)$-Simplex in $\mathbb{R}^{n+1}$ mit Ecken $p, x_0, \ldots, x_q$. Die Simplexmenge $p * K = K \cup \{p\} \cup \{p * \sigma_q \mid \sigma_q \in K\}$ heißt der *Kegel über K mit Spitze p*. Es ist klar, daß $p * K$ ein Simplizialkomplex ist, der K als Teilkomplex enthält, vgl. 3.1.A8. Ferner ist $p * K$ stets zusammenhängend, auch wenn K es nicht ist.

7.2.7 Satz *Für alle $q \neq 0$ ist $H_q(p * K) = 0$.*

Beweis Für ein orientiertes q-Simplex $\sigma_q = \langle x_0 \ldots x_q \rangle$ in K sei $p * \sigma_q$ das orientierte $(q+1)$-Simplex $\langle p x_0 \ldots x_q \rangle$ in $p * K$. Für eine Kette $c_q = \sum_i n_i \sigma_q^i \in C_q(K)$ sei $p * c_q = \sum_i n_i (p * \sigma_q^i) \in C_{q+1}(p * K)$. Dann gelten die Formeln

(a) $\partial(p * c_q) = c_q - p * \partial c_q$ für $q > 0$,

(b) $\partial(p * c_0) = c_0 - \varepsilon(c_0)p$ (ε wie im Beweis von 7.2.4).

Zum Beweis kann man annehmen, daß $c_q = \langle x_0 \ldots x_q \rangle$ ist. Im Fall $q = 0$ ergibt sich $\partial(p * c_0) = \partial\langle p x_0 \rangle = x_0 - p = c_0 - \varepsilon(c_0)p$, und für $q > 0$ gilt:

$$\partial(p * c_q) = \partial\langle p x_0 \ldots x_q \rangle$$
$$= \langle x_0 \ldots x_q \rangle - \sum_{i=0}^{q}(-1)^i \langle p x_0 \ldots \hat{x}_i \ldots x_q \rangle = c_q - p * \partial c_q.$$

Sei jetzt $z_q \in C_q(p * K)$ ein Zyklus, $q > 0$. Wir müssen zeigen, daß z_q ein Rand ist. z_q ist Linearkombination von Simplexen der Form $\langle x_0 \ldots x_q \rangle$ und $\langle p x_0 \ldots x_{q-1} \rangle$, also $z_q = c_q + p * c_{q-1}$ für gewisse $c_q \in C_q(K)$ und $c_{q-1} \in C_{q-1}(K)$. Aus (a) folgt

$$z_q = \partial(p * c_q) + p * \partial c_q + p * c_{q-1} = \partial(p * c_q) + p * y_{q-1}$$

mit $y_{q-1} = \partial c_q + c_{q-1}$. Daher ist mit z_q auch $p * y_{q-1}$ ein Zyklus. Aus (a) bzw. (b) folgt jedoch, daß eine Kette der Form $p * c_r$ mit $r \geq 0$ nie ein Zyklus ist, außer im Fall $c_r = 0$. Somit muß $y_{q-1} = 0$ sein, und $z_q = \partial(p * c_q)$ ist ein Rand. $\square$

7.2.8 Satz *Bezeichnet $K(\sigma_n)$ die Menge aller Seiten eines n-Simplex σ_n, so ist $H_q(K(\sigma_n)) = 0$ für $q \neq 0$.*

Beweis O.B.d.A. sei $n > 0$. Sei $\sigma_{n-1} < \sigma_n$ ein $(n-1)$-Seitensimplex und $p \in \sigma_n$ die Ecke, die nicht zu σ_{n-1} gehört. Dann ist $K(\sigma_n) = p * K(\sigma_{n-1})$. $\square$

7.2.9 Satz *Es sei $K(\dot{\sigma}_{n+1})$ die Menge aller eigentlichen Seiten eines $(n+1)$-Simplex mit Ecken $x_0, \ldots, x_{n+1}$, wobei $n \geq 1$ ist. Dann gilt:*

(a) *$K(\dot{\sigma}_{n+1})$ ist ein zusammenhängender Simplizialkomplex mit $|K(\dot{\sigma}_{n+1})| \approx S^n$.*

(b) *$H_q(K(\dot{\sigma}_{n+1})) = 0$ für $q \neq 0, n$.*

(c) *$H_n(K(\dot{\sigma}_{n+1})) \cong \mathbb{Z}$, erzeugt vom Zyklus $z_n = \sum_{i=0}^{n+1}(-1)^i \langle x_0 \ldots \hat{x}_i \ldots x_{n+1} \rangle$.*

Beweis (a) ist klar nach 3.1.9 (g). Um (b) und (c) zu beweisen, betrachten wir neben $K = K(\dot{\sigma}_{n+1})$ den Komplex $L = K(\sigma_{n+1})$. Es ist $K \subset L$, und $L \setminus K$ besteht nur aus σ_{n+1}. Die Kettengruppen von K und L können wir in folgendem Diagramm anordnen:

$$C_{n+1}(L) \xrightarrow{\partial} C_n(L) \xrightarrow{\partial} \ldots \xrightarrow{\partial} C_{q+1}(L) \xrightarrow{\partial} C_q(L) \xrightarrow{\partial} \ldots$$
$$\| \qquad\qquad\qquad \| \qquad\qquad\qquad \|$$
$$C_n(K) \xrightarrow{\partial} \ldots \xrightarrow{\partial} C_{q+1}(K) \xrightarrow{\partial} C_q(K) \xrightarrow{\partial} \ldots$$

Sei $y_q \in C_q(K)$ ein Zyklus mit $0 < q < n$. Dann ist y_q ein Zyklus von L, und nach 7.2.8 gibt es $c_{q+1} \in C_{q+1}(L)$ mit $y_q = \partial c_{q+1}$. Wegen $q + 1 \leq n$ ist $C_{q+1}(L) = C_{q+1}(K)$, also ist y_q Rand einer Kette in K. Es folgt $Z_q(K) = B_q(K)$ und daraus (b). Im Fall $q = n$ bleibt der erste Teil des Arguments richtig: jeder Zyklus $y_n \in C_n(K) = C_n(L)$ ist Rand einer Kette $c_{n+1} \in C_{n+1}(L)$. Weil L nur ein $(n + 1)$-Simplex enthält, ist $c_{n+1} = a\langle x_0 \ldots x_{n+1}\rangle$ für ein $a \in \mathbb{Z}$. Es folgt $y_n = \partial c_{n+1} = az_n$. Damit ist auch (c) bewiesen. $\qquad\qquad\qquad\qquad\qquad\qquad\qquad\qquad\qquad\qquad$ $\square$

Die wichtigste Eigenschaft der Homologiegruppen $H_q(K)$ ist, daß sie nicht vom Simplizialkomplex K, sondern nur vom zugrundeliegenden Raum $|K|$ abhängen. Wir werden in 9.7.4 den folgenden Invarianzsatz beweisen: *Aus $|K| \approx |L|$ folgt $H_q(K) \cong H_q(L)$ für alle $q \in \mathbb{Z}$.* Daher kann man definieren, was die *Homologiegruppen eines Polyeders* sind: Ist X ein Polyeder, so ist $H_q(X)$ definiert als $H_q(K)$, wobei K eine Triangulation von X ist; der Invarianzsatz besagt gerade, daß diese Definition unabhängig ist von der Wahl von K. In den Sätzen 7.2.8 bzw. 7.2.9 haben wir also die Homologiegruppen von D^n bzw. S^n berechnet. Um die Darstellung zu vereinfachen und den geometrischen Inhalt der Aussagen deutlicher zu machen, werden wir in den folgenden Beispielen den noch unbewiesenen Invarianzsatz voraussetzen.

7.2.10 Beispiel Der Zylinder $S^1 \times I$ ist homöomorph zu einem Kreisring, den wir wie in Abb. 7.2.2 triangulieren.

Berechnung von $H_2(S^1 \times I)$ mit dem *Kohärenzargument*: Wir orientieren die 16 Dreiecke wie in Abb. 7.2.2 kohärent, d.h. so, daß je zwei Dreiecke mit gemeinsamer Seite entgegengesetzte Orientierungen dieser Seite induzieren. Sei c ein 2-Zyklus. Wenn σ_2 in c mit dem Koeffizienten a auftritt, also $c = a\sigma_2 + \ldots$, so folgt aus $0 = \partial c = a\sigma_1 + \ldots$, daß auch σ_2' in c mit dem Koeffizienten a auftritt; dabei ist σ_1 die gemeinsame Kante von σ_2 und σ_2'. Dasselbe gilt für das andere Nachbardreieck von σ_2. Schließt man so von Dreieck zu Dreieck weiter, so sieht man: Jeder 2-Zyklus ist von der Form $c = ay_2$, wobei y_2 die Summe der 16 kohärent orientierten Dreiecke ist. Es ist aber $\partial y_2 \neq 0$. Daher ist $a = 0$, also gibt es keinen 2-Zyklus $\neq 0$, und es folgt $H_2(S^1 \times I) = 0$.

Berechnung von $H_1(S^1 \times I)$ mit dem *Verschiebungsargument*: Sei c ein 1-Zyklus. Wenn $\langle x_0 x_1 \rangle$ in c auftritt, ersetzen wir $\langle x_0 x_1 \rangle$ durch die homologe Kette $\langle x_0 x_2 \rangle +$

$\langle x_2 x_1 \rangle$ und erhalten einen zu c homologen Zyklus, der $\langle x_0 x_1 \rangle$ nicht enthält (*Verschieben* von c über das Dreieck $\langle x_0 x_2 x_1 \rangle$). Also können wir erreichen, daß c keine Kante des äußeren Randes des Kreisrings enthält; dann tritt auch $\langle x_2 x_1 \rangle$ nicht in c auf, da sonst $\partial c \neq 0$ wäre. Ebenso erreicht man durch Verschieben, daß $\langle x_2 x_0 \rangle$ und $\langle x_4 x_0 \rangle$ nicht in c auftreten (wegen $\partial c = 0$ also auch $\langle x_3 x_0 \rangle$ nicht). Fortsetzung des Verfahrens zeigt: c ist homolog zu einem Zyklus, der ganz auf dem inneren Rand des Kreisrings liegt. Ein Kohärenzargument (jetzt für Kanten statt für Dreiecke) zeigt, daß $c = a z_1$ ist, wobei z_1 die Summe der wie in Abb. 7.2.2 orientierten Innenkanten ist. Für $a \neq 0$ ist $a z_1$ nicht Rand einer 2-Kette: Jede 2-Kette c_2, in deren Rand eine Innenkante auftritt, aber keine „mittlere" Kanten, enthält auch eine Außenkante (wieder ein Kohärenzargument), so daß nicht $\partial c_2 = a z_1$ sein kann. Es folgt: $H_1(S^1 \times I) \cong \mathbb{Z}$, erzeugt von der Homologieklasse $\{z_1\}$.

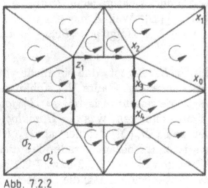

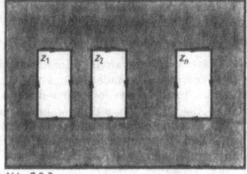

Abb. 7.2.2   Abb. 7.2.3

7.2.11 Beispiel Es sei X wie in Abb. 7.2.3 eine Kreisscheibe mit $n \geq 1$ Löchern. Man trianguliere X. Ein Kohärenzargument zeigt $H_2(X) = 0$. Seien $z_1, \ldots, z_n$ die skizzierten 1-Zyklen. Ein Verschiebungsargument zeigt, daß jeder 1-Zyklus zu einer Linearkombination $a_1 z_1 + \ldots + a_n z_n$ homolog ist, und diese ist (Kohärenzargument) nur im Fall $a_1 = \ldots = a_n = 0$ nullhomolog. Daher ist $H_1(X) \cong \mathbb{Z}^n$ frei abelsch mit Basis $\{z_1\}, \ldots, \{z_n\}$.

7.2.12 Beispiel Wir stellen die Fläche F_g wie in 1.4.14 als $F_g = E_{4g}/R$ dar. Trianguliert man das $4g$-Eck E_{4g} hinreichend fein und orientiert man die Dreiecke kohärent, so erhält man daraus eine Triangulation von F_g mit kohärent orientierten Dreiecken; die Klebevorschrift impliziert nämlich, daß verklebte Dreiecke ebenfalls kohärent orientiert sind. Im Unterschied zu den vorigen Beispielen ist die Summe z_2 aller orientierten Dreiecke jetzt ein Zyklus (weil es keine Randkanten gibt). Das Kohärenzargument liefert $H_2(F_g) \cong \mathbb{Z}$, erzeugt von z_2. Aus Verschiebungsargumenten folgt, daß $H_1(F_g) \cong \mathbb{Z}^{2g}$ *frei abelsch ist vom Rang $2g$ mit Basis* $\{a_i\}$, $\{b_i\}$, $(i = 1, \ldots, g)$, vgl. Abb. 7.2.4. Wir werden noch andere Beweise für diese Aussage kennenlernen.

7.2.13 Beispiel Kohärenz- und Verschiebungsargumente lassen sich in höhere Dimensionen übertragen. Sei V ein triangulierter Volltorus. Man mache sich klar, daß man die den Volltorus ausfüllenden Tetraeder kohärent orientieren kann (je zwei Tetraeder, die ein Dreieck gemeinsam haben, induzieren in diesem entgegengesetzte Orientierungen). Ist y_3 die Summe der so orientierten Tetraeder, so ist $\partial y_3 = z_2$ die Summe der kohärent orientierten Dreiecke auf dem Randtorus ∂V. Ist c ein 3-Zyklus, so ist $c = ay_3$ für ein $a \in \mathbb{Z}$ (Kohärenzargument), also $a = 0$ wegen $\partial y_3 \neq 0$. Es folgt $H_3(V) = 0$. Jeder 2-Zyklus in V läßt sich auf ∂V verschieben, ist also ein Vielfaches von z_2 und wie z_2 nullhomolog, daher ist $H_2(V) = 0$. Schließlich ist $H_1(V) \cong \mathbb{Z}$, erzeugt von $\{a_1\}$; der Zyklus b_1 in Abb. 7.2.4 ist im Volltorus nullhomolog und liefert daher für die Homologie keinen Beitrag.

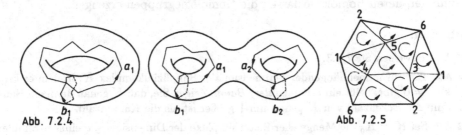

Abb. 7.2.4   Abb. 7.2.5

7.2.14 Beispiel Um die Homologie der projektiven Ebene P^2 zu berechnen, betrachten wir deren Triangulation aus 3.1.22, vgl. Abb. 7.2.5. Beachten Sie, daß gegenüberliegende Kanten so zu identifizieren sind, daß gleichbezeichnete Ecken zusammenfallen. Die 1-Kette $z_1 = \langle 12 \rangle + \langle 25 \rangle + \langle 51 \rangle$ ist ein 1-Zyklus, und ein Verschiebungsargument zeigt, daß $H_1(P^2)$ eine von $\{z_1\}$ erzeugte zyklische Gruppe ist. Ist y_2 die Summe der wie in Abb. 7.2.5 orientierten Dreiecke, so ist $\partial y_2 = 2z_1$. Der Zyklus z_1 ist nicht nullhomolog (Kohärenzargument), aber $2z_1$ ist es. Also ist $\{z_1\} \neq 0$, aber $2\{z_1\} = 0$ in $H_1(P^2)$, d.h. es ist $H_1(P^2) \cong \mathbb{Z}_2$, erzeugt von $\{z_1\}$. Die projektive Ebene hat einen 1-dimensionalen Torsionskoeffizienten vom Wert 2. Dieses erste Beispiel eines Elements endlicher Ordnung in der Homologie kann man analog zu 5.4.5 geometrisch auf verschiedene Weise verstehen. Z.B. ist, analog 5.4.5 (b), die zweimal durchlaufene Mittellinie eines Möbiusbandes homolog zu dessen Randkurve, vgl. 7.4.7.

Die orientierten Dreiecke der projektiven Ebene in Abb. 7.2.5 sind nicht kohärent orientiert; in der Kante 12 z.B. induzieren die angrenzenden Dreiecke die gleiche Orientierung. Eine kohärente Orientierung aller Dreiecke ist gar nicht möglich! Daher gibt es keinen 2-Zyklus $\neq 0$, und folglich ist $H_2(P^2) = 0$. Man beachte den Unterschied zu 7.2.11. Dort gab es keine 2-Zyklen $\neq 0$, weil der Kreisring Ränder hat. P^2 hat keinen Rand (jede Kante ist Seite von genau zwei Dreiecken), dennoch gibt es keine 2-Zyklen $\neq 0$.

7.2.15 Beispiele Wir geben ohne Beweis noch eine Reihe weiterer Beispiele.

(a) *Möbiusband:* $H_1 \cong \mathbb{Z}$ (erzeugt vom Mittelkreis), $H_2 = 0$ (da Rand).

(b) *Torus mit Loch:* $H_1 \cong \mathbb{Z}^2$ (Zyklen a_1, b_1 wie oben), $H_2 = 0$ (Rand).

(c) *Vollbrezel:* $H_1 \cong \mathbb{Z}^2$ (Zyklen a_1, a_2 wie in 7.2.12), $H_2 = 0$, $H_3 = 0$ (Rand).

(d) *Hohlkugel $S^2 \times I$:* $H_1 = 0$, $H_2 = \mathbb{Z}$ (7.2.9), $H_3 = 0$ (Rand).

(e) $S^2 \vee S^1$: $H_1 \cong \mathbb{Z}$ (1-Zyklus auf S^1), $H_2 \cong \mathbb{Z}$ (2-Zyklus auf S^2).

(f) $X = S^1 \times S^1 / S^1 \times 1$: $H_1 \cong \mathbb{Z}$ (1-Zyklus auf $1 \times S^1$), $H_2 \cong \mathbb{Z}$.

(g) Im $\mathbb{R}^3$ sei Y die Vereinigung der Kreise $(x-2)^2 + z^2 = 1$ und $(x-4)^2 + z^2 = 1$ in der (x, z)-Ebene, und $X \subset \mathbb{R}^3$ entstehe aus Y durch Rotation um die z-Achse. Dann ist $H_1(X) \cong \mathbb{Z}^3$ und $H_2(X) \cong \mathbb{Z}^2$. Der Raum X ist Vereinigung zweier Tori, die sich längs eines Kreises berühren; daher kann man mit 7.2.12 die Zyklen bestimmen, deren Homologieklassen die Homologiegruppen erzeugen.

Aufgaben

7.2.A1 Beweisen Sie 7.2.3.

7.2.A2 Ein zusammenhängender 1-dimensionaler Simplizialkomplex K, in dem es keine 1-Zyklen $\neq 0$ gibt, heißt ein *(simplizialer) Baum.* Zeigen Sie, daß K genau dann ein Baum ist, wenn die Eckenzahl von K genau um 1 größer ist als die Kantenzahl.

7.2.A3 Sei $K = K_q$ die Menge aller Seitensimplexe der Dimension $\leq q$ eines n-Simplex, wobei $1 \leq q \leq n - 1$ ist. Zeigen Sie:
(a) Für $i = 1, \ldots, q - 1$ ist $H_i(K) = 0$. (Hinweis: Beweis von 7.2.9)
(b) $H_q(K)$ ist frei abelsch vom Rang $\binom{n}{q+1}$. (Hinweis: 3.1.A13 (e) und 7.1.A6)

7.2.A4 Konstruieren Sie eine Triangulation der Narrenkappe in 2.4.14 und verifizieren Sie, daß es in dieser Triangulation keine 2-Zyklen $\neq 0$ gibt.

7.2.A5 Konstruieren Sie für $n \geq 2$ einen 2-dimensionalen Simplizialkomplex K_n mit Bettizahlen $p_0 = p_2 = 1$ und $p_1 = n$. Zeigen Sie, daß K_n mindestens $n + 6$ Kanten enthält. Können Sie K_n mit genau $n + 6$ Kanten finden?

7.2.A6 Identifiziert man in einem regulären k-Eck ($k \geq 3$) je zwei Kanten gleichsinnig, so entsteht der Raum X_k aus 5.4.4. Konstruieren Sie eine Triangulation L_k von X_k und beweisen Sie $H_1(L_k) \cong \mathbb{Z}_k$ und $H_2(L_k) = 0$. Welcher 1-Zyklus repräsentiert ein erzeugendes Element dieser Gruppe?

7.2.A7 Sei EK die Einhängung von K wie in 3.1.A8. Für eine q-Kette c von K sei Ec die $(q + 1)$-Kette $Ec = p * c - p' * c$, wobei $p' = -p$ ist (vgl. den Beweis von 7.2.7). Zeigen Sie, daß die Zuordnung $\{z\} \mapsto \{Ez\}$ für $q > 0$ einen Isomorphismus $S\colon H_q(K) \to H_{q+1}(EK)$ definiert. Zeigen Sie ferner: Wenn K zusammenhängend ist, ist $H_1(EK) = 0$.

7.2.A8 Der Simplizialkomplex K sei Vereinigung zweier Simplizialkomplexe K_1 und K_2, so daß $K_1 \cap K_2$ eine Ecke ist („simpliziale Einpunktvereinigung"). Beweisen Sie $H_q(K) \cong H_q(K_1) \oplus H_q(K_2)$ für $q > 0$. Was ist im Fall $q = 0$?

7.2.A9 Sei G eine endlich erzeugte abelsche Gruppe und $n \geq 1$ eine ganze Zahl. Beweisen Sie mit Hilfe der vorigen drei Aufgaben, daß es einen zusammenhängenden Simplizialkomplex K gibt mit $H_n(K) \cong G$ und $H_q(K) = 0$ für $q \neq 0, n$ (Hinweis: 8.1.13).

7.2.A10 Zu jeder endlichen Folge $G_1, \ldots, G_n$ endlich erzeugter abelscher Gruppen gibt es einen Simplizialkomplex K mit $H_0(K) \cong \mathbb{Z}$, $H_q(K) \cong G_q$ für $1 \leq q \leq n$ und $H_q(K) = 0$ für $q > n$.

7.2.A11 Setzen Sie die Beispielserie 7.2.15 für Homologiegruppen auf folgende Räume fort: $S_1^2 \vee \ldots \vee S_n^2, S^2 \cup D^1, S^2 \cup D^2, S^2 \cup \{x \in D^3 | x_1 x_2 x_3 = 0\}, S^2 \vee S^1, \ldots$

7.2.A12 Sei K eine Triangulation von I^2. Sei γ ein „einfach-geschlossener" 1-Zyklus in K, der $\dot{I}^2$ nicht trifft. Machen Sie sich analog zu 7.2.10 anschaulich klar, daß γ eine 2-Kette c berandet und daß γ das Quadrat in zwei Teile zerlegt; der eine Teil enthält die Dreiecke von c, der andere die anderen („simplizialer Jordanscher Kurvensatz").

7.3 Simpliziale Abbildungen und Homologiegruppen

7.3.1 Definition Jeder simplizialen Abbildung $\varphi\colon K \to L$ und jedem $q \in \mathbb{Z}$ ordnen wir einen Homomorphismus $C_q(\varphi)\colon C_q(K) \to C_q(L)$ zwischen den Kettengruppen von K und L wie folgt zu:

(a) Für $q < 0$ und $q > \dim K$ sei $C_q(\varphi) = 0$ der Nullhomomorphismus.

(b) Für ein orientiertes q-Simplex $\sigma_q = \langle x_0 \ldots x_q \rangle$ von K sei

$$C_q(\varphi)(\sigma_q) = \begin{cases} \langle \varphi(x_0) \ldots \varphi(x_q) \rangle, & \text{falls } \varphi(x_i) \neq \varphi(x_j) \text{ für } i \neq j, \\ 0 & \text{sonst.} \end{cases}$$

(c) Für eine beliebige Kette $c = \sum_i n_i \sigma_q^i \in C_q(K)$ sei $C_q(\varphi)(c) = \sum_i n_i C_q(\varphi)(\sigma_q^i)$.

Weil die orientierten q-Simplexe von K eine Basis von $C_q(K)$ bilden, wird hierdurch eindeutig ein Homomorphismus $C_q(\varphi)\colon C_q(K) \to C_q(L)$ definiert.

7.3.2 Satz *Für alle $q \in \mathbb{Z}$ ist $\partial \circ C_q(\varphi) = C_{q-1}(\varphi) \circ \partial$ im Diagramm*

$$
\begin{array}{ccc}
C_q(K) & \xrightarrow{\;C_q(\varphi)\;} & C_q(L) \\
\partial \downarrow & & \downarrow \partial \\
C_{q-1}(K) & \xrightarrow{\;C_{q-1}(\varphi)\;} & C_{q-1}(L)\,,
\end{array}
$$

und der Homomorphismus $C_q(\varphi)$ bildet daher Zyklen in Zyklen und Ränder in Ränder ab.

B e w e i s   Es genügt zu zeigen, daß für jedes orientierte q-Simplex $\sigma_q = \langle x_0 \ldots x_q \rangle$ die Gleichung $\partial C_q(\varphi)(\sigma_q) = C_{q-1}(\varphi)(\partial \sigma_q)$ gilt. Sind alle Ecken $\varphi(x_0), \ldots, \varphi(x_q)$ verschieden oder fallen mindestens drei dieser Ecken zusammen, so folgt das sofort

aus der Definition. Fallen genau zwei Ecken zusammen, so erreichen wir durch Um-
ordnen, daß $\varphi(x_0) = \varphi(x_1)$ ist. Dann ist $C_q(\varphi)(\sigma_q) = 0$, also $\partial C_q(\varphi)(\sigma_q) = 0$ und
$\partial \sigma_q = \langle x_1 x_2 \ldots x_q \rangle - \langle x_0 x_2 \ldots x_q \rangle + \sum_{i=2}^{q}(-1)^i \langle x_0 x_1 \ldots \hat{x}_i \ldots x_q \rangle$. Die ersten beiden
Simplexe hier haben unter $C_{q-1}(\varphi)$ das gleiche Bild. Die Simplexe in der Summe
werden unter $C_{q-1}(\varphi)$ nach Null abgebildet. Daher ist auch $C_{q-1}(\varphi)(\partial \sigma_q) = 0$.
Damit ist der erste Teil bewiesen.

Für einen Zyklus $z \in C_q(K)$ ist wegen $\partial C_q(\varphi)(z) = C_{q-1}(\varphi)(\partial z) = C_{q-1}(\varphi)(0) = 0$
auch $C_q(\varphi)(z)$ ein Zyklus. Für einen Rand $z = \partial c$ ist auch $C_q(\varphi)(z) = C_q(\varphi)(\partial c) = \partial C_{q+1}(\varphi)(c)$ ein Rand. $\qquad\Box$

7.3.3 Definition Durch $H_q(\varphi)(z + B_q(K)) = C_q(\varphi)(z) + B_q(L)$ wird ein Homomorphismus $H_q(\varphi)$: $H_q(K) \to H_q(L)$ definiert ($z \in Z_q(K)$). Nach 7.3.2 ist
diese Definition eindeutig. Um die Symbolik zu vereinfachen, benutzen wir auch
die kürzere Schreibweise

$$\varphi_\bullet = C_q(\varphi)\colon\ C_q(K) \to C_q(L), \quad \varphi_* = H_q(\varphi)\colon\ H_q(K) \to H_q(L).$$

Dann ist $\varphi_*(\{z\}_K) = \{\varphi_\bullet(z)\}_L$ für $z \in Z_q(K)$. Diese Homomorphismen heißen die
von φ: $K \to L$ induzierten *Homomorphismen der Ketten-* bzw. *Homologiegruppen*.

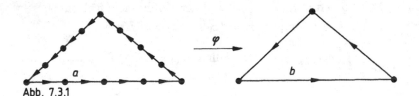

Abb. 7.3.1

7.3.4 Beispiele
(a) Ist φ: $K \to K$ die Identität, so ist $\varphi_\bullet$: $C_q(K) \to C_q(K)$ bzw. φ_*: $H_q(K) \to H_q(K)$ die Identität der jeweiligen Gruppe.

(b) Sind φ: $K \to L$ und ψ: $L \to M$ simpliziale Abbildungen von Simplizialkomple-
xen, so ist $(\psi\varphi)_\bullet = \psi_\bullet\varphi_\bullet$: $C_q(K) \to C_q(M)$ und $(\psi\varphi)_* = \psi_*\varphi_*$: $H_q(K) \to H_q(M)$.

(c) Ist φ: $K \to L$ ein Isomorphismus, so sind $\varphi_\bullet$: $C_q(K) \to C_q(L)$ und φ_*: $H_q(K) \to H_q(L)$ Gruppenisomorphismen.

(d) Sei φ: $K \to L$ eine beliebige simpliziale Abbildung, wobei K und L zusammenhängend sind. Dann ist φ_*: $H_0(K) \to H_0(L)$ ein Isomorphismus.

(e) Ist φ: $K \to L$ eine konstante Abbildung, so ist $\varphi_* = 0$: $H_q(K) \to H_q(L)$ für
alle $q \neq 0$ der Nullhomomorphismus.

(f) Es sei $K = K(\dot\sigma^2)$ wie in 3.1.9 (g), und $K^{(n)}$ sei die n-te Normalunterteilung
von K, wobei $n \geq 1$ eine feste ganze Zahl ist. $H_1(K^{(n)})$ bzw. $H_1(K)$ ist eine freie
zyklische Gruppe, die von den in Abb. 7.3.1 skizzierten Zyklen a bzw. b erzeugt
wird. Ist φ: $K^{(n)} \to K$ simplizial, so ist $\varphi_*(a) = mb$ für eine ganze Zahl m mit

$-2^n \leq m \leq 2^n$. Man mache sich klar, daß bei geeigneter Wahl von φ jede solche Zahl auftreten kann.

Aufgaben

7.3.A1 Beweisen Sie die Details in den Beispielen 7.3.4.

7.3.A2 Sei $\varphi\colon K \to L$ eine simpliziale Abbildung. Zeigen Sie: φ induziert eine simpliziale Abbildung $E\varphi\colon EK \to EL$ der Einhängungen (3.1.A8) mit $(E\varphi)_* \circ S = S \circ \varphi_*$, wobei S der Isomorphismus aus 7.2.A7 ist.

7.3.A3 Zu ganzen Zahlen k, m mit $k \geq 1$ gibt es Simplizialkomplexe K und L und eine simpliziale Abbildung $\varphi\colon K \to L$ mit
(a) $|K| \approx |L| \approx S^k$ und $H_n(K) \cong H_n(L) \cong \mathbb{Z}$.
(b) $\varphi_*\colon H_n(K) \to H_n(L)$ ist die Multiplikation mit m.
(Hinweis: vorige Aufgabe und 7.3.4 (f))

7.4 Relative Homologiegruppen

Ist K_0 ein Teilkomplex des Simplizialkomplexes K, so ist zu erwarten, daß zwischen den Homologiegruppen von K und K_0 ein Zusammenhang besteht. Um ihn beschreiben zu können, führen wir die relativen Homologiegruppen ein.

7.4.1 Definition Ist $K_0 \subset K$ ein Teilkomplex, so ist $C_q(K_0) \subset C_q(K)$ eine Untergruppe. Die Faktorgruppe $C_q(K, K_0) = C_q(K)/C_q(K_0)$ heißt q-te relative Kettengruppe (von K relativ K_0); ihre Elemente $c_q + C_q(K_0)$ mit $c_q \in C_q(K)$ heißen Ketten auf K relativ K_0. Weil $\partial\colon C_q(K) \to C_{q-1}(K)$ die Untergruppe $C_q(K_0)$ nach $C_{q-1}(K_0)$ abbildet, ist der Homomorphismus

$$\bar{\partial} = \bar{\partial}_q\colon C_q(K, K_0) \to C_{q-1}(K, K_0), \ c_q + C_q(K_0) \mapsto \partial c_q + C_{q-1}(K_0)$$

definiert; er heißt *relativer Randoperator*. Die Elemente von $Z_q(K, K_0) = $ Kern $\bar{\partial}_q$ bzw. $B_q(K, K_0) = $ Bild $\bar{\partial}_{q+1}$ heißen *Zyklen* bzw. *Ränder auf K relativ K_0*. Es ist $B_q(K, K_0) \subset Z_q(K, K_0)$. Die Faktorgruppe $H_q(K, K_0) = Z_q(K, K_0)/B_q(K, K_0)$ heißt *q-te Homologiegruppe von K relativ K_0*.

Sei $z \in C_q(K)$ eine Kette mit $\partial z \in C_{q-1}(K_0)$. Dann ist die relative Kette $\bar{z} = z + C_q(K_0)$ ein Zyklus relativ K_0; wir sagen auch kurz: *z ist ein Zyklus relativ K_0*. Das zugehörige Element in $H_q(K, K_0)$ wird mit $\{z\}_{(K,K_0)} = \bar{z} + B_q(K, K_0) \in H_q(K, K_0)$ bezeichnet. Ist auch $z' \in C_q(K)$ ein Zyklus relativ K_0, so gilt $\{z\}_{(K,K_0)} = \{z'\}_{(K,K_0)}$ genau dann, wenn es eine $(q+1)$-Kette c auf K gibt, so daß $z - z' = \partial c + c^0$ gilt für eine Kette $c^0 \in C_q(K_0)$; wir sagen dann, *z und z' sind homolog relativ K_0*.

Man kann also die Elemente von $H_q(K, K_0)$ ebenso wie die von $H_q(K)$ durch Ketten auf K repräsentieren, aber die Äquivalenzrelation ist eine andere. Die Berechnung von $H_q(K, K_0)$ ist analog zu der von $H_q(K)$. Man stellt die Kettengruppen $C_q(K)$ auf, berechnet die Randoperatoren $\partial\colon C_q(K) \to C_{q-1}(K)$ und ersetzt zum Bestimmen der relativen Zyklen und Ränder alle Simplexe in K_0 durch Null.

7.4.2 Beispiele

(a) Für alle q ist $H_q(K, K) = 0$. In der Tat ist schon $C_q(K, K) = C_q(K)/C_q(K)$ die Nullgruppe.

(b) Für alle q ist $H_q(K, \emptyset) = H_q(K)$.

(c) Ist $\dim K_0 < q - 1$, so ist $H_q(K, K_0) = H_q(K)$. Denn für $i \in \{q-1, q, q+1\}$ ist $C_i(K_0) = 0$, also $C_i(K, K_0) = C_i(K)$ und $\bar{\partial}_i = \partial_i$, und nur diese drei Dimensionen sind für $H_q(K, K_0)$ relevant.

(d) Ist K zusammenhängend und $\emptyset \neq K_0 \subset K$, so ist $H_0(K, K_0) = 0$: Zu jedem 0-Simplex $x \in K$ gibt es eine 1-Kette c_1 auf K mit $\partial c_1 = x - x^0$ für ein 0-Simplex $x^0 \in K_0$, daher ist x ein Rand relativ K_0.

(e) Sei σ_n ein n-Simplex mit Ecken $x_0, \ldots, x_n$ und $K_0 = K(\dot\sigma_n) \subset K = K(\sigma_n)$. Dann ist (vgl. den Beweis von 7.2.9)

$$
C_q(K, K_0) = H_q(K, K_0) \cong \begin{cases} \mathbb{Z} & \text{für } q = n, \\ 0 & \text{für } q \neq n. \end{cases}
$$

Die Kette $\langle x_0 \ldots x_n \rangle$ auf K ist ein Zyklus relativ K_0, und sie erzeugt $H_n(K, K_0)$. Das ist das Standardbeispiel eines relativen Zyklus: $\langle x_0 \ldots x_n \rangle$ *ist natürlich kein Zyklus in* K, aber weil der Rand $\partial\langle x_0 \ldots x_n \rangle$ in K_0 liegt, *ist* $\langle x_0 \ldots x_n \rangle$ *Zyklus relativ* K_0.

(f) Sei K wie in Abb. 7.2.2, und sei K_0 die Vereinigung von Außen- und Innenrand von K. Die Kette y_2 aus 7.2.10 ist ein Zyklus relativ K_0, und es ist $H_2(K, K_0) \cong \mathbb{Z}$, erzeugt von $\{y_2\}_{(K, K_0)}$.

7.4.3 Definition
Für alle $q \in \mathbb{Z}$ definieren wir die folgenden Homomorphismen $j_*\colon H_q(K) \to H_q(K, K_0)$ und $\partial_*\colon H_q(K, K_0) \to H_{q-1}(K_0)$:

(a) Ist $x \in C_q(K)$ ein Zyklus, so sei $j_*(\{x\}_K) = \{x\}_{(K, K_0)}$.

(b) Ist $z \in C_q(K)$ ein Zyklus relativ K_0, so sei $\partial_*(\{z\}_{(K, K_0)}) = \{\partial z\}_{K_0}$.

Wenn z ein q-Zyklus relativ K_0 ist, so liegt ∂z in K_0 und ∂z ist natürlich ein Zyklus; daher ist $\{\partial z\}_{K_0} \in H_{q-1}(K_0)$ definiert. (Man beachte: In K ist ∂z ein Rand, also $\{\partial z\}_K = 0$. Aber ∂z ist i.a. nicht Rand einer Kette aus K_0, d.h. es ist i.a. nicht $\{\partial z\}_{K_0} = 0$.) Ist z' homolog z relativ K_0, so gibt es eine $(q+1)$-Kette c auf K und eine q-Kette c^0 auf K_0 mit $z' - z = \partial c + c^0$. Es folgt $\partial z' = \partial z + \partial c^0$, also $\{\partial z'\}_{K_0} = \{\partial z\}_{K_0}$. Daher ist der Homomorphismus ∂_* eindeutig definiert. Einfacher sieht man, daß j_* wohldefiniert ist.

Die Inklusion i: $K_0 \to K$ ist eine simpliziale Abbildung und induziert daher nach 7.3 Homomorphismen i_*: $H_q(K_0) \to H_q(K)$ durch $i_*(\{z\}_{K_0}) = \{z\}_K$. Weil i_*, j_* und ∂_* für alle $q \in \mathbb{Z}$ definiert sind, ist folgende Konstruktion möglich:

7.4.4 Definition Die Sequenz von Homologiegruppen und Homomorphismen

$$\cdots \xrightarrow{j_*} H_{q+1}(K, K_0) \xrightarrow{\partial_*} H_q(K_0) \xrightarrow{i_*} H_q(K) \xrightarrow{j_*} H_q(K, K_0) \xrightarrow{\partial_*} \cdots$$

heißt die *Homologiesequenz des Paares* $K_0 \subset K$.

Weil q alle ganzen Zahlen durchläuft, ist dies eine nach beiden Seiten unendlich lange Sequenz von Gruppen und Homomorphismen. Allerdings ist sie für $q < 0$ und $q > \dim K$ langweilig: dort sind alle Gruppen Null.

7.4.5 Satz *An jeder Stelle der Homologiesequenz ist der Kern des dort startenden Homomorphismus gleich dem Bild des dort endenden, d.h. für alle $q \in \mathbb{Z}$ gilt:*

(a) Kern $[i_*$: $H_q(K_0) \to H_q(K)]$ = Bild $[\partial_*$: $H_{q+1}(K, K_0) \to H_q(K_0)]$,

(b) Kern $[j_*$: $H_q(K) \to H_q(K, K_0)]$ = Bild $[i_*$: $H_q(K_0) \to H_q(K)]$,

(c) Kern $[\partial_*$: $H_q(K, K_0) \to H_{q-1}(K_0)]$ = Bild $[j_*$: $H_q(K) \to H_q(K, K_0)]$.

Man sagt kurz: *Die Homologiesequenz ist exakt* (vgl. 8.2). Das ist der eingangs erwähnte Zusammenhang zwischen den Homologiegruppen von K_0 und K, der sich als wichtiges Hilfsmittel zur Berechnung von Homologiegruppen erweisen wird.

Beweis von 7.4.5. (a) Sei $\alpha \in H_{q+1}(K, K_0)$, also $\alpha = \{z\}_{(K, K_0)}$ für einen $(q+1)$-Zyklus z auf K relativ K_0. Dann ist $i_* \partial_* \alpha = \{\partial z\}_K = 0$, weil ∂z in K Rand ist. Es folgt $i_* \partial_* = 0$, also Bild $\partial_* \subset$ Kern i_*. Sei umgekehrt $\{x\}_{K_0} \in$ Kern i_*, also x ein q-Zyklus auf K_0 mit $i_* \{x\}_{K_0} = \{x\}_K = 0$. Dann gibt es eine $(q+1)$-Kette c auf K mit $\partial c = x$. Diese Kette c ist ein Zyklus relativ K_0, d.h. $\alpha = \{c\}_{(K, K_0)} \in H_{q+1}(K, K_0)$ ist definiert. Aus $\partial_* \alpha = \{x\}_{K_0}$ folgt $\{x\}_{K_0} \in$ Bild ∂_*, somit Kern $i_* \subset$ Bild ∂_*. Insgesamt ist Kern $i_* =$ Bild ∂_*.

(b) Für $\{x\}_{K_0} \in H_q(K_0)$ ist $j_* i_*(\{x\}_{K_0}) = \{x\}_{(K, K_0)} = 0$, weil x in K_0 liegt; daher $j_* i_* = 0$, also Bild $i_* \subset$ Kern j_*. Sei umgekehrt $\{x\} \in$ Kern j_*. Dann ist x ein q-Zyklus auf K mit $\{x\}_{(K, K_0)} = 0$. Das bedeutet: x ist nullhomolog relativ K_0, d.h. es gibt eine $(q+1)$-Kette c auf K und eine q-Kette c^0 auf K_0 mit $x = \partial c + c^0$. Daher ist c^0 ein zu x homologer Zyklus, also $\{x\}_K = \{c^0\}_K = i_*(\{c^0\}_{K_0}) \in$ Bild i_*. Das zeigt Kern $j_* \subset$ Bild i_*.

(c) Für $\{x\}_K \in H_q(K)$ ist $\partial_* j_*(\{x\}_K) = \{\partial x\}_{K_0} = 0$, weil $\partial x = 0$ ist. Es folgt $\partial_* j_* = 0$, also Bild $j_* \subset$ Kern ∂_*. Sei umgekehrt $\alpha = \{z\}_{(K, K_0)} \in$ Kern ∂_*. Dann ist z ein q-Zyklus auf K relativ K_0 mit $0 = \partial_* \alpha = \{\partial z\}_{K_0}$, d.h. es gibt eine q-Kette z^0 auf K_0 mit $\partial z = \partial z^0$. Der Zyklus $z - z^0$ auf K repräsentiert ein Element $\beta \in H_q(K)$, und es ist $\alpha = \{z\}_{(K, K_0)} = \{z - z^0\}_{(K, K_0)} = j_*(\beta) \in$ Bild j_*. Das zeigt Kern $\partial_* \subset$ Bild j_*. $\qquad \square$

Die Exaktheit der Homologiesequenz ist eine der wichtigsten Eigenschaften der Homologiegruppen, und sie wird uns im folgenden in den verschiedensten Varianten immer wieder begegnen. Wir empfehlen Ihnen daher, den Beweis genau zu studieren: Veranschaulichen Sie sich die Schlüsse geometrisch durch Skizzen! Und schreiben Sie die Details der folgenden Ergänzung zu 7.4.5 genauso ausführlich auf:

7.4.6 Satz und Definition *Sei φ: $(K, K_0) \to (L, L_0)$ eine simpliziale Abbildung zwischen Paaren von Simplizialkomplexen, also φ: $K \to L$ und $\varphi(K_0) \subset L_0$.*

(a) φ: $K \to L$ induziert φ_*: $H_q(K) \to H_q(L)$ wie in 7.3.3.

(b) $\varphi|K_0$: $K_0 \to L_0$ ist die durch φ definierte Abbildung. Sie induziert den Homomorphismus $(\varphi|K_0)_*$: $H_q(K_0) \to H_q(L_0)$.

(c) Die Zuordnung $\{z\}_{(K,K_0)} \mapsto \{\varphi_*(z)\}_{(L,L_0)}$ definiert einen Homomorphismus $\varphi_* = H_q(\varphi)$: $H_q(K, K_0) \to H_q(L, L_0)$. (Aus dem Zusammenhang wird immer klar sein, welchen Homomorphismus φ_* bezeichnet.)

Das folgende Diagramm heißt die Homologieleiter *von φ: $(K, K_0) \to (L, L_0)$:*

$$
\begin{array}{ccccccccc}
\xrightarrow{j_*} & H_{q+1}(K, K_0) & \xrightarrow{\partial_*} & H_q(K_0) & \xrightarrow{i_*} & H_q(K) & \xrightarrow{j_*} & H_q(K, K_0) & \xrightarrow{\partial_*} \\
& \downarrow{\varphi_*} & & \downarrow{(\varphi|K_0)_*} & & \downarrow{\varphi_*} & & \downarrow{\varphi_*} & \\
\xrightarrow{j_*} & H_{q+1}(L, L_0) & \xrightarrow{\partial_*} & H_q(L_0) & \xrightarrow{i_*} & H_q(L) & \xrightarrow{j_*} & H_q(L, L_0) & \xrightarrow{\partial_*}.
\end{array}
$$

Dieses Diagramm ist kommutativ.   □

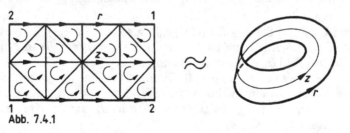

Abb. 7.4.1

7.4.7 Beispiel Sei M das wie in Abb. 7.4.1 triangulierte Möbiusband (senkrechte Kanten identifizieren!). Der Rand ∂M ist eine triangulierte Kreislinie, also $H_1(\partial M) \cong \mathbb{Z}$, erzeugt von $\{r\}_{\partial M}$, wobei r der Randzyklus ist. Ein Verschiebungsargument zeigt $H_1(M) \cong \mathbb{Z}$, erzeugt von $\{z\}_M$, wobei z der Mittelkreis ist. Wir betrachten folgendes Stück der exakten Homologiesequenz von $\partial M \subset M$:

$$
H_1(\partial M) \xrightarrow{i_*} H_1(M) \xrightarrow{j_*} H_1(M, \partial M) \xrightarrow{\partial_*} H_0(\partial M) \xrightarrow{i_*} H_0(M).
$$

Nach 7.3.4 (d) ist der letzte Homomorphismus ein Isomorphismus. Daher ist $0 =$ Kern $i_* =$ Bild ∂_*, also $H_1(M, \partial M) =$ Kern $\partial_* =$ Bild j_*. Folglich ist j_* surjektiv. Ist c_2 die Summe der wie in Abb. 7.4.1 orientierten Dreiecke, so ist $\partial c_2 = r - 2z$. Daher ist $i_*(\{r\}_{\partial M}) = \{r\}_M = 2\{z\}_M$, und Kern $j_* =$ Bild i_* besteht aus allen

$q\{z\}_M$, wobei $q \in \mathbb{Z}$ gerade ist. Mit dem Homomorphiesatz folgt $H_1(M, \partial M) \cong \mathbb{Z}_2$, erzeugt von $j_*(\{z\}_M) = \{z\}_{(M, \partial M)}$.

Bei der relativen Homologiegruppe $H_q(K, K_0)$ spielt es keine Rolle, wie K_0 „im Inneren" aussieht, d.h. man darf aus K_0 einen gewissen Teil $U \subset K_0$ ausschneiden, ohne daß sich die relative Homologiegruppe ändert:

7.4.8 Ausschneidungssatz *Sei $K_0 \subset K$ ein Teilkomplex, und sei $U \subset K_0$ eine Teilmenge mit folgenden Eigenschaften:*

(a) *Aus $\sigma \notin U$ und $\tau < \sigma$ folgt $\tau \notin U$.*

(b) *Ist $\sigma \in U$, so ist σ nicht Seite eines Simplex aus $K \setminus K_0$.*

Dann sind $K \setminus U$ und $K_0 \setminus U$ Teilkomplexe von K, und $i: (K \setminus U, K_0 \setminus U) \hookrightarrow (K, K_0)$ induziert für alle q Isomorphismen $i_*: H_q(K \setminus U, K_0 \setminus U) \to H_q(K, K_0)$.

Beweis   Bedingung (a) garantiert, daß $K \setminus U$ und $K_0 \setminus U$ Teilkomplexe von K sind. Der Homomorphismus i_* bildet die q-te Kettengruppe von $K \setminus U$ relativ $K_0 \setminus U$ isomorph ab auf die q-te Kettengruppe von K relativ K_0; denn die Elemente beider Gruppen können wir auffassen als die Linearkombinationen der orientierten q-Simplexe von $K \setminus K_0$. Ist c eine solche Linearkombination, so sind die Aussagen $\partial c \in C_{q-1}(K_0)$ und $\partial c \in C_{q-1}(K_0 \setminus U)$ wegen (b) äquivalent. Daher entsprechen die Zyklen (Ränder) auf $K \setminus U$ relativ $K_0 \setminus U$ unter i_* eineindeutig den Zyklen (Rändern) auf K relativ K_0, und folglich ist i_* ein Isomorphismus.   □

7.4.9 Satz *Es seien K_0, K_1 Teilkomplexe von K mit $K = K_0 \cup K_1$. Dann induziert $i: (K_1, K_0 \cap K_1) \hookrightarrow (K, K_0)$ Isomorphismen $i_*: H_q(K_1, K_0 \cap K_1) \to H_q(K, K_0)$ für alle q.*

Beweis   Es sei $U \subset K_0$ die Menge aller Simplexe von K_0, die nicht Seite eines Simplex von K_1 sind. Dann gelten (a) und (b) von 7.4.8, und es ist $K_1 = K \setminus U$ und $K_0 \cap K_1 = K_0 \setminus U$.   □

Aufgaben

7.4.A1 Sind $K \subset L \subset M$ Simplizialkomplexe, und ist c ein Zyklus auf M relativ K, der relativ L nullhomolog ist in M, so ist c in M homolog relativ L zu einem Zyklus auf L relativ K. (Entschuldigung!)

7.4.A2 $H_0(K, K_0)$ ist frei abelsch, und der Rang ist die Anzahl der Komponenten von K, die K_0 nicht trifft.

7.4.A3 Diskutieren Sie die Homologiesequenz von (K, K_0) in den Fällen $K_0 = \emptyset$, $K_0 = K$, $K_0 =$ Ecke von K.

7.4.A4 Sei CK der Kegel über K wie in 3.1.A8. Zeigen Sie, daß in der Homologiesequenz von (CK, K) der Randoperator $\partial_*: H_q(CK, K) \to H_{q-1}(K)$ für $q > 1$ ein Isomorphismus ist. Was ist im Fall $q = 1$?

7.4.A5 Der Simplizialkomplex $K = K_1 \cup K_2$ sei Vereinigung der Teilkomplexe K_1 und K_2. Die zugehörige *Mayer-Vietoris-Sequenz* ist gegeben durch

$$\ldots \xrightarrow{\Delta} H_q(K_1 \cap K_2) \xrightarrow{\mu} H_q(K_1) \oplus H_q(K_2) \xrightarrow{\nu} H_q(K) \xrightarrow{\Delta} H_{q-1}(K_1 \cap K_2) \xrightarrow{\mu} \ldots,$$

wobei die Homomorphismen wie folgt definiert sind:

μ: $\{z\}_{K_1 \cap K_2} \mapsto (\{z\}_{K_1}, -\{z\}_{K_2})$,

ν: $(\{z_1\}_{K_1}, \{z_2\}_{K_2}) \mapsto \{z_1 + z_2\}_K$,

Δ: $\{z\}_K \mapsto \{\partial x_1\}_{K_1 \cap K_2}$, wobei $z = x_1 + x_2$ mit $x_i \in C_q(K_i)$.

Zeigen Sie, daß diese Homomorphismen wohldefiniert sind, und beweisen Sie nach dem Muster von 7.4.5 explizit, daß diese Sequenz analog zur Homologiesequenz exakt ist.

7.4.A6 Diskutieren Sie die Mayer-Vietoris-Sequenz in den Fällen $K_1 \cap K_2 = \emptyset$ und $K_1 \cap K_2 =$ Ecke von K.

7.4.A7 Die Einhängung EK in 3.1.A8 ist Vereinigung zweier Kegel. Diskutieren Sie die zugehörige Mayer-Vietoris-Sequenz. Zeigen Sie, daß Δ: $H_{q+1}(EK) \to H_q(K)$ für $q > 0$ ein Isomorphismus ist und daß Δ invers ist zum Isomorphismus S aus 7.2.A7.

7.5 Notizen

Ein weites Feld für topologische Untersuchungen lieferte im 19. Jahrhundert die Eulersche Polyederformel: Wenn der Rand eines konvexen Körpers im $\mathbb{R}^3$ in α_0 Ecken, α_1 Kanten und α_2 Seitenflächen zerlegt wird, so ist immer $\alpha_0 - \alpha_1 + \alpha_2 = 2$ (vgl. 7.1.A6, 9.7.A4 und 10.6.9 (c)). Die Versuche, diese Beziehung auf nicht-konvexe Körper bzw. in höhere Dimensionen zu verallgemeinern, führten schließlich zur Homologietheorie, wie wir sie in diesem Kapitel eingeführt haben, allerdings auf einem langen, steinigen Weg (Schläfli 1852, Riemann 1857, Betti 1871, Dyck 1888, und vor allem Poincaré 1895). Statt der noch unbekannten Polyeder betrachtete man durch analytische Gleichungen definierte Mannigfaltigkeiten im $\mathbb{R}^n$, die in gewisse, wiederum durch Gleichungen und Ungleichungen definierte Teile zerlegt wurden; manche dieser Teile (oder eine „Linearkombination" von ihnen) sind „geschlossen", andere nicht; einige „begrenzen" einen höher-dimensionalen Teil, andere nicht. Der wesentliche Kern der Homologietheorie war damit geschaffen, obwohl erst allmählich klar wurde, wie diese Begriffe genau zu definieren sind und daß verschiedene Interpretationen dieser Begriffe zu verschiedenen Homologietheorien führen (nämlich zur Homologie mit Koeffizienten in $\mathbb{Z}$, $\mathbb{Z}_2$ oder $\mathbb{Q}$, vgl. Kapitel 10). Poincaré führt 1899 einen Polyederbegriff ein, der zwar nicht der aus 3.1.7 ist, der aber den entscheidenden Schritt zur Algebraisierung ermöglicht: er kann Inzidenzzahlen (vgl. 7.1.A3) definieren, und damit die Zyklen und Ränder genau beschreiben. Dabei entdeckt er erstmals die Existenz nichtberandender Zyklen, von denen ein ganzzahliges Vielfaches berandet (also die Existenz der Torsionskoeffizienten). Der kombinatorische Ansatz wird dann von Dehn, Heegaard (1907), Tietze (1908) weiter entwickelt, und 1913 schließlich zeigen Alexander und Veblen, daß man mit Hilfe von Simplexen und Simplizialkomplexen die Theorie auf eine solide Grundlage stellen kann.

8 Algebraische Hilfsmittel

Wir stellen in diesem Kapitel das algebraische Werkzeug bereit, das zur Weiterführung der Homologietheorie unerläßlich ist. Dabei versuchen wir, den algebraischen Apparat zu minimieren, nicht, weil wir die Algebra nicht mögen, sondern um zu verhindern, daß die algebraische Topologie an ihrem Adjektiv erstickt.

8.1 Abelsche Gruppen

Alle Gruppen in diesem Abschnitt sind additiv geschriebene abelsche Gruppen. Das Kapitel 7 zeigt, daß man mit den Homomorphismen zwischen diesen Gruppen, mit ihren Kernen und Bildern, mit Sequenzen und Diagrammen von Homomorphismen umgehen können muß. Wir setzen voraus, daß der Leser ein wenig Erfahrung mit diesen Dingen hat und insbesondere die folgenden Aussagen verifizieren kann.

8.1.1 Bezeichnungen Für eine Untergruppe $H \subset G$ besteht die Faktorgruppe G/H aus den Restklassen $g + H = \{g + h \mid h \in H\}$, wobei die Addition erklärt ist durch $(g + H) + (g' + H) = (g + g') + H$. Ein Homomorphismus $f: G \to G'$, der Untergruppen $H \subset G$ und $H' \subset G'$ ineinander abbildet, also $f(H) \subset H'$, induziert einen wieder mit f bezeichneten Homomorphismus $f: G/H \to G'/H'$ durch $g + H \mapsto f(g) + H'$. Wichtiger Spezialfall: $f(H) = 0$; dann ist $f: G/H \to G'$ definiert. Spezielle Untergruppen von G bzw. G' sind Kern $f = \{g \in G \mid f(g) = 0\}$ und Bild $f = f(G)$. Der induzierte Homomorphismus $f: G/\text{Kern } f \to \text{Bild } f$, also $g + \text{Kern } f \mapsto f(g)$, ist ein Isomorphismus („Homomorphiesatz"). Wichtiger Spezialfall: Wenn $f: G \to G'$ surjektiv ist, gilt $G/\text{Kern } f \cong G'$.

Die Faktorgruppenbildung ist eine wichtige Methode, um Gruppen zu konstruieren. Eine andere ist folgende:

8.1.2 Definition Es seien G_j abelsche Gruppen ($j \in J = $ Indexmenge). Das kartesische Produkt der Mengen G_j ist mit koordinatenweiser Verknüpfung eine Gruppe, die das *direkte Produkt* heißt und mit $\prod_{j \in J} G_j$ oder $\prod G_j$ bezeichnet wird. Diejenigen Elemente $(g_j)_{j \in J}$ von $\prod G_j$, in denen $g_j = 0$ ist für alle $j \in J$

bis auf endlich viele, bilden eine Untergruppe des direkten Produkts, die man die *direkte Summe* der G_j nennt und mit $\bigoplus_{j \in J} G_j$ oder $\bigoplus G_j$ bezeichnet.

Bei endlicher oder abzählbarer Indexmenge schreiben wir oft $G_1 \times G_2 \times \ldots$ bzw. $G_1 \oplus G_2 \oplus \ldots$ für direktes Produkt bzw. direkte Summe. Man mache sich den Unterschied klar! So besteht $\mathbb{Z} \times \mathbb{Z} \times \ldots$ aus allen Folgen ganzer Zahlen, während $\mathbb{Z} \oplus \mathbb{Z} \oplus \ldots$ nur die Folgen enthält, die ab einer Stelle aus lauter Nullen bestehen. Bei endlicher Indexmenge ist natürlich $G_1 \times \ldots \times G_n = G_1 \oplus \ldots \oplus G_n$.

8.1.3 Bemerkungen Hier sind noch mehr Unterschiede zwischen $\prod$ und $\bigoplus$:

(a) Homomorphismen $f_j \colon G_j \to H$ induzieren durch $(g_j)_{j \in J} \mapsto \sum f_j(g_j)$ einen Homomorphismus $\sum f_j \colon \bigoplus G_j \to H$. Dagegen liefert diese Vorschrift bei unendlicher Indexmenge keinen Homomorphismus $\prod G_j \to H$; denn die Summe von unendlich vielen Elementen in H ist nicht erklärt.

(b) Sind $G_j \subset G$ Untergruppen, so bezeichnet $\sum_{j \in J} G_j$ oder $\sum G_j$ die Untergruppe von G, die aus allen endlichen (!) Summen $\sum g_j \in G$ mit $g_j \in G_j$ besteht. Wenn $\sum G_j = G$ und $G_i \cap (\sum_{j \neq i} G_j) = 0$ ist für alle $i \in J$, erhält man einen Isomorphismus $\bigoplus G_j \to \sum G_j$ durch $(g_i)_{j \in J} \mapsto \sum g_j$. Man nennt dann G die *innere direkte Summe* der Untergruppen G_j. Ein analoges *inneres direktes Produkt* gibt es bei unendlicher Indexmenge nicht. Das ist der Grund, warum direkte Summen häufiger auftreten als direkte Produkte.

(c) Sei $k \in J$ ein fester Index. Die Menge aller $(g_j)_{j \in J}$ mit $g_j = 0$ für $j \neq k$ ist eine zu G_k isomorphe Untergruppe von $\bigoplus G_j$, und $\bigoplus G_j$ ist die innere direkte Summe all dieser Untergruppen. Wir bezeichnen diese Untergruppe oft einfach mit G_k, haben also $G_k \subset \bigoplus G_j$ für alle $k \in J$. (Es ist also z.B. $G_1 = G_1 \times 0 \times \ldots \subset G_1 \times G_2 \times \ldots$ usw.) Die Inklusion $i_k \colon G_k \to \bigoplus G_j$ heißt die *kanonische Einbettung*.

Es folgt eine Serie von Beispielen von abelschen Gruppen.

8.1.4 Beispiele

(a) Es ist 0 die *Nullgruppe*, die nur aus dem Nullelement besteht, $\mathbb{Z}$ die Gruppe der ganzen Zahlen und $\mathbb{Z}^n = \mathbb{Z} \oplus \ldots \oplus \mathbb{Z}$ (n Summanden) das Punktgitter im $\mathbb{R}^n$, das aus allen Vektoren mit ganzzahligen Koordinaten besteht (wir setzen $\mathbb{Z}^0 = 0$). Wenn wir von $\mathbb{Q}$ oder $\mathbb{R}$ als abelscher Gruppe sprechen, so ist immer die additive Gruppe dieses Körpers gemeint.

(b) Für eine ganze Zahl $n \geq 1$ ist $nG = \{ng \mid g \in G\}$ eine Untergruppe von G. Z.B. ist $n\mathbb{Q} = \mathbb{Q}$, $n\mathbb{R} = \mathbb{R}$, aber $n\mathbb{Z} \neq \mathbb{Z}$ für $n \geq 2$. *Die Untergruppen von $\mathbb{Z}$ sind genau die Gruppen $0, \mathbb{Z}, 2\mathbb{Z}, 3\mathbb{Z}, \ldots$.*

(c) Die Faktorgruppe $\mathbb{Z}_n = \mathbb{Z}/n\mathbb{Z}$ besteht aus den Restklassen $x + n\mathbb{Z}$ mit $0 \leq x < n$ (wir schreiben oft x statt $x + n\mathbb{Z}$). Sie ist zyklisch von der Ordnung n, und $x + n\mathbb{Z}$ ist genau dann ein erzeugendes Element von $\mathbb{Z}_n$, wenn x teilerfremd zu n ist. *Für jeden Teiler k von n ist $\frac{n}{k}\mathbb{Z}_n$ eine Untergruppe der Ordnung k von $\mathbb{Z}_n$, und dies sind alle Untergruppen von $\mathbb{Z}_n$.*

(d) Die Gruppen $\mathbb{Z}_{n_1} \oplus \ldots \oplus \mathbb{Z}_{n_k}$ sind Beispiele für endliche abelsche Gruppen. Für teilerfremde m und n ist $\mathbb{Z}_{mn} \cong \mathbb{Z}_m \oplus \mathbb{Z}_n$ durch $x + mn\mathbb{Z} \mapsto (x + m\mathbb{Z}, x + n\mathbb{Z})$. Also sind z.B. die Gruppen $\mathbb{Z}_2 \oplus \mathbb{Z}_{60}$, $\mathbb{Z}_4 \oplus \mathbb{Z}_5 \oplus \mathbb{Z}_6$ und $\mathbb{Z}_2 \oplus \mathbb{Z}_3 \oplus \mathbb{Z}_4 \oplus \mathbb{Z}_5$ isomorph.

(e) Die Gruppen $\mathbb{Z}^n \oplus \mathbb{Z}_{n_1} \oplus \ldots \oplus \mathbb{Z}_{n_k}$ sind endlich erzeugte abelsche Gruppen („endlich erzeugt" heißt: In 5.3.2 (c) kann man E als endliche Menge wählen).

(f) Die von einem Element $g \in G$ erzeugte Untergruppe $\mathcal{U}(g)$, siehe 5.3.1, besteht aus allen $ng \in G$ mit $n \in \mathbb{Z}$. Wenn $\mathcal{U}(g) \cong \mathbb{Z}$ ist (äquivalent: $ng \neq 0$ für alle $n \geq 1$), so heißt g ein *Element unendlicher Ordnung*. Wenn $\mathcal{U}(g) \cong \mathbb{Z}_n$ ist (äquivalent: $ng = 0$ und $kg \neq 0$ für $0 < k < n$), so heißt g ein *Element der Ordnung n*. Die meisten abelschen Gruppen, die uns begegnen werden, sind innere direkte Summen solcher zyklischen Untergruppen (vgl. 8.1.5 und 8.1.13).

(g) Die Menge der Elemente endlicher Ordnung in G bilden die *Torsionsuntergruppe* Tor G von G. Ein Homomorphismus $f\colon G \to G'$ bildet Tor G nach Tor G' ab. Im Fall Tor $G = 0$ heißt G eine *torsionsfreie Gruppe* und im Fall Tor $G = G$ eine *Torsionsgruppe*. Die Gruppen $\mathbb{Q}, \mathbb{R}, \mathbb{Z}^n$ sind torsionsfrei.

(h) Eine endliche abelsche Gruppe G ist eine Torsionsgruppe. Die *Ordnung* (= Elementezahl) *von G* ist ein Vielfaches der Ordnung jedes Elements von G (*kleiner Fermatscher Satz*).

(i) Ein interessantes Beispiel einer Torsionsgruppe ist die Faktorgruppe $\mathbb{Q}/\mathbb{Z}$ von $\mathbb{Z} \subset \mathbb{Q}$, die unendlich viele Elemente enthält. Für $r \in \mathbb{Q}$ sei $[r] = r + \mathbb{Z} \in \mathbb{Q}/\mathbb{Z}$. Wegen $m[n/m] = 0$ hat jedes Element von $\mathbb{Q}/\mathbb{Z}$ endliche Ordnung. Zu jedem $n \geq 1$ gibt es in $\mathbb{Q}/\mathbb{Z}$ ein Element der Ordnung n, zum Beispiel $[1/n]$.

(j) *Jede endlich erzeugte Untergruppe von $\mathbb{Q}$ und $\mathbb{Q}/\mathbb{Z}$ ist zyklisch*, vgl. 8.1.A1.

Eine wichtige Klasse von abelschen Gruppen sind diejenigen, die sich in vieler Hinsicht wie Vektorräume verhalten.

8.1.5 Definition Eine Teilmenge $B \subset G$ heißt eine *Basis von G*, wenn eine der folgenden äquivalenten Bedingungen erfüllt ist:

(a) Alle $b \in B$ haben unendliche Ordnung und G ist die innere direkte Summe der Untergruppen $\mathcal{U}(b)$ mit $b \in B$.

(b) Jedes Element $0 \neq g \in G$ hat eine Darstellung der Form $g = \sum n_b b$ mit $n_b \in \mathbb{Z}$, $b \in B$ und $n_b = 0$ für alle $b \in B$ bis auf endlich viele, und diese Darstellung ist (bis auf die Reihenfolge der Summanden) eindeutig.

(c) Die Menge B erzeugt G und ist linear unabhängig (d.h. aus $b_1, \ldots, b_k \in B$ und $n_1, \ldots, n_k \in \mathbb{Z}$ und $n_1 b_1 + \ldots + n_k b_k = 0$ folgt $n_1 = \ldots = n_k = 0$).

Eine abelsche Gruppe, die eine Basis B besitzt, heißt eine *freie abelsche Gruppe*; die Mächtigkeit von B heißt der *Rang von G*.

Ist B eine Basis von G, so hat $G/2G$ — aufgefaßt als Vektorraum über dem Körper $\mathbb{Z}_2$ — als Dimension die Mächtigkeit von B. Daher sind je zwei Basen von G gleichmächtig, und folglich ist der Rang eindeutig definiert. Aus der eindeutigen Darstellbarkeit der Elemente durch die Basis folgt somit:

8.1.6 Satz *Zwei freie abelsche Gruppen sind genau dann isomorph, wenn sie gleichen Rang haben.*   □

Zwei wohlbekannte Sätze aus der Theorie der Vektorräume übertragen sich wie folgt auf freie abelsche Gruppen (allerdings ist der Beweis im Fall der Gruppen schwieriger, und wir verweisen auf [Scheja-Storch, §61]).

8.1.7 Satz
(a) *Ist G frei abelsch und $G' \subset G$ eine Untergruppe, so ist G' frei abelsch und Rang $G' \le$ Rang G.*

(b) *Ist $f\colon G \to H$ ein Homomorphismus zwischen freien abelschen Gruppen von endlichem Rang, so ist* Rang(Kern f) + Rang(Bild f) = Rang G.   □

8.1.8 Beispiele Die Nullgruppe ist frei abelsch vom Rang 0 mit Basis $B = \emptyset$. Die Gruppe $\mathbb{Z}$ ist frei abelsch vom Rang 1 mit Basis $B = \{1\}$ oder $B = \{-1\}$. Die Gruppe $\mathbb{Z}^n$ ist frei abelsch vom Rang n; die Elemente $(x_{1j}, \ldots, x_{nj}) \in \mathbb{Z}^n$ mit $1 \le j \le n$ bilden genau dann eine Basis von $\mathbb{Z}^n$, wenn die ganzzahlige Matrix (x_{ij}) unimodular ist (d.h. $\det(x_{ij}) = \pm 1$). Eine freie abelsche Gruppe vom Rang α ist isomorph zur direkten Summe von α Kopien von $\mathbb{Z}$; umgekehrt sind alle diese direkten Summen frei abelsch. Nicht frei abelsch sind: alle Gruppen, die nicht torsionsfrei sind; direkte Produkte von unendlich vielen Kopien von $\mathbb{Z}$ [Scheja-Storch, III.C.3]; die Gruppen $\mathbb{Q}$ und $\mathbb{R}$ — und viele andere.

Das Analogon zu 5.5.3 bei freien abelschen Gruppen ist folgende leicht zu beweisende Aussage:

8.1.9 Satz *Sei G eine freie abelsche Gruppe mit Basis B und H eine beliebige abelsche Gruppe. Jedem Element $b \in B$ sei eindeutig ein Element $b' \in H$ zugeordnet. Dann gibt es genau einen Homomorphismus $f\colon G \to H$ mit $f(b) = b'$ für alle $b \in B$; er ist gegeben durch $f(\sum n_b b) = \sum n_b b'$.*   □

Um Homomorphismen $G \to H$ zu konstruieren, genügt es also, die Bilder der Basiselemente anzugeben; ferner sind zwei Homomorphismen $G \to H$ gleich, wenn sie auf den Elementen einer Basis übereinstimmen. Hier ist eine wichtige Folgerung:

8.1.10 Satz *Sei G frei abelsch, $f\colon G \to H$ ein beliebiger und $\varphi\colon H' \to H$ ein surjektiver Homomorphismus. Dann gibt es einen Homomorphismus $f'\colon G \to H'$ mit $f = \varphi f'$.*

Beweis Wähle eine Basis B von G. Wähle zu $b \in B$ ein Element $b' \in H'$ mit $\varphi(b') = f(b)$; es existiert, weil φ surjektiv ist. Nach 8.1.9 gibt es $f'\colon G \to H'$ mit $f'(b) = b'$. Es folgt $\varphi f'(b) = f(b)$ für alle $b \in B$, daraus $\varphi f' = f$.   □

Freie abelsche Gruppen treten oft in folgendem Zusammenhang auf:

8.1.11 Definition Sei $X \neq \emptyset$ eine Menge. Sei $F(X)$ die Menge aller $f\colon X \to \mathbb{Z}$ mit $f(x) = 0$ für alle $x \in X$ bis auf endlich viele. Mit $(f + f')(x) = f(x) + f'(x)$ wird $F(X)$ eine abelsche Gruppe. (Im Fall $X = \emptyset$ definieren wir $F(X) = 0$.) Für festes $x \in X$ sei $f_x\colon X \to \mathbb{Z}$ die charakteristische Funktion von x, also $f_x(x) = 1$ und $f_x(x') = 0$ für $x' \neq x$. Dann hat jedes $f \in F(X)$ die eindeutige Darstellung $f = \sum n_x f_x$, wobei $n_x = f(x)$ ist. Folglich ist $F(X)$ eine freie abelsche Gruppe mit Basis $\{f_x \mid x \in X\}$; man nennt $F(X)$ die von der Menge X *frei erzeugte abelsche Gruppe*. Wir verabreden: Statt f_x wird x geschrieben. Dann besteht $F(X)$ aus allen Summen $\sum n_x x$ mit $n_x \in \mathbb{Z}$ und $n_x = 0$ für alle $x \in X$ bis auf endlich viele.

Man sagt auch kurz, daß $F(X)$ die Gruppe der *formalen endlichen Summen* $\sum n_x x$ ist; wer Formales nicht mag, sollte sich unter dieser Summe jedoch besser die Funktion $X \to \mathbb{Z}, x \mapsto n_x$, vorstellen.

8.1.12 Definition Sei $X = \{x_1, \ldots, x_n\}$ eine endliche Menge, und seien

$$\alpha_j = k_{1j}x_1 + \ldots + k_{nj}x_n \in F(X) \quad (k_{ij} \in \mathbb{Z},\ 1 \leq j \leq m)$$

fest gegebene Elemente in $F(X)$. Die von diesen Elementen erzeugte Untergruppe $U \subset F(X)$ besteht aus allen Linearkombinationen $q_1\alpha_1 + \ldots + q_m\alpha_m$ mit $q_j \in \mathbb{Z}$. Wir betrachten die Faktorgruppe $G = F(X)/U$ und verabreden: Für $\alpha \in F(X)$ wird die Restklasse von α in G wieder mit α bezeichnet. Dann gilt: Die Gruppe G besteht aus allen ganzzahligen Linearkombinationen der $x_1, \ldots, x_n$, und es gelten die Relationen

$$(*) \qquad k_{1j}x_1 + \ldots + k_{nj}x_n = 0 \qquad \text{für } 1 \leq j \leq m.$$

G heißt *die von X frei erzeugte abelsche Gruppe modulo der Relationen* $(*)$. Wir haben diesen Begriff schon bei der Definition der Kettengruppen $C_q(K)$ in 7.1.4 benutzt. Natürlich kann man G auch mit den Hilfsmitteln aus 5.6 durch Erzeugende und Relationen definieren.

Zum Schluß dieses Abschnitts diskutieren wir die Struktur der endlich erzeugten abelschen Gruppen. Weil die Homologiegruppen, die uns begegnen werden, meistens endlich erzeugte abelsche Gruppen sind, ist es wichtig, daß man die Struktur dieser Gruppen kennt.

Sei $G \neq 0$ eine endlich erzeugte abelsche Gruppe. Wir betrachten ein Erzeugendensystem $x_1, \ldots, x_n$ von G minimaler Länge n. Im Fall $n = 1$ ist G zyklisch; sei also $n > 1$. Wenn die $x_1, \ldots, x_n$ linear unabhängig sind, bilden sie eine Basis, und es ist $G \cong \mathbb{Z}^n$; nehmen wir also an, daß sie es nicht sind. Dann gibt es in G Relationen der Form $a_1x_1 + \ldots + a_nx_n = 0$, wobei nicht alle $a_i \in \mathbb{Z}$ gleich Null sind. Die Menge der natürlichen Zahlen, die als Koeffizienten in solchen Relationen bzgl. beliebiger Erzeugendensysteme minimaler Länge auftreten, enthält ein Minimum m_1. Es gibt also Erzeugende $x_1, \ldots, x_n$ mit $m_1x_1 + \ldots + m_nx_n = 0$, in der m_1 bei x_1 steht. Für $j = 2, \ldots, n$ teilen wir m_j durch m_1 mit Rest: $m_j = k_jm_1 + r_j$ mit $0 \leq r_j < m_1$.

Ist $y_1 = x_1 + k_2 x_2 + \ldots + k_n x_n$, so ist $y_1, x_2, \ldots, x_n$ ein Erzeugendensystem von G mit Relation $m_1 y_1 + r_2 x_2 + \ldots + r_n x_n = 0$. Aus der Minimalität von m_1 folgt $r_2 = \ldots = r_n = 0$, und somit ist $m_1 y_1 = 0$. Damit haben wir in G ein Element $y_1 \neq 0$ endlicher Ordnung $m_1 > 1$ gefunden ($m_1 = 1$ widerspricht der Minimalität von n). Ist $\mathcal{U}(y_1)$ bzw. G' die von y_1 bzw. $x_2, \ldots, x_n$ erzeugte Untergruppe, so ist $\mathcal{U}(y_1) \cap G' = 0$ wegen der Minimalität von m_1, d.h. G ist die innere direkte Summe von $\mathcal{U}(y_1)$ und G'. Durch Induktion nach n folgt:

8.1.13 Satz *Jede endlich erzeugte abelsche Gruppe ist die innere direkte Summe endlich vieler zyklischer Untergruppen.*   □

Das läßt sich noch wesentlich verschärfen. Wenn oben G' nicht frei abelsch ist, können wir aus G' ebenso einen direkten Summanden $\mathcal{U}(y_2)$ mit $m_2 y_2 = 0$ abspalten, wobei m_2 der kleinste positive Koeffizient aller in G' geltenden Relationen ist. In G gilt dann natürlich die Relation $m_1 y_1 + m_2 y_2 = 0$, aus der wie oben folgt, daß m_1 ein Teiler von m_2 ist! Fortsetzung dieses Verfahrens liefert die Existenzaussage im folgenden Satz:

8.1.14 Satz und Definition *Sei G eine endlich erzeugte abelsche Gruppe. Dann gibt es Elemente $y_1, \ldots, y_r, z_1, \ldots, z_p$ in G mit folgenden Eigenschaften:*

(a) *G ist die innere direkte Summe der von diesen Elementen erzeugten zyklischen Untergruppen.*

(b) *Die Ordnungen $t_1, \ldots, t_r$ der $y_1, \ldots, y_r$ sind ganze Zahlen ≥ 2, und sie bilden eine Teilerkette $t_1 | t_2 | \ldots | t_r$ (d.h.: t_i teilt t_{i+1}).*

(c) *Die $z_1, \ldots, z_p$ haben unendliche Ordnung.*

(d) *Es gibt kein Erzeugendensystem von G mit weniger als $r + p$ Elementen. Ferner sind die Zahlen $p \geq 0$ und $t_1, \ldots, t_r$ eindeutig durch G bestimmt; wir nennen p die Bettizahl und $t_1, \ldots, t_r$ die Torsionskoeffizienten von G. Es ist also*

$$G \cong \mathbb{Z}^p \oplus \mathbb{Z}_{t_1} \oplus \mathbb{Z}_{t_2} \oplus \ldots \oplus \mathbb{Z}_{t_r}.$$

Erläuterung: Die Existenz dieser Zerlegung haben wir oben gezeigt. Die Eindeutigkeitsaussage ist nicht so einfach zu beweisen; wir verweisen den Leser auf [Scheja-Storch, §61, Bem. 4]. Im Fall $p = 0$ fehlt der Term $\mathbb{Z}^p$; Bettizahl Null bedeutet also, daß G eine endliche Gruppe ist. Im Fall $r = 0$ ist $G \cong \mathbb{Z}^p$; dann gibt es keine Torsionskoeffizienten, und die Begriffe Bettizahl und Rang fallen zusammen. Im Fall $p = r = 0$ fehlt alles: dann ist $G = 0$.   □

In 8.1.14 wird die Torsionsuntergruppe Tor G von $y_1, \ldots, y_r$ erzeugt, und $G/\mathrm{Tor}\, G$ ist isomorph zu $\mathbb{Z}^p$. Also gilt:

8.1.15 Satz *Es ist $G \cong \mathrm{Tor}\, G \oplus (G/\mathrm{Tor}\, G)$ für endlich erzeugte abelsche Gruppen. Endlich erzeugte torsionsfreie abelsche Gruppen sind frei abelsch.*   □

8.1.16 Definition Sei G eine endlich erzeugte abelsche Gruppe mit Bettizahl $p > 0$. Elemente $b_1, \ldots, b_p \in G$ bilden eine *Bettibasis* von G, wenn ihre Restklassen in $G/\text{Tor } G$ eine Basis dieser freien abelschen Gruppe bilden.

8.1.17 Beispiele
(a) Wenn in G eine Relation $a_1 b_1 + \ldots + a_p b_p = 0$ gilt, so überträgt sich diese nach $G/\text{Tor } G$, und daher ist $a_1 = \ldots = a_p = 0$. Folglich erzeugt jede Bettibasis eine freie abelsche Untergruppe in G vom Rang p.

(b) In $\mathbb{Z} \oplus \mathbb{Z}_2$ ist sowohl $b_1 = (1,0)$ als auch $b_1' = (1,1)$ eine Bettibasis. Somit sind die Bettibasen und die von ihnen erzeugten freien abelschen Untergruppen nicht eindeutig bestimmt.

(c) Man nennt $G/\text{Tor } G$ auch den *freien Anteil* von G. Das ist nicht korrekt, weil es kein Teil von G ist und weil es in G i.a. viele freie abelsche Untergruppen vom Rang p gibt.

8.1.18 Definition Sei G eine endliche abelsche Gruppe. Elemente $y_1, \ldots, y_r \in G$, die von 0 verschieden sind, bilden eine *Torsionsbasis von G*, wenn G die innere direkte Summe der von ihnen erzeugten zyklischen Untergruppen ist.

8.1.19 Beispiele
(a) Die Gruppe $\mathbb{Z}_6$ hat sowohl $y_1 = 1 + 6\mathbb{Z}$ als auch $y_1' = 2 + 6\mathbb{Z}$, $y_2' = 3 + 6\mathbb{Z}$ als Torsionsbasen. Das zeigt, daß weder die Länge der Torsionsbasen noch die Ordnungen ihrer Elemente eindeutig bestimmt sind.

(b) Nach 8.1.14 hat G eine Torsionsbasis minimaler Länge, bei der die Ordnungen der Basiselemente eine Teilerkette bilden. Diese Ordnungen sind die Torsionskoeffizienten von G, und sie sind eindeutig bestimmt.

Aufgaben

8.1.A1 Beweisen Sie 8.1.4 (j). Hinweis: Primfaktorzerlegung in $\mathbb{Z}$.

8.1.A2 Bestätigen Sie folgende Beispiel für Torsionskoeffizienten:
(a) $\mathbb{Z}_{12} \oplus \mathbb{Z}_{40} \oplus \mathbb{Z}_{60}$ hat Torsionskoeffizienten 4, 60 und 120.
(b) $\mathbb{Z}_2 \oplus \mathbb{Z}_2 \oplus \mathbb{Z}_2$ hat drei Torsionskoeffizienten vom Wert 2.
(c) Sind $p_1, \ldots, p_n$ verschiedene Primzahlen, so hat $\mathbb{Z}_{p_1} \oplus \ldots \oplus \mathbb{Z}_{p_n}$ genau einen Torsionskoeffizienten; sein Wert ist $p_1 \cdot \ldots \cdot p_n$.
(d) Hat G die Torsionskoeffizienten $t_1 | \ldots | t_r$, wobei t_r ungerade ist, so hat die Gruppe $G \oplus \mathbb{Z}_2$ die Torsionskoeffizienten $t_1, \ldots, t_{r-1}, 2t_r$.

8.1.A3 Stellen Sie die folgenden Gruppen wie in 8.1.14 dar:
(a) $G = \{(a, b, c) \in \mathbb{Z}^3 \mid 4a + 3b + 5c = 0\}$.
(b) $H = \{(a, b, c, d) \in \mathbb{Z}^4 \mid 6a + 4b = 3c + 7d = 0\}$.

8.1.A4 Die Gruppen S^1 (vgl. 1.7) und $\mathbb{R}/\mathbb{Z}$ sind isomorph.

8.1.A5 Es ist $\mathbb{Z}_m / n\mathbb{Z}_m \cong \mathbb{Z}_d$ mit $d = \text{ggT}(m, n)$.

8.1.A6 Für $H_i \subset G_i$ ist $(\bigoplus G_i)/(\bigoplus H_i) \cong \bigoplus (G_i/H_i)$.

8.1.A7 Untergruppen und Faktorgruppen endlich erzeugter abelscher Gruppen sind endlich erzeugt.

8.1.A8 Satz 8.1.7 (b) gilt für endlich erzeugte abelsche Gruppen, wenn man „Rang" durch „Bettizahl" ersetzt.

8.1.A9 Wenn der Homomorphismus $f\colon G \to H$ ein Rechtsinverses besitzt, d.h. wenn ein Homomorphismus $f'\colon H \to G$ mit $f \circ f' = \mathrm{id}_H$ existiert, so ist die Zuordnung $(h, g) \mapsto f'(h) + g$ ein Isomorphismus $H \oplus \mathrm{Kern}\, f \overset{\cong}{\longrightarrow} G$.

8.1.A10 Sind G, G' endlich erzeugte abelsche Gruppen mit $G \oplus G' \cong G$, so ist $G' = 0$. Für nicht endlich erzeugte abelsche Gruppen ist diese Aussage i.a. falsch.

8.1.A11 Wenn ein Homomorphismus $f\colon G \to G$ einer endlich erzeugten abelschen Gruppe G ein Rechtsinverses besitzt, so ist er ein Isomorphismus.

8.1.A12 Eine endliche abelsche Gruppe G, deren Ordnung die Potenz einer Primzahl p ist, heißt eine *p-Gruppe*. Zeigen Sie, daß dies genau dann der Fall ist, wenn die Ordnung aller Elemente von G eine Potenz von p ist.

8.1.A13 Jede endliche abelsche Gruppe G ist innere direkte Summe von p-Gruppen; dabei durchläuft p endlich viele Primzahlen.

8.1.A14 In Definition 8.1.12 sei $n = 2k$ gerade und $a_j = x_j - x_{j+1}$ für $j = 1, \ldots, k$; dann ist $F(X)/U \cong F(x_1, \ldots, x_k)$. Können Sie dieses Beispiel verallgemeinern?

8.2 Exakte Sequenzen

8.2.1 Definition Gegeben sei eine endliche oder unendliche Folge von abelschen Gruppen und Homomorphismen der Form

$$\ldots \xrightarrow{f_{q+2}} A_{q+1} \xrightarrow{f_{q+1}} A_q \xrightarrow{f_q} A_{q-1} \xrightarrow{f_{q-1}} \ldots .$$

Diese Folge heißt *exakt bei* A_q, wenn die Untergruppen Bild f_{q+1} und Kern f_q von A_q übereinstimmen; sie heißt *exakt*, wenn das für alle q gilt.

8.2.2 Beispiele

(a) Die zu einem Paar von Simplizialkomplexen (K, K_0) gehörende Homologiesequenz 7.4.4 ist exakt.

(b) *Die Sequenz* $0 \to A \overset{f}{\to} B$ *bzw.* $A \overset{g}{\to} B \to 0$ *ist genau dann exakt, wenn f injektiv bzw. g surjektiv ist* (dabei ist 0 die Nullgruppe, und $0 \to A$ bzw. $B \to 0$ sind die Nullhomomorphismen). $0 \to A \overset{h}{\to} B \to 0$ *ist genau dann exakt, wenn h ein Isomorphismus ist.*

(c) Ist die Sequenz in 8.2.1 exakt, so sind folgende Aussagen äquivalent: f_{q+1} ist surjektiv; f_q ist der Nullhomomorphismus; f_{q-1} ist injektiv. Ferner gilt: Ist f_{q+2} surjektiv und f_{q-1} injektiv, so ist $A_q = 0$.

(d) Für beliebige abelsche Gruppen A, C ist $0 \to A \xrightarrow{i} A \oplus C \xrightarrow{j} C \to 0$ exakt, wobei $i(a) = (a, 0)$ und $j(a, c) = c$ ist.

(e) Für $m \geq 1$ ist $0 \to \mathbb{Z} \xrightarrow{m} \mathbb{Z} \xrightarrow{p} \mathbb{Z}_m \to 0$ exakt; dabei ist p die Projektion auf die Faktorgruppe, und $\mathbb{Z} \xrightarrow{m} \mathbb{Z}$ ist $m(x) = mx$ für $x \in \mathbb{Z}$.

(f) Die Folge in 8.2.1 ist genau dann bei A_q exakt, wenn die Sequenz der Gruppen $0 \to A_{q+1}/\operatorname{Kern} f_{q+1} \to A_q \to \operatorname{Bild} f_q \to 0$ exakt ist, wobei die Homomorphismen von f_{q+1} bzw. f_q induziert werden.

Eine vielbenutzte Aussage über exakte Sequenzen ist das sog. *Fünferlemma*; die beim Beweis benutzten Argumente kommen in der Algebraischen Topologie häufig vor und werden mit dem Schlagwort *Diagrammjagd* beschrieben (machen Sie sich die Beweise an Skizzen im Diagramm klar):

8.2.3 Fünferlemma *Gegeben sei ein kommutatives Diagramm*

$$
\begin{array}{ccccccccc}
A_1 & \xrightarrow{\varphi_1} & A_2 & \xrightarrow{\varphi_2} & A_3 & \xrightarrow{\varphi_3} & A_4 & \xrightarrow{\varphi_4} & A_5 \\
f_1 \downarrow \cong & & f_2 \downarrow \cong & & f_3 \downarrow & & f_4 \downarrow \cong & & f_5 \downarrow \cong \\
B_1 & \xrightarrow{\psi_1} & B_2 & \xrightarrow{\psi_2} & B_3 & \xrightarrow{\psi_3} & B_4 & \xrightarrow{\psi_4} & B_5
\end{array}
$$

von Gruppen und Homomorphismen mit exakten Zeilen. Dann gilt: Sind f_1, f_2, f_4 und f_5 Isomorphismen, so ist f_3 ein Isomorphismus.

Beweis *f_3 ist injektiv:* Aus $f_3(a_3) = 0$ folgt $0 = \psi_3 f_3(a_3) = f_4 \varphi_3(a_3)$, also $\varphi_3(a_3) = 0$ (f_4 injektiv), daher $a_3 = \varphi_2(a_2)$ für ein a_2 (Exaktheit bei A_3). Daher $0 = f_3(a_3) = f_3 \varphi_2(a_2) = \psi_2 f_2(a_2)$, also $f_2(a_2) = \psi_1(b_1)$ für ein b_1 (Exaktheit bei B_2). Ferner $b_1 = f_1(a_1)$ für ein a_1 (f_1 surjektiv), daher $f_2(a_2) = \psi_1 f_1(a_1) = f_2 \varphi_1(a_1)$ und $a_2 = \varphi_1(a_1)$ (f_2 injektiv). Somit ist $a_3 = \varphi_2(a_2) = \varphi_2 \varphi_1(a_1) = 0$ (Exaktheit bei A_2), was zu zeigen war.

f_3 ist surjektiv: Sei b_3 gegeben. Es ist $\psi_3(b_3) = f_4(a_4)$ für ein a_4 (f_4 surjektiv). Aus $f_5 \varphi_4(a_4) = \psi_4 f_4(a_4) = \psi_4 \psi_3(b_3) = 0$ (Exaktheit bei B_4) folgt $\varphi_4(a_4) = 0$ (f_5 injektiv). Daher $a_4 = \varphi_3(a_3)$ für ein a_3 (Exaktheit bei A_4). Aus $\psi_3 f_3(a_3) = f_4 \varphi_3(a_3) = f_4(a_4) = \psi_3(b_3)$ folgt $b_3 - f_3(a_3) = \psi_2(b_2)$ für ein b_2 (Exaktheit bei B_3). Ferner $b_2 = f_2(a_2)$ für ein a_2 (f_2 surjektiv). Es folgt $b_3 = f_3(a_3) + \psi_2 f_2(a_2) = f_3(a_3 + \varphi_2(a_2))$, also $b_3 \in \operatorname{Bild} f_3$, was zu zeigen war. $\square$

Beispiel (f) in 8.2.2 zeigt, daß die folgenden Sequenzen besonders wichtig sind:

8.2.4 Definition Eine exakte Sequenz der Form $0 \to A \xrightarrow{f} B \xrightarrow{g} C \to 0$ heißt *kurze exakte Sequenz*. Sie *zerfällt* oder *spaltet*, wenn eine der folgenden äquivalenten Bedingungen erfüllt ist:

(a) Es gibt einen Isomorphismus $\varphi\colon A \oplus C \to B$ mit $f(a) = \varphi(a,0)$ und $g\varphi(a,c) = c$.

(b) Es gibt einen zu g rechtsinversen Homomorphismus $r\colon C \to B$, d.h. $gr = \mathrm{id}_C$.

(c) Es gibt einen zu f linksinversen Homomorphismus $l\colon B \to A$, d.h. $lf = \mathrm{id}_A$.

Beweis *der Äquivalenz:* Wenn (a) gilt, definiere $r(c) = \varphi(0,c)$. Wenn umgekehrt (b) gilt, definiere $\varphi(a,c) = f(a) + r(c)$; nach dem Fünferlemma, angewandt auf

$$
\begin{array}{ccccccccc}
0 & \longrightarrow & A & \overset{i}{\longrightarrow} & A \oplus C & \overset{j}{\longrightarrow} & C & \longrightarrow & 0 \\
& & \downarrow\!\mathrm{id}_A & & \downarrow\!\varphi & & \downarrow\!\mathrm{id}_C & & \downarrow \\
0 & \longrightarrow & A & \overset{f}{\longrightarrow} & B & \overset{g}{\longrightarrow} & C & \longrightarrow & 0
\end{array}
$$

ist φ ein Isomorphismus. Analog folgt die Äquivalenz von (a) und (c). $\qquad\square$

Wenn $0 \to A \overset{f}{\to} B \overset{g}{\to} C \to 0$ exakt ist, so gibt es eine zu A isomorphe Untergruppe A' von B (nämlich $A' = f(A) = \text{Kern } g$), so daß B/A' zu C isomorph ist. Man nennt daher B eine *Erweiterung der Gruppe A durch die Gruppe C.* Es ist ein wichtiges Problem, bei gegebenen A, C alle Erweiterungen zu bestimmen.

8.2.5 Beispiele

(a) Wenn $0 \to A \to B \to C \to 0$ zerfällt, ist $B \cong A \oplus C$; das ist die *triviale Erweiterung,* vgl. 8.2.2 (d).

(b) Die Sequenz $0 \to \mathbb{Z} \to \mathbb{Z} \to \mathbb{Z}_m \to 0$ aus 8.2.2 (e) zerfällt für $m \geq 2$ nicht. Also sind $\mathbb{Z}$ und $\mathbb{Z} \oplus \mathbb{Z}_m$ verschiedene Erweiterungen von $\mathbb{Z}$ durch $\mathbb{Z}_m$.

(c) Ist $0 \to A \to B \to C \to 0$ exakt und sind A, C endlich erzeugt, so ist auch B endlich erzeugt (betrachte die Bilder der Erzeugenden von A und feste Urbilder der Erzeugenden von C).

8.2.6 Satz   *Eine kurze exakte Sequenz abelscher Gruppen* $0 \to A \overset{f}{\to} B \overset{g}{\to} C \to 0$, *in der C frei abelsch ist, zerfällt.*

Beweis   Nach 8.1.10 hat g ein Rechtsinverses. $\qquad\square$

Aufgaben

8.2.A1 Ist $0 \to A \to B \to C \to 0$ exakt und sind A und C frei abelsch, so ist B frei abelsch, und es gilt Rang $B =$ Rang $A +$ Rang C.

8.2.A2   Eine exakte Sequenz der Form $0 \to \mathbb{Z}_m \to C \to \mathbb{Z}_n \to 0$, in der m und n teilerfremd sind, zerfällt.

8.2.A3   Für jedes $n \geq 2$ gibt es eine exakte Sequenz $0 \to \mathbb{Z}_n \to \mathbb{Z}_{n^2} \to \mathbb{Z}_n \to 0$; exakte Sequenzen dieser Form zerfallen nicht.

8.2.A4 Sind $G_1, G_2 \subset G$ Untergruppen und ist $G_1 + G_2 \subset G$ wie in 8.1.3 (b), so gibt es eine exakte Sequenz $0 \to G_1 \cap G_2 \to G_1 \oplus G_2 \to G_1 + G_2 \to 0$.

8.2.A5 Für $G_2 \subset G_1 \subset G$ ist $0 \to G_1/G_2 \to G/G_2 \to G/G_1 \to 0$ exakt.

8.3 Kettenkomplexe

Bei der Definition der Homologiegruppen in 7.1 tauchen implizit neue algebraische Begriffe auf; diese werden im folgenden formalisiert und rein algebraisch untersucht.

8.3.1 Definition Ein *Kettenkomplex* ist ein System $C = (C_q, \partial_q)_{q \in \mathbb{Z}}$ von abelschen Gruppen C_q und Homomorphismen $\partial_q \colon C_q \to C_{q-1}$, so daß $\partial_{q-1} \circ \partial_q \colon C_q \to C_{q-2}$ für alle $q \in \mathbb{Z}$ der Nullhomomorphismus ist. Wir schreiben meistens ∂ statt ∂_q und kennzeichnen C durch ein Diagramm

$$C \colon \ldots \xrightarrow{\partial} C_{q+1} \xrightarrow{\partial} C_q \xrightarrow{\partial} C_{q-1} \xrightarrow{\partial} \ldots \quad (\partial\partial = 0).$$

C_q heißt *q-te Kettengruppe von C*, die $c \in C_q$ heißen *q-Ketten von C*. Für $c \in C_q$ heißt $\partial c \in C_{q-1}$ der *Rand von c*. Der Homomorphismus $\partial = \partial_q$ heißt *Randoperator*.

8.3.2 Beispiele
(a) Zu jedem Simplizialkomplex K gehört nach 7.1 ein Kettenkomplex

$$C(K) \colon \ldots \xrightarrow{\partial} C_{q+1}(K) \xrightarrow{\partial} C_q(K) \xrightarrow{\partial} C_{q-1}(K) \xrightarrow{\partial} \ldots .$$

Hier sind für hinreichend großes q und für $q < 0$ die Kettengruppen Null. Im allgemeinen Fall 8.3.1 wird das nicht verlangt.

(b) Der *Nullkettenkomplex* 0 ist definiert durch $C_q = 0$ für alle q.

8.3.3 Definition Sei $C = (C_q, \partial_q)_{q \in \mathbb{Z}}$ ein Kettenkomplex. Die Elemente von $Z_q(C) = \text{Kern } \partial_q$ bzw. $B_q(C) = \text{Bild } \partial_{q+1}$ heißen *q-Zyklen* bzw. *q-Ränder von C*. Aus $\partial\partial = 0$ folgt $B_q(C) \subset Z_q(C) \subset C_q$. Die Faktorgruppe $H_q(C) = Z_q(C)/B_q(C)$ heißt *q-te Homologiegruppe von C*. Die Elemente von $H_q(C)$ sind die Restklassen $\{z\} = \{z\}_C = z + B_q(C)$ mit $z \in Z_q(C)$; sie heißen *Homologieklassen*.

Diese Definition ist natürlich 7.1.10 nachgemacht; für einen Simplizialkomplex K ist $H_q(C(K)) = H_q(K)$. Ebenso ist die folgende Definition 7.3 nachgemacht.

8.3.4 Definition Seien $C = (C_q, \partial_q)_{q \in \mathbb{Z}}$ und $C' = (C'_q, \partial'_q)_{q \in \mathbb{Z}}$ Kettenkomplexe. Eine *Kettenabbildung* $f \colon C \to C'$ ist ein System $f = (f_q)_{q \in \mathbb{Z}}$ von Homomorphismen $f_q \colon C_q \to C'_q$ mit $\partial'_q \circ f_q = f_{q-1} \circ \partial_q$ für alle $q \in \mathbb{Z}$. Wir schreiben statt f_q oft ebenfalls nur $f\colon C_q \to C'_q$ und kennzeichnen die Kettenabbildung durch das kommutative Diagramm

$$
\begin{array}{ccccccccc}
C\colon & \cdots & \xrightarrow{\partial} & C_{q+1} & \xrightarrow{\partial} & C_q & \xrightarrow{\partial} & C_{q-1} & \xrightarrow{\partial} \cdots \\
& & & \downarrow{\scriptstyle f} & & \downarrow{\scriptstyle f} & & \downarrow{\scriptstyle f} & \\
C'\colon & \cdots & \xrightarrow{\partial'} & C'_{q+1} & \xrightarrow{\partial'} & C'_q & \xrightarrow{\partial'} & C'_{q-1} & \xrightarrow{\partial'} \cdots \;.
\end{array}
$$

8.3.5 Satz und Definition *Eine Kettenabbildung* $f\colon C \to C'$ *bildet Zyklen in Zyklen und Ränder in Ränder ab und induziert daher einen Homomorphismus* $f_* = H_q(f)\colon H_q(C) \to H_q(C')$, $\{z\}_C \mapsto \{f(z)\}_{C'}$. □

8.3.6 Beispiele
(a) Für eine simpliziale Abbildung $\varphi\colon K \to L$ ist das System der Homomorphismen $C_q(\varphi)$ aus 7.3.1 eine Kettenabbildung $C(\varphi)\colon C(K) \to C(L)$. Die davon induzierten Homologiehomomorphismen haben wir schon in 7.3.3 eingeführt.
(b) Ist $f\colon C \to C$ die Identität (d.h. $f_q\colon C_q \to C_q$ ist die Identität für alle q), dann ist f eine Kettenabbildung, und $f_*\colon H_q(C) \to H_q(C)$ ist die Identität.
(c) Kettenabbildungen $f\colon C \to C'$ und $g\colon C' \to C''$ kann man zu einer Kettenabbildung $gf\colon C \to C''$ zusammensetzen (durch $(gf)_q = g_q f_q$), und es ist $(gf)_* = g_* f_*\colon H_q(C) \to H_q(C'')$.
(d) Die Nullabbildung $0\colon C \to C'$ (d.h. $f_q = 0$ für alle q) ist eine Kettenabbildung und $0_* = 0$.

Die geometrischen Überlegungen über relative Homologie aus 7.4 führen auf dem algebraischen Niveau der Kettenkomplexe zu folgenden Begriffen und Sätzen:

8.3.7 Definition Eine *Sequenz von Kettenabbildungen* $0 \to C' \xrightarrow{f} C \xrightarrow{g} C'' \to 0$ heißt *exakt*, wenn für alle q die Sequenz $0 \to C'_q \xrightarrow{f} C_q \xrightarrow{g} C''_q \to 0$ exakt ist. Der zu dieser Sequenz gehörende *Randoperator* oder *verbindende Homomorphismus* ist definiert durch $\partial_*\colon H_q(C'') \to H_{q-1}(C')$, $\{z''\}_{C''} \mapsto \{f^{-1}\partial g^{-1}(z'')\}_{C'}$.

Man mache sich die Definition an folgendem Diagramm klar:

$$
\begin{array}{ccccccccc}
0 & \longrightarrow & C'_q & \xrightarrow{f} & C_q & \xrightarrow{g} & C''_q & \longrightarrow & 0 \\
& & \downarrow{\scriptstyle \partial} & & \downarrow{\scriptstyle \partial} & & \downarrow{\scriptstyle \partial} & & \\
0 & \longrightarrow & C'_{q-1} & \xrightarrow{f} & C_{q-1} & \xrightarrow{g} & C''_{q-1} & \longrightarrow & 0 \;.
\end{array}
$$

Gegeben ist $\{z''\}_{C''} \in H_q(C'')$, also ein Zyklus $z'' \in C''_q$. Man wählt ein Urbild $c \in g^{-1}(z'')$ von z'' (g ist surjektiv) und nimmt dessen Rand $\partial(c)$. Wegen $g\partial(c) =$

$\partial g(c) = \partial z'' = 0$ ist $\partial(c) \in$ Kern $g =$ Bild f. Weil f injektiv ist, ist $z' = f^{-1}\partial(c)$ eindeutig definiert und wegen $\partial(z') = \partial f^{-1}\partial(c) = f^{-1}\partial\partial(c) = 0$ ein Zyklus. Dann sei $\partial_*(\{z''\}_{C''}) = \{z'\}_{C'}$.

Wir zeigen, daß ∂_* wohldefiniert ist: Sei $\{z_1''\}_{C''} = \{z''\}_{C''}$ und $c_1 \in g^{-1}(z_1'')$. Dann ist $g(c - c_1) = z'' - z_1''$ der Rand einer Kette x''. Sei $x \in g^{-1}(x'')$. Es folgt $g\partial(x) = \partial g(x) = \partial x'' = g(c - c_1)$, also $c - c_1 - \partial x \in$ Kern $g =$ Bild f und daraus $c - c_1 = \partial x + f(c')$ für ein c'. Daher ist $\partial c = \partial c_1 + f\partial(c')$, und somit ist $f^{-1}\partial(c) - f^{-1}\partial(c_1)$ ein Rand, was zu beweisen war.

Der Beweis der folgenden Aussage ist analog zum ausführlichen Beweis von 7.4.5; wir empfehlen dem Leser, die Details genau aufzuschreiben.

8.3.8 Satz *Zu jeder exakten Sequenz von Kettenabbildungen wie in 8.3.7 gehört eine (beidseitig unbegrenzte) exakte Homologiesequenz*

$$\ldots \xrightarrow{g_*} H_{q+1}(C'') \xrightarrow{\partial_*} H_q(C') \xrightarrow{f_*} H_q(C) \xrightarrow{g_*} H_q(C'') \xrightarrow{\partial_*} \ldots .$$

$\square$

8.3.9 Definition

(a) Sei C ein Kettenkomplex, und sei $C_q' \subset C_q$ eine Untergruppe mit $\partial C_q' \subset C_{q-1}'$ für alle q. Dann ist das System der C_q' und der $\partial|C_q'\colon C_q' \to C_{q-1}'$ ein Kettenkomplex C'; er heißt *Teilkettenkomplex* von C, und wir schreiben $C' \subset C$. Es heißt $C' \subset C$ oder (C, C') ein *Paar von Kettenkomplexen*. Die Inklusion $i\colon C' \hookrightarrow C$, definiert durch $i_q\colon C_q' \hookrightarrow C_q$, ist eine Kettenabbildung, und $i_*\colon H_q(C') \to H_q(C)$ ist durch $i_*(\{z'\}_{C'}) = \{z'\}_C$ gegeben.

(b) Der *Faktorkettenkomplex* C/C' besteht aus den Faktorgruppen C_q/C_q' und den von $\partial\colon C_q \to C_{q-1}$ induzierten Homomorphismen, die wieder mit $\partial\colon C_q/C_q' \to C_{q-1}/C_{q-1}'$ bezeichnet werden. Analog zu 7.4.1 besteht $H_q(C/C')$ aus den Elementen $\{z\}_{C/C'}$, wobei $z \in C_q$ eine Kette mit $\partial(z) \in C_{q-1}'$ ist; und $\{z\}_{C/C'} = \{z_1\}_{C/C'}$ gilt genau dann, wenn $z - z_1 = \partial c + x'$ gilt für gewisse $c \in C_{q+1}$ und $x' \in C_q'$. Ist $j_q\colon C_q \to C_q/C_q'$ die Projektion auf die Faktorgruppe, so ist $j\colon C \to C/C'$ eine Kettenabbildung, und $j_*\colon H_q(C) \to H_q(C/C')$ ist $j_*(\{z\}_C) = \{z\}_{C/C'}$.

Weil die Sequenz $0 \to C' \to C \to C/C' \to 0$ exakt ist, folgt aus 8.3.8:

8.3.10 Satz *Zu jedem Paar $C' \subset C$ von Kettenkomplexen gehört eine exakte Homologiesequenz*

$$\ldots \xrightarrow{j_*} H_{q+1}(C/C') \xrightarrow{\partial_*} H_q(C') \xrightarrow{i_*} H_q(C) \xrightarrow{j_*} H_q(C/C') \xrightarrow{\partial_*} \ldots ,$$

wobei der Randoperator durch $\partial_*(\{z\}_{C/C'}) = \{\partial z\}_{C'}$ gegeben ist. $\square$

8.3.11 Definition und Satz *Es seien $C' \subset C$ und $D' \subset D$ zwei Paare von Kettenkomplexen, und $f\colon C \to D$ sei eine Kettenabbildung mit $f(C_q') \subset D_q'$. Wir* *schreiben dafür* $f\colon (C, C') \to (D, D')$ *und nennen* f *eine* Abbildung von Paaren von Kettenkomplexen. *Man erhält neben* $f\colon C \to D$ *die folgenden, wieder mit* f *bezeichneten Kettenabbildungen:*

$$f\colon C' \to D', \; c \mapsto f(c) \text{ und } f\colon C/C' \to D/D', \; c + C'_q \mapsto f(c) + D'_q.$$

Ferner ist das folgende Diagramm kommutativ; es heißt die Homologieleiter von f:

$$
\begin{array}{ccccccccc}
\xrightarrow{j_*} & H_{q+1}(C/C') & \xrightarrow{\partial_*} & H_q(C') & \xrightarrow{i_*} & H_q(C) & \xrightarrow{j_*} & H_q(C/C') & \xrightarrow{\partial_*} \\
& f_* \downarrow & & f_* \downarrow & & f_* \downarrow & & f_* \downarrow & \\
\xrightarrow{j_*} & H_{q+1}(D/D') & \xrightarrow{\partial_*} & H_q(D') & \xrightarrow{i_*} & H_q(D) & \xrightarrow{j_*} & H_q(D/D') & \xrightarrow{\partial_*} & .
\end{array}
$$

$\square$

Sind $K_0 \subset K$ Simplizialkomplexe, so ist $C(K_0) \subset C(K)$ ein Teilkettenkomplex, und 8.3.10 wird zu 7.4.5. Für eine simpliziale Abbildung $\varphi\colon (K, K_0) \to (L, L_0)$ ist φ_* eine Abbildung von Paaren von Kettenkomplexen, und 8.3.11 reduziert sich auf 7.4.6. — Der geometrische Hintergrund des folgenden Begriffs wird erst in 9.3 klar werden.

8.3.12 Definition Kettenabbildungen $f, g\colon C \to C'$ heißen *homotop* (auch: *kettenhomotop, algebraisch homotop*), Bezeichnung $f \simeq g$, wenn es für alle q einen Homomorphismus $D_q\colon C_q \to C'_{q+1}$ gibt mit $\partial D_q(x) + D_{q-1}\partial(x) = f(x) - g(x)$ für alle $x \in C_q$. Das System dieser Homomorphismen heißt eine *(Ketten-)Homotopie von* f *nach* g.

Schreiben wir kurz D statt D_q, so gilt in dem folgenden (nicht kommutativen) Diagramm stets $\partial D + D\partial = f - g$:

$$
\begin{array}{ccccccccc}
\cdots & \xrightarrow{\partial} & C_{q+1} & \xrightarrow{\partial} & C_q & \xrightarrow{\partial} & C_{q-1} & \xrightarrow{\partial} & \cdots \\
& {}_{D}\swarrow & f \downarrow g & {}_{D}\swarrow & f \downarrow g & {}_{D}\swarrow & f \downarrow g & {}_{D}\swarrow & \\
\cdots & \xrightarrow{\partial} & C'_{q+1} & \xrightarrow{\partial} & C'_q & \xrightarrow{\partial} & C'_{q-1} & \xrightarrow{\partial} & \cdots
\end{array}
$$

Ist $z \in C_q$ ein Zyklus, so ist $f(z) - g(z) = \partial D(z)$ wegen $\partial z = 0$, d.h. $f(z) - g(z)$ ist ein Rand. Das bedeutet $\{f(z)\}_{C'} = \{g(z)\}_{C'}$, und daher gilt:

8.3.13 Satz *Aus* $f \simeq g\colon C \to C'$ *folgt* $f_* = g_*\colon H_q(C) \to H_q(C')$. $\square$

Dieser algebraische Homotopiebegriff hat dieselben formalen Eigenschaften wie der topologische Homotopiebegriff in 2.1, und wir können einige der früheren Aussagen und Definitionen formal übertragen.

8.3.14 Satz *Die algebraische Homotopie ist eine Äquivalenzrelation in der Menge aller Kettenabbildungen $C \to C'$, und sie ist mit der Komposition verträglich: Aus $f \simeq g \colon C \to C'$ und $f' \simeq g' \colon C' \to C''$ folgt $f' \circ f \simeq g' \circ g$.* □

8.3.15 Definition und Satz *Eine Kettenabbildung $f \colon C \to C'$ heißt eine* Homotopieäquivalenz *von Kettenkomplexen, wenn es eine Kettenabbildung $g \colon C' \to C$ gibt, die* homotopie-invers *ist zu f, also $g \circ f \simeq \mathrm{id}_C$ und $f \circ g \simeq \mathrm{id}_{C'}$. Dann ist $f_* \colon H_q(C) \to H_q(C')$ für alle $q \in \mathbb{Z}$ ein Isomorphismus.* □

Aufgaben

8.3.A1 Führen Sie die Details von 8.3.8 und 8.3.11 aus.

8.3.A2 Beweisen Sie 8.3.14 und 8.3.15.

8.3.A3 Sei C ein Kettenkomplex. Zeigen Sie:
(a) Ist $\partial \colon C_q \to C_{q-1}$ ein Isomorphismus, so ist $H_q(C) = 0$ und $H_{q-1}(C) = 0$.
(b) Ist $C_{q+1} = 0$ und $C_{q-1} = 0$, so ist $H_q(C) = C_q$.
(c) Sind alle Randoperatoren von C Null, so ist $H_q(C) = C_q$ für alle q.
(d) C ist genau dann eine exakte Sequenz abelscher Gruppen, wenn alle Homologiegruppen von C Null sind.

8.3.A4 Sei $f \colon (C, C') \to (D, D')$ eine Abbildung von Paaren von Kettenkomplexen. Wenn von den Homomorphismen $f_* \colon H_q(C) \to H_q(D)$, $f_* \colon H_q(C') \to H_q(D')$ und $f_* \colon H_q(C/C') \to H_q(D/D')$ zwei Isomorphismen sind (und zwar immer dieselben für alle $q \in \mathbb{Z}$), so ist auch der dritte für alle $q \in \mathbb{Z}$ ein Isomorphismus.

8.3.A5 Die direkte Summe $C = C' \oplus C''$ zweier Kettenkomplexe ist definiert durch $C_q = C'_q \oplus C''_q$ und $\partial(c', c'') = (\partial' c', \partial'' c'')$. Zeigen Sie, daß C ein Kettenkomplex ist und daß durch $\left(\{z'\}_{C'}, \{z''\}_{C''}\right) \mapsto \{(z', z'')\}_C$ ein Isomorphismus $H_q(C') \oplus H_q(C'') \to H_q(C)$ definiert wird.

8.3.A6 Sei C ein Kettenkomplex mit Teilkettenkomplexen C' und C''.
(a) Zeigen Sie, daß die Summe $C' + C''$ ein Teilkettenkomplex von C ist (die q-Ketten von $C' + C''$ sind die $c' + c''$ mit $c' \in C'_q$, $c'' \in C''_q$).
(b) Zeigen Sie, daß der Durchschnitt $C' \cap C''$ ein Teilkettenkomplex von C ist (die q-Ketten von $C' \cap C''$ sind die Ketten in $C'_q \cap C''_q$).
(c) Zeigen Sie, daß $0 \to C' \cap C'' \overset{i}{\to} C' \oplus C'' \overset{p}{\to} C' + C'' \to 0$ eine exakte Sequenz von Kettenkomplexen ist; dabei ist $i(c) = (c, -c)$ und $p(c', c'') = c' + c''$. Schreiben Sie die zugehörige Homologiesequenz auf, wobei Sie $H_q(C' \oplus C'')$ nach 8.3.A5 durch $H_q(C') \oplus H_q(C'')$ ersetzen. Beschreiben Sie die Homomorphismen in dieser Sequenz.
(d) Voraussetzung: Die Inklusion $j \colon C' + C'' \to C$ induziert für alle q Isomorphismen $j_* \colon H_q(C' + C'') \to H_q(C)$. Zeigen Sie, daß Sie dann aus der obigen Homologiesequenz die folgende exakte Sequenz erhalten:
$$\ldots \overset{\mu}{\to} H_{q+1}(C) \overset{\Delta}{\to} H_q(C' \cap C'') \overset{\mu}{\to} H_q(C') \oplus H_q(C'') \overset{\nu}{\to} H_q(C) \overset{\Delta}{\to} \ldots$$
Sie heißt die *Mayer-Vietoris-Sequenz zu $C', C'' \subset C$*. Beschreiben Sie die Homomorphismen in dieser Sequenz.

8.3.A7 Der Simplizialkomplex $K = K_1 \cup K_2$ sei Vereinigung der Teilkomplexe K_1 und K_2. Für $C = C(K)$, $C' = C(K_1)$ und $C'' = C(K_2)$ ist die obige Voraussetzung erfüllt, und die Sequenz ist die Mayer-Vietoris-Sequenz aus 7.4.A5.

8.4 Kategorien und Funktoren

Wir haben nicht die Absicht, eine Einführung in die Kategorientheorie zu geben, sondern stellen lediglich einige Grundbegriffe zusammen. Die Sprache der Kategorientheorie ist ein äußerst nützliches und bequemes Mittel, um Ordnung in die Begriffsfülle der Algebraischen Topologie zu bringen.

8.4.1 Definition Eine *Kategorie* besteht aus drei Dingen:

Erstens: Aus einer Klasse von Elementen $X, Y, Z, \ldots$, die die *Objekte der Kategorie* heißen.

Zweitens: Aus Mengen $M(X, Y)$, definiert für jedes Paar X, Y von Objekten der Kategorie. Die Elemente von $M(X, Y)$ heißen die *Morphismen in der Kategorie von X nach Y*.

Drittens: Aus Funktionen $M(X, Y) \times M(Y, Z) \to M(X, Z)$, definiert für jedes Tripel X, Y, Z von Objekten der Kategorie. Für $f \in M(X, Y)$ und $g \in M(Y, Z)$ wird das Bild von (f, g) in $M(X, Z)$ mit gf oder $g \circ f$ bezeichnet; es heißt die *Komposition von f und g*.

Diese Daten müssen zwei Axiome erfüllen:

Assoziativität: Für $f \in M(W, X)$, $g \in M(X, Y)$, $h \in M(Y, Z)$ ist $(hg)f = h(gf)$.

Identität: Zu jedem Objekt X der Kategorie gibt es ein Element $\mathrm{id}_X \in M(X, X)$ mit $f \circ \mathrm{id}_X = f$ und $\mathrm{id}_X \circ g = g$ für alle $f \in M(X, Y)$ und alle $g \in M(Y, X)$.

Hier ist ein erstes Beispiel: Als Objekte nehmen wir alle Mengen. Als $M(X, Y)$ nehmen wir die Mengen aller Funktionen $X \to Y$. Die Komposition ist die übliche Hintereinanderschaltung von Funktionen: $(gf)(x) = g(f(x))$. Das Element id_X ist die identische Funktion $X \to X$. Wir erhalten eine Kategorie, die mit ENS bezeichnet wird (ensemble = Menge). Dieses Beispiel macht klar, daß man in 8.4.1 mit Grundlagenproblemen der axiomatischen Mengenlehre konfrontiert ist. Der Begriff *Menge aller Mengen* ist nicht definiert und führt zu logischen Widersprüchen. Das ist der Grund, warum in 8.4.1 von der *Klasse* und nicht von der *Menge* der Objekte die Rede ist.

Man beachte, daß $\mathrm{id}_X \in M(X, X)$ eindeutig bestimmt ist (denn $\mathrm{id}'_X = \mathrm{id}'_X \circ \mathrm{id}_X = \mathrm{id}_X$). Daher ist folgende Definition sinnvoll:

8.4.2 Definition Ein Morphismus $f \in M(X, Y)$ heißt ein *Isomorphismus* (in der gegebenen Kategorie), wenn es einen Morphismus $g \in M(Y, X)$ mit $g \circ f = \mathrm{id}_X$ und $f \circ g = \mathrm{id}_Y$ gibt. g ist eindeutig bestimmt (denn $g' \circ f = \mathrm{id}_X$ impliziert $g = \mathrm{id}_X \circ g = g' \circ f \circ g = g' \circ \mathrm{id}_Y = g'$) und heißt das *Inverse* f^{-1} von f.

8.4.3 Beispiele In den folgenden Beispielen für Kategorien sind die Objekte immer Mengen (oder Systeme von Mengen), die mit gewissen Strukturen versehen sind, und die Morphismen sind Funktionen zwischen diesen Mengen, die die Strukturen erhalten. Die Komposition ist die Hintereinanderschaltung von Funktionen, und id_X ist die identische Funktion.

TOP: *Kategorie der topologischen Räume und stetigen Abbildungen* (d.h. die Objekte sind die topologischen Räume $X, Y, \ldots$, und $M(X, Y)$ ist die Menge der stetigen Abbildungen $X \to Y$). Die Isomorphismen dieser Kategorie sind die Homöomorphismen.

TOP$_0$:   *Kategorie der topologischen Räume (X, x_0) mit Basispunkt und der Basispunkt-erhaltenden stetigen Abbildungen $(X, x_0) \to (Y, y_0)$.* Die Isomorphismen dieser Kategorie sind die Homöomorphismen, die den Basispunkt erhalten.

TOP^2:   *Kategorie der Raumpaare (X, A) und der stetigen Abbildungen $(X, A) \to (Y, B)$ von Raumpaaren.* Die Isomorphismen sind hier die Homöomorphismen von Raumpaaren.

SK: *Kategorie der Simplizialkomplexe und simplizialen Abbildungen.* Die Isomorphismen dieser Kategorie sind nach 3.1.21 die bijektiven simplizialen Abbildungen.

SK^2:   *Kategorie der Paare (K, K_0) von Simplizialkomplexen (also $K_0 \subset K$) und der simplizialen Abbildungen $\varphi\colon (K, K_0) \to (L, L_0)$.*

GR: *Kategorie der Gruppen und Homomorphismen.*

AB: *Kategorie der abelschen Gruppen und Homomorphismen.* Die Isomorphismen in *GR* und *AB* sind die Gruppen-Isomorphismen (äquivalent: die bijektiven Homomorphismen).

KK: *Kategorie der Kettenkomplexe und Kettenabbildungen.* In dieser Kategorie stellt $f\colon C \to C'$ genau dann ein Isomorphismus dar, wenn alle $f_q\colon C_q \to C_q'$ Isomorphismen sind.

KK^2:   *Kategorie der Paare von Kettenkomplexen und Kettenabbildungen* solcher Paare (vgl. 8.3.11).

Der Leser kann leicht eine Vielzahl weiterer Beispiele bilden (Vektorräume und lineare Abbildungen, topologische Gruppen und stetige Homomorphismen, Banach-Räume und Fredholm-Operatoren usw.).

8.4.4 Definition Es seien KAT_1 und KAT_2 Kategorien (mit Morphismenmengen $M_1(,)$ bzw. $M_2(,)$). Ein *(covarianter) Funktor* $T\colon KAT_1 \to KAT_2$ ordnet jedem

Objekt X von KAT_1 ein Objekt $T(X)$ von KAT_2 und jedem Morphismus $f \in M_1(X,Y)$ einen Morphismus $T(f) \in M_2(T(X),T(Y))$ zu, so daß gilt: $T(\mathrm{id}_X) = \mathrm{id}_{T(X)}$ und $T(g \circ f) = T(g) \circ T(f)$ für alle Objekte X und alle Morphismen f und g in KAT_1, für die $g \circ f$ definiert ist. Wenn die Morphismen in KAT_1 und KAT_2 wie in unseren Beispielen gewöhnliche Funktionen sind, können wir T so darstellen:

$$(\text{Objekt } X \text{ in } KAT_1) \stackrel{T}{\longmapsto} (\text{Objekt } T(X) \text{ in } KAT_2),$$
$$(X \stackrel{f}{\to} Y) \stackrel{T}{\longmapsto} (T(X) \stackrel{T(f)}{\longrightarrow} T(Y)),$$
$$(X \stackrel{\text{Identität}}{\longrightarrow} X) \stackrel{T}{\longmapsto} (T(X) \stackrel{\text{Identität}}{\longrightarrow} T(X)).$$

Ferner ist für $X \stackrel{f}{\to} Y \stackrel{g}{\to} Z$ das folgende Diagramm kommutativ:

$$
\begin{array}{ccc}
T(X) & \stackrel{T(gf)}{\longrightarrow} & T(Z) \\
{\scriptstyle T(f)} \searrow & & \nearrow {\scriptstyle T(g)} \\
& T(Y) &
\end{array}
$$

8.4.5 Satz *Ein Funktor $T: KAT_1 \to KAT_2$ bildet Isomorphismen von KAT_1 in solche von KAT_2 ab; es gilt sogar stets $T(f^{-1}) = T(f)^{-1}$.*   □

Ordnet man z.B. jedem Simplizialkomplex K den zugrundeliegenden Raum $|K|$ zu und jeder simplizialen Abbildung $\varphi: K \to L$ die stetige Abbildung $|\varphi|: |K| \to |L|$ zu, so erhält man einen Funktor $||: SK \to TOP$. Man mache sich die folgenden Beispiele für Funktoren, die wir in tabellarischer Form aufschreiben, ebenso ausführlich deutlich. (Wenn klar ist, wie der Funktor auf Morphismen wirkt, ist das nicht angegeben. Bei H_q ist $q \in \mathbb{Z}$ beliebig.)

$$
\begin{array}{llll}
||: & SK \to TOP & (3.1), & H_q: \ SK \to AB \quad (7.3.4), \\
||: & SK^2 \to TOP^2 & (\text{analog}), & H_q: \ SK^2 \to AB \quad (7.4), \\
\pi_1: & TOP_0 \to GR & (5.1.15), & H_q: \ KK \to AB \quad (8.3), \\
C: & SK \to KK & (7.3.4), & H_q: \ KK^2 \to AB \quad (H_q(C/C')),
\end{array}
$$

$$
\begin{array}{lll}
GR \to AB: & \text{Abelsch-Machen}, & \\
AB \to AB: & G \mapsto \text{Tor } G, & \\
TOP_0 \to TOP: & (X,x_0) \mapsto X & (\text{Basispunkt vergessen}), \\
TOP^2 \to TOP: & (X,A) \mapsto A & (\text{oder } \mapsto X \text{ oder } \mapsto X/A), \\
TOP \to ENS: & X \mapsto [S^1,X] & (\text{vgl. } 5.1.14), \\
TOP \to TOP: & X \mapsto X \times I & (\text{oder } X \mapsto CX).
\end{array}
$$

Der Leser kann leicht eine Vielzahl weiterer Beispiele konstruieren. Ein Gegenbeispiel mag den Begriff noch verdeutlichen. Ordnet man jedem lokal-kompakten Raum X seine Einpunktkompaktifizierung $\hat{X}$ zu und jeder Abbildung $f: X \to Y$ die durch $\hat{f}(\infty) = \infty$ definierte Fortsetzung $\hat{f}: \hat{X} \to \hat{Y}$, so erhält man keinen Funktor von der Kategorie der lokalkompakten Räume und stetigen Abbildungen nach TOP; denn $\hat{f}$ ist i.a. nicht stetig.

8.4.6 Definition Seien S, T: $KAT_1 \to KAT_2$ Funktoren. Eine *natürliche Transformation* Φ von S nach T ordnet jedem Objekt X von KAT_1 einen Morphismus $\Phi_X \in M_2(S(X), T(X))$ zu, so daß für jeden Morphismus $f\colon X \to Y$ in KAT_1 die Gleichung $\Phi_Y \circ S(f) = T(f) \circ \Phi_X$ gilt. In der Situation nach 8.4.4 können wir das so beschreiben:

$$(\text{Objekt } X \in KAT_1) \overset{\Phi}{\longmapsto} (\text{Morphismus } S(X) \overset{\Phi_X}{\longrightarrow} T(X) \text{ in } KAT_2).$$

Für $f\colon X \to Y$ in KAT_1 ist folgendes Diagramm kommutativ:

$$
\begin{array}{ccc}
S(X) & \overset{\Phi_X}{\longrightarrow} & T(X) \\
{\scriptstyle S(f)}\downarrow & & \downarrow{\scriptstyle T(f)} \\
S(Y) & \overset{\Phi_Y}{\longrightarrow} & T(Y)
\end{array}
$$

Man schreibt auch kurz $\Phi = \Phi_X$ und sagt, daß *der Morphismus* $\Phi\colon S(X) \to T(X)$ *natürlich ist bezüglich Morphismen von* KAT_1.

8.4.7 Beispiel Die in 5.1.12 definierte Funktion $V\colon \pi_1(X, x_0) \to [S^1, X]$ ist natürlich bezüglich stetiger Abbildungen $f\colon (X, x_0) \to (Y, y_0)$, d.h. das Diagramm

$$
\begin{array}{ccc}
\pi_1(X, x_0) & \overset{V}{\longrightarrow} & [S^1, X] \\
{\scriptstyle f_\#}\downarrow & & \downarrow{\scriptstyle f_\#} \\
\pi_1(Y, y_0) & \overset{V}{\longrightarrow} & [S^1, Y]
\end{array}
$$

ist kommutativ (rechts ist $f_\#$ durch $f_\#([\varphi]) = [f \circ \varphi]$ definiert). Bezeichnen wir mit $S, T\colon TOP_0 \to ENS$ die Funktoren $S(X, x_0) = \pi_1(X, x_0)$ bzw. $T(X, x_0) = [S^1, X]$, so ist V eine natürliche Transformation von S nach T.

8.4.8 Beispiel Der Homomorphismus $\partial_*\colon H_q(K, K_0) \to H_{q-1}(K_0)$ ist natürlich bezüglich simplizialer Abbildungen $\varphi\colon (K, K_0) \to (L, L_0)$, d.h. das folgende Diagramm ist kommutativ:

$$
\begin{array}{ccc}
H_q(K, K_0) & \overset{\partial_*}{\longrightarrow} & H_{q-1}(K_0) \\
{\scriptstyle \varphi_*}\downarrow & & \downarrow{\scriptstyle (\varphi|K_0)_*} \\
H_q(L, L_0) & \overset{\partial_*}{\longrightarrow} & H_{q-1}(L_0)\ .
\end{array}
$$

Daher ist ∂_* eine natürliche Transformation des Funktors $H_q\colon SK^2 \to AB$ in den durch $(K, K_0) \mapsto H_{q-1}(K_0)$ definierten Funktor $SK^2 \to AB$.

Den letzten Begriff, den wir einführen wollen, machen wir zuerst an einem Beispiel klar. Es sei VR die *Kategorie der reellen Vektorräume und der linearen Abbildungen*. Sei $\tilde{V}$ der zu V duale Vektorraum; die Elemente $\varphi \in \tilde{V}$ sind die linearen

Abbildungen $\varphi\colon V \to \mathbb{R}$. Zu einer linearen Abbildung $f\colon V \to W$ gehört die duale lineare Abbildung $\tilde{f}\colon \tilde{W} \to \tilde{V}$, definiert durch $\tilde{f}(\psi) = \psi \circ f$ für $\psi \in \tilde{W}$. Man erhält eine Zuordnung $\sim\colon VR \to VR$, die jedoch kein Funktor ist: Für $f\colon V \to W$ geht $\tilde{f}\colon \tilde{W} \to \tilde{V}$ in die *falsche Richtung*. Die Gleichung $\widetilde{gf} = \tilde{g}\tilde{f}$ kann schon deshalb nicht gelten, weil nicht beide Seiten definiert sind.

8.4.9 Definition Ein *Cofunktor* (auch *contravarianter Funktor*) $T\colon KAT_1 \to KAT_2$ ordnet jedem Objekt X in KAT_1 ein Objekt $T(X)$ in KAT_2 und jedem Morphismus $f \in M_1(X, Y)$ einen Morphismus $T(f) \in M_2(T(Y), T(X))$ zu, so daß gilt: $T(\mathrm{id}_X) = \mathrm{id}_{T(X)}$ und $T(g \circ f) = T(f) \circ T(g)$ für alle Objekte X in KAT_1 und alle Morphismen f und g in KAT_1, für die $g \circ f$ definiert ist.

Die Beschreibung im Anschluß an 8.4.4 ist jetzt so zu ändern:

$$(X \xrightarrow{f} Y) \overset{T}{\longmapsto} (T(Y) \xrightarrow{T(f)} T(X)).$$

Für $X \xrightarrow{f} Y \xrightarrow{g} Z$ ist das Diagramm

$$
\begin{array}{ccc}
T(X) & \overset{T(gf)}{\longleftarrow} & T(Z) \\
{}_{T(f)}\nwarrow & & \nearrow_{T(g)} \\
& T(Y) &
\end{array}
$$

kommutativ. Es ist klar, wie man 8.4.5 und 8.4.6 auf Cofunktoren überträgt, und es ist klar, daß im Beispiel oben $\sim\colon VR \to VR$ ein Cofunktor ist.

Aufgaben

8.4.A1 Die Kegelbildung definiert Funktoren $C\colon TOP \to TOP$ (vgl. 1.3.6 und 1.3.A4) und $C\colon SK \to SK$ (vgl. 3.1.A8).

8.4.A2 Die Einhängung definiert Funktoren $E\colon TOP \to TOP$ (vgl. 1.3.A5) und ebenso $E\colon SK \to SK$ (vgl. 3.1.A8 und 7.3.A2).

8.4.A3 Das Abelschmachen von Gruppen definiert einen Funktor $GR \to AB$.

8.4.A4 Die Homotopiekategorie hat als Objekte die topologischen Abbildungen und als Morphismen die Homotopieklassen stetiger Abbildungen. Führen Sie die Details aus. Was sind die Isomorphismen dieser Kategorie?

8.4.A5 Der in 7.2.A7 definierte Isomorphismus $S\colon H_q(K) \to H_{q+1}(EK)$ ist natürlich bezüglicher simplizialer Abbildungen.

8.4.A6 Interpretieren und beweisen Sie folgende Aussage: Die Mayer-Vietoris-Sequenz in 7.4.A5 ist natürlich bezüglich simplizialer Abbildungen $\varphi\colon K \to K'$ mit $\varphi(K_1) \subset K_1'$ und $\varphi(K_2) \subset K_2'$ (wobei $K = K_1 \cup K_2$ und $K' = K_1' \cup K_2'$).

9   Homologiegruppen topologischer Räume

Wir verallgemeinern die Überlegungen von Kapitel 7 und definieren für jeden topologischen Raum X die sogenannten *singulären* Homologiegruppen von X. Die Namensgebung ist historisch bedingt und irreführend: Diese Gruppen sind nicht *singulär* oder *entartet*, sie sind im Gegenteil die wichtigsten Invarianten topologischer Räume, die man in einem einführenden Kurs Algebraische Topologie kennenlernt.

9.1 Definition der Homologiegruppen

9.1.1 Definition Sei $q \geq 0$ eine ganze Zahl. Die Punkte

$$e_0 = (1, 0, \ldots, 0), e_1 = (0, 1, 0, \ldots, 0), \ldots e_q = (0, \ldots, 0, 1)$$

heißen *Einheitspunkte* des $\mathbb{R}^{q+1}$. Das a b g e s c h l o s s e n e (!) Simplex mit den Ecken $e_0, \ldots, e_q$ heißt das *q-dimensionale Standardsimplex* Δ_q:

$$\Delta_q = \{x \in \mathbb{R}^{q+1} \mid x = \sum_{i=0}^{q} \lambda_i e_i \text{ mit } 0 \leq \lambda_i \leq 1 \text{ und } \sum_{i=0}^{q} \lambda_i = 1\}$$

$$= \{(\lambda_0, \ldots, \lambda_q) \in \mathbb{R}^{q+1} \mid 0 \leq \lambda_i \leq 1 \text{ und } \sum_{i=0}^{q} \lambda_i = 1\}.$$

Das der Ecke e_i gegenüberliegende $(q-1)$-Seitensimplex von Δ_q heißt *die i-te Seite* Δ_{q-1}^i *von* Δ_q; sie besteht aus allen Punkten $(\lambda_0, \ldots, \lambda_q) \in \Delta_q$ mit $\lambda_i = 0$. Der Rand $\dot{\Delta}_q$ ist die Vereinigung all dieser Seiten; er besteht aus allen Punkten $(\lambda_0, \ldots, \lambda_q) \in \Delta_q$, für die mindestens eine Koordinate Null ist.

Wie man sich Δ_q vorzustellen hat, erkennt man aus den Bemerkungen im Anschluß an 3.1.2. Insbesondere ist $\Delta_0 = e_0$ ein Punkt und $\dot{\Delta}_0 = \emptyset$.

9.1.2 Definition

(a) Zu beliebigen Punkten $x_0, x_1, \ldots, x_q \in \mathbb{R}^n$ gibt es genau eine lineare Abbildung $f: \mathbb{R}^{q+1} \to \mathbb{R}^n$ mit $f(e_i) = x_i$ für $i = 0, \ldots, q$, nämlich die Abbildung $f(\lambda_0, \ldots, \lambda_q) = \lambda_0 x_0 + \ldots + \lambda_q x_q$. Die Einschränkung von f auf Δ_q bezeichnen wir mit $[x_0, \ldots, x_q] = f|\Delta_q : \Delta_q \to \mathbb{R}^n$. Ist $A \subset \mathbb{R}^n$ ein Teilraum, der die konvexe Hülle der Punkte $x_0, \ldots, x_q$ enthält, so ist $f(\Delta_q) \subset A$, und daher kann man $[x_0, \ldots, x_q]$ auch als Abbildung $[x_0, \ldots, x_q]: \Delta_q \to A$ auffassen. Wir sagen kurz: $[x_0, \ldots, x_q]$ ist *die von der Eckenzuordnung $e_0 \mapsto x_0, \ldots, e_q \mapsto x_q$ induzierte lineare Abbildung von Δ_q nach A*. Sie ist durch $x_0, \ldots, x_q$ eindeutig bestimmt.

(b) Für $q \geq 1$ und $0 \leq i \leq q$ sei $\delta_{q-1}^i = [e_0, \ldots, e_{i-1}, e_{i+1}, \ldots, e_q]: \Delta_{q-1} \to \Delta_q$ die von der Eckenzuordnung $e_0 \mapsto e_0, \ldots, e_{i-1} \mapsto e_{i-1}, e_i \mapsto e_{i+1}, \ldots, e_{q-1} \mapsto e_q$ induzierte lineare Abbildung (hier stehen links die Einheitspunkte im $\mathbb{R}^q$, rechts die im $\mathbb{R}^{q+1}$). Die Abbildung δ_{q-1}^i bildet Δ_{q-1} bijektiv und linear auf die i-te Seite Δ_{q-1}^i von Δ_q ab.

9.1.3 Hilfssatz *Für $q \geq 2$ und $0 \leq k < j \leq q$ ist $\delta_{q-1}^j \circ \delta_{q-2}^k = \delta_{q-1}^k \circ \delta_{q-2}^{j-1}$.*

Beweis Jede der zusammengesetzten Abbildungen bildet die Ecken von Δ_{q-2} wie folgt ab: $e_0 \mapsto e_0, \ldots, e_{k-1} \mapsto e_{k-1}, \; e_k \mapsto e_{k+1}, \ldots, e_{j-2} \mapsto e_{j-1}, \; e_{j-1} \mapsto e_{j+1}, \ldots, e_{q-2} \mapsto e_q$. Daraus und aus der Linearität folgt, daß die Abbildungen gleich sind. □

Mehr Vorbereitungen zur Definition der Homologiegruppen sind nicht nötig:

9.1.4 Definition und Satz *Sei X ein topologischer Raum. Ein singuläres q-Simplex in X ist eine stetige Abbildung $\sigma = \sigma_q : \Delta_q \to X$. Die q-te singuläre Kettengruppe $S_q(X)$ von X ist die freie abelsche Gruppe, die von allen singulären q-Simplexen in X erzeugt wird; ihre Elemente heißen singuläre q-Ketten in X. Für $q < 0$ setzen wir $S_q(X) = 0$. Für $q \geq 1$ sei der Randoperator der folgende Homomorphismus:*

$$\partial = \partial_q : S_q(X) \to S_{q-1}(X), \quad \partial\sigma = \sum_{i=0}^{q}(-1)^i(\sigma \circ \delta_{q-1}^i).$$

Für $q \leq 0$ sei $\partial_q = 0$. Das System $S(X) = (S_q(X), \partial_q)_{q \in \mathbb{Z}}$ ist ein Kettenkomplex:

$$S(X): \ldots \xrightarrow{\partial} S_{q+1}(X) \xrightarrow{\partial} S_q(X) \xrightarrow{\partial} S_{q-1}(X) \xrightarrow{\partial} \ldots \xrightarrow{\partial} S_0(X) \xrightarrow{\partial} 0 \xrightarrow{\partial} 0 \xrightarrow{\partial} \ldots .$$

Er heißt der singuläre (Ketten-)Komplex von X. Die zugehörigen Homologiegruppen $H_q(S(X))$ heißen die (absoluten) singulären Homologiegruppen von X; wir bezeichnen sie mit $H_q(X) = H_q(S(X))$. Für $q < 0$ sind sie Null.

Erläuterung und **Beweis** Jede singuläre Kette $c \in S_q(X)$ hat eine eindeutige Darstellung $c = \sum_\sigma n_\sigma \sigma$ mit $n_\sigma \in \mathbb{Z}$, wobei σ die singulären q-Simplexe in X

durchläuft und alle n_σ bis auf endlich viele Null sind, vgl. 8.1.11. Insbesondere ist jedes singuläre Simplex selbst eine singuläre Kette. Ist $\sigma\colon \Delta_q \to X$ ein singuläres q-Simplex ($q \geq 1$), so ist die Komposition $\sigma \circ \delta^i_{q-1}\colon \Delta_{q-1} \to X$ ein singuläres $(q-1)$-Simplex. Also ist die ganzzahlige Linearkombination

$$\partial\sigma = \sigma \circ \delta^0_{q-1} - \sigma \circ \delta^1_{q-1} \pm \ldots + (-1)^q(\sigma \circ \delta^q_{q-1}) \in S_{q-1}(X)$$

eine singuläre $(q-1)$-Kette. Der Rand einer beliebigen q-Kette $c = \sum_\sigma n_\sigma \sigma$ ist durch $\partial c = \sum_\sigma n_\sigma \partial\sigma$ gegeben. Zu beweisen ist in 9.1.4 nur, daß $S(X)$ ein Kettenkomplex ist, d.h. daß $\partial_{q-1} \circ \partial_q = 0$ ist für alle $q \in \mathbb{Z}$. Dazu genügt es zu zeigen, daß $\partial\partial\sigma = 0$ ist für jedes singuläre q-Simplex ($q \geq 2$). Mit 9.1.3 folgt:

$$\partial\partial\sigma = \partial(\sum_{j=0}^{q}(-1)^j(\sigma \circ \delta^j_{q-1}))$$

$$= \sum_{j=0}^{q}(-1)^j(\sum_{k=0}^{q-1}(-1)^k\sigma \circ \delta^j_{q-1} \circ \delta^k_{q-2})$$

$$= \sum_{j\leq k}(-1)^{j+k}\sigma \circ \delta^j_{q-1} \circ \delta^k_{q-2} + \sum_{k<j}(-1)^{j+k}\sigma \circ \delta^h_{q-1} \circ \delta^{j-1}_{q-2}.$$

Ersetzt man in der Summe rechts k durch j und j durch $k+1$, so sieht man, daß die zweite Summe das (-1)-fache der ersten ist. Daher ist $\partial\partial\sigma = 0$. $\square$

Diese Rechnung macht klar, warum in 9.1.4 die Vorzeichen $(-1)^i$ stehen: dadurch wird $S(X)$ ein Kettenkomplex. Die hinter 9.1.4 stehende Idee ist folgende. Die geometrischen Simplexe, die man in einem Simplizialkomplex hat, werden ersetzt durch stetige Bilder des Standardsimplex, entsprechend die simplizialen Ketten durch die singulären. Es ist erstaunlich, daß diese simple Idee eine vernünftige Theorie liefert. Ein singuläres Simplex $\sigma\colon \Delta_q \to X$ kann sehr *singulär* aussehen. So muß σ keine Einbettung sein, und die Bildmenge $\sigma(\Delta_q)$ hat i.a. mit einem geometrischen q-Simplex nichts mehr gemeinsam. Die in einer singulären Kette $c = \Sigma n_\sigma \sigma$ auftretenden singulären q-Simplexe können beliebig kompliziert durch- und aufeinander liegen. Die Kettengruppe $S_q(X)$ ist i.a. eine ungeheuer große Gruppe; ihr Rang ist mindestens gleich der Mächtigkeit von X. Daß die singulären Homologiegruppen $H_q(X)$ dennoch in allen wichtigen Fällen berechenbare, meistens endlich erzeugte Gruppen sind, liegt daran, daß bei der Faktorbildung Zyklen/Ränder die tatsächlich singulären Erscheinungen wegfallen.

9.1.5 Bezeichnungen

(a) Sei $\partial_q\colon S_q(X) \to S_{q-1}(X)$ der Randoperator. $Z_q(X) =$ Kern ∂_q bzw. $B_q(X) =$ Bild ∂_{q+1} heißt die *q-te Zyklen-* bzw. *Rändergruppe von X*. Es ist also $H_q(X) = Z_q(X)/B_q(X)$, und die Elemente dieser Gruppe sind die Homologieklassen $\{z\} = \{z\}_X = z + B_q(X)$ mit $z \in Z_q(X)$.

(b) Ein singuläres 0-Simplex σ: $\Delta_0 \to X$ ist durch den Bildpunkt $x = \sigma(e_0) \in X$ eindeutig bestimmt. *Verabredung:* Für $x \in X$ wird das singuläre 0-Simplex, das e_0 nach x abbildet, wieder mit x bezeichnet. Singuläre 0-Simplexe und Punkte von X werden also nicht unterschieden. $S_0(X)$ ist die von den Punkten von X frei erzeugte abelsche Gruppe. Wegen $\partial_0 = 0$ ist $Z_0(X) = S_0(X)$: *alle 0-Ketten sind Zyklen.*

(c) Die Punkte von Δ_1 sind die $(1 - t)e_0 + te_1$ mit $t \in I$. Ein singuläres 1-Simplex σ: $\Delta_1 \to X$ kann man daher als Weg w: $I \to X$ auffassen und umgekehrt; beide bestimmen sich durch $\sigma((1 - t)e_0 + te_1) = w(t)$. Führt w von x nach y, so ist $\partial\sigma = \sigma \circ \delta_0^0 - \sigma \circ \delta_0^1 = \sigma(e_1) - \sigma(e_0) = w(1) - w(0) = y - x$ in $S_0(X)$.

9.1.6 Definition und Satz *Eine stetige Abbildung f: $X \to Y$ induziert einen Homomorphismus der Kettengruppen*

$$S_q(f): S_q(X) \to S_q(Y), \quad \sum_\sigma n_\sigma \sigma \mapsto \sum_\sigma n_\sigma(f \circ \sigma).$$

Das System $S(f) = (S_q(f))_{q \in \mathbb{Z}}$ ist eine Kettenabbildung $S(f)$: $S(X) \to S(Y)$, und die Zuordnung $X \mapsto S(X)$, $f \mapsto S(f)$ ist ein Funktor S: $TOP \to KK$. Wie in 7.3.3 benutzen wir auch die Bezeichnungen $S_q(f) = f_\bullet$: $S_q(X) \to S_q(Y)$ und $S(f) = f_\bullet$: $S(X) \to S(Y)$.

Beweis Wegen $\partial(f_\bullet\sigma) = \partial(f \circ \sigma) = \sum(-1)^i(f \circ \sigma) \circ \delta_{q-1}^i$ und $f_\bullet(\partial\sigma) = f_\bullet(\sum(-1)^i\sigma \circ \delta_{q-1}^i) = \sum(-1)^i f \circ (\sigma \circ \delta_{q-1}^i)$ ist $\partial f_\bullet = f_\bullet\partial$, d.h. $f_\bullet$ ist eine Kettenabbildung. Der Rest ist klar. $\square$

9.1.7 Beispiel Die identische Abbildung id_q: $\Delta_q \to \Delta_q$ ist ein singuläres (!) Simplex im topologischen Raum Δ_q, also $\mathrm{id}_q \in S_q(\Delta_q)$. Dieses Simplex wird noch eine besondere Rolle spielen. Den Rand $\partial(\mathrm{id}_q) = \sum_{i=0}^q(-1)^i\delta_{q-1}^i \in S_{q-1}(\Delta_q)$ stelle man sich wie in Abb. 7.1.2 vor. Für σ: $\Delta_q \to X$ ist $\sigma_\bullet$: $S_q(\Delta_q) \to S_q(X)$ definiert, und es gilt $\sigma = \sigma \circ \mathrm{id}_q = \sigma_\bullet(\mathrm{id}_q)$. Jedes singuläre Simplex in einem beliebigen Raum X ist also das Bild von id_q unter einer Kettenabbildung $S(\Delta_q) \to S(X)$, eine Tatsache, die sich als wichtig erweisen wird.

Wie jede Kettenabbildung induziert $f_\bullet = S(f)$: $S(X) \to S(Y)$ einen Homomorphismus der Homologiegruppen:

9.1.8 Definition Die stetige Abbildung f: $X \to Y$ *induziert einen Homomorphismus der Homologiegruppen durch $f_* = H_q(f) = H_q(S(f))$: $H_q(X) \to H_q(Y)$. Für einen singulären q-Zyklus z in X ist $f_*(\{z\}_X) = \{f_\bullet(z)\}_Y$.*

9.1.9 Satz *Für jede ganze Zahl q ist die Zuordnung $X \mapsto H_q(X)$, $f \mapsto H_q(f)$ ein Funktor H_q: $TOP \to AB$ (also gilt $\mathrm{id}_* = \mathrm{id}$ und $(gf)_* = g_*f_*$).* $\square$

Insbesondere: Für einen Homöomorphismus f: $X \to Y$ ist f_*: $H_q(X) \to H_q(Y)$ ein Isomorphismus, d.h. homöomorphe Räume haben in allen Dimensionen isomorphe

Homologiegruppen. Daher können die Homologiegruppen zur Lösung des in 1.1 diskutierten Homöomorphieproblems beitragen. Voraussetzung für die Anwendung dieses Verfahrens ist natürlich, daß man die Homologiegruppen berechnen kann. Methoden dazu werden wir im folgenden entwickeln. Einige einfache Aussagen sind jetzt schon möglich:

9.1.10 Satz *Ist $P = \{p\}$ ein einpunktiger Raum, so ist $H_q(P) = 0$ für $q \neq 0$, und $H_0(P) = S_0(P)$ ist die von p erzeugte freie zyklische Gruppe.*

Beweis Für $q \geq 0$ sei $\sigma_q \colon \Delta_q \to P$ das einzige singuläre Simplex, das es gibt (die konstante Abbildung). Es ist

$$\partial \sigma_q = \sigma_{q-1} - \sigma_{q-1} \pm \ldots + (-1)^q \sigma_{q-1} = \begin{cases} \sigma_{q-1} & \text{für gerades } q > 0, \\ 0 & \text{für ungerades } q > 0. \end{cases}$$

Für gerades $q > 0$ ist daher $Z_q(P) = 0$, also $H_q(P) = 0$. Für ungerades $q > 0$ ist σ_q zwar ein Zyklus, aber wegen $\partial \sigma_{q+1} = \sigma_q$ auch Rand, also auch $H_q(P) = 0$. Aus $B_0(P) = 0$ und $Z_0(P) = S_0(P)$ folgt die Aussage über $H_0(P)$.   □

9.1.11 Satz *Ist $f \colon X \to Y$ konstant, so ist $f_* = 0 \colon H_q(X) \to H_q(Y)$ für $q \neq 0$.*

Beweis Man kann f als Komposition $X \to P \to Y$ und daher f_* als Komposition $H_q(X) \to H_q(P) \to H_q(Y)$ schreiben (P wie oben).   □

9.1.12 Satz *Es seien X_n die Wegekomponenten von X, wobei n aus einer Indexmenge J ist. Für jedes $q \in \mathbb{Z}$ definiert dann $(\{z_n\}_{X_n})_{n \in J} \mapsto \sum_n \{z_n\}_X$ einen Isomorphismus $\bigoplus_{n \in J} H_q(X_n) \stackrel{\cong}{\to} H_q(X)$. Dabei ist z_n ein singulärer q-Zyklus in $X_n \subset X$ und $\{z_n\}_{X_n}$ bzw. $\{z_n\}_X$ seine Homologieklasse in X_n bzw. X.*

Beweis Ist $\sigma \colon \Delta_q \to X$ ein singuläres q-Simplex in X, so ist $\sigma(\Delta_q) \subset X_n$ für genau ein n, weil Δ_q wegzusammenhängend ist. Daher kann man jede Kette $c \in S_q(X)$ eindeutig als $c = \sum_n c_n$ schreiben mit $c_n \in S_q(X_n)$, wobei nur endlich viele $c_n \neq 0$ sind. Es folgt $\bigoplus_n S_q(X_n) \cong S_q(X)$ durch $(c_n)_{n \in J} \mapsto \sum_n c_n$. Dieser Isomorphismus bildet $\bigoplus_n Z_q(X_n)$ nach $Z_q(X)$ und $\bigoplus_n B_q(X_n)$ nach $B_q(X)$ ab. Aus $(\bigoplus_n Z_q(X_n))/(\bigoplus_n B_q(X_n)) \cong \bigoplus_n (Z_q(X_n)/B_q(X_n))$ folgt der Satz.   □

9.1.13 Satz *Für jeden topologischen Raum X ist $H_0(X)$ eine freie abelsche Gruppe; ihr Rang ist die Anzahl der Wegekomponenten von X. Wählt man aus jeder Wegekomponente X_n einen Punkt x_n, so bilden die Homologieklassen $\{x_n\}$ eine Basis von $H_0(X)$.*

Beweis Wegen 9.1.12 dürfen wir X als wegzusammenhängend voraussetzen, ferner sei $X \neq \emptyset$. Wie im Beweis von 7.2.4 definieren wir einen surjektiven Homomorphismus $\varepsilon \colon S_0(X) \to \mathbb{Z}$ durch $\varepsilon(\sum n_x x) = \sum n_x$. Wie dort ergibt sich $B_0(X) = \text{Kern } \varepsilon$, vgl. 9.1.5 (c), woraus der Satz folgt.   □

9.1.14 Korollar *Sind X und Y wegzusammenhängend, so induziert jede stetige Abbildung $f\colon X \to Y$ einen Isomorphismus $f_*\colon H_0(X) \to H_0(Y)$.* $\square$

Schließlich berechnen wir die Homologie des $\mathbb{R}^n$. Es ist $H_0(\mathbb{R}^n) \cong \mathbb{Z}$. Für die höheren Homologiegruppen brauchen wir die *Kegelkonstruktion*:

9.1.15 Definition Sei $A \subset \mathbb{R}^n$ konvex und $p \in A$ ein fester Punkt. Für $\sigma\colon \Delta_q \to A$ definieren wir $p * \sigma\colon \Delta_{q+1} \to A$ durch

$$(p * \sigma)((1-t)e_0 + t\delta_q^0(x)) = (1-t)p + t\sigma(x),$$

wobei $t \in I$ und $x \in \Delta_q$ ist; man beachte, daß Δ_{q+1} der Kegel über Δ_q^0 mit Spitze e^0 ist (Abb. 9.1.1). Für eine q-Kette $c = \sum_\sigma n_\sigma \sigma$ in A sei $p * c$ die $(q+1)$-Kette $p * c = \sum_\sigma n_\sigma(p * \sigma)$ in A; sie heißt der *Kegel über c mit Spitze p*. Die Zuordnung $c \mapsto p * c$ ist ein Homomorphismus $S_q(A) \to S_{q+1}(A)$. Man vergleiche die folgende Formel mit dem Beweis von 7.2.7.

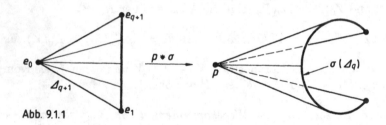

Abb. 9.1.1

9.1.16 Hilfssatz *Für $c \in S_q(A)$ ist $\partial(p * c) = c - p * \partial c$ für $q > 0$ und $\partial(p * c) = c - \varepsilon(c)p$ für $q = 0$. Dabei ist $\varepsilon(\sum_{x \in A} n_x x) = \sum_{x \in A} n_x$.*

Beweis Es genügt, dies für $\sigma\colon \Delta_q \to A$ zu beweisen. Für $q = 0$ ist $p * \sigma\colon \Delta_1 \to X$ ein Weg von p nach $\sigma = \sigma(e_0)$, also $\partial(p * \sigma) = \sigma - p = \sigma - \varepsilon(\sigma)p$. Sei $q \geq 1$. Der Vergleich der jeweiligen Abbildungen $\Delta_q \to A$ ergibt $(p*\sigma) \circ \delta_q^0 = \sigma$ und $(p*\sigma) \circ \delta_q^i = p * (\sigma \circ \delta_{q-1}^{i-1})$ für $i = 1, \ldots, q+1$. Daraus folgt $\partial(p * \sigma) = \sigma - p * \partial\sigma$. $\square$

9.1.17 Definition Ein wegzusammenhängender Raum X heißt *azyklisch*, wenn $H_q(X) = 0$ ist für $q \neq 0$ (es gibt keine *wesentlichen* Zyklen, d.h. jeder Zyklus ist Rand). Äquivalent: X hat die gleichen Homologiegruppen wie ein Punkt.

9.1.18 Satz *Jede konvexe Teilmenge A des $\mathbb{R}^n$, insbesondere der $\mathbb{R}^n$ selbst, ist ein azyklischer Raum.*

Beweis Ist c ein q-Zyklus in A, $q > 0$, so ist $c = \partial(p * c)$ Rand des Kegels nach 9.1.16. Also $Z_q(A) = B_q(A)$, und die Faktorgruppe ist Null. $\square$

Aufgaben

9.1.A1 Sei $\sigma = [x_0, \ldots, x_q]$: $\Delta_q \to A$ wie in 9.1.2. Zeigen Sie, daß der Rand von σ gegeben ist durch $\partial\sigma = \sum_{i=1}^{q} (-1)^i [x_0, \ldots, \hat{x}_i, \ldots, x_q]$, wobei $\hat{x}_i$ wie in 7.1.3 bedeutet, daß x_i wegzulassen ist.

9.1.A2 Daß der Rand eines singulären 0-Simplex Null ist, ist willkürlich. Man kann es auch so machen: Für einen topologischen Raum X sei $\tilde{S}(X)$ die Sequenz

$$\tilde{S}(X): \ldots \overset{\partial}{\longrightarrow} S_q(X) \overset{\partial}{\longrightarrow} S_{q-1}(X) \overset{\partial}{\longrightarrow} \ldots \overset{\partial}{\longrightarrow} S_1(X) \overset{\partial}{\longrightarrow} S_0(X) \overset{\varepsilon}{\longrightarrow} \mathbb{Z} \longrightarrow 0,$$

wobei ε wie in 9.1.16 ist. Zeigen Sie, daß $\tilde{S}(X)$ ein Kettenkomplex ist; er heißt der *augmentierte singuläre Kettenkomplex von X*. Die Homologiegruppen $\tilde{H}_q(X) = H_q(\tilde{S}(X))$ heißen *die augmentierten singulären Homologiegruppen von X* ($q \geq 0$). Zeigen Sie:
(a) Für $q > 0$ ist $\tilde{H}_q(X) = H_q(X)$.
(b) Ist $X \neq \emptyset$, so ist $H_0(X) \cong \tilde{H}_0(X) \oplus \mathbb{Z}$.

9.1.A3 Definieren Sie analog augmentierte Homologiegruppen von Simplizialkomplexen.

9.1.A4 Der Vorteil der augmentierten Gruppen ist, daß man bei manchen Sätzen die Ausnahmerolle der Dimension $q = 0$ nicht erwähnen muß. Zeigen Sie:
(a) Für alle $q \in \mathbb{Z}$ ist $\tilde{H}_q(\mathbb{R}^n) = 0$.
(b) In 7.2.A7 gilt $\tilde{H}_q(K) \cong \tilde{H}_{q+1}(\mathrm{EK})$ für alle $q \in \mathbb{Z}$.

9.2 Exakte Homologiesequenzen

9.2.1 Definition Sei (X, A) ein Raumpaar. Für die Inklusion i: $A \hookrightarrow X$ ist $i_\bullet$: $S_q(A) \to S_q(X)$ injektiv. Verabredung: Für ein singuläres Simplex σ: $\Delta_q \to A$ wird $i_\bullet(\sigma) = i \circ \sigma$: $\Delta_q \to X$ wieder mit σ bezeichnet. Damit wird $S_q(A) \subset S_q(X)$ eine Untergruppe und $S(A) \subset S(X)$ ein Teilkettenkomplex. Der Faktorkettenkomplex $S(X, A) = S(X)/S(A)$ heißt der *(relative) singuläre Kettenkomplex des Raumpaares (X, A)*. Ist f: $(X, A) \to (Y, B)$ stetig, so wird $S(A)$ unter $S(f)$: $S(X) \to S(Y)$ in $S(B)$ abgebildet. Daher induziert $S(f)$ eine (wieder mit $S(f)$ bezeichnete) Kettenabbildung $S(f)$: $S(X, A) \to S(Y, B)$.

Man erhält einen Funktor S: $TOP^2 \to KK$. Durch Dahinterschalten des Homologiefunktors H_q: $KK \to AB$ erhält man die relative Homologie:

9.2.2 Definition *Die q-te (relative) singuläre Homologiegruppe des Raumpaares (X, A)* ist $H_q(X, A) = H_q(S(X, A))$. Der von f: $(X, A) \to (Y, B)$ induzierte Homomorphismus ist $f_* = H_q(f) = H_q(S(f))$: $H_q(X, A) \to H_q(Y, B)$. Analog zu 7.4.1 besteht $H_q(X, A)$ aus den Homologieklassen $\{z\} = \{z\}_{(X, A)}$, wobei $z \in S_q(X)$ ein *Zyklus relativ A* ist, also $\partial z \in S_{q-1}(A)$. Es ist $\{z\} = \{z'\}$ genau dann, wenn $z - z'$

ein *Rand relativ A* ist, d.h. $z - z' = \partial c + x$ für gewisse Ketten $c \in S_{q+1}(X)$ und $x \in S_q(A)$. Für $f\colon (X, A) \to (Y, B)$ ist $f_*(\{z\}_{(X,A)}) = \{f_\bullet(z)\}_{(Y,B)}$.

Natürlich ist $H_q\colon TOP^2 \to AB$ ein Funktor. Analog zu 7.4.2 ist $H_q(X, X) = 0$ und $H_q(X, \emptyset) = H_q(X)$. Ist X wegzusammenhängend und $A \neq \emptyset$, so ist $H_0(X, A) = 0$. Mehr Beispiele folgen später.

9.2.3 Satz *Für jedes Raumpaar (X, A) ist die zugehörige* Homologiesequenz

$$\ldots \xrightarrow{j_*} H_{q+1}(X, A) \xrightarrow{\partial_*} H_q(A) \xrightarrow{i_*} H_q(X) \xrightarrow{j_*} H_q(X, A) \xrightarrow{\partial_*} \ldots$$

exakt. Dabei sind i_* bzw. j_* von den Inklusionen $i\colon A \hookrightarrow X$ bzw. $j\colon (X, \emptyset) \hookrightarrow (X, A)$ induziert, und der Randoperator ∂_* ist $\partial_*(\{z\}_{(X,A)}) = \{\partial z\}_A$. Ferner hat man für $f\colon (X, A) \to (Y, B)$ eine Homologieleiter, *d.h. das folgende kommutative Diagramm:*

$$
\begin{array}{ccccccccc}
\xrightarrow{j_*} & H_{q+1}(X, A) & \xrightarrow{\partial_*} & H_q(A) & \xrightarrow{i_*} & H_q(X) & \xrightarrow{j_*} & H_q(X, A) & \xrightarrow{\partial_*} \\
& \downarrow f_* & & \downarrow (f|A)_* & & \downarrow f_* & & \downarrow f_* & \\
\xrightarrow{j_*} & H_{q+1}(Y, B) & \xrightarrow{\partial_*} & H_q(B) & \xrightarrow{i_*} & H_q(Y) & \xrightarrow{j_*} & H_q(Y, B) & \xrightarrow{\partial_*} .
\end{array}
$$

Beweis ist klar nach 8.3.11. Unter $f|A$ ist natürlich die durch f definierte Abbildung $f|A\colon A \to B$ zu verstehen (nicht die Beschränkung $f|A\colon A \to Y$). □

9.2.4 Beispiele

(a) Wir betrachten ein Raumpaar (X, x_0), wobei $x_0 \in X$ ein Punkt ist. Für $q \neq 0$ ist $H_q(x_0) = 0$ nach 9.1.10. Aus 9.1.13 folgt, daß $i_*\colon H_0(x_0) \to H_0(X)$ injektiv ist. Die Homologiesequenz liefert $j_*\colon H_q(X) \xrightarrow{\cong} H_q(X, x_0)$ für $q \neq 0$, sowie die kurze exakte Sequenz $0 \to H_0(x_0) \xrightarrow{i_*} H_0(X) \xrightarrow{j_*} H_0(X, x_0) \to 0$. Ist $f = \text{const}\colon X \to x_0$, so $f_* i_* = \text{id}$, daher zerfällt die Sequenz.

(b) Für $f\colon (X, A) \to (Y, B)$ seien $f_*\colon H_q(X) \to H_q(Y)$ und $(f|A)_*\colon H_q(A) \to H_q(B)$ Isomorphismen für alle q. Dann gilt dasselbe für $f_*\colon H_q(X, A) \to H_q(Y, B)$. Das folgt aus der Homologieleiter von f und dem Fünferlemma, vgl. 8.3.A4.

(c) Für $i\colon A \hookrightarrow X$ sei $i_*\colon H_q(A) \to H_q(X)$ injektiv für alle q. Dann liefert die Homologiesequenz exakte Sequenzen $0 \to H_q(A) \to H_q(X) \to H_q(X, A) \to 0$.

(d) Sei $A \subset X$ ein Retrakt mit Inklusion $i\colon A \hookrightarrow X$ und Retraktion $r\colon X \to A$. Aus $ri = \text{id}$ folgt $r_* i_* = \text{id}$. Daher ist i_* injektiv, und (c) ist anwendbar. Weil r_* linksinvers zu i_* ist, zerfällt die Sequenz, und es folgt $H_q(X) \cong H_q(A) \oplus H_q(X, A)$.

Es gibt noch eine weitere exakte Homologiesequenz, die wir gelegentlich benutzen werden:

9.2.5 Satz *Seien $B \subset A \subset X$ Teilräume von X, und seien i: $(A, B) \hookrightarrow (X, B)$ und j: $(X, B) \hookrightarrow (X, A)$ die Inklusionen. Dann ist die zugehörige* Homologiesequenz des Tripels $B \subset A \subset X$

$$\ldots \xrightarrow{j_*} H_{q+1}(X, A) \xrightarrow{\partial_*} H_q(A, B) \xrightarrow{i_*} H_q(X, B) \xrightarrow{j_*} H_q(X, A) \xrightarrow{\partial_*} \ldots$$

exakt. Dabei wird der Tripelrandoperator ∂_* *durch* $\partial_*(\{z\}_{(X,A)}) = \{\partial z\}_{(A,B)}$ *für* $z \in S_q(X)$ *gegeben. Er ist die Komposition* $H_{q+1}(X, A) \xrightarrow{\partial_*} H_q(A) \xrightarrow{k_*} H_q(A, B)$, *wobei hier* ∂_* *bzw.* k_* *aus der Homologiesequenz von* (X, A) *bzw.* (A, B) *ist.*

B e w e i s Es ist klar, daß die Sequenz $0 \to S(A, B) \xrightarrow{S(i)} S(X, B) \xrightarrow{S(j)} S(X, A) \to 0$ exakt ist. Zu ihr gehört nach 8.3.8 eine exakte Homologiesequenz, deren verbindender Homomorphismus genau der angegebene Tripelrandoperator ist. □

Aufgaben

9.2.A1 Untersuchen Sie die Homologiesequenz von $(X, \emptyset)$ und (X, X).

9.2.A2 Untersuchen Sie die Homologiesequenz des Tripels (X, A, B) für $A = B$, $A = X$ oder $B = \emptyset$.

9.2.A3 Es ist $H_q(X, A) \cong \oplus H_q(X_i, X_i \cap A)$, wobei X_i die Wegekomponenten von X sind.

9.2.A4 Sei A ein wegzusammenhängender Teilraum von X. Zeigen Sie, daß die Sequenz $H_1(X) \xrightarrow{j_*} H_1(X, A) \longrightarrow 0$ exakt ist, und interpretieren Sie das geometrisch.

9.2.A5 Sei X wegzusammenhängend, und es bestehe $\emptyset \neq A \subset X$ aus k Wegzusammenhangskomponenten. Zeigen Sie:
(a) $H_0(X, A) = 0$.
(b) $H_0(A) \cong H_0(X) \oplus \text{Bild } \partial_*$ und Bild $\partial_* \cong \mathbb{Z}^{k-1}$, wobei ∂_*: $H_1(X, A) \to H_0(A)$.
(c) Konstruieren Sie 1-Zyklen von (X, A), die eine Basis von Bild ∂_* liefern.

9.3 Der Homotopiesatz

Der folgende *Homotopiesatz* ist einer der grundlegenden Sätze der Homologietheorie:

9.3.1 Satz *Aus $f \simeq g$: $(X, A) \to (Y, B)$ folgt $f_* = g_*$: $H_q(X, A) \to H_q(Y, B)$.*

Bevor wir diesen Satz beweisen, ziehen wir einige Folgerungen.

9.3.2 Satz *Aus $f \simeq g$: $X \to Y$ folgt $f_* = g_*$: $H_q(X) \to H_q(Y)$.* □

9.3.3 Satz *Ist $f\colon X \to Y$ eine Homotopieäquivalenz, so ist $f_*\colon H_q(X) \to H_q(Y)$ ein Isomorphismus. Insbesondere gilt also: Räume vom gleichen Homotopietyp haben isomorphe Homologiegruppen; speziell: Zusammenziehbare Räume sind azyklisch.*

Beweis Es gibt $g\colon Y \to X$ mit $gf \simeq \mathrm{id}_X$ und $fg \simeq \mathrm{id}_Y$. Es folgt $g_* f_* = \mathrm{id}$ und $f_* g_* = \mathrm{id}$. Also ist f_* bijektiv und $f_*^{-1} = g_*$.   □

Die Homologiegruppen sind also nicht nur topologische Invarianten, sondern sogar Invarianten des Homotopietyps. Das liefert ein wichtiges Hilfsmittel zur Berechnung der Homologiegruppen: um $H_q(X)$ zu berechnen, wählt man einen möglichst einfachen Raum $Y \simeq X$ und bestimmt $H_q(Y) \cong H_q(X)$. Z.B. darf man X durch einen Deformationsretrakt A von X ersetzen; denn aus 9.3.1 und der Homologiesequenz von (X, A) folgt:

9.3.4 Satz *Ist $A \subset X$ ein Deformationsretrakt, so ist $i_*\colon H_q(A) \to H_q(X)$ ein Isomorphismus. Ferner ist $H_q(X, A) = 0$ für alle q.*   □

Hieraus ergeben sich mit der Homotopiesequenz des Tripels $B \subset A \subset X$ die beiden folgenden Aussagen:

9.3.5 Satz *Ist $B \subset A \subset X$ und A ein Deformationsretrakt von X, dann ist $i_*\colon H_q(A, B) \to H_q(X, B)$ ein Isomorphismus.*   □

9.3.6 Satz *Ist $B \subset A \subset X$ und B ein Deformationsretrakt von A, dann ist $j_*\colon H_q(X, B) \to H_q(X, A)$ ein Isomorphismus.*   □

Zum Beweis von 9.3.1 brauchen wir ein Lemma.

9.3.7 Lemma *Es seien Kettenabbildungen $\varphi, \psi\colon S(X) \to S(X \times I)$ für jeden Raum X gegeben, so daß für jede stetige Abbildung $f\colon X \to Y$ gilt: $\varphi f_\bullet = (f \times \mathrm{id})_\bullet \varphi$ und $\psi f_\bullet = (f \times \mathrm{id})_\bullet \psi$, d.h. die folgenden Diagramme sind kommutativ:*

$$
(*) \quad
\begin{array}{ccc}
S(X) & \xrightarrow{\ \varphi\ } & S(X \times I) \\
{\scriptstyle f_\bullet}\downarrow & & \downarrow{\scriptstyle (f\times\mathrm{id})_\bullet} \\
S(Y) & \xrightarrow{\ \varphi\ } & S(Y \times I)
\end{array}
\qquad
\begin{array}{ccc}
S(X) & \xrightarrow{\ \psi\ } & S(X \times I) \\
{\scriptstyle f_\bullet}\downarrow & & \downarrow{\scriptstyle (f\times\mathrm{id})_\bullet} \\
S(Y) & \xrightarrow{\ \psi\ } & S(Y \times I)
\end{array}
$$

Wenn zusätzlich $\varphi_* = \psi_*\colon H_0(P) \to H_0(P \times I)$ für jeden einpunktigen Raum P gilt, so sind die Kettenabbildungen $\varphi, \psi\colon S(X) \to S(X \times I)$ für jeden Raum X homotop, d.h. es gibt Homomorphismen $D_q\colon S_q(X) \to S_{q+1}(X \times I)$ mit

$$(a) \qquad \partial D_q(c) + D_{q-1}\partial(c) = \varphi(c) - \psi(c) \quad \text{für } c \in S_q(X).$$

Ferner kann man die D_q so wählen, daß für alle stetigen Abbildungen $f\colon X \to Y$
die folgende Gleichung gilt:

(b) $D_q f_\bullet = (f \times \mathrm{id})_\bullet D_q\colon S_q(X) \to S_{q+1}(Y \times I)$.

Beweis Wir konstruieren D_q durch Induktion nach q. Für $q < 0$ sei $D_q = 0$;
dann gelten (a) und (b). Sei $q \geq 0$, und sei D_n für $n \leq q - 1$ schon so konstruiert,
daß (a) und (b) gelten. Wir betrachten die Kette $\mathrm{id}_q \in S_q(\Delta_q)$ aus 9.1.7. Nach
Annahme ist $z_q = \varphi(\mathrm{id}_q) - \psi(\mathrm{id}_q) - D_{q-1}\partial(\mathrm{id}_q) \in S_q(\Delta_q \times I)$ definiert. Aus $\partial D_{q-1} +$
$D_{q-2}\partial = \varphi - \psi$ und $\partial\varphi = \varphi\partial, \partial\psi = \psi\partial$ folgt $\partial z_q = 0$, d.h. z_q ist ein Zyklus. Wir
behaupten, daß z_q sogar ein Rand ist. Für $q > 0$ ist das klar, weil $\Delta_q \times I$ als
konvexe Teilmenge von $\mathbb{R}^{q+2}$ azyklisch ist; für $q = 0$ folgt es aus der Voraussetzung
$\varphi_* = \psi_*\colon H_0(\Delta_0) \to H_0(\Delta_0 \times I)$. Es gibt also in jedem Fall eine Kette $c_{q+1} \in$
$S_{q+1}(\Delta_q \times I)$ mit $\partial c_{q+1} = z_q$. Wir definieren $D_q\colon S_q(X) \to S_{q+1}(X \times I)$ wie folgt:
Für $\sigma\colon \Delta_q \to X$ sei $D_q(\sigma) = (\sigma \times \mathrm{id})_\bullet(c_{q+1})$, wobei $\sigma \times \mathrm{id}\colon \Delta_q \times I \to X \times I$. Weil
die singulären Simplexe eine Basis von $S_q(X)$ bilden, ist damit D_q wohldefiniert.
Es bleibt zu zeigen, daß (a) und (b) gelten.

Zu (a): Für $\sigma\colon \Delta_q \to X$ ist

$$\begin{aligned}
\partial D_q(\sigma) &= \partial(\sigma \times \mathrm{id})_\bullet(c_{q+1}) = (\sigma \times \mathrm{id})_\bullet \partial c_{q+1} = (\sigma \times \mathrm{id})_\bullet(z_q) \\
&= (\sigma \times \mathrm{id})_\bullet \varphi(\mathrm{id}_q) - (\sigma \times \mathrm{id})_\bullet \psi(\mathrm{id}_q) - (\sigma \times \mathrm{id})_\bullet D_{q-1}\partial(\mathrm{id}_q) \\
&= \varphi\sigma_\bullet(\mathrm{id}_q) - \psi\sigma_\bullet(\mathrm{id}_q) - D_{q-1}\partial\sigma_\bullet(\mathrm{id}_q) \\
&= \varphi(\sigma) - \psi(\sigma) - D_{q-1}\partial(\sigma).
\end{aligned}$$

Beim vorletzten Gleichheitszeichen haben wir die Diagramme $(*)$ benutzt (mit σ
statt f), ferner (b) mit $q - 1$ statt q.

Zu (b): Für $\sigma\colon \Delta_q \to X$ ist $(f \times \mathrm{id})_\bullet D_q(\sigma) = (f \times \mathrm{id})_\bullet(\sigma \times \mathrm{id})_\bullet(c_{q+1})$ und $D_q f_\bullet(\sigma) =$
$D_q(f\sigma) = (f\sigma \times \mathrm{id})_\bullet(c_{q+1})$. Aus $(f \times \mathrm{id})(\sigma \times \mathrm{id}) = f\sigma \times \mathrm{id}$ folgt (b).   □

Beweis von 9.3.1. Es seien $i, j\colon X \to X \times I$ die Einbettungen $i(x) = (x, 0)$
bzw. $j(x) = (x, 1)$. Dann haben $i_\bullet$ und $j_\bullet$ die Eigenschaften von φ, ψ in 9.3.7,
und es folgt $i_\bullet \simeq j_\bullet\colon S(X) \to S(X \times I)$. Ist $f \simeq g\colon X \to Y$ mit Homotopie
$H\colon X \times I \to Y$, so ist folglich $f_\bullet = H_\bullet i_\bullet \simeq H_\bullet j_\bullet = g_\bullet\colon S(X) \to S(Y)$ und daher
$f_* = g_*\colon H_q(X) \to H_q(Y)$ nach 8.3.13. Damit ist 9.3.1 im Fall $A = B = \emptyset$ bewiesen.
Allgemein folgt aus 9.3.7 (b), angewandt auf $A \hookrightarrow X$, daß unter der Homotopie D_q
von $i_\bullet$ nach $j_\bullet$ stets $S_q(A)$ nach $S_{q+1}(A \times I)$ abgebildet wird; daher kann man zu
den Faktorkettenkomplexen übergehen und den Beweis wie eben führen.   □

9.3.8 Bemerkungen
(a) Beachten Sie die Strategie des obigen Beweises. Zuerst wird D_q für das *Mo-*
dellsimplex $\mathrm{id}_q \in S_q(\Delta_q)$ definiert durch $D_q(\mathrm{id}_q) = c_{q+1}$; dabei wird nur benutzt,
daß $\Delta_q \times I$ azyklisch ist. Dann wird für $\sigma\colon \Delta_q \to X$ die schon in 9.1.7 erwähnte

Darstellung $\sigma = \sigma_\bullet(\mathrm{id}_q)$ herangezogen, aus der sich mit (b) von 9.3.7 die Gleichung $D_q(\sigma) = (\sigma \times \mathrm{id})_\bullet(c_{q+1})$ ergibt. Diese Beweismethode ist ein Spezialfall der *Methode der azyklischen Modelle* [Dold, Chapter VI].

(b) Ist D_q: $S_q(X) \to S_{q+1}(X \times I)$ die Kettenhomotopie zwischen $i_\bullet$ und $j_\bullet$ und H: $X \times I \to Y$ die Homotopie von f nach g, so ist $E_q = H_\bullet \circ D_q$: $S_q(X) \to S_{q+1}(Y)$ die Kettenhomotopie zwischen $f_\bullet$ und $g_\bullet$, also $\partial E_q(c) + E_{q-1}\partial(c) = f_\bullet(c) - g_\bullet(c)$ für $c \in S_q(X)$. Die Vorstellung ist wie in Abb. 9.3.1, daß die in $E_q(c)$ auftretenden singulären $(q+1)$-Simplexe den $(q+1)$-*dimensionalen Bereich in Y überdecken, den das Bild der Kette c während der Homotopie H überstreicht*. Dies ist der geometrische Hintergrund für die damals durch nichts motivierte Definition 8.3.12.

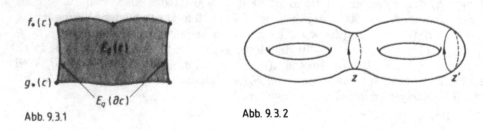

Abb. 9.3.1   Abb. 9.3.2

(c) Wir nennen *zwei Zyklen* $z, z' \in S_q(Y)$ *homotop*, wenn es einen Raum X, einen Zyklus $c \in S_q(X)$ und homotope Abbildungen $f \simeq g$: $X \to Y$ gibt mit $z = f_\bullet(c)$ und $z' = g_\bullet(c)$. Dann kann man den Homotopiesatz wie folgt prägnant formulieren: *Homotope Zyklen sind homolog*. Abb. 9.3.2 zeigt ein Beispiel, in dem die Umkehrung falsch ist.

Aufgaben

9.3.A1 Zusammenziehbare Räume (also z.B. alle Bälle, Zellen, der Kamm in 2.4.5 (j), die Narrenkappe 2.4.14 und S^∞) sind azyklisch.

9.3.A2 Folgende Räume haben jeweils isomorphe Homologiegruppen:
(a) Volltorus, Möbiusband, die Zylinder $S^1 \times I$ und $S^1 \times \mathbb{R}$, das Komplement einer Geraden im $\mathbb{R}^3$, die in einem Punkt gelochte projektive Ebene.
(b) Der Henkelkörper V_g vom Geschlecht g, die in einem Punkt gelochte Fläche N_g und $S_1^1 \vee \ldots \vee S_g^1$.
(c) S^{n-1}, $\mathbb{R}^n \backslash 0$ und $D^n \backslash 0$.
(d) $GL(n, \mathbb{R})$ und $O(n)$ bzw. $GL(n, \mathbb{C})$ und $U(n)$, vgl. 2.4.A13.

9.3.A3 Sei CX der Kegel über dem Raum X. Zeigen Sie analog 7.4.A4:
(a) Für $q > 1$ ist ∂_*: $H_q(CX, X) \to H_{q-1}(X)$ ein Isomorphismus. Konstruieren Sie analog zur Kegelkonstruktion in 9.1.15 den inversen Isomorphismus.
(b) Wenn X wegzusammenhängend ist, ist $H_1(CX, X) = 0$. Was ist im allgemeinen Fall?

9.4 Der Ausschneidungssatz

Der geometrische Hintergrund für den Ausschneidungssatz 9.4.5 ist die baryzentrische Unterteilung der Simplexe, die wir schon aus 3.2 kennen. Wir übertragen sie auf singuläre Simplexe.

9.4.1 Definition Die *Unterteilungskette* $u_q \in S_q(\Delta_q)$ ist definiert durch

$$u_0 = e_0 \text{ und } u_q = p_q * \sum_{i=0}^{q} (-1)^i (\delta_{q-1}^i)_\bullet (u_{q-1}) \text{ für } q \geq 1.$$

Dabei ist $p_q = \frac{1}{q+1}(e_0 + \ldots + e_q)$ der Schwerpunkt von Δ_q, der Stern bezeichnet wie in 9.1.15 die Kegelkonstruktion, und es ist $(\delta_{q-1}^i)_\bullet \colon S_{q-1}(\Delta_{q-1}) \to S_{q-1}(\Delta_q)$.

Die Kette $u_1 = p_1 * e_1 - p_1 * e_0$ unterteilt Δ_1 in zwei singuläre 1-Simplexe. Mit den Abbildungen δ_1^i aus 9.1.2 transportiert man u_1 auf die Seiten von Δ_2 und bildet den Kegel über dem unterteilten Rand $\dot{\Delta}_2$ mit Spitze p_2. Das liefert die Unterteilungskette u_2 auf Δ_2, die Δ_2 in sechs singuläre Simplexe zerlegt, usw. (vgl. Abb. 9.4.1 und 9.4.2).

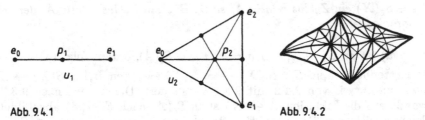

Abb. 9.4.1   Abb. 9.4.2

9.4.2 Satz und Definition *Für* $\sigma \colon \Delta_q \to X$ *sei* $B(\sigma) = \sigma_\bullet(u_q) \in S_q(X)$. *Für eine Kette* $c = \sum_\sigma n_\sigma \sigma \in S_q(X)$ *sei* $B(c) = \sum_\sigma n_\sigma B(\sigma) \in S_q(X)$. *Dann gilt:*
(a) *Für* $f \colon X \to Y$ *ist* $f_\bullet B = B f_\bullet \colon S_q(X) \to S_q(Y)$.
(b) *Die* $B \colon S_q(X) \to S_q(X)$ *bilden eine Kettenabbildung* $B \colon S(X) \to S(X)$.
(c) *Es ist* $B \simeq \mathrm{id} \colon S(X) \to S(X)$.

Diese Kettenabbildung heißt Unterteilungsoperator.

Beweis (a) Für $\sigma \colon \Delta_q \to X$ ist $f_\bullet B \sigma = f_\bullet \sigma_\bullet(u_q) = (f \sigma)_\bullet(u_q) = B(f\sigma) = B f_\bullet(\sigma)$. Daher gilt (a) für alle Ketten.
(b) Zu zeigen ist $\partial B = B \partial$. Für $q = 0$ ist das klar. Für $\sigma \colon \Delta_1 \to X$ ist $\partial B \sigma = \partial \sigma_\bullet(u_1) = \sigma_\bullet \partial u_1 = \sigma_\bullet(e_1 - e_0) = \partial \sigma = B \partial \sigma$, letzteres wegen $B = \mathrm{id}$ auf $S_0(X)$. Sei $q \geq 2$, und gelte $\partial B(c) = B \partial(c)$ für alle $c \in S_{q-1}(X)$. Man kann 9.4.1 als $u_q = p_q * B \partial(\mathrm{id}_q)$ schreiben. Für $\sigma \colon \Delta_q \to X$ gilt dann nach 9.1.16

$$\partial B \sigma = \partial \sigma_\bullet u_q = \sigma_\bullet \partial u_q = \sigma_\bullet B \partial(\mathrm{id}_q) - \sigma_\bullet(p_q * \partial B \partial(\mathrm{id}_q)).$$

Nach Induktionsannahme ist $\partial B = B\partial$ im zweiten Summanden, so daß dieser wegen $\partial^2 = 0$ wegfällt. Nach (a) ist $\sigma_\bullet B = B\sigma_\bullet$, also folgt $\partial B\sigma = B\partial\sigma$. Daher gilt $\partial B = B\partial$.

(c) Es seien $i: X \to X \times I$ bzw. $p: X \times I \to X$ die Abbildungen $i(x) = (x, 0)$ bzw. $p(x, t) = x$. Nach 9.3.7 gibt es eine Kettenhomotopie $D_q: S_q(X) \to S_{q+1}(X \times I)$ von $i_\bullet \circ B$ nach $i_\bullet$; wegen $p \circ i = \mathrm{id}_X$ ist $E_q = p_\bullet \circ D_q: S_q(X) \to S_{q+1}(X)$ eine Kettenhomotopie $B \simeq \mathrm{id}: S(X) \to S(X)$.   □

Der Unterteilungsoperator läßt sich iterieren. Für eine ganze Zahl $r \geq 1$ sei

$$B^r = B \circ B \circ \ldots \circ B: S(X) \to S(X) \quad (r \text{ Faktoren}).$$

Für $\sigma: \Delta_q \to X$ ist $B\sigma$ von der Form $B\sigma = a_1\sigma_1 + \ldots + a_k\sigma_k$ mit $a_i \neq 0$, wobei die σ_i die unterteilenden Simplexe sind. In $B^2\sigma = a_1 B\sigma_1 + \ldots + a_k B\sigma_k$ wird jedes von diesen erneut unterteilt. In Abb. 9.4.2 ist für eine Kette c die zweite Unterteilung B^2c skizziert.

9.4.3 Hilfssatz *Für jeden Teilraum $A \subset X$ und alle $r \geq 1$ gilt:*

(a) *Ist $c \in S_q(A)$, so ist $B^rc \in S_q(A)$.*

(b) *Ist $z \in S_q(X)$ ein Zyklus relativ A, so ist B^rz ein Zyklus relativ A, der relativ A zu z homolog ist.*

Beweis (a) Ist $\sigma: \Delta_q \to A$, so $B\sigma = \sigma_\bullet(u_q) \in S_q(A)$; daraus folgt (a).

(b) Die Kettenhomotopie $E_q: S_q(X) \to S_{q+1}(X)$ zwischen $B, \mathrm{id}: S(X) \to S(X)$ haben wir im Beweis von 9.4.2 mit 9.3.7 konstruiert. Daher wird nach 9.3.7 (b) (angewandt auf die Inklusion $A \hookrightarrow X$) stets $S_q(A)$ nach $S_{q+1}(A)$ abgebildet. In der Gleichung $\partial E_q z = Bz - z - E_{q-1}\partial z$ ist nach Voraussetzung $\partial z \in S_{q-1}(A)$. Also ist $E_{q-1}\partial z \in S_q(A)$, und daher ist Bz homolog z relativ A. Wegen $\partial Bz = \partial z + \partial E_{q-1}\partial z \in S_{q-1}(A)$ ist Bz ein Zyklus relativ A. Also gilt (b) für $r = 1$; Induktion liefert den allgemeinen Fall.   □

9.4.4 Hilfssatz *Sei $X = U \cup V$, wobei U und V offen sind in X. Dann gibt es zu jeder Kette $c \in S_q(X)$ eine Zahl $r \geq 1$ mit $B^rc = x + y$ für gewisse Ketten $x \in S_q(U)$ und $y \in S_q(V)$.*

Beweis Offenbar genügt es, dieses für ein singuläres Simplex $c = \sigma: \Delta_q \to X$ zu zeigen. Die Mengen $\sigma^{-1}(U)$ und $\sigma^{-1}(V)$ bilden eine offene Überdeckung von Δ_q; sei $\lambda > 0$ eine zugehörige Lebesgue-Zahl [Schubert, I.7.4], d.h. jede Teilmenge von Δ_q eines Durchmessers $< \lambda$ liegt in $\sigma^{-1}(U)$ oder $\sigma^{-1}(V)$. Die sämtlichen (offenen) Seitensimplexe von Δ_q bilden einen Simplizialkomplex K_q mit $|K_q| = \Delta_q$. Die Kette $B^r(\mathrm{id}_q) \in S_q(\Delta_q)$ können wir als $B^r(\mathrm{id}_q) = n_1\tau_1 + \ldots + n_k\tau_k$ schreiben, wobei die Bildmengen $\tau_i(\Delta_q)$ der hier auftretenden $\tau_i: \Delta_q \to \Delta_q$ die abgeschlossenen q-Simplexe der r-ten Normalunterteilung $K_q^{(r)}$ von K_q sind. Aus

3.2.3 folgt, daß für hinreichend großes r der Durchmesser von $\tau_i(\Delta_q)$ kleiner als λ ist. Daher liegt $\tau_i(\Delta_q)$ in $\sigma^{-1}(U)$ oder in $\sigma^{-1}(V)$, also $\sigma\tau_i(\Delta_q)$ in U oder V. In $B^r(\sigma) = B^r\sigma_\bullet(\mathrm{id}_q) = \sigma_\bullet B^r(\mathrm{id}_q) = n_1(\sigma \circ \tau_1) + \ldots + n_r(\sigma \circ \tau_r)$ liegt also jeder Summand entweder in $S_q(U)$ oder $S_q(V)$. $\qquad\qquad\square$

Jetzt sind wir in der Lage, den Ausschneidungssatz in der singulären Homologietheorie zu beweisen:

9.4.5 Satz (Ausschneidungssatz) *Seien $U \subset A \subset X$ Räume, so daß der Abschluß $\bar{U}$ von U im Inneren $\mathring{A}$ von A liegt (d.h. $\bar{U} \cap \mathring{A} = \emptyset$). Dann induziert die Inklusion $i: (X\backslash U, A\backslash U) \hookrightarrow (X, A)$ Isomorphismen $i_*: H_q(X\backslash U, A\backslash U) \to H_q(X, A)$.*

Beweis Aus $\bar{U} \subset \mathring{A}$ folgt $X = \mathring{A} \cup (X\backslash U)^\circ$, so daß X wie in 9.4.4 Vereinigung zweier offener Teilräume ist. Wir zeigen, daß i_* surjektiv und injektiv ist.

i_* ist surjektiv: Sei nämlich $\alpha \in H_q(X, A)$ und $z \in S_q(X)$ ein Zyklus relativ A, der α repräsentiert. Wähle r nach 9.4.4 so, daß $B^r z = a + x$, wobei die Kette a bzw. x in $\mathring{A}$ bzw. $(X\backslash U)^\circ$ liegt. Aus 9.4.3 (b) folgt: $B^r z$ repräsentiert ebenfalls α. Modulo $S_q(A)$ ist $B^r z = x$; daher repräsentiert x auch α, also $\alpha = \{x\}_{(X,A)}$. Der Rand ∂x liegt in $X\backslash U$, aber wegen $\partial x = \partial B^r z - \partial a = B^r \partial z - \partial a$ auch in A (beachte $\partial z \in S_{q-1}(A)$ und 9.4.3 (a)). Es folgt $\partial x \in S_{q-1}(A\backslash U)$. Daher ist $x \in S_q(X\backslash U)$ ein Zyklus relativ $A\backslash U$, repräsentiert also ein Element $\beta \in H_q(X\backslash U, A\backslash U)$. Für dieses gilt $i_*(\beta) = \alpha$. Folglich ist i_* surjektiv.

i_* ist injektiv: Sei nämlich $\alpha \in H_q(X\backslash U, A\backslash U)$ und $i_*(\alpha) = 0$. Sei $z \in S_q(X\backslash U)$ ein Zyklus relativ $A\backslash U$, der α repräsentiert. Aus $i_*(\alpha) = 0$ folgt: Es gibt eine $(q+1)$-Kette c in X und eine q-Kette a in A mit $\partial c = z + a$. Wähle r nach 9.4.4 so, daß $B^r c = a' + x$ und die Ketten a' und x in $\mathring{A}$ bzw. in $(X\backslash U)^\circ$ liegen. Es folgt $\partial a' + \partial x = \partial B^r c = B^r \partial c = B^r z + B^r a$. Die Kette $y = B^r z - \partial x = \partial a' - B^r a$ liegt in $X\backslash U$ (weil z, x dort liegen) und in A (weil a, a' dort liegen), also in $A\backslash U$. Wegen $B^r z = \partial x + y$ ist daher $B^r z$ ein Rand relativ $A\backslash U$, repräsentiert also das Nullelement von $H_q(X\backslash U, A\backslash U)$. Nach (b) von 9.4.3 (ersetze dort A bzw. X durch $A\backslash U$ bzw. $X\backslash U$) repräsentieren aber z und $B^r z$ dasselbe Element der Homologiegruppe. Daher ist $\alpha = 0$. Folglich ist i_* injektiv. $\qquad\square$

Der simpliziale Ausschneidungssatz 7.4.9 ist deshalb so einfach, weil jede Kette auf $K_0 \cup K_1$ Summe von Ketten aus K_0 und K_1 ist. Eine singuläre Kette auf X ist i.a. nicht Summe von Ketten aus A und aus $X\backslash U$; sie ist es erst nach hinreichend häufigem baryzentrischen Unterteilen. Das ist der Grund, warum für den Beweis des singulären Ausschneidungssatzes kompliziertere Techniken erforderlich sind. Eine überraschende Folgerung des Ausschneidungssatzes ist, daß man die relativen Homologiegruppen (zumindest bei CW-Paaren) als absolute interpretieren kann:

9.4.6 Satz *Es sei (X, A) ein CW-Paar, und es sei X/A der CW-Raum, der aus X entsteht, indem man A zu einem Punkt $\langle A \rangle$ identifiziert. Dann induziert die identifizierende Abbildung $p: (X, A) \to (X/A, \langle A \rangle)$ für jedes $q \in \mathbb{Z}$ einen Isomorphismus $p_*: H_q(X, A) \to H_q(X/A, \langle A \rangle)$.*

9.4.7 Korollar $H_q(X, A) \cong H_q(X/A)$ *für* $q \neq 0$.

Beweis Das Korollar folgt aus dem Satz wegen 9.2.4 (a). Beweis des Satzes:
Sei $Y = X/A$ und $y = \langle A \rangle \in Y$. Nach 1.3.3 ist $p\colon (X, A) \to (Y, y)$ ein relativer
Homöomorphismus. Nach 4.3.2 gibt es eine offene Umgebung U von A in X, von
der A strenger Deformationsretrakt ist. Sei $V = p(U) \subset Y$. Es folgt $p^{-1}(V) = U$,
und daher ist V eine offene Umgebung von y in Y. Wir zeigen, daß y strenger Deformationsretrakt von V ist. Sei $h_t\colon U \to U$ eine Homotopie mit $h_0 = \mathrm{id}_U, h_1(U) = A$
und $h_t | A = \mathrm{id}_A$. Sei $k_t\colon V \to V$ definiert durch $k_t(y) = y$ und $k_t = p h_t p^{-1}$ auf
$V \backslash y$. Aus 2.1.11 folgt, daß k_t eine Homotopie ist. Wegen $k_0 = \mathrm{id}_V$ und $k_1(V) = y$
ist y strenger Deformationsretrakt von V. Die Abbildung p definiert Abbildun-
gen $p'\colon (X, U) \to (Y, V)$ und $p''\colon (X \backslash A, U \backslash A) \to (Y \backslash y, V \backslash y)$. Im kommutativen
Diagramm

$$
\begin{array}{ccccc}
H_q(X, A) & \xrightarrow[\cong]{i_*} & H_q(X, U) & \xleftarrow[\cong]{i'_*} & H_q(X \backslash A, U \backslash A) \\
{\scriptstyle p_*} \downarrow & & {\scriptstyle p'_*} \downarrow & & {\scriptstyle p''_*} \downarrow {\scriptstyle \cong} \\
H_q(Y, y) & \xrightarrow[\cong]{j_*} & H_q(Y, V) & \xleftarrow[\cong]{j'_*} & H_q(Y \backslash y, V \backslash y)
\end{array}
$$

sind die horizontalen Homomorphismen von den Inklusionen induziert. p'' ist ein
Homöomorphismus von Paaren, daher p''_* ein Isomorphismus. i'_* und j'_* sind nach
dem Ausschneidungssatz Isomorphismen. Es folgt, daß p'_* ein Isomorphismus ist.
i_* und j_* sind nach 9.3.6 Isomorphismen. Daher ist p_* ein Isomorphismus.   □

9.4.8 Satz *Sei* $f\colon (X, A) \to (Y, B)$ *ein relativer Homöomorphismus zwischen
CW-Paaren. Ferner gelte noch eine der folgenden Voraussetzungen:*

(a) $X \backslash A$ *enthält nur endlich viele Zellen.*

(b) $f\colon X \to Y$ *ist eine identifizierende Abbildung.*

Dann ist $f_*\colon H_q(X, A) \to H_q(Y, B)$ *für alle* q *ein Isomorphismus.*

Beweis Nach 1.3.1 (b) gibt es eine stetige bijektive Abbildung $\bar{f}\colon X/A \to Y/B$,
so daß folgende Diagramme kommutieren (p, q sind identifizierende Abbildungen):

$$
\begin{array}{ccc}
X & \xrightarrow{f} & Y \\
{\scriptstyle p} \downarrow & & \downarrow {\scriptstyle q} \\
X/A & \xrightarrow{\bar{f}} & Y/B
\end{array}
\qquad\qquad
\begin{array}{ccc}
H_q(X, A) & \xrightarrow{f_*} & H_q(Y, B) \\
{\scriptstyle p_*} \downarrow {\scriptstyle \cong} & & {\scriptstyle \cong} \downarrow {\scriptstyle q_*} \\
H_q(X/A, \langle A \rangle) & \xrightarrow{\bar{f}_*} & H_q(Y/B, \langle B \rangle)
\end{array}
$$

Wir zeigen, daß $\bar{f}$ ein Homöomorphismus ist. Dann ist $\bar{f}_*$ und daher nach dem
vorigen Satz auch f_* ein Isomorphismus. Nach 4.2.6 sind X/A und Y/B CW-
Räume. Wenn (a) gilt, ist X/A kompakt, also $\bar{f}$ ein Homöomorphismus. Wenn (b)
gilt, ist auch $q \circ f$ identifizierend, daher $\bar{f} \circ p$ und folglich $\bar{f}$ (vgl. 1.2.10). Somit ist
$\bar{f}$ auch in diesem Fall ein Homöomorphismus.   □

9.4.9 Satz *Es sei X_j ein CW-Raum mit 0-Zelle $x_j \in X_j$ (j aus einer Indexmenge J), und $\vee X_j$ sei die Einpunktvereinigung der X_j bezüglich der Basispunkte x_j. Dann hat man für $q \neq 0$ einen Isomorphismus*

$$\bigoplus_j H_q(X_j) \to H_q(\vee X_j) \ \ durch \ \ (\{z_j\}_{X_j})_{j \in J} \mapsto \sum_j \{z_j\}_{\vee X_j}.$$

Dabei ist z_j ein singulärer Zyklus in $X_j \subset \vee X_j$.

Beweis Die topologische Summe S der X_j ist ein CW-Raum, und die Vereinigung A der 0-Zellen x_j ist ein diskreter CW-Teilraum $A \subset S$. Aus $\vee X_j = S/A$ folgt: $H_q(\vee X_j) \cong H_q(S, A) \cong H_q(S) \cong \bigoplus_j H_q(X_j)$, wobei der erste Isomorphismus aus 9.4.7 ist, der zweite analog 9.2.4 (a) und der dritte aus 9.1.12. Die Komposition dieser Isomorphismen, von rechts nach links gebildet, ist der angegebene Isomorphismus. □

Als nächste Anwendung des Unterteilungsoperators zeigen wir, daß zu einer Zerlegung $X = X_1 \cup X_2$ des Raumes X in offene Teilräume analog zu 7.4.A5 eine exakte Mayer-Vietoris-Sequenz gehört (lösen Sie vor dem Weiterlesen 7.4.A5).

9.4.10 Satz und Definition *Es sei $X = X_1 \cup X_2$, wobei X_1 und X_2 offen sind in X. Dann gibt es eine exakte Sequenz*

$$\ldots \xrightarrow{\Delta} H_q(X_1 \cap X_2) \xrightarrow{\mu} H_q(X_1) \oplus H_q(X_2) \xrightarrow{\nu} H_q(X) \xrightarrow{\Delta} H_{q-1}(X_1 \cap X_2) \xrightarrow{\mu} \ldots \,,$$

in der die Homomorphismen μ und ν wie in 7.4.A5 erklärt sind (ersetze dort K_i durch X_i). Der Homomorphismus Δ ist wie folgt definiert: Für einen q-Zyklus z in X wähle man $r \geq 1$ so groß, daß $B^r z = x_1 + x_2$ ist für gewisse Ketten x_j in X_j, und setze $\Delta(\{z\}_X) = \{\partial x_1\}_{X_1 \cap X_2}$. Die obige Sequenz heißt die Mayer-Vietoris-Sequenz zu $X = X_1 \cup X_2$.

Beweis Aus 9.4.3 und 9.4.4 folgt, daß Δ wohldefiniert ist (man beachte, daß wegen $0 = B^r \partial z = \partial x_1 + \partial x_2$ die Kette $\partial x_1 = -\partial x_2$ in X_1 und in X_2, also in $X_1 \cap X_2$ liegt). Wir betrachten die Teilkomplexe $C' = S(X_1)$ und $C'' = S(X_2)$ von $C = S(X)$. Mit 9.4.3 und 9.4.4 zeigt man, daß die Inklusion $C' + C'' \to C$ Isomorphismen der Homologiegruppen induziert; daher gehört nach 8.3.A6 zu $C', C'' \subset C$ eine exakte Mayer-Vietoris-Sequenz, und diese ist die im Satz angegebene Sequenz. □

9.4.11 Bemerkung Vertauscht man oben X_1 und X_2, so ist ∂x_1 durch ∂x_2 in der Definition von Δ zu ersetzen, und wegen $\partial x_2 = -\partial x_1$ geht dabei Δ in $-\Delta$ über.

9.4.12 Beispiele
(a) Man kann die Voraussetzungen in 9.4.10 wie folgt abschwächen: In $X = X_1 \cup X_2$

müssen X_1 und X_2 nicht offen sein, aber wir nehmen an, daß es offene Umgebungen U_j von X_j in X gibt, so daß $X_1 \subset U_1$, $X_2 \subset U_2$ und $X_1 \cap X_2 \subset U_1 \cap U_2$ Deformationsretrakte sind. Aus der Mayer-Vietoris-Sequenz zu $X = U_1 \cup U_2$ und 9.3.4 erhält man dann wieder die Sequenz in 9.4.10. Insbesondere gehört zu jedem CW-Raum X, der Vereinigung zweier CW-Teilräume X_1 und X_2 ist, wegen 4.3.2 eine Mayer-Vietoris-Sequenz.

(b) Wenn $X_1 \cap X_2$ azyklisch ist, folgt $H_q(X) \cong H_q(X_1) \oplus H_q(X_2)$ für $q \neq 0$.

(c) Wir nehmen an, daß X_1 und X_2 azyklisch sind. Dann gibt es zu jedem q-Zyklus $z \in S_q(X_1 \cap X_2)$, $q > 0$, Ketten x_j in X_j mit $\partial x_j = z$. Die Kette $x_1 - x_2$ in $X = X_1 \cup X_2$ ist ein $(q+1)$-Zyklus, und für $q > 0$ ist die Zuordnung $\{z\}_{X_1 \cap X_2} \mapsto \{x_1 - x_2\}_X$ ein Isomorphismus $H_q(X_1 \cap X_2) \to H_{q+1}(X)$; denn in 9.4.10 ist Δ ein Isomorphismus, und diese Zuordnung ist invers zu Δ. Ferner folgt aus 9.4.10, daß $H_1(X)$ frei abelsch ist; wenn $X_1 \cap X_2$ aus k Wegekomponenten besteht, hat $H_1(X)$ den Rang $k - 1$.

(d) Die Zerlegung $S^n = D_+^n \cup D_-^n$ erfüllt die Voraussetzungen von (a) und (c), und es ist $D_+^n \cap D_-^n = S^{n-1}$. Für $q > n > 0$ ist daher

$$H_q(S^n) \cong H_{q-1}(S^{n-1}) \cong \ldots \cong H_{q-n+1}(S^1) \cong H_{q-n}(S^0) = 0,$$

weil $q - n > 0$ und S^0 ein diskreter Raum ist. Für $0 < q < n$ ist

$$H_q(S^n) \cong H_{q-1}(S^{n-1}) \cong \ldots \cong H_1(S^{n-q+1}) = 0,$$

weil S^{n-q} wegzusammenhängend ist, vgl. (c). Schließlich ist

$$H_n(S^n) \cong H_{n-1}(S^{n-1}) \cong \ldots \cong H_1(S^1) \cong \mathbb{Z},$$

weil $S^0 = D_+^1 \cap D_-^{1'}$ aus zwei Wegekomponenten besteht, vgl. (c). Damit haben wir die singulären Homologiegruppen der Sphären berechnet. Dieses wichtige Beispiel wird im nächsten Abschnitt noch genauer untersucht.

Aufgaben

9.4.A1 Sei $X = A \cup B$ ein CW-Raum mit CW-Teilräumen A und B. Zeigen Sie, daß die Inklusion $(B, A \cap B) \hookrightarrow (X, A)$ Isomorphismen $H_q(B, A \cap B) \to H_q(X, A)$ induziert. (Diese Form des Ausschneidungssatzes wird besonders häufig angewandt.)

9.4.A2 Sei EX die Einhängung von X. Zeigen Sie, daß $EX = C_+ X \cup C_- X$ Vereinigung zweier Kegel über X ist und daß für dieses Tripel die Mayer-Vietoris-Sequenz existiert.

9.4.A3 Folgern Sie daraus, daß $\Delta: H_{q+1}(EX) \to H_q(X)$ für $q > 0$ ein Isomorphismus ist, und konstruieren Sie explizit einen zu Δ inversen Isomorphismus (vgl. 7.4.A7).

9.4.A4 Wenn X aus n Wegekomponenten besteht, ist $H_1(EX) \cong \mathbb{Z}^{n-1}$.

9.4.A5 Berechnen Sie mit den vorigen Aufgaben die Homologie der Sphären.

9.4.A6 Nach 1.5.9 ist $S^3 = V \cup V'$ Vereinigung zweier Volltori, so daß $V \cap V' = T$ ein Torus ist. Folgern Sie aus der zugehörigen Mayer-Vietoris-Sequenz, daß $H_2(T) \cong \mathbb{Z}$ und $H_1(T) \cong \mathbb{Z}^2$ ist.

9.5 Homologie von Bällen und Sphären

Nachdem wir die Hauptprinzipien der singulären Homologietheorie gesammelt haben (Funktoreigenschaften, exakte Sequenzen, Homotopie- und Ausschneidungssatz), können wir weitere nicht-triviale Homologiegruppen berechnen.

9.5.1 Satz *Für alle $n \geq 0$ ist $H_n(\Delta_n, \dot{\Delta}_n) \cong \mathbb{Z}$ und $H_q(\Delta_n, \dot{\Delta}_n) = 0$ für $q \neq n$. Die Identität $\mathrm{id}_n \colon \Delta_n \to \Delta_n$ ist, als Kette in $S_n(\Delta_n)$ aufgefaßt, ein Zyklus relativ $\dot{\Delta}_n$, dessen Homologieklasse die Gruppe $H_n(\Delta_n, \dot{\Delta}_n)$ erzeugt.*

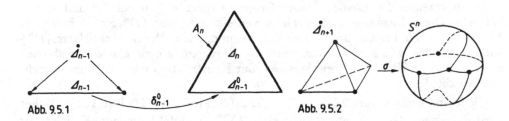

Abb. 9.5.1   Abb. 9.5.2

Beweis Für $n = 0$ ist das richtig. Sei $n > 0$. Sei Δ_{n-1}^0 die 0-te Seite von Δ_n, und sei A_n die Vereinigung der übrigen Seiten (Abb. 9.5.1). Weil A_n Deformationsretrakt von Δ_n ist, folgt aus der Homologiesequenz des Tripels $A_n \subset \dot{\Delta}_n \subset \Delta_n$, daß im Diagramm

$$H_q(\Delta_n, \dot{\Delta}_n) \xrightarrow[\cong]{\partial_*} H_{q-1}(\dot{\Delta}_n, A_n) \xleftarrow[\cong]{(\delta_{n-1}^0)_*} H_{q-1}(\Delta_{n-1}, \dot{\Delta}_{n-1})$$

∂_* ein Isomorphismus ist. Nach 9.4.8 ist $(\delta_{n-1}^0)_*$ ein Isomorphismus, weil δ_{n-1}^0 ein relativer Homöomorphismus der angegebenen Raumpaare ist. Deshalb ergibt sich $H_{q-1}(\Delta_{n-1}, \dot{\Delta}_{n-1}) \cong H_q(\Delta_n, \dot{\Delta}_n)$ und daraus der erste Teil von 9.5.1 durch Induktion.

Der zweite Teil folgt aus $(\delta_{n-1}^0)_*\{\mathrm{id}_{n-1}\} = \partial_*\{\mathrm{id}_n\}$ in $H_{n-1}(\dot{\Delta}_n, A_n)$. Die linke Seite wird von δ_{n-1}^0, die rechte von $\sum_{j=0}^n (-1)^j \delta_{n-1}^j$ repräsentiert; modulo $S_{n-1}(A_n)$ sind beide Ketten gleich.   □

9.5.2 Satz *Für alle $n \geq 0$ gilt*

$$H_q(D^n, S^{n-1}) \cong \begin{cases} \mathbb{Z} & \text{für } q = n, \\ 0 & \text{für } q \neq n. \end{cases}$$

Ist $\sigma \colon (\Delta_n, \dot{\Delta}_n) \to (D^n, S^{n-1})$ ein Homöomorphismus von Paaren, so ist σ, als Kette in $S_n(D^n)$ aufgefaßt, ein Zyklus relativ S^{n-1}, dessen Homologieklasse die Gruppe $H_n(D^n, S^{n-1})$ erzeugt.   □

9.5.3 Satz $H_n(S^n) \cong \mathbb{Z}$ *für $n > 0$ und $H_q(S^n) = 0$ für $q \neq 0, n$.*

Beweis In der Homologiesequenz

$$H_{q+1}(D^{n+1}) \to H_{q+1}(D^{n+1}, S^n) \xrightarrow[\cong]{\partial_*} H_q(S^n) \to H_q(D^{n+1})$$

sind die Enden Null, weil D^{n+1} azyklisch ist. Also ist ∂_* ein Isomorphismus, und der Satz folgt aus 9.5.2. (Für einen anderen Beweis siehe 9.4.12 (d).)   □

9.5.4 Beispiele Mit $\{D^n\} \in H_n(D^n, S^{n-1})$ bzw. $\{S^n\} \in H_n(S^n)$ bezeichnen wir stets ein erzeugendes Element dieser Gruppe (wobei $n \geq 0$ bei D^n und $n > 0$ bei S^n). Diese Elemente heißen *Fundamentalklassen von (D^n, S^{n-1})* bzw. *von S^n*. Sie sind nur bis auf das Vorzeichen bestimmt. Die Fundamentalklasse $\{D^n\}$ kann man sich wie in 9.5.2 vorstellen: sie *wird von einem Homöomorphismus $\sigma \colon (\Delta_n, \dot{\Delta}_n) \to (D^n, S^{n-1})$ repräsentiert.* Zur Konstruktion von $\{S^n\}$ gibt es mehrere Möglichkeiten:

(a) Wie im Beweis von 9.5.3 ist $\partial_* \colon H_{n+1}(\Delta_{n+1}, \dot{\Delta}_{n+1}) \cong H_n(\dot{\Delta}_{n+1})$. Daher wird die zweite Gruppe von $\partial_*\{\mathrm{id}_{n+1}\} = \{\sum_{i=0}^{n+1}(-1)^i \delta_n^i\}$ erzeugt. Es folgt: *Ist $\sigma \colon \dot{\Delta}_{n+1} \to S^n$ ein beliebiger Homöomorphismus, so repräsentiert der Zyklus $\sum_{i=0}^{n+1}(-1)^i \sigma \circ \delta_n^i$ eine Fundamentalklasse von S^n* (Abb. 9.5.2).

(b) Aus dem Beweis von 9.5.3 folgt, daß $\partial_*\{D^{n+1}\}$ *eine Fundamentalklasse von S^n ist*, wobei $\partial_* \colon H_{n+1}(D^{n+1}, S^n) \cong H_n(S^n)$.

(c) Sei $\tau \colon \Delta_n \to S^n$ eine Abbildung, die $\dot{\Delta}_n$ auf einen Punkt x_0 von S^n und $\Delta_n \backslash \dot{\Delta}_n$ homöomorph auf $S^n \backslash x_0$ abbildet, und sei $\tau_0 \colon \Delta_n \to S^n$ die konstante Abbildung $\tau_0(\Delta_n) = x_0$. *Die Kette $c = \tau - \frac{1}{2}(1 + (-1)^n)\tau_0 \in S_n(S^n)$ ist ein Zyklus, dessen Homologieklasse $H_n(S^n)$ erzeugt.* Beweis: $\partial c = 0$ rechne man nach. $\tau_* \colon H_n(\Delta_n, \dot{\Delta}_n) \to H_n(S^n, x_0)$ und $j_* \colon H_n(S^n) \to H_n(S^n, x_0)$ sind nach 9.4.8 bzw. 9.2.4 (a) Isomorphismen. Aus $\tau_*\{\mathrm{id}_n\} = j_*\{c\}$ folgt die Behauptung.

(d) Sei $x \in S^n$ fest, und sei $p \colon (D^n, S^{n-1}) \to (S^n, x)$ ein relativer Homöomorphismus. Dann ist $p_* \colon H_n(D^n, S^{n-1}) \to H_n(S^n, x)$ nach 9.4.8 ein Isomorphismus. Also ist $p_*(\{D^n\})$ *ein erzeugendes Element von $H_n(S^n, x) \cong H_n(S^n)$.*

(e) Für $n = 1$ bezeichnen wir mit $\{S^1\}_+ \in H_1(S^1)$ die Fundamentalklasse, die vom 1-Zyklus $\tau \colon \Delta_1 \to S^1$, $\tau((1-t)e_0 + te_1) = \exp 2\pi i t$, repräsentiert wird.

Ein erstes Beispiel für induzierte Homomorphismen ist folgender Satz:

9.5.5 Satz *Für g_n: $S^1 \to S^1$, $g_n(z) = z^n$, ist $(g_n)_*(\{S^1\}_+) = n\{S^1\}_+$.*

Beweis in zwei Schritten:

1. Schritt: Es sei $\{S^1\}_+ = \{\tau\}$ wie in 9.5.4 (e) oben. Sei $\sigma = [e_1, e_0]$: $\Delta_1 \to \Delta_1$ die Eckenvertauschung. Die singuläre 2-Kette $c = [e_0, e_1, e_0] + [e_0, e_0, e_0]$ in Δ_1 hat den Rand $\partial c = \mathrm{id}_1 + \sigma$. Anwenden von $\tau_\bullet$: $S_1(\Delta_1) \to S_1(S^1)$ gibt die Gleichung $\partial(\tau_\bullet c) = \tau + \tau \circ \sigma = \tau + g_{-1} \circ \tau$. Also sind die 1-Zyklen $g_{-1} \circ \tau$ und $-\tau$ in S^1 homolog, d.h. $(g_{-1})_*(\{\tau\}) = -\{\tau\}$. Damit ist der Satz für $n = -1$ bewiesen. Wegen $g_n = g_{-1} \circ g_{-n}$ dürfen wir im folgenden $n > 0$ annehmen (für $n = 0$ ist der Satz trivial).

2. Schritt: Für $i = 0, \ldots, n$ sei $x_i = (1 - \frac{i}{n})e_0 + \frac{i}{n}e_1 \in \Delta_1$. Für das singuläre 1-Simplex $[x_{j-1}, x_j]$: $\Delta_1 \to \Delta_1$ gilt die Gleichung $g_n \circ \tau \circ [x_{j-1}, x_j] = \tau$, wobei $j = 1, \ldots, n$. Sei c die 1-Kette $c = [x_0, x_1] + \ldots + [x_{n-1}, x_n]$ in Δ_1. Wir zeigen gleich, daß die Ketten c und id_1 in Δ_1 homolog sind. Es folgt, daß die Zyklen $\tau_\bullet(c)$ und τ in S^1 homolog sind; daraus und aus $(g_n)_*(\{\tau\}) = (g_n)_*(\{\tau_\bullet \circ c\}) = \{\Sigma g_n \circ \tau \circ [x_{j-1}, x_j]\} = n\{\tau\}$ ergibt sich der Satz. Um die behauptete Homologie zu beweisen, betrachten wir die singuläre 2-Kette $x = \sum_{i=1}^{n-1} [x_0, x_i, x_{i+1}]$ auf Δ_1. Man rechnet nach, daß $\partial x = c - \mathrm{id}_1$ ist, vgl. 9.1.A1.   □

Mit 9.4.9 und 9.5.3 können wir die Homologiegruppen einer Einpunktvereinigung von n-Sphären berechnen:

9.5.6 Satz *Es sei $\vee S_j^n$ eine Einpunktvereinigung von n-Sphären ($n \geq 1$ und j aus einer Indexmenge J). Dann ist $H_q(\vee S_j^n) = 0$ für $q \neq 0, n$ und $H_n(\vee S_j^n)$ ist eine freie abelsche Gruppe vom Rang $|J|$ (= Mächtigkeit von J). Ist i_j: $S^n \to \vee S_j^n$ eine Abbildung, die S^n homöomorph auf S_j^n abbildet, so bilden die Elemente $\{S_j^n\} = i_{j*}(\{S^n\})$ eine Basis von $H_n(\vee S_j^n)$.*   □

9.5.7 Bemerkung Mit den bisher entwickelten Methoden der singulären Homologietheorie kann man schon viele interessante Sätze beweisen. Wenn Sie mehr an den Anwendungen als am weiteren systematischen Aufbau der Homologietheorie interessiert sind, blättern Sie nach vorne: die Abschnitte 11.1 (topologische Eigenschaften der Sphären) und 11.7 (Jordan-Brouwerscher Separationssatz, Invarianz des Gebiets usw.) sind mit den bisherigen Mitteln leicht verständlich. Eine Folgerung wollen wir jetzt schon hervorheben, die Invarianz der Dimension der euklidischen Räume: Aus $m \neq n$ folgt $\mathbb{R}^m \not\approx \mathbb{R}^n$ (denn andernfalls wäre $\mathbb{R}^m \backslash 0 \approx \mathbb{R}^n \backslash 0$, also $S^{m-1} \simeq S^{n-1}$; das kann aber nicht sein, da Sphären verschiedener Dimension nach 9.5.3 verschiedene Homologiegruppen haben). Damit ist die Lücke geschlossen, auf die wir in 4.4 hingewiesen haben: Die Dimensionen von Zellen und damit die Gerüste von CW-Räumen sind wohldefinierte Begriffe. Davon machen wir im nächsten Abschnitt ausführlich Gebrauch.

Aufgaben

9.5.A1 Sei $v \colon S^1 \to S^1 \vee S^1$ die Abbildung aus 5.1.A4. Zeigen Sie, daß $v_* \colon H_1(S^1) \to H_1(S^1 \vee S^1)$ gegeben ist durch $v_*(\{S^1\}_+) = i_{1*}(\{S^1\}_+) + i_{2*}(\{S^1\}_+)$.

9.5.A2 Sei $f = i_{j_1}^{n_1} \cdot i_{j_2}^{n_2} \cdot \ldots \cdot i_{j_m}^{n_m} \colon S^1 \to S_1^1 \vee \ldots \vee S_r^1$ die Abbildung aus 1.6.9. Zeigen Sie, daß $f_*(\{S^1\}_+) = \Sigma_\nu n_\nu (i_{j_\nu})_*(\{S^1\}_+)$ ist. (Hinweis: Betrachten Sie zuerst den Fall, daß die $n_\nu = 1$ und die j_ν verschieden sind. Benutzen Sie dann 9.5.5.)

9.5.A3 Sei $g \colon S^1 \vee \ldots \vee S^1 \to S^1$ die Abbildung, die auf jedem Summanden der Einpunktvereinigung mit id_{S^1} übereinstimmt. Was ist $g_* \colon H_1(S^1 \vee \ldots \vee S^1) \to H_1(S^1)$?

9.5.A4 Es sei $X \vee Y = X \times y_0 \cup x_0 \times Y \subset X \times Y$, wobei X, Y CW-Räume mit Ecken $x_0 \in X$ und $y_0 \in Y$ sind. Beweisen Sie die Exaktheit der folgenden Sequenz:
$$0 \longrightarrow H_q(X \vee Y) \overset{i_*}{\longrightarrow} H_q(X \times Y) \overset{j_*}{\longrightarrow} H_q(X \times Y, X \vee Y) \longrightarrow 0.$$

9.6 Zelluläre Homologie

Ein wichtiges Verfahren zur Berechnung von Homologiegruppen ist das zelluläre Verfahren, das immer dann anwendbar ist, wenn man die Homologie eines CW-Raumes bestimmen will. Wir beginnen mit einigen allgemeinen Sätzen über die singulären Homologiegruppen von CW-Räumen.

9.6.1 Satz *Sei X ein CW-Raum und X^q sein q-dimensionales Gerüst. Dann ist $H_p(X^q, X^{q-1}) = 0$ für $p \neq q$.*

Beweis Für $q \leq 0$ ist das klar. Sei $q \geq 1$. Für $p = 0$ ist die Aussage richtig. Sei $p \neq 0$. Nach 9.4.7 ist $H_p(X^q, X^{q-1}) \cong H_p(X^q/X^{q-1})$. Weil X^q/X^{q-1} ein Punkt oder eine Einpunktvereinigung von q-Sphären ist, folgt der Satz aus 9.5.6. □

9.6.2 Satz *Die Inklusion $X^q \hookrightarrow X$ induziert einen surjektiven Homomorphismus $H_q(X^q) \to H_q(X)$, und die Inklusion $X^{q+1} \hookrightarrow X$ induziert einen Isomorphismus $H_q(X^{q+1}) \to H_q(X)$. Insbesondere hängt also $H_q(X)$ nicht ab von den Zellen der Dimensionen $> q+1$.*

Beweis In der Folge $H_q(X^q) \to H_q(X^{q+1}) \to H_q(X^{q+2}) \to \ldots$, in der alle Homomorphismen von Inklusionen induziert sind, ist der erste Homomorphismus surjektiv und die folgenden sind Isomorphismen. Das folgt aus 9.6.1 und der jeweiligen Homologiesequenz. Wenn X endlich-dimensional ist, ist 9.6.2 bewiesen. Sonst führt ein Kompaktheitsargument zum Ziel. Jedes singuläre Simplex in X, also auch jede Kette in $S_q(X)$, liegt wegen 4.1.9 in X^p für hinreichend großes p. Zu jedem $\alpha \in H_q(X)$ gibt es folglich ein $p \geq q+1$, so daß α im Bild von

$H_q(X^p) \to H_q(X)$ liegt. Dann liegt α nach dem ersten Teil des Beweises im Bild von $H_q(X^q) \to H_q(X)$ bzw. $H_q(X^{q+1}) \to H_q(X)$, d.h. diese Homomorphismen sind surjektiv. Ähnlich folgt, daß $H_q(X^{q+1}) \to H_q(X)$ injektiv ist.   □

9.6.3 Satz *Ist X ein CW-Raum, der keine q-Zellen enthält, so ist $H_q(X) = 0$. Insbesondere ist also $H_q(X) = 0$ für $q > \dim X$.*

Beweis Aus 9.6.1 und den jeweiligen Homologiesequenzen folgt

$$H_q(X^{q-1}) \cong H_q(X^{q-2}) \cong \ldots \cong H_q(X^0) \cong H_q(X^{-1}) = 0.$$

Es ist $X^q = X^{q-1}$, also $H_q(X^q) = 0$. Aus 9.6.2 folgt $H_q(X) = 0$.   □

9.6.4 Definition und Satz *Die q-te zelluläre Kettengruppe des CW-Raumes X ist definiert durch $C_q(X) = H_q(X^q, X^{q-1})$; insbesondere ist $C_q(X) = 0$ für $q < 0$. Die Elemente von $C_q(X)$ heißen zelluläre q-Ketten von X. Ist $e \subset X$ eine q-Zelle und ist $F\colon (D^q, S^{q-1}) \to (X^q, X^{q-1})$ eine charakteristische Abbildung von e, so heißt das Element*

$$F_*(\{D^q\}) \in C_q(X) = H_q(X^q, X^{q-1}) \xleftarrow{F_*} H_q(D^q, S^{q-1})$$

eine Orientierung von e. Wir sagen auch: $F_*(\{D^q\})$ ist eine orientierte q-Zelle von X; durch Wahl von F und $\{D^q\}$ wird e orientiert. Zu jeder q-Zelle von X gibt es genau zwei Orientierungen, die sich um das Vorzeichen unterscheiden. Die Kettengruppe $C_q(X)$ ist frei abelsch; wählt man für jede q-Zelle in X eine feste Orientierung, so bilden diese Orientierungen eine Basis von $C_q(X)$.

Beweis Es seien F und G charakteristische Abbildungen der q-Zelle e. Man kann F und G in der Form $F', G'\colon (D^q, S^{q-1}) \to (X^{q-1} \cup e, X^{q-1}) \subset (X^q, X^{q-1})$ faktorisieren. Nach 9.4.8 sind F'_* und G'_* Isomorphismen. Daher ist $F_*(\{D^q\}) = \pm G_*(\{D^q\})$, und somit gibt es genau zwei Orientierungen von e (nämlich $F_*(\{D^q\})$ und $-F_*(\{D^q\})$); daß diese verschieden sind, ergibt sich aus der Aussage über $C_q(X)$). Die Gruppe $C_0(X) = H_0(X^0)$ ist frei abelsch, und eine Basis bilden die 0-Zellen von X. Sei $q > 0$, und seien e_i die q-Zellen von X mit Orientierungen $F_{i*}(\{D^q\})$. Wir betrachten den Quotientenraum $Y = X^q/X^{q-1}$ und die Projektion $p\colon (X^q, X^{q-1}) \to (Y, y_0)$, wobei $y_0 = \langle X^{q-1}\rangle \in Y$. Nach 9.4.6 ist $p_*\colon C_q(X) \to H_q(Y, y_0)$ ein Isomorphismus. Es ist Y eine Einpunktvereinigung von q-Sphären (oder ein Punkt, wenn X keine q-Zellen hat), und die $p_* F_{i*}(\{D^q\})$ bilden eine Basis der freien abelschen Gruppe $H_q(Y, y_0)$, wie aus 9.5.4 (d) und 9.5.6 folgt. Also bilden die $F_{i*}(\{D^q\})$ eine Basis von $C_q(X)$.   □

9.6.5 Bemerkungen
(a) Wie schon bei den Simplexen, so bezeichnen wir auch jetzt Zellen und orientierte Zellen mit dem gleichen Symbol. Die Aussage $e \in C_q(X)$ *ist eine orientierte q-Zelle* bedeutet also, daß $e = F_*(\{D^q\})$ ist, wobei F eine charakteristische Abbildung

einer q-Zelle von X ist. Eine 0-Zelle e^0 zu orientieren bedeutet, in der Gruppe $C_0(X) = H_0(X^0) = S_0(X^0)$ eines der Elemente $\pm e^0$ auszuzeichnen.

(b) Die Elemente von $C_q(X)$ stelle man sich nicht als singuläre Homologieklassen von $H_q(X^q, X^{q-1})$ vor, sondern als ganzzahlige Linearkombinationen der orientierten q-Zellen von X. Z.B. besteht für den Torus $X = e^0 \cup e_1^1 \cup e_2^1 \cup e^2$ die Gruppe $C_1(X)$ aus den Elementen $n_1 e_1^1 + n_2 e_2^1$ mit $n_i \in \mathbb{Z}$, wobei e_1^1, e_2^1 die fest orientierten 1-Zellen sind.

Die Definition des Randoperators $\partial\colon C_q(X) \to C_{q-1}(X)$ ist komplizierter als im simplizialen Fall, weil der Rand einer q-Zelle nicht aus $(q-1)$-Zellen bestehen muß. Wir betrachten die Homomorphismen

$$C_q(X) = H_q(X^q, X^{q-1}) \xrightarrow{\partial_*} H_{q-1}(X^{q-1}) \xrightarrow{j_*} H_{q-1}(X^{q-1}, X^{q-2}) = C_{q-1}(X)$$

aus den Homologiesequenzen der Paare (X^q, X^{q-1}) und (X^{q-1}, X^{q-2}).

9.6.6 Definition und Satz *Der* Randoperator $\partial = \partial_q\colon C_q(X) \to C_{q-1}(X)$ *ist durch* $\partial = j_* \partial_*$ *definiert. Man erhält einen Kettenkomplex*

$$C(X)\colon \ \dots \xrightarrow{\partial} C_{q+1}(X) \xrightarrow{\partial} C_q(X) \xrightarrow{\partial} C_{q-1}(X) \xrightarrow{\partial} \dots,$$

der der zelluläre Kettenkomplex von X *heißt. Für eine orientierte* q-Zelle $e = F_*(\{D^q\}) \in C_q(X)$ *gilt die Formel* $\partial e = j_*(F|S^{q-1})_*(\partial_*\{D^q\}) \in C_{q-1}(X)$, *wobei* $F|S^{q-1}\colon S^{q-1} \to X^{q-1}$ *ist.*

Beweis $\partial\partial = 0$ folgt aus der Homologiesequenz von (X^{q-1}, X^{q-2}) und die Formel für ∂e aus der Homologieleiter von $F\colon (D^q, S^{q-1}) \to (X^q, X^{q-1})$, vgl. 9.2.3. $\qquad\square$

9.6.7 Beispiele
(a) Sei e eine orientierte q-Zelle von X mit Klebeabbildung $f\colon S^{q-1} \to X^{q-1}$. Wenn $f_* = 0\colon H_{q-1}(S^{q-1}) \to H_{q-1}(X^{q-1})$ ist, so ist $\partial e = 0$. Also: *jede orientierte q-Zelle, die* homologisch trivial *angeklebt ist, ist ein zellulärer Zyklus.*

(b) Sei e eine orientierte 1-Zelle (man kann sich e als *gerichtete Kante* vorstellen). Der Rand $\dot{e}$ von e besteht aus 0-Zellen e_1 und e_2, und es ist $\partial e = \pm(e_1 - e_2)$ in $C_0(X)$. Genau dann ist e ein 1-Zyklus, wenn $e_1 = e_2$, d.h. wenn der Abschluß $\bar{e}$ eine Kreislinie ist.

9.6.8 Definition
Die Homologiegruppen $H_q(C(X))$ heißen die *zellulären Homologiegruppen von* X.

Weil wir für die Zellzerlegung von X kein besonderes Symbol benutzen, muß man bei den Bezeichnungen etwas aufpassen:

	Simplizial	Zellulär	Singulär
Kettenkomplex:	$C(K)$	$C(X)$	$S(X)$
Homologie:	$H_q(K)$	$H_q(C(X))$	$H_q(X)$.

Für einen CW-Raum X sind die zellulären und die singulären Homologiegruppen definiert. Um sie zu vergleichen, betrachten wir folgendes Diagramm:

$$C_{q-1}(X) \xleftarrow{\partial_q} C_q(X) = H_q(X^q, X^{q-1}) \xleftarrow{j_*} H_q(X^q) \xrightarrow{i_*} H_q(X).$$

9.6.9 Satz *Der Homomorphismus j_* bildet $H_q(X^q)$ auf die q-te zelluläre Zyklengruppe und Kern i_* auf die q-te zelluläre Rändergruppe ab. Ferner ist j_* injektiv und i_* surjektiv. Daher erhält man einen Isomorphismus*

$$T\colon H_q(C(X)) \xrightarrow{\cong} H_q(X), \quad \{z\} \mapsto i_* j_*^{-1}(z),$$

wobei $z \in C_q(X)$ ein zellulärer Zyklus ist.

Man kann also jeden zellulären Zyklus durch einen singulären repräsentieren und erhält einen Isomorphismus zwischen zellulärer und singulärer Homologie.

Beweis Nach 9.6.2 ist i_* surjektiv. Nach 9.6.3 ist $H_q(X^{q-1}) = 0$, also ist $j_q = j_*\colon H_q(X^q) \to C_q(X)$ für alle q injektiv. Daher ist in 9.6.6 Kern $\partial_q = $ Kern$(j_{q-1}\partial_*) = $ Kern $\partial_* = $ Bild $j_q = $ Bild j_*, d.h. j_* bildet $H_q(X^q)$ auf die q-te zelluläre Zyklengruppe ab. Aus 9.6.2 und der Homologiesequenz dieses Paares folgt $H_{q+1}(X, X^{q+1}) = 0$; daraus ergibt sich mit 9.2.5, daß der von der Inklusion induzierte Homomorphismus $H_{q+1}(X^{q+1}, X^q) \to H_{q+1}(X, X^q)$ surjektiv ist. Die q-te Rändergruppe ist Bild $j_*\partial_*$, wobei $H_{q+1}(X^{q+1}, X^q) \xrightarrow{\partial_*} H_q(X^q) \xrightarrow{j_*} H_q(X^q, X^{q-1})$. Wegen der eben erwähnten Surjektivität stimmt dieses Bild überein mit dem Bild der Komposition $H_{q+1}(X, X^q) \xrightarrow{\partial_*} H_q(X^q) \xrightarrow{j_*} H_q(X^q, X^{q-1})$. Weil hier Bild $\partial_* = $ Kern i_* gilt, ist Bild $j_*\partial_* = j_*($Bild $\partial_*) = j_*($Kern $i_*)$. Das bedeutet: Die q-te zelluläre Rändergruppe ist das Bild von Kern i_* unter j_*. □

Die singulären Homologiegruppen eines CW-Raumes kann man also mit Hilfe des zellulären Kettenkomplexes berechnen. So ist z.B. $S^2 \times S^2$ ein CW-Raum mit einer 0-Zelle, zwei 2-Zellen und einer 4-Zelle, also mit zellulärem Kettenkomplex

$$0 \to C_4 \cong \mathbb{Z} \to 0 \to C_2 \cong \mathbb{Z}^2 \to 0 \to C_0 \cong \mathbb{Z} \to 0,$$

aus dem man die Homologiegruppen abliest: $H_q(S^2 \times S^2)$ ist $\mathbb{Z}$ für $q = 0, 4$ und $\mathbb{Z}^2$ für $q = 2$ und 0 sonst. Obwohl es natürlich nicht immer so einfach ist, zeigt dieses Beispiel doch, wie schlagkräftig die zelluläre Methode ist (weitere Beispiele folgen in 9.9). Nützlich für solche Berechnungen ist folgender Satz:

9.6.10 Satz *Für $q \geq 1$ ist $H_q(X^q)$ frei abelsch, und der Kern des surjektiven Homomorphismus i_*: $H_q(X^q) \to H_q(X)$ wird von den Elementen $f_{j*}(\{S^q\})$ erzeugt, wobei die f_j: $S^q \to X^q$ Klebeabbildungen der $(q+1)$-Zellen e_j von X sind.*

Beweis Nach 9.6.9 ist $H_q(X^q)$ isomorph zu einer Untergruppe von $C_q(X)$, also frei abelsch. Wegen $H_q(X^{q+1}) \cong H_q(X)$ ist der Kern von i_* gleich dem Kern von $H_q(X^q) \to H_q(X^{q+1})$, also gleich dem Bild von ∂_*: $C_{q+1}(X) \to H_q(X^q)$. Daher folgt der Satz aus 9.6.4 und 9.6.6. $\square$

Wie man leicht verifiziert, sind die obigen Konstruktionen natürlich bezüglich zellulärer Abbildungen:

9.6.11 Definition und Satz *Ist f: $X \to Y$ eine zelluläre Abbildung, so bezeichnen wir den von $f|X^q$: $(X^q, X^{q-1}) \to (Y^q, Y^{q-1})$ induzierten Homomorphismus der q-ten Homologiegruppen dieser Paare mit $f_\bullet = (f|X^q)_*$: $C_q(X) \to C_q(Y)$. Das System dieser Homomorphismen ist eine Kettenabbildung $f_\bullet$: $C(X) \to C(Y)$, deren induzierte Homologie-Homomorphismen wieder mit f_* bezeichnet werden. Das folgende Diagramm ist kommutativ:*

$$
\begin{array}{ccc}
H_q(C(X)) & \xrightarrow[\cong]{T} & H_q(X) \\
f_* \downarrow & & \downarrow f_* \\
H_q(C(Y)) & \xrightarrow[\cong]{T} & H_q(Y).
\end{array}
$$

$\square$

9.6.12 Bemerkung Wir skizzieren, wie man die obigen Ergebnisse auf relative Homologiegruppen überträgt. Ist (X, A) ein CW-Paar, so ist X/A ein CW-Raum, dessen q-Zellen für $q \neq 0$ bijektiv den q-Zellen von X entsprechen, die nicht in A liegen. Es ist $C(A)$ ein Teilkettenkomplex von $C(X)$, und die Projektion p: $X \to X/A$ induziert eine Kettenabbildung $C(X)/C(A) \to C(X/A)$, die die Kettengruppen in Dimensionen $q \neq 0$ isomorph abbildet. Daraus erhalten wir Isomorphismen

$$
H_q(C(X)/C(A)) \cong H_q(C(X/A)) \xrightarrow[\cong]{T} H_q(X/A) \cong H_q(X, A) \quad (q \neq 0),
$$

deren Komposition wir kurz wieder mit T: $H_q(C(X)/C(A)) \xrightarrow{\cong} H_q(X, A)$ bezeichnen. Für $q = 0$ sei $T(e^0) = \{e^0\}$ für jede 0-Zelle e^0 in $X \backslash A$. Auch dieser Isomorphismus ist natürlich bezüglich zellulärer Abbildungen $(X, A) \to (Y, B)$.

Aufgaben

9.6.A1 Die Homologiegruppen eines kompakten CW-Raumes sind endlich erzeugte abelsche Gruppen.

9.6.A2 Die Homologiegruppen eines kompakten Raumes, der kein CW-Raum ist, brauchen nicht endlich erzeugt zu sein. (Hinweis: Abb. 1.3.2)

9.6.A3 Sei $X_n = S^1 \cup_n e^2 = e^0 \cup e^1 \cup e^2$ wie in 1.6.10 der CW-Raum, der aus S^1 durch Ankleben einer 2-Zelle mit $S^1 \to S^1$, $z \mapsto z^n$, entsteht ($n \geq 2$). Zeigen Sie, daß man die Zellen von X_n so orientieren kann, daß im zellulären Kettenkomplex von X_n die Gleichungen $\partial e^2 = ne^1$ und $\partial e^1 = 0$ gelten. Folgern Sie daraus, daß $H_1(X_n) \cong \mathbb{Z}_n$ und $H_2(X_n) = 0$ ist.

9.6.A4 Für den Linsenraum $L(p,q)$ ist $H_1 \cong \mathbb{Z}_p$, $H_2 = 0$ und $H_3 \cong \mathbb{Z}$ (Hinweis: vorige Aufgabe und 5.7.6 oder 4.1.A5).

9.6.A5 Sei $m, n \geq 1$. Betrachten Sie die nach 9.5.A4 exakte Sequenz
$$0 \longrightarrow H_q(S^m \vee S^n) \xrightarrow{\ i_* \ } H_q(S^m \times S^n) \xrightarrow{\ j_* \ } H_q(S^m \times S^n, S^m \vee S^n) \longrightarrow 0,$$
und folgern Sie aus ihr:
(a) Für $q < m + n$ ist i_* ein Isomorphismus.
(b) Für $q = m + n$ ist j_* ein Isomorphismus.
Berechnen Sie damit die Homologiegruppen von $S^m \times S^n$.

9.6.A6 Lösen Sie das vor 1.1.16 erwähnte Problem $S^m \times S^n \overset{?}{\approx} S^{m+n}$.

9.6.A7 Aus $m \leq n$ und $p \leq q$ und $S^m \times S^n \approx S^p \times S^q$ folgt $m = p$ und $n = q$.

9.6.A8 Seien $i, j\colon S^1 \to S^1 \times S^1$ die Inklusionen $z \mapsto (z, 1)$ bzw. $z \mapsto (1, z)$, und sei $\alpha = i_*(\{S^1\}_+)$, $\beta = j_*(\{S^1\}_+)$. Zeigen Sie:
(a) $H_1(S^1 \times S^1)$ ist frei abelsch mit Basis α, β.
(b) Ist $f\colon S^1 \times S^1 \to S^1 \times S^1$ die Abbildung $f(z, w) = (z^a w^b, z^c w^d)$, so ist $f_*(\alpha) = a\alpha + c\beta$ und $f_*(\beta) = b\alpha + d\beta$.

9.6.A9 Die Einpunktvereinigung $Y = S_1^1 \vee S_2^1 \vee \ldots$ ist ein CW-Raum mit einer 0-Zelle e^0 und 1-Zellen $e_1^1, e_2^1, \ldots$. Zeigen Sie:
(a) Man kann an Y 2-Zellen $e_1^2, e_2^2, \ldots$ so ankleben, daß im zellulären Kettenkomplex des entstehenden Raumes X die Gleichungen $\partial e_i^2 = e_{i+1}^1 - 2e_i^1$ gelten ($i = 1, 2, \ldots$).
(b) Berechnen Sie die Homologiegruppen von X.

9.7 Vergleich von simplizialer und singulärer Homologie

In diesem Abschnitt beweisen wir den vor 7.2.10 erwähnten Invarianzsatz: die simplizialen Homologiegruppen $H_q(K)$ sind zu den singulären Homologiegruppen $H_q(|K|)$ isomorph und sind daher durch $|K|$ eindeutig bestimmt. Wir beginnen mit folgendem Lemma, das wir auch noch an anderer Stelle benutzen werden.

9.7.1 Lemma *Für eine Permutation τ der Zahlen $0, 1, \ldots, q$ sei $\bar{\tau}\colon (\Delta_q, \dot{\Delta}_q) \to (\Delta_q, \dot{\Delta}_q)$ die durch $e_i \mapsto e_{\tau(i)}$ bestimmte lineare Abbildung. Dann gilt:*

(a) $\bar{\tau}_*$: $H_q(\Delta_q, \dot{\Delta}_q) \to H_q(\Delta_q, \dot{\Delta}_q)$ ist $\bar{\tau}_*(\{\mathrm{id}_q\}) = \mathrm{sign}(\tau)\{\mathrm{id}_q\}$.

(b) $\bar{\tau} \simeq \mathrm{id}$: $(\Delta_q, \dot{\Delta}_q) \to (\Delta_q, \dot{\Delta}_q)$, wenn τ eine gerade Permutation ist.

Beweis Wir beweisen zuerst (b). Weil jede gerade Permutation ein Produkt von Dreier-Zyklen ist, dürfen wir annehmen, daß τ ein solcher ist, d.h. daß τ gewisse Zahlen $i < j < k$ zyklisch vertauscht. Sei $D \subset \Delta_q$ das abgeschlossene Dreieck mit den Ecken e_i, e_j und e_k. Es gibt einen Homöomorphismus $(D, \dot{D}) \approx (D^2, \dot{D}^2)$, unter dem $\bar{\tau}|D$ der Drehung von D^2 um $2\pi/3$ entspricht. Weil diese zur Identität von $(D^2, \dot{D}^2)$ homotop ist, ist auch $\bar{\tau}|D \simeq \mathrm{id}$: $(D, \dot{D}) \to (D, \dot{D})$. Diese Homotopie setzt man auf Δ_q fort, indem man die übrigen baryzentrischen Koordinaten festhält.

Zu (a): Wegen (b) dürfen wir annehmen, daß τ die Transposition $0 \leftrightarrow 1$ ist. Sei σ: $\Delta_{q+1} \to \Delta_q$ die durch $e_0 \mapsto e_1, e_1 \mapsto e_0$ und $e_i \mapsto e_{i-1}$, $2 \leq i \leq q+1$, definierte lineare Abbildung. Der Rand dieses singulären Simplex σ in Δ_q ist $\partial\sigma = \mathrm{id}_q + \bar{\tau} + x$ für ein $x \in S_q(\dot{\Delta}_q)$. Daher ist $\bar{\tau}_*(\{\mathrm{id}_q\}) = \{\bar{\tau}\} = -\{\mathrm{id}_q\}$.   □

Wenn K ein Simplizialkomplex ist, so ist $|K|$ ein CW-Raum, dessen Zellen die offenen Simplexe von K sind. Wir vergleichen den simplizialen Kettenkomplex von K mit dem zellulären Kettenkomplex von $|K|$.

9.7.2 Definition Es sei $\sigma = \langle x_0 \dots x_q \rangle$ ein orientiertes q-Simplex von K. Wie in 9.1.2 ist $[x_0, \dots, x_q]$: $\Delta_q \to \bar{\sigma}$ die durch $e_i \mapsto x_i$ bestimmte lineare Abbildung. Fassen wir sie als Abbildung $[x_0, \dots, x_q]$: $(\Delta_q, \dot{\Delta}_q) \to (|K|^q, |K|^{q-1})$ auf, so induziert sie einen Homomorphismus der q-ten Homologiegruppen dieser Paare, und daher ist das folgende Element definiert:

$$\check{\sigma} = [x_0, \dots, x_q]_*(\{\mathrm{id}_q\}) \in C_q(|K|) = H_q(|K|^q, |K|^{q-1}).$$

Dieses Element $\check{\sigma}$ ist eine Orientierung der q-Zelle σ im Sinne von 9.6.4.

Vorsicht: Die Abbildung $[x_0, \dots, x_q]$ ist durch σ nicht eindeutig bestimmt, sondern hängt noch von der Eckenreihenfolge ab. Ist auch $\sigma = \langle x_{\tau(0)} \dots x_{\tau(q)} \rangle$, so ist $[x_{\tau(0)}, \dots, x_{\tau(q)}] = [x_0, \dots, x_q] \circ \bar{\tau}$, wobei die Permutation τ gerade ist. Daher ist $\check{\sigma}$ nach 9.7.1 eindeutig definiert. Wegen $(D^q, S^{q-1}) \approx (\Delta_q, \dot{\Delta}_q)$ ist klar, daß $\check{\sigma}$ eine Orientierung der Zelle σ ist. Wenn man die Orientierung von σ ändert, so geht $\check{\sigma}$ in $-\check{\sigma}$ über (wie aus 9.7.1 folgt).

9.7.3 Satz *Die Zuordnung $\sigma \mapsto \check{\sigma}$ induziert einen Isomorphismus von Kettenkomplexen Φ: $C(K) \to C(|K|)$ mit folgenden Eigenschaften:*

(a) *Für einen Teilkomplex $K_0 \subset K$ ist $\Phi(C(K_0)) = C(|K_0|)$.*

(b) *Φ ist natürlich bezüglich simplizialer Abbildungen.*

Beweis Φ bildet Basen der Kettengruppen aufeinander ab und ist daher ein Isomorphismus. (a) ist klar. Zu zeigen bleiben $\partial\Phi = \Phi\partial$ und (b). Es ist

$$\partial\Phi(\sigma) = \partial[x_0,\dots,x_q]_*(\{\mathrm{id}_q\}) = \partial\{[x_0,\dots,x_q]\} = \{\Sigma(-1)^i[x_0,\dots,x_q]\circ\delta_q^i\},$$

$$\Phi\partial(\sigma) = \Phi(\Sigma(-1)^i\langle x_0\dots\hat{x}_i\dots x_q\rangle) = \{\Sigma(-1)^i[x_0,\dots,\hat{x}_i,\dots,x_q]\}.$$

Aus $[x_0,\dots,x_q]\circ\delta_q^i = [x_0,\dots,\hat{x}_i,\dots,x_q]$ folgt $\partial\Phi = \Phi\partial$. Zum Beweis von (b) sei $\psi\colon K \to L$ eine simpliziale Abbildung. Zu zeigen ist

$$(*)\qquad \Phi\psi_\bullet(\langle x_0\dots x_q\rangle) = |\psi|_\bullet\Phi(\langle x_0\dots x_q\rangle).$$

Wegen der Definition von $\psi_\bullet$ in 7.3.1 ist eine Fallunterscheidung nötig.

1. Fall: $\psi(x_i) \neq \psi(x_j)$ für $i \neq j$. Dann ist $(*)$ leicht nachzurechnen.

2. Fall: Es gibt $i \neq j$ mit $\psi(x_i) = \psi(x_j)$. Dann ist die linke Seite von $(*)$ Null. Rechts steht das Bild von $\{\mathrm{id}_q\}$ unter dem von $f = |\psi| \circ [x_0,\dots,x_q]\colon (\Delta_q,\dot\Delta_q) \to (|L|^q,|L|^{q-1})$ induzierten Homomorphismus; wegen $f(\Delta_q) \subset |L|^{q-1}$ ist es auch Null. □

Mit Φ ist auch Φ_* ein Isomorphismus; wenn wir diesen mit dem Isomorphismus T aus 9.6.9 kombinieren, erhalten wir das gewünschte Resultat:

9.7.4 Satz und Definition *Es ist* $\Theta = T \circ \Phi_*\colon H_q(K) \to H_q(|K|)$ *ein Isomorphismus; er heißt der* kanonische Isomorphismus *von der simplizialen in die singuläre Homologie. Er ist natürlich bezüglich simplizialer Abbildungen.* □

Man kann den kanonischen Isomorphismus Θ auch ohne den Umweg über die zelluläre Homologie definieren, muß dann jedoch ein anderes Hilfsmittel benutzen.

9.7.5 Definition Eine *Ordnung* ω auf K ist eine teilweise Anordnung der Ecken von K, so daß gilt: Die Ecken jedes Simplex von K sind linear angeordnet.

Z.B. kann man alle Ecken von K linear anordnen und erhält dadurch eine Ordnung auf K. Auf dem Simplizialkomplex K in Abb. 7.2.1 wird eine Ordnung durch $x_0 < x_1 < x_2$, $x_3 < x_1$ und $x_3 < x_2$ definiert.

9.7.6 Definition Sei ω eine Ordnung auf K. Für jedes q-Simplex σ von K ordnen wir dessen Ecken $x_0,\dots,x_q$ gemäß ω an, also so daß $x_0 < \dots < x_q$ gilt; dadurch sind insbesondere alle Simplexe von K orientiert. Wir definieren eine Kettenabbildung

$$C(\omega)\colon C(K) \to S(|K|),\quad \sigma = \langle x_0\dots x_q\rangle \mapsto ([x_0,\dots,x_q]\colon \Delta_q \to |K|).$$

Wie im Beweis von 9.7.3 folgt, daß $C(\omega)$ eine Kettenabbildung ist. Die Unbestimmtheit der Abbildung $[x_0,\dots,x_q]$ in 9.7.2 haben wir jetzt im folgenden Sinn beseitigt: Wenn ω vorgegeben ist, ist diese Abbildung eindeutig.

9.7.7 Satz *Es ist* $C(\omega)_* = \Theta$: $H_q(K) \overset{\cong}{\to} H_q(|K|)$.

Das hat drei wichtige Konsequenzen. Erstens ist $C(\omega)_*$ im Unterschied zu $C(\omega)$ nicht von ω abhängig. Zweitens können wir Θ jetzt sehr einfach geometrisch interpretieren: Dem gemäß ω geordneten Simplex $\langle x_0 \ldots x_q \rangle$ wird das singuläre Simplex $[x_0, \ldots, x_q]$: $\Delta_q \to |K|$ zugeordnet. Drittens schließlich: Θ wird von einer Kettenabbildung induziert; wieso das wichtig ist, diskutieren wir in 9.7.8.

Beweis Sei $\alpha \in H_q(K)$ repräsentiert vom simplizialen Zyklus $z = \Sigma n_k \langle x_0^k \ldots x_q^k \rangle$ $\in C_q(K)$, wobei die Ecken dieser q-Simplexe gemäß ω geordnet sind. Dann wird $C(\omega)_*(\alpha)$ vom singulären Zyklus $z' = \Sigma n_k [x_0^k, \ldots, x_q^k] \in S_q(|K|)$ repräsentiert. Wir betrachten folgende Homomorphismen:

$$C_q(|K|) \overset{j_*}{\longleftarrow} H_q(|K|^q) \overset{i_*}{\longrightarrow} H_q(|K|).$$

Weil z' in $|K|^q$ liegt, repräsentiert z' auch ein Element β der mittleren Homologiegruppe, und für dieses gilt:

$$i_*(\beta) = C(\omega)_*(\alpha) \quad \text{und}$$
$$j_*(\beta) = \{\Sigma_k n_k [x_0^k, \ldots, x_q^k]\} = \Sigma_k n_k [x_0^k \ldots x_q^k]_*(\{\mathrm{id}_q\}) = \Phi(z).$$

Aus der Definition von T in 9.6.9 folgt $T\Phi_*(\alpha) = i_* j_*^{-1}(\Phi(z)) = C(\omega)_*(\alpha)$.   □

9.7.8 Bemerkung Ist $K_0 \subset K$ ein Teilkomplex, so ist $C(\omega)$ eine Kettenabbildung $(C(K), C(K_0)) \to (S(|K|), S(|K_0|))$ von Paaren von Kettenkomplexen. Aus der Homologieleiter von $C(\omega)$ folgt mit 9.7.7 und dem Fünferlemma, daß $C(\omega)$ einen Isomorphismus der relativen Homologiegruppen induziert. Wie oben kann man zeigen, daß $C(\omega)_*$ die Komposition der Isomorphismen

$$H_q(K, K_0) \overset{\Phi_*}{\longrightarrow} H_q(C(|K|)/C(|K_0|)) \overset{T}{\longrightarrow} H_q(|K|, |K_0|)$$

ist (Φ_* ist wegen 9.7.3 (a) definiert, und T ist wie in 9.6.12). Wir erhalten wie in 9.7.4 den *kanonischen Isomorphismus*

$$\Theta = T \circ \Phi_* = C(\omega)_*: H_q(K, K_0) \to H_q(|K|, |K_0|).$$

Er ist von der Ordnung ω unabhängig und natürlich bezüglich simplizialer Abbildungen $(K, K_0) \to (L, L_0)$.

Aufgaben

9.7.A1 Aus $|K| \approx |L|$ folgt $H_q(K) \cong H_q(L)$, vgl. den Text vor 7.2.10.

9.7.A2 Die Euler-Charakteristik $\chi(K)$ aus 3.1.A13 ist eine topologische Invariante, d.h. aus $|K| \approx |L|$ folgt $\chi(K) = \chi(L)$ (Hinweis: 7.1.A6).

9.7.A3 Es ist $\chi(S^n) = 1 + (-1)^n$ und $\chi(D^n) = 1$.

9.7.A4 Ist K ein 2-dimensionaler Simplizialkomplex mit α_0 Ecken, α_1 Kanten, α_2 Dreiecken und ist $|K| \approx S^2$, so ist $\alpha_0 - \alpha_1 + \alpha_2 = 2$ (*Eulerscher Polyedersatz*).

9.8 Fundamentalgruppe und erste Homologiegruppe

Wir fassen die Fundamentalgruppe wie in 5.1.11 als $\pi_1(X, x_0) = [S^1, 1; X, x_0]$ auf. Die Elemente $[\varphi] \in \pi_1(X, x_0)$ sind also die Homotopieklassen der stetigen Abbildungen $\varphi\colon S^1 \to X$ mit $\varphi(1) = x_0$. Es sei $\varphi_*\colon H_1(S^1) \to H_1(X)$ der induzierte Homomorphismus. Wie in 9.5.4 (e) ist $\{S^1\}_+ \in H_1(S^1)$ die Homologieklasse des singulären 1-Zyklus $\Delta_1 \to S^1$, der $(1 - t)e_0 + te_1$ nach $\exp 2\pi it$ abbildet. Wir definieren

$$h_1\colon \pi_1(X, x_0) \to H_1(X) \text{ durch } [\varphi] \mapsto \varphi_*(\{S^1\}_+).$$

Geometrisch bedeutet das folgendes: Jeden geschlossenen Weg in X kann man als singulären 1-Zyklus auffassen, und h_1 ordnet der Homotopieklasse des Weges die Homologieklasse des Zyklus zu.

9.8.1 Satz *Die Funktion $h_1\colon \pi_1(X, x_0) \to H_1(X)$ ist ein Homomorphismus, der natürlich ist bezüglich stetiger Abbildungen $f\colon (X, x_0) \to (Y, y_0)$. Wenn X ein zusammenhängender CW-Raum ist, ist h_1 surjektiv, und der Kern von h_1 ist die Kommutatoruntergruppe K von $\pi_1(X, x_0)$; also ist dann $H_1(X) \cong \pi_1(X, x_0)/K$ die abelsch gemachte Fundamentalgruppe.*

Die Natürlichkeit von h_1 (also die Aussage $h_1 \circ f_\# = f_* \circ h_1$) ist trivial; sie bedeutet, daß h_1 eine natürliche Transformation des Funktors $\pi_1\colon TOP_0 \to GR$ in den Funktor $TOP_0 \to GR$, $(X, x_0) \mapsto H_1(X)$, ist. Übrigens gilt der Satz für beliebige wegzusammenhängende topologische Räume [Schubert, IV.3.8].

Beweis von 9.8.1 erfolgt in drei Schritten.

1. Schritt: Wir zeigen, daß h_1 ein Homomorphismus ist. Für $\varphi, \psi\colon (S^1, 1) \to (X, x_0)$ ist $[\varphi][\psi] = [(\varphi, \psi) \circ \nu]$ in $\pi_1(X, x_0)$, wobei $\nu\colon S^1 \to S^1 \vee S^1$ wie in 5.1.A4 ist. Es folgt

$$\begin{aligned} h_1([\varphi][\psi]) &= h_1([(\varphi, \psi) \circ \nu]) = ((\varphi, \psi) \circ \nu)_*(\{S^1\}_+) = (\varphi, \psi)_* \nu_*(\{S^1\}_+) \\ &= (\varphi, \psi)_*(i_{1*}(\{S^1\}_+) + i_{2*}(\{S^1\}_+)) = \varphi_*(\{S^1\}_+) + \psi_*(\{S^1\}_+) \\ &= h_1([\varphi]) + h_1([\psi]), \end{aligned}$$

wobei wir beim vierten Gleichheitszeichen 9.5.A1 benutzt haben.

2. Schritt: Weil π_1 und H_1 von den Zellen der Dimension > 2 nicht abhängen, dürfen wir $\dim X \leq 2$ annehmen. Wenn der Satz für X gilt und $X \simeq Y$ ist, so gilt er für Y. Daher dürfen wir nach 5.5.17 weiter annehmen, daß X genau eine 0-Zelle enthält und daß x_0 diese ist. Das 1-Gerüst X^1 ist dann eine Einpunktvereinigung von Kreislinien (oder ein Punkt), und es ist $X = X^1 \cup \bigcup e_k^2$, wobei die 2-Zelle e_k^2 mit einer Abbildung $f_k \colon S^1 \to X^1$ angeklebt ist, von der wir wegen 2.3.7 (d) auch noch $f_k(1) = x_0$ annehmen dürfen (homotopes Abändern der Klebeabbildung ändert nach 2.4.13 den Homotopietyp nicht).

3. Schritt: Folgendes gilt in dem kommutativen Diagramm (wobei $i \colon X^1 \hookrightarrow X$)

$$
\begin{array}{ccc}
\pi_1(X^1, x_0) & \xrightarrow{\;i_\#\;} & \pi_1(X, x_0) \\
\Big\downarrow{\scriptstyle h_1} & & \Big\downarrow{\scriptstyle h_1} \\
H_1(X^1) & \xrightarrow{\;i_*\;} & H_1(X) \;.
\end{array}
$$

(a) Nach 5.6.4 ist $i_\#$ surjektiv, und $N = \text{Kern } i_\#$ ist der von den Elementen $[f_k]$ erzeugte Normalteiler.

(b) Nach 9.6.10 ist i_* surjektiv, und $U = \text{Kern } i_*$ wird von den $(f_k)_*(\{S^1\}_+)$ erzeugt.

(c) Für $h_1 \colon \pi_1(X^1, x_0) \to H_1(X^1)$ gilt 9.8.1 (das folgt aus 5.5.6, 5.5.9 und 9.5.6). Aus (a), (b) folgt $h_1(N) = U$, daraus der Satz durch einfache Diagrammjagd. $\qquad\square$

9.8.2 Beispiele

(a) Das Abelschmachen von (Fundamental-)Gruppen in den Beweisen des Isomorphiesatzes 5.5.7 für freie Gruppen und des Homotopieklassifikationssatzes 5.7.2 können wir jetzt als Übergang von der Fundamentalgruppe zur ersten Homologiegruppe deuten. Aus den Beispielen für π_1 in 5.4 und 5.7 erhält man u.a. folgende Beispiele für H_1:

$$
H_1(F_g) \cong \mathbb{Z}^{2g}, \; H_1(N_g) \cong \mathbb{Z}^{g-1} \oplus \mathbb{Z}_2, \quad H_1(P^n) \cong \mathbb{Z}_2 \text{ für } 2 \leq n \leq \infty.
$$

(b) Wir konstruieren wie in 5.6.5 (c) einen CW-Raum $X = S_1^1 \vee S_2^1 \cup e_1^2 \cup e_2^2$ mit $\pi_1(X, x_0) \cong \langle s, t \mid s^5(st)^{-2}, t^3(st)^{-2} \rangle$. Diese Gruppe ist die binäre Ikosaedergruppe, eine nicht abelsche Gruppe mit 120 Elementen, die wir schon auf Seite 129 erwähnt haben. Rechnet man abelsch, so folgt $1 = t^3(st)^{-2} = ts^{-2}$, also $t = s^2$, daraus $s^5 = t^3 = s^6$, also $s = 1$ und somit $t = 1$. Die abelsch gemachte Gruppe ist also trivial, d.h. $H_1(X) = 0$. Im Kettenkomplex $0 \longrightarrow C_2(X) \xrightarrow{\partial_2} C_1(X) \xrightarrow{\partial_1} C_0(X) \longrightarrow 0$ von X, in dem $\partial_1 = 0$ ist, ist daher ∂_2 surjektiv und folglich injektiv (wegen $C_2 \cong C_1 \cong \mathbb{Z}^2$), also ist auch $H_2(X) = 0$. Damit haben wir *einen azyklischen Raum mit nicht trivialer Fundamentalgruppe* konstruiert.

Aufgabe

9.8.A1 Sei $\tilde{X}$ der universelle Überlagerungsraum des Raumes X aus 9.8.2 (b); er überlagert $\tilde{X}$ 120-blättrig. Zeigen Sie: $H_0(\tilde{X}) \cong \mathbb{Z}$, $H_2(\tilde{X}) \cong \mathbb{Z}^{119}$ und $H_q(\tilde{X}) = 0$ für $q \neq 0, 2$. (Also: Überlagerungen azyklischer Räume müssen nicht azyklisch sein.)

9.9 Beispiele zur Homologie

Wir berechnen mit den Methoden von 9.6 die Homologiegruppen einiger CW-Räume. Nach 9.6.6 muß man dazu die Homomorphismen $f_*\colon H_n(S^n) \to H_n(X^n)$ kennen, die von den Klebeabbildungen der $(n+1)$-Zellen induziert werden. Wir untersuchen daher zuerst Beispiele für solche Homomorphismen.

9.9.1 Definition Ist $f\colon S^n \to S^n$ ($n \geq 1$) eine stetige Abbildung und $f_*(\{S^n\}) = k\{S^n\}$, so heißt k der *Abbildungsgrad* von f und wird mit Grad f bezeichnet.

Diese Definition ist unabhängig von der Wahl der Fundamentalklasse $\{S^n\}$. Wenn X ein zu S^n homöomorpher Raum ist, so ist für $f\colon X \to X$ natürlich ebenfalls Grad f definiert; wir werden diese einfache Verallgemeinerung auch benutzen.

9.9.2 Satz *Sei $g\colon S^1 \to S^1$ eine Abbildung, die im Sinne von 2.2.3 den Grad n hat. Dann ist $g_*\colon H_1(S^1) \to H_1(S^1)$ gegeben durch $g_*(\{S^1\}) = n\{S^1\}$. Also stimmt im Fall $n = 1$ die obige Definition des Abbildungsgrades mit der in 2.2.3 überein.*

B e w e i s   folgt unmittelbar aus 9.5.5 und 2.2.4.   □

9.9.3 Satz *Homotope Abbildungen haben den gleichen Grad. Für $f, g\colon S^n \to S^n$ ist $\mathrm{Grad}(fg) = (\mathrm{Grad}\, f)(\mathrm{Grad}\, g)$. Die Identität von S^n hat den Grad 1. Die konstanten (und somit die nullhomotopen) Abbildungen haben den Grad 0. Eine Spiegelung $s\colon S^n \to S^n$ an einer Hyperebene durch den Nullpunkt des $\mathbb{R}^{n+1}$ hat den Grad -1. Die Diametralpunktvertauschung $d\colon S^n \to S^n, d(x) = -x$, ist das Produkt der Spiegelungen an den $n+1$ Koordinatenhyperebenen und hat daher den Grad $(-1)^{n+1}$.*

B e w e i s   Nur die Aussage Grad $s = -1$ ist nicht trivial. Sei T die Hyperebene, an der gespiegelt wird. Wir betrachten ein abgeschlossenes $(n+1)$-Simplex mit Ecken $x_0, \ldots, x_{n+1}$ im $\mathbb{R}^{n+1}$, das den Nullpunkt als inneren Punkt enthält; die Ecken $x_2, \ldots, x_{n+1}$ sollen dabei in T liegen und die Ecken x_0, x_1 spiegelbildlich zu T und nicht in T. Dann ist die Abbildung

$$\sigma\colon \dot{\Delta}_{n+1} \to S^n, \quad \sum \lambda_i e_i \mapsto \frac{\sum \lambda_i x_i}{|\sum \lambda_i x_i|}$$

ein Homöomorphismus. Ist $\bar{\tau}\colon \Delta_{n+1} \to \Delta_{n+1}$ die lineare Abbildung, die e_0 mit e_1 vertauscht, so ist $s \circ \sigma = \sigma \circ (\bar{\tau}|\dot{\Delta}_{n+1})$ und daher Grad $s = \mathrm{Grad}(\bar{\tau}|\dot{\Delta}_{n+1}) = -1$, letzteres nach 9.7.1. $\qquad\square$

9.9.4 Satz *Zu $n \geq 1$ und $k \in \mathbb{Z}$ gibt es $f\colon S^n \to S^n$ mit* Grad $f = k$.

Beweis Für $n = 1$ ist das richtig. Sei $n \geq 2$, und sei $g\colon S^{n-1} \to S^{n-1}$ eine Abbildung vom Grad k. Sei $g'\colon (D^n, S^{n-1}) \to (D^n, S^{n-1})$ die Abbildung $g'(tx) = tg(x)$ für $x \in S^{n-1}$ und $t \in I$. Aus $\partial_* g'_* = g_* \partial_*$ folgt, daß g'_* die Multiplikation mit k ist. g' induziert eine Abbildung $g''\colon D^n/S^{n-1} \to D^n/S^{n-1}$ der n-Sphäre D^n/S^{n-1} auf sich selbst vom Grad k. (Vgl. hierzu auch 7.3.A3.) $\qquad\square$

Dieser Induktionsbeweis zeigt, daß man sich eine Abbildung $S^n \to S^n$ vom Grad k analog zum Fall $n = 1$ vorstellen kann: *Sie wickelt die Urbildsphäre k-mal um die Bildsphäre.* Als nächstes betrachten wir Abbildungen $S^n \to \vee S_j^n$ von S^n in eine Einpunktvereinigung von Sphären. Es seien $\{S_j^n\} \in H_n(\vee S_j^n)$ die in 9.5.6 definierten Elemente.

9.9.5 Beispiele
(a) Ist $S^{n-1} \subset S^n$ der Äquator, so ist S^n/S^{n-1} homöomorph zu $S_1^n \vee S_2^n$. Es sei $g = \varphi p\colon S^n \to S_1^n \vee S_2^n$, wobei $p\colon S^n \to S^n/S^{n-1}$ die identifizierende Abbildung und $\varphi\colon S^n/S^{n-1} \to S_1^n \vee S_2^n$ ein Homöomorphismus ist; man kann φ so wählen, daß g die offenen Hemisphären $\mathring{D}_+^n$ bzw. $\mathring{D}_-^n$ homöomorph auf $S_1^n \backslash x_0$ bzw. $S_2^n \backslash x_0$ abbildet (wobei $x_0 = S_1^n \cap S_2^n$). Nach 9.5.6 ist $g_*(\{S^n\}) = a_1\{S_1^n\} + a_2\{S_2^n\}$ für gewisse $a_1, a_2 \in \mathbb{Z}$. Ist $\rho = (\mathrm{id}, \mathrm{const})\colon S_1^n \vee S_2^n \to S_1^n$, so folgt $(\rho g)_*(\{S^n\}) = a_1\{S_1^n\}$. Aus der Homologieleiter von $\rho g\colon (S^n, D_-^n) \to (S_1^n, x_0)$ folgt (weil diese Abbildung ein relativer Homöomorphismus ist), daß $(\rho g)_*\colon H_n(S^n) \to H_n(S_1^n)$ ein Isomorphismus ist. Daher ist $a_1 = \pm 1$; analog folgt $a_2 = \pm 1$. Wir setzen $h = (f_1 \vee f_2) \circ g\colon S^n \to S_1^n \vee S_2^n$, wobei $f_j\colon (S_j^n, x_0) \to (S_j^n, x_0)$ eine Abbildung vom Grad a_j ist. Dann gilt die Gleichung $h_*(\{S^n\}) = \{S_1^n\} + \{S_2^n\}$.

(b) Durch Induktion folgt, daß es eine Abbildung $h\colon S^n \to S_1^n \vee \ldots \vee S_r^n$ mit $h_*(\{S^n\}) = \{S_1^n\} + \ldots + \{S_r^n\}$ gibt. Hat $f_i\colon (S_i^n, x_0) \to (S_i^n, x_0)$ den Grad $k_i \in \mathbb{Z}$ und ist $f = (f_1 \vee \ldots \vee f_r) \circ h\colon S^n \to S_1^n \vee \ldots \vee S_r^n$, so gilt die Gleichung $f_*(\{S^n\}) = k_1\{S_1^n\} + \ldots + k_r\{S_r^n\}$.

(c) Daraus erhalten wir mit 9.5.6: Zu jedem $\alpha \in H_n(\vee S_j^n)$ gibt es eine Abbildung $f\colon S^n \to \vee S_j^n$ mit $f_*(\{S^n\}) = \alpha$. Das bedeutet, daß jeder Homomorphismus $H_n(S^n) \to H_n(\vee S_j^n)$ von einer stetigen Abbildung $S^n \to \vee S_j^n$ induziert wird.

(d) Im Fall $n = 1$ kann man die obigen Abbildungen explizit angeben. Wir betrachten wie in 1.6.9 die Abbildung $f = i_{j_1}^{n_1} \cdot i_{j_2}^{n_2} \cdot \ldots \cdot i_{j_m}^{n_m}\colon S^1 \to S_1^1 \vee \ldots \vee S_r^1$. Dann ist $f_*(\{S^1\}) = n_1 i_{j_1 *}(\{S^1\}) + \ldots + n_m i_{j_m *}(\{S^1\})$, vgl. 9.5.A2.

9.9.6 Beispiele Sei $X = S^n \cup_f e^{n+1}$, wobei $f\colon S^n \to S^n$ eine Abbildung vom Grad k ist. X ist ein CW-Raum der Form $X = e^0 \cup e^n \cup e^{n+1}$, und e^{n+1} besitzt eine charakteristische Abbildung $F\colon (D^{n+1}, S^n) \to (X, S^n)$ mit $F|S^n = f$. Im zellulären Kettenkomplex $0 \xrightarrow{\partial} C_{n+1}(X) \xrightarrow{\partial} C_n(X) \xrightarrow{\partial} 0 \xrightarrow{\partial} \ldots \xrightarrow{\partial} 0 \xrightarrow{\partial} C_0(X) \xrightarrow{\partial} 0$ wird $C_n(X) = H_n(S^n, e^0)$ bzw. $C_{n+1}(X)$ von der orientierten Zelle $e^n = j_*(\{S^n\})$ bzw. $e^{n+1} = F_*(\{D^{n+1}\})$ erzeugt, wobei $j_*\colon H_n(S^n) \cong H_n(S^n, e^0)$. Es ist $\partial e^n = 0$ (auch für $n = 1$), und aus 9.6.6 folgt $\partial e^{n+1} = k e^n$ (wenn die Fundamentalklassen so gewählt sind, daß $\partial_*\{D^{n+1}\} = \{S^n\}$ ist). Daraus folgt mit $i\colon S^n \hookrightarrow X$ und $\alpha = i_*(\{S^n\}) \in H_n(X)$:

(a) Im Fall $k \neq 0$ ist $H_n(X) \cong \mathbb{Z}_{|k|}$, erzeugt von α, und $H_{n+1}(X) = 0$.

(b) Im Fall $k = 0$ ist $H_n(X) \cong \mathbb{Z}$, erzeugt von α, und $H_{n+1}(X) \cong \mathbb{Z}$.

Ist $n = 1, k = 2$ und $f(z) = z^2$, so ist X die projektive Ebene, und man erhält deren aus 7.2.14 bekannte Homologiegruppen.

9.9.7 Beispiele

(a) Zu jeder abelschen Gruppe G und jeder ganzen Zahl $n \geq 1$ gibt es einen zusammenhängenden CW-Raum $X = X(G, n)$ mit $H_n(X) \cong G$ und $H_q(X) = 0$ für $q \neq 0, n$. Zum Beweis sei $\vee S^n_\lambda$ die Einpunktvereinigung von so vielen n-Sphären, daß es einen surjektiven Homomorphismus $\varphi\colon H_n(\vee S^n_\lambda) \to G$ gibt (das geht nach 9.5.6). Ist φ auch injektiv, so können wir $X = \vee S^n_\lambda$ setzen. Andernfalls wählen wir Elemente $\alpha_\nu \in H_n(\vee S^n_\lambda)$, die eine Basis von Kern φ bilden, und nach 9.9.5 (c) Abbildungen $f_\nu\colon S^n \to \vee S^n_\lambda$ mit $f_{\nu*}(\{S^n\}) = \alpha_\nu$. Wir setzen $X = \vee S^n_\lambda \cup \bigcup e^{n+1}_\nu$, wobei die Zelle e^{n+1}_ν mit f_ν angeklebt ist. Analog zu 9.9.6 erhält man als Basis von $C_n(X)$ bzw. $C_{n+1}(X)$ orientierte Zellen e^n_λ und e^{n+1}_ν mit $\partial e^n_\lambda = 0$ und

$$\partial e^{n+1}_\nu = j_*(\alpha_\nu), \text{ wobei } j_*\colon H_n(\vee S^n_\lambda) \xrightarrow{\cong} H_n(\vee S^n_\lambda, x_0) = C_n(X).$$

Daraus folgt $H_{n+1}(X) = 0$ und $H_n(X) \cong H_n(\vee S^n_\lambda)/\mathrm{Kern}\ \varphi \cong G$.

(b) *Zu jeder Folge $G_1, G_2, \ldots$ abelscher Gruppen gibt es einen zusammenhängenden CW-Raum X mit $H_n(X) \cong G_n$ für $n \geq 1$, nämlich $X = X(G_1, 1) \vee X(G_2, 2) \vee \ldots$.*

9.9.8 Beispiel
Sei $f\colon S^1 \to T$ die Abbildung aus 9.9.5 (d), und sei X der CW-Raum $X = T \cup_f e^2$. Die Kettengruppen $C_1(X)$ bzw. $C_2(X)$ werden jetzt von orientierten Zellen $e^1_1, \ldots, e^1_r$ bzw. e^2 mit $\partial e^2 = n_1 e^1_{j_1} + \ldots + n_m e^1_{j_m}$ und $\partial e^1_j = 0$ erzeugt; daraus kann man die Homologiegruppen von X ablesen. Wegen 1.6.11 sind damit die Homologiegruppen der geschlossenen Flächen bestimmt. Für die Fläche F_g ergibt sich $\partial e^2 = e^1_1 + e^1_2 - e^1_1 - e^1_2 + \ldots + e^1_{2g-1} + e^1_{2g} - e^1_{2g-1} - e^1_{2g} = 0$, und für die Fläche N_g erhält man $\partial e^2 = 2e^1_1 + \ldots + 2e^1_g = 2(e^1_1 + \ldots + e^1_g)$. Daraus folgt:

9.9.9 Satz
Die Homologiegruppen der geschlossenen Flächen sind

$$H_q(F_g) \cong \begin{cases} \mathbb{Z} & \text{für } q = 0, 2, \\ \mathbb{Z}^{2g} & \text{für } q = 1, \\ 0 & \text{sonst}; \end{cases} \qquad H_q(N_g) \cong \begin{cases} \mathbb{Z} & \text{für } q = 0, \\ \mathbb{Z}^{g-1} \oplus \mathbb{Z}_2 & \text{für } q = 1, \\ 0 & \text{sonst}. \end{cases}$$

$\square$

Auch die Homologie der projektiven Räume kann man mit der zellulären Methode berechnen; für die scheinbar komplizierteren projektiven Räume über $\mathbb{C}$ und $\mathbb{H}$ ist die Rechnung sogar trivial. $P^n(\mathbb{C})$ ist nach 1.6.8 ein CW-Raum der Form $P^n(\mathbb{C}) = e^0 \cup e^2 \cup \ldots \cup e^{2n}$. Der zelluläre Kettenkomplex hat die Form $0 \to \mathbb{Z} \to 0 \to \ldots \to 0 \to \mathbb{Z} \to 0$, d.h. in den Dimensionen $0, 2, 4, \ldots, 2n$ steht $\mathbb{Z}$, sonst 0. Die Randoperatoren sind daher notwendig Null, die Homologiegruppen also gleich den Kettengruppen. Analog argumentiert man für $P^n(\mathbb{H})$ und erhält:

9.9.10 Satz *Für $n \geq 1$ gilt:*

$$H_q(P^n(\mathbb{C})) \cong \begin{cases} \mathbb{Z} & q = 0, 2, 4, \ldots, 2n, \\ 0 & sonst; \end{cases} \quad H_q(P^n(\mathbb{H})) \cong \begin{cases} \mathbb{Z} & q = 0, 4, 8, \ldots, 4n, \\ 0 & sonst. \end{cases}$$

$\square$

Wie man sich die Erzeugenden dieser Gruppen vorzustellen hat, werden wir in 11.3.7 (d) beschreiben. Beim reellen projektiven Raum $P^n = P^n(\mathbb{R})$ ist es komplizierter, da im Kettenkomplex nicht so viele Nullen auftreten. Wir müssen die Zellzerlegung von P^n genauer untersuchen.

9.9.11 Bezeichnungen Wir betrachten die Sphären $S^0 \subset S^1 \subset \ldots \subset S^n$ und für $q = 0, \ldots, n$ die Zellen

$$e_+^q = \mathring{D}_+^q = \{x \in S^q | x_{q+1} > 0\}, \; e_-^q = \mathring{D}_-^q = \{x \in S^q | x_{q+1} < 0\}.$$

Mit der Zellzerlegung $S^n = e_+^0 \cup e_-^0 \cup \ldots \cup e_+^n \cup e_-^n$ ist S^n ein CW-Raum, dessen q-Gerüst S^q ist. Durch $x \mapsto (x_1, \ldots, x_q, \pm\sqrt{1 - |x|^2})$ wird eine charakteristische Abbildung $F_\pm^q \colon D^q \to S^q$ von $e_\pm^q$ definiert. Die orientierten Zellen $e_\pm^q = (F_\pm^q)_*(\{D^q\})$ bilden eine Basis von $C_q(S^n) = H_q(S^q, S^{q-1})$. Die Diametralpunktvertauschung $d \colon S^n \to S^n$ bildet e_+^q homöomorph auf e_-^q ab. Faßt man sie als Abbildung $d \colon (S^q, S^{q-1}) \to (S^q, S^{q-1})$ auf, so induziert sie einen Isomorphismus $d_* \colon C_q(S^n) \to C_q(S^n)$.

9.9.12 Hilfssatz *Für alle $0 \leq q \leq n$ gilt:*
(a) $d_* e_+^q = (-1)^q e_-^q$.   (b) $\partial e_+^{q+1} = \partial e_-^{q+1} = \pm(e_+^q - e_-^q)$.

Beweis Für $q = 0$ verifiziert man beide Aussagen direkt. Sei $q \geq 1$.
(a) Es ist $d \circ F_+^q = F_-^q \circ g$ mit $g \colon D^q \to D^q$, $g(x) = -x$. Es gilt $g_*(\{D^q\}) = (-1)^q\{D^q\}$: für $q = 1$ verifiziert man es direkt, und für $q \geq 2$ folgt es wegen $g|S^{q-1} = d$ aus 9.9.3. Also ist $d_* e_+^q = d_*(F_+^q)_*(\{D^q\}) = (F_-^q)_* g_*(\{D^q\}) = (-1)^q e_-^q$.

(b) Wegen $F_\pm^{q+1}|S^q = \mathrm{id}$ ist nach 9.6.6, wenn wir $\partial_*\{D^{q+1}\} = \{S^q\}$ setzen:

$$\partial e_+^{q+1} = \partial e_-^{q+1} = j_*(\{S^q\}) \text{ mit } j_* \colon H_q(S^q) \to H_q(S^q, S^{q-1}) = C_q(S^n).$$

Wir betrachten $\partial_*\colon H_q(S^q, S^{q-1}) \to H_{q-1}(S^{q-1})$. Wegen $\partial_* e_+^q = \partial_* e_-^q \neq 0$ ist Kern $\partial_* \cong \mathbb{Z}$, erzeugt von $e_+^q - e_-^q$. Andererseits wird Kern $\partial_* = $ Bild j_* von $j_*(\{S^q\})$ erzeugt. Daher ist $j_*(\{S^q\}) = \pm(e_+^q - e_-^q)$. $\qquad \square$

9.9.13 Bezeichnungen Identifiziert man in S^n die Diametralpunkte, so entsteht P^n. Die identifizierende Abbildung $p\colon S^n \to P^n$ bildet die Sphären $S^q \subset S^n$ in die projektiven Teilräume $P^q \subset P^n$ ab. Es ist P^n ein CW-Raum mit den Zellen $e^q = p(e_+^q) = p(e_-^q)$. Die Abbildung $p \circ F_+^q\colon D^q \to P^q$ ist charakteristisch für e^q; wir orientieren e^q durch $e^q = (p \circ F_+^q)_*(\{D^q\}) = p_*(e_+^q)$, wobei

$$p_*\colon C_q(S^n) = H_q(S^q, S^{q-1}) \to H_q(P^q, P^{q-1}) = C_q(P^n)$$

von $p\colon (S^q, S^{q-1}) \to (P^q, P^{q-1})$ induziert wird. Wegen $pd = p$ gilt nach 9.9.12 (a)

$$(*) \qquad p_*(e_-^q) = (-1)^q p_*(d_* e_+^q) = (-1)^q p_*(e_+^q) = (-1)^q e^q.$$

Im zellulären Kettenkomplex

$$0 \to C_n(P^n) \xrightarrow{\partial} \ldots \xrightarrow{\partial} C_q(P^n) \xrightarrow{\partial} C_{q-1}(P^n) \xrightarrow{\partial} \ldots \xrightarrow{\partial} C_0(P^n) \to 0$$

ist $C_q(P^n) \cong \mathbb{Z}$, erzeugt von e^q, und für $0 < q \leq n$ gilt wegen 9.9.12 (b) und $(*)$:

$$\partial e^q = \partial p_*(e_+^q) = p_* \partial(e_+^q) = \pm p_*(e_+^{q-1} - e_-^{q-1}) = \pm(1 - (-1)^{q-1})e^{q-1}.$$

Für gerades q mit $0 < q \leq n$ gibt es daher in $C_q(P^n)$ wegen $\partial e^q = \pm 2e^{q-1}$ keinen von 0 verschiedenen Zyklus. Für ungerades q mit $0 < q \leq n$ ist e^q ein Zyklus; ist $q < n$, so ist $2e^q = \pm \partial e^{q+1}$ ein Rand. Damit ist bewiesen:

9.9.14 Satz *Für alle $n \geq 1$ gilt:*

$$H_q(P^n) \cong \begin{cases} \mathbb{Z} & \text{für } q = 0 \text{ oder } q = n \text{ ungerade,} \\ \mathbb{Z}_2 & \text{für ungerades } q \text{ mit } 0 < q < n, \\ 0 & \text{sonst.} \end{cases}$$

$\qquad \square$

Wie man sich die Erzeugenden dieser Gruppen vorstellen kann, werden wir in 11.3.7 (c) beschreiben.

Aufgaben

9.9.A1 Ist $f\colon S^n \to S^n$, $n \geq 2$, eine Abbildung mit $f(D_+^n) \subset D_+^n$, $f(D_-^n) \subset D_-^n$, so hat f den gleichen Grad wie $f|S^{n-1}\colon S^{n-1} \to S^{n-1}$.

9.9.A2 Weil S^2 die Einpunkt-Kompaktifizierung von $\mathbb{C}$ ist, induziert jedes Polynom $f\colon \mathbb{C} \to \mathbb{C}$ eine Abbildung $\bar{f}\colon S^2 \to S^2$, die den Nordpol von S^2 festhält. Zeigen Sie: Der Abbildungsgrad von $\bar{f}$ ist der Grad des Polynoms f. (Hinweis: Betrachten Sie zuerst den Fall $f(z) = z^n$. Führen Sie den allgemeinen Fall darauf zurück mit Methoden wie im Beweis von 2.2.9.)

9.9.A3 Ist $p\colon S^n \to P^n$ die Überlagerung, so ist $p_*\colon H_n(S^n) \to H_n(P^n)$ für gerades n der Nullhomomorphismus und für ungerades n die Multiplikation mit 2.

9.10 Notizen

Wir setzen unsere Notizen aus 7.5 fort. Poincaré und den anderen Wegbereitern war natürlich das folgende entscheidende Problem bewußt: Sind die Homologiegruppen (bzw. die Bettizahlen und Torsionskoeffizienten — nur von diesen sprach man damals), die man ja mit Hilfe einer „Polyederzerlegung" definierte, von der Wahl dieser Zerlegung unabhängig? Sind sie Invarianten der zugrundeliegenden Mannigfaltigkeit? Poincaré konnte zeigen, daß die Homologiegruppen sich nicht ändern, wenn man von einer Zerlegung zu einer Unterteilung dieser Zerlegung übergeht. Damit schien die Invarianz der Homologiegruppen gesichert: Man gehe einfach, wenn zwei verschiedene Zerlegungen desselben Raumes vorliegen, zu einer gemeinsamen Unterteilung dieser Zerlegungen über; aus der Invarianz bezüglich Unterteilung folgt dann alles. Diese Idee führte in eine Sackgasse. Alle Versuche, die Existenz einer solchen gemeinsamen Unterteilung zu beweisen, scheiterten; die Annahme, daß es eine gemeinsame Unterteilung zu je zwei Zerlegungen immer gibt, wurde (etwas unberechtigt) als die „Hauptvermutung der kombinatorischen Topologie" berühmt.

Den richtigen Weg wiesen Alexander und Veblen mit den Simplizialkomplexen (vgl. 7.5). Alexander bewies 1915 die topologische Invarianz der Bettizahlen einer triangulierten 3-Mannigfaltigkeit, indem er „singuläre Simplexe" und „singuläre Ketten" einführte. Das war der Ausgangspunkt der weiteren Entwicklung, die schließlich zu den singulären Homologiegruppen beliebiger topologischer Räume führte (Lefschetz 1930).

Diese Schilderung ist ein wenig einseitig. Es gibt ganz andere Methoden, die Homologiegruppen von Simplizialkomplexen auf beliebige topologische Räume zu verallgemeinern (z.B. die Čech-Homologiegruppen von Čech, 1932), und für manche topologischen Fragestellungen sind andere Homologietheorien angebrachter als die singuläre. Die vielfältigen Untersuchungen, die daraus resultieren, wurden 1952 von Eilenberg und Steenrod in ihrem Buch „Foundations of Algebraic Topology" zu einem gewissen Abschluß gebracht.

Es sei L der Linsenraum $L(7,1)$. Dann ist $M = L \times \Delta^3$ eine 6-Mannigfaltigkeit mit Rand $\partial M \approx L \times S^2$. Wir betrachten den Kegel $Y = (\partial M \times I)/(\partial M \times 1)$ über ∂M, in dem ∂M als Kegelboden enthalten ist, und setzen $X = M \cup Y$. Dann ist X „fast" eine geschlossene 6-Mannigfaltigkeit: Nur die Kegelspitze hat keine zu D^6 homöomorphe Umgebung (beweisen Sie das mit den Mitteln von 11.2). 1961 bewies Milnor folgenden Satz: Es gibt Simplizialkomplexe K_1 und K_2 mit $|K_1| \approx |K_2| \approx X$, so daß keine Unterteilung von K_1 isomorph ist zu einer Unterteilung von K_2 (dabei sind beliebige „zelluläre Unterteilungen" zugelassen). Diesen Nachtrag zur „Hauptvermutung der kombinatorischen Topologie" wollten wir ihnen nicht vorenthalten: Sie ist falsch!

10   Homologie mit Koeffizienten

Im folgenden ist G eine fest vorgegebene abelsche, additiv geschriebene Gruppe. Durch eine einfache Verallgemeinerung der Konstruktionen in den Abschnitten 7 und 9 erhält man statt der dort definierten Homologiegruppen die *Homologiegruppen mit Koeffizienten in G*. Für die topologischen Anwendungen sind besonders folgende Fälle wichtig: $G = \mathbb{Z}$ oder $G = \mathbb{Z}_n$ oder $G = \mathbb{R}$ = additive Gruppe der reellen Zahlen. Es ist nützlich, wenn man sich G im folgenden als eine dieser Gruppen vorstellt.

10.1 Einführung und Beispiele

Wir beginnen wieder mit der simplizialen Theorie. Eine q-dimensionale Kette in einem Simplizialkomplex K hat die Form

$$c = n_1 \sigma_q^1 + \ldots + n_{\alpha_q} \sigma_q^{\alpha_q} \quad \text{mit } n_1, \ldots, n_{\alpha_q} \in \mathbb{Z},$$

wobei die σ_q^i die fest orientierten q-Simplexe von K sind. Wir betrachten jetzt formale Linearkombinationen der Form

$$x = g_1 \sigma_q^1 + \ldots + g_{\alpha_q} \sigma_q^{\alpha_q} \quad \text{mit } g_1, \ldots, g_{\alpha_q} \in G,$$

also *q-Ketten von K mit Koeffizienten in G*; dabei soll analog zu 7.1.4 (c) für jedes orientierte Simplex σ von K positiver Dimension und für alle $g \in G$ die Gleichung $g\sigma^{-1} = (-g)\sigma$ gelten. Mit der Addition

$$\left(\sum g_i \sigma_q^i\right) + \left(\sum g_i' \sigma_q^i\right) = \sum (g_i + g_i') \sigma_q^i$$

bilden diese Ketten eine Gruppe $C_q(K; G)$, die *q-te Kettengruppe von K mit Koeffizienten in G* (für $q < 0$ und $q > \dim K$ setzen wir $C_q(K; G) = 0$); sie ist isomorph zur direkten Summe $G \oplus \ldots \oplus G$ mit α_q Summanden. Für eine ganzzahlige Kette c wie oben und $g \in G$ ist

$$gc = (n_1 g)\sigma_q^1 + \ldots + (n_{\alpha_q} g)\sigma_q^{\alpha_q} \in C_q(K; G)$$

definiert (man beachte, daß die σ_q^i selbst nicht in $C_q(K;G)$ liegen). Daher ist auch das folgende Element definiert, das wir den *Rand der Kette* x nennen:

$$\partial x = g_1(\partial \sigma_q^1) + \ldots + g_{\alpha_q}(\partial \sigma_q^{\alpha_q}) \in C_{q-1}(K;G).$$

Damit ist der Randoperator erklärt, und man erhält einen Kettenkomplex

$$C(K;G): \ \ldots \overset{\partial}{\to} C_q(K;G) \overset{\partial}{\to} C_{q-1}(K;G) \overset{\partial}{\to} \ldots .$$

Die Gruppen $H_q(K;G) := H_q(C(K;G))$ heißen die *Homologiegruppen von K mit Koeffizienten in G*. Man kann auch induzierte Homomorphismen $\varphi_* \colon H_q(K;G) \to H_q(L;G)$ einführen und die ganze simpliziale Homologietheorie noch einmal aufschreiben, jetzt *mit Koeffizienten in G*. Wir gehen darauf erst in 10.5 ein und wollen statt dessen eine erste Vorstellung vermitteln, was die Einführung der Koeffizientengruppe geometrisch bedeutet. Im Fall $G = \mathbb{Z}$ ergibt sich natürlich die alte Theorie, d.h. es ist $H_q(K;\mathbb{Z}) = H_q(K)$.

10.1.1 Beispiel Sei $G = \mathbb{Z}_2$ die aus den Elementen 0 und 1 bestehende Gruppe, in der $1 + 1 = 0$ und daher $-1 = 1$ ist. Für jedes orientierte q-Simplex σ von K ist $1\sigma = (-1)\sigma = 1\sigma^{-1}$ in $C_q(K;\mathbb{Z}_2)$. Das bedeutet, daß die Orientierung der Simplexe von K keine Rolle spielt. Es ist $C_q(K;\mathbb{Z}_2)$ *der Vektorraum über dem Körper $\mathbb{Z}_2$, der die* (nicht-orientierten) *q-Simplexe von K als Basis hat*. Sind $\tau^1, \ldots, \tau^{q+1}$ die $(q-1)$-dimensionalen Seitensimplexe des q-Simplex σ, so ist $\partial\sigma = \tau^1 + \ldots + \tau^{q+1}$ in $C_{q-1}(K;\mathbb{Z}_2)$.

10.1.2 Beispiel Es sei P^2 die in Abb. 7.2.5 angegebene Triangulation der projektiven Ebene, und $z_2 \in C_2(P^2;\mathbb{Z}_2)$ sei die Summe aller Dreiecke. Es ist

$$\partial z_2 = (\langle 12\rangle + \langle 12\rangle) + (\langle 13\rangle + \langle 13\rangle) + \ldots = 0,$$

weil jede Kante Seite von genau zwei Dreiecken ist, also zweimal im Rand auftritt und daher wegen $1 + 1 = 0$ wegfällt. Somit ist z_2 ein Zyklus und $H_2(P^2;\mathbb{Z}_2) \cong \mathbb{Z}_2$, erzeugt von $\{z_2\}$. Wie in 7.2.14 ist $H_1(P^2;\mathbb{Z}_2) \cong \mathbb{Z}_2$, erzeugt von der Homologieklasse des 1-Zyklus $z_1 = \langle 16\rangle + \langle 62\rangle + \langle 21\rangle \in C_1(P^2;\mathbb{Z}_2)$.

10.1.3 Beispiel Jetzt betrachten wir die Homologie von P^2 mit Koeffizienten in $G = \mathbb{R}$. Offenbar ist $C_q(P^2) \subset C_q(P^2;\mathbb{R})$ eine Untergruppe. Sind z_1, y_2 die Ketten aus 7.2.14, so können wir die Gleichung $\partial y_2 = 2z_1$ in $C_1(P^2;\mathbb{R})$ in der Form $\partial(\frac{1}{2}y_2) = z_1$ schreiben; denn $\frac{1}{2}y_2$ ist eine Kette mit Koeffizienten in $\mathbb{R}$. Daher ist der 1-Zyklus z_1 in $C_1(P^2;\mathbb{R})$ ein Rand und folglich $H_1(P^2;\mathbb{R}) = 0$. Wie in 7.2.14 folgt $H_2(P^2;\mathbb{R}) = 0$.

Diese Beispiele machen klar, wie sich die Homologiegruppen durch Einführung neuer Koeffizientengruppen ändern können:

$$H_1(P^2) \quad = \quad \mathbb{Z}_2, \quad H_2(P^2) \quad = \quad 0,$$
$$H_1(P^2;\mathbb{Z}_2) \quad = \quad \mathbb{Z}_2, \quad H_2(P^2;\mathbb{Z}_2) \quad = \quad \mathbb{Z}_2,$$
$$H_1(P^2;\mathbb{R}) \quad = \quad 0, \quad H_2(P^2;\mathbb{R}) \quad = \quad 0.$$

Welche Koeffizientengruppe G, d.h. welche Homologiegruppen $H_q(K;G)$, man benutzt, hängt vom Raum $|K|$ und von den gerade interessierenden topologischen Problemen ab. Die Gruppen $C_q(K;G)$ und $H_q(K;G)$ sind Spezialfälle allgemeinerer algebraischer Konstruktionen, die wir in den nächsten Abschnitten schildern. Auf die topologischen Aspekte kommen wir erst in 10.5 wieder zurück.

Aufgaben

10.1.A1 Berechnen Sie $H_1(P^2;\mathbb{Z}_n)$ für $n \geq 2$.

10.1.A2 Wie ändert sich die exakte Sequenz in Beispiel 7.4.7, wenn Sie dort Homologiegruppen mit Koeffizienten $\mathbb{Z}_2$ oder $\mathbb{R}$ nehmen?

10.1.A3 Berechnen Sie für den Simplizialkomplex L_k aus 7.2.A6 die erste Homologiegruppe mit Koeffizienten $\mathbb{R}$ bzw. $\mathbb{Z}_n$, $n \geq 2$.

10.1.A4 Lösen Sie 7.2.A12 noch einmal, wobei Sie jedoch Ketten mit Koeffizienten in $\mathbb{Z}_2$ benutzen (das ist viel einfacher).

10.2 Tensorprodukt

Im folgenden sind $A, B, C, \ldots$ abelsche, additiv geschriebene Gruppen. Mit $A \times B$ bezeichnen wir das kartesische Produkt der Mengen A und B; daß es mit koordinatenweiser Verknüpfung selbst eine abelsche Gruppe ist, interessiert im folgenden nicht, und man sollte es vergessen.

10.2.1 Definition und Satz *Es sei $F(A \times B)$ die von der Menge $A \times B$ frei erzeugte abelsche Gruppe und $R(A \times B) \subset F(A \times B)$ sei die Untergruppe, die von allen Elementen der Form*

$$(a + a', b) - (a, b) - (a', b), \quad (a, b + b') - (a, b) - (a, b') \text{ mit } a, a' \in A, \ b, b' \in B$$

erzeugt wird. Die Faktorgruppe $A \otimes B = F(A \times B)/R(A \times B)$ heißt das Tensorprodukt von A und B. Für $a \in A$ und $b \in B$ bezeichnet

$$a \otimes b = (a, b) + R(A \times B) \in A \otimes B$$

die vom Element $(a, b) \in F(A \times B)$ repräsentierte Restklasse. Es gilt

$$(a + a') \otimes b = a \otimes b + a' \otimes b \quad und \quad a \otimes (b + b') = a \otimes b + a \otimes b',$$

und daher ist für $n \in \mathbb{Z}$ auch $(na) \otimes b = a \otimes (nb) = n(a \otimes b)$. Jedes Element $z \in A \otimes B$ hat eine (i.a. nicht eindeutig bestimmte) Darstellung der Form

$$z = a_1 \otimes b_1 + \ldots + a_k \otimes b_k$$

mit $k \geq 1$, $a_i \in A$, $b_i \in B$. □

Warnung: Nicht jedes $z \in A \otimes B$ ist von der Form $a \otimes b$, sondern es ist i.a. nur eine Summe solcher Elemente. Ist z.B. $A = B = \mathbb{Z}^2$ und $x = (1,0)$, $y = (0,1)$, so kann man $x \otimes x + y \otimes y \in A \otimes B$ nicht in der Form $a \otimes b$ darstellen (wie aus 10.2.6 folgt). **Konvention:** $\otimes$ bindet stärker als $+$ und $\oplus$.

Dem Tensorprodukt liegt folgender Gedanke zugrunde: Man will die Elemente zweier abelscher Gruppen so multiplizieren können, daß die üblichen Distributivgesetze gelten. Implizit haben wir einen solchen Prozeß schon in 10.1 benutzt; es ist nämlich $C_q(K;G) \cong C_q(K) \otimes G$ durch $g\sigma \mapsto \sigma \otimes g$. Die neue Kettengruppe in 10.1 ist also einfach das Tensorprodukt der alten mit der Koeffizientengruppe; das ist der Grund, warum wir Tensorprodukte untersuchen. Bevor wir Beispiele bringen, untersuchen wir Homomorphismen zwischen Tensorprodukten.

10.2.2 Satz *Die Homomorphismen $\psi\colon A \otimes B \to C$ entsprechen eineindeutig den bilinearen Abbildungen $\varphi\colon A \times B \to C$, wobei die Zuordnung zwischen ψ und φ durch $\varphi(a,b) = \psi(a \otimes b)$ vermittelt wird.*

Beweis Ist ψ gegeben, so wird durch diese Gleichung φ eindeutig definiert, und φ ist bilinear. Sei umgekehrt φ gegeben. Sei $\varphi'\colon F(A \times B) \to C$ der Homomorphismus, der das Basiselement (a,b) auf $\varphi(a,b)$ abbildet. Aus der Bilinearität von φ folgt $\varphi'(R(A \times B)) = 0$. Daher induziert φ' einen Homomorphismus $\psi\colon A \otimes B \to C$ mit $\psi(a \otimes b) = \varphi(a,b)$. □

10.2.3 Definition und Satz *Sind $f\colon A \to A'$ und $g\colon B \to B'$ Homomorphismen abelscher Gruppen, so wird durch $(a,b) \mapsto f(a) \otimes g(b)$ eine bilineare Abbildung $A \times B \to A' \otimes B'$ definiert, die einen Homomorphismus $f \otimes g\colon A \otimes B \to A' \otimes B'$ mit $(f \otimes g)(a \otimes b) = f(a) \otimes g(b)$ bestimmt; er wird das* Tensorprodukt *von f und g genannt. Es ist $\mathrm{id}_A \otimes \mathrm{id}_B = \mathrm{id}_{A \otimes B}$, und für $f'\colon A' \to A''$, $g'\colon B' \to B''$ ist $(f' \otimes g')(f \otimes g) = (f'f) \otimes (g'g)$. Mit f und g ist daher $f \otimes g$ ein Isomorphismus.* □

10.2.4 Beispiele
(a) Es ist $A \otimes B \cong B \otimes A$ durch $a \otimes b \mapsto b \otimes a$.

(b) *Durch $a \mapsto a \otimes 1$ wird ein natürlicher Isomorphismus $\Phi\colon A \xrightarrow{\cong} A \otimes \mathbb{Z}$ definiert;* dabei bedeutet Natürlichkeit, daß $(f \otimes \mathrm{id})\Phi = \Phi f$ für $f\colon A \to A'$. Das Inverse Φ^{-1} ist durch $a \otimes k \mapsto ka$ gegeben (man beachte, daß die Funktion $(a,k) \mapsto ka$ bilinear ist). Wir werden die Gruppen A und $A \otimes \mathbb{Z}$ oft identifizieren, indem wir $a \otimes 1$ wieder mit a bezeichnen (und analog $\mathbb{Z} \otimes A = A$ durch $1 \otimes a = a$).

(c) Für $m \geq 1$ ist analog $A \otimes \mathbb{Z}_m \cong A/mA$ durch $a \otimes (1 + m\mathbb{Z}) \leftrightarrow a + mA$. Speziell folgt $\mathbb{Z}_n \otimes \mathbb{Z}_m \cong \mathbb{Z}_d$ mit $d = \mathrm{ggT}(m, n)$, vgl. 8.1.A5.

(d) Es ist $A \otimes \mathbb{R} = 0$, wenn jedes Element von A endliche Ordnung hat; denn $a \otimes x = a \otimes (nx/n) = (na) \otimes (x/n) = 0$, wenn n die Ordnung von a ist.

(e) Eine unangenehme, aber wichtige Eigenschaft des Tensorprodukts ist folgende: *Sind $A \subset A'$ und $B \subset B'$ Untergruppen, so ist $A \otimes B$ i.a. keine Untergruppe von $A' \otimes B'$.* So ist etwa $\mathbb{Z} \subset \mathbb{R}$ eine Untergruppe, aber $\mathbb{Z}_2 \otimes \mathbb{Z} = \mathbb{Z}_2$ ist keine Untergruppe von $\mathbb{Z}_2 \otimes \mathbb{R} = 0$.

10.2.5 Satz *Es gibt einen Isomorphismus*

$$(A_1 \oplus A_2 \oplus \ldots) \otimes G \xrightarrow{\cong} (A_1 \otimes G) \oplus (A_2 \otimes G) \oplus \ldots ,$$

$$(a_1, a_2, \ldots) \otimes g \mapsto (a_1 \otimes g, a_2 \otimes g, \ldots),$$

und dieser ist natürlich bezüglich Homomorphismen $A_j \to A'_j$ (die Summandenzahl kann endlich, abzählbar oder überabzählbar sein).

Beweis Wegen 10.2.2 definiert diese Zuordnung eindeutig einen Homomorphismus dieser Gruppen; sein Inverses ist gegeben durch

$$(z_1, z_2, \ldots) \mapsto (i_1 \otimes \mathrm{id})(z_1) + (i_2 \otimes \mathrm{id})(z_2) + \ldots \quad \text{für } z_i \in A_i \otimes G,$$

wobei $i_j\colon A_j \to A_1 \oplus A_2 \oplus \ldots$ die kanonische Einbettung ist.   □

10.2.6 Beispiel Wir untersuchen $A \otimes G$, wobei A eine freie abelsche Gruppe vom Rang α ist. Sei $\{a_j | j \in J\}$ eine Basis von A, und sei $A_j \subset A$ die von a_j erzeugte Untergruppe. Wegen $A_j \cong \mathbb{Z}$ ist $G \cong A_j \otimes G$ durch $g \mapsto a_j \otimes g$ wie in 10.2.4 (b). Es folgt $A \otimes G \cong (\bigoplus A_j) \otimes G \cong \bigoplus (A_j \otimes G) \cong G \oplus G \oplus \ldots$ (α-mal G), und der Isomorphismus von rechts nach links ist $(g_j) \mapsto \sum a_j \otimes g_j$. Daher hat jedes Element $z \in A \otimes G$ eine eindeutige Darstellung der Form $z = \sum a_j \otimes g_j$, d.h. die $g_j \in G$ sind durch z eindeutig bestimmt, und nur endlich viele davon sind $\neq 0$.

10.2.7 Beispiel Die folgende einfache Bemerkung wird später sehr nützlich sein. Ist A eine abelsche Gruppe und G ein Körper, so ist das Tensorprodukt $A \otimes G$ von A und der additiven Gruppe G mit der Operation $g'(a \otimes g) = a \otimes (g' \cdot g)$ ein Vektorraum über dem Körper G; für einen Gruppenhomomorphismus $f\colon A \to B$ ist $f \otimes \mathrm{id}\colon A \otimes G \to B \otimes G$ eine lineare Abbildung von G-Vektorräumen. Ist A frei abelsch vom Rang α mit Basis $\{a_j \mid j \in J\}$, so ist $A \otimes G$ nach 10.2.6 ein G-Vektorraum der Dimension α mit Basis $\{a_j \otimes 1 \mid j \in J\}$.

Wir brauchen noch einige Eigenschaften des Tensorprodukts von Homomorphismen. Wegen $f \otimes g = (f \otimes \mathrm{id})(\mathrm{id} \otimes g)$ genügt es, solche Tensorprodukte zu betrachten, bei denen ein Homomorphismus die Identität ist.

10.2.8 Satz *Ist die Sequenz* $A \xrightarrow{f} B \xrightarrow{h} C \to 0$ *exakt, so auch die tensorierte Se-quenz* $A \otimes G \xrightarrow{f \otimes \mathrm{id}} B \otimes G \xrightarrow{h \otimes \mathrm{id}} C \otimes G \to 0$. *Wenn* $0 \to A \xrightarrow{f} B \xrightarrow{h} C \to 0$ *exakt ist und zerfällt (!), so gilt dasselbe für* $0 \to A \otimes G \xrightarrow{f \otimes \mathrm{id}} B \otimes G \xrightarrow{h \otimes \mathrm{id}} C \otimes G \to 0$.

Beweis Die Untergruppe $U = \mathrm{Bild}(f \otimes \mathrm{id})$ von $B \otimes G$ wird erzeugt von allen $b \otimes g$ mit $b \in \mathrm{Bild}\, f = \mathrm{Kern}\, h$. Deshalb ist $(h \otimes \mathrm{id})(U) = 0$ und h induziert einen Homomorphismus $h' \colon (B \otimes G)/U \to C \otimes G$. Für den ersten Teil des Satzes genügt es zu zeigen, daß h' ein Isomorphismus ist. Sei $\varphi \colon C \times G \to (B \otimes G)/U$ durch $\varphi(c, g) = b \otimes g + U$ definiert, wobei $b \in h^{-1}(c)$ ist. Es ist φ wohldefiniert: Ist auch $b' \in h^{-1}(c)$, so $b - b' \in \mathrm{Kern}\, h$ und daher $b \otimes g - b' \otimes g \in U$. Als bilineare Funktion liefert φ einen Homomorphismus $C \otimes G \to (B \otimes G)/U$, der zu h' invers ist. Der Beweis des zweiten Teils des Satzes ist einfach: Es gibt $l \colon B \to A$ mit $l \circ f = \mathrm{id}$; daher ist $l \otimes \mathrm{id}$ ein Linksinverses von $f \otimes \mathrm{id}$, und die Behauptung folgt. $\square$

10.2.9 Bemerkung Ist G eine feste Gruppe, so wird durch $A \mapsto A \otimes G$ und $f \mapsto f \otimes \mathrm{id}$ ein Funktor $\otimes G \colon AB \to AB$ definiert. Dieser Funktor bildet exakte Sequenzen der Form $\bullet \to \bullet \to \bullet \to 0$ in exakte Sequenzen der gleichen Form ab; man sagt, das Tensorprodukt ist *rechtsexakt*. Dagegen bleibt die Exaktheit von $0 \to \bullet \to \bullet \to \bullet$ beim Tensorieren i.a. nicht erhalten (als Beispiel tensoriere man $0 \to \mathbb{Z} \to \mathbb{Q} \to \mathbb{Q}/\mathbb{Z} \to 0$ mit $\mathbb{Z}_2$). Dieser Sachverhalt wird im folgenden genauer untersucht.

Aufgaben

10.2.A1 Tensorprodukte freier abelscher Gruppen sind frei abelsch.

10.2.A2 Sind $a \in A$ und $b \in B$ Elemente unendlicher Ordnung, so hat $a \otimes b \in A \otimes B$ unendliche Ordnung. (Hinweis: Wenn $n(a \otimes b) = 0$ ist, gibt es endlich erzeugte Untergruppen $A_0 \subset A$ und $B_0 \subset B$ mit $a \in A_0$, $b \in B_0$ und $n(a \otimes b) = 0$ in $A_0 \otimes B_0$).

10.2.A3 Beweisen Sie folgende Aussagen:
(a) Die Funktion $\lambda \colon A \times B \to A \otimes B$, $\lambda(a, b) = a \otimes b$, ist bilinear.
(a) Zu jeder bilinearen Abbildung $\varphi \colon A \times B \to C$ gibt es genau einen Homomorphismus $\psi \colon A \otimes B \to C$ mit $\varphi = \psi \circ \lambda$. (Interpretation: λ ist die „universelle bilineare Abbildung"; jede andere ergibt sich aus ihr.)

10.2.A4 Es sei $\gamma \colon A \times B \to G$ eine feste bilineare Abbildung, so daß es zu jeder bilinearen Abbildung $\varphi \colon A \times B \to C$, C beliebig, genau einen Homomorphismus $\psi \colon G \to C$ mit $\varphi = \psi \circ \gamma$ gibt. Zeigen Sie, daß $G \cong A \otimes B$ ist. (Charakterisierung des Tensorprodukts durch seine universelle Eigenschaft.)

10.3 Torsionsprodukt

Unser Ziel ist also: Wir tensorieren eine exakte Sequenz $0 \to R \to F \to A \to 0$ mit G und untersuchen den Kern K des Homomorphismus $R \otimes G \to F \otimes G$; je kleiner er ist, desto näher ist der Homomorphismus an der Injektivität. Die entscheidende Erkenntnis ist (vgl. 10.3.5): Wenn F frei abelsch ist, so ist die Gruppe K bis auf Isomorphie durch die Gruppen A und G eindeutig bestimmt, d.h. für alle solche Sequenzen mit gleicher Gruppe A ist der zu untersuchende Kern gleich groß. Fangen wir an:

10.3.1 Definition Eine exakte Sequenz $0 \to R \to F \to A \to 0$, in der F eine freie abelsche Gruppe ist, heißt eine *freie Auflösung von A*.

10.3.2 Beispiele
(a) Die exakte Sequenz $0 \to \mathbb{Z} \xrightarrow{n} \mathbb{Z} \to \mathbb{Z}_n \to 0$ ist eine freie Auflösung von $\mathbb{Z}_n$.
(b) Sei A eine abelsche Gruppe. Die von der Menge (!) A frei erzeugte abelsche Gruppe kann man definieren durch $F(A) = \{\varphi \colon A \to \mathbb{Z} \mid \varphi(a) \neq 0$ nur für endlich viele $a \in A\}$, vgl. 8.1.11. Für $p \colon F(A) \to A$, gegeben durch $p(\varphi) = \sum_a \varphi(a)a$, und $R(A) = \text{Kern } p$ ist die Sequenz $S(A) \colon 0 \to R(A) \xrightarrow{i} F(A) \xrightarrow{p} A \to 0$ (i die Inklusion) eine freie Auflösung von A; sie heißt die *Standardauflösung von A*.

Tensoriert man die Standardauflösung mit G, so erhält man die exakte Sequenz

$$(*) \qquad R(A) \otimes G \xrightarrow{\ i \otimes \text{id}\ } F(A) \otimes G \xrightarrow{\ p \otimes \text{id}\ } A \otimes G \longrightarrow 0,$$

in der $i \otimes \text{id}$ nicht notwendig injektiv ist.

10.3.3 Definition Der Kern von $i \otimes \text{id}$ in $(*)$ heißt das *Torsionsprodukt von A und G*; wir bezeichnen es mit $\text{Tor}(A, G) = \text{Kern}(i \otimes \text{id} \colon R(A) \otimes G \to F(A) \otimes G)$.

Das ist das übliche Vorgehen: Was zu untersuchen ist, nämlich $\text{Kern}(i \otimes \text{id})$, erhält zuerst einmal einen neuen Namen. Das löst noch keine Probleme, sondern schafft eher neue (wieso *Torsions*-Produkt?).

10.3.4 Lemma *Gegeben seien ein Homomorphismus $f \colon A \to \tilde{A}$ und ferner freie Auflösungen von A und $\tilde{A}$, die wir zur Abkürzung mit S bzw. $\tilde{S}$ bezeichnen:*

$$
\begin{array}{ccccccccc}
S: & 0 & \longrightarrow & R & \xrightarrow{\ i\ } & F & \xrightarrow{\ p\ } & A & \longrightarrow & 0 \\
& & & {\scriptstyle f''}\downarrow & {\scriptstyle \alpha}\diagup & \downarrow{\scriptstyle f'} & & \downarrow{\scriptstyle f} & & \\
\tilde{S}: & 0 & \longrightarrow & \tilde{R} & \xrightarrow{\ \tilde{i}\ } & \tilde{F} & \xrightarrow{\ \tilde{p}\ } & \tilde{A} & \longrightarrow & 0 \ .
\end{array}
$$

Dann gelten die folgenden Aussagen:
(a) *Es gibt Homomorphismen f' und f'', die das Diagramm kommutativ machen. Sind f'_1, f''_1 andere solche Homomorphismen, so gibt es einen Homomorphismus $\alpha \colon F \to \tilde{R}$ mit $f' - f'_1 = \tilde{i}\alpha$ und $f'' - f''_1 = \alpha i$.*

(b) $f'' \otimes \mathrm{id}$: $R \otimes G \to \tilde{R} \otimes G$ *bildet* $\mathrm{Kern}(i \otimes \mathrm{id})$ *nach* $\mathrm{Kern}(\tilde{i} \otimes \mathrm{id})$ *ab. Die Einschränkung von* $f'' \otimes \mathrm{id}$ *auf* $\mathrm{Kern}(i \otimes \mathrm{id})$ *ist unabhängig von der Wahl von* f' *und* f''; *wir bezeichnen sie mit* $\Phi(f; \mathcal{S}, \tilde{\mathcal{S}})$: $\mathrm{Kern}(i \otimes \mathrm{id}) \to \mathrm{Kern}(\tilde{i} \otimes \mathrm{id})$.

(c) *Sind noch ein Homomorphismus* g: $\tilde{A} \to \tilde{\tilde{A}}$ *und eine freie Auflösung* $\tilde{\tilde{\mathcal{S}}}$ *von* $\tilde{\tilde{A}}$ *gegeben, so ist* $\Phi(gf; \mathcal{S}, \tilde{\tilde{\mathcal{S}}}) = \Phi(g; \tilde{\mathcal{S}}, \tilde{\tilde{\mathcal{S}}})\Phi(f; \mathcal{S}, \tilde{\mathcal{S}})$: $\mathrm{Kern}(i \otimes \mathrm{id}) \to \mathrm{Kern}(\tilde{\tilde{i}} \otimes \mathrm{id})$.

(d) *Im Fall* $A = \tilde{A}$ *und* $\mathcal{S} = \tilde{\mathcal{S}}$ *ist* $\Phi(\mathrm{id}_A; \mathcal{S}, \mathcal{S}) = \mathrm{id}$.

Beweis (a) Sei $\{x_i\}$ eine Basis von F. Wir wählen Elemente $\tilde{x}_i \in \tilde{F}$ mit $\tilde{p}(\tilde{x}_i) = fp(x_i)$ und definieren f': $F \to \tilde{F}$ durch $x_i \mapsto \tilde{x}_i$. Dann gilt $\tilde{p}f' = fp$. Für $y \in R$ ist $\tilde{p}f'i(y) = fpi(y) = f(0) = 0$, also $f'i(y) \in \mathrm{Kern}\, \tilde{p} = \mathrm{Bild}\, \tilde{i}$. Daher kann man f'' durch $f'' = \tilde{i}^{-1}f'i$ definieren.

Damit ist der erste Teil von (a) bewiesen. Für $x \in F$ ist $f'(x) - f_1'(x) \in \mathrm{Kern}\, \tilde{p} = \mathrm{Bild}\, \tilde{i}$, so daß α: $F \to \tilde{R}$, $\alpha(x) = \tilde{i}^{-1}(f'(x) - f_1'(x))$, definiert ist. Es gilt $f' - f_1' = \tilde{i}\alpha$. Aus $\tilde{i}(f'' - f_1'') = (f' - f_1')i = \tilde{i}\alpha i$ und der Injektivität von $\tilde{i}$ folgt $f'' - f_1'' = \alpha i$.

(b) Liegt $z \in R \otimes G$ in $\mathrm{Kern}(i \otimes \mathrm{id})$, so liegt $(f'' \otimes \mathrm{id})(z)$ wegen $(\tilde{i} \otimes \mathrm{id})(f'' \otimes \mathrm{id}) = (f' \otimes \mathrm{id})(i \otimes \mathrm{id})$ in $\mathrm{Kern}(\tilde{i} \otimes \mathrm{id})$. Ferner ist

$$(f'' \otimes \mathrm{id})(z) - (f_1'' \otimes \mathrm{id})(z) = ((f'' - f_1'') \otimes \mathrm{id})(z) = (\alpha i \otimes \mathrm{id})(z)$$
$$= (\alpha \otimes \mathrm{id})(i \otimes \mathrm{id})(z) = (\alpha \otimes \mathrm{id})(0) = 0.$$

(c) und (d) folgen unmittelbar aus (b).   □

Wenn insbesondere f: $A \to \tilde{A}$ ein Isomorphismus ist, so ist $\Phi(f; \mathcal{S}, \tilde{\mathcal{S}})$ ein Isomorphismus mit Inversem $\Phi(f^{-1}; \tilde{\mathcal{S}}, \mathcal{S})$. Daher gilt:

10.3.5 Satz *Zu jeder freien Auflösung* $\mathcal{S}$: $0 \to R \xrightarrow{i} F \xrightarrow{p} A \to 0$ *von* A *gehört ein eindeutig bestimmter Isomorphismus*

$$\Phi(\mathcal{S}) = \Phi(\mathrm{id}_A; \mathcal{S}, \mathcal{S}(A)): \mathrm{Kern}(i \otimes \mathrm{id}) \xrightarrow{\cong} \mathrm{Tor}(A, G).$$ □

Man kann also das Torsionsprodukt nicht nur aus der Standardauflösung berechnen, sondern aus jeder freien Auflösung. Damit können wir einige Torsionsprodukte bestimmen.

10.3.6 Satz *Es gelten folgende Aussagen:*
(a) *Ist* A *eine freie abelsche Gruppe, so ist* $\mathrm{Tor}(A, G) = 0$.
(b) *Für* $n \geq 1$ *ist* $\mathrm{Tor}(\mathbb{Z}_n, G) \cong \{g \in G \mid ng = 0\} \subset G$.
(c) *Ist* G *eine torsionsfreie Gruppe, so ist* $\mathrm{Tor}(\mathbb{Z}_n, G) = 0$.
(d) $\mathrm{Tor}(\mathbb{Z}_n, \mathbb{Z}_m) \cong \mathbb{Z}_d$, *wobei* $d = \mathrm{ggT}(n, m)$ *ist*.
(e) $\mathrm{Tor}(A_1 \oplus A_2, G) \cong \mathrm{Tor}(A_1, G) \oplus \mathrm{Tor}(A_2, G)$.

Beweis (a) Ist A frei abelsch, so ist $0 \to 0 \xrightarrow{i} A \xrightarrow{\text{id}} A \to 0$ eine freie Auflösung von A, also Kern $(i \otimes \text{id}) = 0$.

(b) Aus der freien Auflösung $0 \to \mathbb{Z} \xrightarrow{i} \mathbb{Z} \to \mathbb{Z}_n \to 0$ von $\mathbb{Z}_n$, wobei $i(x) = nx$ ist, folgt $\text{Tor}(\mathbb{Z}_n, G) \cong \text{Kern}(i \otimes \text{id}: \mathbb{Z} \otimes G \to \mathbb{Z} \otimes G)$. Ist $f: G \to \mathbb{Z} \otimes G$ der Isomorphismus $g \mapsto 1 \otimes g$ und $i': G \to G$ der Homomorphismus $i'(g) = ng$, so ist $(i \otimes \text{id})f = fi'$. Es folgt $\text{Tor}(\mathbb{Z}_n, G) \cong \text{Kern } i'$, und das ist (b).

(c) und (d) ergeben sich unmittelbar aus (b).

(e) Sind $0 \to R_i \to F_i \to A_i \to 0$ freie Auflösungen von A_i für $i = 1, 2$, so ist $0 \to R_1 \oplus R_2 \to F_1 \oplus F_2 \to A_1 \oplus A_2 \to 0$ eine freie Auflösung von $A_1 \oplus A_2$. Daraus erhält man (e) mit 10.2.5.   □

Aus diesem Satz folgt, daß wir $\text{Tor}(A, G)$ berechnen können, wenn A eine endliche erzeugte abelsche Gruppe und G eine der Gruppen $\mathbb{Z}$, $\mathbb{Z}_m$, $\mathbb{Q}$ oder $\mathbb{R}$ ist; das wird für 10.4.6 nützlich sein. Ferner ergibt sich (vgl. 10.3.A1), daß für endlich erzeugte abelsche Gruppen A und G stets $\text{Tor}(A, G) \cong \text{Tor}(\text{Tor } A, \text{Tor } G)$ gilt und daß dies nur dann $\neq 0$ ist, wenn es in A und G Elemente gleicher Ordnung gibt. $\text{Tor}(A, G)$ mißt also in gewissem Sinn den gemeinsamen Torsionsanteil von A und G; das mag den Namen Torsionsprodukt erklären. Aus 10.3.4 folgt weiter:

10.3.7 Definition und Satz *Ein Homomorphismus $f: A \to B$ induziert einen Homomorphismus* $\text{Tor } f = \Phi(f; S(A), S(B)): \text{Tor}(A, G) \to \text{Tor}(B, G)$, *und für eine feste abelsche Gruppe G wird durch $A \mapsto \text{Tor}(A, G)$ und $f \mapsto \text{Tor } f$ ein Funktor $AB \to AB$ definiert; speziell ist mit f auch $\text{Tor } f$ ein Isomorphismus.*   □

Aufgaben

10.3.A1 Es gilt $\text{Tor}(A, G) \cong \text{Tor}(\text{Tor } A, \text{Tor } G)$ für endlich erzeugte abelsche Gruppen (sogar für beliebige abelsche Gruppen, aber das folgt nicht aus 10.3.6).

10.3.A2 Beweisen Sie folgende Aussagen:
(a) Ist A endlich erzeugt, so ist $\text{Tor}(A, \mathbb{Q}) = 0$ und $\text{Tor}(A, \mathbb{R}) = 0$.
(b) $\text{Tor}(\mathbb{Z}_n, \mathbb{Q}/\mathbb{Z}) \cong \mathbb{Z}_n$.
(c) Ist A eine endliche abelsche Gruppe, so ist $\text{Tor}(A, \mathbb{Q}/\mathbb{Z}) \cong A$.

10.4 Das universelle Koeffiziententheorem

10.4.1 Definition Ist C ein Kettenkomplex und G eine abelsche Gruppe, so bezeichnen wir mit $C \otimes G$ den Kettenkomplex

$$C \otimes G: \ \dots \ \xrightarrow{\partial \otimes \text{id}} \ C_q \otimes G \ \xrightarrow{\partial \otimes \text{id}} \ C_{q-1} \otimes G \ \xrightarrow{\partial \otimes \text{id}} \ \dots \ .$$

Die Homologiegruppen $H_q(C \otimes G)$ heißen *Homologiegruppen von C mit Koeffizienten in G.* Ist $f\colon C \to D$ eine Kettenabbildung von Kettenkomplexen, so ist $f \otimes \mathrm{id}\colon C \otimes G \to D \otimes G$ die durch $(f \otimes \mathrm{id})_q = f_q \otimes \mathrm{id}\colon C_q \otimes G \to D_q \otimes G$ definierte Kettenabbildung.

Es ist klar, daß $C \otimes G$ ein Kettenkomplex und $f \otimes \mathrm{id}$ eine Kettenabbildung ist. Im Fall $G = \mathbb{Z}$ erhalten wir nichts Neues: Wegen 10.2.4 (b) ist $C \otimes \mathbb{Z} = C$ und daher $H_q(C \otimes \mathbb{Z}) = H_q(C)$. Der in 10.1 definierte Kettenkomplex $C(K;G)$ ist zu $C(K) \otimes G$ isomorph durch $g\sigma \mapsto \sigma \otimes g$. Die Konstruktion in 10.1 ist also die Hintereinanderschaltung zweier einfacherer Konstruktionen: Zuerst bildet man den ganzzahligen Kettenkomplex $C(K)$, dann tensoriert man diesen mit G. Insbesondere ist also $H_q(K;G) \cong H_q(C(K) \otimes G)$, und das führt zu der Frage, ob man $H_q(C \otimes G)$ berechnen kann, wenn man die Homologiegruppen von C und die Gruppe G kennt.

10.4.2 Definition Ein *Kettenkomplex C heißt frei,* wenn alle Kettengruppen C_q freie abelsche Gruppen sind.

Im folgenden sei C ein freier Kettenkomplex und q eine ganze Zahl. Es ist $\partial_q\colon C_q \to C_{q-1}$ der Randoperator in C und $Z_q = \mathrm{Kern}\,\partial_q$ bzw. $B_q = \mathrm{Bild}\,\partial_{q+1}$ die Zyklen- bzw. Rändergruppe; als Untergruppen von C_q sind dies freie abelsche Gruppen. Die Homologiegruppe $H_q(C) = Z_q/B_q$ besteht aus den Homologieklassen $\{x\} = x + B_q$ mit $x \in Z_q$. Durch Tensorieren mit G erhält man den Kettenkomplex in 10.4.1, dessen Zyklen- bzw. Rändergruppen wir mit $\bar{Z}_q = \mathrm{Kern}(\partial_q \otimes \mathrm{id})$ bzw. $\bar{B}_q = \mathrm{Bild}(\partial_{q+1} \otimes \mathrm{id})$ bezeichnen. Die Gruppe $H_q(C \otimes G) = \bar{Z}_q/\bar{B}_q$ besteht aus den Homologieklassen $\{z\} = z + \bar{B}_q$ mit $z \in \bar{Z}_q$.

10.4.3 Hilfssatz *Die folgenden Sequenzen sind exakt und zerfallen:*

$$0 \to Z_q \xrightarrow{j_q} C_q \xrightarrow{\partial'_q} B_{q-1} \to 0,$$

$$0 \to Z_q \otimes G \xrightarrow{j_q \otimes \mathrm{id}} C_q \otimes G \xrightarrow{\partial'_q \otimes \mathrm{id}} B_{q-1} \otimes G \to 0;$$

dabei ist j_q die Inklusion und ∂'_q durch $\partial'_q(x) = \partial_q(x)$ definiert.

Beweis Die erste Sequenz ist sicherlich exakt; weil B_{q-1} frei abelsch ist, zerfällt sie nach 8.2.6. Daher gilt wegen 10.2.8 dasselbe für die zweite Sequenz. □

10.4.4 Hilfssatz *Es gelten folgende Aussagen:*

(a) *Die Zyklengruppe $\bar{Z}_q$ ist das Urbild unter $\partial'_q \otimes \mathrm{id}$ der Untergruppe*

$$\mathrm{Kern}(i_{q-1} \otimes \mathrm{id}\colon B_{q-1} \otimes G \to Z_{q-1} \otimes G)$$

von $B_{q-1} \otimes G$; dabei ist $i_{q-1}\colon B_{q-1} \to Z_{q-1}$ die Inklusion.

(b) $\partial'_q \otimes \mathrm{id}$ *bildet die Rändergruppe $\bar{B}_q$ nach Null ab.*

Daher ist die Zuordnung $\{z\} \mapsto (\partial'_q \otimes \mathrm{id})(z)$ *ein surjektiver Homomorphismus* $h\colon H_q(C \otimes G) \to \mathrm{Kern}(i_{q-1} \otimes \mathrm{id})$.

Beweis (a) Der Randoperator $\partial_q \otimes \mathrm{id}$ ist die Komposition der Homomorphismen

$$C_q \otimes G \xrightarrow{\partial'_q \otimes \mathrm{id}} B_{q-1} \otimes G \xrightarrow{i_{q-1} \otimes \mathrm{id}} Z_{q-1} \otimes G \xrightarrow{j_{q-1} \otimes \mathrm{id}} C_{q-1} \otimes G.$$

Daher liegt das obige Urbild in $\bar{Z}_q$. Nach 10.4.3 ist $j_{q-1} \otimes \mathrm{id}$ injektiv. Folglich gilt für $z \in \bar{Z}_q$ schon $(i_{q-1} \otimes \mathrm{id})(\partial'_q \otimes \mathrm{id})(z) = 0$, d.h. $(\partial'_q \otimes \mathrm{id})(\bar{Z}_q) \subset \mathrm{Kern}(i_{q-1} \otimes \mathrm{id})$.
(b) $\bar{B}_q$ wird von den Elementen $(\partial_{q+1} \otimes \mathrm{id})(c \otimes g)$ mit $c \in C_{q+1}$ erzeugt; wegen $\partial_q \partial_{q+1} = 0$ werden diese unter $\partial'_q \otimes \mathrm{id}$ nach Null abgebildet.   □

Ist $p_{q-1}\colon Z_{q-1} \to H_{q-1}(C)$ die Projektion auf die Faktorgruppe, so ist die Sequenz $0 \to B_{q-1} \xrightarrow{i_{q-1}} Z_{q-1} \xrightarrow{p_{q-1}} H_{q-1}(C) \to 0$ exakt. Weil Z_{q-1} frei ist, ist dies eine freie Auflösung von $H_{q-1}(C)$. Zu ihr gehört nach 10.3.5 ein eindeutig bestimmter Isomorphismus $\Phi\colon \mathrm{Kern}(i_{q-1} \otimes \mathrm{id}) \xrightarrow{\cong} \mathrm{Tor}(H_{q-1}(C), G)$.

10.4.5 Definition λ und μ seien folgende Homomorphismen:

$$\lambda\colon H_q(C) \otimes G \to H_q(C \otimes G), \qquad \{x\} \otimes g \mapsto \{x \otimes g\},$$

$$\mu\colon H_q(C \otimes G) \to \mathrm{Tor}(H_{q-1}(C), G), \qquad \mu = \Phi \circ h.$$

Ist $x \in C_q$ Zyklus bzw. Rand, also $\partial_q x = 0$ bzw. $x = \partial_{q+1} c$ für ein c, so ist $(\partial_q \otimes \mathrm{id})(x \otimes g) = 0$ bzw. $x \otimes g = (\partial_{q+1} \otimes \mathrm{id})(c \otimes g)$, d.h. $x \otimes g$ ist Zyklus bzw. Rand. Da ferner die Funktion $(\{x\}, g) \mapsto \{x \otimes g\}$ bilinear ist, ist λ wohldefiniert.

10.4.6 Satz (Universelles Koeffiziententheorem) *Für jeden freien Kettenkomplex* C *und jede ganze Zahl* q *ist die folgende Sequenz exakt und zerfallend:*

$$0 \to H_q(C) \otimes G \xrightarrow{\lambda} H_q(C \otimes G) \xrightarrow{\mu} \mathrm{Tor}(H_{q-1}(C), G) \to 0.$$

Insbesondere gibt es einen Isomorphismus

$$H_q(C \otimes G) \cong (H_q(C) \otimes G) \oplus \mathrm{Tor}(H_{q-1}(C), G).$$

Beweis Da Φ ein Isomorphismus ist, ist μ nach 10.4.4 surjektiv. Bild $\lambda \subset$ Kern μ ist trivial. — Sei $\{z\} \in H_q(C \otimes G)$ und $\mu(\{z\}) = 0$. Dann ist $z \in \mathrm{Kern}(\partial'_q \otimes \mathrm{id})$, also $z \in \mathrm{Bild}(j_q \otimes \mathrm{id})$ nach 10.4.3. Daher ist z Summe von Elementen der Form $x \otimes g$ mit $x \in Z_q$, und aus $\{x \otimes g\} \in$ Bild λ folgt $\{z\} \in$ Bild λ. — Wegen 10.4.3 gibt es einen Homomorphismus $r_q\colon C_q \to Z_q$ mit $r_q j_q = \mathrm{id}$. Die Komposition der Homomorphismen

$$\bar{Z}_q \hookrightarrow C_q \otimes G \xrightarrow{r_q \otimes \mathrm{id}} Z_q \otimes G \xrightarrow{p_q \otimes \mathrm{id}} H_q(C) \otimes G$$

bildet $\bar{B}_q$ nach Null ab und induziert somit $\lambda'\colon H_q(C \otimes G) \to H_q(C) \otimes G$ mit $\lambda'\lambda = \mathrm{id}$. Daher ist λ injektiv, und die Sequenz zerfällt.   □

Mit dem universellen Koeffiziententheorem ist die eingangs gestellte Frage beantwortet: Die Gruppe $H_q(C \otimes G)$ ist durch $H_q(C)$, $H_{q-1}(C)$ und G bestimmt. Der direkte Summand $H_q(C) \otimes G$ von $H_q(C \otimes G)$ ist leicht zu verstehen: Ist $x \in C_q$ ein Zyklus, so ist $x \otimes g \in C_q \otimes G$ ein Zyklus, und diese naheliegenden Zyklen liefern den Term $H_q(C) \otimes G$. Die Überlegungen zeigen jedoch, daß dieses nicht alle Zyklen in $C_q \otimes G$ sind. Jede Kette $z \in C_q \otimes G$ mit

$$(\partial'_q \otimes \mathrm{id})(z) \in \mathrm{Kern}(i_{q-1} \otimes \mathrm{id}) \overset{\Phi}{\cong} \mathrm{Tor}(H_{q-1}(C), G)$$

ist ebenfalls ein Zyklus, und diese Zyklen sind für den Torsionsterm in 10.4.6 verantwortlich.

Die Homomorphismen λ und μ im universellen Koeffiziententheorem sind natürlich bezüglich Kettenabbildungen:

10.4.7 Satz *Für jede Kettenabbildung* $f\colon C \to D$ *zwischen freien Kettenkomplexen ist das folgende Diagramm kommutativ:*

$$
\begin{array}{ccccccc}
0 \to & H_q(C) \otimes G & \overset{\lambda}{\longrightarrow} & H_q(C \otimes G) & \overset{\mu}{\longrightarrow} & \mathrm{Tor}(H_{q-1}(C), G) & \to 0 \\
& \Big\downarrow {\scriptstyle f_* \otimes \mathrm{id}} & & \Big\downarrow {\scriptstyle (f \otimes \mathrm{id})_*} & & \Big\downarrow {\scriptstyle \mathrm{Tor}\, f_*} & \\
0 \to & H_q(D) \otimes G & \overset{\lambda}{\longrightarrow} & H_q(D \otimes G) & \overset{\mu}{\longrightarrow} & \mathrm{Tor}(H_{q-1}(D), G) & \to 0 \ .
\end{array}
$$

Beweis Die Gleichung $(f \otimes \mathrm{id})_* \lambda = \lambda (f_* \otimes \mathrm{id})$ ist trivial. Aus dem kommutativen Diagramm

$$
\begin{array}{ccccccc}
0 \to & B_{q-1}(C) & \overset{i^C_{q-1}}{\longrightarrow} & Z_{q-1}(C) & \overset{p^C_{q-1}}{\longrightarrow} & H_{q-1}(C) & \to 0 \\
& \Big\downarrow {\scriptstyle f} & & \Big\downarrow {\scriptstyle f} & & \Big\downarrow {\scriptstyle f_*} & \\
0 \to & B_{q-1}(D) & \overset{i^D_{q-1}}{\longrightarrow} & Z_{q-1}(D) & \overset{p^D_{q-1}}{\longrightarrow} & H_{q-1}(D) & \to 0
\end{array}
$$

ergibt sich mit 10.3.4 und 10.3.7 das kommutative Diagramm:

$$
\begin{array}{ccc}
\mathrm{Kern}\,(i^C_{q-1} \otimes \mathrm{id}) & \overset{\Phi}{\underset{\cong}{\longrightarrow}} & \mathrm{Tor}(H_{q-1}(C), G) \\
{\scriptstyle f \otimes \mathrm{id}} \Big\downarrow & & \Big\downarrow {\scriptstyle \mathrm{Tor}\, f_*} \\
\mathrm{Kern}\,(i^D_{q-1} \otimes \mathrm{id}) & \overset{\Phi}{\underset{\cong}{\longrightarrow}} & \mathrm{Tor}(H_{q-1}(D), G) \ .
\end{array}
$$

Für $\{z\} \in H_q(C \otimes G)$ ist daher

$$(\text{Tor } f_*)\mu(\{z\}) = (\text{Tor } f_*)\Phi(\partial'_q \otimes \text{id})(z) = \Phi(f \otimes \text{id})(\partial'_q \otimes \text{id})(z)$$
$$= \Phi(\partial'_q \otimes \text{id})(f \otimes \text{id})(z) = \mu(f \otimes \text{id})_*(\{z\}).$$

$\square$

10.4.8 Bemerkung Im Unterschied zu den Homomorphismen λ und μ ist der Isomorphismus $H_q(C \otimes G) \cong (H_q(C) \otimes G) \oplus \text{Tor}(H_{q-1}(C), G)$ aus 10.4.6 n i c h t natürlich bezüglich Kettenabbildungen. Der Grund dafür ist, daß der im Beweis von 10.4.6 konstruierte Homomorphismus $r_q \colon C_q \to Z_q$ *unnatürlich* ist: Man kann r_q nicht so für alle Kettenkomplexe definieren, daß r_q mit beliebigen Kettenabbildungen kommutiert. Ein Beispiel dazu (und mehr zum universellen Koeffiziententheorem) folgt in 10.6, vgl. auch 10.4.A2.

Aufgaben

10.4.A1 Sei $f \colon C \to D$ eine Kettenabbildung zwischen zwei freien Kettenkomplexen, so daß $f_* \colon H_q(C) \to H_q(D)$ für alle $q \in \mathbb{Z}$ ein Isomorphismus ist. Dann gilt dasselbe für $(f \otimes \text{id})_* \colon H_q(C \otimes G) \to H_q(D \otimes G)$ für jede Koeffizientengruppe G.

10.4.A2 Konstruieren Sie eine Kettenabbildung $f \colon C \to D$, so daß $f_* = 0 \colon H_q(C) \to H_q(D)$ für alle q ist, aber $(f \otimes \text{id})_* \neq 0 \colon H_q(C \otimes G) \to H_q(D \otimes G)$ für ein G und ein q. (Hinweis: Man kann C bzw. D so wählen, daß alle Kettengruppen 0 sind bis auf zwei bzw. eine.)

Im folgenden ist C ein freier Kettenkomplex.

10.4.A3 Wenn $H_q(C)$ endlich erzeugt und $H_q(C \otimes \mathbb{Z}_p) = 0$ für alle Primzahlen p ist, so ist $H_q(C) = 0$.

10.4.A4 Wenn $H_{q-1}(C)$ frei abelsch ist, ist $\lambda \colon H_q(C) \otimes G \to H_q(C \otimes G)$ ein Isomorphismus.

10.4.A5 Wenn $H_{q-1}(C)$ endlich erzeugt ist, ist $\lambda \colon H_q(C) \otimes \mathbb{R} \to H_q(C \otimes \mathbb{R})$ ein Isomorphismus.

10.5 Homologiegruppen mit Koeffizienten

Nach den algebraischen Vorbereitungen der letzten Abschnitte führen wir jetzt die Homologiegruppen mit Koeffizienten allgemein ein.

10.5.1 Definition
(a) Für Simplizialkomplexe $K_0 \subset K$ ist $H_q(K, K_0; G) = H_q(C(K, K_0) \otimes G)$ die

q-te Homologiegruppe von (K, K_0) *mit Koeffizienten in* G. Für eine simpliziale Abbildung $\varphi \colon (K, K_0) \to (L, L_0)$ definieren wir

$$\varphi_* = (\varphi_\bullet \otimes \mathrm{id})_* \colon H_q(K, K_0; G) \to H_q(L, L_0; G).$$

(b) Für ein Raumpaar $A \subset X$ ist $H_q(X, A; G) = H_q(S(X, A) \otimes G)$ die *q-te Homologiegruppe von* (X, A) *mit Koeffizienten in* G. Für eine stetige Abbildung $f \colon (X, A) \to (Y, B)$ definieren wir

$$f_* = (f_\bullet \otimes \mathrm{id})_* \colon H_q(X, A; G) \to H_q(Y, B; G).$$

Natürlich ist hier $K_0 = \emptyset$ bzw. $A = \emptyset$ erlaubt; dann erhält man die *absoluten Homologiegruppen mit Koeffizienten in* G. Mit dem universellen Koeffiziententheorem können wir diese neuen Homologiegruppen mittels der ganzzahligen Homologiegruppen der Abschnitte 7 bzw. 9 berechnen.

10.5.2 Hilfssatz *Die Kettenkomplexe* $C(K, K_0)$ *und* $S(X, A)$ *sind frei.*

B e w e i s Die Gruppe $C_q(K)/C_q(K_0)$ ist isomorph zu der freien abelschen Gruppe, die von den fest orientierten q-Simplexen in $K \setminus K_0$ erzeugt wird. Die Gruppe $S_q(X)/S_q(A)$ ist isomorph zu der freien abelschen Gruppe, die von allen singulären Simplexen $\sigma \colon \Delta_q \to X$ mit $\sigma(\Delta_q) \not\subset A$ erzeugt wird. □

10.5.3 Universelle Koeffiziententheoreme *Die folgenden Sequenzen sind exakt und zerfallen:*

$$0 \to H_q(K, K_0) \otimes G \xrightarrow{\lambda} H_q(K, K_0; G) \xrightarrow{\mu} \mathrm{Tor}(H_{q-1}(K, K_0), G) \to 0,$$

$$0 \to H_q(X, A) \otimes G \xrightarrow{\lambda} H_q(X, A; G) \xrightarrow{\mu} \mathrm{Tor}(H_{q-1}(X, A), G) \to 0.$$

Dabei sind die Homomorphismen λ *und* μ *natürlich bezüglich simplizialer bzw. stetiger Abbildungen. Ferner hat man Isomorphismen*

$$H_q(K, K_0; G) \cong (H_q(K, K_0) \otimes G) \oplus \mathrm{Tor}(H_{q-1}(K, K_0), G),$$
$$H_q(X, A; G) \cong (H_q(X, A) \otimes G) \oplus \mathrm{Tor}(H_{q-1}(X, A), G).$$ □

Will man die Gruppen $H_q(K; G)$ bzw. $H_q(X; G)$ direkt aus den jeweiligen Kettenkomplexen berechnen, so benutzt man folgende Darstellung der Kettengruppen, die aus 10.2.6 folgt (die analoge Aussage für die relativen Kettengruppen möge der Leser selbst formulieren):

10.5.4 Satz
(a) *Jede Kette* $c \in C_q(K) \otimes G$ *hat eine eindeutige Darstellung*

$$c = \sigma_q^1 \otimes g_1 + \ldots + \sigma_q^{\alpha_q} \otimes g_{\alpha_q},$$

wobei $\sigma_q^1, \ldots, \sigma_q^{\alpha_q}$ *die fest orientierten q-Simplexe von K und* $g_i \in G$ *sind.*

(b) *Jede Kette* $c \in S_q(X) \otimes G$ *hat eine eindeutige Darstellung* $c = \sum \sigma \otimes g_\sigma$; *dabei durchläuft* $\sigma \colon \Delta_q \to X$ *alle singulären q-Simplexe von X, und* $g_\sigma \in G$ *ist nur für endlich viele* σ *ungleich 0.*

(Wie man in beiden Fällen den Rand $(\partial \otimes \mathrm{id})(c)$ *berechnet, ist klar.)*   □

Wir untersuchen die Frage, welche der allgemeinen Eigenschaften der Homologiegruppen aus Abschnitt 7 bzw. 9 sich auf die Homologiegruppen mit Koeffizienten übertragen (die Antwort wird sein: alle!). Zunächst bleiben natürlich die funktoriellen Eigenschaften erhalten, d.h. die Definitionen in 10.5.1 liefern (bei fester Koeffizientengruppe G) Funktoren $H_q(-;G)\colon SK^2 \to AB$ und $H_q(-;G)\colon TOP^2 \to AB$. Ferner hat man wie in 7.4 und 9.2 exakte Homologiesequenzen und kommutative Homologieleitern. Wir machen das am Beispiel eines Raumpaares (X,A) klar. Die Sequenz von Kettenkomplexen

$$0 \to S(A) \xrightarrow{\text{Inklusion}} S(X) \xrightarrow{\text{Projektion}} S(X,A) \to 0$$

ist exakt. Weil $S(X,A)$ frei ist, zerfallen die entsprechenden Sequenzen der Kettengruppen, und daher bleibt die Sequenz nach Tensorieren mit G wegen 10.2.8 exakt:

$$0 \to S(A) \otimes G \to S(X) \otimes G \to S(X,A) \otimes G \to 0.$$

Zu dieser exakten Sequenz gehört nach 8.3.8 eine exakte Homologiesequenz

$$\ldots \xrightarrow{j_*} H_{q+1}(X,A;G) \xrightarrow{\partial_*} H_q(A;G) \xrightarrow{i_*} H_q(X;G) \xrightarrow{j_*} H_q(X,A;G) \xrightarrow{\partial_*} \ldots .$$

Auch der Homotopiesatz 9.3.1 überträgt sich. Ist $f \simeq g\colon (X,A) \to (Y,B)$, so sind nach dem Beweis von 9.3.1 die induzierten Kettenabbildungen $f_\bullet, g_\bullet\colon S(X,A) \to S(Y,B)$ homotop. Durch Tensorieren mit G ergibt sich, daß auch $f_\bullet \otimes \mathrm{id}$ und $g_\bullet \otimes \mathrm{id}$ homotop sind. Nach 8.3.13 ist daher $f_* = g_*\colon H_q(X,A;G) \to H_q(Y,B;G)$.

Um zu zeigen, daß auch der Ausschneidungssatz richtig bleibt, wenden wir erstmals das universelle Koeffiziententheorem an. Im kommutativen Diagramm

$$
\begin{array}{ccccc}
0 & \to & H_q(X \setminus U, A \setminus U) \otimes G & \xrightarrow{\lambda} & H_q(X \setminus U, A \setminus U;G) \xrightarrow{\mu} \\
\downarrow & & \downarrow{\scriptstyle i_* \otimes \mathrm{id}} & & \downarrow{\scriptstyle i_*} \\
0 & \to & H_q(X,A) \otimes G & \xrightarrow{\lambda} & H_q(X,A;G) \xrightarrow{\mu}
\end{array}
$$

$$
\begin{array}{ccc}
\xrightarrow{\mu} & \mathrm{Tor}(H_{q-1}(X \setminus U, A \setminus U), G) & \to \quad 0 \\
 & \downarrow{\scriptstyle \mathrm{Tor}\, i_*} & \downarrow \\
\xrightarrow{\mu} & \mathrm{Tor}(H_{q-1}(X,A), G) & \to \quad 0
\end{array}
$$

sind die äußeren Homomorphismen nach dem ganzzahligen Ausschneidungssatz 9.4.5 Isomorphismen; nach dem Fünferlemma ist i_* ein Isomorphismus. Analog zeigt man, daß sich 9.7.7 bzw. 9.7.8 auf Homologie mit Koeffizienten überträgt. Fassen wir zusammen:

10.5.5 Satz *Die Hauptprinzipien der simplizialen bzw. singulären Homologietheorie aus den Abschnitten 7 und 9 (Funktor- und Exaktheitseigenschaften, simplizialer und singulärer Ausschneidungssatz, Mayer-Vietoris-Sequenzen, Homotopiesatz, sowie alle Folgerungen aus diesen Eigenschaften) gelten auch für die Homologiegruppen mit beliebigen Koeffizienten. Ferner hat man den kanonischen Isomorphismus* $\Theta\colon H_q(K, K_0; G) \to H_q(|K|, |K_0|; G)$ *zwischen simplizialer und singulärer Homologie, der wie in 9.7.8 von einer Ordnung auf K induziert wird (aber von dieser unabhängig ist).* □

Als nächstes betrachten wir die zelluläre Homologie eines CW-Raumes. Wir modifizieren die Konstruktionen in 9.6, indem wir dort überall statt ganzzahliger Homologiegruppen solche mit Koeffizienten in G betrachten. Das liefert wie in 9.6.6 einen Kettenkomplex $C(X; G)$ mit q-ter Kettengruppe $C_q(X; G) = H_q(X^q, X^{q-1}; G)$. Wie in 9.6.9 ist $H_q(C(X; G)) \cong H_q(X; G)$; denn beim Beweis von 9.6.9 haben wir nur die obigen Hauptprinzipien benutzt. Wegen $H_{q-1}(X^q, X^{q-1}) = 0$ folgt aus dem universellen Koeffiziententheorem, daß der Kettenkomplex $C(X; G)$ zum Tensorprodukt $C(X) \otimes G$ isomorph ist. Mit 10.2.6 folgt:

10.5.6 Satz
(a) *Jede q-Kette c des zellulären Kettenkomplexes $C(X) \otimes G$ läßt sich eindeutig als endliche Summe $c = \sum e_i \otimes g_i$ schreiben, wobei e_i die fest orientierten q-Zellen von X durchläuft. Der Rand von c ist $\sum (\partial e_i) \otimes g_i$, wobei ∂e_i wie in 9.6.6 ist.*
(b) *Es gibt einen Isomorphismus $T\colon H_q(C(X) \otimes G) \cong H_q(X; G)$, der — analog zu 9.6.11 — bezüglich zellulärer Abbildungen $X \to Y$ natürlich ist.* □

Aufgaben

10.5.A1 $H_j(L(p, q); \mathbb{R}) \cong \mathbb{R}$ für $j = 0, 3$ und $= 0$ sonst.

10.5.A2 $H_2(N_g; \mathbb{R}) = 0$ und $H_2(F_g; \mathbb{R}) \cong \mathbb{R}$.

10.5.A3 $H_q(P^n; \mathbb{R}) \cong \mathbb{R}$ für $q = 0$ und, wenn n ungerade ist, für $q = n$; für alle anderen q ist $H_q(P^n; \mathbb{R}) = 0$.

10.6 Beispiele und Anwendungen

Mit dem universellen Koeffiziententheorem und den Rechenregeln für $\otimes$ und Tor berechnen wir einige der Gruppen $H_q(X; G)$. Ferner zeigen wir an Beispielen, wozu Koeffizientengruppen nützlich sein können.

10.6.1 Beispiel Wenn $H_{q-1}(X)$ frei abelsch ist, hat man einen natürlichen Isomorphismus $\lambda\colon H_q(X) \otimes G \to H_q(X;G)$ durch $\{x\} \otimes g \mapsto \{x \otimes g\}$. Das ist der einfachste Fall des universellen Koeffiziententheorems. Man kann damit z.B. sofort die Gruppen $H_0(X;G)$, $H_q(D^n, S^{n-1};G)$, $H_q(S^n;G)$, $H_q(F_g;G)$, $H_q(P^n(\mathbb{C});G)$ u.a. berechnen. Die Ergebnisse enthalten nicht mehr topologische Informationen als die entsprechenden für $G = \mathbb{Z}$; die Einführung allgemeiner Koeffizientengruppen ist hier nicht sonderlich sinnvoll. Aus der Natürlichkeit von λ folgt, daß man für $f\colon X \to Y$ den Homomorphismus $f_*\colon H_q(X;G) \to H_q(Y;G)$ berechnen kann, wenn man $f_*\colon H_q(X) \to H_q(Y)$ kennt und $H_{q-1}(X)$ und $H_{q-1}(Y)$ frei abelsch sind. Ist z.B. $f\colon S^n \to S^n$ eine Abbildung vom Grad k, so entspricht $f_*\colon H_n(S^n;G) \to H_n(S^n;G)$ unter den Isomorphismen $H_n(S^n;G) \cong H_n(S^n) \otimes G \cong G$ dem Homomorphismus $G \to G$, $g \mapsto kg$.

10.6.2 Beispiel Für den reellen projektiven Raum P^n ist $H_q(P^n;\mathbb{Z}_2) \cong \mathbb{Z}_2$ für $0 \leq q \leq n$ und $= 0$ sonst.

Erster Beweis: Benutzen Sie das universelle Koeffiziententheorem und 9.9.14.

Zweiter Beweis: Wir berechnen wie in 9.9.13 die zelluläre Homologie des CW-Raumes $P^n = e^0 \cup e^1 \cup \ldots \cup e^n$. Im zellulären Kettenkomplex $C(P^n) \otimes \mathbb{Z}_2$ ist nach 9.9.13 $(\partial \otimes \mathrm{id})(e^q \otimes 1) = \pm(1 \pm 1)e^{q-1} \otimes 1 = e^{q-1} \otimes (1 \pm 1) = e^{q-1} \otimes 0 = 0$. Daher sind alle Randoperatoren Null, und folglich stimmen Homologie- und Kettengruppen überein. Mit 10.5.6 folgt $H_q(P^n;\mathbb{Z}_2) \cong H_q(C(P^n) \otimes \mathbb{Z}_2) = C_q(P^n) \otimes \mathbb{Z}_2 \cong \mathbb{Z}_2$ für $0 \leq q \leq n$.

10.6.3 Beispiel Der Teilraum $P^1 \subset P^2$ ist das 1-Gerüst, und nach 4.2.8 ist $P^2/P^1 \approx S^2$. Sei $f\colon P^2 \to S^2 = e^0 \cup e^2$ die Abbildung, die P^1 zum Punkt e^0 identifiziert. Weil f die 2-Zelle von P^2 homöomorph auf die von S^2 abbildet, ist $f_\bullet\colon C_2(P^2) \to C_2(S^2)$ nach 9.4.8 ein Isomorphismus. Aus dem vorigen Beispiel und 10.5.6 (b) folgt, daß $f_*\colon H_2(P^2;\mathbb{Z}_2) \to H_2(S^2;\mathbb{Z}_2)$ ein Isomorphismus, also speziell $f_* \neq 0$ ist. Damit haben wir bewiesen, daß $f\colon P^2 \to S^2$ nicht nullhomotop ist. Man beachte, daß man wegen $f_* = 0\colon H_q(P^2) \to H_q(S^2)$ für $q \neq 0$ diese Aussage mit der ganzzahligen Homologie nicht beweisen kann.

Dieses Beispiel rechtfertigt auch die Bemerkung 10.4.8: Für eine stetige Abbildung $f\colon X \to Y$ ist das Diagramm

$$
\begin{array}{ccc}
H_q(X;G) & \cong & H_q(X) \otimes G \quad \oplus \quad \mathrm{Tor}\,(H_{q-1}(X),G) \\
\downarrow {\scriptstyle f_*} & & \quad\downarrow {\scriptstyle (f_* \otimes \mathrm{id}) \oplus \mathrm{Tor}\, f_*} \\
H_q(Y;G) & \cong & H_q(Y) \otimes G \quad \oplus \quad \mathrm{Tor}\,(H_{q-1}(Y),G) \quad,
\end{array}
$$

in dem die Isomorphismen aus dem universellen Koeffiziententheorem kommen, i.a. nicht kommutativ. Andernfalls würde nämlich aus $f_* = 0\colon H_q(X) \to H_q(Y)$ und

$f_* = 0$: $H_{q-1}(X) \to H_{q-1}(Y)$ auch $f_* = 0$: $H_q(X;G) \to H_q(Y;G)$ folgen; nach dem obigen Beispiel ist das nicht der Fall.

Im folgenden nehmen wir an, daß der Koeffizientenbereich G ein Körper ist. Dieser Fall ist deshalb interessant, weil Vektorräume einfacher als abelsche Gruppen sind und weil nach 10.2.7 folgendes gilt:

10.6.4 Satz *Ist G ein Körper, so sind die mit G tensorierten simplizialen, singulären und zellulären Kettengruppen Vektorräume über G, und die Randoperatoren $\partial \otimes$ id sind lineare Abbildungen. Daher sind die Zyklen-, Ränder- und Homologiegruppen ebenfalls Vektorräume über G, und die von simplizialen, stetigen bzw. zellulären Abbildungen induzierten Homomorphismen der Ketten- und Homologiegruppen sind ebenfalls lineare Abbildungen.*   □

10.6.5 Definition Sind die Homologiegruppen eines Raumes X endlich erzeugt, so ist $H_q(X) \cong \mathbb{Z}^{p_q} \oplus \mathbb{Z}_{t_q^1} \oplus \ldots \oplus \mathbb{Z}_{t_q^{r_q}}$ mit $p_q \geq 0$, $r_q \geq 0$ und $1 < t_q^1|t_q^2|\ldots|t_q^{r_q}$, vgl. 8.1.14. Wie in 7.1.10 heißen p_q die *q-te Bettizahl* und die t_q^i die *q-dimensionalen Torsionskoeffizienten von X*. Wenn nur endlich viele Homologiegruppen von X ungleich Null sind, ist die *Euler-Charakteristik von X* definiert durch $\chi(X) = \sum_{q=0}^{\infty}(-1)^q p_q$.

Die Euler-Charakteristik läßt sich einfacher berechnen, wenn man Homologiegruppen mit Koeffizienten in $\mathbb{R}$ betrachtet. Aus dem universellen Koeffiziententheorem und 10.3.6 folgt $H_q(X;\mathbb{R}) \cong H_q(X) \otimes \mathbb{R}$. Bildet man $H_q(X) \otimes \mathbb{R}$, so verschwindet der Torsionsteil wegen $\mathbb{Z}_t \otimes \mathbb{R} = 0$. Genauer erhält man mit 10.2.7 folgende Aussage (in der man $\mathbb{R}$ durch jeden Körper der Charakteristik Null ersetzen darf):

10.6.6 Satz *Die ganzzahligen Homologiegruppen von X seien endlich erzeugt. Dann ist $H_q(X;\mathbb{R}) \cong H_q(X) \otimes \mathbb{R}$ ein p_q-dimensionaler reeller Vektorraum. Ist $\beta_1,\ldots,\beta_{p_q} \in H_q(X)$ eine Bettibasis, so bilden $\beta_1 \otimes 1,\ldots, \beta_{p_q} \otimes 1$ eine Vektorraumbasis von $H_q(X) \otimes \mathbb{R}$. Also ist $\chi(X) = \sum_{q=0}^{\infty} \dim H_q(X;\mathbb{R})$.*   □

Für eine Primzahl m ist der Restklassenring $\mathbb{Z}_m$ ein Körper. Aus 10.6.5 folgt

$$H_q(X) \otimes \mathbb{Z}_m \cong \mathbb{Z}_m^{p_q} \oplus \bigoplus_i (\mathbb{Z}_{t_q^i} \otimes \mathbb{Z}_m), \; \mathrm{Tor}(H_{q-1}(X),\mathbb{Z}_m) \cong \bigoplus_j \mathrm{Tor}(\mathbb{Z}_{t_{q-1}^j},\mathbb{Z}_m).$$

Daraus erhalten wir mit den Rechenregeln für $\otimes$ und Tor folgende Aussage (in der man $\mathbb{Z}_m$ durch jeden Körper der Charakteristik m ersetzen darf):

10.6.7 Satz *Für eine Primzahl m ist $H_q(X;\mathbb{Z}_m)$ ein Vektorraum über dem Körper $\mathbb{Z}_m$ der Dimension $p_q + s_q + s_{q-1}$, wobei s_q die Anzahl der durch m teilbaren q-dimensionalen Torsionskoeffizienten ist. Daher gilt für die Euler-Charakteristik von X die Formel $\chi(X) = \sum_{q=0}^{\infty}(-1)^q \dim H_q(X;\mathbb{Z}_m)$.*   □

10.6.8 Satz *Ist X ein endlicher n-dimensionaler CW-Raum und bezeichnet α_q für $0 \le q \le n$ die Anzahl seiner q-Zellen, so gilt $\chi(X) = \sum_{q=0}^{n}(-1)^q\alpha_q$.*

Beweis Wir bezeichnen $\partial_q \otimes \mathrm{id}\colon C_q(X) \otimes \mathbb{R} \to C_{q-1}(X) \otimes \mathbb{R}$ zur Abkürzung mit $d_q\colon C_q \to C_{q-1}$. Dies ist eine lineare Abbildung zwischen Vektorräumen, also gilt die aus der linearen Algebra bekannte Formel

$$\dim Z_q + \dim B_{q-1} = \dim C_q = \alpha_q \text{ mit } Z_q = \mathrm{Kern}\, d_q,\ B_{q-1} = \mathrm{Bild}\, d_q;$$

dabei steht dim für Vektorraumdimension ($\dim C_q = \alpha_q$ folgt aus 10.2.7). Wegen $H_q(X;\mathbb{R}) = Z_q/B_q$ ist aber auch $p_q = \dim H_q(X;\mathbb{R}) = \dim Z_q - \dim B_q$. Man eliminiert $\dim Z_q$ aus beiden Formeln, multipliziert mit $(-1)^q$ und addiert für $q = 0,\dots,n$. Wegen $B_{-1} = 0$ und $B_n = 0$ folgt der Satz. $\qquad\square$

10.6.9 Beispiele Im folgenden sei X ein endlicher CW-Raum.
(a) Die Zellen-Anzahlen α_q sind natürlich keine topologischen Invarianten von X. Aber die Wechselsumme $\sum(-1)^q\alpha_q$ ist eine topologische Invariante, sogar eine Invariante des Homotopietyps. Wegen 10.6.8 stimmt für einen Simplizialkomplex K die in 3.1.A13 gegebene Definition der Euler-Charakteristik mit der obigen überein.
(b) Aus den früher angegebenen Zellzerlegungen der folgenden Räume folgt:

$$\chi(F_g) = 2 - 2g,\ \chi(N_g) = 2 - g,\ \chi(D^n) = 1,$$

$$\chi(S^n) = 1 + (-1)^n,\ \chi(P^n(\mathbb{R})) = \frac{1}{2}(1 + (-1)^n),$$

$$\chi(P^n(\mathbb{C})) = \chi(P^n(\mathbb{H})) = n + 1.$$

(c) *Eulerscher Polyedersatz:* Ist X ein zu S^2 homöomorpher CW-Raum, so gilt die Formel $\alpha_0 - \alpha_1 + \alpha_2 = 2$. (Hier sind wir etwas voreilig: woher wissen wir, daß eine Zellzerlegung von S^2 keine Zellen der Dimension > 2 enthält? Vgl. 11.2.A4 (d).)
(d) Ist $\tilde{X} \to X$ eine k-blättrige Überlagerung, so hat nach 6.8.1 (a) der CW-Raum $\tilde{X}$ genau $k\alpha_q$ Zellen der Dimension q; daher ist $\chi(\tilde{X}) = k\chi(X)$.

Aufgaben

10.6.A1 Führen Sie die Details in 10.6.9 aus.

10.6.A2 Zwei endliche CW-Räume vom gleichen Homotopietyp haben beide eine gerade Anzahl von Zellen oder beide eine ungerade.

10.6.A3 Für die Überlagerung $p\colon S^n \to P^n$ ist $p_* = 0\colon H_n(S^n;\mathbb{Z}_2) \to H_n(P^n;\mathbb{Z}_2)$.

10.6.A4 Für endliche CW-Räume X und Y ist $\chi(X \times Y) = \chi(X)\chi(Y)$.

10.6.A5 Zeigen Sie als Anwendung von 10.6.9 (d):
(a) S^2 überlagert nur sich selbst (Blätterzahl 1) und P^2 (Blätterzahl 2).
(b) Ist $\tilde{X} \to X$ eine endlich-blättrige Überlagerung, wobei einer der Räume ein Torus ist, so ist der andere ein Torus oder eine Kleinsche Flasche.

(c) Ist F_h Überlagerung von F_g und $g \neq 1$, so ist $(h - 1)$ durch $(g - 1)$ teilbar, und der Quotient ist die Blätterzahl.

(d) Erweitern Sie diese Aussagen auf nicht-orientierbare Flächen.

(Hinweis: Benutzen Sie den Klassifikationssatz für Flächen.)

10.7 Notizen

Unsere algebraischen Untersuchungen in den Abschnitten 10.2 bis 10.4 sind ein sehr spezieller Ausschnitt aus der Theorie der Tensor- und Torsionsprodukte, die man in der Homologischen Algebra untersucht; wir haben genau das gebracht, was wir für das universelle Koeffiziententheorem 10.4.6 brauchten, und viele naheliegende Punkte nicht angesprochen. Eine wichtige Verallgemeinerung erhält man, wenn man Koeffizientenbereiche G betrachtet, die nicht nur abelsche Gruppen sind, sondern zusätzlich die Struktur eines Λ-Moduls haben, wobei Λ ein kommutativer Ring ist. Dann sind die Kettengruppen des Kettenkomplexes $C \otimes G$ ebenfalls Λ-Moduln, die Randoperatoren sind Λ-lineare Abbildungen, und daher sind Zyklen-, Ränder- und Homologiegruppen ebenfalls Λ-Moduln. Aus einem einfachen Grund lassen sich unsere Ergebnisse jedoch nicht unverändert übertragen: Untermoduln freier Moduln müssen nicht frei sein — und die Tatsache, daß Untergruppen freier abelscher Gruppen frei abelsch sind, haben wir ja ständig benutzt. Aber die Methoden lassen sich verallgemeinern und führen zu interessanten Theorien, die in der Algebra und in der Topologie viele Anwendungen haben (vgl. z.B. [Hilton-Stammbach]).

11 Einige Anwendungen der Homologietheorie

11.1 Topologische Eigenschaften der Sphären

Als erste Anwendung beweisen wir den Satz 1.1.17 von der Invarianz der Dimension; der damalige Beweis ist ja unvollständig, da wir den unbewiesenen Satz von der Invarianz des Gebiets vorausgesetzt hatten. Zu zeigen ist, daß für $m \neq n$ sowohl $S^m \not\approx S^n$ als auch $\mathbb{R}^m \not\approx \mathbb{R}^n$ gilt (zur Aussage $D^m \not\approx D^n$ siehe 11.2.5). Für $m = 0$ ist beides trivial. Sei $m > 0$. Dann ist $H_m(S^m) \cong \mathbb{Z}$ und $H_m(S^n) = 0$, also sind S^m und S^n nicht homöomorph (sie haben sogar verschiedenen Homotopietyp). Aus $\mathbb{R}^m \approx \mathbb{R}^n$ folgt durch Übergang zu den Einpunktkompaktifizierungen $S^m \approx S^n$, also $m = n$. Wer diese Konstruktion nicht benutzen will, kann auch so argumentieren: Aus $\mathbb{R}^m \approx \mathbb{R}^n$ folgt $\mathbb{R}^m \setminus 0 \approx \mathbb{R}^n \setminus 0$, daraus $S^{m-1} \simeq S^{n-1}$ und somit $m = n$.

Als nächstes verallgemeinern wir einige der Sätze aus 2.2 über die Kreislinie auf höherdimensionale Sphären.

11.1.1 Satz S^n *ist nicht zusammenziehbar und ist nicht Retrakt von* D^{n+1}.

Beweis Das Erste ist richtig, weil S^n nicht die gleichen Homologiegruppen wie ein Punkt hat. Es ist leicht zu zeigen, daß Retrakte zusammenziehbarer Räume zusammenziehbar sind; daher folgt die zweite Aussage aus der ersten. $\square$

Die letzte Aussage ist ein Standardbeispiel, um die Methode der Algebraischen Topologie zu demonstrieren. Die Frage, ob S^n Retrakt von D^{n+1} ist, ist äquivalent zu folgendem Fortsetzungsproblem für stetige Abbildungen (wobei i die Inklusion ist):

$$
\begin{array}{ccc}
D^{n+1} & & \\
{\scriptstyle i}\big\uparrow & \searrow{\scriptstyle r} & \\
S^n & \xrightarrow{\mathrm{id}} & S^n
\end{array}
$$

Wenn man annimmt, daß r existiert, kann man den Funktor $H_n\colon TOP \to AB$ auf dieses Diagramm anwenden. Man erhält folgendes kommutative Diagramm von Gruppen und Homomorphismen (wobei $f = i_*$ und $g = r_*$ ist):

$$
\begin{array}{ccc}
& 0 & \qquad\qquad\qquad \mathbb{Z} \\
\text{Für } n > 0:\quad f\uparrow \quad \searrow^g & \quad \text{für } n = 0:\quad f\uparrow \quad \searrow^g \\
\mathbb{Z} \xrightarrow{\ \mathrm{id}\ } \mathbb{Z}; & \qquad\qquad \mathbb{Z}\oplus\mathbb{Z} \xrightarrow{\ \mathrm{id}\ } \mathbb{Z}\oplus\mathbb{Z}.
\end{array}
$$

Weil es trivialerweise einen solchen Homomorphismus g nicht gibt, existiert auch die Retraktion r nicht. Der Homologiefunktor hat das komplizierte topologische Problem in ein triviales algebraisches übersetzt. Natürlich liefert diese Methode i.a. nur notwendige und keine hinreichenden Bedingungen für die Lösbarkeit eines topologischen Problems. Daß z.B. $S^1 \vee S^1$ nicht Retrakt von $S^1 \times S^1$ ist, kann man mit den Homologiefunktoren nicht beweisen (wohl aber mit der Fundamentalgruppe).

11.1.2 Satz *(Fixpunktsatz von Brouwer). Jede stetige Abbildung $f\colon D^n \to D^n$ besitzt einen Fixpunkt.*

B e w e i s Der Beweis von 2.2.8 überträgt sich wörtlich; dafür ersetze man dort nur $S^1 \subset D^2 \subset \mathbb{R}^2$ durch $S^{n-1} \subset D^n \subset \mathbb{R}^n$. □

Zum Schluß dieses Abschnitts untersuchen wir einige Eigenschaften des in 9.9.1 definierten Abbildungsgrades.

11.1.3 Satz *Ist $f\colon S^n \to S^n$ eine stetige Abbildung ohne Fixpunkt (d.h. $f(x) \neq x$ für alle $x \in S^n$), so ist f homotop zur Diametralpunktvertauschung $d\colon S^n \to S^n$ und hat also nach 9.9.3 den Grad $(-1)^{n+1}$.*

B e w e i s Eine entsprechende Homotopie $h_t\colon S^n \to S^n$ ist $h_t(x) = \frac{(1-t)f(x) - tx}{|(1-t)f(x) - tx|}$. Wäre der Nenner Null, so würde die Strecke von $f(x)$ nach $-x$ durch den Nullpunkt gehen; dann wäre $-x$ der Antipodenpunkt von $f(x)$, also $f(x) = x$. □

11.1.4 Satz *Ist $f\colon S^n \to S^n$ eine stetige Abbildung ohne Antipodenpunkte (d.h. $f(x) \neq -x$ stets), so ist $f \simeq \mathrm{id}$ und somit Grad $f = 1$.*

B e w e i s Wende den vorigen Satz auf $d \circ f$ an. □

11.1.5 Korollar *Für gerades n hat jede stetige Abbildung $S^n \to S^n$ einen Fixpunkt oder einen Antipodenpunkt.* □

11.1.6 Definition Ein *tangentiales Vektorfeld auf S^n* ist eine stetige Funktion $v\colon S^n \to \mathbb{R}^{n+1}$, so daß für alle $x \in S^n$ der Vektor $v(x)$ orthogonal ist zu x (bezüglich

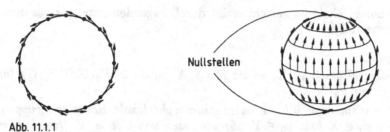

Abb. 11.1.1

des gewöhnlichen Orthogonalitätsbegriffs im $\mathbb{R}^{n+1}$). Eine Nullstelle von v ist ein Punkt $x \in S^n$ mit $v(x) = 0$ (Abb. 11.1.1).

11.1.7 Satz *Für gerades $n > 0$ hat jedes tangentiale Vektorfeld auf S^n eine Nullstelle (für $n = 2$ heißt das: Igel kann man nicht kämmen). Für ungerades n gibt es dagegen tangentiale Vektorfelder ohne Nullstellen.*

Beweis Ist $v: S^n \to \mathbb{R}^{n+1}$ ein tangentiales Vektorfeld ohne Nullstelle, so ist $x \mapsto v(x)/|v(x)|$ eine stetige Abbildung $S^n \to S^n$ ohne Fix- und Antipodenpunkt; für gerades $n > 0$ existiert nach 11.1.5 eine solche Abbildung nicht. Ist $n = 2m - 1$ ungerade, so ist $(x_1, x_2, \ldots, x_{2m-1}, x_{2m}) \mapsto (-x_2, x_1, \ldots, -x_{2m}, x_{2m-1})$ ein tangentiales Vektorfeld auf S^n ohne Nullstelle.   □

Aufgaben

11.1.A1 Der Grad einer orthogonalen Abbildung $f: S^n \to S^n$ ist ihre Determinante.

11.1.A2 Konstruieren Sie für ungerades n eine Abbildung $f: S^n \to S^n$ ohne Fix- und Antipodenpunkt.

11.1.A3 Die Abbildungen $f: S^n \to S^n$ und $Ef: ES^n \to ES^n$ haben den gleichen Grad. (Vgl. hierzu 1.3.A5 und 9.4.A3.)

11.1.A4 Sei $f: S^n \to \mathbb{R}^{n+1}$ eine stetige Abbildung und $z \in \mathbb{R}^{n+1} \backslash f(S^n)$. Der Grad der Abbildung $S^n \to S^n$, $x \mapsto (f(x) - z)/|f(x) - z|$, heißt die Ordnung von f bezüglich z und wird mit $\mathrm{ord}(f, z)$ bezeichnet (für $n = 1$ ist das die Umlaufzahl aus 2.2).
(a) Verallgemeinern Sie 2.2.11 und 2.2.12.
(b) Ist $g: D^{n+1} \to \mathbb{R}^{n+1}$ eine stetige Abbildung und $z \in \mathbb{R}^{n+1} \backslash g(S^n)$ ein Punkt mit $\mathrm{ord}(g|S^n, z) \neq 0$, so ist $z = g(x)$ für ein $x \in D^{n+1}$ (*Kroneckerscher Existenzsatz*).

11.2 Lokale Homologiegruppen und Invarianzsätze

11.2.1 Definition Sei X ein topologischer Raum und $x_0 \in X$. Die Gruppe $H_q(X, X \backslash x_0; G)$ heißt die *q-te lokale Homologiegruppe von X im Punkt x_0 mit Koeffizienten in G*.

Die Bezeichnung „lokal" ist gerechtfertigt durch folgenden Satz, der aus dem Ausschneidungssatz folgt:

11.2.2 Satz
(a) *Ist x_0 abgeschlossen in X, so ist $H_q(X, X \backslash x_0; G) \cong H_q(U, U \backslash x_0; G)$ für jede Umgebung U von x_0 in X.*
(b) *Lokal homöomorphe Räume haben isomorphe lokale Homologiegruppen. Genauer: Seien $x_0 \in X$ bzw. $y_0 \in Y$ abgeschlossen und U bzw. V Umgebungen von x_0 bzw. y_0 in X bzw. Y; wenn es dann einen Homöomorphismus $(U, x_0) \to (V, y_0)$ gibt, so ist $H_q(X, X \backslash x_0; G) \cong H_q(Y, Y \backslash y_0; G)$.* $\quad\square$

11.2.3 Beispiele
(a) Sei $x_0 \in \mathring{D}^n$ ein innerer Punkt von D^n. Dann ist S^{n-1} Deformationsretrakt von $D^n \backslash x_0$, und somit haben (D^n, S^{n-1}) und $(D^n, D^n \backslash x_0)$ dieselben Homologiegruppen. Folglich ist die lokale Homologiegruppe $H_q(D^n, D^n \backslash x_0)$ Null für $q \neq n$ und $\cong \mathbb{Z}$ für $q = n$.
(b) Für $x_0 \in S^{n-1} \subset D^n$ ist $0 \in D^n \backslash x_0$ ein Deformationsretrakt, und daher ist $H_q(D^n, D^n \backslash x_0) = 0$ für alle $q \in \mathbb{Z}$. Die lokalen Homologiegruppen unterscheiden also innere Punkte und Randpunkte von D^n.
(c) Es sei $x_0 \in X$, und es gebe eine abgeschlossene Umgebung U von x_0 in X, so daß gilt: U ist zusammenziehbar, und der Rand $\dot{U}$ von U in X ist Deformationsretrakt von $U \backslash x_0$. Aus 11.2.2 und der Homologiesequenz des Paares $(U, U \backslash x_0)$ erhält man: Für $q > 1$ ist $H_q(X, X \backslash x_0) \cong H_{q-1}(\dot{U})$, und $H_1(X, X \backslash x_0)$ ist eine freie abelsche Gruppe vom Rang $\alpha - 1$, wobei α die Anzahl der Wegekomponenten von $\dot{U}$ ist. Kurz: Die lokale Homologiegruppe beschreibt topologische Eigenschaften des Umgebungsrandes.

11.2.4 Beispiel Sei M eine n-dimensionale topologische Mannigfaltigkeit. Aus dem vorigen Beispiel und 11.2.2 folgt für $x_0 \in M$:

$$H_q(M, M \backslash x_0) \cong \begin{cases} \mathbb{Z} & \text{für } x_0 \in \mathring{M} \text{ und } q = n, \\ 0 & \text{für } x_0 \in \partial M \text{ oder } q \neq n. \end{cases}$$

Die lokalen Homologiegruppen unterscheiden also Randpunkte von inneren Punkten. Daraus ergibt sich folgender Satz, den wir in 1.5 aus dem (dort nicht bewiesenem) Satz von der Invarianz des Gebiets abgeleitet haben:

11.2.5 Satz *Mannigfaltigkeiten verschiedener Dimension sind nicht homöomorph. Ein Homöomorphismus $M \to N$ von Mannigfaltigkeiten bildet ∂M homöomorph auf ∂N ab.* $\quad\square$

11.2.6 Konstruktion Im folgenden sei K ein Simplizialkomplex.
(a) Für ein Simplex $\sigma_0 \in K$ sei $S(\sigma_0) = S_K(\sigma_0)$ die Menge aller Simplexe, die σ_0 als Seite haben, einschließlich aller Seiten dieser Simplexe; ferner sei $T(\sigma_0) =$

$T_K(\sigma_0)$ die Menge aller Simplexe von $S(\sigma_0)$, die σ_0 nicht als Seite haben. $S(\sigma_0)$ heißt der *Stern* von σ_0 in K und $T(\sigma_0)$ heißt der *Rand des Sternes*. Beides sind Teilkomplexe von K. Wenn $\sigma_0 = x \in K$ eine Ecke ist, so ist $|S(x)| = \overline{St}_K(x)$ und $|T(x)| = \dot{St}_K(x)$, wobei $St_K(x) \subset |K|$ der in 3.2.8 definierte Eckenstern ist.

(b) Für jeden Punkt $x_0 \in \sigma_0$ ist $|S(\sigma_0)|$ eine Umgebung von x_0 in $|K|$, und daher ist die lokale Homologiegruppe isomorph zu $H_q(|S(\sigma_0)|, |S(\sigma_0)|\backslash x_0)$. Für jeden von x_0 verschiedenen Punkt $x \in |S(\sigma_0)|$ schneidet die bei x_0 beginnende Halbgerade, die durch x geht, $|T(\sigma_0)|$ in einem Punkt $r(x)$. Weil die Strecke von x nach $r(x)$ in einem abgeschlossenen Simplex liegt, wird durch $h_t(x) = (1 - t)x + tr(x)$ eine Homotopie $h_t\colon |S(\sigma_0)|\backslash x_0 \to |S(\sigma_0)|\backslash x_0$ definiert, die uns folgendes zeigt: $|T(\sigma_0)|$ ist strenger Deformationsretrakt von $|S(\sigma_0)|\backslash x_0$. Daher ist nach 9.3.6 die obige Homologiegruppe isomorph zu $H_q(|S(\sigma_0)|, |T(\sigma_0)|)$, und diese ist isomorph zur simplizialen Homologiegruppe $H_q(S(\sigma_0), T(\sigma_0))$. Fassen wir zusammen (wobei wir wieder beliebige Koeffizienten zulassen):

11.2.7 Satz *Ist $\sigma_0 \in K$ das Trägersimplex von $x_0 \in |K|$, so ist die q-te lokale Homologiegruppe von $|K|$ bei x_0 mit Koeffizienten in G isomorph zur simplizialen Homologiegruppe $H_q(S_K(\sigma_0), T_K(\sigma_0); G)$.* $\square$

11.2.8 Folgerungen
(a) Die lokalen Homologiegruppen von $|K|$ bei x und y sind isomorph, wenn x und y im gleichen Simplex von K liegen. Sie sind Null für alle $q > \dim K$.

(b) Ist $\sigma \in K$ ein q-Simplex, das nicht Seite eines $(q+1)$-Simplex ist, so ist $|S(\sigma)| = \bar{\sigma}$ und $|T(\sigma)| = \dot{\sigma}$ und daher $H_q(|K|, |K|\backslash x) \cong \mathbb{Z}$ für alle $x \in \sigma$.

(c) *Die Dimension von K ist die größte Zahl n, so daß es Punkte $x \in |K|$ mit $H_n(|K|, |K|\backslash x) \neq 0$ gibt.* Daher haben zwei Simplizialkomplexe, deren zugrunde-liegende Räume homöomorph sind, gleiche Dimension.

(d) Wegen (c) kann man die *Dimension eines Polyeders X* durch $\dim X = \dim K$ definieren, wobei K eine Triangulation von X ist.

Zur Vorbereitung auf 11.3 zeigen wir noch, daß ein Simplizialkomplex, der eine Mannigfaltigkeit trianguliert, einige besonders schöne Eigenschaften hat.

11.2.9 Satz *Sei K ein Simplizialkomplex, so daß $M = |K|$ eine zusammenhängende n-dimensionale Mannigfaltigkeit ist (mit oder ohne Rand). Dann gilt:*

(a) $\dim K = n$.

(b) *Jedes Simplex von K ist Seite eines n-Simplex.*

(c) *Jedes $(n-1)$-Simplex ist Seite von höchstens zwei n-Simplexen.*

(d) *Sei ∂K die Menge aller $(n-1)$-Simplexe, die Seite von genau einem n-Simplex sind, zusammen mit ihren sämtlichen Seiten. Dann ist $\partial K \subset K$ ein Teilkomplex mit $|\partial K| = \partial M$.*

(e) *K ist stark zusammenhängend, d.h. zu je zwei n-Simplexen σ und τ von K gibt es eine Kette $\sigma_1, \dots, \sigma_k$ von n-Simplexen mit $\sigma_1 = \sigma$ und $\sigma_k = \tau$, so daß σ_i und*

σ_{i+1} *für* $i = 1, \dots, k-1$ benachbart *sind, d.h. eine gemeinsame* $(n-1)$-*dimensionale Seite haben.*

Simplizialkomplexe mit diesen Eigenschaften nennt man auch *Pseudomannigfaltigkeiten.* Wenn K diese Eigenschaften hat, folgt nicht, daß $|K|$ eine Mannigfaltigkeit ist (Beispiel: $S^1 \times S^1 / S^1 \times 1$).

Beweis (a) und (b) sind nach den vorherigen Überlegungen und 11.2.8 (b) klar.

(c) Sind $\tau_1, \dots, \tau_r$ die n-Simplexe, die das $(n-1)$-Simplex σ als Seite haben, so ist eine n-Kette $a_1\tau_1 + \dots + a_r\tau_r$ von $S(\sigma)$ genau dann ein Zyklus relativ $T(\sigma)$, wenn (bei geeigneter Orientierung) $a_1 + \dots + a_r = 0$ ist. Daher ist $H_n(M, M\backslash x) \cong H_n(S(\sigma), T(\sigma)) \cong \mathbb{Z}^{r-1}$ für $x \in \sigma$, folglich $r = 1$ für $x \in \partial M$ und $r = 2$ für $x \in \overset{\circ}{M}$.

(d) Diese Überlegung zeigt auch, daß die $(n-1)$-Simplexe von ∂K in ∂M liegen; weil ∂M in M abgeschlossen ist, folgt $|\partial K| \subset \partial M$. Die Simplexe von K, die ∂M treffen, liegen wegen 11.2.8 (a) ganz in ∂M, und sie bilden eine Triangulation $K_1 \subset K$ der $(n-1)$-Mannigfaltigkeit ∂M. Die Überlegung in (c) zeigt, daß die $(n-1)$-Simplexe von K_1 in ∂K liegen. Daraus folgt mit (b), angewandt auf $\partial M = |K_1|$, daß jedes Simplex von K_1 in ∂K liegt, d.h. $\partial M \subset |\partial K|$.

(e) Sei x eine Ecke von K, die nicht in ∂M liegt. Sei M_x die Menge aller n-Simplexe von K mit Ecke x. Für $\sigma, \tau \in M_x$ schreiben wir $\sigma \sim \tau$, wenn es eine Kette von n-Simplexen wie in (e) gibt, die alle in M_x liegen. Das ist eine Äquivalenzrelation in der Menge M_x; es sei k die Anzahl der Äquivalenzklassen. Es ist leicht zu zeigen, daß $H_n(M, M\backslash x; \mathbb{Z}_2) \cong H_n(S(x), T(x); \mathbb{Z}_2) \cong \mathbb{Z}_2^k$ gilt (sind $\sigma_1, \dots, \sigma_r$ die n-Simplexe einer Äquivalenzklasse, so liefert $\sum \sigma_i \otimes 1$ einen Summanden $\mathbb{Z}_2$). Wegen 11.2.4 und 10.5.3 ist die linke Gruppe jedoch isomorph $\mathbb{Z}_2$, so daß $k = 1$ folgt. Damit ist (e) in dem Fall bewiesen, daß σ und τ eine Ecke gemeinsam haben, die nicht in ∂M liegt. Daraus und aus dem Zusammenhang von $|K| = M$ folgt der allgemeine Fall. □

Aufgaben

11.2.A1 Beweisen Sie 11.2.2.

11.2.A2 Führen Sie die Details in den Beweisen von 11.2.6 und 11.2.9 aus.

11.2.A3 Sei $M = |K|$ mit $\partial M = |\partial K|$ wie in 11.2.9, wobei $\partial M \neq \emptyset$ sei. Zeigen Sie wie folgt, daß die Verdopplung $2M$ von M triangulierbar ist:
(a) Man kann K so in einem hochdimensionalen euklidischen Raum $\mathbb{R}^m$ realisieren, daß genau die Simplexe von ∂K in $\mathbb{R}^{m-1} = \mathbb{R}^{m-1} \times 0$ liegen (Hinweis: 3.1.A10 und A11).
(b) Durch Spiegelung von K an der Hyperebene $\mathbb{R}^{m-1}$ erhält man einen Simplizialkomplex K^+ im $\mathbb{R}^m$ mit $K \cap K^+ = \partial K$.
(c) Die Menge $2K = K \cup K^+$ ist ein Simplizialkomplex mit $|2K| \approx 2M$.

11.2.A4 Sei F eine geschlossene Fläche mit Triangulation K. Zeigen Sie:
(a) K ist ein 2-dimensionaler Simplizialkomplex, in dem jede Kante Seite von genau zwei Dreiecken ist.

(b) Ist α_1, α_2 die Kanten-bzw. Dreieckszahl von K, so ist $3\alpha_2 = 2\alpha_1$.

(c) Für die Eckenzahl α_0 von K gilt $\alpha_0 \geq \frac{1}{2}(7 + \sqrt{49 - 24\chi(F)})$.

(d) Für $F = S^2$ ist $\alpha_0 \geq 4$, $\alpha_1 \geq 6$, $\alpha_2 \geq 4$.

(e) Für $F = P^2$ ist $\alpha_0 \geq 6$, $\alpha_1 \geq 15$, $\alpha_2 \geq 10$.

(f) Für $F = S^1 \times S^1$ ist $\alpha_0 \geq 7$, $\alpha_1 \geq 21$, $\alpha_2 \geq 14$.

11.3 Orientierung triangulierbarer Mannigfaltigkeiten

In diesem Abschnitt ist M eine n-dimensionale topologische Mannigfaltigkeit, die zusammenhängend und triangulierbar ist. Wir dürfen dann annehmen, daß es Simplizialkomplexe $\partial K \subset K$ mit $|K| = M$ und $|\partial K| = \partial M$ gibt, die die in 11.2.9 aufgezählten Eigenschaften haben. Es darf $\partial K = \emptyset = \partial M$ sein; M ist dann eine geschlossene Mannigfaltigkeit. Für $q > n$ ist $H_q(M; G) \cong H_q(K; G) = 0$ und analog $H_q(M, \partial M; G) = 0$ für jede Koeffizientengruppe G. Wir untersuchen die n-te Homologiegruppe von M und $(M, \partial M)$ mit Koeffizienten in G.

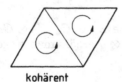 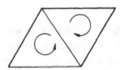

kohärent   nicht kohärent

Abb. 11.3.1

11.3.1 Definition Zwei orientierte n-Simplexe von K, die benachbart sind, heißen *kohärent orientiert*, wenn sie in ihrer gemeinsamen $(n-1)$-dimensionalen Seite entgegengesetzte Orientierung induzieren (Abb. 11.3.1). K heißt *orientierbar*, wenn man alle n-Simplexe von K kohärent orientieren kann (d.h. so, daß je zwei benachbarte kohärent orientiert sind).

11.3.2 Lemma *Sind $\sigma_1, \ldots, \sigma_r$ die n-Simplexe von K, so sind die Zyklen von K relativ ∂K genau die Ketten der Form $z = \sigma_1 \otimes g + \ldots + \sigma_r \otimes g \in C_n(K) \otimes G$ mit $g \in G$, wobei die $\sigma_1, \ldots, \sigma_r$ kohärent orientiert sind oder $2g = 0$ ist (oder beides).*

Beweis Wir zeigen zuerst, daß z ein Zyklus ist. Sei τ ein orientiertes $(n-1)$-Simplex, das nicht in ∂K liegt. Dann ist τ Rand von genau zwei n-Simplexen, tritt also in $(\partial \otimes \mathrm{id})(z)$ als $(\varepsilon\tau) \otimes g + (\varepsilon'\tau) \otimes g = \tau \otimes (\varepsilon g + \varepsilon' g)$ auf mit $\varepsilon, \varepsilon' = \pm 1$. Im

Kohärenzfall ist $\varepsilon = -\varepsilon'$, und im Fall $2g = 0$ ist $\varepsilon g + \varepsilon' g = 0$. In jedem Fall tritt τ nicht in $(\partial \otimes \mathrm{id})(z)$ auf, d.h. letzteres ist eine Kette in $C_{n-1}(\partial K) \otimes G$. Sei umgekehrt $z = \sigma_1 \otimes g_1 + \ldots + \sigma_r \otimes g_r \in C_n(K) \otimes G$ ein Zyklus relativ ∂K, wobei $\sigma_1, \ldots, \sigma_r$ zunächst beliebig orientiert sind. Sind σ_i, σ_j benachbart, so tritt ihre gemeinsame $(n-1)$-dimensionale Seite τ in $(\partial \otimes \mathrm{id})(z)$ als $\tau \otimes (\pm g_i \pm g_j)$ auf, so daß $g_i = \pm g_j$ sein muß. Aus dem starken Zusammenhang von K folgt, daß dies für alle i und j gilt. Wegen $\sigma_i \otimes (-g_i) = (-\sigma_i) \otimes g_i$ können wir die Simplexe so umorientieren, daß z die Form $z = \sigma_1 \otimes g + \ldots + \sigma_r \otimes g$ hat. Wenn die $\sigma_1, \ldots, \sigma_r$ nicht kohärent orientiert sind, gibt es mindestens ein $(n-1)$-Simplex $\tau \notin \partial K$, das in $(\partial \otimes \mathrm{id})(z)$ als $(\pm 2\tau) \otimes g = \pm \tau \otimes (2g)$ auftritt; daher muß $2g = 0$ sein (man beachte 10.2.6). $\square$

11.3.3 Satz *Im Fall $\partial M \neq \emptyset$ ist $H_n(M; G) = 0$.*

Beweis Sei $z \in C_n(K) \otimes G$ ein Zyklus; dann hat z die Form wie in 11.3.2. Jedes $(n-1)$-Simplex $\tau \in \partial K$ tritt in $(\partial \otimes \mathrm{id})(z) = 0$ in der Form $(\pm \tau) \otimes g$ auf. Daher ist $g = 0$ und folglich die Zyklengruppe gleich Null. $\square$

11.3.4 Satz *Die n-te Homologiegruppe von $(M, \partial M)$ ist*

$$H_n(M, \partial M; G) \cong \begin{cases} G & K \ \text{orientierbar,} \\ \{g \in G \mid 2g = 0\} & K \ \text{nicht orientierbar.} \end{cases}$$

Beweis Diese Gruppe ist isomorph zur Gruppe $Z_n \subset C_n(K) \otimes G$ aller Zyklen von K relativ ∂K; durch $g \mapsto \sigma_1 \otimes g + \ldots + \sigma_r \otimes g$ erhält man wegen 11.3.2 die behauptete Isomorphie. $\square$

11.3.5 Definition und Satz *Die Mannigfaltigkeit M heißt orientierbar, wenn eine der folgenden Bedingungen erfüllt ist (die nach 11.3.4 äquivalent sind):*

(a) *Jede Triangulation von M ist orientierbar.*

(b) *Es ist $H_n(M, \partial M) \cong \mathbb{Z}$.*

(c) *Es ist $H_n(M, \partial M; G) \cong G$ für jede Koeffizientengruppe G.*

Wenn $M = |K|$ orientierbar ist, so ist die Summe z_K der kohärent orientierten n-Simplexe von K ein Zyklus relativ ∂K, der $H_n(K, \partial K) \cong \mathbb{Z}$ erzeugt; er heißt ein Fundamentalzyklus von $(K, \partial K)$. Sein Bild $\{M\} = \Theta(z_K) \in H_n(M, \partial M)$ unter $\Theta \colon H_n(K, \partial K) \overset{\cong}{\to} H_n(M, \partial M)$ heißt eine Fundamentalklasse von $(M, \partial M)$. $\square$

Man beachte, daß z_K und $\{M\}$ nur bis auf das Vorzeichen bestimmt sind. Ist M geschlossen, so ist z_K ein Zyklus und $\{M\} \in H_n(M) \cong \mathbb{Z}$. Der Fundamentalzyklus ist das Paradebeispiel, wie man sich einen höherdimensionalen Zyklus vorstellen kann (vgl. 7.1.8 (c)). Aus dieser Vorstellung, daß jede geschlossene orientierbare n-Mannigfaltigkeit ein Zyklus ist, hat sich der Homologiebegriff historisch entwickelt.

11.3.6 Bemerkung Um die orientierbare Mannigfaltigkeit $M = |K|$ zu *orientieren*, gibt es zwei Methoden. Erstens: Man orientiert ein n-Simplex fest; durch die Kohärenzbedingung sind dadurch die Orientierungen aller n-Simplexe und somit z_K und $\{M\}$ bestimmt. Zweitens: Man wählt eine Erzeugende $\alpha \in H_n(M, \partial M)$; dann gibt es genau eine kohärente Orientierung der n-Simplexe $\sigma_1, \ldots, \sigma_r$ von K mit $\alpha = \Theta(\sigma_1 + \ldots + \sigma_r)$.

11.3.7 Beispiele
(a) Die orientierbaren Flächen F_g sind wegen $H_2(F_g) \cong \mathbb{Z}$ orientierbar, die nicht orientierbaren Flächen N_g sind es wegen $H_2(N_g) = 0$ nicht, vgl. 1.4.21. Das Möbiusband M in 7.4.7 ist nicht orientierbar; zum Beweis setze man die Homologiesequenz in 7.4.7 nach links fort und beachte $H_2(M) = 0$; es folgt $H_2(M, \partial M) = 0$.

(b) S^n und D^n sind orientierbar, und die in 9.5.4 definierten Elemente $\{S^n\}$ und $\{D^n\}$ sind Fundamentalklassen im obigen Sinn.

(c) Der reelle projektive Raum P^n ist nach 9.9.14 für ungerades n orientierbar, für gerades n nicht. Wir stellen uns vor, daß P^n so trianguliert ist, daß für $q < n$ die projektiven Teilräume $P^q \subset P^n$ Teilkomplexe sind. Weil $i_*\colon H_q(P^q) \to H_q(P^n)$ surjektiv ist, kann man die Aussagen in 9.9.14 wie folgt geometrisch verstehen: Für gerades $q > 0$ ist deshalb $H_q(P^n) = 0$, weil P^q nicht orientierbar ist. Für ungerades q mit $0 < q < n$ wird $H_q(P^n) \cong \mathbb{Z}_2$ von $i_*(\{P^q\})$ erzeugt; der orientierbare projektive Teilraum P^q ist also der wesentliche q-Zyklus in P^n.

(d) Nach 9.9.10 sind die komplexen und die quaternionalen projektiven Räume orientierbar (triangulierbar sind sie nach 3.1.9 (e)). Für $q < n$ stellen wir uns den Teilraum $P\mathbb{C}^q \subset P\mathbb{C}^n$ als eine $2q$-dimensionale triangulierbare Mannigfaltigkeit in $P\mathbb{C}^n$ vor, deren Fundamentalzyklus, als Zyklus in $P\mathbb{C}^n$ aufgefaßt, ein erzeugendes Element von $H_{2q}(P\mathbb{C}^n) \cong \mathbb{Z}$ repräsentiert. Analoges gilt für die quaternionalen projektiven Räume.

Im nicht orientierbaren Fall ist wegen 11.3.4 die Koeffizientengruppe $G = \mathbb{Z}_2$ die geeignete, um die Homologie zu beschreiben:

11.3.8 Definition Sind $\sigma_1, \ldots, \sigma_r$ die (nicht orientierten) n-Simplexe von K, so ist $z_K^2 = \sum(\sigma_i \otimes 1) \in C_n(K) \otimes \mathbb{Z}_2$ ein Zyklus relativ ∂K, der $H_n(K, \partial K; \mathbb{Z}_2) \cong \mathbb{Z}_2$ erzeugt; er heißt der *Fundamentalzyklus modulo 2 von* $(K, \partial K)$. Sein Bild $\{M\}_2 = \Theta(z_K^2) \in H_n(M, \partial M; \mathbb{Z}_2)$ unter $\Theta\colon H_n(K, \partial K; \mathbb{Z}_2) \overset{\cong}{\to} H_n(M, \partial M; \mathbb{Z}_2)$ heißt die *Fundamentalklasse modulo 2 von* $(M, \partial M)$.

Diese Definition ist im orientierbaren und im nicht orientierbaren Fall sinnvoll. Ist M geschlossen, so ist z_K^2 ein Zyklus und $\{M\}_2 \in H_n(M; \mathbb{Z}_2) \cong \mathbb{Z}_2$.

11.3.9 Beispiel Nach 10.6.2 ist $H_q(P^n; \mathbb{Z}_2) \cong \mathbb{Z}_2$ für $0 \le q \le n$; wie in 11.3.7 (c) können wir uns vorstellen, daß der Fundamentalzyklus modulo 2 von $P^q \subset P^n$ die Gruppe erzeugt.

Man kann auch über die $(n-1)$-te Homologiegruppe von M noch etwas aussagen:

11.3.10 Satz *Die Torsionsuntergruppe von $H_{n-1}(M)$ ist bestimmt durch:*

$$\text{Tor } H_{n-1}(M) \cong \begin{cases} 0 & M \text{ orientierbar oder nicht geschlossen,} \\ \mathbb{Z}_2 & M \text{ nicht orientierbar und geschlossen.} \end{cases}$$

Beweis Sei $m \geq 2$ eine ganze Zahl. Wir berechnen $H_n(M; \mathbb{Z}_m)$ zuerst mit den obigen Sätzen und dann mit dem universellen Koeffiziententheorem 10.5.3. Das liefert folgende Aussagen:

falls $\partial M \neq \emptyset$: $0 = \text{Tor } (H_{n-1}(M), \mathbb{Z}_m)$,

falls M orientierbar, $\partial M = \emptyset$: $\mathbb{Z}_m \cong \mathbb{Z}_m \oplus \text{Tor } (H_{n-1}(M), \mathbb{Z}_m)$,

falls M nicht orientierbar, $\partial M = \emptyset$: $\mathbb{Z}_k \cong \text{Tor } (H_{n-1}(M), \mathbb{Z}_m)$.

Dabei ist $k = 1$ für ungerades m und $k = 2$ für gerades m. Aus 10.3.6 folgt in den ersten beiden Fällen, daß $H_{n-1}(M)$ torsionsfrei ist, und im letzten, daß $\text{Tor } H_{n-1}(M) \cong \mathbb{Z}_2$ ist. $\square$

Aufgaben

11.3.A1 Führen Sie die Details im Beweis von 11.3.10 aus.

11.3.A2 Sei $M = |K|$ nicht orientierbar und geschlossen, und sei c die Summe der beliebig orientierten n-Simplexe. Dann ist $\partial c = 2z$ für einen $(n-1)$-Zyklus z auf K, und dessen Homologieklasse erzeugt die Torsionsuntergruppe von $H_{n-1}(K) \cong H_{n-1}(M)$.

11.3.A3 Sei $M = |K|$ eine beliebige n-Mannigfaltigkeit und $L \subset K$ ein Teilkomplex mit $L \neq K$. Dann ist $H_n(|L|) = 0$.

11.3.A4 Seien M und N fest orientierte Mannigfaltigkeiten (mit oder ohne Rand). Der *(Abbildungs-)Grad* einer Abbildung $f: (M, \partial M) \to (N, \partial N)$ ist definiert durch $\text{Grad } f = k$, wobei $f_*(\{M\}) = k\{N\}$ ist. Ein Homöomorphismus $f: M \to N$ heißt *orientierungs-erhaltend* bzw. *-ändernd*, wenn sein Grad $+1$ bzw. -1 ist. Zeigen Sie:
(a) Grad f hängt von den Orientierungen von M und N ab.
(b) Im Fall $M = N$ ist Grad f unabhängig von der Orientierung von M.
(c) Es gibt orientierungsändernde Homöomorphismen $S^n \to S^n$ für $n \geq 2$, $P^m \to P^m$ für ungerade $m \geq 1$ und $F_g \to F_g$ für $g \geq 0$.

11.3.A5 Skizzieren Sie einen Beweis für folgende Aussage: Ist $p: \tilde{M} \to M$ eine k-blättrige Überlagerung, wobei $M = |K|$ orientierbar und geschlossen ist, so ist $\tilde{M}$ triangulierbar (Hinweis: 3.1.A11), orientierbar und p hat den Grad $\pm k$.

11.3.A6 Es gibt Abbildungen $S^1 \times S^1 \to S^1 \times S^1$ von beliebigem Grad.

11.3.A7 Ist $\partial M \neq \emptyset$ und zusammenhängend und ist M orientierbar mit Fundamentalklasse $\{M\}$, so ist ∂M orientierbar, und $\{\partial M\} = \partial_*\{M\}$ ist eine Fundamentalklasse von ∂M; dabei ist ∂_* der Randoperator aus der Homologiesequenz von $(M, \partial M)$. Dagegen kann, wenn M nicht orientierbar ist, ∂M dennoch orientierbar sein.

11.3.A8 Sei $\partial M \neq \emptyset$. Zeigen Sie, daß die Verdopplung $2M$ von M (vgl. 11.2.A3) genau dann orientierbar ist, wenn M es ist. (Eine Möglichkeit: Betrachten Sie die naheliegende Mayer-Vietoris-Sequenz.)

11.4 Orientierung topologischer Mannigfaltigkeiten

Der im vorigen Abschnitt eingeführte Orientierungsbegriff ist zwar geometrisch sehr anschaulich, hat aber den Nachteil, daß er die Triangulation benutzt. Wir erklären die Orientierung ohne dieses Hilfsmittel. Im folgenden ist M eine n-dimensionale, zusammenhängende, topologische Mannigfaltigkeit (die nicht kompakt sein muß); wir setzen voraus, daß der Rand $\partial M = \emptyset$ ist. Nach 11.2.4 ist dann $H_n(M, M\backslash x) \cong \mathbb{Z}$ für alle $x \in M$. Wir zeigen zuerst, wie man sich die Erzeugenden dieser Gruppe vorstellen kann.

11.4.1 Bezeichnung Im folgenden ist $B \subset M$ ein in M eingebetteter n-Ball, und für $x \in \mathring{B}$ ist $i_x\colon (B, \partial B) \to (M, M\backslash x)$ die Inklusion. Dann ist $(i_x)_*\colon H_n(B, \partial B) \to H_n(M, M\backslash x)$ ein Isomorphismus (weil ∂B strenger Deformationsretrakt von $B\backslash x$ ist und wegen 11.2.2 (a)). Für $\alpha \in H_n(B, \partial B)$ setzen wir $\alpha_x = (i_x)_*(\alpha)$. Es folgt: Wenn $\{B\} \in H_n(B, \partial B)$ eine Fundamentalklasse von $(B, \partial B)$ ist, so ist $\{B\}_x \in H_n(M, M\backslash x)$ eine Erzeugende dieser Gruppe.

11.4.2 Definition Eine *lokale Orientierung von M beim Punkt* $x \in M$ ist ein erzeugendes Element $o(x)$ der Gruppe $H_n(M, M\backslash x)$. Eine Funktion $x \mapsto o(x)$, die jedem Punkt $x \in M$ eine lokale Orientierung von M zuordnet, heißt eine *Orientierung von M*, wenn zu jedem n-Ball $B \subset M$ eine Fundamentalklasse $\{B\}$ existiert mit $o(x) = \{B\}_x$ für alle $x \in \mathring{B}$. Wenn es eine Orientierung von M gibt, heißt M *orientierbar*.

Anschaulich bedeutet das folgendes: Man orientiert M lokal bei x, indem man einen Ball $B \subset M$ mit $x \in \mathring{B}$ und eine Fundamentalklasse $\{B\}$ von $(B, \partial B)$ wählt (Abb. 11.4.1; der Pfeil deutet $\{B\}$ an); es gibt genau zwei Fundamentalklassen und somit genau zwei lokale Orientierungen, die sich um das Vorzeichen unterscheiden. Ist $x \mapsto o(x)$ eine Orientierung von M, so ist M nach der obigen Bedingung in jedem Punkt $x \in \mathring{B}$ „gleich orientiert"; weil B variabel ist, bedeutet das, daß M an allen Punkten „gleich orientiert ist" (Abb. 11.4.2).

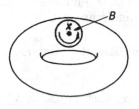

Abb. 11.4.1

Abb. 11.4.2

Abb. 11.4.3

11.4.3 Hilfssatz *Sind $B, B' \subset M$ n-Bälle mit Fundamentalklassen α bzw. α', so ist die Menge $U = \{x \in \mathring{B} \cap \mathring{B}' \mid \alpha_x = \alpha'_x\}$ offen in M.*

Beweis Sei $x \in U$ ein fester Punkt. Es gibt einen n-Ball $B'' \subset \mathring{B} \cap \mathring{B}'$ mit $x \in \mathring{B}''$. Für alle $y \in \mathring{B}''$ ist $M \setminus \mathring{B}''$ strenger Deformationsretrakt von $M \setminus y$, also $H_n(M, M \setminus \mathring{B}'') \cong H_n(M, M \setminus y)$. Daher ist die Bedingung $\alpha_y = \alpha'_y$ äquivalent dazu, daß α unter $H_n(B, \partial B) \to H_n(M, M \setminus \mathring{B}'')$ dasselbe Bild hat wie α' unter $H_n(B', \partial B') \to H_n(M, M \setminus \mathring{B}'')$. Es folgt, daß die Bedingung $\alpha_y = \alpha'_y$ von der Wahl von $y \in \mathring{B}''$ unabhängig ist. Weil sie für $y = x$ erfüllt ist, gilt sie daher für alle Punkte $y \in \mathring{B}''$, d.h. es ist $\mathring{B}'' \subset U$. Folglich ist U offen. $\square$

11.4.4 Bezeichnungen $\hat{M}$ sei die Menge aller Paare $(x, o(x))$, wobei $x \in M$ und $o(x)$ eine lokale Orientierung von M bei x ist, und $p\colon \hat{M} \to M$ sei die Funktion $p(x, o(x)) = x$. Sie ist surjektiv, und jede „Faser" $p^{-1}(x)$ besteht aus genau zwei Elementen. Für jeden n-Ball $B \subset M$ besteht $p^{-1}(\mathring{B})$ aus den beiden Mengen $\hat{B}_\alpha = \{(x, \alpha_x) \mid x \in \mathring{B}\}$, wobei α die beiden Fundamentalklassen von B durchläuft. Die Einschränkung $p_\alpha = p|\hat{B}_\alpha\colon \hat{B}_\alpha \to \mathring{B}$ ist bijektiv. Auf $\hat{M}$ erklären wir folgende Topologie: Eine Menge $\hat{U} \subset \hat{M}$ ist offen, wenn die Menge $p_\alpha(\hat{U} \cap \hat{B}_\alpha)$ für alle diese $\hat{B}_\alpha$ offen in M ist. Es folgt, daß $p_\alpha\colon \hat{B}_\alpha \to \mathring{B}$ ein Homöomorphismus ist. Wegen 11.4.3 sind insbesondere die $\hat{B}_\alpha$ offene Teilmengen von $\hat{M}$.

11.4.5 Satz und Definition *$p\colon \hat{M} \to M$ ist eine 2-blättrige Überlagerung; sie heißt die Orientierungsüberlagerung von M. Eine Funktion $x \mapsto o(x)$ wie in 11.4.2 ist genau dann eine Orientierung von M, wenn die durch $s(x) = (x, o(x))$ definierte Funktion $s\colon M \to \hat{M}$ stetig ist.*

Beweis Der erste Teil ist nach obigem klar: Ist $x \in M$ und $B \subset M$ ein n-Ball mit $x \in \mathring{B}$, so ist $\mathring{B}$ eine bezüglich p gleichmäßig überlagerte Umgebung von x. Die Blätter über $\mathring{B}$ sind die Mengen $\hat{B}_\alpha$ und $\hat{B}_{-\alpha}$, wobei α eine feste Fundamentalklasse von $(B, \partial B)$ ist. — Sei $x \mapsto o(x)$ eine Orientierung von M. Dann gibt es zu jedem n-Ball $B \subset M$ eine Fundamentalklasse α mit $o(x) = \alpha_x$ für alle $x \in \mathring{B}$. Folglich ist $s|\mathring{B}$ genau das Inverse des Homöomorphismus p_α, ist also stetig. — Sei $x \mapsto s(x) = (x, o(x))$ stetig. Wegen 6.1.3 (b) liegt $s(\mathring{B})$ ganz in einem der Blätter über $\mathring{B}$, d.h. es gibt eine Fundamentalklasse α von $(B, \partial B$ mit $s(x) = (x, \alpha_x)$ für alle $x \in \mathring{B}$. Es folgt $o(x) = \alpha_x$ für alle $x \in \mathring{B}$, d.h. $x \mapsto o(x)$ ist eine Orientierung von M. $\square$

Der vorige Satz erlaubt es, die Überlagerungstheorie auf die weitere Untersuchung des Orientierungsbegriffs anzuwenden.

11.4.6 Definition Es sei $w\colon I \to M$ ein Weg in M von x_0 nach x_1 und $o(x_0)$ eine lokale Orientierung von M bei x_0. Nach 6.2.2 können wir w eindeutig zu einem Weg $\hat{w}\colon I \to \hat{M}$ mit $\hat{w}(0) = (x_0, o(x_0))$ liften (also $p\hat{w} = w$). Es sei $\hat{w}(1) = (x_1, o(x_1))$ der Endpunkt von $\hat{w}$. Dann sagt man, daß die lokale Orientierung $o(x_1)$ aus $o(x_0)$

durch Verschieben längs w entsteht; wir schreiben $o(x_1) = o_w(x_0)$. Ein geschlossener Weg w (also $x_0 = x_1$) heißt *orientierungserhaltend* oder *orientierungsändernd*, je nachdem, ob $o_w(x_0) = o(x_0)$ oder $o_w(x_0) = -o(x_0)$ ist.

Anschaulich: Man überdeckt den Weg durch eine Kette von n-Bällen und schiebt die durch $o(x_0)$ bestimmte Fundamentalklasse des ersten Balles von Ball zu Ball bis zum Endpunkt (Abb. 11.4.3). Aus 6.2.3 folgt:

11.4.7 Satz *Die verschobene Orientierung $o_w(x_0)$ hängt nur von der Homotopieklasse von w ab. Nullhomotope Wege sind orientierungserhaltend. Für aneinanderfügbare Wege v und w ist $o_{v \cdot w}(x_0) = o_w(o_v(x_0))$. Ist v ein geschlossener Weg, so ist $v \cdot v$ orientierungserhaltend.* □

11.4.8 Satz *Folgende Aussagen sind äquivalent:*

(a) *M ist orientierbar.*

(b) *p: $\hat{M} \to M$ ist (als Überlagerung) äquivalent zu pr_1: $M \times S^0 \to M$.*

(c) *Das Verschieben lokaler Orientierungen längs beliebiger Wege (mit gleichen Endpunkten) führt immer zum gleichen Ergebnis.*

(d) *Alle geschlossenen Wege sind orientierungserhaltend.*

Beweis Es gelte (a) und es sei $x \mapsto o(x)$ eine Orientierung von M. Dann wird durch $(x, \varepsilon) \mapsto (x, \varepsilon o(x))$ ein fasertreuer Homöomorphismus $M \times S^0 \to \hat{M}$ definiert ($\varepsilon = \pm 1 \in S^0$); also gilt (b). Wenn (d) gilt, ist $p_{\#}\pi_1(\hat{M}, \hat{x}_0) = \pi_1(M, x_0)$, und aus dem Liftungstheorem 6.2.6 folgt, daß es eine stetige Abbildung s: $M \to \hat{M}$ mit $p \circ s = \mathrm{id}_M$ gibt. Dann ist nach 11.4.5 die Funktion „$x \mapsto 2.$ Koordinate von $s(x)$" eine Orientierung von M. Also gilt (a). Der Rest ist klar. □

11.4.9 Folgerungen

(a) Um eine orientierbare Mannigfaltigkeit zu *orientieren*, genügt es, an einem Punkt x_0 eine lokale Orientierung $o(x_0)$ zu wählen. Diese verschiebt man längs beliebiger Wege zu den anderen Punkten von M und erhält damit eine Orientierung $x \mapsto o(x)$ von M.

(b) Insbesondere gilt: *Eine orientierbare Mannigfaltigkeit besitzt genau zwei Orientierungen: ist $x \mapsto o(x)$ die eine, so ist $x \mapsto -o(x)$ die andere.*

(c) Die Menge aller $[w] \in \pi_1(M, x_0)$, für die w orientierungserhaltend ist, ist eine Untergruppe. Sie stimmt entweder mit $\pi_1(M, x_0)$ überein (dann ist M orientierbar) oder sie ist eine echte Untergruppe. Dann hat sie wegen 11.4.7 den Index 2, und M ist nicht orientierbar.

(d) Insbesondere: *Wenn $\pi_1(M, x_0)$ keine Untergruppe vom Index 2 besitzt, ist M orientierbar. Z.B. sind alle einfach zusammenhängenden Mannigfaltigkeiten orientierbar.*

11.4.10 Bemerkung Eine geometrisch besonders schöne Vorstellung von orientierungserhaltenden und -ändernden Wegen erhält man mit den Methoden der Differentialtopologie. Sei M eine differenzierbare Mannigfaltigkeit und $f \colon S^1 \to M$ eine differenzierbare Einbettung. Dann ist der Weg $w_f \colon I \to M$, $w_f(t) = f(\exp 2\pi i t)$, ein glatter, einfach-geschlossener Weg in M. Eine „Tuben-Umgebung" U von $f(S^1)$ in M besteht aus allen Punkten $x \in M$, deren Abstand von $f(S^1)$ höchstens ε ist (bezüglich einer geeigneten Metrik von M und für eine kleine Zahl $\varepsilon > 0$). Es gilt:

(a) Wenn w_f orientierungs-erhaltend ist, ist das Paar $(U, f(S^1))$ homöomorph zum Paar $(S^1 \times D^{n-1}, S^1 \times 0)$. Das bedeutet: $f(S^1)$ liegt so in M wie die „Mittellinie" $S^1 \times 0$ im „n-dimensionalen Schlauch" $S^1 \times D^{n-1}$.

(b) Wenn w_f orientierungs-ändernd ist, ist das Paar $(U, f(S^1))$ homöomorph zum Paar $(S^1 \mathbin{\widetilde{\times}} D^{n-1}, S^1 \times 0)$. Dabei ist $S^1 \mathbin{\widetilde{\times}} D^{n-1}$ die „volle n-dimensionale Kleinsche Flasche", die aus $I \times D^{n-1}$ entsteht, indem man die Punkte $(0, (x_1, \ldots, x_{n-1}))$ und $(1, (x_1, \ldots, x_{n-2}, -x_{n-1}))$ identifiziert, vgl. 1.4.9 (im Fall $n = 2$ folgt, daß U ein Möbiusband und $f(S^1)$ dessen Mittellinie ist). Verschiebt man den Ball $B = [0, 1/4] \times D^{n-1}$ längs des Weges $t \mapsto (\exp 2\pi i t, 0)$ in $S^1 \mathbin{\widetilde{\times}} D^{n-1}$, so geht der Punkt $(t, (x_1, \ldots, x_{n-1}))$ von B in den Punkt $(t, (x_1, \ldots, x_{n-2}, -x_{n-1}))$ über. Man kann daher „jeden Gegenstand in M durch Verschieben in sein Spiegelbild transformieren". Wenn unser Universum eine nicht-orientierbare Mannigfaltigkeit ist und wenn eines Tages eine Raumfähre einen orientierungsändernden Weg zurücklegen wird, so werden sie und ihr Inhalt, einschließlich Astro- und Kosmonauten, spiegelbildlich zum früheren Zustand zurückkehren.

Im folgenden Satz zeigen wir, daß die Orientierungsbegriffe dieses und des vorigen Abschnitts übereinstimmen.

11.4.11 Satz *M sei eine n-dimensionale wegzusammenhängende und triangulierbare Mannigfaltigkeit (mit oder ohne Rand), und es sei $\overset{\circ}{M} = M \setminus \partial M$. Dann gilt: M ist genau dann orientierbar im Sinne von 11.3.5, wenn $\overset{\circ}{M}$ orientierbar im Sinne von 11.4.2 ist.*

B e w e i s   Wir geben eine aus zwei Schritten bestehende Beweisskizze.

1. Schritt: Wenn M im Sinne von 11.3.5 orientierbar ist, so ist $H_n(M, \partial M) \cong \mathbb{Z}$. Es sei $\{M\} \in H_n(M, \partial M)$ ein erzeugendes Element. Für $x \in \overset{\circ}{M}$ hat man die folgenden von Inklusionen induzierten Isomorphismen:

$$H_n(M, \partial M) \xrightarrow[\cong]{(i_x)_*} H_n(M, M \setminus x) \xleftarrow[\cong]{(j_x)_*} H_n(\overset{\circ}{M}, \overset{\circ}{M} \setminus x)$$

(Beweis für $(i_x)_*$: benutze 11.2.7; Beweis für $(j_x)_*$: benutze 11.2.2). Man zeige, daß $x \mapsto o(x) = (j_x)_*^{-1}(i_x)_*(\{M\})$ eine Orientierung von $\overset{\circ}{M}$ ist.

2. Schritt: Es sei $x \mapsto o(x)$ eine Orientierung von $\overset{\circ}{M}$. Wir triangulieren M. Für jedes n-Simplex σ mit Ecken $x_0, \ldots, x_n$ ist $B = \bar{\sigma}$ ein n-Ball, und die Abbildung

$[x_0, \ldots, x_n]$: $(\Delta_n, \dot{\Delta}_n) \to (B, \partial B)$ ist ein singulärer Zyklus auf B relativ ∂B, dessen Homologieklasse $\{[x_0, \ldots, x_n]\}$ eine Fundamentalklasse von B ist. Die Bedingung, daß $o(x)$ unter $H_n(M, \dot{M} \backslash x) \to H_n(M, M \backslash x)$ das gleiche Bild hat wie $\{[x_0, \ldots, x_n]\}$ unter $H_n(B, \partial B) \to H_n(M, M \backslash x)$ für alle $x \in \dot{B}$, legt die Eckenreihenfolge von σ bis auf eine gerade Permutation fest (vgl. 9.7.1), d.h. σ wird orientiert. Man zeige, daß die so orientierten n-Simplexe kohärent orientiert sind.   □

11.4.12 Beispiele

(a) Nach 11.3.7 (c) ist der projektive Raum P^n für gerades n nicht orientierbar. Die Orientierungsüberlagerung von P^n ist wegen 6.6.4 (d) zur Überlagerung $S^n \to P^n$ äquivalent.

(b) Sei N_g die nicht orientierbare Fläche vom Geschlecht g. Nach 1.4.19 entsteht N_g, indem man g Löcher in S^2 schneidet und in jedes Loch ein Möbiusband klebt. Die Mittellinien $m_1, \ldots, m_g$ dieser Möbiusbänder sind orientierungsändernde Wege auf N_g. Nach 5.7.3 (b) ist $\pi_1(N_g, x_0) = \langle \alpha_1, \ldots, \alpha_g \mid \alpha_1^2 \alpha_2^2 \cdot \ldots \cdot \alpha_g^2 \rangle$, wobei α_i von m_i repräsentiert wird (bis auf Hilfswege). Es folgt: Ein beliebiges Element $\alpha_{i_1}^{n_{i_1}} \alpha_{i_2}^{n_{i_2}} \cdot \ldots \cdot \alpha_{i_r}^{n_{i_r}}$ von $\pi_1(N_g, x_0)$ ist genau dann orientierungserhaltend, wenn $n_{i_1} + \ldots + n_{i_r}$ gerade ist.

Der Begriff „Orientierung" taucht noch in anderen Teilgebieten der Mathematik auf, z.B. in der Linearen Algebra und in der Analysis auf differenzierbaren Mannigfaltigkeiten. Wir skizzieren im folgenden den Zusammenhang zwischen diesen Theorien und unseren Untersuchungen.

11.4.13 Beispiel Es sei V ein n-dimensionaler reeller Vektorraum. Zwei geordnete Systeme $(x_1, \ldots, x_n)$ und $(x_1', \ldots, x_n')$ von Basisvektoren von V heißen äquivalent, wenn ihre Übergangsmatrix (a_{ij}) positive Determinante hat. Eine *Orientierung von V im Sinne der Linearen Algebra* ist eine Äquivalenzklasse geordneter Systeme von Basisvektoren. — V ist in natürlicher Weise ein topologischer Raum, der zum $\mathbb{R}^n$ homöomorph, also einfach zusammenhängend und daher orientierbar ist. Somit können wir auch von Orientierungen $x \mapsto o(x)$ von V im topologischen Sinn sprechen. Ist $(x_1, \ldots, x_n)$ eine Basis von V, so wird durch

$$\sigma(\lambda_0 e_0 + \ldots + \lambda_n e_n) = \lambda_0 x_1 + \ldots + \lambda_{n-1} x_n - \lambda_n (x_1 + \ldots + x_n)$$

eine Einbettung σ: $(\Delta_n, \dot{\Delta}_n) \to (V, V \backslash 0)$ definiert. Die Homologieklasse $\{\sigma\} \in H_n(V, V \backslash 0)$ ist eine lokale Orientierung von V am Nullpunkt, die wir zu einer Orientierung $x \mapsto o(x)$ von V erweitern können. Auf diese Weise erhält man eine Bijektion zwischen „Lineare-Algebra-Orientierungen" und „topologischen Orientierungen" von V.

11.4.14 Beispiel Sei M eine differenzierbare n-Mannigfaltigkeit mit $\partial M = \emptyset$. Für $x \in M$ ist der Tangentialraum TM_x von M bei x ein n-dimensionaler reeller Vektorraum. Sei f: $\mathbb{R}^n \to U$ eine Karte (vgl. 1.1.16) mit $f(0) = x$, und sei df: $\mathbb{R}^n \to TM_x$ das Differential von f bei 0. Weil f_*: $H_n(\mathbb{R}^n, \mathbb{R}^n \backslash 0) \to H_n(U, U \backslash x) \cong H_n(M, M \backslash x)$

ein Gruppen- und df ein Vektorraum-Isomorphismus ist, folgt aus 11.4.13: Die lokalen Orientierungen von M bei x entsprechen bijektiv den Lineare-Algebra-Orientierungen von TM_x. Das Verschieben lokaler Orientierungen längs Wegen kann man daher auch so deuten: Eine Basis von TM_x wird längs eines Weges von x nach y verschoben in eine Basis von TM_y. Genau dann ist M orientierbar, wenn dieser Prozeß wegunabhängig ist; wenn dann in einem Tangentialraum eine Basis als die *positiv-orientierte* ausgezeichnet ist, so erhält man durch Verschieben in jedem Tangentialraum eine positiv-orientierte Basis.

11.4.15 Bemerkung Es ist eine weithin bekannte Tatsache, daß das Möbiusband $M \subset \mathbb{R}^3$ eine „einseitige Fläche" ist (die man früher übrigens industriell nutzte: Aus Leder gefertigte Keilriemen in Maschinen wurden nicht homöomorph zu $S^1 \times I$, sondern homöomorph zu M konstruiert, damit sich die Lauffläche weniger schnell abnutzte). Wenn man jedoch $M = M \times 1/2$ als Teilmenge der 3-Mannigfaltigkeit $N = M \times I$ auffaßt, so ist M zweiseitig in N: Es gibt den „oberen Teil" $M \times (\frac{1}{2}, 1]$ und den „unteren Teil" $M \times [0, \frac{1}{2})$. Eine Fläche oder Mannigfaltigkeit kann also nicht als Objekt an sich ein- oder zweiseitig sein, sondern sie kann nur ein- oder zweiseitig in einem höher-dimensionalen Raum liegen. Man verwechsle daher diese Begriffe (auf deren präzise Fassung wir verzichten) nicht mit der Orientierbarkeit, der eine Eigenschaft der Mannigfaltigkeit unabhängig von einem umgebenden Raum ist.

Aufgaben

11.4.A1 Ist $M = |K|$ geschlossen und $H_1(M; \mathbb{Z}_2) = 0$, so ist M orientierbar.

11.4.A2 Jeder orientierbare Überlagerungsraum $\tilde{M}$ einer nichtorientierbaren Mannigfaltigkeit M überlagert die Orientierungsüberlagerung $\hat{M}$ von M.

11.4.A3 Ist $\tilde{M} \to M$ eine 2-blättrige Überlagerung, wobei $\tilde{M}$ orientierbar ist und M nicht, so ist $\tilde{M}$ die Orientierungsüberlagerung von M.

11.4.A4 Es ist $\hat{N}_g \approx F_{g-1}$. Man mache sich eine Skizze für $g = 2$.

11.5 Ein zweites Beispiel zur Homotopie: Abbildungen zwischen Sphären

Unser erstes Beispiel zur Homotopie in 2.2 zeigte, daß zwei Abbildungen $S^n \to S^n$ im Fall $n = 1$ genau dann homotop sind, wenn sie den gleichen Grad haben. Wir beweisen im folgenden, daß diese Aussage für alle $n \geq 1$ gilt.

11.5.1 Bezeichnungen Es sei $n \geq 2$ eine feste ganze Zahl.

(a) Es ist K ein Simplizialkomplex, so daß $M = |K|$ eine zusammenhängende geschlossene orientierbare n-Mannigfaltigkeit ist. Wir orientieren die n-Simplexe von K in fester Weise kohärent und nennen diese die *positiv orientierten n-Simplexe* von K. Ihre Summe z_K ist ein Fundamentalzyklus auf K, der $H_n(K) \cong \mathbb{Z}$ erzeugt. Es sei $\{M\} = \Theta(z_K) \in H_n(M)$ die entsprechende Fundamentalklasse.

(b) Sei $e_0 = (1,0,\ldots,0) \in S^n$, und sei p: $(\Delta_n, \dot\Delta_n) \to (S^n, e_0)$ ein fest gewählter relativer Homöomorphismus. Wir benutzen p, um die Punkte der Sphäre durch Koordinaten zu beschreiben: Die Punkte von S^n sind die $p(\lambda_0,\ldots,\lambda_n)$ mit $\Sigma\lambda_i = 1$ und $\lambda_i \geq 0$; wenn ein $\lambda_i = 0$ ist, ist $p(\lambda_0,\ldots,\lambda_n) = e_0$. Ferner sei $\{S^n\} = j_*^{-1}p_*(\{\mathrm{id}_n\}) \in H_n(S^n)$, vgl. 9.5.4 (c).

(c) Durch $p(\lambda_0, \lambda_1, \lambda_2, \ldots, \lambda_n) \mapsto p(\lambda_1, \lambda_0, \lambda_2, \ldots, \lambda_n)$ wird eine Abbildung s: $S^n \to S^n$ definiert, die nach 9.7.1 den Grad -1 hat.

(d) Wir geben eine Methode an, um Abbildungen $M \to S^n$ zu konstruieren. Sei $\sigma = \langle x_0 \ldots x_n \rangle$ ein positiv orientiertes n-Simplex von K. Wir definieren $g = g(\sigma)$: $(\bar\sigma, \dot\sigma) \to (S^n, e_0)$ durch $g(\sigma)(\lambda_0 x_0 + \ldots \lambda_n x_n) = p(\lambda_0, \ldots, \lambda_n)$. Diese Abbildung ist durch σ nicht eindeutig bestimmt, sondern hängt noch von der Ecken-Numerierung ab. Weil σ fest orientiert ist, ist diese Numerierung bis auf gerade Permutationen festgelegt. Daraus folgt mit 9.7.1, daß die Homotopieklasse von g relativ $\dot\sigma$ eindeutig bestimmt ist. Da wir im folgenden nur Aussagen über diese Homotopieklasse machen, ist die Bezeichnung $g = g(\sigma)$ erlaubt.

(e) Für paarweise verschiedene positiv orientierte n-Simplexe $\sigma_1, \ldots, \sigma_r$ und für Zahlen $\varepsilon_1, \ldots, \varepsilon_r \in \{-1, 1\}$ definieren wir eine Abbildung g: $M \to S^n$, ausführlich bezeichnet mit $g = g(\sigma_1, \varepsilon_1; \ldots; \sigma_r, \varepsilon_r)$, durch

$$g|\bar\sigma_i = \begin{cases} g(\sigma_i) & \text{für } \varepsilon_i = 1 \\ s \circ g(\sigma_i) & \text{für } \varepsilon_i = -1 \end{cases} \quad \text{und } g(M\backslash(\sigma_1 \cup \ldots \cup \sigma_r)) = e_0.$$

Also: Ganz M wird zum Punkt e_0 identifiziert, mit Ausnahme der n-Simplexe $\sigma_1, \ldots, \sigma_r$. Für diese ist $g|\bar\sigma_i$: $(\bar\sigma_i, \dot\sigma_i) \to (S^n, e_0)$ ein relativer Homöomorphismus, und $(g|\bar\sigma_i)_*$: $H_n(\bar\sigma_i, \dot\sigma_i) \to H_n(S^n, e_0)$ bildet die durch die Orientierung von σ_i gegebene Erzeugende von $H_n(\bar\sigma_i, \dot\sigma_i)$ auf $j_*\{S^n\}$ ab, wenn $\varepsilon_i = +1$ ist, und auf $-j_*\{S^n\}$, wenn $\varepsilon_i = -1$ ist. Aus dieser Bemerkung folgt:

11.5.2 Hilfssatz *Die Abbildung* $g = g(\sigma_1, \varepsilon_1; \ldots; \sigma_r, \varepsilon_r)$: $M \to S^n$ *hat den Grad* $\varepsilon_1 + \ldots + \varepsilon_r$, *d.h. es ist* $g_*(\{M\}) = (\varepsilon_1 + \ldots + \varepsilon_r)\{S^n\}$. □

Wir beweisen für die Abbildungen $g = g(\sigma_1, \varepsilon_1; \ldots; \sigma_r, \varepsilon_r)$: $M \to S^n$ gewisse Rechenregeln. *Im folgenden bedeutet n-Simplex immer positiv orientiertes n-Simplex.*

11.5.3 Hilfssatz *Für benachbarte n-Simplexe σ und σ' von K gilt:*

(a) *Ersetzungsregel:* $g(\sigma, 1; \sigma_1, \varepsilon_1; \ldots; \sigma_r, \varepsilon_r) \simeq g(\sigma', 1; \sigma_1, \varepsilon_1; \ldots; \sigma_r, \varepsilon_r)$.

(b) *Kürzungsregel:* $g(\sigma, 1; \sigma', -1; \sigma_1, \varepsilon_1; \ldots; \sigma_r, \varepsilon_r) \simeq g(\sigma_1, \varepsilon_1; \ldots; \sigma_r, \varepsilon_r)$.

Hier sind natürlich Homotopien $M \to S^n$ gemeint. Die Simplexe $\sigma, \sigma', \sigma_1, \ldots, \sigma_r$ müssen paarweise verschieden sein, damit die Abbildungen überhaupt definiert sind. Im Fall $r = 0$ ist die rechte Abbildung in (b) als die konstante zu interpretieren.

Beweis Sei $L \subset K$ der Teilkomplex, der aus σ, σ' und deren sämtlichen Seitensimplexen besteht. Ist τ die gemeinsame $(n-1)$-dimensionale Seite von σ und σ', so ist $L_0 = L \backslash \{\sigma, \sigma', \tau\}$ ein Teilkomplex von L. Wir setzen $X = |L|$ und $X_0 = |L_0|$. Schließlich seien x_n bzw. x'_n die Ecken von σ bzw. σ', die τ gegenüberliegen, und $x_0, \ldots, x_{n-1}$ seien die Ecken von τ. Wegen der Voraussetzung $n \geq 2$ in 11.5.1 können wir diese Ecken von τ so numerieren, daß $\sigma = \langle x_0 \ldots x_{n-1} x_n \rangle$ ist (d.h. diese Reihenfolge bestimmt die positive Orientierung von σ).

Beweis von (a): Wir definieren Abbildungen $h, h' \colon X \to S^n$ durch $h|\bar\sigma = g(\sigma)$ und $h(\bar\sigma') = e_0$ bzw. $h'(\bar\sigma) = e_0$ und $h'|\bar\sigma' = g(\sigma')$. Es genügt zu zeigen, daß $h \simeq h' \colon (X, X_0) \to (S^n, e_0)$ gilt; denn eine solche Homotopie kann man zu einer Homotopie $h_t \colon M \to S^n$ zwischen den Abbildungen in (a) fortsetzen, indem man $h_t(x) = g(\sigma_1, \varepsilon_1; \ldots; \sigma_r, \varepsilon_r)(x)$ setzt für $0 \leq t \leq 1$ und $x \in M \backslash (\sigma \cup \sigma' \cup \tau)$. Wegen $\sigma = \langle x_0 \ldots x_n \rangle$ ist $h|\bar\sigma$ durch $\Sigma \lambda_i x_i \mapsto p(\lambda_0, \ldots, \lambda_n)$ gegeben. Um $h'|\bar\sigma'$ festzulegen, müssen wir aus der positiven Orientierung von σ' eine Eckenanordnung auswählen (welche wir nehmen, spielt für die Homotopieklasse von h' relativ X_0 nach 11.5.1 (d) keine Rolle). Wir wählen $\sigma' = \langle x'_n x_1 \ldots x_{n-1} x_0 \rangle$; dann ist $h'|\bar\sigma'$ gegeben durch

$$\mu_0 x'_n + \mu_1 x_1 + \ldots + \mu_{n-1} x_{n-1} + \mu_n x_0 \mapsto p(\mu_0, \mu_1, \ldots, \mu_{n-1}, \mu_n).$$

Die Eckenzuordnung $x_n \mapsto x_0 \mapsto x'_n \mapsto x'_n$ und $x_i \mapsto x_i$ für $i \neq 0, n$ definiert eine simpliziale Abbildung $\psi \colon L \to L$ mit $h = h' \circ |\psi|$. Es genügt zu zeigen, daß $|\psi| \simeq$ Inklusion: $(X, X_0) \hookrightarrow (X, \bar\sigma \cup \bar\sigma')$ gilt; denn durch Dahinterschalten von h' erhält man $h \simeq h'$ rel X_0. Zum Beweis dieser Aussage dürfen wir L durch einen isomorphen Simplizialkomplex und ψ durch die entsprechende Abbildung ersetzen. Es ist klar, daß es einen zu L isomorphen Simplizialkomplex gibt, dessen zugrundeliegender Raum eine konvexe Teilmenge des $\mathbb{R}^n$ ist und in der das Bild der Ecke x_0 auf der Strecke zwischen den Bildern von x_n und x'_n liegt. Daher können wir gleich annehmen, daß X diese Eigenschaften hat. Dann gilt für die geradlinige Homotopie $h_t(x) = (1-t) \cdot |\psi|(x) + t \cdot x$ die Behauptung $h_0 = |\psi|$, $h_1(x) = x$ und $h_t(X_0) \subset \bar\sigma \cup \bar\sigma'$.

Beweis von (b): Analog zu oben genügt es zu zeigen, daß die Abbildung

$$\chi \colon (X, X_0) \to (S^n, e_0), \quad \chi|\bar\sigma = g(\bar\sigma) \text{ und } \chi|\bar\sigma' = s \circ g(\sigma')$$

nullhomotop ist relativ X_0. Wegen $\sigma = \langle x_0 \ldots x_n \rangle$ wird $\chi|\bar\sigma'$ gegeben durch $\Sigma \lambda_i x_i \mapsto p(\lambda_0, \ldots, \lambda_n)$. Die gesuchte Homotopie ist einfacher zu beschreiben, wenn wir jetzt σ' als $\sigma' = \langle x_1 x_0 x_2 \ldots x_{n-1} x'_n \rangle$ darstellen (auch diese Reihenfolge bestimmt die positive Orientierung von σ'); dann ist $\chi|\bar\sigma'$ gegeben durch

$$\mu_0 x_0 + \ldots + \mu_{n-1} x_{n-1} + \mu_n x'_n \mapsto p(\mu_0, \ldots, \mu_{n-1}, \mu_n).$$

Für $x = \lambda_0 x_0 + \ldots + \lambda_{n-1} x_{n-1} \in \bar\tau$ und $0 \leq t \leq 1$ ist

$$u(x, t) = \begin{cases} (1-2t)x_n + 2tx & \text{für } 0 \leq t \leq \frac{1}{2}, \\ (2-2t)x + (2t-1)x'_n & \text{für } \frac{1}{2} \leq t \leq 1 \end{cases}$$

ein Punkt von X, und jeder Punkt von X läßt sich so darstellen. Durch

$$h_s(u(x,t)) = \begin{cases} p(2st\lambda_0, \ldots, 2st\lambda_{n-1}, 1 - 2st) & \text{für } 0 \le t \le \frac{1}{2}, \\ p(2s(1-t)\lambda_0, \ldots, 2s(1-t)\lambda_{n-1}, 1 - 2s(1-t)) & \text{für } \frac{1}{2} \le t \le 1 \end{cases}$$

wird eine Homotopie $h_s \colon X \to S^n$ relativ X_0 definiert mit $h_0(X) = e_0$ und $h_1 = \chi$. Die Details (es sind viele!) überlassen wir dem Leser und machen statt dessen klar, wie diese Homotopie zustande kommt. Für $0 \le t \le 1$ durchläuft $u(x,t)$ zuerst die Strecke von x_n nach x in $\bar{\sigma}$, dann die von x nach x'_n in $\bar{\sigma}'$. Aus den Formeln für $\chi|\bar{\sigma}$ und $\chi|\bar{\sigma}'$ folgt, daß $\chi(u(x,t))$ zuerst einen geschlossenen Weg in S^n und dann genau dessen inversen Weg durchläuft. Aus der Tatsache, daß ein Wegeprodukt der Form $w^{-1} \cdot w$ nullhomotop ist, ergibt sich die obige Homotopie.   □

Als erste Anwendung der Ersetzungsregel beweisen wir:

11.5.4 Hilfssatz *Die Homotopieklasse von $g_r = g(\sigma_1, 1; \ldots; \sigma_r, 1) \colon M \to S^n$ ist von der Wahl der n-Simplexe $\sigma_1, \ldots, \sigma_r$ unabhängig (was die Bezeichnung g_r rechtfertigt).*

Beweis Sei σ'_1 ein von $\sigma_1, \ldots, \sigma_r$ verschiedenes n-Simplex. Es genügt zu zeigen, daß

$$(*) \qquad g(\sigma_1, 1; \sigma_2, 1; \ldots; \sigma_r, 1) \simeq g(\sigma'_1, 1; \sigma_2, 1; \ldots; \sigma_r, 1)$$

gilt. Wenn σ_1, σ'_1 benachbart sind, ist das die Ersetzungsregel. Andernfalls gibt es eine Kette $\tau_1, \ldots, \tau_m$ von verschiedenen n-Simplexen mit $\tau_1 = \sigma_1$ und $\tau_m = \sigma'_1$, so daß τ_j und τ_{j+1} benachbart sind ($j = 1, \ldots, m-1$). Wenn in dieser Kette keines der Simplexe $\sigma_2, \ldots, \sigma_r$ vorkommt, so wenden wir m Mal die Ersetzungsregel an und erhalten $(*)$. Wenn genau eines dieser Simplexe in der Kette auftritt, etwa σ_2, so zerfällt sie in zwei Teilketten: die eine führt von σ_1 nach σ_2 und enthält keines der Simplexe $\sigma'_1, \sigma_3, \ldots, \sigma_r$, und die andere führt von σ_2 nach σ'_1 und enthält keines der Simplexe $\sigma_1, \sigma_3, \ldots, \sigma_r$. Daher ist, nach dem Argument von eben:

$$g(\sigma_1, 1; \sigma'_1, 1; \sigma_3, 1; \ldots; \sigma_r, 1) \simeq g(\sigma_2, 1; \sigma'_1, 1; \sigma_3, 1; \ldots; \sigma_r, 1),$$
$$g(\sigma_2, 1; \sigma_1, 1; \sigma_3, 1; \ldots; \sigma_r, 1) \simeq g(\sigma'_1, 1; \sigma_1, 1; \sigma_3, 1; \ldots; \sigma_r, 1).$$

Weil diese Abbildungen von der Reihenfolge der Simplexe nicht abhängen, folgt aus beiden Aussagen wieder $(*)$. Jetzt ist klar, wie das Argument fortzusetzen ist, wenn in der Kette $\tau_1, \ldots, \tau_m$ zwei oder mehrere der $\sigma_2, \ldots, \sigma_r$ vorkommen (den Fall, daß eines der $\sigma_2, \ldots, \sigma_r$ in der Kette mehrere Male vorkommt, kann man leicht ausschließen: die Kette ist dann unnötig lang).   □

11.5.5 Hilfssatz *Es sei $k = \varepsilon_1 + \ldots + \varepsilon_r$. Dann gilt*

$$g(\sigma_1, \varepsilon_1; \ldots; \sigma_r, \varepsilon_r) \simeq \begin{cases} \text{konstant} & \text{für } k = 0, \\ g_k & \text{für } k > 0, \\ s \circ g_{-k} & \text{für } k < 0. \end{cases}$$

Beweis Wir betrachten Paare (i,j) mit $\varepsilon_i = 1$ und $\varepsilon_j = -1$. Es sei $\tau_1, \ldots, \tau_m$ eine Kette von n-Simplexen von K mit $\tau_1 = \sigma_i$ und $\tau_m = \sigma_j$, so daß τ_ν und $\tau_{\nu+1}$ benachbart sind ($\nu = 1, \ldots, m-1$). Unter allen diesen Paaren gibt es ein Paar und zu diesem eine solche Kette, deren Länge m minimal ist. Wir können annehmen, daß es das Paar $(i,j) = (1,2)$ ist. Wegen der Minimalität von m kommt in dieser Kette keines der Simplexe $\sigma_3, \ldots, \sigma_r$ vor. Daher folgt durch mehrfaches Anwenden der Ersetzungsregel

$$g(\sigma_1, 1; \sigma_2, -1; \sigma_3, \varepsilon_3; \ldots; \sigma_r, \varepsilon_r) \simeq g(\tau_{m-1}, 1; \sigma_2, -1; \sigma_3, \varepsilon_3; \ldots; \sigma_r, \varepsilon_r).$$

Weil τ_{m-1} und σ_2 benachbart sind, ist nach der Kürzungsregel die Abbildung rechts zu $g(\sigma_3, \varepsilon_3; \ldots; \sigma_r, \varepsilon_r)$ homotop. Auf diese Weise beseitigt man alle Paare (i,j) mit $\varepsilon_i = 1$ und $\varepsilon_j = -1$. Man erhält im Fall $k = 0$ die konstante Abbildung nach e_0 und im Fall $k > 0$ die Abbildung g_k aus 11.5.4. Für $k < 0$ erhält man eine Abbildung der Form $g(\sigma_1', -1; \ldots; \sigma_{-k}', -1)$, wobei diese Simplexe gewisse der $\sigma_1, \ldots, \sigma_r$ sind. Nach Definition ist diese Abbildung zu $s \circ g_{-k}$ homotop. □

Lassen Sie uns noch einmal das Wesentliche dieser Konstruktion zusammenfassen. Wir betrachten Abbildungen $M \to S^n$, die wie folgt konstruiert sind: Gewisse n-Simplexe $\sigma_1, \ldots, \sigma_p$ von K werden „positiv zu S^n identifiziert" (also wie $g(\sigma_i)$ abgebildet), und andere n-Simplexe $\sigma_1', \ldots, \sigma_q'$ von K werden „negativ zu S^n identifiziert" (also wie $s \circ g(\sigma_j')$ abgebildet); der ganze Rest von M wird zum Punkt $e_0 \in S^n$ zusammengeschlagen. Die letzten beiden Hilfssätze besagen, daß diese Abbildung durch die Zahl $p - q$ bis auf Homotopie eindeutig bestimmt ist. Mit diesen Vorbereitungen ist es nicht mehr schwer, das Hauptresultat dieses Abschnitts zu beweisen:

11.5.6 Satz *Sei M eine geschlossene zusammenhängende triangulierbare und orientierbare n-Mannigfaltigkeit ($n \geq 2$). Dann gibt es zu jeder Zahl $a \in \mathbb{Z}$ eine und bis auf Homotopie genau eine stetige Abbildung $f\colon M \to S^n$ mit $f_*(\{M\}) = a\{S^n\}$.*

Dabei sind $\{M\}$ und $\{S^n\}$ fest gewählte Fundamentalklassen; die Aussage des Satzes hängt von deren Wahl nicht ab. Mit $M = S^n$ folgt:

11.5.7 Korollar *Die Funktion* Grad: $[S^n, S^n] \to \mathbb{Z}$ *ist bijektiv.* □

Beweis von 11.5.6. Die Existenz von f ist klar: Es gibt nach unseren obigen Konstruktionen natürlich Abbildungen $M \to S^n$ vom Grad 1, und wir schalten dahinter eine Abbildung $S^n \to S^n$ vom Grad a. Zu zeigen bleibt, daß f durch a bis auf Homotopie eindeutig bestimmt ist. Wir gliedern diesen Beweis in drei Schritte.

Schritt 1: Sei Σ_n der Simplizialkomplex, der aus allen eigentlichen Seiten von Δ_{n+1} besteht, also $|\Sigma_n| = \dot{\Delta}_{n+1}$. Wir fassen Δ_n als das abgeschlossene Seitensimplex von Δ_{n+1} auf, das von den Ecken $e_0, \ldots, e_n$ aufgespannt wird und bezeichnen mit $A \subset \dot{\Delta}_{n+1}$ die Vereinigung der übrigen abgeschlossenen Seitensimplexe. Die

Abbildung p: $(\Delta_n, \dot{\Delta}_n) \to (S^n, e_0)$ aus 11.5.1 (b) können wir zu einer (wieder so bezeichneten) Abbildung p: $\dot{\Delta}_{n+1} \to S^n$ fortsetzen durch $p(A) = e_0$. Wegen 2.4.15 ist diese Abbildung eine Homotopieäquivalenz; es sei p': $S^n \to \dot{\Delta}_{n+1}$ ein Homotopie-Inverses.

Schritt 2: Wir dürfen $M = |K|$ annehmen für einen Simplizialkomplex K, ferner $\{M\} = \Theta(z_K)$ wie in 11.5.1 (a). Indem wir K hinreichend oft normal unterteilen (und diese Unterteilung dann wieder mit K bezeichnen), erreichen wir, daß es zur Abbildung $p'f$: $M \to \dot{\Delta}_{n+1}$ eine simpliziale Approximation φ: $K \to \Sigma_n$ gibt. Aus $p' \circ f \simeq |\varphi|$ folgt $f \simeq p \circ |\varphi|$; damit haben wir die zu untersuchende Abbildung f zerlegt in die Komposition einer simplizialen Abbildung und einer Homotopieäquivalenz.

Schritt 3: Es sei $\sigma = \langle x_0 \ldots x_n \rangle$ ein festes positiv orientiertes n-Simplex von K. Drei Fälle sind möglich. Erstens: Das Simplex $\varphi(\sigma) \in \Sigma_n$ liegt im Teilraum A von $\dot{\Delta}_{n+1}$; dann wird $\bar{\sigma}$ unter $p \circ |\varphi|$ auf $e_0 \in S^n$ abgebildet. Zweitens: Es ist $\varphi_\bullet(\sigma) = \langle e_0 \ldots e_n \rangle$; dann stimmt $p \circ |\varphi|$ auf $\bar{\sigma}$ mit der Abbildung $g(\sigma)$: $(\bar{\sigma}, \dot{\sigma}) \to (S^n, e_0)$ überein (bis auf Homotopie relativ $\dot{\sigma}$). Drittens: Es ist $\varphi_\bullet(\sigma) = -\langle e_0 \ldots e_n \rangle$; dann ist analog $p \circ |\varphi| \simeq s \circ g(\sigma)$ auf $\bar{\sigma}$, relativ $\dot{\sigma}$. Es folgt, daß $p \circ |\varphi|$ eine der in 11.5.1 (e) definierten Abbildungen ist. Nach 11.5.5 ist daher $p \circ |\varphi| \simeq g_d$, wobei d der Grad von $p \circ |\varphi|$ ist (dabei ist $g_d = s \circ g_{-d}$ für $d < 0$ und $g_0 = \text{const}$). Aber wegen $f \simeq p \circ |\varphi|$ ist $d = a$ und folglich $f \simeq g_a$. Damit ist die Behauptung bewiesen: f ist durch die Zahl a bis auf Homotopie eindeutig bestimmt. $\qquad \square$

Die Aussage $[S^n, S^n] \cong \mathbb{Z}$ in 11.5.7 ist von grundlegender Bedeutung für den weiteren Aufbau der Homotopietheorie. Insbesondere wird sie in Kapitel 16 der Ausgangspunkt für die Untersuchung der höheren Homotopiegruppen sein. Wir ziehen jetzt einige Folgerungen aus 11.5.7, die wir dort benutzen werden.

11.5.8 Definitionen Sei $n \geq 1$ eine ganze Zahl.
(a) Eine orientierte n-Sphäre bzw. ein orientierter n-Ball ist ein zu S^n bzw. D^n homöomorpher Raum Σ^n bzw. B^n zusammen mit einer festen Orientierung, d.h. einer festen Erzeugenden $\{\Sigma^n\}$ von $H_n(\Sigma^n) \cong \mathbb{Z}$ bzw. $\{B^n\}$ von $H_n(B^n, \partial B^n) \cong \mathbb{Z}$; dabei ist ∂B^n der Rand von B^n.
(b) Seien Σ_1^n, Σ_2^n bzw. B_1^n, B_2^n orientierte n-Sphären bzw. n-Bälle, und sei f eine Abbildung der Form

$$f\colon \Sigma_1^n \to \Sigma_2^n \text{ bzw. } f\colon (B_1^n, \partial B_1^n) \to (B_2^n, \partial B_2^n) \text{ bzw. } f\colon (B_1^n, \partial B_1^n) \to (\Sigma_2^n, x_2)$$

wobei $x_2 \in \Sigma_2^n$ ein fester Punkt ist. Der Abbildungsgrad $k = \text{Grad } f$ ist definiert durch

$$f_*(\{\Sigma_1^n\}) = k \cdot \{\Sigma_2^n\} \text{ bzw. } f_*(\{B_1^n\}) = k \cdot \{B_2^n\} \text{ bzw. } f_*(\{B_1^n\}) = k \cdot j_*(\{\Sigma_2^n\}),$$

wobei j_*: $H_n(\Sigma_2^n) \to H(\Sigma_2^n, x_2)$.

11.5.9 Satz *Die folgenden Zuordnungen sind bijektiv:*

(a) *Für* $n \geq 1$: $[\Sigma_1^n, \Sigma_2^n] \to \mathbb{Z}$, $[f] \mapsto \text{Grad } f$.

(b) *Für* $n \geq 2$: $[B_1^n, \partial B_1^n; B_2^n, \partial B_2^n] \to \mathbb{Z}$, $[f] \mapsto \text{Grad } f$.

(c) *Für* $n \geq 1$: $[(B_1^n, \partial B_1^n; \Sigma_2^n, x_2)] \to \mathbb{Z}$, $[f] \mapsto \text{Grad } f$.

Beweis In jedem der drei Fälle ist diese Zuordnung wohldefiniert, d.h. aus $f \simeq g$ folgt Grad $f = $ Grad g. Aussage (a) folgt aus 11.5.7.

Zu (b): Wir dürfen natürlich $B_1^n = B_2^n = D^n$ und $\{B_1^n\} = \{B_2^n\} = \{D^n\}$ annehmen. Surjektivität: Zu $k \in \mathbb{Z}$ gibt es nach 9.9.4 eine Abbildung $S^{n-1} \to S^{n-1}$ vom Grad k, die man wie im Beweis von 9.9.4 zu einer Abbildung $D^n \to D^n$ vom Grad k fortsetzt. Injektivität: Seien f, g: $(D^n, S^{n-1}) \to (D^n, S^{n-1})$ mit Grad $f = $ Grad g gegeben. Dann ist $\text{Grad}(f|S^{n-1}) = \text{Grad}(g|S^{n-1})$, also $f|S^{n-1} \simeq g|S^{n-1}$. Sei h_t: $S^{n-1} \to S^{n-1}$ eine Homotopie von $f|S^{n-1}$ nach $g|S^{n-1}$, und sei i: $S^{n-1} \hookrightarrow D^n$. Weil das Paar (D^n, S^{n-1}) die AHE hat, gibt es eine Homotopie H_t: $D^n \to D^n$ mit $H_0 = f$ und $H_t|S^{n-1} = ih_t$. Es folgt $f \simeq H_1$: $(D^n, S^{n-1}) \to (D^n, S^{n-1})$, und daher genügt es, $H_1 \simeq g$: $(D^n, S^{n-1}) \to (D^n, S^{n-1})$ zu beweisen. Eine entsprechende Homotopie ist durch

$$k_t(x) = (1 - t)H_1(x) + t \cdot g(x), \ x \in D^n,$$

gegeben (man beachte $H_1 = g$ auf S^{n-1}).

Zu (c): Wir dürfen $B_1^n = D^n$ und $\Sigma_2^n = S^n$ annehmen. Surjektivität: Schaltet man hinter einen relativen Homöomorphismus φ: $(D^n, S^{n-1}) \to (S^n, x_2)$ eine geeignete Abbildung $(S^n, x_2) \to (S^n, x_2)$, so hat die Komposition einen vorgegebenen Grad. Injektivität: Seien f, g: $(D^n, S^{n-1}) \to (S^n, x_2)$ mit Grad $f = $ Grad g gegeben. Dann sind die Abbildungen $f\varphi^{-1}, g\varphi^{-1}$: $(S^n, x_2) \to (S^n, x_2)$ definiert, und sie haben denselben Grad, sind also nach 11.5.7 homotop als Abbildungen $S^n \to S^n$. Es ist sogar $f\varphi^{-1} \simeq g\varphi^{-1}$ rel x_2: Für $n = 1$ folgt das aus 5.1.12, und für $n > 1$ aus 4.3.5. Indem man vor eine entsprechende Homotopie die Abbildung φ schaltet, erhält man eine Homotopie $f \simeq g$: $(D^n, S^{n-1}) \to (S^n, x_2)$.   □

Im folgenden geben wir der Standardsphäre S^n bzw. dem Standardball D^n eine feste Orientierung. Wir betrachten $S^n = D_+^n \cup D_-^n$ und die folgenden Isomorphismen:

$$H_{n-1}(S^{n-1}) \xleftarrow[\cong]{\partial_*} H_n(D_+^n, S^{n-1}) \xrightarrow[\cong]{k_*} H_n(S^n, D_-^n) \xleftarrow[\cong]{j_*} H_n(S^n),$$

wobei ∂_* bzw. j_* aus der Homologiesequenz des Paares (D_+^n, S^{n-1}) bzw. (S^n, D_-^n) und k_* ein Ausschneidungs-Isomorphismus ist.

11.5.10 Definition

(a) Die *Standardorientierung* $\{S^n\}_+ \in H_n(S^n)$ ist induktiv wie folgt definiert: Für $n = 1$ ist $\{S^1\}_+$ das vor 9.8.1 definierte Element, und für $n \geq 2$ definieren wir $\{S^n\}_+ = j_*^{-1}k_*\partial_*^{-1}(\{S^{n-1}\}_+)$.

(b) Die *Standardorientierung* $\{D^n\}_+ \in H_n(D^n, S^{n-1})$ ist für $n \geq 2$ durch $\{D^n\}_+ = \partial_*^{-1}(\{S^{n-1}\}_+)$ definiert, wobei $\partial_*\colon H_n(D^n, S^{n-1}) \overset{\cong}{\longrightarrow} H_{n-1}(S^{n-1})$. Für $n = 1$ ist $\{D^1\}_+ \in H_1(D^1, S^0)$ die Homologieklasse, die repräsentiert wird von der singulären Kette $\Delta^1 \to D^1, (1-t)e_0 + te_1 \mapsto 2t - 1$.

11.5.11 Bemerkungen
(a) Zeichnet man ein (x, y)-Koordinatensystem in üblicher Konvention (x-Achse deutet nach rechts, y-Achse nach oben), so sind $\{S^1\}_+$ und $\{D^2\}_+$ die „Gegen-Uhrzeigersinn-Orientierungen".
(b) Vertauscht man in der Definition von $\{S^n\}_+$ die Rollen von D^n_+ und D^n_-, so geht $\{S^n\}_+$ in $-\{S^n\}_+$ über.

Im folgenden klassifizieren wir die Abbildungen der n-Sphäre in eine endliche Einpunktvereinigung von n-Sphären. Für $n = 1$ ist das mit 5.1.12 und 5.4.A2 erledigt; es sei also $n \geq 2$. Es sei $e_0 = (1, 0, \dots, 0) \in S^n$ und $S^n \vee \dots \vee S^n \subset S^n \times \dots \times S^n$ wie in 1.3.8; der Basispunkt in $S^n \vee \dots \vee S^n$ ist $x_0 = (e_0, \dots, e_0)$.

11.5.12 Satz *Für $n \geq 2$ induziert die Zuordnung $[f] \mapsto f_*(\{S^n\})$ eine bijektive Funktion $[S^n, e_0; S^n \vee \dots \vee S^n, x_0] \to H_n(S^n \vee \dots \vee S^n)$.*

Beweis Mit zellulärer Approximation folgt, daß man hier die Basispunkte vergessen darf, d.h. „Homotopie" und „Homotopie rel e_0" ist dasselbe (4.3.A2 und A6). Nach 9.9.5 (c) ist die Funktion surjektiv. Sind $f, g\colon S^n \to S^n \vee \dots \vee S^n$ Abbildungen mit $f_*(\{S^n\}) = g_*(\{S^n\})$, so sind $\mathrm{pr}_k \circ f$ und $\mathrm{pr}_k \circ g$ Abbildungen $S^n \to S^n$ vom gleichen Grad, sind also homotop (dabei ist pr_k die Projektion von $S^n \vee \dots \vee S^n$ auf den k-ten Summanden). Aus diesen Homotopien erhält man eine Homotopie von $i \circ f$ nach $i \circ g$, wobei $i\colon S^n \vee \dots \vee S^n \hookrightarrow S^n \times \dots \times S^n$. Wegen $n \geq 2$ folgt mit zellulärer Approximation $f \simeq g$, vgl. 4.3.A6. $\square$

11.6 Der Fixpunktsatz von Lefschetz

Wir benutzen folgenden Begriff aus der Linearen Algebra: Sei $f\colon V \to V$ eine lineare Abbildung eines endlich-dimensionalen reellen Vektorraums V. Dann gibt es zu jeder Basis $v_1, \dots, v_k$ von V Zahlen $a_{ij} \in \mathbb{R}$ mit $f(v_i) = \sum_j a_{ij} v_j$ für $i = 1, \dots, k$. Die *Spur von* f ist definiert durch Spur $f = a_{11} + \dots + a_{kk} \in \mathbb{R}$; sie ist unabhängig von der Wahl der Basis.

Zurück zur Topologie. In diesem ganzen Abschnitt ist X ein festes n-dimensionales Polyeder.

11.6.1 Definition und Satz *Für eine stetige Abbildung $f\colon X \to X$ sei*

$$\lambda_q(f) = \text{Spur } (f_*\colon H_q(X;\mathbb{R}) \to H_q(X;\mathbb{R})) \text{ und } \lambda(f) = \sum_{q=0}^{n}(-1)^q\lambda_q(f).$$

Die Zahl $\lambda(f)$ heißt die Lefschetz-Zahl von f. Die Zahlen $\lambda_q(f)$ und $\lambda(f)$ sind ganze Zahlen.

Beweis Für die Bettibasis $\{\beta_i\} \subset H_q(X)$ aus 10.6.6 und $f_*\colon H_q(X) \to H_q(X)$ gilt eine Gleichung der Form $f_*(\beta_i) = \Sigma_j n_{ij}\beta_j + x_i$ mit $x_i \in \text{Tor } H_q(X)$ und $n_{ij} \in \mathbb{Z}$. Es folgt $(f_* \otimes \text{id})(\beta_i \otimes 1) = \sum_j n_{ij}(\beta_j \otimes 1)$, also $\lambda_q(f) = n_{11} + n_{22} + \ldots \in \mathbb{Z}$. $\square$

11.6.2 Fixpunktsatz von Lefschetz *Ist $f\colon X \to X$ eine stetige Abbildung eines Polyeders X ohne Fixpunkte (also $f(x) \neq x$ für alle $x \in X$), so ist $\lambda(f) = 0$.*

11.6.3 Beispiele
(a) Wenn X wegzusammenhängend ist, ist $\lambda_0(f) = 1$. Wenn ferner $H_q(X)$ für alle $q \neq 0$ eine endliche Gruppe ist, so ist $H_q(X;\mathbb{R}) = 0$ und somit $\lambda_q(f) = 0$ für $q \neq 0$, also $\lambda(f) = 1$.

(b) Jede stetige Abbildung $f\colon X \to X$ eines zusammenziehbaren Polyeders hat wegen (a) die Lefschetz-Zahl $\lambda(f) = 1$ und daher einen Fixpunkt. Das ist eine Verallgemeinerung des Brouwerschen Fixpunktsatzes 11.1.2.

(c) Die Voraussetzungen in (a) sind auch für den reellen projektiven Raum gerader Dimension erfüllt. Also hat für gerades n jede stetige Abbildung $f\colon P^n \to P^n$ einen Fixpunkt.

(d) Für $f\colon S^n \to S^n$ mit $n \geq 1$ ist $\lambda_n(f) = \text{Grad } f$, wie aus 10.6.1 folgt. Daher ist $\lambda(f) = 1 + (-1)^n\text{Grad } f$.

(e) Sei $f\colon X \to X$ eine Abbildung mit $f_* = \text{id}\colon H_q(X;\mathbb{R}) \to H_q(X;\mathbb{R})$ für alle q. Dann ist $\lambda_q(f)$ nach 10.6.6 die q-te Bettizahl von X, und daher ist $\lambda(f) = \chi(X)$ die Euler-Charakteristik von X. Es folgt z.B., daß im Fall $\chi(X) \neq 0$ jede Abbildung $f \simeq \text{id}_X\colon X \to X$ einen Fixpunkt hat. Hieraus folgt wieder (b).

(f) Sei X ein wegzusammenhängendes Polyeder und gleichzeitig eine topologische Gruppe (mit Einselement $1 \in X$). Für $1 \neq x_0 \in X$ ist die Abbildung $X \to X$, $x \mapsto x_0 x$, fixpunktfrei und homotop id_X (eine Homotopie ist $x \mapsto w(t)x$, wobei w ein Weg in X von x_0 nach 1 ist). Daher ist $\chi(X) = 0$ nach (e). Mit 10.6.9 (b) folgt hieraus z.B., daß die Sphären gerader Dimension oder die vom Torus verschiedenen geschlossenen orientierbaren Flächen keine topologischen Gruppen sind.

(g) Jede nullhomotope Abbildung $X \to X$ eines beliebigen zusammenhängenden Polyeders hat Lefschetz-Zahl 1 und folglich einen Fixpunkt.

(h) Der Fixpunktsatz besagt, daß $f\colon X \to X$ im Fall $\lambda(f) \neq 0$ einen Fixpunkt hat. Im Fall $\lambda(f) = 0$ sagt er über die Existenz von Fixpunkten nichts aus: Z.B. haben die Identität und die Antipodenabbildung von S^1 beide Lefschetz-Zahl Null, aber sehr verschiedenes Fixpunktverhalten.

Der Beweis von 11.6.2 besteht aus einem algebraischen und einem topologischen Teil. Wir beginnen mit dem ersteren. Es sei $C = (C_q, \partial_q)_{q \in \mathbb{Z}}$ ein Kettenkomplex mit $C_q = 0$ für $q > n$ und $q < 0$, so daß alle C_q endlich-dimensionale reelle Vektorräume und alle Randoperatoren $\partial_q \colon C_q \to C_{q-1}$ lineare Abbildungen sind. Ferner sei $f \colon C \to C$ eine Kettenabbildung, so daß alle $f_q \colon C_q \to C_q$ lineare Abbildungen sind. Wir setzen $f_* = f_{*q} \colon H_q(C) \to H_q(C)$.

11.6.4 Hopfsche Spurformel *Es ist* $\Sigma(-1)^q \mathrm{Spur}\, f_{*q} = \Sigma(-1)^q \mathrm{Spur}\, f_q$.

B e w e i s   Sei B_q bzw. Z_q der aus den Rändern bzw. Zyklen bestehende Untervektorraum von C_q. Die Abbildung $f_q \colon C_q \to C_q$ definiert lineare Abbildungen $f'_q \colon Z_q \to Z_q$ und $f''_q \colon B_q \to B_q$. Aus $H_q(C) = Z_q/B_q$ folgt Spur $f'_q =$ Spur $f_{*q} +$ Spur f''_q (zum Beweis ergänze man eine Basis von B_q zu einer von Z_q und beachte, daß die hinzugenommenen Basiselemente eine Basis von $H_q(C)$ liefern). Ebenso gilt wegen $C_q/Z_q \cong B_{q-1}$ die Formel: Spur $f_q =$ Spur $f'_q +$ Spur f''_{q-1}. Man eliminiert Spur f'_q aus beiden Formeln, multipliziert mit $(-1)^q$ und addiert für $q = 0, \ldots, n$. $\qquad\Box$

Die topologische Idee beim Beweis von 11.6.2 ist folgende. Wenn $f \colon X \to X$ fixpunktfrei ist, wird jeder Punkt von X unter f um ein gewisses Stück verschoben. Wenn X durch sehr kleine Simplexe trianguliert ist, so wird jedes Simplex σ von X disjunkt verschoben, also $\sigma \cap f(\sigma) = \emptyset$. Wenn f bezüglich dieser Triangulation simplizial ist, so folgt daraus für die induzierte Kettenabbildung $f_{\bullet q}$, daß $f_{\bullet q}(\sigma)$ Summe von Simplexen $\neq \sigma$ ist. Daher ist Spur $f_{\bullet q} = 0$ für alle q, und mit 11.6.4 folgt $\lambda(f) = 0$.

Zur Durchführung dieser Idee sind einige Vorbereitungen nötig. Es sei K ein Simplizialkomplex und K' seine Normalunterteilung. Die Ecken von K' sind die Schwerpunkte $\hat{\sigma}$ der Simplexe σ von K. Sei σ ein q-Simplex in K mit $q \geq 1$. Für jede Kette $c = \sum n_i \langle y_0^i \ldots y_{q-1}^i \rangle \in C_{q-1}(K')$, deren Simplexe $\langle y_0^i \ldots y_{q-1}^i \rangle$ in $\dot\sigma$ liegen, bezeichnen wir mit $\hat{\sigma} * c$ die Kette $\hat{\sigma} * c = \sum_i n_i \langle \hat{\sigma} y_0^i \ldots y_{q-1}^i \rangle \in C_q(K')$. Das ist eine Verallgemeinerung der Kegelkonstruktion aus dem Beweis von 7.2.7. Mit der dortigen Formel (a) beweist man durch Induktion nach q:

11.6.5 Satz und Definition *Es gibt eine Kettenabbildung* $\tau \colon C(K) \to C(K')$, *die sog.* Unterteilungsabbildung, *mit folgenden Eigenschaften:*
$\tau(x) = x$ *für jede Ecke* x *von* K,
$\tau(\sigma) = \hat{\sigma} * \tau(\partial\sigma)$ *für jedes orientierte* q-Simplex $(q \geq 1)$ *von* K. $\qquad\Box$

Geometrische Interpretation: $\tau(\sigma)$ ist die Summe aller q-Simplexe von K', in die σ zerlegt ist (ihre Anzahl ist $(q+1)!$), wobei diese genauso orientiert sind wie σ.

11.6.6 Hilfssatz *Das folgende Diagramm ist kommutativ, und daher ist* τ_* *ein Isomorphismus:*

$$H_q(K) \xrightarrow{\;\tau_\bullet\;} H_q(K')$$

$$\cong \searrow^{\Theta} \qquad \Theta \swarrow_{\cong}$$

$$H_q(|K|) = H_q(|K'|)$$

Beweis Ordnet man jeder Ecke $\hat\sigma$ von K' eine beliebige, aber feste Ecke von $\sigma \in K$ zu, so wird dadurch nach 3.2.11 eine simpliziale Abbildung $\chi\colon K' \to K$ mit $|\chi| \simeq \mathrm{id}_{|K|}$ definiert. Wegen 9.7.4 ist daher $\Theta \circ \chi_* = |\chi|_* \circ \Theta = \Theta$. Wir zeigen durch Induktion nach q, daß $\chi \circ \tau\colon C_q(K) \to C_q(K)$ die Identität ist; daraus folgt $\chi_* \circ \tau_* = \mathrm{id}$ und somit $\Theta \circ \tau_* = \Theta$. Für $q = 0$ ist die Aussage klar. Sei σ ein orientiertes q-Simplex von K mit $q \geq 1$. Für jedes orientierte q-Simplex σ' von K', das in σ enthalten ist, ist $\chi_\bullet(\sigma') = \pm\sigma$ oder $= 0$. Es folgt $(\chi_\bullet\tau)(\sigma) = \chi_\bullet(\tau(\sigma)) = a\sigma$ für ein $a \in \mathbb{Z}$. Daher ist $(\chi_\bullet\tau)(\partial\sigma) = a\partial\sigma$, und die Induktionsannahme impliziert $a = 1$.   □

Beweis von 11.6.2: Nach diesen Vorbereitungen zerfällt er in drei Schritte.

1. Schritt: Wir dürfen annehmen, daß $X = |K|$ ist für einen Simplizialkomplex K in $\mathbb{R}^n$. Sei $f\colon X \to X$ eine stetige fixpunktfreie Abbildung. Weil $X \to \mathbb{R}$, $x \mapsto d(x, f(x))$, stetig und positiv ist (d ist die euklidische Metrik) und weil X kompakt ist, gibt es eine positive Zahl c mit $d(x, f(x)) \geq c$ für alle $x \in X$. Wir dürfen annehmen, daß alle Simplexe von K einen Durchmesser $< c/2$ haben (wenn das nicht der Fall ist, ersetze man K durch eine hinreichend feine Unterteilung).

2. Schritt: Sei m so groß, daß es zu $f\colon X \to X$ eine simpliziale Approximation $\varphi\colon K^{(m)} \to K$ gibt. Für alle $\sigma \in K$ ist dann $\bar\sigma \cap |\varphi|(\bar\sigma) = \emptyset$. Beweis: Wenn das falsch ist, gibt es $x \in \bar\sigma$, so daß $y = |\varphi|(x)$ ebenfalls in $\bar\sigma$ liegt. Weil x und y, aber auch y und $f(x)$ in einem abgeschlossenen Simplex von K liegen (nämlich in $\bar\sigma$ bzw. in $\overline{\mathrm{Tr}_K f(x)}$), ist im Widerspruch zum 1. Schritt $d(x, f(x)) \leq d(x, y) + d(y, f(x)) < c/2 + c/2 = c$.

3. Schritt: Die Komposition $C(K) \xrightarrow{\tau} C(K') \xrightarrow{\tau} \ldots \xrightarrow{\tau} C(K^{(m)})$ dieser Unterteilungsabbildungen wird ebenfalls mit $\tau\colon C(K) \to C(K^{(m)})$ bezeichnet. Für ein orientiertes q-Simplex σ von K ist $\tau(\sigma) = \Sigma\sigma_i$ eine Summe orientierter q-Simplexe σ_i von $K^{(m)}$, die alle in σ liegen. Daher ist $\varphi_\bullet(\sigma_i)$ für alle i nach dem 2. Schritt ein orientiertes q-Simplex von K, das von σ verschieden ist (oder $\varphi_\bullet(\sigma_i) = 0$). Also ist $(\varphi_\bullet\tau)(\sigma)$ eine Summe orientierter von σ verschiedener q-Simplexe von K. Weil die $\sigma \otimes 1$ eine Vektorraumbasis von $C_q(K) \otimes \mathbb{R}$ bilden, ist somit

$$\mathrm{Spur}\,[(\varphi_\bullet\tau) \otimes \mathrm{id}\colon C_q(K) \otimes \mathbb{R} \to C_q(K) \otimes \mathbb{R}] = 0.$$

Daher ist nach der Hopfschen Spurformel auch

$$\Sigma(-1)^q \mathrm{Spur}\,[\varphi_*\tau_*\colon H_q(K;\mathbb{R}) \to H_q(K;\mathbb{R})] = 0.$$

Sei Θ: $H_q(K;\mathbb{R}) \xrightarrow{\cong} H_q(|K|;\mathbb{R})$ der kanonische Isomorphismus. Wegen $\Theta \circ (\varphi_* \tau_*) = f_{*q} \circ \Theta$ (beachte 11.6.6 und $|\varphi| \simeq f$), haben $\varphi_* \tau_*$ und f_{*q} die gleiche Spur, und es folgt $\lambda(f) = 0$. □

Aufgabe

11.6.A1 Von den in Abb. 1.4.3 und 1.4.4 skizzierten Flächen F hat genau eine die folgende Eigenschaft: Jeder orientierungserhaltende Homöomorphismus $F \to F$ hat einen Fixpunkt.

11.7 Der Jordan-Brouwersche Separationssatz

Der klassische Jordansche Kurvensatz sagt aus, daß die Ebene $\mathbb{R}^2$ von jeder einfach geschlossenen Kurve $S \subset \mathbb{R}^2$ zerlegt wird (d.h. $\mathbb{R}^2 \backslash S$ ist nicht wegzusammenhängend). In diesem Abschnitt beweisen wir diesen Satz und seine Verallgemeinerung in höheren Dimensionen. Grundlegend für alles weitere ist folgende Aussage:

11.7.1 Satz *Ist $B \subset S^n$ ein Ball, so ist $S^n \backslash B$ azyklisch; insbesondere zerlegt B die Sphäre nicht.*

B e w e i s durch Induktion nach der Dimension r von B: Für $r = 0$ ist B ein Punkt, und $S^n \backslash B \approx \mathbb{R}^n$ ist zusammenziehbar; also gilt der Satz. Im folgenden ist $r \geq 1$ eine feste Zahl; wir nehmen an, daß der Satz für $(r-1)$-Bälle gilt. Es sei

$$z = \begin{cases} \text{Zyklus in } S_q(S^n \backslash B) & \text{für } q > 0, \\ x - y \in S_0(S^n \backslash B) & \text{für } q = 0 \text{ (wobei } x, y \in S^n \backslash B). \end{cases}$$

Der Satz ist bewiesen, wenn wir folgendes zeigen können:

(∗)   Es gibt eine Kette $b \in S_{q+1}(S^n \backslash B)$ mit $\partial b = z$.

Den Beweis dieser Aussage führen wir in fünf Schritten.

1. Schritt: Wir wählen einen Homöomorphismus $f : I^{r-1} \times I \to B$ und definieren für $0 \leq t \leq 1$ den Teilraum $B_t = f(I^{r-1} \times t) \subset B \subset S^n$. Weil B_t ein $(r-1)$-Ball in S^n ist, ist der Zyklus z (der in $S^n \backslash B_t$ liegt), nach Induktionsannahme ein Rand, d.h. es gibt eine Kette $b_t \in S_{q+1}(S^n \backslash B_t)$ mit $\partial b_t = z$ (wenn für ein t diese Kette b_t den Ball B nicht trifft, ist (∗) bewiesen!).

2. Schritt: b_t ist Linearkombination singulärer Simplexe $\sigma_1, \ldots, \sigma_l : \Delta_{q+1} \to S^n \backslash B_t$ (die von t abhängen). Der kompakte Teilraum $\cup \sigma_i(\Delta_{q+1})$ trifft B_t nicht; daher gibt

es eine offene Umgebung U_t von B_t, die er ebenfalls nicht trifft. Insbesondere ist b_t also eine $(q+1)$-Kette in $S^n \backslash U_t$.

3. Schritt: Die in $I^{r-1} \times I$ offene Menge $f^{-1}(B \cap U_t)$ enthält $I^{r-1} \times t$; daher enthält sie auch $I^{r-1} \times V_t$, wobei V_t eine kleine offene Umgebung von t in I ist. Wir wählen m so groß, daß es für $j = 1, \dots, m$ zu jedem Intervall $I_j = [(j-1)/m, j/m]$ ein $t = t_j$ mit $I_j \subset V_{t_j}$ gibt. Dann ist $I^{r-1} \times I_j \subset I^{r-1} \times V_{t_j} \subset f^{-1}(B \cap U_{t_j})$ und daher $Q_j = f(I^{r-1} \times I_j) \subset U_{t_j}$. Folglich ist $b_j = b_{t_j}$ eine Kette in $S^n \backslash Q_j$ und $\partial b_j = z$.

4. Schritt: Bisher haben wir nur einfache mengentheoretische Topologie benutzt und folgendes erreicht: *Der Ball B ist Vereinigung von Bällen $Q_1, \dots, Q_m$, und für jedes j gibt es eine Kette $b_j \in S_{q+1}(S^n \backslash Q_j)$ mit $\partial b_j = z$.* Jetzt kommt die Homologietheorie ins Spiel. Wir setzen $X_1 = S^n \backslash Q_1$ und $X_2 = S^n \backslash Q_2$ und betrachten folgenden Teil der exakten Mayer-Vietoris-Sequenz:

$$H_{q+1}(X_1 \cup X_2) \xrightarrow{\Delta_*} H_q(X_1 \cap X_2) \xrightarrow{\mu} H_q(X_1) \oplus H_q(X_2).$$

Weil $X_1 \cup X_2$ das Komplement des $(r-1)$-Balles $Q_1 \cap Q_2 = B_{1/m}$ in S^n ist (und wegen $q + 1 > 0$), ist die linke Gruppe Null nach Induktionsannahme. Daher ist μ injektiv. Für das vom Zyklus z repräsentierte Element $\{z\} \in H_q(X_1 \cap X_2)$ gilt $\mu(\{z\}) = 0$, weil z in X_1 bzw. X_2 die Kette b_1 bzw. b_2 berandet. Es folgt $\{z\} = 0$, d.h. z ist Rand einer Kette in $S^n \backslash (Q_1 \cup Q_2)$.

5. Schritt: Jetzt wiederholt man dieses Argument mit $X_1 = S^n \backslash (Q_1 \cup Q_2)$ und $X_2 = S^n \backslash Q_3$. Es folgt, daß z Rand einer Kette in $S^n \backslash (Q_1 \cup Q_2 \cup Q_3)$ ist. Fortsetzung des Verfahrens zeigt, daß z Rand einer Kette in $S^n \backslash (Q_1 \cup \dots \cup Q_m) = S^n \backslash B$ ist. Damit ist (∗) bewiesen. ☐

Jetzt betrachten wir einen Ball $B \subset \mathbb{R}^n$, wobei $n \geq 2$ ist. Die stereographische Projektion vermittelt einen Homöomorphismus zwischen $\mathbb{R}^n$ und $S^n \backslash P_+$, wobei P_+ der Nordpol ist; der Ball $B \subset \mathbb{R}^n$ wird dabei in einen Ball $A \subset S^n$ mit $P_+ \notin A$ abgebildet. Wir betrachten folgende Sequenz:

$$H_q(\mathbb{R}^n \backslash B) \cong H_q(S^n \backslash (A \cup P_+)) \xleftarrow{\partial_*} H_{q+1}(S^n \backslash A, S^n \backslash (A \cup P_+)) \cong$$

$$H_{q+1}(S^n, S^n \backslash P_+) \cong H_{q+1}(S^n, P_-) \cong \begin{cases} \mathbb{Z} & \text{für } q = n-1, \\ 0 & \text{für } q \neq n-1. \end{cases}$$

Dabei ergeben sich die Isomorphismen aus der Homöomorphie der Räume, dem Ausschneidungssatz sowie 9.3.6 und 9.5.3. Für $q > 0$ ist nach 11.7.1 und der Homologiesequenz auch ∂_* ein Isomorphismus. Für $q = 0$ ist wegen $n - 1 > 0$ die relative Gruppe Null, also $\partial_* = 0$ und daher $i_* : H_0(S^n \backslash (A \cup P_+)) \to H_0(S^n \backslash A)$ injektiv; weil hier die rechte Gruppe nach 11.7.1 isomorph zu $\mathbb{Z}$ ist, muß dasselbe für die linke gelten. Damit ist bewiesen:

11.7.2 Satz *Sei $B \subset \mathbb{R}^n$ ein Ball, wobei $n \geq 2$ ist. Dann ist $H_q(\mathbb{R}^n \backslash B) \cong \mathbb{Z}$ für $q = 0, n-1$ und $= 0$ sonst; insbesondere wird $\mathbb{R}^n$ von B nicht zerlegt.* ☐

11.7.3 Bemerkungen

(a) Ist $w : I \to \mathbb{R}^n$ ein doppelpunktfreier Weg (d.h. $w(s) \neq w(t)$ für $s \neq t$) und $n \geq 2$, so zerlegt $w(I)$ nicht den $\mathbb{R}^n$.

(b) Es gibt $a > 0$ mit $B \subset \{x \in \mathbb{R}^n \mid |x| < a\}$. Sei $f : S^{n-1} \to \mathbb{R}^n \setminus B$ die Einbettung $f(x) = ax$. Dann ist $f_* : H_{n-1}(S^{n-1}) \to H_{n-1}(\mathbb{R}^n \setminus B)$ ein Isomorphismus (den Beweis dieser Aussage überlassen wir dem Leser). Das zeigt, wie man sich einen erzeugenden Zyklus von $H_{n-1}(\mathbb{R}^n \setminus B) \cong \mathbb{Z}$ vorzustellen hat. Durch Hinzunahme des unendlich fernen Punktes wird dieser Zyklus ein Rand, was $H_{n-1}(S^n \setminus A) = 0$ verständlich macht.

11.7.4 Satz *Sei $S \subset S^n$ eine r-Sphäre, wobei $n \geq 2$ und $0 \leq r \leq n - 1$ ist. Dann ist $H_q(S^n \setminus S) = 0$ außer in folgenden Fällen:*

(a) *Für $r < n - 1$ ist $H_0(S^n \setminus S) \cong \mathbb{Z}$ und $H_{n-r-1}(S^n \setminus S) \cong \mathbb{Z}$.*

(b) *Für $r = n - 1$ ist $H_0(S^n \setminus S) \cong \mathbb{Z} \oplus \mathbb{Z}$.*

Beweis durch Induktion nach r: Für $r = 0$ besteht S aus zwei Punkten, und wegen $S^n \setminus S \simeq S^{n-1}$ ist die Aussage richtig. Im folgenden ist $0 < r \leq n - 1$, und wir nehmen an, daß der Satz für $(r - 1)$-Sphären in S^n gilt. Wir wählen einen Homöomorphismus $f : S^r \to S$. Dann sind $B_\pm = f(D_\pm^r)$ Bälle in S^n mit $S = B_+ \cup B_-$, und $T = B_+ \cap B_-$ ist eine $(r-1)$-Sphäre. Es sei $q \geq 1$. Aus der zu $S^n \setminus T = (S^n \setminus B_+) \cup (S^n \setminus B_-)$ gehörenden Mayer-Vietoris-Sequenz und 11.7.1 folgt $H_q(S^n \setminus S) \cong H_{q+1}(S^n \setminus T)$. Daraus ergibt sich mit der Induktionsannahme, daß $H_q(S^n \setminus S)$ die im Satz angegebene Gruppe ist. Es bleibt die Aussage über $H_0(S^n \setminus S)$ zu beweisen. Nach 11.7.1 und Induktionsannahme sind $S^n \setminus B_\pm$ und $S^n \setminus T$ wegzusammenhängend. Daher wird der Kern von $H_0(S^n \setminus B_+) \oplus H_0(S^n \setminus B_-) \to H_0(S^n \setminus T)$ von $(\{x\}, -\{x\})$ erzeugt, wobei $x \in S^n \setminus S$ ein fester Punkt ist. Die obige Mayer-Vietoris-Sequenz liefert folglich die exakte Sequenz $0 \to H_1(S^n \setminus T) \to H_0(S^n \setminus S) \to \mathbb{Z} \to 0$, aus der mit der Induktionsannahme die Aussage über $H_0(S^n \setminus S)$ folgt. $\square$

Genau wie im Beweis von 11.7.2 ergibt sich aus dem vorigen Satz die folgende Aussage:

11.7.5 Satz *Es sei $S \subset \mathbb{R}^n$ eine r-Sphäre, wobei $n \geq 2$ und $0 \leq r \leq n - 1$ ist. Dann ist $H_q(\mathbb{R}^n \setminus S) = 0$ außer in folgenden Fällen:*

(a) *Für $r < n - 1$ ist $H_q(\mathbb{R}^n \setminus S) \cong \mathbb{Z}$ für $q = 0, n - r - 1$ und $n - 1$.*

(b) *Für $r = n - 1$ ist $H_0(\mathbb{R}^n \setminus S) \cong \mathbb{Z} \oplus \mathbb{Z}$ und $H_{n-1}(\mathbb{R}^n \setminus S) \cong \mathbb{Z}$.* $\square$

Im Unterschied zu 11.7.4 ist hier noch eine weitere Gruppe von Null verschieden, nämlich $H_{n-1}(\mathbb{R}^n \setminus S)$; das läßt sich geometrisch wie in 11.7.3 (b) interpretieren.

11.7.6 Folgerungen

(a) Der euklidische Raum $\mathbb{R}^n$ bzw. die Sphäre S^n wird durch eine darin enthaltene Sphäre der Dimension $< n - 1$ nicht zerlegt.

(b) Ist dagegen $S \subset \mathbb{R}^n$ bzw. $S \subset S^n$ eine $(n-1)$-dimensionale Sphäre $(n \geq 2)$, so besteht $\mathbb{R}^n \setminus S$ bzw. $S^n \setminus S$ aus genau zwei Wegekomponenten. Für $n = 2$ ist das der *Jordansche Kurvensatz*, für $n > 2$ der *Brouwersche Separationssatz*. Es gilt ferner:

11.7.7 Satz *Es sei $S \subset \mathbb{R}^n$ bzw. $S \subset S^n$ eine $(n-1)$-dimensionale Sphäre $(n \geq 2)$, und U, V seien die Wegekomponenten ihres Komplements. Dann sind U und V offen, und $S = \dot{U} = \dot{V}$ ist der gemeinsame Rand von U und V.*

Beweis Als offener Teilraum von $\mathbb{R}^n$ ist $\mathbb{R}^n \setminus S$ lokal wegzusammenhängend, und daher sind die Wegekomponenten U und V offen. — Beweis von $\dot{U} \cup \dot{V} \subset S$: Es ist $\dot{U} \cap U = \emptyset$ (weil U offen ist) und $\dot{U} \cap V = \emptyset$ (andernfalls wäre $U \cap V \neq \emptyset$, da V offen ist). Aus der disjunkten Zerlegung $\mathbb{R}^n = U \cup V \cup S$ folgt daher $\dot{U} \subset S$. Ebenso folgt $\dot{V} \subset S$. — Beweis von $S \subset \dot{U} \cap \dot{V}$: Sei $x \in S$, und sei N eine offene Umgebung von x in $\mathbb{R}^n$. Die $(n-1)$-Sphäre S kann man als Vereinigung $S = B \cup B'$ zweier $(n-1)$-Bälle B und B' darstellen, die man so wählen kann, daß $x \in B \subset S \cap N$ gilt (weil $S \cap N$ offen ist in S). Wir betrachten einen Weg $w : I \to \mathbb{R}^n$, der in U beginnt, in V endet und B' nicht trifft (nach 11.7.2 ist $\mathbb{R}^n \setminus B'$ wegzusammenhängend). Weil die zusammenhängende Menge $w(I)$ innere und äußere Punkte von U enthält, ist $w(I) \cap \dot{U} \neq \emptyset$ [Boto, 4.8]. Also liegt auf dem Weg ein Randpunkt y von U. Wegen $\dot{U} \subset S$ und $w(I) \cap B' = \emptyset$ liegt y in B und damit in N. Für jede offene Umgebung N des vorgegebenen Punktes $x \in S$ ist somit $N \cap \dot{U} \neq \emptyset$; da $\dot{U}$ abgeschlossen ist, folgt $x \in \dot{U}$. Weil $x \in S$ beliebig war, ist $S \subset \dot{U}$. Genauso zeigt man $S \subset \dot{V}$. — Damit ist der Beweis beendet, denn aus $\dot{U} \cup \dot{V} \subset S \subset \dot{U} \cap \dot{V}$ folgt $\dot{U} = \dot{V} = S$. □

11.7.8 Bemerkungen

(a) Wer sich wundert, wie kompliziert dieser Beweis ist, betrachte die Menge $S = S^1 \cup I \subset \mathbb{R}^2$. Sie zerlegt $\mathbb{R}^2$ in offene Mengen U, V, für die nicht $S = \dot{U} = \dot{V}$ gilt.

(b) Im Fall $S \subset \mathbb{R}^n$ ist in 11.7.7 genau eine der beiden Komponenten beschränkt (vgl. 2.2.12); sie heißt *das Innere* und die andere *das Äußere* von S. Im Fall $S \subset S^n$ sind diese Begriffe nicht definiert.

(c) Für eine Kreislinie $S \subset S^2$ gilt der Satz von Schoenflies (Beweis z.B. in [Moise, §9], [ZVC, Kap. 7]): *Es gibt einen Homöomorphismus $f : S^2 \to S^2$, der S auf S^1 und U bzw. V auf $\dot{D}^2_+$ bzw. $\dot{D}^2_-$ abbildet.*

(d) Für eine Kreislinie $S \subset \mathbb{R}^2$ besagt der Schoenflies-Satz: *Es gibt einen Homöomorphismus $f : \mathbb{R}^2 \to \mathbb{R}^2$ mit $f(S) = S^1$. Im $\mathbb{R}^2$ gibt es daher keine Knoten. Das Innere von S ist eine 2-Zelle, und das Äußere ist zu $\dot{D}^2 \setminus 0$ homöomorph.*

(e) In höheren Dimensionen ist der Satz von Schoenflies falsch. Es gibt schon im $\mathbb{R}^3$ eine 2-Sphäre S, deren Äußeres nicht einfach zusammenhängend ist. Eine Skizze finden Sie in [Hocking-Young, S. 176].

(f) Mit den bewiesenen Zerlegungssätzen können wir jetzt auch den Satz 1.1.16 von der Invarianz des Gebiets beweisen: *Sind $X, Y \subset \mathbb{R}^n$ homöomorphe Teilräume des $\mathbb{R}^n$ und ist X offen im $\mathbb{R}^n$, so ist Y offen im $\mathbb{R}^n$.*

Beweis Sei $f : X \to Y$ ein Homöomorphismus. Sei $y \in Y$ ein fester Punkt. Zu $x = f^{-1}(y) \in X$ gibt es ein $r > 0$, so daß der Ball $B = \{z \in \mathbb{R}^n \mid |x - z| \le r\}$ in X liegt. Sei $S = \partial B$ die Randsphäre. In der Zerlegung $\mathbb{R}^n \setminus f(S) = (\mathbb{R}^n \setminus f(B)) \cup (f(B) \setminus f(S))$ sind die Räume rechts wegzusammenhängend (nach 11.7.1, weil $f(B)$ ein Ball ist, bzw. wegen $f(B) \setminus f(S) = f(B \setminus S) \approx B \setminus S \approx \mathring{D}^n$). Daher müssen sie mit den Wegekomponenten übereinstimmen, in die $\mathbb{R}^n$ durch die $(n - 1)$-Sphäre $f(S)$ zerlegt wird, und sie sind daher offen im $\mathbb{R}^n$. Insbesondere ist $V = f(B) \setminus f(S)$ offen in $\mathbb{R}^n$ und $y \in V \subset Y$. Weil der Punkt y beliebig war, ist Y eine offene Teilmenge des $\mathbb{R}^n$. $\qquad\square$

Wir wollen noch einige weitere geometrische Aspekte der obigen Sätze diskutieren. Für eine Sphäre $S \subset S^n$ bzw. $S \subset \mathbb{R}^n$ hängen die Homologiegruppen des Komplements nur von der Dimension von S und nicht von der Lage von S in S^n bzw. $\mathbb{R}^n$ ab. Z.B. ist für jeden Knoten $S \subset \mathbb{R}^3$ stets $H_q(\mathbb{R}^3 \setminus S) \cong \mathbb{Z}$ für $q = 0, 1$ und $= 0$ sonst; die Homologietheorie ist daher zu schwach, um Knoten zu unterscheiden (vgl. 1.9.7). Besonders interessant ist die Aussage $H_{n-r-1} \cong \mathbb{Z}$ in 11.7.5 (und analog in 11.7.4): Sie ist der Ausgangspunkt der *Verschlingungstheorie in $\mathbb{R}^n$* (und analog in S^n):

11.7.9 Definition Es seien $S, S' \subset \mathbb{R}^n$ disjunkte Sphären der Dimension r bzw. $n - r - 1$, wobei $0 < r < n - 1$ ist. Für die Inklusion $i : S' \hookrightarrow \mathbb{R}^n \setminus S$ ist der Homomorphismus $i_* : H_{n-r-1}(S') \to H_{n-r-1}(\mathbb{R}^n \setminus S)$ Multiplikation mit einer ganzen Zahl a, die bis auf das Vorzeichen eindeutig bestimmt ist (weil beide Gruppen $\cong \mathbb{Z}$ sind). Die Zahl $v(S, S') = |a|$ heißt die *Verschlingungszahl* von S und S'; wenn sie nicht Null ist, heißen S und S' *verschlungene* oder *verkettete Sphären*.

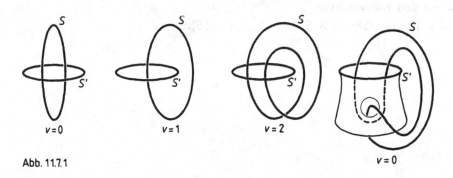

Abb. 11.7.1

Verschlingungszahl 0 bedeutet $i_*(\{S'\}) = 0$, d.h. der Zyklus S' berandet im $\mathbb{R}^n$ eine Kette, die S nicht trifft (in Abb. 11.7.1 sind einige Verschlingungszahlen angegeben;

auch im Bild rechts ist $v = 0$, weil S' in $\mathbb{R}^3 \setminus S$ der Rand der skizzierten Fläche ist). Man kann beweisen, daß es *zu jeder r-Sphäre $S \subset \mathbb{R}^n$ eine $(n-r-1)$-Sphäre $S' \subset \mathbb{R}^n$ gibt, so daß $i_*(\{S'\})$ die Gruppe $H_{n-r-1}(\mathbb{R}^n \setminus S)$ erzeugt;* dieser Satz von der Existenz verschlungener Sphären ist der eigentliche geometrische Grund für die Aussage $H_{n-r-1}(\mathbb{R}^n \setminus S) \cong \mathbb{Z}$. Wir wollen dem Leser zumindest ein Beispiel für verschlungene Sphären zeigen:

11.7.10 Satz *Für $0 < r < n-1$ sind die Sphären S und S' in S^n, die durch*

$$x_1^2 + \ldots + x_{r+1}^2 = 1, \ x_{r+2} = \ldots = x_{n+1} = 0 \text{ bzw.}$$
$$x_1 = \ldots = x_{r+1} = 0, \ x_{r+2}^2 + \ldots + x_{n+1}^2 = 1$$

gegeben sind, verschlungen. — Die Bilder dieser Sphären unter einem Homöomorphismus $S^n \setminus z_0 \to \mathbb{R}^n$, wobei $z_0 \notin S \cup S'$ ist, sind verschlungene Sphären im $\mathbb{R}^n$.

Beweis Es gibt eine Retraktion $r : S^n \setminus S \to S'$, nämlich

$$r(x) = (0, \ldots, 0, x_{r+2}, \ldots, x_{n+1})/\sqrt{x_{r+2}^2 + \ldots + x_{n+1}^2};$$

daher ist $i_* : H_{n-r-1}(S') \to H_{n-r-1}(S^n \setminus S)$ injektiv und somit $v(S, S') \neq 0$. $\square$

Aufgaben

11.7.A1 Ist $A \subset \mathbb{R}^n$ ein abgeschlossener Teilraum, der zum $\mathbb{R}^{n-1}$ homöomorph ist, so besteht $\mathbb{R}^n \setminus A$ aus zwei Komponenten.

11.7.A2 Ist $S \subset S^n$ die Vereinigung zweier disjunkter $(n-1)$-Sphären in S^n, so besteht $S^n \setminus S$ aus drei Komponenten.

11.7.A3 Für die Sphären S, S' in 11.7.10 gilt $v(S, S') = 1$.

12   Homologie von Produkten

12.1 Produktketten

Wir zeigen in diesem Kapitel, wie man die Homologiegruppen eines Produktraumes $X \times Y$ berechnet, wenn man die Homologie von X und Y kennt. Wichtiger als das Ergebnis 12.4.3 werden die entwickelten Methoden sein, die noch viele weitere Anwendungen haben. Die geometrische Grundidee zur Berechnung der Homologie von $X \times Y$ ist folgende: Je zwei Ketten $c \in S_p(X)$ und $d \in S_q(Y)$ wird eine *Produktkette* $c \times d \in S_{p+q}(X \times Y)$ zugeordnet. Wir skizzieren zunächst, wie man sich diese Konstruktion geometrisch vorstellen kann.

12.1.1 Bezeichnung Eine singuläre $(p + q)$-Kette $m_{p,q}$ auf dem topologischen Produkt $\Delta_p \times \Delta_q$ der Standardsimplexe Δ_p und Δ_q heißt eine *Modell-Produktkette*, wenn sie ein Zyklus relativ $\partial(\Delta_p \times \Delta_q)$ ist und wenn ihre Homologieklasse die Gruppe $H_{p+q}(\Delta_p \times \Delta_q,\ \partial(\Delta_p \times \Delta_q)) \cong \mathbb{Z}$ erzeugt (man beachte, daß $\Delta_p \times \Delta_q$ ein $(p + q)$-Ball ist). Für $p = q = 0$ sei $m_{0,0} = \Delta_0 \times \Delta_0$.

Es gibt mehrere Möglichkeiten, $m_{p,q}$ zu konstruieren. Man kann z.B. einfach einen Homöomorphismus $m_{p,q}\colon \Delta_{p+q} \to \Delta_p \times \Delta_q$ wählen. Oder man trianguliert $\Delta_p \times \Delta_q$ durch einen Simplizialkomplex K, wählt einen Fundamentalzyklus z auf K relativ ∂K und setzt $m_{p,q} = C(\omega)(z)$, wobei $C(\omega)\colon C(K) \to S(\Delta_p \times \Delta_q)$ die von einer Ordnung ω auf K induzierte Kettenabbildung ist. Wir stellen uns vor, daß wir $m_{p,q}$ auf irgendeine Weise fest gewählt haben.

12.1.2 Definition Für singuläre Simplexe $\sigma\colon \Delta_p \to X$ und $\tau\colon \Delta_q \to Y$ definieren wir die *Produktkette* $\sigma \times \tau$ als das Bild der Modell-Produktkette unter der Produktabbildung $\sigma \times \tau\colon \Delta_p \times \Delta_q \to X \times Y$, genauer:

$$\sigma \times \tau = (\sigma \times \tau)_{\bullet}(m_{p,q}) \in S_{p+q}(X \times Y).$$

(Man beachte, daß das Symbol $\sigma \times \tau$ hier zwei Bedeutungen hat). Für beliebige Ketten $c = \sum m_i \sigma_i \in S_p(X)$ und $d = \sum n_j \tau_j \in S_q(Y)$ definieren wir durch lineare Fortsetzung die Produktkette durch $c \times d = \sum m_i n_j (\sigma_i \times \tau_j)$.

In Abbildung 12.1.1 ist $\sigma \times \tau$ im Fall $p = q = 1$ skizziert; $m_{1,1}$ ist hier die Summe der beiden Dreiecke im Quadrat $\Delta_1 \times \Delta_1$. Als nächstes wird der Rand der Produktkette untersucht:

12.1.3 Lemma *Wenn man für alle $p, q \geq 0$ die Modell-Produktkette $m_{p,q}$ geeignet wählt, gilt für alle $c \in S_p(X)$ und $d \in S_q(Y)$ die Randformel*

$$\partial(c \times d) = (\partial c) \times d + (-1)^p c \times (\partial d).$$

In Abb. 12.1.1 besteht $\partial(\sigma \times \tau)$ aus dem oberen Rand $-(\sigma \times y_1)$, dem unteren Rand $\sigma \times y_0$, dem linken Rand $-(x_0 \times \tau)$ und dem rechten Rand $x_1 \times \tau$, so daß die Randformel in diesem Spezialfall gilt. Der Beweis im allgemeinen Fall ist technisch kompliziert. Der Rand von $\Delta_p \times \Delta_q$ besteht aus Kopien von $\Delta_{p-1} \times \Delta_q$ und $\Delta_p \times \Delta_{q-1}$; man muß die Modell-Produktketten auf diesen Räumen miteinander vergleichen und geeignet wählen. Um unsere Skizze nicht zu unterbrechen, nehmen wir an, daß 12.1.3 bewiesen sei. Dann können wir die bisherigen Ergebnisse wie folgt formalisieren.

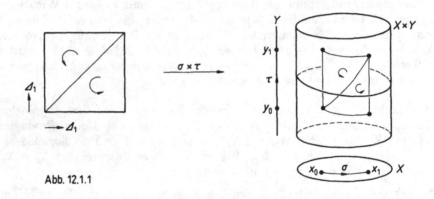

Abb. 12.1.1

12.1.4 Definition und Satz

(a) *Es seien A_n und B_n abelsche Gruppen, wobei n die ganzen Zahlen durchläuft. Dann bezeichnen wir mit $[A \otimes B]_n$ die direkte Summe der Gruppen $A_p \otimes B_q$ mit $p + q = n$, also: $[A \otimes B]_n = \bigoplus_{p+q=n} A_p \otimes B_q$.*

(b) *Das Tensorprodukt $C \otimes D$ zweier Kettenkomplexe C und D ist folgender Kettenkomplex: Die n-te Kettengruppe von $C \otimes D$ ist die Gruppe $[C \otimes D]_n$, und der Randoperator ∂: $[C \otimes D]_n \to [C \otimes D]_{n-1}$ ist definiert durch*

$$\partial(c \otimes d) = (\partial c) \otimes d + (-1)^p c \otimes (\partial d) \text{ für } c \in C_p, d \in C_q \text{ und } p + q = n.$$

Diese Konstruktion ist funktoriell: Kettenabbildungen f: $C \to C'$ und g: $D \to D'$ induzieren eine Kettenabbildung $f \otimes g$: $C \otimes D \to C' \otimes D'$ durch $(f \otimes g)(c \otimes d) = f(c) \otimes g(d)$.

(c) *Die Produktketten-Konstruktion induziert eine Kettenabbildung*

$$P: S(X) \otimes S(Y) \to S(X \times Y), \quad c \otimes d \mapsto c \times d \text{ für } c \in S_p(X), d \in S_q(Y).$$

Diese Kettenabbildung hat die folgenden Eigenschaften (d) *und* (e).

(d) P *ist* natürlich *in* X *und* Y, *d.h.* P *ist für alle Räume* X *und* Y *definiert, und für* $f\colon X \to X'$, $g\colon Y \to Y'$ *ist folgendes Diagramm kommutativ:*

$$
\begin{array}{ccc}
S(X) \otimes S(Y) & \xrightarrow{\ P\ } & S(X \times Y) \\[1ex]
\downarrow f_\bullet \otimes g_\bullet & & \downarrow (f \times g)_\bullet \\[1ex]
S(X') \otimes S(Y') & \xrightarrow{\ P\ } & S(X' \times Y')
\end{array}
$$

(e) P *ist* normiert, *d.h.* $P\colon [S(X) \otimes S(Y)]_0 \to S_0(X \times Y)$ *ist durch* $P(x \otimes y) = (x, y)$ *für* $x \in X$ *und* $y \in Y$ *gegeben.*

Erläuterung: Weil die Funktionen $(c, d) \mapsto (\partial c) \otimes d + (-1)^p c \otimes (\partial d)$ und $(c, d) \mapsto f(c) \otimes g(d)$ sowie $(c, d) \mapsto c \times d$ bilinear sind, sind die Homomorphismen ∂, $f \otimes g$ bzw. P nach 10.2.2 eindeutig definiert. Wegen $\partial^2 = 0$ in C und D ist

$$
\partial^2(c \otimes d) = (-1)^{p-1} \partial c \otimes \partial d + (-1)^p \partial c \otimes \partial d = 0;
$$

also ist $C \otimes D$ ein Kettenkomplex. Die Definition des Randoperators in $C \otimes D$ ist natürlich durch 12.1.3 motiviert, und sie ist gerade so gemacht, daß P eine Kettenabbildung ist! Beweis von (d): Für $\sigma\colon \Delta_p \to X$ und $\tau\colon \Delta_p \to Y$ ist

$$
(f \times g)_\bullet P(\sigma \otimes \tau) = (f \times g)_\bullet (\sigma \times \tau)_\bullet (m_{p,q})
$$
$$
P(f_\bullet \otimes g_\bullet)(\sigma \otimes \tau) = P(f\sigma \otimes g\tau) = (f\sigma \times g\tau)_\bullet (m_{p,q}),
$$

und aus $(f \times g)(\sigma \times \tau) = f\sigma \times g\tau$ folgt (d). Beweis von (e): Es ist $m_{0,0} = \Delta_0 \times \Delta_0$; daraus folgt (e) wegen 9.1.5 (b). $\qquad\square$

Mit diesem Satz ist der erste Teil unseres Programms erledigt. Das Bild der Kettenabbildung P ist der Teilkettenkomplex von $S(X \times Y)$, der aus allen Produktketten besteht. Natürlich gibt es Ketten in $S(X \times Y)$, die keine Produktketten sind. Wir behaupten jedoch, daß bis auf Homologie alle Ketten in $S(X \times Y)$ Produktketten sind, genauer:

12.1.5 Satz *Die Kettenabbildung* $P\colon S(X) \otimes S(Y) \to S(X \times Y)$ *ist eine Homotopieäquivalenz von Kettenkomplexen; insbesondere ist*

$$
P_*\colon H_n(S(X) \otimes S(Y)) \to H_n(X \times Y)
$$

für alle n *ein Isomorphismus.*

Damit ist das Problem, $H_n(X \times Y)$ zu berechnen, auf das algebraische Problem zurückgeführt, für gegebene Kettenkomplexe C und D die Homologie des Kettenkomplexes $C \otimes D$ zu berechnen (dieses Problem lösen wir in 12.3). Der Beweis von

12.1.5 ist noch schwieriger als der von 12.1.3. Man muß zuerst eine geometrische Idee entwickeln, wie man eine Kettenabbildung Q: $S(X \times Y) \to S(X) \otimes S(Y)$ definieren kann, die ein Homotopie-Inverses von P ist, und das muß man dann beweisen. Man mache sich klar, wieviel harte Arbeit in den Details von 12.1.3 und 12.1.5 steckt! Dann wird deutlich, wie elegant und schlagkräftig die Methode des folgenden Abschnitts ist, mit der wir uns den Beweis von 12.1.3 ersparen und 12.1.5 fast mühelos erhalten.

Aufgaben

12.1.A1 Es sei τ: $C \otimes D \to D \otimes C$ definiert durch $\tau(c \otimes d) = (-1)^{pq} d \otimes c$ für $c \in C_p$ und $d \in D_q$. Zeigen Sie:

(a) τ ist eine Kettenabbildung.

(b) τ ist ein Isomorphismus von Kettenkomplexen.

(c) τ_*: $H_n(C \otimes D) \to H_n(D \otimes C)$ ist ein Isomorphismus.

12.1.A2 Eine abelsche Gruppe G kann man als Kettenkomplex der Form D_G: ... $\to$ $0 \to C_0 = G \to 0 \to$ ... auffassen. Zeigen Sie: Das Tensorprodukt $C \otimes D_G$ ist der Kettenkomplex $C \otimes G$ aus 10.4.1.

12.2 Der Satz von Eilenberg-Zilber

Die oben skizzierten geometrischen Überlegungen kann man alle durch das folgende algebraische Lemma ersetzen.

12.2.1 Lemma *Es seien C und C' Kettenkomplexe mit $C_n = C'_n = 0$ für $n < 0$. Für $n > 0$ sei C_n eine freie abelsche Gruppe und $H_n(C') = 0$. Dann gilt:*

(a) *Je zwei Kettenabbildungen f, g: $C \to C'$ mit $f_0 = g_0$: $C_0 \to C'_0$ sind homotop.*

(b) *Zu jedem Homomorphismus φ: $C_0 \to C'_0$, der Randketten von C_0 in Randketten von C'_0 abbildet, gibt es eine Kettenabbildung f: $C \to C'$ mit $f_0 = \varphi$.*

B e w e i s (a) Wir müssen Homomorphismen D_n: $C_n \to C'_{n+1}$ mit $\partial D_n + D_{n-1}\partial = f_n - g_n$ definieren. Setzt man $D_n = 0$ für $n \leq 0$, dann gilt die Formel für $n \leq 0$. Sei $n > 0$, und sei D_i: $C_i \to C'_{i+1}$ für $i \leq n-1$ schon so definiert, daß die Formel $\partial D_i + D_{i-1}\partial = f_i - g_i$ gilt. Wähle eine Basis von C_n. Für jedes Basiselement x ist $z = f_n(x) - g_n(x) - D_{n-1}\partial(x) \in C'_n$ definiert und wegen

$$\partial z = \partial f_n(x) - \partial g_n(x) - (f_{n-1} - g_{n-1} - D_{n-2}\partial)(\partial x) = 0$$

ein Zyklus. Definiere $D_n(x) \in C'_{n+1}$ als ein Element, dessen Rand dieser Zyklus ist (es existiert wegen $H_n(C') = 0$). Damit ist D_n: $C_n \to C'_{n+1}$ definiert und $\partial D_n + D_{n-1}\partial = f_n - g_n$.

(b) Wir müssen Homomorphismen $f_n\colon C_n \to C'_n$ mit $\partial f_n = f_{n-1}\partial$ definieren, wobei $f_0 = \varphi$ ist. Sei $n > 0$, und sei f_i für $i \leq n-1$ schon so definiert, daß $\partial f_i = f_{i-1}\partial$ ist. Wähle eine Basis von C_n. Für jedes Basiselement x ist $f_{n-1}\partial x \in C'_{n-1}$ definiert. Es gibt ein Element $x' \in C_n$ mit $\partial x' = f_{n-1}\partial x$ (für $n = 1$ nach Annahme, für $n > 1$ wegen $\partial f_{n-1}\partial x = f_{n-2}\partial\partial x = 0$ und $H_{n-1}(C') = 0$). Definiere $f_n\colon C_n \to C'_n$ durch $f_n(x) = x'$. Dann gilt $\partial f_n = f_{n-1}\partial$. □

Als erste Folgerung ergibt sich, daß die Details der Produktketten-Konstruktion in 12.1 völlig unwichtig sind; man erhält im wesentlichen immer dieselbe Kettenabbildung:

12.2.2 Satz *Je zwei normierte, in X und Y natürliche Kettenabbildungen P und $P'\colon S(X) \otimes S(Y) \to S(X \times Y)$ sind algebraisch homotop.*

Beweis Wir betrachten zuerst den *Modellfall* $X = \Delta_p$ und $Y = \Delta_q$, wobei $p, q \geq 0$ fest. Für die Kettenabbildungen $P, P'\colon S(\Delta_p) \otimes S(\Delta_q) \to S(\Delta_p \times \Delta_q)$ sind die Voraussetzungen des Lemmas erfüllt (Tensorprodukte freier abelscher Gruppen sind frei abelsch; $\Delta_p \times \Delta_q$ ist zusammenziehbar; $P = P'$ in Dimension Null wegen Normiertheit). Also gibt es in diesem Spezialfall nach Teil (a) des Lemmas

$$D^\Delta\colon [S(\Delta_p) \otimes S(\Delta_q)]_n \to S_{n+1}(\Delta_p \times \Delta_q)$$

mit $\partial D^\Delta + D^\Delta \partial = P - P'$. Für beliebige Räume X und Y definieren wir

$$D\colon [S(X) \otimes S(Y)]_n \to S_{n+1}(X \times Y)$$

auf den Basiselementen $\sigma \otimes \tau$ (mit $\sigma\colon \Delta_p \to X$, $\tau\colon \Delta_q \to Y$ und $p + q = n$) durch

$$D(\sigma \otimes \tau) = (\sigma \times \tau)_\bullet D^\Delta(\mathrm{id}_p \otimes \mathrm{id}_q), \text{ wobei } \sigma \times \tau\colon \Delta_p \times \Delta_q \to X \times Y;$$

vgl. 9.1.7 zu $\mathrm{id}_p \in S_p(\Delta_p)$. Für $f\colon X \to X'$ und $g\colon Y \to Y'$ folgt dann wie in 12.1.4 (d), daß $(f \times g)_\bullet D = D(f_\bullet \otimes g_\bullet)$ gilt, d.h. D ist ebenfalls natürlich in X und Y. Ferner gilt:

$$\partial D(\sigma \otimes \tau) = \partial(\sigma \times \tau)_\bullet D^\Delta(\mathrm{id}_p \otimes \mathrm{id}_q) = (\sigma \times \tau)_\bullet \partial D^\Delta(\mathrm{id}_p \otimes \mathrm{id}_q)$$
$$= (\sigma \times \tau)_\bullet (P - P' - D^\Delta \partial)(\mathrm{id}_p \otimes \mathrm{id}_q)$$
$$= (P - P' - D\partial)(\sigma_\bullet \otimes \tau_\bullet)(\mathrm{id}_p \otimes \mathrm{id}_q)$$
$$= (P - P' - D\partial)(\sigma \otimes \tau).$$

Dabei haben wir beim dritten Gleichheitszeichen benutzt, daß $\partial D^\Delta + D^\Delta \partial = P - P'$ im Modellfall $X = \Delta_p$ und $Y = \Delta_q$ gilt, und beim vierten, daß P, P' und D natürlich sind in X und Y (speziell $(\sigma \times \tau)_\bullet D^\Delta = D(\sigma_\bullet \otimes \tau_\bullet)$). Es folgt, daß $\partial D + D\partial = P - P'$ für alle Räume X und Y gilt. □

Man beachte die Strategie dieses Beweises: Die Aussage folgt im Modellfall aus dem Lemma (hier braucht man, daß $H_n(\Delta_p \times \Delta_q) = 0$ ist für $n \neq 0$) und wird dann unter Benutzung der Natürlichkeitseigenschaften auf beliebige Räume übertragen. Dieselbe Strategie liefert folgende Existenzaussage:

12.2.3 Satz *Es gibt eine normierte, in X und Y natürliche Kettenabbildung* $P\colon S(X) \otimes S(Y) \to S(X \times Y)$.

Beweis Wieder sei zuerst $X = \Delta_p$ und $Y = \Delta_q$. Wir definieren

$$\varphi\colon [S(\Delta_p) \otimes S(\Delta_q)]_0 \to S_0(\Delta_p \times \Delta_q)$$

durch $\varphi(x \otimes y) = (x, y)$ für $x \in \Delta_p$ und $y \in \Delta_q$. Es ist leicht zu verifizieren, daß die Voraussetzungen von 12.2.1 (b) erfüllt sind. Daher gibt es eine Kettenabbildung $P^\Delta\colon S(\Delta_p) \otimes S(\Delta_q) \to S(\Delta_p \times \Delta_q)$ mit $P^\Delta = \varphi$ in Dimension Null. Für beliebige Räume X und Y definieren wir $P\colon S(X) \otimes S(Y) \to S(X \times Y)$ durch die Formel $P(\sigma \otimes \tau) = (\sigma \times \tau)_\bullet P^\Delta(\mathrm{id}_p \otimes \mathrm{id}_q)$, wobei wieder $\sigma\colon \Delta_p \to X$ und $\tau\colon \Delta_q \to Y$. Man rechnet nach, daß P normiert und in X und Y natürlich ist.   □

Dieser abstrakte Existenzbeweis liefert natürlich überhaupt keine Vorstellung, wie für $c \in S_p(X)$ und $d \in S_q(Y)$ die Kette $P(c \otimes d)$ aussieht. Es kommt auch gar nicht darauf an, wie sie aussieht: Nur die Formel $\partial P(c \otimes d) = P(\partial c \otimes d) + (-1)^p P(c \otimes \partial d)$ ist wichtig! Dennoch empfehlen wir dem Leser, sich unter $P(c \otimes d)$ weiterhin die Produktkette aus 12.1.5 vorzustellen. Es ist naheliegend, mit den obigen Methoden auch eine Kettenabbildung $Q\colon S(X \times Y) \to S(X) \otimes S(Y)$ zu konstruieren. Dazu benutzen wir ein algebraisches Resultat, das wir erst in 12.3 beweisen werden (setze $C = S(\Delta_p)$ und $C' = S(\Delta_q)$ in 12.3.3):

12.2.4 Hilfssatz *Für $n > 0$ ist $H_n(S(\Delta_p) \otimes S(\Delta_q)) = 0$.*   □

12.2.5 Satz *Es gibt eine Kettenabbildung $Q\colon S(X \times Y) \to S(X) \otimes S(Y)$ mit folgenden Eigenschaften:*

(a) *Q ist in X und Y natürlich, d.h. Q ist für alle Räume X und Y definiert, und für stetige Abbildungen $f\colon X \to X'$ und $g\colon Y \to Y'$ ist das folgende Diagramm kommutativ:*

$$
\begin{array}{ccc}
S(X \times Y) & \xrightarrow{\ Q\ } & S(X) \otimes S(Y) \\
{\scriptstyle (f \times g)_\bullet}\downarrow & & \downarrow{\scriptstyle f_\bullet \otimes g_\bullet} \\
S(X' \times Y') & \xrightarrow{\ Q\ } & S(X') \otimes S(Y')
\end{array}
$$

(b) *Q ist normiert, d.h. $Q\colon S_0(X \times Y) \to [S(X) \otimes S(Y)]_0$ ist gegeben durch $Q(x, y) = x \otimes y$ für $x \in X$ und $y \in Y$.*

Ferner sind je zwei solche Kettenabbildungen algebraisch homotop.

Beweis Wir betrachten zuerst den Modellfall $X = Y = \Delta_n$ ($n \geq 0$ fest). Für $C = S(\Delta_n \times \Delta_n)$, $C' = S(\Delta_n) \otimes S(\Delta_n)$ und $\varphi \colon C_0 \to C_0'$, $\varphi(x, y) = x \otimes y$, gibt es nach 12.2.1 (b) eine Kettenabbildung $Q^\Delta \colon C \to C'$ mit $Q_0^\Delta = \varphi$ (wegen 12.2.4 ist $H_n(C') = 0$ für $n > 0$). Für beliebige X, Y definieren wir $Q \colon S_n(X \times Y) \to [S(X) \otimes S(Y)]_n$ auf den Basiselementen $\sigma \colon \Delta_n \to X \times Y$ durch

$$Q(\sigma) = ((\mathrm{pr}_1 \circ \sigma)_\bullet \otimes (\mathrm{pr}_2 \circ \sigma)_\bullet (Q^\Delta(d_n));$$

dabei ist $d_n \in S_n(\Delta_n \times \Delta_n)$ das singuläre Simplex $d_n \colon \Delta_n \to \Delta_n \times \Delta_n$, das durch $d_n(u) = (u, u)$ gegeben ist. Man rechnet nach, daß Q eine normierte, natürliche Kettenabbildung ist. Dieselbe Strategie (zuerst der Modellfall $X = Y = \Delta_n$, dann der allgemeine Fall) zeigt, daß Q bis auf algebraische Homotopie eindeutig ist. $\square$

12.2.6 Satz von Eilenberg-Zilber *Die Kettenabbildungen* $P \colon S(X) \otimes S(Y) \to S(X \times Y)$ *und* $Q \colon S(X \times Y) \to S(X) \otimes S(Y)$ *sind zueinander inverse Homotopieäquivalenzen von Kettenkomplexen.*

Beweis Wir vergleichen jetzt die Kettenabbildungen $PQ \colon S(X \times Y) \to S(X \times Y)$ und id$\colon S(X \times Y) \to S(X \times Y)$. Sie stimmen in Dimension Null überein. Im Modellfall $X = Y = \Delta_n$ erhält man aus 12.2.1 (a) eine Kettenhomotopie zwischen PQ und id. Man bringt sie mit den Natürlichkeitseigenschaften in beliebige Räume. Daher ist $PQ \simeq$ id. Analog folgt $QP \simeq$ id (Modellfall ist $X = \Delta_p$, $Y = \Delta_q$). $\square$

Die Beweis-Strategie „Modellfall $\xrightarrow{\text{Natürlichkeit}}$ allgemeiner Fall" läßt sich noch weiter formalisieren und führt auf die schon in 9.3.8 (a) erwähnte Methode der azyklischen Modelle. Wir gehen darauf nicht weiter ein.

12.2.7 Definition Jede normierte, in X und Y natürliche Kettenabbildung
$$P \colon S(X) \otimes S(Y) \to S(X \times Y) \text{ oder } Q \colon S(X \times Y) \to S(X) \otimes S(Y)$$
heißt eine *Eilenberg-Zilber-Äquivalenz*.

Unsere Ergebnisse können wir also so zusammenfassen: *Es gibt Eilenberg-Zilber-Äquivalenzen; sie sind bis auf algebraische Homotopie eindeutig bestimmt; und sie sind, wenn sie in entgegengesetzte Richtungen gehen, zueinander homotopie-invers.* P stellen wir uns geometrisch durch die Produktketten-Konstruktion vor. Im folgenden zeigen wir, wie man ein Q explizit konstruieren kann.

12.2.8 Definition Wir betrachten für $0 \leq q \leq n$ die folgenden Abbildungen zwischen Standardsimplexen (vgl. 9.1.2):

$$[e_0 \ldots e_q] \colon \Delta_q \to \Delta_n \text{ und } [e_q \ldots e_n] \colon \Delta_{n-q} \to \Delta_n.$$

Für ein singuläres n-Simplex $\sigma \colon \Delta_n \to Z$, wobei Z ein topologischer Raum ist, sind die Abbildungen

$$\sigma' = \sigma \circ [e_0 \ldots e_q] \colon \Delta_q \to Z \text{ und } \sigma'' = \sigma \circ [e_q \ldots e_n] \colon \Delta_{n-q} \to Z$$

singuläre Simplexe in Z der Dimension q bzw. $n - q$; wir nennen σ' die *q-dimensionale Vorderseite* und σ'' die $(n - q)$-*dimensionale Rückseite* von σ. Man kann sie auffassen als Einschränkungen von σ auf die Seitensimplexe von Δ_n, die von den ersten $q + 1$ bzw. den letzten $n - q + 1$ Ecken von σ aufgespannt werden.

12.2.9 Satz *Ordnet man jedem singulären n-Simplex σ: $\Delta_n \to X \times Y$ das Element*

$$Q(\sigma) = \sum_{q=0}^{n} (\mathrm{pr}_1 \circ \sigma \circ [e_0 \ldots e_q]) \otimes (\mathrm{pr}_2 \circ \sigma \circ [e_q \ldots e_n]) \in [S(X) \otimes S(Y)]_n$$

zu, so erhält man eine Eilenberg-Zilber-Äquivalenz Q: $S(X \times Y) \to S(X) \otimes S(Y)$.

Beweis Es ist Q normiert und in X und Y natürlich. Die Hauptarbeit ist der Nachweis, daß Q eine Kettenabbildung ist, d.h. daß $\partial Q(\sigma) = Q\partial(\sigma)$ gilt. Man zeigt zuerst (durch Eckenvergleich wie im Beweis von 9.1.3), daß die folgenden Gleichungen gelten:

$$[e_0 \ldots e_q] \circ \delta_{q-1}^{q} = [e_0 \ldots e_{q-1}]\colon \Delta_{q-1} \to \Delta_n,$$

$$[e_0 \ldots e_q] \circ \delta_{q-1}^{j} = \delta_{n-1}^{j} \circ [e_0 \ldots e_{q-1}]\colon \Delta_{q-1} \to \Delta_n \text{ für } j \leq q - 1,$$

$$[e_q \ldots e_n] \circ \delta_{n-q-1}^{0} = [e_{q+1} \ldots e_n]\colon \Delta_{n-q-1} \to \Delta_n,$$

$$[e_q \ldots e_n] \circ \delta_{n-q-1}^{i} = \delta_{n-1}^{i+q} \circ [e_q \ldots e_{n-1}]\colon \Delta_{n-q-1} \to \Delta_n \text{ für } i > 0,$$

$$[e_0 \ldots e_q] = \delta_{n-1}^{i} \circ [e_0 \ldots e_q]\colon \Delta_q \to \Delta_n \text{ für } i \geq q + 1,$$

$$[e_q \ldots e_n] = \delta_{n-1}^{i} \circ [e_{q-1} \ldots e_{n-1}]\colon \Delta_{n-q} \to \Delta_n \text{ für } i \leq q - 1.$$

Dann berechnet man $\partial Q(\sigma)$ mit der angegebenen Formel für Q und dem Randoperator ∂ aus 12.1.4 (b). In der entstehenden Doppelsumme ersetzt man Terme der Form $[\ldots] \circ \delta$ durch die ersten vier Gleichungen und Terme der Form $[\ldots]$ durch die letzten beiden. Man sieht, daß sich ein Teil der Summanden in $\partial Q(\sigma)$ gegenseitig wegheben und daß die Summe der restlichen genau $Q\partial(\sigma)$ ist. Außer Geduld und mehreren Blättern Papier braucht man nichts. $\square$

Aufgaben

12.2.A1 Sei P: $S(X) \otimes S(Y) \to S(X \times Y)$ eine Eilenberg-Zilber-Äquivalenz, und seien $A \subset X$ und $B \subset Y$ Teilräume. Zeigen Sie: P bildet $S(A) \otimes S(Y)$ nach $S(A \times Y)$ ab, und P bildet $S(X) \otimes S(B)$ nach $S(X \times B)$ ab.

12.2.A2 Folgern Sie aus der vorigen Aufgabe: Ist $c \in S_p(X)$ ein Zyklus relativ A und $d \in S_q(Y)$ ein Zyklus relativ B, so ist $P(c \otimes d) \in S_{p+q}(X \times Y)$ ein Zyklus relativ $A \times Y \cup X \times B$.

12.2.A3 Seien c und d wie eben, und sei P': $S(X) \otimes S(Y) \to S(X \times Y)$ eine andere Eilenberg-Zilber-Äquivalenz. Zeigen Sie, daß die Ketten $P(c \otimes d)$ und $P'(c \otimes d)$ homolog sind relativ $A \times Y \cup X \times B$. (Hinweis: Die in 12.2.2 konstruierte Homotopie D von P nach P' hat ebenfalls die Eigenschaften aus 12.2.A1.)

12.3 Die Künneth-Formel

Wir zeigen in diesem Abschnitt, wie man die Homologiegruppen des Tensorprodukts $C \otimes C'$ zweier Kettenkomplexe C und C' berechnet. Analog zu 12.1.4 (a) ist im folgenden $[H(C) \otimes H(C')]_n = \bigoplus_{p+q=n} H_p(C) \otimes H_q(C')$.

12.3.1 Definition Der Homomorphismus λ: $[H(C) \otimes H(C')]_n \to H_n(C \otimes C')$ sei definiert durch $\lambda(\{z\} \otimes \{z'\}) = \{z \otimes z'\}$. Dabei ist z bzw. z' ein p- bzw. q-dimensionaler Zyklus in C bzw. C' und $p + q = n$.

Aus der Definition des Randoperators in $C \otimes C'$ folgt Zyklus $\otimes$ Zyklus = Zyklus und Zyklus $\otimes$ Rand = Rand $\otimes$ Zyklus = Rand; daher ist λ wohldefiniert. Es gibt einen einfachen Fall, in dem λ ein Isomorphismus ist:

12.3.2 Hilfssatz *Wenn C und C' freie Kettenkomplexe sind und wenn alle Randoperatoren in C Null sind (also $H_p(C) = C_p$), so ist λ: $[C \otimes H(C')]_n \to H_n(C \otimes C')$ ein Isomorphismus.*

B e w e i s Die Kettengruppe $[C \otimes C']_n$ ist die direkte Summe der $C_p \otimes C'_{n-p}$ mit $p \in \mathbb{Z}$. Der Randoperator von $C \otimes C'$ bildet (wegen $\partial = 0$ in C) den direkten Summanden $C_p \otimes C'_{n-p}$ von $[C \otimes C']_n$ in den direkten Summanden $C_p \otimes C'_{n-p-1}$ von $[C \otimes C']_{n-1}$ ab. Daher ist $H_n(C \otimes C')$ die direkte Summe der Gruppen $H_{n-p}(K_p)$ mit $p \in \mathbb{Z}$, wobei K_p der folgende Teilkettenkomplex von $C \otimes C'$ ist:

$$K_p: \ldots \to C_p \otimes C'_{n-p+1} \to C_p \otimes C'_{n-p} \to C_p \otimes C'_{n-p-1} \to \ldots \ .$$

Der Randoperator in K_p ist $\partial(c \otimes c') = (-1)^p c \otimes \partial c'$. Bei der Berechnung der Homologie spielt das Vorzeichen keine Rolle. Wenn wir es vergessen, so ist $K_p = C_p \otimes C'$ genau der von links mit C_p tensorierte Kettenkomplex C' (vgl. 10.4.1; ob man dort von links oder rechts mit G tensoriert, spielt keine Rolle). Aus dem universellen Koeffizententheorem 10.4.6 folgt (weil die Koeffizientengruppe C_p frei ist) $C_p \otimes H_{n-p}(C') \cong H_{n-p}(C_p \otimes C') = H_{n-p}(K_p)$ durch $c \otimes \{z'\} \mapsto \{c \otimes z'\}$. □

12.3.3 Satz (Künneth-Formel) *Für freie Kettenkomplexe C und C' und für alle $n \in \mathbb{Z}$ gibt es eine exakte, zerfallende Sequenz*

$$0 \to [H(C) \otimes H(C')]_n \xrightarrow{\lambda} H_n(C \otimes C') \xrightarrow{\mu} \mathrm{Tor}(H(C), H(C'))_{n-1} \to 0.$$

Dabei ist der Term rechts die direkte Summe der Gruppen $\mathrm{Tor}(H_p(C), H_q(C'))$ mit $p + q = n - 1$. Also ist $H_n(C \otimes C')$ die direkte Summe dieser Gruppen und der Gruppen $H_p(C) \otimes H_q(C')$ mit $p + q = n$.

B e w e i s Wir definieren eine Sequenz $Z \xrightarrow{j} C \xrightarrow{\partial} B^-$ von Kettenkomplexen wie folgt. Die p-te Kettengruppe von Z bzw. B^- ist die Zyklengruppe $Z_p \subset C_p$ bzw. die

Rändergruppe $B_{p-1} \subset C_{p-1}$; ferner sind alle Randoperatoren in Z und B^- gleich Null. Es sei j: $Z_p \to C_p$ die Inklusion und ∂: $C_p \to B_{p-1} = B_p^-$ der Randoperator in C. Man bestätige, daß j: $Z \to C$ und ∂: $C \to B^-$ Kettenabbildungen sind. Aus der exakten Sequenz $0 \to Z_p \xrightarrow{j} C_p \xrightarrow{\partial} B_p^- \to 0$ (vgl. 10.4.3) ergibt sich durch Tensorieren mit C_q' und Bilden der direkten Summe über alle p, q mit $p + q = n$ die folgende exakte Sequenz von Kettenkomplexen:

$$0 \to Z \otimes C' \xrightarrow{j \otimes \mathrm{id}} C \otimes C' \xrightarrow{\partial \otimes \mathrm{id}} B^- \otimes C' \longrightarrow 0.$$

Nach 8.3.8 gehört hierzu die folgende exakte Homologiesequenz:

$$H_n(Z \otimes C') \xrightarrow{(j \otimes \mathrm{id})_*} H_n(C \otimes C') \xrightarrow{(\partial \otimes \mathrm{id})_*} H_n(B^- \otimes C') \xrightarrow{\partial_*} H_{n-1}(Z \otimes C').$$

Wir untersuchen zunächst den Randoperator ∂_* in dieser Sequenz. Er ist in folgendes Diagramm eingebettet:

$$
\begin{array}{ccc}
H_n(B^- \otimes C') & \xrightarrow{\partial_*} & H_{n-1}(Z \otimes C') \\
\lambda \uparrow \cong & & \lambda \uparrow \cong \\
[B^- \otimes H(C')]_n & \xrightarrow{i \otimes \mathrm{id}} & [Z \otimes H(C')]_{n-1}
\end{array}
$$

Hier ist i: $B_p^- = B_{p-1} \hookrightarrow Z_{p-1}$ die Inklusion, und $i \otimes \mathrm{id}$ bildet den direkten Summanden $B_p^- \otimes H_q(C')$ nach $Z_{p-1} \otimes H_q(C')$ ab. Die vertikalen Isomorphismen ergeben sich aus 12.3.2. Mit der Definition von ∂_* in 8.3.7 rechnet man unmittelbar nach, daß das Diagramm kommutativ ist. Daher wird $\mathrm{Kern}(i \otimes \mathrm{id})$ unter λ isomorph auf $\mathrm{Kern}\, \partial_*$ abgebildet, und aus der obigen Homologiesequenz erhalten wie folgende exakte Sequenz:

$$H_n(Z \otimes C') \xrightarrow{(j \otimes \mathrm{id})_*} H_n(C \otimes C') \xrightarrow{\lambda^{-1}(\partial \otimes \mathrm{id})_*} \mathrm{Kern}(i \otimes \mathrm{id}) \longrightarrow 0.$$

Zur freien Auflösung $0 \longrightarrow B_p^- \xrightarrow{i} Z_{p-1} \xrightarrow{\tau} H_{p-1}(C) \longrightarrow 0$ von $H_{p-1}(C)$, wobei τ die Projektion auf die Faktorgruppe ist, gehört nach 10.3.5 ein eindeutig bestimmter Isomorphismus

$$\Phi\colon \mathrm{Kern}(i \otimes \mathrm{id}\colon B_p^- \otimes H_q(C') \to Z_{p-1} \otimes H_q(C')) \to \mathrm{Tor}(H_{p-1}(C), H_q(C')).$$

Folglich ist der Term $\mathrm{Kern}(i \otimes \mathrm{id})$ in der vorigen exakten Sequenz isomorph zur direkten Summe dieser Torsionsprodukte mit $p + q = n$. Indem wir jenen Term durch diese direkte Summe ersetzen, erhalten wir folgende exakte Sequenz, in der $\mu = \Phi \circ \lambda^{-1} \circ (\partial \otimes \mathrm{id})_*$ ist:

$$H_n(Z \otimes C') \xrightarrow{(j \otimes \mathrm{id})_*} H_n(C \otimes C') \xrightarrow{\mu} \mathrm{Tor}(H(C), H(C'))_{n-1} \longrightarrow 0.$$

Nach 12.3.2 wird die Gruppe links erzeugt von den Elementen $z \otimes \{z'\}$, wobei z bzw. z' ein p-bzw. q-dimensionaler Zyklus von C bzw. C' ist und $p + q = n$. Ferner ist $(j \otimes \mathrm{id})_*(z \otimes \{z'\}) = \{z\} \otimes \{z'\}$. Aus beidem folgt, daß das Bild von $(j \otimes \mathrm{id})_*$ mit dem Bild des Homomorphismus λ in 12.3.1 übereinstimmt. Daher ist mit der vorigen Sequenz auch die folgende exakt:

$$[H(C) \otimes H(C')]_n \overset{\lambda}{\longrightarrow} H_n(C \otimes C') \overset{\mu}{\longrightarrow} \mathrm{Tor}(H(C), H(C'))_{n-1} \longrightarrow 0.$$

Zu zeigen bleibt, daß λ injektiv ist und die Sequenz zerfällt. Dazu genügt es, einen zu λ linksinversen Homomorphismus λ' zu konstruieren. Wegen 10.4.3 gibt es Homomorphismen $r\colon C_p \to Z_p$ und $r'\colon C'_q \to Z'_q$ mit $r|Z_p = \mathrm{id}$ und $r'|Z'_q = \mathrm{id}$, wobei $Z'_q \subset C'_q$ die Zyklengruppe ist. Der Homomorphismus $f\colon [C \otimes C']_n \to [H(C) \otimes H(C')]_n$, $c \otimes c' \mapsto \{r(c)\} \otimes \{r(c')\}$, bildet die Rändergruppe von $[C \otimes C']_n$ nach Null ab. Daher ist

$$\lambda'\colon H_n(C \otimes C') \to [H(C) \otimes H(C')]_n, \quad \{z\} \mapsto f(z),$$

wohldefiniert ($z = $ Zyklus in $[C \otimes C']_n$), und es ist $\lambda' \circ \lambda = \mathrm{id}$. $\qquad\square$

12.3.4 Bemerkung Analog zu 10.4.7 zeigt man, daß die exakte Sequenz in der Künneth-Formel natürlich ist bezüglich Kettenabbildungen $f\colon C \to D$ und $f'\colon C' \to D'$. Jedoch gibt aus den in 10.4.8 genannten Gründen es keinen natürlichen Isomorphismus $H_n(C \otimes C') \cong [\ldots]_n \oplus \mathrm{Tor}(\ldots)_{n-1}$.

Aufgaben

12.3.A1 Führen Sie die Details von 12.3.4 aus.

12.3.A2 Für eine freie Auflösung $0 \longrightarrow R \overset{i}{\longrightarrow} F \longrightarrow A \longrightarrow 0$ der abelschen Gruppe A sei $C_A\colon \ldots \longrightarrow 0 \longrightarrow C_1 \overset{\partial}{\longrightarrow} C_0 \longrightarrow 0 \longrightarrow \ldots$ der Kettenkomplex mit $C_1 = R$, $C_0 = F$, und $\partial = i$ sowie $C_q = 0$ für $q \neq 0, 1$. Zeigen Sie:
(a) $H_0(C_A) \cong A$ und $H_q(C_A) = 0$ für $q \neq 0$.
(b) Sind A, A' abelsche Gruppen, so ist $H_1(C_A \otimes C_{A'}) \cong \mathrm{Tor}(A, A')$.

12.3.A3 Zeigen Sie:
(a) $\mathrm{Tor}(A, A') \cong \mathrm{Tor}(A', A)$ für abelsche Gruppen A, A' (Hinweis: vorige Aufgabe und 12.1.A1). Also: Das Torsionsprodukt in 10.3.3 ist kommutativ. Mit 10.3.6 folgt:
(b) $\mathrm{Tor}(A, A') = 0$, wenn A oder A' frei abelsch ist.

12.4 Das Homologie-Kreuzprodukt

12.4.1 Definition Das *Homologie-Kreuzprodukt* von $\alpha = \{c\} \in H_p(X)$ und $\beta = \{d\} \in H_q(Y)$ ist definiert durch

$$\alpha \times \beta = P_*\lambda(\{c\} \otimes \{d\}) = \{P(c \otimes d)\} \in H_{p+q}(X \times Y).$$

Dabei ist P: $S(X) \otimes S(Y) \to S(X \times Y)$ eine Eilenberg-Zilber-Äquivalenz, und λ ist wie in 12.3.1.

Weil P bis auf algebraische Homotopie eindeutig bestimmt ist, ist $\alpha \times \beta$ eindeutig definiert. Wir stellen uns $\alpha \times \beta$ vor als die Homologieklasse der in 12.1 skizzierten Produktkette $c \times d$.

12.4.2 Satz *Das Kreuzprodukt hat folgende Eigenschaften:*

Natürlichkeit: $(f \times g)_*(\alpha \times \beta) = f_*(\alpha) \times g_*(\beta)$ *für* f: $X \to X'$, g: $Y \to Y'$.

Bilinearität: $(\alpha + \alpha') \times \beta = \alpha \times \beta + \alpha' \times \beta$ *und* $\alpha \times (\beta + \beta') = \alpha \times \beta + \alpha \times \beta'$.

Kommutativität: $\beta \times \alpha = (-1)^{pq} t_*(\alpha \times \beta)$, *wobei* t: $X \times Y \to Y \times X$ *die Koordinatenvertauschung* $t(x, y) = (y, x)$ *ist.*

Assoziativität: $(\alpha \times \beta) \times \gamma = \alpha \times (\beta \times \gamma)$, *wobei* $\gamma \in H_r(Z)$.

Neutrales Element: $\{x\} \times \beta = j_*(\beta)$ *für* $x \in X$, *wobei* j: $Y \to X \times Y$ *die Inklusion* $y \mapsto (x, y)$ *ist (analog* $\alpha \times \{y\} = i_*(\alpha)$).

Beweis Kommutativität: Wir definieren τ: $S(X) \otimes S(Y) \to S(Y) \otimes S(X)$ durch $\tau(c \otimes d) = (-1)^{pq} d \otimes c$ für $c \in S_p(X)$ und $d \in S_q(Y)$. Die Wahl des Vorzeichens garantiert, daß τ eine Kettenabbildung ist (vgl. 12.1.A1). Es genügt zu zeigen, daß das Diagramm von Kettenabbildungen

$$
\begin{array}{ccc}
S(X) \otimes S(Y) & \xrightarrow{\ P\ } & S(X \times Y) \\
\tau \downarrow & & \downarrow t_\bullet \\
S(Y) \otimes S(X) & \xrightarrow{\ P\ } & S(Y \times X)
\end{array}
$$

bis auf algebraische Homotopie kommutativ ist. Das beweisen wir wieder mit den Methoden von 12.2: Im Spezialfall $X = \Delta_p, Y = \Delta_q$ folgt es aus 12.2.1 (a), der allgemeine Fall ergibt sich aus der Natürlichkeit.

Assoziativität: Mit den gleichen Methoden zeigt man, daß das Diagramm von Kettenabbildungen

$$
\begin{array}{ccc}
S(X) \otimes S(Y) \otimes S(Z) & \xrightarrow{\ P \otimes \mathrm{id}\ } & S(X \times Y) \otimes S(Z) \\
\mathrm{id} \otimes P \downarrow & & \downarrow P \\
S(X) \otimes S(Y \times Z) & \xrightarrow{\ P\ } & S(X \times Y \times Z)
\end{array}
$$

bis auf algebraische Homotopie kommutativ ist (jetzt muß man zuerst den Modellfall $X = \Delta_p, Y = \Delta_q, Z = \Delta_r$ betrachten); daraus folgt die Assoziativität.

Aussage über das neutrale Element: Wenn $X = \{x\}$ ein einpunktiger Raum ist, gilt $P \circ \chi \simeq j_\bullet\colon S(Y) \to S(X \times Y)$, wobei $\chi\colon S(Y) \to S(X) \otimes S(Y)$ die Kettenabbildung $d \mapsto x \otimes d$ ist (Beweis mit den Methoden von 12.2). Daher ist $\{x\} \times \beta = j_*(\beta)$ in diesem Spezialfall. Der allgemeine Fall folgt daraus mit der Natürlichkeit des Kreuzprodukts. $\qquad\qquad\qquad\qquad\qquad\qquad\qquad\qquad\qquad\qquad\qquad\qquad$ □

12.4.3 Satz (Künneth-Formel für Räume) *Die Zuordnung $\alpha \otimes \beta \mapsto \alpha \times \beta$ definiert einen injektiven Homomorphismus*

$$H_0(X) \otimes H_n(Y) \ \oplus \ldots \oplus \ H_n(X) \otimes H_0(Y) \to H_n(X \times Y),$$

dessen Bild ein direkter Summand in $H_n(X \times Y)$ ist, und der Komplementärsummand ist isomorph zur direkten Summe

$$\mathrm{Tor}(H_1(X), H_{n-2}(Y)) \oplus \ldots \oplus \mathrm{Tor}(H_{n-2}(X), H_1(Y)). \qquad □$$

Der Beweis folgt aus 12.3.3 und der Tatsache, daß P_* ein Isomorphismus ist. Im Term $\mathrm{Tor}(H(X), H(Y))_{n-1}$ treten nur $\mathrm{Tor}(H_p(X), H_{n-p-1}(Y))$ mit $2 \leq p \leq n-2$ auf, weil $H_0(X)$ und $H_0(Y)$ frei abelsch sind, vgl. 12.3.A3. Mit diesem Satz haben wir das in 12.1 formulierte Ziel erreicht, die Homologie von $X \times Y$ zu berechnen. Das Resultat hat zwei Seiten: Der *Tensor-Anteil* in $H_n(X \times Y)$ wird einfach durch das Homologie-Kreuzprodukt geliefert und ist geometrisch leicht zu verstehen. Der *Tor-Anteil* entsteht durch die algebraischen Überlegungen in 12.3, und es ist zunächst völlig unklar, wie man sich die entsprechenden Zyklen vorzustellen hat.

12.4.4 Beispiele
(a) Wenn $\mathrm{Tor}(H_p(X), H_q(Y)) = 0$ ist für alle $p, q \geq 0$, liefert die Zuordnung $\alpha \otimes \beta \mapsto \alpha \times \beta$ für alle n den Isomorphismus

$$H_0(X) \otimes H_n(Y) \ \oplus \ldots \oplus \ H_n(X) \otimes H_0(Y) \to H_n(X \times Y).$$

Dieser einfachste Spezialfall der Künneth-Formel tritt nach 10.3.6 (a) z.B. dann ein, wenn alle Homologiegruppen von X frei abelsch sind. Damit kann man sofort die Homologie der Produkträume $X_1 \times \ldots \times X_m$ berechnen, in denen die Faktoren Sphären, komplexe oder quaternionale projektive Räume oder geschlossene orientierbare Flächen sind. Wichtiger als das Berechnen ist die Tatsache, daß wir geometrisch die Zyklen verstehen, die die Homologie des Produktraums erzeugen: sie sind die Produkte der Zyklen der Faktoren. Z.B. hat $H_1(S^1 \times S^1)$ die Basis $\{x_0\} \times \{S^1\}$ und $\{S^1\} \times \{x_0\}$, wobei $x_0 \in S^1$ ein fester Punkt ist, und $H_2(S^1 \times S^1)$ wird von $\{S^1\} \times \{S^1\}$ erzeugt.

(b) Für $n = 1$ ergibt sich die Formel $H_1(X \times Y) \cong H_1(X) \oplus H_1(Y)$, d.h. der Tor-Anteil entfällt. Dasselbe Ergebnis erhält man aus der Tatsache, daß H_1 die abelsch gemachte Fundamentalgruppe ist. Für $n \geq 1$ enthält $H_n(X \times Y)$ die direkten Summanden $H_n(X) \otimes H_0(Y) \cong H_n(X)$ sowie $H_0(X) \otimes H_n(Y) \cong H_n(Y)$; sie entsprechen dem Bild von $H_n(X \vee Y)$ unter der natürlichen Einbettung $X \vee Y \hookrightarrow X \times Y$ (wir haben dabei vorausgesetzt, daß X und Y zusammenhängende CW-Räume sind).

(c) Wenn alle Homologiegruppen von X und Y endliche abelsche Gruppen sind (außer H_0) und wenn die Torsionskoeffizienten von X teilerfremd sind zu denen von Y, so sind in der Künneth-Formel alle Terme Null, außer $H_n(X) \otimes H_0(Y)$ und $H_0(X) \otimes H_n(Y)$. Wenn wir zusätzlich annehmen, daß X und Y zusammenhängende CW-Räume sind, so folgt, daß die Inklusion $X \vee Y \hookrightarrow X \times Y$ Isomorphismen der Homologiegruppen in allen Dimensionen induziert. Unter diesen Voraussetzungen ist also die Homologie von $X \times Y$ völlig durch die Homologie der Teilräume $X \times y_0$ und $x_0 \times Y$ bestimmt. (In 16.1.6 werden wir den eigentlichen Grund dafür erkennen: $X \vee Y$ ist strenger Deformationsretrakt von $X \times Y$.)

12.4.5 Beispiel Es seien M und N geschlossene triangulierbare zusammenhängende Mannigfaltigkeiten der Dimensionen m bzw. n. Dann ist $M \times N$ eine geschlossene Mannigfaltigkeit der Dimension $m + n$, die nach 3.1.A9 ebenfalls triangulierbar ist. Aus der Künneth-Formel folgt $H_{m+n}(M \times N) \cong H_m(M) \otimes H_n(N)$, *und daher ist $M \times N$ genau dann orientierbar, wenn M und N es sind.* Wenn das der Fall ist und wenn $\{M\} \in H_m(M)$ und $\{N\} \in H_n(N)$ Fundamentalklassen sind, so erzeugt $\{M\} \times \{N\}$ nach der Künneth-Formel die Gruppe $H_{m+n}(M \times N)$, ist also eine Fundamentalklasse von $M \times N$. Die durch sie bestimmte Orientierung von $M \times N$ heißt die *Produktorientierung* der gegebenen Orientierungen von M und N. Im Fall $M = N$ ist sie wegen $(-\alpha) \times (-\alpha) = \alpha \times \alpha$ unabhängig von der Wahl von $\{M\}$, d.h. *auf $M \times M$ gibt es eine wohldefinierte Produktorientierung.*

12.4.6 Beispiel Wir geben ein Beispiel für den Tor-Anteil in der Künneth-Formel. Es seien X und Y Räume, so daß für gewisse $p, q > 0$ gilt $H_p(X) \cong \mathbb{Z}_m$ und $H_q(Y) \cong \mathbb{Z}_n$, wobei der größte gemeinsame Teiler von m und n gleich $r > 1$ sei (z.B. $X = Y = P^2$, $p = q = 1$ und $m = n = r = 2$). Seien $x \in S_p(X)$ und $y \in S_q(Y)$ Zyklen, deren Homologieklassen diese Gruppen erzeugen. Dann gibt es Ketten $c \in S_{p+1}(X)$ und $d \in S_{q+1}(Y)$ mit $\partial c = mx$ und $\partial d = ny$. Die $(p + q + 1)$-Kette $z = \frac{m}{r}(x \otimes d) + (-1)^{p+1}\frac{n}{r}(c \otimes y)$ in $S(X) \otimes S(Y)$ ist ein Zyklus, und es ist $\partial(c \otimes d) = rz$ (nachrechnen!). Die Bildkette $P(z)$ in $S_{p+q+1}(X \times Y)$ ist ein Zyklus in $X \times Y$, dessen r-faches ein Rand ist. Er ist verantwortlich für den direkten Summanden $\mathrm{Tor}(H_p(X), H_q(Y)) \cong \mathbb{Z}_r$ von $H_{p+q+1}(X \times Y)$.

Aufgaben

12.4.A1 Berechnen Sie die Homologie von $S^m \times S^n$, $S^1 \times \ldots \times S^1$, $P^2 \times P^2$, $P^2 \times P^5$, $L(p, q) \times L(r, s), \ldots$.

12.4.A2 Für jeden Raum X ist $H_q(X \times S^n) \cong H_q(X) \oplus H_{q-n}(X)$.

12.4.A3 Der Homöomorphismus $M \times M \to M \times M$, $(x, y) \mapsto (y, x)$, hat den Grad $(-1)^n$, wobei $n = \dim M$; dabei ist M wie in 12.4.5 und orientierbar.

12.4.A4 Eine Permutation der Koordinaten definiert einen Homöomorphismus des n-dimensionalen Torus $f: S^1 \times \ldots \times S^1 \to S^1 \times \ldots \times S^1$. Welchen Grad hat f?

12.4.A5 Für $\alpha = \{c\} \in H_p(X, A)$ und $\beta = \{d\} \in H_q(Y, B)$ kann man das relative *Homologie-Kreuzprodukt* $\alpha \times \beta \in H_{p+q}(X \times Y, A \times Y \cup X \times B)$ definieren durch $\alpha \times \beta = \{P(c \otimes d)\}$, wobei $P\colon S(X) \otimes S(Y) \to S(X \times Y)$ eine Eilenberg-Zilber-Äquivalenz ist. Führen Sie die Details aus, indem Sie zeigen:
(a) $P(c \otimes d)$ ist ein Zyklus relativ $A \times Y \cup X \times B$, vgl. 12.2.A1.
(b) $\alpha \times \beta$ ist unabhängig von der Wahl von P, vgl. 12.2.A3.

12.4.A6 Zeigen Sie, daß das relative Kreuzprodukt analog zu 12.4.2 natürlich, bilinear und kommutativ ist.

12.5 Künneth-Formel mit Koeffizienten in einem Körper

Die Künneth-Formel 12.4.3 wird wesentlich einfacher, wenn man die Homologiegruppen $H_n(X \times Y; G)$ betrachtet, wobei G die additive Gruppe eines Körpers ist (für die Definition 12.5.1 genügt es, wenn G ein Ring ist; in Satz 12.5.5 muß G jedoch ein Körper sein). Wir erledigen zuerst die algebraischen Vorbereitungen.

12.5.1 Definition und Satz Es seien V und W Vektorräume über dem Körper G. Dann sind V und W insbesondere abelsche Gruppen, so daß wie in 10.2 das Tensorprodukt $V \otimes W$ erklärt ist; es ist eine abelsche Gruppe. Sei $U \subset V \otimes W$ die Untergruppe, die von allen Elementen der Form $(gv) \otimes w - v \otimes (gw)$ erzeugt wird ($v \in V$, $w \in W$, $g \in G$). Die Faktorgruppe $V \otimes_G W = V \otimes W / U$ heißt das Tensorprodukt von V und W über G; die Restklasse von $v \otimes w \in V \otimes W$ in $V \otimes_G W$ wird wieder mit $v \otimes w$ bezeichnet. G operiert auf $V \otimes_G W$ durch $g(v \otimes w) = (gv) \otimes w = v \otimes (gw)$, und mit dieser Operation ist $V \otimes_G W$ ein Vektorraum über G.

Man muß sorgfältig zwischen der abelschen Gruppe $V \otimes W$ und dem Vektorraum $V \otimes_G W$ unterscheiden; z.B. gilt im $\mathbb{C}$-Vektorraum $\mathbb{C} \otimes_{\mathbb{C}} \mathbb{C}$ die Gleichung $i \otimes i = i^2(1 \otimes 1) = -(1 \otimes 1)$, während $i \otimes i \neq -(1 \otimes 1)$ in der abelschen Gruppe $\mathbb{C} \otimes \mathbb{C}$. Analog zu 10.2.2 gilt jetzt folgender Satz:

12.5.2 Satz *Für Vektorräume V_1, V_2, W über G entsprechen die linearen Abbildungen $\psi\colon V_1 \otimes_G V_2 \to W$ eineindeutig den bilinearen Abbildungen $\varphi\colon V_1 \times V_2 \to W$, wobei die Zuordnung durch $\psi(v_1 \otimes v_2) = \varphi(v_1, v_2)$ vermittelt wird.*

Dabei bedeutet *bilinear* bei Vektorräumen, daß außer der Additivität noch die Gleichungen $\varphi(gv_1, v_2) = g\varphi(v_1, v_2) = \varphi(v_1, gv_2)$ gelten.

12.5.3 Definition Ein G-*Kettenkomplex* ist ein Kettenkomplex, dessen Kettengruppen Vektorräume über G und dessen Randoperatoren lineare Abbildungen sind (dann sind auch Zyklen-, Ränder- und Homologiegruppen Vektorräume). Das Tensorprodukt $C \otimes_G C'$ zweier G-Kettenkomplexe C und C' ist der wie folgt definierte G-Kettenkomplex: $[C \otimes_G C']_n$ ist die direkte Summe der Vektorräume $C_p \otimes_G C'_q$ mit $p + q = n$, und der Randoperator ist wie in 12.1.4 (b) erklärt.

Analog zu 12.3.1 ist $[H(C) \otimes_G H(C')]_n = \bigoplus_{p+q=n} (H_p(C) \otimes_G H_q(C'))$ die direkte Summe der Vektorräume $H_p(C) \otimes_G H_q(C')$ mit $p + q = n$. Die Künneth-Formel 12.3.3 nimmt bei G-Kettenkomplexen folgende einfache Form an:

12.5.4 Satz *Die Zuordnung* $\{z\} \otimes \{z'\} \mapsto \{z \otimes z'\}$ *definiert einen Isomorphismus* λ: $[H(C) \otimes_G H(C')]_n \to H_n(C \otimes_G C')$.

Beweis Analog zu 12.1.3 ist λ wohldefiniert, und es ist klar, daß λ eine lineare Abbildung ist. Wir zeigen in vier Schritten, daß λ bijektiv ist.

1. Schritt: Wie in 10.2.3 ist für lineare Abbildungen f: $V \to V'$ und g: $W \to W'$ deren Tensorprodukt $f \otimes g$: $V \otimes_G W \to V' \otimes_G W'$ definiert. Wenn f und g injektiv sind, gibt es Linksinverse f' von f und g' von g (Lineare Algebra!), und dann ist $f' \otimes g'$ ein Linksinverses von $f \otimes g$; folglich ist auch $f \otimes g$ injektiv.

2. Schritt: Sei $C = (C_n, \partial_n)_{n \in \mathbb{Z}}$ ein G-Kettenkomplex und V ein Vektorraum. Dann ist $C \otimes_G V = (C_n \otimes_G V, \partial_n \otimes \mathrm{id})$ ein G-Kettenkomplex, und durch $\{z\} \otimes v \mapsto \{z \otimes v\}$ erhält man einen Isomorphismus $H_n(C) \otimes_G V \to H_n(C \otimes_G V)$. Das ist das *universelle Koeffiziententheorem* für G-Kettenkomplexe. Der Beweis ist der gleiche wie in 10.4 (ersetze dort G durch V und $\otimes$ durch $\otimes_G$), aber einfacher, weil der Term Kern$(i_{q-1} \otimes \mathrm{id})$ in 10.4.4 nach dem 1. Schritt Null ist.

3. Schritt: Hilfssatz 12.3.2 bleibt richtig, wenn dort C und C' G-Kettenkomplexe sind und $\otimes$ durch $\otimes_G$ ersetzt wird. Der Beweis gilt unverändert, nur ist das dort benutzte universelle Koeffiziententheorem durch die Aussage im 2. Schritt zu ersetzen.

4. Schritt: Jetzt können wir den Beweis von 12.3.3 kopieren; weil nach dem 1. Schritt Kern$(i \otimes \mathrm{id}) = 0$ ist, folgt 12.5.4. $\Box$

Nach diesen algebraischen Vorbereitungen kehren wir zur Topologie zurück.

12.5.5 Definition und Satz *Seien X, Y topologische Räume, G ein Körper, und seien $\alpha \in H_p(X; G)$ und $\beta \in H_q(Y; G)$ von den Zyklen $\sum \sigma_i \otimes g_i \in S_p(X) \otimes G$ bzw. $\sum \tau_j \otimes h_j \in S_q(Y) \otimes G$ repräsentiert. Das Homologie-Kreuzprodukt von α und β ist definiert durch*

$$\alpha \times \beta = \{\sum P(\sigma_i \otimes \tau_j) \otimes (g_i h_j)\} \in H_{p+q}(X \times Y; G).$$

Es hat alle in 12.4.2 aufgezählten Eigenschaften des ganzzahligen Kreuzprodukts. Darüber hinaus gilt $g(\alpha \times \beta) = (g\alpha) \times \beta = \alpha \times (g\beta)$. Ferner induziert die Zuordnung $\alpha \otimes \beta \mapsto \alpha \times \beta$ einen Isomorphismus

$$H_0(X; G) \otimes_G H_n(Y; G) \ \oplus \ldots \oplus \ H_n(X; G) \otimes_G H_0(Y; G) \to H_n(X \times Y; G).$$

Erläuterung und Beweis In der definierenden Gleichung für $\alpha \times \beta$ ist P eine Eilenberg-Zilber-Äquivalenz, und $g_i h_j$ ist das in G gebildete Produkt (daher muß man in G multiplizieren können). Wir betrachten folgendes Diagramm:

$$(S(X) \otimes G) \otimes_G (S(Y) \otimes G) \xrightarrow{\varphi} (S(X) \otimes S(Y)) \otimes G \xrightarrow{P \otimes \mathrm{id}} S(X \times Y) \otimes G.$$

Nach 10.2.7 sind $S(X) \otimes G$, $S(Y) \otimes G$ und $S(X) \otimes S(Y) \otimes G$ alles G-Kettenkomplexe; daher hat das Zeichen $\otimes_G$ hier einen Sinn. Die Kettenabbildung φ sei definiert durch $(c \otimes g) \otimes (d \otimes h) \mapsto (c \otimes d) \otimes (gh)$. Für $\alpha = \{c\} \in H_p(X; G)$ und $\beta = \{d\} \in H_q(Y; G)$ ist dann $\alpha \times \beta = \{(P \otimes \mathrm{id})\varphi(c \otimes d)\}$, und an dieser Darstellung von $\alpha \times \beta$ sieht man, daß es wohldefiniert ist und die angegebenen Eigenschaften hat (man „tensoriere den Beweis von 12.4.2 mit G"). Die Kettenabbildung φ ist sogar ein Isomorphismus; φ^{-1} ist gegeben durch $(c \otimes d) \otimes g \mapsto (c \otimes 1) \otimes (d \otimes g)$. Kombiniert man den Isomorphismus λ aus 12.5.4 (wobei dort $C = S(X) \otimes G$ und $C' = S(Y) \otimes G$ zu setzen ist) mit den Isomorphismen φ_* und $(P \otimes \mathrm{id})_*$, so erhält man den in 12.5.5 angegebenen Isomorphismus. $\square$

Aufgaben

12.5.A1 Berechnen Sie $H_q(P^m \times P^n; \mathbb{Z}_2)$ und $H_1(N_g \times N_h; \mathbb{Z}_2)$.

12.5.A2 Berechnen Sie $H_q(P^m \times P^n; \mathbb{R})$ und $H_i(L(p,q) \times L(r,s); \mathbb{R})$.

12.5.A3 Sind V und W Vektorräume über dem Körper G mit Basis $\{v_i\}$ bzw. $\{w_j\}$, so ist $\{v_i \otimes w_j\}$ eine Basis von $V \otimes_G W$.

12.5.A4 Sind X, Y endliche CW-Räume, so gilt für die Bettizahlen von $X \times Y$ die Gleichung $p_n(X \times Y) = \sum_{n=i+j} p_i(X) p_j(Y)$. (Hinweis: vorige Aufgabe und 10.6.6)

12.5.A5 Sind X, Y endliche CW-Räume, so gilt für die Euler-Charakteristik die Gleichung $\chi(X \times Y) = \chi(X)\chi(Y)$.

12.6 Homologie von Produkten von CW-Räumen

Der zelluläre Kettenkomplex von CW-Räumen verhält sich bei Produktbildung wesentlich einfacher als der singuläre Kettenkomplex topologischer Räume. Bei topologischen Räumen gibt es nach dem Satz von Eilenberg-Zilber eine Homotopieäquivalenz $S(X) \otimes S(Y) \to S(X \times Y)$ dieser Kettenkomplexe. Sind dagegen X und Y CW-Räume, so daß $X \times Y$ wieder ein CW-Raum ist, so wird man wegen der in 4.2.9 angegebenen Zellzerlegung von $X \times Y$ erwarten, daß der zelluläre Kettenkomplex $C(X \times Y)$ isomorph ist zum Tensorprodukt $C(X) \otimes C(Y)$. Zum Beweis dieser Tatsache müssen wir jedoch den Eilenberg-Zilber-Satz benutzen.

Für $\alpha \in H_p(X, A)$ und $\beta \in H_q(Y, B)$ sei $\alpha \times \beta \in H_{p+q}(X \times Y, A \times Y \cup X \times B)$ das *relative Kreuzprodukt*, das wir in den Aufgaben A5 und A6 von 12.4 bereitgestellt haben. Man kann analog zu 12.4.3 die Homologie des Paares $(X \times Y, A \times Y \cup X \times B)$ mit einer Künneth-Formel berechnen (unter geringen Voraussetzungen an A und B, vgl. z.B. [Dold, chapter VI, §12]); für unsere Zwecke ist der folgende Spezialfall ausreichend.

12.6.1 Hilfssatz Sind $\{D^p\} \in H_p(D^p, S^{p-1})$ und $\{D^q\} \in H_q(D^q, S^{q-1})$ Fundamentalklassen, so ist $\{D^p\} \times \{D^q\} \in H_{p+q}(D^p \times D^q, S^{p-1} \times D^q \cup D^p \times S^{q-1})$ eine Fundamentalklasse des $(p+q)$-Balls $D^p \times D^q$ relativ seinem Rand.

B e w e i s   Für $p = 0$ oder $q = 0$ ist das trivial; sei also $p, q > 0$. Für $k = p$ oder $k = q$ sei $f_k \colon (D^k, S^{k-1}) \to (S^k, x_k)$ ein relativer Homöomorphismus, wobei $x_k \in S^k$ ein fester Punkt ist, und $j_k \colon (S^k, \emptyset) \to (S^k, x_k)$ sei die Inklusion. Nach 9.5.4 (d) ist $f_{k*}(\{D^k\}) = j_{k*}(\{S^k\})$ für eine Fundamentalklasse $\{S^k\} \in H_k(S^k)$. Aus der Natürlichkeit des relativen Kreuzprodukts folgt

$$(f_p \times f_q)_*(\{D^p\} \times \{D^q\}) = (j_p \times j_q)_*(\{S^p\} \times \{S^q\}).$$

Es ist $(j_p \times j_q)_* = j_* \colon H_{p+q}(S^p \times S^q) \to H_{p+q}(S^p \times S^q, S^p \vee S^q)$ aus der Homologiesequenz dieses Paares, wobei die Einpunktvereinigung $S^p \vee S^q = x_p \times S^q \cup S^p \times x_q$ ist. Nach 9.4.8 ist $(f_p \times f_q)_*$, und nach 9.6.A5 ist j_* ein Isomorphismus. Daher genügt es zu zeigen, daß $\{S^p\} \times \{S^q\}$ die Gruppe $H_{p+q}(S^p \times S^q)$ erzeugt. Das ist richtig nach der Künneth-Formel. $\square$

Wir kommen jetzt zum Thema dieses Abschnitts. Sind X und Y CW-Räume mit den Zellen $e \subset X$ und $d \subset Y$, und ist X oder Y lokalkompakt, so ist $X \times Y$ nach 4.2.9 ein CW-Raum mit den Zellen $e \times d \subset X \times Y$.

12.6.2 Definition Es seien $\alpha \in C_p(X) = H_p(X^p, X^{p-1})$ und $\beta \in C_q(Y) = H_q(Y^q, Y^{q-1})$ zelluläre Ketten in X bzw. Y. Dann ist das Kreuzprodukt $\alpha \times \beta$ definiert. Die Gruppe, in der es liegt, können wir durch den von der Inklusion induzierten Homomorphismus in die $(p+q)$-te Kettengruppe von $X \times Y$ abbilden:

$$H_{p+q}(X^p \times Y^q, \ X^{p-1} \times Y^q \cup X^p \times Y^{q-1}) \xrightarrow{i_*} H_{p+q}((X \times Y)^{p+q}, (X \times Y)^{p+q-1}).$$

Das Bild von $\alpha \times \beta$ unter diesem Homomorphismus wird wieder mit $\alpha \times \beta \in C_{p+q}(X \times Y)$ bezeichnet; es heißt die *zelluläre Produktkette* von α und β.

12.6.3 Lemma *Es ist* $\partial(\alpha \times \beta) = \partial\alpha \times \beta + (-1)^p \alpha \times \partial\beta$.

B e w e i s   Es seien $x \in S_p(X^p)$ und $y \in S_q(Y^q)$ singuläre Ketten, die die Homologieklassen α bzw. β repräsentieren. Dann gilt:

$$
\begin{aligned}
\alpha &= \{x\} && \text{in } H_p(X^p, X^{p-1}),\\
\beta &= \{y\} && \text{in } H_q(Y^q, Y^{q-1}),\\
\partial\alpha &= \{\partial x\} && \text{in } H_{p-1}(X^{p-1}, X^{p-2}),\\
\partial\beta &= \{\partial y\} && \text{in } H_{q-1}(Y^{q-1}, Y^{q-2}),\\
\partial\alpha \times \beta &= \{P(\partial x \otimes y)\} && \text{in } H_{p+q-1}((X \times Y)^{p+q-1}, (X \times Y)^{p+q-2}),\\
\alpha \times \partial\beta &= \{P(x \otimes \partial y)\} && \text{in } H_{p+q-1}((X \times Y)^{p+q-1}, (X \times Y)^{p+q-2}),\\
\alpha \times \beta &= \{P(x \otimes y)\} && \text{in } H_{p+q}((X \times Y)^{p+q}, (X \times Y)^{p+q-1}),\\
\partial(\alpha \times \beta) &= \{\partial P(x \otimes y)\} && \text{in } H_{p+q-1}((X \times Y)^{p+q-1}, (X \times Y)^{p+q-2}).
\end{aligned}
$$

Aus $\partial P(x \otimes y) = P(\partial x \otimes y) + (-1)^p P(x \otimes \partial y)$ folgt die Behauptung. $\square$

12.6.4 Lemma *Ist $\alpha \in C_p(X)$ bzw. $\beta \in C_q(Y)$ eine Orientierung einer Zelle $e \subset X$ bzw. $d \subset Y$, so ist $\alpha \times \beta \in C_{p+q}(X \times Y)$ eine Orientierung der Produktzelle $e \times d \subset X \times Y$.*

Beweis Nach Voraussetzung gibt es charakteristische Abbildungen

$$F\colon (D^p, S^{p-1}) \to (X^p, X^{p-1}) \quad \text{und} \quad G\colon (D^q, S^{q-1}) \to (Y^q, Y^{q-1})$$

von e bzw. d mit $\alpha = F_*(\{D^p\})$ und $\beta = G_*(\{D^q\})$. Im Diagramm

$$
\begin{aligned}
(D^{p+q}, S^{p+q-1}) \xrightarrow{\ h\ } (D^p \times D^q, S^{p-1} \times D^q \cup D^p \times S^{q-1})\\
\xrightarrow{\ F \times G\ } (X^p \times Y^q, X^{p-1} \times Y^q \cup X^p \times Y^{q-1})
\end{aligned}
$$

sei h ein beliebiger Homöomorphismus. Ist i die Inklusion aus 12.6.2, so ist $H = i \circ (F \times G) \circ h$ eine charakteristische Abbildung von $e \times d$. Nach 12.6.1 ist $\{D^{p+q}\} = h_*^{-1}(\{D^p\} \times \{D^q\})$ eine Fundamentalklasse von (D^{p+1}, S^{p+q-1}), und wegen

$$
\begin{aligned}
H_*(\{D^{p+q}\}) &= i_*(F \times G)_*(\{D^p\} \times \{D^q\})\\
&= i_*(F_*(\{D^p\}) \times G_*(\{D^q\})) = i_*(\alpha \times \beta)
\end{aligned}
$$

ist $\alpha \times \beta$ eine Orientierung von $e \times d$. $\square$

12.6.5 Bezeichnung Im folgenden bezeichnen wir wie schon in 9.6.5 (a) Zellen und orientierte Zellen mit dem gleichen Symbol. Sind $e \in C_p(X)$ und $d \in C_q(Y)$ orientierte Zellen, so ist die Produktkette $e \times d \in C_{p+q}(X \times Y)$ nach 12.6.4 eine orientierte Zelle; diese Orientierung heißt die *Produktorientierung*. Für Ketten $\alpha = \sum m_i e_i \in C_p(X)$ und $\beta = \sum n_j e_j \in C_q(Y)$ können wir die Produktkette aus 12.6.2 jetzt einfach so beschreiben:

$$\alpha \times \beta = \sum m_i n_j (e_i \times e_j) \in C_{p+q}(X \times Y).$$

12.6.6 Satz *Eine Basis von $C_n(X \times Y)$ bilden die Zellen $e \times d$, jede mit der Produktorientierung versehen; dabei durchlaufen e und d die fest orientierten p-Zellen von X bzw. q-Zellen von Y, für die $p + q = n$ ist. Der Randoperator $\partial\colon C_n(X \times Y) \to C_{n-1}(X \times Y)$ ist gegeben durch*

$$\partial(e \times d) = \partial e \times d + (-1)^{\dim e} e \times \partial d. \qquad\qquad \square$$

Die Zuordnung $e \otimes d \mapsto e \times d$ liefert folglich einen Isomorphismus $C(X) \otimes C(Y) \to C(X \times Y)$, d.h. für die zellulären Kettenkomplexe hat man (statt der Eilenberg-Zilber-Homotopieäquivalenz) eine geometrisch sehr leicht zu beschreibende Isomorphie dieser Kettenkomplexe.

12.6.7 Beispiel Die projektive Ebene $P^2 = e^0 \cup e^1 \cup e^2$ ist ein CW-Raum mit $\partial e^2 = 2e^1$ und $\partial e^1 = 0$ (bei geeigneter Orientierung der Zellen). $P^2 \times P^2$ besteht aus den neun Zellen $e^i \times e^j$, denen wir die Produktorientierung geben. Es gelten die Formeln

$$\partial(e^0 \times e^2) = 2\,e^0 \times e^1, \ \partial(e^2 \times e^0) = 2\,e^1 \times e^0, \ \partial(e^1 \times e^2) = -2\,e^1 \times e^1,$$

$$\partial(e^2 \times e^1) = 2\,e^1 \times e^1, \ \partial(e^2 \times e^2) = 2(e^1 \times e^2 + e^2 \times e^1);$$

die übrigen Zellen sind Zyklen. Daraus ergibt sich, wobei wir den Isomorphismus T aus 9.6.9 weglassen:

$$\begin{aligned}
H_1(P^2 \times P^2) &\cong \mathbb{Z}_2 \oplus \mathbb{Z}_2, \quad \text{erzeugt von } \{e^0 \times e^1\} \text{ und } \{e^1 \times e^0\}, \\
H_2(P^2 \times P^2) &\cong \mathbb{Z}_2, \qquad\quad \text{erzeugt von } \{e^1 \times e^1\}, \\
H_3(P^2 \times P^2) &\cong \mathbb{Z}_2, \qquad\quad \text{erzeugt von } \{e^1 \times e^2 + e^2 \times e^1\}, \\
H_4(P^2 \times P^2) &= 0.
\end{aligned}$$

Diese Homologiegruppen findet man auch mit der Künneth-Formel; die direkte Berechnung über den zellulären Kettenkomplex liefert jedoch zusätzlich die Zyklen, die für die Homologie verantwortlich sind.

Aufgabe

12.6.A1 Berechnen Sie den zellulären Kettenkomplex und die Homologiegruppen, und beschreiben Sie die zellulären Zyklen, deren Homologieklassen die Homologie erzeugen:
(a) für $(S^1 \cup_m e^2) \times (S^1 \cup_n e^2)$, vgl. 1.6.10,
(b) für ein Produkt von Linsenräumen, vgl. 9.6.A4.
(c) für $P^\infty \times P^\infty$ (ein CW-Raum nach 4.2.A4).

IV   Cohomologie, Dualität und Produkte

13   Cohomologie

Jedem Kettenkomplex C kann man außer den Homologiegruppen $H_q(C)$ noch die sogenannten Cohomologiegruppen $H^q(C)$ zuordnen. Wendet man diese algebraische Konstruktion auf die simplizialen, zellulären und singulären Kettenkomplexe an, so erhält man die Cohomologiegruppen von Simplizialkomplexen, CW-Räumen und topologischen Räumen. Wir entwickeln in diesem Abschnitt nur die notwendige Technik; sie ist recht aufwendig und nicht besonders inhaltsreich — daß sie nützlich ist, wird erst in den Abschnitten 14 und 15 klar werden.

13.1 Gruppen von Homomorphismen

13.1.1 Definition Für abelsche (additiv geschriebene) Gruppen A und G ist $\mathrm{Hom}(A, G)$ die Menge aller Homomorphismen $f\colon A \to G$. Erklärt man die Addition durch $(f + f')(a) = f(a) + f'(a)$, so ist $\mathrm{Hom}(A, G)$ ebenfalls eine abelsche Gruppe.

13.1.2 Beispiele
(a) Ein Homomorphismus $f\colon \mathbb{Z} \to G$ ist durch das Element $f(1) \in G$ eindeutig bestimmt, und zu jedem $g \in G$ gibt es einen Homomorphismus $\mathbb{Z} \to G$ mit $1 \mapsto g$. Daher ist $\mathrm{Hom}(\mathbb{Z}, G) \cong G$ durch $f \mapsto f(1)$.

(b) Analog folgt $\mathrm{Hom}(\mathbb{Z}_n, G) \cong \{g \in G \mid ng = 0\}$ durch $f \mapsto f(1)$. Wenn G torsionsfrei ist, ist dies Null. Z.B. ist $\mathrm{Hom}(\mathbb{Z}_n, G) = 0$ für $G = \mathbb{Z}$, $\mathbb{Q}$ oder $\mathbb{R}$.

(c) Aus (b) folgt $\mathrm{Hom}(\mathbb{Z}_n, \mathbb{Z}_m) \cong \mathbb{Z}_d$, wobei d der g.g.T. von n und m ist.

(d) Es seien A_j abelsche Gruppen ($j \in J =$ Indexmenge). Für $f\colon \bigoplus A_j \to G$ ist die Einschränkung $f|A_j \in \mathrm{Hom}(A_j, G)$ definiert. Es kann sein, daß $f|A_j$ für unendlich viele Indizes von Null verschieden ist (als Beispiel betrachte man $f\colon \mathbb{Z} \oplus \mathbb{Z} \oplus \ldots \to \mathbb{Z}$, $f(x_1, x_2, \ldots) = x_1 + x_2 + \ldots$). Daher liegt das Tupel $(f|A_j)_{j \in J}$ i.a. nicht in der direkten Summe, sondern im direkten Produkt der Gruppen $\mathrm{Hom}(A_j, G)$. Man erhält eine Zuordnung

$$\mathrm{Hom}\Big(\bigoplus_{j \in J} A_j, G\Big) \to \prod_{j \in J} \mathrm{Hom}(A_j, G), \quad f \mapsto (f|A_j)_{j \in J}.$$

Man mache sich klar, daß diese Zuordnung ein Gruppen-Isomorphismus ist!

(e) Bei endlich vielen Summanden folgt

$$\mathrm{Hom}(A_1 \oplus \ldots \oplus A_k, G) \cong \mathrm{Hom}(A_1, G) \oplus \ldots \oplus \mathrm{Hom}(A_k, G)$$

durch $f \mapsto (f|A_1, \ldots, f|A_k)$.

Aus den vorigen Beispielen folgt, daß wir $\mathrm{Hom}(A, G)$ berechnen können, wenn A eine endliche erzeugte abelsche Gruppe und G eine der Gruppen $\mathbb{Z}$, $\mathbb{Z}_n$, $\mathbb{Q}$ oder $\mathbb{R}$ ist. Das wird für Satz 13.4.3 nützlich sein.

Im folgenden ist G eine feste Gruppe, und wir betrachten $\mathrm{Hom}(A, G)$ als eine Funktion der variablen Gruppe A. Den folgenden Begriff kennt man in ähnlicher Form aus der Theorie der dualen Vektorräume in der Linearen Algebra:

13.1.3 Definition Für einen Homomorphismus $f\colon A \to B$ ist der *duale Homomorphismus* $\tilde{f}\colon \mathrm{Hom}(B, G) \to \mathrm{Hom}(A, G)$ wie folgt definiert: für $\varphi \in \mathrm{Hom}(B, G)$ ist $\tilde{f}(\varphi) = \varphi f \in \mathrm{Hom}(A, G)$ die Komposition der Homomorphismen $A \xrightarrow{f} B \xrightarrow{\varphi} G$.

Man beachte, daß $\tilde{f}$ in „umgekehrter Richtung" geht wie f (und beweise, daß $\tilde{f}$ ein Homomorphismus ist). Die Zuordnung $A \mapsto \mathrm{Hom}(A, G)$ und $f \mapsto \tilde{f}$ ist (bei festem G) ein Cofunktor $AB \to AB$; es ist also $\widetilde{\mathrm{id}}_A = \mathrm{id}$ die Identität von $\mathrm{Hom}(A, G)$, und für $A \xrightarrow{f} B \xrightarrow{g} C$ ist $\widetilde{gf} = \tilde{f}\tilde{g}$.

13.1.4 Beispiele

(a) Sei $n \in \mathbb{Z}$, und seien $f\colon \mathbb{Z} \to \mathbb{Z}$ bzw. $f'\colon G \to G$ durch $x \mapsto nx$ bzw. $g \mapsto ng$ definiert. Sei $\phi\colon \mathrm{Hom}(\mathbb{Z}, G) \to G$ der Isomorphismus aus 13.1.2 (a). Dann ist $\phi\tilde{f} = f'\phi$. Bis auf diesen Isomorphismus ist also die Multiplikation $\mathbb{Z} \to \mathbb{Z}$ mit n dual zur Multiplikation $G \to G$ mit n.

(b) Mit $f\colon A \to B$ ist $\tilde{f}\colon \mathrm{Hom}(B, G) \to \mathrm{Hom}(A, G)$ ein Isomorphismus. Aus $f = 0$ folgt $\tilde{f} = 0$. Wenn f surjektiv ist, muß $\tilde{f}$ es nicht sein (Beispiel $\mathbb{Z} \to \mathbb{Z}_2$ und $G = \mathbb{Z}$). Wenn f injektiv ist, muß $\tilde{f}$ es nicht sein (Beispiel $\mathbb{Z}_2 \to \mathbb{Z}_6$ und $G = \mathbb{Z}_3$). Wenn f injektiv ist, muß $\tilde{f}$ nicht surjektiv sein (Beispiel $\mathbb{Z} \to \mathbb{Z}$, $x \mapsto 2x$ und $G = \mathbb{Z}_2$). Es gilt jedoch:

13.1.5 Satz *Ist die Sequenz $A \xrightarrow{f} B \xrightarrow{h} C \to 0$ exakt, so ebenfalls die Sequenz $0 \to$ $\mathrm{Hom}(C, G) \xrightarrow{\tilde{h}} \mathrm{Hom}(B, G) \xrightarrow{\tilde{f}} \mathrm{Hom}(A, G)$. Wenn $0 \to A \xrightarrow{f} B \xrightarrow{h} C \to 0$ exakt ist und zerfällt (!), so gilt dasselbe für $0 \to \mathrm{Hom}(C, G) \xrightarrow{\tilde{h}} \mathrm{Hom}(B, G) \xrightarrow{\tilde{f}} \mathrm{Hom}(A, G) \to 0$.*

Beweis   Ist $\varphi \in \mathrm{Hom}(C, G)$ und $0 = \tilde{h}(\varphi) = \varphi h$, so ist $\varphi = 0$ auf $h(B) = C$, d.h. φ ist das Nullelement von $\mathrm{Hom}(C, G)$; daher ist $\tilde{h}$ injektiv. Wegen $\tilde{f}\tilde{h} = \widetilde{hf} = \tilde{0} = 0$ ist Bild $\tilde{h} \subset$ Kern $\tilde{f}$. Ist $\varphi \in \mathrm{Hom}(B, G)$ und $0 = \tilde{f}(\varphi) = \varphi f$, so ist φ

Null auf $f(A) = $ Kern h, und daher wird durch $\psi(c) = \varphi(h^{-1}(c))$ eindeutig ein Homomorphismus $\psi\colon C \to G$ mit $\varphi = \psi h = \tilde{h}(\psi)$ definiert; es folgt $\varphi \in$ Bild $\tilde{h}$, also Kern $\tilde{f} \subset$ Bild $\tilde{h}$. — Die zweite Aussage ist klar: Ist $r\colon B \to A$ ein Linksinverses von f, so ist $\tilde{r}$ ein Rechtsinverses von $\tilde{f}$. $\qquad\qquad\qquad\square$

Die Situation ist hier analog zu der in 10.2.8 für das Tensorprodukt: Der Cofunktor $\mathrm{Hom}(-, G)$ bildet exakte Sequenzen $\bullet \to \bullet \to \bullet \to 0$ auf exakte Sequenzen $0 \to \bullet \to \bullet \to \bullet$ ab; man sagt, $\mathrm{Hom}(-, G)$ ist ein *linksexakter Cofunktor*. Dagegen folgt aus der Exaktheit von $0 \to \bullet \to \bullet$ nicht die von $\bullet \to \bullet \to 0$; diesen Punkt werden wir in 13.2 genauer untersuchen.

In unseren späteren Anwendungen werden insbesondere die Fälle wichtig sein, daß $G = \mathbb{Z}$ oder daß G die additive Gruppe eines Körpers ist. Im letzteren Fall hat $\mathrm{Hom}(A, G)$ eine zusätzliche Struktur.

13.1.6 Satz *Ist G die additive Gruppe eines Körpers, so ist $\mathrm{Hom}(A, G)$ ein G-Vektorraum bezüglich folgender Operation von G auf $\mathrm{Hom}(A, G)$: Für $\varphi \in \mathrm{Hom}(A, G)$ und $g \in G$ ist $g\varphi \in \mathrm{Hom}(A, G)$ durch $(g\varphi)(a) = g \cdot \varphi(a)$ definiert. Ferner ist für $f\colon A \to B$ das duale $\tilde{f}\colon \mathrm{Hom}(B, G) \to \mathrm{Hom}(A, G)$ eine lineare Abbildung von Vektorräumen.* $\qquad\qquad\square$

Wir werden später den Cofunktor $\mathrm{Hom}(-, G)$ hauptsächlich auf freie abelsche Gruppen anwenden; daher untersuchen wir diesen Fall noch genauer.

13.1.7 Definition Sei $G = \mathbb{Z}$ oder G ein Körper, und sei A eine freie abelsche Gruppe. Für eine Basis $(a_j)_{j \in J}$ von A (wobei J eine endliche oder unendliche Indexmenge ist), definieren wir Elemente $\tilde{a}_j \in \mathrm{Hom}(A, G)$ durch $\tilde{a}_j(a_i) = \delta_{ij}$ (Kroneckersymbol); also bildet $\tilde{a}_j\colon A \to G$ alle Basiselemente nach Null ab mit einer Ausnahme: Das Element a_j wird auf die Zahl $1 \in \mathbb{Z}$ bzw. das Einselement 1 des Körpers G abgebildet. Für beliebige $g_j \in G$ bezeichnen wir mit $\sum g_j \tilde{a}_j \in \mathrm{Hom}(A, G)$ den Homomorphismus, der $a_j \mapsto g_j$ abbildet für alle $j \in J$.

Wenn alle $g_j = 0$ sind bis auf endlich viele, so stimmt $\sum g_j \tilde{a}_j$ mit der in $\mathrm{Hom}(A, G)$ gebildeten Summe der Homomorphismen $g_j \tilde{a}_j$ überein. Wenn dagegen unendlich viele $g_j \neq 0$ sind, so ist $\sum g_j \tilde{a}_j$ natürlich nicht die Summe von unendlich vielen Elementen von $\mathrm{Hom}(A, G)$, sondern lediglich ein Symbol für den oben definierten Homomorphismus. Jedes $f \in \mathrm{Hom}(A, G)$ hat die eindeutige Darstellung $f = \sum g_j \tilde{a}_j$, wobei $g_j = f(a_j) \in G$ ist. Wenn die Indexmenge J unendlich ist, kann die Summe $\sum g_j \tilde{a}_j$ unendlich sein, und es gibt dann immer Homomorphismen $f\colon A \to G$, die keine endliche Linearkombination der $\tilde{a}_j$ sind (z.B. der Homomorphismus $f = \sum \tilde{a}_j$, der alle $a_j \mapsto 1$ abbildet). Fassen wir zusammen:

13.1.8 Satz und Definition *Wenn A endlichen Rang hat, also die Indexmenge $J = \{1, \ldots, k\}$ endlich ist, so ist $\tilde{a}_1, \ldots, \tilde{a}_k$ eine Basis der freien abelschen Gruppe $\mathrm{Hom}(A, \mathbb{Z})$ bzw. des G-Vektorraums $\mathrm{Hom}(A, G)$; sie heißt die zu $a_1, \ldots, a_k$ duale*

Basis. *Wenn A unendlichen Rang hat, also J eine unendliche Menge ist, so ist $(\bar{a}_j)_{j \in J}$ keine Basis von* $\mathrm{Hom}(A, G)$*, aber jedes $f \in \mathrm{Hom}(A, G)$ hat eine eindeutige Darstellung der Form $f = \sum g_j \bar{a}_j$ mit $g_j \in G$ (wobei diese Summe endlich oder unendlich sein kann).*   □

Aufgaben

13.1.A1 Für jede abelsche Gruppe G ist $\mathrm{Hom}(G, \mathbb{Z})$ torsionsfrei.

13.1.A2 Für jede abelsche Gruppe G ist $\mathrm{Hom}(G, \mathbb{Z}) \cong \mathrm{Hom}(G/\mathrm{Tor}\, G, \mathbb{Z})$.

13.1.A3 Für jede endliche abelsche Gruppe G ist $\mathrm{Hom}(G, \mathbb{Q}/\mathbb{Z}) \cong G$.

13.1.A4 Was ist $\mathrm{Hom}(\mathbb{Q}, \mathbb{Z})$ und $\mathrm{Hom}(\mathbb{Q}, \mathbb{Q})$?

13.1.A5 Beweisen Sie 13.1.2 (c).

13.2 Hom und Ext

Wenn man auf eine exakte Sequenz $0 \to R \xrightarrow{i} F \xrightarrow{p} A \to 0$ den Cofunktor $\mathrm{Hom}(-, G)$ anwendet, so erhält man i.a. nur die exakte Sequenz

$$0 \to \mathrm{Hom}(A, G) \xrightarrow{\bar{p}} \mathrm{Hom}(F, G) \xrightarrow{\bar{i}} \mathrm{Hom}(R, G);$$

der Homomorphismus $\bar{i}$ muß nicht surjektiv sein. Die Abweichung von der Surjektivität kann man durch die Faktorgruppe $\mathrm{Hom}(R, G)/\mathrm{Bild}\, \bar{i}$ messen; je kleiner sie ist, desto näher ist $\bar{i}$ an der Surjektivität. Wenn die obige Sequenz eine freie Auflösung von A ist, so hängt diese Faktorgruppe, wie wir gleich zeigen, nur von A und G und nicht von der Auflösung ab. Die folgenden Untersuchungen sind völlig analog zu denen in 10.3, und wir fassen uns daher etwas kürzer.

13.2.1 Definition Sei $0 \to R(A) \xrightarrow{i} F(A) \xrightarrow{p} A \to 0$ die Standardauflösung der Gruppe A, und sei

$$0 \to \mathrm{Hom}(A, G) \xrightarrow{\bar{p}} \mathrm{Hom}(F(A), G) \xrightarrow{\bar{i}} \mathrm{Hom}(R(A), G)$$

die duale Sequenz. Dann heißt die Gruppe $\mathrm{Ext}(A, G) = \mathrm{Hom}(R(A), G)/\mathrm{Bild}(\bar{i})$ das *Ext-Produkt von A und G*.

Dabei steht Ext für Extension = Fortsetzung. Einen Grund für diesen Namen kann man in der Tatsache sehen, daß $f \colon R(A) \to G$ genau dann in Bild $\bar{i}$ liegt, wenn f auf $F(A)$ fortsetzbar ist; es gibt noch einen überzeugenderen, den wir hier nicht erläutern können (siehe [Hilton-Stammbach, III]).

Gegeben seien ein Homomorphismus $f\colon A \to A'$ und freie Auflösungen

$$\mathcal{S}\colon 0 \to R \xrightarrow{i} F \xrightarrow{p} A \to 0 \quad \text{bzw.} \quad \mathcal{S}'\colon 0 \to R \xrightarrow{i'} F' \xrightarrow{p'} A' \to 0.$$

Dann können wir wie in 10.3.4 ein kommutatives Diagramm konstruieren, dessen duales Diagramm wie folgt aussieht (dabei schreiben wir jetzt A' statt $\tilde{A}$ usw. — aus naheliegenden Gründen):

$$
\begin{array}{ccccc}
0 & \longrightarrow & \mathrm{Hom}(A, G) & \xrightarrow{\tilde{p}} & \mathrm{Hom}(F, G) & \xrightarrow{\tilde{i}} & \mathrm{Hom}(R, G) \\
 & & \tilde{f} \uparrow & & \tilde{f}' \uparrow & & \tilde{f}'' \uparrow \\
0 & \longrightarrow & \mathrm{Hom}(A', G) & \xrightarrow{\tilde{p}'} & \mathrm{Hom}(F', G) & \xrightarrow{\tilde{i}'} & \mathrm{Hom}(R', G) \quad .
\end{array}
$$

Weil es kommutativ ist, wird Bild $\tilde{i}'$ unter $\tilde{f}''$ nach Bild $\tilde{i}$ abgebildet. Daher induziert $\tilde{f}''$ einen Homomorphismus der Faktorgruppen

$$\psi(f; \mathcal{S}, \mathcal{S}')\colon \mathrm{Hom}(R', G)/\mathrm{Bild}\ \tilde{i}' \to \mathrm{Hom}(R, G)/\mathrm{Bild}\ \tilde{i}.$$

Die Bezeichnung suggeriert es, und der Beweis ist wie bei 10.3.4 (b): $\psi(f; \mathcal{S}, \mathcal{S}')$ hängt nicht von der Wahl von f' und f'' ab. Ferner gelten (Co-)Funktoreigenschaften analog zu (c) und (d) von 10.3.4, und daher hat man wie in 10.3.5:

13.2.2 Satz *Zu jeder freien Auflösung* $\mathcal{S}\colon 0 \to R \xrightarrow{i} F \xrightarrow{p} A \to 0$ *von* A *gehört ein eindeutig bestimmter Isomorphismus*

$$\psi(\mathcal{S}) = \psi(\mathrm{id}_A; \mathcal{S}, \mathcal{S}(A))\colon \mathrm{Ext}(A, G) \xrightarrow{\cong} \mathrm{Hom}(R, G)/\mathrm{Bild}\ \tilde{i}. \qquad \square$$

Man kann also $\mathrm{Ext}(A, G)$ aus jeder freien Auflösung von A berechnen, nicht nur aus der Standardauflösung. Mit diesem Satz können wir einige Ext-Produkte berechnen.

13.2.3 Satz *Es gelten folgende Aussagen:*
(a) *Ist* A *frei abelsch, so ist* $\mathrm{Ext}(A, G) = 0$*; speziell ist* $\mathrm{Ext}(\mathbb{Z}, G) = 0$.
(b) $\mathrm{Ext}(\mathbb{Z}_n, G) \cong G/nG$ *für* $n > 0$*, wobei* $nG = \{ng \mid g \in G\}$.
(c) $\mathrm{Ext}(\mathbb{Z}_n, G) = 0$ *für* $G = \mathbb{Q}$, $G = \mathbb{R}$ *und* $G = \mathbb{Q}/\mathbb{Z}$.
(d) $\mathrm{Ext}(\mathbb{Z}_n, \mathbb{Z}_m) \cong \mathbb{Z}_d$ *für* $n, m > 0$*, wobei* $d = \mathrm{ggT}(n, m)$.
(e) $\mathrm{Ext}(A_1 \oplus A_2, G) \cong \mathrm{Ext}(A_1, G) \oplus \mathrm{Ext}(A_2, G)$.

Insbesondere können wir $\mathrm{Ext}(A, G)$ berechnen, wenn A eine endlich erzeugte abelsche Gruppe und G eine der Gruppen $\mathbb{Z}, \mathbb{Z}_m, \mathbb{Q}$ oder $\mathbb{R}$ ist. Das wird für Satz 13.4.3 nützlich sein.

Beweis (a) und (e) beweist man wie bei 10.3.6, wobei man für (e) jetzt 13.1.2 (e) benutzt. (c) und (d) folgen aus (b). Für (b) betrachten wir die freie Auflösung $0 \to \mathbb{Z} \xrightarrow{i} \mathbb{Z} \xrightarrow{p} \mathbb{Z}_n \to 0$ von $\mathbb{Z}_n$ mit $i(x) = nx$. Wegen 13.1.4 (a) kann man die duale Sequenz identifizieren mit $0 \to \operatorname{Hom}(\mathbb{Z}_n, G) \xrightarrow{\tilde{p}} G \xrightarrow{\tilde{i}} G$, wobei $\tilde{i}(g) = ng$ ist. Es folgt $\operatorname{Ext}(\mathbb{Z}_n, G) \cong G/\operatorname{Bild} \tilde{i} = G/nG$.   □

Schließlich gilt noch analog zu 10.3.7:

13.2.4 Definition und Satz *Ein Homomorphismus* $f\colon A \to B$ *induziert einen Homomorphismus* $\operatorname{Ext} f = \psi(f; \mathcal{S}(A), \mathcal{S}(B))\colon \operatorname{Ext}(B, G) \to \operatorname{Ext}(A, G)$, *und für festes* G *wird durch die Zuordnung* $A \mapsto \operatorname{Ext}(A, G)$ *und* $f \mapsto \operatorname{Ext} f$ *ein Cofunktor* $AB \to AB$ *definiert; speziell ist mit* f *auch* $\operatorname{Ext} f$ *ein Isomorphismus.*   □

Aufgaben

13.2.A1 Für jede endliche abelsche Gruppe A ist $\operatorname{Ext}(A, \mathbb{Z}) \cong A$.

13.2.A2 Für jede endlich erzeugte abelsche Gruppe A ist $\operatorname{Ext}(A, \mathbb{Z}) \cong \operatorname{Tor} A$.

13.2.A3 Es ist $\operatorname{Ext}(\mathbb{Z}_n, \mathbb{Q}/\mathbb{Z}) = 0$.

13.2.A4 Ist A endlich erzeugt und $\operatorname{Hom}(A, \mathbb{Z}) = 0$ sowie $\operatorname{Ext}(A, \mathbb{Z}) = 0$, so ist $A = 0$.

13.3 Cohomologiegruppen von Kettenkomplexen

Wendet man auf einem Kettenkomplex C den Cofunktor $\operatorname{Hom}(-, G)$ an (wobei G eine feste abelsche Gruppe ist), so erhält man folgende Sequenz von abelschen Gruppen und Homomorphismen, in der $\delta_{q-1} = \tilde{\partial}_q$ der zu $\partial_q\colon C_q \to C_{q-1}$ duale Homomorphismus ist:

$$\ldots \to \operatorname{Hom}(C_{q-1}, G) \xrightarrow{\delta_{q-1}} \operatorname{Hom}(C_q, G) \xrightarrow{\delta_q} \operatorname{Hom}(C_{q+1}, G) \to \ldots$$

Wegen $\delta_q \delta_{q-1} = 0$ hat diese Sequenz die definierende Eigenschaft eines Kettenkomplexes; allerdings wird der Index q jetzt um 1 erhöht statt erniedrigt.

13.3.1 Definition
(a) Die Gruppe $\operatorname{Hom}(C_q, G)$ heißt die *q-te Cokettengruppe* von C mit Koeffizienten in G: Die Elemente $\varphi \in \operatorname{Hom}(C_q, G)$ heißen *q-Coketten* von C mit Koeffizienten in G. Der Wert von φ auf einer Kette $c \in C_q$ wird im folgenden mit $\langle \varphi, c \rangle = \varphi(c) \in G$ bezeichnet; er heißt das *Skalarprodukt* (auch: *Kroneckerprodukt*) von φ und c.

(b) Der Homomorphismus $\delta = \delta_q\colon \operatorname{Hom}(C_q, G) \to \operatorname{Hom}(C_{q+1}, G)$ heißt *Corand-operator*. Die $(q+1)$-Cokette $\delta(\varphi)$ heißt *Corand der q-Cokette* φ. Wenn $\delta(\varphi) = 0$

ist (d.h. wenn $\varphi \in$ Kern δ_q), heißt φ ein *Cozyklus*. Wenn $\varphi = \delta(\psi)$ ist für eine $(q-1)$-Cokette ψ (d.h. wenn $\varphi \in$ Bild δ_{q-1}), heißt φ ein *Corand*. Die Faktorgruppe der Cozyklengruppe modulo der Corändergruppe, also die Gruppe $H^q(C; G) =$ Kern δ_q/Bild δ_{q-1}, heißt die *q-te Cohomologiegruppe von C* mit Koeffizienten in G; ihre Elemente sind die *Cohomologieklassen* $\{\varphi\} = \{\varphi\}_C = \varphi +$ Bild δ_{q-1}, wobei φ die q-Cozyklen durchläuft.

Im besonders wichtigen Fall $G = \mathbb{Z}$ schreiben wir kurz $H^q(C) = H^q(C; \mathbb{Z})$.

Mit der Neubezeichnung $D_{-q} = \mathrm{Hom}(C_q, G)$, wird die obige Sequenz ein Kettenkomplex D, und es ist $H^q(C; G) = H_{-q}(D)$. Die Cohomologie ist also im wesentlichen die Komposition von $\mathrm{Hom}(-; G)$ und der Homologie. Das ist analog zu 10.4, wo wir die Komposition der Funktoren $\otimes G$ und H_q untersucht haben. Die Bezeichnung $\langle \varphi, c \rangle$ für den Wert der Cokette φ auf der Kette c ist der Theorie der dualen Vektorräume in der Linearen Algebra entnommen.

13.3.2 Satz *Das Skalarprodukt hat folgende Eigenschaften:*

Bilinearität: $\langle \varphi + \varphi', c \rangle = \langle \varphi, c \rangle + \langle \varphi', c \rangle$ *und* $\langle \varphi, c + c' \rangle = \langle \varphi, c \rangle + \langle \varphi, c' \rangle$.

Corand-Rand-Formel: $\langle \delta\varphi, x \rangle = \langle \varphi, \partial x \rangle$.

Dabei sind φ, φ' q-Coketten, c, c' q-Ketten, und x ist eine $(q+1)$-Kette von C. $\square$

Insbesondere ist $\langle$Cozyklus, Rand$\rangle = 0$ und $\langle$Corand, Zyklus$\rangle = 0$, und daher kann man das Skalarprodukt auf die Co- und Homologieklassen übertragen:

13.3.3 Definition Das *Skalarprodukt von $\alpha' \in H^q(C; G)$ und $\alpha \in H_q(C)$* ist definiert durch $\langle \alpha', \alpha \rangle = \langle \varphi, z \rangle \in G$, wobei φ ein q-Cozyklus aus der Cohomologieklasse α' und z ein q-Zyklus aus der Homologieklasse α ist. Man nennt $\langle \alpha', \alpha \rangle$ auch den *Wert der Cohomologieklasse α' auf der Homologieklasse α*. Die Bilinearitäts-Eigenschaft aus 13.3.2 überträgt sich.

Eine Kettenabbildung von Kettenkomplexen induziert analog zu 8.3.5 Homomorphismen der Cohomologiegruppen.

13.3.4 Definition und Satz *Sei $f\colon C \to C'$ eine Kettenabbildung. Der zu $f = f_q\colon C_q \to C'_q$ duale Homomorphismus $\tilde{f} = \tilde{f}_q\colon \mathrm{Hom}(C'_q, G) \to \mathrm{Hom}(C_q, G)$ ist in der Skalarprodukt-Schreibweise gegeben durch*

$$\langle \tilde{f}(\varphi'), c \rangle = \langle \varphi', f(c) \rangle \quad (c = q\text{-Kette in } C, \ \varphi' = q\text{-Cokette in } C').$$

Er bildet Cozyklen in Cozyklen und Coränder in Coränder ab und induziert daher einen Homomorphismus

$$f^*\colon H^q(C'; G) \to H^q(C; G) \quad durch \quad f^*(\{\varphi'\}_{C'}) = \{\tilde{f}(\varphi')\}_C = \{\varphi' f\}_C.$$

Die Zuordnung $C \mapsto H^q(C; G)$ und $f \mapsto f^*$ ist (bei festem q und G) ein Cofunktor $KK \to AB$. Die Homomorphismen f^* und $f_*\colon H_q(C) \to H_q(C')$ sind durch das Skalarprodukt wie folgt verbunden:

$$\langle f^*(\alpha'), \beta \rangle = \langle \alpha', f_*(\beta) \rangle \quad (\alpha' \in H^q(C'; G), \ \beta \in H_q(C)). \qquad \square$$

Alle Eigenschaften der Homologiefunktoren $H_q \colon KK \to AB$ aus 8.3 übertragen sich — mit gewissen Modifikationen — auf die Cohomologie-Cofunktoren. Wir wollen diese Co-Spielerei hier jedoch nicht mehr weitertreiben, sondern kommen erst in 13.5 bei der Untersuchung konkreterer Situationen darauf zurück.

Aufgaben

Die Cohomologiegruppe $H^q(C; G)$ kann bei festem Kettenkomplex C und variabler Gruppe G als Funktor $AB \to AB$ aufgefaßt werden (diese Tatsache werden wir in 15.6 benutzen):

13.3.A1 Ein Homomorphismus $f \colon G \to G'$ abelscher Gruppen induziert einen Homomorphismus $f_q \colon H^q(C; G) \to H^q(C; G')$ durch $f_q(\{\varphi\}) = \{f \circ \varphi\}$. Führen Sie die Details aus.

13.3.A2 Mit $G \xrightarrow{f} G' \xrightarrow{f'} G''$ ist $H^q(C; G) \xrightarrow{f_q} H^q(C; G') \xrightarrow{f'_q} H^q(C; G'')$ eine exakte Sequenz.

13.3.A3 Sei $0 \longrightarrow G \xrightarrow{f} G' \xrightarrow{f'} G'' \longrightarrow 0$ exakt, und sei C ein freier Kettenkomplex. Zeigen Sie:
(a) Zu $\varphi \in \mathrm{Hom}(C_q, G'')$ gibt es $\hat{\varphi} \in \mathrm{Hom}(C_q, G')$ mit $f' \hat{\varphi} = \varphi$.
(b) Wenn φ ein Cozyklus ist, ist $f^{-1} \circ (\delta \hat{\varphi}) \in \mathrm{Hom}(C_{q+1}, G)$ definiert.
(c) Die Zuordnung $\{\varphi\} \mapsto \{f^{-1} \circ (\delta \hat{\varphi})\}$ induziert einen wohldefinierten Homomorphismus $B \colon H^q(C; G'') \to H^{q+1}(C; G)$; er heißt der *Bockstein-Operator zur Sequenz*
$0 \longrightarrow G \xrightarrow{f} G' \xrightarrow{f'} G'' \longrightarrow 0.$

13.3.A4 Für jede exakte Sequenz $0 \longrightarrow G \xrightarrow{f} G' \xrightarrow{f'} G'' \longrightarrow 0$ und jeden freien Kettenkomplex C ist folgende Sequenz exakt:
$$\dots \xrightarrow{B} H^q(C; G) \xrightarrow{f_q} H^q(C; G') \xrightarrow{f'_q} H^q(C; G'') \xrightarrow{B} H^{q+1}(C; G) \xrightarrow{f_{q+1}} \dots .$$

13.4 Das universelle Koeffiziententheorem

Im folgenden ist $C = (C_q, \partial_q)_{q \in \mathbb{Z}}$ ein freier Kettenkomplex. Sei B_q die Ränder- und Z_q die Zyklengruppe, also $B_q \subset Z_q \subset C_q$. Nach 10.4.3 hat man eine exakte, zerfallende Sequenz

$$0 \longrightarrow Z_q \xrightarrow{j_q} C_q \xrightarrow{\partial'_q} B_{q-1} \longrightarrow 0,$$

wobei j_q die Inklusion und ∂_q' durch $\partial_q'(x) = \partial_q(x)$ definiert ist. Aus 13.1.5 folgt, daß die Sequenz

$$0 \longrightarrow \mathrm{Hom}(B_{q-1}, G) \xrightarrow{\tilde{\partial}_q'} \mathrm{Hom}(C_q, G) \xrightarrow{\tilde{j}_q} \mathrm{Hom}(Z_q, G) \longrightarrow 0$$

ebenfalls exakt ist und zerfällt. Ferner haben wir wie vor 10.4.5 die exakte Sequenz $0 \longrightarrow B_{q-1} \xrightarrow{i_{q-1}} Z_{q-1} \xrightarrow{p_{q-1}} H_{q-1}(C) \longrightarrow 0$, die eine freie Auflösung von $H_{q-1}(C)$ ist. Zu ihr gehört nach Satz 13.2.2 ein eindeutig bestimmter Isomorphismus

$$\psi\colon \mathrm{Ext}(H_{q-1}(C), G) \xrightarrow{\cong} \mathrm{Hom}(B_{q-1}, G)/\mathrm{Bild}\ \tilde{i}_{q-1}.$$

13.4.1 Hilfssatz *Der Homomorphismus $\tilde{\partial}_q'$ bildet $\mathrm{Hom}(B_{q-1}, G)$ in die q-te Cozyklengruppe und Bild $\tilde{i}_{q-1}$ in die q-te Corändergruppe ab; er induziert daher einen Homomorphismus*

$$h\colon \mathrm{Hom}(B_{q-1}, G)/\mathrm{Bild}\ \tilde{i}_{q-1} \to H^q(C; G), \quad \varphi \mapsto \{\tilde{\partial}_q'(\varphi)\} = \{\varphi \partial_q'\}.$$

Beweis Für $\varphi \in \mathrm{Hom}(B_{q-1}, G)$ ist $\delta_q(\tilde{\partial}_q'(\varphi)) = \delta_q(\varphi \partial_q') = \varphi \partial_q' \partial_{q+1} = 0$ wegen $\partial^2 = 0$; also ist $\tilde{\partial}_q'(\varphi)$ ein Cozyklus. — Sei $\varphi \in \mathrm{Bild}\ \tilde{i}_{q-1}$. Dann gibt es $\varphi'\colon Z_{q-1} \to G$ mit $\varphi = \varphi'|B_{q-1}$. Es gibt einen Homomorphismus $r = r_{q-1}\colon C_{q-1} \to Z_{q-1}$ mit $r j_{q-1} = \mathrm{id}$ (ersetze q durch $q-1$ in der ersten Sequenz oben). Die Komposition $\psi = \varphi' r\colon C_{q-1} \to G$ ist eine $(q-1)$-Cokette von C mit $\psi|B_{q-1} = \varphi$. Es folgt $\delta_{q-1}(\psi) = \psi \partial_q = \varphi \partial_q' = \tilde{\partial}_q'(\varphi)$, d.h. $\tilde{\partial}_q'(\varphi)$ ist ein Corand. $\square$

13.4.2 Definition Wir definieren Homomorphismen

$$\rho = h \circ \psi\colon \mathrm{Ext}(H_{q-1}(C), G) \to H^q(C; G),$$
$$\kappa\colon H^q(C; G) \to \mathrm{Hom}(H_q(C), G), \quad \kappa(\alpha')(\alpha) = \langle \alpha', \alpha \rangle;$$

dabei ist $\alpha' \in H^q(C; G)$ und $\alpha \in H_q(C)$.

13.4.3 Satz (Universelles Koeffiziententheorem für die Cohomologie) *Für jeden freien Kettenkomplex C und jedes $q \in \mathbb{Z}$ ist die folgende Sequenz exakt und zerfällt:*

$$0 \to \mathrm{Ext}(H_{q-1}(C), G) \xrightarrow{\rho} H^q(C; G) \xrightarrow{\kappa} \mathrm{Hom}(H_q(C), G) \to 0.$$

Insbesondere gibt es daher einen Isomorphismus

$$H^q(C; G) \cong \mathrm{Hom}(H_q(C), G) \oplus \mathrm{Ext}(H_{q-1}(C), G).$$

Beweis ρ ist injektiv: Zu zeigen ist, daß der Homomorphismus h aus 13.4.1 injektiv ist. Sei $\varphi \in \text{Hom}(B_{q-1}, G)$. Wenn $h(\varphi) = 0$ ist, ist die Cokette $\varphi \partial'_q \colon C_q \to G$ Corand einer Cokette $\chi \colon C_{q-1} \to G$, d.h. es ist $\varphi \partial'_q = \chi \partial_q = \chi j_{q-1} i_{q-1} \partial'_q$. Weil ∂'_q surjektiv ist, folgt $\varphi = \chi j_{q-1} i_{q-1} = \tilde{i}_{q-1}(\chi j_{q-1}) \in \text{Bild } \tilde{i}_{q-1}$. Also ist $\varphi = 0$ in der Faktorgruppe $\text{Hom}(B_{q-1}, G)/\text{Bild } \tilde{i}_{q-1}$ und somit h injektiv.

Bild $\rho \subset$ Kern κ: Sei $\varphi \in \text{Hom}(B_{q-1}, G)$. Für alle $\{z\} \in H_q(C)$ ist $\kappa(h(\varphi))(\{z\}) = \langle \tilde{\partial}'_q(\varphi), z \rangle = \langle \varphi, \partial'_q(z) \rangle = \langle \varphi, 0 \rangle = 0$. Also ist $\kappa(h(\varphi)) = 0$, folglich $h(\varphi) \in$ Kern κ. Es folgt Bild $\rho = $ Bild $h \subset$ Kern κ.

Kern $\kappa \subset$ Bild ρ: Sei $\{\varphi\} \in H^q(C; G)$ aus dem Kern von κ. Dann ist $\kappa(\{\varphi\})(\{z\}) = \langle \varphi, z \rangle = 0$ für alle $z \in Z_q$, d.h. $0 = \varphi \circ j_q = \tilde{j}_q(\varphi)$. Aus Kern $\tilde{j}_q = $ Bild $\tilde{\partial}'_q$ (vgl. die zweite Sequenz zu Beginn dieses Abschnitts) folgt $\{\varphi\} \in$ Bild $h = $ Bild ρ.

κ hat ein Rechtsinverses κ': Für $\varphi \in \text{Hom}(H_q(C), G)$ sei $\kappa'(\varphi)$ die Cohomologieklasse des Cozyklus $\varphi \circ p_q \circ r_q \in \text{Hom}(C_q, G)$, wobei $r_q \colon C_q \to Z_q$ wie im Beweis von 13.4.1 ist und $p_q \colon Z_q \to H_q(C)$ die Projektion auf die Faktorgruppe. Dann ist $\kappa \circ \kappa' = \text{id}$. Folglich ist κ surjektiv, und die Sequenz zerfällt. $\square$

Der Beweis des folgenden Satzes ist analog zu 10.4.7, und wir überlassen ihn dem Leser:

13.4.4 Satz *Die Homomorphismen ρ und κ in 13.4.3 sind natürlich bezüglich Kettenabbildungen, d.h. für jede Kettenabbildung $f\colon C \to D$ zwischen freien Kettenkomplexen ist das folgende Diagramm kommutativ:*

$$
\begin{array}{ccccccccc}
0 & \to & \text{Ext}(H_{q-1}(C), G) & \overset{\rho}{\longrightarrow} & H^q(C; G) & \overset{\kappa}{\longrightarrow} & \text{Hom}(H_q(C), G) & \to & 0 \\
& & \uparrow{\scriptstyle \text{Ext} f_*} & & \uparrow{\scriptstyle f^*} & & \uparrow{\scriptstyle \tilde{f}_*} & & \\
0 & \to & \text{Ext}(H_{q-1}(D), G) & \overset{\rho}{\longrightarrow} & H^q(D; G) & \overset{\kappa}{\longrightarrow} & \text{Hom}(H_q(D), G) & \to & 0 \ .
\end{array}
$$

$\square$

13.4.5 Bemerkung Analog zu 10.4.8 (und aus dem gleichen Grund wie dort) ist jedoch der Isomorphismus $H^q(C; G) \cong \text{Hom}(H_q(C), G) \oplus \text{Ext}(H_{q-1}(C), G)$ nicht natürlich bezüglich Kettenabbildungen. Ein Beispiel dazu (und andere Beispiele zum universellen Koeffiziententheorem) folgen in 13.6.

Wenn der Koeffizientenbereich G ein Körper ist, kann man $H^q(C; G)$ noch auf andere Weise berechnen. Dafür definieren wir zunächst ähnlich wie in 13.3.1 ein Skalarprodukt zwischen den Coketten von C mit Werten in G und den Ketten von $C \otimes G$:

13.4.6 Definition und Satz *Das* Skalarprodukt *zwischen $\varphi \in \text{Hom}(C_q, G)$ und $z = \sum c_i \otimes g_i \in C_q \otimes G$ ist $\langle \varphi, z \rangle = \sum \langle \varphi, c_i \rangle \cdot g_i \in G$, wobei der Punkt die*

Multiplikation in G bezeichnet (diese Definition ist wegen 10.2.2 eindeutig). Die Corand-Rand-Formel aus 13.3.2 hat jetzt die Form

$$\langle \delta\varphi, z \rangle = \langle \varphi, (\partial \otimes \mathrm{id})z \rangle \ \text{für } \varphi \in \mathrm{Hom}(C_q, G), \ z \in C_{q+1} \otimes G.$$

Es folgt wieder $\langle Cozyklus, Rand \rangle = 0$ und $\langle Corand, Zyklus \rangle = 0$, und daher ist für $\alpha' = \{\varphi\} \in H^q(C; G)$ und $\alpha = \{z\} \in H_q(C \otimes G)$ eindeutig das Skalarprodukt $\langle \alpha', \alpha \rangle = \langle \varphi, z \rangle \in G$ definiert. Diese Skalarprodukte sind analog zu 13.3.4 mit Kettenabbildungen $f \colon C \to C'$ verträglich, d.h. es gelten die Formeln

$$\langle \tilde{f}(\varphi'), z \rangle = \langle \varphi', (f \otimes \mathrm{id})(z) \rangle \quad \text{für } \ z \in C_q \otimes G, \ \varphi \in \mathrm{Hom}(C'_q, G),$$

$$\langle f^*(\alpha'), \beta \rangle = \langle \alpha', f_*(\beta) \rangle \quad \text{für } \ \alpha' \in H^q(C'; G), \ \beta \in H_q(C; G).$$

□

Der Unterschied zum Skalarprodukt in 13.3 ist, daß die Funktionen

$$\langle , \rangle \colon \mathrm{Hom}(C_q, G) \times (C_q \otimes G) \to G \quad \text{und} \quad \langle , \rangle \colon H^q(C; G) \times H_q(C; G) \to G$$

nicht nur bilineare Funktionen auf abelschen Gruppen, sondern sogar bilineare Funktionen auf G-Vektorräumen sind (nach 10.2.7 und 13.1.6 haben alle diese Gruppen eine kanonische Vektorraum-Struktur). Es gilt also außer der Bilinearität in 13.3.2 noch $\langle g\varphi, z \rangle = \langle \varphi, gz \rangle = g \cdot \langle \varphi, z \rangle$. Man beachte übrigens, daß sich die Begriffe in 13.4.6 auch dann noch definieren lassen, wenn G ein Ring ist. Wir setzen jedoch weiterhin voraus, daß G ein Körper ist.

13.4.7 Definition Für einen Vektorraum V über dem Körper G ist $\mathrm{Hom}_G(V, G)$ der zu V *duale Vektorraum*; er besteht aus den linearen Abbildungen $f \colon V \to G$.

Der Vektorraum $\mathrm{Hom}_G(V, G)$ ist von der abelschen Gruppe $\mathrm{Hom}(V, G)$ zu unterscheiden! So ist zwar $f \colon \mathbb{C} \to \mathbb{C}$, $f(x+iy) = x - iy$, ein Homomorphismus abelscher Gruppen, aber keine lineare Abbildung von $\mathbb{C}$-Vektorräumen.

13.4.8 Satz *Für jeden Kettenkomplex C und jeden Körper G ist*

$$\kappa \colon H^q(C; G) \to \mathrm{Hom}_G(H_q(C \otimes G), G), \quad \kappa(\alpha')(\alpha) = \langle \alpha', \alpha \rangle$$

ein Vektorraum-Isomorphismus, der natürlich ist bezüglich Kettenabbildungen. Kurz: $H^q(C; G)$ ist der zu $H_q(C \otimes G)$ duale Vektorraum.

B e w e i s Für festes $\alpha' \in H^q(C; G)$ ist $\kappa(\alpha') \colon H_q(C \otimes G) \to G$ eine lineare Abbildung, und daher ist κ tatsächlich eine Funktion von $H^q(\ldots)$ nach $\mathrm{Hom}_G(\ldots)$. Es ist klar, daß κ eine lineare Abbildung von Vektorräumen und natürlich bezüglich Kettenabbildungen ist. Zum Beweis der Bijektivität schauen wir erneut den Beweis von 13.4.3 an, wobei B_q bzw. Z_q jetzt die Ränder- bzw. Zyklengruppe in $C_q \otimes G$ ist.

Zur Inklusion j_q: $Z_q \to C_q \otimes G$ gibt es auch jetzt ein Linksinverses r_q: $C_q \otimes G \to Z_q$ (ergänze eine Basis von Z_q zu einer von $C_q \otimes G$ und bilde die neuen Basiselemente nach Null ab). Daher kann man wie vorher ein Rechtsinverses κ' von κ konstruieren, d.h. κ ist surjektiv. Der Kern von κ ist analog zum Beweis von 13.4.3 isomorph zum Quotientenvektorraum $\operatorname{Hom}_G(B_{q-1}, G)/\operatorname{Bild} \tilde{i}_{q-1}$. Aber weil man jede lineare Abbildung $B_{q-1} \to G$ zu einer linearen Abbildung $Z_{q-1} \to G$ fortsetzen kann (ergänze eine Basis von B_{q-1} zu einer von Z_{q-1} und bilde die neuen Basiselemente nach Null ab), ist $\tilde{i}_{q-1}$ surjektiv. Somit ist der genannte Quotientenvektorraum Null und κ daher injektiv. (Vektorräume sind einfacher als freie abelsche Gruppen. Man hat den Basisergänzungssatz und kann alle Fortsetzungsprobleme lösen. Daher braucht C in 13.4.8 kein freier Kettenkomplex zu sein, und es tritt kein Ext-Term auf.) $\square$

Nach dem universellen Koeffizententheorem sind die Cohomologiegruppen eines Kettenkomplexes C durch die Homologiegruppen von C eindeutig bestimmt, und sie liefern daher keine neuen Invarianten für Kettenkomplexe. Die Frage ist berechtigt, warum man dann die Cohomologie überhaupt einführt. Es gibt viele überzeugende Antworten; zwei davon werden wir in den Kapiteln 14 und 15 kennenlernen.

Aufgaben

Im folgenden ist C ein freier Kettenkomplex. Machen Sie sich die folgenden Spezialfälle von 13.4.3 klar:

13.4.A1 Wenn $H_{q-1}(C)$ frei abelsch ist, ist κ: $H^q(C; G) \to \operatorname{Hom}(H_q(C), G)$ ein Isomorphismus.

13.4.A2 Wenn $H_{q-1}(C)$ endlich erzeugt ist, sind κ: $H^q(C; \mathbb{R}) \to \operatorname{Hom}(H_q(C), \mathbb{R})$ und κ: $H^q(C; \mathbb{Q}/\mathbb{Z}) \to \operatorname{Hom}(H_q(C), \mathbb{Q}/\mathbb{Z})$ Isomorphismen.

13.4.A3 Es seien $H_{q-1}(C)$ und $H_q(C)$ endlich erzeugt. Dann gelten im Fall $G = \mathbb{Z}$ folgende Aussagen:
(a) $\operatorname{Bild}(\rho$: $\operatorname{Ext}(H_{q-1}(C), \mathbb{Z}) \to H^q(C))$ ist die Torsionsuntergruppe von $H^q(C)$.
(b) κ induziert einen Isomorphismus $H^q(C)/\operatorname{Tor} H^q(C) \to \operatorname{Hom}(H_q(C), \mathbb{Z})$.
(c) $H^q(C)$ ist endlich erzeugt.
(d) $\operatorname{Tor} H^q(C) \cong \operatorname{Tor} H_{q-1}(C)$ und $H^q(C)/\operatorname{Tor} H^q(C) \cong H_q(C)/\operatorname{Tor} H_q(C)$.

13.4.A4 Es seien $H_{q-1}(C)$ und $H_q(C)$ endlich erzeugt, und n sei eine Primzahl. Sei p_q die Bettizahl von $H_q(C)$, und sei $t_i(n)$ die Anzahl der durch n teilbaren Torsionskoeffizienten von $H_i(C)$. Dann ist $H^q(C; \mathbb{Z}_n) \cong \mathbb{Z}_n \oplus \ldots \oplus \mathbb{Z}_n$ mit $p_q + t_q(n) + t_{q-1}(n)$ Summanden.

13.4.A5 Aus f_*: $H_q(C) \overset{\cong}{\longrightarrow} H_q(D)$ für alle q folgt f^*: $H^q(D; G) \overset{\cong}{\longrightarrow} H^q(C; G)$ für alle q und G; dabei ist f: $C \to D$ eine Kettenabbildung zwischen freien Kettenkomplexen.

13.5 Simpliziale, singuläre und zelluläre Cohomologie

Wir wenden den Cofunktor $H^q(-;G)$, wobei G eine feste abelsche Gruppe ist, auf die simplizialen, singulären und zellulären Kettenkomplexe an:

13.5.1 Definitionen Sei K ein Simplizialkomplex, X ein topologischer Raum und Y ein CW-Raum. Dann hat man folgende Gruppen:

$\mathrm{Hom}(C_q(K),G)$:	*q-te Cokettengruppe von K,*
$H^q(K;G) = H^q(C(K);G)$:	*q-te Cohomologiegruppe von K,*
$\mathrm{Hom}(S_q(X),G)$:	*q-te singuläre Cokettengruppe von X,*
$H^q(X;G) = H^q(S(X);G)$:	*q-te singuläre Cohomologiegruppe von X,*
$\mathrm{Hom}(C_q(Y),G)$:	*q-te zelluläre Cokettengruppe von Y,*
$H^q(C(Y);G)$:	*q-te zelluläre Cohomologiegruppe von Y.*

In jedem Fall ist der Zusatz *mit Koeffizienten in G* dazu zu schreiben. Der Wert einer q-Cokette φ auf einer q-Kette c wird in allen Fällen mit $\langle \varphi, c\rangle \in G$ bezeichnet; die Sätze 13.3.2 und 13.3.3 gelten. Die Elemente der Cohomologiegruppen sind die Cohomologieklassen $\{\varphi\}$, wobei φ die q-Cozyklen durchläuft. Wenn es nötig ist, bezeichnen wir diese Elemente mit $\{\varphi\}_K \in H^q(K;G)$ oder $\{\varphi\}_X \in H^q(X;G)$ usw. Wegen 13.3.4 erhält man induzierte Homomorphismen:

13.5.2 Definitionen Sei f eine simpliziale Abbildung von Simplizialkomplexen oder eine stetige Abbildung von Räumen oder eine zelluläre Abbildung von CW-Räumen. Dann hat man:

(a) Die von f induzierte *Kettenabbildung* $f_\bullet$ der entsprechenden Kettenkomplexe (simplizialer Fall: 7.3.3, singulärer Fall: 9.1.6, zellulärer Fall: 9.6.11).

(b) Den zu $f_\bullet$ gehörenden dualen Homomorphismus $\tilde{f}_\bullet$ der q-ten Cokettengruppen (für alle $q \in \mathbb{Z}$). Er geht in umgekehrter Richtung wie $f_\bullet$ und ist gegeben durch $\langle \tilde{f}_\bullet(\varphi), c\rangle = \langle \varphi, f_\bullet(c)\rangle$; dabei ist c eine q-Kette im Urbildraum von f und φ eine q-Cokette im Bildraum von f.

(c) Den von $\tilde{f}_\bullet$ induzierten Homomorphismus der Cohomologiegruppen, der nach 13.3.4 mit $(f_\bullet)^*$ zu bezeichnen ist. Wir schreiben einfach $f^* = (f_\bullet)^*$. Es gilt also $f^*(\{\varphi\}) = \{\tilde{f}_\bullet(\varphi)\} = \{\varphi \circ f_\bullet\}$, wobei φ ein Cozyklus im Bildraum ist.

Natürlich kann man auch relative Cohomologiegruppen definieren. Wir schreiben das nur im singulären Fall auf:

13.5.3 Definition Für ein Raumpaar $A \subset X$ ist $S(X,A) = S(X)/S(A)$ wie in 9.2.1. Die Elemente von $\mathrm{Hom}(S_q(X,A),G)$ heißen *q-Coketten in X relativ A. Die Gruppe* $H^q(X,A;G) = H^q(S(X,A);G)$ *heißt q-te singuläre Cohomologiegruppe von X relativ A.*

Die q-Coketten $\varphi\colon S_q(X,A) \to G$ kann man als die Coketten $\varphi\colon S_q(X) \to G$ auffassen, die $S_q(A)$ nach Null abbilden, d.h. $\langle \varphi, \sigma\rangle = 0$ für alle $\sigma\colon \Delta_q \to A \subset X$. Die

Elemente von $H^q(X, A; G)$ sind die Cohomologieklassen $\{\varphi\} = \{\varphi\}_{(X,A)}$, wobei φ ein Cozyklus in X relativ A ist (also $\varphi\colon S_q(X) \to G$ mit $\langle\varphi, \sigma\rangle = 0$ für $\sigma\colon \Delta_q \to A$ und $\langle\varphi, \partial\tau\rangle = 0$ für $\tau\colon \Delta_{q+1} \to X$). Eine stetige Abbildung $f\colon (X, A) \to (Y, B)$ induziert $f^*\colon H^q(Y, B; G) \to H^q(X, A; G)$ analog zu 13.5.2.

Nach diesen langweiligen Sprachregelungen wollen wir etwas tiefer in die Cohomologietheorie einsteigen. Weil die simplizialen, singulären und zellulären Kettengruppen freie abelsche Gruppen sind (nach 10.5.2 auch im relativen Fall), gilt zunächst folgendes:

13.5.4 Satz *Die simplizialen, singulären und zellulären Cohomologiegruppen kann man (auch im relativen Fall) mit dem universellen Koeffiziententheorem 13.4.3 berechnen.*   □

13.5.5 Beispiele In allen Beispielen, in denen wir bisher die Homologiegruppen explizit bestimmt haben, kann man also die Cohomologiegruppen (mit den Rechenregeln für Hom und Ext) als abstrakte Gruppen berechnen — und der Leser sollte das zur Übung tun. So ist etwa $H^n(S^n; G) \cong \operatorname{Hom}(H_n(S^n), G) \cong \operatorname{Hom}(\mathbb{Z}, G) \cong G$ für $n > 0$. Wenn $f\colon S^n \to S^n$ den Grad k hat, entspricht $f^*\colon H^n(S^n; G) \to H^n(S^n; G)$ unter dem obigen Isomorphismus der Multiplikation $G \to G$, $g \mapsto kg$; das folgt aus der Natürlichkeit von κ in 13.4.3 und aus 13.1.4 (a).

13.5.6 Beispiel Es sei X ein Raum, dessen sämtliche Homologiegruppen endlich erzeugt sind. Dann ist $H_q(X) \cong \mathbb{Z}^{p_q} \oplus \mathbb{Z}_{t_q^1} \oplus \ldots \oplus \mathbb{Z}_{t_q^{r_q}}$ wie in 10.6.5, wobei p_q die q-te Bettizahl und die t_q^i die q-dimensionalen Torsionskoeffizienten von X sind. Aus 13.4.3 folgt $H^q(X) \cong \mathbb{Z}^{p_q} \oplus \mathbb{Z}_{t_{q-1}^1} \oplus \ldots \oplus \mathbb{Z}_{t_{q-1}^{r_{q-1}}}$, vgl. 13.4.A3. Die Gruppen $H^q(X)$ und $H_q(X)$ haben also den gleichen freien Anteil, d.h. „Co-Bettizahl" und Bettizahl stimmen überein. Dagegen ist die Torsionsuntergruppe von $H^q(X)$ isomorph zu der von $H_{q-1}(X)$, d.h. die „Co-Torsionskoeffizienten" (oder: „Torsions-Cokoeffizienten"?) der Dimension q sind die Torsionskoeffizienten der Dimension $q-1$.

Wir untersuchen, welche Eigenschaften der Homologiegruppen sich auf die Cohomologiegruppen übertragen, und beginnen mit der exakten Cohomologiesequenz. Es sei $0 \to C' \xrightarrow{f} C \xrightarrow{g} C'' \to 0$ wie in 8.3.7 eine exakte Sequenz von Kettenkomplexen, wobei wir zusätzlich voraussetzen, daß C'' ein freier Kettenkomplex ist. Dann ist nach 8.2.6 und 13.1.5 die Sequenz

$$0 \to \operatorname{Hom}(C_q'', G) \xrightarrow{\tilde{g}} \operatorname{Hom}(C_q, G) \xrightarrow{\tilde{f}} \operatorname{Hom}(C_q', G) \to 0$$

exakt. Mit der schon in 13.3 benutzten Neubezeichnung

$$D_{-q} = \operatorname{Hom}(C_q, G), \quad D'_{-q} = \operatorname{Hom}(C_q', G), \quad D''_{-q} = \operatorname{Hom}(C_q'', G)$$

erhält man also eine exakte Sequenz von Kettenkomplexen

$$(*) \qquad 0 \to D'' \xrightarrow{\tilde{g}} D \xrightarrow{\tilde{f}} D' \to 0,$$

wobei die Randoperatoren hier die dualen Homomorphismen zu den Randoperatoren von C'', C bzw. C' sind. Zu dieser exakten Sequenz gehört nach 8.3.8 eine exakte Homologiesequenz. Weil jedoch $H_{-q}(D) = H^q(C; G)$ usw. gilt, sieht diese Sequenz so aus:

$$\ldots \xrightarrow{\delta^*} H^q(C''; G) \xrightarrow{g^*} H^q(C; G) \xrightarrow{f^*} H^q(C'; G) \xrightarrow{\delta^*} H^{q+1}(C''; G) \xrightarrow{g^*} \ldots .$$

Dabei ist δ^* der verbindende Homomorphismus, der zur Sequenz $(*)$ gehört. Wendet man diese Überlegung auf die zu einem Raumpaar $A \subset X$ gehörende exakte Sequenz $0 \to S(A) \xrightarrow{i} S(X) \xrightarrow{j} S(X, A) \to 0$ an (die aus freien Kettenkomplexen besteht), so erhält man:

13.5.7 Satz *Zu jedem Raumpaar $A \subset X$ gehört eine* exakte *Cohomologiesequenz*

$$\ldots \xrightarrow{\delta^*} H^q(X, A; G) \xrightarrow{j^*} H^q(X; G) \xrightarrow{i^*} H^q(A; G) \xrightarrow{\delta^*} H^{q+1}(X, A; G) \xrightarrow{j^*} \ldots,$$

deren Homomorphismen sich wie folgt beschreiben lassen:
(a) *Für $\alpha = \{\varphi\}_{(X,A)}$ ist $j^*(\alpha) = \{\varphi j\}_X$, wobei j: $S_q(X) \to S_q(X)/S_q(A)$ die Projektion auf die Faktorgruppe ist.*
(b) *Für $\alpha = \{\varphi\}_X$ ist $i^*(\alpha) = \{\varphi | S_q(A)\}_A$.*
(c) *Für $\alpha = \{\varphi\}_A$ sei $\bar{\varphi} \in \mathrm{Hom}(S_q(X), G)$ die Cokette, die auf den singulären q-Simplexen in A mit φ übereinstimmt und auf den anderen singulären q-Simplexen von X Null ist; dann ist $\delta^*(\alpha) = \{\delta(\bar{\varphi})\}_{(X,A)}$.*
Ferner gehört zu einer stetigen Abbildung f: $(X, A) \to (Y, B)$ analog zu 9.2.3 eine kommutative *Cohomologieleiter.* □

Wir empfehlen dem Leser, die Details der obigen Konstruktion ausführlich aufzuschreiben oder die Exaktheit der Cohomologiesequenz wie bei 7.4.5 explizit zu beweisen; dasselbe führe man für die folgende Analogie zu 9.2.5 durch:

13.5.8 Satz *Zu $B \subset A \subset X$ gehört eine* exakte *Tripel-Cohomologiesequenz*

$$\xrightarrow{\delta^*} H^q(X, A; G) \xrightarrow{j^*} H^q(X, B; G) \xrightarrow{i^*} H^q(A, B; G) \xrightarrow{\delta^*} H^{q+1}(X, A; G) \xrightarrow{j^*},$$

wobei der Tripel-Corandoperator δ^* hier die Komposition der Homomorphismen $H^q(A, B; G) \to H^q(A; G)$ und δ^*: $H^q(A; G) \to H^{q+1}(X, A; G)$ aus den jeweiligen Cohomologiesequenzen ist. □

Auch der Homotopiesatz 9.3.1 überträgt sich. Wir betrachten zuerst beliebige Kettenkomplexe und spezialisieren dann auf singuläre.

13.5.9 Satz *Sind f, g: $C \to C'$ algebraisch-homotope Kettenabbildungen, so ist $f^* = g^*$: $H^q(C'; G) \to H^q(C; G)$. Ist f: $C \to C'$ eine Homotopieäquivalenz von Kettenkomplexen, so ist f^*: $H^q(C'; G) \to H^q(C; G)$ ein Isomorphismus.*

Beweis Es gibt Homomorphismen D: $C_q \to C'_{q+1}$ mit $\partial D + D\partial = f - g$. Es folgt $\tilde{D}\delta + \delta\tilde{D} = \tilde{f} - \tilde{g}$ (nachrechnen!). Für einen Cozyklus φ' von C' ist daher $\tilde{f}(\varphi') - \tilde{g}(\varphi')$ der Corand von $\tilde{D}(\varphi')$, d.h. $\tilde{f}(\varphi')$ und $\tilde{g}(\varphi')$ liegen in derselben Cohomologieklasse. Es folgt $f^*(\{\varphi'\}) = g^*(\{\varphi'\})$. Der zweite Teil des Satzes ergibt sich aus dem ersten.   □

13.5.10 Satz *Ist $f \simeq g$: $(X, A) \to (Y, B)$, so $f^* = g^*$: $H^q(Y, B; G) \to H^q(X, A; G)$.*

Beweis Nach dem Beweis von 9.3.1 sind die induzierten Kettenabbildungen $f_{\bullet}$ und $g_{\bullet}$ algebraisch homotop, und man kann den vorigen Satz anwenden.   □

13.5.11 Korollar
(a) *Ist f: $X \to Y$ eine Homotopieäquivalenz, so ist f^*: $H^q(Y; G) \to H^q(X; G)$ ein Isomorphismus. Räume vom gleichen Homotopietyp haben also isomorphe Cohomologiegruppen.*

(b) *Die Sätze 9.3.4 bis 9.3.6 übertragen sich in die Cohomologie.*   □

Daß der Ausschneidungssatz in der Cohomologie gilt, folgt aus dem Ausschneidungssatz in der Homologie, dem universellen Koeffizententheorem 13.4.3 und dem Fünferlemma (vgl. den Beweis von 10.5.5):

13.5.12 Ausschneidungssatz *Für Räume $U \subset A \subset X$ mit $\bar{U} \subset \mathring{A}$ induziert i: $(X \backslash U, A \backslash U) \hookrightarrow (X, A)$ Isomorphismen i^*: $H^q(X, A; G) \to H^q(X \backslash U, A \backslash U; G)$.*   □

Die Hauptprinzipien der singulären Homologie (Funktor- und Exaktheitseigenschaften, Homotopie- und Ausschneidungssatz) übertragen sich also auf die singulären Cohomologiegruppen. Es folgt, daß sich auch alle Eigenschaften der singulären Homologie, bei deren Beweis wir nur diese Hauptprinzipien benutzt haben, auf die Cohomologie übertragen. Beispiele dazu geben wir in den Aufgaben.

Als Nächstes untersuchen wir die zelluläre Cohomologie eines CW-Raumes X. Aus der Isomorphie von zellulärer und singulärer Homologie und dem universellen Koeffizententheorem folgt natürlich die Isomorphie von zellulärer und singulärer Cohomologie. Aber dieser abstrakte Isomorphismus nützt nicht viel; wir suchen analog zu 9.6.9 einen konkreten Isomorphismus, der natürlich ist bezüglich zellulären Abbildungen. Dazu betrachten wir folgende Homomorphismen:

$$H^q(X; G) \xrightarrow{\ i^*\ } H^q(X^q; G) \xleftarrow{\ j^*\ } H^q(X^q, X^{q-1}; G) \xrightarrow[\cong]{\ \kappa\ } \mathrm{Hom}(C_q(X), G).$$

Dabei ist i: $X^q \to X$ die Inklusion, j^* ist aus der Cohomologiesequenz des Paares (X^q, X^{q-1}), und κ ist wie in 13.4.2. Aus 9.6.1 und 13.4.3 folgt, daß κ ein Isomorphismus ist; beachten Sie, daß $H_q(X^q, X^{q-1}) = C_q(X)$ die q-te zelluläre Kettengruppe ist.

13.5.13 Satz *Der Homomorphismus $j^*\kappa^{-1}$: $\mathrm{Hom}(C_q(X), G) \to H^q(X^q; G)$ bildet die Cozyklengruppe auf Bild i^* ab, und sein Kern ist die Corändergruppe. Ferner ist i^* injektiv. Daher erhält man einen Isomorphismus*

$$T': H^q(C(X); G) \to H^q(X; G) \text{ durch } \{\varphi\} \mapsto i^{*-1}j^*\kappa^{-1}(\varphi),$$

wobei φ ein zellulärer q-Cozyklus ist. Dieser Isomorphismus T' ist natürlich bezüglich zellulärer Abbildungen.

Die Cohomologiegruppen $H^q(X; G)$ eines CW-Raumes kann man also aus dem zellulären Kettenkomplex $C(X)$ berechnen; Beispiele folgen im nächsten Abschnitt.

Beweis Die Natürlichkeit folgt daraus, daß i^*, j^* und κ natürlich sind bezüglich zellulärer Abbildungen. Den Rest des Beweises gliedern wir in zwei Schritte.

1. Schritt: Wir übersetzen die Methoden der zellulären Homologie aus 9.6 in die Cohomologie. Statt der zellulären Kettengruppe $C_q(X) = H_q(X^q, X^{q-1})$ betrachten wir die Gruppe $H^q(X^q, X^{q-1}; G)$ und statt ∂_q: $C_q(X) \to C_{q-1}(X)$ wie in 9.6.6 die Komposition δ^q der Homomorphismen

$$H^q(X^q, X^{q-1}; G) \xrightarrow{j^*} H^q(X^q; G) \xrightarrow{\delta^*} H^{q+1}(X^{q+1}, X^q; G)$$

aus den entsprechenden Cohomologiesequenzen. Es ist $\delta^q \delta^{q-1} = 0$. Analog zu 9.6.9 gilt: Der Homomorphismus j^* bildet Kern δ^q auf Bild i^* ab, Kern $j^* = $ Bild δ^{q-1}, und i^* ist injektiv. Daher erhält man durch $x \mapsto i^{*-1}j^*(x)$ einen Isomorphismus Kern δ^q/Bild $\delta^{q-1} \to H^q(X; G)$.

2. Schritt: Wir betrachten das folgende Diagramm:

$$
\begin{array}{ccc}
H^q(X^q, X^{q-1}; G) & \xrightarrow{\delta^q} & H^{q+1}(X^{q+1}, X^q; G) \\
\kappa \downarrow \cong & & \cong \downarrow \kappa \\
\mathrm{Hom}(C_q(X), G) & \xrightarrow{\bar{\delta}_q} & \mathrm{Hom}(C_{q+1}(X), G)
\end{array}
$$

Aus der Corand-Rand-Formel in 13.3.2 und den Definitionen von ∂_* und δ^* folgt, daß dieses Diagramm kommutativ ist. Daher induziert κ einen Isomorphismus Kern δ^q/Bild $\delta^{q-1} \to H^q(C(X); G)$. $\qquad\square$

Zum Schluß dieses Abschnitts zeigen wir, daß für einen Simplizialkomplex K die Gruppen $H^q(K; G)$ und $H^q(|K|; G)$ isomorph sind. Wir gehen wie in 9.7 vor. Weil $|K|$ ein CW-Raum ist, ist der zelluläre Kettenkomplex $C(|K|)$ definiert. Nach 9.7.3 gibt es eine Kettenabbildung $\Phi\colon C(K) \to C(|K|)$, natürlich bezüglich simplizialer Abbildungen, so daß jedes $\Phi_q\colon C_q(K) \to C_q(|K|)$ ein Isomorphismus ist. Dann ist auch $\tilde{\Phi}_q\colon \mathrm{Hom}(C_q(|K|), G) \to \mathrm{Hom}(C_q(K), G)$ und folglich $\Phi^*\colon H^q(C(|K|); G) \to H^q(K; G)$ ein Isomorphismus. Wir kombinieren ihn noch mit dem Isomorphismus $T'^{-1}\colon H^q(|K|; G) \to H^q(C(|K|); G)$ aus 13.5.12 und erhalten:

13.5.14 Satz *Es ist* $\Theta' = \Phi^* \circ T'^{-1}\colon H^q(|K|; G) \to H^q(K; G)$ *ein Isomorphismus; er heißt* der *kanonische Isomorphismus von der singulären in die simpliziale Cohomologie. Er ist natürlich bezüglich simplizialer Abbildungen* $K \to L$. $\qquad\square$

Man kann den kanonischen Isomorphismus auch über eine Ordnung von K wie in 9.7.7 berechnen (13.5.A13):

13.5.15 Satz *Ist* ω *eine Ordnung auf K und $C(\omega)\colon C(K) \to S(|K|)$ die zugehörige Kettenabbildung aus 9.7.6, so ist* $\Theta' = C(\omega)^*\colon H^q(|K|; G) \to H^q(K; G)$. $\qquad\square$

13.5.16 Bemerkungen

(a) Die kanonischen Isomorphismen $\Theta\colon H_q(K) \to H_q(|K|)$ und $\Theta'\colon H^q(|K|; G) \to H^q(K; G)$ hängen wie folgt zusammen: Für $\alpha' \in H^q(|K|; G)$ und $\alpha \in H_q(K)$ ist $\langle \Theta'(\alpha'), \alpha \rangle = \langle \alpha', \Theta(\alpha) \rangle$ in G; das ist ein Spezialfall von 13.3.4, weil $\Theta' = C(\omega)^*$ und $\Theta = C(\omega)_*$ beide von der gleichen Kettenabbildung $C(\omega)\colon C(K) \to S(|K|)$ induziert werden.

(b) Man kann 13.5.15 analog zu 9.7.8 auf die relativen Gruppen übertragen und erhält kanonische Isomorphismen $\Theta'\colon H^q(|K|, |K_0|; G) \xrightarrow{\cong} H^q(K, K_0; G)$.

Aufgaben

13.5.A1 Übertragen Sie die Sätze 7.2.2–7.2.9 in die Cohomologie (außer 7.2.9 (c)).

13.5.A2 Berechnen Sie in den Beispielen 7.2.10–7.2.15 die Cohomologiegruppen.

13.5.A3 Übertragen Sie die Sätze 7.4.5 und 7.4.6 in die Cohomologie, entweder durch direkte Überlegungen oder analog zu 13.5.7.

13.5.A4 Übertragen Sie 7.4.8 und 7.4.9 in die Cohomologie.

13.5.A5 Zeigen Sie, daß sich 9.1.13 nicht auf $H^0(X)$ überträgt.

13.5.A6 Für einen azyklischen Raum X ist $H^q(X; G) = 0$ für $q \neq 0$ und jedes G.

13.5.A7 Übertragen Sie die Beispiele 9.2.4 in die Cohomologie.

13.5.A8 Übertragen Sie die Sätze 9.3.4–9.3.6 in die Cohomologie.

13.5.A9 Ist (X, A) ein CW-Paar und $p\colon (X, A) \to (X/A, \langle A \rangle)$ wie in 9.4.6 die identifizierende Abbildung, so ist $p^*\colon H^q(X/A, \langle A \rangle; G) \to H^q(X, A; G)$ ein Isomorphismus. Speziell ist $H^q(X, A; G) \cong H^q(X/A; G)$ für $q \neq 0$.

13.5.A10 Übertragen Sie 9.4.8 in die Cohomologie.

13.5.A11 Zeigen Sie, daß 9.4.9 für die Cohomologie falsch ist und daß statt dessen gilt: Ist $i_j\colon X_j \to \vee X_j$ die Standardeinbettung, so ist $H^q(\vee X_j; G) \cong \prod_j H^q(X_j; G)$ durch $\alpha \mapsto (i_j^*(\alpha))_j$. Wie lautet infolgedessen der zu 9.5.6 analoge Satz in der Cohomologie?

13.5.A12 Für jeden Raum X ist $H^1(X; G) \cong \mathrm{Hom}(H_1(X), G)$.

13.5.A13 Beweisen Sie 13.5.15.

13.6 Beispiele zur Cohomologie

Nachdem wir in den vorigen Abschnitten den allgemeinen Apparat der Cohomologietheorie eingeführt haben, untersuchen wir jetzt die Cohomologiegruppen an einigen konkreten Beispielen genauer. Wir beginnen mit den Coketten.

13.6.1 Bezeichnungen Im folgenden sei $G = \mathbb{Z}$ bzw. G ein Körper.

(a) Zu jedem orientierten q-Simplex σ eines Simplizialkomplexes K gehört eindeutig ein *Cosimplex* $\tilde{\sigma} \in \mathrm{Hom}(C_q(K), G)$, definiert durch $\langle \tilde{\sigma}, \pm\sigma \rangle = \pm 1$ und $\langle \tilde{\sigma}, \tau \rangle = 0$ für $\tau \neq \pm\sigma$. Nach 13.1.8 bilden diese Cosimplexe eine Basis der freien abelschen Gruppe bzw. des Vektorraums $\mathrm{Hom}(C_q(K), G)$. Wir stellen uns vor, daß das Cosimplex $\tilde{\sigma}$ geometrisch dasselbe ist wie das Simplex σ und daß daher eine Cokette $\sum g_i \tilde{\sigma}_i$ Dasselbe ist wie eine Kette $\sum(\sigma_i \otimes g_i)$: Beide sind Systeme orientierter Simplexe, jedes mit einer gewissen Vielfachheit gezählt. Z.B. zeichnen wir in Abb. 7.2.1 die Cokette $\tilde{\sigma}_1^4 + \tilde{\sigma}_1^5$ genauso wie die Kette $\sigma_1^4 + \sigma_1^5$.

(b) Zu jedem singulären Simplex $\sigma\colon \Delta_q \to X$ im Raum X gehört eindeutig ein *singuläres Cosimplex* $\tilde{\sigma} \in \mathrm{Hom}(S_q(X), G)$, definiert durch $\langle \tilde{\sigma}, \sigma \rangle = 1$ und $\langle \tilde{\sigma}, \tau \rangle = 0$ für alle singulären q-Simplexe $\tau \neq \sigma$. Wenn wir den Fall ausschließen, daß es in X nur endlich viele q-Simplexe gibt (was z.B. eintritt, wenn X aus nur endlich vielen Punkten besteht), so bilden diese Cosimplexe nach 13.1.8 keine Basis von $\mathrm{Hom}(S_q(X), G)$. Jedoch hat jede Cokette $\varphi \in \mathrm{Hom}(S_q(X), G)$ eine eindeutige Darstellung als endliche oder unendliche Summe $\varphi = \sum g_\sigma \tilde{\sigma}$, wobei $g_\sigma = \langle \varphi, \sigma \rangle$ ist (Summe über alle $\sigma\colon \Delta_q \to X$). Also: Singuläre Ketten sind endliche Linearkombinationen der singulären Simplexe, singuläre Coketten sind endliche oder unendliche Linearkombinationen der singulären Cosimplexe.

(c) Zu jeder orientierten q-Zelle e eines CW-Raumes X gehört eindeutig eine *Cozelle* $\tilde{e} \in \mathrm{Hom}(C_q(X), G)$, definiert durch $\langle \tilde{e}, \pm e \rangle = \pm 1$ und $\langle \tilde{e}, e' \rangle = 0$ für die orientierten Zellen $e' \neq \pm e$. Wenn X nur endlich viele Zellen hat, bilden diese Cozellen eine Basis von $\mathrm{Hom}(C_q(X), G)$; andernfalls ist jede zelluläre q-Cokette eine endliche oder unendliche Linearkombination der Cozellen.

Wir untersuchen, wie man sich bei dieser Auffassung der Coketten den Corand vorzustellen hat, wobei wir uns auf den simplizialen Fall beschränken:

13.6.2 Satz *Für jedes orientierte q-Simplex σ von K ist der Corand von $\tilde{\sigma}$ gegeben durch $\delta\tilde{\sigma} = \sum \tilde{\tau}$; dabei ist über alle $(q+1)$-Simplexe τ von K mit $\sigma < \tau$ zu addieren, und diese sind so zu orientieren, daß sie in σ die vorgegebene Orientierung induzieren.*

Um den Corand von $\tilde{\sigma}$ zu berechnen, muß man also die Simplexe suchen, von denen σ Rand ist: *Corand-Bildung führt nach oben.*

Beweis Für orientierte q- und $(q+1)$-Simplexe ρ bzw. τ sei $\varepsilon_{\tau\rho} = 1, -1$ oder 0 je nachdem, ob ρ im Rand von τ mit der induzierten Orientierung, der entgegengesetzten oder gar nicht auftritt. Dann ist $\partial\tau = \sum \varepsilon_{\tau\rho}\rho$, wobei über die fest orientierten q-Simplexe ρ von K zu addieren ist. Eines dieser ρ ist das vorgegebene σ, daher ist $\langle \delta\tilde{\sigma}, \tau \rangle = \langle \tilde{\sigma}, \partial\tau \rangle = \varepsilon_{\tau\sigma}$. Es folgt $\delta\tilde{\sigma} = \sum \varepsilon_{\tau\sigma}\tilde{\tau}$, wobei über die fest orientierten $(q+1)$-Simplexe τ von K zu addieren ist. Das ist genau die Behauptung des Satzes. $\qquad\square$

13.6.3 Beispiele
(a) Man mache sich am Simplizialkomplex K in Abb. 7.2.1 folgende Formeln klar:
$$\delta(\tilde{x}_0) = \tilde{\sigma}_1^1 - \tilde{\sigma}_1^2, \qquad \delta(\tilde{x}_1) = -\tilde{\sigma}_1^1 + \tilde{\sigma}_1^3 - \tilde{\sigma}_1^4,$$
$$\delta(\tilde{x}_2) = \tilde{\sigma}_1^2 - \tilde{\sigma}_1^3 + \tilde{\sigma}_1^5, \qquad \delta(\tilde{x}_3) = \tilde{\sigma}_1^4 - \tilde{\sigma}_1^5,$$
$$\delta(\tilde{\sigma}_1^1) = \delta(\tilde{\sigma}_1^2) = \delta(\tilde{\sigma}_1^3) = \tilde{\sigma}_2, \; \delta(\tilde{\sigma}_1^4) = \delta(\tilde{\sigma}_1^5) = 0, \; \delta(\tilde{\sigma}_2) = 0.$$

Man zeige entweder direkt oder mit 13.4.3: Es ist $H^0(K) \cong \mathbb{Z}$, und diese Gruppe wird erzeugt von $\{\tilde{x}_0 + \tilde{x}_1 + \tilde{x}_2 + \tilde{x}_3\}$, und $H^1(K) \cong \mathbb{Z}$, erzeugt von $\{\tilde{\sigma}_1^4\} = \{\tilde{\sigma}_1^5\}$.

(b) Einen simplizialen 1-Zyklus stellen wir uns als einen geschlossenen Kantenweg vor. Ein 1-Cozyklus ist etwas Komplizierteres. Z.B. ist in (a) zwar $\sigma_1^1 + \sigma_1^2 + \sigma_1^3$ ein Zyklus, aber $\tilde{\sigma}_1^1 + \tilde{\sigma}_1^2 + \tilde{\sigma}_1^3$ ist kein Cozyklus. Ist K wie in Abb. 7.2.2 und $a = \langle x_3 x_4 \rangle$, $b = \langle x_3 x_0 \rangle$, $c = \langle x_2 x_0 \rangle$ und $d = \langle x_1 x_0 \rangle$, so ist $\varphi = \tilde{a} + \tilde{b} + \tilde{c} + \tilde{d}$ ein 1-Cozyklus, dessen Cohomologieklasse die Gruppe $H^1(K) \cong \mathbb{Z}$ erzeugt. Das können Sie wie folgt einsehen. $H_1(K) \cong \mathbb{Z}$ wird von $\{z_1\}$ erzeugt, wobei z_1 der Innenrandzyklus ist, also $\text{Hom}(H_1(K), \mathbb{Z}) \cong \mathbb{Z}$ vom Homomorphismus $\psi: H_1(K) \to \mathbb{Z}, \{z_1\} \mapsto 1$. Der Isomorphismus $\kappa: H^1(K) \to \text{Hom}(H_1(K), \mathbb{Z})$ bildet $\{\varphi\}$ wegen $\kappa(\{\varphi\})(\{z_1\}) = \langle \varphi, z_1 \rangle = \langle \tilde{a}, z_1 \rangle = 1$ auf ψ ab. Daraus folgt die Behauptung.

(c) Im Simplizialkomplex K in Abb. 13.6.1 besteht der Corand der Coecke z aus den vier „Cokanten", die bei z enden. Die Summe der acht hervorgehobenen Cokanten ist daher ein Corand. Ist c der Innenrandzyklus und $a = \langle xy \rangle$, so ist $\langle \tilde{a}, c \rangle = 1$. Jedoch ist $\tilde{a}$ kein Cozyklus. Welcher Cozyklus ist für $H^1(K) \cong \mathbb{Z}$ verantwortlich?

(d) In Abb. 13.6.2 ist ein simplizialer 1-Cozyklus auf einem Torus T skizziert, dessen Cohomologieklasse ein Basiselement von $H^1(T) \cong \mathbb{Z}^2$ ist (die Triangulation von T ist geeignet zu ergänzen).

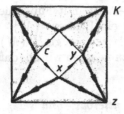

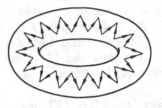

Abb. 13.6.1   Abb. 13.6.2

Wir untersuchen die nullte Cohomologiegruppe, wobei wir uns auf die singuläre Cohomologie beschränken. Es ist

$$H^0(X;G) \cong \mathrm{Hom}(H_0(X), G) \cong \mathrm{Hom}(\mathbb{Z} \oplus \mathbb{Z} \oplus \dots, G)$$
$$\cong \mathrm{Hom}(\mathbb{Z}, G) \times \mathrm{Hom}(\mathbb{Z}, G) \times \dots \cong G \times G \times \dots,$$

das direkte Produkt von soviel Kopien von G, wie X Wegekomponenten hat. Welche 0-Cozyklen erzeugen $H^0(X;G)$?

13.6.4 Satz *Eine 0-Cokette $\varphi \in \mathrm{Hom}(S_0(X), G)$ ist genau dann ein Cozyklus, wenn $\langle \varphi, x \rangle = \langle \varphi, y \rangle$ gilt für je zwei Punkte x, y von X, die in derselben Wegekomponente liegen (kurz: wenn φ konstant ist auf jeder Wegekomponente von X).*

Beweis Wenn diese Bedingung gilt, ist für $\sigma\colon \Delta_1 \to X$ stets $\langle \delta\varphi, \sigma \rangle = \langle \varphi, \partial\sigma \rangle = \langle \varphi, \sigma(e_1) \rangle - \langle \varphi, \sigma(e_0) \rangle = 0$, weil $\sigma(e_0)$ und $\sigma(e_1)$ in einer Wegekomponente liegen. Es folgt $\delta\varphi = 0$. Sei umgekehrt φ ein 0-Cozyklus. Wenn x und y in der gleichen Wegekomponente liegen, gibt es ein singuläres 1-Simplex $\sigma\colon \Delta_1 \to X$ mit $\partial\sigma = y - x$. Es folgt $0 = \langle \delta\varphi, \sigma \rangle = \langle \varphi, y \rangle - \langle \varphi, x \rangle$, also $\langle \varphi, x \rangle = \langle \varphi, y \rangle$. □

Damit ist die Isomorphie $H^0(X;G) \cong G \times G \times \dots$ klar: Zum Element (g_j) des direkten Produkts gehört der 0-Cozyklus, der die j-te Wegekomponenten auf g_j abbildet. Als Spezialfall notieren wir:

13.6.5 Definition und Satz *Sei $G = \mathbb{Z}$ oder G ein Körper. Dann ist die 0-Cokette $\langle \varphi, x \rangle = 1$ für alle $x \in X$ ein Cozyklus, dessen Cohomologieklasse wir mit $1_X \in H^0(X;G)$ bezeichnen. Wenn X wegzusammenhängend ist, ist $H^0(X;G) \cong G$ und wird (als abelsche Gruppe bzw. Vektorraum) von 1_X erzeugt.* □

13.6.6 Beispiel Wir suchen $H^n(M;G)$, wobei M eine triangulierbare zusammenhängende n-Mannigfaltigkeit ist. Nach 13.4.3 ist

$$H^n(M;G) \cong \mathrm{Hom}(H_n(M), G) \oplus \mathrm{Ext}(H_{n-1}(M), G).$$

Aus den Sätzen in 11.3 sowie den Rechenregeln für Hom und Ext folgt:

$$H^n(M;G) \cong \begin{cases} 0 & M \text{ nicht geschlossen,} \\ G & M \text{ geschlossen und orientierbar,} \\ \mathrm{Ext}(\mathbb{Z}_2, G) & M \text{ geschlossen und nicht orientierbar.} \end{cases}$$

Wenn M geschlossen, orientierbar und fest orientiert ist, mit Fundamentalklasse $\{M\} \in H_n(M) \cong \mathbb{Z}$, so gibt es nach 13.4.3 genau ein Element $\{M\}^* \in H^n(M)$ mit $\langle \{M\}^*, \{M\} \rangle = 1$, und diese *Co-Fundamentalklasse* erzeugt $H^n(M) \cong \mathbb{Z}$. Wir suchen einen Cozyklus, der $\{M\}^*$ repräsentiert. Dazu nehmen wir an, daß $M = |K|$ ist für einen Simplizialkomplex K.

13.6.7 Satz *Sei $M = |K|$ geschlossen und orientierbar, und seien $\sigma_1, \ldots, \sigma_r$ die kohärent orientierten n-Simplexe von K. Dann ist $\{\tilde{\sigma}_1\} = \ldots = \{\tilde{\sigma}_r\} \in H^n(K)$, und diese Cohomologieklasse erzeugt $H^n(K) \cong \mathbb{Z}$. Unter dem Isomorphismus $\Theta'\colon H^n(M) \to H^n(K)$ wird $\{M\}^*$ auf diese Cohomologieklasse abgebildet.*

Man beachte den Unterschied zur n-ten Homologiegruppe: Diese wird von der Summe aller n-Simplexe (dem Fundamentalzyklus) erzeugt, die n-te Cohomologiegruppe dagegen von einem einzigen n-Cosimplex (genauer: dessen Cohomologieklasse).

Beweis Für den Isomorphismus $\kappa\colon H^n(K) \overset{\cong}{\to} \mathrm{Hom}(H_n(K), \mathbb{Z})$ aus 13.4.3 gilt $\kappa(\{\tilde{\sigma}_i\})(z_K) = \langle \tilde{\sigma}_i, z_K \rangle = 1$, wobei $z_K = \sigma_1 + \ldots + \sigma_r$ der Fundamentalzyklus ist. Also bildet κ alle $\{\tilde{\sigma}_i\}$ auf den Homomorphismus $H_n(K) \to \mathbb{Z}$ ab, der durch $z_K \mapsto 1$ gegeben ist. Der Satz folgt.   □

Wenn $M = |K|$ nicht orientierbar ist, ist der Koeffizientenbereich $G = \mathbb{Z}_2$ angebracht. Wegen $\langle \tilde{\sigma}, -\sigma \rangle = -\langle \tilde{\sigma}, \sigma \rangle = \langle \tilde{\sigma}, \sigma \rangle \in \mathbb{Z}_2$ hängt das Cosimplex $\tilde{\sigma} \in \mathrm{Hom}(C_n(K), \mathbb{Z}_2)$ nur vom Simplex σ und nicht von dessen Orientierung ab. Wie oben folgt (wobei man jetzt 11.3.8 und 13.4.8 benutzt):

13.6.8 Satz *Sei $M = |K|$ geschlossen und nicht orientierbar, und seien $\sigma_1, \ldots, \sigma_r$ die n-Simplexe von K. Dann ist $\{\tilde{\sigma}_1\} = \ldots = \{\tilde{\sigma}_r\} \in H^n(K; \mathbb{Z}_2) \cong \mathbb{Z}_2$ das erzeugende Element.*   □

13.6.9 Beispiel Wir berechnen die Cohomologie des reellen projektiven Raumes P^n. Natürlich können wir das universelle Koeffiziententheorem anwenden, aber man erhält mehr Einsicht, wenn man die Cohomologie direkt über den zellulären Kettenkomplex ausrechnet. P^n ist ein CW-Raum, der in jeder Dimension $0 \le q \le n$ genau eine q-Zelle e^q hat. Nach 9.9.13 lassen sich die Zellen so orientieren, daß $\partial e^q = 2e^{q-1}$ ist für gerades $q > 0$ und $\partial e^q = 0$ für ungerades q. Für die Cozellen $\tilde{e}^q \in \mathrm{Hom}(C_q(P^n), \mathbb{Z})$ folgt daraus

$$\delta \tilde{e}^q = \begin{cases} 0 & q \text{ gerade oder } q = n, \\ 2\tilde{e}^{q+1} & q \text{ ungerade und } q < n. \end{cases}$$

Daraus liest man die Gruppen $H^q(P^n)$ ab (wobei man natürlich die Isomorphie von zellulärer und singulärer Cohomologie benutzen muß). Ersetzt man den Koeffizientenbereich $\mathbb{Z}$ durch $\mathbb{Z}_2$, so ist $\delta \tilde{e}^q = 0$ für alle q (wegen $2 = 0$ in $\mathbb{Z}_2$), also $H^q(P^n;\mathbb{Z}_2) \cong \mathbb{Z}_2$ für $0 \leq q \leq n$. Ebenso folgt $H^q(P^\infty;\mathbb{Z}_2) \cong \mathbb{Z}_2$ für alle $q > 0$. Ist $n < m \leq \infty$ und $i\colon P^n \to P^m$ die Inklusion, so ist $i^*\colon H^q(P^m;\mathbb{Z}_2) \to H^q(P^n;\mathbb{Z}_2)$ für $q \leq n$ ein Isomorphismus; denn auf Coketten-Niveau ist schon $\tilde{i}_\bullet\colon \operatorname{Hom}(C_q(P^m),\mathbb{Z}_2) \to \operatorname{Hom}(C_q(P^n),\mathbb{Z}_2)$ ein Isomorphismus.

13.6.10 Beispiel Analog gibt es im komplexen projektiven Raum

$$P^n(\mathbb{C}) = e^0 \cup e^2 \cup e^4 \cup \ldots \cup e^{2n}$$

nur die Cozellen $\tilde{e}^{2q}$ für $0 \leq q \leq n$, und es folgt $H^{2q}(P^n(\mathbb{C})) \cong \mathbb{Z}$ für $0 \leq q \leq n$ und $= 0$ sonst. Im Fall $n = \infty$ ist $H^{2q}(P^n(\mathbb{C})) \cong \mathbb{Z}$ für $q \geq 0$ und $= 0$ sonst. Für $n < m \leq \infty$ und $q \leq n$ induziert die Inklusion $i\colon P^n(\mathbb{C}) \to P^m(\mathbb{C})$ einen Isomorphismus $i^*\colon H^{2q}(P^m(\mathbb{C})) \to H^{2q}(P^n(\mathbb{C}))$; denn analog zu oben gilt das schon auf Coketten-Niveau.

13.6.11 Beispiele Für die Abbildung $f\colon P^2 \to S^2$ aus 10.6.3 ist $f_* = 0\colon H_q(P^2) \to H_q(S^2)$ für $q \neq 0$. Dagegen ist $f^*\colon H^2(S^2) \to H^2(P^2) \cong \mathbb{Z}_2$ surjektiv, wie aus 10.6.3 folgt. Damit ist die Bemerkung 13.4.5 gerechtfertigt.

Aufgaben

13.6.A1 Finden Sie simpliziale Cozyklen, die die Cohomologie der Flächen F_g bzw. N_g erzeugen (Koeffizienten $\mathbb{Z}$ oder $\mathbb{Z}_2$).

13.6.A2 Berechnen sie den zellulären Kettenkomplex des Linsenraumes $L(p,q)$, vgl. 9.6.A4, und leiten Sie daraus die Cohomologiegruppen ab (Koeffizienten $\mathbb{Z}$, $\mathbb{Z}_n$ oder $\mathbb{R}$).

13.7 Notizen

Für unsere algebraischen Untersuchungen in 13.1–13.4 gilt das Entsprechende, was wir schon in den Notizen 10.6 gesagt haben: Sie sind nur ein kleiner Ausschnitt aus der Homologischen Algebra, in der man zur Klärung der Struktur von Gruppen und Moduln wesentlich allgemeinere Hom- und Ext-Produkte untersucht, vgl. z.B. [Hilton-Stammbach]. Wir haben als Koeffizientenbereich G abelsche Gruppen und Körper zugelassen, was zu einigen Fallunterscheidungen führte. Diese kann man vermeiden, wenn man (wie ebenfalls schon in 10.6 erwähnt) als Koeffizientenbereiche Moduln über einem kommutativen Ring zuläßt. Der zusätzliche algebraische Apparat, den man dafür braucht, hat auch in der Topologie viele Anwendungen; jedoch ist das außerhalb des Rahmens dieses Buches. (Dennoch, damit das „... hat viele Anwendungen" nicht leer bleibt: Die Gruppe $\pi = \pi_1(X)$ operiert als Deckbewegungsgruppe auf der universellen Überlagerung $\tilde{X}$ und somit, über induzierte

Homomorphismen, auf Ketten- und Homologiegruppen. Daher sind diese Gruppen Moduln über dem Gruppenring $\mathbb{Z}\pi$ von π, und Sie haben eine topologische Situation, in der Moduln über einem i.a. sogar nicht kommutativen Ring auftreten.)

Ein Aspekt der Cohomologie, der eine Verbindung zur Analysis herstellt, soll noch erwähnt werden. Sei M eine differenzierbare n-Mannigfaltigkeit (z.B. eine offene Teilmenge des $\mathbb{R}^n$), und sei $F^q(M)$ die Menge aller differenzierbaren Differentialformen auf M vom Grad q. Für $\omega \in F^q(M)$ ist das Differential $d\omega \in F^{q+1}(M)$ erklärt, und es ist $d(d\omega) = 0$. Man erhält eine Sequenz

$$0 \longrightarrow F^0(M) \xrightarrow{d} F^1(M) \xrightarrow{d} \ldots \xrightarrow{d} F^q(M) \xrightarrow{d} F^{q+1}(M) \xrightarrow{d} \ldots \xrightarrow{d} F^n(M) \longrightarrow 0$$

mit $dd = 0$, wie bei Cokettengruppen. Die „Cozyklen" bzw. „Coränder" in dieser Sequenz heißen geschlossene bzw. exakte Differentialformen. $\mathcal{H}^q(M)$ ist der Quotientenvektorraum der geschlossenen q-Formen modulo der exakten. Satz von de Rham (vgl. z.B. [Hu, chapter IV]): $\mathcal{H}^q(M)$ ist isomorph zur q-ten singulären Cohomologiegruppe $H^q(M;\mathbb{R})$ von M mit Koeffizienten in $\mathbb{R}$. Das zeigt Ihnen eine sehr konkrete Anwendung der Cohomologietheorie. Wenn etwa $M \subset \mathbb{R}^n$ eine offene sternförmige Teilmenge ist, so ist $H^q(M,\mathbb{R}) = 0$ für $q > 0$ nach 2.1.6 (h) und 13.5.11 (a), d.h. jede geschlossene q-Form auf M ist exakt; diese Aussage haben Sie vielleicht in der Analysis gelernt (Poincarésches Lemma).

14 Dualität in Mannigfaltigkeiten

Der durch das universelle Koeffiziententheorem beschriebene Zusammenhang zwischen Cohomologie- und Homologiegruppen eines beliebigen Raumes ist rein algebraischer Natur und hat nichts mit Topologie zu tun. Bei Mannigfaltigkeiten gibt es jedoch noch einen anderen Zusammenhang zwischen Cohomologie und Homologie, der tiefliegende geometrisch-topologische Eigenschaften dieser Räume beschreibt: den Poincaréschen Dualitätssatz 14.2.1.

14.1 Das cap-Produkt

Das cap-Produkt ist eine Verknüpfung, die einer Cohomologieklasse $\alpha \in H^q(X)$ und einer Homologieklasse $\beta \in H_n(X)$ eine neue Homologieklasse $\alpha \cap \beta \in H_{n-q}(X)$ zuordnet; dabei ist X ein beliebiger topologischer Raum. Die Bezeichnung ist nicht besonders tiefsinnig (cap = Mütze und $\cap$ soll eine sein), aber weltweit üblich.

14.1.1 Definition Für eine Cokette $\varphi \in \operatorname{Hom}(S_q(X), \mathbb{Z})$ und ein singuläres n-Simplex $\sigma\colon \Delta_n \to X$ mit $q \leq n$ sei

$$\varphi \cap \sigma = \langle \varphi, \sigma \circ [e_{n-q} \ldots e_n] \rangle \cdot (\sigma \circ [e_0 \ldots e_{n-q}]) \in S_{n-q}(X).$$

In Worten: $\varphi \cap \sigma$ ist die $(n-q)$-dimensionale Vorderseite von σ, multipliziert mit dem Wert von φ auf der q-dimensionalen Rückseite von σ, vgl. 12.2.8. Für eine beliebige Kette $c = \sum n_\sigma \sigma \in S_n(X)$ definieren wir durch lineare Fortsetzung $\varphi \cap c = \sum n_\sigma(\varphi \cap \sigma)$, und für $q > n$ schließlich setzen wir $\varphi \cap c = 0$. Man erhält eine bilineare Funktion $\operatorname{Hom}(S_q(X), \mathbb{Z}) \times S_n(X) \to S_{n-q}(X)$ durch $(\varphi, c) \mapsto \varphi \cap c$.

14.1.2 Hilfssatz *Es ist* $\partial(\varphi \cap c) = (-1)^q(\delta\varphi) \cap c + \varphi \cap (\partial c)$.

Beweis Man verifiziert diese Formel, indem man beide Seiten gemäß Definition ausrechnet. Dabei muß man die Gleichungen zwischen Abbildungen von Standardsimplexen benutzen, die wir im Beweis von 12.2.9 angegeben haben. Die Rechnung ist wesentlich einfacher als bei 12.2.9. □

Es folgt Cozyklus ∩ Zyklus = Zyklus, Cozyklus ∩ Rand = Rand und Corand ∩ Zyklus = Rand; daher kann man das cap-Produkt auf (Co-)Homologieklassen übertragen:

14.1.3 Definition Für $\alpha = \{\varphi\} \in H^q(X)$ und $\beta = \{c\} \in H_n(X)$ definieren wir das *cap-Produkt* $\alpha \cap \beta = \{\varphi \cap c\} \in H_{n-q}(X)$. Das liefert eine bilineare Funktion

$$H^q(X) \times H_n(X) \to H_{n-q}(X), \quad (\alpha, \beta) \mapsto \alpha \cap \beta.$$

Man rechnet unmittelbar nach, daß das cap-Produkt natürlich ist bezüglich stetiger Abbildungen $f: X \to Y$, d.h. daß für $\varphi \in \mathrm{Hom}(S_q(Y), \mathbb{Z})$ und $c \in S_n(X)$ bzw. für $\alpha \in H^q(Y)$ und $\beta \in H_n(X)$ folgende Formeln gelten:

14.1.4 Satz $f_\bullet(\tilde{f}_\bullet(\varphi) \cap c) = \varphi \cap f_\bullet(c)$ *bzw.* $f_*(f^*(\alpha) \cap \beta) = \alpha \cap f_*(\beta)$. $\qquad\qquad\square$

14.1.5 Beispiele
(a) Es ist $1_X \cap \beta = \beta$ für alle $\beta \in H_n(X)$; vgl. 13.6.5 zu 1_X.
(b) Wenn X wegzusammenhängend ist, gilt $H_0(X) \cong \mathbb{Z}$, erzeugt von der Homologieklasse $\{x\}$ eines beliebigen Punktes $x \in X$. Für $\alpha \in H^n(X)$ und $\beta \in H_n(X)$ ist dann $\alpha \cap \beta = \langle \alpha, \beta \rangle \{x\}$, wobei $\langle \alpha, \beta \rangle$ das Skalarprodukt 13.3.3 ist.

Es ist beim jetzigen Stand der Untersuchungen schwierig, das cap-Produkt geometrisch zu interpretieren oder gar in konkreten Fällen explizit cap-Produkte zu berechnen, und wir werden erst später auf diese Fragen zurückkommen. Als Vorbereitung darauf übertragen wir das cap-Produkt auf simpliziale (Co-)Homologiegruppen.

14.1.6 Definition Es sei K ein Simplizialkomplex, und ω sei eine Ordnung auf K wie in 9.7.5. Wir ordnen die Ecken der Simplexe von K im folgenden gemäß ω an. Dadurch sind insbesondere alle Simplexe von K orientiert. Es sei $\sigma = \langle x_0 \ldots x_n \rangle$ ein n-Simplex von K und $0 \leq r \leq n$. Dann heißt $\langle x_0 \ldots x_r \rangle$ bzw. $\langle x_r \ldots x_n \rangle$ die r-*dimensionale Vorderseite* bzw. die $(n-r)$-*dimensionale Rückseite* von σ bezüglich der Ordnung ω. Für eine Cokette $\varphi \in \mathrm{Hom}(C_q(K), \mathbb{Z})$ mit $0 \leq q \leq n$ definieren wir das *cap-Produkt von φ und σ bezüglich ω* durch

$$\varphi \cap \sigma = \varphi \cap \langle x_0 \ldots x_n \rangle = \langle \varphi, \langle x_{n-q} \ldots x_n \rangle \rangle \cdot \langle x_0 \ldots x_{n-q} \rangle \in C_{n-q}(K).$$

In Worten: $\varphi \cap \sigma$ ist die $(n-q)$-dimensionale Vorderseite von σ, multipliziert mit dem Wert von φ auf der q-dimensionalen Rückseite von σ. Für $q > n$ setzen wir $\varphi \cap \sigma = 0$. Durch lineare Fortsetzung definiert man $\varphi \cap c$ für alle $c \in C_n(K)$ und erhält eine bilineare Funktion $\mathrm{Hom}(C_q(K), \mathbb{Z}) \times C_n(K) \to C_{n-q}(K)$.

Man beachte, daß dieses cap-Produkt von der Ordnung ω auf K abhängig ist. Die Randformel 14.1.2 gilt unverändert, so daß man auch das simpliziale cap-Produkt zwischen (Co-)Homologieklassen erklären kann:

14.1.7 Definition Für $\alpha = \{\varphi\} \in H^q(K)$ und $\beta = \{c\} \in H_n(K)$ definieren wir das *cap-Produkt* $\alpha \cap \beta = \{\varphi \cap c\} \in H_{n-q}(K)$; dabei ist $\varphi \cap c$ das cap-Produkt auf (Co-)Kettenniveau bezüglich einer Ordnung ω auf K. Man erhält eine bilineare Funktion $H^q(K) \times H_n(K) \to H_{n-q}(K)$ durch $(\alpha, \beta) \mapsto \alpha \cap \beta$.

Zur Ordnung ω auf K gehört die Kettenabbildung $C(\omega): C(K) \to S(|K|)$, die jedem Simplex $\langle x_0 \ldots x_i \rangle$ das singuläre Simplex $[x_0, \ldots, x_i]: \Delta_i \to |K|$ zuordnet, vgl. 9.7.6. Nach 9.7.7 bzw. 13.5.15 induziert $C(\omega)$ die kanonischen Isomorphismen

$$\Theta = C(\omega)_*: H_i(K) \to H_i(|K|) \text{ bzw. } \Theta' = C(\omega)^*: H^i(|K|) \to H^i(K)$$

zwischen den simplizialen und singulären (Co-)Homologiegruppen, und diese Isomorphismen sind unabhängig von ω. Aus den Definitionen der cap-Produkte folgt unmittelbar:

14.1.8 Satz *Für $\alpha \in H^q(|K|)$ und $\beta \in H_n(K)$ ist $\alpha \cap \Theta(\beta) = \Theta(\Theta'(\alpha) \cap \beta)$.*   □

Für $\alpha \in H^q(K)$ und $\beta \in H_n(K)$ ist dann $\alpha \cap \beta = \Theta^{-1}(\Theta'^{-1}(\alpha) \cap \Theta(\beta))$. Weil die rechte Seite dieser Gleichung von der Ordnung ω auf K unabhängig ist, erhalten wir:

14.1.9 Korollar *Das cap-Produkt $\alpha \cap \beta \in H_{n-q}(K)$ von $\alpha \in H^q(K)$ und $\beta \in H_n(K)$ ist unabhängig von der Ordnung ω auf K.*   □

Man kann das cap-Produkt ohne Schwierigkeiten auf (Co-)Homologiegruppen mit Koeffizienten übertragen; allerdings muß man voraussetzen, daß der Koeffizientenbereich G ein Ring ist (der Punkt in den definierenden Gleichungen unten bezeichnet die Ringmultiplikation in G):

14.1.10 Definition und Satz *Wenn der Koeffizientenbereich G ein Ring ist, definiert man das* cap-*Produkt mit Koeffizienten in G wie folgt:*
(a) *Singulärer Fall: Für $\varphi \in \operatorname{Hom}(S_q(X), G)$ und $\sigma: \Delta_n \to X$ und $g \in G$ sei*

$$\varphi \cap (\sigma \otimes g) = (\sigma \circ [e_0 \ldots e_{n-q}]) \otimes (g \cdot \langle \varphi, \sigma \circ [e_{n-q} \ldots e_n] \rangle) \in S_{n-q}(X) \otimes G.$$

Dann gilt wieder 14.1.2, und man erhält wie vorher cap-Produkte

$$\operatorname{Hom}(S_q(X), G) \times (S_n(X) \otimes G) \to S_{n-q}(X) \otimes G, \ (\varphi, c) \mapsto \varphi \cap c,$$
$$H^q(X; G) \times H_n(X; G) \to H_{n-q}(X; G), \ (\alpha, \beta) \mapsto \alpha \cap \beta.$$

Die Formeln 14.1.4 gelten auch jetzt.
(b) *Simplizialer Fall: Für $\varphi \in \operatorname{Hom}(C_q(K), G)$ und ein gemäß einer Ordnung ω von K orientiertes n-Simplex $\langle x_0 \ldots x_n \rangle$ von K und $g \in G$ sei*

$$\varphi \cap (\langle x_0 \ldots x_n \rangle \otimes g) = \langle x_0 \ldots x_{n-q} \rangle \otimes (g \cdot \langle \varphi, \langle x_{n-q} \ldots x_n \rangle \rangle) \in C_{n-q}(K) \otimes G.$$

Das liefert cap-Produkte

$$\text{Hom}(C_q(K), G) \times (C_n(K) \otimes G) \to C_{n-q}(K) \otimes G, \quad (\varphi, c) \mapsto \varphi \cap c,$$
$$H^q(K; G) \times H_n(K; G) \to H_{n-q}(K; G), \quad (\alpha, \beta) \mapsto \alpha \cap \beta.$$

Die Beziehung 14.1.8 gilt unverändert (vgl. 10.5.5 zu Θ).   □

Aufgaben

14.1.A1 Sei P^2 die in Abb. 7.2.5 angegebene Triangulation der projektiven Ebene. Die Numerierung der Ecken dort gibt eine Ordnung ω auf P^2. Sei $z_2 \in C_2(P^2; \mathbb{Z}_2)$ die Summe aller Dreiecke. Sei $a = \langle 16 \rangle$, $b = \langle 46 \rangle$, $c = \langle 24 \rangle$, $d = \langle 23 \rangle$, $e = \langle 13 \rangle$ und $\varphi = \tilde{a} + \tilde{b} + \tilde{c} + \tilde{d} + \tilde{e} \in \text{Hom}(C_1(P^2), \mathbb{Z}_2)$. Berechnen Sie $\varphi \cap z_2$, und zeigen Sie, daß $\{\varphi \cap z_2\} \neq 0$ ist in $H_1(P^2; \mathbb{Z}_2)$. Machen Sie sich zuerst klar, daß φ ein Cozyklus ist.

14.1.A2 Betrachten Sie den simplizialen Torus T in Abb. 3.1.5, ordnen Sie seine Ecken an und berechnen Sie das cap-Produkt $H^1(T) \times H_2(T) \overset{\cap}{\longrightarrow} H_1(T)$.

14.1.A3 Definiert man für $\varphi \in \text{Hom}(S_q(X), G)$ und für $\sigma\colon \Delta_n \to X$ die Kette $\varphi \cap \sigma \in S_{n-q}(X) \otimes G$ durch $\varphi \cap \sigma = (\sigma \circ [e_0 \ldots e_{n-q}]) \otimes \langle \varphi, \sigma \circ [e_{n-q} \ldots e_n] \rangle$, so erhält man ein cap-Produkt $H^q(X; G) \times H_n(X) \to H_{n-q}(X; G)$. Hierbei kann G eine beliebige abelsche Gruppe sein. Führen Sie die Details aus.

14.2 Poincaré-Dualität

Im folgenden ist M *eine* n-dimensionale Mannigfaltigkeit, von der wir zusätzlich annehmen, daß sie zusammenhängend, geschlossen und triangulierbar ist. Nach 11.3.8 ist $H_n(M; \mathbb{Z}_2) \cong \mathbb{Z}_2$, erzeugt von der Fundamentalklasse $\{M\}_2$ modulo 2. Wenn M orientierbar ist, sei $\{M\}$ eine ganzzahlige Fundamentalklasse von M, also eine Erzeugende der Gruppe $H_n(M) \cong \mathbb{Z}$.

14.2.1 Poincaréscher Dualitätssatz *Wenn M orientierbar ist, liefert das cap-Produkt mit $\{M\}$ für alle ganzen Zahlen q einen Isomorphismus*

$$\cap \{M\}\colon H^q(M) \to H_{n-q}(M); \quad \alpha \mapsto \alpha \cap \{M\}.$$

In jedem Fall (M orientierbar oder nicht) ist das cap-Produkt mit $\{M\}_2$ für alle q ein Isomorphismus

$$\cap \{M\}_2\colon H^q(M; \mathbb{Z}_2) \to H_{n-q}(M; \mathbb{Z}_2); \quad \alpha \mapsto \alpha \cap \{M\}_2.$$

Der Beweis dieses tiefliegenden und für die Struktur der Mannigfaltigkeiten wichtigen Satzes erfolgt in den nächsten Abschnitten und wird erst in 14.5 beendet sein; der eigentliche geometrische Grund für diese Dualität wird erst im Laufe des Beweises klar werden. Wir merken an, daß die Isomorphismen $H^q(M) \cong H_{n-q}(M)$ bzw. $H^q(M; \mathbb{Z}_2) \cong H_{n-q}(M; \mathbb{Z}_2)$ auch dann gelten, wenn man auf die Voraussetzung „M triangulierbar" verzichtet; der Beweis benutzt dann jedoch völlig andere Methoden ([Dold, chapter VIII]). Wenn man eine der Voraussetzungen „$\partial M = \emptyset$" oder „M kompakt" wegläßt, gilt der Satz nicht mehr in obiger Form. Zunächst einige Folgerungen aus 14.2.1:

14.2.2 Satz *Wenn M orientierbar ist, gilt für alle q:*

(a) *Die freien Bestandteile der Gruppen $H_q(M)$ und $H_{n-q}(M)$ sind isomorph, d.h. es ist $H_q(M)/\mathrm{Tor}\, H_q(M) \cong H_{n-q}(M)/\mathrm{Tor}\, H_{n-q}(M)$. Für die Bettizahlen von M gilt daher $p_q = p_{n-q}$.*

(b) *Die Torsionsuntergruppen von $H_q(M)$ und $H_{n-q-1}(M)$ sind isomorph, d.h. M hat in den Dimensionen q und $n - q - 1$ die gleichen Torsionskoeffizienten.*

Dieser Satz (der aus 13.4.3 und dem Dualitätssatz folgt, vgl. 13.4.A3) schränkt die Homologie-Invarianten von M ein, d.h. bei Mannigfaltigkeiten hat man weniger Bettizahlen und Torsionskoeffizienten als bei beliebigen Räumen. Z.B. sind im Fall $n = 3$ alle Homologiegruppen schon völlig durch $H_1(M)$ bestimmt. — Der folgende Satz gilt für orientierbare und nicht-orientierbare Mannigfaltigkeiten:

14.2.3 Satz *Für ungerades n ist die Euler-Charakteristik $\chi(M) = 0$.*

Beweis Es sei d_q die Dimension des Vektorraums $H_q(M; \mathbb{Z}_2)$ über $\mathbb{Z}_2$. Weil $H^q(M; \mathbb{Z}_2)$ nach 13.4.8 isomorph ist zum dualen Vektorraum von $H_q(M; \mathbb{Z}_2)$, ist $d_q = \dim H^q(M; \mathbb{Z}_2) = d_{n-q}$, letzteres nach dem Dualitätssatz. Hieraus folgt mit der Formel $\chi(M) = \sum (-1)^q d_q$ aus 10.6.7 die Behauptung. $\square$

Wir benutzen das Wort „dual", wie schon in diesem Beweis, in zwei verschiedenen Bedeutungen. Einerseits werden damit algebraische Begriffsbildungen wie „dualer Homomorphismus", „dualer Vektorraum" bezeichnet. Andererseits werden die geometrisch-topologischen Beziehungen in den Dimensionen q und $n - q$ einer Mannigfaltigkeit, wie sie in 14.2.1 zum Ausdruck kommen und die wir noch genauer erarbeiten werden, als ein geometrisches Dualitätsgesetz aufgefaßt; gewissen q-dimensionalen Teilräumen von M entsprechen im geometrischen Sinn duale $(n-q)$-dimensionale Teilräume. Wir werden gelegentlich, um diese Bedeutungen zu unterscheiden, von *algebraisch-dualen* bzw. *geometrisch-dualen* Objekten sprechen.

Im folgenden sind M und N n-dimensionale Mannigfaltigkeiten wie in 14.2.1, beide orientierbar und fest orientiert. Für eine stetige Abbildung $f \colon M \to N$ betrachten wir folgende Homomorphismen:

$$H_q(N) \xrightarrow{D^{-1}} H^{n-q}(N) \xrightarrow{f^*} H^{n-q}(M) \xrightarrow{\cap \{M\}} H_q(M);$$

dabei ist D die Poincaré-Dualität in N, also $D\beta = \beta \cap \{N\}$.

14.2.4 Definition Die Komposition $f_!\colon H_q(N) \to H_q(M)$ dieser Homomorphismen heißt der von f induzierte *Transfer-Homomorphismus* (auch: *Umkehr-Homomorphismus*).

Es sei $M f^n$ die Kategorie, deren Objekte n-dimensionale, zusammenhängende, geschlossene, triangulierbare und orientierte Mannigfaltigkeiten und deren Morphismen die stetigen Abbildungen zwischen diesen Mannigfaltigkeiten sind. Dann liefert die Zuordnung $M \mapsto H_q(M)$ und $f \mapsto f_!$ einen Cofunktor $M f^n \to AB$ (man bestätige $\mathrm{id}_! = \mathrm{id}$ und $(gf)_! = f_! g_!$): Man kann also bei Mannigfaltigkeiten die Homologie als contravarianten Funktor auffassen.

14.2.5 Satz *Wenn $f\colon M \to N$ den Abbildungsgrad d hat, also $f_*\{M\} = d\{N\}$ gilt, so ist die Komposition der Homomorphismen $H_q(N) \xrightarrow{f_!} H_q(M) \xrightarrow{f_*} H_q(N)$ die Multiplikation mit d.*

Beweis Es sei $\alpha \in H_q(N)$ und $\beta = D^{-1}\alpha$, also $\alpha = \beta \cap \{N\}$. Dann ist

$$f_* f_!(\alpha) = f_*(f^*(\beta) \cap \{M\}) = \beta \cap f_*\{M\} = \beta \cap d\{N\} = d\alpha,$$

wobei wir beim zweiten Gleichheitszeichen 14.1.4 benutzt haben.   □

Bei einer freien abelschen Gruppe ist die Multiplikation mit einer Zahl $d \neq 0$ ein injektiver Homomorphismus. Daher ergibt sich, indem man $H_q/\text{Torsion}$ betrachtet (benutzen Sie 8.1.A9 zum Beweis):

14.2.6 Satz *Wenn es eine Abbildung $M \to N$ vom Grad $\neq 0$ gibt, so gilt für die Bettizahlen $p_q(M) \geq p_q(N)$ für alle q. Wenn $f\colon M \to N$ den Grad ± 1 hat, so ist $f_*\colon H_q(M) \to H_q(N)$ surjektiv, und $H_q(N)$ ist isomorph zu einer Untergruppe von $H_q(M)$.*   □

14.2.7 Beispiele
(a) Für $g < h$ hat jede stetige Abbildung $F_g \to F_h$ dieser orientierbaren geschlossenen Flächen den Grad Null.
(b) Zu jedem M gibt es nach 11.5.6 eine Abbildung $f\colon M \to S^n$ vom Grad ± 1. Dagegen gibt es i.a. keine Abbildung $f\colon S^n \to M$ vom Grad ± 1; notwendig dafür ist nach 14.2.6, daß f_* ein Isomorphismus ist, d.h. daß M die gleiche Homologie wie S^n hat.

Auf weitere Anwendungen des Poincaréschen Dualitätssatzes gehen wir später ein; statt dessen beginnen wir jetzt mit dem Beweis.

Aufgaben

14.2.A1 Wenn Sie die Aufgaben 14.1.A1 bzw. 14.1.A2 gelöst haben, so verifizieren Sie den Poincaréschen Dualitätssatz für die projektive Ebene bzw. den Torus.

14.2.A2 Ist M wie in 14.2.1 und einfach-zusammenhängend und 4-dimensional, so sind die Homologiegruppen von M durch die 2. Bettizahl bestimmt.

14.2.A3 Die 1. Bettizahl einer nicht-orientierbaren geschlossenen 3-Mannigfaltigkeit ist positiv.

14.2.A4 Ist W eine triangulierbare Mannigfaltigkeit ungerader Dimension mit Rand $\partial W \neq \emptyset$, so gilt für die Euler-Charakteristik $\chi(\partial W) = 2\chi(W)$. (Hinweis: Betrachten Sie die Verdoppelung $2W$.)

14.2.A5 Es gibt keine 3-Mannigfaltigkeit, deren Rand die projektive Ebene ist.

14.2.A6 Eine 3-Mannigfaltigkeit M mit $\partial M = F_g$ hat 1. Bettizahl $\geq g$. Hat M mehrere Randkomponenten $F_{g_1}, \ldots, F_{g_k}$, so ist die 1. Bettizahl $\geq g_1 + \ldots + g_k$.

14.2.A7 Ist M wie in 14.2.1 und $f \colon M \to M$ vom Grad 1, so sind alle Homomorphismen $f_* \colon H_q(M) \to H_q(M)$ und $f^* \colon H^q(M) \to H^q(M)$ Isomorphismen, vgl. 8.1.A11.

14.3 Die duale Zerlegung einer Mannigfaltigkeit

Wir setzen in den Abschnitten 14.3–14.5 voraus, daß K ein Simplizialkomplex ist, so daß $M = |K|$ eine n-dimensionale zusammenhängende geschlossene Mannigfaltigkeit ist. (Ferner nehmen wir $n \geq 2$ an; für $n = 1$ folgt der Dualitätssatz schon aus 14.1.5.) Durch K ist uns eine Zellzerlegung von M gegeben: die Zellen sind die sämtlichen offenen Simplexe von K. Der geometrische Kern der Poincaré-Dualität ist folgender: Es gibt eine zu K „duale Zellzerlegung" K^* von M, so daß die q-Simplexe von K bijektiv den $(n-q)$-„Zellen" von K^* entsprechen (allerdings sind die „Zellen" von K^* keine Zellen im topologischen Sinn, und wir werden daher diesen Namen nicht benutzen). Zur Konstruktion von K^* brauchen wir die Normalunterteilung K' von K. Wir erinnern an 3.2.2: Die Ecken von K' sind die Schwerpunkte $\hat{\sigma}$ der Simplexe σ von K, und $k+1$ solche Schwerpunkte $\hat{\sigma}_{i_0}, \ldots, \hat{\sigma}_{i_k}$ spannen genau dann ein k-Simplex von K' auf, wenn die zugehörigen Simplexe $\sigma_{i_0}, \ldots, \sigma_{i_k}$ von K bei geeigneter Numerierung eine Inzidenzfolge $\sigma_{i_0} < \ldots < \sigma_{i_k}$ bilden. Wir schreiben die Simplexe von K' immer in dieser Form.

14.3.1 Definition Für ein Simplex $\sigma \in K$ ist $\sigma^* \subset M$ die Vereinigung aller Simplexe von K' der Form $(\hat{\sigma}\hat{\sigma}_{i_1} \ldots \hat{\sigma}_{i_k})$ mit $\sigma < \sigma_{i_1} < \ldots < \sigma_{i_k}$, wobei $k \geq 0$ ist (für $k = 0$ ergibt sich $\hat{\sigma}$). Wir nennen $\sigma^* \subset M$ den zu $\sigma \subset M$ *dualen Teilraum*. Die Menge $K^* = \{\sigma^* \mid \sigma \in K\}$ heißt die zu K *duale Zerlegung* von M.

14.3.2 Bemerkungen

(a) Für $\sigma \neq \tau$ ist $\sigma^* \cap \tau^* = \emptyset$. Ist $x \in M$ und $(\hat{\sigma}_{i_0} \ldots \hat{\sigma}_{i_k})$ das Trägersimplex von x in K', wobei $\sigma_{i_0} < \ldots < \sigma_{i_k}$ ist, so gilt $x \in \sigma_{i_0}^*$. Daher bilden die sämtlichen σ^* tatsächlich eine Zerlegung von M.

(b) Es sei σ ein q-Simplex von K. Der duale Teilraum σ^* besteht aus der Ecke $\hat{\sigma}$ und den Simplexen $(\hat{\sigma}\hat{\sigma}_{i_1} \ldots \hat{\sigma}_{i_k})$ mit $\sigma < \sigma_{i_1} < \ldots < \sigma_{i_k}$ in K. Nach 11.2.9 ist $\dim K = n$, und σ ist Seite eines n-Simplex. Die höchst-dimensionalen Simplexe in σ^* sind daher die $(n-q)$-Simplexe $(\hat{\sigma}\hat{\sigma}_{q+1} \ldots \hat{\sigma}_n)$ mit $\sigma < \sigma_{q+1} \ldots < \sigma_n$.

(c) Für ein n-Simplex σ von K ist $\sigma^* = \hat{\sigma}$ der Schwerpunkt von σ.

(d) Für ein 0-Simplex σ von K ist $\sigma^* = \mathrm{St}_{K'}(\sigma)$ der Eckenstern von σ in K'.

(e) Es sei $n = 2$, und die Kante $\sigma \in K$ sei Seite der Dreiecke τ und χ von K; dann besteht σ^* aus der Ecke $\hat{\sigma}$ und den Kanten $(\hat{\sigma}\hat{\tau}), (\hat{\sigma}\hat{\chi})$ von K'.

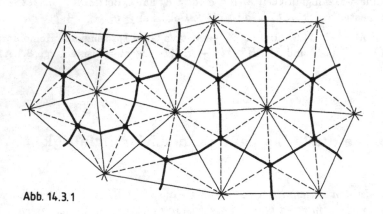

Abb. 14.3.1

In Abb. 14.3.1 ist im Fall $n = 2$ ein Ausschnitt von K (ausgezogene Linien) und K' (gestrichelte Linien) und K^* (fette Linien) gezeichnet. Man stelle sich vor, daß dies ein Ausschnitt einer triangulierten Brezelfläche ist und ergänze es auf die ganze Fläche: Dann sieht man eine ganze Mannigfaltigkeit mit ihrer Zerlegung K und der dualen Zerlegung K^*. Wir empfehlen dem Leser, Skizzen im Fall $n = 3$ anzufertigen.

14.3.3 Definition und Satz   *Für ein Simplex $\sigma \in K$ setzen wir:*

$$D(\sigma) = D_K(\sigma) = \text{ Menge aller } (\hat{\sigma}_{i_0} \ldots \hat{\sigma}_{i_k}) \in K' \text{ mit } \sigma \leq \sigma_{i_0},$$
$$\dot{D}(\sigma) = \dot{D}_K(\sigma) = \text{ Menge aller } (\hat{\sigma}_{i_o} \ldots \hat{\sigma}_{i_k}) \in K' \text{ mit } \sigma < \sigma_{i_0}.$$

Beides sind Teilkomplexe von K'. Wir nennen $D(\sigma)$ den zu σ dualen Komplex und $\dot{D}(\sigma)$ seinen Rand. Es gilt ferner:

(a) *Es ist* $\dim D(\sigma) = n - \dim \sigma$ *und* $\dim \dot{D}(\sigma) = n - \dim \sigma - 1$.

(b) *Es ist* $|D(\sigma)| = \overline{\sigma^*} \subset M$ *und* $|\dot{D}(\sigma)| = \overline{\sigma^*} \backslash \sigma^*$. *Der Teilraum* $|\dot{D}(\sigma)| = \overline{\sigma^*} \backslash \sigma^*$ *von* M *heißt der* Rand *von* σ^*.   □

14.3.4 Satz *Es sei* σ *ein festes Simplex von* K, *und* τ *durchlaufe alle Simplexe von* K, *von denen* σ *eigentliche Seite ist (also* $\sigma < \tau$). *Dann gilt:*

(a) *Der Rand* $\dot{D}(\sigma)$ *ist die Vereinigung aller* $D(\tau)$.

(b) *Der Rand von* σ^* *ist die Vereinigung aller* τ^*.   □

Beim Übergang von σ zu σ^* tritt bei der Randbildung also eine Vertauschung ein, die wir auch so formulieren können:

$$\sigma \text{ liegt im Rand von } \tau \iff \tau^* \text{ liegt im Rand von } \sigma^*.$$

Das ist, wie wir bald sehen werden, der Grund dafür, daß im Poincaréschen Dualitätssatz die Cohomologiegruppen auftreten (man vergleiche die analoge Situation in 13.6.4).

Beispiele und Skizzen in den Dimensionen $n \leq 3$ können zur Vermutung führen, daß für ein q-Simplex σ von K stets $|D(\sigma)|$ ein $(n-q)$-Ball, $|\dot{D}(\sigma)|$ eine $(n-q-1)$-Sphäre und folglich σ^* eine $(n-q)$-Zelle ist, daß also insbesondere (für $q = 0$) jeder abgeschlossene Eckenstern in K' ein n-Ball und sein Rand eine $(n-1)$-Sphäre ist (wenn das so wäre, wären alle dualen Teilräume topologische Zellen, und die duale Zerlegung K^* von M wäre eine CW-Zerlegung von M). Die Frage, ob das stimmt, war einige Jahrzehnte eines der offenen, schwierigen und interessanten Probleme der Topologie, bis sie 1975 von Edwards im negativen Sinne beantwortet wurde; die Details sprengen den Rahmen dieses Buches. Was man jedoch beweisen kann, ist die folgende schwächere Aussage:

14.3.5 Satz *Für jedes* q-*Simplex* $\sigma \in K$ *hat das Paar* $(D(\sigma), \dot{D}(\sigma))$ *dieselben Homologiegruppen wie das Paar* (D^{n-q}, S^{n-q-1}).

Also ist die obige Vermutung zumindest homologisch richtig, und daher nennt man σ^* gelegentlich eine $(n-q)$-*dimensionale Homologiezelle*.

Zum Beweis von 14.3.5 benutzen wir einen neuen Begriff und einen Hilfssatz.

14.3.6 Definition Ein topologischer Raum X heißt eine n-*dimensionale Homologie-Mannigfaltigkeit* $(n \geq 1)$, wenn er in jedem Punkt $x \in X$ dieselben lokalen Homologiegruppen hat wie der $\mathbb{R}^n$, wenn also $H_i(X, X \backslash x) = 0$ ist für $i \neq n$ und $\cong \mathbb{Z}$ für $i = n$.

Nach 11.2.4 ist jede topologische n-Mannigfaltigkeit ohne Rand eine n-dimensionale Homologie-Mannigfaltigkeit; die Umkehrung ist falsch, aber es ist nicht ganz einfach, Beispiele zu konstruieren ([Munkres, Seite 376]).

Für die nächsten beiden Hilfssätze setzen wir (entgegen der Annahme zu Beginn dieses Abschnitts) nur voraus, daß $M = |K|$ eine n-dimensionale Homologie-Mannigfaltigkeit ist.

14.3.7 Hilfssatz *Ist* $M = |K|$ *eine* n-*dimensionale Homologie-Mannigfaltigkeit* $(n \geq 2)$, *so ist für jede Ecke* $x \in K$ *der Rand* $\dot{S}t_K(x)$ *des Sterns* $St_K(x)$ *eine* $(n-1)$-*dimensionale Homologie-Mannigfaltigkeit.*

Beweis Wir betrachten die Teilkomplexe $N = S_K(x)$ und $L = T_K(x)$ von K, vgl. 11.2.6. Es ist $|L| = \dot{S}t_K(x)$ und $N = \overline{St}_K(x)$. Sei $y \in |L|$ ein beliebiger Punkt; wir müssen zeigen, daß die Gruppe $H_q(|L|, |L|\backslash y)$ Null ist für $q \neq n-1$ und $\cong \mathbb{Z}$ für $q = n-1$. Aus 11.2.7 folgt $0 = H_1(M, M\backslash x) \cong H_1(N, L)$, und daraus ergibt sich, daß mit N auch L zusammenhängend ist. Weil ferner offenbar $|L|\backslash y \neq \emptyset$ ist, ist $H_0(|L|, |L|\backslash y) = 0$. Daher können wir im folgenden $q > 0$ annehmen. — Sei $\tau = Tr_L(y) \in L$, und sei $\sigma \in K$ das von x und τ aufgespannte Simplex. Betrachten Sie folgende Isomorphismen:

$$H_q(|L|, |L|\backslash y) \cong H_q(S_L(\tau), T_L(\tau) \cong H_{q+1}(S_K(\sigma), T_K(\sigma)) \cong H_{q+1}(M, M\backslash\hat{\sigma}).$$

Die beiden äußeren existieren nach 11.2.7, den mittleren erklären wir gleich. Die Gruppe rechts ist nach Voraussetzung Null für $q + 1 \neq n$ und $\cong \mathbb{Z}$ für $q + 1 = n$. Daraus folgt die zu beweisende Aussage über $H_q(|L|, |L|\backslash y)$. — Für jedes orientierte q-Simplex $\rho = \langle x_0 \ldots x_q \rangle$ in L ist $x * \rho = \langle xx_0 \ldots x_q \rangle$ ein orientiertes $(q+1)$-Simplex von N. Die Zuordnung $\rho \mapsto -(x * \rho)$ induziert einen Isomorphismus der relativen Kettenkomplexe

$$f\colon C_q(S_L(\tau), T_L(\tau)) \to C_{q+1}(S_K(\sigma), T_K(\sigma));$$

denn die $(q + 1)$-Simplexe in $S_K(\sigma)\backslash T_K(\sigma)$ sind genau die $(xx_0 \ldots x_q)$, wobei $(x_0 \ldots x_q)$ die q-Simplexe von $S_L(\tau)\backslash T_L(\tau)$ durchläuft. Aus der Formel (a) im Beweis von 7.2.7 und aus $S_L(\tau) \subset T_K(\sigma)$ folgt $\partial f = f\partial$, wobei ∂ die relativen Randoperatoren sind (das benutzt $q > 0$ und erklärt das Minuszeichen in der Definition von f). Also induziert f den mittleren Isomorphismus oben. □

14.3.8 Hilfssatz *Sei* $M = |K|$ *eine* n-*dimensionale Homologie-Mannigfaltigkeit* $(n \geq 1)$, *und sei* $\sigma \in K$ *ein* q-*Simplex. Dann ist* $H_i(D(\sigma), \dot{D}(\sigma)) = 0$ *für* $i \neq n - q$ *und* $\cong \mathbb{Z}$ *für* $i = n - q$.

Beweis Im Fall $q = n$ ist $D(\sigma) = \hat{\sigma}$ und $\dot{D}(\sigma) = \emptyset$, und die Aussage ist trivial. Im Fall $q = 0$ ist $H_i(D(\sigma), \dot{D}(\sigma)) = H_i(\overline{St}_K(\sigma), \dot{S}t_K(\sigma)) \cong H_i(M, M\backslash\sigma)$, und die Aussage ist richtig, weil M eine n-dimensionale Homologie-Mannigfaltigkeit ist. Daher dürfen wir $0 < q < n$ annehmen. Insbesondere ist der Fall $n = 1$ erledigt. Wir setzen im folgenden $n \geq 2$ voraus und beweisen 14.3.8 durch Induktion nach n. Dazu betrachten wir folgende Daten:

$$x = \text{ feste Ecke von } \sigma;$$

$$\tau = (q-1) - \text{Seitensimplex von } \sigma, \text{ das } x \text{ gegenüber liegt};$$

$$L = T_K(x) = \text{ Triangulation von } \dot{S}t_K(x);$$

$$L' = \text{ Normalunterteilung von } L;$$

$$D_L(\tau) = \text{ dualer Komplex von } \tau \text{ in } L' \text{ (nicht in } K'!);$$

$$\dot{D}_L(\tau) = \text{ dessen Rand}.$$

Für jedes Simplex $\varrho = (x_0 \ldots x_k)$ von L sei $\varrho^+ = (xx_0 \ldots x_k)$ das von ϱ und x aufgespannte Simplex in K, also der Kegel über ϱ mit Spitze x. Man bestätigt, daß durch die Zuordnung (Schwerpunkt von σ) $\mapsto$ (Schwerpunkt von σ^+) eine bijektive, simpliziale Abbildung $f \colon D_L(\tau) \to D_K(\sigma)$ definiert wird, die $\dot{D}_L(\tau)$ nach $\dot{D}_K(\sigma)$ abbildet. Daraus erhalten wir einen Isomorphismus

$$f_* \colon H_i(D_L(\tau), \dot{D}_L(\tau)) \to H_i(D_K(\sigma), \dot{D}_K(\sigma)).$$

Weil $|L|$ nach 14.3.7 eine $(n-1)$-dimensionale Homologie-Mannigfaltigkeit ist (und $\dim \tau = q-1$), ist nach Induktionsannahme die Gruppe auf der linken Seite $= 0$ für $i \ne (n-1) - (q-1)$ und $\cong \mathbb{Z}$ für $i = (n-1) - (q-1)$. Jetzt muß man nur noch bemerken, daß $(n-1) - (q-1) = n - q$ ist; damit ist der Hilfssatz bewiesen. $\square$

Weil dieser Hilfssatz eine Verschärfung von Satz 14.3.5 ist (wir haben die Voraussetzung „M ist n-Mannigfaltigkeit" abgeschwächt zu „M ist n-dimensionale Homologie-Mannigfaltigkeit"), ist damit jener Satz bewiesen.

Aufgaben

14.3.A1 Ein Teilkomplex L' von K' ist genau dann Vereinigung von dualen Teilräumen, wenn gilt: Aus $\hat{\sigma} \in L'$ und $\sigma < \sigma_{i_0} < \ldots < \sigma_{i_k}$ in K folgt $(\hat{\sigma} \hat{\sigma}_{i_0} \ldots \hat{\sigma}_{i_k}) \in L'$.

14.3.A2 Wenn K ein Tetraeder bzw. Oktaeder bzw. Ikosaeder ist, so ist die duale Zerlegung K^* von $|K|$ „isomorph" zu einem Tetraeder bzw. Würfel bzw. Dodekaeder (wenn man „isomorph" geeignet definiert).

14.4 Der duale Kettenkomplex

Die geometrische Konstruktion der dualen Zellzerlegung von M übertragen wir jetzt auf das algebraische Niveau der Kettenkomplexe. Für ein q-Simplex $\sigma \in K$ ist $D(\sigma)$ ein $(n-q)$-dimensionaler Teilkomplex von K', und daher hat die simpliziale Homologiegruppe $H_{n-q}(D(\sigma), \dot{D}(\sigma))$ eine einfache geometrische Interpretation: sie besteht aus allen $(n-q)$-Ketten von K', die in $D(\sigma)$ liegen und deren Rand in $\dot{D}(\sigma)$ liegt. Aus 14.3.5 folgt somit:

14.4.1 Satz und Definition *Es gibt eine bis auf das Vorzeichen eindeutig bestimmte Kette* $\sigma^* \in C_{n-q}(D(\sigma)) \subset C_{n-q}(K')$ *mit* $\partial \sigma^* \in C_{n-q-1}(\dot{D}(\sigma))$, *so daß jede Kette* $c \in C_{n-q}(D(\sigma))$ *mit* $\partial c \in C_{n-q-1}(\dot{D}(\sigma))$ *ein ganzzahliges Vielfaches von* σ^* *ist. Die Kette* σ^* *bzw.* $-\sigma^*$ *heißt ein* Fundamentalzyklus *des zu* σ *dualen Teilraums. Wenn wir einen von beiden ausgewählt haben, sagen wir, daß wir den* *dualen Teilraum orientiert haben, und wir nennen den ausgewählten Fundamentalzyklus auch den* orientierten dualen Teilraum.   □

Wir folgen hier der Konvention, die wir bei Simplexen schon gewohnt sind: So wie das Symbol σ entweder für ein Simplex oder für ein orientiertes Simplex steht, so bezeichnet σ^* entweder den zu σ dualen Teilraum oder einen Fundamentalzyklus dieses Teilraums.

14.4.2 Definition $C^*_{n-q}(K')$ ist die Untergruppe von $C_{n-q}(K')$, die von allen Fundamentalzyklen σ^* erzeugt wird, wobei σ alle q-Simplexe von K durchläuft; die Elemente von $C^*_{n-q}(K')$ heißen *duale Ketten*.

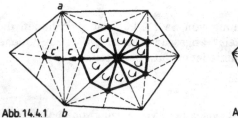 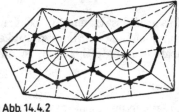

Abb. 14.4.1   **Abb. 14.4.2**

In Abb. 14.4.1 ist $c + c'$ ein Fundamentalzyklus von σ^*, wobei $\sigma = (ab)$ ist. Die Summe der fett gezeichneten und wie angegeben orientierten Dreiecke ist ein Fundamentalzyklus von τ^*, wobei τ die gemeinsame Ecke dieser Dreiecke ist. In Abb. 14.4.2 ist eine 2-dimensionale duale Kette skizziert, die Summe von zwei orientierten Teilräumen ist; ihr Rand ist eine 1-dimensionale duale Kette, die Summe von neun orientierten dualen Teilräumen ist. Man stelle sich wie hier die dualen Ketten nicht als Ketten in K' vor, sondern als Linearkombinationen orientierter dualer Teilräume.

14.4.3 Hilfssatz *Die Vereinigung X^p aller dualen Komplexe $D(\sigma)$ mit $\sigma \in K$ und $\dim \sigma \geq n - p$ ist ein p-dimensionaler Teilkomplex von K', und man erhält eine aufsteigende Folge $X^0 \subset X^1 \subset \ldots \subset X^n = K'$.*   □

14.4.4 Hilfssatz *Eine p-Kette c in K' ist genau dann eine duale Kette, wenn sie in X^p und ihr Rand in X^{p-1} liegt.*

Beweis Der orientierte duale Teilraum σ^* eines $(n-p)$-Simplex $\sigma \in K$ liegt in $D(\sigma) \subset X^p$ und sein Rand in $\dot{D}(\sigma) \subset X^{p-1}$, vgl. 14.3.4; daher hat jede duale p-Kette die angegebene Eigenschaft. Sei umgekehrt c eine p-Kette in X^p, deren Rand in X^{p-1} liegt. Wenn $\sigma^1, \ldots \sigma^k$ die $(n-p)$-Simplexe von K sind, ist $c = c_1 + \ldots + c_k$ für gewisse p-Ketten c_i in $D(\sigma^i)$. Der Rand ∂c_1 liegt in $D(\sigma^1)$ und wegen $\partial c_1 = \partial c - \partial c_2 - \ldots - \partial c_k$ auch in $Y = X^{p-1} \cup D(\sigma^2) \cup \ldots \cup D(\sigma^k)$. Also liegt ∂c_1 in $D(\sigma^1) \cap Y \subset \dot{D}(\sigma^1)$, d.h. c_1 ist eine duale Kette. Dasselbe gilt für $c_2, \ldots, c_k$.   □

Insbesondere folgt: Für eine duale p-Kette c liegt ∂c in X^{p-1} und $\partial\partial c = 0$ in X^{p-2}, d.h. der Rand von c ist eine duale $(p-1)$-Kette:

14.4.5 Satz und Definition *Es ist* $\partial C_p^*(K') \subset C_{p-1}^*(K')$, *d.h. die Gruppen* $C_p^*(K')$ *bilden einen Teilkettenkomplex* $C^*(K')$ *von* $C(K')$; *er heißt der zu* $C(K)$ *duale Kettenkomplex. Ferner induziert die Inklusion* i: $C^*(K') \to C(K')$ *für alle* p *Isomorphismen der Homologiegruppen* i_*: $H_p(C^*(K')) \to H_p(K')$.

Man kann also die Homologie von $M = |K| = |K'|$ sowohl über den Kettenkomplex $C(K)$ als auch über den dualen Kettenkomplex $C^*(K')$ berechnen; das ist einer der geometrischen Hintergründe der Poincaré-Dualität.

Beweis Weil $X^p \backslash X^{p-1}$ aus p-Simplexen von K' besteht, ist $H_q(X^p, X^{p-1}) = 0$ für $q \neq p$. Daraus folgt wie im Beweis von 9.6.2, daß die Inklusion $X^p \hookrightarrow K'$ einen surjektiven Homomorphismus $H_p(X^p) \to H_p(K')$ induziert. Also kann jedes Element von $H_p(K')$ durch einen Zyklus z in X^p repräsentiert werden. Weil z nach 14.4.4 in $C_p^*(K')$ liegt, ist i_* surjektiv. Sei z Zyklus in $C_p^*(K')$ mit $i_*\{z\} = 0$, d.h. $z = \partial c$ für eine $(p+1)$-Kette c in K'. Wir zeigen gleich, daß der von der Inklusion induzierte Homomorphismus j_*: $H_{p+1}(X^{p+1}, X^p) \to H_{p+1}(K', X^p)$ surjektiv ist. Das bedeutet, daß es Ketten $c' \in C_{p+1}(X^{p+1})$ und $d \in C_{p+2}(K')$ gibt mit $c = c' + \partial d$. Es folgt $z = \partial c = \partial c'$, wobei c' nach 14.4.4 eine duale Kette ist, also $\{z\} = 0$ in $H_p(C^*(K'))$. Daher ist i_* injektiv. — Wie im Beweis von 9.6.2 zeigt man, daß $H_{p+1}(X^{p+1}) \to H_{p+1}(K')$ surjektiv und $H_p(X^{p+1}) \to H_p(K')$ ein Isomorphismus ist. Aus der Homologiesequenz dieses Paares folgt somit $H_{p+1}(K', X^{p+1}) = 0$. Daraus ergibt sich mit der Homologiesequenz des Tripels $X^p \subset X^{p+1} \subset K'$, daß j_* surjektiv ist. $\square$

Aufgaben

14.4.A1 Sei $L' \subset K'$ ein Teilkomplex, so daß $|L'|$ Vereinigung von dualen Teilräumen ist, vgl. 14.3.A1. Dann erzeugen die Fundamentalzyklen der in $|L'|$ liegenden dualen Teilräume eine Untergruppe $C_p^*(L')$ von $C_p(L')$. Verallgemeinern Sie 14.4.5 wie folgt:
(a) Die Gruppen $C_p^*(L')$ bilden einen Teilkettenkomplex $C^*(L')$ von $C(L')$.
(b) Die Inklusion $C^*(L') \to C(L')$ induziert Isomorphismen der Homologiegruppen.

14.4.A2 Sei K die Simplizialzerlegung von P^2 in Abb. 7.2.5. Zeichnen Sie die duale Zerlegung und berechnen Sie die Homologie von P^2 aus dem Kettenkomplex $C^*(K')$.

14.5 Beweis des Poincaréschen Dualitätssatzes

Wenn man jedem fest orientierten q-Simplex σ von K den ebenfalls fest orientierten Teilraum σ^* zuordnet, erhält man einen Isomorphismus $C_q(K) \cong C_{n-q}^*(K')$. Allerdings bildet dieser Isomorphismus nicht Zyklen in Zyklen und Ränder in Ränder ab (sagt also nichts über die Homologiegruppen aus); der Grund ist die in 14.3.4 erwähnte Vertauschung der Randbildung beim Übergang von σ zu σ^*.

Daher betrachten wir statt $C_q(K)$ die Cokettengruppe $\mathrm{Hom}(C_q(K), \mathbb{Z})$. Es sei $\tilde{\sigma}$ die zu σ duale Cokette, die auf σ den Wert 1 und auf jedem anderen orientierten q-Simplex von K den Wert 0 annimmt. Weil die $\tilde{\sigma}$ eine Basis der Cokettengruppe bilden, wird letztere durch $\tilde{\sigma} \mapsto \sigma^*$ isomorph auf $C^*_{n-q}(K')$ abgebildet. Wir erhalten das Diagramm

$$(*) \qquad \begin{array}{ccc} \mathrm{Hom}(C_q(K), \mathbb{Z}) & \xrightarrow{\delta} & \mathrm{Hom}(C_{q+1}(K), \mathbb{Z}) \\ {\scriptstyle\gamma}\downarrow{\scriptstyle\cong} & & {\scriptstyle\cong}\downarrow{\scriptstyle\gamma} \\ C^*_{n-q}(K') & \xrightarrow{\partial} & C^*_{n-q-1}(K') \end{array}$$

in dem der Isomorphismus γ in jeder Dimension durch $\tilde{\sigma} \mapsto \sigma^*$ definiert ist. Wenn wir annehmen, daß dieses Diagramm kommutativ ist, bildet γ die Cozyklen-(Coränder-)Gruppe isomorph auf die Zyklen-(Ränder-)Gruppe ab, induziert also in der Zeile

$$H^q(M) \cong H^q(K) \xrightarrow[\cong]{\Gamma} H_{n-q}(C^*(K')) \xrightarrow[\cong]{i_*} H_{n-q}(K') \cong H_{n-q}(M)$$

den Isomorphismus Γ, und wir erhalten wegen 14.4.5 die zu beweisende Isomorphie der Gruppen $H^q(M)$ und $H_{n-q}(M)$.

Das Problem ist also: Kann man, wenn die q-Simplexe σ von K fest orientiert sind, aus den beiden Fundamentalzyklen des jeweiligen dualen Teilraums einen auswählen (er heiße σ^*), so daß das Diagramm $(*)$ kommutativ ist? Wir werden zeigen, daß das möglich ist, wenn M orientierbar ist: Dann ist der Poincarésche Dualitätssatz bewiesen.

14.5.1 Bezeichnungen

(a) Die Simplexe von K' schreiben wir im folgenden in der Form $(\hat{\sigma}_{i_0} \ldots \hat{\sigma}_{i_k})$, wobei $\sigma_{i_0} > \ldots > \sigma_{i_k}$ ist. (Merkregel: In $(\ldots \hat{\sigma} \ldots \hat{\tau} \ldots)$ steht $\hat{\sigma}$ links von $\hat{\tau}$, wenn $\sigma > \tau$ ist.) Dadurch erhalten wir eine Ordnung ω auf K' wie in 9.7.5. Wenn wir im folgenden für eine Cokette φ auf K' und eine Kette c auf K' das cap-Produkt $\varphi \cap c$ bilden, so ist immer das cap-Produkt bezüglich dieser Ordnung gemeint.

(b) Durch diese Ordnung der Ecken von K' sind insbesondere alle Simplexe von K' orientiert: das zu $(\hat{\sigma}_{i_0} \ldots \hat{\sigma}_{i_k})$ gehörende orientierte Simplex ist $\langle \hat{\sigma}_{i_0} \ldots \hat{\sigma}_{i_k} \rangle$ mit $\sigma_{i_0} > \ldots > \sigma_{i_k}$. Die orientierten n-Simplexe von K' sind die $\langle \hat{\tau}_n \ldots \hat{\tau}_0 \rangle$ mit $\tau_n > \ldots > \tau_0$, wobei hier eine Inzidenzfolge von $n+1$ Simplexen von K mit $\dim \tau_i = i$ steht. Man mache sich an einer Skizze klar, daß die Summe der so orientierten n-Simplexe von K' kein Fundamentalzyklus von K' ist.

(c) Wenn M orientierbar ist, sei $z' \in H_n(K')$ ein Fundamentalzyklus von K' (nicht von K), und $\{M\} = \Theta(z') \in H_n(M)$ sei die entsprechende Fundamentalklasse von M. Der Zyklus z' ist die Summe der orientierten n-Simplexe $\langle \hat\tau_n \ldots \hat\tau_0 \rangle$ mit $\tau_0 < \ldots < \tau_n$ in K, jedes mit einem Vorzeichen ± 1 versehen.

(d) Mit $\chi \colon K' \to K$ bezeichnen wir die simpliziale Abbildung aus 3.2.11, die jeder Ecke $\hat\sigma$ von K' eine feste Ecke von σ zuordnet. Sie induziert $\chi_\bullet \colon C_q(K') \to C_q(K)$ und den dualen Homomorphismus $\tilde\chi_\bullet \colon \mathrm{Hom}(C_q(K), \mathbb{Z}) \to \mathrm{Hom}(C_q(K'), \mathbb{Z})$.

14.5.2 Satz und Definition *Für jedes orientierte q-Simplex σ von K ist die Kette $\sigma^* = \tilde\chi_\bullet(\tilde\sigma) \cap z'$ ein Fundamentalzyklus des dualen Teilraums. Er heißt der natürliche Fundamentalzyklus oder die natürliche Orientierung des dualen Teilraums (auch: natürlich orientierter dualer Teilraum).*

Beweis Das Simplex $\langle \hat\tau_n \ldots \hat\tau_0 \rangle$ hat die $(n-q)$-dimensionale Vorderseite $\langle \hat\tau_n \ldots \hat\tau_q \rangle$ und die q-dimensionale Rückseite $\langle \hat\tau_q \ldots \hat\tau_0 \rangle$. Daher ist σ^* die Summe der mit Vorzeichen ± 1 versehenen Terme

$$\tilde\chi_\bullet(\tilde\sigma) \cap \langle \hat\tau_n \ldots \hat\tau_0 \rangle = \langle \tilde\chi_\bullet(\tilde\sigma), \langle \hat\tau_q \ldots \hat\tau_0 \rangle \rangle \cdot \langle \hat\tau_n \ldots \hat\tau_q \rangle$$
$$= \langle \tilde\sigma, \chi_\bullet \langle \hat\tau_q \ldots \hat\tau_0 \rangle \rangle \cdot \langle \hat\tau_n \ldots \hat\tau_q \rangle,$$

wobei über alle Inzidenzfolgen $\tau_0 < \ldots < \tau_n$ in K zu summieren ist. Nach 3.2.11 ist $\chi(\hat\tau_q \ldots \hat\tau_0) \leq \tau_q$. Im Fall $\tau_q \neq \sigma$ ist daher $\chi_\bullet \langle \hat\tau_q \ldots \hat\tau_0 \rangle \neq \pm\sigma$ und somit der obige Term Null. Daher braucht man nur Inzidenzfolgen $\tau_0 < \ldots < \tau_n$ mit $\tau_q = \sigma$ zu betrachten. Für jede solche Folge ist $\langle \hat\sigma \hat\tau_{q-1} \ldots \hat\tau_0 \rangle$ ein q-Simplex von K', das in σ liegt. Nach 3.2.11 wird genau eines dieser Simplexe — wir bezeichnen es mit $(\hat\sigma \hat\sigma_{q-1} \ldots \hat\sigma_0)$ — unter χ auf σ abgebildet; die anderen werden auf echte Seiten von σ abgebildet, und für sie ist daher $\chi_\bullet(\hat\sigma \hat\tau_{q-1} \ldots \hat\tau_0) = 0$. Folglich muß man nur über Inzidenzfolgen der Form $\hat\sigma_0 < \ldots < \hat\sigma_{q-1} < \hat\sigma < \tau_{q+1} < \ldots < \tau_n$ summieren, wobei jetzt nur noch $\tau_{q+1}, \ldots, \tau_n$ variabel sind. Wegen $\langle \tilde\sigma, \chi_\bullet(\hat\sigma \hat\sigma_{q-1} \ldots \hat\sigma_0) \rangle = \langle \tilde\sigma, \pm\sigma \rangle = \pm 1$ ist also σ^* die Summe aller $\pm \langle \hat\tau_n \ldots \hat\tau_{q+1} \hat\sigma \rangle$. Weil diese Simplexe alle in $D(\sigma)$ liegen, ist σ^* ein Element von $C_{n-q}(D(\sigma))$.

Als nächstes ist $\partial\sigma^* \in C_{n-q-1}(\dot D(\sigma))$ zu beweisen. Aus der Randformel 14.1.2 und 13.6.2 folgt wegen $\partial z' = 0$, daß $\partial\sigma^*$ bis auf das Vorzeichen Summe der Ketten $\tau^* = \tilde\chi_\bullet(\tilde\tau) \cap z'$ mit $\sigma < \tau$ ist. Weil τ^* (wie eben bewiesen) eine Kette in $D(\tau)$ ist und dieses (wegen $\sigma < \tau$) in $\dot D(\sigma)$ liegt, liegt $\partial\sigma^*$ in $C_{n-q-1}(\dot D(\sigma))$. Insgesamt folgt, daß σ^* in $H_{n-q}(D(\sigma), \dot D(\sigma))$ liegt (vgl. die Bemerkung vor 14.4.1). Weil aber jedes $(n-q)$-Simplex von $D(\sigma)$ mit Vielfachheit ± 1 in σ^* auftritt, ist σ^* ein erzeugendes Element dieser Gruppe. □

14.5.3 Beispiele
(a) Wenn man die Orientierung von σ oder M ändert (also σ durch $-\sigma$ oder z' durch $-z'$ ersetzt), wird die natürliche Orientierung σ^* mit -1 multipliziert.

(b) Ist σ ein 0-Simplex von K, so ist σ^* das „Stück des Fundamentalzyklus" z', der auf dem Eckenstern von σ in K' liegt.

(c) Sei $n = 2$, und sei $\sigma = \langle xy \rangle$ eine orientierte Kante von K. Sie ist Seite von genau zwei Dreiecken τ und η in K. Dann ist $\sigma^* = \varepsilon(\langle \hat{\tau}\hat{\sigma} \rangle - \langle \hat{\eta}\hat{\sigma} \rangle)$, wobei ε das Vorzeichen ist, mit dem $\langle \hat{\eta}\hat{\sigma}x \rangle$ als Summand in z' auftritt.

14.5.4 Satz und Definition *Ordnet man jeder Cokette $\varphi \in Hom(C_q(K), \mathbb{Z})$ die Kette $\gamma(\varphi) = \tilde{\chi}_\bullet(\varphi) \cap z'$ zu, so erhält man einen Isomorphismus*

$$\gamma \colon Hom(C_q(K), \mathbb{Z}) \to C^*_{n-q}(K')$$

mit folgenden Eigenschaften:

(a) *Für ein orientiertes q-Simplex $\sigma \in K$ ist $\gamma(\tilde{\sigma}) = \sigma^*$ der natürlich orientierte duale Teilraum von σ.*

(b) *Es ist $\partial \gamma = (-1)^q \gamma \delta$.*

Wir nennen γ den Dualitätsisomorphismus auf (Co-)Kettenniveau *oder kurz die* Ketten-Dualität.

Beweis (a) ist 14.5.2, und da die σ eine Basis von $C_q(K)$ und die σ^* eine von $C^*_{n-q}(K')$ bilden, ist γ ein Isomorphismus. (b) folgt aus 14.1.2 und $\partial z' = 0$: $\partial \gamma(\varphi) = \partial(\tilde{\chi}_\bullet(\varphi) \cap z') = (-1)^q \delta \tilde{\chi}_\bullet(\varphi)) \cap z' = (-1)^q(\tilde{\chi}_\bullet(\delta\varphi)) \cap z' = (-1)^q \gamma \delta(\varphi)$. $\qquad\square$

14.5.5 Satz *Das folgende Diagramm ist kommutativ und alle Homomorphismen sind Isomorphismen:*

$$
\begin{array}{ccc}
H^q(M) & \xrightarrow{\;\cap\{M\}\;} & H_{n-q}(M) \\[2mm]
\ \ \searrow{\scriptstyle \Theta'} & & \nearrow{\scriptstyle \Theta} \\[1mm]
\Theta' \downarrow \quad H^q(K') & \xrightarrow{\;\cap z'\;} & H_{n-q}(K') \\[1mm]
\ \ \nearrow{\scriptstyle \chi^*} & & \nwarrow{\scriptstyle i_*} \\[2mm]
H^q(K) & \xrightarrow{\;\Gamma\;} & H_{n-q}(C^*(K'))
\end{array}
$$

Dabei sind Θ und Θ' die kanonischen Isomorphismen zwischen simplizialer und singulärer (Co-)Homologie, und Γ ist von der Ketten-Dualität γ induziert.

Beweis Wegen 14.5.4 bildet γ die Cozyklen- bzw. Corändergruppe isomorph auf die Zyklen- bzw. Ränderngruppe ab und induziert daher den Isomorphismus Γ. Das untere Viereck des Diagramms ist kommutativ nach Definition, das obere nach 14.1.8. Aus 13.5.14 und 3.2.11 folgt $\chi^* \circ \Theta' = \Theta' \circ |\chi|^* = \Theta'$ wegen $|\chi| \simeq \mathrm{id}_{|K|}$, also ist das Dreieck kommutativ. Nach 14.4.5 ist i_* ein Isomorphismus. $\qquad\square$

Beachten Sie, wie das vor 14.5.1 erwähnte Problem gelöst wurde: Für ein orientiertes q-Simplex σ von K sei $\sigma^* = \tilde{\chi}_\bullet(\tilde{\sigma}) \cap z'$ der natürliche Fundamentalzyklus des dualen Teilraums. Diese Wahl von σ^* garantiert, daß das Diagramm (∗) kommutativ ist (bis auf das Vorzeichen $(-1)^q$), und daher ist die zu Beginn des Abschnitts geschilderte Beweisidee für den Poincaréschen Dualitätssatz durchführbar. Kurz: Das cap-Produkt mit dem Fundamentalzyklus z' von K' hat unser Problem gelöst, und daher ist $\cap\{M\}\colon H^q(M) \to H_{n-q}(M)$ ein Isomorphismus. Damit ist der Poincarésche Dualitätssatz für orientierbare Mannigfaltigkeiten bewiesen. Wir skizzieren im folgenden Satz, welche Änderungen im allgemeinen Fall (M orientierbar oder nicht) notwendig sind.

14.5.6 Satz *Sei $z'_2 \in C_n(K')\otimes\mathbb{Z}_2$ und $\{M\}_2 \in H_n(M;\mathbb{Z}_2)$ der Fundamentalzyklus bzw. die Fundamentalklasse, vgl. 11.3.8. Dann ist*

$$\gamma\colon \operatorname{Hom}(C_q(K),\mathbb{Z}_2) \to C^*_{n-q}(K') \otimes \mathbb{Z}_2, \ \gamma(\varphi) = \tilde{\chi}_\bullet(\varphi) \cap z'_2,$$

ein Isomorphismus mit folgenden Eigenschaften:

(a) *Ist $\tilde{\sigma} \in \operatorname{Hom}(C_q(K),\mathbb{Z}_2)$ die duale Cokette eines q-Simplex $\sigma \in K$, so ist $\gamma(\tilde{\sigma})$ das erzeugende Element von $H_{n-q}(D(\sigma),\dot{D}(\sigma))\otimes\mathbb{Z}_2 \cong \mathbb{Z}_2$.*

(b) *Es ist $\partial\gamma = \gamma\delta$.*

Man erhält daher wieder das Diagramm in 14.5.5, wobei alle (Co-)Homologiegruppen mit Koeffizienten $\mathbb{Z}_2$ zu nehmen sind. Insbesondere liefert das cap-Produkt mit $\{M\}_2$ Isomorphismen $\cap\{M\}_2\colon H^q(M;\mathbb{Z}_2) \to H_{n-q}(M;\mathbb{Z}_2)$ für alle $q \in \mathbb{Z}$.   □

Aufgaben

14.5.A1 Der Poincarésche Dualitätssatz 14.2.1 gilt, wenn M orientierbar ist, mit beliebigen Koeffizienten, d.h. $\cap\{M\}\colon H^q(M;G) \to H_{n-q}(M;G)$ ist für jede abelsche Gruppe G ein Isomorphismus (wobei hier das cap-Produkt aus 14.1.A3 steht).

14.5.A2 Beweisen Sie 14.5.3 (c).

14.6 Schnittzahlen

Wir setzen voraus, daß $M = |K| = |K'|$ *orientierbar und fest orientiert ist:* es ist also ein Fundamentalzyklus $z' \in H_n(K')$ vorgegeben; wie immer ist $\{M\} = \Theta(z') \in H_n(M)$ die zugehörige Fundamentalklasse.

Ist σ ein q-Simplex von K und σ^* der duale Teilraum, so ist $\sigma \cap \sigma^* = \hat{\sigma}$. Für jedes andere q-Simplex τ von K ist dagegen $\sigma \cap \tau^* = \emptyset$. Diese Beobachtung — daß jedes q-Simplex von K disjunkt ist zu den $(n-q)$-dimensionalen dualen Teilräumen von K^*, außer zu dem eigenen dualen Teilraum, den es in genau einem Punkt trifft — ist der geometrische Kern für die Definition der Schnittzahlen.

14.6.1 Definition Die *Schnittzahl* $\sigma \cdot \tau^*$ zwischen einem orientierten q-Simplex σ von K und einem orientierten dualen $(n-q)$-dimensionalen Teilraum τ^* ist erklärt durch: $\sigma \cdot \sigma^* = 1$, $\sigma \cdot (-\sigma^*) = -1$, $\sigma \cdot \tau^* = 0$ sonst; dabei ist σ^* der natürlich orientierte duale Teilraum von σ. Für beliebige Ketten $c = \sum m_\sigma \sigma \in C_q(K)$ und $c^* = \sum n_\tau \tau^* \in C_{n-q}^*(K')$ definieren wir die *Schnittzahl* durch lineare Fortsetzung: $c \cdot c^* = \sum m_\sigma n_\tau (\sigma \cdot \tau^*)$. Die Zuordnung $(c, c^*) \mapsto c \cdot c^*$ definiert eine bilineare Funktion $C_q(K) \times C_{n-q}^*(K) \to \mathbb{Z}$.

Diese Definition ist nur sinnvoll, weil M eine feste Orientierung hat; *wenn man diese ändert, multiplizieren sich alle Schnittzahlen mit* -1. Die Schnittzahl $c \cdot c^*$ mißt die Anzahl der mit geeignetem Vorzeichen versehenen Schnittpunkte der Ketten c und c^*. Wenn sich z.B. diese Ketten nicht schneiden (d.h. $m_\sigma n_\sigma = 0$ für alle σ), so ist $c \cdot c^* = 0$; die Umkehrung ist falsch. In Abb. 14.6.1 sind im Fall $n = 2$ eine 1-Kette c (gestrichelte Linie) und eine duale 1-Kette c^* (fette Linie) skizziert. Der Pfeil deutet die Orientierung von M an. Bei jedem Schnittpunkt von c und c^* ist die Schnittzahl eingetragen. Es ist $c \cdot c^* = 0$.

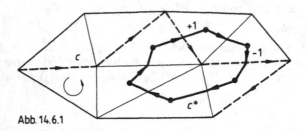

Abb. 14.6.1

14.6.2 Satz
(a) *Sei* $c \in C_q(K)$ *und* $\varphi \in \mathrm{Hom}(C_q(K), \mathbb{Z})$, *und sei* γ *die Ketten-Dualität aus* 14.5.4, *also* $\gamma(\varphi) \in C_{n-q}^*(K')$. *Dann ist* $c \cdot \gamma(\varphi) = \langle \varphi, c \rangle$.

(b) *Für* $c \in C_{q+1}(K)$ *und* $c^* \in C_{n-q}^*(K')$ *ist* $(\partial c) \cdot c^* = \pm c \cdot (\partial c^*)$.

(c) *Es ist* Zyklus $\cdot$ Rand $= 0$ *und* Rand $\cdot$ Zyklus $= 0$.

Beweis (a) Sei $c = \sum m_\sigma \sigma$ und $\varphi = \sum n_\sigma \tilde{\sigma}$, also $\langle \varphi, c \rangle = \sum m_\sigma n_\sigma$. Nach 14.5.4 ist $\gamma(\varphi) = \sum n_\sigma \sigma^*$, wobei σ^* der natürlich orientierte duale Teilraum von σ ist. Aus 14.6.1 folgt $c \cdot \gamma(\varphi) = \sum m_\sigma n_\sigma = \langle \varphi, c \rangle$.

(b) Es gibt eine Cokette φ mit $c^* = \gamma(\varphi)$. Nach 14.5.4 ist dann $\partial c^* = \pm \gamma(\delta \varphi)$. Es folgt $c \cdot (\partial c^*) = \pm c \cdot \gamma(\delta \varphi) = \pm \langle \delta \varphi, c \rangle = \pm \langle \varphi, \partial c \rangle = \pm (\partial c) \cdot \gamma(\varphi) = \pm (\partial c) \cdot c^*$.

(c) folgt aus (b). $\qquad \square$

Wegen dieses Satzes kann man die Definition der Schnittzahlen auf Homologieklassen übertragen:

14.6.3 Definition Sei $\alpha \in H_q(M)$ und $\beta \in H_{n-q}(M)$. Wir repräsentieren α durch einen Zyklus $z \in C_q(K)$ und β durch einen dualen Zyklus $z^* \in C_{n-q}^*(K')$, d.h. $\alpha = \Theta\{z\}$ bzw. $\beta = \Theta i_*\{z^*\}$, wobei $\Theta\colon H_q(K) \to H_q(M)$ der kanonische Isomorphismus ist, ebenso $\Theta\colon H_{n-q}(K') \to H_{n-q}(M)$ und i_* wie in 14.4.5. Die *Schnittzahl von α und β* ist definiert durch $\alpha \cdot \beta = z \cdot z^*$. Man erhält durch $(\alpha, \beta) \mapsto \alpha \cdot \beta$ eine bilineare Funktion $H_q(M) \times H_{n-q}(M) \to \mathbb{Z}$.

Die hiermit definierten Schnittzahlen in Mannigfaltigkeiten liefern neue und für die Untersuchung der Mannigfaltigkeiten überaus wichtige topologische Invarianten. Allerdings sind sie schwer zu berechnen: Die explizite Konstruktion — repräsentiere α durch einen Zyklus in K und β durch einen dualen Zyklus und zähle die Schnittpunkte dieser Zyklen — läßt sich nur in wenigen Fällen durchführen.

14.6.4 Satz
(a) *Für $\alpha \in H_q(M)$ und $\beta' \in H^q(M)$ ist $\alpha \cdot (\beta' \cap \{M\}) = \langle \beta', \alpha \rangle$.*

(b) *Sei $\alpha \in H_q(M)$ und $\beta \in H_{n-q}(M)$. Sei $\beta' \in H^q(M)$ das eindeutig bestimmte Element mit $\beta' \cap \{M\} = \beta$. Dann ist $\alpha \cdot \beta = \langle \beta', \alpha \rangle$.*

Folgerung: Die Schnittzahlen sind von der Wahl der Triangulation K unabhängig. Wenn man die Orientierung von M ändert, multiplizieren sie sich mit -1.

Wenn wir also den Poincaré-Isomorphismus $\cap\{M\}\colon H^q(M) \to H_{n-q}(M)$ berechnen können, kennen wir die Schnittzahlen. Umgekehrt gibt dieser Satz einen ersten Hinweis auf die geometrische Bedeutung des cap-Produkts, und er zeigt, daß die Berechnung von cap-Produkten mindestens so schwer ist wie die Berechnung von Schnittzahlen (mit dieser Bemerkung wollen wir rechtfertigen, daß wir in 14.1 kein nicht-triviales Beispiel für das cap-Produkt gegeben haben).

B e w e i s von (a): Sei $\alpha = \Theta\{z\}$ wie in 14.6.3. Sei $\varphi \in \mathrm{Hom}(C_q(K), \mathbb{Z})$ ein Cozyklus, der $\Theta'\beta' \in H^q(K)$ repräsentiert. Aus dem Diagramm in 14.5.5 folgt $\beta' \cap \{M\} = \Theta i_*\{\gamma(\varphi)\}$. Aus der Definition der Schnittzahlen und 14.6.2 (a) ergibt sich hieraus $\alpha \cdot (\beta' \cap \{M\}) = z \cdot \gamma(\varphi) = \langle \varphi, z \rangle$. Nach 13.3.3 und 13.5.16 (a) ist $\langle \varphi, z \rangle = \langle \Theta'(\beta'), \{z\} \rangle = \langle \beta', \Theta\{z\} \rangle = \langle \beta', \alpha \rangle$. $\qquad\square$

Aus der Bilinearität der Schnittzahlen folgt $\alpha \cdot \beta = 0$, wenn α oder β in der Torsionsuntergruppe $T_q = \mathrm{Tor}\, H_q(M)$ bzw. $T_{n-q} = \mathrm{Tor}\, H_{n-q}(M)$ liegt. Daher induzieren die Schnittzahlen eine bilineare Funktion $H_q(M)/T_q \times H_{n-q}(M)/T_{n-q} \to \mathbb{Z}$.

14.6.5 Definition Es seien V und W freie abelsche Gruppen von endlichem Rang und $f\colon V \times W \to \mathbb{Z}$ eine bilineare Funktion. f heißt eine *nichtsinguläre Bilinearform*, wenn eine der folgenden äquivalenten Aussagen gilt.

(a) Die Funktion $\varphi\colon W \to \mathrm{Hom}(V, \mathbb{Z})$, $\varphi(w)(v) = f(v, w)$, ist ein Isomorphismus.

(b) Zu jeder Basis $v_1, \ldots, v_k$ von V gibt es eine Basis $w_1, \ldots, w_k$ von W mit $f(v_i, w_j) = \delta_{ij}$.

Weil f bilinear ist, ist φ ein Homomorphismus. Wenn (a) gilt, setze man $w_i = \varphi^{-1}(\tilde{v}_i)$, wobei $\tilde{v}_1, \ldots, \tilde{v}_k$ die zu $v_1, \ldots, v_k$ duale Basis von $\mathrm{Hom}(V, \mathbb{Z})$ ist; dann erhält man (b). Wenn umgekehrt (b) gilt, bildet φ die Basen $w_1, \ldots, w_k$ und $\tilde{v}_1, \ldots, \tilde{v}_k$ aufeinander ab und ist daher ein Isomorphismus. (Nach 14.6.A2 darf man V und W in (a) bzw. (b) vertauschen.)

14.6.6 Satz *Die Schnittzahlen induzieren für jedes q eine nichtsinguläre Bilinearform $H_q(M)/T_q \times H_{n-q}(M)/T_{n-q} \to \mathbb{Z}$. Insbesondere gibt es zu jeder Bettibasis $\alpha_1, \ldots, \alpha_k$ von $H_q(M)$ eine geometrisch-duale Bettibasis $\alpha_1^*, \ldots, \alpha_k^*$ von $H_{n-q}(M)$, d.h. es gilt $\alpha_i \cdot \alpha_j^* = \delta_{ij}$.*

Dieser Satz ist die geometrische Erklärung für die aus der Poincaré-Dualität folgende Isomorphie der Gruppen $H_q(M)/T_q$ und $H_{n-q}(M)/T_{n-q}$. Man findet in M q-Zyklen $z_1, \ldots, z_k$ (in K) und duale $(n-q)$-Zyklen $z_1^*, \ldots, z_k^*$ (in K^*) mit $z_i \cdot z_j^* = \delta_{ij}$. Die Zuordnung $z_i \mapsto z_i^*$ liefert auf Homologie-Niveau den genannten Isomorphismus. Der Satz zeigt uns ferner, daß die Schnittzahlen $H_q(M) \times H_{n-q}(M) \to \mathbb{Z}$ vollständig bestimmt sind, also keine neuen Invarianten für M liefern: Die Matrix der Schnittzahlen bezüglich geeigneter Bettibasen ist die Einheitsmatrix. Nur der Fall $q = n - q$, also $n = 2q$, ist eine Ausnahme. Dann sind $\alpha_1, \ldots, \alpha_k$ und $\alpha_1^*, \ldots, \alpha_k^*$ Bettibasen derselben Gruppe $H_q(M)$, und die Frage, wie diese zusammenhängen, führt zu interessanten Eigenschaften von M (siehe 15.4).

Beweis Die Komposition der Homomorphismen

$$H^q(M)/T^q \xrightarrow{\cap\{M\}} H_{n-q}(M)/T_{n-q} \xrightarrow{\varphi} \mathrm{Hom}(H_q(M)/T_q, \mathbb{Z}),$$

wobei $\varphi(\beta)(\alpha) = \alpha \cdot \beta$ ist (und T^q die Torsionsgruppe von $H^q(M)$), ist nach 14.6.4 durch $\kappa(\beta')(\alpha) = \langle \beta', \alpha \rangle$ gegeben, wobei κ wie im universellen Koeffiziententheorem 13.4.3 ist. Weil $\cap\{M\}$ und κ Isomorphismen sind (Poincaré-Dualität bzw. 13.4.A3), ist φ ein Isomorphismus. $\square$

14.6.7 Beispiele

(a) In Abb. 14.6.2 ist eine Triangulation des Torus $M = S^1 \times S^1$ skizziert (Gegenseiten identifizieren). Sind $\alpha, \beta \in H_1(S^1 \times S^1)$ die üblichen Erzeugenden, wobei α von a bzw. a^* und β von b bzw. b^* repräsentiert wird (jeweils eine Kette in K bzw. K^*), so liest man aus der Zeichnung die Beziehungen $\alpha \cdot \alpha = \beta \cdot \beta = 0$ und $\beta \cdot \alpha = -\alpha \cdot \beta = 1$ ab. Daher ist $\alpha^* = -\beta$, $\beta^* = \alpha$ die zu α, β duale Bettibasis.

(b) In der orientierten Fläche F_g, $g > 0$, mit Basis $\{\alpha_1, \beta_1, \ldots, \alpha_g, \beta_g\} \subset H_1(F_g)$ wie in Abb. 14.6.3 ist $\{-\beta_1, \alpha_1, \ldots, -\beta_g, \alpha_g\}$ die duale Basis; zum Beweis verallgemeinere man die Überlegungen aus (a).

(c) Sei $M = P^k(\mathbb{C})$ der komplexe projektive Raum, eine Mannigfaltigkeit der Dimension $n = 2k$. Für gerades $q \leq n$ sei $\alpha_q \in H_q(M) \cong \mathbb{Z}$ eine Erzeugende dieser Gruppe. Dann sind α_q und $\pm\alpha_{n-q}$ duale Bettibasen, also $\alpha_q \cdot \alpha_{n-q} = \pm 1$ (wie aus 14.6.6 folgt). Nach 11.3.7 (d) wird α_q bzw. α_{n-q} von projektiven Teilräumen der Dimension q bzw. $n-q$ von M repräsentiert, und die Schnittzahlformel $\alpha_q \cdot \alpha_{n-q} = \pm 1$

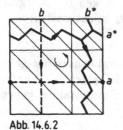

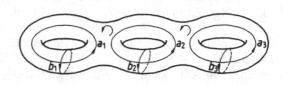

Abb. 14.6.2   Abb. 14.6.3

erinnert uns an den Satz der projektiven Geometrie, daß sich zwei solche Teilräume immer in genau einem Punkt schneiden, wenn sie in allgemeiner Lage sind.

14.6.8 Bemerkungen

(a) Eine geometrische besonders schöne Interpretation der Schnittzahlen erhält man mit den Methoden der Differentialtopologie [Hirsch, 5.2]. Es sei M eine differenzierbare n-Mannigfaltigkeit mit differenzierbaren Untermannigfaltigkeiten $X, Y \subset M$, wobei $\dim X = q$ und $\dim Y = n - q$ ist. Alle drei Mannigfaltigkeiten seien geschlossen und fest orientiert. Ferner bestehe $X \cap Y$ aus nur endlich vielen Punkten $x_1, \ldots, x_k$, und jeder dieser Schnittpunkte x_i sei ein *transversaler Schnittpunkt* (kein Berührungspunkt): Ist $u_1, \ldots, u_q$ eine positiv-orientierte Basis des Tangentialraums von X bei x_i und $v_1, \ldots, v_{n-q}$ eine solche von Y bei x_i, so soll $u_1, \ldots, u_q, v_1, \ldots v_{n-q}$ eine Basis des Tangentialraums von M bei x_i sein. Wir setzen $\varepsilon_i = 1$, wenn diese zusammengesetzte Basis positiv-orientiert ist, sonst $\varepsilon_i = -1$. Dann haben die Elemente $\alpha = \{X\} \in H_q(M)$ und $\beta = \{Y\} \in H_{n-q}(M)$ die Schnittzahl $\alpha \cdot \beta = \varepsilon_1 + \ldots + \varepsilon_k$.

(b) Man kann auch *Schnittzahlen modulo 2* definieren, indem man überall den Koeffizientenbereich $\mathbb{Z}$ durch $\mathbb{Z}_2$ ersetzt, und diese Theorie gilt dann auch für nichtorientierbare Mannigfaltigkeiten. Für Ketten

$$z = \sum (\sigma \otimes m_\sigma) \in C_q(K) \otimes \mathbb{Z}_2 \text{ und } z^* = \sum (\sigma^* \otimes n_\sigma) \in C^*_{n-q}(K') \otimes \mathbb{Z}_2$$

definiert man $z \cdot z^* = \sum m_\sigma n_\sigma \in \mathbb{Z}_2$. Es ist also $z \cdot z^* = 0$ oder 1, je nachdem, ob sich z und z^* in einer geraden oder ungeraden Anzahl von Punkten schneiden. Man erhält Schnittzahlen $H_q(M; \mathbb{Z}_2) \times H_{n-q}(M; \mathbb{Z}_2) \to \mathbb{Z}_2$, $(\alpha, \beta) \mapsto \alpha \cdot \beta$, und alle Sätze dieses Abschnitts bleiben mit den entsprechenden Modifikationen richtig. Analog zu 14.6.7 (c) gilt im reellen projektiven Raum P^n für $0 \leq q \leq n$ die Formel $\alpha_q \cdot \alpha_{n-q} = 1$, wobei $\alpha_i \in H_i(P^n; \mathbb{Z}_2) \cong \mathbb{Z}_2$ das Element $\neq 0$ ist.

Es sei N eine zweite n-Mannigfaltigkeit, die dieselben Eigenschaften wie M hat; insbesondere ist N fest orientiert mit Fundamentalklasse $\{N\} \in H_n(N)$. Die Schnittzahlen sind in folgendem Sinn topologische Invarianten:

14.6.9 Satz *Es sei $f: M \to N$ ein orientierungserhaltender Homöomorphismus, also $f_*\{M\} = \{N\}$. Dann gilt für $\alpha \in H_q(M)$ und $\beta \in H_{n-q}(M)$ die Formel $f_*(\alpha) \cdot f_*(\beta) = \alpha \cdot \beta$.*

Beweis Es sei $\beta' \in H^q(N)$, so daß $\beta' \cap \{N\} = f_*(\beta)$ ist. Wegen 14.1.4 ergibt sich $f_*(f^*\beta' \cap \{M\}) = \beta' \cap \{N\}$, also $\beta = f^*\beta' \cap \{M\}$, weil f_* injektiv ist. Aus 14.6.4 und 13.3.4 folgt $f_*(\alpha) \cdot f_*(\beta) = \langle \beta', f_*\alpha \rangle = \langle f^*\beta', \alpha \rangle = \alpha \cdot \beta$. $\qquad\qquad\square$

Wir haben in diesem Abschnitt eine naheliegende Frage unbeantwortet gelassen: Wie hängen für $\alpha \in H_q(M)$ und $\beta \in H_{n-q}(M)$ die Schnittzahlen $\alpha \cdot \beta$ und $\beta \cdot \alpha$ zusammen? Die Antwort und weitere Anwendungen der Schnittzahlen geben wir in 15.4.

Aufgaben

14.6.A1 Für eine abelsche Gruppe V sei $\mu\colon V \to \mathrm{Hom}(\mathrm{Hom}(V, \mathbb{Z}), \mathbb{Z})$ der Homomorphismus $\mu(g)(v) = g(v)$, wobei $g \in \mathrm{Hom}(V, \mathbb{Z})$ und $v \in V$. Zeigen Sie, daß μ ein Isomorphismus ist, wenn V frei abelsch ist und endlichen Rang hat. Was ist bei unendlichem Rang? (Erinnern Sie sich an den „doppelt-dualen Vektorraum" aus der Linearen Algebra.)

14.6.A2 Sei $f\colon V \times W \to \mathbb{Z}$ bilinear und $\varphi\colon W \to \mathrm{Hom}(V, \mathbb{Z})$ wie in 14.6.5; ferner sei $\psi\colon V \to \mathrm{Hom}(W, \mathbb{Z})$, $\psi(v)(w) = f(v, w)$. Zeigen Sie, daß $\psi = \tilde{\varphi} \circ \mu$ ist (μ wie in der vorigen Aufgabe), und schließen Sie daraus, daß φ genau dann ein Isomorphismus ist, wenn ψ einer ist (V und W sind freie abelsche Gruppen von endlichem Rang).

14.6.A3 Wenn man die Fläche F in Abb. 14.6.3 an der horizontalen Symmetrieebene spiegelt, erhält man einen orientierungsändernden Homöomorphismus $\varphi\colon F \to F$ mit $\varphi_*(\alpha_i) = \alpha_i$ und $\varphi_*(\beta_i) = -\beta_i$. Zeigen Sie, daß es keinen orientierungserhaltenden Homöomorphismus von F mit dieser Eigenschaft gibt.

14.7 Verschlingungszahlen

Die Verschlingungszahl V zweier Zyklen z und z^* erhält man, indem man in z eine Kette c einspannt ($\partial c = z$) und die Schnittzahl $c \cdot z^*$ berechnet (Abb. 14.7.1); sie gibt an, wie oft „der eine Zyklus den anderen umschlingt". Natürlich müssen einige Voraussetzungen erfüllt sein, damit das definiert ist. Um von der Schnittzahl $c \cdot z^*$ reden zu können, müssen wir annehmen, daß $M = |K| = |K'|$ dieselben Eigenschaften wie im vorigen Abschnitt hat und daß $\dim c + \dim z^* = n$ ist; also müssen wir $\dim z + \dim z^* = n - 1$ voraussetzen. Ferner muß es natürlich eine Kette c mit $\partial c = z$ geben, d.h. z muß ein Rand sein. Diese Bedingung kann man wie folgt abschwächen:

14.7.1 Definition und Satz
(a) *Ein Zyklus z eines beliebigen Kettenkomplexes heißt* divisionsnullhomolog, *wenn seine Homologieklasse $\{z\}$ ein Element endlicher Ordnung in der Homologiegruppe ist, d.h. wenn es eine ganze Zahl $a \neq 0$ und eine Kette c mit $\partial c = az$ gibt.*

(b) *Es seien $z \in C_q(K)$ und $z^* \in C^*_{n-q-1}(K')$ divisionsnullhomologe Zyklen, und es sei $\partial c = az$ mit $c \in C_{q+1}(K)$ und $a \neq 0$. Die Verschlingungszahl von z und z^* ist die rationale Zahl $z \odot z^* = c \cdot z^*/a$ Sie ist unabhängig von der Wahl von a und c. Wenn z oder z^* ein Rand ist, ist sie eine ganze Zahl.*

Erläuterung und Beweis Ist σ ein q- und τ ein $(q+1)$-Simplex von K, so ist stets $\sigma \cap \tau^* = \emptyset$; daraus folgt, daß sich Ketten z und z^* der Dimensionen q bzw. $n - q - 1$ nie schneiden; ihre gegenseitige Lage soll durch die Verschlingungszahlen genauer beschrieben werden. — Es sei auch $\partial c' = a'z$ mit $a' \neq 0$. Dann ist $ac' - a'c$ ein Zyklus. Weil auch z^* divisionsnullhomolog ist, gibt es eine Zahl $b \neq 0$, so daß bz^* ein Rand ist. Aus 14.6.2 (c) folgt $(ac'-a'c) \cdot bz^* = 0$ und daraus $c \cdot z^*/a = c' \cdot z^*/a'$; daher ist $z \odot z'$ wohldefiniert. — Wenn z ein Rand ist, kann man $a = 1$ wählen, und $z \odot z'$ ist eine ganze Zahl. Wenn $z^* = \partial c^*$ ein Rand ist, ist $c \cdot z^* = c \cdot \partial c^* = \pm \partial c \cdot z^* = \pm az \odot z^*$ durch a teilbar und somit auch $z \odot z^* \in \mathbb{Z}$. $\qquad\square$

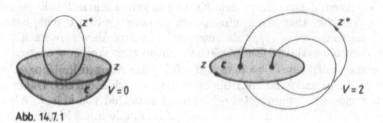

Abb. 14.7.1

Verschlingungszahlen sind also im Unterschied zu den Schnittzahlen nicht ganze, sondern rationale Zahlen. Aus 14.7.1 (b) folgt, daß $z \odot z^* - z_1 \odot z_1^*$ eine ganze Zahl ist, wenn z homolog z_1 und z^* homolog z_1^* ist. Daher ist es naheliegend, von den Gruppen $\mathbb{Z} \subset \mathbb{Q}$ zur Faktorgruppe $\mathbb{Q}/\mathbb{Z}$ überzugehen, die wir schon in 8.1.4 (i) betrachtet haben. Wie dort ist $[r] \in \mathbb{Q}/\mathbb{Z}$ die Restklasse der rationalen Zahl $r \in \mathbb{Q}$.

14.7.2 Definition Sei $\alpha \in \text{Tor } H_q(M)$ und $\beta \in \text{Tor } H_{n-q-1}(M)$. Wir repräsentieren α durch einen Zyklus $z \in C_q(K)$ und β durch einen Zyklus $z^* \in C^*_{n-q-1}(K')$, also $\alpha = \Theta\{z\}$ und $\beta = \Theta i_*\{z^*\}$ wie in 14.6.3. Die *Verschlingungszahl von α und β* ist definiert durch $\alpha \odot \beta = [z \odot z^*] \in \mathbb{Q}/\mathbb{Z}$. Man erhält eine bilineare Funktion

$$\text{Tor } H_q(M) \times \text{Tor } H_{n-q-1}(M) \to \mathbb{Q}/\mathbb{Z}, \; (\alpha, \beta) \mapsto \alpha \odot \beta.$$

14.7.3 Beispiele
(a) Wenn α und β teilerfremde Ordnungen haben, ist $\alpha \odot \beta = 0$. Das ist ein Indiz dafür, daß die geometrische Situation durch die algebraische Beschreibung nur unvollständig dargestellt wird. Aus $\alpha \odot \beta = 0$ können wir nicht viel über die geometrische Lage der repräsentierenden Zyklen schließen.

(b) Wenn α und β gleiche Ordnung k haben und $\alpha \odot \beta = [1/k]$ ist, so gibt es eine Kette c mit $\partial c = kz$ und $c \cdot z^* = 1 + km$ für ein $m \in \mathbb{Z}$. Wir interpretieren das so: „modulo der Ordnung k umschlingen sich z und z^* einmal".

(c) Sei $L = L(p, q)$ der Linsenraum aus 1.5.12 (vergleichen Sie für das folgende Abb. 1.5.3). Der Kreisbogen von z_1 nach z_2 auf dem Äquator des Balles B wird in L ein geschlossener Weg, den wir als singulären 1-Zyklus z auffassen können. Das Element $\alpha = \{z\} \in H_1(L) \cong \mathbb{Z}_p$ erzeugt diese Gruppe, vgl. 9.6.A4. Wegen $\text{ggT}(p, q) = 1$ gibt es ganze Zahlen p', q' mit $pp' + qq' = 1$. *Wir behaupten, daß $\alpha \odot \alpha = [q'/p]$ ist bei geeigneter Orientierung von L.* Beweisskizze: Das Bild der Äquatorkreisscheibe von B in L kann man als singuläre 2-Kette c mit $\partial c = pz$ auffassen. Die Strecke von N nach S in B wird in L ein singulärer 1-Zyklus z'. Wir argumentieren so: Weil sich c und z' in genau einem Punkt schneiden, ist (bei geeigneter Orientierung von L) die Schnittzahl $c \cdot z' = 1$, also $z \odot z' = [1/p]$ und folglich $\alpha \odot \{z'\} = [1/p]$. Um dieses Argument exakt zu machen, müssen Sie L so triangulieren, daß $\partial c = pz$ eine „simpliziale Gleichung" wird, und Sie müssen z' durch eine homologe duale Kette z^* ersetzen, die die simpliziale Kette c in genau einem Punkt schneidet. Weil das nur technische, aber keine inhaltlichen Schwierigkeiten macht, betrachten wir die Gleichung $\alpha \odot \{z'\} = [1/p]$ als bewiesen. Die Strecke von N nach S ist (wegen $\pi_1(B) = 0$) in B relativ der Endpunkte homotop zum Weg $w = ac_1c_2 \dots c_qb$, wobei a der Kreisbogen ist von N nach z_1 auf ∂B, c_i der Äquatorkreisbogen von z_i nach z_{i+1} ($i = 1, \dots, q$) und b der Kreisbogen von z_{q+1} nach S auf ∂B. Daher ist das Bild z' jener Strecke in L homotop (also homolog) zum Bild von w in L. Aber in L sind die Wege a und b^{-1} miteinander und die $c_1, \dots, c_q$ alle mit z identifiziert. Daher ist z' homolog zu qz in L, also $\{z'\} = q\{z\} = q\alpha$ in $H_1(L)$. Es folgt $q(\alpha \odot \alpha) = [1/p]$. Multipliziert man diese Gleichung mit q', so folgt wegen $pp' + qq' = 1$ und $p\alpha = 0$ unsere Behauptung.

Wie die Schnittzahlen, kann man auch die Verschlingungszahlen auf den Poincaré-Isomorphismus zurückführen. Dazu brauchen wir ein neues Hilfsmittel.

14.7.4 Konstruktion Sei C ein freier Kettenkomplex. Zu jedem Cozyklus $\varphi \in \text{Hom}(C_q, \mathbb{Q}/\mathbb{Z})$ gibt es nach 8.1.10 eine Cokette $\hat{\varphi} \in \text{Hom}(C_q, \mathbb{Q})$ mit $\varphi = p\hat{\varphi}$, wobei $p \colon \mathbb{Q} \to \mathbb{Q}/\mathbb{Z}$ die Projektion ist. Wegen $p(\delta\hat{\varphi}) = p\hat{\varphi}\partial = \varphi\partial = \delta(\varphi) = 0$ nimmt $\delta\hat{\varphi} \in \text{Hom}(C_{q+1}, \mathbb{Q})$ nur ganzzahlige Werte an, d.h. wir können $\delta\hat{\varphi}$ als ganzzahlige Cokette $\delta\hat{\varphi} \in \text{Hom}(C_{q+1}, \mathbb{Z})$ auffassen. Wegen $\delta^2 = 0$ ist sie ein Cozyklus. Wir definieren einen Homomorphismus $B \colon H^q(C; \mathbb{Q}/\mathbb{Z}) \to H^{q+1}(C)$ durch $B(\{\varphi\}) = \{\delta\hat{\varphi}\}$. Es heißt B der *Bockstein-Operator* zur Sequenz $0 \to \mathbb{Z} \to \mathbb{Q} \to \mathbb{Q}/\mathbb{Z} \to 0$, vgl. 13.3.A3. Gilt für $\hat{\varphi}_1 \in \text{Hom}(C_q, \mathbb{Q})$ ebenfalls $\varphi = p\hat{\varphi}_1$, so ist $\hat{\varphi} - \hat{\varphi}_1$ eine ganzzahlige q-Cokette mit Corand $\delta\hat{\varphi} - \delta\hat{\varphi}_1$; daher ist B eindeutig definiert. Man beachte: $\delta\hat{\varphi}$ ist zwar Corand der rationalen Cokette $\hat{\varphi}$, ist aber i.a. nicht Corand einer ganzzahligen Cokette, d.h. $\delta\hat{\varphi}$ repräsentiert zwar das Nullelement von $H^{q+1}(C; \mathbb{Q})$, aber i.a. nicht das von $H^{q+1}(C)$.

14.7.5 Satz
(a) *Ist $f \colon C \to D$ eine Kettenabbildung freier Kettenkomplexe, so ist $f^*B = Bf^*$.*

(b) *Für jeden topologischen Raum X ist B: $H^q(X;\mathbb{Q}/\mathbb{Z}) \to H^{q+1}(X)$ definiert, und für eine stetige Abbildung f: $X \to Y$ ist $f^*B = Bf^*$.*

(c) *Für jeden Simplizialkomplex K ist B: $H^q(K;\mathbb{Q}/\mathbb{Z}) \to H^{q+1}(K)$ definiert, und für den kanonischen Isomorphismus Θ' aus 13.5.14 gilt $\Theta'B = B\Theta'$.*

Beweis (a) bestätigt man unmittelbar, und (b) und (c) sind Spezialfälle (man beachte, daß Θ' nach 13.5.15 von einer Kettenabbildung induziert wird). $\square$

14.7.6 Satz *Sei C ein freier Kettenkomplex, dessen sämtliche Homologiegruppen endlich erzeugt sind. Dann gilt:*

(a) *Es ist κ: $H^q(C;\mathbb{Q}/\mathbb{Z}) \to \operatorname{Hom}(H_q(C),\mathbb{Q}/\mathbb{Z})$ ein Isomorphismus.*

(b) *Das Bild von B: $H^q(C;\mathbb{Q}/\mathbb{Z}) \to H^{q+1}(C)$ ist $\operatorname{Tor} H^{q+1}(C)$.*

(c) *Der Kern von B: $H^q(C;\mathbb{Q}/\mathbb{Z}) \to H^{q+1}(C)$ besteht aus genau den Elementen $\alpha' \in H^q(C;\mathbb{Q}/\mathbb{Z})$ mit $\langle \alpha',\alpha \rangle = 0$ für alle $\alpha \in \operatorname{Tor} H_q(C)$.*

Beweis (a) ist in Aufgabe 13.4.A2 enthalten.

(b) Weil $\mathbb{Q}/\mathbb{Z}$ eine Torsionsgruppe ist, ist nach 8.1.13 auch $\operatorname{Hom}(H_q(C),\mathbb{Q}/\mathbb{Z})$, wegen (a) auch $H^q(C;\mathbb{Q}/\mathbb{Z})$, eine Torsionsgruppe. Daher ist Bild $B \subset \operatorname{Tor} H^{q+1}(C)$. Umgekehrt: Zu $\{\psi\} \in \operatorname{Tor} H^{q+1}(C)$ gibt es $k \geq 1$ und $\psi_1 \in \operatorname{Hom}(C_q,\mathbb{Z})$ mit $\delta\psi_1 = k\psi$. Wir definieren $\hat{\varphi} \in \operatorname{Hom}(C_q,\mathbb{Q})$ durch $\langle \hat{\varphi},c \rangle = \frac{1}{k}\langle \psi_1,c \rangle$ und $\varphi = p\hat{\varphi}$, wobei p: $\mathbb{Q} \to \mathbb{Q}/\mathbb{Z}$. Dann ist φ ein Cozyklus und $B(\{\varphi\}) = \{\psi\}$.

(c) Sei $B(\{\varphi\}) = 0$ und $\hat{\varphi}$ wie in 14.7.4. Dann ist $\delta\hat{\varphi} = \delta\varphi_1$ für ein $\varphi_1 \in \operatorname{Hom}(C_q,\mathbb{Z})$. Für den Cozyklus $\hat{\varphi}-\varphi_1 \in \operatorname{Hom}(C_q,\mathbb{Q})$ ist $p(\hat{\varphi}-\varphi_1) = \varphi$. Sei $\alpha = \{z\} \in \operatorname{Tor} H_q(C)$, also $z = k\partial c$ für ein $k \geq 1$ und ein $c \in C_{q+1}$. Es folgt

$$\langle\{\varphi\},\alpha\rangle = \langle p(\hat{\varphi} - \varphi_1),z\rangle = p(k\langle\hat{\varphi} - \varphi_1, \partial c\rangle) = p(k\langle\delta(\hat{\varphi} - \varphi_1),c\rangle) = 0.$$

Umgekehrt sei α' wie angegeben. Weil $H_q(C)/\operatorname{Tor} H_q(C)$ frei abelsch und $\kappa(\alpha') = 0$ auf $\operatorname{Tor} H_q(C)$ ist, gibt es nach 8.1.10 einen Homomorphismus f: $H_q(C) \to \mathbb{Q}$ mit $\kappa(\alpha') = p \circ f$. Nach 13.4.3 gibt es $\{\psi\} \in H^q(C;\mathbb{Q})$ mit $\langle\{\psi\},\alpha\rangle = f(\alpha)$ für alle $\alpha \in H_q(C)$. Für den Cozyklus $p\psi \in \operatorname{Hom}(C_q,\mathbb{Q}/\mathbb{Z})$ ist dann

$$\kappa(\{p\psi\})(\alpha) = \langle\{p\psi\},\alpha\rangle = p\langle\{\psi\},\alpha\rangle = pf(\alpha) = \kappa(\alpha')(\alpha)$$

für alle $\alpha \in H_q(C)$, also $\alpha' = \{p\psi\}$ nach (a). Somit ist $B(\alpha') = \{\delta\psi\} = 0$ wegen $\delta\psi = 0$. $\square$

Zurück zu den Verschlingungszahlen. Es sei $\alpha \in \operatorname{Tor} H_q(M)$ und $\beta' \in H^q(M;\mathbb{Q}/\mathbb{Z})$, also $B(\beta') \cap \{M\} \in H_{n-q-1}(M)$.

14.7.7 Satz *Es ist $\alpha \odot (B(\beta') \cap \{M\}) = \langle\beta',\alpha\rangle$.*

14.7.8 Korollar *Sei $\alpha \in \operatorname{Tor} H_q(M)$ und $\beta \in \operatorname{Tor} H_{n-q-1}(M)$. Man wähle ein Element $\beta' \in H^q(M;\mathbb{Q}/\mathbb{Z})$ mit $\beta = B(\beta') \cap \{M\}$. Dann ist $\alpha \odot \beta = \langle\beta',\alpha\rangle$.*

Das ist die angekündigte Formel, mit der die Verschlingungszahlen durch den Poincaré-Isomorphismus ausgedrückt werden. Sie impliziert, daß die Verschlingungszahlen unabhängig von der Triangulation von M sind. Man beachte in 14.7.8, daß das Element β' nicht eindeutig bestimmt ist, da B nicht injektiv sein muß; nach 14.7.6 (c) ist jedoch $\langle \beta', \alpha \rangle$ wohlbestimmt.

Beweis von 14.7.7. Ist $\varphi \in \mathrm{Hom}(C_q(K); \mathbb{Q}/\mathbb{Z})$ ein Cozyklus mit $\Theta'(\beta') = \{\varphi\}$, so ist $\Theta' B(\beta') = B(\{\varphi\})$ nach 14.7.5 (c), wobei Θ' der kanonische Isomorphismus mit Koeffizienten $\mathbb{Q}/\mathbb{Z}$ bzw. $\mathbb{Z}$ ist. Aus 14.5.5 folgt $B(\beta') \cap \{M\} = \Theta i_* \Gamma B(\{\varphi\})$. Ist $\hat{\varphi} \in \mathrm{Hom}(C_q(K), \mathbb{Q})$ und $p\hat{\varphi} = \varphi$, so ist $B(\{\varphi\}) = \{\delta\hat{\varphi}\}$, also $B(\beta') \cap \{M\} = \Theta i_* \Gamma\{\delta\hat{\varphi}\} = \Theta i_*\{\gamma(\delta\hat{\varphi})\}$. Sei $z \in C_q(K)$ ein Zyklus mit $\alpha = \Theta\{z\}$ und $c \in C_{q+1}(K)$ eine Kette mit $\partial c = az$, wobei $a \neq 0$. Aus der Definition der Verschlingungszahlen folgt mit 14.6.2 (a):

$$\alpha \otimes (B(\beta') \cap \{M\}) = [z \otimes \gamma(\delta\hat{\varphi})] = [\frac{1}{a}c \cdot \gamma(\delta\hat{\varphi})] =$$

$$[\frac{1}{a}\langle \delta\hat{\varphi}, c\rangle] = [\frac{1}{a}\langle \hat{\varphi}, \partial c\rangle] = [\langle \hat{\varphi}, z\rangle] = \langle \varphi, z\rangle = \langle \beta', \alpha \rangle.$$

□

Um die Nichtsingularität der Schnittzahlen (also Satz 14.6.6) auf die Verschlingungszahlen zu übertragen, müssen wir zuerst einen neuen algebraischen Begriff einführen.

14.7.9 Definition Sei $f: V \times W \to \mathbb{Q}/\mathbb{Z}$ eine bilineare Funktion, wobei V und W endliche abelsche Gruppen sind. f heißt eine *nichtsinguläre Bilinearform*, wenn der Homomorphismus $\varphi: W \to \mathrm{Hom}(V, \mathbb{Q}/\mathbb{Z})$, $\varphi(w)(v) = f(v, w)$, bijektiv ist.

Nach 14.7.A1 darf man in dieser Bedingung V und W vertauschen. Der folgende Satz macht klar, wie man solche nichtsingulären Bilinearformen konstruiert.

14.7.10 Satz *Genau dann ist $f: V \times W \to \mathbb{Q}/\mathbb{Z}$ eine nichtsinguläre Bilinearform, wenn V und W isomorph sind und wenn es zu jeder Torsionsbasis $v_1, \ldots v_r$ von V eine Torsionsbasis $w_1, \ldots, w_r$ von W gibt, so daß v_i und w_i die gleiche Ordnung n_i haben und $f(v_i, w_j) = \delta_{ij}[1/n_i]$ gilt.*

Beweis zerfällt in zwei Schritte:

1. Schritt: Es gelte die angegebene Bedingung. Sei $w = x_1 w_1 + \ldots + x_r w_r \in W$ und $\varphi(w) = 0$. Dann ist $0 = \varphi(w)(v_i) = f(v_i, w) = [x_i/n_i]$ für $i = 1, \ldots, r$, also x_i ein Vielfaches von n_i und daher $w = 0$. Folglich ist φ injektiv. Sei $g \in \mathrm{Hom}(V, \mathbb{Q}/\mathbb{Z})$ ein beliebiger Homomorphismus. Wegen $0 = g(n_i v_i) = n_i g(v_i)$ ist $g(v_i) = [x_i/n_i]$ für ein $x_i \in \mathbb{Z}$. Für $w = x_1 w_1 + \ldots + x_r w_r \in W$ gilt $\varphi(w)(v_i) = f(v_i, w) = [x_i/n_i] = g(v_i)$ für $i = 1, \ldots, r$, und somit ist $\varphi(w) = g$. Daher ist φ surjektiv.

2. Schritt: Es sei f eine nichtsinguläre Bilinearform. Sei $v_1, \ldots, v_r$ eine Torsionsbasis von V und n_i die Ordnung von v_i. Definiere $f_i \in \mathrm{Hom}(V, \mathbb{Q}/\mathbb{Z})$ durch $f_i(v_j) =$

$\delta_{ij}[1/n_i]$. Nach Voraussetzung gibt es Elemente $w_i \in W$ mit $\varphi(w_i) = f_i$. Sei m_i die Ordnung von w_i. Aus $0 = \varphi(0) = \varphi(m_i w_i) = m_i f_i$ folgt $0 = m_i f_i(v_i) = [m_i/n_i]$, d.h. n_i ist ein Teiler von m_i. Aus $\varphi(n_i w_i) = n_i f_i = 0$ folgt $n_i w_i = 0$, d.h. n_i ist ein Vielfaches von m_i. Folglich ist $n_i = m_i$. Sei $w \in W$ beliebig. Dann ist $\varphi(w)(v_i) = [k_i/n_i]$ für eine ganze Zahl k_i. Es folgt $\varphi(w - \Sigma k_j w_j)(v_i) = 0$ für $i = 1, \ldots, r$, daraus $\varphi(w - \Sigma k_j w_j) = 0$, also $w = \Sigma k_j w_j$. Daher erzeugen $w_1, \ldots, w_r$ die Gruppe W. Sei $k_1 w_1 + \ldots + k_r w_r = 0$. Dann ist $0 = \varphi(\Sigma k_i w_i)(v_j) = [k_j/n_j]$, also $n_j | k_j$ und somit $k_1 w_1 = \ldots = k_r w_r = 0$. Folglich ist $w_1, \ldots, w_r$ Torsionsbasis von W. $\qquad\square$

14.7.11 Satz *Die Verschlingungszahlen in M induzieren für alle q eine nichtsinguläre Bilinearform* $\mathrm{Tor}\, H_q(M) \times \mathrm{Tor}\, H_{n-q-1}(M) \to \mathbb{Q}/\mathbb{Z}$. *Insbesondere gibt es zu jeder Torsionsbasis $\alpha_1, \ldots, \alpha_r$ von* $\mathrm{Tor}\, H_q(M)$ *eine geometrisch-duale Torsionsbasis $\alpha_1^*, \ldots, \alpha_r^*$ von* $\mathrm{Tor}\, H_{n-q-1}(M)$, *d.h. die α_i und α_i^* haben gleiche Ordnung n_i, und es ist $\alpha_i \odot \alpha_j^* = \delta_{ij}[1/n_i]$.*

Dieser Satz ist die geometrische Erklärung für die aus der Poincaré-Dualität folgende Isomorphie der Gruppen $\mathrm{Tor}\, H_q(M)$ und $\mathrm{Tor}\, H_{n-q-1}(M)$. Man findet in M divisionsnullhomologe q-Zyklen $z_1, \ldots, z_r$ (in K) und $z_1^*, \ldots, z_r^*$ (in K^*) mit $z_i \odot z_j = \delta_{ij}[1/n_i]$, und die Zuordnung $z_i \mapsto z_i^*$ liefert auf Homologie-Niveau den genannten Isomorphismus. Der Satz zeigt uns ferner, daß die Verschlingungszahlen $\mathrm{Tor}\, H_q(M) \times \mathrm{Tor}\, H_{n-q-1}(M) \to \mathbb{Q}/\mathbb{Z}$ vollständig bestimmt sind, also keine neuen Invarianten für M liefern: die Matrix der Verschlingungszahlen bezüglich geeigneter Torsionsbasen ist eine Diagonalmatrix, in deren Hauptdiagonale die Elemente $[1/t_1], \ldots, [1/t_r] \in \mathbb{Q}/\mathbb{Z}$ stehen, wobei $t_1 | t_2 | \ldots | t_r$ die q-dimensionalen Torsionskoeffizienten von M sind. Nur der Fall $q = n - q - 1$, also $n = 2q + 1$, bildet eine Ausnahme. Dann sind $\alpha_1, \ldots, \alpha_r$ und $\alpha_1^*, \ldots, \alpha_r^*$ Torsionsbasen derselben Gruppe $H_q(M)$, und die Frage, wie diese zusammenhängen, führt zu interessanten Eigenschaften von M (siehe 15.6).

Beweis Wir müssen zeigen, daß der Homomorphismus

$$\varphi\colon \mathrm{Tor}\, H_{n-q-1}(M) \to \mathrm{Hom}(\mathrm{Tor}\, H_q(M), \mathbb{Q}/\mathbb{Z}), \quad \varphi(\beta)(\alpha) = \alpha \odot \beta,$$

bijektiv ist. Sei $\beta \in \mathrm{Tor}\, H_{n-q-1}(M)$ und $\varphi(\beta) = 0$. Sei β' wie in 14.7.8. Dann ist $\langle \beta', \alpha \rangle = 0$ für alle $\alpha \in \mathrm{Tor}\, H_q(M)$, also $B(\beta') = 0$ nach 14.7.6 (c) und daher $\beta = 0$. Sei $f\colon \mathrm{Tor}\, H_q(M) \to \mathbb{Q}/\mathbb{Z}$ gegeben. Wegen 8.1.15 kann man f zu $H_q(M) \to \mathbb{Q}/\mathbb{Z}$ fortsetzen. Nach 14.7.6 (a) gibt es $\beta' \in H^q(M; \mathbb{Q}/\mathbb{Z})$ mit $\langle \beta', \alpha \rangle = f(\alpha)$ für alle $\alpha \in \mathrm{Tor}\, H_q(M)$. Ist $\beta = B(\beta') \cap \{M\}$, so ist folglich $\varphi(\beta) = f$. $\qquad\square$

Wie die Schnittzahlen sind die Verschlingungszahlen topologische Invarianten der Mannigfaltigkeit:

14.7.12 Satz *Ist $f\colon M \to N$ ein orientierungserhaltender Homöomorphismus, so gilt für $\alpha \in \mathrm{Tor}\, H_q(M)$ und $\beta \in \mathrm{Tor}\, H_{n-q-1}(M)$ die Formel $f_*(\alpha) \odot f_*(\beta) = \alpha \odot \beta$.*

Beweis Wähle $\beta' \in H^q(N; \mathbb{Q}/\mathbb{Z})$ mit $B(\beta') \cap \{N\} = f_*(\beta)$. Dann ist

$$f_*(Bf^*(\beta') \cap \{M\}) = f_*(f^*B(\beta') \cap \{M\}) = B(\beta') \cap \{N\} = f_*(\beta),$$

also $\beta = Bf^*(\beta') \cap \{M\}$, weil f_* injektiv ist. Es folgt $f_*(\alpha) \odot f_*(\beta) = \langle \beta', f_*(\alpha) \rangle = \langle f^*(\beta'), \alpha \rangle = \alpha \odot \beta$. □

Wir haben in diesem Abschnitt eine naheliegende Frage unbeantwortet gelassen: Wie hängen für $\alpha \in \mathrm{Tor}\, H_q(M)$ und $\beta \in \mathrm{Tor}\, H_{n-q-1}(M)$ die Verschlingungszahlen $\alpha \odot \beta$ und $\beta \odot \alpha$ zusammen? Die Antwort und weitere Anwendungen der Verschlingungszahlen geben wir in 15.6.

14.7.13 Beispiel *Wenn die Linsenräume $L = L(p, q)$ und $L_1 = L(p, q_1)$ homöomorph sind, ist $q_1 \equiv \pm k^2 q$ mod p für eine ganze Zahl k* (also sind z.B. $L(5, 1)$ und $L(5, 2)$ nicht homöomorph). Beweis: Sei $\alpha \in H_1(L)$ wie in 14.7.3 (c) und $\alpha_1 \in H_1(L_1)$ analog. Ist $f: L \to L_1$ ein Homöomorphismus, so ist $f_*(\alpha) = k\alpha_1$ für ein $k \in \mathbb{Z}$, also $\alpha \odot \alpha = \pm f_*(\alpha) \odot f_*(\alpha) = \pm k^2(\alpha_1 \odot \alpha_1)$. Setzt man hier die Verschlingungszahlen nach 14.7.3 (c) ein, so erhält man die Behauptung.

Aufgaben

14.7.A1 Seien $f: V \times W \to \mathbb{Q}/\mathbb{Z}$ und $\varphi: W \to \mathrm{Hom}(V, \mathbb{Q}/\mathbb{Z})$ wie in 14.7.9, und sei $\psi: V \to \mathrm{Hom}(W, \mathbb{Q}/\mathbb{Z})$ der Homomorphismus $\psi(v)(w) = f(v, w)$. Zeigen Sie wie in 14.6.A1 und A2, daß φ genau dann ein Isomorphismus ist, wenn ψ einer ist.

14.7.A2 In 14.7.12 darf man „Homöomorphismus" durch „Homotopieäquivalenz" ersetzen.

14.7.A3 Aus $L(p, q) \simeq L(p, q_1)$ folgt $q_1 \equiv \pm k^2 q$ mod p für ein $k \in \mathbb{Z}$.

14.8 Alexander- und Lefschetz-Dualität

Der Kern des Poincaréschen Dualitätssatzes ist die in 14.5.4 definierte Ketten-Dualität $\gamma: \mathrm{Hom}(C_q(K), \mathbb{Z}) \to C^*_{n-q}(K')$. Erinnern Sie sich: γ bildet das Cosimplex $\tilde{\sigma}$ eines orientierten q-Simplex σ von K auf den natürlich orientierten dualen Teilraum σ^* von σ ab. Wir untersuchen, wie sich γ bezüglich Teilkomplexen $L \subset K$ verhält. Die Bezeichnungen und Voraussetzungen sind wie zu Beginn von 14.3.

14.8.1 Definition Sei $L \subset K$ ein Teilkomplex. Das *simpliziale Komplement* L'_c von L ist der Teilkomplex der Normalunterteilung K', der aus allen Simplexen von K' besteht, die keine Ecke in L' haben.

Ist $\sigma' \in L'_c$ und $\tau' < \sigma'$, so liegt keine Ecke von τ' in L', d.h. es ist $\tau' \in L'_c$; daher ist L'_c ein Teilkomplex von K'. Im Fall $L = K$ ist $L'_c = \emptyset$, und im Fall $L = \emptyset$ ist $L'_c = K'$. Ist L der „Außenrand" des Simplizialkomplexes K in Abb. 14.3.1, so besteht L'_c aus den 34 Dreiecken (einschließlich Seiten und Ecken), die von den fett gezeichneten Linien ganz umschlossen werden. Machen Sie sich an dieser Abbildung den folgenden Satz und seinen Beweis klar:

14.8.2 Satz $|L'_c|$ *ist strenger Deformationsretrakt von* $|K|\backslash|L|$.

Das ist der Grund, warum wir L'_c das simpliziale „Komplement" von L nennen: Der zugrundeliegende Raum $|L'_c|$ hat den gleichen Homotopietyp wie das Komplement von $|L|$ in $|K|$.

Beweis Sei $x \in |K|\backslash|L|$, und sei $\tau' = \mathrm{Tr}_{K'}(x)$. Wenn alle Ecken von τ' in L' lägen, so läge nach 3.2.A3 das ganze Simplex τ' in L', d.h. es wäre $x \in |L|$, entgegen der Wahl von x. Also liegt mindestens eine Ecke von τ' nicht in L', d.h. sie liegt in L'_c. Wir ordnen die Ecken von $\tau' = (x'_0 \ldots x'_q)$ so an, daß $x'_0, \ldots, x'_p$ in L'_c liegen und $x'_{p+1}, \ldots, x'_q$ in L; dabei ist p eine Zahl mit $0 \le p \le q$. Es seien $\lambda_0, \ldots, \lambda_q$ die baryzentrischen Koordinaten von x, also $x = \Sigma_{i=0}^q \lambda_i x'_i$. Wir definieren $r(x) \in (x'_0 \ldots x'_p)$ durch $r(x) = \Sigma_{i=0}^p \mu_i x_i$ mit $\mu_i = \lambda_i/(\lambda_0 + \ldots + \lambda_p)$; wegen $x \notin |L|$ ist hier der Nenner $\ne 0$. Nach 3.2.A3 liegt das Simplex $(x'_0 \ldots x'_p)$ in L'_c, und daher ist $r(x) \in |L'_c|$. Folglich wird durch $x \mapsto r(x)$ eine Abbildung $r: |K|\backslash|L| \to |L'_c|$ definiert, von der man wie bei (b) im Beweis von 3.1.18 zeigt, daß sie stetig ist. Im Fall $x \in |L'_c|$ ist $\tau' \in L'_c$, d.h. oben ist $p = q$ und somit $r(x) = x$. Daher ist r eine Retraktion. Weil x und $r(x)$ im abgeschlossenen Trägersimplex $\overline{\tau'}$ liegen und weil dieses konvex ist, wird durch $h_t(x) = (1-t)x+tr(x)$ eine Homotopie $h_t: |K|\backslash|L| \to |K|\backslash|L|$ definiert, die die gewünschten Eigenschaften hat. $\square$

Jetzt betrachten wir neben der simplizialen Zerlegung K von M die duale Zerlegung K^* von M; sie besteht aus den dualen Teilräumen σ^* aller Simplexe $\sigma \in K$.

14.8.3 Hilfssatz $|L'_c|$ *ist die Vereinigung der dualen Teilräume* σ^*, *wobei* σ *die Simplexe von* $K\backslash L$ *durchläuft. Ferner liegt für jedes Simplex* $\sigma \in K\backslash L$ *auch der Rand von* σ^* *in* $|L'_c|$.

Beweis Für ein Simplex $\sigma \in K$ besteht σ^* aus allen Simplexen $\tau' = (\hat\sigma \hat\sigma_{i_0} \ldots \hat\sigma_{i_k})$ von K' mit $\sigma < \sigma_{i_0} < \ldots < \sigma_{i_k}$. Wenn σ nicht in L liegt, liegen die $\sigma_{i_0}, \ldots, \sigma_{i_k}$ auch nicht in L, d.h. τ' hat keine Ecke in L', gehört also zu L'_c. Folglich ist $\sigma^* \subset |L'_c|$ für alle $\sigma \in K\backslash L$. Sei umgekehrt $x \in |L'_c|$ ein beliebiger Punkt, und sei $\tau' = (\hat\sigma_{i_0} \ldots \hat\sigma_{i_k})$ sein Trägersimplex in L'_c, wobei $\sigma_{i_0} < \ldots < \sigma_{i_k}$ ist. Dann liegt $\hat\sigma_{i_0}$ nicht in L', d.h. σ_{i_0} liegt nicht in L. Es folgt $x \in \tau' \subset \sigma^*_{i_0}$ mit $\sigma_{i_0} \in K\backslash L$. — Zum Beweis der zweiten Aussage beachte man, daß der Rand von σ^* nach 14.3.4 die Vereinigung aller τ^* ist, wobei τ die Simplexe von K mit $\sigma < \tau$ durchläuft. Weil aus $\sigma \in K\backslash L$ auch $\tau \in K\backslash L$ folgt, liegt τ^* nach bereits Bewiesenem in $|L'_c|$. $\square$

Der Teilraum $|L_c'|$ von M ist somit, wie die ganze Mannigfaltigkeit M, auf zwei verschiedene Weisen zerlegt: einerseits in die Simplexe von L_c' und andererseits in die dualen Teilräume σ^* der Simplexe $\sigma \in K \backslash L$. Wir wiederholen jetzt noch einmal die Überlegungen, die zum Poincaréschen Dualitätssatz geführt haben, allerdings nicht für M, sondern nur für den Teilraum $|L_c'|$ von M. Als Resultat werden wir eine Verallgemeinerung des Poincaréschen Dualitätssatzes erhalten.

14.8.4 Konstruktionen

(a) Es sei $C_q^*(L_c') \subset C_q(L_c')$ die Untergruppe von $C_q(L_c')$, die von den q-dimensionalen orientierten dualen Teilräumen in $|L_c'|$ erzeugt wird. Nach der ersten Aussage in 14.8.3 bilden die fest orientierten σ^*, wobei σ die $(n-q)$-Simplexe von $K \backslash L$ durchläuft, eine Basis von $C_q^*(L_c')$. Wegen der zweiten Aussage in 14.8.3 bilden diese Untergruppen einen Teilkettenkomplex $C^*(L_c')$ von $C(L_c')$. Wie in 14.4.5 induziert die Inklusion $i\colon C^*(L_c') \to C(L_c')$ Isomorphismen $i_*\colon H_q(C^*(L_c')) \to H_q(L_c')$, vgl. 14.4.A1.

(b) Wir betrachten den relativen Kettenkomplex $C(K,L)$ des Paares (K,L). Die Cokettengruppe $\mathrm{Hom}(C_q(K,L),\mathbb{Z})$ besteht analog zu 13.5.3 aus den Homomorphismen $\varphi\colon C_q(K) \to \mathbb{Z}$, die auf allen orientierten q-Simplexen von L den Wert 0 annehmen. Eine Basis dieser Gruppe bilden die Cosimplexe $\tilde{\sigma}$, wobei σ die orientierten Simplexe von $K \backslash L$ durchläuft.

(c) Jetzt nehmen wir an, daß $M = |K|$ orientierbar und fest orientiert ist. Zu jedem orientierten q-Simplex σ von K gehören das Cosimplex $\tilde{\sigma}$ und der natürlich orientierte duale Teilraum σ^*. Die Zuordnung $\tilde{\sigma} \mapsto \sigma^*$ liefert die Ketten-Dualität $\gamma\colon \mathrm{Hom}(C_q(K),\mathbb{Z}) \overset{\cong}{\longrightarrow} C_{n-q}^*(K)$. Aus (a) und (b) folgt, daß dieselbe Zuordnung $\tilde{\sigma} \mapsto \sigma^*$ einen Isomorphismus $\gamma\colon \mathrm{Hom}(C_q(K,L),\mathbb{Z}) \overset{\cong}{\longrightarrow} C_{n-q}^*(L_c')$ liefert, wobei $\sigma \in K \backslash L$ ist. Kurz: Wenn man nur Coketten relativ L zuläßt, so erhält man nur die dualen Teilräume, die im simplizialen Komplement von L liegen. Wegen $\partial \gamma = \pm \gamma \delta$ in 14.5.4 (b) bildet auch dieser Isomorphismus Cozyklen in Zyklen und Coränder in Ränder ab, und er induziert daher einen Isomorphismus $\Gamma\colon H^q(K,L) \to H_{n-q}(C^*(L_c'))$.

(d) Wir setzen $M = |K|$, $A = |L|$ und betrachten neben Γ folgende Isomorphismen:

$$H^q(M,A) \overset{\Theta'}{\underset{\cong}{\longrightarrow}} H^q(K,L) \overset{\Gamma}{\underset{\cong}{\longrightarrow}} H_{n-q}(C^*(L_c')) \overset{i_*}{\underset{\cong}{\longrightarrow}}$$

$$H_{n-q}(L_c') \overset{\Theta}{\underset{\cong}{\longrightarrow}} H_{n-q}(|L_c'|) \overset{\cong}{\longrightarrow} H_{n-q}(M \backslash A).$$

Hier sind Θ' und Θ die kanonischen Isomorphismen zwischen simplizialer und singulärer (Co-)Homologie, i_* ist wie in (a), und der letzte Isomorphismus ist von der Inklusion induziert, vgl. 14.8.2 und 9.3.4. Wir bezeichnen die Komposition dieser Isomorphismen wieder mit $\Gamma\colon H^q(M,A) \overset{\cong}{\longrightarrow} H_{n-q}(M \backslash A)$, um daran zu erinnern, daß letztlich die Ketten-Dualität $\gamma\colon \tilde{\sigma} \to \sigma^*$ diese Isomorphie liefert. Das ist unser erstes Resultat: Die Gruppen $H^q(M,A)$ und $H_{n-q}(M \backslash A)$ sind isomorph.

(e) Das zweite Resultat ergibt sich durch „Dualisieren" obiger Überlegungen. Wir betrachten in (a) die Cohomologiegruppen $H^q(C^*(L'_c))$. Aus 13.4.A5 folgt, daß auch $i^*: H^q(L'_c) \to H^q(C^*(L'_c))$ ein Isomorphismus ist. Eine Basis von $C^*_q(L'_c)$ bilden die σ^*, wobei σ jetzt die orientierten $(n-q)$-Simplexe von $K \backslash L$ durchläuft. Als Basis von $\mathrm{Hom}(C^*_q(L'_c), \mathbb{Z})$ nehmen wir die dazu duale Basis $\widetilde{\sigma^*}$. Die Zuordnung $\widetilde{\sigma^*} \mapsto \sigma$ induziert einen Isomorphismus $\mathrm{Hom}(C^*_q(L'_c), \mathbb{Z}) \to C_{n-q}(K, L)$, der Cozyklen in Zyklen und Coränder in Ränder abbildet und der folglich einen Isomorphismus $H^q(C^*(L'_c)) \xrightarrow{\cong} H_{n-q}(K, L)$ induziert. Ähnlich wie in (d) erhalten wir daraus mit

$$H^q(M \backslash A) \xrightarrow[\cong]{\Theta} H^q(|L'_c|) \xrightarrow[\cong]{\Theta'} H^q(L'_c) \xrightarrow[\cong]{i^*}$$

$$H^q(C^*(L'_c)) \xrightarrow{\cong} H_{n-q}(K, L) \xrightarrow[\cong]{\Theta} H_{n-q}(M, A)$$

einen Isomorphismus, den wir mit $\tilde{\Gamma}: H^q(M \backslash A) \to H_{n-q}(M, A)$ bezeichnen. Fassen wir zusammen:

14.8.5 Satz (Poincaré-Alexander-Lefschetz-Dualität) *Sei (M, A) ein Polyederpaar, wobei M eine zusammenhängende geschlossene triangulierbare und orientierbare n-Mannigfaltigkeit ist. Dann gibt es Isomorphismen*

$$\Gamma: H^q(M, A) \xrightarrow{\cong} H_{n-q}(M \backslash A) \quad und \quad \tilde{\Gamma}: H^q(M \backslash A) \xrightarrow{} H_{n-q}(M, A). \qquad \square$$

Im Falle $A = \emptyset$ ist das wieder der Poincarésche Dualitätssatz. Im Fall $A \neq \emptyset$ hängen die Gruppen $H^q(M, A)$ bzw. $H_{n-q}(M, A)$ über die exakte (Co-)Homologiesequenz mit den (Co-)Homologiegruppen von A zusammen, und sie spiegeln daher topologische Eigenschaften von A wider. Die Gruppen $H_{n-q}(M \backslash A)$ bzw. $H^q(M \backslash A)$ hängen dagegen von der Topologie von $M \backslash A$ ab. Darin liegt die Bedeutung des Satzes: Er liefert Zusammenhänge zwischen den topologischen Eigenschaften von A und denen des Komplements $M \backslash A$.

14.8.6 Beispiele Weil $M \backslash A \simeq |L'_c|$ den Homotopietyp eines Polyeders hat, ist $H_0(M \backslash A)$ endlich erzeugt und daher $H^0(M \backslash A) \cong H_0(M \backslash A)$ nach 13.4.3. Aus dem Satz folgt somit $H_0(M \backslash A) \cong H_n(M, A)$, d.h. der Rang von $H_n(M, A)$ ist die Anzahl der Wegekomponenten von $M \backslash A$. Wegen 11.3.A3 erhalten wir aus der Homologiesequenz des Paares (M, A) die folgende exakte Sequenz (wobei wir $A \neq M$ annehmen):

$$0 \longrightarrow H_n(M) \xrightarrow{j_*} H_n(M, A) \xrightarrow{\partial_*} H_{n-1}(A) \xrightarrow{i_*} H_{n-1}(M).$$

Wenn i_* injektiv ist, folgt $H_n(M, A) \cong \mathbb{Z}$, und daher ist $M \backslash A$ wegzusammenhängend. Z.B. wird M von A in folgenden Fällen nicht zerlegt: wenn $\dim A < n - 1$ ist; wenn A eine $(n-1)$-Mannigfaltigkeit mit Rand ist; wenn A eine geschlossene nicht-orientierbare Mannigfaltigkeit ist (so wird etwa eine orientierbare 3-Mannigfaltigkeit M von einer in ihr liegenden projektiven Ebene nicht zerlegt). Wenn $H_{n-1}(M) = 0$ ist, so folgt aus der obigen Sequenz und 8.1.A8, daß

$H_0(M \backslash A) \cong H_n(M, A)$ frei abelsch ist vom Rang $1 + p_{n-1}(A)$, wobei $p_{n-1}(A)$ die $(n-1)$-te Bettizahl von A ist. Hier sind einige Beispiele: Jede orientierbare geschlossene Fläche, die in einer 3-Sphäre oder in einen Linsenraum eingebettet ist, zerlegt den umgebenden Raum in zwei Komponenten; für jede $(2n - 1)$-Sphäre in $P^n(\mathbb{C})$ und für jede $(n - 1)$-Sphäre in S^n gilt dasselbe. Die letzte Aussage ist wieder der Jordan-Brouwersche Separationssatz, jetzt allerdings nur für solche $(n-1)$-Sphären in S^n, die als Teilpolyeder in S^n eingebettet sind.

14.8.7 Beispiele Im Fall $M = S^n$ erhalten wir Isomorphismen

$$H^q(S^n, A) \cong H_{n-q}(S^n \backslash A) \text{ und } H^q(S^n \backslash A) \cong H_{n-q}(S^n, A),$$

wobei $A \subset S^n$ ein Teilpolyeder ist. Das ist der *Alexandersche Dualitätssatz*. Wir betrachten einige Beispiele, wobei wir $A \neq \emptyset$, $A \neq S^n$ und $n > 1$ voraussetzen.

(a) In 14.8.6 haben wir schon gesehen, daß $H_0(S^n \backslash A) \cong H^0(S^n \backslash A)$ frei abelsch ist vom Rang $1 + p_{n-1}(A)$. Ferner folgt aus den obigen Isomorphismen, daß $H_n(S^n \backslash A)$ und $H^n(S^n \backslash A)$ Null sind. Aus der exakten (Co-)Homologiesequenz von (S^n, A) kann man $H^1(S^n, A)$ bzw. $H_1(S^n, A)$ ablesen; es folgt, daß sowohl $H_{n-1}(S^n \backslash A)$ als auch $H^{n-1}(S^n \backslash A)$ freie abelsche Gruppen vom Rang $p_0(A) - 1$ sind. Wie kann man sich die Zyklen vorstellen, die die Gruppe $H_{n-1}(S^n \backslash A)$ erzeugen?

(b) Für $q \neq 0$, $n - q$, n ist $\partial_*\colon H_{n-q}(S^n, A) \to H_{n-q-1}(A)$ ein Isomorphismus und daher $H^q(S^n \backslash A) \cong H_{n-q-1}(A)$. Für die Bettizahlen gilt daher $p_q(S^n \backslash A) = p_{n-q-1}(A)$, und für die Torsionsuntergruppen erhalten wir Tor $H_{q-1}(S^n \backslash A) \cong$ Tor $H_{n-q-1}(A)$. Folglich sind die Homologiegruppen des Komplements $S^n \backslash A$ völlig durch die von A bestimmt; sie hängen insbesondere nur von A ab, nicht davon, wie A in S^n eingebettet ist.

(c) Wegen Tor $H_{n-2}(S^n \backslash A) =$ Tor $H_0(A) = 0$ folgt, daß für jedes Teilpolyeder $A \subset S^n$ die Gruppe $H_{n-2}(S^n \backslash A)$ frei abelsch ist. Z.B. hat jedes Teilpolyeder von S^3 (und somit von $\mathbb{R}^3 \approx S^3 \backslash x_0$) torsionsfreie Homologiegruppen; das erklärt, warum der Torsionsteil der Homologie geometrisch weniger anschaulich ist als der freie Teil, und es zeigt, daß man die geschlossenen nicht-orientierbaren Flächen nicht als Teilpolyeder in S^3 (und somit $\mathbb{R}^3$) einbetten kann.

Obwohl aus dem Dualitätssatz 14.8.5, wie angedeutet, eine Fülle interessanter geometrischer Aussagen folgt, ist der Satz in der angegebenen Form noch unbefriedigend. Zunächst sind die Isomorphismen Γ, $\bar{\Gamma}$ nicht natürlich definiert. Es ist nicht klar, wie sie sich bezüglich Abbildungen des Tripels $(M, A, M \backslash A)$ verhalten; es ist nicht einmal klar, ob sie von der Triangulation von M unabhängig sind. Ferner schränkt die Voraussetzung, daß (M, A) ein Polyederpaar ist, unsere Folgerungen ein. Man kann, wie gesehen, P^2 nicht als Teilpolyeder in S^3 einbetten. Aber vielleicht kann man P^2 als Teilraum in S^3 einbetten, so kompliziert, daß P^2 in keiner Triangulation von S^3 ein Teilkomplex ist. Man kann diese Lücken in 14.8.5 schließen (und somit insbesondere P^2 nicht als Teilraum in S^3 einbetten), worauf wir jedoch nicht eingehen (vgl. z.B. [Dold, chapter VIII], [Massey 2, chapter IX], [Spanier, chapter 6]).

Wir skizzieren zum Schluß dieses Abschnitts die Verallgemeinerung des Poincaré-schen Dualitätssatzes für Mannigfaltigkeiten mit Rand:

14.8.8 Satz (Lefschetz-Dualität) *Sei M eine zusammenhängende triangulierbare orientierbare n-Mannigfaltigkeit mit Rand $\partial M \neq \emptyset$. Dann gibt es Isomorphismen*

$$H^q(M, \partial M) \cong H_{n-q}(M) \text{ und } H^q(M) \cong H_{n-q}(M, \partial M).$$

Beide Isomorphismen werden durch das cap-Produkt $\alpha \mapsto \alpha \cap \{M\}$ vermittelt; aber um das zu zeigen, muß man erst ein cap-Produkt zwischen den relativen Gruppen einführen. Wir gehen darauf nicht ein und begnügen uns mit der obigen Formulierung.

B e w e i s   Nach 1.5.7 ist $M \times I$ eine $(n+1)$-Mannigfaltigkeit. Der Rand $W = \partial(M \times I)$ ist nach 1.5.4 eine n-Mannigfaltigkeit, und es ist $W = M \cup M_1 \cup N$, wobei wir $M = M \times 0$, $M_1 = M \times 1$ und $N = \partial M \times I$ setzen. Mit der Mayer-Vietoris-Sequenz zu $W = M \cup (M_1 \cup N)$ folgt $H_n(W) \cong \mathbb{Z}$; also ist W orientierbar. Wir betrachten folgende Isomorphismen:

$$H^q(M, \partial M) \cong H^q(M \cup N, \partial M_1) \cong H^q(W, M_1) \cong H_{n-q}(W \backslash M_1) \cong H_{n-q}(M).$$

Der erste wird von $r: (M \cup N, \partial M_1) \to (M, \partial M)$ induziert, wobei $r|M = \mathrm{id}_M$ und $r(x, t) = x$ ist für $x \in N$ und $t \in I$; weil $r: M \cup N \to M$ eine Homotopieäquivalenz und $r|\partial M_n: \partial M_1 \to \partial M$ ein Homöomorphismus ist, folgt das aus der Cohomologieleiter von r. Der zweite wird von der Inklusion der entsprechenden Raumpaare induziert, die ein relativer Homöomorphismus ist (nach 9.4.8, angewandt auf die Cohomologie). Der dritte Isomorphismus folgt aus 14.8.5 und der vierte daraus, daß M strenger Deformationsretrakt von $W \backslash M_1$ ist. Analog erhält man den anderen Isomorphismus des Satzes.   □

14.9 Notizen

Natürlich hat Poincaré seinen Dualitätssatz nicht wie in 14.2.1 formuliert, sondern so (1895): „Pour une variété fermée, les nombres de Betti également distants des extrêmes sont égaux." Sein erster Beweis benutzte Schnittzahl-Argumente; erst später führte er duale Zellzerlegungen ein und entdeckte auch die Dualität der Torsionskoeffizienten (1900). Der Satz wurde dann von Alexander und Veblen (1913) präzisiert und auf nicht orientierbare Mannigfaltigkeiten erweitert. Alexander (1922) fand die Dualität zwischen einem Polyeder $A \subset S^n$ und seinem Komplement $S^n \backslash A$, und Lefschetz kombinierte diese Ideen zum Dualitätssatz 14.8.5. Daß Cohomologie und cap-Produkt die richtigen Werkzeuge sind, um die geometrische Dualität zu beschreiben, wurde durch Arbeiten von Lefschetz, Alexander und vor allem Whitney (1938) deutlich.

15 Der Cohomologiering

Die algebraischen Invarianten topologischer Räume, die wir bisher kennengelernt haben, sind Gruppen (Fundamentalgruppe, Co- und Homologiegruppen) oder Vektorräume (Co- und Homologiegruppen mit Koeffizienten in einem Körper). Im folgenden werden wir jedem topologischen Raum einen Ring zuordnen und damit topologische Eigenschaften der Räume beschreiben, die sich mit den früheren Methoden nicht erfassen lassen. In diesem ganzen Kapitel betrachten wir die Cohomologiegruppen $H^p(X; G)$, wobei wir voraussetzen, daß der Koeffizientenbereich G nicht nur eine abelsche Gruppe, sondern sogar ein kommutativer Ring mit 1-Element ist (nur die Fälle $G = \mathbb{Z}$, $\mathbb{Z}_k$ und $G =$ Körper werden eine Rolle spielen).

15.1 Das Cohomologie-Kreuzprodukt

15.1.1 Definition Es sei G ein kommutativer Ring mit 1-Element.

(a) Für eine Cokette $\varphi \in \mathrm{Hom}(S_p(X), G)$ und eine Kette $c \in S_r(X)$ bezeichnet $\langle \varphi, c \rangle \in G$ wie in 13.3.1 den Wert von φ auf c, falls $p = r$ ist, und $\langle \varphi, c \rangle = 0$ sonst.

(b) Für Coketten $\varphi \in \mathrm{Hom}(S_p(X), G)$ und $\psi \in \mathrm{Hom}(S_q(Y), G)$ definieren wir die $(p+q)$-Cokette $\varphi \cdot \psi$ auf dem Kettenkomplex $S(X) \otimes S(Y)$ durch

$$\langle \varphi \cdot \psi, c \otimes d \rangle = \langle \varphi, c \rangle \cdot \langle \psi, d \rangle;$$

dabei ist $c \in S_i(X)$ und $d \in S_j(Y)$ und $i + j = p + q$ (man beachte, daß dies nur im Fall $i = p, j = q$ von Null verschieden ist).

In der definierenden Gleichung für $\varphi \cdot \psi$ steht rechts die Ringmultiplikation in G; daher muß G ein Ring sein. Aus der Formel für den Randoperator in $S(X) \otimes S(Y)$, vgl. 12.1.4, folgt für $\varphi \in \mathrm{Hom}(S_p(X), G)$ und $\psi \in \mathrm{Hom}(S_q(Y), G)$:

15.1.2 Hilfssatz *Es ist* $\delta(\varphi \cdot \psi) = \delta\varphi \cdot \psi + (-1)^p \varphi \cdot \delta\psi$. $\qquad\qquad\square$

Diese Formel zeigt, daß für $\{\varphi\} \in H^p(X; G)$ und $\{\psi\} \in H^q(Y; G)$ das Element $\{\varphi \cdot \psi\} \in H^{p+q}(S(X) \otimes S(Y); G)$ eindeutig bestimmt ist. Die Eilenberg-Zilber-Äquivalenz $Q: S(X \times Y) \to S(X) \otimes S(Y)$ induziert einen Isomorphismus Q^* der

Cohomologiegruppen dieser Kettenkomplexe, der nach 12.2.5 und 13.5.9 von der Wahl von Q unabhängig ist. Daher kann man definieren:

15.1.3 Definition Das *Cohomologie-Kreuzprodukt* von $\alpha = \{\varphi\} \in H^p(X;G)$ und $\beta = \{\psi\} \in H^q(Y;G)$ ist $\alpha \times \beta = Q^*\{\varphi \cdot \psi\} = \{(\varphi \cdot \psi) \circ Q\} \in H^{p+q}(X \times Y;G)$.

Man stelle sich das ganz konkret vor: $\alpha \times \beta$ wird repräsentiert von einem Cozyklus, der auf der Produktkette zweier Ketten c und d das Produkt der Werte $\langle\varphi, c\rangle$ und $\langle\psi, d\rangle$ annimmt. Das Cohomologie-Kreuzprodukt hat die analogen Eigenschaften wie das Homologie-Kreuzprodukt in 12.4, die wir ohne Beweis angeben. (Der Beweis ist nicht schwer. Sie müssen zuerst zeigen, daß das Cokettenprodukt $\varphi \cdot \psi$ die entsprechenden Eigenschaften hat, und dann für die Eilenberg-Zilber-Äquivalenz Q die analogen Überlegungen wie in 12.4 durchführen.)

15.1.4 Satz *Das Cohomologie-Kreuzprodukt hat folgende Eigenschaften:*

Bilinearität: $(\alpha + \alpha') \times \beta = \alpha \times \beta + \alpha' \times \beta$ *und* $\alpha \times (\beta + \beta') = \alpha \times \beta + \alpha \times \beta'$.
Homogenität: $(g\alpha) \times \beta = \alpha \times (g\beta) = g(\alpha \times \beta)$ *für* $g \in G$.
Kommutativität: $\alpha \times \beta = (-1)^{pq} t^*(\beta \times \alpha)$, *wobei* $t\colon X \times Y \to Y \times X$ *die Koordinaten-Vertauschung ist.*
Assoziativität: $(\alpha \times \beta) \times \gamma = \alpha \times (\beta \times \gamma)$, *wobei* $\gamma \in H^r(Z;G)$.
Neutrales Element: $\alpha \times 1_Y = \mathrm{pr}_1^*(\alpha)$ *und* $1_X \times \beta = \mathrm{pr}_2^*(\beta)$.
Natürlichkeit: $(f \times g)^*(\alpha \times \beta) = f^*(\alpha) \times g^*(\beta)$ *für* $f\colon X' \to X$, $g\colon Y' \to Y$. $\qquad\square$

Der folgende Satz verbindet Homologie- und Cohomologie-Kreuzprodukt. Wir betrachten Elemente $\alpha' \in H^p(X;G)$, $\alpha \in H_r(X;G)$ sowie $\beta' \in H^q(Y;G)$ und $\beta \in H_s(Y;G)$ mit $p + r = q + s$ und deren in 13.4.6 definiertes Skalarprodukt:

15.1.5 Satz *Es ist* $\langle\alpha' \times \beta', \alpha \times \beta\rangle = \langle\alpha', \alpha\rangle\langle\beta', \beta\rangle$ *für* $p = r$, $q = s$ *und* $= 0$ *sonst.*

Beweis Es seien φ, ψ und c, d repräsentierende Cozyklen bzw. Zyklen:

$$\langle\alpha' \times \beta', \alpha \times \beta\rangle = \langle Q^*\{\varphi \cdot \psi\}, P_*\{c \otimes d\}\rangle = \langle\{\varphi \cdot \psi\}, Q_* P_*\{c \otimes d\}\rangle$$
$$= \langle\{\varphi \cdot \psi\}, \{c \otimes d\}\rangle = \langle\varphi \cdot \psi, c \otimes d\rangle = \langle\varphi, c\rangle\langle\psi, d\rangle.$$

Dabei ist P die zu Q inverse Eilenberg-Zilber-Äquivalenz. $\qquad\square$

Analog zur Homologie wird $H^n(X \times Y;G)$ in gewissen Spezialfällen, auf die wir uns beschränken wollen, vollständig durch die Cohomologie-Kreuzprodukte beschrieben (im folgenden Satz ist $\otimes_{\mathbb{Z}} = \otimes$, und $\otimes_G$ ist das Tensorprodukt von G-Vektorräumen):

15.1.6 Satz *Es gelte eine der folgenden Voraussetzungen:*
(a) *Es ist* $G = \mathbb{Z}$, *die Gruppen* $H_i(X)$, $H_i(Y)$ *sind frei abelsch, und* $H_i(X)$ *hat endlichen Rang* $(i = 0, \ldots, n)$.

(b) *Es ist G ein Körper, und die Vektorräume $H_i(X;G)$ haben für $i = 0,\ldots,n$ endliche Dimension.*

Dann induziert die Zuordnung $\alpha \otimes \beta \mapsto \alpha \times \beta$ einen Isomorphismus

$$\lambda\colon\ H^0(X;G) \otimes_G H^n(Y;G) \oplus \ldots \oplus H^n(X;G) \otimes_G H^0(Y;G) \to H^n(X \times Y;G).$$

Beweis Wir setzen zur Abkürzung $A_i = H_i(X;G)$ und $B_j = H_j(Y;G)$ und betrachten das folgende Diagramm:

$$
\begin{array}{ccc}
H^n(X \times Y;G) & \xrightarrow[\cong]{\ f\ } & \bigoplus \mathrm{Hom}_G(A_i \otimes_G B_j, G) \\[2mm]
{\scriptstyle\lambda}\uparrow & & \uparrow{\scriptstyle\mu} \\[2mm]
\bigoplus H^i(X;G) \otimes_G H^j(Y;G) & \xrightarrow[\cong]{\ f'\ } & \bigoplus \mathrm{Hom}_G(A_i, G) \otimes_G \mathrm{Hom}_G(B_j, G).
\end{array}
$$

Dabei ist die direkte Summe über alle $i + j = n$ zu nehmen und $\mathrm{Hom}_\mathbb{Z} = \mathrm{Hom}$ zu setzen. Definition von f: Man wendet auf den Isomorphismus in 12.4.4 (a) bzw. 12.5.5 den Cofunktor $\mathrm{Hom}_G(-,G)$ an und benutzt das universelle Koeffiziententheorem 13.4.3 bzw. 13.4.5 für $H^n(X \times Y;G)$ sowie die Rechenregel 13.1.2 (e) für Hom (sie gilt analog für Hom_G); der resultierende Isomorphismus ist f. Definition von f': Es ist $f' = \sum \kappa_i \otimes \kappa_j$, wobei κ_i und κ_j die Isomorphismen im universellen Koeffizententheorem für H^i und H^j sind. Definition von μ: Für $h\colon A_i \to G$ und $k\colon B_j \to G$ ist $\mu(h \otimes k)\colon A_i \otimes_G B_j \to G$ der Homomorphismus, der $x \otimes y \mapsto h(x)k(y)$ abbildet. Aus 15.1.5 folgt, daß das Diagramm kommutativ ist. Daher genügt es zu zeigen, daß μ ein Isomorphismus ist. Nach Voraussetzung ist A_i die direkte Summe von endlich vielen Kopien von G. Weil Hom_G mit endlichen direkten Summen und $\otimes_G$ mit beliebigen direkten Summen vertauschbar ist, genügt es zu zeigen, daß $\mu\colon \mathrm{Hom}_G(G,G) \otimes_G \mathrm{Hom}_G(B_j,G) \to \mathrm{Hom}_G(G \otimes_G B_j, G)$ ein Isomorphismus ist. Das ist klar: für $z\colon G \otimes_G B_j \to G$ ist $\mu^{-1}(z) = \mathrm{id}_G \otimes \bar{z}$, wobei $\bar{z}\colon B_j \to G$ durch $\bar{z}(v) = z(1 \otimes v)$ gegeben ist. $\qquad\Box$

Aufgaben

15.1.A1 Welche Cohomologie-Kreuzprodukte erzeugen $H^q(S^m \times S^n)$?

15.1.A2 Es seien M und N zusammenhängende geschlossene triangulierbare und orientierte n-Mannigfaltigkeiten. Beschreiben Sie einen Cozyklus, der $\{M\}^* \times \{N\}^*$ repräsentiert. Vergleichen Sie dieses Kreuzprodukt mit $(\{M\} \times \{N\})^*$ (vgl. 13.6.6).

15.1.A3 Man kann $H^q(X \times Y;G)$ auch wie folgt berechnen: Man bestimmt die Homologie von $X \times Y$ mit der Künneth-Formel und erhält dann die Cohomologie aus dem universellen Koeffiziententheorem (und im Unterschied zu 15.1.6 geht das immer). Rechnen Sie das im Fall $X = L(p,q)$, $Y = S^1$ durch und untersuchen Sie, welche Cohomologieklassen in $L(p,q) \times S^1$ Kreuzprodukte sind und welche nicht.

15.2 Das cup-Produkt

Wenn α und β Cohomologieklassen desselben Raumes X sind, so ist das Kreuz-produkt $\alpha \times \beta$ eine Cohomologieklasse in $X \times X$. Das Bild von $\alpha \times \beta$ unter dem von der Diagonalabbildung $X \to X \times X$ induzierten Homomorphismus ist wieder eine Cohomologieklasse in X: sie heißt das cup-Produkt $\alpha \cup \beta$ von α und β. Die Bezeichnung ist nicht besonders tiefsinnig (cup = Tasse und $\cup$ soll eine sein), aber weltweit üblich.

15.2.1 Definition Das *cup-Produkt* von $\alpha \in H^p(X;G)$ und $\beta \in H^q(X;G)$ ist $\alpha \cup \beta = d^*(\alpha \times \beta) \in H^{p+q}(X;G)$; dabei ist d: $X \to X \times X$ die Diagonalabbildung $x \mapsto (x,x)$. Statt $\alpha \cup \beta$ schreiben wir oft $\alpha\beta$.

Aus 15.1.4 folgt:

15.2.2 Satz *Das cup-Produkt hat folgende Eigenschaften:*

Distributivität: $(\alpha + \alpha') \cup \beta = \alpha \cup \beta + \alpha' \cup \beta$ *und* $\alpha \cup (\beta + \beta') = \alpha \cup \beta + \alpha \cup \beta'$.
Homogenität: $(g\alpha) \cup \beta = \alpha \cup (g\beta) = g(\alpha \cup \beta)$ *für* $g \in G$.
Kommutativität: $\alpha \cup \beta = (-1)^{pq}\beta \cup \alpha$.
Assoziativität: $(\alpha \cup \beta) \cup \gamma = \alpha \cup (\beta \cup \gamma)$ *für* $\gamma \in H^r(X;G)$.
Neutrales Element: $1_X \cup \alpha = \alpha \cup 1_X = \alpha$.
Natürlichkeit: $f^*(\alpha \cup \beta) = f^*(\alpha) \cup f^*(\beta)$ *für* f: $X' \to X$. □

Es seien $\varphi \in \mathrm{Hom}(S_p(X), G)$ und $\psi \in \mathrm{Hom}(S_q(Y), G)$ Cozyklen, die α bzw. β repräsentieren. Dann wird $\alpha \cup \beta$ nach 15.1.3 vom Cozyklus $\chi = (\varphi \cdot \psi) \circ Q \circ d_\bullet$ repräsentiert, wobei Q: $S(X \times X) \to S(X) \otimes S(X)$ eine Eilenberg-Zilber-Äquivalenz ist. Wählen wir Q wie in 12.2.9, so erhalten wir wegen $\mathrm{pr}_1 \circ d = \mathrm{pr}_2 \circ d = \mathrm{id}$ und nach Definition von $\varphi \cdot \psi$ für jedes singuläre $(p+q)$-Simplex σ: $\Delta_{p+q} \to X$ die Formel

$$\langle \chi, \sigma \rangle = \langle \varphi \cdot \psi, Q(d \circ \sigma) \rangle = \Sigma \langle \varphi, \sigma \circ [e_0 \ldots e_i] \rangle \cdot \langle \psi, \sigma \circ [e_i \ldots e_{p+q}] \rangle,$$

wobei die Summe über $i = 0, \ldots, p+q$ läuft. Weil die Summanden Null sind für $i \neq p$, folgt:

15.2.3 Satz *Für* $\alpha = \{\varphi\} \in H^p(X;G)$ *und* $\beta = \{\psi\} \in H^q(X;G)$ *wird* $\alpha \cup \beta$ *repräsentiert von folgendem $(p+q)$-Cozyklus χ:*

$$\langle \chi, \sigma \rangle = \langle \varphi, \sigma \circ [e_0 \ldots e_p] \rangle \cdot \langle \psi, \sigma \circ [e_p \ldots e_{p+q}] \rangle, \ \textit{wobei}\ \sigma\colon \Delta_{p+q} \to X.$$

□

Man kann also das cup-Produkt auch auf Coketten-Niveau berechnen: Der Wert von χ auf σ ist der Wert von φ auf der p-dimensionalen Vorderseite von σ multipliziert mit dem Wert von ψ auf der q-dimensionalen Rückseite von σ.

15.2.4 Definition und Satz *Wir betrachten die direkte Summe*

$$H^*(X;G) = H^0(X;G) \oplus H^1(X;G) \oplus H^2(X;G) \oplus \dots$$

Ihre Elemente schreiben wir als formale Summen

$$\alpha_0 + \alpha_1 + \alpha_2 + \dots = (\alpha_0, \alpha_1, \alpha_2, \dots) \in H^*(X;G)$$

mit $\alpha_p \in H^p(X;G)$, wobei nur endlich viele Summanden von Null verschieden sind. Die Elemente der Untergruppe $H^p(X;G) \subset H^*(X;G)$ heißen homogene Elemente vom Grad p. Das cup-Produkt in $H^*(X;G)$ ist definiert durch

$$(\alpha_0 + \alpha_1 + \alpha_2 + \dots)(\beta_0 + \beta_1 + \beta_2 \dots) = \alpha_0\beta_0 + (\alpha_0\beta_1 + \alpha_1\beta_0) +$$
$$(\alpha_0\beta_2 + \alpha_1\beta_1 + \alpha_2\beta_0) + \dots,$$

wobei rechts die cup-Produkte $\alpha_p\beta_q = \alpha_p \cup \beta_q \in H^{p+q}(X;G)$ stehen. Mit dieser Multiplikation ist $H^*(X;G)$ ein Ring; er heißt der Cohomologiering von X mit Koeffizienten in G. Das neutrale Element dieses Ringes ist $1 = 1_X \in H^0(X;G)$. Der Cohomologiering ist i.a. nicht kommutativ im Sinn der Algebra, sondern „antikommutativ": Sind α, β homogene Elemente vom Grad p bzw. q, so ist $\alpha\beta = (-1)^{pq}\beta\alpha$. Für eine Abbildung $f \colon X' \to X$ ist

$$f^* \colon H^*(X;G) \to H^*(X';G), \quad f^*(\alpha_0 + \alpha_1 + \dots) = f^*(\alpha_0) + f^*(\alpha_1) + \dots$$

ein Ringhomomorphismus mit $f^*(1) = 1$. Insbesondere gilt: Räume vom gleichen Homotopietyp haben isomorphe Cohomologieringe.   □

Die abelsche Gruppe $H^*(X;G)$ ist nach dem universellen Koeffiziententheorem eindeutig durch die Homologiegruppen bestimmt. Daß die Einführung der Cohomologiegruppen dennoch sinnvoll ist, können wir jetzt erneut begründen: $H^*(X;G)$ ist mit dem cup-Produkt ein Ring, hat also eine zusätzliche algebraische Struktur, und diese Zusatzstruktur ist durch die Homologie von X keineswegs bestimmt (ein cup-Produkt in der Homologie, also einen *Homologie-Ring*, gibt es nicht: Für $\alpha \in H_p(X)$ und $\beta \in H_q(X)$ ist $\alpha \times \beta \in H_{p+q}(X \times X)$ und $d_*(\alpha \times \beta)$ ist nicht definiert). Wir werden sehen, daß man mit der zusätzlichen Ringstruktur in der Cohomologie topologische Aussagen beweisen kann, die man mit der Homologie allein nicht erhält. Voraussetzung ist natürlich, daß man die cup-Produkte berechnen kann, was meistens ein wesentlich schwierigeres Problem ist als die Berechnung der (Co-)Homologiegruppen.

15.3 Beispiele für cup-Produkte und Anwendungen

15.3.1 Beispiel Viele cup-Produkte sind aus Dimensionsgründen Null. Wenn z.B. $H^m(X;G) = 0$ ist, so ist $\alpha\beta = 0$ für alle $\alpha \in H^p(X;G)$ und $\beta \in H^q(X;G)$ mit

$p + q = m$. Ist X ein n-dimensionaler CW-Raum, so ist $\alpha\beta = 0$ für $p + q >$ n. Daher ist $H^*(X; G)$ i.a. kein nullteilerfreier Ring. Wenn X ein endlicher CW-Raum der Dimension n ist, muß man zur Bestimmung des Cohomologieringes „nur" endlich viele cup-Produkte berechnen (zwischen den endlich vielen Erzeugenden von $H^p(X; G)$ und $H^q(Y; G)$ mit $p+q \leq n$). Der trivialste Fall ist der, daß $\alpha\beta = 0$ ist für je zwei homogene Elemente von positivem Grad; dann heißt $H^*(X; G)$ *der triviale Ring*. Z.B. sind $H^*(S^n; G)$, $H^*(P^2)$ und $H^*(P^3)$ triviale Ringe.

15.3.2 Beispiel Manche cup-Produkte sind aus algebraischen Gründen Null. Wenn $\alpha \in H^p(X)$ und $\beta \in H^q(X)$ die Ordnung r bzw. s haben mit teilerfremden r und s, so ist $\alpha\beta = 0$. Für $\alpha \in H^p(X; G)$ mit ungeradem p ist $\alpha^2 = -\alpha^2$ nach der Antikommutativität, also $2\alpha^2 = 0$. Daraus folgt $\alpha^2 = 0$, wenn G ein Körper der Charakteristik $\neq 2$ ist oder wenn $G = \mathbb{Z}$ ist und $H^{2p}(X)$ keine Elemente der Ordnung 2 enthält. Z.B. ist $\alpha^2 = 0$ für alle $\alpha \in H^p(X)$, wenn X eine geschlossene triangulierbare orientierbare $2p$-Mannigfaltigkeit mit ungeradem p ist (für $p = 1$: eine Fläche).

15.3.3 Beispiel Sei $X \vee Y$ die Einpunktvereinigung zweier zusammenhängender CW-Räume mit Inklusionen $i\colon X \to X \vee Y$ und $j\colon Y \to X \vee Y$. Analog zu 9.4.9 ist $H^n(X \vee Y) \xrightarrow{\cong} H^n(X) \oplus H^n(Y)$ durch $\xi \mapsto (i^*\xi, j^*\xi)$. Für $\alpha \in H^n(X)$ und $\beta \in H^n(Y)$ bezeichnen wir mit $\alpha + \beta \in H^n(X \vee Y)$ das Element, das unter i^* bzw. j^* nach α bzw. β abgebildet wird. Dann ist $(\alpha + \beta) \cup (\alpha' + \beta') = \alpha \cup \alpha' + \beta \cup \beta'$, d.h. wenn man die cup-Produkte in X und Y kennt, so auch die in $X \vee Y$ (die Gleichung folgt aus der Tatsache, daß i^* und j^* Ringhomomorphismen sind). Als Anwendung ergibt sich, daß der Cohomologiering einer Einpunktvereinigung von Sphären der triviale Ring ist.

Wenn man die cup-Produkte in X und Y kennt, so kann man das cup-Produkt in $X \times Y$ berechnen, wie der folgende Satz zeigt; wir betrachten dazu Elemente $\alpha \in H^p(X; G)$, $\alpha' \in H^q(X; G)$ und $\beta \in H^r(Y; G)$, $\beta' \in H^s(Y; G)$. Dann gilt im Ring $H^*(X \times Y; G)$ folgende Formel:

15.3.4 Satz *Es ist $(\alpha \times \beta) \cup (\alpha' \times \beta') = (-1)^{qr}(\alpha \cup \alpha') \times (\beta \cup \beta')$.*

Beweis Es sei d_X, d_Y, d die Diagonalabbildung von X, Y bzw. $X \times Y$. Dann erhalten wir folgende Gleichungskette:

$$
\begin{aligned}
(\alpha \times \beta) \cup (\alpha' \times \beta') &= d^*(\alpha \times \beta \times \alpha' \times \beta') \\
&= (-1)^{qr} d^*(\alpha \times t^*(\alpha' \times \beta) \times \beta') \\
&= (-1)^{qr} [(\mathrm{id}_X \times t \times \mathrm{id}_Y) \circ d]^*(\alpha \times \alpha' \times \beta \times \beta') \\
&= (-1)^{qr} [d_X \times d_Y]^*(\alpha \times \alpha' \times \beta \times \beta') \\
&= (-1)^{qr} d_X^*(\alpha \times \alpha') \times d_Y^*(\beta \times \beta') \\
&= (-1)^{qr}(\alpha \cup \alpha') \times (\beta \cup \beta').
\end{aligned}
$$

Dabei vertauscht $t\colon Y \times X \to X \times Y$ die Koordinaten; man beachte, daß $d_X \times d_Y =$ $(\mathrm{id}_X \times t \times \mathrm{id}_Y) \circ d$ ist. $\square$

15.3.5 Definition und Satz *Es sei $G = \mathbb{Z}$ oder G ein Körper. Wir definieren das* Tensorprodukt *der Cohomologieringe von X und Y durch*

$$H^*(X;G) \otimes_G H^*(Y;G) = \bigoplus_{n \geq 0} \bigoplus_{p+q=n} H^p(X;G) \otimes_G H^q(Y;G).$$

Definiert man in diesem Tensorprodukt durch die Formel

$$(\alpha \otimes \beta) \cdot (\alpha' \otimes \beta') = (-1)^{qr}(\alpha\alpha') \otimes (\beta\beta')$$

eine Multiplikation (wobei $\alpha, \beta, \alpha', \beta'$ wie in 15.3.4 sind), so wird es ein Ring. Wenn ferner für alle $n \geq 0$ die Voraussetzung (a) oder für alle $n \geq 0$ die Voraussetzung (b) von 15.1.6 erfüllt ist, induziert die Zuordnung $\alpha \otimes \beta \mapsto \alpha \times \beta$ einen Ring-Isomorphimus

$$\lambda\colon H^*(X;G) \otimes_G H^*(Y;G) \to H^*(X \times Y;G).$$

Erläuterung und Beweis Das obige Tensorprodukt ist zunächst nur eine abelsche Gruppe bzw. ein G-Vektorraum. Durch die angegebene Formel wird das Produkt zunächst nur auf den Erzeugenden definiert (eindeutig, weil die rechte Seite in $\alpha, \beta, \alpha', \beta'$ linear ist). Durch lineare Fortsetzung wie in 15.2.4 erhält man es auf dem ganzen Tensorprodukt, das dadurch ein Ring wird (rechnen Sie das Assoziativgesetz nach!). Wegen 15.3.4 ist λ ein Ring-Homomorphismus, und nach 15.1.6 ist λ bijektiv. $\square$

Man kann also unter diesen Voraussetzungen den Cohomologiering von $X \times Y$ rein algebraisch berechnen, wenn man die Cohomologieringe von X und Y kennt.

15.3.6 Beispiele
(a) Jetzt können wir unser erstes Beispiel für ein nicht-triviales cup-Produkt geben. Es seien $\alpha \in H^p(X;G)$ und $\beta \in H^q(Y;G)$ Elemente mit $\alpha \otimes \beta \neq 0$. Dann haben die Elemente $\alpha \times 1$ und $1 \times \beta$ in $H^*(X \times Y;G)$ nach 15.3.4 das cup-Produkt $(\alpha \times 1) \cup (1 \times \beta) = \alpha \times \beta = \lambda(\alpha \otimes \beta) \neq 0$.

(b) Sei $m, n \geq 1$, und sei $\alpha_k \in H^k(S^k) \cong \mathbb{Z}$ ein erzeugendes Element dieser Gruppe ($k = m, n$). Nach 15.1.6 ist $H^*(S^m \times S^n)$ eine freie abelsche Gruppe mit Basis 1, $\alpha = \alpha_m \times 1$, $\beta = 1 \times \alpha_n$ und $\gamma = \alpha_m \times \alpha_n$. Also hat jedes Element $\xi \in H^*(S^m \times S^n)$ eine eindeutige Darstellung der Form $\xi = x_0 + x_1\alpha + x_2\beta + x_3\gamma$ mit $x_i \in \mathbb{Z}$. Aus 15.3.4 folgt $\alpha^2 = \beta^2 = \alpha\gamma = \beta\gamma = \gamma^2 = 0$ und $\alpha\beta = (-1)^{mn}\beta\alpha = \gamma$, wodurch die Ringstruktur bestimmt ist. Das Produkt von ξ und einem analogen Element ξ' ist

$$\xi\xi' = x_0 x_0' + (x_0 x_1' + x_1 x_0')\alpha + (x_0 x_2' + x_2 x_0')\beta$$
$$+ (x_0 x_3' + x_1 x_2' + (-1)^{mn} x_2 x_1' + x_3 x_0')\gamma.$$

Damit haben wir einen ersten Cohomologiering ausgerechnet. Deuten Sie dies als Einführung einer Ringstruktur auf der abelschen Gruppe $\mathbb{Z}^4$, und untersuchen Sie algebraische Eigenschaften dieses Ringes (Kommutativität, Nullteiler, Unterringe, Ideale).

(c) Hier ist die erste topologische Anwendung: Die Räume $S^m \vee S^n \vee S^{m+n}$ und $S^m \times S^n$ haben für $m \geq 1$ und $n \geq 2$ isomorphe Fundamentalgruppen und isomorphe Homologie- und Cohomologiegruppen. Dennoch sind sie nicht vom gleichen Homotopietyp: Der Cohomologiering von $S^m \vee S^n \vee S^{m+n}$ ist der triviale Ring, der von $S^m \times S^n$ nicht. Dieses Beispiel zeigt auch folgendes: Wenn zwei einfach zusammenhängende CW-Räume X und Y in allen Dimensionen isomorphe Homologiegruppen haben, so müssen sie nicht vom gleichen Homotopietyp sein. Dieses Beispiel wird später noch wichtig sein (vgl. 16.1.7), wenn wir Homologie-Kriterien für Homologieäquivalenzen untersuchen.

(d) Wir setzen Beispiel (b) fort, wobei wir $m \neq n$ annehmen. Sei $f\colon S^m \times S^n \to S^m \times S^n$ eine Abbildung, und sei f_* in der Dimension m bzw. n Multiplikation mit der Zahl a bzw. b. Dasselbe gilt dann für f^*, d.h. es ist $f^*(\alpha) = a\alpha$ und $f^*(\beta) = b\beta$. Es folgt $f^*(\gamma) = f^*(\alpha\beta) = f^*(\alpha)f^*(\beta) = ab\gamma$, und das bedeutet: f hat den Grad ab. Dies Beispiel zeigt, daß der Cohomologiering Zusammenhänge zwischen den (Co-)Homologieeigenschaften von Räumen und Abbildungen in den verschiedenen Dimensionen liefern kann.

(e) Durch Induktion kann man auch für $X = S^{n_1} \times \ldots \times S^{n_k}$ den Cohomologiering berechnen ($n_i \geq 1$). Es sei $\beta_i = 1 \times \ldots \times \alpha_{n_i} \times \ldots \times 1 \in H^*(X)$, ein homogenes Element vom Grad n_i. Eine Basis von $H^*(X)$ bilden die Elemente $\beta_{i_1}\beta_{i_2} \cdot \ldots \cdot \beta_{i_r}$ mit $1 \leq i_1 < \ldots < i_r \leq k$. Die Ringstruktur ergibt sich aus $\beta_i^2 = 0$ und $\beta_i\beta_j = \pm\beta_j\beta_i$, wobei das Vorzeichen durch n_i und n_j bestimmt ist. Wenn alle $n_1, \ldots, n_k$ ungerade sind, ist $\beta_i\beta_j = -\beta_j\beta_i$, und $H^*(X)$ ist die von $\beta_1, \ldots, \beta_k$ erzeugte *äußere Algebra* über $\mathbb{Z}$.

Wir schließen diesen Abschnitt mit einer weiteren topologischen Anwendung

15.3.7 Definition Sei $f\colon S^n \times S^n \to S^n$ eine stetige Abbildung ($n \geq 1$). Wenn die Abbildung $S^n \to S^n$, $x \mapsto f(x, x_0)$, bzw. $S^n \to S^n$, $x \mapsto f(x_0, x)$, den Grad p bzw. q hat, so heißt das Paar (p, q) der *Bigrad* von f.

Dabei ist $x_0 \in S^n$ ein fester Punkt; offenbar hängen p und q nicht von der Wahl von x_0 ab. Die Projektionen pr_1 bzw. pr_2 haben den Bigrad $(1, 0)$ bzw. $(0, 1)$, und daher gibt es Abbildungen vom Bigrad $(p, 0)$ und $(0, q)$ für beliebige $p, q \in \mathbb{Z}$. Wenn S^n eine topologische Gruppe ist (Beispiele S^1 und S^3), so hat die Multiplikationsabbildung $S^n \times S^n \to S^n$ den Bigrad $(1, 1)$. Nach 11.6.3 (f) ist S^n für gerades n keine topologische Gruppe. Das können wir jetzt wie folgt verschärfen:

15.3.8 Satz *Wenn $n \geq 2$ gerade ist und $f\colon S^n \times S^n \to S^n$ den Bigrad (p, q) hat, so ist $p = 0$ oder $q = 0$.*

Beweis Seien $\alpha \in H^n(S^n)$ und $\beta \in H_n(S^n)$ erzeugende Elemente. $H_n(S^n \times S^n)$ hat $i_*(\beta)$, $j_*(\beta)$ als Basis, wobei $i, j\colon S^n \to S^n \times S^n$ die Inklusionen $x \mapsto (x, x_0)$

bzw. $x \mapsto (x_0, x)$ sind, und nach Voraussetzung ist $f_* i_*(\beta) = p\beta$ und $f_* j_*(\beta) = q\beta$. Mit 13.5.5 folgt $i^* f^*(\alpha) = p\alpha$ und $j^* f^*(\alpha) = q\alpha$. Die Gruppe $H^n(S^n \times S^n)$ wird nach 15.1.6 von den Elementen $\alpha \times 1 = \mathrm{pr}_1^*(\alpha)$ und $1 \times \alpha = \mathrm{pr}_2^*(\alpha)$ erzeugt (vgl. 15.1.4). Also ist $f^*(\alpha) = x(\alpha \times 1) + y(1 \times \alpha)$ für gewisse $x, y \in \mathbb{Z}$. Wendet man auf diese Gleichung i^* bzw. j^* an, so folgt $x = p$ und $y = q$ (wegen $\mathrm{pr}_1 \circ i = \mathrm{id}$, $\mathrm{pr}_2 \circ i = \mathrm{const}$ usw.). Also ist $f^*(\alpha) = p(\alpha \times 1) + q(1 \times \alpha)$. Wegen $\alpha^2 = 0$, und weil f^* ein Ringhomomorphismus ist, folgt mit 15.3.4:

$$0 = (p(\alpha \times 1) + q(1 \times \alpha))^2 = (1 + (-1)^n)pq(\alpha \times \alpha) = 2pq(\alpha \times \alpha).$$

Nach 15.1.6 erzeugt $\alpha \times \alpha$ die Gruppe $H^{2n}(S^n \times S^n) \cong \mathbb{Z}$. Es folgt $pq = 0$. $\square$

Aufgaben

15.3.A1 Für $\alpha \in H^p(X; G)$ und $\beta \in H^q(Y; G)$ ist $\alpha \times \beta = \mathrm{pr}_1^*(\alpha) \cup \mathrm{pr}_2^*(\beta)$. (Diese Formel zeigt, daß man $\times$ auf $\cup$ zurückführen kann, woraus mit 15.2.1 folgt, daß $\times$ und $\cup$ nur verschiedene Darstellungen desselben Konzepts sind.)

15.3.A2 Für $\alpha \in H^p(X; G)$, $\beta \in H^q(X; G)$ und $\gamma \in H_n(X; G)$ ist $(\alpha \cup \beta) \cap \gamma = \alpha \cap (\beta \cap \gamma)$. („Cup-cap-Assoziativität"; Hinweis: Rechnen Sie mit repräsentierenden Cozyklen und Zyklen, vgl. 15.2.3.)

15.3.A3 Verallgemeinern Sie 15.3.6 (d) auf den Fall $m = n$.

15.3.A4 Zeigen Sie, daß der Abbildungsgrad von $f\colon T^n \to T^n$, wobei T^n der n-dimensionale Torus ist, durch $f_*\colon H_1(T^n) \to H_1(T^n)$ bestimmt ist.

15.3.A5 $S^2 \vee S^2$ ist nicht Retrakt von $S^2 \times S^2$. (Hinweis: Aus der Existenz einer Retraktion folgt, daß mit $H^*(S^2 \vee S^2)$ auch $H^*(S^2 \times S^2)$ der Nullring ist.)

15.3.A6 Es gibt eine nicht nullhomotope Abbildung $f\colon S^3 \to S^2 \vee S^2$, so daß $\mathrm{pr}_1 \circ f$ und $\mathrm{pr}_2 \circ f\colon S^3 \to S^2$ nullhomotop sind. (Hinweis: $S^2 \times S^2 = (S^2 \vee S^2) \cup_f e^4$.)

15.3.A7 Verallgemeinern Sie A5 und A6 auf $S^m \vee S^n \subset S^m \times S^n$.

15.4 Cup-Produkt und Schnittzahlen

In einer n-Mannigfaltigkeit M, in der der Poincarésche Dualitätssatz gilt, sind die cup-Produkte $H^q(M) \times H^{n-q}(M) \overset{\cup}{\to} H^n(M)$ durch die Schnittzahlen bestimmt. Um das einzusehen, beweisen wir zuerst eine Formel, die cup und cap verbindet. Wir betrachten Elemente $\alpha \in H^p(X)$, $\beta \in H^q(X)$ und $\gamma \in H_n(X)$, wobei $n = p + q$ ist (X ein beliebiger Raum).

15.4.1 Satz *Es ist* $\langle \alpha \cup \beta, \gamma \rangle = \langle \alpha, \beta \cap \gamma \rangle \in \mathbb{Z}$.

Beweis Für $\alpha = \{\varphi\}$, $\beta = \{\psi\}$ und $\sigma \colon \Delta_n \to X$ ist nach Definition 14.1.1

$$\psi \cap \sigma = \langle \psi, \sigma \circ [e_p \ldots e_n] \rangle \cdot (\sigma \circ [e_0 \ldots e_p]),$$

$$\langle \varphi, \psi \cap \sigma \rangle = \langle \psi, \sigma \circ [e_p \ldots e_n] \rangle \cdot \langle \varphi, \sigma \circ [e_0 \ldots e_p] \rangle = \langle \chi, \sigma \rangle,$$

wobei χ der Repräsentant von $\alpha \cup \beta$ aus 15.2.3 ist. $\qquad\square$

15.4.2 Bezeichnung *Im folgenden ist M eine n-Mannigfaltigkeit wie in 14.2, orientierbar und fest orientiert mit Fundamentalklasse $\{M\} \in H_n(M) \cong \mathbb{Z}$. Es sei $\{M\}^* \in H^n(M) \cong \mathbb{Z}$ die durch $\langle \{M\}^*, \{M\} \rangle = 1$ bestimmte Erzeugende dieser Gruppe. Die Poincaré-Dualität ergibt den Isomorphismus $D \colon H^q(M) \to H_{n-q}(M)$, $D(\alpha) = \alpha \cap \{M\}$. Aus 14.6.4 und 15.4.1 folgt (vgl. 13.6.6 zu $\{M\}^*$):*

15.4.3 Satz
(a) *Für $\alpha' \in H^q(M)$, $\beta' \in H^{n-q}(M)$ ist $\alpha' \cup \beta' = (D(\beta') \cdot D(\alpha'))\{M\}^*$.*
(b) *Für $\alpha \in H_q(M)$, $\beta \in H_{n-q}(M)$ ist $\alpha \cdot \beta = \langle D^{-1}(\beta) \cup D^{-1}(\alpha), \{M\} \rangle$.* $\qquad\square$

Die Berechnung der cup-Produkte $H^q(M) \times H^{n-q}(M) \overset{\cup}{\to} H^n(M)$ ist also äquivalent zur Bestimmung der Schnittzahlen in M. Mit 14.6.6 erhält man:

15.4.4 Satz *Durch $(\alpha, \beta) \mapsto \langle \alpha \cup \beta, \{M\} \rangle$ wird eine nichtsinguläre Bilinearform $H^q(M)/T^q \times H^{n-q}(M)/T^{n-q} \to \mathbb{Z}$ definiert (wobei T^q bzw. T^{n-q} die Torsionsuntergruppe ist). Insbesondere gibt es zu jeder Bettibasis $\alpha_1, \ldots, \alpha_k$ von $H^q(M)$ eine Bettibasis $\alpha_1^*, \ldots, \alpha_k^*$ von $H^{n-q}(M)$ mit $\alpha_i \cup \alpha_j^* = \delta_{ij}\{M\}^*$.* $\qquad\square$

15.4.5 Beispiele
(a) Wir bestimmen $H^*(F)$, wobei F eine orientierbare geschlossene Fläche ist. Ist $F = S^2$, so ist $H^*(F)$ der triviale Ring. Sei F orientierbar vom Geschlecht $g > 0$. Die Basis von $H_1(F)$ in 14.6.7 (b) wird unter $D^{-1} \colon H_1(F) \to H^1(F)$ in eine Basis $\tilde{\alpha}_1, \tilde{\beta}_1, \ldots, \tilde{\alpha}_g, \tilde{\beta}_g$ abgebildet mit

$$\tilde{\alpha}_i \cup \tilde{\beta}_j = \delta_{ij}\{F\}^*, \quad \tilde{\alpha}_i \cup \tilde{\alpha}_j = \tilde{\beta}_i \cup \tilde{\beta}_j = 0.$$

(b) Hier ist ein sehr einfaches Beispiel zu 15.4.4: Wenn $H^q(M) \cong \mathbb{Z}$ und $H^{n-q}(M) \cong \mathbb{Z}$ für ein festes q und wenn $\alpha \in H^q(M)$ und $\beta \in H^{n-q}(M)$ Erzeugende dieser Gruppen sind, so ist $\alpha \cup \beta = \pm\{M\}^*$.

Mit den obigen Ergebnissen kann man $H^*(M)$ in einigen wichtigen Spezialfällen vollständig berechnen; wir kommen darauf in 15.5 zurück. — Aus der Antikommutativität des cup-Produkts und 15.4.3 folgt, daß sich auch die Schnittzahlen antikommutativ verhalten, womit die Frage am Ende von 14.6 beantwortet ist:

15.4.6 Satz *Für $\alpha \in H_q(M)$, $\beta \in H_{n-q}(M)$ ist $\alpha \cdot \beta = (-1)^{q(n-q)} \beta \cdot \alpha$.* $\qquad\square$

Wir greifen die Bemerkung nach 14.6.6 auf. Die geometrisch-dualen Bettibasen $\alpha_1, \ldots \alpha_k$ von $H_q(M)$ und $\alpha_1^*, \ldots, \alpha_k^*$ von $H_{n-q}(M)$ sind im Fall $q = n - q$, also $n = 2q$, Bettibasen derselben Gruppe $H_q(M)$. Daher gibt es eine unimodulare Matrix (n_{ij}) mit $\alpha_i = \sum n_{ij}\alpha_j^*$ (modulo Elementen von T_q). Wegen $\alpha_i \cdot \alpha_j^* = \delta_{ij}$ ist $n_{ik} = \alpha_k \cdot \alpha_i$, d.h. wir werden darauf geführt, die Matrix der Schnittzahlen $(\alpha_k \cdot \alpha_i)$ zu untersuchen.

15.4.7 Definition und Satz *Wenn die Dimension von M gerade ist, also $n = 2q$, so bezeichnen wir mit $S(M) = H_q(M)/T_q$ den freien Anteil der mittleren Homologiegruppe von M. Die Schnittzahlen induzieren eine nichtsinguläre Bilinearform $S(M) \times S(M) \to \mathbb{Z}$, $(\alpha, \beta) \mapsto \alpha \cdot \beta$, die für gerades q symmetrisch $(\alpha \cdot \beta = \beta \cdot \alpha)$ und für ungerades q schiefsymmetrisch $(\alpha \cdot \beta = -\beta \cdot \alpha)$ ist; diese Bilinearform heißt die Schnittform von M. Ist $\alpha_1, \ldots, \alpha_k$ eine Basis von $S(M)$, so heißt die Matrix $(\alpha_i \cdot \alpha_j)$ die Schnittmatrix von M bezüglich dieser Basis. Sie ist eine unimodulare Matrix, symmetrisch für gerades q und schiefsymmetrisch für ungerades q.* □

Die Schnittform ist eine wichtige Invariante der Mannigfaltigkeiten gerader Dimension. Um mit ihr umgehen zu können, muß man zunächst wieder mehr Algebra lernen: Welche nichtsingulären (schief-)symmetrischen Bilinearformen gibt es?

15.4.8 Beispiele
(a) Wenn $f: H \times H \to \mathbb{Z}$ und $f': H' \times H' \to \mathbb{Z}$ isomorphe Formen sind (d.h. es gibt einen Isomorphismus $\varphi: H \to H'$ mit $f'(\varphi(x), \varphi(y)) = f(x, y)$ für alle $x, y \in H$), so wollen wir f und f' natürlich nicht unterscheiden. Jede ganzzahlige $(k \times k)$-Matrix $A = (a_{ij})$ definiert eine Bilinearform $\mathbb{Z}^k \times \mathbb{Z}^k \to \mathbb{Z}$ durch $((x_1, \ldots, x_n), (y_1, \ldots, y_n)) \mapsto \Sigma a_{ij}x_iy_j$, die wir wieder mit $A: \mathbb{Z}^k \times \mathbb{Z}^k \to \mathbb{Z}$ beschreiben; sie ist genau dann nichtsingulär, wenn A unimodular ist, und genau dann (schief-)symmetrisch, wenn A es ist. Zwei Matrizen A und B definieren genau dann isomorphe Formen, wenn sie *ähnlich* sind, d.h. wenn $B = TAT^t$ ist für eine unimodulare Matrix T, wobei T^t die transponierte Matrix ist. Die Frage ist also: Welche (schief-)symmetrischen, unimodularen Matrizen gibt es (wobei wir zwischen ähnlichen nicht unterscheiden)?

(b) Man kann in naheliegender Weise die direkte Summe von Bilinearformen bilden. In der Matrizensprache bedeutet das, daß man von den Matrizen A und B zur Matrix $\left(\begin{smallmatrix} A & 0 \\ 0 & B \end{smallmatrix}\right)$ übergeht. Eine Bilinearform, die nicht zu einer solchen direkten Summe isomorph sind, heißt *unzerlegbar*.

(c) Für $k = 1$ gibt es nur die Matrizen (1) und (-1), die den Formen $\mathbb{Z} \times \mathbb{Z} \to \mathbb{Z}$, $(x, y) \mapsto xy$ bzw. $\mapsto -xy$ entsprechen. Für $k = 2$ ist $\left(\begin{smallmatrix} 0 & 1 \\ -1 & 0 \end{smallmatrix}\right)$ schiefsymmetrisch, also $\mathbb{Z}^2 \times \mathbb{Z}^2 \to \mathbb{Z}$, $((x_1, x_2), (y_1, y_2)) \mapsto x_1y_2 - x_2y_1$.

15.4.9 Satz *Jede schiefsymmetrische nichtsinguläre Bilinearform ist isomorph zur direkten Summe von endlich vielen Kopien von $\left(\begin{smallmatrix} 0 & 1 \\ -1 & 0 \end{smallmatrix}\right)$.*

Beweis Sei $f: H \times H \to \mathbb{Z}$ eine solche Form, wobei H frei abelsch ist vom Rang $k \geq 1$. Es ist $f(a, b) = -f(a, b)$, also $f(a, a) = 0$ für alle $a \in H$. Nach 14.6.5

gibt es Elemente $a_0, b_0 \in H$ mit $f(a_0, b_0) = 1$. Sei $H_0 \subset H$ die von a_0 und b_0 erzeugte Untergruppe, und sei $H_1 = \{a \in H \mid f(a_0, a) = 0 \text{ und } f(b_0, a) = 0\}$ das orthogonale Komplement. Es ist leicht zu zeigen, daß H_0 frei abelsch ist mit Basis a_0, b_0 und daß H die innere direkte Summe von H_0 und H_1 ist. Induktion nach k liefert den Satz.   □

Die schiefsymmetrischen Formen kann man also vollständig beschreiben, und wir erhalten folgenden Satz, den wir für Flächen schon aus 14.6.7 (b) kennen (für $\chi(M)$ benutze man 14.2.2 (a)):

15.4.10 Satz *Wenn* $\dim M = n = 2q$ *ist mit ungeradem* q, *so ist entweder* $H_q(M)$ *eine endliche abelsche Gruppe oder es gibt eine Bettibasis von* $H_q(M)$, *bezüglich der die Schnittmatrix die folgende Form hat:*

$$\begin{pmatrix} \begin{pmatrix} 0 & 1 \\ -1 & 0 \end{pmatrix} & & \\ & \ddots & \\ & & \begin{pmatrix} 0 & 1 \\ -1 & 0 \end{pmatrix} \end{pmatrix}.$$

Insbesondere sind die mittlere Bettizahl $p_q(M)$ *und die Euler-Charakteristik* $\chi(M)$ *gerade Zahlen.*   □

Wenn q gerade, also die Dimension von M durch 4 teilbar ist, wird die Situation interessanter. Die Schnittform von M ist symmetrisch. Während es bei gegebenem H nach 15.4.9 im wesentlichen nur eine schiefsymmetrische Form $H \times H \to \mathbb{Z}$ gibt, ist die Theorie der symmetrischen Bilinearformen sehr viel reichhaltiger; z.B. gibt es im Fall Rang $H = 32$ mehr als 10^7 solche Formen [Milnor-Husemoller, Chapter II]. Die Schnittform von M ist daher eine neue, interessante Invariante von M, die bei vielen Untersuchungen eine wichtige Rolle spielt. Mannigfaltigkeiten, deren Dimension durch 4 teilbar ist, haben folglich besondere topologische Eigenschaften, die in anderen Dimensionen nicht auftreten.

15.4.11 Beispiel Für $M = S^2 \times S^2$ hat $H_2(M) \cong \mathbb{Z} \oplus \mathbb{Z}$ die Basis $\alpha = \{S^2\} \times \{x_0\}$ und $\beta = \{x_0\} \times \{S^2\}$, wobei $x_0 \in S^2$ fest. Wir geben M die Produktorientierung $\{M\} = \{S^2\} \times \{S^2\}$. Sei $\gamma \in H^2(S^2)$ durch $\langle \gamma, \{S^2\} \rangle = 1$ bestimmt. Aus 15.1.5 folgt $\langle \gamma \times \gamma, \{M\} \rangle = 1$. Die Gleichung $\langle \xi, \alpha \rangle = \langle \xi \cup (1 \times \gamma), \{M\} \rangle$ gilt nach 15.1.5 und 15.3.4 für $\xi = 1 \times \gamma$ und für $\xi = \gamma \times 1$, also für alle $\xi \in H^2(M)$. Mit 15.4.1 folgt $\langle \xi, \alpha \rangle = \langle \xi, (1 \times \gamma) \cap \{M\} \rangle$ für alle ξ, woraus sich wegen $H^2 \cong \text{Hom}(H_2, \mathbb{Z})$ die Formel $\alpha = (1 \times \gamma) \cap \{M\}$ ergibt. Genauso zeigt man $\beta = (\gamma \times 1) \cap \{M\}$, d.h. die Poincaré-Dualität in M „vertauscht die beiden Sphären". Aus 15.4.3 und 15.3.4 folgt jetzt, daß M bezüglich der Basis α, β die Schnittmatrix $\begin{pmatrix} 0 & 1 \\ 1 & 0 \end{pmatrix}$ hat, was man sich geometrisch leicht veranschaulichen kann.

15.4.12 Beispiel Wir wählen ein festes erzeugendes Element $\alpha \in H_2(P^2(\mathbb{C}))$ und orientieren $P^2(\mathbb{C})$ durch die Vorschrift $\alpha \cdot \alpha = 1$. Die Schnittmatrix von $P^2(\mathbb{C})$ bezüglich der Basis α ist die Matrix (1).

15.4.13 Beispiel Wenn M (wie immer) fest orientiert ist, bezeichnet $-M$ dieselbe, aber entgegengesetzt orientierte Mannigfaltigkeit. Ist A die Schnittmatrix von M, so ist $-A$ die von $-M$ (wegen $\{-M\} = -\{M\}$). Wenn die Matrizen A und $-A$ nicht ähnlich sind, so gibt es wegen 14.6.9 keinen orientierungserhaltenden Homöomorphismus von M nach $-M$, und das bedeutet: Es gibt keinen orientierungsändernden Homöomorphismus $M \to M$. Z.P. gibt es im Fall $M = P^2(\mathbb{C})$ einen solchen nicht.

15.4.14 Beispiel Es sei neben $M = |K|$ noch die orientierte n-Mannigfaltigkeit $N = |L|$ gegeben. Wir beschreiben die Fundamentalzyklen von K und L in der Form $z_K = \sigma + x_K$ und $z_L = \tau + x_L$, wobei σ bzw. τ ein festes der kohärent orientierten n-Simplexe von K bzw. L ist. Es sei $f\colon K(\dot\sigma) \to K(\dot\tau)$ ein Isomorphismus dieser Simplizialkomplexe. Wenn wir die Ränder $\dot\sigma$ und $\dot\tau$ der Mannigfaltigkeiten $M\backslash\sigma$ und $L\backslash\tau$ wie in 1.5.6 mit dem Homöomorphismus $|f|\colon \dot\sigma \to \dot\tau$ verkleben, erhalten wir die zusammenhängende Summe $M\#N$ von M und N, vgl. 1.5.8 (d). Man kann diese Konstruktion auf „ simplizialem Niveau" kopieren, also einen Simplizialkomplex $K\#L$ konstruieren mit $|K\#L| \approx M\#N$. Er ist die Vereinigung von $K\backslash\sigma$ und $L\backslash\sigma$ (genauer: von dazu isomorphen Teilkomplexen), und deren Durchschnitt ist der Rand eines n-Simplex. Weil f ein Isomorphismus ist, gilt $f_\bullet(\partial\sigma) = \varepsilon\partial\tau$ mit $\varepsilon = \pm 1$. In $C_n(K\#L)$ ist somit $\partial x_K = -\partial\sigma = -\varepsilon\partial\tau$ und $\partial x_L = -\partial\tau$. *Daher wählen wir f orientierungsändernd,* etwa $x_0 \mapsto y_1$, $x_1 \mapsto y_0$, $x_i \mapsto x_i$ für $i \geq 2$, wenn $\sigma = \langle x_0 \ldots x_n\rangle$ und $\tau = \langle y_0 \ldots y_n\rangle$. Dann ist $\varepsilon = -1$, und $x_K + x_L$ ist ein Fundamentalzyklus, und $M\#N$ ist auf diese Weise orientiert. Es ist geometrisch klar und nicht schwer zu beweisen, daß *die Schnittform von $M\#N$ zur direkten Summe der Schnittformen von M und N isomorph ist.* — Diese Konstruktion hängt wesentlich von den Orientierungen ab. Wenn wir die Orientierung von N ändern, also zu $-N$ übergehen, so ändert sich der Klebehomöomorphismus f, und es ist denkbar, daß die zusammenhängende Summe $M\#(-N)$ nicht zu $M\#N$ homöomorph ist. Hier ist ein Beispiel:

15.4.15 Beispiel $M = P^2(\mathbb{C})\#P^2(\mathbb{C})$ bzw. $M' = P^2(\mathbb{C})\#(-P^2(\mathbb{C}))$ haben die Schnittmatrix $A = \begin{pmatrix} 1 & 0 \\ 0 & 1 \end{pmatrix}$ bzw. $B = \begin{pmatrix} 1 & 0 \\ 0 & -1 \end{pmatrix}$. Weil die Matrizen A und $\pm B$ nicht ähnlich sind, sind M und M' nicht homöomorph. Ferner werden M und M' durch ihre Schnittform von $S^2 \times S^2$ unterschieden. Somit sind M, M' und $S^2 \times S^2$ einfach zusammenhängende geschlossene 4-Mannigfaltigkeiten mit isomorphen Homologiegruppen, die durch ihre Cohomologieringe bezüglich Homöomorphie unterschieden werden.

Wenn wir in 15.4.2 nicht voraussetzen, daß M orientierbar ist (wenn also M orientierbar ist oder nicht), so haben wir nach 14.5.6 die Poincaré-Dualität in der Form $D = \cap\{M\}_2\colon H^q(M;\mathbb{Z}_2) \to H_{n-q}(M;\mathbb{Z}_2)$, und nach 14.6.8 (b) gibt es Schnittzahlen $H_q(M;\mathbb{Z}_2) \times H_{n-q}(M;\mathbb{Z}_2) \to \mathbb{Z}_2$, $(\alpha,\beta) \mapsto \alpha\cdot\beta$. Die obigen Sätze bleiben mit den entsprechenden Modifikationen richtig. Insbesondere gilt analog zu 15.4.4:

15.4.16 Satz *Zu jedes Basis $\alpha_1,\ldots,\alpha_k$ des $\mathbb{Z}_2$-Vektorraums $H^q(M;\mathbb{Z}_2)$ gibt es* *eine Basis $\alpha_1^*, \ldots, \alpha_k^*$ des $\mathbb{Z}_2$-Vektorraums $H^{n-q}(M; \mathbb{Z}_2)$ mit $\alpha_i \cup \alpha_j^* = \delta_{ij}\{M\}^*$, wobei $\{M\}^* \in H^n(M; \mathbb{Z}_2) \cong \mathbb{Z}_2$ die Erzeugende ist.*   □

15.5 Der Cohomologiering der projektiven Räume

Der komplexe projektive Raum $P^n(\mathbb{C})$ ist eine $2n$-dimensionale Mannigfaltigkeit, die die in 15.4.2 aufgezählten Eigenschaften hat. Nach 13.6.10 sind die Cohomologiegruppen von $P^n(\mathbb{C})$ gegeben durch $H^0 \cong H^2 \cong H^4 \cong \ldots \cong H^{2n} \cong \mathbb{Z}$ und $H^i = 0$ sonst.

15.5.1 Hilfssatz *Erzeugt $\alpha \in H^2(P^n(\mathbb{C})) \cong \mathbb{Z}$ diese Gruppe, so ist $\alpha^q = \alpha \cup \ldots \cup \alpha$ (q Faktoren) für $1 \le q \le n$ ein erzeugendes Element von $H^{2q}(P^n(\mathbb{C})) \cong \mathbb{Z}$.*

Beweis durch Induktion nach n. Der Fall $n = 1$ ist trivial. Sei $n > 1$, und sei $i \colon P^{n-1}(\mathbb{C}) \hookrightarrow P^n(\mathbb{C})$. Nach 13.6.10 ist $i^* \colon H^k(P^n(\mathbb{C})) \to H^k(P^{n-1}(\mathbb{C}))$ für $k \le 2n - 1$ ein Isomorphismus. Daher erzeugt $i^*(\alpha)$ die Gruppe $H^2(P^{n-1}(\mathbb{C}))$, also $i^*(\alpha)^q$ für $1 \le q \le n - 1$ nach Induktionsannahme die Gruppe $H^{2q}(P^{n-1}(\mathbb{C}))$ und folglich α^q die Gruppe $H^{2q}(P^n(\mathbb{C}))$; man beachte, daß $i^*(\alpha^q) = i^*(\alpha)^q$ ist. Weil α^{n-1} und α Erzeugende von $H^{2n-2}(P^n(\mathbb{C}))$ bzw. $H^2(P^n(\mathbb{C}))$ sind, ist $\alpha^{n-1} \cup \alpha = \alpha^n$ nach 15.4.5 (b) eine Erzeugende von $H^{2n}(P^n(\mathbb{C}))$.   □

Die Elemente des Cohomologierings $H^*(P^n(\mathbb{C})) = H^0 \oplus H^2 \oplus H^4 \oplus \ldots \oplus H^{2n}$ lassen sich also eindeutig in der Form $k_0 + k_1\alpha + k_2\alpha^2 + \ldots + k_n\alpha^n$ schreiben mit $k_i \in \mathbb{Z}$. Diese Elemente werden multipliziert wie Polynome in α, wobei jedoch $\alpha^{n+1} = 0$ zu setzen ist (also $\alpha^i = 0$ für alle $i > n$). Wir bezeichnen mit $\mathbb{Z}[x]$ den Ring der Polynome mit ganzzahligen Koeffizienten in einer Unbestimmten x und mit $(x^{n+1}) \subset \mathbb{Z}[x]$ das vom Polynom x^{n+1} erzeugte Ideal (es besteht aus allen Polynomen, die durch x^{n+1} teilbar sind). Dann gilt:

15.5.2 Satz *Die Zuordnung $x \mapsto \alpha$ liefert einen Ringisomorphismus vom Quotientenring $\mathbb{Z}[x]/(x^{n+1})$ auf den Cohomologiering $H^*(P^n(\mathbb{C}))$.*   □

Man sagt auch kurz: $H^*(P^n(\mathbb{C}))$ ist der von α erzeugte *gestutzte Polynomring*. — Es sei $j \colon P^n(\mathbb{C}) \to P^\infty(\mathbb{C})$ die kanonische Inklusion in den unendlich-dimensionalen projektiven Raum. Weil j^* ein Ringhomomorphismus ist, der $H^q(P^\infty(\mathbb{C}))$ für $q \le 2n$ isomorph auf $H^q(P^n(\mathbb{C}))$ abbildet, erhalten wir weiter:

15.5.3 Satz *Die Zuordnung $x \mapsto \alpha$, wobei α jetzt eine Erzeugende von $H^2(P^\infty(\mathbb{C}))$ ist, induziert einen Ringisomorphismus $\mathbb{Z}[x] \to H^*(P^\infty(\mathbb{C}))$.*   □

Für den reellen projektiven Raum $P^n = P^n(\mathbb{R})$ kann man mit den analogen Methoden den Ring $H^*(P^n; \mathbb{Z}_2)$ berechnen; die oben benutzte Aussage 15.4.5 (b) ersetzt man dabei durch 15.4.16. Man erhält:

15.5.4 Satz *Die Zuordnung $x \mapsto \alpha =$ Erzeugende von $H^1(P^n; \mathbb{Z}_2) \cong \mathbb{Z}_2$ induziert für $n < \infty$ einen Ringisomorphismus $\mathbb{Z}_2[x]/(x^{n+1}) \to H^*(P^n; \mathbb{Z}_2)$ und für $n = \infty$ einen Ringisomorphismus $\mathbb{Z}_2[x] \to H^*(P^\infty; \mathbb{Z}_2)$. Dabei ist $\mathbb{Z}_2[x]$ der Ring der Polynome in x mit Koeffizienten im Körper $\mathbb{Z}_2$.*   □

Wir geben einige topologische Anwendungen dieser Sätze, mit denen wir unsere Bemerkung vor 15.2 belegen, daß man mit dem Cohomologiering mehr topologische Resultate erzielen kann als mit der Homologie allein.

15.5.5 Satz *Als Abbildungsgrade von Abbildungen $P^n(\mathbb{C}) \to P^n(\mathbb{C})$ treten nur n-te Potenzen auf.*

Beweis Ist d der Grad von $f\colon P^n(\mathbb{C}) \to P^n(\mathbb{C})$, so ist der Homomorphismus f^* von $H^{2n}(P^n(\mathbb{C}))$ in sich die Multiplikation mit d. Es folgt $f^*(\alpha^n) = d\alpha^n$, wobei α die Gruppe $H^2(P^n(\mathbb{C})) \cong \mathbb{Z}$ erzeugt. Andererseits ist aber auch $f^*(\alpha) = k\alpha$ für eine ganze Zahl k, also $f^*(\alpha^n) = f^*(\alpha)^n = k^n\alpha^n$; es folgt $d = k^n$.   □

15.5.6 Satz *Für $0 < m < n \leq \infty$ ist $P^m(\mathbb{C}) \subset P^n(\mathbb{C})$ kein Retrakt.*

Beweis Sei $i\colon P^m(\mathbb{C}) \to P^n(\mathbb{C})$ die Inklusion, und sei β eine Erzeugende von $H^2(P^m(\mathbb{C}))$. Wir nehmen an, daß es eine Retraktion $r\colon P^n(\mathbb{C}) \to P^m(\mathbb{C})$ gibt. Wegen $i^*\colon H^2(P^n(\mathbb{C})) \cong H^2(P^m(\mathbb{C}))$ und $i^*r^* = \mathrm{id}$ ist $\alpha = r^*(\beta)$ eine Erzeugende von $H^2(P^n(\mathbb{C}))$. Aus $\beta^{m+1} = 0$ folgt $\alpha^{m+1} = 0$, und das widerspricht 15.5.1.   □

Nach 1.6.7 erhält man $P^n(\mathbb{C})$, indem man an $P^{n-1}(\mathbb{C})$ mit der identifizierenden Abbildung $p\colon S^{2n-1} \to P^{n-1}(\mathbb{C})$ eine $2n$-Zelle anklebt. Daß $P^{n-1}(\mathbb{C}) \subset P^n(\mathbb{C})$ kein Retrakt ist, ist nach 2.3.3 äquivalent dazu, daß p nicht nullhomotop ist. Für $n = 2$ folgt, daß $p\colon S^3 \to P^1(\mathbb{C})$ nicht nullhomotop ist. Nach 1.6.8 ist $P^1(\mathbb{C}) = e^0 \cup e^2$ homöomorph zu S^2. Einen expliziten Homöomorphismus $f\colon P^1(\mathbb{C}) \to S^2$ findet man in 1.5.A6. Es folgt:

15.5.7 Satz *Die Abbildung $h = f \circ p\colon S^3 \to S^2$ ist nicht nullhomotop.*   □

Diese Abbildung $h\colon S^3 \to S^2$ wurde 1931 von Hopf entdeckt und heißt deshalb die *Hopf-Abbildung*; sie war das erste Beispiel einer dimensions-erniedrigenden Abbildung, die nicht nullhomotop ist. Sie ist ein faszinierendes Beispiel einer Abbildung. Für jeden Punkt $x \in S^2$ ist das Urbild $f^{-1}(x) \subset S^3$ ein Großkreis in S^3 (also der Durchschnitt von S^3 mit einer Ebene durch den Nullpunkt des $\mathbb{R}^4$), und je zwei dieser Großkreise in S^3 haben im Sinne von 11.7.10 Verschlingungszahl 1. Durch stereographische Projektion erhält man daraus eine Zerlegung des $\mathbb{R}^3$ in unendlich viele Kreise (wobei einer zur z-Achse entartet ist), so daß je zwei dieser Kreise verschlungen sind. Eine Skizze dieser Zerlegung des $\mathbb{R}^3$ finden Sie an der Wand des Seminarraums NA 4/24 der Ruhr-Universität Bochum.

Als nächstes betrachten wir den reellen projektiven Raum $P^n = P^n(\mathbb{R})$. Satz 15.5.6 gilt auch jetzt; wir sind jedoch an folgender Aussage interessiert.

15.5.8 Hilfssatz *Im Fall $n > m \geq 1$ ist für jede stetige Abbildung φ: $P^n \to P^m$ der Homomorphismus $\varphi_\#$: $\pi_1(P^n) \to \pi_1(P^m)$ trivial.*

B e w e i s   Für $m = 1$ ist das klar wegen $\pi_1(P^n) \cong \mathbb{Z}_2$ und $\pi_1(P^1) \cong \mathbb{Z}$; sei $m > 1$. Dann ist $\mathbb{Z}_2 \cong \pi_1(P^k) \cong H_1(P^k) \cong \mathrm{Hom}(H_1(P^k), \mathbb{Z}_2) \cong H^1(P^k; \mathbb{Z}_2)$ für $k = m, n$, und daher genügt es zu zeigen, daß φ^*: $H^1(P^m; \mathbb{Z}_2) \to H^1(P^n; \mathbb{Z}_2)$ trivial ist. Wenn das falsch ist, gilt $\varphi^*(\alpha) = \beta$, wobei α und β die von Null verschiedenen Elemente dieser Gruppen sind; aber wegen $\alpha^n = 0$, $\beta^n \neq 0$ und $\varphi^*(\alpha^n) = \beta^n$ ist das unmöglich. $\square$

15.5.9 Satz *Für $n > m \geq 1$ gibt es keine stetige Abbildung g: $S^n \to S^m$, die antipoden-treu ist, d.h. mit $g(-x) = -g(x)$ für alle $x \in S^n$.*

B e w e i s   Es seien p: $S^n \to P^n$ und q: $S^m \to P^m$ die identifizierenden Abbildungen, die die Punkte x und $-x$ zum Punkt $\langle x \rangle$ identifizieren; beide sind 2-blättrige Überlagerungen. Wenn es eine antipoden-treue Abbildung g: $S^n \to S^m$ gibt, so wird durch $\langle x \rangle \mapsto \langle g(x) \rangle$ eine stetige Abbildung φ: $P^n \to P^m$ definiert mit $qg = \varphi p$. Aus 15.5.8 und 6.2.6 folgt, daß man φ zu $\tilde{\varphi}$: $P^n \to S^m$ liften kann, also $q\tilde{\varphi} = \varphi$. Wegen $q(\tilde{\varphi}p) = qg$ gilt für $x \in S^n$ folgendes: Entweder ist $\tilde{\varphi}p(x) = g(x)$ oder es ist $\tilde{\varphi}p(x) = -g(x)$. Im zweiten Fall folgt $\tilde{\varphi}p(-x) = g(-x)$. Es stimmen also $\tilde{\varphi}p$ und g an einem Punkt von S^n überein. Daher ist $\tilde{\varphi}p = g$ nach 6.2.4, und aus $p(x) = p(-x)$ folgt $g(x) = g(-x)$ für alle $x \in S^n$. Also ist g nicht antipoden-treu. $\square$

15.5.10 Satz von Borsuk-Ulam *Zu jeder stetigen Abbildung f: $S^n \to \mathbb{R}^n$ gibt es einen Punkt $x \in S^n$ mit $f(x) = f(-x)$. Insbesondere kann man S^n nicht in $\mathbb{R}^n$ einbetten.*

B e w e i s   Der Fall $n = 0$ ist trivial; sei $n \geq 1$. Wenn der Satz falsch ist, wird durch $x \mapsto (f(x) - f(-x))/|f(x) - f(-x)|$ eine stetige, antipoden-treue Abbildung g: $S^n \to S^{n-1}$ definiert. Daß es eine solche nicht gibt, ist im Fall $n = 1$ trivial und folgt für $n > 1$ aus 15.5.9. $\square$

Der Satz von Borsuk-Ulam hat in der Topologie und in der Analysis viele wichtige Anwendungen (vgl. 2.2.A3), und man kann ihn mit wesentlich elementareren Methoden beweisen [Wille, 3.3]. Der obige Beweis ist kürzer und durchsichtiger als die elementaren Beweise — aber er setzt voraus, daß man über den notwendigen Apparat der Algebraischen Topologie verfügt.

Aufgaben

15.5.A1 Der Cohomologiering $H^*(P^\infty(\mathbb{C}) \times P^\infty(\mathbb{C}))$ ist isomorph zum Polynomring $\mathbb{Z}[x,y]$ in zwei Variablen x und y. (Hinweis: 15.3.5)

15.5.A2 Berechnen Sie die folgenden Cohomologieringe:
(a) $H^*(P^n(\mathbb{H}))$ und $H^*(P^\infty(\mathbb{H}))$,
(b) $H^*(P^\infty \times \ldots \times P^\infty; \mathbb{Z}_2)$.

15.5.A3 Für $m < n \leq \infty$ ist $P^m(K) \subset P^n(K)$ kein Retrakt ($K = \mathbb{R}, \mathbb{C}$ oder $\mathbb{H}$).

15.5.A4 Zeigen Sie, daß für $f\colon P^n(\mathbb{C}) \to P^n(\mathbb{C})$ die $f_*\colon H_q(P^n(\mathbb{C})) \to H_q(P^n(\mathbb{C}))$ schon alle durch $f_*\colon H_2(P^n(\mathbb{C})) \to H_2(P^n(\mathbb{C}))$ bestimmt sind. Zeigen Sie ferner, daß die Lefschetz-Zahl von f von der Form $\lambda(f) = 1 + a + a^2 + \ldots + a^n$ mit $a \in \mathbb{Z}$ ist, und leiten Sie daraus Fixpunktsätze ab.

15.5.A5 (Diese und die folgende Aufgabe sind Anwendungen des Borsuk-Ulam-Satzes.) Wenn man die n-Sphäre durch $n + 1$ abgeschlossene Mengen überdeckt, so enthält mindestens eine dieser Mengen ein Antipodenpaar.

15.5.A6 Ist $f\colon D^n \to \mathbb{R}^n$ eine stetige Abbildung mit $f(-x) = -f(x)$ für alle $x \in S^{n-1}$, so gibt es einen Punkt $x_0 \in D^n$ mit $f(x_0) = 0$, vgl. 2.2.A2.

15.5.A7 Sei $h\colon S^3 \to S^2$ die Hopf-Abbildung. Für $x \in S^2$ sei $(z_1, z_2) \in h^{-1}(x) \subset S^1$ ein fester Punkt von $h^{-1}(x)$, wobei $z_i \in \mathbb{C}$ und $|z_1|^2 + |z_2|^2 = 1$. Zeigen Sie, daß $S^1 \to h^{-1}(x)$, $z \mapsto (zz_1, zz_2)$, ein Homöomorphismus ist.

15.6 Cup-Produkt und Verschlingungszahlen

Für eine ganze Zahl $k \geq 2$ ist die Restklassengruppe $\mathbb{Z}_k = \mathbb{Z}/k\mathbb{Z}$ ein Ring. Daher ist für jeden topologischen Raum X der Cohomologiering $H^*(X; \mathbb{Z}_k)$ definiert. Bei einer Mannigfaltigkeit M gibt es Zusammenhänge zwischen den Ringen $H^*(M; \mathbb{Z}_k)$, $k = 2, 3, \ldots$, und den Verschlingungszahlen in M.

15.6.1 Konstruktion Für einen freien Kettenkomplex C betrachten wir folgende Homomorphismen

$$H^q(C; \mathbb{Z}_k) \xrightarrow{j_k} H^q(C; \mathbb{Q}/\mathbb{Z}) \xrightarrow{B} H^{q+1}(C) \xrightarrow{\mu_k} H^{q+1}(C; \mathbb{Z}_k).$$

B ist der Bockstein-Operator aus 14.7.4. Es ist $j_k(\{\varphi\}) = \{j \circ \varphi\}$, wobei $j\colon \mathbb{Z}_k \to \mathbb{Q}/\mathbb{Z}$ der injektive Homomorphismus $x + k\mathbb{Z} \mapsto [x/k]$ ist und $\mu_k(\{\psi\}) = \{\mu \circ \psi\}$, wobei $\mu\colon \mathbb{Z} \to \mathbb{Z}_k$ die Projektion $x \mapsto x + k\mathbb{Z}$ ist. Die Komposition der obigen Homomorphismen, also $B_k = \mu_k \circ B \circ j_k\colon H^q(C; \mathbb{Z}_k) \to H^{q+1}(C; \mathbb{Z}_k)$, heißt der *Bockstein-Operator* zur Zahl k, vgl. 15.6.A1. Wählt man zu $\alpha = \{\varphi\} \in H^q(C; \mathbb{Z}_k)$

eine Cokette $\varphi_0 \in \text{Hom}(C_q, \mathbb{Z})$ mit $\mu\varphi_0 = \varphi$ und definiert man $\varphi_1 \in \text{Hom}(C_{q+1}, \mathbb{Z})$ durch $\langle \varphi_1, c \rangle = \frac{1}{k}\langle \varphi_0, \partial c \rangle$, so ist $Bj_k(\alpha) = \{\varphi_1\}$ und $B_k(\alpha) = \{\mu\varphi_1\}$.

Die letzte Bemerkung beweist man so: Wegen $\mu(\langle\varphi_0, \partial c\rangle) = \langle \varphi, \partial c \rangle = \langle \delta\varphi, c \rangle = 0$ ist $\langle \varphi_0, \partial c \rangle$ durch k teilbar, also φ_1 eine ganzzahlige Kette. Sei $\hat{\varphi} \in \text{Hom}(C_q, \mathbb{Q})$ die Cokette $\langle \hat{\varphi}, c \rangle = \frac{1}{k}\langle\varphi_0, c\rangle$. Dann ist $p\hat{\varphi} = j\varphi$ wobei $p: \mathbb{Q} \to \mathbb{Q}/\mathbb{Z}$, und $\delta\hat{\varphi} = \varphi_1$. Also ist φ_1 nach 14.7.4 ein Repräsentant von $Bj_k(\alpha)$.

Insbesondere ist $B_k: H^q(X; \mathbb{Z}_k) \to H^{q+1}(X; \mathbb{Z}_k)$ für jeden topologischen Raum X erklärt. Bezüglich des cup-Produkts verhält sich B_k wie folgt, wobei $\alpha \in H^p(X; \mathbb{Z}_k)$ und $\beta \in H^q(X; \mathbb{Z}_k)$ ist:

15.6.2 Hilfssatz *Es ist $B_k(\alpha \cup \beta) = B_k(\alpha) \cup \beta + (-1)^p\alpha \cup B_k(\beta)$.*

Beweis Sei $\alpha = \{\varphi\}$, $\beta = \{\psi\}$, und seien φ_0, φ_1 bzw. ψ_0, ψ_1 wie in 15.6.1 definiert. Wir betrachten statt der cup-Produkte zuerst Cohomologie-Kreuzprodukte. Sei $Q: S(X \times X) \to S(X) \otimes S(X)$ eine Eilenberg-Zilber-Äquivalenz. Nach 15.1.3 und 15.6.1 wird das Element $B_k(\alpha) \times \beta + (-1)^p\alpha \times B_k(\beta)$ von folgendem Cozyklus von $S(X \times X)$ repräsentiert: $\rho = [(\mu\varphi_1) \cdot \psi + (-1)^p\varphi \cdot (\mu\psi_1)] \circ Q$. Hier ist $\rho' = [...]$ ein Cozyklus von $S(X) \otimes S(X)$, der auf einer Kette $c \otimes d$ folgenden Wert annimmt (man beachte, daß $\mu: \mathbb{Z} \to \mathbb{Z}_k$ ein Ring-Homomorphismus ist):

$$\langle \rho', c \otimes d \rangle = \mu(\frac{1}{k}(\langle\varphi_0, \partial c\rangle\langle\psi_0, d\rangle + (-1)^p\langle\varphi_0, c\rangle\langle\psi_0, \partial d\rangle))$$

$$= \mu(\frac{1}{k}\langle\varphi_0 \cdot \psi_0, \; \partial c \otimes d + (-1)^p c \otimes \partial d\rangle)$$

$$= \mu(\frac{1}{k}\langle\varphi_0 \cdot \psi_0, \partial(c \otimes d)\rangle).$$

Folglich ist $\langle\rho, x\rangle = \langle\rho', Qx\rangle = \mu(\frac{1}{k}\langle\varphi_0 \cdot \psi_0, \partial Qx\rangle)$ für alle $x \in S_{p+q+1}(X \times X)$. Das Kreuzprodukt $\alpha \times \beta$ wird von $(\varphi \cdot \psi) \circ Q$ repräsentiert. Aus $\mu \circ [(\varphi_0 \cdot \psi_0) \circ Q] = (\varphi \cdot \psi) \circ Q$ und 15.6.1 folgt $B_k(\alpha \times \beta) = \{\rho\}$. Daher gilt die zu beweisende Formel für $\times$ statt $\cup$. Jetzt muß man nur noch d^* anwenden, wobei $d: X \to X \times X$ die Diagonale ist. $\square$

Im folgenden ist M eine n-Mannigfaltigkeit wie in 14.2, orientierbar und fest orientiert, mit Fundamentalklasse $\{M\} \in H_n(M) \cong \mathbb{Z}$. Es sei $D: H^q(M) \to H_{n-q}(M)$ der Poincaré-Isomorphismus $D(\gamma) = \gamma \cap \{M\}$ und $j: \mathbb{Z}_k \to \mathbb{Q}/\mathbb{Z}$ wie in 15.6.1.

15.6.3 Satz *Sei $\alpha \in \text{Tor } H_q(M)$ und $\beta \in \text{Tor } H_{n-q-1}(M)$. Sei $k \geq 2$ eine Zahl mit $k\alpha = 0$ und $k\beta = 0$. Dann gibt es Elemente $\alpha' \in H^{n-q-1}(M; \mathbb{Z}_k)$ und $\beta' \in H^q(M; \mathbb{Z}_k)$, die unter $D \circ B \circ j_k$ auf α bzw. β abgebildet werden, und für je zwei solche Elemente ist $\alpha \circledcirc \beta = j\langle\beta' \cup B_k(\alpha'), \{M\}\rangle$.*

Das bedeutet: Wenn man die Ringe $H^*(M; \mathbb{Z}_k)$ und die Bockstein-Operatoren B_k für alle $k \geq 2$ kennt, kann man die Verschlingungszahlen bestimmen. Umgekehrt sind durch die Verschlingungszahlen zumindest die cup-Produkte der Form $B_k(\alpha')\cup$ β' bestimmt (weil $j\colon \mathbb{Z}_k \to \mathbb{Q}/\mathbb{Z}$ injektiv ist), vgl. 15.6.A2.

Beweis von 15.6.3 zerfällt in zwei Schritte.

1. Schritt: Nach 14.7.6 (b) gibt es $\beta_2 \in H^q(M;\mathbb{Q}/\mathbb{Z})$ mit $DB(\beta_2) = \beta$. Es ist $H_q(M)$ die innere direkte Summe von $T_q = \mathrm{Tor}\, H_q(M)$ und einer freien abelschen Gruppe F_q. Aus $k\beta = 0$ und 14.7.6 (c) folgt $k\langle\beta_2,\gamma\rangle = 0$ für alle $\gamma \in T_q$, d.h. $\langle\beta_2,\gamma\rangle$ liegt im Bild von $j\colon \mathbb{Z}_k \to \mathbb{Q}/\mathbb{Z}$. Wir definieren $f \in \mathrm{Hom}(H_q(M),\mathbb{Z}_k)$ durch $f(\gamma) = 0$ für $\gamma \in F_q$ und $f(\gamma) = j^{-1}\langle\beta_2,\gamma\rangle$ für $\gamma \in T_q$. Nach 13.4.3 gibt es $\beta' \in H^q(M;\mathbb{Z}_k)$ mit $\langle\beta',\gamma\rangle = f(\gamma)$ für alle $\gamma \in H_q(M)$. Wegen $\langle j_k(\beta'),\gamma\rangle = jf(\gamma) = \langle\beta_2,\gamma\rangle$ für $\gamma \in T_q$ und 14.7.6 (c) ist $DBj_k(\beta') = DB(\beta_2) = \beta$. Genauso beweist man die Existenz von α'.

2. Schritt: Die Formel für $\alpha \odot \beta$ folgt aus 14.7.7 und aus

$$\langle\beta' \cup B_k(\alpha'), \{M\}\rangle = \langle\beta', Bj_k(\alpha') \cap \{M\}\rangle.$$

Der Beweis hierfür ist der gleiche wie bei 15.4.1, man muß nur mit den Koeffizientengruppen aufpassen. Sei $\beta' = \{\psi\}$, $\alpha' = \{\varphi\}$ und $Bj_k(\alpha) = \{\varphi_1\}$ sowie $B_k(\alpha) = \{\mu\varphi_1\}$ wie in 15.6.1. Nach 15.2.3 wird $\beta' \cup B_k(\alpha')$ repräsentiert vom n-Cozyklus χ, der auf $\sigma\colon \Delta_n \to X$ den Wert $\langle\chi,\sigma\,\rangle = \langle\psi,\sigma'\rangle \cdot \langle\mu\varphi_1,\sigma''\rangle \in \mathbb{Z}_k$ annimmt; dabei sind σ',σ'' Vorder- bzw. Rückseite von σ der entsprechenden Dimension. Nach 14.1.1 ist $\varphi_1 \cap \sigma = \langle\varphi_1,\sigma''\rangle\sigma'$, und auf dieser ganzzahligen Kette nimmt ψ den Wert $\langle\varphi_1,\sigma''\rangle\langle\psi,\sigma'\rangle$ an. Für $x \in \mathbb{Z}$ und $t \in \mathbb{Z}_k$ ist $xt = \mu(x)\cdot t$, wobei der Punkt die Ringmultiplikation in $\mathbb{Z}_k$ ist. Es folgt $\langle\chi,\sigma\rangle = \langle\psi,\varphi_1 \cap \sigma\rangle$, daraus obige Formel. $\square$

Jetzt können wir auch die Frage am Ende von 14.7 beantworten:

15.6.4 Satz *Für* $\alpha \in \mathrm{Tor}\, H_q(M)$, $\beta \in \mathrm{Tor}\, H_{n-q-1}(M)$ *ist* $\alpha\odot\beta = (-1)^{nq+1}\beta\odot\alpha$.

Beweis Es seien α' und β' wie in 15.6.3. Weil $H^n(M)$ torsionsfrei ist, ist nach 14.7.6 (b) $B_k = 0$: $H^{n-1}(M;\mathbb{Z}_k) \to H^n(M;\mathbb{Z}_k)$. Daher ist nach 15.6.2 $B_k(\alpha')\cup\beta' = (-1)^{n-q}\alpha' \cup B_k(\beta')$. Aus der Antikommutativität des cup-Produkts folgt weiter $B_k(\alpha')\cup\beta' = (-1)^p B_k(\beta')\cup\alpha'$ mit $p = n-q+(n-q-1)(q+1)$. Aus $p \equiv nq+1\,\mathrm{mod}\,2$ und 15.6.3 folgt der Satz. $\square$

Wir greifen die Bemerkung nach 14.7.11 auf. Die geometrisch-dualen Torsionsbasen $\alpha_1,\ldots,\alpha_r$ von $\mathrm{Tor}\, H_q(M)$ und $\alpha_1^*,\ldots,\alpha_r^*$ von $\mathrm{Tor}\, H_{n-q-1}(M)$ sind im Fall $q = n-q-1$, also $n = 2q+1$, Torsionsbasen derselben Gruppe. Der Zusammenhang zwischen diesen Basen ist durch die Verschlingungszahlen $\alpha_i \odot \alpha_j$ bestimmt. Das führt analog zu 15.4.7 zu folgenden Begriffsbildungen:

15.6.5 Definition und Satz *Wenn die Dimension von* M *ungerade ist, also* $n = 2q+1$, *so setzen wir* $T(M) = \mathrm{Tor}\, H_q(M)$. *Die Verschlingungszahlen induzieren* *eine nichtsinguläre Bilinearform $T(M) \times T(M) \to \mathbb{Q}/\mathbb{Z}$, $(\alpha, \beta) \mapsto \alpha \odot \beta$, die für gerades q schiefsymmetrisch ($\alpha \odot \beta = -\beta \odot \alpha$) und für ungerades q symmetrisch ($\alpha \odot \beta = \beta \odot \alpha$) ist. Ist $\alpha_1, \ldots, \alpha_r$ eine Torsionsbasis von $T(M)$, so heißt die Matrix $(\alpha_i \odot \alpha_j)$ über $\mathbb{Q}/\mathbb{Z}$ die Verschlingungsmatrix bezüglich dieser Torsionsbasis.* □

Wir sind jetzt in der gleichen Lage wie nach 15.4.7: Um mit diesem Satz etwas anfangen zu können, müssen wir mehr Algebra lernen. Was für (schief-)symmetrische nichtsinguläre Bilinearformen $f\colon G \times G \to \mathbb{Q}/\mathbb{Z}$ gibt es?

15.6.6 Beispiele Wir benutzen für jede Funktion $f\colon G \times G \to \mathbb{Q}/\mathbb{Z}$ im folgenden die Schreibweise $f(x, y) = x \odot y$.

(a) Durch $(x + 2\mathbb{Z}) \odot (y + 2\mathbb{Z}) = [xy/2]$ wird eine Bilinearform $\mathbb{Z}_2 \times \mathbb{Z}_2 \to \mathbb{Q}/\mathbb{Z}$ definiert. Das erzeugende Element $\alpha = 1 + 2\mathbb{Z} \in \mathbb{Z}_2$ hat Ordnung 2, und es ist $\alpha \odot \alpha = [1/2]$. Daher ist die Form nach 14.7.10 nichtsingulär. Wegen $[1/2] = -[1/2]$ in $\mathbb{Q}/\mathbb{Z}$ ist sie sowohl symmetrisch als auch schiefsymmetrisch. Wir bezeichnen diese Bilinearform mit $F_2^0\colon \mathbb{Z}_2 \times \mathbb{Z}_2 \to \mathbb{Q}/\mathbb{Z}$.

(b) Im Fall $G = \mathbb{Z}_m \oplus \mathbb{Z}_m$, $m \geq 2$, erhält man durch

$$(x_1 + m\mathbb{Z}, y_1 + m\mathbb{Z}) \odot (x_2 + m\mathbb{Z}, y_2 + m\mathbb{Z}) = [\frac{x_1 y_2 - x_2 y_1}{m}]$$

eine schiefsymmetrische Bilinearform $G \times G \to \mathbb{Q}/\mathbb{Z}$. Bezüglich der kanonischen Basis $(1, 0), (0, 1)$ von G hat sie die Matrix $\begin{pmatrix} 0 & [1/m] \\ -[1/m] & 0 \end{pmatrix}$, und daher ist sie nach 14.7.10 nichtsingulär. Es sei $F_m\colon (\mathbb{Z}_m \oplus \mathbb{Z}_m) \times (\mathbb{Z}_m \oplus \mathbb{Z}_m) \to \mathbb{Q}/\mathbb{Z}$ diese Bilinearform.

(c) Wenn in (b) die Zahl m gerade ist, wird durch

$$(x_1 + m\mathbb{Z}, y_1 + m\mathbb{Z}) \odot (x_2 + m\mathbb{Z}, y_2 + m\mathbb{Z}) = [\frac{x_1 y_2 - x_2 y_1}{m} + \frac{y_1 y_2}{2}]$$

ebenfalls eine Bilinearform $G \times G \to \mathbb{Q}/\mathbb{Z}$ definiert, die schiefsymmetrisch und nichtsingulär ist. Die Matrix bezüglich der obigen Basis von G ist $\begin{pmatrix} 0 & [1/m] \\ -[1/m] & [1/2] \end{pmatrix}$. Wir bezeichnen diese Form mit $F_m^*\colon (\mathbb{Z}_m \oplus \mathbb{Z}_m) \times (\mathbb{Z}_m \oplus \mathbb{Z}_m) \to \mathbb{Q}/\mathbb{Z}$. Sie ist nur für gerades m definiert.

(d) Die direkte Summe der Bilinearformen $G \times G \to \mathbb{Q}/\mathbb{Z}$ und $G' \times G' \to \mathbb{Q}/\mathbb{Z}$ ist durch $(G \oplus G') \times (G \oplus G') \to \mathbb{Q}/\mathbb{Z}$, $(g_1, g_1') \odot (g_2, g_2') = g_1 \odot g_2 + g_1' \odot g_2'$, definiert. Das ist analog zu 15.4.8 (b). Ebenso definiert man analog zu 15.4.8 (a), wann zwei Formen isomorph sind.

Mit diesen Beispielen und Begriffen können wir folgenden algebraischen Satz formulieren, dessen Beweis wir dem Leser als nichttriviale Aufgabe überlassen (vgl. die Aufgaben zu diesem Abschnitt):

15.6.7 Satz *Jede schiefsymmetrische nichtsinguläre Bilinearform $f\colon G \times G \to$ $\mathbb{Q}/\mathbb{Z}$ ist isomorph zu einer direkten Summe von Bilinearformen vom Typ F_m, $F_{2^k}^*$ und F_2^0 mit $m \geq 2$, $k \geq 1$, wobei in dieser direkten Summe noch folgendes gilt:*

(a) *Die Form F_2^0 tritt höchstens einmal auf; wenn sie auftritt, sind die übrigen Summanden vom Typ F_m mit $m \geq 2$.*

(b) *Es tritt höchstens ein Summand vom Typ $F_{2^k}^*$ auf.*   □

Zusammen mit 15.6.5 erhalten wir daraus das folgende topologische Resultat:

15.6.8 Satz *Wenn die Mannigfaltigkeit M in 15.6.5 die Dimension $n = 4k+1$ hat ($k \geq 1$ ganz), so gibt es eine Torsionsbasis $\alpha_1, \beta_1, \ldots, \alpha_k, \beta_k, \gamma$ von $\mathcal{T}(M) =$ Tor $H_{2k}(M)$ mit folgenden Eigenschaften:*

(a) *Die Elemente α_i, β_i haben gleiche Ordnung $n_i \geq 2$, und das Element γ hat die Ordnung 2.*

(b) *Die Verschlingungsmatrix von M bezüglich dieser Torsionsbasis ist gegeben durch*

$$
\begin{pmatrix}
\begin{pmatrix} 0 & r_1 \\ -r_1 & 0 \end{pmatrix} & & & \\
& \ddots & & \\
& & \begin{pmatrix} 0 & r_{k-1} \\ -r_{k-1} & 0 \end{pmatrix} & \\
& & & \begin{pmatrix} 0 & r_k \\ -r_k & \varepsilon \end{pmatrix} \\
& & & \qquad [1/2]
\end{pmatrix}
$$

Dabei ist $r_i = [1/n_i]$ und $\varepsilon = 0$ oder $\varepsilon = [1/2]$. Der Fall $\varepsilon = [1/2]$ ist nur möglich, wenn n_k eine Potenz von 2 ist.

(c) *Das Element γ kann fehlen, d.h. es kann sein, daß die Torsionsbasis nur aus $\alpha_1, \beta_1, \ldots, \alpha_k, \beta_k$ besteht (dann sind in der Matrix die letzte Zeile und Spalte zu streichen).*

(d) *Wenn das Element γ auftritt, ist $\varepsilon = 0$.*   □

15.6.9 Folgerung Ist G bzw. H die von $\alpha_1, \ldots, \alpha_k$ bzw. $\beta_1, \ldots, \beta_k$ erzeugte Untergruppe von Tor $H_{2k}(M)$, so ist $G \cong H$, und daher gilt

$$\text{Tor } H_{2k}(M) \cong G \oplus G \quad \text{oder} \quad \text{Tor } H_{2k}(M) \cong G \oplus G \oplus \mathbb{Z}_2,$$

wobei der Summand $\mathbb{Z}_2$ dem Element γ entspricht. Die Gruppe Tor $H_{2k}(M)$ hat also bei einer $(4k+1)$-Mannigfaltigkeit eine sehr spezielle Gestalt; sie kann z.B. nie eine zyklische Gruppe der Ordnung > 2 sein.

Im symmetrischen Fall liefern die Verschlingungszahlen keine Beschränkungen für die Gruppe $\mathcal{T}(M)$. Für alle $m \geq 2$ ist nämlich

$$\mathbb{Z}_m \times \mathbb{Z}_m \to \mathbb{Q}/\mathbb{Z}, \quad (x + m\mathbb{Z}) \odot (y + m\mathbb{Z}) = [xy/m],$$

eine nichtsinguläre symmetrische Bilinearform, und durch Bildung direkter Summen folgt, daß es zu jeder endlichen abelschen Gruppe G eine solche Form $G \times G \to \mathbb{Q}/\mathbb{Z}$ gibt.

Aufgaben

15.6.A1 Der Bockstein-Operator $B_k \colon H^q(C;\mathbb{Z}_k) \to H^{q+1}(C;\mathbb{Z}_k)$ in 15.6.1 stimmt überein mit dem Bockstein-Operator aus 13.3.A3 bezüglich der exakten Sequenz in 8.2.A3, wobei die Homomorphismen in dieser Sequenz durch $x + k\mathbb{Z} \to kx + k^2\mathbb{Z}$ bzw. $y + k^2\mathbb{Z} \to y + k\mathbb{Z}$ definiert sind.

15.6.A2 Seien $L = L(p,q)$ sowie $\alpha \in H_1(L)$ und q' wie in 14.7.3 (c). Zeigen Sie:
(a) Ist $\alpha' \in H^1(L;\mathbb{Z}_p)$ wie in 15.6.3, so ist $\langle \alpha' \cup B_p(\alpha'), \{L\}\rangle = q' + p\mathbb{Z} \in \mathbb{Z}_p$.
(b) $\alpha' \in H^q(L;\mathbb{Z}_p) \cong \mathbb{Z}_p$, $B_p(\alpha') \in H^2(L;\mathbb{Z}_p) \cong \mathbb{Z}_p$ und $\alpha' \cup B_p(\alpha') \in H^3(L;\mathbb{Z}_p) \cong \mathbb{Z}_p$ sind erzeugende Elemente dieser Gruppen.
(c) Wenn $\gamma \in H^1(L;\mathbb{Z}_p)$ und $\delta \in H^2(L;\mathbb{Z}_p)$ Erzeugende dieser Gruppen sind, so ist $\gamma \cup \delta$ eine Erzeugende von $H^3(L;\mathbb{Z}_p)$.
(d) Wenn p ungerade ist, haben je zwei Linsenräume der Form $L(p,q)$ und $L(p,q_1)$ isomorphe Cohomologieringe (Koeffizienten $\mathbb{Z}_p$).

15.6.A3 Sei $L_1 = L(p,q_1)$ ein zweiter Linsenraum. Zeigen Sie: Wenn es eine Abbildung $f \colon L \to L_1$ vom Grad d gibt, so ist $dq \equiv k^2 q_1 \bmod p$ für eine ganze Zahl k.

15.6.A4 Beweisen Sie Satz 15.6.7 in folgenden Schritten:
(a) Eine Zerlegung von G in p-Gruppen wie in 8.1.A13 induziert eine entsprechende Zerlegung der Bilinearform. Daher darf man annehmen, daß G eine p-Gruppe ist.
(b) Es gibt Elemente $x, y \in G$, so daß x, y und $x \odot y$ die gleiche Ordnung m haben; m ist eine Potenz von p. Wenn $m > 2$ ist und wenn U die von x und y erzeugte Untergruppe ist, so ist $f|U \times U$ eine zu F_m oder F_m^* isomorphe Bilinearform, die man „abspalten" kann. Daher genügt es den Fall zu betrachten, daß alle Elemente $n \neq 0$ von G die Ordnung 2 haben.
(c) In dem eben genannten Fall ist die Form isomorph zu $F_2^0 \oplus \ldots \oplus F_2^0$.
(d) $F_0^2 \oplus F_0^2 \cong F_2^*$, $F_2^0 \oplus F_m^* \cong F_2^0 \oplus F_m$ (m gerade), $F_{2^r}^* \oplus F_{2^s}^* \cong F_{2^r}^* \oplus F_{2^s}$ ($r \leq s$).

V Fortsetzung der Homotopietheorie

16 Homotopiegruppen

In diesem Abschnitt führen wir die Homotopiegruppen ein, die höherdimensionale Verallgemeinerungen der Fundamentalgruppe sind. Wir setzen dabei voraus, daß der Leser die Homologietheorie verstanden hat. Zwar kann man die Homotopiegruppen auch definieren, ohne Homologiegruppen zu benutzen (vgl. die Aufgaben zu 16.2.A1–A4), aber da man sie dann kaum verstehen und nur wenig berechnen kann, ziehen wir den geschilderten Weg vor. Zur Vorbereitung untersuchen wir zunächst „hochzusammenhängende Räume" und „hochzusammenhängende Raumpaare"; dabei werden nur elementare Methoden der Homotopietheorie aus Abschnitt 2 und die Theorie der CW-Räume aus Abschnitt 4 benutzt.

16.1 Mehrfacher Zusammenhang

Nach 3.3.A3 heißt ein Raum X *n-zusammenhängend*, wenn für $q \leq n$ jede stetige Abbildung $f\colon S^q \to X$ nullhomotop ist. Wenn dasselbe für alle $q \geq 0$ gilt, so heißt X *∞-zusammenhängend*. 0-Zusammenhang ist dasselbe wie Wegzusammenhang. Ein zusammenziehbarer Raum ist ∞-zusammenhängend (für CW-Räume gilt nach 16.1.5 die Umkehrung). Weitere Beispiele findet man in 3.3.A3 und 4.3.A3.

16.1.1 Definition Ein Raumpaar (X, A) heißt *n-zusammenhängend*, wenn für $q \leq n$ und für jede stetige Abbildung $f\colon (D^q, S^{q-1}) \to (X, A)$ die folgenden, zueinander äquivalenten Bedingungen erfüllt sind:

(a) Es gibt $g \cong f\colon D^q \to X$ rel S^{q-1} mit $g(D^q) \subset A$.

(b) Es gibt $h \cong f\colon (D^q, S^{q-1}) \to (X, A)$ mit $h(D^q) \subset A$.

Wenn dasselbe für alle $q \geq 0$ gilt, so heißt (X, A) *∞-zusammenhängend*.

Trivialerweise folgt (b) aus (a); denn die Bedingung (b) scheint schwächer zu sein: hier darf das Bild von S^{q-1} während der Homotopie in A bewegt werden, während es in (a) fest bleiben muß. Sei $h_t\colon D^q \to X$ eine Homotopie, für die $h_0 = f$ und $h_1(D^q) \subset A$ sowie $h_t(S^{q-1}) \subset A$ gilt. Für $z \in D^q$ setze man

$$
k_t(z) = \begin{cases} h_t\left(\dfrac{2z}{2-t}\right) & \text{für } \tfrac{t}{2} \leq 1 - \|z\|, \\[2ex] h_{2-2\|z\|}\left(\dfrac{z}{\|z\|}\right) & \text{für } \tfrac{t}{2} \geq 1 - \|z\|\,. \end{cases}
$$

Dann ist k_t: $D^q \to X$ eine Homotopie mit $k_0 = f$, $k_1(D^q) \subset A$ und $k_t(x) = f(x)$ für alle $x \in S^{q-1}$. Also folgt (a) aus (b).

16.1.2 Beispiele

(a) Genau dann ist (X, A) 0-zusammenhängend, wenn A jede Wegekomponente von X trifft.

(b) Sei i: $A \hookrightarrow X$ die Inklusion. Wenn (X, A) 1-zusammenhängend ist, so ist $i_\#$: $\pi_1(A, x_0) \to \pi_1(X, x_0)$ surjektiv für alle $x_0 \in A$. Wenn A wegzusammenhängend und $i_\#$ surjektiv ist für alle $x_0 \in A$, so ist (X, A) 1-zusammenhängend.

(c) n-Zusammenhang ist eine Invariante des Homotopietyps von Paaren.

(d) Ist $x_0 \in X$, so ist (X, x_0) genau dann n-zusammenhängend, wenn X es ist $(0 \leq n \leq \infty)$; wenn Sie keinen elementaren Beweis finden, so benutzen Sie 16.4.4 und 16.6.12.

(e) Ist $A \subset X$ ein strenger Deformationsretrakt, so ist (X, A) ∞-zusammenhängend. Für CW-Paare gilt die Umkehrung, wie wir in 16.1.4 sehen werden.

16.1.3 Satz *Ist (Y, B) n-zusammenhängend $(0 \leq n \leq \infty)$ und X ein CW-Raum der Dimension $\leq n$, so gibt es zu jeder Abbildung f: $X \to Y$ eine Abbildung $g \simeq f$ mit $g(X) \subset B$. Ist ferner $A \subset X$ ein CW-Teilraum mit $f(A) \subset B$, so kann man $g \simeq f$ rel A annehmen.*

Beweis   Wir konstruieren induktiv Homotopien h_t^k: $A \cup X^k \to Y$ rel A mit $h_0^k = f|A \cup X^k$, $h_1^k(A \cup X^k) \subset B$ und $h_t^k|A \cup X^{k-1} = h_t^{k-1}$ für $k \geq 0$; dabei ist $-1 \leq k \leq n$ im Fall $n < \infty$ bzw. $k \geq -1$ im Fall $n = \infty$. Im ersten Fall ist $g = h_1^n$: $X \to Y$ die gesuchte Abbildung. Im Fall $n = \infty$ erhält man eine Homotopie h_t: $X \to Y$ rel A durch $h_t|A \cup X^k = h_t^k$, und $g = h_1$: $X \to Y$ hat die verlangten Eigenschaften.

Für $k = -1$ setzen wir $h_t^{-1} = f|A$: $A \to Y$ für alle t. Es sei $0 \leq k \leq n$ im Fall $n < \infty$ bzw. $k \geq 0$ im Fall $n = \infty$, und h_t^{k-1} sei schon definiert. Es genügt, für jede k-Zelle e in $X \backslash A$ eine Homotopie f_t^e: $\bar{e} \to Y$ anzugeben mit

$$f_0^e = f|\bar{e}, \ f_t^e|\dot{e} = h_t^{k-1}|\dot{e} \ \text{ und } f_1^e(e) \subset B;$$

daraus erhält man h_t^k, indem man $h_t^k|A \cup X^{k-1} = h_t^{k-1}$ und $h_e^k|\bar{e} = f_t^e$ setzt.
Sei G: $D^k \to X$ eine charakteristische Abbildung von e und

$$\varphi: Z = D^k \times 0 \cup S^{k-1} \times I \to Y, \ \varphi(x, 0) = fG(x), \ \varphi(z, t) = h_t^{k-1}G(z).$$

Weil Z Retrakt von $D^k \times I$ ist, kann man φ zu $\bar{\varphi}$: $D^k \times I \to Y$ fortsetzen. Weil (Y, B) n-zusammenhängend ist, kann man die Abbildung

$$\bar{\varphi}|D^k \times 1: (D^k \times 1, S^{k-1} \times 1) \to (Y, B)$$

relativ $S^{k-1} \times 1$ so deformieren, daß danach das Bild von $D^k \times 1$ in B liegt. Daher gibt es $\psi\colon D^k \times I \to Y$ mit ($x \in D^k, z \in S^{k-1}$):

$$\psi(x,0) = fG(x), \quad \psi(z,t) = h_t^{k-1}G(z), \quad \psi(D^k \times 1) \subset B.$$

Jetzt definieren wir f_t^e analog wie am Ende des Beweises von 4.3.4. $\qquad\square$

Die folgenden drei Sätze sind Folgerungen aus 16.1.3.

16.1.4 Satz *Ist (X, A) ein n-zusammenhängendes CW-Paar ($1 \le n \le \infty$), so daß $X \backslash A$ nur Zellen der Dimension $\le n$ enthält (für $n = \infty$ ist diese Bedingung erfüllt), so ist A strenger Deformationsretrakt von X.*

Beweis Zur Inklusion $i\colon X^n \to X$ gibt es nach 16.1.3 eine Homotopie $h_t\colon X^n \to X$ rel $A \cap X^n$ mit $h_0 = i$ und $h_1(X^n) \subset A$. Wegen $X = A \cup X^n$ erhält man eine Homotopie $k_t\colon X \to X$ rel A durch $k_t|A = $ Inklusion $A \hookrightarrow X$ und $k_t|X^n = h_t$. Es folgt $k_0 = \mathrm{id}_X$ und $k_1(x) = a$. $\qquad\square$

16.1.5 Satz *Jeder n-zusammenhängende CW-Raum der Dimension $\le n$ und jeder ∞-zusammenhängende CW-Raum X ist zusammenziehbar.*

Beweis Setze $A = x_0$ in 16.1.4 und benutze 16.1.2 (d). $\qquad\square$

16.1.6 Satz *Sei Y n-zusammenhängend, $y_0 \in Y$ und X ein CW-Raum.*
(a) *Zu $f\colon X \to Y$ gibt es $f' \simeq f\colon X \to Y$ mit $f'(X^n) = y_0$. Ist $X_0 \subset X$ ein CW-Teilraum und $f(X_0) = y_0$, so kann man $f' \simeq f$ rel X_0 annehmen.*
(b) *Sind $f, g\colon X \to Y$ Abbildungen mit $f(X^n) = g(X^n) = y_0$ und $f \simeq g$, so ist $f \simeq g$ rel X^{n-1}.*

Beweis (a) folgt aus 16.1.3, indem man dort $B = y_0$ setzt und 16.1.2 (d) beachtet. Zu (b): Es gibt H: $X \times I \to Y$ mit $H(x,0) = f(x), H(x,1) = g(x)$. Für $H|X^{n-1} \times I$: $X^{n-1} \times I \to Y$ gilt $H(X^{n-1} \times \partial I) = y_0$. Nach 16.1.3 (wieder im Fall $B = y_0$) gibt es $f_t\colon X^{n-1} \times I \to Y$ rel $X^{n-1} \times \partial I$ mit $f_0 = H|X^{n-1} \times I$ und $f_1(X^{n-1} \times I) = y_0$. Durch $(x,0) \mapsto f(x)$ und $(x,1) \mapsto g(x)$ setzt man f_t zu einer Homotopie $k_t\colon Z = X \times 0 \cup X \times 1 \cup X^{n-1} \times I \to Y$ fort. Weil das CW-Paar $(X \times I, Z)$ nach 4.3.1 die AHE hat, gibt es wegen $k_0 = H|Z$ eine Fortsetzung $K_t\colon X \times I \to Y$ von k_t. Dann ist K_1 eine Homotopie $f \simeq g$ rel X^{n-1}. $\qquad\square$

Wir betrachten für eine Abbildung $f\colon X \to Y$ wie in 2.4.10 den Abbildungszylinder M_f. Er enthält X und Y als Teilräume, und Y ist strenger Deformationsretrakt von Y. Ist $i\colon X \hookrightarrow M_f$ die Inklusion und $r\colon M_f \to Y$ die Retraktion aus 2.4.10, so ist r eine Homotopieäquivalenz und $f = r \circ i$. Ist f eine Homotopieäquivalenz, so ist X nach 2.4.11 strenger Deformationsretrakt von M_f, also das Paar (M_f, X) ∞-zusammenhängend. Daher ist der folgende Begriff eine natürliche Abschwächung des Begriffs „Homotopieäquivalenz".

16.1.7 Definition Eine Abbildung $f\colon X \to Y$ heißt n-*zusammenhängend* (ältere Sprechweise: „n-Äquivalenz"), wenn das Paar (M_f, X) es ist. Eine ∞-zusammenhängende Abbildung heißt auch eine *schwache Homotopieäquivalenz*.

16.1.8 Beispiele
(a) Genau dann ist $f\colon X \to Y$ 0-zusammenhängend, wenn $f(X)$ jede Wegekomponente von Y trifft.
(b) *Sind X, Y wegzusammenhängend, so ist $f\colon X \to Y$ genau dann 1-zusammenhängend, wenn $f_{\#}\colon \pi_1(X, x_0) \to \pi_1(Y, f(x_0))$ surjektiv ist.* Beweis: Wie vor 16.1.7 ist $f = r \circ i$, also $f_{\#} = r_{\#} \circ i_{\#}$, und $r_{\#}$ ist ein Isomorphismus. Daher ist $f_{\#}$ genau dann surjektiv, wenn $i_{\#}$ es ist. Der Rest folgt aus 16.1.2 (b).
(c) Ist $f \simeq g\colon X \to Y$ und ist f n-zusammenhängend, so auch g. Beweis: Man zeige mit 2.4.13, daß $(M_f, X) \simeq (M_g, X)$ ist. Aus 16.1.2. (c) folgt die Behauptung.
(d) Hat (X, A) die AHE, so ist $i\colon A \hookrightarrow X$ genau dann n-*zusammenhängend*, wenn (X, A) es ist. Zum Beweis zeige man $(M_i, A) \simeq (X, A)$.

16.1.9 Satz *Es sei $f\colon X \to Y$ eine n-zusammenhängende Abbildung zwischen CW-Räumen X und Y mit $\max(\dim X + 1, \dim Y) \le n$. Dann ist f eine Homotopieäquivalenz. Insbesondere: Jede schwache Homotopieäquivalenz zwischen CW-Räumen ist eine Homotopieäquivalenz.*

Beweis Wegen 16.1.8 (c) und 4.3.4 können wir annehmen, daß f zellulär ist. Nach 4.2.A3 ist M_f ein CW-Raum. X ist ein CW-Teilraum von M_f. Die Zellen von $M_f \setminus X$ sind die Zellen von Y und die Zellen $e \times (0, 1)$, wobei e die Zellen von X durchläuft. Wegen $\dim X + 1 \le n$ und $\dim Y \le n$ haben sie alle Dimension $\le n$. Weil ferner (M_f, X) n-zusammenhängend ist, ist X nach 16.1.4 strenger Deformationsretrakt von M_f. Daher ist f nach 2.4.11 eine Homotopieäquivalenz. $\quad\square$

Nach 4.3.A3 ist ein CW-Raum, der keine Zellen der Dimension $1, 2, \dots, n$ enthält, n-zusammenhängend. Von dieser Aussage gilt im folgenden Sinn die Umkehrung:

16.1.10 Satz *Zu jedem n-zusammenhängenden CW-Raum X ($0 \le n < \infty$) gibt es einen CW-Raum $Y \simeq X$, der genau eine 0-Zelle und keine Zellen der Dimension $1, 2, \dots, n$ enthält.*

Beweis Für $n = 0$ gilt der Satz nach 5.5.17. Sei $n \ge 1$ fest. Wir nehmen induktiv an, daß X keine Zellen der Dimension $1, 2, \dots, n - 1$ enthält (für $n = 1$ ist diese Voraussetzung leer). Dann ist $X^n = \vee S_j^n$ eine Einpunktvereinigung von n-Sphären. Es sei $Z = \vee B_j^{n+1}$ eine Einpunktvereinigung von $(n+1)$-Bällen, so daß $\partial B_j^{n+1} = S_j^n$ ist. Weil die Inklusion $i\colon X^n \hookrightarrow X$ nach 16.1.6 nullhomotop ist, kann man sie nach 2.3.3 zu einer Abbildung $f\colon Z \to X$ fortsetzen, von der wir wegen 4.3.4 annehmen dürfen, daß sie zellulär ist. Dann ist der Abbildungszylinder M_f ein CW-Raum mit $M_f \simeq X$. Der CW-Teilraum $A = Z \cup X^n \times I$ von M_f ist offenbar zusammenziehbar, also hat $Y = M_f/A$ nach 2.4.15 den gleichen Homotopietyp wie M_f, also auch wie X. Ferner enthält Y keine Zellen der Dimension $1, 2, \ldots, n$.   □

Den Beweis der folgenden „relativen Version" von 16.1.10 überlassen wir dem Leser.

16.1.11 Satz *Zu jedem n-zusammenhängenden CW-Paar (X, A) gibt es ein CW-Paar $(Y, B) \simeq (X, A)$, so daß $Y \setminus B$ keine Zellen der Dimension $0, 1, \ldots, n$ enthält (dabei ist $0 \leq n < \infty$).*   □

Aufgaben

16.1.A1 Es sei (X, A) ein CW-Raum, so daß $X \setminus A$ keine Zellen der Dimension $0, 1, \ldots, n$ enthält. Dann ist (X, A) n-zusammenhängend.

16.1.A2 Es sei X bzw. Y ein endlicher CW-Raum, der genau eine 0-Zelle x_0 bzw. y_0 und keine Zellen der Dimension $1, \ldots, p$ bzw. $1, \ldots, q$ enthält $(p, q \geq 0)$, und es sei $X \vee Y = X \times y_0 \cup x_0 \times Y \subset X \times Y$. Das Paar $(X \times Y, X \vee Y)$ ist dann $(p + q + 1)$-zusammenhängend.

16.1.A3 $(S^k \times S^l, S^k \vee S^l)$ ist $(k + l - 1)$-zusammenhängend für $k, l \geq 1$.

16.2 Definition der Homotopiegruppen

16.2.1 Definition Wir betrachten für $n \geq 2$ folgende Räume und Abbildungen:

$$e_0 = (1, 0, \ldots, 0) \in S^n, \quad S^n \vee S^n = S^n \times e_0 \cup e_0 \times S^n \subset S^n \times S^n$$

$$i_1, i_2 \colon S^n \to S^n \vee S^n, \quad i_1(x) = (x, e_0), \quad i_2(x) = (e_0, x).$$

Eine Abbildung $\nu_n \colon S^n \to S^n \vee S^n$ heißt eine *Comultiplikation auf S^n*, wenn

$$\nu_n(e_0) = (e_0, e_0) \quad \text{und} \quad \nu_{n*}(\{S^n\}) = i_{1*}(\{S^n\}) + i_{2*}(\{S^n\})$$

gilt, wobei $\nu_{n*} \colon H_n(S^n) \to H_n(S^n \vee S^n)$. Diese Bedingung ist unabhängig von der Wahl der Fundamentalklasse $\{S^n\}$ der Sphäre.

16.2.2 Lemma *Für $n \geq 2$ gibt es eine Comultiplikation auf S^n, und je zwei solche sind homotop relativ e_0. Für jede Comultiplikation ν_n sind die folgenden Diagramme kommutativ bis auf Homotopie relativ e_0:*

Dabei ist $c\colon S^n \to e_0 \in S^n$ *die konstante Abbildung,* $s\colon (S^n, e_0) \to (S^n, e_0)$ *eine Abbildung vom Grad* -1, *und* τ *ist die Koordinatenvertauschung* $(x, e_0) \mapsto (e_0, x)$ *und* $(e_0, x) \mapsto (x, e_0)$.

Beweis Aus 11.5.12 folgen Existenz und Eindeutigkeit von ν_n sowie die aufgezählten Eigenschaften: Man überlegt sich, daß die entsprechenden Homologie-Diagramme kommutativ sind, und erhält daraus die obigen Diagramme. Z.B. ist:

$$[(\mathrm{id}, s) \circ \nu_n]_*(\{S^n\}) = (\mathrm{id}, s)_*(i_{1*}(\{S^n\}) + i_{2*}(\{S^n\})) =$$

$$\mathrm{id}_*(\{S^n\}) + s_*(\{S^n\}) = \{S^n\} - \{S^n\} = 0 = c_*(\{S^n\}),$$

also $(\mathrm{id}, s) \circ \nu_n \simeq c$ rel e_0. $\qquad\qquad\square$

Man kann eine Comultiplikation $\nu_n\colon S^n \to S^n \vee S^n$ auch direkt in Koordinaten angeben (vgl. 16.2.A5) und die Eigenschaften in 16.2.2 durch Rechnen in diesen Koordinaten beweisen. Aber wesentlich ist nur, was die Abbildung ν_n tut (und nicht, wie man das in Koordinaten ausdrückt).

16.2.3 Definition und Satz *Sei X ein topologischer Raum mit Basispunkt $x_0 \in X$, und sei $n \geq 2$ eine ganze Zahl. Die n-te Homotopiegruppe von X mit Basispunkt x_0 ist definiert durch*

$$\pi_n(X, x_0) = [S^n, e_0; X, x_0].$$

Ihre Elemente sind die Homotopieklassen

$$\alpha = [\varphi] = \{\varphi' \mid \varphi' \simeq \varphi\colon (S^n, e_0) \to (X, x_0)\}$$

stetiger Abbildungen $\varphi\colon (S^n, e_0) \to (X, x_0)$, wobei alle Abbildungen und Homotopien e_0 nach x_0 abbilden. Für $\alpha, \beta \in \pi_n(X, x_0)$ ist $\alpha + \beta \in \pi_n(X, x_0)$ wie folgt definiert: Wird α bzw. β von φ bzw. ψ repräsentiert, so ist $\alpha + \beta$ die von $(\varphi, \psi) \circ \nu_n\colon (S^n, e_0) \to (X, x_0)$ repräsentierte Homotopieklasse:

$$[\varphi] + [\psi] = [(\varphi, \psi) \circ \nu_n] \quad \text{mit } S^n \xrightarrow{\nu_n} S^n \vee S^n \xrightarrow{(\varphi, \psi)} X.$$

Dabei ist ν_n eine Comultiplikation auf S^n. Mit dieser Addition ist $\pi_n(X, x_0)$ eine abelsche Gruppe. Das Nullelement ist die Homotopieklasse $0 = [\mathrm{const}]$ der konstanten Abbildung $S^n \to x_0 \in X$; das Inverse von $\alpha = [\varphi]$ ist $-\alpha = [\varphi s]$, wobei $s\colon (S^n, e_0) \to (S^n, e_0)$ eine Abbildung vom Grad -1 ist.

Beweis Wegen 16.2.2 hängt $\alpha + \beta$ nicht von der Wahl von ν_n ab. Daß $\alpha + \beta$ auch von der Wahl der Repräsentanten φ, ψ unabhängig ist und daß die Gruppenaxiome gelten, beweist man wie in 5.1.6. Aus der Beziehung $\tau \circ \nu_n \simeq \nu_n$ rel e_0 (die für die Abbildung $\nu_1 = \nu$ von 5.1.A4 falsch ist), folgt

$$[\varphi] + [\psi] = [(\varphi, \psi) \circ \nu_n] = [(\varphi, \psi) \circ \tau \circ \nu_n] = [(\psi, \varphi) \circ \nu_n] = [\psi] + [\varphi].$$

Daher sind die höheren Homotopiegruppen abelsch. $\qquad\qquad\square$

Die Elemente von $\pi_n(X, x_0)$ sind im wesentlichen die Homotopieklassen stetiger Abbildungen $S^n \to X$; auf die Bedingung $e_0 \mapsto x_0$ kann man jedoch nicht verzichten, da sonst die Addition nicht definiert ist (vgl. jedoch 16.3.14). Eine geometrische Vorstellung von $\pi_n(X, x_0)$, analog zum Fall $n = 1$, ist nur beschränkt möglich. Man kann sich von $\varphi\colon (S^n, e_0) \to (X, x_0)$ zunächst die Bildmenge $\varphi(S^n)$ als eine „n-Sphären" in X vorstellen, die am Basispunkt liegt, und $[\varphi] = [\psi]$ bedeutet, daß man die „n-Sphären" $\varphi(S^n)$ und $\psi(S^n)$ im Raum X ineinander deformieren kann, wobei der Basispunkt fest bleibt. Ist z.B. $\varphi\colon S^n \to \mathbb{R}^{n+1} \backslash 0$ eine Einbettung, so daß 0 im Inneren von $\varphi(S^n)$ liegt, so ist $\varphi(S^n)$ in $\mathbb{R}^{n+1} \backslash 0$ nicht zusammenziehbar, also $[\varphi] \neq 0$ in $\pi_n(\mathbb{R}^{n+1} \backslash 0, x_0)$. Meistens ist jedoch $\varphi\colon S^n \to X$ keine Einbettung, und die Bildmenge $\varphi(S^n)$ sagt über die Homotopieklasse $[\varphi]$ nur wenig aus.

16.2.4 Definition und Satz *Eine stetige Abbildung* $f\colon (X, x_0) \to (Y, y_0)$ *induziert für* $n \geq 1$ *einen Homomorphismus*

$$f_\# = \pi_n(f)\colon \pi_n(X, x_0) \to \pi_n(Y, y_0) \quad \text{durch } f_\#([\varphi]) = [f \circ \varphi].$$

Es gelten die folgenden Aussagen:

(a) *Für* $n \geq 2$ *ist* $\pi_n\colon TOP_0 \to AB$ *ein Funktor.*

(b) *Aus* $f \simeq g\colon (X, x_0) \to (Y, y_0)$ *folgt* $f_\# = g_\#$.

(c) *Aus* $f \simeq \text{const}\colon (X, x_0) \to (Y, y_0)$ *folgt* $f_\# = 0$.   □

16.2.5 Beispiele

(a) Ist $x_0 \in A \subset X$, so induziert die Inklusion $i\colon A \hookrightarrow X$ einen Homomorphismus $i_\#\colon \pi_n(A, x_0) \to \pi_n(X, x_0)$, und die Bemerkung 5.1.19 überträgt sich sinngemäß.

(b) Ist $X_0 \subset X$ die Wegekomponente von X, die x_0 enthält, so induziert die Inklusion $i\colon X_0 \hookrightarrow X$ einen Isomorphismus $i_\#\colon \pi_n(X_0, x_0) \to \pi_n(X, x_0)$.

Das ist klar, weil S^n wegzusammenhängend ist. Die Bemerkung nach 5.1.21 gilt also auch für die höheren Homotopiegruppen.

Die Definition der Addition in $\pi_n(X, x_0)$ ist ein Spezialfall allgemeinerer kategorientheoretischer Konstruktionen, durch die der Name „Comultiplikation" gerechtfertigt wird. Eine Multiplikation auf S^n ist eine Abbildung $\mu_n\colon S^n \times S^n \to S^n$, und sie induziert eine Addition auf $[X, S^n]$ durch $[\varphi] + [\psi] = [\mu_n \circ (\varphi, \psi)]$; die Addition $[\varphi] + [\psi] = [(\varphi, \psi) \circ \nu_n]$ in $\pi_n(X, x_0)$ ist die entsprechende „Co-Verknüpfung, die durch Umdrehen der Pfeile entsteht".

Aufgaben

16.2.A1 (Alternative Definition der Homotopiegruppen) Für einen Raum X mit Basispunkt $x_0 \in X$ sei $\Pi_n(X, x_0) = [I^n, \dot{I}^n; X, x_0]$; die Elemente dieser Menge sind die Homotopieklassen $[\varphi]$ der Abbildungen $\varphi\colon (I^n, \dot{I}^n) \to (X, x_0)$ des n-dimensionalen Einheitswürfels I^n nach X, wobei der Rand $\dot{I}^n$ nach x_0 abgebildet wird (während der Homotopie muß das Bild von $\dot{I}^n$ in x_0 bleiben). Die Summe von $[\varphi], [\psi] \in \Pi_n(X, x_0)$ ist definiert durch $[\varphi] + [\psi] = [\varphi + \psi] \in \Pi_n(X, x_0)$, wobei $\varphi + \psi \colon (I^n, \dot{I}^n) \to (X, x_0)$ durch

$$(\varphi + \psi)(t_1, t_2, \dots, t_n) = \begin{cases} \varphi(2t_1, t_2, \dots, t_n) & \text{für } 0 \le t_1 \le \frac{1}{2}, \\ \psi(2t_1 - 1, t_2, \dots, t_n) & \text{für } \frac{1}{2} \le t_1 \le 1 \end{cases}$$

gegeben ist. Zeigen Sie: Mit dieser Addition ist $\Pi_n(X, x_0)$ für $n \ge 1$ eine Gruppe (und $\Pi_1(X, x_0) = \pi_1(X, x_0)$ ist die Fundamentalgruppe).

16.2.A2 Sei $n \ge 2$, und sei $r \colon (I^n, \dot{I}^n) \to (I^n, \dot{I}^n)$ die durch $(t_1, t_2, t_3, \dots, t_n) \mapsto (1 - t_1, 1 - t_2, t_3, \dots, t_n)$ gegebene Abbildung. Zeigen Sie:
(a) Für $\varphi, \psi \colon (I^n, \dot{I}^n) \to (X, x_0)$ ist $(\varphi + \psi) \circ r = \psi \circ r + \varphi \circ r$.
(b) Es ist $r \simeq \mathrm{id} \colon (I^n, \dot{I}^n) \to (I^n, \dot{I}^n)$.
(c) Für $n \ge 2$ ist $\Pi_n(X, x_0)$ abelsch.

16.2.A3 Für $f \colon (X, x_0) \to (Y, y_0)$ sei $f_\# \colon \Pi_n(X, x_0) \to \Pi_n(Y, y_0)$ definiert durch $f_\#([\varphi]) = [f \circ \varphi]$. Zeigen Sie: Es gelten die Aussagen von 16.2.4.

16.2.A4 Sei $n \ge 2$, und sei $F \colon (I^n, \dot{I}^n) \to (S^n, e_0)$ ein relativer Homöomorphismus. Zeigen Sie: Die Zuordnung $\phi \colon \pi_n(X, x_0) \to \Pi_n(X, x_0)$, $\phi([\varphi]) = [\varphi \circ F]$, ist ein Gruppenisomorphismus, der bis auf das Vorzeichen von der Wahl von F unabhängig ist (vgl. 11.5.9).

16.2.A5 Für $n \ge 2$ betrachte man wie in 1.1.13 die Zerlegung $S^n = D_+^n \cup D_-^n$ mit $D_+^n \cap D_-^n = S^{n-1}$ sowie die Homöomorphismen $p_\pm \colon D^n \to D_\pm^n$. Es ist $e_0 = (1, 0, \dots, 0) \in S^{n-1} \subset S^n$. Für $x \in S^{n-1}$ sei $u_x \colon I \to D^n$ die Strecke von e_0 nach x, also $u_x(t) = tx + (1 - t)e_0$. Der Produktweg $w_x = (p_-^{-1} \circ u_x) \cdot (p_+^{-1} \circ u_x^{-1})$ ist ein geschlossener Weg in S^n mit Aufpunkt e_0; wir schreiben $w_x(t) = \langle x, t \rangle$ für $x \in S^{n-1}$ und $t \in I$. Zeigen Sie, daß die folgende Abbildung $\nu_n \colon S^n \to S^n \vee S^n$ eine Comultiplikation auf S^n ist:

$$\nu_n(\langle x, t \rangle) = \begin{cases} (\langle x, 2t \rangle, e_0) & \text{für } 0 \le t \le \frac{1}{2}, \\ (e_0, \langle x, 2t - 1 \rangle) & \text{für } \frac{1}{2} \le t \le 1. \end{cases}$$

16.3 Die Rolle des Basispunktes

16.3.1 Bezeichnungen Nach 2.4.9 ist $S^n \vee I = S^n \times 0 \cup e_0 \times I$ strenger Deformationsretrakt von $S^n \times I$. Wir definieren $\mu_n \colon S^n \to S^n \vee I$ durch $\mu_n(x) = r(x, 1)$, wobei $r \colon S^n \times I \to S^n \vee I$ eine Retraktion ist. Es folgt $\mu_n(e_0) = (e_0, 1)$. Ist r' eine zweite Retraktion, so ist $r \simeq r'$ rel $S^n \vee I$; daher ist μ_n bis auf Homotopie rel e_0 eindeutig definiert.

Sei w ein fester Weg in X von x_0 nach x_1. Jeder Abbildung $\varphi\colon S^n \to X$ mit $\varphi(e_0) = x_1$ kann man die Komposition

$$S^n \xrightarrow{\mu_n} S^n \vee I \xrightarrow{(\varphi, w^{-1})} X$$

zuordnen, und diese bildet e_0 nach x_0 ab (w^{-1} ist der inverse Weg; man beachte $\varphi(e_0) = x_1 = w^{-1}(0)$). Ist $\varphi \simeq \varphi'$ rel e_0 mit Homotopie h_t, so ist $(\varphi, w^{-1}) \circ \mu_n \simeq (\varphi', w^{-1}) \circ \mu_n$ mit Homotopie $(h_t, w^{-1}) \circ \mu_n$. Daher kann man definieren:

16.3.2 Definition Für einen Weg $w\colon I \to X$ von x_0 nach x_1 sei

$$w_n\colon \pi_n(X, x_1) \to \pi_n(X, x_0), \ w_n([\varphi]) = [(\varphi, w^{-1}) \circ \mu_n].$$

16.3.3 Definition Abbildungen $\psi\colon (S^n, e_0) \to (X, x_0)$ und $\varphi\colon (S^n, e_0) \to (X, x_1)$ heißen *w-homotop*, wenn es eine Homotopie $h_t\colon \psi \simeq \varphi\colon S^n \to X$ gibt mit $h_t(e_0) = w(t)$ für $t \in I$; dabei ist w ein Weg in X von x_0 nach x_1.

16.3.4 Lemma

(a) $(\varphi, w^{-1}) \circ \mu_n$ *und* φ *sind w-homotop.*

(b) *Ist* ψ *w-homotop zu* φ, *so ist* $\psi \simeq (\varphi, w^{-1}) \circ \mu_n$ *rel* e_0.

(c) *Für* $\psi, \varphi\colon S^n \to X$ *mit* $\psi(e_0) = x_0$ *und* $\varphi(e_0) = x_1$ *gilt* $w_n([\varphi]) = [\psi]$ *genau dann, wenn* ψ *und* φ *w-homotop sind; ferner ist dann* $\psi \simeq \varphi\colon S^n \to X$.

Beweis (a) Setze $k_t(x) = ((\varphi, w^{-1}) \circ r)(x, 1 - t)$ mit r wie in 16.3.1.
(b) Schreiben wir die Homotopie k_t von eben bzw. h_t von oben als $K\colon S^n \times S^{n-1} \times I \to X$ bzw. $H\colon I \to X$, so gilt

$$K i_0 = (\varphi, w^{-1}) \circ \mu_n, \ H i_0 = \psi \ \text{ und } \ Ki = Hi,$$

wobei $i_0\colon S^n \to S^n \times I$ die Abbildung $x \mapsto (x, 0)$ und $i\colon S^n \times 1 \cup e_0 \times I \to S^n \times I$ die Inklusion ist. Analog zu 16.3.1 gibt es eine Retraktion $s\colon S^n \times I \to S^n \times 1 \cup e_0 \times I$. Wir betrachten folgende Abbildungen:

$$s_t\colon S^n \times I \to S^n \times 1 \cup e_0 \times I, \ s_t(x) = s(x, t),$$
$$F_t\colon S^n \times I \to S^n \times I, \ F_t(x, t') = (x, tt').$$

Es ist $F_0 i s_0 \simeq i s_o$ rel e_o (Homotopie $F_t i s_0$) und $F_0 i s_0 \simeq i_0$ rel e_0 (Homotopie $F_0 i s_t$). Es folgt $i_0 \simeq i s_0$ rel e_0 und daraus

$$\psi = H i_0 \simeq H i s_0 = K i s_0 \simeq K i_0 = (\varphi, w^{-1}) \circ \mu_n \text{ rel } e_0. \qquad \square$$

16.3.5 Hilfssatz *Die Konstruktion in 16.3.2 hat folgende Eigenschaften:*
(a) *Ist c der konstante Weg bei x_0, so ist $c_n = $ id: $\pi_n(X, x_0) \to \pi_n(X, x_0)$.*
(b) *Ist v ein Weg von x_0 nach x_1 und w ein Weg von x_1 nach x_2, so ist $(v \cdot w)_n = v_n \circ w_n$: $\pi_n(X, x_2) \to \pi_n(X, x_0)$.*
(c) *Aus $v \simeq w$: $I \to X$ rel $\dot{I}$ folgt $v_n = w_n$.*

Beweis (a) ist klar, weil $(\varphi, c^{-1}) \circ \mu_n$ zu φ c-homotop ist und c-Homotopie dasselbe ist wie Homotopie relativ e_0.
(b) Sei φ: $(S^n, e_0) \to (X, x_2)$ gegeben. Nach 16.3.4 ist $\psi = (\varphi, w^{-1}) \circ \mu_n$ w-homotop zu φ und $(\psi, v^{-1}) \circ \mu_n$ w-homotop zu ψ. Durch Zusammensetzen entsprechender Homotopien folgt, daß $(\psi, v^{-1}) \circ \mu_n$ $(v \cdot w)$-homotop zu φ ist, also $(\psi, v^{-1}) \circ \mu_n \simeq (\varphi, (v \cdot w)^{-1}) \circ \mu_n$ rel e_0 nach 16.3.4. Das bedeutet $v_n(w_n([\varphi])) = (v \cdot w_n)([\varphi])$.
(c) Ist h_t: $I \to X$ eine Homotopie von v^{-1} nach w^{-1} rel $\dot{I}$, so ist $(\varphi, h_t) \circ \mu_n$ eine Homotopie rel e_0 von $(\varphi, v^{-1}) \circ \mu_n$ nach $(\varphi, w^{-1}) \circ \mu_n$. $\square$

Wegen (b) ist klar, warum die Funktion w_n in 16.3.2 in „anderer Richtung läuft als der Weg w"; hätte man anders definiert, so würde die Regel $(v \circ w)_n = w_n \circ v_n$ gelten.

16.3.6 Satz *Für jeden Weg w in X von x_0 nach x_1 ist w_n: $\pi_n(X, x_1) \to \pi_n(X, x_0)$ ein Gruppenisomorphismus, der natürlich ist bezüglich stetiger Abbildungen der Form f: $(X, x_0, x_1) \to (Y, y_0, y_1)$.*

Beweis Nach 16.3.5 ist w_n bijektiv und hat das Inverse $(w_n)^{-1} = (w^{-1})_n$. Für φ_i: $(S^n, e_0) \to (X, x_1)$ ist $\psi_i = (\varphi_i, w^{-1}) \circ \mu_n$ w-homotop zu φ_i; sei h_t^i: $S^n \to X$ eine entsprechende Homotopie. Dann zeigt die Homotopie $(h_t^1, h_t^2) \circ \nu_n$: $S^n \to X$, daß $(\psi_1, \psi_2) \circ \nu_n$ w-homotop ist zu $(\varphi_1, \varphi_2) \circ \nu_n$. Aus 16.3.4 folgt $w_n([\varphi_1] + [\varphi_2]) = w_n([(\varphi_1, \varphi_2) \circ \nu_n]) = [(\psi_1, \psi_2) \circ \nu_n] = [\psi_1] + [\psi_2] = w_n([\varphi_1]) + w_n([\varphi_2])$. $\square$

16.3.7 Bemerkung Es ist leicht zu zeigen, daß im Fall $n = 1$ die Isomorphismen in 5.1.8 und 16.3.6 die gleichen sind, also $w_1 = w_+$: $\pi_1(X, x_1) \to \pi_1(X, x_0)$ für jeden Weg w in X von x_0 nach x_1.

Jetzt sind wir in der Lage, die Aussage (b) von 16.2.4 zu verschärfen.

16.3.8 Satz *Es seien f: $(X, x_0) \to (Y, y_0)$ und g: $(X, x_0) \to (Y, y_1)$ Abbildungen mit $f \simeq g$: $X \to Y$, und es sei w der Weg in Y, den das Bild von x_0 während einer Homotopie von f nach g durchläuft. Dann ist $f_\# = w_n \circ g_\#$.*

Beweis Für φ: $(S^n, e_0) \to (X, x_0)$ ist $f \circ \varphi$ w-homotop zu $g \circ \varphi$. Aus 16.3.4 (c) folgt $w_n([g \circ \varphi]) = [f \circ \varphi]$. $\square$

Die obigen Konstruktionen führen im Spezialfall, daß w ein geschlossener Weg ist, zu einem wichtigen Sachverhalt:

16.3.9 Definition und Satz *Für* $\gamma \in \pi_1(X, x_0)$ *und* $\alpha \in \pi_n(X, x_0)$ *definieren wir das Element* $\gamma \cdot \alpha \in \pi_n(X, x_0)$ *durch* $\gamma \cdot \alpha = w_n(\alpha)$, *wobei* $w \colon (I, \dot{I}) \to (X, x_0)$ *ein Weg ist, der* γ *repräsentiert. Für dieses Produkt gelten für* $n \geq 2$ *die Regeln*

$$1 \cdot \alpha = \alpha, \quad \gamma \cdot (\delta \cdot \alpha) = (\gamma\delta) \cdot \alpha, \quad \gamma \cdot (\alpha + \beta) = \gamma \cdot \alpha + \gamma \cdot \beta, \quad \gamma \cdot 0 = 0,$$

wobei $\alpha, \beta \in \pi_n(X, x_0)$ *und* $\gamma, \delta \in \pi_1(X, x_0)$. *Im Fall* $n = 1$ *ist* $\gamma \cdot \alpha = \gamma^{-1}\alpha\gamma$. $\quad\square$

Hierfür sagt man, daß *die Gruppe* $\pi_1(X, x_0)$ *auf der Gruppe* $\pi_n(X, x_0)$ *operiert*. Die Orbitmenge unter dieser Operation hat eine einfache geometrische Bedeutung: Sie ist die Menge $[S^n, X]$ der „freien" Homotopieklassen von Abbildungen $S^n \to X$ (d.h.: keine Rücksicht auf Basispunkte); denn es gilt analog zu 5.1.12:

16.3.10 Satz *Es sei* $V \colon \pi_n(X, x_0) \to [S^n, X]$ *die Funktion, die die Basispunkte vergißt, also* $[\varphi \colon (S^n, e_0) \to (X, x_0)] \mapsto [\varphi \colon S^n \to X]$. *Dann gilt:*
(a) *Genau dann ist* $V(\alpha) = V(\beta)$, *wenn* $\alpha = \gamma \cdot \beta$ *für ein* $\gamma \in \pi_1(X, x_0)$.
(b) *Wenn* X *wegzusammenhängend ist, ist* V *surjektiv.*

B e w e i s   (a) Sei $\alpha = [\varphi]$ und $\beta = [\psi]$ mit $\varphi, \psi \colon (S^n, e_0) \to (X, x_0)$. Genau dann ist $V(\alpha) = V(\beta)$, wenn $\varphi \simeq \psi \colon S^n \to X$ gilt. Das ist genau dann der Fall, wenn ψ und φ w-homotop sind für einen Weg w in X (der wegen $(\varphi(e_0) = \psi(e_0) = x_0$ geschlossen ist). Diese Bedingung ist nach 16.3.4 (c) äquivalent zu $[\psi] = w_n([\varphi])$, also zu $\beta = \gamma \cdot \alpha$, wobei $\gamma = [w]$ ist. — (b) folgt aus 2.3.7 (d). $\quad\square$

16.3.11 Satz *Sei* $[\varphi] \in \pi_n(X, x_0)$ *ein Element, so daß* $\varphi \colon S^n \to X$ *nullhomotop ist (wobei der Basispunkt während der Homotopie bewegt werden darf). Dann ist* φ *nullhomotop relativ* e_0, *also* $[\varphi] = 0$ *in* $\pi_n(X, x_0)$.

B e w e i s   Es ist $V([\varphi]) = V(0)$, also $[\varphi] = \gamma \cdot 0 = 0$ für ein $\gamma \in \pi_1(X, x_0)$. $\quad\square$

16.3.12 Definition Der Raum X heißt *n-einfach*, wenn $\pi_1(X, x_0)$ trivial auf $\pi_n(X, x_0)$ operiert für alle $x_0 \in X$, d.h. wenn stets $\gamma \cdot \alpha = \alpha$ ist. Wenn X wegzusammenhängend ist, genügt es, dies für einen Punkt $x_0 \in X$ zu fordern.

Ein einfach zusammenhängender Raum ist n-einfach für alle $n \geq 1$. Ein wegzusammenhängender Raum ist wegen $\gamma \cdot \alpha = \gamma^{-1}\alpha\gamma$ genau dann 1-einfach, wenn seine Fundamentalgruppe abelsch ist. Weitere Beispiele folgen in 16.4.16 und 16.4.A4. Aus 16.3.10 folgt:

16.3.13 Satz *Ist* X *ein wegzusammenhängender, n-einfacher Raum, so ist die Funktion* $V \colon \pi_n(X, x_0) \to [S^n, X]$ *für alle* $x_0 \in X$ *bijektiv.* $\quad\square$

Dieser Satz ist für die Anwendungen der Homotopiegruppen außerordentlich nützlich, da er uns erlaubt, die oft mühsame Rücksichtnahme auf die Basispunkte zu vergessen:

16.3.14 Definition und Satz *Ist X wegzusammenhängend und n-einfach, so definieren wie die n-te „Basispunkt-freie“ Homotopiegruppe von X durch $\pi_n(X) = [S^n, X]$. Addiert wird wie folgt: Zu $[\varphi], [\psi] \in [S^n, X]$ wähle man $\varphi' \simeq \varphi$ und $\psi' \simeq \psi$ mit $\varphi'(e_0) = \psi'(e_0)$ und definiere $[\varphi] + [\psi] = [(\varphi', \psi') \circ \nu_n]$; das ist unabhängig von der Wahl von φ' und ψ'. Ferner ist die Vergiß-Funktion $V: \pi_n(X, x_0) \to \pi_n(X)$ für jeden Punkt $x_0 \in X$ ein Gruppenisomorphismus.* □

16.3.15 Bemerkungen Sei X weiterhin wegzusammenhängend und n-einfach.

(a) Jede Abbildung $f: S^n \to X$ repräsentiert ein Element $[f] \in \pi_n(X)$.

(b) Es sei Σ^n eine orientierte n-Sphäre, also ein topologischer Raum, der zu S^n homöomorph ist, zusammen mit einer festen Fundamentalklasse $\{\Sigma^n\} \in H_n(\Sigma^n)$. Dann bestimmt jede Abbildung $f: \Sigma^n \to X$ wie folgt eindeutig ein Element $\alpha_f \in \pi_n(X)$: Wir wählen einen Homöomorphismus $h: S^n \to \Sigma^n$ mit $h_*(\{S^n\}_+) = \{\Sigma^n\}$, wobei $\{S^n\}_+$ die in 11.5.10 definierte Fundamentalklasse ist und setzen $\alpha_f = [fh: S^n \to X]$. Weil h nach 11.5.9 bis auf Homotopie eindeutig bestimmt ist, hängt α_f nicht von h ab. Also: *Jede Abbildung $f: \Sigma^n \to X$ einer orientierten n-Sphäre Σ^n in einen n-einfachen Raum X bestimmt ein Element aus $\pi_n(X)$.*

(c) Wenn man in (b) die Orientierung von Σ^n ändert, also zu $-\{\Sigma^n\}$ übergeht, so ist h durch $hs: S^n \to \Sigma^n$ zu ersetzen, wobei $s: S^n \to S^n$ den Grad -1 hat. Dann geht α_f in $-\alpha_f$ über.

(d) Wenn der Ball $D^n \times I$ eine vorgegebene Orientierung hat, so hat die Randsphäre $\partial(D^n \times I) = D^n \times 0 \cup D^n \times 1 \cup S^{n-1} \times I$ die vom Randoperator in der Homologiesequenz induzierte Orientierung. Folglich bestimmt jede Abbildung $f: \partial(D^n \times I) \to X$ ein Element aus $\pi_n(X)$, das wir jetzt einfach mit $[f]$ bezeichnen. Seien $\varphi', \varphi'': \partial(D^n \times I) \to X$ Abbildungen mit $\varphi'(x, 1) = \varphi''(x, 0)$ für $x \in S^{n-1}$, und sei $\varphi: \partial(D^n \times I) \to X$ definiert durch:

$$\text{für } z \in D^n: \quad \varphi(z, 0) = \varphi'(z), \ \varphi(z, 1) = \varphi''(z),$$

$$\text{für } x \in S^{n-1}: \quad \varphi(x, t) = \begin{cases} \varphi'(x, 2t) & \text{für } t \leq \frac{1}{2}, \\ \varphi''(x, 2t - 1) & \text{für } \frac{1}{2} \leq t. \end{cases}$$

Dann ist $[\varphi] = [\varphi'] + [\varphi'']$ in $\pi_n(X)$.

Aufgaben

16.3.A1 Eine Abbildung $\varphi: (S^n, e_0) \to (X, x_0)$ repräsentiert genau dann das Nullelement von $\pi_n(X, x_0)$, wenn sie zu einer Abbildung $D^{n+1} \to X$ fortsetzbar ist.

16.3.A2 Ist X wegzusammenhängend, so ist genau dann $\pi_n(X, x_0) \neq 0$, wenn es eine Abbildung $\varphi: S^n \to X$ gibt, die nicht nullhomotop ist.

16.3.A3 Ist X wegzusammenhängend und ist $V: \pi_n(X, x_0) \to [S^n, X]$ für ein $x_0 \in X$ bijektiv, so ist X n-einfach.

16.3.A4 Beweisen Sie die Aussage in 16.3.15 (d).

16.4 Erste Methoden zur Berechnung von Homotopiegruppen

Die Berechnung von Homotopiegruppen ist wesentlich komplizierter als die der Homologiegruppen. Wir stellen einige Methoden zusammen. Zunächst beweist man wie für Fundamentalgruppen (vgl. 5.1.18 und 5.2.5):

16.4.1 Satz *Ist $f\colon X \to Y$ eine Homotopieäquivalenz, so ist $f_{\#}\colon \pi_n(X,x_0) \to \pi_n(Y,f(x_0))$ für alle $n \geq 1$ ein Isomorphismus. Insbesondere gilt also:*
(a) *Wegzusammenhängende Räume vom gleichen Homotopietyp haben isomorphe Homotopiegruppen.*
(b) *Ist X zusammenziehbar, so ist $\pi_n(X,x_0) = 0$ für alle $n \geq 1$.*
(c) *Ist $x_0 \in A \subset X$ und A Deformationsretrakt von X, so induziert $i\colon A \hookrightarrow X$ für alle $n \geq 1$ einen Isomorphismus $i_{\#}\colon \pi_n(A,x_0) \to \pi_n(X,x_0)$.* □

16.4.2 Satz *Die Funktion $(\mathrm{pr}_{1\#},\mathrm{pr}_{2\#})\colon \pi_n(X\times Y,(x_0,y_0)) \to \pi_n(X,x_0)\oplus\pi_n(Y,y_0)$ ist für alle $n \geq 1$ ein Isomorphismus.* □

Mit zellulärer Approximation (Satz 4.3.4) erhält man folgende Aussage:

16.4.3 Satz *Sei X ein CW-Raum mit 0-Zelle x_0 und r-Gerüst X^r, wobei $r \geq 1$ ist, und sei $i\colon X^r \hookrightarrow X$. Dann ist $i_{\#}\colon \pi_n(X^r,x_0) \to \pi_n(X,x_0)$ bijektiv für $n \leq r-1$ und surjektiv für $n = r$.* □

Also ist $\pi_n(X,x_0) \cong \pi_n(X^{n+1},x_0)$, d.h. genauso wie $H_n(X)$ ist auch $\pi_n(X,x_0)$ unabhängig von den Zellen der Dimension $> n+1$. Wenn X in den Dimensionen $1,\dots,r$ keine Zellen hat, so ist $X^r = x_0$ und daher $\pi_n(X,x_0) = 0$ für $n \leq r$. Z.B. ist $\pi_n(S^q,e_0) = 0$ für $n < q$, vgl. 3.3.1. Aus 16.3.10 und 16.3.11 folgt allgemeiner:

16.4.4 Satz *Genau dann ist ein Raum X n-zusammenhängend ($n \geq 1$ bzw. $n = \infty$), wenn er wegzusammenhängend und $\pi_q(X,x_0) = 0$ ist für $1 \leq q \leq n$ bzw. für alle $q \geq 1$.* □

Es ist naheliegend zu fragen, ob es zwischen π_n und H_n einen Zusammenhang gibt, analog zum Fall $n = 1$ in 9.8. Zunächst können wir 9.8.1 kopieren:

16.4.5 Definition und Satz *Der Hurewicz-Homomorphismus h_n ist definiert durch*

$$h_n\colon \pi_n(X,x_0) \to H_n(X),\ h_n([\varphi]) = \varphi_*(\{S^n\}_+).$$

Er ist ein Homomorphismus und verhält sich natürlich bezüglich stetiger Abbildungen $(X,x_0) \to (Y,y_0)$. Ein Element $\alpha \in H_n(X)$ heißt sphärisch („von einer Sphärenabbildung induziert"), wenn es eine Abbildung $\varphi\colon S^n \to X$ mit $\varphi_*(\{S^n\}_+) = \alpha$ gibt. Wenn X wegzusammenhängend ist, kann man $\varphi(e_0) = x_0$ annehmen; die sphärischen Elemente sind dann genau die Elemente der Untergruppe $\mathrm{Bild}\, h_n \subset H_n(X)$. □

Hier ist $\{S^n\}_+$ die in 11.5.10 definierte Fundamentalklasse. Die Homomorphie folgt wie bei 9.8.1. Für $n \geq 2$ ist h_n eine natürliche Transformation des Funktors $\pi_n \colon TOP_0 \to AB$ in den Funktor $TOP_0 \to AB$, $(X, x_0) \mapsto H_n(X)$. Es gibt für diese Transformation im Fall $n \geq 2$ keinen so allgemeinen Satz wie für h_1. Den Zusammenhang zwischen π_n und H_n zu beschreiben, also zu entscheiden, inwieweit h_n injektiv bzw. surjektiv ist, ist für jeden Raum ein neues, meist schwieriges Problem. Die beiden folgenden Sätze sind nur eine Umformulierung von 11.5.12 (wobei man im Fall unendlicher Indexmenge noch das übliche Kompaktheitsargument braucht, vgl. z.B. den Beweis von 5.5.9):

16.4.6 Satz *Für $n \geq 2$ ist $h_n \colon \pi_n(S^n, e_0) \overset{\cong}{\longrightarrow} H_n(S^n)$ ein Isomorphismus. Also ist $\pi_n(S^n, e_0) \cong \mathbb{Z}$, erzeugt von der Homotopieklasse der identischen Abbildung* $\mathrm{id} \colon (S^n, e_0) \to (S^n, e_0)$. $\qquad\Box$

16.4.7 Satz *Es sei $n \geq 2$ und $\vee S_j^n$ eine Einpunktvereinigung von n-Sphären mit gemeinsamem Punkt x_0. Dann ist $h_n \colon \pi_n(\vee S_j^n, x_0) \overset{\cong}{\longrightarrow} H_n(\vee S_j^n)$ ein Isomorphismus. Also ist $\pi_n(\vee S_j^n)$ eine freie abelsche Gruppe; eine Basis bilden die $[i_j]$, wobei $i_j \colon (S^n, e_0) \to (\vee S_j^n, x_0)$ eine Abbildung ist, die S^n homöomorph auf S_j^n abbildet.* $\qquad\Box$

Diese beiden Sätze sind Spezialfälle der folgenden Aussage, die wir in 16.8.2 wesentlich verallgemeinern werden:

16.4.8 Satz von Hurewicz *Ist X ein $(n-1)$-zusammenhängender CW-Raum $(n \geq 2)$, so ist $H_q(X) = 0$ für $1 \leq q \leq n-1$, und $h_n \colon \pi_n(X, x_0) \to H_n(X)$ ist ein Isomorphismus.*

B e w e i s Weil π_n und H_n nicht von den Zellen der Dimension $> n+1$ abhängen, dürfen wir $\dim X = n+1$ annehmen. Wenn der Satz für X gilt und $X' \simeq X$ ist, so gilt er auch für X'. Daher dürfen wir nach 16.1.10 weiter annehmen, daß X keine Zellen der Dimensionen $1, 2, \dots, n-1$ enthält. Dann ist $X = X^n \cup \bigcup e_j^{n+1}$, wobei X^n eine Einpunktvereinigung von n-Sphären (oder ein Punkt) ist. Über die Klebeabbildungen $f_j \colon S^n \to X^n$ der e_j^{n+1} dürfen wir wegen 2.3.7 (c) und 2.4.13 noch $f_j(e_0) = x_0$ voraussetzen. Sei $i \colon X^n \hookrightarrow X$ die Inklusion. Im Diagramm

$$
\begin{array}{ccc}
\pi_n(X^n, x_0) & \xrightarrow{\;i_\#\;} & \pi_n(X, x_0) \\[4pt]
{\scriptstyle h_n}\downarrow{\scriptstyle\cong} & & \downarrow{\scriptstyle h_n} \\[4pt]
H_n(X^n) & \xrightarrow[\;i_*\;]{} & H_n(X)
\end{array}
$$

gilt folgendes:

(a) Für X^n ist h_n ein Isomorphismus (16.4.7).

(b) $i_\#$ ist surjektiv (16.4.3).

(c) i_* ist surjektiv, und Kern i_* wird von den Elementen $\alpha_j = f_{j*}(\{S^n\}_+)$ erzeugt.

(d) Es ist $[f_j] \in \pi_n(X^n, x_0)$ und $h_n([f_j]) = \alpha_j$.

Durch eine einfache „Diagrammjagd" folgt, daß h_n: $\pi_n(X, x_0) \to H_n(X)$ surjektiv ist und Kern h_n von den Elementen $i_\#([f_j]) = [i \circ f_j]$ erzeugt wird. Weil man die Abbildung $i \circ f_j$: $S^n \to X$ auf D^{n+1} fortsetzen kann (durch eine charakteristische Abbildung von e_j^{n+1}), ist sie nullhomotop (2.3.3), also $[i \circ f_j] = 0$ nach 16.3.11. Daher ist Kern $h_n = 0$. $\Box$

16.4.9 Korollar *Ein einfach zusammenhängender CW-Raum X mit $H_q(X) = 0$ für $1 \le q \le n$ ist n-zusammenhängend (dabei ist $1 \le n \le \infty$).*

Beweis Sei $2 \le q \le n - 1$, und sei $\pi_j(X, x_0) = 0$ für $j \le q - 1$ schon bewiesen. Dann ist $\pi_q(X, x_0) \cong H_q(X) = 0$ nach 16.4.8. $\Box$

Unter Benutzung von 16.1.5 ergibt sich nun unmittelbar:

16.4.10 Korollar *Für einen CW-Raum X sind äquivalent:*

(a) *X ist zusammenziehbar.*

(b) *X ist ∞-zusammenhängend.*

(c) *X ist wegzusammenhängend und $\pi_q(X, x_0) = 0$ für alle $q \ge 1$.*

(d) *X ist einfach-zusammenhängend und $H_q(X) = 0$ für alle $q \ge 2$.*

Ist X endlich-dimensional, so kann man in (c) und (d) noch $q \le \dim X$ hinzufügen. $\Box$

Die vorläufig letzte Methode zur Berechnung von Homotopiegruppen ergibt sich aus der Überlagerungstheorie. Im Unterschied zu den Homologiegruppen (vgl. 9.8.A1) verhalten sich die Homotopiegruppen bei Überlagerungen sehr einfach:

16.4.11 Satz *Sei p: $\tilde{X} \to X$ eine Überlagerung und $p(\tilde{x}_0) = x_0$. Dann ist der Homomorphismus $p_\#$: $\pi_n(\tilde{X}, \tilde{x}_0) \to \pi_n(X, x_0)$ für alle $n \ge 2$ ein Isomorphismus.*

Beweis $p_\#$ ist surjektiv: Für $\alpha = [\varphi] \in \pi_n(X, x_0)$ läßt sich φ: $(S^n, e_0) \to (X, x_0)$ nach 6.2.6 zu $\tilde{\varphi}$: $(S^n, e_0) \to (\tilde{X}, \tilde{x}_0)$ liften, weil S^n für $n \ge 2$ einfach zusammenhängend ist. Es folgt $p_\#([\tilde{\varphi}]) = \alpha$. — $p_\#$ ist injektiv: Sei $\tilde{\alpha} = [\tilde{\varphi}] \in \pi_n(\tilde{X}, \tilde{x}_0)$ und $p_\#(\tilde{\alpha}) = 0$. Dann gibt es eine Homotopie H: $S^n \times I \to X$ mit $H(x, 0) = p\tilde{\varphi}(x)$ und $H(S^n \times 1 \cup e_0 \times I) = x_0$. Wieder nach 6.2.6 liftet sich H wegen $n \ge 2$ zu $\tilde{H}$: $S^n \times I \to \tilde{X}$ mit $\tilde{H}(e_0, 0) = \tilde{x}_0$. Aus 6.2.4 folgt $\tilde{H}(x, 0) = \tilde{\varphi}(x)$. Weil $\tilde{H}(S^n \times 1 \cup e_0 \times I)$ über x_0 liegt, zusammenhängend ist und $\tilde{x}_0$ enthält, ist diese Menge gleich $\tilde{x}_0$. Daher ist $\tilde{H}$ eine Homotopie relativ e_0 von $\tilde{\varphi}$ in die konstante Abbildung, also $\tilde{\alpha} = 0$. $\Box$

16.4.12 Definition Ein wegzusammenhängender Raum X heißt *asphärisch*, wenn $\pi_n(X,x_0) = 0$ ist für $n \geq 2$, d.h. wegen 16.3.10 und 16.3.11, wenn für $n \geq 2$ alle Abbildungen $S^n \to X$ nullhomotop sind.

16.4.13 Beispiele Jeder wegzusammenhängende Raum, der eine zusammenziehbare Überlagerung besitzt (diese ist dann notwendig die universelle Überlagerung), ist asphärisch. Beispiele: die Kreislinie S^1, alle nicht zu S^2 oder P^2 homöomorphen geschlossenen Flächen nach 6.4.5 (c), die euklidischen Raumformen in 6.1.8 (c).

Die in 16.3.9 eingeführte Operation von π_1 auf π_n kann man für $n \geq 2$ mit der Überlagerungstheorie wie folgt interpretieren: Es sei $p \colon (\tilde{X}, \tilde{x}_0) \to (X, x_0)$ die universelle Überlagerung. Wir betrachten neben dem Isomorphismus $p_\#$ in 16.4.11 die bijektive Funktion $V \colon \pi_n(\tilde{X}, \tilde{x}_0) \to [S^n, \tilde{X}]$ und definieren eine bijektive Zuordnung

$$L \colon \pi_n(X, x_0) \to [S^n, \tilde{X}] \quad \text{durch } L = V \circ (p_\#)^{-1}.$$

Für $[\varphi] \in \pi_n(X, x_0)$ mit Liftung $\tilde{\varphi} \colon (S^n, e_0) \to (\tilde{X}, \tilde{x}_0)$ ist $L([\varphi])$ die „freie" Homotopieklasse von $\tilde{\varphi} \colon S^n \to \tilde{X}$. Die Deckbewegungsgruppe $\mathcal{D}(\tilde{X}, p)$ operiert auf $[S^n, \tilde{X}]$ durch $d \circ [\tilde{f}] = [d \circ \tilde{f}]$ für $\tilde{f} \colon S^n \to \tilde{X}$. Schließlich brauchen wir noch den Isomorphismus $\Gamma \colon \pi_1(X, x_0) \to \mathcal{D}(\tilde{X}, p)$ aus 6.5.6; wir setzen also voraus, daß X lokal wegzusammenhängend ist.

16.4.14 Satz *Unter diesen Voraussetzungen gilt die Formel*

$$L(\gamma \cdot \alpha) = \Gamma(\gamma)\,(L(\alpha)) \quad \text{mit } \gamma \in \pi_1(X, x_0), \ \alpha \in \pi_n(X, x_0).$$

Die Operation von π_1 auf π_n wird also unter L überführt auf die oben definierte (und besser verständliche) Operation der Deckbewegungsgruppe auf $[S^n, \tilde{X}]$.

16.4.15 Korollar *Genau dann ist X n-einfach ($n \geq 2$), wenn $d \circ \tilde{f} \simeq \tilde{f}$ gilt für jede Abbildung $\tilde{f} \colon S^n \to \tilde{X}$ und jede Deckbewegung $d \colon \tilde{X} \to \tilde{X}$.* $\qquad\square$

Beweis von 16.4.14. Sei $w \colon (I, \dot{I}) \to (X, x_0)$ bzw. $\varphi \colon (S^n, e_0) \to (X, x_0)$ ein Repräsentant von γ bzw. α. Sei $\tilde{w} \colon (I, 0) \to (\tilde{X}, \tilde{x}_0)$ bzw. $\tilde{\varphi} \colon (S^n, e_0) \to (\tilde{X}, x_0)$ die Liftung von w bzw. φ. Nach 6.5.6 ist $d = \Gamma(\gamma)$ die Deckbewegung, die $\tilde{x}_0$ nach $\tilde{x}_0' = \tilde{w}(1)$ abbildet. Die rechte Seite $\Gamma(\gamma) \cdot L(\alpha)$ der Formel wird von $d \circ \tilde{\varphi}$ repräsentiert. Betrachten wir schließlich die linke Seite. Nach Definition wird $\gamma \cdot \alpha$ von $(\varphi, w^{-1}) \circ \mu_n \colon (S^n, e_0) \to (X, x_0)$ repräsentiert. Es ist klar, daß

$$\tilde{\psi} = (d\tilde{\varphi}, \tilde{w}^{-1}) \circ \mu_n \colon (S^n, e_0) \to (\tilde{X}, \tilde{x}_0)$$

definiert und eine Liftung von $(\varphi, w^{-1}) \circ \mu_n$ ist (also ein Repräsentant von $p_\#^{-1}(\gamma \cdot \alpha)$). Daher ist $L(\gamma \cdot \alpha)$ die freie Homotopieklasse von $\tilde{\psi}$ und somit homotop zu $d\tilde{\varphi} \colon S^n \to \tilde{X}$, und die Formel folgt. $\qquad\square$

16.4.16 Folgerungen

(a) Es sei $\tilde{h}_n = h_n \circ (p_\#)^{-1}$: $\pi_n(X, x_0) \to H_n(\tilde{X})$, wobei h_n der Hurewicz-Homomorphismus für $\tilde{X}$ ist. Wie oben gezeigt, haben $p_\#^{-1}(\alpha)$ bzw. $p_\#^{-1}(\gamma \cdot \alpha)$ Repräsentanten $\tilde{\varphi}$ bzw. $\tilde{\psi}$ und $\tilde{\psi} \simeq d\tilde{\varphi}$. Daher gilt die Formel

$$\tilde{h}_n(\gamma \cdot \alpha) = \Gamma(\gamma)_* \circ \tilde{h}_n(\alpha) \quad (\alpha \in \pi_n(X, x_0), \gamma \in \pi_1(X, x_0), n \geq 2).$$

Man beachte, daß $\tilde{h}_n$ von der Wahl von $\tilde{x}_0 \in \tilde{X}$ abhängt.

(b) Sei $n \geq 2$, und sei X ein wegzusammenhängender CW-Raum mit $\pi_q(X, x_0) = 0$ für $1 < q < n$. Dann ist die universelle Überlagerung $\tilde{X}$ von X $(n-1)$-zusammenhängend, und daher ist $\tilde{h}_n$: $\pi_n(X, x_0) \to H_n(\tilde{X})$ ein Isomorphismus. Insbesondere ist X genau dann n-einfach, wenn $d_* = \text{id}$: $H_n(\tilde{X}) \to H_n(\tilde{X})$ für alle Deckbewegungen d: $\tilde{X} \to \tilde{X}$.

(c) Dem vorigen Satz kann man auf die zweiblättrige Überlagerung $S^n \to P^n$ anwenden, deren Deckbewegungen die Identität und die Diametralpunktvertauschung sind; da letztere den Grad $(-1)^{n+1}$ hat, ist P^n genau dann n-einfach, wenn n ungerade ist.

(d) Man beachte, daß für den Hurewicz-Homomorphismus h_n: $\pi_n(X, x_0) \to H_n(X)$ die Formel $h_n(\gamma \cdot \alpha) = h_n(\alpha)$ gilt: Die Operation von π_1 auf π_n geht in der Homologie von X verloren.

Aufgaben

16.4.A1 $P^\infty(\mathbb{R})$ ist asphärisch. (Hinweis: Die universelle Überlagerung von $P^\infty(\mathbb{R})$ ist S^∞.)

16.4.A2 Es seien $\alpha \in H_p(X)$ und $\beta \in H_q(Y)$ mit $p, q > 0$ Elemente, deren Homologiekreuzprodukt $\alpha \times \beta \neq 0$ ist in $H_{p+q}(X \times Y)$. Zeigen Sie: Das Element $\alpha \times \beta$ ist nicht sphärisch.

16.4.A3 Alle wegzusammenhängenden Graphen sind asphärisch.

16.4.A4 Der Linsenraum $L = L(p, q)$ aus 1.5.12 ist 2-einfach und 3-einfach, und es ist $\pi_2(L) = 0$, $\pi_3(L) \cong \mathbb{Z}$. (Hinweis: 1.7.7 und 1.7.A7. Verallgemeinern Sie diese Aufgabe auf die höherdimensionalen Linsenräume in 1.7.7.)

16.5 Beispiele für Homotopiegruppen

16.5.1 Beispiel Sei X der azyklische Raum aus 9.8.2 (b). Nach 9.8.A1 gilt für seine universelle Überlagerung $H_2(\tilde{X}) \cong \mathbb{Z}^{119}$. Aus 16.4.8 und 16.4.11 folgt $\pi_2(X, x_0) \cong \pi_2(\tilde{X}, \tilde{x}_0) \cong H_2(\tilde{X}) \cong \mathbb{Z}_{119}$. *Azyklische Räume müssen daher nicht asphärisch sein.*

16.5.2 Beispiel Die Fundamentalklasse $\{F_g\} \in H_2(F_g)$ einer geschlossenen, orientierbaren Fläche F_g ist für $g \neq 0$ das einfachste Beispiel einer nicht-sphärischen Homologieklasse; denn nach 16.4.13 ist $\pi_2(F_g, x_0) = 0$.

16.5.3 Beispiel Für $n \geq 1$ und $k \neq 0$ sei $X(n,k) = S^n \cup e^{n+1}$, wobei e^{n+1} mit einer Abbildung vom Grad k angeklebt ist (der Homotopietyp von $X(n,k)$ hängt wegen $[S^n, S^n] \cong \mathbb{Z}$ und 2.4.13 nicht von der Wahl der Klebeabbildung ab); es ist z.B. $X(n,0) \simeq S^n \vee S^{n+1}$, $X(n,1) \simeq$ Punkt und $X(1,2) \simeq P^2$. Es gilt

$$\pi_n(X(n,k), e_0) \cong \begin{cases} \mathbb{Z} & \text{für } k = 0, \\ \mathbb{Z}_k & \text{für } k > 0, \end{cases}$$

jeweils erzeugt von der Homotopieklasse der Inklusion $(S^n, e_0) \hookrightarrow (X(n,k), e_0)$. Für $n = 1$ ist das 5.4.4, für $n > 1$ folgt es wegen 9.9.6 aus dem Hurewicz-Satz.

16.5.4 Beispiel Sei n eine ganze Zahl und G eine Gruppe, die im Fall $n \geq 2$ abelsch ist. Dann gibt es einen $(n-1)$-zusammenhängenden CW-Raum der Form $X = \vee S_i^n \cup \bigcup e_j^{n+1}$ mit $\pi_n(X, x_0) \cong G$. Für $n = 1$ ist das 5.6.5 (c), und für $n \geq 2$ folgt es aus 9.9.7 (a) und dem Hurewicz-Satz. Wie die Gruppen $\pi_q(X, x_0)$ für $q > n$ aussehen, können wir mit den bisherigen Methoden nicht entscheiden.

16.5.5 Beispiel Sei X wie eben. Wir wählen Elemente $[f_k] \in \pi_{n+1}(X, x_0)$, die diese Gruppe erzeugen und setzen

$$X' = X \cup \bigcup e_k^{n+2} = \bigvee S_i^n \cup \bigcup e_j^{n+1} \cup \bigcup e_k^{n+2},$$

wobei die Zelle e_k^{n+2} mit f_k angeklebt ist. Für $i\colon X \hookrightarrow X'$ ist $i_\#\colon \pi_{n+1}(X, x_0) \to \pi_{n+1}(X', x_0)$ nach 16.4.3 surjektiv. Daher wird $\pi_{n+1}(X', x_0)$ von den Elementen $i_\#([f_k]) = [i \circ f_k]$ erzeugt. Weil $i \circ f_k\colon S^{n+1} \to X'$ zu $D^{n+2} \to X'$ fortsetzbar ist (durch eine charakteristische Abbildung von e_k^{n+2}), ist $i \circ f_k$ nach 2.3.3 nullhomotop, also $i_\#([f_k]) = 0$. Folglich ist $\pi_{n+1}(X', x_0) = 0$. Man beachte, daß wegen 16.4.3 das Ankleben der $(n+2)$-Zellen nichts an den kleineren Homotopiegruppen ändert, d.h. es ist $\pi_q(X', x_0) \cong \pi_q(X, x_0)$ für $1 \leq q \leq n$.

Was wir hier gemacht haben, läßt sich so beschreiben: Die Gruppe $\pi_{n+1}(X, x_0)$ ist durch das Ankleben von $(n+2)$-Zellen „getötet" worden, ohne $\pi_q(X, x_0)$ für $q \leq n$ zu ändern. Ebenso kann man $\pi_{n+2}(X', x_0)$ durch das Ankleben von $(n+3)$-Zellen töten, ohne $\pi_q(X', x_0)$ für $q \leq n+1$ zu ändern. Durch Iteration ergibt sich:

16.5.6 Satz und Definition *Zu jeder ganzen Zahl $n \geq 1$ und jeder Gruppe G (abelsch, falls $n \geq 2$) gibt es einen wegzusammenhängenden CW-Raum X mit*

$$\pi_n(X, x_0) \cong G \quad \text{und} \quad \pi_q(X, x_0) = 0 \quad \text{für } q \neq n.$$

Jeder solche Raum X heißt ein Eilenberg-MacLane-Raum vom Typ (G, n). *Wir schreiben kurz $X = K(G, n)$, wenn X ein solcher Raum ist.* □

16.5.7 Beispiele

(a) Die Eilenberg-MacLane-Räume vom Typ $(G, 1)$ sind genau die asphärischen CW-Räume, deren Fundamentalgruppe zu G isomorph ist, vgl. 16.4.13 für Beispiele. So ist etwa $K(\mathbb{Z}, 1) = S^1$ und $K(\mathbb{Z} \oplus \mathbb{Z}, 1) = S^1 \times S^1$.

(b) In der Regel sind die Eilenberg-MacLane-Räume komplizierte, unendlich-dimensionale CW-Räume. Schon für die einfachste nichttriviale Gruppe, also für $\mathbb{Z}_2$, ist $K(\mathbb{Z}_2, 1) = P^\infty(\mathbb{R})$ nach 16.4.A1. In 18.2.7 (c) werden wir sehen, daß es keinen $K(\mathbb{Z}_2, 1)$-Raum endlicher Dimension gibt.

16.5.8 Beispiel

Sei $G_1, G_2, \ldots$ eine Folge von Gruppen, abelsch ab G_2. Sei X_k ein $K(G_k, k)$-Raum. Dann hat der Raum $Z = X_1 \times X_2 \times \ldots$ die Homotopiegruppen $\pi_n(Z, z_0) \cong G_n$ für alle $n \geq 1$. Man kann also jede solche Folge von Gruppen als Homotopiegruppen eines topologischen Raumes realisieren (sogar eines CW-Raumes).

16.5.9 Beispiel

Wir berechnen $\pi_n(S^1 \vee S^n, x_0)$ für $n \geq 2$, wobei $S^1 \vee S^n = S^1 \times e_0 \cup 1 \times S^n$ und $x_0 = (1, e_0)$ ist. Nach 5.4.9 ist $\pi_1(S^1 \vee S^n, x_0) \cong \mathbb{Z}$, erzeugt von $\gamma = [w]$, wobei w der Weg $t \mapsto (\exp 2\pi i t, e_0)$ ist. Es sei $\alpha = [\varphi] \in \pi_n(S^1 \vee S^n, x_0)$ wobei $\varphi \colon (S^n, e_0) \to (S^1 \vee S^n, X_0)$ die Abbildung $x \mapsto (1, x)$ ist. Wir betrachten den Quotientenraum $\tilde{X}$ der topologischen Summe von $\mathbb{R}$ und $\mathbb{Z} \times S^n$, der durch die Identifikation $k = (k, e_0)$ für alle $k \in \mathbb{Z}$ entsteht. Der Raum $\tilde{X}$ besteht aus einer reellen Geraden, bei der an jeder ganzen Zahl k eine n-Sphäre angeheftet ist. Die folgenden Aussagen sind leicht zu beweisen:

(a) Durch $t \mapsto (\exp 2\pi i t, e_0)$ und $(k, x) \mapsto (1, x)$ wird eine universelle Überlagerung $p \colon \tilde{X} \to S^1 \vee S^n$ definiert, deren Deckbewegungsgruppe $\mathcal{D}(\tilde{X}, p) \cong \mathbb{Z}$ aus den „Translationen" $d_r \colon \tilde{X} \to \tilde{X}$ besteht $(r \in \mathbb{Z})$, also $d_r(t) = t + r$ und $d_r(k, x) = (k + r, x)$. Für den Isomorphismus $\Gamma \colon \pi_1(S^1 \vee S^n, x_0) \to \mathcal{D}(\tilde{X}, p)$ gilt $\Gamma(\gamma^r) = d_r$.

(b) $\tilde{X}$ ist $(n-1)$-zusammenhängend, und $H_n(\tilde{X})$ ist frei abelsch; ist $\tilde{\varphi} \colon S^n \to \tilde{X}$ durch $x \mapsto (0, x)$ definiert, so bilden die Elemente $\beta_r = d_{r*} \tilde{\varphi}_*(\{S^n\}_+)$ eine Basis von $H_n(\tilde{X})$. Als Basispunkt in $\tilde{X}$ wählen wir den Punkt $\tilde{x}_0 = 0 = (0, e_0)$. Die Funktion $\tilde{h}_n \colon \pi_n(S^1 \vee S^n, x_0) \to H_n(\tilde{X})$ aus 16.4.16 (a) erweist sich jetzt als ein Isomorphismus mit

$$\tilde{h}_n(\gamma^r \cdot \alpha) = d_{r*} \tilde{h}_n(a) = d_{r*} h_n(p_\#)^{-1}([\varphi]) = \beta_r,$$

wobei das letzte Gleichheitszeichen gilt, weil $[\tilde{\varphi}]$ in $\pi_n(\tilde{X}, \tilde{x}_0)$ liegt und $p_\#([\tilde{\varphi}]) = [\varphi]$ ist. Damit ist bewiesen: $\pi_n(S^1 \vee S^n, x_0)$ ist für $n \geq 2$ frei abelsch mit Basis $\{\gamma^r \cdot \alpha \mid r \in \mathbb{Z}\}$.

Dieses Beispiel ist aus mehreren Gründen interessant: Die höheren Homotopiegruppen von Polyedern sind im Unterschied zur Fundamentalgruppe und den Homologiegruppen nicht notwendig endlich erzeugt. Der „einfache" Raum $S^1 \vee S^n$ ist in hohem Maße nicht n-einfach: für $r \neq s$ ist z.B. $\gamma^r \cdot \alpha \neq \gamma^s \cdot \alpha$ (schärfer: $\pi_n(S^1 \vee S^n, x_0)$ ist ein freier Modul über dem Gruppenring $\mathbb{Z}\pi_1(S^1 \vee S^n, x_0)$). Der

Hurewicz-Homomorphismus h_n: $\pi_n(S^1 \vee S^n, x_0) \to H_n(S^1 \vee S^n)$ hat einen riesigen Kern. Eine Formel $\pi_n(X \vee Y) \cong \pi_n(X) \oplus \pi_n(Y)$ für $n \geq 2$, die man vielleicht in Analogie zur Homologie erwartet, ist i.a. falsch.

16.5.10 Beispiel Nach 15.5.7 gibt es eine nicht-nullhomotope Abbildung h: $S^3 \to S^2$, nämlich die Hopf-Abbildung. Daher ist die Gruppe $\pi_3(S^2)$ von Null verschieden, vgl. 16.3.A2 (in 17.3.7 werden wir sehen, daß $\pi_3(S^2) \cong \mathbb{Z}$ ist). Während für die Homologiegruppen eines CW-Raumes X stets $H_q(X) = 0$ für $q > \dim X$ gilt, ist also die analoge Aussage für die Homotopiegruppen falsch. Man kann zeigen, daß die Gruppe $\pi_n(S^2)$ für unendlich viele n von Null verschieden ist (aber man hat bis heute keine Methoden, um diese Gruppen für alle n vollständig zu berechnen).

16.6 Relative Homotopiegruppen

Wie in der Homologie gibt es auch in der Homotopie „relative Gruppen", und im Unterschied zu ihnen nennt man die $\pi_n(X, x_0)$ auch die *absoluten Homotopiegruppen*.

16.6.1 Definition Gegeben sei ein Raum X, ein Teilraum $A \subset X$, ein Punkt $x_0 \in A$ und eine ganze Zahl $n \geq 1$. Wir setzen

$$\pi_n(X, A, x_0) = [D^n, S^{n-1}, e_0; X, A, x_0].$$

Die Elemente dieser Menge sind die Homotopieklassen

$$[\varphi] = \{\psi \mid \psi \simeq \varphi\colon (D^n, S^{n-1}, e_0) \to (X, A, x_0)\}$$

stetiger Abbildungen φ: $(D^n, S^{n-1}, e_0) \to (X, A, x_0)$. Dabei muß (wie in 2.1.8) während der Homotopie das Bild von S^{n-1} in A bleiben, und das Bild von e_0 muß stets x_0 sein.

Für $n = 1$ kann man φ als Weg in X interpretieren, der in A beginnt und bei x_0 endet; $[\varphi] = [\psi]$ bedeutet, daß man die Wege φ und ψ ineinander deformieren kann, wobei der Anfangspunkt in A und der Endpunkt fest bleibt. Für $n \geq 2$ kann man sich, wenn φ eine Einbettung ist, $\varphi(D^n)$ als n-Ball in X vorstellen, dessen Rand $\varphi(S^{n-1})$ in A an den Basispunkt stößt; erlaubt sind Deformationen dieses Balles in X, bei denen der Rand innerhalb A und das Bild von e_0 im Punkt x_0 bleibt. Wir führen für $n \geq 2$ eine Addition in $\pi_n(X, A, x_0)$ ein; dazu sind einige geometrische Konstruktionen nötig.

16.6.2 Bezeichnungen

(a) Jeder Punkt $z \in D^n$ hat eine Darstellung der Form $z = (1 - t)e_0 + tx$ mit $x \in S^{n-1}$ und $t \in I$. Wir schreiben kurz $t * x = (1 - t)e_0 + tx$, also $z = t * x$. Für $z \neq e_0$ sind x und t eindeutig bestimmt; dagegen ist $0 * x = t * e_0 = e_0$ für alle x, t. Die Abbildung $S^{n-1} \times I \to D^n$, $(x, t) \mapsto t * x$, ist identifizierend.

(b) Für stetiges $f \colon (S^{n-1}, e_0) \to (S^{n-1}, e_0)$ ist $\bar{f} \colon (D^n, S^{n-1}, e_0) \to (D^n, S^{n-1}, e_0)$, gegeben durch $\bar{f}(t * x) = t * f(x)$, eindeutig und stetig und es gilt $\bar{f}|S^{n-1} = f$. Aus $f_1 \simeq f_2$ rel e_0 (mit Homotopie h_t) folgt $\bar{f}_1 \simeq \bar{f}_2$ (als Abbildungen von Tripeln, mit Homotopie $\bar{h}_t$).

(c) Sei $g \colon S^{n-1} \to S^{n-1} \vee S^{n-1}$ mit $g(e_0) = (e_0, e_0)$ gegeben. Für $x \in S^{n-1}$ sei $g_k(x)$ die k-te Koordinate von $g(x)$ in $S^{n-1} \times S^{n-1}$. Wir definieren

$$\bar{g} \colon (D^n, S^{n-1}, e_0) \to (D^n \vee D^n, S^{n-1} \vee S^{n-1}, (e_0, e_0)),$$

$$\bar{g}(t * x) = \begin{cases} (t * g_1(x), e_0) & \text{für } g_2(x) = e_0, \\ (e_0, t * g_2(x)) & \text{für } g_1(x) = e_0. \end{cases}$$

$\bar{g}$ ist eindeutig definiert und $\bar{g}|S^{n-1} = g$. Mit g ist $\bar{g}$ stetig. Aus $g \simeq g'$ rel e_0 folgt analog zu (b), daß $\bar{g} \simeq \bar{g}'$ rel e_0 (als Abbildungen von Tripeln).

(d) Analog kann man für $h \colon S^{n-1} \to S^{n-1} \vee S^{n-1} \vee S^{n-1}$ mit $h(e_0) = (e_0, e_0, e_0)$ eine Abbildung $\bar{h} \colon D^n \to D^n \vee D^n \vee D^n$ definieren, und die vorigen Aussagen übertragen sich sinngemäß.

16.6.3 Hilfssatz

Sei $n \geq 2$, und sei $\nu_{n-1} \colon S^{n-1} \to S^{n-1} \vee S^{n-1}$ eine Comultiplikation (im Fall $n = 2$ ist $\nu_1 = \nu \colon S^1 \to S^1 \vee S^1$ die Abbildung aus 5.1.A4). Für $\bar{\nu}_{n-1} \colon D^n \to D^n \vee D^n$ gilt dann

$$\bar{\nu}_{n-1*}(\{D^n\}) = i_{1*}(\{D^n\}) + i_{2*}(\{D^n\}),$$

wobei $i_1, i_2 \colon D^n \to D^n \vee D^n$ die Inklusionen $z \mapsto (z, e_0)$ bzw. $z \mapsto (e_0, z)$ sind.

Beweis Folgt aus 16.2.1 und

$$
\begin{array}{ccc}
H_n(D^n, S^{n-1}) & \xrightarrow[\cong]{\partial_*} & H_{n-1}(S^{n-1}) \\
{\scriptstyle \bar{\nu}_{n-1*}}\downarrow & & \downarrow{\scriptstyle \bar{\nu}_{n-1*}} \\
H_n(D^n \vee D^n, S^{n-1} \vee S^{n-1}) & \xrightarrow[\partial_*]{\cong} & H_{n-1}(S^{n-1} \vee S^{n-1}).
\end{array}
$$

$\square$

16.6.4 Satz und Definition

Für $n \geq 2$ definieren wir die Summe der Elemente $[\varphi], [\psi] \in \pi_n(X, A, x_0)$ durch

$$[\varphi] + [\psi] = [(\varphi, \psi) \circ \bar{\nu}_{n-1}] \quad \text{mit } D^n \xrightarrow{\bar{\nu}_{n-1}} D^n \vee D^n \xrightarrow{(\varphi, \psi)} X.$$

Dabei ist $\nu_{n-1}\colon S^{n-1} \to S^{n-1} \vee S^{n-1}$ eine Comultiplikation wie in 16.2.1. Mit dieser Addition ist $\pi_n(X, A, x_0)$ eine Gruppe, die für $n \geq 3$ abelsch ist. Sie heißt die n-te relative Homotopiegruppe des Paares (X, A) zum Basispunkt x_0. Das neutrale Element ist $0 = [\text{const}]$, wobei const: $D^n \to X$, $\text{const}(D^n) = x_0$. Das Inverse von $[\varphi]$ ist $[\varphi \circ \sigma]$, wobei $\sigma\colon D^n \to D^n$ die Spiegelung an der Hyperebene $x_n = 0$ ist.

Beweis Es ist klar, daß die Addition eindeutig definiert ist. Die Gruppeneigenschaften folgen aus 16.2.2. Als Beispiel beweisen wir $[\varphi] + 0 = [\varphi]$. Sind f_1, f_2 bzw. g wie in (b) bzw. (c) von 16.6.2, so sieht man leicht, daß $(\bar{f}_1, \bar{f}_2) \circ \bar{g} = \overline{(f_1, f_2) \circ g}$ gilt. Für $c = \text{const}\colon S^{n-1} \to S^{n-1}$, $c(S^{n-1}) = e_0$ ist $\bar{c} = \text{const}\colon D^n \to D^n$ und daher

$$(\varphi, c) \circ \bar{\nu}_{n-1} = \varphi \circ (\overline{\text{id}}_{S^{n-1}}, \bar{c}) \circ \overline{\nu_{n-1}} = \varphi \circ \overline{(\text{id}_{S^{n-1}}, c) \circ \nu_{n-1}} \simeq \varphi \circ \overline{\text{id}_{S^{n-1}}} = \varphi$$

nach 16.2.2. Ebenso ergeben sich die anderen Gruppeneigenschaften; für die Assoziativität braucht man (d) von 16.6.2. $\qquad\square$

16.6.5 Bemerkung $\pi_1(X, A, x_0)$ ist keine Gruppe. Dennoch ist $0 = [\text{const}] \in \pi_1(X, A, x_0)$ definiert. Nun bedeutet $\pi_1(X, A, x_0) = 0$, daß jeder in A beginnende und in x_0 endende Weg so in den konstanten Weg x_0 deformiert werden kann, daß während der Homotopie sein Anfangspunkt in A und sein Endpunkt fest bleiben. Z.B. ist $\pi_1(I, \dot{I}, 0) \neq 0$.

Wir versuchen, die früheren Konstruktionen für die absoluten Homotopiegruppen auf die relativen zu übertragen. Analog zu 16.2.4 bzw. 16.2.5 (b) gilt:

16.6.6 Satz *Eine stetige Abbildung $f\colon (X, A, x_0) \to (Y, B, y_0)$ induziert für $n \geq 2$ einen Homomorphismus*

$$\pi_n(f) = f_\#\colon \pi_n(X, A, x_0) \to \pi_n(Y, B, y_0) \ \text{durch} \ f_\#([\varphi]) = [f \circ \varphi].$$

Dabei gilt:

(a) *Funktoreigenschaften:* $\text{id}_\# = \text{id}$ *und* $(gf)_\# = g_\# f_\#$.

(b) *Aus $f \simeq g\colon (X, A, x_0) \to (Y, B, y_0)$ folgt $f_\# = g_\#$.*

(c) *Aus $f \simeq \text{const}\colon (X, A, x_0) \to (Y, B, y_0)$ folgt $f_\# = 0$.* $\qquad\square$

16.6.7 Satz *Sei $A_0 \subset X_0$ die Wegekomponente von A bzw. X, die x_0 enthält. Dann induziert die Inklusion $i\colon (X_0, A_0, x_0) \hookrightarrow (X, A, x_0)$ für $n \geq 2$ einen Isomorphismus $i_\#\colon \pi_n(X_0, A_0, x_0) \to \pi_n(X, A, x_0)$.* $\qquad\square$

Um die Abhängigkeit vom Basispunkt zu untersuchen, gehen wir wie in 16.3 vor:

16.6.8 Definition Sei $n \geq 2$ fest, und sei $\mu = \mu_{n-1}\colon S^{n-1} \to S^{n-1} \vee I$ wie in 16.3.1. Für $x \in S^{n-1}$ sei $\mu_1(x) \in S^{n-1}$ bzw. $\mu_2(x) \in I$ die erste bzw. zweite Koordinate von $\mu(x)$. Wir definieren $\bar{\mu}\colon D^n \to D^n \vee I = D^n \times 0 \cup e_0 \times I$ analog wie in 16.6.2:

$$\bar{\mu}(t * x) = \begin{cases} (t * \mu_1(x), 0) & \text{für } \mu_2(x) = 0, \\ (e_0, t\mu_2(x)) & \text{für } \mu_1(x) = e_0. \end{cases}$$

Sei $w\colon I \to A$ ein Weg in A von x_0 nach x_1 und $\varphi\colon (D^n, S^{n-1}, e_0) \to (X, A, x_1)$. Wir definieren eine Funktion

$$w_n\colon \pi_n(X, A, x_1) \to \pi_n(X, A, x_0) \text{ durch } w_n([\varphi]) = [(\varphi, w^{-1}) \circ \bar{\mu}].$$

Wie beim Beweis von 16.6.4 kann man jetzt die Konstruktionen aus 16.3 auf die relativen Homotopiegruppen übertragen. Wir überlassen die Details dem Leser und formulieren nur das Ergebnis.

16.6.9 Satz
(a) *Für alle $n \geq 2$ ist w_n ein Isomorphismus, der natürlich ist bezüglich stetiger Abbildungen $f\colon (X, A, x_0, x_1) \to (Y, B, y_0, y_1)$. Für wegzusammenhängendes A ist daher $\pi_n(X, A, x_0) \cong \pi_n(X, A, x_1)$ für alle $x_0, x_1 \in A$.*

(b) *Die Eigenschaften aus 16.3.5 gelten sinngemäß auch jetzt.*

(c) *Die Gruppe $\pi_1(A, x_0)$ operiert auf $\pi_n(X, A, x_0)$ durch $\gamma \cdot \alpha = w_n(\alpha)$, wobei $w\colon (I, \dot{I}) \to (A, x_0)$ ein Weg ist mit $\gamma = [w]$. Es gilt also wie in 16.3.9:*

$$1 \cdot \alpha = \alpha, \; \gamma \cdot (\delta \cdot \alpha) = (\gamma\delta) \cdot \alpha, \; \gamma \cdot (\alpha + \beta) = \gamma \cdot \alpha + \gamma \cdot \beta, \; \gamma \cdot 0 = 0.$$

(d) *Für die Funktion $V\colon \pi_n(X, A, x_0) \to [D^n, S^{n-1}; X, A]$, die die Basispunkte vergißt, gilt genau dann $V(\alpha) = V(\beta)$, wenn $\alpha = \gamma \cdot \beta$ für ein $\gamma \in \pi_1(A, x_0)$. Wenn A wegzusammenhängend ist, ist V surjektiv.*

(e) *Es seien $f\colon (X, A, x_0) \to (Y, B, y_0)$ und $g\colon (X, A, x_0) \to (Y, B, y_1)$ Abbildungen mit $f \simeq g\colon (X, A) \to (Y, B)$, und es sei w der Weg von y_0 nach y_1 in B, den das Bild von x_0 in B während einer Homotopie von f nach g durchläuft. Dann ist $f_\# = w_n \circ g_\#$.* □

Aus der letzten Aussage erhält man analog zu 16.4.1:

16.6.10 Satz *Ist $f\colon (X, A) \to (Y, B)$ eine Homotopieäquivalenz von Paaren, so ist $f_\#\colon \pi_n(X, A, x_0) \to \pi_n(Y, B, f(x_0))$ für alle $x_0 \in A$ und alle $n \geq 2$ ein Isomorphismus.* □

16.6.11 Satz *Für $n \geq 2$ und $\alpha = [\varphi] \in \pi_n(X, A, x_0)$ gilt genau dann $\alpha = 0$, wenn es eine Homotopie $h_t\colon (D^n, S^{n-1}) \to (X, A)$ gibt mit $h_0 = \varphi$ und $h_1(D^n) \subset A$.*

Beweis Klar ist, daß die Bedingung notwendig ist. Nehmen wir umgekehrt an, daß h_t existiert. Weil $h_1\colon D^n \to A$ zur konstanten Abbildung nach x_0 homotop ist, gibt es dann auch eine Homotopie $(D^n, S^{n-1}) \to (X, A)$ zwischen φ und der konstanten Abbildung. Das bedeutet $V(\alpha) = V(0)$, und aus 16.6.9 (d) folgt $\alpha = \gamma \cdot 0 = 0$ für ein $\gamma \in \pi_1(A, x_0)$. □

16.6.12 Korollar *Sei $n \geq 2$ bzw. $n = \infty$. Genau dann ist ein Raumpaar (X, A) n-zusammenhängend, wenn es 1-zusammenhängend ist und wenn $\pi_q(X, A, x_0) = 0$ ist für alle $x_0 \in A$ und alle q mit $2 \leq q \leq n$ bzw. $q \geq 2$.* □

Wir betrachten nun die relative Homotopiegruppe im Fall, daß der Teilraum A mit dem Punkt x_0 übereinstimmt, also die Gruppe $\pi_n(X, x_0, x_0)$. Abbildungen $(D^n, S^{n-1}, e_0) \to (X, x_0, x_0)$ sind dasselbe wie Abbildungen $(D^n, S^{n-1}) \to (X, x_0)$, und diese entsprechen, weil D^n/S^{n-1} homöomorph S^n ist, umkehrbar eindeutig den Abbildungen $(S^n, e_0) \to (X, x_0)$. Daher erhält man eine Bijektion $\pi_n(X, x_0) \to \pi_n(X, x_0, x_0)$, die jedoch von der Wahl des Homöomorphismus abhängt. Wegen 11.5.9 (a) gibt es bis auf Homotopie genau zwei Homöomorphismen $D^n/S^{n-1} \to S^n$. Im folgenden zeichnen wir einen der beiden aus.

16.6.13 Hilfssatz *Für $n \geq 1$ gibt es einen relativen Homöomorphismus*

$$\lambda_n \colon (D^n, S^{n-1}) \to (S^n, e_0) \quad mit \; \lambda_{n*}(\{D^n\}_+) = j'_*(\{S^n\}_+),$$

wobei $j'_* \colon H_n(S^n) \to H_n(S^n, e_0)$ aus der exakten Homologiesequenz von (S^n, e_0) stammt und wobei $\{D^n\}_+$ bzw. $\{S^n\}_+$ die Standardorientierungen von D^n bzw. S^n aus 11.5.10 sind. Hat λ'_n dieselben Eigenschaften, so ist $\lambda_n \simeq \lambda'_n \colon (D^n, S^{n-1}) \to (S^n, e_0)$.

B e w e i s. Existenz: Es gibt relative Homöomorphismen $\lambda_n \colon (D^n, S^{n-1}) \to (S^n, e_0)$, und es ist $\lambda_{n*}(\{D^n\}_+) = \pm j'_*(\{S^n\}_+)$. Steht hier das Minuszeichen, so schalte man eine Spiegelung von S^n dahinter. — Die Eindeutigkeitsaussage folgt aus 11.5.9 (c). □

16.6.14 Satz *Die Zuordnung $[\varphi] \mapsto [\varphi \circ \lambda_n]$ ist für $n \geq 2$ ein Isomorphismus $\pi_n(X, x_0) \to \pi_n(X, x_0, x_0)$.*

B e w e i s Die Bijektivität ist klar. Zu zeigen ist, daß die Zuordnung homomorph ist. Aus 16.6.3 folgt, daß die Abbildungen

$$\nu_n \circ \lambda_n \; und \; (\lambda_n \vee \lambda_n) \circ \bar{\nu}_{n-1} \colon (D^n, S^{n-1}) \to (S^n \vee S^n, (e_0, e_0))$$

die gleichen Homomorphismen in der Homologie induzieren. Wie im vorigen Beweis folgt daraus, daß sie homotop sind. Daher ist

$$(\varphi, \psi) \circ \nu_n \circ \lambda_n \simeq (\varphi, \psi) \circ (\lambda_n \vee \lambda_n) \circ \bar{\nu}_{n-1} = (\varphi \circ \lambda_n, \psi \circ \lambda_n) \circ \bar{\nu}_{n-1},$$

und das ist die Homomorphie. □

16.6.15 Verabredung Wir identifizieren die Gruppen $\pi_n(X, x_0)$ und $\pi_n(X, x_0, x_0)$ unter dem Isomorphismus 16.6.14. Für $\varphi \colon (S^n, e_0) \to (X, x_0)$ bezeichnen wir also die Komposition $\varphi \circ \lambda_n$ ebenfalls mit $\varphi \colon (D^n, S^{n-1}, x_0) \to (X, x_0, x_0)$ und setzen $\pi_n(X, x_0, x_0) = \pi_n(X, x_0)$. Ist $x_0 \in A \subset X$ und ist $j \colon (X, x_0, x_0) \to (X, A, x_0)$ die

Inklusion (also $j(x) = x$ für alle $x \in X$), so ist folglich der induzierte Homomorphismus $j_{\#}$: $\pi_n(X, x_0) \to \pi_n(X, A, x_0)$ gegeben durch $j_{\#}([\varphi]) = [\varphi \circ \lambda_n]$, wobei φ: $(S^n, e_0) \to (X, x_0)$.

Aufgaben

16.6.A1 Ist $A \subset X$ strenger Deformationsretrakt, so ist $\pi_q(X, A, x_0) = 0$ für alle $x_0 \in A$ und alle $q \geq 2$.

16.6.A2 Ist (X, A) ein CW-Paar, so daß $X \setminus A$ keine Zellen der Dimensionen $0, 1, \ldots, n$ enthält $(n \geq 2)$, so ist $\pi_q(X, A, x_0) = 0$ für $1 \leq q \leq n$.

16.7 Die exakte Homotopiesequenz

Wie in der Homologie, so gibt es auch jetzt eine exakte Sequenz, die einen Zusammenhang zwischen den absoluten und relativen Homotopiegruppen liefert.

16.7.1 Definition und Satz *Für $x_0 \in A \subset X$ und $n \geq 2$ heißt*

$$\partial\colon \pi_n(X, A, x_0) \to \pi_{n-1}(A, x_0), \quad [\varphi] \mapsto [\varphi | S^{n-1}],$$

der Randoperator *für die Homotopiegruppen des Raumpaares (X, A). Es gilt:*
(a) ∂ ist ein Homomorphismus, der natürlich ist bezüglich stetiger Abbildungen f: $(X, A, x_0) \to (Y, B, y_0)$.
(b) Für einen Weg w: $I \to A$ von x_0 nach x_1 ist folgendes Diagramm kommutativ:

$$
\begin{array}{ccc}
\pi_n(X, A, x_1) & \xrightarrow{\ \partial\ } & \pi_{n-1}(A, x_1) \\
w_n \downarrow & & \downarrow w_n \\
\pi_n(X, A, x_0) & \xrightarrow{\ \partial\ } & \pi_{n-1}(A, x_0)\,.
\end{array}
$$

(c) Insbesondere ist $\partial(\gamma \cdot \alpha) = \gamma \cdot \partial(\alpha)$ für $\alpha \in \pi_n(X, A, x_0), \gamma \in \pi_1(A, x_0)$.   □

16.7.2 Satz *Für $x_0 \in A \subset X$ ist die Sequenz*

$$\cdots \xrightarrow{j_{\#}} \pi_{n+1}(X, A, x_0) \xrightarrow{\ \partial\ } \pi_n(A, x_0) \xrightarrow{i_{\#}} \pi_n(X, x_0) \xrightarrow{j_{\#}} \pi_n(X, A, x_0) \xrightarrow{\ \partial\ }$$

$$\cdots \xrightarrow{j_{\#}} \pi_2(X, A, x_0) \xrightarrow{\ \partial\ } \pi_1(A, x_0) \xrightarrow{i_{\#}} \pi_1(X, x_0)$$

exakt; dabei sind i: $(A, x_0) \hookrightarrow (X, x_0)$ und j: $(X, x_0, x_0) \hookrightarrow (X, A, x_0)$ Inklusionen.

Diese Sequenz heißt *die exakte Homotopiesequenz von* (X, A) *zum Basispunkt* x_0. Im Unterschied zur Homotopiesequenz ist sie nach rechts begrenzt; sie endet bei $\pi_1(X, x_0)$. Die letzten drei Gruppen sind nicht notwendig abelsch; dennoch hat Exaktheit seinen Sinn.

Beweis   Bild $\partial \subset$ Kern $i_\#$: Für $\varphi \in \pi_{n+1}(X, A, x_0)$ wird $i_\# \partial[\varphi]$ von $i \circ \varphi|S^n$: $(S^n, e_0) \to (X, e_0)$ repräsentiert. Weil man diese Abbildung auf D^{n+1} fortsetzen kann (durch φ), ist $i_\# \partial[\varphi] = 0$. — Kern $i_\# \subset$ Bild ∂: Für $[\varphi] \in \pi_n(A, x_0)$ mit $i_\#[\varphi] = 0$ gibt es eine Abbildung $\bar\varphi$: $D^{n+1} \to X$ mit $\bar\varphi|S^n = i \circ \varphi$. Dann ist $[\bar\varphi] \in \pi_{n+1}(X, A, x_0)$ und $\partial[\bar\varphi] = [\varphi]$.

Bild $i_\# \subset$ Kern $j_\#$: Für $[\varphi] \in \pi_n(A, x_0)$ wird $j_\# i_\#[\varphi]$ nach 16.6.14 von $\varphi \circ \lambda_n$ repräsentiert, aufgefaßt als Abbildung $(D^n, S^{n-1}, e_0) \to (X, A, x_0)$. Wegen $\varphi\lambda_n(D^n) \subset A$ ist $j_\# i_\#[\varphi] = 0$ nach 16.6.11. — Kern $j_\# \subset$ Bild $i_\#$: Für $[\varphi] \in \pi_n(X, x_0)$ wird $j_\#[\varphi]$ nach 16.6.15 von $\varphi \circ \lambda_n$: $(D^n, S^{n-1}, e_0) \to (X, A, x_0)$ repräsentiert. Nach 16.6.11 bedeutet $j_\#[\varphi] = 0$, daß es eine Homotopie h_t: $(D^n, S^{n-1}) \to (X, A)$ gibt mit $h_0 = \varphi \circ \lambda_n$ und $h_1(D^n) \subset A$. Man beachte, daß $h_0(S^{n-1}) = x_0$ ist, daß aber für $t \neq 0$ nur $h_t(S^{n-1}) \subset A$ verlangt ist. Wir definieren k_t: $(D^n, S^{n-1}) \to (X, A)$ wie im Beweis von 16.1.1. Dann ist $k_0 = h_0 = \varphi \circ \lambda_n$, $k_t(S^{n-1}) = x_0$ und $k_t(D^n) \subset A$. Durch $h_t'' = k_t \circ \lambda_n^{-1}$: $(S^n, e_0) \to (X, x_0)$ wird daher (obwohl λ_n nicht injektiv ist), eine Homotopie mit $h_t'' \circ \lambda_n = k_t$ definiert. Aus $h_0'' \circ \lambda_n = \varphi \circ \lambda_n$ folgt $h_0'' = \varphi$. Wegen $h_1''(D^n) = k_1(D^n) \subset A$ ist $h_1'' = i \circ \psi$ für eine Abbildung ψ: $S^n \to A$ mit $\psi(e_0) = h_1''(e_0) = x_0$. Es folgt $[\psi] \in \pi_n(A, x_0)$ und $i_\#[\psi] = [i \circ \psi] = [h_1''] = [h_0''] = [\varphi]$.

Bild $j_\# \subset$ Kern ∂: Sind $[\varphi]$ und $j_\#[\varphi] = [\varphi \circ \lambda_n]$ wie eben, so ist $\partial j_\#[\varphi] = [\varphi \circ \lambda_n|S^{n-1}] = 0$, da $\varphi\lambda_n(S^{n-1}) = x_0$. — Kern $\partial \subset$ Bild $j_\#$: Sei $[\varphi] \in \pi_n(X, A, x_0)$ und $0 = \partial[\varphi] = [\varphi|S^{n-1}]$. Dann gibt es eine Homotopie h_t: $(S^{n-1}, e_0) \to (A, x_0)$ mit $h_0 = \varphi|S^{n-1}$ und $h_1(S^{n-1}) = x_0$. Wir fassen h_t als Homotopie h_t: $S^{n-1} \to X$ auf. Weil man h_0 auf D^n fortsetzen kann (durch φ), kann man die ganze Homotopie fortsetzen: es gibt h_t': $D^n \to X$ mit $h_0' = \varphi$ und $h_t'|S^{n-1} = h_t$. Wegen $h_1'(S^{n-1}) = x_0$ wird durch $\psi = h_1' \circ \lambda_n^{-1}$: $S^n \to X$ eine Abbildung ψ mit $\psi(e_0) = x_0$ definiert. Es folgt $[\psi] \in \pi_n(X, x_0)$ und $j_\#[\psi] = [\psi \circ \lambda_n] = [h_1'] = [h_0'] = [\varphi]$. $\square$

Es folgen einige Anwendungsbeispiele zur Homotopiesequenz.

16.7.3 Beispiel Wenn der Raum X zusammenziehbar ist, so ist der Randoperator ∂: $\pi_n(X, A, x_0) \to \pi_{n-1}(A, x_0)$ für alle $n \geq 2$ ein Isomorphismus; denn in der Sequenz ist $\pi_n(X, x_0) = 0$ für alle $n \geq 1$. Insbesondere ist

$$\partial : \pi_n(D^q, S^{q-1}, e_0) \to \pi_{n-1}(S^{q-1}, e_0)$$

ein Isomorphismus ($n \geq 2, q \geq 0$). Für $n = q$ erhalten wir damit aus 16.4.6 ein erstes nichttriviales Beispiel für relative Homotopiegruppen: Für $n \geq 2$ ist $\pi_n(D^n, S^{n-1}, e_0) \cong \mathbb{Z}$, und diese Gruppe wird erzeugt von der Homotopieklasse der identischen Abbildung $(D^n, S^{n-1}, e_0) \to (D^n, S^{n-1}, e_0)$.

16.7.4 Beispiel Wenn Ihnen die formale Analogie zwischen Homologie- und Homotopiegruppen aufgefallen ist (z.B. Funktoreigenschaften, exakte Sequenzen), so erwarten Sie vielleicht, daß wir in 16.8 einen „Ausschneidungssatz für Homotopiegruppen" beweisen werden, etwa analog zu 9.4.6 den Satz, daß die Abbildung $p\colon (X, A, x_0) \to (X/A, z_0)$ für jedes CW-Paar (X, A) einen Isomorphismus der Homotopiegruppen induziert (wobei $z_0 = \langle A \rangle$ ist). Das werden wir nicht tun, denn *der Ausschneidungssatz für Homotopiegruppen ist falsch*. Nach 16.7.3 und 16.4.13 ist $\pi_3(D^2, S^1, e_0) \cong \pi_2(S^1, e_0) = 0$, während $\pi_3(D^2/S^1, y_0) \cong \pi_3(S^2, e_0) \neq 0$ ist nach 16.5.10.

16.7.5 Beispiel Sei $A = S^1 \vee S^2 \subset X = S^1 \vee D^3$. Wegen $X \simeq S^1 \vee D^3$ ist X asphärisch, also $\partial\colon \pi_3(X, A, x_0) \cong \pi_2(A, x_0)$. Mit 16.5.9 erhält man daraus ein Beispiel für die Operation der Fundamentalgruppe auf den relativen Homotopiegruppen: Die Gruppe $\pi_3(X, A, x_0)$ ist frei abelsch mit Basis $\{\gamma^m \alpha | m \in \mathbb{Z}\}$; dabei erzeugt γ die Gruppe $\pi_1(A, x_0) \cong \pi_1(S^1, e_0)$, und α ist die Homotopieklasse der Inklusion $(D^3, S^2, e_0) \to (X, A, x_0)$.

16.7.6 Beispiel Wir betrachten $X \vee Y = X \times y_0 \cup x_0 \times Y \subset X \times Y$ mit Basispunkt $z_0 = (x_0, y_0) \in X \vee Y \subset X \times Y$. Es seien $i'\colon (X, x_0) \hookrightarrow (X \vee Y, z_0)$ bzw. $i''\colon (Y, y_0) \hookrightarrow (X \vee Y, z_0)$ die Inklusionen $x \mapsto (x, y_0)$ bzw. $y \mapsto (x_0, y)$. Mit 16.4.2 und der exakten Homotopiesequenz von $(X \times Y, X \vee Y)$ zeigt man, daß es für $n \geq 2$ einen Isomorphismus

$$\pi_n(X, x_0) \oplus \pi_n(Y, y_0) \oplus \pi_{n+1}(X \times Y, X \vee Y, z_0) \xrightarrow{\cong} \pi_n(X \vee Y, z_0)$$

gibt; er ist gegeben durch $(\alpha, \beta, \gamma) \mapsto i'_\#(\alpha) + i''_\#(\beta) + \partial\gamma$. Das ergänzt unsere Bemerkung vor 16.5.10, daß die Formel $\pi_n(X \vee Y) \cong \pi_n(X) \oplus \pi_n(Y)$ i.a. falsch ist. Es tritt noch der zusätzliche Term $\pi_{n+1}(X \times Y, X \vee Y, z_0)$ auf, über den wir allerdings an dieser Stelle noch nicht viel aussagen können. Für $X = S^k$ und $Y = S^l$ und $n \leq k + l - 1$ ist dieser Zusatzterm Null nach 16.1.A3 und 16.6.12, also $\pi_n(S^k \vee S^l) \cong \pi_n(S^k) \oplus \pi_n(S^l)$ für $2 \leq n \leq k + l - 2$. Dagegen tritt in $\pi_{k+l-1}(S^k \vee S^l)$ der zusätzliche Term $\pi_{k+l}(S^k \times S^l, S^k \vee S^l)$ auf; in 16.9.9 werden wir sehen, daß er nicht Null ist.

Die exakte Homotopiesequenz liefert mit 16.6.12 die folgende Aussage:

16.7.7 Satz *Sei $x_0 \in A \subset X$, wobei A und X wegzusammenhängend sind, und sei $n \geq 1$ bzw. $n = \infty$. Dann sind folgende Aussagen äquivalent:*
(a) *Das Raumpaar (X, A) ist n-zusammenhängend.*
(b) *$i_\#\colon \pi_q(A, x_0) \to \pi_q(X, x_0)$ ist bijektiv für $1 \leq q \leq n - 1$ und surjektiv für $q = n$ bzw. bijektiv für alle $q \geq 1$.* $\square$

Mit 16.1.4 folgt:

16.7.8 Satz *Ist (X, A) ein CW-Paar, wobei A und X wegzusammenhängend sind, und ist $i_\#\colon \pi_q(A, x_0) \to \pi_q(X, x_0)$ ein Isomorphismus für alle $q \geq 1$, so ist A strenger Deformationsretrakt von X.* $\square$

16.7.9 Satz *Seien X und Y wegzusammenhängende Räume, und sei $n \geq 1$ bzw. $n = \infty$. Dann sind folgende Aussagen äquivalent:*
(a) *Die Abbildung $f\colon X \to Y$ ist n-zusammenhängend.*
(b) *$f_\# \colon \pi_q(X, x_0) \to \pi_q(Y, f(x_0))$ ist bijektiv für $1 \leq q \leq n-1$ und surjektiv für $q = n$ bzw. bijektiv für alle $q \geq 1$ (für ein $x_0 \in X$).*

Beweis Sei M_f der Abbildungszylinder von f, und seien $i\colon X \hookrightarrow M_f$ und $r\colon M_f \to Y$ wie vor 16.1.7. Es ist $f = r \circ i$ und folglich $f_\# = r_\# \circ i_\#$. Weil r eine Homotopieäquivalenz ist, ist $r_\#$ bijektiv. Daher ist die Aussage in (b) äquivalent zur entsprechenden Aussage für $i_\#\colon \pi_q(X, x_0) \to \pi_q(M_f, x_0)$. Nach 16.7.7 bedeutet das aber genau, daß das Paar (M_f, X) n-zusammenhängend ist, und das ist (a). $\square$

16.7.10 Korollar *Eine Abbildung $f\colon X \to Y$ zwischen wegzusammenhängenden Räumen ist genau dann eine schwache Homotopieäquivalenz, wenn $f_\# \colon \pi_q(X, x_0) \to \pi_q(Y, f(x_0))$ für alle $q \geq 1$ ein Isomorphismus ist.* $\square$

Mit 16.1.9 folgt hieraus:

16.7.11 Satz *Es sei $f\colon X \to Y$ eine Abbildung zwischen wegzusammenhängenden CW-Räumen, so daß $f_\#\colon \pi_q(X, x_0) \to \pi_q(Y, f(x_0))$ ein Isomorphismus ist für ein $x_0 \in X$ und alle $q \geq 1$. Dann ist f eine Homotopieäquivalenz.* $\square$

16.7.12 Beispiel Die Räume $X = S^2 \times P^3$ und $Y = P^2 \times S^3$ haben beide den Raum $S^2 \times S^3$ als 2-blättrige universelle Überlagerung. Mit 16.4.11 folgt daraus $\pi_q(X, x_0) \cong \pi_q(Y, y_0)$ für alle $q \geq 1$. Dennoch sind X und Y nicht vom gleichen Homotopietyp; denn nach 12.4.5 ist X eine orientierbare und Y eine nicht orientierbare Mannigfaltigkeit. Vorsicht also mit 16.7.11: Aus $\pi_q(X, x_0) \cong \pi_q(Y, y_0)$ für alle $q \geq 1$ muß nicht $X \simeq Y$ folgen.

Aufgaben

16.7.A1 Ist A Deformationsretrakt von X, so ist $\pi_n(X, A, x_0) = 0$ für alle $x_0 \in A$ und alle $n \geq 2$.

16.7.A2 Ist A Retrakt von X, so ist $\pi_n(X, x_0) \cong \pi_n(A, x_0) \oplus \pi_n(X, A, x_0)$ für alle $x_0 \in A$ und alle $n \geq 2$.

16.7.A3 Ist $x_0 \in A \subset B \subset X$ und A Deformationsretrakt von B, so ist $\pi_n(X, A, x_0) \cong \pi_n(X, B, x_0)$ für alle $q \geq 2$.

16.7.A4 Ist $x_0 \in A \subset B \subset X$ und B Deformationsretrakt von X, so ist $\pi_n(B, A, x_0) \cong \pi_n(X, A, x_0)$ für alle $q \geq 2$.

16.7.A5 Beweisen Sie die Details in 16.7.6

16.7.A6 Beweisen Sie 16.7.7.

16.7.A7 Sind $f\colon X \to Y$ und $g\colon Y \to Z$ n-zusammenhängend, so auch $gf\colon X \to Z$.

16.8 Der Hurewicz-Satz

Analog zu dem in 16.4.5 erklärten Hurewicz-Homomorphismus h_n: $\pi_n(X, x_0) \to H_n(X)$ definieren wir jetzt einen „relativen Hurewicz-Homomorphismus".

16.8.1 Definition und Satz *Für ein Raumpaar (X, A) mit Basispunkt $x_0 \in A$ und für $n \geq 2$ sei*

$$k_n: \pi_n(X, A, x_0) \to H_n(X, A) \quad durch \ k_n([\varphi]) = \varphi_*(\{D^n\}_+)$$

definiert; dabei ist φ: $(D^n, S^{n-1}) \to (X, A)$ mit $\varphi(e_0) = x_0$ gegeben, und $\{D^n\}_+$ ist die in 11.5.10 definierte Fundamentalklasse. Es gilt:

(a) *k_n ist ein Homomorphismus.*

(b) *k_n ist natürlich bezüglich stetiger Abbildungen f: $(X, A, x_0) \to (Y, B, y_0)$, d.h. das Diagramm*

$$
\begin{array}{ccc}
\pi_n(X, A, x_0) & \xrightarrow{k_n} & H_n(X, A) \\
{\scriptstyle f_\#}\downarrow & & \downarrow{\scriptstyle f_*} \\
\pi_n(Y, B, y_0) & \xrightarrow{k_n} & H_n(Y, B)
\end{array}
$$

ist kommutativ.

(c) *Das folgende Diagramm ist kommutativ:*

$$
\begin{array}{ccccccc}
\cdots \xrightarrow{j_\#} & \pi_{n+1}(X, A, x_0) & \xrightarrow{\partial} & \pi_n(A, x_0) & \xrightarrow{i_\#} & \pi_n(X, x_0) & \xrightarrow{j_\#} \cdots \\
& \downarrow{\scriptstyle k_{n+1}} & & \downarrow{\scriptstyle h_n} & & \downarrow{\scriptstyle h_n} & \\
\cdots \xrightarrow{j_*} & H_{n+1}(X, A) & \xrightarrow{\partial} & H_n(A) & \xrightarrow{i_*} & H_n(X) & \xrightarrow{j_*} \cdots
\end{array}
$$

$$
\begin{array}{ccccccc}
\cdots \xrightarrow{j_\#} & \pi_2(X, A, x_0) & \xrightarrow{\partial} & \pi_1(A, x_0) & \xrightarrow{i_\#} & \pi_1(X, x_0) & \\
& \downarrow{\scriptstyle k_2} & & \downarrow{\scriptstyle h_1} & & \downarrow{\scriptstyle h_1} & \\
\cdots \xrightarrow{j_*} & H_2(X, A) & \xrightarrow{\partial} & H_1(A) & \xrightarrow{i_*} & H_1(X). &
\end{array}
$$

Beweis (a) Die Homomorphie folgt unmittelbar aus 16.6.3 und aus der Definition der Addition in $\pi_n(X, A, x_0)$. Teil (b) ist trivial. Die Aussage $h_n \circ i_\# = i_* \circ h_n$ von (c) ist schon in 16.4.5 enthalten.

Beweis von $k_n \circ j_\# = j_* \circ h_n$: Für φ: $(S^n, e_0) \to (X, x_0)$ ist $j_\#([\varphi]) = [\varphi \circ \lambda_n]$ nach 16.5.16, also $k_n j_\#([\varphi]) = j_* \varphi_* \lambda_{n*}(\{D^n\}_+) = \varphi_* j'_*(\{S^n\}_+) = j_* \varphi_*(\{S^n\}_+) = j_* h_n([\varphi])$; dabei haben wir beim zweiten Gleichheitszeichen 16.6.13 benutzt.

Beweis von $h_n \partial = \partial k_{n+1}$: Für φ: $(D^{n+1}, S^n, e_0) \to (X, A, x_0)$ ist $h_n \partial([\varphi]) = h_n([\varphi|S^n]) = \varphi_*(\{S^n\}_+) = \varphi_*(\partial\{D^{n+1}\}_+) = \partial\varphi_*(\{D^{n+1}\}_+) = \partial k_{n+1}([\varphi])$, wobei wir beim dritten Gleichheitszeichen 11.5.10 benutzt haben. $\qquad\square$

Der folgende „relative Hurewicz-Satz" ist eine wesentliche Verschärfung von 16.4.8:

16.8.2 Satz *Es sei $n \geq 2$, und (X, A) sei ein $(n-1)$-zusammenhängendes Raumpaar mit Basispunkt $x_0 \in A$, wobei A wegzusammenhängend ist. Dann gilt:*

(a) *Für $q \leq n-1$ ist $H_q(X, A) = 0$.*

(b) *k_n: $\pi_n(X, A, x_0) \to H_n(X, A)$ ist surjektiv.*

(c) *Der Kern von k_n ist diejenige Untergruppe (für $n = 2$: derjenige Normalteiler) von $\pi_n(X, A, x_0)$, der von allen Elementen der Form $\alpha - \gamma \cdot \alpha$ mit $\alpha \in \pi_n(X, A, x_0)$ und $\gamma \in \pi_1(A, x_0)$ erzeugt wird. Insbesondere gilt: Ist A noch zusätzlich einfach zusammenhängend, so ist k_n: $\pi_n(X, A, x_0) \to H_n(X, A)$ ein Isomorphismus.*

Setzt man hier $A = x_0$, so erhält man wieder 16.4.8, jetzt aber für beliebige Räume statt für CW-Räume. Der Beweis von 16.8.2 ist nicht einfach; er wird erst nach 16.8.12 beendet sein.

16.8.3 Vorbereitung *Herauskürzen der Operation von π_1 auf π_n.* Die Gruppen $\pi_1(X, x_0)$ bzw. $\pi_1(A, x_0)$ operieren auf $\pi_n(X, x_0)$ bzw. $\pi_n(A, x_0)$, ferner operiert $\pi_1(A, x_0)$ ebenfalls auf $\pi_n(X, A, x_0)$. Nach Anwendung der Hurewicz-Homomorphismen h_n bzw. k_n fällt diese Operation heraus, da $(\varphi, w^{-1}) \circ \mu_n \simeq \varphi$, vgl. die Bezeichnung von 16.3.4. Für $n \geq 2$ sei $\pi_n'(X, A)$ die Faktorgruppe von $\pi_n(X, A, x_0)$, wenn man die von $\{\gamma \cdot \alpha - \alpha \mid \gamma \in \pi_1(A, x_0),\ \alpha \in \pi_n(X, A, x_0)\}$ erzeugte Untergruppe (bzw. Normalteiler für $n = 2$) herauskürzt; sei η die Projektion. (Wir schreiben nur $\pi_n'(X, A)$, obgleich auch diese Gruppe noch von dem Basispunkt abhängt.) Analog werde $\pi_n'(X, x_0)$ für $n \geq 1$ erhalten durch Wegkürzen der Operation von $\pi_1(X, x_0)$ auf $\pi_n(X, x_0)$. Die Hurewicz-Homomorphismen lassen sich über die π_n' faktorisieren; die entstehenden Abbildungen heißen h_n' bzw. k_n':

$$\pi_n(X, x_0) \xrightarrow{\ \eta\ } \pi_n'(X) \qquad\qquad \pi_n(X, A, x_0) \xrightarrow{\ \eta\ } \pi_n'(X, A)$$

$$\searrow^{h_n} \qquad \swarrow_{h_n'} \quad \text{bzw.} \qquad \searrow^{k_n} \qquad\qquad \swarrow_{k_n'}$$

$$H_n(X) \qquad\qquad\qquad\qquad\qquad H_n(X, A).$$

Die Abbildungen h_n' bzw. k_n' sind natürlich. Ist X einfach zusammenhängend, so gilt selbstverständlich $h_n' = h_n$ und $k_n' = k_n$.

Jetzt können wir 16.8.2 so formulieren:

16.8.4 Satz *Unter den Voraussetzungen von 16.8.2 ist $H_q(X, A) = 0$ für $q \leq n-1$, und k_n': $\pi_n'(X, A) \to H_n(X, A)$ ist ein Isomorphismus.*

Der Beweis wird erst in 16.8.12 geführt. Zunächst seien einige Erläuterungen zum Beweisansatz vorausgeschickt. Aus 16.1.11 folgt sofort, daß für ein $(n-1)$-zusammenhängendes CW-Paar der Hurewicz-Homomorphismus k_n' surjektiv ist, da man dann wieder wie im Beweis von 16.4.8 annehmen kann, daß alle q-Zellen ($q < n$) in A liegen und Erzeugende der n-ten zellulären Kettengruppen durch die n-Zellen von $X \setminus A$ gegeben werden, die gleichzeitig auch relative Zyklen sind. Jedoch ist die Injektivität nicht so einfach zu erkennen, da bei dem Randbilden von $n + 1$-Zellen eventuell „nicht-sphärische" Ketten eine Rolle spielen. Für den Beweis des relativen Hurewicz-Satzes für allgemeine Räume stellen wir vorweg einige für sich genommene interessante Hilfsmittel bereit. Zunächst untersuchen wir Abbildungen, die das $(n - 1)$-Gerüst eines $(n + 1)$-Simplex nach x_0 abbilden, und entwickeln später eine Homologietheorie mit diesen Simplexen, die dann aber dieselben Homologiegruppen ergibt wie die übliche singuläre Theorie.

16.8.5 Homotopie-Additionssatz *Es werde S^n durch den Rand $\dot{\Delta}_{n+1}$ des Standard-$(n + 1)$-Simplex Δ_{n+1} dargestellt. Dabei sei die Ecke $e_0 = (1, 0, \dots, 0)$ der Basispunkt. Für $0 \le i \le n$ sei wie in 9.1.2*

$$\delta_n^i \colon \Delta_n \to \Delta_{n+1}, \quad (x_0, \dots, x_{i-1}, x_i, \dots, x_n) \mapsto (x_0, \dots, x_{i-1}, 0, x_i, \dots, x_n)$$

die Abbildung von Δ_n auf die i-te Seite von Δ_{n+1}. Es bezeichne Δ_{n+1}^{n-1} das $(n-1)$-Gerüst von Δ_{n+1}. Ist $f \colon (\dot{\Delta}_{n+1}, \Delta_{n+1}^{n-1}) \to (X, x_0)$ und $n \ge 2$, so gilt für die Homotopieklassen die Gleichung

$$[f] = \sum_{i=0}^{n+1} (-1)^i [f \circ \delta_n^i].$$

Für $n = 1$ erhält man $[f] = [f \circ \delta_1^2][f \circ \delta_1^0][f \circ \delta_1^1]^{-1}$.

Beweis Der Fall $n = 1$ ist trivial. Sei $n > 1$ und $j_0 \colon (\dot{\Delta}_{n+1}, e_0) \hookrightarrow (\dot{\Delta}_{n+1}, \Delta_{n+1}^{n-1})$. Wir wollen zeigen, daß für die Elemente

$$\alpha = \sum_{i=0}^{n+1} (-1)^i [\delta_n^i] \in \pi_n(\dot{\Delta}_{n+1}, \Delta_{n+1}^{n-1}, e_0) \text{ und}$$

$$\beta = \left[\mathrm{id}_{\dot{\Delta}_{n+1}} \right] \in \pi_n(\dot{\Delta}_{n+1}, e_0, e_0)$$

die Gleichung $\alpha = j_{0\#}(\beta)$ gilt; daraus ergibt sich das Additionstheorem. Nun ist $\partial\alpha = 0$ in $\pi_{n-1}(\Delta_{n+1}^{n-1}, e_0)$; dieses ist für $n = 2$ trivial und folgt für $n > 2$ aus dem schon bewiesenen Hurewicz-Satz 16.4.8, weil Δ_{n+1}^{n-1} als das $(n - 1)$-Gerüst einer n-Sphäre $(n - 2)$-zusammenhängend ist und die $\partial\alpha = 0$ entsprechende Gleichung in $H_{n-1}(\Delta_{n+1}^{n-1})$ ja schon in $C_{n-1}(\Delta_{n+1}^{n-1})$ gilt (denn $\alpha = \partial\Delta_{n+1}$). Weil $\pi_{n-1}(\Delta_{n+1}^{n-1}, e_0) \cong \mathbb{Z}$ von β erzeugt wird, haben wir $\alpha = m \cdot j_{0\#}(\beta)$ für ein $m \in \mathbb{Z}$. Daraus folgt $k_n(\alpha) = m \cdot j_{0*}h_n(\beta)$ in $H_n(\dot{\Delta}_{n+1}, \Delta_{n+1}^{n-1})$. Aber diese Gruppe ist eine freie abelsche Gruppe endlichen Ranges, und ein Basiselement wird durch

$j_{0*}(\partial \mathrm{id}_{\Delta_{n+1}}) = \sum_{i=0}^{n+1}(-1)^i \delta_n^i \in k_n(\alpha)$ repräsentiert. Andererseits ist $\partial \mathrm{id}_{\Delta_{n+1}} \in h_n(\beta)$. Also ist $k_n(\alpha) = j_{0*}h_n(\beta)$, und deshalb ist $m = 1$.

Analog erhält man den „relativen Homotopie-Additionssatz": □

16.8.6 Satz *Sei* $f : (\dot{\Delta}_{n+1}, \Delta_{n+1}^{n-1}, e_0) \to (X, A, x_0)$. *Für* $i \neq 0$ *bildet* $f \circ \delta_n^i : \Delta_n \to X$ *den Basispunkt* e_0 *nach* x_0 *ab, für* $i = 0$ *dagegen nicht notwendigerweise. Sei* $\sigma : I \to \Delta_{n+1}$ *der Weg* $t \mapsto (1 - t, t, 0, \dots, 0)$ *von* e_0 *nach* e_1. *Nach* 16.6.9 *induziert* $f \circ \sigma$ *einen Isomorphismus* $(f\sigma)_n : \pi_n(X, A, f(e_1)) \overset{\cong}{\longrightarrow} \pi_n(X, A, f(e_0))$. *Sei* $j : (X, x_0) \hookrightarrow (X, A, x_0)$. *Dann gilt für* $n > 2$

$$ j_\# [f] = (f\sigma)_n([f \circ \delta_n^0]) + \sum_{i=1}^{n+1}(-1)^i[f \circ \delta_n^i]. $$

Hier wird $[f]$ *als Element von* $\pi_n(X, x_0)$ *aufgefaßt.* □

16.8.7 Hilfssatz *Für* $n \geq 2$ *seien*

$$ j_0 : (\dot{\Delta}_{n+1}, e_0) \to (\dot{\Delta}_{n+1}, \Delta_{n+1}^{n-1}) \quad \text{und} \quad \iota : (\dot{\Delta}_{n+1}, \Delta_{n+i}^{n-1}) \to (\Delta_{n+1}, \Delta_{n+1}^{n-1}) $$

die Inklusionen. Dann ist $\iota_\# j_{0*} : \pi_n(\dot{\Delta}_{n+1}, e_0) \to \pi_n(\Delta_{n+1}, \Delta_{n+1}^{n-1}, e_0)$ *der triviale Homomorphismus.*

Beweis Wir verwenden die Bezeichnungen aus dem Beweis des Homotopie-Additionssatzes 16.8.5. Wegen des kommutativen Diagrammes

$$ j_{0*}(\beta) = \alpha \in \pi_n(\dot{\Delta}_{n+1}, \Delta_{n+1}^{n-1}, e_0) \overset{\iota}{\longrightarrow} \pi_n(\Delta_{n+1}, \Delta_{n+1}^{n-1}, e_0) $$

$$ \searrow^{\partial} \qquad \partial \downarrow \cong $$

$$ \pi_{n-1}(\Delta_{n+1}^{n-1}, e_0) $$

und der Tatsache, daß $\pi_n(\dot{\Delta}_{n+1}, e_0)$ von β erzeugt wird, ergibt sich 16.8.7 aus $\partial \alpha = 0$, was im Beweis von 16.8.5 nachgewiesen wurde. □

16.8.8 Konstruktion Für das Paar (X, A) mit Basispunkt $x_0 \in A$ werde der Teilkettenkomplex $S^{(n)}(X, A, x_0)$ des singulären Kettenkomplexes von denjenigen singulären Simplexen $\sigma : \Delta_q \to X$ erzeugt, die jede Ecke von Δ_q nach x_0 und das n-dimensionale Gerüst nach A abbilden. Man sieht sofort, daß ein Kettenkomplex entsteht, und dieser definiert Homologiegruppen

$$ H_q^{(n)}(X, A, x_0) := H_q\left(S^{(n)}(X, A, x_0)/S^{(n)}(X, A, x_0) \cap S(A)\right). $$

Speziell ist $H_q^{(n)}(X, A, x_0) = 0$ für $0 \le q \le n$. Die Inklusion $J: S^{(n)}(X, A, x_0) \hookrightarrow$ $S(X, A)$ induziert einen Homomorphismus $J_*: H_q^{(n)}(X, A, x_0) \to H_q(X, A)$, der offenbar auch natürlich ist bezüglich stetiger Abbildungen $(X, A, x_0) \to (Y, B, y_0)$.

16.8.9 Satz *Sei X ein topologischer Raum. Ist $A \subset X$ eine wegzusammenhängende Teilmenge und ist (X, A) n-zusammenhängend für ein $n \ge 0$, dann ist der kanonische Homomorphismus $J_*: H_q^{(n)}(X, A, x_0) \to H_q(X, A)$ ein Isomorphismus für alle $q \in \mathbb{Z}$. Insbesondere ergibt sich daraus $H_q(X, A) = 0$ für $0 \le q \le n$.*

Der Beweis ergibt sich aus den beiden folgenden Hilfssätzen.   □

16.8.10 Hilfssatz *Zu jedem $\sigma: \Delta_q \to X$ gibt es eine Abbildung $P(\sigma): \Delta_q \times I \to X$ mit den folgenden Eigenschaften:*

(a) $P(\sigma)(u, 0) = \sigma(u)$ *für $u \in \Delta_q$.*

(b) $\tilde{\sigma}: \Delta_q \to X$, $u \mapsto P(\sigma)(u, 1)$ *ist ein singuläres Simplex von $S_q^{(n)}(X, A, x_0)$. Falls $\sigma \in S_q^{(n)}(X, A, x_0)$, so ist $\tilde{\sigma} = \sigma$ und $P(\sigma)(u, t) = \sigma(u)$ für $(u, t) \in \Delta_q \times I$.*

(c) *Für $\delta_{q-1}^i: \Delta_{q-1} \to \Delta_q$ gilt $P(\sigma) \circ (\delta_{q-1}^i \times \mathrm{id}_I) = P(\sigma \circ \delta_{q-1}^i)$.*

16.8.11 Hilfssatz *Aus der Existenz eines Systemes von Abbildungen $P(\sigma)$ mit den Eigenschaften gegeben in 16.8.10 folgt, daß die Inklusion $J: S^{(n)}(X, A, x_0) \hookrightarrow S(X, A)$ eine algebraische Homotopieäquivalenz ist.*

Beweis mit Hilfe von 16.8.10. Die Kettenabbildung $T: S(X, A) \to S^{(n)}(X, A, x_0)$ werde auf den singulären Simplexen σ durch $T(\sigma) = \tilde{\sigma}$ definiert. Aus (b) folgt $T \circ J = \mathrm{id}_{S^{(n)}(X, A, x_0)}$.

Das Prisma $\Delta_q \times I$ läßt sich in $(q+1)$-dimensionale Simplexe zerlegen, und das ergibt eine Kette z_{q+1}. Deren Rand besteht aus Dach und Boden des Prismas, sowie den Seiten des Simplex multipliziert mit I. Bezeichnen wir die Eckpunkte des Bodens mit $e_0', \ldots, e_q'$ und die des Daches mit $e_0'', \ldots, e_q''$, so ergibt sich die Formel

$$\langle e_0'' \ldots e_q'' \rangle - \langle e_0' \ldots e_q' \rangle = \partial z_{q+1} + \sum_{i=0}^{q} (-1)^i (\delta_{q-1}^i \times \mathrm{id}_I)_{\bullet}(z_q).$$

Wenden wir auf sie die Abbildung $P(\sigma): \Delta_q \times I \to X$ an, so ergibt sich

$$JT(\sigma) - \sigma = \tilde{\sigma} - \sigma = \partial P(\sigma)_{\bullet} z_{q+1} + \sum_{i=0}^{q} (-1)^i P(\sigma)(\delta_{q-1}^i \times \mathrm{id}_I)_{\bullet} z_q.$$

Also wird durch $\sigma \mapsto P(\sigma) z_{q+1}$ eine Homotopie von JT zur Identität vermittelt: $JT \simeq \mathrm{id}_{S(X, A)}$. Das zeigt 16.8.11, und daraus folgt auch 16.8.9.   □

Beweis von 16.8.10 durch Induktion nach q.

Für $q = 0$ ist $\sigma: \Delta_0 \to X$ ein Punkt, und, da X wegzusammenhängend ist, gibt es eine Abbildung $P(\sigma): \Delta_0 \times I \to X$ mit $P(\sigma)(\Delta_0 \times 0) = \sigma(\Delta_0)$ und $P(\sigma)(\Delta_0 \times 1) = x_0$. Ist aber schon $\sigma(\Delta_0) = x_0$, so sei $P(\sigma)$ die konstante Abbildung nach x_0.

Nun sei $0 < q \leq n$, und es sei $P(\sigma)$ schon für alle Simplexe der Dimensionen $< q$ konstruiert. Sei $\sigma: \Delta_q \to X$ ein q-Simplex. Liegt σ in $S_q^{(n)}(X, A, x_0)$, so sei $P(\sigma)(u, t) = \sigma(u)$ für $u \in \Delta_q$, $0 \leq t \leq 1$. Falls $\sigma \notin S_q^{(n)}(X, A, x_0)$, so definieren wir $P(\sigma)$ auf $(\Delta_q \times 0) \cup (\dot{\Delta}_q \times I)$ durch die Bedingungen (a) bzw. (c) in 16.8.10. Es gibt einen Homöomorphismus

$$h: D^q \times I \to \Delta_q \times I \quad \text{mit} \quad \begin{cases} h(D^q \times 0) = (\Delta_q \times 0) \cup (\dot{\Delta}_q \times I), \\ h(S^{q-1} \times 0) = \dot{\Delta}_q \times 1, \\ h(S^{q-1} \times I \cup D^q \times 1) = \Delta_q \times 1. \end{cases}$$

Sei nun $\sigma': (D^q, S^{q-1}) \to (X, A)$, $\sigma'(u) = \sigma(h(u, 0))$. Da $q \leq n$ und (X, A) n-zusammenhängend ist, gibt es eine Homotopie $H: (D^q, S^{q-1}) \times I \to (X, A)$ von σ' zu einer Abbildung von D^q nach A, wobei während der Homotopie S^{q-1} stets nach A geworfen wird. Jetzt sei $P(\sigma) = H \circ h^{-1}: \Delta_q \times I \to X$.

Schließlich sei $q > n$. Ein singuläres q-Simplex kann dann und nur dann zum Kettenkomplex $S^{(n)}(X, A, x_0)$ gehören, wenn alle Seiten es tun. Sei nun P schon für alle Dimensionen $< q$ erklärt, und sei $\sigma: \Delta_q \to X$. Falls $\sigma \in S^{(n)}(X, A, x_0)$, so sei $P(\sigma)(u, t) = \sigma(u)$. Sonst sei es irgendeine Abbildung, die 16.8.10 (a) und (c) erfüllt; eine solche Abbildung gibt es wegen des Homotopieerweiterungssatzes 4.3.1. Dann ist auch 16.8.10 (b) erfüllt. □

16.8.12 Beweis des Hurewicz-Satzes 16.8.4: Wir definieren einen Homomorphismus

$$\ell_n: H_n^{(n-1)}(X, A) \to \pi'_n(X, A)$$

wie folgt: Ein singuläres n-Simplex $\sigma_n \in S_n^{(n-1)}(X, A, x_0)$ ist einerseits ein Zyklus und repräsentiert ein Element von $H_n^{(n-1)}(X, A)$, ist aber andererseits wegen $\Delta_n^{n-1} = \dot{\Delta}_n$ eine Abbildung $\sigma_n: (\Delta_n, \dot{\Delta}_n, e_0) \to (X, A, x_0)$ und repräsentiert — nach Vereinbarungen wie in 16.8.5 — eine Homotopieklasse $[\sigma_n] \in \pi_n(X, A, x_0)$. Auf diese Weise erhält man alle Elemente von $\pi_n(X, A, x_0)$. Es ist $\pi'_n(X, A)$ abelsch: Dieses ist klar für $n > 2$, und für $n = 2$ gilt

$$\alpha + \beta = (\partial \alpha) \cdot \beta + \alpha, \quad \alpha, \beta \in \pi_2(X, A, x_0).$$

Deshalb gibt es einen Homomorphismus

$$\psi: S_n^{(n-1)}(X, A, x_0) \to \pi'_n(X, A), \quad \text{definiert durch } \sigma_n \mapsto \eta([\sigma_n]),$$

wobei $\eta: \pi_n(X, A, x_0) \to \pi'_n(X, A)$.

Für ein singuläres $(n+1)$-Simplex $\sigma_{n+1} \colon (\Delta_{n+1}, \Delta_{n+1}^{n-1}, e_0) \to (X, A, x_0)$ in der Gruppe $S_{n+1}^{(n-1)}(X, A, x_0)$ gilt:

$$\psi(\partial \sigma_{n+1}) = \psi \left(\sum_{i=0}^{n+1} (-1)^i \sigma_{n+1} \circ \delta_n^i \right) = \eta \left(\sum_{i=0}^{n+1} (-1)^i [\sigma_{n+1} \circ \delta_n^i] \right)$$

$$= \eta \left(\sum_{i=0}^{n+1} (-1)^i [j \circ g \circ \delta_n^i] \right) = \eta j_\# ([g]),$$

wobei $g = \sigma_{n+1} | \dot{\Delta}_{n+1} \colon (\dot{\Delta}_{n+1}, e_0) \to (X, x_0)$ und $j \colon (X, e_0, e_0) \hookrightarrow (X, A, e_0)$ ist; die letzte Gleichung ergibt sich aus dem Homotopie-Additionssatz 16.8.5. Ferner ist

$$
\begin{array}{ccccc}
(\dot{\Delta}_{n+1}, e_0) & \overset{j_0}{\hookrightarrow} & (\dot{\Delta}_{n+1}, \Delta_{n+1}^{n-1}) & \overset{\iota}{\hookrightarrow} & (\Delta_{n+1}, \Delta_{n+1}^{n-1}, e_0) \\
{\scriptstyle g} \downarrow & & & & \downarrow {\scriptstyle \sigma_{n+1}} \\
(X, x_0) & & \overset{j}{\longrightarrow} & & (X, A, x_0)
\end{array}
$$

kommutativ, und deshalb gilt:

$$\psi \partial \sigma_{n+1} = \eta j_\# [g] = \eta j_\# g_\# ([\mathrm{id}_{\dot{\Delta}_{n+1}}]) = \eta \sigma_{n+1\#} \iota_\# j_{0\#} ([\mathrm{id}_{\dot{\Delta}_{n+1}}]) = 0,$$

wobei die letzte Gleichung aus 16.8.7 stammt. Also ist $\psi \partial = 0$. Ebenso verschwindet ψ auf $S_n^{(n-1)}(X, A, x_0) \cap S_n(A)$ nach 16.6.11. Daher induziert ψ einen Homomorphismus

$$\ell_n \colon H_n^{(n-1)}(X, A) = S_n^{(n-1)}(X, A, x_0) / \left(S_n^{(n-1)}(X, A, x_o) \cap S_n(A) \right) \to \pi_n'(X, A).$$

Wie am Anfang des Beweises vermerkt, sind alle Elemente aus $\pi_n(X, A, x_0)$ im Bild von ψ, und deshalb ist ℓ_n surjektiv. Daß ℓ_n injektiv ist, ergibt sich aus dem folgenden kommutativen Diagramm und 16.8.9:

$$
\begin{array}{ccc}
\pi_n(X, A, x_0) & \overset{\eta}{\longrightarrow} & \pi_n'(X, A, x_0) \\
{\scriptstyle k_n} \downarrow & {\scriptstyle \swarrow k_n'} & \uparrow {\scriptstyle \ell_n} \\
H_n(X, A) & \underset{J_*}{\overset{\cong}{\longleftarrow}} & H_n^{(n-1)}(X, A, x_0).
\end{array}
$$

$\square$

16.9 Folgerungen und Beispiele

Wir ziehen jetzt einige wichtige Folgerungen aus dem relativen Hurewicz-Satz 16.8.2 und geben eine Reihe von Beispielen.

16.9.1 Satz *Sei $n \geq 2$ bzw. $n = \infty$, und sei (X, A) ein Raumpaar, wobei A und X einfach zusammenhängend sind. Dann sind folgende Aussagen äquivalent:*

(a) *(X, A) ist n-zusammenhängend.*
(b) *$H_q(X, A) = 0$ für $q \leq n$ bzw. für alle $q \in \mathbb{Z}$.*
(c) *$i_*\colon H_q(A) \to H_q(X)$ ist bijektiv für $q \leq n - 1$ und surjektiv für $q = n$ bzw. bijektiv für alle $q \in \mathbb{Z}$.*

Beweis Die Äquivalenz von (b) und (c) folgt aus der exakten Homologiesequenz von (X, A). Nach dem relativen Hurewicz-Satz folgt (b) aus (a). Es gelte (b). Weil A und X einfach zusammenhängend sind, ist das Paar (X, A) 1-zusammenhängend nach (a) und (b) von 16.1.2. Zu zeigen bleibt $\pi_q(X, A, x_0) = 0$ für $2 \leq q \leq n$ bzw. für alle $q \geq 2$. Nach 16.8.2 ist $\pi_2(X, A, x_0) \cong H_2(X, A) = 0$. Sei $1 \leq k \leq n - 1$ bzw. $k \geq 2$, und sei $\pi_q(X, A, x_0) = 0$ für $q \leq k$ schon bewiesen. Dann ist (X, A) k-zusammenhängend, also $\pi_{q+1}(X, A, x_0) \cong H_{q+1}(X, A) = 0$, wiederum nach 16.8.2. $\qquad\square$

16.9.2 Korollar *Sei (X, A) ein CW-Paar mit $H_q(X, A) = 0$ für alle $q \in \mathbb{Z}$, wobei A und X einfach zusammenhängend sind. Dann ist A strenger Deformationsretrakt von X.* $\qquad\square$

Das Korollar folgt aus dem Satz wegen 16.1.4. Natürlich genügt es in 16.1.2 zu fordern, daß $H_q(X, A) = 0$ ist für $1 \leq q \leq \dim X$. — Wendet man 16.9.1 auf das Paar (M_f, X) an, wobei M_f der Abbildungszylinder von $f\colon X \to Y$ ist, so enthält man (vgl. den Beweis von 16.7.9):

16.9.3 Satz *Seien X und Y einfach zusammenhängende Räume, und sei $n \geq 1$ bzw. $n = \infty$. Dann sind folgende Aussagen äquivalent:*

(a) *Die Abbildung $f\colon X \to Y$ ist n-zusammenhängend.*
(b) *$f_*\colon H_q(X) \to H_q(Y)$ ist bijektiv für $1 \leq q \leq n - 1$ und surjektiv für $q = n$ bzw. bijektiv für alle $q \geq 1$.* $\qquad\square$

16.9.4 Korollar *Genau dann ist eine Abbildung $f\colon X \to Y$ zwischen einfach zusammenhängenden Räumen X und Y eine schwache Homotopieäquivalenz, wenn $f_*\colon H_q(X) \to H_q(Y)$ für alle $q \geq 1$ ein Isomorphismus ist.* $\qquad\square$

Mit 16.1.9 folgt hieraus:

16.9.5 Satz von Whitehead *Es sei $f\colon X \to Y$ eine Abbildung zwischen einfach zusammenhängenden CW-Räumen, so daß $f_*\colon H_q(X) \to H_q(Y)$ für alle $q \geq 1$ ein Isomorphismus ist. Dann ist f eine Homotopieäquivalenz.* $\qquad\square$

Dieser Satz von J.H.C. Whitehead ist ein besonders einfaches und schönes Beispiel dafür, daß die Methoden der Algebraischen Topologie nicht nur notwendige, sondern auch hinreichende Kriterien für topologische Sachverhalte liefern. Daß die algebraische Bedingung „alle f_* sind Isomorphismen" notwendig ist für die topologische Aussage „f ist Homotopieäquivalenz", wissen wir schon lange (Satz 9.3.3); jetzt zeigt sich, daß diese Bedingung auch hinreichend ist (sofern die beiden Räume einfach zusammenhängende CW-Räume sind).

16.9.6 Beispiel Es seien X und Y endliche, einfach zusammenhängende CW-Räume mit folgenden Eigenschaften: Die Homologiegruppen von X und Y sind (außer H_0) endliche, abelsche Gruppen, und die Torsionskoeffizienten von X sind teilerfremd zu denen von Y. Dann induziert die Inklusion $i \colon X \vee Y \to X \times Y$ nach 12.4.4 (c) Isomorphismen aller Homologiegruppen, ist also nach 16.9.5 eine Homotopieäquivalenz. Mit 2.4.4 und 4.3.1 folgt: Die Einpunktvereinigung $X \vee Y$ ist strenger Deformationsretrakt des Produktraumes $X \times Y$ — geometrisch schwer vorstellbar, aber z.B. richtig für $X = S^2 \cup_2 e^3$ und $Y = S^2 \cup_3 e^3$ (vgl. 9.9.6).

16.9.7 Beispiel Sind X und Y einfach zusammenhängende CW-Räume mit $H_q(X) \cong H_q(Y)$ für alle $q \in \mathbb{Z}$, so muß daraus nicht $X \simeq Y$ folgen! Das einfachste Beispiel ist $X = S^2 \vee S^2 \vee S^4$ und $Y = S^2 \times S^2$, vgl. 15.3.6 (c). Es ist also in 16.9.5 wichtig, daß der Isomorphismus $H_q(X) \to H_q(Y)$ von einer Abbildung $X \to Y$ induziert wird.

Im folgenden berechnen wir mit dem relativen Hurewicz-Satz einige weitere relative Homotopiegruppen.

16.9.8 Satz *Ist X bzw. Y ein p- bzw. q-zusammenhängender CW-Raum ($p, q \geq 1$), so ist $(X \times Y, X \vee Y)$ ein $(p + q + 1)$-zusammenhängendes Raumpaar, und*

$$k_{p+q+2} \colon \pi_{p+q+2}(X \times Y, X \vee Y, z_0) \to H_{p+q+2}(X \times Y, X \vee Y)$$

ist ein Isomorphismus.   □

Beweis Nach 5.4.9 ist $X \vee Y$ einfach zusammenhängend. Aus 16.4.8 folgt $H_i(X) = 0$ für $1 \leq i \leq p$ und $H_j(Y) = 0$ für $1 \leq j \leq q$, daraus $H_k(X \times Y, X \vee Y) = 0$ für $k \leq p + q + 1$ nach der Künneth-Formel, vgl. 12.4.4 (b). Jetzt liefert 16.9.1 die Behauptung (denn $X \times Y$ ist ebenfalls einfach zusammenhängend).   □

16.9.9 Beispiel Wir setzen Beispiel 16.7.6 fort, wobei wir weiterhin annehmen, daß X bzw. Y ein p- bzw. q-fach zusammenhängender CW-Raum ist. Mit 16.9.8 folgt

$$\pi_n(X \vee Y) \cong \pi_n(X) \oplus \pi_n(Y) \text{ für } 1 \leq n \leq p + q,$$

$$\pi_{p+q+1}(X \vee Y) \cong \pi_{p+q+1}(X) \oplus \pi_{p+q+1}(Y) \oplus H_{p+q+2}(X \times Y, X \vee Y).$$

Ist speziell $X = S^k$ und $Y = S^l$ mit $k, l \geq 2$, so ist $p = k - 1$ und $q = l - 1$ und ferner $H_{k+l}(S^k \times S^l, S^k \vee S^l) \cong \mathbb{Z}$. Es folgt

$$\pi_{k+l-1}(S^k \vee S^l) \cong \pi_{k+l-1}(S^k) \oplus \pi_{k+l-1}(S^l) \oplus \mathbb{Z}.$$

$S^k \times S^l$ ist ein CW-Raum der Form $S^k \times S^l = S^k \vee S^l \cup e^{k+l}$. Der direkte Summand $\mathbb{Z}$ wird erzeugt von der Homotopieklasse einer Klebeabbildung der $(k + l)$-Zelle.

16.9.10 Beispiel Wir untersuchen die Gruppe $\pi_n(X^n, X^{n-1})$, wobei X ein zusammenhängender CW-Raum mit Basisecke x_0 ist und $n \geq 2$. Das Paar (X^n, X^{n-1}) ist $(n-1)$-zusammenhängend nach 16.1.A4, folglich ist nach 16.8.2 der relative Hurewicz-Homomorphismus

$$k_n\colon \pi_n(X^n, X^{n-1}, x_0) \to H_n(X^n, X^{n-1}) = C_n(X)$$

surjektiv. Die Gruppe rechts ist die n-te zelluläre Kettengruppe von X. Wir wählen für jede n-Zelle e in X eine feste charakteristische Abbildung $F_e\colon (D^n, S^{n-1}) \to (X^n, X^{n-1})$ und eine Abbildung

$$F_e' \simeq F_e\colon (D^n, S^{n-1}) \to (X^n, X^{n-1})$$

mit $F_e'(e_0) = x_0$; sie existiert nach (c) von 2.3.7 und sie repräsentiert ein Element $\alpha_e = [F_e'] \in \pi_n(X^n, X^{n-1}, e)$. Nach 9.6.4 ist $C_n(X)$ frei abelsch, und die $F_{e*}(\{D^n\}_+)$ bilden eine Basis von $C_n(X)$. Es ist

$$k_n(\alpha_e) = F_{e*}'(\{D^n\}_+) = F_{e*}(\{D^n\}_+),$$

womit wir direkt bewiesen haben, daß k_n surjektiv ist. Jetzt unterscheiden wir drei Fälle.

(a) X ist einfach zusammenhängend und $n \geq 3$. Dann ist auch X^{n-1} einfach zusammenhängend, und k_n ist nach 16.8.2 ein Isomorphismus. Es folgt: $\pi_n(X^n, X^{n-1}, x_0)$ ist frei abelsch, und die α_e bilden eine Basis dieser Gruppe.

(b) Es ist $n \geq 3$, aber $\pi = \pi_1(X, x_0)$ ist nicht notwendig trivial. Wegen $n \geq 3$ ist $\pi_1(X^{n-1}, x_0) \cong \pi$, und folglich operiert π auf $\pi_n(X^n, X^{n-1}, x_0)$. In diesem Fall ist $\pi_n(X^n, X^{n-1}, x_0)$ ein freier Modul über dem Gruppenring von π, und die α_e bilden eine Basis dieses Moduls. Die Definition dieser Begriffe und der Beweis dieser Aussage gehen über unsere kurze Einführung in die Homotopiegruppen hinaus.

(c) Es ist $n = 2$. Dieser Fall ist wesentlich komplizierter, da $\pi_2(X^2, X^1, x_0)$ i.a. nicht abelsch und $\pi_1(X^1, x_0) \to \pi_1(X^2, x_0)$ i.a. kein Isomorphismus ist. Man kann auch in diesem Fall die Struktur von $\pi_2(X^2, X^1, x_0)$ vollständig beschreiben, aber schon die Formulierung des Resultats sprengt den Rahmen dieser Einführung.

17 Faserungen und Homotopiegruppen

Die Schlußkette zur Berechnung von Homotopiegruppen bei Überlagerungen (vgl. 16.4.10) läßt sich auf eine wesentlich allgemeinere Situation, nämlich die der Faserungen, übertragen, und daraus ergeben sich weitere Berechnungsmöglichkeiten von Homotopiegruppen. Wir wollen nun eine kurze Einführung in die Theorie der Faserungen anschließen, die zugehörige exakte Sequenz der Homotopiegruppen herleiten und Homotopiegruppen einiger Räume mit ihrer Hilfe berechnen.

17.1 Faserräume

Wir beschränken uns auf die anschaulich am zugänglichsten Faserungen, die lokaltrivialen, und geben eine Reihe von Beispielen.

17.1.1 Definition

(a) Seien B und F topologische Räume. Eine *lokaltriviale Faserung über B mit Faser F* besteht aus einem topologischen Raum E und einer stetigen Abbildung $p: E \to B$, so daß es zu jedem Punkt $b \in B$ eine offene Umgebung U mit folgender Eigenschaft gibt: Es gibt einen Homöomorphismus $h: p^{-1}(U) \to U \times F$, so daß $p(x) = \mathrm{pr}_1 \circ h(x)$ für alle $x \in p^{-1}(U)$ gilt, d.h. das folgende Diagramm ist kommutativ:

$$p^{-1}(U) \xrightarrow{h} U \times F$$
$$p \searrow \qquad \swarrow \mathrm{pr}_1$$
$$U;$$

dabei bezeichnet pr_1 die Projektion auf die erste Komponente. Man nennt B die *Basis*, E den *Totalraum*, F die *Standardfaser* und p die *Projektion* der Faserung und schreibt oftmals (E, p, B). Für $b \in B$ heißt $p^{-1}(b)$ die *Faser über b*.

(b) Sind (E, p, B) und (E', p', B') zwei lokaltriviale Faserungen, so heißt eine stetige Abbildung $\tilde{f}: E \to E'$ eine *fasertreue Abbildung* oder *Faserabbildung*, wenn sie eine stetige Abbildung $f: B \to B'$ mit der Eigenschaft $p' \circ \tilde{f} = f \circ p$ induziert, d.h. wenn das folgende linke Diagramm kommutativ wird:

$$
\begin{array}{ccc}
E & \xrightarrow{\tilde{f}} & E' \\
p\downarrow & & \downarrow p' \\
B & \xrightarrow{f} & B'
\end{array}
\qquad
\begin{array}{ccc}
E & \xrightarrow[\approx]{\tilde{f}} & E' \\
& {}_{p}\searrow \quad \swarrow{}_{p'} & \\
& B &
\end{array}
$$

Die Faserungen (E, p, B) und (E', p', B') heißen *fasertreu homöomorph*, wenn $B = B'$, $f = \mathrm{id}_B$ und $\tilde{f}$ ein Homöomorphismus ist; dann ist das rechte Diagramm kommutativ.

(c) Ist (E, p, B) eine Faserung, so heißt eine stetige Abbildung $s: B \to E$, die jedem Punkt der Basis einen Punkt der Faser über ihm zuordnet, d.h. $p \circ s = \mathrm{id}_B$, ein *Schnitt* der Faserung.

Um die Existenz eines Schnittes auszuschließen, kann man auf die folgende triviale Aussage zurückgreifen (die aus $p_* \circ s_* = \mathrm{id}$ folgt):

17.1.2 Hilfssatz *Hat die Faserung (E, p, B) einen Schnitt $s: B \to E$, so ist $s_*: H_j(B) \to H_j(E)$ für jedes $j \in \mathbb{Z}$ injektiv.*   □

17.1.3 Beispiele

(a) Ist $E = B \times F$ und ist p die Projektion auf die erste Komponente, so liegt offenbar eine Faserung vor: die *Produktfaserung*. Die Faser über $b \in B$ ist $\{b\} \times F$. Natürlich hat diese Faserung Schnitte, z.B. für ein festen Punkt $y_0 \in F$ ergibt $b \mapsto (b, y_0)$ einen solchen. Eine Faserung, die fasertreu homöomorph zur Produktfaserung ist, heißt *triviale Faserung*. Die Bedingung in 17.1.1 besagt gerade, daß $p^{-1}(U) \to U$ eine triviale Faserung ist; daher der Name „lokaltrivial".

(b) Sei M ein topologischer Raum, $\zeta: M \to M$ ein Homöomorphismus und

$$ E = M \times I/\zeta = M \times I/\{(x, 1) \sim (\zeta(x), 0) \mid x \in M\}. $$

Durch $(x, t) \mapsto e^{2\pi i t}$ wird eine lokaltriviale Faserung $p: E \to S^1$ definiert: Es ist nämlich

$$ p^{-1}(S^1 \backslash \{1\}) = \{(x, t) \mid x \in M, 0 < t < 1\} \approx M \times I \,, \; p^{-1}(S^1 \backslash \{-1\}) = $$

$$ \{(x, t) \mid x \in M, \tfrac{1}{2} < t \leq 1\} \cup \{(\zeta(x), t-1) \mid x \in M, 1 \leq t < \tfrac{3}{2}\} $$

$$ \approx M \times (S^1 \backslash \{-1\}); $$

dabei ergibt sich die letzte Homöomorphie daraus, daß die beiden Mengen davor für $t = 1$ mittels ζ aneinandergeklebt werden.

Falls M wegzusammenhängend ist, besitzt die Faserung offenbar einen Schnitt.

(c) Im Fall $M = I$ und $\zeta(x) = 1 - x$ ist E das Möbiusband aus 1.4.6. Ist $M = S^1$ und $\zeta(x) = \bar{x}$, so ist E die Kleinsche Flasche aus 1.4.9. Beide Faserungen besitzen Schnitte.

(d) Faserungen über S^1 spielen in der dreidimensionalen Topologie und der Knotentheorie eine wichtige Rolle: Eine 3-Mannigfaltigkeit heißt *irreduzibel*, wenn jede eingebettete 2-Sphäre einen Ball berandet. Dann gilt der folgende

Satz (J. Stallings) *Ist M^3 eine irreduzible orientierbare geschlossene 3-Mannigfaltigkeit und gibt es einen Epimorphismus $\varphi: \pi_1(M^3) \to \mathbb{Z}$, dessen Kern endlich erzeugt ist, so ist der Kern isomorph der Fundamentalgruppe einer geschlossenen Fläche F^2, und es gibt eine lokaltriviale Faserung von M^3 über S^1 mit der Faser F^2 (sofern der Kern nicht isomorph $\mathbb{Z}_2$ ist).*

(e) Eine spezielle Art von lokaltrivialen Faserungen haben wir schon in Kapitel 6 betrachtet: *Überlagerungen sind lokaltriviale Faserungen.* Hier handelt es sich um die lokaltrivialen Faserungen mit diskreter Faser. Sie haben in den interessanten Fällen keine Schnitte. (Was besagt die Existenz eines Schnittes, wenn der überlagernde Raum wegzusammenhängend ist?)

(f) Sei M^n eine n-dimensionale differenzierbare Mannigfaltigkeit und $T(M^n)$ das *Tangentenbündel* an M^n. (Wir setzen diesen Begriff als aus der Analysis oder Differentialgeometrie bekannt voraus.) Dann ergibt die Projektion $p: T(M^n) \to M^n$, die jedem Tangentenvektor seinen Fußpunkt zuordnet, eine lokaltriviale Faserung, deren Standardfaser der $\mathbb{R}^n$ ist. Ein Schnitt ist jetzt ein stetiges Vektorfeld auf der Mannigfaltigkeit. Natürlich gibt es stets einen Schnitt, nämlich den Nullschnitt, der jedem Punkt den Nullvektor unter seinen Tangentenvektoren zuordnet; aber es ist ein interessantes, viel untersuchtes Problem zu entscheiden, ob es einen Schnitt gibt, der an keiner Stelle verschwindet, d.h. nirgends den Nullvektor annimmt.

(g) Ist die differenzierbare Mannigfaltigkeit M^n in $\mathbb{R}^N$ differenzierbar eingebettet, so ergibt auch das *Normalenbündel* eine lokaltriviale Faserung über M^n mit Standardfaser $\mathbb{R}^{N-n}$.

(h) Durch $x \mapsto \frac{x}{|x|}$ wird eine stetige Abbildung $r: \mathbb{R}^{n+1} \setminus \{0\} \to S^n$ definiert, ferner identifiziere $q: S^n \to P^n$ Diametralpunkte, und es sei $p = q \circ r$. Dann sind p, q und r lokaltriviale Faserungen; dabei hat r einen Schnitt, p und q dagegen nicht.

17.1.4 Beispiel Wir betrachten den projektiven Raum $P^n(K)$ aus 1.5.13 und (vgl. den Beweis von 1.5.14) die Abbildung

$$p: S^{d(n+1)-1} \to P^n(K), \quad p(x_1, \ldots, x_{n+1}) = \langle x_1, \ldots, x_{n+1} \rangle.$$

Wegen $K = \mathbb{R}^d$ ist $S^{d-1} = \{\lambda \in K \mid |\lambda| = 1\}$. Für $z = p(x_1, \ldots, x_{n+1})$ ist die Abbildung $S^{d-1} \to p^{-1}(z), \lambda \mapsto (\lambda x_1, \ldots, \lambda x_{n+1})$, ein Homöomorphismus. Daher ist $S^{d(n+1)-1}$ in die paarweise disjunkten $(d-1)$-Sphären $p^{-1}(z)$ mit $z \in P^n(K)$ zerlegt. Wir überlassen dem Leser den Nachweis, daß $p: S^{d(n+1)-1} \to P^n(K)$ tatsächlich eine lokaltriviale Faserung mit Standardfaser S^{d-1} ist.
(a) Im Fall $K = \mathbb{R}$ ist $d = 1$, und $p: S^n \to P^n(\mathbb{R})$ ist die universelle Überlagerung.
(b) Im Fall $K = \mathbb{C}$ ist $d = 2$, und $p: S^{2n+1} \to P^n(\mathbb{C})$ ist eine lokaltriviale Faserung mit Standardfaser S^1.

(c) Im Fall $K = \mathbb{H}$ ist $d = 4$, und $p\colon S^{4n+3} \to P^n(\mathbb{H})$ ist eine lokaltriviale Faserung mit Standardfaser S^3.

Alle diese Faserungen besitzen wegen 17.1.2 keine Schnitte.

(d) Wir betrachten (b) bzw. (c) im Fall $n = 1$ und schalten hinter $p\colon S^3 \to P^1(\mathbb{C})$ bzw. $p\colon S^7 \to P^1(\mathbb{H})$ einen Homöomorphismus $f\colon P^1(\mathbb{C}) \to S^2$ bzw. $f\colon P^1(\mathbb{H}) \to S^4$, vgl. 1.5.14. Die Komposition

$$h = f \circ p\colon S^3 \to S^2 \quad \text{bzw. } h = f \circ p\colon S^7 \to S^4$$

ist dann eine lokaltriviale Faserung mit Standardfaser S^1 bzw. S^3. Sie heißen *Hopf-Faserungen*; die erste haben wir schon in 15.5.7 untersucht. (Man kann diese Konstruktion über $\mathbb{C}$ bzw. $\mathbb{H}$ auf die Cayleyzahlen übertragen und erhält eine weitere Hopf-Faserung $S^{15} \to S^8$ mit Standardfaser S^7.)

17.1.5 Beispiel Zum Folgenden vergleiche 1.5.11 und 1.5.12. Der Linsenraum $L(n,1)$ besitzt eine Heegaard-Zerlegung in zwei Volltori, wobei der Meridian des zweiten den Meridian des ersten n-mal und einen Längskreis ℓ einmal schneidet. Durch „Parallelen" zu ℓ läßt sich jeder der beiden Volltori lokaltrivial fasern mit Basis eine Scheibe und Faser eine Kreislinie. Es entsteht also eine Faserung von $p\colon L(n,1) \to S^2$ mit Faser S^1, die offenbar ebenfalls die Hopf-Faserung verallgemeinert (man kann ja S^3 als $L(0,1)$ auffassen).

Im folgenden beschäftigen wir uns kurz mit den orthogonalen Gruppen. Wie in 1.8.7 (c) ist $SO(n-1) \subset SO(n)$ als Untergruppe eingebettet. Es sei $p\colon SO(n) \to S^{n-1}$ die Abbildung, die jeder Matrix ihren ersten Spaltenvektor zuordnet. Ist $e_0 = (0, \ldots, 0, 1) \in S^{n-1}$, so ist $p^{-1}(e_0) = SO(n-1)$.

17.1.6 Satz $p\colon SO(n) \to S^{n-1}$ *ist eine lokaltriviale Faserung mit Standardfaser* $SO(n-1)$. *Über jeder Menge* $V = S^{n-1}\backslash x_0, x_0 \in S^{n-1}$, *gibt es einen Schnitt.*

Beweis Wir betrachten zunächst den Fall $x_0 = e_0$. Ist $x \in S^{n-1}$ ein von e_0 verschiedener Punkt, so definieren x, e_0 und der Nullpunkt von $\mathbb{R}^n$ eine Ebene E. Die Drehung von E um den Nullpunkt, die x nach e_0 bringt, besitzt eine eindeutig bestimmte orthogonale Fortsetzung auf $\mathbb{R}^n$, die den zu E orthogonalen Teilraum durch den Nullpunkt punktweise festläßt. Die erhaltene Transformation $s(x)$ hängt stetig von x ab, und es ist $p(s(x)) = x$.

Durch $\varphi\colon V \times SO(n-1) \to SO(n)$, $(x, g) \mapsto s(x) \cdot g$, wird ein Homöomorphismus $V \times SO(n-1) \xrightarrow{\approx} p^{-1}(V)$ definiert, welcher zeigt, daß $p\colon SO(n) \to S^{n-1}$ auf V eine triviale Faserung ist. Durch eine Konjugation mit einer Drehung, die e_0 in x_0 überführt, erhalten wir eine triviale Faserung über $S^{n-1} \setminus \{x_0\}$. Also liegt eine lokaltriviale Faserung vor. $\qquad\square$

17.1.7 Beispiele

(a) Im Fall $n = 3$ liefert 17.1.6 wegen $SO(3) \approx P^3$ (vgl. 6.1.A6) eine lokaltriviale Faserung $P^3 \to S^2$ mit Standardfaser $SO(2) = S^1$. Sie entsteht aus der Hopf-Faserung $S^3 \to S^2$, indem man S^3 zu P^3 identifiziert.

(b) Analoge Konstruktionen zu 17.1.6 sind für die unitären Gruppen möglich. Man erhält z.B. eine Faserung $U(n) \to S^{2n-1}$ mit Standardfaser $U(n-1)$.

17.1.8 Bemerkung

In der Situation von 17.1.6 handelt es um einen Spezialfall eines wichtigen allgemeinen Satzes, den wir hier angeben wollen, aber nicht beweisen können. Sei G eine topologische Gruppe, $H \subset G$ eine Untergruppe. Dann operiert H auf G durch $x \mapsto hx$, $x \in G$, $h \in H$, und die Orbits sind die Links-restklassen aH, die alle zu H homöomorph sind. Der Orbitraum G/H erhält die Quotiententopologie, so daß also die Projektion $p\colon G \to G/H$ stetig ist. Handelt es sich hier um eine Faserung? I.a. zwar nicht, aber doch, wenn H eine abgeschlossene Untergruppe ist und es einen „lokalen Schnitt" beim neutralen Element gibt. Einen solchen lokalen Schnitt hatten wir für die Untergruppe $SO(n-1) \subset SO(n)$ in 17.1.6 konstruiert. Handelt es sich bei G um eine Liegruppe, bei H um eine abgeschlossenen Untergruppe, so existiert immer ein lokaler Schnitt, und $p\colon G \to G/H$ ist eine lokaltriviale Faserung. Für eine genaue Darstellung, siehe [Steenrod, S. 29–33].

Aufgaben

17.1.A1 Führen Sie die Details in 17.1.3 (b) aus.

17.1.A2 Zeigen Sie, daß die Abbildung $p\colon S^{d(n+1)-1} \to P^n(K)$ in 17.1.4 eine lokaltriviale Faserung ist. Hinweis: Betrachten Sie die Mengen $U_i \subset P^n(K)$ im Beweis von 5.1.14, und konstruieren Sie Homöomorphismen $U_i \times S^d \to p^{-1}(U_i)$.

17.2 Liften von Homotopien

Für die Überlagerungstheorie war das Liften von Abbildungen, speziell von Homotopien, von zentraler Bedeutung vgl. 6.2, 6.3. Eine wichtige Folgerung davon war, daß die Fundamentalgruppe des überlagernden Raumes durch die Projektionsabbildung injektiv in die Fundamentalgruppe des überlagerten Raumes abgebildet wird. Wir verallgemeinern diese Überlegungen jetzt auf Faserungen.

17.2.1 Definition Eine stetige Abbildung $p\colon E \to X$, die keine lokaltriviale Faserung zu sein braucht, hat die *Homotopie-Liftungseigenschaft*, im folgenden mit HLE bezeichnet, *für den Raum Y*, wenn zu jeder Homotopie $f_t\colon Y \to X$ und zu jeder stetigen Abbildung $\tilde{f}_0\colon Y \to E$ mit $p \circ \tilde{f}_0 = f_0$ eine Homotopie $\tilde{f}_t\colon Y \to E$

existiert mit $\tilde{f}_0 = \tilde{f}$ und $p \circ \tilde{f}_t = f_t$ für alle $t \in I$. M.a.W. läßt sich jedes kommutative Diagramm, wie es links steht, durch eine Abbildung $\tilde{h}$ so vervollständigen, daß auch das rechtsstehende Diagramm kommutativ ist:

$$
\begin{array}{ccc}
Y \times \{0\} & \xrightarrow{\tilde{f}_0} & E \\
{\scriptstyle i}\downarrow & & \downarrow{\scriptstyle p} \\
Y \times I & \xrightarrow[h]{} & X
\end{array}
\qquad
\begin{array}{ccc}
Y \times \{0\} & \xrightarrow{\tilde{f}_0} & E \\
{\scriptstyle i}\downarrow & {\scriptstyle \tilde{h}}\nearrow & \downarrow{\scriptstyle p} \\
Y \times I & \xrightarrow[h]{} & X
\end{array}
$$

wobei $h : Y \times I \to X$, $h(y,t) = f_t(y)$ und $\tilde{h} : Y \times I \to E$, $\tilde{h}(y,t) = \tilde{f}_t(y)$.

Diese Eigenschaft bedeutet: Kann man von einer Homotopie $f_t : Y \to X$ die Anfangsabbildung liften, so auch die ganze Homotopie.

Die Abbildung $p : E \to X$ hat die *relative Homotopie-Liftungseigenschaft für das Raumpaar* (Y, A), wenn sich gleichzeitig eine schon auf A definierte Homotopie $\tilde{g}_t$ mit $p \circ \tilde{g}_t = f_t | A$ fortsetzen läßt, d.h. wenn eine entsprechende Aussage auch für die folgenden Diagramme gilt: Sei

$$
\tilde{F}_0 = \begin{cases} \tilde{f}_0(y) & \text{für } y \in Y, \\ \tilde{g}_t(y) & \text{für } (y,t) \in A \times I \, ; \end{cases}
$$

dann gibt es zu jedem kommutativen Diagramm, wie es links steht, ein kommutatives Diagramm von stetigen Abbildungen, wie es rechts steht:

$$
\begin{array}{ccc}
Y \times \{0\} \cup A \times I & \xrightarrow{\tilde{F}_0} & E \\
{\scriptstyle i}\downarrow & & \downarrow{\scriptstyle p} \\
Y \times I & \xrightarrow[h]{} & X
\end{array}
\qquad
\begin{array}{ccc}
Y \times \{0\} \cup A \times I & \xrightarrow{\tilde{F}_0} & E \\
{\scriptstyle i}\downarrow & {\scriptstyle \tilde{h}}\nearrow & \downarrow{\scriptstyle p} \\
Y \times I & \xrightarrow[h]{} & X
\end{array}
$$

17.2.2 Beispiele *Eine triviale Faserung hat die HLE für alle Räume.* Sei nämlich für die Produktfaserung $p = \text{pr}_1 : B \times F \to B$ gegeben:

$$h : Y \times I \to B, \quad \tilde{f}_0 : Y \times \{0\} \to B \times F \text{ mit } \text{pr}_1 \circ \tilde{f}_0(y) = h(y, 0),$$

so definieren wir $\tilde{h} : Y \times I \to B \times F$ durch $\tilde{h}(y,t) = (h(y,t), \tilde{f}_0(x))$.

Von besonderer Bedeutung für uns sind Faserungen, die die HLE für CW-Räume haben. Dafür fallen zum Glück eine Reihe von Eigenschaften zusammen:

17.2.3 Satz *Für eine Faserung* $p : E \to B$ *sind die folgenden Aussagen äquivalent.*
(a) *p hat die HLE für die Bälle* D^n, $n = 0, 1, \dots$.
(b) *p hat die relative HLE für* (D^n, S^{n-1}), $n = 0, 1, \dots$.

(c) *p hat die HLE für jedes Paar (X, A) von CW-Räumen.*

(d) *p hat die HLE für jeden CW-Raum.*

Beweis Offenbar sind die folgenden Implikationen: $(c) \Rightarrow (d) \Rightarrow (a)$.

$(a) \Rightarrow (b)$: Es gibt einen Homöomorphismus $\lambda: D^n \times I \to D^n \times I$, der den „Topf"
auf den Boden abbildet, d.h. $\lambda((S^{n-1} \times I) \cup (D^n \times \{0\})) = D^n \times \{0\}$. Benutze nun
die HLE für $h \circ \lambda^{-1}$, $\tilde{h}_0 \circ \lambda^{-1}$.

$(b) \Rightarrow (c)$: Sei X^n das n-Gerüst von X, und seien $\{e_j^{n+1} \mid j \in J\}$ die $(n+1)$-Zellen.
Die gesuchte Abbildung $\tilde{h}$ in

$$
\begin{array}{ccc}
X \times \{0\} \cup A \times I & \xrightarrow{\tilde{h}_0} & E \\
\downarrow & {\scriptstyle \tilde{h}} \nearrow \quad \downarrow {\scriptstyle p} & \\
X \times I & \xrightarrow[h]{} & B
\end{array}
$$

konstruieren wir gerüstweise. Ist $\tilde{h}$ schon auf $(X^n \cup A) \times I$ definiert und ist e_j^{n+1}
eine (n+1)-Zelle von $X \setminus A$ mit charakteristischer Abbildung $f_j: D^{n+1} \to X^{n+1} \cup A$,
so gibt es nach (b) eine Abbildung $\tilde{g}_j$ mit kommutativem Diagramm

$$
\begin{array}{ccc}
(D^{n+1} \times \{0\}) \cup (S^n \times I) & \xrightarrow{\tilde{h}_0(f_j \times \mathrm{id})} & E \\
\downarrow & {\scriptstyle \tilde{g}_j} \nearrow \quad \downarrow {\scriptstyle p} & \\
D^{n+1} \times I & \xrightarrow[h \circ (f_j \times \mathrm{id})]{} & B
\end{array}
$$

Dann kann man $\tilde{h}$ auf $(X^{n+1} \cup A) \times I$ definieren durch

$$
\tilde{h}(x, t) = \begin{cases} \tilde{h}(x, t) & \text{für } x \in X^n \cup A, \\ \tilde{g}_j(f_j^{-1}(x), t) & \text{für } x \in e_j^{n+1}, \ j \in J. \end{cases}
$$

$\square$

17.2.4 Hilfssatz *Es sei $p: E \to B$ eine Faserung und $\mathcal{U} = \{U_j \mid j \in J\}$ eine
offene Überdeckung von B. Hat $p|p^{-1}(U_j): p^{-1}(U_j) \to U_j$ für alle $j \in J$ die HLE
für CW-Räume, so hat auch $p: E \to B$ die HLE für alle CW-Räume.*

Beweis Wir verstehen die Voraussetzung so, daß 17.2.3 (b) für die $p|p^{-1}(U_j)$
erfüllt ist, und schließen, daß 17.2.3 (a) für $p: E \to B$ gilt. Wir fassen nun D^n als
I^n auf. Dann läßt sich $I^n \times I$ in so kleine Würfel unterteilen, daß das Bild eines
jeden derselben ganz in einem U_j liegt. Es seien $\{V_i^k\}$ die k-dimensionalen Würfel
der Unterteilung von I^n, $V^k = \cup_i V_i^k$, und $0 = t_0 < t_1 < \cdots < t_\ell = 1$ sei die
Unterteilung von I. Da $V_i^k \cap V_j^k \subset \dot{V}_i^k$ für $i \neq j$ ist, ergeben sich induktiv aus den
Annahmen Lösungen $\tilde{h}_{iq}^k$ in den Diagrammen

$$(V_i^k \times \{t_q\}) \cup (\dot{V}_i^k \times [t_q, t_{q+1}]) \xrightarrow{\tilde{h}_{iq}^{k-1}} p^{-1}(U_j) \hookrightarrow E$$

$$\downarrow \qquad\qquad \nearrow_{\tilde{h}_{iq}^k} \qquad \downarrow$$

$$V_i^k \times [t_q, t_{q+1}] \xrightarrow{h|} U_j \hookrightarrow B$$

Dabei benutzen wir Bezeichnungen wie in 17.2.1, ferner ist $\tilde{h}_{iq}^{k-1}$ auf $V_i^k \times 0$ die Spur von $\tilde{h}_0$ sowie auf $\dot{V}_i^k \times [t_q, t_{q+1}]$ die Spur der auf dem $(k-1)$-Gerüst schon konstruierten Abbildung. Durch Zusammenstückeln dieser Lösungen erhalten wir eine Lösung von

$$(I^n \times \{0\}) \cup (V^{k-1} \times I) \xrightarrow{\tilde{h}^{k-1}} E$$

$$\downarrow \qquad \nearrow_{\tilde{h}^k} \quad \downarrow^p$$

$$(I^n \times \{0\}) \cup (V^k \times I) \xrightarrow{h|} B$$

und daraus die gewünschte Lösung $\tilde{h}$ von

$$I^n \times 0 \xrightarrow{\tilde{h}_0} E$$

$$\downarrow \qquad \nearrow_{\tilde{h}} \quad \downarrow^p$$

$$I^n \times I \xrightarrow{h} B$$

$\square$

Die Aussagen 17.2.2–4 lassen sich in dem folgenden grundlegenden Satz zusammenfassen:

17.2.5 Satz *Eine lokaltriviale Faserung hat die Homotopie-Liftungseigenschaft für alle CW-Räume. Ist also Y ein CW-Raum, $h_t : Y \to X$ eine Homotopie und $\tilde{f}_0 : Y \to E$ eine Abbildung mit $p \circ \tilde{f}_0 = h_0$, so gibt es eine Homotopie $\tilde{h}_t : Y \to E$ mit $\tilde{h}_0 = \tilde{f}$ und $p \circ \tilde{h}_t = h_t$. Ferner gilt: Ist $A \subset Y$ ein CW-Teilraum und $\tilde{k}_t : A \to E$ eine Homotopie mit $\tilde{k}_0 = \tilde{f}|A$ und $p \circ \tilde{k}_t = h_t|A$, so kann man $\tilde{h}_t|A = \tilde{k}_t$ annehmen. Eine lokaltriviale Faserung hat also auch die relative Homotopie-Liftungseigenschaft für alle CW-Paare.* $\square$

17.2.6 Bemerkung Eine Abbildung $p : E \to X$ (die keine lokaltriviale Faserung zu sein braucht) heißt *Faserung* (auch *Hurewicz-Faserung*), wenn sie die HLE für alle topologischen Räume Y hat, und sie heißt *Serre-Faserung*, wenn sie die HLE für CW-Räume hat. Wir haben gesehen, daß *jede lokaltriviale Faserung eine Serre-Faserung ist*; offenbar ist jede Hurewicz Faserung auch eine Serre-Faserung. Umkehren lassen sich die Beziehungen nicht. Im folgenden Abschnitt über die Homotopiegruppen von Faserungen spielt die HLE für CW-Räume die entscheidende Rolle.

Aufgabe

17.2.A1 Zeigen Sie: Jede Überlagerung ist eine Hurewicz-Faserung.

17.3 Homotopiegruppen und Faserungen

In diesem Abschnitt gewinnen wir für lokaltriviale Faserungen (oder in Wahrheit auch für Serre-Faserungen) aus der exakten Homotopiesequenz 16.7.2 eine wichtige exakte Homotopiesequenz, an der die Homotopiegruppen von Faser, Totalraum und Basis teilhaben. Anschließend benutzen wir diese Sequenz, um weitere Homotopiegruppen zu berechnen.

17.3.1 Hilfssatz *Sei $p: E \to B$ eine Faserung, und seien b_0 und e_0 die Basispunkte von B und E, wobei e_0 in der Faser $F = p^{-1}(b_0)$ liegt und auch Basispunkt von F ist. Dann ergibt sich für jedes $i \geq 1$ ein Isomorphismus $p_\#: \pi_n(E, F, e_0) \to \pi_n(B, \{b_0\}, b_0) \cong \pi_n(B, b_0)$.*

Beweis   Sei $\psi: S^{n-1} \times I \to S^n$ dadurch definiert, daß $(S^{n-1} \times \dot{I}) \cup (\{*\} \times I)$ zum Basispunkt $* \in S^n$ identifiziert wird. (Um Mißverständnisse zu vermeiden, bezeichnen wir den Basispunkt von S^n nun nicht mehr mit e_0, sondern mit $*$.) Zu gegebenem $f: (S^n, *) \to (B, b_0)$ und zur konstanten Abbildung $\tilde{f}_0: (\{*\} \times I) \cup (S^{n-1} \times \dot{I}) \to E$ nach e_0 läßt sich das folgende Diagramm wegen der relativen HLE für CW-Paare kommutativ ergänzen:

$$
\begin{array}{ccc}
(\{*\} \times I) \cup (S^{n-1} \times \{0\}) & \xrightarrow{\tilde{f}_0} & E \\
\downarrow & {\tilde{f}\nearrow} \quad \downarrow{\scriptstyle p} & \\
S^{n-1} \times I & \xrightarrow[f\psi]{} & B
\end{array}
$$

Nun definiert $\tilde{f}$ ein Element aus $\pi_n(E, F, e_0)$, dessen Bild unter $p_\#$ gleich $[f]$ ist; also ist $p_\#$ surjektiv.

$p_\#$ ist auch injektiv. Ist nämlich für $\tilde{f}: (D^n, S^{n-1}) \to (E, F)$ das Bild $p \circ \tilde{f}$ nullhomotop relativ S^{n-1}, so entsteht ein Diagramm

$$
\begin{array}{ccc}
(\{*\} \times I) \cup (D^n \times \{0\}) & \xrightarrow{\tilde{f}'} & E \\
\downarrow & {\tilde{h}\nearrow} \quad \downarrow{\scriptstyle p} & \\
D^n \times I & \xrightarrow[f']{} & B
\end{array}
$$

mit $\tilde{f}'|D^n \times \{0\} = \tilde{f}$, $\tilde{f}'(\{*\} \times I) = e_0$, $f'|D^n \times \{0\} = p\tilde{f}'$, $f'(D^n \times \{1\}) = b_0$, $f'(S^{n-1} \times I) = b_0$. Da die Faserung die HLE für CW-Räume besitzt, läßt sich dieses Diagramm durch eine stetige Abbildung $\tilde{h}$ kommutativ vervollständigen. Für diese gilt dann:

$$\tilde{h}|D^n \times \{0\} = \tilde{f}, \ \tilde{h}(S^{n-1} \times I) \subset F \text{ und } \tilde{h}(D^n \times \{1\}) \subset F.$$

Daher ist $[\tilde{f}] = 0$ in $\pi_n(E, F, e_0)$. $\square$

Der folgende Satz ergibt sich unmittelbar aus 17.3.1 und der Definition von ∂:

17.3.2 Definition und Satz

(a) *Indem man auf p^{-1} den Randoperator ∂ für das Paar (E, F) folgen läßt, erhält man eine (wieder mit ∂ bezeichnete) Randabbildung $\partial: \pi_n(B, b_0) \to \pi_{n-1}(F, e_0)$.*

(b) *Für eine Serre-Faserung $p: E \to B$ mit Faser F ist die folgende Homotopiese-quenz exakt:*

$$\ldots \longrightarrow \pi_n(F, e_0) \xrightarrow{i_\#} \pi_n(E, e_0) \xrightarrow{p_\#} \pi_n(B, b_0) \xrightarrow{\partial} \pi_{n-1}(F, e_0) \xrightarrow{i_\#} \ldots$$

$$\ldots \xrightarrow{p_\#} \pi_2(B, b_0) \xrightarrow{\partial} \pi_1(F, e_0) \xrightarrow{i_\#} \pi_1(E, e_0) \xrightarrow{p_\#} \pi_1(B, b_0) \ .$$

$\square$

17.3.3 Hilfssatz *Hat die Faserung $F \to E \xrightarrow{p} B$ einen Schnitt $s: B \to E$, so ist*

$$\pi_i(E, e_0) = \pi_i(B, b_0) \oplus \pi_i(F, e_0) \quad \text{für } i \geq 2.$$

Beweis Es liegt die folgende Situation vor:

$$\pi_{i+1}(E) \underset{s_\#}{\overset{p_\#}{\rightleftarrows}} \pi_{i+1}(B) \to \pi_i(F) \to \pi_i(E) \underset{s_\#}{\overset{p_\#}{\rightleftarrows}} \pi_i(B) \to \pi_{i-1}(F) \ ,$$

wobei $p_\# s_\# = \text{id}$. Deshalb ist $p_\#$ surjektiv, und es entstehen die kurzen exakten Sequenzen

$$0 \to \pi_i(F) \to \pi_i(E) \underset{s_\#}{\overset{p_\#}{\rightleftarrows}} \pi_i(B) \to 0.$$

Für abelsches $\pi_i(E)$, also speziell für $i \geq 2$, folgt $\pi_i(E, e_0) = \pi_i(B, b_0) \oplus \pi_i(F, e_0)$.

$\square$

17.3.4 Bemerkung Für π_1 gilt ein entsprechender Satz i.a. nicht; betrachten Sie hierzu etwa das Beispiel 17.1.3 (b) $M \times I/\zeta$ und berechnen Sie $\pi_1(M \times I/\zeta)$ mittels des Seifert-van Kampen-Satzes 5.3.11 oder 5.7.13. Er ist jedoch richtig, wenn $\pi_1(E)$ abelsch ist.

17.3.5 Satz *Sei* $F \xrightarrow{i} E \xrightarrow{p} B$ *eine Faserung, so daß die Faser F in E zusammenziehbar ist, d.h. es gibt eine Homotopie $i_t \colon F \to E$, so daß $i_1 = i$, $i_0(F) = e_0$ und $i_t(e_0) = e_0$, $0 \le t \le 1$. Dann gibt es einen zu ∂ rechtsinversen Homomorphismus χ (d.h. $\partial\chi = \mathrm{id}$), und es ist*

$$\pi_i(B) \cong \pi_i(E) \oplus \pi_{i-1}(F) \quad \text{für } i \ge 2.$$

Beweis Ist $f \colon S^{i-1} \to F$ gegeben, so wird durch $S^{i-1} \times I \to B$, $(x,t) \mapsto pi_t f(x)$ eine Abbildung $f' \colon S^i \to B$ induziert. Daraus ergibt sich ein Homomorphismus $\chi \colon \pi_{i-1}(F) \to \pi_i(B)$. Es ist $\partial[f'] = [f]$. Also ist $\partial\chi \colon \pi_{i-1}(F) \to \pi_{i-1}(F)$ die Identität. Somit ist ∂ surjektiv, und die Behauptung folgt wie im Beweis von 17.3.3. $\qquad\square$

17.3.6 Korollar *Sei $K = \mathbb{R}$, $\mathbb{C}$ oder der Schiefkörper der Quaternionen und entsprechend $d = 1, 2$ bzw. 4. Dann gilt*

$$\pi_i(P^n(K)) \cong \pi_i(S^{(n+1)d-1}) \oplus \pi_{i-1}(S^{d-1}) \quad \text{für } n \ge 1, i \ge 2.$$

Beweis Zum Nachweis dient die Faserung 17.1.4; dort wird die Faser S^{d-1} in den Äquator von $S^{(n+1)d-1}$ abgebildet und ist deshalb nullhomotop in $S^{(n+1)d-1}$. Nun folgt die Behauptung aus 17.3.5. $\qquad\square$

17.3.7 Folgerungen (a) Sei $K = \mathbb{C}$, also $d = 2$. Für $n \ge 1$ gilt dann

$$\pi_i(P^n(\mathbb{C})) \cong \pi_i(S^{2n+1}) \oplus \pi_{i-1}(S^1) \cong \begin{cases} \mathbb{Z} & \text{für } i = 2, \\ \pi_i(S^{2n+1}) & \text{für } i > 2. \end{cases}$$

Insbesondere gilt: Die Faserung $p \colon S^{2n+1} \to P^n(\mathbb{C})$ aus 17.1.4 (b) induziert für alle $i > 2$ einen Isomorphismus $p_\# \colon \pi_i(S^{2n+1}) \to \pi_i(P^n(\mathbb{C}))$.

(b) Für $n = 1$ folgt: Die Hopf-Faserung $h \colon S^3 \to S^2$ aus 17.1.4 (d) induziert für alle $i > 2$ einen Isomorphismus $h_\# \colon \pi_i(S^3) \to \pi_i(S^2)$. Insbesondere ist $\pi_3(S^2) \cong \mathbb{Z}$, erzeugt von der Homotopieklasse $[h]$.

(c) Sei $K = \mathbb{H}$, also $d = 4$. Für $n \ge 1$ gilt dann

$$\pi_i(P^n(\mathbb{H})) \cong \pi_i(S^{4n+3}) \oplus \pi_{i-1}(S^3) \text{ für } i \ge 2.$$

Für $i = 2, 3$ liefert das nichts Neues, da $P^n(\mathbb{H})$ ein 3-zusammenhängender Raum ist, vgl. 3.3.A3. Wegen $P^1(\mathbb{H}) \approx S^4$ folgt

$$\pi_i(S^4) \cong \pi_i(S^7) \oplus \pi_{i-1}(S^3) \text{ für } i \geq 2.$$

Für $2 \leq i \leq 4$ ist das trivial, für $i \geq 5$ liefert es keine neuen Beispiele für Homotopiegruppen, da wir mit den bisher entwickelten Methoden die einzelnen Gruppen nicht berechnen können. Immerhin erhalten wir Aussagen wie $\pi_7(S^4) \cong \mathbb{Z} \oplus \pi_6(S^3)$.

17.3.8 *Tangentialbündel der n-Sphäre.* Es ist $T(S^n) = \{(x, y) \in S^n \times \mathbb{R}^{n+1} \mid x \perp y\}$, und es sei $T_e(S^n) = \{(x, y) \in T(S^n) \mid |y| = 1\}$ das Bündel der Einheitsvektoren. Es ist $T_e(S^n) \to S^n$, $(x, y) \mapsto x$, eine lokaltriviale Faserung mit Faser S^{n-1}. Für ungerades $n = 2m - 1$ hat sie einen Schnitt, etwa gegeben durch

$$x = (x_1, x_2, \ldots, x_{2m-1}, x_{2m}) \mapsto (x, (-x_2, x_1, \ldots, -x_{2m}, x_{2m-1})),$$

so daß nach 17.3.3 für $i \geq 2$ gilt:

$$\pi_i(T_e(S^{2m-1})) \cong \pi_i(S^{2m-2}) \oplus \pi_i(S^{2m-1}).$$

Übrigens ist die Existenz eines Schnittes in $T_e(M)$ äquivalent zur Existenz eines nirgends verschwindenden stetigen Vektorfeldes auf M. Auf Sphären gerader Dimension gibt es keine solchen Felder, vgl. 11.1.7.

Zum Schluß wollen wir noch die Homotopie-Sequenz für die Faserung der orthogonalen und unitären Gruppe von 17.1.6 benutzen:

17.3.9 Satz

(a) *Es ist $\pi_i(SO(n)) \cong \pi_i(SO(n-1))$ für $i < n - 2$ und $\pi_i(U(n-1)) \cong \pi_i(U(n))$ für $i < 2n - 2$.*

(b) *Für $n \geq 3$ gilt $\pi_1(SO(n)) \cong \mathbb{Z}_2$ und $\pi_2(SO(n)) = 0$.*

Beweis (a) Wegen 17.1.6 ergibt sich die exakte Homotopiesequenz

$$\pi_{i+1}(S^{n-1}) \to \pi_i(SO(n-1)) \to \pi_i(SO(n)) \to \pi_i(S^{n-1}).$$

Wegen $\pi_j(S^{n-1}) = 0$ für $j < n - 1$ folgt die Aussage für $SO(n)$. Durch analoge Schlüsse ergibt sie sich für $U(n)$ aus 17.1.7 (b).

(b) Nach 6.1.A6 (d) ist $SO(3) \approx P^3$, also $\pi_1(SO(3)) \cong \mathbb{Z}_2$. Wegen (a) ist

$$\mathbb{Z}_2 \cong \pi_1(SO(3)) \cong \pi_1(SO(4)) \cong \pi_1(SO(5)) \cong \ldots.$$

Ferner folgt aus (a) $\pi_2(SO(4)) \cong \pi_2(SO(5)) \cong \ldots$. Aus der exakten Sequenz für $n = 4$ erhalten wir

$$\pi_3(S^3) \to \pi_2(SO(3)) \to \pi_2(SO(4)) \to \pi_2(S^3) = 0.$$

Wegen $SO(3) \approx P^3$ ist $\pi_2(SO(3)) = \pi_2(P^3) \cong \pi_2(S^3) = 0$. $\qquad\square$

Aufgaben

17.3.A1 Zeigen Sie: Für $P^n(\mathbb{C})$ ist $\pi_1 = 0$, $\pi_2 \cong \mathbb{Z}$, $\pi_3 = \ldots = \pi_{2n} = 0$, $\pi_{2n+1} \cong \mathbb{Z}$.

17.3.A2 Zeigen Sie: Ist in 17.3.3 der Totalraum E zusammenziehbar, so ist $\pi_n(B, b_0) \cong \pi_{n-1}(F, e_0)$ für $n \geq 2$.

17.3.A3 Konstruieren Sie eine Faserung $S^\infty \to P^\infty(\mathbb{C})$ mit Faser S^1 und zeigen Sie, daß $P^\infty(\mathbb{C})$ ein Eilenberg-MacLane-Raum vom Typ $(\mathbb{Z}, 2)$ ist.

17.3.A4 Zeigen Sie: Ist in 17.3.3 die Faser F zusammenhängend, so ist $p_\#\colon \pi_1(E, e_0) \to \pi_1(B, b_0)$ surjektiv.

18 Homotopieklassifikation von Abbildungen

Mit den bisher entwickelten Methoden (Homologie-, Cohomologie- und Homotopiegruppen) greifen wir das Problem an, für gegebene Räume X und Y die Homotopieklassen der stetigen Abbildungen $X \to Y$ zu bestimmen, d.h. die Menge $[X, Y]$ zu beschreiben.

18.1 Gerüstweise Konstruktion von Abbildungen und Homotopien

Die geometrische Idee ist folgende: Wir setzen voraus, daß X ein CW-Raum ist und Y ein topologischer Raum, beide wegzusammenhängend, und wir versuchen der Reihe nach, die Abbildungen der Gerüste $X^n \to Y$ nach Homotopie zu klassifizieren ($n = 0, 1, 2, \ldots$). Es entsteht die Frage, ob man eine Abbildung $f\colon X^n \to Y$ bzw. eine Homotopie $h_t\colon X^n \to Y$ auf X^{n+1} fortsetzen kann.

18.1.1 Lemma (Fortsetzungskriterium für Abbildungen) *Sei e eine $(n+1)$-Zelle ($n \geq 1$) von X mit charakteristischer Abbildung $\Phi\colon D^{n+1} \to X^n \cup e$ und mit Klebeabbildung $\varphi = \Phi|S^n\colon S^n \to X^n$. Dann sind folgende Aussagen äquivalent:*

(a) *$f\colon X^n \to Y$ ist auf $X^n \cup e$ fortsetzbar.*

(b) *$f\varphi\colon S^n \to Y$ ist auf D^{n+1} fortsetzbar.*

(c) *$f\varphi\colon S^n \to Y$ ist nullhomotop.*

Beweis (b) und (c) sind nach 2.3.3 äquivalent. Wenn (a) gilt und wenn F eine Fortsetzung von f auf $X^n \cup e$ ist, so ist $F\Phi\colon D^{n+1} \to Y$ eine von $f\varphi$, und somit gilt (b). Sei (b) erfüllt, und sei $G\colon D^{n+1} \to Y$ eine Fortsetzung von $f\varphi$. Ferner sei $p\colon X^n + D^{n+1} \to X^n \cup e$ die Projektion auf den Quotientenraum. Die Abbildung $F = (f + G) \circ p^{-1}\colon X^n \cup e \to Y$ ist eine Fortsetzung von f, vgl. 1.3.15. □

Wenn $\pi_n(Y, y_0) = 0$ ist, so ist wegen 16.3.10 jede Abbildung $S^n \to Y$ nullhomotop, also kann man f auf alle $(n + 1)$-Zellen fortsetzen:

18.1.2 Korollar *Ist $\pi_n(Y, y_0) = 0$ ($n \geq 1$ fest), so kann man jede Abbildung $f\colon X^n \to Y$ auf X^{n+1} fortsetzen.* □

18.1.3 Lemma (Fortsetzungskriterium für Homotopien) *Es sei $e \subset X$ eine $(n+1)$-Zelle ($n \geq 1$) mit charakteristischer Abbildung $\Phi\colon D^{n+1} \to X^n \cup e$ und Klebeabbildung $\varphi = \Phi|S^n\colon S^n \to X^n$. Ferner seien Abbildungen $f, g\colon X^n \cup e \to Y$ und eine Homotopie $h_t\colon X^n \to Y$ von $f|X^n$ nach $g|X^n$ gegeben. Dann sind folgende Aussagen äquivalent:*

(a) *Es gibt eine Homotopie $H_t\colon X^n \cup e \to Y$ von f nach g mit $H_t|X^n = h_t$.*

(b) *Die Abbildung*

$$\psi\colon \Sigma^{n+1} = D^{n+1} \times 0 \cup D^{n+1} \times 1 \cup S^n \times I \to Y$$

$$\psi(x,0) = f\Phi(x), \quad \psi(x,1) = g\Phi(x), \quad \psi(x,t) = h_t\varphi(x)$$

ist auf $D^{n+1} \times I$ fortsetzbar.

(c) *Die Abbildung $\psi\colon \Sigma^{n+1} \to Y$ ist nullhomotop.*

Beweis Weil die Paare $(D^{n+1} \times I, \Sigma^{n+1})$ und (D^{n+2}, S^{n+1}) homöomorph sind, folgt aus 2.3.3 die Äquivalenz von (b) und (c). Wenn (a) gilt, so erhält man in $(x,t) \mapsto H_t\Phi(x)$ eine Fortsetzung $D^{n+1} \times I \to Y$ von ψ, und somit gilt (b). Sei (b) erfüllt, und sei $\bar{\psi}\colon D^{n+1} \times I \to Y$ eine Fortsetzung von ψ. Sei $\psi_t\colon D^{n+1} \to Y$ die Homotopie $\psi_t(x) = \bar{\psi}(t,x)$. Dann ist $H_t = (h_t + \psi_t) \circ p^{-1}\colon X^n \cup e \to Y$ eine Homotopie wie in (a), vgl. 2.1.12 (c); dabei ist p wie im Beweis von 18.1.1. □

18.1.4 Korollar *Sei $n \geq 1$ und $\pi_{n+1}(Y, y_0) = 0$. Ferner seien $f, g\colon X^{n+1} \to Y$ Abbildungen mit $f|X^n \simeq g|X^n$, und $h_t\colon X^n \to Y$ sei eine Homotopie von $f|X^n$ nach $g|X^n$. Dann gibt es eine Homotopie $H_t\colon X^{n+1} \to Y$ von f nach g mit $H_t|X^n = h_t$.*

Beweis Aus $\pi_{n+1}(Y, y_0) = 0$ und 16.3.10 folgt wegen $\Sigma^{n+1} \approx S^{n+1}$, daß jede Abbildung $\Sigma^{n+1} \to Y$ nullhomotop ist. Also kann man nach 18.1.3 (ersetze dort f bzw. g durch $f|X^n \cup e$ bzw. $g|X^n \cup e$) die Homotopie h_t zu einer Homotopie $X^n \cup e \to Y$ von $f|X^n \cup e$ nach $g|X^n \cup e$ fortsetzen. Weil das für jede $(n+1)$-Zelle geht, erhalten wir 18.1.4. □

Die beiden Korollare zeigen, daß die eingangs geschilderte Idee zumindest dann schnell Ergebnisse liefert, wenn viele Homotopiegruppen von Y Null sind. Hier ist eine erste konkrete Anwendung, die sich unmittelbar durch gerüstweises Fortsetzen von Abbildungen und Homotopien ergibt:

18.1.5 Satz *Sei $k \geq 1$ fest, und sei Y ein wegzusammenhängender Raum mit $\pi_q(Y, y_0) = 0$ für $q > k$. Dann gilt:*

(a) *Jede Abbildung* $f\colon X^{k+1} \to Y$ *ist auf* X *fortsetzbar.*

(b) *Für* $f, g\colon X \to Y$ *mit* $f|X^k \simeq g|X^k$ *ist* $f \simeq g$.   □

Wenn also Y diese Voraussetzung erfüllt, so spielen bei der Homotopieklassifikation von Abbildungen $X \to Y$ die Zellen von X der Dimension $> k+1$ keine Rolle.

Aufgaben

18.1.A1 Beweise 18.1.6.

18.1.A2 Sei $X^1 = \vee S_i^1$ eine Einpunktvereinigung von Kreislinien mit gemeinsamem Punkt x_0, und sei $X = X^1 \cup_h e^2$ mit $h\colon (S^1, 1) \to (X^1, x_0)$. Ferner sei $\psi\colon \pi_1(X, x_0) \to \pi_1(Y, y_0)$ ein Homomorphismus. Zeige:
(a) Es gibt $f\colon (X^1, x_0) \to (Y, y_0)$ mit $f_\# = \psi \circ i_\#$, wobei $i\colon X^1 \hookrightarrow X$.
(b) Die Abbildung $f \circ h\colon S^1 \to Y$ ist nullhomotop.
(c) Es gibt $g\colon (X, x_0) \to (Y, y_0)$ mit $g_\# = \psi$.

18.1.A3 Sei X ein 2-dimensionaler CW-Raum und Y ein beliebiger Raum, beide wegzusammenhängend. Zeige: Zu jedem Homomorphismus $\psi\colon \pi_1(X, x_0) \to \pi_1(Y, y_0)$ gibt es eine Abbildung $g\colon (X, x_0) \to (Y, y_0)$ mit $g_\# = \psi$. (Hinweis: Wie im 2. Schritt des Beweises von 9.8.1 kann man annehmen, daß X „einfache Gestalt" hat.)

18.1.A4 Zeige, daß die vorige Aussage im Fall $\dim X > 2$ falsch sein kann (Hinweis: $X = P^n$ mit $n > 2$ und $Y = P^2$).

18.2 Abbildungen in asphärische Räume

Bevor wir die in 18.1 begonnene Theorie fortsetzen, untersuchen wir folgenden Spezialfall:

18.2.1 Annahme Der Raum Y ist ein asphärischer Raum, also ein wegzusammenhängender Raum mit Basispunkt y_0 und $\pi_q(Y, y_0) = 0$ für alle $q \geq 2$. Ferner ist X weiterhin ein wegzusammenhängender CW-Raum mit Basisecke x_0. Unter diesen Voraussetzungen läßt sich die Menge $[X, Y]$ vollständig bestimmen.

18.2.2 Definitionen
(a) Zwei Gruppenhomomorphismen $\varphi, \psi\colon G \to H$ heißen äquivalent, wenn sie sich um einen inneren Automorphismus von H unterscheiden, d.h. wenn ein $h \in H$ existiert mit $\varphi(g) = h \cdot \psi(g) \cdot h^{-1}$ für alle $g \in G$. Die Äquivalenzklasse von φ wird mit $[\varphi]$, die Menge aller Äquivalenzklassen mit $[G, H]$ bezeichnet (vgl. 6.7.1 (b)). Wenn H abelsch ist, gilt $[\varphi] = \varphi$ und $[G, H] = \mathrm{Hom}(G, H)$.

(b) Sei $f\colon X \to Y$ gegeben, und sei w ein Weg in Y von y_0 nach $f(x_0)$. Die Äquivalenzklasse des zusammengesetzten Homomorphismus (vgl. 5.1.8 zu w_+)

$$\pi_1(X, x_0) \xrightarrow{f_\#} \pi_1(Y, f(x_0)) \xrightarrow{w_+} \pi_1(Y, y_0)$$

ist von w unabhängig. Wir bezeichnen sie mit $Q(f) = [w_+ \circ f_\#]$.

18.2.3 Satz *Unter den obigen Voraussetzungen an X und Y ist die folgende Funktion bijektiv:* $[X, Y] \to [\pi_1(X, x_0), \pi_1(Y, y_0)]$, $[f] \mapsto Q(f)$.

B e w e i s   Aus $f \simeq g\colon X \to Y$ folgt mit 5.1.17, daß $Q(f) = Q(g)$ ist; also ist diese Funktion eindeutig definiert.

Surjektivität: Sei $\varphi\colon \pi_1(X, x_0) \to \pi_1(Y, y_0)$ ein Homomorphismus. Nach 18.1.A3 gibt es $g\colon (X^2, x_0) \to (Y, y_0)$ mit $g_\# = \varphi \circ i_\#$, wobei $i\colon X^2 \hookrightarrow X$. Nach 18.1.5 kann man $g\colon X^2 \to Y$ zu $f\colon X \to Y$ fortsetzen, d.h. es ist $f \circ i = g$, folglich $f_\# \circ i_\# = g_\# = \varphi \circ i_\#$ und daher (weil $i_\#$ bijektiv ist) $f_\# = \varphi$, also $Q(f) = [f_\#] = [\varphi]$.

Injektivität: Es seien $f, g\colon X \to Y$ mit $Q(f) = Q(g)$ gegeben. Zu zeigen ist $f \simeq g\colon X \to Y$. Wegen 5.5.17 können wir annehmen, daß $X^1 = \vee S_i^1$ eine Einpunkt-vereinigung von Kreislinien ist, und wegen 2.3.7 (c), daß $f(x_0) = g(x_0) = y_0$ gilt. Dann ist $[f_\#] = Q(f) = Q(g) = [g_\#]$, d.h. es gibt ein $\beta = [u] \in \pi_1(Y, y_0)$ mit

$$f_\#(\alpha) = \beta \cdot g_\#(\alpha) \cdot \beta^{-1} \quad \text{für alle } \alpha \in \pi_1(X, x_0). \tag{$*$}$$

Sei $\alpha_i \in \pi_1(X, x_0)$ „das durch S_i^1 bestimmte Element". Setzt man $\alpha = \alpha_i$ in $(*)$, so folgt mit 5.1.12, daß $f|S_i^1 \simeq g|S_i^1$ ist, genauer: Es gibt eine Homotopie $h_t^i\colon S_i^1 \to Y$ von $f|S_i^1$ nach $g|S_i^1$ mit $h_t^i(x_0) = u(t)$ für $t \in I$ (vgl. den Beweis von 5.1.12). Sei $h_t\colon X^1 \to Y$ durch $h_t|S_i^1 = h_t^i$ definiert. Dann ist $h_0 = f|X^1$ und $h_1 = g|X^1$, also $f|X^1 \simeq g|X^1$. Aus 18.1.5 folgt $f \simeq g\colon X \to Y$. $\qquad\square$

18.2.4 Beispiele

(a) Sei F eine geschlossene Fläche, die nicht zu S^2 oder P^2 homöomorph ist. Dann ist F asphärisch, also $[X, F] \cong [\pi_1(X, x_0), \pi_1(F, y_0)]$.

(b) Sei $K(G, 1)$ ein Eilenberg-MacLane-Raum vom Typ $(G, 1)$. Dann ist $K(G, 1)$ asphärisch und $\pi_1(K(G, 1), y_0) \cong G$, also $[X, K(G, 1)] \cong [\pi_1(X, x_0), G]$. Wenn G abelsch ist, erhalten wir (vgl. 13.5.A12)

$$[X, K(G, 1)] \cong [\pi_1(X, x_0), G] \cong \operatorname{Hom}(\pi_1(X, x_0), G) \cong$$

$$\operatorname{Hom}(H_1(X), G) \cong H^1(X; G).$$

(c) Weil S^1 ein $K(\mathbb{Z}, 1)$ ist, folgt $[X, S^1] \cong H^1(X)$. Die Bijektion ist gegeben durch $[f] \mapsto f^*(\alpha)$, wobei $\alpha \in H^1(S^1) \cong \mathbb{Z}$ eine Erzeugende ist.

(d) Analog ist $[X, P^\infty(\mathbb{R})] \cong H^1(X; \mathbb{Z}_2)$ durch $[f] \mapsto f^*(\beta)$, wobei β das von Null verschiedene Element in $H^1(P^\infty(\mathbb{R}), \mathbb{Z}_2) \cong \mathbb{Z}_2$ ist.

Es seien X und Y Eilenberg-MacLane-Räume vom gleichen Typ $(G, 1)$. Wir wählen einen Isomorphismus φ: $\pi_1(X, x_0) \to \pi_1(Y, y_0)$. Nach 18.2.3 gibt es eine Abbildung f: $X \to Y$ mit $Q(f) = [\varphi]$. Folglich ist $f_\#$: $\pi_1(X, x_0) \to \pi_1(Y, f(x_0))$ ein Isomorphismus. Weil die höheren Homotopiegruppen von X und Y alle Null sind, induziert daher f Isomorphismen aller Homotopiegruppen und ist folglich nach 16.7.11 eine Homotopieäquivalenz. Damit ist bewiesen:

18.2.5 Satz *Je zwei Eilenberg-MacLane-Räume vom gleichen Typ $(G, 1)$ sind vom gleichen Homotopietyp.*   □

Wir wollen diesen Satz als Ausgangspunkt nehmen, um einen kurzen Einblick in die Homologische Algebra zu geben. Man kann mit diesem Satz definieren, was die „Homologiegruppen einer Gruppe" sind:

18.2.6 Definition Sei G eine beliebige Gruppe und n eine ganze Zahl. Die n-te Homologiegruppe von G ist definiert durch $H_n(G) = H_n(K(G, 1))$, wobei $K(G, 1)$ irgendein fester Eilenberg-MacLane Raum vom Typ $(G, 1)$ ist.

Wegen 18.2.5 ist $H_n(G)$ bis auf Isomorphie eindeutig bestimmt. Man kann $H_n(G)$ durch algebraische Konstruktionen direkt definieren; dann ist 18.2.6 keine Definition, sondern ein Satz. Darauf können wir jedoch nicht eingehen.

18.2.7 Beispiele
(a) Es ist $H_0(G) \cong \mathbb{Z}$ und $H_n(G) = 0$ für $n < 0$; denn $K(G, 1)$ ist ein wegzusammenhängender Raum. Ferner ist $H_1(G) = H_1(K(G, 1)) \cong \pi_1(K(G, 1), x_0)^{ab} \cong G^{ab}$.
(b) Ist G eine freie Gruppe, so ist $H_n(G) = 0$ für $n > 1$; denn eine Einpunktvereinigung von Kreislinien ist ein $K(G, 1)$.
(c) Aus $K(\mathbb{Z}_2, 1) \simeq P^\infty(\mathbb{R})$ folgt: $H_n(\mathbb{Z}_2) = 0$ für gerades $n > 0$ und $H_n(\mathbb{Z}_2) \cong \mathbb{Z}$ für ungerades $n > 0$. Folgerung: *Jeder $K(\mathbb{Z}_2, 1)$-Raum ist ein unendlich-dimensionaler CW-Raum.*
(d) Es ist $H_2(\mathbb{Z} \oplus \mathbb{Z}) \cong \mathbb{Z}$ und $H_n(\mathbb{Z} \oplus \mathbb{Z}) = 0$ für $n > 2$; denn $K(\mathbb{Z} \oplus \mathbb{Z}, 1)$ ist (bis auf Homotopieäquivalenz) ein Torus.

Historisch ist die Theorie der „Homologiegruppen von Gruppen" durch die folgende Entdeckung von Hopf aus dem Jahre 1942 entstanden:

18.2.8 Satz *Für jeden zusammenhängenden CW-Raum ist*

$$H_2(X)/\Sigma_2(X) \cong H_2(\pi_1(X, x_0)),$$

wobei $\Sigma_2(X) = $ Bild $(h_2$: $\pi_2(X, x_0) \to H_2(X))$ die Untergruppe der sphärischen Elemente ist.

Das bedeutet: *Die zweite Homologiegruppe von X ist modulo sphärischer Elemente durch die Fundamentalgruppe von X bestimmt.* Ist z.B. $\pi_1(X, x_0)$ frei, so ist $H_2(X) = \Sigma_2(X)$. Wenn $\pi_1(X, x_0) \cong \mathbb{Z} \oplus \mathbb{Z}$ ist und $\pi_2(X, x_0) = 0$, so muß $H_2(X) \cong \mathbb{Z}$ sein (Beispiel Torus).

Beweis Der CW-Raum $Y = X \cup e_1^3 \cup \ldots e_1^4 \cup \ldots$ entstehe aus X durch Töten der Homotopiegruppen $\pi_2, \pi_3, \ldots$. Dann ist Y ein $K(G,1)$, wobei $G = \pi_1(X, x_0)$ ist, also $H_2(Y) \cong H_2(\pi_1(X, x_0))$. Im Diagramm

$$
\begin{array}{ccccc}
\pi_3(Y, X, x_0) & \xrightarrow{\partial} & \pi_2(X, x_0) & \longrightarrow & \pi_2(Y, y_0) = 0 \\
\downarrow{k_3} & & \downarrow{h_2} & & \\
H_3(Y, X) & \xrightarrow{\partial} & H_2(X) & \xrightarrow{i_*} & H_2(Y) & \longrightarrow & H_2(Y, X) = 0
\end{array}
$$

ist k_3 nach dem Hurewicz-Satz surjektiv, folglich Kern $i_* =$ Bild $\partial =$ Bild $\partial k_3 =$ Bild $h_2 \partial =$ Bild $h_2 = \Sigma_2(X)$. Aus $H_2(Y) \cong H_2(X)/$ Kern i_* folgt die Behauptung. □

Es genügt bei diesem Beweis, nur $\pi_2(X)$ durch Ankleben von 3-Zellen zu töten; der entstehende Raum Y^3 ist das 3-Gerüst eines $K(G,1)$-Raumes.

18.3 Hindernistheorie

Nach dem Ausflug in 18.2 setzen wir die Überlegungen aus 18.1 fort. In diesem ganzen Abschnitt ist $n \geq 1$ eine feste ganze Zahl, X ein zusammenhängender CW-Raum mit Basisecke $x_0 \in X$, und Y ist ein wegzusammenhängender Raum, der n-einfach ist. Dann ist $\pi_n(Y, y_0) \cong \pi_n(Y) = [S^n, Y]$, so daß jede Abbildung $\varphi\colon S^n \to Y$ ein Element $[\varphi] \in \pi_n(Y)$ repräsentiert.

18.3.1 Hilfssatz *Gegeben sei $f\colon X^n \to Y$. Dann gilt für*

$$
H_{n+1}(X^{n+1}, X^n) \xleftarrow{k_{n+1}} \pi_{n+1}(X^{n+1}, X^n, x_0) \xrightarrow{\partial} \pi_n(X^n, x_0) \xrightarrow{f_\#} \pi_n(Y)
$$

folgendes: Ist $k_{n+1}(\alpha) = k_{n+1}(\beta)$, so ist $f_\# \partial(\alpha) = f_\# \partial(\beta)$.

Beweis Aus $k_{n+1}(\alpha) = k_{n+1}(\beta)$ folgen mit 16.8.2 und (c) bzw. (a) von 16.1.7 der Reihe nach die folgenden Gleichungen (wobei $\gamma \in \pi_1(X^n, x_0)$ ist):
$\alpha = \beta +$ Elemente der Form $\alpha' - \gamma \cdot \alpha', \alpha' \in \pi_{n+1}(X^{n+1}, X^n, x_0)$,
$\partial \alpha = \partial \beta +$ Elemente der Form $\alpha'' - \gamma \cdot \alpha'', \alpha'' = \partial \alpha' \in \pi_n(X^n, x_0)$,
$f_\# \partial(\alpha) = f_\# \partial(\beta) +$ Elemente der Form $f_\#(\alpha'') - f_\#(\gamma) \cdot f_\#(\alpha'')$.
Weil Y n-einfach ist, gilt $f_\#(\alpha'') = f_\#(\gamma) \cdot f_\#(\alpha'')$.   □

Im folgenden benutzen wir ausführlich die zelluläre Homologie aus Abschnitt 9.6 und die zelluläre Cohomologie aus Abschnitt 13.5. Die $(n+1)$-te zelluläre Kettengruppe von X ist definiert durch $C_{n+1}(X) = H_{n+1}(X^{n+1}, X^n)$. Wegen 18.3.1 ist folgende Definition sinnvoll:

18.3.2 Definition Für $f\colon X^n \to Y$ heißt der Homomorphismus

$$c^{n+1}(f) = f_\# \circ \partial \circ k_{n+1}^{-1}\colon C_{n+1}(X) \to \pi_n(Y)$$

die *Hindernis-Cokette* von f. Dies ist eine zelluläre Cokette wie in 13.5.1; die Koeffizientengruppe ist jetzt $G = \pi_n(Y)$.

Wie immer in der Cohomologie bezeichnen wir den Wert von $c^{n+1}(f)$ auf einer zellulären Kette $z \in C_{n+1}(X)$ mit $\langle c_{n+1}(f), z \rangle \in \pi_n(Y)$.

18.3.3 Hilfssatz *Sei e eine orientierte $(n+1)$-Zelle von X, also $e = \Phi_*(\{D^n\}_+)$ für eine charakteristische Abbildung $\Phi\colon (D^{n+1}, S^n) \to (X^{n+1}, X^n)$ von e, und sei $\varphi = \Phi|S^n\colon S^n \to X^n$. Dann ist $\langle c^{n+1}(f), e \rangle = [f \circ \varphi] \in \pi_n(Y)$.*

Beweis Nach 2.3.7 (c) gibt es $\Phi' \simeq \Phi\colon (D^{n+1}, S^n) \to (X^{n+1}, X^n)$ mit $\Phi'(e_0) = x_0$. Dann ist $[\Phi'] \in \pi_{n+1}(X^{n+1}, X^n, x_0)$ und

$$k_{n+1}([\Phi']) = \Phi'_*(\{D^{n+1}\}_+) = \Phi_*(\{D^{n+1}\}_+) = e,$$

also $\langle c^{n+1}(f), e \rangle = f_\#\partial([\Phi']) = f_\#([\Phi'|S^n]) = f_\#([\varphi]) = [f \circ \varphi]$. $\qquad\square$

Aus diesem Hilfssatz und 18.1.1 ergibt sich die folgende Aussage, die den Namen „Hindernis-Cokette" erklärt:

18.3.4 Satz *Genau dann ist $f\colon X^n \to Y$ auf $X^n \cup e$ fortsetzbar (wobei e eine $(n+1)$-Zelle von X ist), wenn $\langle c^{n+1}(f), e \rangle = 0$ ist. Genau dann ist f auf X^{n+1} fortsetzbar, wenn $c^{n+1}(f) = 0$ ist.* $\qquad\square$

18.3.5 Satz und Definition *$c^{n+1}(f)$ ist ein Cozyklus. Die zugehörige Cohomologieklasse $\gamma^{n+1}(f) = \{c^{n+1}(f)\} \in H^{n+1}(X; \pi_n(Y))$ heißt die Hindernis-Cohomologieklasse von f.*

Beweis Zu zeigen ist $\delta c^{n+1}(f) = 0$ in $\mathrm{Hom}(C_{n+2}(X), \pi_n(Y))$, also

$$0 = \langle \delta c^{n+1}(f), e \rangle = \langle c^{n+1}(f), \partial e \rangle$$

für jede orientierte $(n+2)$-Zelle e von X. Nach dem Hurewicz-Satz 16.8.2 gibt es ein $\alpha \in \pi_{n+2}(X^{n+2}, X^{n+1}, x_0)$ mit $k_{n+2}(\alpha) = e$. Sei β das Bild von α unter der Komposition

$$\pi_{n+2}(X^{n+2}, X^{n+1}, x_0) \xrightarrow{\partial_{n+2}} \pi_{n+1}(X^{n+1}, x_0) \xrightarrow{j_*} \pi_{n+1}(X^{n+1}, X^n, e_0).$$

Aus der Definition des zellulären Randoperators in 9.6.6 folgt $k_{n+1}(\beta) = \partial e$. Daher ist $\langle c^{n+1}(f), \partial e \rangle = f_\#\partial_{n+1}(\beta) = f_\#\partial_{n+1}j_\#\partial_{n+2}(\alpha) = 0$, denn es gilt $\partial_{n+1}j_\# = 0$ in der Homotopiesequenz des Paares (X^{n+1}, X^n). $\qquad\square$

Das Intervall $I = [0,1]$ ist ein CW-Raum mit den Zellen $0, 1$ und $(0,1)$, die wir so orientieren, daß für $\partial\colon C_1(I) \to C_0(I)$ die Gleichung $\partial(0,1) = 1 - 0$ gilt. Nach 4.2.9 ist $X \times I$ ein CW-Raum mit den Zellen $e \times 0, e \times 1$ und $e \times (0,1)$, wobei e die Zellen von X durchläuft. Ist e orientiert, so haben diese Produktzellen nach 12.6.5 eine natürliche Orientierung.

18.3.6 Definition Es seien $f, g\colon X^n \to Y$ Abbildungen mit $f|X^{n-1} \simeq g|X^{n-1}$, und $h_t\colon X^{n-1} \to Y$ sei eine Homotopie von $f|X^{n-1}$ nach $g|X^{n-1}$. Wir betrachten die folgende Abbildung $F = F(f, g; h_t)$:

$$F\colon (X \times I)^n = X^n \times 0 \cup X^n \times 1 \cup X^{n-1} \times I \to Y$$

$$F(x, 0) = f(x), \ F(x, 1) = g(x), \ F(x, t) = h_t(x).$$

Nach 18.3.2 ist die Hindernis-Cokette $c^{n+1}(F) \in \operatorname{Hom}(C_{n+1}(X \times I), \pi_n(Y))$ definiert. Wir definieren eine Cokette

$$d^n = d^n(f, g; h_t) \in \operatorname{Hom}(C_n(X), \pi_n(Y)),$$

$$\langle d^n, e \rangle = (-1)^{n+1} \langle c^{n+1}(F), e \times (0,1) \rangle,$$

für jede orientierte n-Zelle e von X. Sie heißt die *Separations-* oder *Differenz-Cokette* von f und g bezüglich h_t. Sind $f, g\colon X^n \to Y$ Abbildungen mit $f|X^{n-1} = g|X^{n-1}$, so sei

$$d^n(f, g) = d^n(f, g; h_t),$$

wobei $h_t = f|X^{n-1} = g|X^{n-1}$ die stationäre Homotopie ist.

Sei e eine orientierte n-Zelle von X, also $e = \Phi_*(\{D^n\}_+)$, wobei $\Phi\colon (D^n, S^{n-1}) \to (X^n, X^{n-1})$ eine charakteristische Abbildung dieser Zelle ist. Das Produkt $D^n \times I$ ist ein $(n + 1)$-Ball, und $\Phi \times \operatorname{id}\colon D^n \times I \to X^n \times I$ ist eine charakteristische Abbildung der Zelle $e \times (0,1)$. Wir orientieren D^n durch $\{D^n\}_+$, das Intervall I wie oben und $D^n \times I$ mit der Produktorientierung, vgl. 12.6.1. Die Randsphäre $\partial(D^n \times I)$ erhält die durch den Randoperator in der Homologiesequenz induzierte Orientierung. Nach 16.3.15 (c) bestimmt jede Abbildung $h\colon \partial(D^n \times I) \to Y$ dieser orientierten Sphäre ein Element aus $\pi_n(Y)$, das wir jetzt kurz mit $[h]$ bezeichnen. Aus 18.3.3 folgt:

18.3.7 Hilfssatz *Sei $e \subset X$ eine orientierte n-Zelle, also $e = \Phi_*(\{D^n\}_+)$ für eine charakteristische Abbildung dieser Zelle. Dann ist*

$$\langle d^n(f, g; h_t), e \rangle = [F(f, g; h_t) \circ (\Phi \times \operatorname{id})|\partial(D^n \times I)] \in \pi_n(Y).$$

$\square$

Die geometrische Bedeutung der Separations-Cokette wird klar durch folgenden Satz, der aus 18.3.7 und 18.1.3 folgt:

18.3.8 Satz
(a) *Genau dann gibt es für eine n-Zelle $e \subset X$ eine Homotopie H_t: $X^{n-1} \cup e \to Y$ mit $H_0 = f|X^{n-1} \cup e$, $H_1 = g|X^{n-1} \cup e$ und $H_t|X^{n-1} = h_t$, wenn $\langle d^n(f, g; h_t), e \rangle = 0$ ist.*
(b) *Genau dann ist h_t: $X^{n-1} \to Y$ zu einer Homotopie H_t: $X^n \to Y$ von f nach g fortsetzbar, wenn $d^n(f, g; h_t) = 0$ ist.*   □

Beweis Genau dann ist $d^n = 0$, wenn $\langle c^{n+1}(F), e \times (0,1) \rangle = 0$ ist für alle n-Zellen von X, d.h. nach 18.3.4 wenn F zu $\bar{F}$: $X^n \times I \to Y$ fortsetzbar ist. Das ist aber genau die Behauptung.   □

Die Differenz-Cokette ist i.a. kein Cozyklus, sondern es gilt die folgende *Corandformel* (die der Grund für das Vorzeichen in der Definition von d^n ist):

18.3.9 Satz $\delta d^n(f, g; h_t) = c^{n+1}(f) - c^{n+1}(g)$.

Beweis Für jede orientierte $(n+1)$-Zelle e von X ist

$$\langle \delta d^n, e \rangle = \langle d^n, \partial e \rangle = (-1)^{n+1} \langle c^{n+1}(F), (\partial e) \times (0,1) \rangle.$$

Nach 12.6.6 ist $\partial(e \times (0,1)) = \partial e \times (0,1) + (-1)^{n+1}(e \times 1 - e \times 0)$. Weil $c^{n+1}(F)$ ein Cozyklus ist, ist $\langle c^{n+1}(F), \partial(e \times (0,1)) \rangle = 0$. Also folgt

$$\langle \delta d^n, e \rangle = -\langle c^{n+1}(F), e \times 1 - e \times 0 \rangle.$$

Sei j: $X \to X \times I$ die Abbildung $x \mapsto x \times 1$. Auf Ketten-Niveau ist $j_*(e) = e \times 1$, also

$$\langle c^{n+1}(F), e \times 1 \rangle = \langle c^{n+1}(F), j_*(e) \rangle = \langle j^* c^{n+1}(F), e \rangle$$
$$= \langle c^{n+1}(F \circ j | X^n), e \rangle = \langle c^{n+1}(g), e \rangle,$$

wobei wir beim vorletzten Gleichheitszeichen 18.3.A1 benutzt haben. Analog folgt $\langle c^{n+1}(F), e \times 0 \rangle = \langle c^{n+1}(f), e \rangle$.   □

18.3.10 Satz *Für die Differenz-Cokette gilt:*
(a) *Schiefsymmetrie: $d^n(f, g; h_t) = -d^n(g, f; h_{1-t})$.*
(b) *Additivität: Seien f, g, h: $X^n \to Y$ und h_t, k_t: $X^{n-1} \to Y$ gegeben mit $h_0 = f|X^{n-1}$, $h_1 = k_0 = g|X^{n-1}$ und $k_1 = h|X^{n-1}$. Sei $h_t \cdot k_t$ die zusammengesetzte Homotopie (also $= h_{2t}$ für $0 \le t \le \frac{1}{2}$ und $= k_{2t-1}$ für $\frac{1}{2} \le t \le 1$). Dann gilt*

$$d^n(f, h; h_t \cdot k_t) = d^n(f, g; h_t) + d^n(g, h; k_t).$$

Beweis (a) Sei $F = F(f, g; h_t)$ und $F' = (g, f; h_{1-t})$. Sei λ: $X \times I \to X \times I$ die Abbildung $(x, t) \mapsto (x, 1 - t)$. Dann ist $F' = F \circ \lambda|(X \times I)^n$, also $c^{n+1}(F') =$

$\lambda^* c^{n+1}(F)$ nach 18.3.A1. Weil auf Ketten-Niveau $\lambda_*(e \times (0,1)) = -e \times (0,1)$ gilt, folgt mit 18.3.6 die Behauptung.

(b) Sei e eine orientierte n-Zelle von X, also $e = \Phi_*(\{D^n\}_+)$, wobei Φ eine characteristische Abbildung dieser Zelle ist. Nach 18.3.7 ist

$$\langle d^n(f,g;h_t), e \rangle = [\varphi'] \text{ mit } \varphi' = F(f,g;h_t) \circ \Phi | \partial(D^n \times I),$$

$$\langle d^n(g,h;k_t), e \rangle = [\varphi''] \text{ mit } \varphi'' = F(g,h;k_t) \circ \Phi | \partial(D^n \times I),$$

$$\langle d^n(f,h;h_t \cdot k_t), e \rangle = [\varphi] \text{ mit } \varphi = F(f,h;h_t \cdot k_t) \circ \Phi | \partial(D^n \times I).$$

Aus 16.3.15 (c) folgt $[\varphi] = [\varphi'] + [\varphi'']$. $\qquad\qquad\square$

Man kann jede beliebige Cokette als Differenz-Cokette realisieren, in folgendem Sinne:

18.3.11 Satz *Seien* $f\colon X^n \to Y$ *und* $h_t\colon X^{n-1} \to Y$ *mit* $h_0 = f|X^{n-1}$ *gegeben, und sei* $d \in \mathrm{Hom}(C_n(X), \pi_n(Y))$ *eine beliebige Cokette. Dann gibt es eine Abbildung* $g\colon X^n \to Y$ *mit* $g|X^{n-1} = h_1$ *und* $d^n(f,g;h_t) = d$.

Beweis Sei e eine orientierte n-Zelle von X, also $e = \Phi_*(\{D^n\}_+)$ für eine charakteristische Abbildung $\Phi\colon D^n \to X^n$ dieser Zelle. Wir wählen eine Abbildung $\psi\colon \partial(D^n \times I) \to Y$, die das Element $\langle d, e \rangle \in \pi_n(Y)$ repräsentiert. Weil $A = D^n \times O \cup S^{n-1} \times I$ zusammenziehbar ist, sind alle Abbildungen $A \to Y$ homotop. Weil das Paar $(\partial(D^n \times I), A)$ die AHE hat, können wir ψ so deformieren, daß ψ auf A mit einer beliebigen vorgegebenen Abbildung $A \to Y$ übereinstimmt. Insbesondere können wir annehmen, daß

$$\psi(x,0) = f\Phi(x) \text{ für } x \in D^n \text{ und } \psi(y,t) = h_t\Phi(y) \text{ für } y \in S^{n-1}$$

gilt. Sei $\psi_1\colon D^n \to Y$ die Abbildung $\psi_1(x) = \psi(x,1)$, und sei $p\colon X^{n-1} + D^n \to X^{n-1} \cup e$ die identifizierende Abbildung. Dann ist $g = (h_1 + \psi_1) \circ p^{-1}\colon X^{n-1} \cup e \to Y$ wohldefiniert, vgl. 1.3.15. Führt man diese Konstruktion für alle n-Zellen von X aus, so erhält man eine Abbildung $g\colon X^n \to Y$ mit $g|X^{n-1} = h_1$. Sei $F = F(f,g;h_t)\colon (X \times I)^n \to Y$. Für e und Φ wie oben ist dann $F \circ \Phi | \partial(D^n \times I) = \psi$, daher $\langle d^n(f,g;h_t), e \rangle = \langle d, e \rangle$. $\qquad\square$

Der Hindernis-Cozyklus $c^{n+1}(f)$ einer Abbildung $f\colon X^n \to Y$ ist genau dann Null, wenn f auf X^{n+1} fortsetzbar ist. Jetzt können wir die geometrische Bedeutung der Hindernis-Cohomologieklasse beschreiben.

18.3.12 Satz *Für* $f\colon X^n \to Y$ *ist genau dann* $\gamma^{n+1}(f) = 0$, *wenn es eine Abbildung* $f'\colon X^{n+1} \to Y$ *mit* $f'|X^{n-1} = f|X^{n-1}$ *gibt.*

Beweis Wir nehmen zuerst an, daß f' existiert. Dann ist die Differenz-Cokette $d^n = d^n(f, f'|X^n)$ definiert. Weil $f'|X^n$ auf X^{n+1} fortsetzbar ist, ist $c^{n+1}(f'|X^n) = 0$. Daher ist $\delta d^n = c^{n+1}(f)$ nach der Corandformel, also $\gamma^{n+1}(f) = 0$.

Sei umgekehrt $\gamma^{n+1}(f) = 0$. Dann gibt es eine Cokette d mit $\delta d = c^{n+1}(f)$. Nach 18.3.11 gibt es $g\colon X^n \to Y$ mit $g|X^{n-1} = f|X^{n-1}$ und $d^n(f,g) = d$. Es folgt

$$c^{n+1}(f) = \delta d = \delta d^n(f,g) = c^{n+1}(f) - c^{n+1}(g),$$

also $c^{n+1}(g) = 0$. Daher gibt es $f'\colon X^{n+1} \to Y$ mit $f'|X^n = g$, also $f'|X^{n-1} = g|X^{n-1} = f|X^{n-1}$. $\qquad\square$

Die Hindernistheorie ist ein Hilfsmittel, um die Abbildungen $X \to Y$ nach Homotopie zu klassifizieren. Spezielle Resultate liefert sie nur bei geeigneten Räumen X und Y, oft hilft sie nicht. Wir machen das an einem Beispiel klar. Es sei ein Homomorphismus $\varphi\colon \pi_1(X, x_0) \to \pi_1(Y, y_0)$ gegeben, und gefragt ist, ob es $f\colon X \to Y$ mit $f_\# = \varphi$ gibt. Nach 18.1.A3 gibt es $f\colon X^2 \to Y$ mit $f_\# = \varphi$. Die Frage ist, ob man f auf X fortsetzen kann, also zunächst, ob man f auf X^3 fortsetzen kann. Es ist nicht sinnvoll, den Hindernis-Cozyklus $c^3(f) \in \operatorname{Hom}(C_3(X), \pi_2(Y))$ zu untersuchen. Er hängt von der Zellzerlegung von X ab, ist somit keine topologische Invariante, und in der Regel ist er nicht berechenbar. Statt dessen betrachten wir die Hindernis-Cohomologieklasse $\gamma^3(f) \in H^3(X; \pi_2(Y))$. Wenn sie Null ist, gibt es $f'\colon X^3 \to Y$ mit $f'|X^1 = f|X^1$; das genügt uns, da dann auch $f'_\# = \varphi$ ist. Am einfachsten ist die Sache, wenn wir aus der Kenntnis von X und Y (mit dem universellen Koeffiziententheorem und anderen Hilfsmitteln) schließen können, daß $H^3(X; \pi_2(Y)) = 0$ ist. Nehmen wir an, das sei der Fall. Dann haben wir die Abbildung $f'\colon X^3 \to Y$ und müssen das Hindernis $\gamma^4(f') \in H^4(X; \pi_3(Y))$ untersuchen, und so weiter (falls es weiter geht). Wenn die Methode zum Erfolg führt, wir also $f\colon X \to Y$ mit $f_\# = \varphi$ erhalten, so entsteht das Homotopieproblem: Wie viele solche Abbildungen gibt es bis auf Homotopie? Ist $f, g\colon X \to Y$ und $f_\# = g_\# = \varphi$, so ist $f|X^1 \simeq g|X^1$, also ist die Differenz-Cokette $d^2 = d^2(f|X^2, g|X^2; h_t)$ bezüglich einer Homotopie $h_t\colon X^1 \to Y$ von $f|X^1$ nach $g|X^1$ erklärt. Auch jetzt ist es nicht sinnvoll, diese Cokette selbst zu betrachten. Wegen

$$\delta d^2(f|X^2, g|X^2; h_t) = c^3(f|X^2) - c^3(g|X^2) = 0$$

(denn $f|X^2$ und $g|X^2$ sind auf X^3 fortsetzbar) ist d^2 ein Cozyklus. Der folgende Satz macht die Bedeutung der Cohomologieklasse $\{d^2\} \in H^2(X; \pi_2(X))$ klar, und er zeigt, wie es bei der Lösung des Homotopieproblems analog zu vorher „Gerüst-und-Hindernis-weise" weitergeht.

*$\bullet$**18.3.13 Satz** *Seien $f, g\colon X \to Y$ Abbildungen mit $f|X^{n-1} \simeq g|X^{n-1}$, und sei $h_t\colon X^{n-1} \to Y$ eine Homotopie von $f|X^{n-1}$ nach $g|X^{n-1}$. Dann ist die Differenz-Cokette $d^n = d^n(f|X^n, g|X^n; h_t)$ ein Cozyklus. Genau dann ist die Cohomologieklasse $\{d^n\} \in H^n(X; \pi_n(Y))$ gleich Null, wenn es eine Homotopie $H_t\colon X^n \to Y$ von $f|X^n$ nach $g|X^n$ gibt mit $H_t|X^{n-2} = h_t|X^{n-2}$.*

B e w e i s   erfolgt in drei Schritten.

1. Schritt: Wegen 18.3.4 und 18.3.9 ist d^n ein Cozyklus. Wir setzen $Z = X \times I$ und $A = X \times 0 \cup X \times I$ und definieren $F\colon A \cup X^{n-1} \times I \to Y$ durch $F|X \times 0 = f$, $F|X \times 1 = g$ und $F(x,t) = h_t(x)$ für $x \in X^{n-1}$. Die Cokette $c^{n+1} = c^{n+1}(F|Z^n)$ ist eine Cokette relativ A, d.h. sie nimmt auf den $(n+1)$-Zellen von A den Wert Null an (wie aus 16.3.4 folgt). Wir überlassen dem Leser den Beweis der folgenden Aussage: Genau dann ist $\{d^n\} = 0$ in $H^n(X; \pi_n(Y))$, wenn es eine Cokette $d_1^n \in \mathrm{Hom}(C_n(Z), \pi_n(Y))$ relativ A mit $\delta d_1^n = c^{n+1}$ gibt.

2. Schritt: Wenn H_t wie in 18.3.13 existiert sei $H\colon A \cup X^n \times I \to Y$ die Abbildung $H|X \times 0 = f$, $H|X \times 1 = g$ und $H(x,t) = H_t(x)$ für $x \in X^n$. Dann ist $d_1^n = d^n(F|Z^n, H|Z^n)$ eine Cokette relativ A mit $\delta d_1^n = c^{n+1}$, wie aus 16.3.4 und 16.3.9 folgt. Also ist $\{d^n\} = 0$ nach dem 1. Schritt.

3. Schritt: Sei umgekehrt $\{d^n\} = 0$, so daß eine Cokette d_1^n wie im 1. Schritt existiert. Nach 18.3.11 gibt es $H\colon Z^n \to Y$ mit $H|Z^{n-1} = F|Z^{n-1}$ und $d^n(F|Z^n, H) = d_1^n$. Weil d_1^n Null ist auf den n-Zellen von A, ist $F|A^n \simeq H|A^n$ rel A^{n-1} nach 18.3.8 (a). Daher können wir annehmen, daß $F|A^n = H|A^n$ ist. Aus $c^{n+1} = \delta d_1^n = c^{n+1}(F|Z^n) - c^{n+1}(H)$ folgt $c^{n+1}(H) = 0$, und daher ist H zu $H'\colon Z^{n+1} \to Y$ fortsetzbar. Die durch $H_t(x) = H'(t,x)$ definierte Homotopie $H_t\colon X^n \to Y$ hat die in 18.3.13 genannten Eigenschaften.   □

Im folgenden setzen wir voraus, daß der Raum Y $(n-1)$-zusammenhängend ist und daß $n \geq 2$ ist. Dann ist Y insbesondere einfach-zusammenhängend, also n-einfach, so daß die bisherigen Überlegungen anwendbar sind.

18.3.14 Hilfssatz *Sei Y $(n-1)$-zusammenhängend, $n \geq 2$. Sei $y_0 \in Y$ ein fester Punkt, und sei $c\colon X \to Y$ die konstante Abbildung $c(X) = y_0$. Schließlich seien $f, g\colon X \to Y$ Abbildungen mit $f(X^{n-1}) = g(X^{n-1}) = y_0$. Es gilt: Genau dann ist*

$$\{d^n(f|X^n, c|X^n)\} = \{d^n(g|X^n, c|X^n)\} \text{ in } H^n(X; \pi_n(Y)), \qquad (*)$$

wenn $f|X^n \simeq g|X^n$ ist.

B e w e i s   Nach 18.3.13 sind diese Differenz-Coketten Cozyklen. Aus 18.3.10 folgt

$$d^n(f|X^n, c|X^n) - d^n(g|X^n, c|X^n) = d^n(f|X^n, g|X^n).$$

Daher ist $(*)$ äquivalent zu $f|X^n \simeq g|X^n$ rel X^{n-2} nach 18.3.12, und dieses ist nach 16.1.6 (b) äquivalent zu $f|X^n \simeq g|X^n$.   □

18.3.15 Satz *Sei Y $(n-1)$-zusammenhängend, $n \geq 2$. Für $f\colon X \to Y$ sei*   •

$$\delta^n(f) = \{d^n(\tilde{f}|X^n, c|X^n)\} \in H^n(X; \pi_n(Y)),$$

wobei $\tilde{f} \simeq f\colon X \to Y$ eine Abbildung mit $\tilde{f}(X^{n-1}) = x_0$ ist. Dann gilt:

(a) *Für $f, g: X \to Y$ ist $\delta^n(f) = \delta^n(g)$ äquivalent zu $f|X^n \simeq g|X^n$.*
(b) *Zu $\alpha \in H^n(X; \pi_n(Y))$ gibt es $f: X^{n+1} \to Y$ mit $\delta^n(f) = \alpha$.*

Beweis Eine Abbildung $\tilde{f} \simeq f$ mit $\tilde{f}(X^{n-1}) = y_0$ gibt es nach 16.1.6. Teil (a) folgt aus 18.3.14. Zu (b) beachte man, daß $\delta^n(f)$ auch für Abbildungen $f: X^{n+1} \to Y$ definiert ist; denn es ist $H^n(X^{n+1}; \pi_n(Y)) = H^n(X; \pi_n(Y))$. Wir wählen eine Cokette $d \in \mathrm{Hom}(c_n(X), \pi_n(Y))$, die α repräsentiert. Nach 18.3.11 gibt es $g: X^n \to Y$ mit $g(X^{n-1}) = y_0$ und $d^n(c|X^n, g) = -d$. Nach der Corandformel ist

$$0 = -\delta(d) = \delta d^n(c|X^n, g) = c^{n+1}(c|X^n) - c^{n+1}(g),$$

also $c^{n+1}(g) = 0$. Daher ist g zu $f: X^{n+1} \to Y$ fortsetzbar, und es ist

$$\delta^n(f) = \{d^n(f|X^n, c|X^n)\} = \{-d^n(c(X^n, g)\} = \alpha.$$

$\square$

Die Cohomologieklasse $\delta^n(f)$ ist „das erste Hindernis" gegen die Homotopie von f und g. Auf X^{n-1} und Y^{n-1} sind f und g nullhomotop, also zueinander homotop. Ob f und g auf X^n homotop sind, wird von $\delta^n(f)$ und $\delta^n(g)$ entschieden.

18.3.16 Folgerungen Y ist weiterhin $(n-1)$-zusammenhängend, $n \geq 2$.
(a) Ist $\dim X \leq n$, so ist $X^n = X^{n+1} = X$, und wir erhalten den Satz von Hopf, daß die Zuordnung $[X, Y] \to H^n(X; \pi_n(Y))$, $[f] \mapsto \delta^n(f)$, bijektiv ist.
(b) Speziell gibt es für jeden CW-Raum X der Dimension $\leq n$ eine Bijektion $[X, S^n] \to H^n(X; \pi_n(S^n)) \cong H^n(X)$. Aus 18.3.A2 folgt, daß sie durch $[f] \mapsto f^*(\alpha)$ gegeben ist, wobei $\alpha \in H^n(S^n) \cong \mathbb{Z}$ eine feste Erzeugende ist. Als Korollar hieraus ergibt sich unmittelbar unser alter Satz 11.5.6.
(c) Wenn für Y zusätzlich $\pi_q(Y) = 0$ ist für $q > n$, so läßt sich nach 18.1.5 jede Abbildung $X^{n+1} \to Y$ auf X fortsetzen, und aus $f|X^n \simeq g|X^n$ folgt $f \simeq g$. Daher ist die Zuordnung in (a) wieder bijektiv, und zwar für jeden zusammenhängenden CW-Raum X. Diese sämtlichen Voraussetzungen an Y sind erfüllt, wenn $Y = K(G, n)$ ein Eilenberg-MacLane-Raum vom Typ (G, n) ist, $n \geq 2$. Es folgt

$$[X, K(G, n)] \cong H^n(X; \pi_n(K(G, n))) \cong H^n(X; G)$$

für jeden zusammenhängenden CW-Raum X.
(d) Wegen $P^\infty(\mathbb{C}) = K(\mathbb{Z}, 2)$ nach 17.3.A3 ist z.B. $[X, P^\infty(\mathbb{C})] \cong H^2(X)$.
(e) Es seien Y und Y' Eilenberg-MacLane-Räume vom Typ (G, n) bzw. (G', n), $n \geq 2$. Die Hurewicz-Homomorphismen $h_n: \pi_n(Y) \to H_n(Y)$ und $h'_n: \pi_n(Y') \to H_n(Y')$ sind bijektiv. Für $f: Y \to Y'$ ist $\delta^n(f) \in H^n(Y, \pi_n(Y'))$. Aus 18.3.A2 folgt

$$h'_n(\langle \delta^n(f), h_n(\alpha)\rangle) = f_* h_n(\alpha) = h'_n f_\#(\alpha),$$

also $\langle \delta^n(f), h_n(\alpha)\rangle = f_\#(\alpha)$ für $\alpha \in \pi_n(Y)$. Sei $\varphi: \pi_n(Y) \to \pi_n(Y')$ ein beliebiger Homomorphismus. Nach 13.4.3 gibt es zu $\varphi h_n^{-1} \in \mathrm{Hom}(H_n(Y), \pi_n(Y'))$ ein $\beta \in$

$H^n(Y; \pi_n(Y'))$ mit $\langle \beta, \xi \rangle = \varphi h_n^{-1}(\xi)$ für alle $\xi \in H_n(Y)$. Wählt man $f \colon Y \to Y'$ so, daß $\delta^n(f) = \beta$ ist, so folgt

$$f_{\#}(\alpha) = \langle \beta, h_n(\alpha) \rangle = \varphi h_n^{-1} h_n(\alpha) = \varphi(\alpha),$$

also $f_{\#} = \varphi$. Resultat: *Zu jedem Homomorphismus* $\varphi \colon \pi_n(Y) \to \pi_n(Y')$ *gibt es* $f \colon Y \to Y'$ *mit* $f_{\#} = \varphi$.

(f) Im Fall $G = G'$ kann man φ als Isomorphismus wählen. Dann induziert f Isomorphismen aller Homotopiegruppen, ist also nach 16.7.11 eine Homotopieäquivalenz. *Folglich sind für* $n \geq 2$ *je zwei Eilenberg-MacLane-Räume vom Typ* (G, n) *vom gleichen Homotopietyp.* Für $n = 1$ haben wir das schon in 18.2 gesehen.

Aufgaben

18.3.A1 Sei $f_1 \colon X_1 \to X$ eine zelluläre Abbildung von CW-Räumen. Zeige:
(a) Es ist $c^{n+1}(f \circ f_1 | X_1^n) = f_1^* c^{n+1}(f)$ und $\gamma^{n+1}(f \circ f_1 | X_1^n) = f_1^* \gamma^{n+1}(f)$.
(b) Es ist $d^n(f \circ f_1 | X_1^n, g \circ f_1 | X_1^n; h_t \circ f_1 | X_1^{n-1}) = f_1^* d^n(f, g; h_t)$.
(c) Es ist $\delta^n(f \circ f_1) = f_1^* \delta^n(f)$.

18.3.A2 Sei Y ein $(n-1)$-zusammenhängender CW-Raum, $n \geq 2$. Zeige:
(a) Es ist $\delta^n(\mathrm{id}_y) \in H^n(Y; \pi_n(Y))$ und $h_n(\langle \delta^n(\mathrm{id}_y), \beta \rangle) = \beta$ für $\beta \in H_n(Y)$.
(b) Für $f \colon X \to Y$ und $\xi \in H_n(X)$ ist $h_n(\langle \delta^n(f), \xi \rangle) = f_*(\xi)$.

18.4 Hindernisse gegen die Konstruktion von Schnitten (eine Skizze)

Der Ansatz der Hindernistheorie läßt sich auch verwenden, um für eine Faserung die Existenz von Schnitten zu untersuchen. Wir geben davon nur eine Skizze, die man selbständig ausführen kann.

Sei (E, B, p) eine lokaltriviale Faserung mit Faser F über einem CW-Raum B. Wir nehmen an, daß die Zellzerlegung so fein ist, daß jede Zelle in einer offenen Menge liegt, über der die Faserung trivial ist. Ferner setzen wir voraus, daß $\pi_1(B)$ trivial auf den Homotopiegruppen der Faser operiert; am einfachsten ist es, anzunehmen, daß $\pi_1(B) = 1$ ist. Ferner sei F ein n-einfacher Raum für alle n.

Um einen Schnitt zu finden, gehen wir gerüstweise vor und imitieren den Ansatz von 18.3.

18.4.1 Konstruktion von Hindernissen. Sei schon ein Schnitt $s \colon B^n \to E$ gegeben, d.h. $p \circ s = \mathrm{id}_{B^n}$. Für eine $(n+1)$-Zelle $e^{n+1} \subset B^{n+1}$ ergibt die lokale

Trivialität eine Abbildung $s|\partial e^{n+1}\colon \partial e^{n+1} \to U \times F$, wobei U eine offene $\bar{e}^{n+1}$ enthaltende Menge ist. Durch $e_{n+1} \mapsto \mathrm{pr}_2 \circ f\colon \partial e^{n+1} \to F$ wird ein Element aus $\pi_n(F)$ definiert, vgl. 18.3.2. So erhalten wir eine Cokette $c^{n+1}(s) \in \mathrm{Hom}(C_{n+1}(B), \pi_n(F))$:

$$c^{n+1}(s) = \mathrm{pr}_2 \circ f_\# \circ \partial \circ k_{n+1}^{-1}.$$

Die erste Aussage des folgenden Hilfssatzes ist klar, die anderen erfordern Überlegungen wie für 18.3.4–5.

18.4.2 Hilfssatz

(a) $c^{n+1}(s) = 0$ ist notwendig und hinreichend dafür, daß sich der Schnitt s auf B^{n+1} fortsetzen läßt.

(b) *Sind zwei Schnitte* $s, t\colon B^{n+1} \to E$ *homotop, so ist* $c^{n+1}(s) = c^{n+1}(t)$.

(c) $\delta c^{n+1}(s) = 0$.   □

Es ergibt sich ebenfalls das Analogon zu Satz 18.3.12.

18.4.3 Satz *Für den Schnitt* $s\colon B^n \to E$ *verschwindet das* Fortsetzungshindernis $\{c^{n+1}(s)\} \in H^{n+1}(B; \pi_n(F))$ *genau dann, wenn es einen Schnitt* $t\colon B^{n+1} \to E$ *gibt mit* $t|B^{n-1} = s|B^{n-1}$.   □

Auch in diesem Fall erhält man Hindernisse gegen die Existenz von Homotopien von Schnitten ähnlich wie in 18.3.15. Für Details siehe etwa [Steenrod, §32–34].

Die Hindernistheorie läßt sich auch anwenden auf die Theorie der nirgends verschwindenden Vektorfelder auf n-Mannigfaltigkeiten, indem man in dem Tangentialbündel das Unterbündel der von Null verschiedenen Vektoren betrachtet bzw. das Bündel der Einheitsvektoren, also eine Faserung mit derselben Basis aber $(n-1)$-Sphären als Faser.

Literaturverzeichnis

Alexandroff, P.; Hopf, H.: *Topologie.* Grundlehren math. Wiss. Berlin: Springer-Verlag 1935

Bröcker, T.; Jänich, K.: *Einführung in die Differentialtopologie.* Heidelberger Taschenbücher 143. Berlin-Heidelberg-New York: Springer-Verlag 1973

Boto v. Querenburg: *Mengentheoretische Topologie.* Hochschultext. New York-Heidelberg-Berlin: Springer-Verlag 1979

Burde, G.; Zieschang, H.: *Knots.* de Gruyter Studies in Mathematics 5. Berlin: de Gruyter 1985

Cartan, H.; Eilenberg, S.: *Homological Algebra.* Princeton Math. Series 19. Princeton, N.J.: Princeton Univ. Press 1956

Cohen, M.M.: *A Course in Simple Homotopy Theory.* Grad. Texts in Math. 10. New York-Heidelberg-Berlin: Springer-Verlag 1973

Dold, A.: *Lectures on Algebraic Topology.* Grundlehren math. Wiss. 200. New York-Heidelberg-Berlin: Springer-Verlag 1972

tom Dieck, T.: *Topologie.* Berlin: de Gruyter 1991

tom Dieck, T.; Kamps, K.H.; Puppe, D.: *Homotopietheorie.* Lecture Notes in Math. 157. New York-Heidelberg-Berlin: Springer-Verlag 1970

Dugundji, J.: *Topology.* Allyn and Bacon Series in Advanced Mathematics. Boston-London-Sydney-Toronto: Allyn and Bacon, Inc. 1966

Eilenberg, S.; Steenrod, N.: *Foundations of Algebraic Topology.* Princeton, N.J.: Princeton University Press 1952

Franz, W.: *Topologie II.* Berlin: de Gruyter 1965

Fuks, D.B.; Rohlin, V.A.: *Beginner's Course in Topology.* Universitext. New York-Heidelberg-Berlin: Springer-Verlag 1984

Hirsch, M.W.: *Differential Topology.* Grad. Texts in Math. 33. New York-Heidelberg-Berlin: Springer-Verlag 1976

Hempel, J.: *3-manifolds.* Ann. of Math. Studies 86. Princeton, N.J.: Princeton University Press 1976

Hilton, P.J.; Stammbach, U.: *A Course in Homological Algebra*. Grad. Texts in Math. 4. New York-Heidelberg-Berlin: Springer-Verlag 1971

Hilton, P.J.; Wylie, S.: *Homology Theory*. Cambridge: Cambridge University Press 1965

Hocking, J.G.; Young, G.S.: *Topology*. Menlo Park-Reading-London-Amsterdam-Don Mills-Sydney: Addison-Wesley Publ. Comp. 1961

Hu, S.-T.: *Cohomology Theory*. Chicago: Markham Publ. Comp. 1968

Hu, S.T.: *Differentiable manifolds*. New York: Holt, Rinehart and Winston Inc. 1969

Hurewicz, W.; Wallman, H.: *Dimension Theory*. Princeton, N.J.: Princeton University Press 1969

Jänich, K.: *Topologie*. Hochschultext. New York-Heidelberg-Berlin: Springer-Verlag 1980

Lyndon, R.C.; Schupp, P.E.: *Combinatorial Group Theory*. Ergebn. Math. Grenzgeb. 89. New York-Heidelberg-Berlin: Springer-Verlag 1977

Massey, W.S. (1): *Algebraic Topology: An Introduction*. Grad. Texts in Math. 56. New York-Heidelberg-Berlin: Springer-Verlag 1967

Massey, W.S. (2): *Singular Homolog Theory*. Grad. Texts in Math. 70. New York-Heidelberg-Berlin: Springer-Verlag 1980

Mayer, K.H.: *Algebraische Topologie*. Basel Boston Berlin: Birkhäuser Verlag 1989

Mayer, J.: *AlgebraicTopology*. Englewood Cliffs, N.J.: Prentice-Hall 1972

Milnor, J.; Husemoller, D.: *Symmetric Bilinear Forms*. Ergebn. Math. Grenzgeb. 73. New York-Heidelberg-Berlin: Springer-Verlag 1973

Moise, E.E.: *Geometric Topology in Dimensions 2 and 3*. Grad. Texts in Math. 47. New York-Heidelberg-Berlin: Springer-Verlag 1977

Munkres, J.R.: *Elements of Algebraic Topology*. Menlo Park-Reading-London-Amsterdam-Don Mills-Sydney: Addison-Wesley Publ. Comp. 1984

Munkres, J.R.: *Elementary Differential Topology*. Princeton, N.J.: Princeton University Press 1966 (das ist das in 3.1.9 (e) zitierte Buch)

Ossa, E.: *Topologie*. Braunschweig-Wiesbaden: Vieweg 1992

Scheja, G.; Storch, U.: *Lehrbuch der Algebra, 1-3.* Stuttgart: Teubner Verlag 1988

Schubert, H.: *Topologie.* Math. Leitfäden. Stuttgart: Teubner Verlag 1964

Seifert, H.; Threlfall, W.: *Lehrbuch der Topologie.* Leipzig: Teubner Verlag 1934

Spanier, E.H.: *Algebraic Topology.* New York: McGraw-Hill 1966

Stillwell, J.: *Classical Topology and Combinatorial Group Theory.* Grad. Texts in Math. 72. New York-Heidelberg-Berlin: Springer-Verlag 1980

Whitehead, G.: *Elements of Homotopy Theory.* Grad. Texts in Math. 61. New York-Heidelberg-Berlin: Springer-Verlag 1978

Wille, F.: *Analysis.* Stuttgart: Teubner Verlag 1976

ZVC = Zieschang, H.; Vogt,E.; Coldewey, H.-D.: *Surfaces and Planar Discontinuous Groups.* Lect. Notes in Math. 835. New York-Heidelberg-Berlin: Springer-Verlag 1980

Index

474

476

478

Symbole

Mathematische Leitfäden

Herausgegeben von Prof. Dr. Dr. hc. mult. G. Köthe †,
Prof. Dr. K.-D. Bierstedt, Universität-Gesamthochschule Paderborn,
und Prof. Dr. G. Trautmann, Universität Kaiserslautern

Benedetto: **Real Variable and Integration.** With historical notes.
278 pages. Paper DM 48,–/ÖS 375,–/SFr 48,–.

Benedetto: **Spectral Synthesis.**
278 pages. Paper DM 72,–/ÖS 562,–/SFr 72,–.

Hackenbroch/Thalmaier: **Stochastische Analysis.**
560 Seiten. Kart. DM 72,–/ÖS 562,–/SFr 72,–.

Hellwig: **Partial Differential Equations.** An introduction.
2nd edition. XI, 259 pages. Paper DM 52,–/ÖS 406,–/SFr 52,–.

Hermes: **Einführung in die mathematische Logik.** Klassische
Prädikatenlogik. 5. Aufl. 206 Seiten. Kart. DM 46,–/ÖS 359,–/SFr 46,–.

Heuser: **Funktionalanalysis.** Theorie und Anwendung.
3. Aufl. 696 Seiten. Kart. DM 88,–/ÖS 687,–/SFr 88,–.

Heuser: **Gewöhnliche Differentialgleichungen.** Einführung in Lehre
und Gebrauch. 2. Aufl. 628 Seiten. Kart. DM 68,–/ÖS 531,–/SFr 68,–.

Heuser: **Lehrbuch der Analysis.**
Teil 1: 11. Aufl. 643 Seiten. Kart. DM 54,–/ÖS 421,–/SFr 54,–.
Teil 2: 8. Aufl. 737 Seiten. Kart. DM 58,–/ÖS 453,–/SFr 58,–.

Jarchow: **Locally Convex Spaces.**
548 pages. Hardcover DM 98,–/ÖS 765,–/SFr 98,–.

Jörgens: **Lineare Integraloperatoren.**
224 Seiten. Kart. DM 48,–/ÖS 375,–/SFr 48,–.

Kasch: **Moduln und Ringe.**
328 Seiten. Kart. DM 58,–/ÖS 453,–/SFr 58,– .

B. G. Teubner Stuttgart

Mathematische Leitfäden

Knobloch/Kappel: **Gewöhnliche Differentialgleichungen.**
332 Seiten. Kart. DM 58,–/ÖS 453,–/SFr 58,–.

Kultze: **Garbentheorie.**
179 Seiten. Kart. DM 44,–/ÖS 343,–/SFr 44,–.

Laugwitz: **Diffenentialgeometrie.**
3. Aufl. 183 Seiten. Kart. DM 44,–/ÖS 343,–/SFr 44,–.

Pareigis: **Kategorien und Funktoren.**
192 Seiten. Kart. DM 44,–/ÖS 343,–/SFr 44,–.

Scheja/Storch: **Lehrbuch der Algebra.**
Teil 1: 2. Aufl. 701 Seiten. Kart. DM 62,–/ÖS 484,–/SFr 62,–.
Teil 2: 816 Seiten. Kart. DM 68,–/ÖS 531,–/SFr 68,–.
Teil 3: 239 Seiten. Kart. DM 28,–/ÖS 219,–/SFr 28,–.

Schempp/Dreseler: **Einführung in die harmonische Analyse.**
298 Seiten. Kart. DM 58,–/ÖS 453,–/SFr 58,–.

Schubert: **Topologie.** Eine Einführung.
4. Aufl. 328 Seiten. Kart. DM 52,–/ÖS 406,–/SFr 52,–.

Stöcker/Zieschang: **Algebraische Topologie.** Eine Einführung.
2. Aufl. 485 Seiten. Kart. DM 62,–/ÖS 484,–/SFr 62,–.

Wloka: **Partielle Differentialgleichungen.**
Sobolevräume und Randwertaufgaben. 500 Seiten.
Geb. DM 84,–/ÖS 655,–/SFr 84,–.

Preisänderungen vorbehalten.

B. G. Teubner Stuttgart

Constantinescu /
de Groote

Geometrische und algebraische Methoden der Physik: Supermannigfaltigkeiten und Virasoro-Algebren

Charakteristisch für die Entwicklung der Mathematischen Physik in den letzten Jahren ist das Vordringen algebraischer und geometrischer Konzepte und Techniken. Der vorliegende Text demonstriert dies exemplarisch an zwei aktuellen Schwerpunkten: Supermannigfaltigkeiten und Virasoro-Algebren. Supersymmetrische Modelle in der Elementarteilchentheorie, aber auch der Kern- und Festkörperphysik erfordern eine Analysis, in der kommutierende und antikommutierende Variable gleichberechtigt behandelt werden. Die zugehörige geometrisch-analytische Theorie ist die der Supermannigfaltigkeiten. In der Quantenfeldtheorie und der Statistischen Mechanik spielen heute unendlichdimensionale Lie Algebren und ihre Darstellungstheorie eine entscheidende Rolle, wobei die Virasoro-Algebra und ihre Höchstgewichtsdarstellungen von zentraler Bedeutung sind.

Von Prof. Dr.
Florin Constantinescu,
Universität Frankfurt / Main
und Prof. Dr.
Hans F. de Groote
Universität Frankfurt / Main

1994. II., 366 Seiten.
13,7 x 20,5 cm.
Kart. DM 44,80
ÖS 350,– / SFr 44,80
ISBN 3-519-02087-4

(Teubner-Studienbücher)

Preisänderungen vorbehalten.

Aus dem Inhalt:

Algebraische Grundlagen – Grundbegriffe der Garbentheorie – Supermannigfaltigkeiten – Integration auf Supermannigfaltigkeiten – Beispiele – Lie Algebren und Grundbegriffe der Darstellungstheorie – Beispiele unendlichdimensionaler Lie Algebren – Heisenberg-Algebren und Virasoro-Algebren – Höchstgewichtsdarstellungen und Verma-Moduln – Vertex-Operatoren – Kac-Determinantenformel – Anwendungen in der Physik

B. G. Teubner Stuttgart

Printed in the United States
By Bookmasters